한국산업인력공단의 출제 기준에 따른

최신기출문제수록
2026
enplebooks

공조냉동기계

Industrial Engineer Air-Conditioning
and Refrigerating Machinery

공조냉동이란?
공조냉동이란 공기조화와 냉동을 합한 말로 공조냉동설비는 제빙, 식품냉동, 제약, 농수산물 저장 및 수송산업 등에 광범위하게 응용되고 있다.

또한, 환경오염으로 인해 고층빌딩과 산업체에서는 실내환경을 유지하기 위하여 공조설비의 필요성을 인식하고 있다. 따라서 공조냉동기술분야의 전문 기술인력에 대한 수요가 증가할 것이다.

산업기사 　필기
과년도 4주완성

공조기술자격연구회 지음

도서출판 **엔플북스**

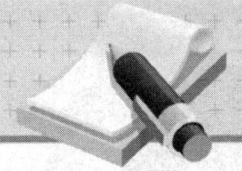

과년도 4주 완성

머·리·말 Preface

최근 급속한 산업발전에 따른 경제 및 생활수준의 향상으로 대표적인 성장 동력산업인 공조냉동 산업은 매년 그 생산규모나 성장률이 크게 향상되고 있는 성장 가능성이 대단히 유망한 산업분야입니다. 이에 따라 공조냉동기계를 설계하거나 기능 인력을 지도, 감독해야 할 기술 인력에 대한 수요가 증가하고 있으며, 공조냉동 분야에 대한 높은 관심은 자격 응시 인원의 증가로 이어지고 있습니다.

그러나 공조냉동기계기사는 관련분야 국가기술자격시험 중 전반적인 자격의 시험 난이도가 높고 2022년부터 국가기술자격의 현장성과 활용성 제고를 위해 국가직무능력표준(NCS)을 기반으로 자격의 내용(시험과목, 출제기준 등)이 직무 중심으로 개편되므로 자격증을 취득하기가 쉽지 않을 것으로 예상됩니다.

이 책은 자격증을 취득하고자 하는 수험생들을 위하여 개편된 출제기준을 면밀히 분석하여 출제 가능한 내용과 문제들로 엄선하여 심도 있게 구성하여 변경된 시험에 대비할 수 있도록 하였습니다.

시도하지 않으면 아무것도 얻을 수 없고, 성공은 끊임없이 도전하는 사람만이 얻을 수 있습니다. 어렵다고 주저하지 마시고 이 책과 함께 지금 바로 도전하시기 바랍니다. 성공에 한걸음 더 다가가는 길이 될 것입니다. 이 책을 구매해 주신 여러분들의 합격과 무궁한 발전을 기원합니다.

2022년 1월
저자씀

시험과목 및 출제기준 분석

○ 주요 변경사항 (적용 시기 : 2025. 1. 1. ~ 2029. 12. 31.)

검정방법	시험과목(문제수)	
	개편 전 (4과목 80문항)	개편 후 (3과목 60문항)
필기시험	1. 공기조화(20)	1. 공기조화 설비(20)
	2. 냉동공학(20)	2. 냉동냉장 설비(20)
	3. 배관일반(20)	3. 공조냉동 설치 운영(20)
	4. 전기제어공학(20)	
실기시험	공조냉동 설계 실무	공조냉동 설계 실무

1. 시험과목(4과목 → 3과목) 및 출제문제 수(80문항 → 60문항) 축소
2. 문제유형은 기존과 유사하게 출제될 예정
3. 각 과목별 일부 추가항목(보일러, 냉동관련 법규, 설비적산 등) 포함
4. 전기제어공학 출제범위 축소(직류회로, 정전용량과 자기회로, 제어계의 요소·구성·응용, 궤한 제어 등 제외)
5. 실기시험은 현행 유지하며, 만약 변경사항이 있는 경우 최소 6개월 전에 사전 공지

출제기준

직무 분야	기계	중직무 분야	기계장비 설비·설치	자격 종목	공조냉동기계 산업기사	적용기간	2025. 1. 1.~2029. 12. 31.
○ 직무내용 : 산업현장, 건축물의 실내 환경을 최적으로 조성하고, 냉동냉장설비 및 기타 공작물을 주어진 조건으로 유지하기 위해 기술 기초이론 지식과 숙련기능을 바탕으로 공조냉동, 유틸리티 등 필요한 설비를 설계, 시공 및 유지 관리하는 직무이다.							
필기검정방법		객관식		문제수	60	시험시간	1시간 30분

필기 과목명	문제 수	주요항목	세부항목	세 세 항 목
공기조화 설비	20	1. 공기조화의 이론	1. 공기조화의 기초	1. 공기조화의 개요 2. 보건공조 및 산업공조 3. 환경 및 설계조건
			2. 공기의 성질	1. 공기의 성질 2. 습공기 선도 및 상태변화
		2. 공기조화 계획	1. 공기조화 방식	1. 공기조화방식의 개요 2. 공기조화방식 3. 열원방식
			2. 공기조화 부하	1. 부하의 개요 2. 난방부하 3. 냉방부하
			3. 클린룸	1. 클린룸 방식 2. 클린룸 구성 3. 클린룸 장치
		3. 공조조화설비	1. 공조기기	1. 공기조화기 장치 2. 송풍기 및 공기정화장치 3. 공기냉각 및 가열코일 4. 가습·감습장치 5. 열교환기
			2. 열원기기	1. 온열원기기 2. 냉열원기기

출제기준

필기 과목명	문제 수	주요항목	세부항목	세 세 항 목
			3. 덕트 및 부속설비	1. 덕트
				2. 급·환기설비
		4. 공조 프로세서 분석	1. 부하적정성 분석	1. 공조기 및 냉동기 선정
		5. 공조설비 운영 관리	1. 전열교환기 점검	1. 전열교환기 종류별 특징 및 점검
			2. 공조기 관리	1. 공조기 구성 요소별 관리방법
			3. 펌프 관리	1. 펌프 종류별 특징 및 점검
				2. 펌프 특성
				3. 고장 원인과 대책수립
				4. 펌프 운전 시 유의사항
			4. 공조기 필터 점검	1. 필터 종류별 특성
				2. 실내 공기질 기초
		6. 보일러 설비 운영	1. 보일러 관리	1. 보일러 종류 및 특성
			2. 부속장치 점검	1. 부속장치 종류와 기능
			3. 보일러 점검	1. 보일러 점검항목 확인
			4. 보일러 고장 시 조치	1. 보일러 고장 원인 파악 및 조치
냉동냉장 설비	20	1. 냉동이론	1. 냉동의 기초 및 원리	1. 단위 및 용어
				2. 냉동의 원리
				3. 냉매
				4. 신냉매 및 천연냉매
				5. 브라인 및 냉동유
			2. 냉매선도와 냉동사이클	1. 모리엘선도와 상변화
				2. 냉동사이클

과년도 4주 완성

필기 과목명	문제 수	주요항목	세부항목	세 세 항 목
			3. 기초열역학	1. 기체상태변화 2. 열역학법칙 3. 열역학의 일반관계식
		2. 냉동장치의 구조	1. 냉동장치 구성 기기	1. 압축기 2. 응축기 3. 증발기 4. 팽창밸브 5. 장치 부속기기 6. 제어기기
		3. 냉동장치의 응용과 안전관리	1. 냉동장치의 응용	1. 제빙 및 동결장치 2. 열펌프 및 축열장치 3. 흡수식 냉동장치 4. 기타 냉동의 응용
		4. 냉동냉장 부하계산	1. 냉동냉장부하 계산	1. 냉동부하 계산 2. 냉장부하 계산
		5. 냉동설비 설치	1. 냉동설비 설치	1. 냉동·냉각설비의 개요
			2. 냉방설비 설치	1. 냉방설비 방식 및 설치
		6. 냉동설비 운영	1. 냉동기 관리	1. 냉동기 유지보수
			2. 냉동기 부속장치 점검	1. 냉동기·부속장치 유지보수
			3. 냉각탑 점검	1. 냉각탑 종류 및 특성 2. 수질관리
공조냉동 설치·운영	20	1. 배관재료 및 공작	1. 배관재료	1. 관의 종류와 용도 2. 관이음 부속 및 재료 등 3. 관지지장치 4. 보온·보냉 재료 및 기타 배관용 재료
			2. 배관공작	1. 배관용 공구 및 시공 2. 관이음 방법

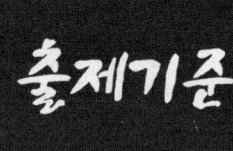

필기 과목명	문제 수	주요항목	세부항목	세 세 항 목
공조냉동 설치·운영	20	2. 배관관련 설비	1. 급수설비	1. 급수설비의 개요
				2. 급수설비 배관
			2. 급탕설비	1. 급탕설비의 개요
				2. 급탕설비 배관
			3. 배수통기설비	1. 배수통기설비의 개요
				2. 배수통기설비 배관
			4. 난방설비	1. 난방설비의 개요
				2. 난방설비 배관
			5. 공기조화설비	1. 공기조화설비의 개요
				2. 공기조화설비 배관
			6. 가스설비	1. 가스설비의 개요
				2. 가스설비 배관
			7. 냉동 및 냉각설비	1. 냉동설비의 배관 및 개요
				2. 냉각설비의 배관 및 개요
			8. 압축공기 설비	1. 압축공기설비 및 유틸리티 개요
		3. 설비 적산	1. 냉동설비 적산	1. 냉동설비 자재 및 노무비 산출
			2. 공조냉난방설비 적산	1. 공조냉난방설비 자재 및 노무비 산출
			3. 급수·급탕·오배수 설비 적산	1. 급수·급탕·오배수 설비 자재 및 노무비 산출
			4. 기타 설비 적산	1. 기타 설비 자재 및 노무비 산출
		4. 공조 급배수 설비 설계도면 작성	1. 공조, 냉난방, 급배수 설비 설계도면 작성	1. 공조·급배수 설비 설계도면 작성
		5. 공조설비 점검 관리	1. 방음/방진 점검	1. 방음/방진 종류별 점검

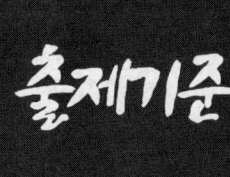

과년도 4주 완성

필기 과목명	문제 수	주요항목	세부항목	세 세 항 목
		6. 유지보수공사 안전관리	1. 관련법규 파악	1. 고압가스 안전관리법(냉동) 2. 기계설비법
			2. 안전작업	1. 산업안전보건법
		7. 교류회로	1. 교류회로의 기초	1. 정현파 교류 2. 주기와 주파수 3. 위상과 위상차 4. 실효치와 평균치
			2. 3상 교류회로	1. 3상 교류의 성질 및 접속 2. 3상 교류전력(유효전력, 무효전력, 피상전력) 및 역률
		8. 전기기기	1. 직류기	1. 직류전동기의 종류 2. 직류전동기의 출력, 토크, 속도 3. 직류전동기의 속도제어법
			2. 변압기	1. 변압기의 구조와 원리 2. 변압기의 특성 및 변압기의 접속 3. 변압기 보수와 취급
			3. 유도기	1. 유도전동기의 종류 및 용도 2. 유도전동기의 특성 및 속도제어 3. 유도전동기의 역운전 4. 유도전동기의 설치와 보수
			4. 동기기	1. 구조와 원리 2. 특성 및 용도 3. 손실, 효율, 정격 등 4. 동기전동기의 설치와 보수
			5. 정류기	1. 정류기의 종류 2. 정류회로의 구성 및 파형

필기 과목명	문제 수	주요항목	세부항목	세 세 항 목
		9. 전기계측	1. 전류, 전압, 저항의 측정	1. 전류계, 전압계, 절연저항계, 멀티메타 사용법 및 전류, 전압, 저항 측정
			2. 전력 및 전력량의 측정	1. 전력계 사용법 및 전력측정
			3. 절연저항 측정	1. 절연저항의 정의 및 절연저항계 사용법 2. 전기회로 및 전기기기의 절연저항 측정
		10. 시퀀스 제어	1. 제어요소의 작동과 표현	1. 시퀀스 제어계의 기본 구성 2. 시퀀스 제어의 제어요소 및 특징
			2. 논리회로	1. 불대수 2. 논리회로
			3. 유접점회로 및 무접점회로	1. 유접점회로 및 무접점회로의 개념 2. 자기유지회로 3. 선형우선회로 4. 순차작동회로 5. 정역제어회로 6. 한시회로 등
		11. 제어기기 및 회로	1. 제어의 개념	1. 제어의 정의 및 필요성 2. 자동제어의 분류
			2. 조절기용 기기	1. 조절기용 기기의 종류 및 특징
			3. 조작용 기기	1. 조작용 기기의 종류 및 특징
			4. 검출용 기기	1. 검출용 기기의 종류 및 특성

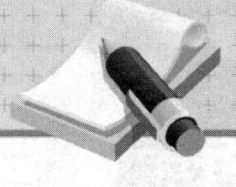
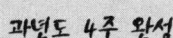

Step 01 공조냉동기계산업기사 핵심 이론

제1장 에너지관리(공기조화)   1

- I. 공기조화의 기초 ·· 3
- II. 공기의 성질 ·· 8
- III. 공조부하 ·· 19
- IV. 공조방식 ·· 24
- V. 공기조화장치 ·· 31
- VI. 덕트 및 부속설비 ··· 40
- VII. 난방 ·· 48
- VIII. 보일러 운전 및 안전관리 ··· 64

제2장 냉동냉장 설비(기초 열역학)   70

- I. 열역학의 기본 사항 ·· 70
- II. 순수물질의 성질 ·· 81
- III. 이상기체 ·· 83
- IV. 열역학 제1법칙 ··· 87
- V. 열역학 제2법칙 ·· 89

제3장 냉동냉장 설비(냉동공학)   95

- I. 냉동의 기초 ·· 95
- II. 냉동사이클 ·· 100

  III. 냉매 ··· 108
  IV. 냉동장치(압축기, 응축기, 팽창밸브, 증발기) ·········· 115
  V. 부속기기 ·· 131
  VI. 냉동기의 시험 및 운전 ·· 140
  VII. 냉장 부하계산 ·· 143

제4장 공조냉동 설치 · 운영(전기제어)   144

  I. 전기의 기초 ··· 144
  II. 교류회로 ·· 150
  III. 전기기기 ·· 160
  IV. 전기측정 ·· 173
  V. 자동제어 ··· 178

제5장 공조냉동 설치 · 운영(배관일반)   201

  I. 배관재료 ·· 201
  II. 배관공작 ··· 215
  III. 배관 도시 ·· 217
  IV. 급배수 · 위생설비 ··· 223
  V. 공조배관 ··· 230
  VI. 냉동설비 ·· 234
  VII. 가스설비 ··· 237
  VIII. 설비 적산 ·· 240

IX. 방음·방진 점검 ………………………………… 245
X. 안전관리의 개요 ………………………………… 250
XI. 고압가스안전관리법 …………………………… 258
XII. 기계설비법 …………………………………… 277
♣ 냉동관련 법규 예상문제 ……………………… 291

| Section 02 | 부록 1. 과년도출제문제　　　1 |

| Section 03 | 부록 2. CBT 기출 복원문제　357 |

단·위·정·리

1. 기본적인 환산 단위
- 1kcal=4.186kJ=4.19kJ=4.2kJ
- 1J/s=1W
- 1kgf=9.8N
- 1kW=1kJ/s=3,600kJ/h

2. 압력
① 표준대기압 : 760mmHg=1.0332kg/cm^2=10.332mAq=101325Pa

② 공학기압 : 1kg/cm^2=10mAq=10,000mmAq=10,000kg/m^2=98,000N/m^2
=98,000Pa=98KPa=0.098MPa≒0.1MPa

③ SI 단위
- 1MPa=10.2kg/cm^2≒10kg/cm^2≒100mAq
- 0.1MPa≒1kg/cm^2
- 1,000HPa≒1kg/cm^2
- 100KPa≒1kg/cm^2
- 100,000Pa≒1kg/cm^2

④ 단위 환산
- 1Pa=1N/m^2
- 1kgf/m^2=9.8N/m^2=9.8Pa
- 1kgf/cm^2=98000N/m^2=98kN/m^2=98kPa

3. 온도 환산
① 섭씨온도 → 화씨온도 : $°F = \dfrac{9}{5} × ℃ + 32$

② 화씨온도 → 섭씨온도 : $℃ = \dfrac{5}{9} × (°F - 32)$

③ 절대온도(K)와 섭씨온도(℃)의 관계 : $t℃ = (t + 273.15)K$

4. 물의 비중량
① 공학 단위 : $γ$=1,000kgf/m^3 ② SI 단위 : $γ$=9,800N/m^3

5. 물의 증발잠열

구분	공학 단위(kcal/kg)	SI 단위(kJ/kg)	비고
100℃ 물 증발잠열	539	2,257	1kcal=4.186kJ 539×4.186=2,257kJ/kg
0℃ 물 증발잠열	597	2,501	1kcal=4.186kJ 597×4.186=2,501kJ/kg
0℃ 물 응고잠열 (얼음 융해 잠열)	80	335	1kcal=4.186kJ 80×4.186=335kJ/kg

6. 물의 가열량

공학 단위	$Q = G \cdot C \cdot \Delta T = G \cdot \Delta T$ [kcal/h] (G : kg/h, C : 1kcal/kg℃)
SI 단위	$Q = G \cdot C \cdot \Delta T = 4.19 \cdot G \cdot \Delta T$ [kW] (G : kg/s, C : 4.19kJ/kg·K) $Q = G \cdot C \cdot \Delta T = 4.19 \cdot G \cdot \Delta T$ [kJ/h] (G : kg/h, C : 4.19kJ/kg·K)

7. 동력 단위 환산

- 1kW=1kJ/s=102kgf·m/s=860kcal/h
- 1PS=1.36kJ/s=75kgf·m/s=632kcal/h
- 1HP=1.34kJ/s=76kgf·m/s=641kcal/h

8. 냉동톤(RT)

공학 단위	1RT=3,320kcal/h=13,911kJ/h 1USRT=3,024kcal/h=12,670kJ/h (여기서, 1kcal/h=4.19kJ/h)
SI 단위	1RT=3,320kcal/h=3,320kcal/h $\times \dfrac{4.186 \text{kW}}{1 \text{kcal}} \times \dfrac{1h}{3600s}$ =3.86kW 1USRT=3,024kcal/h=3,024kcal/h $\times \dfrac{4.186 \text{kW}}{1 \text{kcal}} \times \dfrac{1h}{3600s}$ =3.52kW

9. 벽체 관류열량

공학 단위	$Q = K \cdot A \cdot \Delta T$ [kcal/h] (여기서, K(열관류율) : kcal/m²h℃)
SI 단위	$Q = K \cdot A \cdot \Delta T$ [W] (여기서, K(열관류율) : W/m²·K)

구분	열관류율	열전도율	벽체 두께	비고(환산식)
공학 단위	kcal/m²h℃	kcal/mh℃	m	1kW=860kcal/h
SI 단위	W/m²·K	W/m·K	m	1W/m²·K=0.86kcal/m²h℃

10. 표준방열량

구분	공학 단위(kcal/h)	SI 단위(kW)	비고(환산식)
온수	450	0.523	450kcal/h $\times \dfrac{4.186 \text{kW}}{1 \text{kcal}} \times \dfrac{1h}{3600s}$ =0.523kW
증기	650	0.756	650kcal/h $\times \dfrac{4.186 \text{kW}}{1 \text{kcal}} \times \dfrac{1h}{3600s}$ =0.756kW

단·위·정·리

11. 상당증발량

공학 단위	$G_e = \dfrac{G_s \cdot (h_2 - h_1)}{538.8}$	여기서, 538.8kcal/kg : 100℃ 물 증발잠열
SI 단위	$G_e = \dfrac{G_s \cdot (h_2 - h_1)}{2257}$	여기서, 2,257kJ/kg : 100℃ 물 증발잠열

12. 습공기 엔탈피

공학 단위	$h = C_p \cdot T + x(\gamma + C_v \cdot T) = 0.24 \cdot T + x(597 + 0.44 \cdot T)\,[\text{kcal/kg}]$
SI 단위	$h = C_p \cdot T + x(\gamma + C_v \cdot T) = 1.01 \cdot T + x(2501 + 1.85 \cdot T)\,[\text{kJ/kg}]$

여기서, 공기의 정압비열 $C_p = 0.24\text{kcal/kg℃} = 1.01\text{kJ/kgK}$
　　　　수증기의 정압비열 $C_v = 0.44\text{kcal/kg℃} = 1.85\text{kJ/kgK}$
　　　　0℃에서 물의 증발잠열 $\gamma = 597\text{kcal/kg} = 2{,}501\text{kJ/kg}$

13. 극간풍 부하(풍량 : G=kg/h, Q=m^3/h)

① 공학 단위
　㉠ 현열 : $Q_s = G \cdot C \cdot \Delta T = 0.29 \cdot Q \cdot \Delta T\,[\text{kcal/h}]$
　　　여기서, 0.29 : 단위환산계수($\rho = 1.2\text{kg/}m^3$, $C_p = 0.24\text{kcal/kg℃}$ 적용)
　　　　　환산식 : $1.2 \times 0.24 \fallingdotseq 0.29$
　㉡ 잠열 : $Q_l = \gamma \cdot G \cdot \Delta x = 717 \cdot Q \cdot \Delta x\,[\text{kcal/h}]$
　　　여기서, 717 : 단위환산계수(0℃에서 물의 증발잠열 $\gamma = 597\text{kcal/kg}$ 적용)
　　　　　환산식 : $1.2 \times 597 \fallingdotseq 717$

② SI 단위
　㉠ 현열 : $Q_s = G \cdot C \cdot \Delta T = 1.01G \cdot \Delta T = 1.21Q \cdot \Delta T\,[\text{kJ/h}] = 0.34 \cdot Q \cdot \Delta T\,[\text{W}]$
　　　여기서, 0.34 : 단위환산계수($\rho = 1.2\text{kg/}m^3$, $C_p = 1.01\text{kJ/kgK}$ 적용)
　　　　　환산식 : $1.2 \times 1.01 \times \dfrac{1000\text{W}}{1\text{kW}} \times \dfrac{1h}{3600s} \fallingdotseq 0.34$
　㉡ 잠열 : $Q_l = \gamma \cdot G \cdot \Delta x = 2501 \cdot G \cdot \Delta x\,[\text{kJ/h}] = 834 \cdot Q \cdot \Delta x\,[\text{W}]$
　　　여기서, 834 : 단위환산계수(0℃에서 물의 증발잠열 $\gamma = 2{,}501\text{kJ/kg}$ 적용)
　　　　　환산식 : $1.2 \times 2{,}501 \times \dfrac{1000\text{W}}{1\text{kW}} \times \dfrac{1h}{3600s} \fallingdotseq 834$

part 01
공조냉동기계산업기사 핵심 이론

chapter 01 에너지관리(공기조화)

I. 공기조화의 기초

1. 공기조화

어느 장소의 공기상태(온도, 습도, 청정도, 기류 속도)를 사용 목적에 알맞도록 유지하는 것

2. 공기조화의 4요소

① 온도 : 공기의 가열 또는 냉각(현열변화)
② 습도 : 공기의 가습 또는 감습(잠열변화)
③ 청정도 : 공기의 여과, 세척, 희석, 살균 등에 의한 먼지, 가스냄새, 세균의 제거 등
④ 기류 속도 : 공기의 속도, 방향, 분포, 흐름의 경로 등
           (난방 0.13~0.18m/s, 냉방 0.1~0.25m/s)

3. 공기조화의 분류

구분	쾌감(보건)용 공조	산업용 공조
대상	사람	산업제품의 생산 및 보관 등
목적	쾌적한 환경을 유지하여 인체의 건강, 위생 및 근무환경을 향상시키는 것	최적의 열환경 및 공기 청정도를 유지하여 제품의 품질 향상, 공정속도의 증가로 생산성 향상, 불량률 감소, 제조원가 절감 등
적용 장소	주택, 사무실, 오피스텔, 백화점, 병원, 호텔, 극장 등	제약공장, 섬유공장, 반도체 공장, 연구소, 창고, 전산실 등

4. 공조설비의 구성

① 열원설비 : 보일러, 냉동기
② 공기조화기 : 에어필터, 가열기, 냉각코일, 에어와셔 등
③ 열운반, 분배장치 : 팬, 덕트, 배관, 펌프, 취출구 등
④ 자동제어장치 : 실내조건을 유지하기 위해 공조설비를 자동으로 조절하는 장치

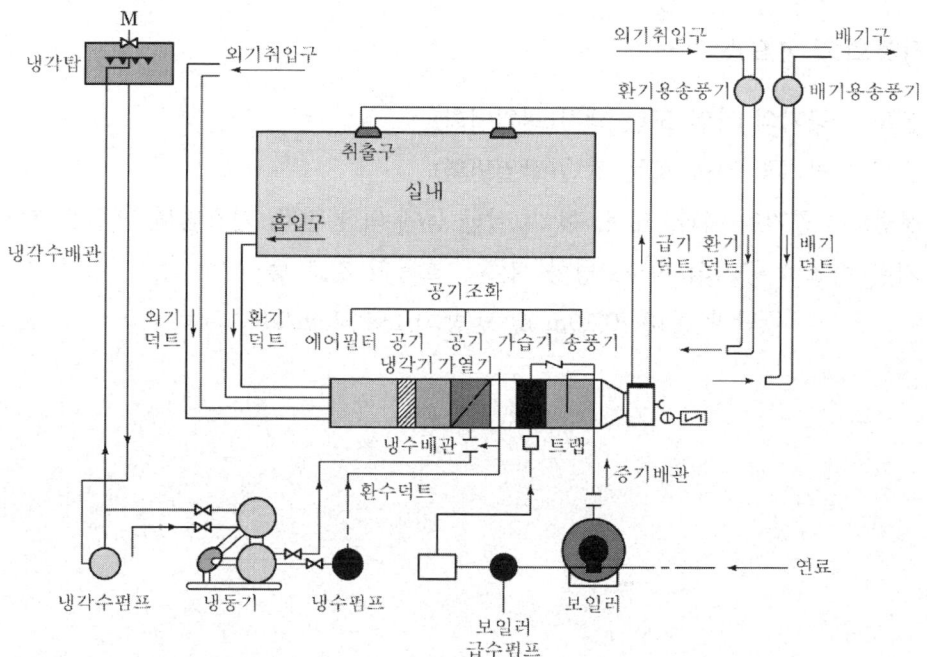

5. 실내 환경기준

항 목	기 준 치
부유 분진량	공조 $1m^3$당 0.15mg 이하
CO 함유량	10ppm 이하
CO_2 함유량	1,000ppm 이하
온도	17℃ 이상 28℃ 이하, 거실의 온도를 외기온도보다 낮게 할 때는 그 차를 심하게 하지 않을 것
상대습도	40% 이상, 70% 이하
기류	0.5m/s 이하

6. 클린룸(Clean room)

공기 중 부유분진, 유해가스, 미생물 등의 오염물질을 제어해야 하는 공간으로 분진 입자의 크기에 따라 분진수를 측정하여 청정도를 등급별로 체계화한 공간

① 산업용 클린룸(ICR : Industrial Clean Room) : 공기 중에 떠다니는 먼지, 가스, 미생물 등의 오염물질까지도 제어하는 극소로 만든 설비이다. 청정 대상이 주로 먼지인 경우로 정밀측정실이나 반도체산업, 필름공업 등에서 적용된다.

② 바이오 클린룸(BCR : Bio Clean Room) : 미세먼지 미립자 뿐만 아니라 세균, 곰팡이, 바이러스 등의 생물성 입자에 의한 오염을 제어하며, 병원의 수술실, 제약공장의 특별한 공정, 유전공학 등에 적용된다.

③ 클린룸 청정도 : 공간 내 부유입자 농도에 따른 청정도 클래스에 의해 나타내며, 클린룸의 등급은 Class M1, Class M10, Class M100, Class M1,000, Class M10,000, Class M10,000,000으로 표기한다.

> **클래스(Class)**
> ① ISO 규격 : $1m^3$ 공기 중에 포함된 $0.1\mu m$ 이상의 미립자수
> ② 미국 규격 : $1ft^3$ 공기 중에 포함된 $0.5\mu m$ 이상의 미립자수

④ 기류 방식에 따른 클린룸 분류
  ㉠ 비단일 방향류 방식(난류방식)
  ㉡ 수평 단일 방향류 방식(수평 층류)
  ㉢ 수직 단일 방향류 방식(수직 층류)
  ㉣ 혼합류 방식

7. 실내 적정온도

구분	일반조건		에너지 절약조건	
	건구온도[℃]	상대습도[%]	건구온도[℃]	상대습도[%]
냉방(여름)	26~28	50	28	55
난방(겨울)	20~22	50	18	35

8. 실내환경 지표

(1) 작용온도(OT)

실내기류와 습도의 영향을 무시하고, 기온(t_a)과 주위벽의 평균복사온도(MRT)의 영향을 조합시킨 지표($OT = \dfrac{t_a + MRT}{2}$)

(2) 평균복사온도(MRT : Mean Radiant Temp.)

실내표면의 평균온도로 인체가 주위 환경과 복사 열교환할 때 동일한 열량의 주위 온도

(3) 유효온도(감각온도, ET)

① 온도, 습도, 기류를 고려한 온도로서 쾌적의 감각을 나타내는 체감온도
② 정지공기(기류 0.08~0.13m/s), 상대습도 100%일 때를 기준으로 한 쾌감온도

(4) 수정유효온도(CET)

유효온도(온도, 습도, 기류)에 복사열을 고려한 지표

(5) 신유효온도(NET, ET*)

유효온도에 착의상태를 고려한 온도

(6) 표준유효온도(SET)

① 표준환경조건(기류 0.125m/s, 상대습도 50%, 착의상태 0.6clo 기준)을 고려한 신유효온도를 발전시킨 최신 쾌적지표
② 개인적 요소 : 활동량, 착의량, 나이, 성별
③ 활동량(인체 대사량) : 1met(Metabolic Rate)를 기준
  ㉠ 조용히 앉아 있는 휴식 상태 : 1met=58.2W/m²
  ㉡ 일반 사무 : 1.1~1.3met
④ 착의량 : clo(의복의 열절연성의 단위)를 기준
  ㉠ 1clo=0.155m² · ℃/W
  ㉡ 겨울철의 두꺼운 신사복 : 0.1clo, 여름철의 얇은 신사복 : 0.6clo

(7) 불쾌지수(DI : Discomfort Index)

날씨에 따라서 사람이 불쾌감을 느끼는 정도를 기온과 습도를 이용해 나타내는 수치로 기온이 높고 습할수록 높아진다.

불쾌지수(DI)$= 0.72 \times (t_D + t_W) + 40.6$

여기서, 건구온도 : t_D[℃], 습구온도 : t_W[℃]

(8) 예상온열감(PMV)

① 인간과 주위 환경의 6가지 열환경 요소(기온, 습도, 기류속도, 평균복사온도, 대사량, 착의량)를 측정하여 인체의 열평형에 기초한 쾌적방정식
② 일반적으로 재실자가 쾌적하다고 느끼는 예상온열감은 <u>-0.5~+0.5</u>의 범위이다.

9. 결로

① 결로현상 : 습공기가 차가운 벽이나 천장, 바닥 등에 닿으면 공기 중에 함유된 수분이 응축되어 그 표면에 이슬이 맺히는 현상을 말한다. 이와 같은 결로현상이 물체의 표면에서 발생하는 것을 표면결로라 한다.

② 표면결로 방지 조건
　㉠ 공기와의 접촉면 온도를 항상 노점온도 이상으로 유지
　㉡ 유리창 : 공기층이 밀폐된 2중 유리(pair glass)를 사용
　㉢ 벽체 : 단열재를 부착하여 벽면의 온도가 노점온도 이상이 되도록 함
　㉣ 실내에서 발생하는 가습량을 억제
　㉤ 다습한 외기를 도입하지 않도록 한다.
　㉥ 실내 상대습도를 30~40%로 유지한다.
③ 표면결로 방지 온도

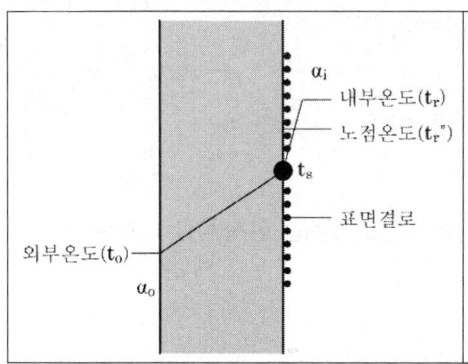

$t_r'' < t_s = t_r - \dfrac{K}{\alpha_i}(t_r - t_o)$

t_r'' : 실내공기의 노점온도[℃]
t_s : 유리면 또는 벽면의 표면온도[℃]
t_r : 실내공기의 온도[℃]
t_o : 실외공기의 온도[℃]
K : 유리 또는 벽체 열관류율[W/m²·K]
α_i : 유리 또는 벽체 내표면 열전달률[W/m²·K]

II 공기의 성질

1. 공기의 종류

① 건조공기 : 수분을 전혀 함유하지 않은 공기로 실제적으로는 존재하지 않는다.
　(이론적 공기)
② 습공기 : 수증기를 함유한 공기

> **표준 공기**
> 온도 20℃, 절대 압력 101.3kPa, 상대 습도 65%의 습공기

2. 기본 상태량

① 공기의 상태량

구 분		기 호	SI 단위
건조공기	밀도(20℃)	ρ	1.2kg/m^3
	비체적	v_a	$v_a = \dfrac{1}{\rho} = 0.83 \text{m}^3/\text{kg}$
	정압비열	C_p	$1.01 \text{kJ/kg} \cdot \text{K}$
수증기	정압비열	C_ω	$1.85 \text{kJ/kg} \cdot \text{K}$
	증발잠열(0℃)	γ_ω	2501kJ/kg
	증발잠열(100℃)	γ_ω	2257kJ/kg

② 엔탈피

구 분	엔탈피(kJ/kg)
건공기	$h_a = C_p t = 1.01t$
수증기	$h_w = (\gamma_\omega + C_\omega t)x = (2501 + 1.85t)x$
습공기	$h = h_a + h_w = C_p \cdot t + (\gamma_w + C_w \cdot t)x = 1.01t + (2501 + 1.85t)x$

③ 절대습도(x, kg/kg)

㉠ 건공기 1kg 중에 포함되어 있는 수증기 중량

㉡ 기온이 높은 여름철에는 절대습도가 높고, 기온이 낮은 겨울철에는 낮다.

㉢ 절대습도는 온도를 냉각하거나 가열하여도 변화가 없다.

$$x = 0.622 \times \frac{P_v}{P - P_v} = 0.622 \times \frac{\phi P_s}{P - \phi P_s}$$

여기서, P : 대기압, P_v : 수증기분압, P_s : 포화공기의 분압, ϕ : 상대습도

④ 상대습도(ϕ, %)

습공기의 수증기 분압(P_v)과 동일 온도에 있어서 포화공기의 수증기 분압(P_s)과의 비로 기온이 높아 포화수증기량이 커서 상대습도가 낮고, 밤이나 새벽에는 기온이 낮아 반대로 포화수증기량이 작아서 습도가 높다.

$$\phi = \frac{P_v}{P_s} \times 100(\%)$$

> **참고**
> ① $P_v = P_s$: 포화공기(상대습도 100%)
> ② $P_v < P_s$: 불포화공기
> ③ $P_v = 0$: 건조공기

⑤ 노점온도(Dew Point Temperature : DP) : 공기를 냉각하면 습공기 중에 함유된 수증기가 결로(응결)되어 이슬이 맺히기 시작되는 온도

⑥ 무입공기(fogged air) : 포화수증기 이상의 수분을 함유하여 미세한 물방울(안개)로 존재하는 공기

⑦ 포화도(ψ, %) : 습공기의 절대습도(x_w)와 동일 온도에 있어서 포화공기의 절대습도(x_s)의 비

$$\text{포화도(비교습도) } \psi = \frac{x_w}{x_s} \times 100\,[\%]$$

⑧ 현열비(sensible heat factor : SHF) : 전열량에 대한 현열량의 비로 실내로 송출되는 공기의 온·습도 결정에 사용

$$SHF = \frac{\text{현열}}{\text{전열}} = \frac{\text{현열}}{\text{현열}(q_s) + \text{잠열}(q_l)}$$

> **현열과 잠열**
> ① 현열(감열) : 물질의 상태 변화 없이 온도변화에만 필요한 열
> ② 잠열 : 물질의 온도 변화 없이 상태변화에만 필요한 열

⑨ 열평형, 물질평형, 열수분비

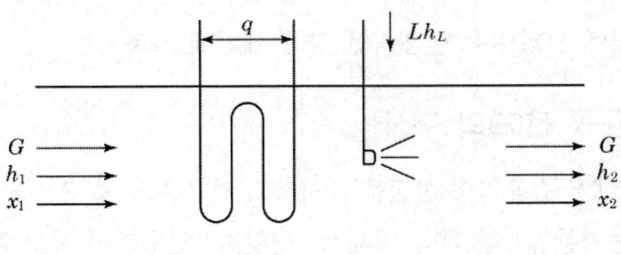

㉠ 열평형 : $h_2 - h_1 = \dfrac{q_s + Lh_L}{G}$

㉡ 물질평형 : $x_2 - x_1 = \dfrac{L}{G}$ (수공기비)

㉢ 열수분비 : 공기 중의 수분량(절대습도)의 변화량에 따른 전열량(엔탈피)의 변화량

$$U = \dfrac{dh}{dx} = \dfrac{h_2 - h_1}{x_2 - x_1} = \dfrac{\dfrac{q_s + Lh_L}{G}}{\dfrac{L}{G}} = \dfrac{q_s}{L} + h_L$$

열수분비(μ)와 현열비(SHF)와의 관계식

$$\mu = \dfrac{1}{\text{SHF}} \cdot \dfrac{q_S}{L}$$

3. 습공기 선도

습공기의 열역학적 상태량을 수치화하여 공기의 상태변화와 공조계산 등을 목적으로 만들어진 선도

(1) 습공기 선도의 분류

① 엔탈피와 절대습도 선도(i-x 선도) : 엔탈피와 절대습도를 기준하며 이론적인 계산에 많이 사용

② 온도와 절대습도 선도(t-x 선도) : 건구온도와 절대습도를 좌표로 하는 선도
③ 온도와 엔탈피 선도(t-i 선도) : 건구온도와 엔탈피를 기준하며 공기와 수증기의 변화를 동시에 나타내며 실용적인 각종 계산에 사용

(2) 습공기 선도(i-x 선도)의 구성

표준대기압 상태에서 습공기의 성질을 표시하고 건구온도, 습구온도, 노점온도, 상대습도, 절대습도, 수증기분압, 엔탈피, 비체적, 현열비, 열수분비 등으로 구성되어 있다.

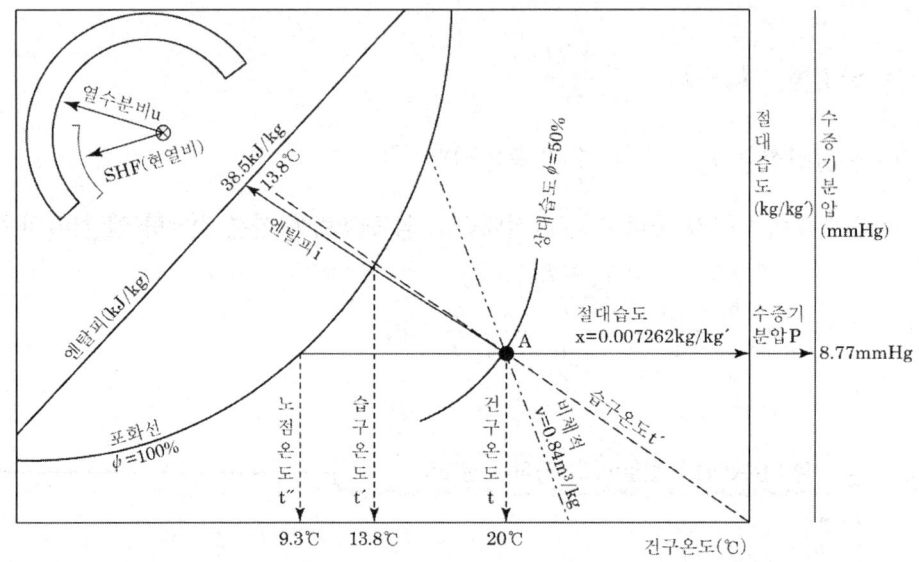

(3) 습공기 선도에서 공기의 상태변화

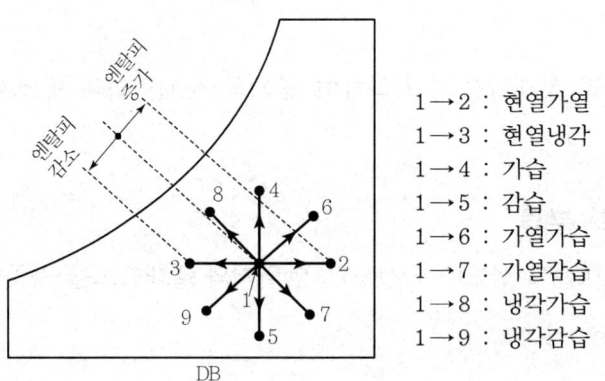

1→2 : 현열가열
1→3 : 현열냉각
1→4 : 가습
1→5 : 감습
1→6 : 가열가습
1→7 : 가열감습
1→8 : 냉각가습
1→9 : 냉각감습

1. 에너지관리(공기조화)

상태	건구온도	상대습도	절대습도	엔탈피
가열(1 → 2)	상승	감소	일정	증가
냉각(1 → 3)	감소	증가	일정	감소
가습(1 → 4)	일정	증가	증가	증가
감습(1 → 5)	일정	감소	감소	감소

가열과 냉각(현열변화)	가습과 감습(잠열변화)
(그림)	(그림)
가열 및 냉각열량(kW) $q_s = GC_p \Delta t = G(i_2 - i_1)$ $\quad = \rho Q C_p \Delta t$	① 가습 및 감습열량(kW) $\quad q_L = G(i_2 - i_1)$ ② 가습량 또는 감습량(kg/s) $\quad L = G(x_2 - x_1) = \rho Q(x_2 - x_1)$
여기서, 공기량 : G[kg/s], Q[m³/s] C_p : 공기의 정압비열[1.01kJ/kg·K] ρ : 공기의 밀도[1.2kg/m³] γ_ω : 0℃ 수증기의 증발잠열[2,501kJ/kg]	

(4) 가습방식에 따른 공기의 상태변화

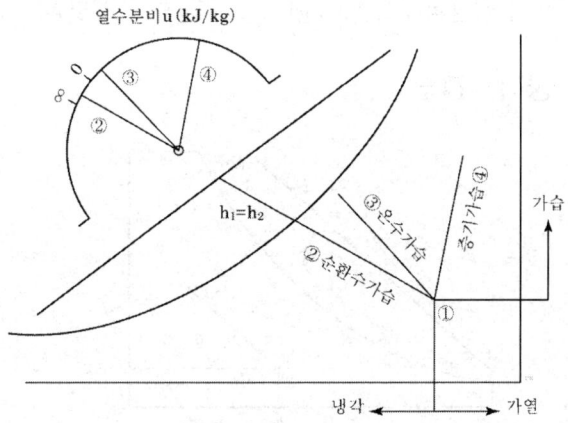

① 순환수 분무가습(단열가습, 세정) : 등엔탈피선을 따라 변화
② 온수 분무가습 : 열수분비선을 따라 변화
③ 증기가습 : 가습효율이 가장 좋으며 열수분비선을 따라 변화

(5) 공기의 혼합(외기와 실내공기(환기))

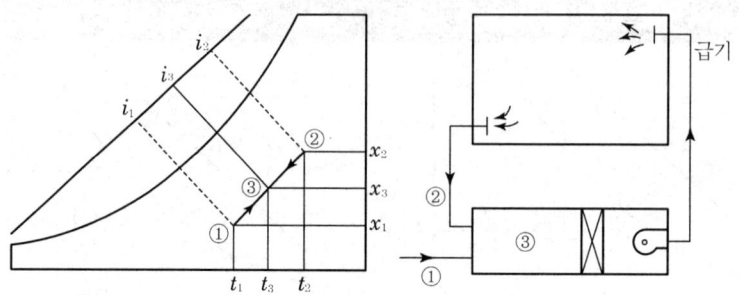

① 혼합온도 $t_3 = \dfrac{G_1 t_1 + G_2 t_2}{G_1 + G_2}$ [℃]

② 혼합엔탈피 $i_3 = \dfrac{G_1 i_1 + G_2 i_2}{G_1 + G_2}$ [kJ/kg]

③ 혼합절대습도 $x_3 = \dfrac{G_1 x_1 + G_2 x_2}{G_1 + G_2}$ [kg/kg']

여기서, 외기공기량 : G_1[kg/s]　　　환기공기량 : G_2[kg/s]
　　　　외기온도 : t_1[℃]　　　　　환기온도 : t_2[℃]
　　　　외기절대습도 : x_1[kg/kg']　　환기절대습도 : x_2[kg/kg']
　　　　외기 엔탈피 : i_1[kJ/kg]　　　환기 엔탈피 : i_2[kJ/kg]

(6) 가열 · 가습 및 냉각 · 감습

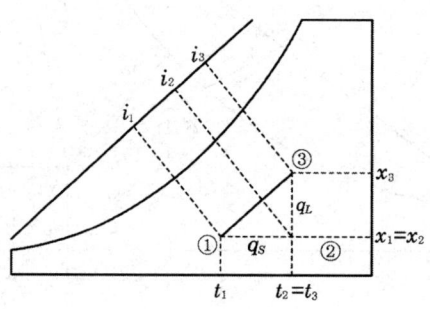

① 전열량(kW) : $q_t = q_S + q_L = G[(i_2 - i_1) + (i_3 - i_2)] = G(i_3 - i_1) = \rho Q(i_3 - i_1)$

② 가습 및 감습량(kg/s) : $L = G(x_3 - x_2) = \rho Q(x_3 - x_2)$

(7) 혼합, 냉각 재열과정 : 여름(냉방)

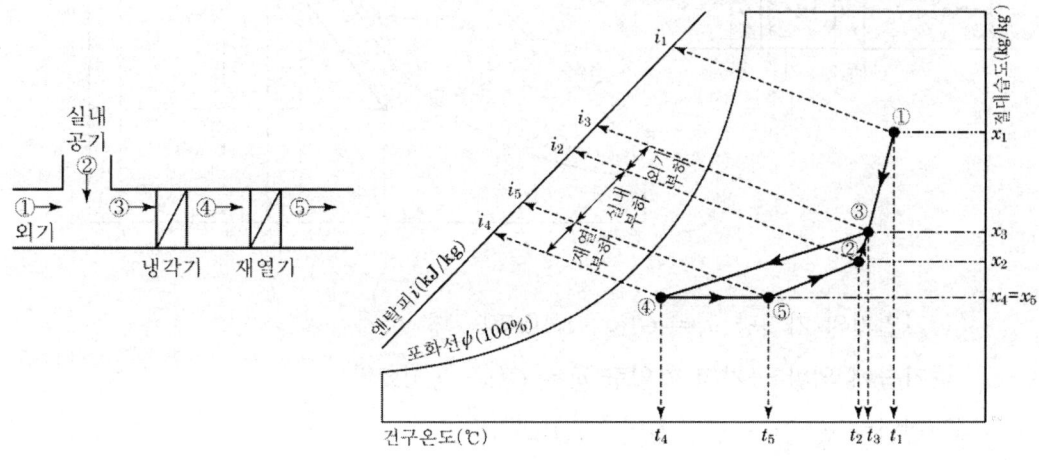

㉠ 냉각열량

q_c = 외기부하 + 실내취득부하 + 재열기부하

$= G(i_3 - i_2) + G(i_2 - i_5) + G(i_5 - i_4)$

$= G(i_3 - i_4)[\text{kW}]$

㉡ 감습량 $L = G(x_3 - x_4)[\text{kg/s}]$

㉢ 송풍량 $G = \dfrac{q_s}{C_p(t_2 - t_5)}[\text{kg/s}], \quad Q = \dfrac{q_s}{\rho C_p(t_2 - t_5)}[\text{m}^3/\text{s}]$

㉣ 공조기 취출온도 $t_5 = t_2 - \dfrac{q_s}{C_p G} = t_2 - \dfrac{q_s}{\rho C_p Q}$

㉤ 외기부하 $q_o = G(i_3 - i_2)[\text{kW}]$

㉥ 실내부하 $q_r = (i_2 - i_5)[\text{kW}]$

㉦ 재열부하 $q_{rhc} = G(i_5 - i_4)[\text{kW}]$

㉧ 냉동기용량 $R = q_c \times 1.15[\text{kW}]$ (배관부하 + 펌프부하 + 여유율 15% 고려)

(8) 혼합, 가열 가습과정 : 겨울(난방)

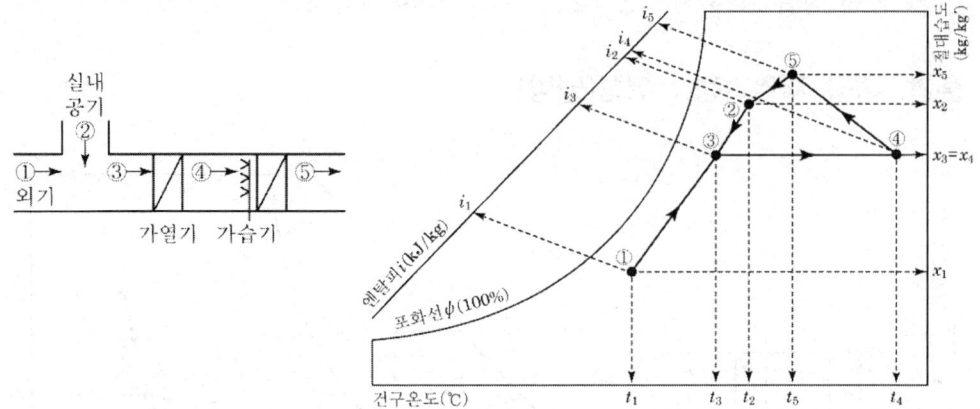

- ㉠ 가열기의 가열량 $q_h = G(i_4 - i_3)[\text{kW}]$
- ㉡ 가습에 의한 공기의 가열량 $q_s = G(i_5 - i_4)[\text{kW}]$
- ㉢ 전열량 $q_t = q_h + q_s = G(i_5 - i_3)[\text{kW}]$
- ㉣ 가습량 $L = G(x_5 - x_4)[\text{kg/s}]$
- ㉤ 송풍량 $G = \dfrac{q_s}{C_p(t_5 - t_2)}[\text{kg/s}], \quad Q = \dfrac{q_s}{\rho C_p(t_5 - t_2)}[\text{m}^3/\text{s}]$
- ㉥ 외기부하 $q_o = G(i_2 - i_3)[\text{kW}]$
- ㉦ 실내부하 $q_r = G(i_5 - i_2)[\text{kW}]$
- ㉧ 보일러용량 $q_B = q_h \times 1.15[\text{kW}]$ (배관부하+펌프부하+여유율 15% 고려)

4. 장치 내 실제변화

(1) 혼합 가열

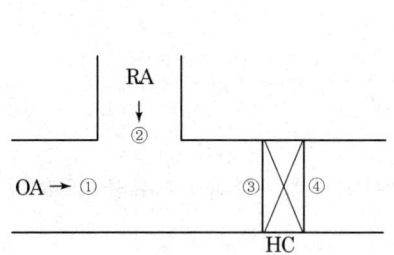
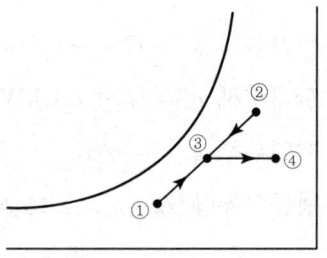

1. 에너지관리(공기조화)

(2) 혼합 → 예열 → 세정 → 재열

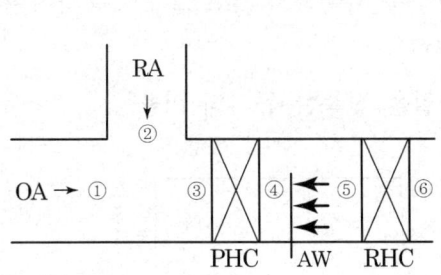
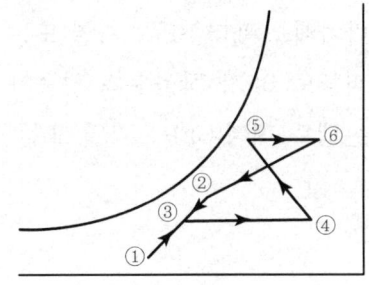

(3) 외기 예열 → 혼합 → 세정 → 재열

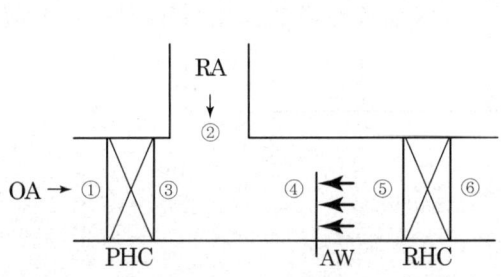
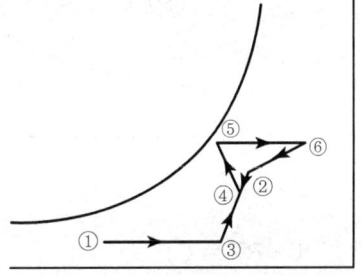

(4) 외기 예냉 → 혼합 → 냉각

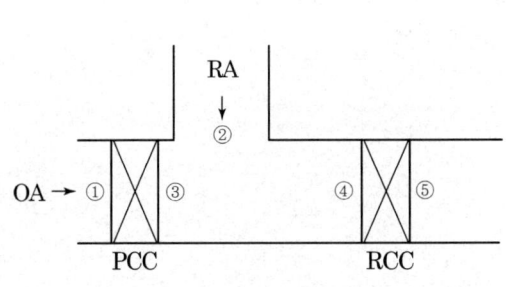
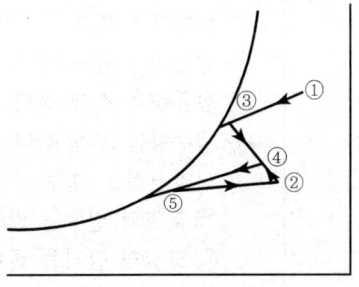

5. 바이패스 팩터(BF)와 콘택트 팩터(CF)

① 바이패스 팩터(BF) : 가열 또는 냉각코일을 접촉하지 않고 그대로 통과하는 공기의 비율로 BF가 작을수록 성능이 우수하다.

② 콘택트 팩터(CF) : 가열 또는 냉각코일을 접촉한 공기의 비율

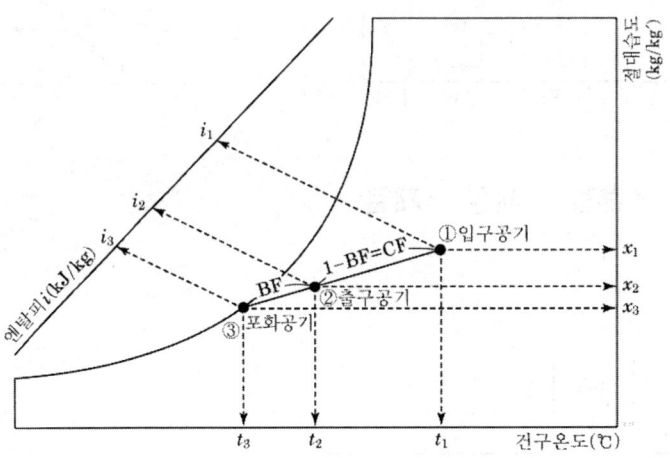

$$1 - BF = CF$$

$$BF = \frac{t_2 - t_3}{t_1 - t_3} = \frac{i_2 - i_3}{i_1 - i_3} = \frac{x_2 - x_3}{x_1 - x_3}, \quad CF = \frac{t_1 - t_2}{t_1 - t_3} = \frac{i_1 - i_2}{i_1 - i_3} = \frac{x_1 - x_2}{x_1 - x_3}$$

> **참고**
>
> ※ 바이패스 팩터를 작게 하는 방법(공조기의 성능을 양호하게 하는 방법)
> ① 실내의 장치노점온도(ADP)를 높게 한다.
> ② 송풍량을 적게 한다.
> ③ 냉수량을 많게 한다.
> ④ 전열면적을 크게 한다.
>   ㉠ 코일의 열수를 많게 한다.
>   ㉡ 코일의 간격을 좁게 한다.
> ⑤ 콘택트 팩터를 크게 한다.

Ⅲ 공조부하

1. 공조부하 계산

(1) 기간부하 계산

어떤 기간 또는 연간을 통하여 모든 시각의 부하를 계산하는 것으로 부하변화에 응하는 합리적인 공조방식을 계획하거나 또는 기간 및 연간 운전비와 에너지 소비량을 산출하는 기초로 사용

① 정적해석법 : 냉난방도일법, 확장도일법, 가변도일법, 표준 Bin법, 수정 Bin법 등
② 동적해석법 : 가중계산법, 응답계수법 등

(2) 최대 부하 계산

하루 중 건물부하가 최대로 되는 시간(peak hour)에 대하여 열량을 계산하는 방법으로 일본의 축열계수법과 미국의 CLTD/SCL/CLF법이 있으며 주로 송풍량이나 장치 용량을 결정

> **냉난방도일**
>
> 날씨의 덥고 추운 정도를 표시하는 지수로 매일의 일평균 기온과 기준 온도와의 차이를 일 년 동안 누적 합산하여, 일평균 기온이 기준 온도보다 높은 경우(26℃ 이상)는 냉방도일로, 낮은 경우(18℃ 이하)는 난방도일로 계산한다.
> 난방도일 값이 크다는 것은 기후가 춥다는 것과 난방을 위해 연료비가 많이 드는 것을 의미하며, 냉방도일 값이 크다는 것은 기후가 덥고 냉방을 위해 전력이 많이 소모된다는 것을 의미한다.

2. 공조부하의 종류

부하			내용	매체	열의 종류		냉방 부하	난방 부하
					현열	잠열		
실내부하	외부 요인	일사	유리면을 투과하는 일사	창유리	○		○	
			외기에 면하는 벽체, 유리의 표면온도를 상승시키는 일사	지붕, 외벽, 유리	○		○	○
		주위와의 온도차	외기와의 온도차에 의한 전도열	지붕, 외벽, 유리	○		○	○
			인접실, 코어부와의 온도차에 의한 전도열	내벽, 칸막이, 바닥, 천장	○		○	○
		침입공기	섀시, 문으로 침입하는 틈새바람	창문, 문, 개구부 및 틈새	○	○	○	○
		온도, 습도	비공조 영역으로 침입하는 틈새바람	문, 개구부, 틈새	○		○	○
	내부 요인	내부 발열	조명발열	조명기기	○		○	
			인체발열	인체	○	○	○	
			기기발열	실내기기	○		○	
외기 부하		외기온도, 습도	외기를 실내상태와 같게 하는데 필요한 열량	도입기기	○	○	○	○
기타			덕트, 팬	공조기기	○		○	○
			배관, 펌프	공조기기	○		○	○

3. 부하계산 조건

① 실내 조건 : 부하계산 실내조건은 국토교통부 고시 건축물의 에너지절약설계기준을 적용한다.

② 외기 온·습도 조건 : 부하계산 외기 온·습도 조건은 국토교통부 고시 건축물의 에너지절약설계기준을 적용한다. 그리고 일반적인 건축물인 경우 TAC 2.5%, 엄밀한 조건을 요구하는 건축물인 경우 TAC 1%를 적용한다.

1. 에너지관리(공기조화)

 TAC 온도(TAC 위험률)

① 냉난방 설계 외기온도를 결정할 때, 냉난방 기간 중 외기설정온도 밖으로 벗어나는 비율(%)을 고려한 온도
② TAC 2.5%는 냉방, 난방 운전기간 중 2.5%에 해당하는 시간의 온도가 설계온도를 초과하는 것으로 TAC 위험률의 값이 낮을수록 장치용량이 커진다.

4. 냉방부하 계산(CLTD/SCL/CLF법)

분류	부하 요소 및 내용		계산식(단위 W)
외피부하	외벽, 지붕	전도열	$q = K \times A \times (CLTD)$
	칸막이, 내벽	전도열	$q = K \times A \times \Delta T$
	유리	전도열	$q_{GC} = K \times A \times (CLTD)$
		일사열	$q_{GR} = A \times (SC) \times (SCL)$
	틈새바람	현열	$q_{IS} = \rho C_p Q_i (t_o - t_i) = 0.34 Q_i (t_o - t_i)$
		잠열	$q_{IL} = \rho \gamma Q_i (x_o - x_i) = 834 Q_i (x_o - x_i)$
내부부하	재실인원 발열	현열	$q_S = N \times SHG_P \times CLF$
		잠열	$q_L = N \times LHG_P \times CLF$
	조명 발열	백열등	$q_E = W \times f$
		형광등	$q_E = W \times f \times 1.2$
	기기 발열	현열	$q_S = SHG_{APPL} \times CLF$
		잠열	$q_L = SHG_{APPL} \times CLF$
	동력기기 발열	현열	$q = SHG_P \times CLF$ $SHG_P = P \cdot f_e \cdot f_o \cdot f_k$
환기부하	침입외기	현열	$q_{FS} = \rho C_p Q_f (t_o - t_i) = 0.34 Q_f (t_o - t_i)$
		잠열	$q_{FL} = \rho \gamma Q_f (x_o - x_i) = 834 Q_f (x_o - x_i)$

K : 열통과율[W/m²K] N : 인원수[인]
CLTD : 냉방부하 온도차[K] SHG_P : 인체발생 현열[W/인]

A : 벽 또는 유리의 면적[m^2]
ΔT : 실내외 온도차[℃]
SC : 차폐계수
SCL : 일사냉방부하[W/m^2]
ρ : 공기밀도[1.2kg/m^2]
SHG_{APPL} : 기기 취득열량[W]
P : 전동기 출력[W]
f_e : 전동기 사용률
f_k : 전동기와 기계의 상태
C_p : 공기의 정압비열[1.01kJ/kg·K]
0.34 : 1.2kg/m^3 × 1.01kJ/kg·K × ($\frac{1{,}000}{3{,}600}$)

834 : 1.2kg/m^3 × 2,501kJ/kg × ($\frac{1{,}000}{3{,}600}$)

LHG_P : 인체발생 잠열[W/인]
CLF : 냉방부하계수
W : 전체 조명전력[W]
f : 조명 점등률(사용률)
1.2 : 안정기 계수(발열량의 20%)
γ : 0℃ 물의 증발잠열[2,501kJ/kg]
Q_i : 침입외기량[m^3/h]
f_o : 전동기 부하율
Q_f : 환기량[m^3/h]

> **참고**
>
> ① 열통과율(열관류율) $K = \dfrac{1}{\dfrac{1}{\alpha_1} + \Sigma \dfrac{l}{\lambda} + \dfrac{1}{\alpha_o}}$ [W/m^2·K]
>
> 여기서, α_i : 내표면 열전달률[W/m^2·K]
> α_o : 외표면 열전달률[W/m^2·K]
> λ : 재질 또는 물질의 열전도율[W/m·K]
> l : 재질 또는 물질의 두께[m]
>
> ② f_k : 전동기와 기계의 상태(η : 전동기 효율)
>
> ㉠ 전동기와 기계가 실내에 있는 경우 : $f_k = \dfrac{1}{\eta}$
>
> ㉡ 전동기는 실외, 기계는 실내에 있는 경우 : $f_k = 1$
>
> ㉢ 전동기는 실내, 기계는 실외에 있는 경우 : $f_k = \dfrac{1-\eta}{\eta}$

5. 냉방부하와 기기용량과의 관계

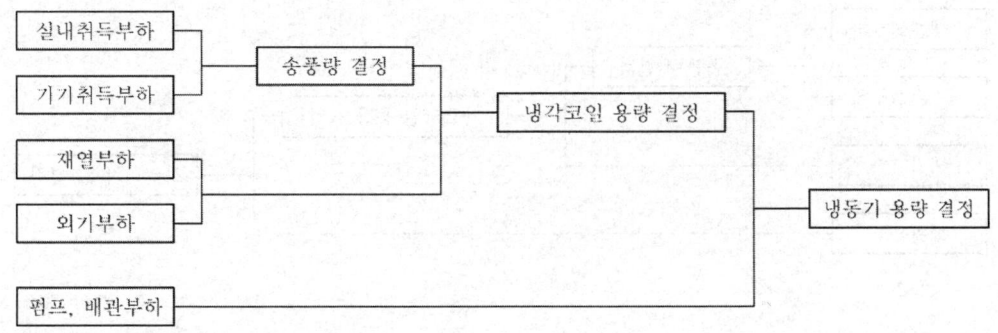

6. 난방부하

난방부하 계산의 기본적인 방법은 냉방부하 계산과 동일하지만 태양열의 일사부하, 인체 및 실내기구 등의 취급에 차이가 있다. 그 이유는 일사부하나 인체부하, 조명부하, 기구부하 등은 난방부하를 경감시키는 요인들로 작용하기 때문에 일반적으로 난방부하 계산에 포함시키지 않고 냉방의 경우처럼 시각별 계산의 필요도 없다.

(1) 난방부하의 종류

구 분	부하의 종류	열의 종류
실내 손실부하	• 구조체를 통한 손실열량 : 외벽, 지붕, 창유리, 내벽, 바닥, 문 • 틈새바람에 의한 손실열량	현열 현열+잠열
기기 손실부하	덕트나 송풍기에서 누설열량	현열
외기부하	외기의 도입에 의한 손실열량	현열+잠열

(2) 난방부하 계산

① 벽, 지붕, 천장, 유리창 등에서의 열손실 : $q_s = K \cdot A \cdot \Delta t \cdot k$[W]

여기서, 열통과율 : K[W/m²K], 벽체의 면적 : A[m²], 실내외 온도차 : Δt[℃]

방위	N, NW, W	S, E, NE, SW	S
방위계수(k)	1.1	1.05	1.0

② 틈새바람 및 외기부하 : 냉방부하 계산과 동일

(3) 난방부하와 기기용량과의 관계

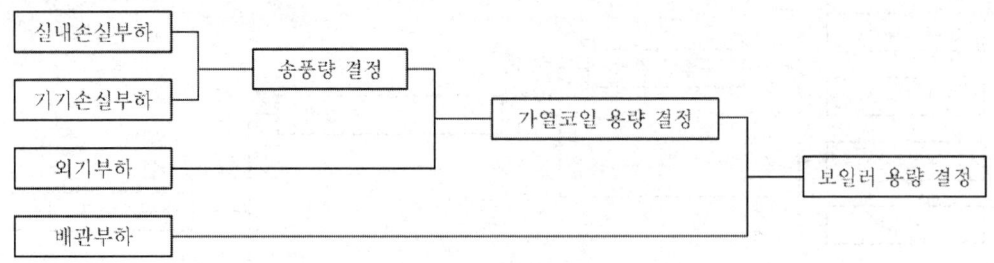

7. 공조기 부하

① 냉방시 공조기 부하=실내부하+외기부하+송풍기 및 덕트부하+(재열부하)

② 난방시 공조기 부하=실내부하+외기부하

③ 송풍량 결정 $Q = \dfrac{3600 q_s}{\rho C_p (t_2 - t_1)} = 3.0 \dfrac{q_s}{(t_2 - t_1)} [\mathrm{m^3/h}]$

여기서, 현열량 : q_s=현열취득량[W]　　취출공기온도 : t_2[℃]
실내환기온도 : t_1[℃]　　　　　공기밀도 : ρ=1.2kg/m³
공기의 정압비열 : C_p=1.01kJ/kg·K

Ⅳ 공조방식

1. 열원방식의 분류

일반 열원방식	특수 열원방식
• 전동냉동기+보일러 • 흡수식 냉동기+보일러 • 흡수식 냉온수 발생기 • 히트 펌프	• 열회수방식(전열교환방식) • 축열빙방식(빙축열방식) • 태양열 이용방식 • 열병합발전방식 • 지역 냉·난방방식

2. 공조방식을 결정하는 요인

① 건물의 규모, 구조, 용도
② 설비비 및 운전비의 경제성
③ 공조부하에 대한 적응성
④ 조닝에 대한 적응성
⑤ 온·습도를 포함한 실내환경 성능의 정도
⑥ 사용자 및 유지관리자의 취급과 조작성의 간단 여부
⑦ 설비·기기류의 설치 공간

3. 공조 조닝

존(zone)은 하나의 구역을 말하며, 조닝(zoning)은 건물을 몇 개의 구역으로 분할하여 각각 단독으로 공조를 하는 것을 말한다.

(1) 공조 조닝의 종류

건축물을 조닝하는 경우 크게 외부 존과 내부 존으로 분류되며, 상세한 조닝은 방위별, 용도별, 시간대별 등으로 구분할 수 있다.

① 방위별 조닝 : 일사에 의한 영향으로 방위 또는 시각별 구획
② 부하특성별 조닝 : 건물의 중역실, 회의실, 식당과 같이 일반 사무실에 비해 현열비가 크게 다른 경우 계통별로 구별
③ 사용시간별 조닝 : 빌딩 내 사무실이나 상점, 다방, 식당과 같이 운전시간이 다르며 사용 용도가 다른 경우의 구별
④ 건물 층별 조닝 : 지하층과 지상층은 별도 계통으로 구획

조닝 시 고려사항	조닝의 효과
① 실내로의 열 운송 경로 ② 실의 용도, 기능, 사용 시간대 ③ 실의 요구 청정도 ④ 실의 방위, 부하량 및 구성	① 에너지 절약 ② 부하 변동이나 외기의 변화에 효과적으로 대처 ③ 시스템의 효율적인 운전, 유지관리 용이 ④ 건물 사용자의 편의나 쾌적도 향상

4. 공조방식의 분류

구분	열매체	공조 방식	비 고
중앙식	전공기 방식	단일덕트 방식	정풍량, 변풍량
		2중덕트 방식	정풍량, 변풍량, 멀티존 유닛
		각층 유닛 방식	
		패키지 방식	
	수-공기 방식	유인 유닛방식	2관식, 3관식, 4관식
		덕트병용 팬 코일 유닛 방식	2관식, 3관식, 4관식
		복사냉난방(패널에어) 방식	
	전수방식	팬코일 유닛 방식	2관식, 3관식, 4관식
개별식	냉매방식	룸쿨러 방식	
		패키지 방식	
		멀티 유닛 방식	

> **운송동력이 큰 순서**
> 전공기 방식 > 수-공기 방식 > 전수 방식

5. 열매체에 따른 각 공조방식의 특징

(1) 전공기 방식

장 점	단 점
① 송풍량이 많아서 실내 공기의 오염이 적다. ② 복귀팬(Return Fan)을 설치하면 중간기에 외기냉방이 가능하다. ③ 중앙집중식이므로 운전, 보수, 관리가 용이하다. ④ 취출구의 설치로 실내유효면적이 증가한다. ⑤ 소음이나 진동이 전달되지 않는다. ⑥ 실에 수배관이 없어 누수의 우려가 없다.	① 송풍량이 많아 덕트 설치 공간이 증가한다. ② 냉·온풍 운반에 따른 송풍기 소요동력이 크다. ③ 대형의 공조기계실이 필요하다. ④ 개별 제어가 어렵다. ⑤ 설비비가 많이 든다. ⑥ 열운반 능력이 작아 원거리 열수송에는 부적합하다.

① 단일덕트 방식 : 중앙공조기에서 조화된 냉·온풍 공기를 1개의 덕트를 통해 실내로 공급하는 방식

정풍량(CAV) 방식 (풍량을 일정하게 유지하면서 송풍온도를 변화시켜 실온을 제어)	변풍량(VAV) 방식 (송풍온도를 일정하게 유지하고 부하변동에 따라서 송풍량을 변화시켜 실온을 제어)
① 급기량이 일정하여 실내가 쾌적하다. ② 변풍량에 비하여 에너지 소비가 크다. ③ 각 실의 개별제어가 어렵다. ④ 존(Zone)의 수가 적은 규모에서는 타 방식에 비해 설비비가 싸다.	① 각 실이나 존의 온도를 개별 제어하기 쉽다. ② 타방식에 비해 에너지가 절약된다. ③ 공조기 및 덕트 크기가 작아도 된다. ④ 실내부하 감소 시 송풍량이 적어지므로 실내공기의 오염도가 높다. ⑤ 운전 및 유지관리가 어렵다. ⑥ 설비비가 많이 든다.

변풍량 유닛의 종류

① 바이패스형 : 실내의 부하변동에 따라서 실내 토출풍량을 조절하여 바이패스시키는 것으로 부하변동에 대해서도 덕트 내 정압의 변동이 없으므로 발생 소음이 작지만 송풍량이 일정하므로 동력 절감이 어렵다.
② 유인형 : 실내 부하가 감소하여 1차 공기량이 실내 설정 온도점 이하부터는 2차 공기를 유인하여 실내로 급기하는 방식으로 덕트의 치수를 작게 할 수 있고 실내 발생열을 온열원으로 이용 가능하다.
③ 교축형 : 가장 일반적이고 널리 보편화된 형태로서 댐퍼의 개도를 조절하여 실내 부하 조건에 따라 변동되는 설정 풍량을 제어하는 방식으로 동력 절감이 가능하지만 덕트 내 정압변동이 크므로 특별한 제어장치가 요구된다.

② 이중덕트(Double Duct) 방식 : 중앙공조기에서 냉풍과 온풍을 동시에 만들고 각각의 냉풍덕트와 온풍덕트를 통해 각 실까지 공급하여 혼합상자에 의해 혼합시켜 공조하는 방식

장 점	단 점
① 부하에 따른 각 방의 개별제어가 가능하다.	① 냉·온풍의 혼합에 따른 에너지 손실이 크다.
② 계절별로 냉·난방 변환 운전이 필요 없다.	② 혼합상자에서 소음과 진동이 발생한다.
③ 실의 설계변경이나 용도변경에도 유연성이 있다.	③ 덕트 스페이스가 크고 설비비가 많이 든다.
④ 부하변동에 따라 냉·온풍의 혼합 취출로 대응이 빠르다.	④ 여름에도 보일러를 운전할 필요가 있다.
⑤ 실내에 유닛이 노출되지 않는다.	⑤ 실내습도의 완전한 제어가 어렵다.

③ 멀티 존(Multi-Zone) 방식 : 실내 온도조절기의 작동에 의하여 냉풍과 온풍을 공조기의 혼합 댐퍼로 제어하여 혼합된 공기는 각 존 또는 각 실에 개별적인 덕트에 의해 실내로 취출되는 방식

④ 각층 유닛방식 : 건물의 각 층 또는 각 층의 각 구역마다 공조기를 설치하는 방식으로 대형, 중규모 이상의 고층 건축물 등의 방송국, 백화점, 신문사, 다목적 빌딩, 임대사무소 등에 많이 사용

장 점	단 점
① 각 층마다 부하변동에 대응할 수 있다.	① 각 층마다 공조기를 설치하므로 설비비가 많이 든다.
② 각 층 및 각 존별로 부분 부하운전이 가능하다.	② 공조기의 분산배치로 유지관리가 어렵다.
③ 기계실의 면적이 작고 송풍동력이 적게 든다.	③ 각 층의 공조기 설치로 소음 및 진동이 발생한다.
④ 환기덕트가 필요 없으므로 덕트 공간이 작게 든다.	④ 각 층에 수배관을 하므로 누수의 우려가 있다.
	⑤ 장치가 분산되어 설비비가 많이 들고 기기관리가 곤란하다.

(2) 수-공기 방식

장 점	단 점
① 부하가 큰 실에 대해서도 덕트의 치수가 적어질 수 있다.	① 유닛에 고성능 필터를 사용할 수가 없다.
② 전공기 방식에 비하여 반송동력이 적다.	② 필터의 보수, 기기의 점검이 증대하여 관리비가 증가한다.
③ 유닛별로 제어하면 개별제어가 가능하다.	③ 실내기기를 바닥 위에 설치하는 경우 바닥 유효면적이 감소한다.

① 유인 유닛((Induction Unit) 방식 : 중앙에 설치된 공조기에서 1차 공기를 고속으로 유인 유닛에 보내 유닛의 노즐에서 불어내고 그 압력으로 실내의 2차 공기를 유인하여 송풍하는 방식

장 점	단 점
① 각 유닛마다 제어가 가능하여 각 실의 개별제어가 가능하다.	① 수배관으로 인한 누수의 우려가 있다.
② 고속덕트를 사용하므로 덕트의 설치 공간을 작게 할 수 있다.	② 송풍량이 적어 외기냉방 효과가 적다.
③ 중앙공조기는 1차 공기만 처리하므로 작게 할 수 있다.	③ 유닛의 설치에 따른 실내 유효공간이 감소한다.
④ 풍량이 적게 들어 동력소비가 적다.	④ 유닛 내의 여과기가 막히기 쉽다.
	⑤ 고속덕트이므로 송풍동력이 크고 소음이 발생한다.

 유인비

노즐 분출공기를 1차 공기, 1차 공기에 의해 유인된 실내공기를 2차 공기라 하고, 1차 공기량과 2차 공기량의 합을 1차 공기량으로 나누었을 때의 값을 유인비라 한다. 유인비가 크면 도달 거리가 짧고, 유인비가 작으면 도달 거리가 길어 적정한 유인비가 선정되어야 하고 보통 유인 유닛방식에서 유인비는 3~4 정도이다.

※ 유인비 = $\dfrac{1차 공기량 + 2차 공기량}{1차 공기량}$

② 덕트병용 팬코일 유닛 방식(덕트병용 FCU방식) : 냉난방 부하를 덕트와 배관의 냉온수를 이용하여 처리하는 방식으로 대규모 빌딩에 주로 이용하며 내부 존 부하는 공기방식(취출구), 외부존은 수방식(팬코일 유닛)을 이용하여 처리한다.

장 점	단 점
① 실내 유닛은 수동제어할 수 있어 개별제어가 가능하다.	① 수배관으로 인한 누수의 우려가 있다.
② 유닛을 창문 아래에 설치하여 콜드 드래프트(Cold Draft)를 방지할 수 있다.	② 외기량 부족으로 실내공기의 오염 우려가 있다.
③ 전공기에서 담당할 부하를 줄일 수 있으므로 덕트의 설치 공간이 작아도 된다.	③ 유닛 내에 있는 팬으로부터 소음이 발생한다.
④ 부분사용이 많은 건물에 경제적인 운전이 가능하다.	

③ 복사냉난방 방식 : 건물의 바닥, 천장, 벽 등에 파이프 코일을 매설하고 냉수 또는 온수를 보내서 실내 현열부하의 50~70%를 처리하고 동시에 덕트를 통해 냉·온풍을 송풍하여 잔여 실내 현열부하와 잠열부하를 처리하는 공조방식

장 점	단 점
① 복사열을 이용하므로 쾌감도가 높다.	① 냉각패널에 이슬이 발생할 수 있으므로 잠열부하가 큰 곳에는 부적당하다.
② 덕트 공간 및 열운반 동력을 줄일 수 있다.	② 열손실 방지를 위해 단열시공을 완벽히 하여야 한다.
③ 건물의 축열을 기대할 수 있다.	③ 수배관의 매립으로 시설비가 많이 든다.
④ 유닛을 설치하지 않으므로 실내 바닥의 이용도가 좋다.	④ 실내 방의 변경 등에 의한 융통성이 없다.
⑤ 방 높이에 의한 실온의 변화가 적어 천장이 높은 방, 겨울철 윗면이 차가워지는 방에 적합하다.	⑤ 중간기에 냉동기의 운전이 필요하다.

(3) 전수방식

냉·난방부하를 냉·온수의 물로만 처리하는 방식으로 주로 실내에 설치된 팬코일 유닛을 이용한다.

덕트가 없으므로 설치면에서는 유리하지만 외기도입이 어려워 실내공기가 오염되기 쉽고, 실내의 배관으로 인한 누수의 염려도 있다. 그러나 개별적인 실온제어가 가능하므로 사무소 건물의 외주부용, 여관, 주택 등과 같이 거주인원이 적고 틈새바람에 의하여 외기를 도입하는 건물에서 많이 채용

① 팬코일 유닛(Fan Coil Unit) 방식 : 팬코일 유닛은 냉각·가열코일, 송풍기, 공기여과기를 케이싱 내에 수납한 것으로 기계실에서 냉·온수를 코일에 공급하여 실내공기를 팬으로 코일에 순환시켜 부하를 처리하는 방식으로 주로 외주부에 설치하여 콜드 드래프트를 방지하며 주택, 호텔의 객실, 사무실 등에 많이 설치한다.

장 점	단 점
① 덕트를 설치하지 않으므로 설비비가 싸다.	① 외기도입이 어려워 실내공기의 오염우려가 있다.
② 각 실의 개별제어가 가능하다.	② 수배관으로 누수의 우려 및 유지관리가 어렵다.
③ 증설이 간단하고 에너지 소비가 적다.	③ 송풍량이 적어 고성능 필터를 사용할 수 없다.
	④ 외기 송풍량을 크게 할 수 없다.

(4) 개별방식(냉매방식)

건물의 각 실마다 공조 유닛을 배치하고 각 실에서 적당하게 온도, 습도, 기류를 조절할 수 있도록 한 방식으로 주택, 호텔의 객실, 소점포의 비교적 소규모 건물이 적합

장 점	단 점
① 유닛에 냉동기를 내장하고 있으므로 부분운전이 가능하고 에너지 절약형이다. ② 장래의 부하 증가, 증축 등에 대해서는 유닛을 증설함으로써 쉽게 대응할 수 있다. ③ 온도조절기를 내장하고 있어서 개별제어가 가능하다. ④ 취급이 간편하고 대형의 것도 쉽게 운전된다.	① 유닛에 냉동기를 내장하고 있으므로 소음, 진동이 발생하기 쉽다. ② 외기 냉방이 어렵다. ③ 다른 방식에 비하여 기기의 수명이 짧다.

V 공기조화장치

1. 공기조화장치(AHU : Air Handling Unit)

공기조화의 목적을 달성하기 위하여 공기 여과기(에어필터 : AF), 공기 예열기(PH), 공기 예냉기(PC), 공기 냉각 감습기(AC), 공기 가습기(AH), 공기 재열기(RH), 송풍기(F) 등을 케이싱 내에 설치하고 각각의 배관과 덕트를 연결한 것

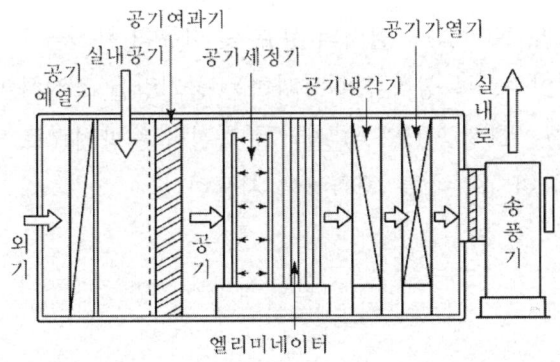

2. 공기여과기(AF, Air Filter)

(1) 공기여과기 종류

① 충돌점착식 : 비교적 거친 여과재에 기름이나 그리스 같은 점착물질이 입혀져 있어 오염물질이 충돌하여 제거되는 것으로 식품관계용으로는 사용할 수 없다.

② 건성 여과식(건식) : 석면, 유리섬유 등의 여과재를 설치하여 섬유질의 먼지를 제거하는 것으로 일반 공조기의 먼지제거용으로 많이 사용하며 클린 룸의 미립자 제거에 사용되는 고성능 필터도 여기에 해당된다.

③ 습식 : 공기세정기라고도 하며 물방울과 함께 공기를 접촉 통과시키며 여과한다.

④ 전기집진식 : 먼지 제거 효율이 가장 우수하여 미세한 먼지나 세균도 제거되므로 병원, 정밀기계공장, 약품공업, 고급빌딩 등에 사용

⑤ 활성탄 흡착식 : 활성탄을 이용하여 유해가스나 냄새 등을 제거

(2) 여과 효율

$$\eta_{AF} = \left(1 - \frac{C_2}{C_1}\right) \times 100 \, [\%]$$

여기서, 필터 입구 공기의 먼지량 : $C_1[g]$
필터 출구 공기의 먼지량 : $C_2[g]$

(3) 필터 효율 측정방법

① 중량법 : 필터의 상류 및 하류측의 분진량을 측정하여 효율을 구하는 방법으로 비교적 큰 입자 측정

② 비색법(변색도법, NBS법) : 필터의 상류 및 하류의 분진을 각각 여과지로 채집하여 광투과량이 같아지도록 상하류에 통과하는 공기량을 조절하여 효율을 구하는 방법

③ DOP법(계수법) : 고성능(HEPA) 필터를 측정하는 방법으로 일정한 크기의 시험입자를 사용하여 먼지의 수를 계측하여 사용한다.

> **참고**
> 1. 고성능 필터((HEPA : High Efficiency Particle Air 필터)
>   ① 0.3㎛의 입자 포집률이 99.97% 이상(DOP법)
>   ② 클린룸 또는 바이오클린룸에 사용 : 식품회사, 병원, 제약회사에 적용
> 2. 울트라 필터(ULPA : Ultra Low Penetration Air 필터)
>   ① 반도체 제조공장에서 0.1㎛의 부유미립자를 제거
>   ② 클래스 10 이하의 초청정 클린룸에 사용
>   ③ 0.1㎛의 입자 포집률이 99.9997% 이상(DOP법)

3. 가습장치

① 가습방식의 분류

구 분		형 식
수분무식		원심식, 분무식, 초음파식
증기식	증기발생식	전열식, 전극식, 적외선식
	증기공급식	노즐 분무식, 과열증기식
기화식		회전식, 모세관식, 적하식

② 공기세정기(AW, Air Washer) : 통과 공기 중에 온수, 냉수를 분무하여 1차적 목적으로 냉각감습, 가열가습, 단열가습을 실시하고 2차적 목적으로 공기를 세정하는 역할을 한다.
  ㉠ 루버(louver) : 유입되는 공기의 흐름을 일정하게 하고 분무수가 분무실 밖으로 튀어나가는 것을 방지하는 장치
  ㉡ 분무 노즐(spray nozzle) : 1.5~2kg/cm² 정도의 물을 미세하게 분무
  ㉢ 플러딩 노즐(flooding nozzle) : 엘리미네이터에 부착된 이물질을 제거하는 장치
  ㉣ 엘리미네이터(eliminator) : 출구공기에 섞여 나가는 비산수를 제거하는 장치

③ 수공기비$(L/G) = \dfrac{\text{분무수량}}{\text{공기량}}$

④ 공기세정기의 포화효율

$$\eta_s = \frac{t_1 - t_2}{t_1 - t_s} \times 100 = \frac{x_1 - x_2}{x_1 - x_s} \times 100 = \frac{h_1 - h_2}{h_1 - h_s} \times 100 [\%]$$

여기서, t_1, x_1, h_1 : 입구공기의 건구온도, 절대습도, 엔탈피
t_2, x_2, h_2 : 출구공기의 건구온도, 절대습도, 엔탈피
t_s, x_s, h_s : 장치 노점의 온도, 절대습도, 엔탈피

[에어 와셔에서 상태 변화 과정]

과 정	상태 변화	출구 수온(t_{w2}) 조건	그림
① → A (순환수 공급)	단열·가습	$t_{w2} = t_1'$	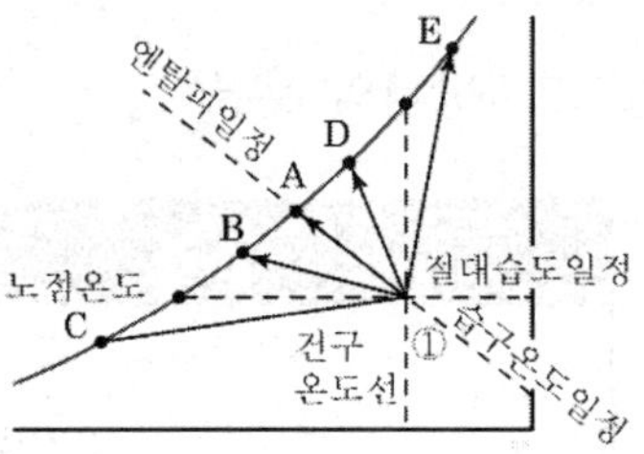
① → B (냉수 공급)	냉각·가습	$t_1'' < t_{w2} < t_1'$	
① → C (냉수 공급)	냉각·감습	$t_{w2} < t_1''$	
① → D (온수 공급)	냉각·가습	$t_{w2} > t_1'$	
① → E (온수 공급)	가열·가습	$t_{w2} > t_1'$	

㈜ t_{w2} : 출구 온도, t_1' : 입구 공기의 습구 온도, t_1'' : 입구 공기의 노점 온도

4. 감습장치

① 냉각감습장치 : 냉각코일 또는 공기세정기를 사용하는 방법으로 가장 많이 사용
② 압축감습장치 : 공기를 압축하여 여분의 수분을 응축시키는 방법으로 설비비와 소요동력이 커서 일반적으로 사용하지 않는다.
③ 흡수식 감습장치 : 염화리튬, 트리에틸렌글리콜 등 액체흡수제를 사용하는 방법
④ 흡착식 감습장치 : 실리카겔, 활성알루미나 등 고체흡수제를 사용하는 방법

1. 에너지관리(공기조화)

> **흡수식 감습장치가 냉각감습식보다 유리한 조건**
> ① 실내온도가 0℃ 이상이고, 노점온도가 0℃ 이하일 때
> ② 실내의 현열비가 60% 이하일 때
> ③ 공조기 출구의 노점이 5℃ 이하일 때
> ④ 실내 현열부하가 클 때 실내 온도를 일정하게 유지할 경우
> ⑤ 온도가 32℃ 이상 또는 10℃ 이하에서 저습도로 할 때

5. 냉온수 코일 설계

① 물과 공기의 흐름방향은 대향류(역류)로 할 것
② 대수평균온도차(LMTD)를 크게 할 것
  (열 수를 적게 할 수 있으며 코일의 열수는 4~8열이 적당)
③ 코일의 통과 풍속 : 2~3m/s
④ 관 내의 수속 : 1m/s 전후
⑤ 물의 입·출구 온도차 : 5℃
⑥ 공기의 출구온도와 물의 입구온도차 : 5℃ 이상
⑦ 코일 설계식

구 분	계 산 식
① 냉온수량(L)	$L = \dfrac{60 \times q_c}{\rho C \Delta t} = \dfrac{14.3 \times q_c}{\Delta t}$ [L/min] 여기서, q_c : 코일 부하[kW] Δt : 냉수 입·출구 온도차[℃] ρ : 물의 밀도[1kg/L] C : 물의 비열[4.18kJ/kg·K]
② 정면면적(A_0)	$A_0 = \dfrac{Q}{v_0 \times 3,600}$ [m²] 여기서, Q : 송풍량[m³/h] v_0 : 설계 풍속[m/s] ※ 정면면적 : 코일 입구에서 공기가 통과하는 부분의 면적

구 분	계 산 식
③ 대수평균온도차 (LMTD)	$\text{LMTD} = \dfrac{\Delta_1 - \Delta_2}{2.3 \log \dfrac{\Delta_1}{\Delta_2}} = \dfrac{\Delta_1 - \Delta_2}{\ln \dfrac{\Delta_1}{\Delta_2}}\ [\text{℃}]$ 여기서, Δt_1 : 입구쪽 공기와 물의 온도차[℃] Δt_2 : 출구쪽 공기와 물의 온도차[℃]
④ 코일 열수	$N = \dfrac{q_c}{K \times A \times MTD \times C_w}$ 여기서, q_c : 코일 부하[W] 열통과율 : $K[\text{W/m}^2\text{K}]$ 전열면적 : $A[\text{m}^2]$ C_w : 습면계수 대수평균온도차 MTD[℃]

코일의 배열방식에 따른 분류

① 풀 서킷 코일(full circuit coil) : 표준유속일 때
② 더블 서킷 코일(double circuit coil) : 유량이 많아서 코일 내의 수속(1.5m/s 이상)이 빠를 때 통로수를 2배로 하여 유속을 1/2로 낮추는 더블 서킷 코일을 사용
③ 하프 서킷 코일(half circuit coil) : 유량이 적을 경우에 회로수를 1/2로 하여 유속을 2배로 하는 하프 서킷 코일을 사용

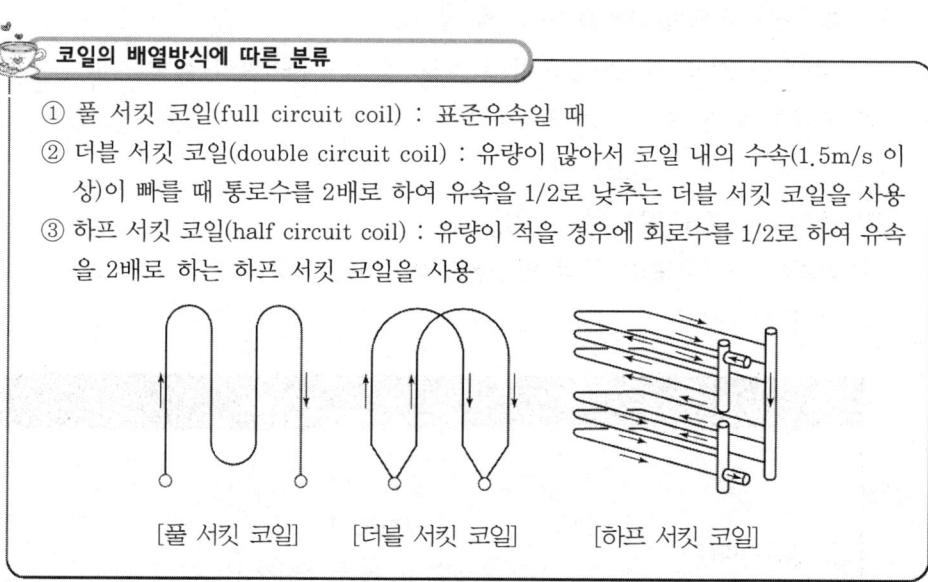

[풀 서킷 코일] [더블 서킷 코일] [하프 서킷 코일]

6. 전열교환기

전열교환기는 공기 대 공기의 열교환기로 현열은 물로 잠열까지도 교환되는 엔탈피 교환장치로 회전형과 고정형이 있는데 주로 회전형이 많이 사용된다. 공조설비에서 배기와 도입 외기와의 전열교환으로 공조기는 물론 보일러나 냉동기의 용량을 줄일 수 있고 연료비를 절약할 수 있는 에너지 절약기법으로 많이 이용되고 있으며, 외기 도입량이 많고 운

전시간이 긴 시설에서 효과가 크다.

① 전열교환기의 효율

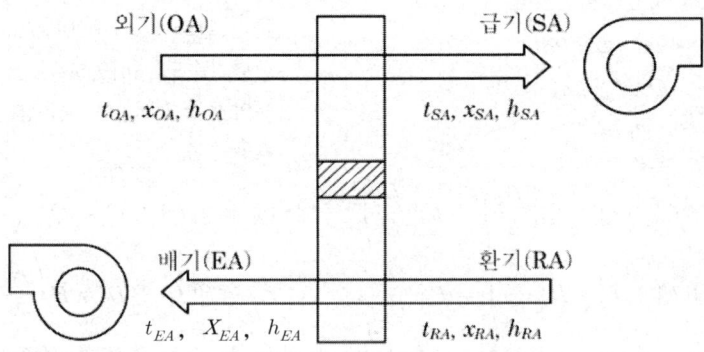

② 냉난방 효율

구 분	냉 방	난 방
현열 효율	$\eta_{CS} = \dfrac{t_{OA} - t_{SA}}{t_{OA} - t_{RA}}$	$\eta_{HS} = \dfrac{t_{SA} - t_{OA}}{t_{RA} - t_{OA}}$
잠열 효율	$\eta_{HL} = \dfrac{x_{OA} - x_{SA}}{x_{OA} - x_{RA}}$	$\eta_{HL} = \dfrac{x_{SA} - x_{OA}}{x_{RA} - x_{OA}}$
엔탈피 효율	$\eta_{CT} = \dfrac{h_{OA} - h_{SA}}{h_{OA} - h_{RA}}$	$\eta_{HT} = \dfrac{h_{SA} - h_{OA}}{h_{RA} - h_{OA}}$

7. 송풍기 및 펌프

구분	송풍기	펌프
특성 곡선	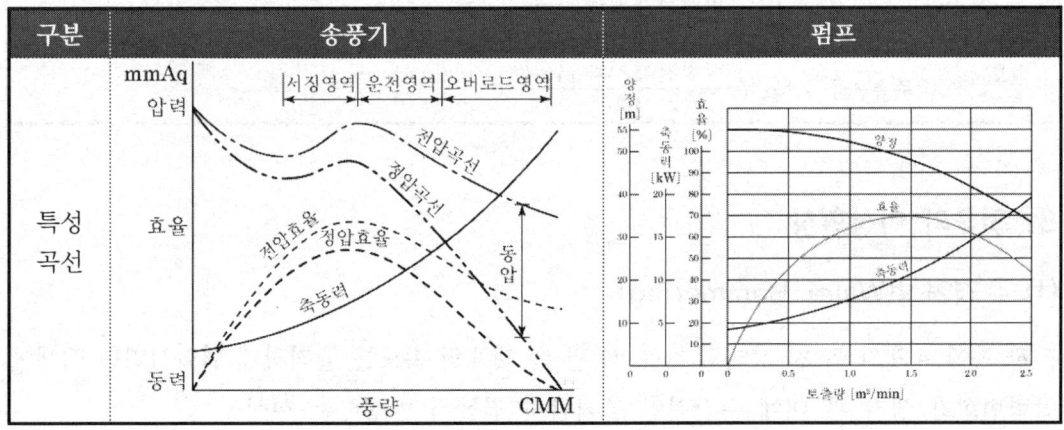	

구분	송풍기	펌프
소요 동력	$L = \dfrac{Q \times \Delta P}{60 \times \eta_f}$ [W] 송풍기 전압 : ΔP[Pa] 송풍량 : Q[m³/min] 전압효율 : η_f	$L = \dfrac{\rho g H Q}{60 \times \eta_p} = \dfrac{\gamma H Q}{60 \times \eta_p}$ [W] 물의 밀도 : ρ[1,000kg/m³] 중력가속도 : g[9.8m/s²] 전양정 : H[m] 유량 : Q[m³/min] 효율 : η_p
상사 법칙	㉠ 풍량[Q] : $Q_2 = Q_1\left(\dfrac{N_2}{N_1}\right) = Q_1\left(\dfrac{D_2}{D_1}\right)^3$ ㉡ 정압[P] : $P_2 = P_1\left(\dfrac{N_2}{N_1}\right)^2 = P_1\left(\dfrac{D_2}{D_1}\right)^2$ ㉢ 동력[L] : $L_2 = L_1\left(\dfrac{N_2}{N_1}\right)^3 = L_1\left(\dfrac{D_2}{D_1}\right)^5$ 여기서, 회전수 : N[rpm] 임펠러 직경 : D[mm]	㉠ 유량[Q] : $Q_2 = Q_1\left(\dfrac{N_2}{N_1}\right) = Q_1\left(\dfrac{D_2}{D_1}\right)^3$ ㉡ 양정[H] : $H_2 = H_1\left(\dfrac{N_2}{N_1}\right)^2 = H_1\left(\dfrac{D_2}{D_1}\right)^2$ ㉢ 동력[L] : $L_2 = L_1\left(\dfrac{N_2}{N_1}\right)^3 = L_1\left(\dfrac{D_2}{D_1}\right)^5$ 여기서, 회전수 : N[rpm] 임펠러 직경 : D[mm]
비속도	$N_s = N\left(\dfrac{\sqrt{Q}}{P^{\frac{3}{4}}}\right)$ 여기서, 회전수 : N[rpm] 풍량 : Q[m³/min] 풍압 : P[Pa]	$N_s = N\left(\dfrac{\sqrt{Q}}{H^{\frac{3}{4}}}\right)$ 여기서, 회전수 : N[rpm] 토출량 : Q[m³/min] 양정 : H[m]
용량 제어	토출댐퍼에 의한 제어 흡입댐퍼에 의한 제어 흡입베인에 의한 제어 회전수에 의한 제어(에너지 절약효과 우수) 가변피치 제어	정속-정유량 제어 정속-가변유량 제어 가변속-가변유량 제어
송풍기 번호	① 원심송풍기 No. $= \dfrac{\text{회전날개지름[mm]}}{150}$ ② 축류송풍기 No. $= \dfrac{\text{회전날개지름[mm]}}{100}$	

8. 펌프의 이상현상

(1) 수격현상(Water Hammering)

관 속에 유체가 꽉 찬 상태로 흐를 때 관 속 액체의 속도를 급격하게 변화시키면 액체에 압력변화가 생겨 관 내에 순간적인 충격압과 진동이 발생하는 현상

수격현상 발생 원인	수격현상 방지 대책
① 유속에 급격한 변화가 발생할 경우(대구경에서 소구경으로 전환되는 곳) ② 급히 밸브를 개폐할 경우 ③ 유체의 압력변동이 있는 경우(배관이 불규칙하고 심하게 꺾인 곳)	① 관경을 크게 하고 유속을 낮춘다. ② 펌프에 플라이 휠(fly wheel)을 설치하여 펌프의 급격한 속도변화 방지 ③ 배관은 가능한 한 직선으로 설치 ④ 조압수조(surge tank) 혹은 수격방지기(WHC)를 설치

(2) 캐비테이션 현상(cavitation, 공동현상)

밀폐계 내 배관계에서의 진공현상으로 유체 속에서 압력이 낮은 곳이 생기면 물속에 포함되어 있는 기체가 분리하여 물이 없는 빈 곳(공동)이 생기는 현상이다. 발생한 기포는 압력이 높은 부분에 이르면 급격히 부서져 소음이나 진동의 원인이 된다.

캐비테이션의 발생 조건	캐비테이션(Cavitation) 방지책
① 흡입양정이 클 경우 ② 액체의 온도가 높을 경우 ③ 날개차의 원주속도가 클 경우 ④ 날개차의 모양이 적당하지 않을 경우	① 흡입양정을 줄인다. ② 흡입관 손실을 줄인다. ③ 스트레이너 통수면적을 크게 잡고 청소를 한다. ④ 규정회전수 내 운전(회전수를 줄임) ⑤ 필요 이상 양정을 잡지 않는다. ⑥ 2대 이상의 펌프 사용

(3) 서징(surging) 현상

펌프가 한숨을 쉬는 듯한 현상으로 송출유량이 주기적으로 변화되며 토출측 흡입측 압력계 지침이 안정적이지 못하고 흔들리는 불안정한 상태로 주기적인 진동과 소음이 발생

① 방지책
  ㉠ 유속을 작게(관 지름 크게)
  ㉡ 밸브를 천천히 닫음
  ㉢ 펌프에 플라이휠 설치
  ㉣ 밸브를 펌프 송출구 가까이에 설치
  ㉤ 서지 탱크(surge tank) 설치

ⓑ 펌프의 연결
　㉠ 유량 부족 시 : 2대 이상의 펌프를 병렬로 연결하여 유량을 증가시킨다.
　㉡ 양정 부족 시 : 2대 이상의 펌프를 직렬로 연결하여 양정을 증가시킨다.

Ⅵ. 덕트 및 부속설비

1. 풍속에 따른 덕트의 구분

① 저속덕트 : 15m/s 이하(8~15m/s)
② 고속덕트 : 15m/s 이상(20~30m/s)

2. 덕트의 배치

① 간선덕트방식 : 가장 간단하고 설비비가 싸고 스페이스가 작아도 된다.
② 개별덕트방식 : 공기 취출구마다 덕트를 단독으로 설치하는 방식. 풍량조절이 용이하고 멀티존 방식에 주로 사용된다.
③ 환상덕트방식 : 2개의 덕트 말단을 루프(loop) 상태로 연결하여 환상으로 만드는 형식으로 말단 공기 취출구의 압력조절이 용이하므로 송풍량의 언밸런스가 개선된다.

3. 덕트 내의 공기 유동과 압력

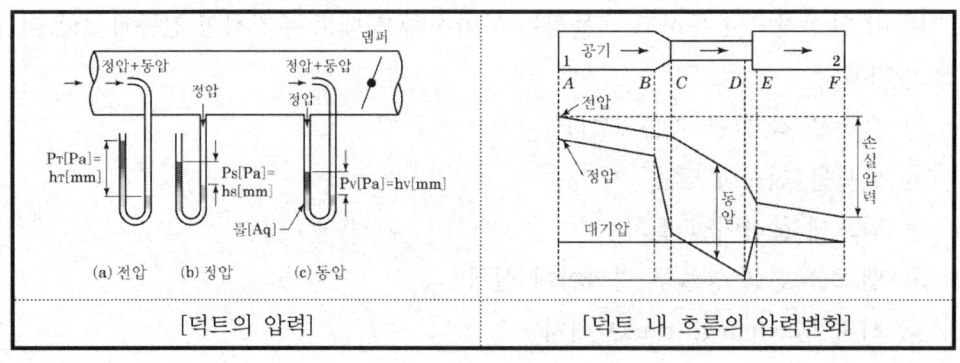

[덕트의 압력]　　　　　　　[덕트 내 흐름의 압력변화]

① 전압(P_t) : $P_t = P_s + P_v = P_s + \dfrac{v^2}{2}\rho$ [Pa]

여기서, P_s : 정압

$P_v = \dfrac{v^2}{2}\rho$: 동압 (v : 풍속[m/s], ρ : 공기의 밀도[1.2kg/m³])

② 직관부 마찰저항 : $\Delta P_f = f \times \dfrac{l}{d} \times \dfrac{v^2}{2} \times \rho$ [Pa]

여기서, f : 마찰저항계수 l : 덕트의 길이[m]
d : 덕트의 직경[m] v : 풍속[m/s]
ρ : 공기의 밀도[1.2kg/m³]]

4. 송풍기의 압력

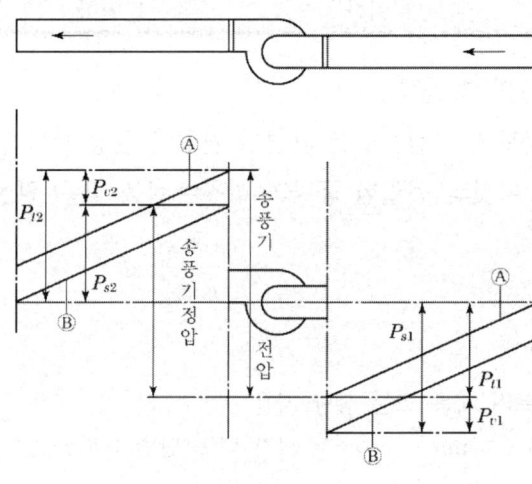

P_{v1} : 흡입구 동압
P_{v2} : 토출구 동압
P_{s1} : 흡입구 정압
P_{s2} : 토출구 정압
P_{t1} : 흡입구 전압
P_{t2} : 토출구 전압
P_T : 송풍기 전압
P_S : 송풍기 정압
Ⓐ : 전압선
Ⓑ : 정압선

[송풍기 압력]

① 흡입관과 토출관이 있는 송풍기

㉠ 송풍기 전압 : $P_T = P_{t2} - P_{t1} = P_{s2} - P_{s1}$

㉡ 송풍기 정압 : $P_S = P_T - P_{v2}$, $P_S = P_{s2} - P_{s1} - P_{v1}$

② 토출관만 있는 송풍기

㉠ 송풍기 전압 : $P_T = P_{t2} = P_{s2} + P_{v2}$

㉡ 송풍기 정압 : $P_S = P_{t2} - P_{v2} = P_{s2}$

③ 흡입관만 있는 송풍기
  ㉠ 송풍기 전압 : $P_T = P_{s1}$(송풍기 전압은 송풍기 흡입구 정압(부압)이 된다.)
  ㉡ 송풍기 정압 : $P_S = P_{s1} + P_{v1} = P_{t1}$(송풍기 정압은 흡입구 전압이 된다.)

5. 덕트의 설계

① 덕트의 설계 순서
  송풍량 결정 → 취출구·흡입구 위치 결정 → 덕트 경로 결정 → 덕트 치수 결정 → 송풍기 선정 → 설계도 작성

② 아스펙트비(종횡비) : 장방형 덕트에 있어서 장변을 단변으로 나눈 값

표준	제한	최대
2 : 1	4 : 1 이하	8 : 1 이하

③ 원형 덕트에서 장방형 덕트의 환산식
  동일한 풍량을 송풍할 때 덕트의 마찰손실은 단면이 원형인 원형 덕트가 가장 적고 장방향 덕트의 마찰손실은 이것과 동일한 풍량과 마찰손실을 갖는 원형 덕트와의 관계에서 구한다.

$$d_e = 1.3 \left[\frac{(ab)^5}{(a+b)^2} \right]^{1/8}$$

  여기서, d_e : 원형 덕트의 지름 또는 상당 지름
  4각 덕트 장변 : a[mm]   4각 덕트 단변 : b[mm]

④ 일반적인 단위마찰 손실
  ㉠ 저속덕트 : 0.08~0.15mmAq/m (표준 0.1mmAq/m 사용)
  ㉡ 고속덕트 : 0.30~0.50mmAq/m (표준 0.5mmAq/m 사용)

⑤ 덕트의 곡률반경(R)은 가능한 한 크게 한다. R/a=1.5~2.0이 가장 일반적으로 이용된다.(a는 덕트의 장변길이)

⑥ 덕트의 확대 : 15° 이하, 덕트의 축소 : 30° 이하

⑦ 가이드 베인 : 덕트 곡관부의 기류의 안정을 유지하여 난류로 인한 압력손실을 줄이기 위해 반경비가 1.5 이내일 때 곡관부의 내측에 설치

⑧ 송풍기와 덕트의 접속은 송풍기의 진동을 덕트에 전하지 않도록 길이 150~300m의 이중 석면포와 같은 플렉시블 덕트(flexble duct)를 삽입하는데 이것을 캔버스 이음(canvas connection)이라 한다.

6. 덕트의 설계법

① 등마찰손실법(정압법)
　㉠ 덕트의 단위 길이당 마찰(압력)손실을 일정하게 하는 방법
　㉡ 덕트 저항선도나 덕트 메저(Duct Measure) 등을 이용한 치수결정이 쉬움
　㉢ 말단으로 갈수록 풍량과 풍속이 감소되어 소음의 문제가 적음
　㉣ 취출구에서의 압력이 각각 다르게 되어 조정이 어려움

② 정압재취득법 : 주덕트에서 말단 또는 분기부로 갈수록 풍속이 감소함에 따라 동압의 차만큼 정압이 상승하며 이것을 덕트의 압력손실에 재이용하여 각 취출구 및 분기부분 직전의 정압이 균일하게 되도록 덕트 치수를 정하는 방법

③ 등속법
　㉠ 덕트의 각 부분에서의 풍속이 일정하도록 설계
　㉡ 구간별로 마찰손실을 구하여야 함
　㉢ 풍량분배가 일정하지 않아 구간이 복잡하지 않은 덕트에 이용
　㉣ 일정 이상의 풍속이 요구되는 분체수송이나 공장의 환기 등에 사용
　　※ 덕트 설계 시 공기의 온·습도 및 엔탈피는 고려대상이 아님

덕트의 소음 방지대책

① 덕트의 도중에 흡음재 내장
② 송풍기 출구에 플리넘 챔버 장치
③ 댐퍼나 취출구에 흡음재 부착
④ 덕트 도중에 흡음장치(셀형, 플레이트) 설치

7. 덕트의 보온

공조의 급기덕트에는 열취득 또는 열손실, 결로방지 등의 목적으로 보온을 한다. 단열재 두께는 25mm로 하는 것이 일반적이고, 덕트 단열재로는 유리면(glass wool), 암면(rock wool)이 많이 사용된다.

> **보온이 필요 없는 덕트**
> ① 환기용 덕트(일반 환기)
> ② 외기 도입용 덕트
> ③ 배기용 덕트
> ④ 보온효과가 있는 흡음재를 내장한 덕트 및 챔버
> ⑤ 공조되어 있는 방 및 그 천장 속 환기덕트
> ⑥ 덕트 보온효과가 있는 소음기 및 소음 엘보우가 내장된 경우
> ⑦ 옥내외 노출된 배연덕트
> ⑧ 단독으로 방화구획된 샤프트 내의 배연덕트

8. 댐퍼의 종류

(1) 풍량조절 댐퍼(Volume Damper)
① 다익(루버) 댐퍼 : 2개 이상의 날개를 갖는 것으로 대형 덕트나 공조기에 사용
② 단익(버터플라이) 댐퍼 : 댐퍼의 날개가 1개로 되어 있으며 소형 덕트에 사용

(2) 풍량분배 댐퍼(스플릿 댐퍼) : 덕트의 분기점에 설치하여 풍량을 조절

(3) 기타 댐퍼
① 방화 댐퍼(FD) : 화재발생 시 화염이 덕트를 통하여 다른 구역으로 확산되는 것을 방지하는 댐퍼
② 방연 댐퍼(SD) : 실내의 화재 시 발생한 연기가 다른 구역으로 이동하는 것을 방지하는 댐퍼

9. 취출구

① 부착 위치에 따른 구분

㉠ 천장형 : 아네모스탯형, 팬형, 펑커루버형, 라인형 등
㉡ 벽부착형 : 그릴, 레지스터, 유니버셜형, 노즐형 등

② 기류의 방향에 따른 구분

구 분	설 명	종 류
축류형	기류가 축방향으로 토출	노즐형, 펑커루버형, 라인형, 베인격자형, 다공판형 등
복류형	기류가 축방향이 아닌 수평 방사형으로 토출	팬형, 아네모스탯형 등

③ 각 취출구의 특징

㉠ 아네모스탯형 : 확산반경이 크고 도달거리가 짧으며 스머징 현상이 발생된다. 천장 취출구로 가장 많이 사용

㉡ 노즐형 : 구조가 간단하고 도달거리가 길어 높은 천장에 사용

㉢ 펑커루버형 : 목을 움직여 기류 방향조절이 가능하고 풍량조절이 용이하여 선박의 환기용, 주방 등에 사용

㉣ 베인격자형

ⓐ 그릴(고정베인형, Grille) : 날개가 고정되고 셔터가 없는 것
ⓑ 유니버셜(가동베인형, Universal) : 날개 각도를 변경할 수 있는 것
ⓒ 레지스터(Register) : 그릴 뒤에 풍량 조절을 위한 셔터가 부착된 것

> **용어 정리**
>
> ① 자유면적 : 취출구 또는 흡입구 구멍면적의 합계(자유면적비=자유면적/전면적)
> ② 도달거리 : 취출구에서 토출기류의 풍속이 0.25m/s로 되는 위치까지의 거리(보통 안목의 3/4, 대항류의 1/4 지점)
> ③ 강하도 : 취출구에서 도달거리에 도달할 때까지 생긴 기류의 강하
> ④ 확산반경 : 복류 취출구에서 도달거리에 상당하는 것
> ⑤ 스머징(Smudging) 현상 : 천장취출구에서 취출기류나 유인된 실내공기 중에 함유된 먼지 등으로 취출구 주위의 천장면이 검게 더러워지는 현상

10. 콜드 드래프트(cold draft)

① 원인
  ㉠ 인체 주위의 공기온도가 너무 낮을 때
  ㉡ 인체 주위의 기류속도가 너무 빠를 때
  ㉢ 주위 공기의 습도가 낮을 때
  ㉣ 주위 벽면의 온도가 낮을 때
  ㉤ 창문 틈새를 통한 극간풍이 많을 때
② 방지대책 : 창틀이나 창 밑의 바닥면에 방열기를 설치

11. 흡입구 종류와 특징

① 도어 그릴형(door grille) : 하부에 부착되는 고정식 베인격자형의 흡입구
② 루버형(louver) : 큰 가로날개가 바깥쪽 아래로 경사지게 붙어서 고정되어 있으며 눈과 비의 침입을 방지
③ 머시룸형(mushroom) : 버섯모양으로 되어 있으며 극장 등의 좌석 밑에 설치하여 바닥의 먼지를 흡입

12. 실내공기의 오염과 환기

(1) 환기(ventilation)

일정 공간에 있는 공기의 오염을 막기 위해 실외로부터 청정한 공기를 실내에 공급하고 실내의 오염공기를 실외로 배출하여 실내의 오염공기를 제거하거나 희석하는 과정

(2) 환기방법

① 자연환기 및 기계환기(강제환기)

구 분	급 기	배 기	실내압	용 도
제1종 환기법 (병용식 기계환기)	급기팬	배기팬	임의 압력	병원의 수술실, 대규모 보일러실, 변전실 등의 압력제어 조절 가능

구분	급기	배기	실내압	용도
제2종 환기법 (압입식 기계환기)	급기팬	자연배기	정압	반도체공장, 무균실 등의 청정실에 적합
제3종 환기법 (흡출식 기계환기)	자연급기	배기팬	부압 (-압)	주방, 화장실 등의 오염실에 적합
제4종 환기법 (자연환기식)	자연급기	자연배기	부압 (-압)	급기구와 배기통, 모니터 루프, 루프 벤틸레이터 사용

② 환기 방향에 따른 분류
 ㉠ 상향환기 : 급기부는 방의 하부에 두고, 배기구는 방의 상부에 둔 것
 ㉡ 하향환기 : 급기부는 방의 상부에 두고, 배기구는 방의 하부에 둔 것
③ 환기영역에 따른 분류
 ㉠ 전반환기 : 열, 수증기, 오염물질의 발생이 실내에 널리 분포하는 경우 사용
 ㉡ 국소(국부)환기 : 발생원이 집중되고 고정되어 있는 경우(주방, 화장실)

13. 실내의 환기량을 나타내는 방법

① 1인당 환기량[m^3/h·인]
② 단위 바닥면적당의 환기량[m^3/h·m^2]
③ 단위시간당의 환기량[m^3/h]
④ 환기 횟수[회/h]

14. 필요 환기량의 계산

환기 인자	필요환기량 $Q[m^3/h]$	비고	
공기	$Q = n \cdot V$	n : 환기횟수[회/h], V : 실체적[m^3]	
열	$Q = \dfrac{q \times 3{,}600}{\rho C_p (t_i - t_o)}$	q : 실내발열량[kW] t_o : 외기온도[℃] C_p : 공기의 정압비열[1.01kJ/kg·K]	t_i : 실내 허용온도[℃] ρ : 공기의 밀도[1.2kg/m^3]

환기 인자	필요환기량 $Q[\text{m}^3/\text{h}]$	비 고
유해가스, 먼지	$Q = \dfrac{M}{K - K_o}$	M : 오염물질의 발생량([m³/h] 또는 [mg/h]) K : 실내 허용 오염농도([m³/m³] 또는 [mg/m³]) K_o : 외기의 오염농도([m³/m³] 또는 [mg/m³])
수증기	$Q = \dfrac{W}{1.2(x_i - x_o)}$	W : 수증기량[kg/h] x_i : 실내 허용 절대습도[kg/kg′] x_o : 외기 절대습도 온도[kg/kg′]
끽연량	$Q = \dfrac{M}{0.017}$	M : 끽연량[g/h]

VII. 난방

1. 난방방식의 분류

구 분		설 명	종 류
중앙난방	직접난방	실내에 방열장치를 설치하여 온수나 증기를 공급하여 난방	증기난방, 온수난방, 복사난방
	간접난방	중앙기계실에서 가열된 공기를 덕트를 통해 실내로 송풍하여 난방	공기조화, 온풍난방, 히트펌프난방
개별난방		열원기기를 실내에 설치하여 난방	난로, 스토브 등
지역난방		대규모의 지역 내에 고효율의 열원설비 및 발전설비를 설치하여 난방하는 방식	

2. 난방방식의 분류

① 쾌감도 : 복사난방 > 온수난방 > 증기난방
② 열용량 : 온수난방과 복사난방, 간헐난방은 부적합하지만 증기난방은 적합
③ 부하변동에 대한 대응
　㉠ 온수난방은 방열량 조절이 가능하지만, 증기난방은 불가능하다.

  ⓒ 부하변동이 심한 곳은 온수난방이 적합하다.
 ④ 설비비 : 태양열난방 > 복사난방 > 온수난방 > 증기난방 > 온풍난방

3. 증기난방

 증기보일러에서 발생한 증기를 배관을 통해 각 방에 설치된 방열기로 공급하여 증기가 응축수로 되면서 발생하는 증기의 응축잠열을 이용하여 난방하는 방식

(1) 증기난방의 분류

구 분	방 식	설 명
증기압력	고압식	증기의 압력 1.0kg/cm² 이상(1~3kg/cm² 정도)
	저압식	증기의 압력 1.0kg/cm² 미만(0.1~0.35kg/cm² 정도)
	진공식	진공 200mmHg~0.2kg/cm² 정도
배관방식	단관식	증기관과 응축수관이 동일하게 하나로 구성
	복관식	증기관과 응축수관이 별개로 구성
공급방식	상향식	증기주관을 최하층으로 배관하여 상향으로 공급
	하향식	증기주관을 최상층에 배관하여 하향으로 공급
	상하 혼용식	상향식과 하향식을 혼용하여 사용
환수배관방식	건식	응축수환수관이 보일러 수면보다 위에 위치
	습식	응축수환수관이 보일러 수면보다 아래에 위치
응축수 환수방식	중력환수식	응축수 자체의 중력에 의하여 환수(중·소규모)
	기계환수식	급수펌프를 설치하여 응축수를 보일러에 공급
	진공환수식	환수주관 말단부에 진공펌프를 연결하여 응축수를 신속하게 환수

(2) 증기난방의 장·단점

장 점	단 점
① 증기보유량이 커 열운반 능력이 크다. ② 열용량이 작아 예열시간이 짧다. ③ 난방개시가 빠르고 간헐운전이 가능하다. ④ 방열기 면적 및 관경이 작아도 된다. ⑤ 온수난방에 비해 시설비가 적게 든다.	① 방열기 온도가 높아 화상의 우려가 있다. ② 먼지 등의 상승으로 쾌감도(난방효과)가 떨어진다. ③ 증기량 제어가 어려워 방열량(온도) 조절이 어렵다. ④ 증기보일러 취급에 따른 기술이 필요하다. ⑤ 응축수관에서 부식과 한랭 시 동결의 우려가 있다.

(3) 증기트랩

방열기의 환수구나 증기배관의 관말에 설치하여 배관 내의 응축수나 공기를 제거하고 수격작용을 방지하는 장치

① 구비 조건
  ㉠ 마찰저항이 적을 것
  ㉡ 내식성, 내구성이 좋을 것
  ㉢ 공기를 빼내기 좋을 것
  ㉣ 응축수의 연속 배출이 용이할 것
  ㉤ 압력과 유량에 따른 작동이 확실할 것

② 작동 원리에 따른 분류

분류	작동 원리	종류
기계식	증기와 응축수의 비중 차이	플로트 트랩, 버킷 트랩
온도식	증기와 응축수의 온도 차이	바이메탈 트랩, 벨로즈 트랩
열역학식	증기와 응축수의 열역학적 특성 차이	디스크 트랩, 충격식(오리피스) 트랩

4. 온수난방

온수보일러에서 발생한 온수를 배관을 통해 각 방에 설치된 방열기로 순환시켜 온수의 온도가 낮아지면서 발생되는 현열(감열)을 이용하여 난방하는 방식

(1) 온수난방의 분류

구분	방식	설명
순환방식	자연순환(중력식)	온수를 비중차를 이용하여 순환
순환방식	강제순환식(펌프식)	순환펌프를 사용하여 강제로 온수를 순환
온수온도	고온수식	온수온도가 100℃ 이상(보통 120~150℃ 정도, 밀폐식)
온수온도	저온수식	온수온도가 100℃ 미만(보통 45~80℃ 정도)

1. 에너지관리(공기조화)

구분	방식	설명
배관 방식	단관식	온수공급관과 환수관이 동일하게 하나로 구성
	복관식	온수공급관과 환수관이 별개로 구성
	역환수관식 (리버스리턴)	각 방열기로 공급되는 공급배관과 환수배관의 길이(마찰 저항)를 같게 하여 온수가 균등하게 공급
공급 방식	상향식	온수공급관을 최하층으로 배관하여 상향으로 공급
	하향식	온수공급관을 최상층으로 배관하여 하향으로 공급

(2) 온수난방의 장·단점

장점	단점
① 방열량조절이 용이하다	① 예열시간이 길다.
② 쾌감도가 좋다.	② 온수순환 시간이 길다.
③ 열용량이 커 동결우려가 적다.	③ 수두에 제한을 받으므로 고층건물에 부적합
④ 취급이 용이하며 안전하다.	④ 방열면적과 관경이 커야 하므로 설비비가 비싸다.

(3) 팽창탱크(Expansion Tank)

① 온수보일러에서 온수의 팽창에 따른 이상 압력의 상승을 흡수하여 장치나 배관의 파손을 방지하며 사용온도에 따라 개방식(85~95℃)과 밀폐식(100℃ 이상)이 있다.

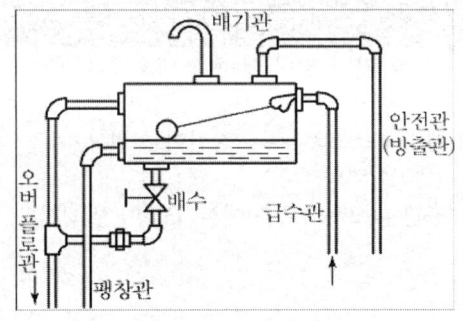
[개방형 팽창탱크]

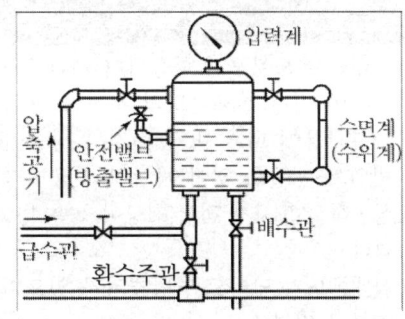
[밀폐형 팽창탱크]

② 팽창탱크의 설치 위치
　㉠ 개방형 : 최고층의 방열기나 방열면보다 1m 이상 높게 설치
　㉡ 밀폐형 : 설치 위치에 제한이 없다.
③ 팽창탱크 용량
　㉠ 개방식 : $\Delta v = \left(\dfrac{1}{\rho_2} - \dfrac{1}{\rho_1}\right)v [\text{L}]$

　　여기서, 가열된 온수의 밀도 : $\rho_2 [\text{kg/L}]$
　　　　　 가열 전 물의 밀도 : $\rho_1 [\text{kg/L}]$
　　　　　 가열장치 내 전수량 : $v [\text{L}]$

　㉡ 밀폐식 : $V = \dfrac{\Delta v}{\dfrac{P_0}{P_1} - \dfrac{P_0}{P_2}} [\text{L}]$

　　여기서, 온수팽창량 : $\Delta v [\text{L}]$
　　　　　 밀폐식 팽창탱크의 초기 봉입 절대압력 : $P_0 [\text{kPa}]$
　　　　　 팽창탱크 위치에서의 초기 절대압력 : $P_1 [\text{kPa}]$
　　　　　 장치의 최대허용압력 : $P_2 [\text{kPa}]$

5. 복사(패널)난방

건물의 바닥, 천장, 벽 등에 파이프 코일을 매설하고 열원에 의해 패널을 직접 가열하여 실내를 난방하는 방식

장 점	단 점
① 실내의 온도분포가 균등하여 쾌감도가 높다. ② 높이에 따른 실내온도의 분포가 균일하다. ③ 대류작용에 따른 바닥 먼지의 상승이 적다. ④ 방열기가 필요 없어 바닥의 이용도가 좋다. ⑤ 상·하 온도차가 적어 천장이 높은 방에 적합하다. ⑥ 실내온도가 낮아도 난방효과가 있으며, 손실 열량이 적다.	① 예열시간이 길어 부하에 대응하기 어렵다. ② 방수층 및 단열층 시공 등 설비비가 비싸다. ③ 배관매립으로 보수, 점검이 어렵고, 누설 발견이 어렵다. ④ 표면부(모르타르층)에서 균열이 발생한다.

1. 에너지관리(공기조화)

6. 온풍난방

가열한 온풍을 덕트를 통해 실내에 공급하여 난방하는 방식

장 점	단 점
① 열용량이 적어 예열시간이 짧고 간헐운전이 가능하다.	① 공기를 강제적으로 보내므로 소음 발생이 크다.
② 신선한 외기 도입으로 환기가 가능하다.	② 실내 온도분포가 좋지 않아 쾌적성이 떨어진다.
③ 송풍온도가 높아 덕트를 소형으로 할 수 있다.	③ 덕트나 연도의 과열에 따른 화재의 우려가 있다.
④ 설치가 간단하며 설비비가 저렴하다.	④ 송풍기의 전력소비가 커 전기동력비가 증가한다.
⑤ 실내 온습도 조절이 비교적 용이하다.	⑤ 상하온도차가 커서 에너지 손실이 발생한다.

7. 지역난방

중앙식 냉난방의 일종으로 일정한 장소의 기계실에서 넓은 지역 내 여러 건물에 증기나 고온수 혹은 냉수를 공급하여 냉난방을 하는 방식

(1) 지역난방의 열매체

① 증기 : 1~15kg/cm^{2}의 고압증기 사용
② 온수 : 100℃ 이상의 고온수를 사용

(2) 지역난방의 특징

① 에너지 이용 효율이 높다.
② 연료비, 유지관리 측면에서 인건비, 유지관리비가 절감된다.
③ 고도의 설비에 의한 대기공해가 없어 깨끗한 도시환경을 조성한다.
④ 초기 투자설비비가 많이 든다.
⑤ 예열시간이 길어 연료소비량이 크며 배관에서의 열손실이 발생한다.

8. 보일러

밀폐되어 있는 용기 내에 열매체(물)를 넣고 고온의 화염이나 연소가스와 접촉시켜 대기

압 이상의 증기나 온수를 발생하는 장치
① 보일러의 3대 구성 요소 : 본체, 연소장치, 부속장치
② 보일러의 부속장치 : 급수장치, 급유장치, 통풍장치, 송기장치, 안전장치, 분출장치, 계측장치, 폐열회수장치, 자동제어장치 등

> **폐열회수장치**
> 배기가스의 여열을 이용하여 열효율을 높이기 위한 장치
> [설치 순서] 과열기 → 재열기 → 절탄기 → 공기예열기
> ① 과열기 : 포화증기를 가열하여 증기온도를 높이는 장치
> ② 재열기 : 고압 증기터빈을 돌리고 난 증기를 다시 재가열하여 적당한 온도의 과열 증기로 만든 후 저압 증기터빈을 돌리는 장치
> ③ 절탄기(급수예열기, Economizer) : 폐열을 이용하여 보일러에 급수되는 물을 예열하는 장치
> ④ 공기예열기 : 절탄기를 통과한 연소가스의 남은 열을 이용하여 연소 공기를 예열하는 장치

③ 보일러의 종류
㉠ 원통형 보일러 : 입형 보일러, 연관 보일러, 노통 보일러, 노통연관 보일러
㉡ 수관 보일러 : 자연순환식, 강제순환식, 관류순환식
㉢ 주철제 보일러 : 증기 보일러, 온수 보일러
㉣ 특수 보일러 : 간접 가열 보일러, 특수 연료 보일러, 특수 열매체 보일러, 폐열 보일러

9. 보일러의 특징

① 노통연관보일러 : 노통보일러와 연관보일러의 장점을 취한 것으로 횡형의 동체 내에 노통의 연소실과 다수의 연관으로 구성되어 있으며 보유수량이 많기 때문에 부하변동에 대해 안정성이 있고 열효율이 좋아 중규모 건물 등에 많이 사용한다.

장 점	단 점
① 열효율이 좋다.(85%~90%)	① 증발 속도가 빨라 스케일 부착이 용이하여 급수처리가 필요하다.
② 패키지형으로 할 수 있다.	② 구조가 복잡하고 내부 청소가 곤란하다.
③ 수관식에 비하여 제작비가 싸다.	③ 구조상 고압, 대용량 제작이 불가능하다.
④ 노통에 의한 내분식이므로 열손실이 적다.	
⑤ 운반이나 설치가 간단하고 설치면적이 작다.	

② 수관보일러 : 직경이 작은 드럼과 다수의 수관으로 구성된 보일러로 관(파이프) 속으로 물이 흐르고 관 바깥으로 뜨거운 열가스가 접촉하는 형식

장 점	단 점
① 고온 고압의 증기 발생으로 열의 이용도가 높다.	① 구조가 복잡하여 청소, 검사, 수리가 어렵다.
② 외분식으로 연소상태가 좋고 효율이 가장 높다.	② 스케일의 장애가 커 완벽한 급수처리를 하여야 한다.
③ 전열면적에 비해 보유수량이 적어 증기의 발생속도가 빠르다.	③ 외분식으로 외벽을 통한 열손실이 크다.
④ 보유수량이 적어 파열 시 피해가 적다.	④ 부하변동에 따른 압력변화가 크다.
⑤ 외분식으로 연료의 질에 따른 영향이 적다.	⑤ 제작이 어렵고 가격이 비싸다.

③ 주철제 보일러 : 주물로 제작한 것으로 전열면적이 비교적 큰 형식의 저압용 보일러

장 점	단 점
① 주물제작으로 복잡한 구조도 제작이 가능하다.	① 내압에 대한 강도가 약하다.(인장, 충격, 열충격 등)
② 섹션의 증감으로 용량조절이 용이하다.	② 고압 및 대용량으로는 부적당하다.
③ 조립식으로 반입 및 해체가 용이하다.	③ 열에 의한 부동팽창으로 균열이 생기기 쉽다.
④ 저압(1kg/cm² 이하)이므로 파열 시 피해가 적다.	④ 구조가 복잡하여 청소, 검사, 수리가 어렵다.
⑤ 전열면적이 크고 효율이 좋다.	
⑥ 내식성 및 내열성이 좋다.	

④ 관류보일러 : 드럼이 없고 긴 관으로 구성되어 있으며 펌프로 급수를 압입하여 관 도중에서 가열, 증발, 과열시켜 과열증기로 만들어 공급하는 보일러로 공조용으로 사용하기보다는 편리하게 고압의 증기를 발생하는 경우에 사용한다.
 ㉠ 보일러 효율이 대단히 높다.
 ㉡ 보유수량이 적어 시동시간이 짧고, 대용량에 부적합하다.
 ㉢ 수처리가 복잡하고 고가이다.
 ㉣ 관 배치를 자유로이 할 수 있어 보일러 전체를 합리적인 구조로 할 수 있다.
 ㉤ 부하변동에 따라 압력과 수위변동이 심하다.
 ㉥ 소음이 크다
⑤ 폐열보일러(특수보일러) : 다른 공정에서 생기는 배기가스나 배출가스의 남은 열을 이용해 열효율을 높인 보일러로 버려지는 열을 다시 재활용하므로 연소장치가 필요 없다.

10. 보일러의 성능(용량)

보일러의 용량표시는 최대 연속부하(정격부하)의 상태에서 단위시간당 증발량(kg/h, ton/h)로 표시하며 일반적으로 상당증발량을 사용한다.

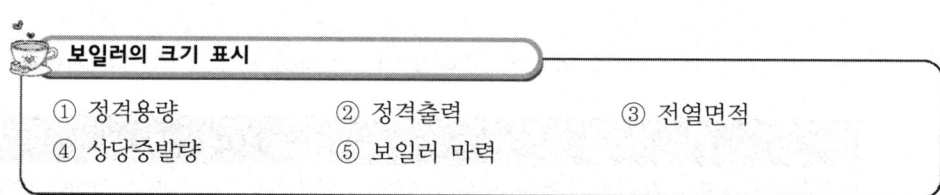

보일러의 크기 표시
① 정격용량   ② 정격출력   ③ 전열면적
④ 상당증발량 ⑤ 보일러 마력

① 상당증발량(G_e) : 환산증발량(기준증발량)이라고도 하며 시간당 실제 보일러의 발생열량을 표준대기압에서의 100℃ 포화수가 100℃ 건조포화증기로 증발하는 능력

$$G_e = \frac{G_a(h_2 - h_1)}{2257} [\text{kg/h}]$$

여기서, G_a : 실제 증발량[kg/h]
        h_2 : 발생증기 엔탈피[kJ/kg]

h_1 : 급수 엔탈피, 온도[kJ/kg, ℃]

2257kJ/kg : 100℃에서 물의 증발잠열

② 보일러 마력(BHP) : 표준대기압에서 100℃ 포화수 15.65kg을 1시간에 100℃ 건조 포화증기로 바꿀 수 있는 능력

> **보일러 마력**
>
> 1BHP=15.65kg/h×2257kJ/kg=35,322kJ/h=9.8kW

③ 보일러 효율과 연료소비량

㉠ 보일러 효율 $\eta = \dfrac{G(h_2 - h_1)}{G_I \times H_l}$

여기서, G : 증기량 또는 온수량[kg/h]

h_2, h_1 : 발생 증기 또는 온수의 엔탈피, 입구 물의 엔탈피[kJ/kg]

G_I : 연료 소비량[kg/h]

H_l : 연료 저위발열량[kJ/kg]

④ 보일러 출력

㉠ 정격출력=난방부하+급탕부하+배관부하+예열(시동)부하

(온수보일러는 정미출력의 1.15배, 증기보일러는 정미출력의 1.35배로 한다.)

㉡ 상용출력=난방부하+급탕부하+배관부하 (정미출력의 1.05배~1.1배)

㉢ 정미출력=난방부하+급탕부하

㉣ 과부하 출력 : 운전 초기나 과부하가 발생했을 때 정격출력의 10~20% 정도 증가하여 운전할 때의 출력

11. 보일러 부속장치 및 안전장치

(1) 보일러의 부속장치

① 안전장치 : 안전밸브, 방폭문, 고저 수위 경보기, 화염검출기, 압력차단스위치

② 송기장치 : 기수분리기, 비수방지관, 주 증기밸브, 감압밸브, 증기트랩
③ 급수장치 : 급수펌프, 인젝터, 급수 내관
④ 여열장치 : 과열기, 재열기, 절탄기, 공기예열기
⑤ 통풍장치 : 송풍기, 연도, 연돌, 댐퍼
⑥ 분출장치 : 수면분출장치, 수저분출장치

(2) 급수장치

① 보일러 운전 중 이상감수를 방지하고 부하변동에 대해 상용수위를 유지하기 위해 급수를 공급하는 장치
② 급수장치 설치 기준
  ㉠ 급수장치는 2세트 이상의 펌프(주펌프와 보조펌프)를 설치해야 한다.
  ㉡ 전열면적 $12m^2$ 이하의 보일러, 전열면적 $14m^2$ 이하의 가스용 온수보일러 및 전열면적 $100m^2$ 이하의 관류보일러에는 보조펌프를 생략할 수 있다.
③ 보일러 급수 및 보일러수 기준
  ㉠ 보일러 급수 : pH 7~9
  ㉡ 보일러수 : pH 11~11.8
④ 급수정지밸브 및 역정지밸브
  ㉠ 급수정지밸브는 보일러 급수를 개폐시키는 밸브로서 앵글 밸브, 글로브 밸브가 사용된다.
  ㉡ 역정지밸브는 보일러수의 역류를 방지하기 위한 체크 밸브로서 최고사용압력이 0.1MPa 미만의 보일러는 생략할 수 있다.

> **급수밸브의 크기**
> ① 보일러 전열면적이 $10m^2$ 초과 : 호칭지름 20A 이상
> ② 보일러 전열면적이 $10m^2$ 이하 : 호칭지름 15A 이상

⑤ 급수 내관
  ㉠ 보일러 급수를 넓게 분포시켜 보일러 급수로 인한 국부적인 부동팽창을 방지하

기 위해 설치한다.
ⓒ 보일러 안전저수위보다 50mm 아래에 설치한다.

(3) 송기장치

① 보일러에서 발생한 증기를 사용처까지 효율적으로 공급하는 장치이다.
② 증기 내관
  ㉠ 보일러에서 발생한 증기 중에 포함된 수분을 격리시켜 건조도가 높은 증기를 얻어 주증기관 내에서 수격작용을 방지한다.
  ㉡ 종류 : 비수방지관, 기수분리기
③ 감압밸브 : 고압관과 저압관 사이에 설치하여 저압측의 압력을 항상 일정하게 유지시키는 밸브이다.
④ 증기 헤더 : 보일러에서 발생한 증기를 한 곳에 모아 각 사용처에 일정한 압력으로 균등하게 공급하는 장치이다.
⑤ 증기 트랩 : 증기관 내의 증기와 응축수를 분리하여 응축수만 배출하는 일종의 자동 밸브로서 수격작용 및 배관 내의 부식을 방지한다.

(4) 안전장치

① 안전밸브(과압방지장치)
  ㉠ 설치 기준
    ⓐ 증기보일러에는 2개 이상의 안전밸브를 설치하여야 한다. 단, 전열면적 $50m^2$ 이하의 증기보일러에서는 1개 이상으로 한다.
    ⓑ 온수발생보일러에는 압력이 보일러의 최고사용압력에 도달하는 즉시 작동하는 압력 릴리프 밸브 또는 안전밸브를 1개 이상 설치하여야 한다.
    ⓒ 과열기 출구에는 1개 이상의 안전밸브를 설치한다.
    ⓓ 재열기 입구 및 출구에 각각 1개 이상의 안전밸브를 설치한다.
  ㉡ 안전밸브는 쉽게 검사할 수 있는 장소에 밸브축을 수직으로 하여 가능한 한 보일러의 동체에 직접 부착시켜야 한다.
  ㉢ 안전밸브의 구비 조건
    ⓐ 설정된 압력에서 방출한 것

ⓑ 정상압력으로 될 때 밸브가 닫혀 분출을 정지할 것
ⓒ 보일러 정격용량 이상 분출할 수 있을 것
ⓓ 보일러 개폐동작이 안정적으로 신속하게 동작될 것
ⓔ 동작하고 있지 않을 때 밸브의 누설이 없을 것
ㄹ) 스프링식 안전밸브의 조정
ⓐ 안전밸브의 분출압력은 1개일 경우에는 최고사용압력 이하로 조정한다.
ⓑ 안전밸브가 2개 이상 있는 경우에는 1개의 안전밸브를 최고사용압력 이하로 작동하게 조정하고 다른 안전밸브를 최고사용압력의 1.03배 이하로 작동할 수 있도록 조정한다.
ⓒ 과열기용 안전밸브는 보일러 본체의 안전밸브보다 먼저 분출할 수 있도록 조정한다.

안전밸브 및 압력 릴리프 밸브의 크기

호칭지름 25A 이상

② 증기압력제한기(압력제한스위치) : 증기사용량이 증기발생량보다 적은 경우에는 보일러의 증기압력이 상승하게 되어 증기압력이 상한 설정치에 도달하게 되면 연료공급을 차단하여 버너의 운전을 정지한다.
③ 저수위 차단장치
 ㄱ) 최고사용압력이 $0.1MPa(1kgf/cm^2)$를 초과하는 증기보일러는 저수위 안전장치를 설치해야 한다.
 ㄴ) 보일러의 수위가 안전을 확보할 수 있는 안전수위까지 내려가기 직전에 자동적으로 경보가 울리고 안전수위까지 내려가는 즉시 연소실 내에 공급하는 연료를 자동적으로 차단한다.
 ㄷ) 저수위 차단장치의 기능 : 급수의 자동조절, 저수위 경보, 연료를 차단하는 신호
 ㄹ) 종류 : 플로트식, 전극식, 차압식, 열팽창식
④ 화염검출기
 ㄱ) 보일러 운전 중 실화가 되거나 불착화 시 연료공급을 중단시켜 노내의 연료누입

1. 에너지관리(공기조화)

으로 인한 미연소 가스에 의한 폭발사고를 미연에 방지한다.
ⓒ 종류 : 플레임 아이, 플레임 로드, 스택 스위치
⑤ 방폭문
　㉠ 보일러 운전 중 연소실의 미연소 가스로 인한 노내 폭발이 발생하였을 경우 폭발 압력을 연소실 밖의 안전한 곳으로 배출한다.
　ⓒ 설치 : 연소실 후부
　ⓒ 방폭문의 기능
　　ⓐ 가스폭발이 발생하여 노내가 고압이 되었을 때 반드시 열릴 것
　　ⓑ 폭발구가 열렸을 때 폭발가스를 안전한 방향으로 분산시킬 것
　　ⓒ 연소 중에는 밀폐를 유지하고 가스 누설 또는 공기의 침입이 없을 것
⑥ 배기가스온도 상한스위치
　㉠ 보일러의 배기가스온도가 설정 온도를 초과하면 연료의 공급을 차단한다.
　ⓒ 배기가스출구에 설치할 경우에는 보일러 동체의 출구로부터 1m 거리 이내에 설치하여야 한다.

(5) 계측기기

① 수면계
　㉠ 수면계의 점검 시기
　　ⓐ 보일러를 가동하기 전
　　ⓑ 보일러를 가동하여 압력이 상승하기 시작했을 때
　　ⓒ 2개 수면계의 수위가 다를 경우
　　ⓓ 수위의 움직임이 둔하고, 정확한 수위인지 아닌지 의문이 생길 때
　　ⓔ 수면계 유리를 교체하거나 보수를 했을 때
　　ⓕ 프라이밍, 포밍 등이 생길 때
　ⓒ 수면계 취급 시 주의사항
　　ⓐ 수면계의 기능시험은 매일 실시한다.
　　ⓑ 수면계의 콕은 누설되기 쉬우므로 6개월 주기로 분해 정비한다.
　　ⓒ 수주관 하부의 분출관은 매일 1회 분출해 물측 연결관의 찌꺼기를 배출한다.
　　ⓓ 수면계 파손 시 제일 먼저 물 콕을 닫는다.

② 부르동관식 압력계
  ㉠ 부르동관의 한쪽 끝을 막아둔 상태에서 곡관 튜브에 압력이 가해질 때 압력의 크기에 따라 변위가 생겨서 압력을 측정하는 것으로 보일러에서 가장 많이 사용된다.
  ㉡ 압력계의 최고 눈금은 보일러 최고사용압력의 1.5배~3배 이내이어야 한다.
  ㉢ 부르동관 내에 직접 증기가 들어가면 고장이 나기 쉬우므로 사이펀관에 물을 가득 채운다.
  ㉣ 압력계는 원칙적으로 매년 1회 시험을 한다.

12. 방열기

(1) 방열기의 종류

① 주형 방열기(column radiator) : 2주형, 3주형, 3세주형, 5세주형의 4종류가 있다.
② 벽걸이 방열기(wall radiator) : 벽체에 걸어 사용하는 방열기로서 횡형과 종형이 있다.
③ 대류 방열기(convector) : 핀튜브형의 가열코일이 대류작용에 의해서 난방을 행하는 것으로 컨벡터(Convector)와 높이가 낮은 베이스 보드 히터(Base Board Heater)가 있다.
④ 길드 방열기(gilled radiator) : 주철제로 된 파이프에 전열면적을 증가시키기 위하여 핀을 부착한 것
⑤ 팬코일 유닛(FCU), 유닛 히터(Unit Heater) : 공기여과기, 팬 및 가열코일을 내장하여 강제 대류식으로 열을 방출

(2) 방열기의 표시

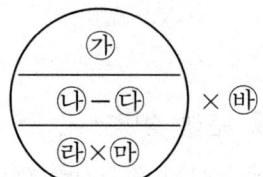

㉮ 쪽수 ㉯ 형식
㉰ 높이 ㉱ 유입관경
㉲ 유출관경 ㉳ 조(組) 수

(3) 방열기 도시기호

구 분	기 호
2주형	II
3주형	III
3세주형	3(3C)
5세주형	5(5C)
벽걸이형(횡형)	W-H
벽걸이형(종형)	W-V

(4) 방열기의 설치

① 외기에 접한 창문 아래쪽에 설치한다.
② 벽에서 50~60mm, 바닥에서 100~150mm 정도 떨어지게 설치한다.
③ 방열기 주위에는 스위블 조인트를 설치한다.
④ 구배를 취할 수 없거나 수평주관이 2.5m 이상일 때는 한 치수 큰 지름으로 한다.

(5) 상당방열면적(EDR)

$$EDR = \frac{방열기\ 방열량(난방부하)}{표준방열량}\ [m^2]$$

(6) 방열기의 표준방열량

구 분	표준방열량[kW/m²]	표준상태 조건	
		열매온도[℃]	실내온도[℃]
증기난방	0.756	102	18.5
온수난방	0.523	80	18.5

(7) 방열기 쪽수(section 수)

① 증기난방의 경우 : $N_s = \dfrac{손실열량(kW)}{0.756 \times 방열기면적}$

② 온수난방의 경우 : $N_w = \dfrac{손실열량(kW)}{0.523 \times 방열기면적}$

(8) 방열기에 의한 난방부하

난방부하[kW]=소요방열면적[m²]×방열기의 방열량[kW/m²]

(9) 방열기의 필요증기량

$$G = \frac{3600 \times q}{\gamma} = \frac{3600 \times 0.756 \times \text{EDR}}{\gamma} \text{[kg/h]}$$

여기서, q : 방열기 용량[kW]
　　　　EDR : 상당방열면적[m²]
　　　　0.756 : 표준방열량[kW/m²]
　　　　γ : 증기온도에서 물의 증발잠열[kJ/kg]
　　　　3600 : 시간환산계수(1hr=60min=3600s)

Ⅷ. 보일러 운전 및 안전관리

1. 보일러 조종자의 직무

① 압력, 수위 및 연소상태를 감시할 것
② 급격한 부하의 변동을 주지 않도록 할 것
③ 최고사용압력을 초과하지 않도록 할 것
④ 압력방출장치(안전밸브) 기능의 유지에 노력할 것
⑤ 1일 1회 이상 수면측정장치의 기능을 점검할 것
⑥ 보일러수를 적절하게 분출시켜 농축을 방지할 것
⑦ 고저수위검출기, 화염검출기 등 자동제어장치를 점검하고 조정할 것
⑧ 급수 및 관수의 수질관리를 철저히 할 것
⑨ 보일러 운전 중에 작업자는 항상 정위치를 떠나지 아니할 것

1. 에너지관리(공기조화)

2. 보일러 조종자의 직무

(1) 보일러 점화순서

① 전원스위치를 넣고 전환스위치를 자동으로 설정한 후 기동스위치를 넣는다.
② 송풍기 기동 → 연료펌프 기동 → 프리퍼지 → 점화용 버너 착화 → 주버너 착화의 순으로 시퀀스 제어가 진행되어 자동적으로 착화한다.
③ 정상적으로 착화하지 않을 때에는 불착화 경보를 울려 즉시 연료공급을 정지하고 송풍기를 가동하여 포스트 퍼지를 실시한다.

(2) 보일러 운전정지

① 연료공급을 정지한다.
② 연소용 공기의 공급을 정지한다.
③ 급수를 한 후 증기압력을 낮춘다.
④ 급수밸브를 닫고 급수밸브를 정지시킨다.
⑤ 주증기 밸브를 닫고 드레인 밸브를 연다.
⑥ 댐퍼를 닫는다.

(3) 가스보일러 점화 시 주의사항

① 콕 또는 밸브에서 가스누설이 있는지 확인한다.
② 가스압력이 적정하고 안정되어 있는지 점검한다.
③ 점화용 가스는 화력이 좋은 것을 사용한다.
④ 착화가 지연되는 경우 역화의 위험이 있으므로 점화는 1회에 착화가 이루어지도록 한다.
⑤ 착화 후 연소가 불안정할 때는 즉시 가스공급을 중단한다.
⑥ 착화가 실패한 경우 연소실과 연도체적의 약 4배 이상의 공기로 충분히 환기하여야 한다.
⑦ 점화 시 댐퍼를 열어 연소실의 미연소가스를 배출시킨 후 점화한다.

3. 연소상태에 따른 장애요인

(1) 역화

① 노내의 미연소 가스가 갑자기 착화하여 급격한 폭발연소를 일으켜 화염이나 연소가스가 전부 연도로 흐르지 않고 역류하여 연소실 입구로부터 밖으로 분출하는 현상이다.

② 역화의 원인
　㉠ 프리퍼지가 불충분한 경우
　㉡ 착화가 지연되었을 경우
　㉢ 연료 공급밸브를 필요 이상으로 급개하여 연료를 다량 분무한 경우
　㉣ 흡입통풍이 부족한 경우
　㉤ 압입통풍이 너무 강한 경우
　㉥ 미연소가스에 의한 노내 폭발이 발생한 경우

(2) 불완전 연소

① 노내의 화염이 암적색으로 길고 노내가 어둡고 굴뚝에서 검은 연기가 나오는 연소상태이다.

② 불완전 연소의 원인
　㉠ 연료의 분사량에 대한 연소용 공기량이 부족한 경우
　㉡ 분무된 연료와 연소용 공기의 혼합이 불량한 경우
　㉢ 버너에서 연료의 분무상태가 불량하여 분무입자가 큰 경우
　㉣ 연소 속도가 적정하지 않은 경우

(3) 실화

① 연소 중에 화염이 갑자기 꺼지는 연소형태이다.

② 실화의 원인
　㉠ 버너 분무구의 팁이나 노즐에 카본이 부착되거나 소손 등으로 막힌 경우
　㉡ 연료 속에 수분이나 공기가 많이 섞여 있는 경우
　㉢ 연소용 공기량이 연료량에 비해 과다하거나 과소한 경우
　㉣ 중유의 예열온도가 너무 낮아 분무상태가 불량한 경우

1. 에너지관리(공기조화)

　　ⓜ 연료 배관 중 스트레이너가 막혀 있는 경우
　　ⓑ 급유펌프가 고장나거나 이상이 생겼을 경우

4. 보일러 수위상태에 따른 장애요인

(1) 고수위

　　① 보일러 동체의 수위가 수면계의 상단부보다 높은 상태로서 보유수량이 많아 캐리오버 현상이 발생하고 연료소비량이 많아진다.
　　② 이상 고수위가 되는 원인
　　　　㉠ 수면계의 고장이나 유리관의 심한 오손으로 보일러 수위를 오인하는 경우
　　　　㉡ 급수펌프나 자동급수제어장치 등의 급수장치가 고장난 경우

(2) 저수위

　　① 수면계의 하단부보다 수위가 낮은 상태로서 보일러 과열의 원인이 된다.
　　② 이상 저수위가 되는 원인
　　　　㉠ 급수펌프나 인젝터 등의 급수장치가 고장난 경우
　　　　㉡ 분출장치의 분출밸브의 고장으로 보일러수가 누설되는 경우
　　　　㉢ 급수밸브나 급수체크 밸브의 고장으로 보일러수가 급수배관이나 급수탱크로 역류하는 경우
　　　　㉣ 급수 내관의 구멍에 스케일이 발생하여 급수 불능 또는 급수량이 감소한 경우
　　　　㉤ 수면계의 오손에 의해 수위를 오인한 경우
　　　　㉥ 증기의 취출량이 과대한 경우
　　　　㉦ 급수장치가 증발능력에 비해 과소한 경우

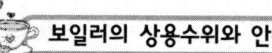 보일러의 상용수위와 안전수위

① 상용수위 : 보일러 운전 중 유지해야 하는 수위로서 수면계의 1/2지점
② 안전수위 : 보일러 운전 중 유지해야 하는 수위로서 수면계의 최저수면, 즉 수면계의 하단부

5. 보일러 안전관리

(1) 보일러 사고의 구분

① 파열 사고
  ㉠ 취급상 원인 : 보일러 운전 중 압력 초과, 저수위 사고, 과열, 부식 등
  ㉡ 제작상 원인
② 미연소 가스폭발 사고 : 연소계통 운전 중 미연소 가스가 충만된 상태로 점화했을 경우 가스폭발이나 역화로 인하여 사고가 발생된다.

(2) 보일러 가동 중 이상현상

① 가마울림(공명) : 보일러 연소 중 연소실이나 연도 내의 지속적인 울림현상
② 캐리오버(기수공발) : 송기 증기에 비수 등이 배관 내부에 고여 워터해머링의 원인이 되는 현상
③ 포밍 : 보일러수 비등 시 함유된 유지분이나 부유물에 의해 거품이 생기는 현상
④ 프라이밍 : 관수가 갑자기 끓을 때 물거품이 수면에서 벗어나 증기 속으로 비산하는 현상
⑤ 압궤 : 전열면 과열에 의한 외압에 안쪽으로 오목하게 찌그러지는 현상
⑥ 팽출 : 수관, 횡관, 보일러통이 과열로 밖으로 부풀어 오르는 현상

(3) 보일러 운전 중 사고 원인

제작상 원인	취급상 원인
① 재료 불량 ② 강도 부족 ③ 구조 불량 ④ 부속장치 미비 ⑤ 용접 불량 ⑥ 설계 불량 등	① 압력 초과 ② 저수위 사고 ③ 급수처리 불량 ④ 부식 ⑤ 과열 ⑥ 가스폭발 ⑦ 부속장치 정비 불량 등

(4) 보일러 과열 원인 및 대책

원 인	대 책
① 저수위 사고 시 ② 동 내면에 스케일 생성 ③ 보일러수의 과도한 농축 ④ 보일러수의 순환 불량 ⑤ 전열면의 국부과열	① 상용수위의 유지 ② 연소장치의 개선, 분사각 조절 ③ 분출을 통한 한계값 유지 ④ 전열의 확산 및 순환펌프의 기능 점검 ⑤ 급수처리 철저 및 농축 방지

Ⅸ. TAB(Testing, Adjusting and Balancing)

1. TAB(시험, 조정, 평가)

공기조화 설비에 대한 종합시험 조정으로 설계 목적에 부합되도록 모든 계통을 시험, 조정 및 평가하여 공기조화 설비의 성능과 품질 확보, 기기의 수명 연장, 에너지 절약, 소음 방지 및 실내환경의 쾌적성 등을 추구하는 중요한 기술 분야

① 시험(Testing) : 장비의 양적인 성능시험 작업
② 조정(Adjusting) : 터미널 기구에서의 풍량 및 유량을 적절하게 조정하는 작업
③ 평가(Balancing) : 설계치에 따른 각 분배 계통 내에서의 풍량 및 유량을 균등하게 배분시키는 작업

2. 적용 범위

① 공기와 물 분배계통, 자동제어계통 및 소음에 대한 시스템 검토
② 공기조화설비가 설계도면에 부합하도록 설치되어 있는지의 현장설치 상태 확인
③ 공기와 물분배계통 밸런싱
④ 공기 및 물분배계통의 설계값을 유지할 수 있는 전체 계통의 조정
⑤ 공조장비의 성능확인 및 자동제어 작동상태 확인
⑥ 실내 소음 및 온습도 측정
⑦ TAB 결과에 대한 종합 보고서 작성

3. TAB 필요성 및 효과

① 설비 초기 투자비 절감
② 시공의 품질 향상
③ 쾌적한 실내환경 조성
④ 불필요한 열손실 방지
⑤ 효율적인 시설관리

4. 대상 설비

공기조화설비에 대한 시험조정평가를 수행할 대상이 되는 설비를 말하며, 공기분배와 물분배 계통으로 구분된다.

공기분배 계통		물분배 계통	
공조장비	공조기, 팬, 현열 및 전열교환기, 히트펌프, 가열 및 환기 유닛, 유인 유닛, 항온항습기 패키지 및 멀티형 에어컨디셔너	열원 관련 장비	보일러, 열교환기, 냉동기, 냉각탑, 냉온수펌프, 냉각수펌프
말단 유닛	변풍량 유닛, 정풍량 유닛, 팬파워 유닛	말단 유닛	냉각코일, 가열코일, 팬코일 유닛, 유닛 히터, 방열기, 복사 패널
공기터미널 및 댐퍼	디퓨저, 노즐, 레지스터, 트로퍼, 루버, 그릴, 풍량조절 댐퍼, 방화풍량조절 댐퍼	각종 조절밸브	
덕트	급기덕트, 배기덕트, 환기덕트	냉온수, 냉각수 및 증기 배관 계통	

5. TAB 수행 순서

① 공기와 물 분배 관련설비가 설계 목적과 부합되게 설치되었는지 확인
② 설계 시방에 적합한 계통의 유량 측정
③ 수행 결과에 대한 기록 및 보고
④ 종합보고서 작성

6. TAB 수행 항목

① 시스템 검토 : 설계도면, 계산서 및 설계 참고자료를 활용하여 TAB가 원활히 수행될 수 있도록 공기조화설비를 검토하고 미비점 보완
② 예비보고서 작성 : 계통검토 내용을 토대로 TAB 보고서 양식에 각 장비 사양 등을 작성하여 TAB 작업이 원활히 진행될 수 있도록 준비
③ 현장 점검 : TAB를 실시하기 전에 각 계통이 시공도면 및 장비제작업체의 규격에 나타난 사항과 일치하는지의 여부 확인
④ 전원점검 : 전력이 공급되는 공기조화장비에 있어서 전원이 적절히 공급되고 있는지를 측정
⑤ 공기분배계통의 시험조정 : 공조용 팬을 가동시킨 후 풍량이 설계값과 일치되도록 밸런싱을 실시
⑥ 물분배계통의 시험조정 : 공기분배계통의 TAB 작업이 완료되면 펌프를 가동시켜 펌프와 각 터미널에서의 유량 및 압력을 측정하여 설계값에 맞도록 조정
⑦ 자동제어계통 점검 : 외기 상태의 변화와 실내조건의 변경에 적절히 대응될 수 있는 계통인지를 파악하고 설계 의도에 적합하게 설치되었는지 점검
⑧ 온·습도 확인 : 실내 또는 덕트에 설치된 감지기에 의하여 실내 온·습도가 적절히 유지되고 있는지 확인
⑨ 소음 측정 : 장비 또는 설비에서 발생하는 소음을 측정하는 것으로, 장비 가동 시와 정지 시로 나누어 측정
⑩ 종합보고서 작성 : 공기조화계통에 대한 시험조정 평가 결과를 정리, 분석하여 보고서를 작성하는 공정으로 향후 건물 운전 관리 시 필요한 기술자료가 되도록 한다.

> **종합보고서 포함사항**
>
> ㉠ 머리말, 목차, 약어설명, 참고문헌 ㉡ 용역 목적
> ㉢ 용역 범위 및 내용 ㉣ 건물 개요 및 기능
> ㉤ 용역기간 및 일정 ㉥ 용역수행 조직
> ㉦ 결과 요약 및 분석 ㉧ 설비 설계 개요
> ㉨ 측정범위, 측정방법 및 측정결과 ㉩ 문제점 및 특기사항
> ㉪ 측정 기록지
> ㉫ 기타(계측기, 측정장면 및 문제점 사진 등)

7. TAB 계측장비

① 공통장비

장 비	측정 범위	허용 오차	교정 주기
회전수 측정 장비	0~5,000rpm	지시값의 ±2%	12개월
온도 측정 장비	−40~120℃	지시값의 ±0.5℃	12개월
전기 계측 장비	0~600VAC 0~100A	최대값의 ±3%	12개월
소음 측정계	25~130dB (옥타브밴드필터 포함)	지시값의 ±2dB	12개월

② 공기계통 장비

장 비	측정 범위	허용 오차	교정 주기
공기 압력 측정 장비	0~250Pa 0~1,250Pa 0~4,500Pa	지시값의 ±2%	12개월
피토 튜브	450mm, 900mm, 1,200mm, 1,500mm	해당 없음	해당 없음
풍속 측정 장비	0.5~15m/s	지시값의 ±10%	12개월
습도 측정 장비	10~90RH	지시값의 ±2%RH	12개월
후드형 풍량계	10~600L/s	지시값의 ±5%	12개월

1. 에너지관리(공기조화)

③ 물계통 장비

장 비	측정 범위	허용 오차	교정 주기
압력 측정 장비	0~400kPa 0~1,400kPa −100~400kPa	최대값의 ±1.5%	12개월
차압 측정 장비	0~100kPa	최대값의 ±1.5%	12개월
초음파 유량계	0~6m/s	최대값의 ±3%	12개월

TAB 계측장비의 종류

측정 항목		측정 장비
온도 및 습도	공기 및 유체 온도측정	유리막대형, 다이얼, 열전대, 저항 및 서미스터 온도계
	표면온도 측정	고온계
	공기 온·습도 측정	사이크로미터, 전자식 서머 하이그로미터
회전수		접촉식, 광학식, 스트로보스코프 및 복합형 타코미터
공기계통		U-튜브 마노미터, 수직형/경사형 마노미터, 전자식 마노미터, 피토 튜브, 마그네헬릭 게이지, 회전날개형 풍속계, 편향 베인 풍속계, 열선 풍속계, 후드형 풍량계, 연기 발생기
물 계통		U-튜브 마노미터, 압력계, 차압계, 유량계(면적식, 초음파, 오리피스)
전기		전압, 전류계, 역률계
기타		덕트 누기 측정기, 연소 배기가스 분석기, 분진 측정계, 적산열량계

chapter 01 TAB 예상문제

01 다음 중 TAB에 대한 설명 중 옳지 않은 것은?
① TAB는 Testing, Adjusting and Balancing 의 약자이다.
② TAB의 목적과 역할은 공조설비가 설계 목적에 부합되도록 시험, 조정 및 평가를 하는 것이다.
③ TAB는 건물의 설계 단계에서 수행된다.
④ TAB의 대상은 공조설비의 공기분배 계통, 물 분배 계통을 포함한다.

 ③ TAB는 모든 공사가 완료되고 각 장비들의 운전이 가능한 상태에서 실시한다.

02 다음 설명에 해당하는 것은?

> 냉난방 설비의 공기분배 계통, 공기조화용 냉온수 물분배 계통 및 전체 공조시스템에 대한 시험, 조정과 균형을 시행하여 당해 설비가 설계 목적에 부합되는지를 검토하고 조정하는 과정으로 운전경비 절감, 쾌적한 실내환경 조성, 장비수명 연장 등 효율적인 운전관리의 효과를 얻을 수 있다.

① TAB ② TAC
③ LCC ④ BEMS

 TAB
Testing(시험), Adjusting(조정), Balancing(평가)의 약어로, 건물 내의 모든 공기조화시스템의 설계에서 의도하는 기능을 발휘하도록 점검, 조정하는 것

[참고]
② TAC 위험률 : 냉난방 설계 외기온도를 결정할 때, 냉난방 기간 중 외기 설정 온도 밖으로 벗어나는 비율(%)을 고려한 온도
③ LCC : 생애 주기 비용(시설물의 생애 주기 동안 발생하는 모든 비용)
④ BEMS : 건물에너지관리시스템

03 다음 설명에 해당하는 것은?

> ㉠ 에너지의 사용 실태를 정밀하게 측정하고 에너지 흐름을 효율적으로 유도한다.
> ㉡ 낭비를 줄이고 부하 변동에 따른 최적의 설계치를 갖도록 장비를 점검·조정한다.

① PLC ② 시운전
③ TAB ④ TAC

TAB의 목적
건물 내의 냉·난방설비에 대한 에너지사용 실태를 정밀하게 측정하여 에너지의 흐름을 효율적으로 유도하고 저장함으로써 불필요한 에너지의 낭비를 억제하여 부하 변동에 따른 최적의 설계치를 갖도록 모든 열원장비 및 장치류를 점검·조정하여 거주공간에 대한 쾌적한 환경을 조성하는데 목적을 둔 공조설비의 한 분야

Answer 01. ③ 02. ① 03. ③

1. 에너지관리(공기조화)

04 TAB를 수행하기 위한 목적으로 가장 거리가 먼 것은?
① 불필요한 열손실 방지
② 설비 초기 투자비의 증가
③ 공조설비의 수명 연장
④ 쾌적한 실내환경 조성

② 설비 초기 투자비의 절감 : 설계도 상의 오류와 시스템 및 기기용량을 확인하여 적정하게 조정
[참고] TAB의 필요성
① 설비 초기 투자비의 절감
② 공사 과정의 품질 향상
③ 쾌적한 실내환경 조성
④ 불필요한 열손실 방지
⑤ 운전비용 절감
⑥ 공조설비의 수명 연장
⑦ 효율적인 시설관리

05 TAB의 목적에 대한 설명으로 옳지 않은 것은?
① 설계된 성능과 일치하도록 시스템을 조정한다.
② 설비의 에너지 효율을 낮추기 위해 시행한다.
③ 실내 환경 조건을 균일하게 유지하기 위해 수행한다.
④ 덕트, 배관 내 유량과 압력 손실 등을 측정하여 조정한다.

② TAB의 목적 중 하나는 설비의 성능 최적화와 에너지 효율 향상에 있다.

06 다음 중 TAB 예비 점검에 해당하지 않는 것은?
① 공조기 필터의 청결 상태 및 덕트 계통 청소 상태를 점검한다.
② 설비의 안전하고 정상적인 운전 가능 여부를 점검한다.
③ 방화댐퍼 및 풍량조절 댐퍼의 개폐 상태를 점검한다.
④ 케이싱 누설과 풍량조절 댐퍼의 작동 상태를 검사한다.

④ 케이싱 누설과 각종 댐퍼의 작동 상태를 검사하고, 덕트 치수의 적정 여부 및 공기 흐름의 상태를 점검·조정하는 것은 TAB의 세부 업무에 해당한다.

07 TAB(Testing, Adjusting and Balancing) 종합 보고서에 포함될 사항으로 거리가 먼 것은?
① 사업 목적, 사업 범위 및 내용, 건물 개요 및 기능, 용역 기간 및 일정
② 설비 설계 개요, 용역 수행 조직, 결과 요약 및 분석, 측정기록지
③ 초기 측정값 및 측정 결과
④ 용역 수행 중 문제점 및 특기사항

종합 보고서에 포함될 사항
① 머리말, 목차, 약어 설명, 참고문헌
② 용역 목적
③ 용역 범위 및 내용
④ 건물 개요 및 기능
⑤ 용역 기간 및 일정
⑥ 용역 수행 조직
⑦ 결과 요약 및 분석
⑧ 설비 설계 개요
⑨ 측정 범위, 측정 방법 및 측정 결과
⑩ 문제점 및 특기사항
⑪ 측정 기록지
⑫ 기타(계측기, 측정 장면 및 문제점 사진 등)

Answer 04. ② 05. ② 06. ④ 07. ③

08 다음 중 공기조화설비의 TAB 수행 시 작업 진행 순서로 올바른 것은?

㉠ 전원점검
㉡ 현장점검
㉢ 예비보고서 작성
㉣ 물 분배계통의 시험조정

① ㉠ → ㉡ → ㉢ → ㉣
② ㉢ → ㉡ → ㉠ → ㉣
③ ㉢ → ㉠ → ㉡ → ㉣
④ ㉠ → ㉡ → ㉣ → ㉢

TAB 작업 진행 순서
시스템 검토 → 예비보고서 작성 → 현장점검 → 전원 점검 → 시험조정(공기분배 시스템, 물분배 시스템) → 자동제어 계통 점검 → 온·습도 조정 → 소음 측정 → 종합보고서 작성

09 TAB의 수행 순서로 가장 적합한 것은?

㉠ 공기 및 물분배의 관련 설비가 설계에 부합되도록 설치되었는지 확인
㉡ 설계 시방에 맞게 되었는지에 대한 계통의 유량 측정
㉢ 수행 결과에 대한 기록 및 보고
㉣ 종합보고서 작성

① ㉠ → ㉡ → ㉢ → ㉣
② ㉡ → ㉠ → ㉢ → ㉣
③ ㉠ → ㉢ → ㉡ → ㉣
④ ㉡ → ㉢ → ㉠ → ㉣

TAB의 수행 순서
① 공기와 물 분배의 관련 설비가 설계 목적과 부합되게 설치되었는지 확인 : 시스템 설치 상태 확인(설계도면, 시방서 등과 비교)

② 설계 시방에 적합한 계통의 유량 측정 : 실제 풍량, 수량 등 측정 및 조정
③ 수행 결과에 대한 기록 및 보고 : 수행된 작업 결과의 측정값과 조정값 기록
④ 종합보고서 작성 : 최종 성능 확인 및 보고서 작성

10 다음 중 공기조화설비의 TAB 수행 시 작업 진행 순서로 올바른 것은?

㉠ 전원점검   ㉡ 현장점검
㉢ 시험조정   ㉣ 시스템 검토

① ㉠ → ㉡ → ㉢ → ㉣
② ㉣ → ㉡ → ㉠ → ㉢
③ ㉣ → ㉠ → ㉡ → ㉢
④ ㉠ → ㉡ → ㉣ → ㉢

08번 해설 참고

11 공기조화기의 TAB 측정 절차 중 측정 요건으로 틀린 것은?

① 시스템의 검토 공정이 완료되고 시스템 검토보고서가 완료되어야 한다.
② 설계도면 및 관련 자료를 검토한 내용을 토대로 하여 보고서 양식에 장비규격 등의 기준이 완료되어야 한다.
③ 댐퍼, 말단 유닛, 터미널의 개도는 완전 밀폐되어야 한다.
④ 제작사의 공기조화기 시운전이 완료되어야 한다.

③ 댐퍼, 말단 유닛, 터미널의 개도는 완전 개방되어야 된다.

Answer 08. ② 09. ① 10. ② 11. ③

1. 에너지관리(공기조화)

12 TAB 수행을 위한 계측기기의 측정 위치로 가장 적절하지 않은 것은?
① 온도 측정 위치는 증발기 및 응축기의 입·출구에서 최대한 가까운 곳으로 한다.
② 유량 측정 위치는 펌프의 출구에서 가장 가까운 곳으로 한다.
③ 압력 측정 위치는 입·출구에 설치된 압력계용 탭에서 한다.
④ 배기가스 온도 측정 위치는 연소기의 온도계 설치 위치 또는 시료 채취 출구를 이용한다.

② 유량 측정 위치는 유량 측정 정확도를 위해 유량계 설치 지점의 상·하류측에는 각종 규격에서 요구하는 길이만큼의 직관부를 설치하여야 하므로 펌프의 출구에서 가장 가까운 곳은 부적절하다.

13 TAB(Testing, Adjusting and Balancing)에 있어서 코일 및 열교환기의 정유량 시스템 밸런싱에 대한 설명으로 틀린 것은?
① 시스템 배관 또는 터미널 유닛으로 모든 유량이 통과하는 상태에서 수행한다.
② 순환 펌프 유량과 터미널 유닛 합산 유량이 허용오차 범위 내에 있을 때 터미널 유닛을 밸런싱한다.
③ 정유량 시스템은 동시 최소 부하에서 밸런싱한다.
④ 유량은 부분 부하 조건에서 밸브 특성에 따라 설계값보다 작거나 많을 수 있지만 기본적으로 일정한 상태에서 시험한다.

③ 정유량 시스템은 동시 최대 부하 조건에서 밸런싱한다.

14 TAB 수행 시 수배관의 유량을 조절하기 위해 설치되는 밸브는?
① 글로브 밸브   ② 밸런싱 밸브
③ 볼 밸브   ④ 게이트 밸브

밸런싱 밸브는 수배관 내 유량 조절 및 유량 밸런싱을 위해 사용된다.

15 TAB 작업에서 풍속을 측정하기 위해 사용되는 기기가 아닌 것은?
① 마노미터(U튜브식)
② 전자식 마노미터
③ 경사형 마노미터
④ 스트로보스코프(Stroboscope)

④ 스트로보스코프(Stroboscope) : 회전수 측정
[참고] 풍속 측정 기기
U튜브 마노미터, 경사형/수직형 마노미터, 전자식 마노미터 등

16 TAB 수행 시 실내온도 측정 기준으로 적절한 위치는?
① 천장 가까이
② 실내 출입문 앞
③ 점유구역의 중심 높이(약 1.2~1.5m)
④ 바닥 바로 위

실내온도 측정은 사람이 주로 활동하는 점유영역의 높이인 약 1.2~1.5m 위치에서 측정해야 한다.

Answer 12. ② 13. ③ 14. ② 15. ④ 16. ③

chapter 02

냉동냉장 설비(기초 열역학)

I. 열역학의 기본 사항

1. 열역학의 정의

열(Heat)과 일(Work)과 같은 다른 형태의 에너지 사이의 관계를 다루는 물리학의 한 분야로 열역학의 원리는 열기관, 내연기관, 외연기관, 가스 터빈, 공기압축기, 송풍기, 냉동분야, 공기조화 분야 등에 응용되고 있다.

2. 열역학적 계(system)

계란 연구 대상이 되는 일정량의 물질이나 공간의 어떤 구역을 의미하여, 이 계를 제외한 영역은 주위(surroundings), 이 계의 테두리는 경계(boundary)라 한다.

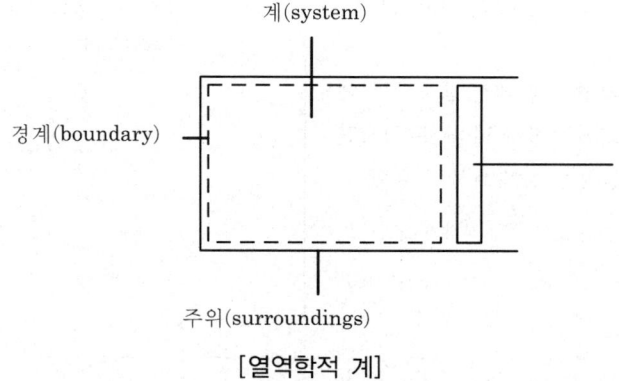

[열역학적 계]

① 계의 종류
　㉠ 밀폐계(closed system) : 계를 경계로 열과 일은 교류되나 질량 변화는 없다.
　　(예 : 내연기관)
　㉡ 개방계(open system) : 계를 경계로 열과 일뿐만 아니라 질량도 교류되는 형태
　　로 유동계라 한다.(예 : 펌프, 터빈, 압축기 등)
　㉢ 고립계(isolated system) : 계를 경계로 열과 일뿐만 아니라 동작물질(질량)의
　　교류가 전혀 없는 계
② 동작물질(작업물질) : 에너지를 저장 또는 이동 운반시키는 물질을 말하며 증기
　터빈의 증기, 내연기관의 공기와 연료의 혼합물, 냉동기의 냉매 등을 말한다.

3. 과정과 사이클

① 과정(process) : 계 내의 유체가 한 형태에서 다른 상태로 변화하면서의 경로
　㉠ 가역 과정 : 경로의 모든 점에서 역학적, 열적, 화학적 등의 모든 평형이 유지
　　되는 과정. 주위에 어떤 변화도 남기지 않고 다시 거꾸로 되돌릴 수 있는 과정
　　(마찰이 없는 진자)
　㉡ 비가역 과정 : 과정에 있어 손실을 수반하는 형태로 평형이 유지되지 않는 과정
　　(마찰, 자유팽창, 화학반응, 두 가스의 혼합, 고체의 비탄성 변형)
　㉢ 등(정)적 과정 : 과정 중 체적 또는 비체적이 일정한 과정
　㉣ 등(정)압 과정 : 과정 중 압력이 일정한 과정
　㉤ 등(정)온 과정 : 과정 중 온도가 일정한 과정
　㉥ 단열과정 : 과정 중 열 출입이 없는 과정
　㉦ 정상 유동과정 : 과정 중 계의 각 점에서 시간에 따라 성질이 변화하지 않는 과정
　㉧ 준평형 과정 : 과정이 진행되는 동안 계가 평형 상태에 무한히 근접하여 유지되고
　　있을 때의 과정(피스톤이 저속으로 움직이는 과정)
② 사이클(cycle) : 어떤 임의의 계가 어떤 과정을 지나 최초의 상태로 돌아오는 과정을
　사이클이라고 하며 모든 성질의 값은 최초 성질과 같아야 한다.

4. 상태(state)

① 강도성 상태량 : 물질의 질량(크기)에 관계없는 성질(온도, 압력, 비엔탈피, 비체적 등)
② 종량성 상태량 : 물질의 질량에 비례하는 성질로 용량성 상태량이라고도 한다. (무게, 질량, 엔탈피, 체적, 엔트로피 등)
③ 점함수(point function ; 상태함수) : 경로에 관계없이 계의 상태에만 관계되는 양 (압력, 온도, 체적)
④ 경로함수(path function) : 상태가 변화할 때 그 변화량이 과정의 경로에 따라 변화하는 상태량

5. 단위와 차원

① SI 단위 : 국제적으로 합의된 7개의 기본 물리 단위계 또는 이들의 유도 단위
  ㉠ 기본 단위

기본량	이름	단위	기본량	이름	단위
길이	meter	m	열역학적 온도	kelvin	K
질량	kilogram	kg	물질량	mole	mol
시간	second	s	광도	candela	cd
전류	Ampere	A			

  ㉡ 기본 단위와 함께 자주 사용되는 접두어

10^n	접두어	기호	10^n	접두어	기호
10^{12}	테라(tera)	T	10^{-3}	밀리(milli)	m
10^9	기가(giga)	G	10^{-6}	마이크로(micro)	μ
10^6	메가(mega)	M	10^{-9}	나노(nano)	n
10^3	킬로(kilo)	k	10^{-12}	피코(pico)	p

② 절대 단위 : 기본량을 길이(cm, m), 질량(g, kg), 시간(second)을 기본 단위로 한 단위로 MKS 단위(m, kg, s)와 cgs 단위(cm, g, s)가 있다.

③ 중력(공학) 단위 : 절대 단위에서 질량 대신 중량(kgf, lbf)을 기본 단위로 한 단위
④ 중력 단위와 절대 단위 비교

중력 단위	구분	절대 단위
kg	질량	kg
kgf	힘(무게)	$N = kg \cdot m/s^2$
kgf·m	일(에너지)	$J = N \cdot m = kg \cdot m/s^2 \cdot m$ $= kg \cdot m^2/s^2$
kgf·m/s	일률	$W = J/s = kg \cdot m^2/s^2 /s$ $= kg \cdot m^2/s^3$

⑤ 힘의 단위
  ㉠ 1N(Newton) : 질량 1kg인 물체를 $1m/s^2$의 가속도로 움직이게 하는 힘
   $1N = 1kg \times 1m/s^2 = 1kg \cdot m/s^2$
  ㉡ 1kgf(f=force) : 질량 1kg인 물체를 지구가 중력가속도($9.8m/s^2$)로 잡아당기는 힘. 이것은 물체의 무게를 나타내며, 무게도 힘의 일종이다.
   $1kgf = 1kg \times 9.8m/s^2 = 9.8kg \cdot m/s^2 = 9.8N$
       =1kg중(중=중력)
       =1kg : 공학에서 보통 f를 생략하여 사용함
   예를 들어, 1PS(마력)=75kg·m/s라고 할 때의 kg은 kgf를 뜻한다.
⑥ 질량과 무게의 관계
  ㉠ 질량 : 위치에 따라 변하지 않는 물체 고유의 양으로서, 단위는 kg이다.
  ㉡ 무게 : 물체에 작용하는 지구의 중력으로서, 지구상의 위치나 높이에 따라 달라진다. 단위는 kgf이다.
⑦ 무게와 힘의 비교
  ㉠ 힘 : F=m·a(질량×가속도)
  ㉡ 무게 : W=m·g(질량×중력가속도)

6. 온도(temperature)

① 섭씨(Celsius)온도 : 표준 대기압(1atm) 상태에서 물의 어는점을 0℃, 끓는점을 100℃로 하고 100등분한 것을 1℃로 한 온도

② 화씨(Fahrenheit)온도 : 표준 대기압(1atm) 상태에서 물의 어는점을 32°F, 끓는점을 212°F로 하고 180등분한 것을 1°F로 한 온도

③ 섭씨(t_c)와 화씨(t_f)의 관계

$$t_c = \frac{5}{9}(t_f - 32)[℃]$$

$$t_f = 32 + \frac{9}{5}t_c[°F]$$

④ 절대온도(absolute temperature) : 분자운동이 정지하는 상태의 온도(-273.15℃)를 기준으로 한 온도

㉠ 섭씨온도와 켈빈온도와의 관계식

$$T_K = t_c + 273.15 ≒ (273)K$$

㉡ 화씨온도와 랭킨온도와의 관계식

$$T_R = t_f + 459.67 ≒ (460)R(≒460)$$

7. 압력

단위 면적당 수직으로 작용하는 힘으로 국제단위계(SI)에서의 압력의 단위는 $1m^2$의 면적에 1N의 힘으로 $1N/m^2$ 또는 Pa을 사용하나, 공학단위로 kgf/cm^2를 사용한다.

① 표준 대기압(atm)

$$1atm = 1.0322 kgf/cm^2 = 760 mmHg = 10.33 mAq$$
$$= 1.01325 bar = 1013.25 mbar = 101325 N/m^2 = 101325 Pa$$

단, $1bar = 10^3 mbar = 10^5 N/m^2$, $1Pa = 1N/m^2 = 1kg/m \cdot s^2$

$1kgf/m^2 ≒ 9.8 N/m^2$

② 공학기압(at)

  1at=1kgf/cm² =735.6mmHg=10mAq=14.2psi

③ 절대압력(absolute pressure)

 ㉠ 절대압력 : 완전 진공 상태를 기준으로 한 압력

  절대압력＝대기압＋게이지(계기)압＝대기압－진공

 ㉡ 계기압 : 대기압을 기준으로 측정한 압력

 ㉢ 진공압 : 진공의 정도를 나타내는 값으로 대기압을 기준으로 한다.

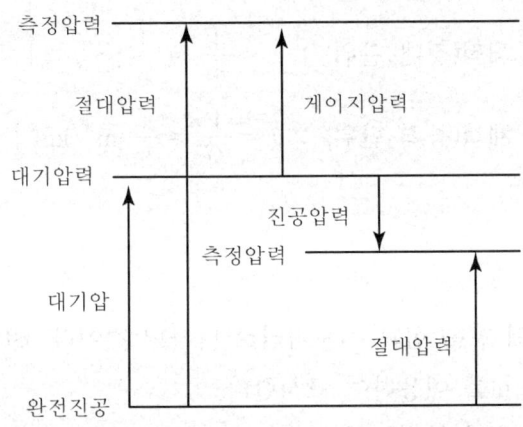

[대기압, 절대압력, 게이지 압력]

8. 물질의 성질

① 밀도 : 단위 체적당 물질의 질량

$$\rho = \frac{m}{V}$$

구분	절대 단위(SI)	공학(중력) 단위
단위	kg/m³	kgf·s²/m⁴
물의 예	1000	102

[예] 4℃에서 물의 밀도 : 1000kg/m³ = 1g/cm³

② 비중량 : 단위 체적당 물질의 중량

$$\gamma = \frac{G}{V} = \frac{mg}{V} = \rho g$$

구분	공학(중력) 단위	절대 단위(SI)
단위	kgf/m³	kg/s²·m², N/m³
물의 예	1000	9800

③ 비체적 : 단위 질량(중량)당 물질의 체적

㉠ 단위 질량당 체적(절대 단위) : $v = \dfrac{V}{m} = \dfrac{1}{\rho}$ [m³/kg]

㉡ 단위 중량당 체적(중력 단위) : $v = \dfrac{V}{G} = \dfrac{1}{\gamma}$ [m³/kgf]

9. 일

물체에 일어난 변화의 양을 힘과 이동거리로 나타낸 것이다. SI 단위에서는 J(Joule), 공학 단위에서는 kgf·m를 이용하여 표시한다.

힘의 크기를 F, 이동거리를 s라 하면,

W = F·s

아무리 큰 힘을 가해도 물체가 이동하지 않으면 한 일은 없다.

일의 단위는 에너지의 단위와 같다.

① 1J(Joule) : 1N의 힘으로 1m 움직이는 데 필요한 일

1J=1N·m=1kg·m²/s²

1kgf·m=9.8J

10. 동력(power)

단위 시간당 한 일의 양으로 정의한다.

SI 단위에서는 W(watt)를 사용하여 표기하며, 공학 단위에서는 kgf·m/s 또는

HP(Horse power), PS(Pferde starke)를 사용한다.

$$P = \frac{W}{t}$$

동력의 단위 환산

1kgf·m/s=9.8W, 1W=1J/s
1마력(1PS)=75kgf·m/s=735.5W
1HP(horse power)=76kgf·m/s=0.746kW=1.0144PS=550.2lb·ft/s
1kW=1.36PS=102kgf·m/s

11. 열량

물체가 보유하는 열의 양, 즉 열에너지의 양을 열량이라 하며 단위로는 kcal, BTU, CHU 등이 있다.

① 열 물성치의 종류

㉠ 1kcal : 표준대기압(1atm) 상태에서 순수한 1kg을 1℃(14.5 → 15.5℃) 높이는 데 필요한 열량

㉡ 1BTU(British Thermal Unit) : 1atm 상태에서 순수한 물 1lb를 1℉(60 → 61℉) 높이는 데 필요한 열량

㉢ 1CHU(Centigrade Heat Unit) : 1atm 상태에서 순수한 물 1lb를 1℃ 높이는 데 필요한 열량

kcal	BTU	CHU	kJ
1	3.968	2.205	4.18673
0.252	1	0.5556	1.05504
0.4536	1.8	1	1.89908
0.23885	0.94783	0.52657	1

② 현열 : 물체의 온도변화에 소요되는 열량

$$Q_S = G \cdot c \cdot dt$$

③ 잠열 : 상변화에 필요한 열량으로 증발(응축)잠열, 융해(응고)잠열 등이 있다.

$$Q_L = G \cdot r$$

[참고] 0℃ 물의 응고잠열 : 335kJ/kg
0℃ 물의 증발잠열 : 2501kJ/kg
100℃ 물의 증발잠열 : 2257kJ/kg

12. 비열(specific heat)

어떤 물질 단위중량을 1℃만큼 높이는 데 필요한 열량으로 정의하며,
단위는 kJ/kg·K(SI 단위) 또는 kcal/kgf·℃(공학 단위)로 표기한다.

① 정적비열(C_v) : 체적이 일정하게 유지되며 가열될 때의 비열
② 정압비열(C_p) : 압력이 일정하게 유지되며 가열될 때의 비열로 대기압하(일정압력)에서 가열되는 과정이 많으므로 정적비열보다 정압비열이 더 유용하게 사용된다.

물질	비열(kJ/kg·K)	물질	비열(kJ/kg·K)
물	4.18	수증기	1.85
얼음	2.05	공기	1.01

13. 열전달(전열)

물체 사이의 온도차에 의하여 열이 이동하는 현상으로 전도, 대류, 복사로 분류된다.
① 전도 : 열이 물체 내부로 전달하는 현상으로 열전달률은 전열면적과 온도구배에 비례하며 부호는 고온에서 저온으로 흐르므로 음(-)의 기호를 붙인다.

2. 냉동냉장 설비(기초열역학)

> **열전달률(Q)**
>
> $$Q = -kA\frac{dT}{dx}$$
>
> 여기서, A : 면적[m^2], $\dfrac{dT}{dx}$: 온도구배, k : 열전도율[W/m·K]

㉠ 평면벽을 통한 열전도

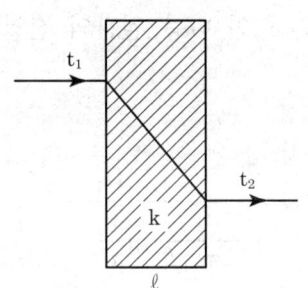

$$Q[\text{kcal/h}] = kA\frac{(t_1 - t_2)}{l} = A\frac{(t_1 - t_2)}{R}$$

㉡ 다층벽을 통한 열전도

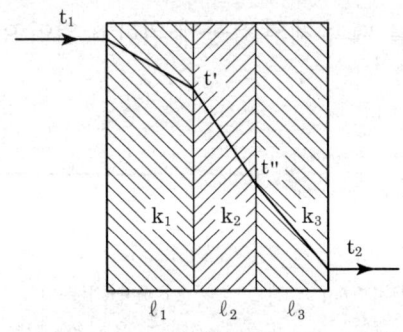

$$Q[\text{kcal/h}] = \frac{A(t_1 - t_2)}{\dfrac{l_1}{k_1} + \dfrac{l_2}{k_2} + \dfrac{l_3}{k_3}}$$

여기서, k : 열전도율[W/mK] A : 전열면적[m^2]
        l : 고체 두께[m] t_2 : 저온면 온도[℃]
        R : 열전도저항[m^{2}K/W] t_1 : 고온면 온도[℃]

ⓒ 원통벽의 열전도 : 원통이나 관 내에 열유체가 흐르고 있을 때 열전달이 관의 축에 대하여 직각으로 이루어지는 전열량 Q는 반지름 r, 길이 L인 원관에 대하여

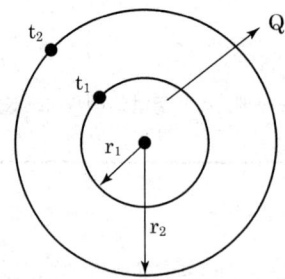

$$Q = \frac{k 2\pi L(t_1 - t_2)}{\ln \frac{r_2}{r_1}} = \frac{2\pi L(t_1 - t_2)}{\frac{1}{k} \ln \frac{r_2}{r_1}}$$

ⓓ 다층 원통의 열전도 : 반지름이 r_1, r_2, r_3인 다층 원관의 전열량 Q는

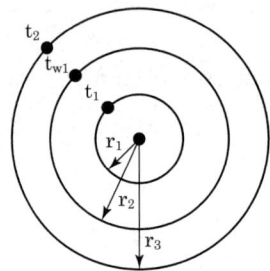

$$Q = \frac{(t_1 - t_2)}{\frac{1}{2\pi k_1 L} \ln \frac{r_2}{r_1} + \frac{1}{2\pi k_2 L} \ln \frac{r_3}{r_2}}$$

② 대류 : 고체면과 유체가 접촉되어 있을 때 유체의 유동에 의하여 열이 이동하는 현상으로 자연대류와 강제대류가 있다.

열전달률(Q)

$$Q = hA(t_w - t_a)$$

여기서, h : 대류열전달계수[W/m² · K] A : 면적[m²]
t_w : 고체 표면온도[℃] t_a : 유체온도[℃]

③ 열관류(열통과)
  ㉠ 전도 및 대류 등 2가지 이상 복합하여 일어나는 열의 이동

2. 냉동냉장 설비(기초열역학)

ⓒ 고온측의 유체 → 금속 벽 내부 → 저온측의 유체 순으로 열전달 발생

> **참고**
>
> ① 통과열량(Q)
>
> $$Q = KA(t_1 - t_2)\,[\text{W}]$$
>
> 여기서, K : 열통과율[W/m² · K]
> t_1 : 고온 유체 온도[℃]
> t_2 : 저온 유체 온도[℃]
>
> ② 열통과율(열관류율)
>
> $$K = \frac{1}{R} = \frac{1}{\dfrac{1}{\alpha_1} + \sum \dfrac{l}{\lambda} + \dfrac{1}{\alpha_2}}\,[\text{W/m}^2 \cdot \text{K}]$$
>
> 여기서, R : 열저항, 오염계수[m²K/W] α : 열전달률[W/m²K]
> λ : 열전도율[W/mK] l : 고체의 두께[m]

④ 복사 : 물질이 원자나 분자의 구조가 변하면서 전자파 또는 광자의 형태로 방출되는 에너지의 전달로 전도와 대류와는 달리 중간매체가 필요 없는 진공상태에서도 전달 가능하며 이 경우 가장 많은 열을 전달한다.

II 순수물질의 성질

1. 순수물질

① 고체, 액체, 기체의 상변화가 발생하더라도 화학적 구성은 변하지 않는 물질
② 물리적 조성(부피, 압력 등)은 변화하지만, 화학적 구성은 변하지 않는 물질(얼음, 물, 수증기)

2. 수증기의 일반 성질(단, 1atm)

a	b	c	d	e
액체(물)	포화액(포화수)	습증기, 포화증기, 습포화증기	건포화증기	과열증기
$x=0$	$x=0$	$0<x<1$	$x=1$	$x=1$
포화온도 이하	포화온도	포화온도	포화온도	포화온도 이상
(물은 100℃ 이하)	(물은 100℃)	(물은 100℃)	(물은 100℃)	(물은 100℃ 이상)

3. 증기의 상태량

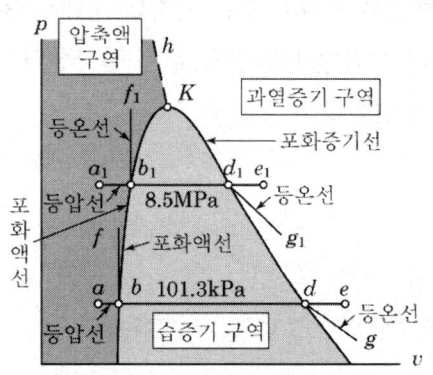

[물의 상태를 표시한 $p-v$ 선도]

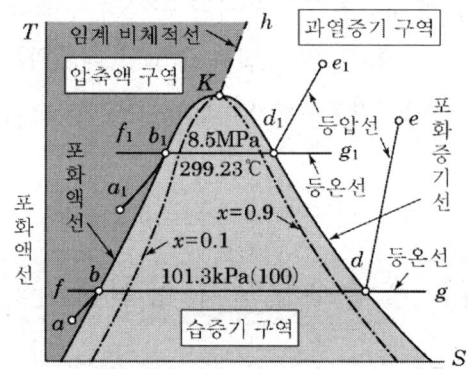

[열적 상태량를 표시한 $T-s$ 선도]

① 포화액 : $h_0' = 0$, $s_0' = 0$, $u_0' = 0$, $h_0 = u_0 + Pv_0$

액체열 : $q_l = \int_0^{t_s} CdT = (u' - u_0) + P(v' - v_0) = h' - h_0$

$$h' = h_0 + \int_{273}^{T_s} C \cdot dT, \quad s' = s_0 + \int_{273}^{T_s} C \cdot \frac{dT}{T} = C \cdot \ln\frac{T_s}{273}$$

② 포화증기

㉠ 증발열 : $\gamma = \rho + \phi = (u'' - u') + P(v'' - v') = h'' - h'$

여기서, ρ : 내부 증발열, ϕ : 외부 증발열

㉡ 비체적 : $v_x = xv'' + (1-x)v' = v' + x(v'' - v') \fallingdotseq xv''$

㉢ 내부에너지 : $u_x = xu'' + (1-x)u' = u' + x(u'' - u') = u' + x\rho$

㉣ 엔탈피 : $h_x = xh'' + (1-x)h' = h' + x(h'' - h') = h' + x\gamma$

㉤ 엔트로피 : $s_x = xs'' + (1-x)s' = s' + x(s'' - s') = s' + x\dfrac{\gamma}{T_s}$

③ 과열증기

㉠ 엔탈피 : $h = h'' + q_s = h'' + \int_{T_s}^{T} C_p \, dT$

㉡ 엔트로피 : $s = s'' + \int_{T_s}^{T} C_p \dfrac{dT}{T}$

㉢ 내부에너지 : $u = h - Pv = u'' + \int_{T_s}^{T} C_v \cdot dT$

III 이상기체

1. 이상기체

이상기체(완전가스)란 이상기체 상태방정식($Pv = RT$)을 만족하는 가스

> **실제기체가 이상기체를 만족하는 조건**
> ① 압력이 낮을수록　② 온도가 높을수록
> ③ 비체적이 클수록　④ 분자량이 작을수록

2. 이상기체의 법칙

① Boyle 법칙 : 온도가 일정한 상태에서 가스의 압력과 체적은 반비례한다.

$$P_1 V_1 = P_2 V_2 = C$$

② Charles 법칙 : 압력이 일정할 때 가스의 체적과 온도는 비례한다.

$$\frac{V_1}{T_1} = \frac{V_2}{T_2} = C$$

③ Boyle-Charles의 법칙 : 기체의 압력과 체적은 온도에 비례한다.

$$\frac{P_1 V_1}{T_1} = \frac{P_2 V_2}{T_2} = C$$

3. 이상기체의 상태 방정식

온도와 압력이 일정할 경우 같은 체적 내에 같은 수의 분자를 갖는다.

$$Pv = RT, \quad PV = GRT$$

> **참고**
>
> 일반 가스 상수 : $\overline{R} = 848\,\mathrm{kg \cdot m/kmol \cdot K} = 8314.3\,\mathrm{J/kmol \cdot K}$
>
> 임의 가스의 가스 상수 : $R = \dfrac{848}{M}\,[\mathrm{kg \cdot m/kg \cdot K}] = \dfrac{8.3143}{M}\,[\mathrm{kJ/kg \cdot K}]$

4. 가스의 비열

① 정적비열(C_v) : $C_v = \dfrac{du}{dT}\,(\mathrm{kJ/kg \cdot K})$

② 정압비열(C_p) : $C_p = \dfrac{dh}{dT}\,(\mathrm{kJ/kg \cdot K})$

　㉠ 에너지 관계식

$$dq = du + Pdv = C_v dT + Pdv$$
$$dq = dh - vdP = C_p dT - vdP$$

ⓒ 위 관계식으로부터

$$C_p - C_v = R$$

ⓒ 비열비(k)

$$k = \frac{C_p}{C_v} > 1$$

여기서, $C_p = kC_v$, $C_v = \frac{1}{k-1} \cdot R$, $C_p = \frac{k}{k-1} \cdot R$

5. 이상기체의 상태변화 관계식

상태 관계	등적(정적) 과정	등압(정압) 과정	등온(정온) 과정	단열 과정	폴리트로픽 과정
P, v, T 관계	$v = C$ $\dfrac{P_1}{T_1} = \dfrac{P_2}{T_2}$	$P = C$ $\dfrac{v_1}{T_1} = \dfrac{v_2}{T_2}$	$T = C$ $P_1 v_1 = P_2 v_2$	$Pv^k = C$ $\dfrac{T_2}{T_1} = \left(\dfrac{v_1}{v_2}\right)^{k-1}$ $= \left(\dfrac{P_2}{P_1}\right)^{\frac{k-1}{k}}$	$Pv^n = C$ $\dfrac{T_2}{T_1} = \left(\dfrac{v_1}{v_2}\right)^{n-1}$ $= \left(\dfrac{P_2}{P_1}\right)^{\frac{n-1}{n}}$
폴리트로픽 지수(n)	∞	0	1	k	n
비열 C	C_v	C_p	∞	0	$C_n = \dfrac{n-k}{n-1} C_v$
절대일 $_1W_2$ $= \int P dv$	0	$P(v_2 - v_1)$ $= R(T_2 - T_1)$	$P_1 v_1 \ln \dfrac{v_2}{v_1}$ $= P_1 v_1 \ln \dfrac{P_1}{P_2}$ $= RT \ln \dfrac{v_2}{v_1}$ $= RT \ln \dfrac{P_1}{P_2}$	$\dfrac{P_1 v_1 - P_2 v_2}{k-1}$ $= \dfrac{P_1 v_1}{(k-1)}[1 - \dfrac{T_2}{T_1}]$ $= \dfrac{R(T_1 - T_2)}{(k-1)}$ $= \dfrac{RT_1}{k-1}(1 - \dfrac{T_2}{T_1})$	$\dfrac{P_1 v_1 - P_2 v_2}{n-1}$ $= \dfrac{P_1 v_1}{n-1}[1 - \dfrac{T_2}{T_1}]$ $= \dfrac{R(T_1 - T_2)}{n-1}$ $= \dfrac{RT_1}{n-1}(1 - \dfrac{T_2}{T_1})$
공업일 $W_t =$ $- \int v dP$	$v(P_2 - P_1)$ $= R(T_2 - T_1)$	0	$P_1 v_1 \ln \dfrac{v_2}{v_1}$ $= P_1 v_1 \ln \dfrac{P_1}{P_2}$	$k \cdot {_1W_2}$	$n \cdot {_1W_2}$

상태 관계	등적(정적) 과정	등압(정압) 과정	등온(정온) 과정	단열 과정	폴리트로픽 과정
내부에너지 변화량	$GC_v(T_2-T_1)$	$GC_v(T_2-T_1)$	0	$GC_v(T_2-T_1)$ $=-A_1W_2$	$GC_v(T_2-T_1)$ $=-A_1W_2$
엔탈피의 변화	$GC_p(T_2-T_1)$	$GC_p(T_2-T_1)$	0	$GC_p(T_2-T_1)$ $=-AW_t$	$GC_p(T_2-T_1)$ $=-AW_t$
엔트로피의 변화량	$GC_v\ln\dfrac{T_2}{T_1}$ $=GC_v\ln\dfrac{P_2}{P_1}$	$GC_p\ln\dfrac{T_2}{T_1}$ $=GC_p\ln\dfrac{v_2}{v_1}$	$AGR\ln\dfrac{v_2}{v_1}$ $AGR\ln\dfrac{P_1}{P_2}$	0	$GC_n\ln\dfrac{T_2}{T_1}$ $=GC_v(n-k)\ln\dfrac{v_1}{v_2}$ $=GC_v\dfrac{n-k}{n}\ln\dfrac{P_2}{P_1}$
가열량 $(_1Q_2)$	U_2-U_1	H_2-H_1	$A_1W_2=AW_t$	0	$GC_n(T_2-T_1)$

6. 폴리트로픽 변화

실제 내연기관의 상태변화는 "Pv^n=일정" 식을 사용하여 표시하고 이 식으로 표시되는 변화를 폴리트로픽 변화라고 하고 n을 폴리트로픽 지수라고 한다.

① 폴리트로픽 지수에 따른 상태변화

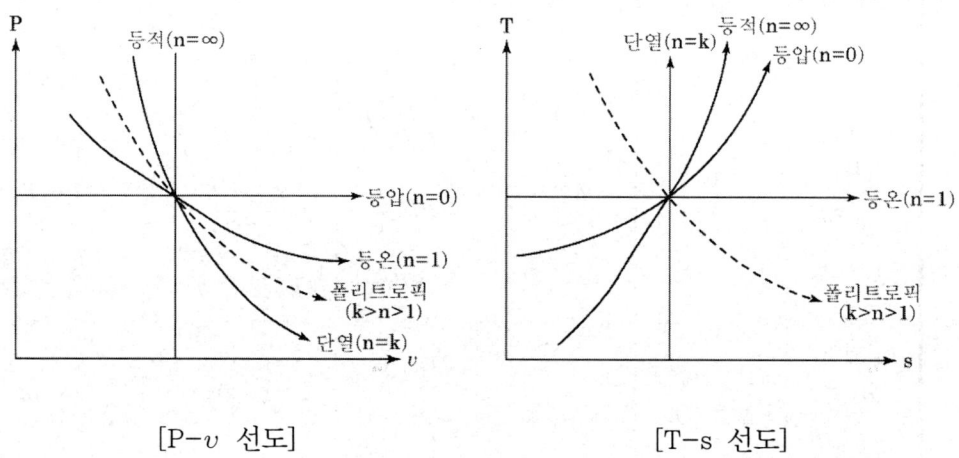

[P-v 선도]   [T-s 선도]

2. 냉동냉장 설비(기초열역학)

$n = 0$	P=일정	등압 변화
$n = 1$	Pv=일정	등온 변화
$1 < n < k$	Pv^n=일정	폴리트로픽 변화
$n = k$	Pv^k=일정	단열 변화
$n = \infty$	v=일정	등적 변화

Ⅳ. 열역학 제1법칙

1. 열역학 제0법칙(열평형의 법칙)

온도가 서로 다른 물체를 접촉시키면 높은 온도를 지닌 물체의 온도는 내려가고 낮은 온도의 물체 온도는 올라가서 결국 두 물체는 열평형 상태가 된다. 이와 같은 상태를 열역학 제0법칙이라 한다.(온도측정의 원리)

2. 열역학 제1법칙(에너지 보존의 법칙)

열은 본질적으로 일과 같은 에너지의 일종이며, 열을 일로 또한 일을 열로 바꿀 수 있고 변환 시 에너지 총량은 변하지 않고 일정하다.

> **1종 영구기관**
> 외부로부터 에너지 공급 없이 영구히 일을 할 수 있는 기관으로 열역학 제1법칙에 위배되는 기관이다.

① 열(Q)과 일(W)의 관계식

㉠ 중력단위계 : $Q = AW$[kcal], $W = \dfrac{Q}{A} = JQ$[kgf·m]

여기서, 일의 열당량 $A = \dfrac{1}{427}$ kcal/kgf·m, 열의 일당량 $J = 427$ kgf·m/kcal

   ⓒ SI 단위계 : $Q = W[\text{kJ}]$
 ② 열과 일의 비교
   ㉠ 일과 열은 이동현상이다.
   ㉡ 일과 열은 경계현상이다. 계의 경계에서만 측정된다.
   ㉢ 일과 열은 경로함수이며 불완전 미분이다.
   ㉣ 일과 열은 모두 방향성이 있으며 계를 중심으로 반대이다.
    일 : 시스템이 하는 일은 "+"이고, 시스템에 가해지는 일은 "-"이다.
    열 : 시스템에 전달되는 열량은 "+"이고 시스템에서 방출되는 열량은 "-"이다.

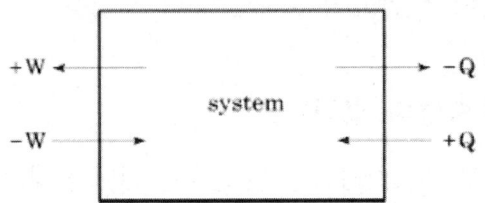

 ③ 내부에너지 : 계의 내부에 저장되어 있는 에너지의 총합
   ㉠ 단위 및 기호 : U[kJ], u[kJ/kg]
   ㉡ 총 에너지(E) = 내부에너지(U) + 운동에너지(KE) + 위치에너지(PE)
 ④ 엔탈피(enthalpy, h) : 어떤 물질 1kg이 가지고 있는 열량의 총합
   $h = u + Pv[\text{kJ/kg, kcal/kg}]$ (u : 비내부에너지)
   $H = U + PV[\text{kJ, kcal}]$ (U : $Q-W$인 내부에너지)

> **참고**
> ① 모든 냉매의 0℃ 포화액의 엔탈피는 100kcal/kg을 기준한다.
> ② 0℃ 건조공기의 엔탈피는 0kcal/kg을 기준한다.
> ③ 열의 출입이 없는 단열변화(단열팽창)에서는 엔탈피의 변화가 없다. 즉, 단열팽창 과정은 등엔탈피선을 따라 팽창한다.

⑤ 비유동 과정의 에너지식

$$dq = du + dW = du + Pdv$$
$$dh = du + d(Pv) = du + Pdv + vdP = dq + vdP$$
$$dq = dh - vdP$$

⑥ 정상유동 과정의 에너지식

$$u_1 + P_1v_1 + \frac{w_1^2}{2} + gz_1 + q = u_2 + P_2v_2 + \frac{w_2^2}{2} + gz_2 + W$$

$$h_1 + \frac{w_1^2}{2} + gz_1 + q = h_2 + \frac{w_2^2}{2} + gz_2 + W$$

⑦ 절대일과 공업일

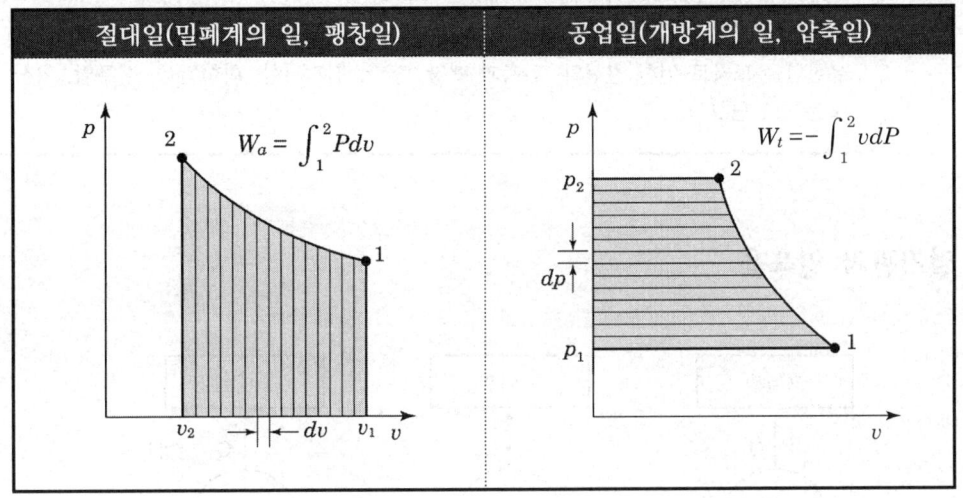

V 열역학 제2법칙

1. 열역학 제2법칙(방향성 법칙, 엔트로피 증가의 법칙)

에너지(열, 일) 변환에 대한 방향성을 제시한 법칙

① 일은 열량으로 변환이 가능하지만 열은 일량으로 모두 변환이 가능하지 않다.
② 열은 그 자체로는 저온체로부터 고온체로 이동할 수 없다.
③ 어떤 기관이든지 100%의 열효율을 가지는 기관은 존재하지 않는다.
  ㉠ 클라우시우스(Clausius)의 표현 : "자연계에 어떠한 변화를 남기지 않고서 열을 저온의 물체로부터 고온의 물체로 이동하는 기계(열펌프)를 만드는 것은 불가능하다."
  ㉡ Kelvin-Planck의 표현 : "자연계에 어떠한 변화를 남기지 않고 일정 온도의 어느 열원의 열을 계속하여 일로 변환시키는 기계를 만드는 것은 불가능하다."
  ㉢ 제2종 영구기관 : 열효율이 100%인 열기관을 의미하며, 이는 열역학 제2법칙에 위배되어 실현 불가능한 기관이다.

> **비가역 과정의 주요 원인**
> 유한한 온도차로 인한 열전달, 압축과 팽창, 혼합, 전기저항, 화학반응, 삼투압, 확산 등 모든 자연현상

2. 열기관과 열효율

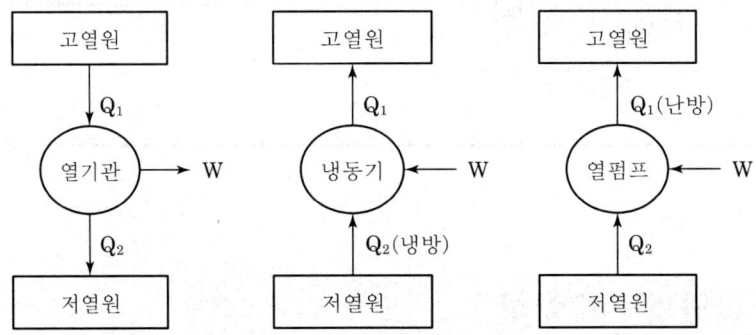

① 열기관의 열효율

$$\eta = \frac{\text{유효에너지}}{\text{공급열량}} = \frac{W}{Q_1} = \frac{Q_1 - Q_2}{Q_1} = 1 - \frac{Q_2}{Q_1}$$

2. 냉동냉장 설비(기초열역학)

② 냉동기의 성능(성적)계수

$$COP_R = \frac{Q_2(\text{저열원에서 흡수열량})}{W(\text{유효에너지})} = \frac{Q_2}{Q_1 - Q_2}$$

③ 열펌프의 성능(성적)계수

$$COP_H = \frac{Q_1(\text{고열원에서 방출열량})}{W(\text{유효에너지})} = \frac{Q_1}{Q_1 - Q_2} = 1 + COP_R$$

여기서, $W(\text{유효에너지}) = Q_1(\text{공급열량}) - Q_2(\text{방출열량})$

3. 카르노 사이클(Carnot Cycle)

① 두 개의 등온변화와 2개의 단열변화로 이루어지는 열기관의 이상 사이클

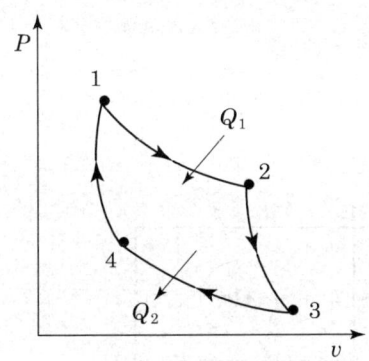
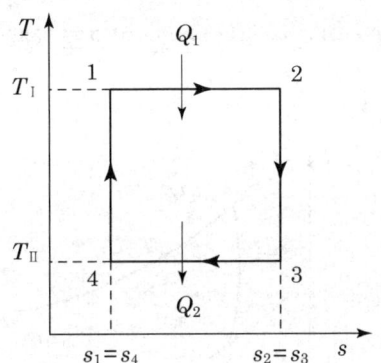

㉠ (1 → 2) 등온팽창 : $Q_1 = RT_\mathrm{I} \cdot \ln\dfrac{v_2}{v_1} = RT_\mathrm{I} \cdot \ln\dfrac{P_1}{P_2}$

㉡ (2 → 3) 단열팽창 : $\dfrac{T_\mathrm{II}}{T_\mathrm{I}} = \dfrac{T_3}{T_2} = \left(\dfrac{v_2}{v_3}\right)^{k-1}$

㉢ (3 → 4) 등온압축 : $Q_2 = RT_\mathrm{II} \cdot \ln\dfrac{v_3}{v_4} = RT_\mathrm{II} \cdot \dfrac{P_4}{P_3}$

㉣ (4 → 1) 단열압축 : $\dfrac{T_\mathrm{II}}{T_\mathrm{I}} = \dfrac{T_4}{T_1} = \left(\dfrac{v_1}{v_4}\right)^{k-1} \Rightarrow \dfrac{v_2}{v_1} = \dfrac{v_3}{v_4}, \ \dfrac{Q_2}{Q_1} = \dfrac{T_\mathrm{II}}{T_\mathrm{I}}$

여기서, T_I : 고열원의 온도, T_II : 저열원의 온도

$$\text{열효율}(\eta_c) = \frac{\text{유효열량}}{\text{공급열량}} = \frac{W}{Q_1} = \frac{Q_1 - Q_2}{Q_1} = 1 - \frac{Q_2}{Q_1} = 1 - \frac{T_{\mathrm{II}}}{T_{\mathrm{I}}}$$

② 카르노 사이클의 특징
  ㉠ 카르노 사이클의 열효율은 동작유체의 종류와 관계없이 작동하는 열원의 절대온도에만 관계한다.
  ㉡ 동일한 온도범위에서 작동하는 가역 사이클의 열효율은 항상 카르노 사이클의 열효율과 같다.
  ㉢ 비가역 사이클의 열효율은 항상 카르노 사이클의 열효율보다 작다.
  ㉣ 카르노 사이클은 열효율이 가장 좋은 열기관의 이상 사이클이다.

4. 역카르노 사이클(Reverse-Carnot Cycle)

① 카르노 사이클을 역으로 행하는 이상적인 냉동 사이클

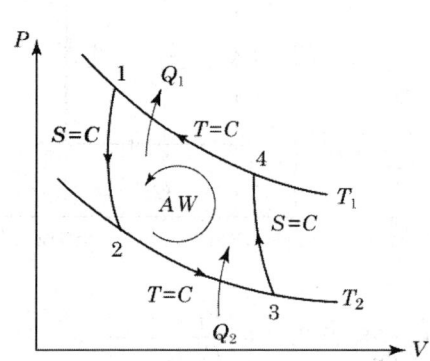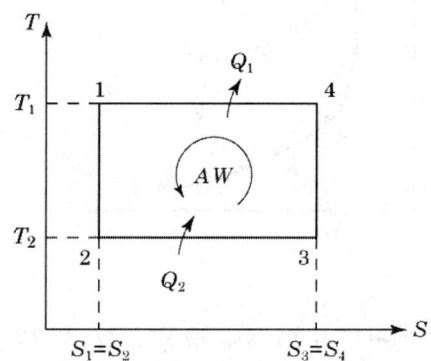

㉠ 1→2 과정 : 단열팽창(팽창밸브)   ㉡ 2→3 과정 : 등온팽창(증발기)
㉢ 3→4 과정 : 단열압축(압축기)   ㉣ 4→1 과정 : 등온압축(응축기)

② 냉동기 성적계수 $COP_R = \dfrac{Q_2}{AW} = \dfrac{Q_2}{Q_1 - Q_2} = \dfrac{T_2}{T_1 - T_2}$

③ 열펌프 성적계수 $COP_H = \dfrac{Q_1}{AW} = \dfrac{Q_1}{Q_1 - Q_2} = \dfrac{T_1}{T_1 - T_2} = 1 + COP_R$

5. 엔트로피(entropy)

열에너지를 이용하여 기계적 일을 하는 과정으로 열의 이용 가치를 나타내는 종량적 성질을 엔트로피라 한다.

$$ds = \frac{dq}{T}[\text{kJ/kg}\cdot\text{K}]$$

$$S_2 - S_1 = G\cdot C\cdot \ln\frac{T_2}{T_1}[\text{kJ/K}]$$

① 클라우시우스(Clausius)의 적분

㉠ 가역 사이클 : $\oint \frac{dQ}{T} = 0$

㉡ 비가역 사이클 : $\oint \frac{dQ}{T} < 0$

② 엔트로피 증가의 법칙($ds \geq \frac{dq}{T}$)

엔트로피는 감소하지 않으며 가역이면 불변이고, 비가역이면 항상 증가한다. 실제 자연계에서 일어나는 상태변화는 비가역 변화로 엔트로피는 항상 증가한다.

③ 엔트로피 선도 : T-S 선도 및 열선도라 하며, 이 선도의 면적은 가역변화에서 열량을 표시한다.

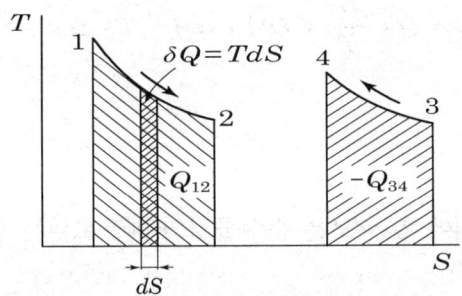

㉠ 1 → 2 사이에 물체가 받는 열량(공급열량) : $Q_{12} = \int_1^2 TdS$

㉡ 3 → 4 사이에 물체로부터 버린 열량(방출열량) : $Q_{34} = -\int_3^4 TdS$

④ 완전 가스의 엔트로피식

㉠ T와 v의 함수 : $\Delta s = s_2 - s_1 = \int_1^2 ds = C_v \ln \dfrac{T_2}{T_1} + R \cdot \ln \dfrac{v_2}{v_1}$

㉡ T와 P의 함수 : $\Delta s = s_2 - s_1 = \int_1^2 ds = C_p \ln \dfrac{T_2}{T_1} - R \cdot \ln \dfrac{P_2}{P_1}$

㉢ P와 v의 함수 : $\Delta s = s_2 - s_1 = \int_1^2 ds = C_p \ln \dfrac{v_2}{v_1} + C_v \ln \dfrac{P_2}{P_1}$

㉣ 등적과정(v = 일정) : $\Delta s = C_v \ln \dfrac{T_2}{T_1} = C_v \ln \dfrac{P_2}{P_1}$

㉤ 등압과정(P = 일정) : $\Delta s = C_p \ln \dfrac{T_2}{T_1} = C_p \ln \dfrac{v_2}{v_1}$

㉥ 등온과정(T = 일정) : $\Delta s = \dfrac{Q}{T} = R \cdot \ln \dfrac{v_2}{v_1} = R \cdot \ln \dfrac{P_1}{P_2}$

㉦ 단열과정(s = 일정) : $\Delta s = 0$

㉧ 폴리트로픽 과정 : $\Delta s = C_n \ln \dfrac{T_2}{T_1} = C_v \dfrac{n-k}{n-1}(T_2 - T_1)$

⑤ 비가역 과정 : 열이동, 유체 마찰, 교축 등과 같은 경우 엔트로피는 항상 증가

⑥ 유효 에너지 : $Q_a = Q - Q_0 = Q\left(1 - \dfrac{Q_0}{Q}\right) = Q\left(1 - \dfrac{T_0}{T}\right) = Q \cdot \eta_C = Q - T \cdot \Delta s$

⑦ 무효 에너지 : $Q_0 = Q \cdot \dfrac{T_0}{T} = Q(1 - \eta_C) = T \cdot \Delta s$

6. 열역학 제3법칙

"열역학적으로 평형상태에 있는 모든 순수물질의 엔트로피는 절대영도에 접근함에 따라 0에 가까워진다."

"어떠한 방법으로든 물질의 온도를 절대영도(0K)로 내려가게 할 수는 없다."

즉, 열역학 제3법칙에 의하여 절대영도에서의 엔트로피를 0으로 하여 이것을 기준으로 모든 열현상의 엔트로피를 표현할 수 있게 되었다.

chapter 03 냉동냉장 설비(냉동공학)

I 냉동의 기초

1. 냉동의 분류

① 냉각 : 상온보다 낮은 온도로 열을 제거하는 것
② 냉장 : 식품류 등을 얼지 않을 정도로 차게 보관하는 것
③ 냉방 : 실내의 온습도를 냉각·조절하는 일. 일반적으로 공기조화의 일환으로서 행하여진다.
④ 동결 : 냉각작용에 의해 물질을 응고점 이하까지 열을 제거하여 고체상태로 만드는 것
⑤ 제빙 : 얼음의 생산을 목적으로 물을 얼리는 조작

2. 자연적인 냉동방법(일시적 냉동법)

① 융해잠열을 이용하는 방법
② 증발잠열을 이용하는 방법
③ 승화잠열을 이용하는 방법
④ 기한제를 이용하는 방법

3. 기계적인 냉동방법

① 증기압축식 냉동법

　냉매의 증발잠열을 이용하여 피냉각물체를 냉각시킨다.

　※ 냉매순환 : 압축기 → 응축기 → 팽창밸브 → 증발기

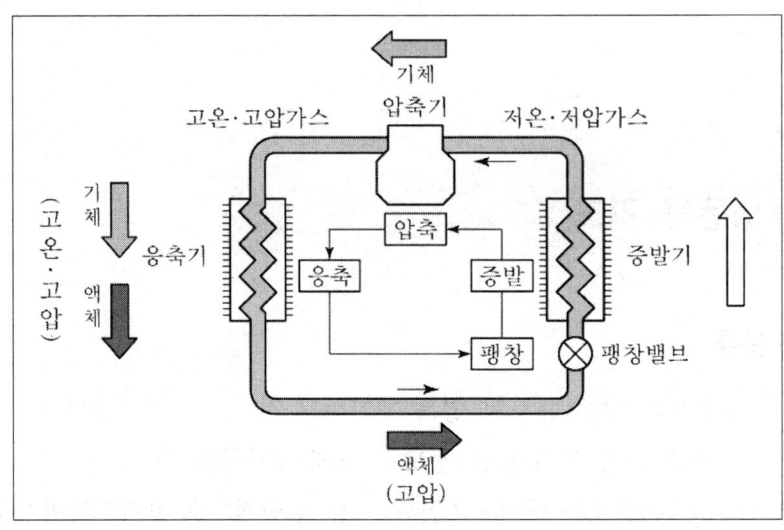

② 흡수식 냉동법

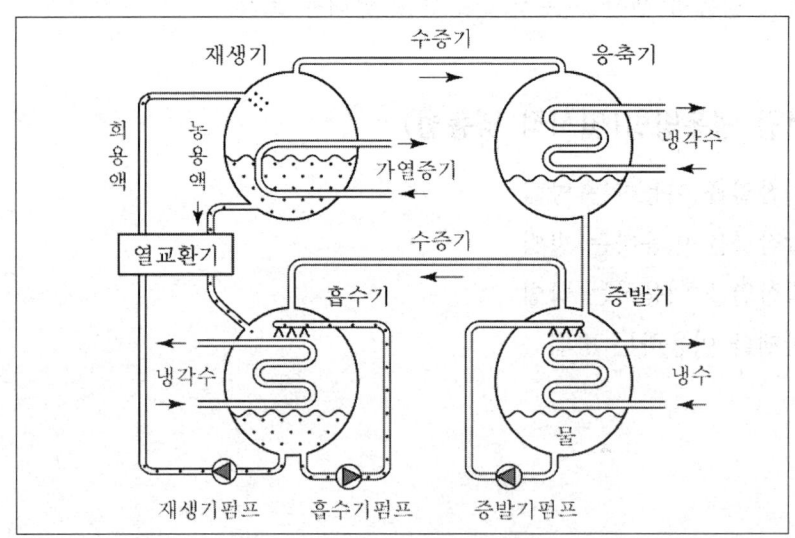

㉠ 원리 : 기계적인 일을 사용하지 않고, 고온의 열(온수 및 수증기)을 이용하여 냉방하는 것으로 서로 잘 용해되는 두 가지 물질을 사용하고 압축기 대신 흡수기, 발생기(재생기)를 사용해 소음, 진동이 적다.

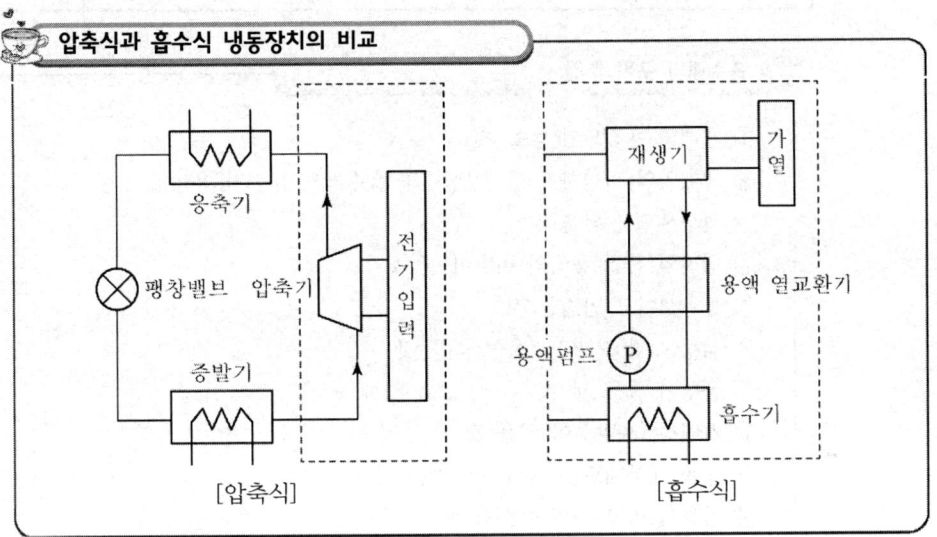

㉡ 흡수식 냉동기의 냉매순환 : 흡수기 → 발생기(재생기) → 응축기 → 증발기
㉢ 흡수식 냉동기의 흡수제 순환 : 흡수기 → 용액열교환기 → 발생기(재생기) → 용액열교환기 → 흡수기

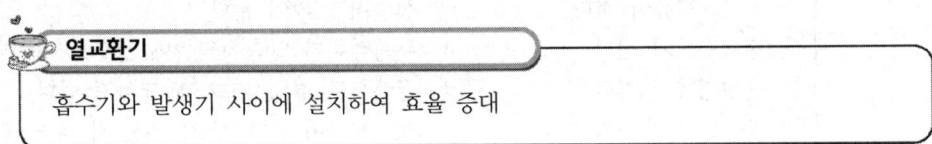

㉣ 흡수식 냉동기의 종류
  ⓐ 일중효용 : 재생기와 열교환기가 하나만 있는 구조
  ⓑ 이중효용 : 재생기와 열교환기가 두 개씩 있는 구조
㉤ 듀링 선도 : 흡수식 냉동기의 운전 중 수용액의 농도, 온도 및 압력을 알 수 있는 선도로 흡수식 냉동기의 실제 작동상태를 알 수 있다.

ⓑ 냉매와 흡수제

냉 매	흡 수 제
NH₃(암모니아)	H₂O(물)
H₂O(물)	LiBr(리튬브로마이드)

흡수제의 구비 조건

① 냉매의 용해도가 높을 것
② 냉매와의 비점차가 클 것(냉매와 흡수제의 분리가 용이)
③ 결정온도가 낮을 것
④ 냉매의 잠열/용액의 비열이 클 것
⑤ 불활성이고 안전할 것
⑥ 점성이 작고 열전도율이 높을 것
⑦ 독성이 없을 것
⑧ 가연성, 폭발성이 없을 것
⑨ 접촉 내부재료를 침식하지 않을 것
⑩ 가격이 싸고 구입이 쉬울 것

ⓐ 흡수식 냉동기의 특징

장 점	단 점
㉠ 소음, 진동이 적다.	㉠ 설비비가 많이 든다.
㉡ 전력수요가 적다.	㉡ 부속설비가 압축식의 2배 정도로 커진다.
㉢ 운전경비가 절감	㉢ 급랭으로 결정사고가 발생하기 쉽다.
㉣ 사고발생 우려가 적다.	㉣ 예냉시간이 길다.(초기 운전 시 정격 성능을 발휘할 때까지의 도달 속도가 느리다.)

ⓞ 흡수식 냉동장치의 안전장치 설치 목적
　냉수동결 방지, 흡수액 결정 방지, 압력 상승 방지

③ 증기분사식 냉동법
증기 이젝터를 이용하여 다량의 증기를 분사할 때의 부압작용에 의하여 진공을 만들어 냉동작용을 하는 방법

④ 전자 냉동법
  ㉠ 열전 반도체를 이용한 냉동기
  ㉡ 펠티어효과 응용(두 금속에 전류가 흐르면 온도차가 발생)
  ㉢ 냉동용 열전 반도체 : 비스무트텔루르, 안티몬텔루르, 비스무트셀렌 등
⑤ 히트(열) 펌프
  높은 온도를 발생하는 응축기의 방열을 난방에 이용하는 장치. 현재 대부분이 냉방과 난방을 겸용하는 구조로 되어 있다.
  ㉠ 히트 펌프의 열원 : 공기, 지하수, 하천수, 태양열, 지열, 폐열원, 건물의 배열 등
  ㉡ 특징
    ⓐ 히트 펌프는 각종 배열 등 미활용 에너지를 이용하여 에너지 절약에 도움이 된다.
    ⓑ 에너지의 효율이 높다.(성적계수가 3.0 이상)
    ⓒ 연료의 연소가 수반되지 않으므로 깨끗하고 안전하며 무공해라는 것
    ⓓ 히트 펌프 1대로 냉방과 난방을 겸할 수 있어 설비의 이용효율이 높다.

4. 축열 시스템

① 수축열 방식 : 열용량이 큰 물을 축열제로 이용하는 방식으로 건물의 지하나 일정 장소에 물 저장탱크(축열조)를 설치하여 소요 부하만큼 축열한다. 비교적 구조가 간단하고 설비의 시공이 용이하며 온수축열도 가능한 장점이 있다. 그러나 축열조의 설치 면적이 넓고 표면적이 커서 열손실이 많으며 방수와 단열이 까다로운 점 등의 단점이 있다.
② 빙축열 방식 : 현재 축열장치의 대부분을 차지하는 방식으로 값싼 심야전력으로 심야시간에 냉동기를 가동시켜 빙축열조(얼음저장용 탱크)에 얼음을 만들어 저장하였다가 주간에 이를 녹여서 냉방에 이용하는 시스템으로 운전비가 다른 시스템보다 매우 저렴하고 수축열 방식에 비해 단위 체적당 발생열량이 커 축열조의 크기를 수축열조에 비해 30% 정도 줄일 수 있어 설치 공간이 크지 않아도 되는 이점이 있다.
  ※ 제빙방식에 따른 빙축열 시스템의 분류

정적제빙형	관내착빙형, 관외착빙형, 캡슐형, 완전동결형
동적제빙형	빙박리형, 액체식 빙생성형(슬러리형)

③ 잠열축열 방식 : 물질의 융해 및 응고 시 상변화에 따른 잠열을 이용하는 방식
④ 토양축열방식 : 흙을 이용한 축열을 말하며 대지가 가지고 있는 지중온도뿐만 아니라 토양의 단열성과 축열성을 이용하는 방식

5. 열병합발전 시스템(Cogeneration system)

하나의 에너지원으로부터 전기생산과 그 폐열을 이용하여 난방을 동시에 진행하여 에너지 이용률을 70~85%로 높이는 종합에너지시스템(Total Energe System)

II 냉동사이클

1. P-h 선도의 구성

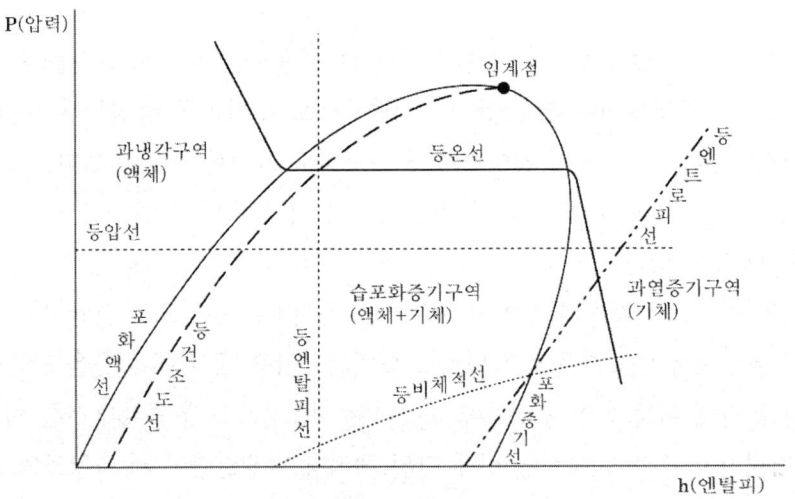

2. 냉동톤 및 제빙톤

① 1냉동톤(1RT) : 0℃의 물 1ton을 24시간 동안에 0℃ 얼음으로 만드는 데 제거해야

3. 냉동냉장 설비(냉동공학)

할 열량

$$1RT = \frac{79.68 \text{kcal/kg} \times 1000 \text{kg}}{24\text{h}} = 3,320 \text{kcal/h} = 3.86 \text{kW}$$

② 1USRT(미국 냉동톤) : 32°F의 순수한 물 2,000lb을 24시간 동안에 32°F의 얼음으로 만드는 데 필요한 열량

$$1USRT = \frac{144 \text{Btu/lb} \times 2,000 \text{lb}}{24\text{h}} = 12,000 \text{Btu/h} = 3,024 \text{kcal/h} = 3.52 \text{kW}$$

> **법정 냉동능력 산정 기준**
>
> ① 일반적인 방법
>
> $$R = \frac{V \times q \times \eta \times 60}{3,320 \times \nu}$$
>
> ② 고압가스안전관리법에서의 방법
>
> $$R = \frac{V}{C}$$
>
> 여기서, R : 냉동능력[냉동톤, RT]
> V : 피스톤 압출량[m³/h]
> C : 상수(고압가스안전관리법에 정해져 있음)

③ 1제빙톤 : 25℃의 원수 1ton을 24시간 동안에 -9℃의 얼음으로 만드는 데 제거할 열량(외부 열 손실 20% 고려)

   1제빙톤 = 1.65RT

> **얼음의 결빙시간(h)**
>
> $$h = \frac{c \times t^2}{-(t_b)}$$
>
> 여기서, t : 얼음 두께[cm], t_b : 브라인 온도[℃], c : 결빙계수(0.53~0.6)

3. 냉동사이클

① 표준 냉동사이클(법정 냉동사이클) 조건

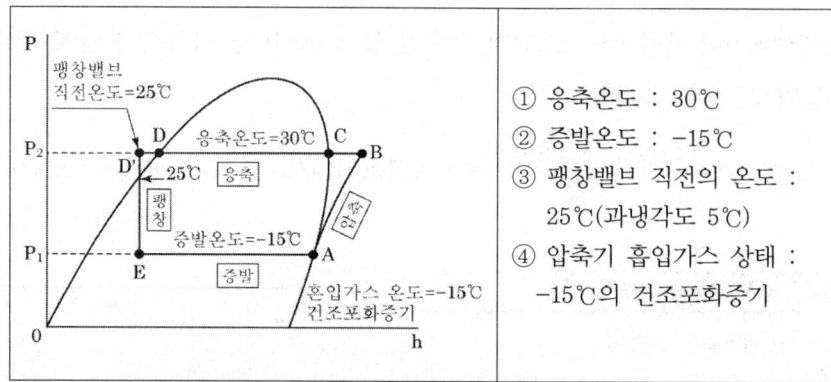

① 응축온도 : 30℃
② 증발온도 : -15℃
③ 팽창밸브 직전의 온도 : 25℃(과냉각도 5℃)
④ 압축기 흡입가스 상태 : -15℃의 건조포화증기

구 분	과정	압력	온도	엔탈피	엔트로피	비체적
압축과정(A-B)	등엔트로피	상승	상승	증가	일정	감소
응축과정(B-D')	등압	일정	저하	감소	감소	감소
팽창과정(D'-E)	등엔탈피	감소	저하	일정	증가	증가
증발과정(E-A)	등압	일정	일정	증가	증가	증가

② 냉동사이클 계산

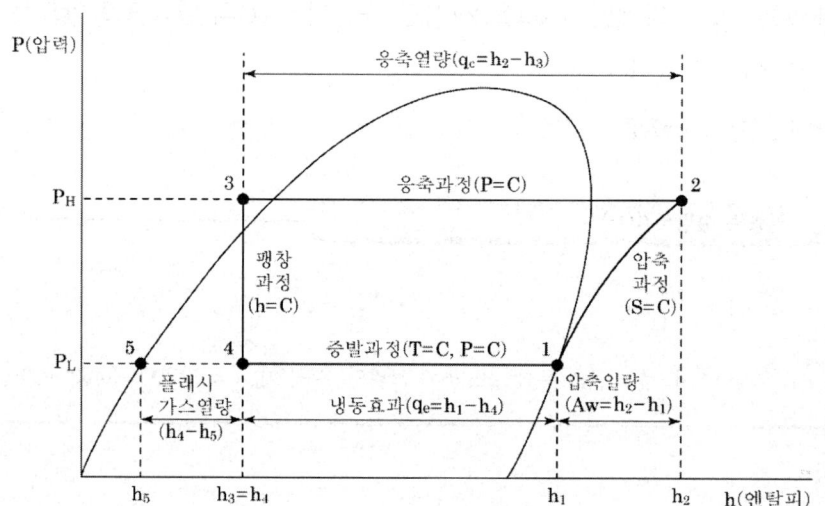

㉠ 압축비 : $a = \dfrac{P_H}{P_L} = \dfrac{\text{고압측 절대압력(응축절대압력)}}{\text{저압측 절대압력(증발절대압력)}}$

㉡ 냉동효과(kJ/kg) : $q_e = h_1 - h_4$

㉢ 압축열량(kJ/kg) : $Aw = h_2 - h_1$

㉣ 응축열량(kJ/kg) : $q_c = q_e + Aw = h_2 - h_3$

㉤ 플래시가스 발생량(kJ/kg) : $q_f = h_4 - h_5$

㉥ 성적계수

ⓐ 냉동기 : $COP_R = \dfrac{q_e}{Aw} = \dfrac{Q_2}{Q_1 - Q_2} = \dfrac{T_2}{T_1 - T_2} = \dfrac{h_1 - h_4}{h_2 - h_1}$

ⓑ 히트 펌프 : $COP_H = \dfrac{q_c}{Aw} = \dfrac{Q_1}{Q_1 - Q_2} = \dfrac{T_1}{T_1 - T_2} = 1 + COP_R$

㉦ 냉매순환량(kg/s) : $G = \dfrac{Q}{q_e} = \dfrac{Q}{h_1 - h_4} = \dfrac{V}{v_a} \times \eta_v$

㉧ 냉동능력(kW) : $Q = G \times q_e$

㉨ 압축기 소요동력(kW) : $L = \dfrac{G \times Aw}{\eta_c \times \eta_m} = \dfrac{G \times (h_2 - h_1)}{\eta_c \times \eta_m}$

여기서, V : 피스톤 토출량[m³/s] v_a : 흡입가스 비체적[m³/kg]
η_v : 체적효율 η_c : 압축효율 η_m : 기계효율

> **이론 피스톤 토출량**
>
> ① 왕복동식 압축기
>
> $$V[\text{m}^3/\text{h}] = \dfrac{\pi D^2}{4} \cdot L \cdot N \cdot R \cdot 60$$
>
> 여기서, D : 실린더 내경[m] L : 피스톤 행정[m]
> N : 기통수 R : 분당 회전수[rpm]
>
> ② 회전식 압축기
>
> $$V[\text{m}^3/\text{h}] = \dfrac{\pi (D^2 - d^2)}{4} \cdot t \cdot R \cdot 60$$
>
> 여기서, D : 실린더 내경[m] d : 피스톤 외경[m]
> t : 피스톤 축방향 길이, 두께[m]
> R : 분당 회전수[rpm]

4. 2단 압축 냉동사이클

① 2단 압축 채용범위
　　㉠ 암모니아 : 압축비가 6 이상, 증발온도가 -35℃ 이하일 때 채용
　　㉡ 프레온 : 압축비가 9 이상, 증발온도가 -50℃ 이하일 때 채용
② 장점
　　㉠ 2단 압축을 하면 압축비가 작아져 체적효율 저하 방지
　　㉡ 1단 압축 후의 토출가스를 냉각하여 다시 압축함으로써 2단 압축 후의 토출가스 온도를 낮게 하여 압축기 과열 및 소요동력의 증가 방지
③ 부스터(Booster) 압축기 : 증발압력에서 중간압력까지 압력을 상승시키기 위한 압축기로 저단측 압축기를 말하며, 고단측 압축기보다 용량이 커야 한다.
④ 콤파운드 압축기(Compound Compressor) : 2단 압축에서 저단측 압축기와 고단측 압축기를 1대의 압축기로 기통을 2단(저단측 기통, 고단측 기통)으로 나누어 사용한 것으로서 설치 면적, 중량, 설비비 등의 절감을 위하여 채택한 방식
⑤ 중간 냉각기
　　㉠ 저단측 냉매의 토출가스 온도를 낮추어 고단측 압축기의 과열압축 방지
　　㉡ 고단측 압축기의 흡입가스를 액과 분리하여 습(액)압축 방지
　　㉢ 동일한 압축비를 한 대의 압축기로 압축할 때보다 저·고압 압축기가 작용함으로써 압축비가 적어져 소요동력 감소

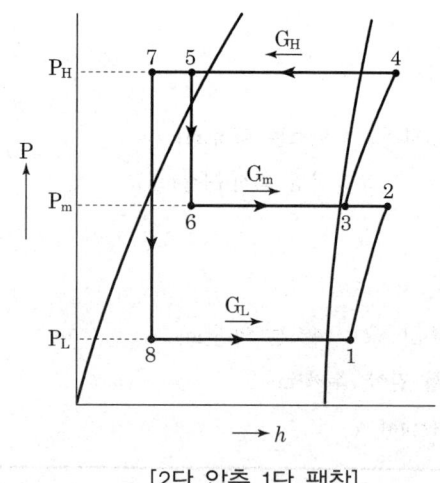
[2단 압축 1단 팽창]

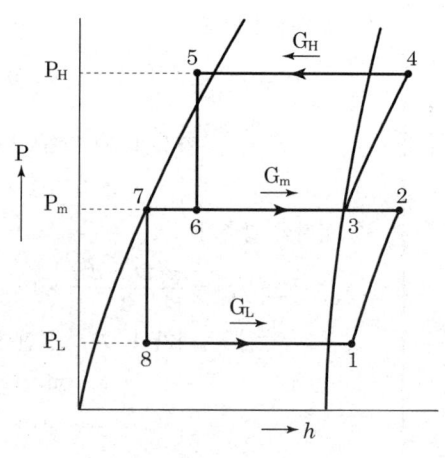
[2단 압축 2단 팽창]

3. 냉동냉장 설비(냉동공학)

⑥ 2단 압축 냉동사이클의 각종 계산

㉠ 저단압축기 냉매순환량

$$G_L = \frac{Q_e}{q_e} = \frac{Q_e}{h_1 - h_8}$$

㉡ 중간냉각기 냉매순환량

$$G_m = G_L \times \frac{(h_2 - h_3) + (h_5 - h_7)}{h_3 - h_6}$$

㉢ 고단압축기의 냉매순환량

$$G_H = G_L + G_m = G_L \times \frac{h_2 - h_7}{h_3 - h_6}$$

㉣ 중간압력

$$P_m = \sqrt{P_L \times P_H}$$

㉤ COP

$$COP = \frac{q_e}{AW} = \frac{q_e}{AW_L + AW_H} = \frac{h_1 - h_8}{(h_2 - h_1) + \frac{h_2 - h_7}{h_3 - h_6}(h_4 - h_3)}$$

 참고

※ **2단 압축 1단 팽창 사이클과 2단 압축 2단 팽창 사이클의 차이점**
① 2단 압축 1단 팽창 사이클의 중간냉각기는 응축기 출구 고압액 일부를 바이패스시켜 중간냉각기용 팽창밸브를 거쳐 증발기용 팽창밸브로 감압하여 증발기로 공급한다.
② 2단 압축 2단 팽창 사이클에서는 고단수액기를 나온 냉매의 전량을 제1팽창밸브(중간냉각기용 팽창밸브)에 의해 중간압력까지 내리고 중간냉각기는 냉매액을 다시 제2팽창밸브(증발기용 팽창밸브)로 감압해서 증발기로 보내는 사이클이다.

5. 2원 냉동사이클

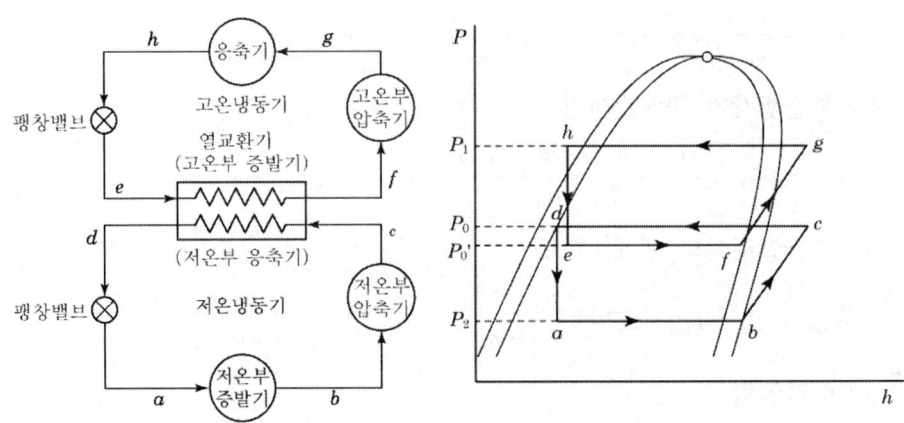

[2원 냉동사이클 및 P-h 선도]

① 사용 목적 : -70℃ 이하의 초저온을 얻기 위하여 사용

② **사용냉매**

  ㉠ 저온측 : R-13, R-14, 에틸렌, 메탄, 프로판 등 비등점이 낮은 냉매

  ㉡ 고온측 : R-12, R-22 등 비등점이 높고 응축압력이 낮은 냉매

③ 팽창탱크 : 압력상승으로 인한 냉동장치 파괴 방지

④ 캐스케이드 응축기(콘덴서) : 고온측 증발기와 저온측 응축기가 결합한 일종의 열교환기이다.

⑤ 특징

  ㉠ 저온, 고온측의 냉매가 다르다.

  ㉡ 저온, 취성에 강한 재료를 사용

  ㉢ 사용 윤활유는 점도가 큰 것을 선택

  ㉣ 팽창탱크를 반드시 설치

⑥ 2원 냉동사이클의 각종 계산

  ㉠ 저온부 냉매순환량(G_L)

  $$G_L = \frac{R}{h_b - h_a}$$ (여기서, R : 냉동능력)

   ⓛ 고온부 냉매순환량(G_H)

   $$G_H = G_L \frac{(h_c - h_d)}{(h_f - h_e)} = \frac{R(h_c - h_d)}{(h_f - h_e)(h_b - h_a)}$$

   ⓒ 압축비

   ⓐ 저온측 압축비 $= \dfrac{P_0}{P_2}$

   ⓑ 고온측 압축비 $= \dfrac{P_1}{P_0{'}}$

   ⓔ 성적계수(COP)

   $$COP = \frac{q_e}{Aw} = \frac{R}{N} = \frac{(h_b - h_d)(h_f - h_h)}{(h_c - h_b)(h_f - h_h) + (h_c - h_d)(h_g - h_f)}$$

6. 증발기, 응축기 내의 냉매상태가 냉동사이클에 미치는 영향

① 증발온도(압력)의 영향(응축온도는 일정)

증발온도(압력) 하강	증발온도(압력) 상승
ⓘ 압축비의 증대	ⓘ 압축비의 감소
ⓛ 토출가스 온도 상승	ⓛ 토출가스 온도 강하
ⓒ 냉동효과 감소	ⓒ 냉동효과 증가
ⓔ 성능계수 감소	ⓔ 성능계수 증가
ⓜ 비체적 증대로 인한 냉매순환량 감소	ⓜ 비체적 감소로 인한 냉매순환량 증가

② 응축온도(압력)의 영향(증발온도는 일정)

응축온도(압력) 상승	응축온도(압력) 하강
ⓘ 압축비 증가로 인한 토출가스온도 상승	ⓘ 압축비 감소로 인한 토출가스온도 저하
ⓛ 냉동효과 및 성능계수 감소	ⓛ 냉동효과 및 성능계수 증가
ⓒ 압축기 파손 및 전동기 소손 우려	ⓒ 체적효율 증가로 냉동능력 증가

7. 실제 사이클과 표준 사이클의 차이점

표준 냉동사이클	실제 냉동사이클
① 압축기 및 팽창밸브를 통과할 때 이외에는 냉매압력의 변화는 없다. ② 응축기 및 증발기 이외의 장소에서는 열교환을 하지 않는다. ③ 압축과정은 등엔트로피 변화하고, 팽창과정은 등엔탈피 변화를 한다.	① 관의 마찰로 인해 응축기와 증발기에서의 압력 강하 ② 응축기 출구의 액체 과냉(100% 액체가 팽창밸브로 유입이 바람직) ③ 증발기 출구의 증기 과열(압축기로 액체 방울 유입이 되지 않도록 유의) ④ 압축과정이 등엔트로피 과정이 아니므로 (폴리트로픽 과정) 효율이 떨어짐

8. 성적(성능)계수(COP)의 향상 방법

"성적계수(COP)=  "이므로 성적계수를 향상시키기 위해서는

① 냉동효과를 크게 한다.
② 압축일을 적게 한다.
③ 액-가스 열교환기를 설치한다.
   → 증발기 출구 냉매증기와 팽창밸브로 공급되는 냉매액을 상호 열교환시켜, 팽창밸브 공급 냉매액의 과냉각도를 높일 수 있다.
④ 배관에서의 플래시가스 발생을 최소화한다.(냉매증기의 증발기 공급방지)

III 냉매

1. 냉매의 분류

① 1차 냉매(직접 냉매)
   냉동장치를 직접 순환하면서 잠열 상태로 열을 운반하는 냉매

[예] NH_3(암모니아), 프레온, SO_2, CO_2 등

② 2차 냉매(간접 냉매)

냉동장치 밖을 순환하면서 현열(감열) 상태로 열을 운반하는 냉매로, 일명 브라인(brine)이라 한다.

[예] 유기질 브라인, 무기질 브라인 등

2. 냉매의 구비 조건

① 증발압력은 높고 응축압력은 낮을 것
② 임계온도가 높고 상온에서 반드시 액화할 것
③ 응고점이 낮을 것
④ 증발잠열과 증기의 비열이 크고, 액체의 비열은 작을 것
⑤ 증기의 비열비($k = C_p/C_v$)는 작을 것
⑥ 비체적이 작을 것
⑦ 임계점이 높을 것
⑧ 인화성·폭발성이 없을 것
⑨ 부식성이 없을 것
⑩ 화학적으로 안정하고 해리되지 않을 것
⑪ 윤활유를 변질시키지 않을 것
⑫ 가격이 저렴할 것

3. 주요 냉매의 특성

(1) NH_3(R-717)

① 무색의 기체이며, 전열성능이 양호하여 냉동능력이 좋다.
② 비열비가 커서 토출가스 온도가 가장 높다 : 압축기 실린더 헤드 냉각을 위해 워터 재킷(Water Jacket)을 설치
③ 물에 잘 용해되어 흡수식 냉동기에 사용된다.
④ 윤활유에는 거의 용해하지 않는다.

⑤ 결점
  ㉠ Fe는 침식하지 않으나, Pb, Cu, 동합금은 심하게 침식하므로 배관재료는 강관 (SPPS) 사용
  ㉡ 자극성 냄새, 유독성(독성 : SO_3 > NH_3 > Freon)
  ㉢ 공기 중 13~27% volume일 때 폭발 위험성
  ㉣ 응고점이 비교적 높으므로(-77.7℃) 초저온 냉동에는 부적합
  ㉤ 수분 혼입 시 유탁액 현상이 발생하여 전열 불량 초래
  ㉥ 인체에 유해

> **워터 재킷(Water Jacket)**
> 암모니아 냉동장치는 비열비가 커 압축기 실린더 상부에 냉각수를 순환시켜 압축기 과열 방지, 실린더 마모 방지, 윤활작용 불량 방지, 체적효율을 증가시킨다.

(2) 프레온(Freon)

프레온계 냉매는 탄소(C), 수소(H_2), 염소(Cl_2), 불소(F)로 구성

① 프레온의 종류
  ㉠ CFC계 : 염소, 불소, 탄소로 구성
    [예] R-11, R-12, R-113 등
  ㉡ HCFC계 : 수소, 염소, 불소, 탄소로 구성
    [예] R-22, R-123 등
  ㉢ HFC계 : 수소, 불소, 탄소로 구성. 염소를 포함하고 있지 않아 CFC계 대체 냉매로 사용
    [예] R-125, R-134a 등

② 물리적인 성질
  ㉠ 윤활유와 잘 용해한다.
  ㉡ 물과는 잘 용해하지 않으므로 팽창밸브를 동결 폐쇄시킨다.(팽창밸브 직전에 드라이어를 설치하여 수분을 제거한다)
  ㉢ 불연성이고 독성이 없다.

ⓒ 비열비가 크지 않아 토출가스온도가 높지 않다.
ⓓ 무색, 무취이므로 누설 시 발견이 어렵다.
ⓔ 대체로 끓는점과 어는점이 낮다.
ⓕ 구리도금 현상(Copper Plating) 발생
ⓖ 오일 포밍현상 발생
ⓗ 패킹은 인조고무 사용(천연고무는 침식)
ⓘ 토출가스 온도가 낮고 비열비가 암모니아보다 작기 때문에 압축기 실린더를 공랭식으로 할 수 있다.
ⓙ 800℃의 고온 시 포스겐 발생($COCl_2$)
ⓚ 마그네슘(Mg)과 Mg을 2% 이상 함유하는 알루미늄 합금을 부식

> **참고**
> ① 프레온 냉매 화학식
>   R-11 : CCl_3F, R-12 : CCl_2F_2, R-13 : $CClF_3$, R-22 : $CHClF_2$
>   R-113 : C_2Cl_3F, R-114 : $C_2Cl_2F_4$
>   R-123 : $C_2HCl_2F_3$, R-134a : CH_2FCF_3
> ② 냉매의 비등점이 낮은 순서 : R-22 > NH_3 > R-12 > R-11
> ③ 각 냉매 -15℃에서의 증발잠열이 큰 순서 : NH_3 > R-22 > R-11 > R-12
> ④ 프레온 냉매의 오일과 용해도가 큰 순서 : R-11 > R-12 > R-21 > R-113
> ⑤ 구리 도금 현상이 일어나기 쉬운 순서 : CH_3Cl(염화메틸) > R-22 > R-12
> ⑥ 원심(터보)냉동기 사용 냉매 : R-11, R-113

4. 공비혼합냉매

종류	조 합	혼합비(중량비)	비등점	비 고
R-500	R-152a + R-12 $CH_3CHF_2 + CCl_2F_2$	26.2% + 73.8%	-33.3℃	R-12의 능력을 개선 시 사용 (약 20% 냉동력 증대) 윤활유에 용해 쉽고, 절연내력이 큼
R-501	R-12 + R-22 $CCl_2F_2 + CHClF_2$	25% + 75%	-41℃	냉동능력은 약 30% 정도 증가

종류	조 합	혼합비(중량비)	비등점	비 고
R-502	R-22+R-115 $CHClF_2+CClF_2CF_3$	48.8%+51.2%	-45.5℃	R-22의 능력을 개선 시 사용 (약 13% 냉동력 증대) R-22보다 저온가능, 냉동능력이 크다.
R-503	R-23+R-32 $CClF_3+CH_2F_3$	59.9%+40.1%	-89℃	R-13의 능력을 개선 시 사용 2원 냉동장치에 저온용 냉매로 사용

5. 냉동장치에서 발생할 수 있는 각종 현상

① 에멀젼현상(emulsion : 유탁액현상) : 암모니아 냉매

NH_3 냉매와 수분이 혼합되면 암모니아수가 형성되고 이것이 오일과 접촉하게 되면 오일이 우윳빛같이 탁해지는 현상

② 동도금(Copper Plating)현상 : 프레온 냉매

프레온을 사용하는 냉동사이클에 수분이 침입하여 냉매와 반응해 산이 생성되어 침입한 공기 중의 산소와 화합하여 동에 반응 금속 표면에 다시 도금되는 현상

> **동도금 현상이 일어날 수 있는 조건**
> ① 냉매 중 수소원자가 많을수록 [예 : R-40(CH_3Cl : 메틸클로라이드)]
> ② 장치 중에 수분이 많을수록
> ③ 윤활유 중 왁스 성분이 많을수록
> ④ 압축기의 피스톤, 실린더와 같은 고온부일수록 부착이 잘 된다.

③ 오일포밍현상

압축기 실린더 내 윤활유에 용해되어 있던 냉매가 압축기 기동 시 분리되면서 유면에 거품이 일어나는 현상

※ 방지책 : 압축기 정지 시 오일히터 가동

④ 오일해머현상

오일포밍현상에 의해 피스톤 상부로 오일이 유입되어 압축기 압축과정에서 이상음이 발생하는 현상

6. 브라인 종류

(1) 무기질 브라인 : 탄소를 포함하지 않고 금속의 부식력이 크며 가격이 저렴
  ① 염화나트륨(NaCl) : 가격이 저렴하여 주로 식품냉동에 사용
  ② 염화칼슘($CaCl_2$) : 가장 일반적인 브라인으로 제빙, 냉장 및 공업용으로 이용
  ③ 염화마그네슘($MgCl_2$)

(2) 유기질 브라인 : 탄소를 포함하며 부식력이 작고 가격이 고가
  ① 에틸렌글리콜($C_2H_6O_2$) : 부식성이 무기질 브라인보다 작으며 소형 기계에 사용
  ② 프로필렌글리콜($C_3H_6(OH)_2$) : 부식성 및 독성이 없으며 냉동식품 동결용에 사용
  ③ 에틸알코올(C_2H_5OH) : 부식성이 없고, -100℃까지 식품의 초저온 동결에 사용

7. 브라인의 구비 조건(2차 냉매)

  ① 열용량(비열), 열전도율이 높고 열전달 성능이 양호할 것
  ② 점도, 비중이 작을 것
  ③ 응고점이 낮을 것
  ④ 불연성이며 독성이 없을 것
  ⑤ 누설 시 냉장물품에 손상이 없을 것
  ⑥ 가격이 싸고, 구입이 용이할 것
  ⑦ pH값이 적당할 것(7.5~8.2 정도)

8. 무기질 브라인 비교

  ① 부식 : $CaCl_2$ < $MgCl_2$ < NaCl
  ② 공정점 : $CaCl_2$ < $MgCl_2$ < NaCl
         -55℃   -33.6℃ -21.2℃

9. 브라인의 부식방지처리

  ① 브라인은 pH 7.5~8.2 정도의 약알칼리성으로 유지

② 방식아연판을 사용
③ 부식방지제(방청제)를 첨가
  ㉠ $CaCl_2$ 수용액 : 브라인 1L당 중크롬산소다 1.6g 첨가, 중크롬산소다 100g당 가성소다 27g 첨가
  ㉡ $NaCl$ 수용액 : 브라인 1L당 중크롬산소다 3.2g 첨가, 중크롬산소다 100g당 가성소다 27g 첨가

10. 브라인의 동파 방지

① 동파방지용 온도조절기(T/C) 설치
② 부동액 첨가
③ 증발압력 조절밸브(EPR) 설치
④ 단수 릴레이 설치
⑤ 브라인의 순환펌프의 모터를 인터록시킨다.

11. 직접 팽창식과 간접 팽창식 비교

구 분	직접 팽창식(1차 냉매)	간접 팽창식(2차 냉매)
냉매의 증발온도	고	저
소요동력	소	대
설비의 복잡성	간단	복잡
냉매 순환량	소	대
냉동능력	소	대
냉매 충전량	대	소

12. 냉매의 누설검사법

① 암모니아 누설검사법
  ㉠ 불쾌한 냄새로 발견(악취)

　　ⓒ 적색 리트머스지 시험지 → 청색

　　ⓒ 페놀프탈레인 시험지 → 적색(홍색)

　　② 유황초(황산, 염산) → 백색 연기 발생

　　⑩ 네슬러 시약 → 소량 누설 : 황색, 다량 누설 : 자색

② 프레온(Freon)

　　㉠ 비눗물 검사

　　ⓒ 헬라이드 토치 사용 → 불꽃의 변화

　　　청색(없음) → 녹색(소량) → 자주색(다량) → 꺼짐(과량)

　　　사용 연료 : 아세틸렌, 알코올, 부탄, 프로판 등

　　ⓒ 할로겐 전자누설 검지기 사용(누설 시 경보가 울린다)

Ⅳ. 냉동장치(압축기, 응축기, 팽창밸브, 증발기)

1. 압축기

증발기에서 증발한 저온저압의 냉매가스를 재사용하기 위해 압축기에 흡입시켜 응축기에서 응축액화하기 쉽도록 압력을 상승시켜 주며 냉매를 순환시켜 주는 기기

(1) 구조에 의한 분류

① 개방형 : 압축기와 전동기가 분리되어 있는 구조

　㉠ 직결 구동식 : 압축기의 축과 전동기의 축을 직접 연결하여 구동시키는 방식

　ⓒ 벨트 구동식 : 압축기와 전동기를 벨트로 연결하여 구동시키는 방식

② 밀폐형 압축기 : 압축기와 전동기가 일체형으로 되어 있는 구조

　㉠ 반밀폐형 : 볼트로 조립되어 분해 조립이 가능하고, 서비스 밸브가 흡입 및 토출측에 부착되어 있다.

　ⓒ 전밀폐형 : 하우징이 용접되어 있어 분해 조립이 불가능하며, 주로 흡입측에 서비스 밸브가 부착되어 있다.

개방형 압축기와 밀폐형 압축기 비교

구분	개방형	밀폐형
장점	압축기 회전수의 조절이 쉽다. 분해 조립이 가능하다. 타구동원에 의해 기동이 가능하다. 냉매 및 오일의 충전이 가능하다.	과부하 운전이 가능하다. 소음이 적다. 냉매 및 오일 누설이 없다. 소형이며 가벼워 제작비가 적게 든다.
단점	외형이 크므로 설치 면적이 크다. 소음이 커서 고장발견이 어렵다. 냉매 및 오일의 누설 우려가 있다. 제작비가 많이 든다.	타구동원에 의한 운전이 불가능하다. 고장 시 수리가 어렵다. 회전수의 조절이 불가능하다. 냉매 및 오일의 교환이 어렵다.

(2) 압축방식에 의한 분류

① 체적(용적)식 압축 : 왕복동식, 회전식, 스크류식, 스크롤식

② 터보식(원심식) 압축 : 소형(30~100RT), 중형(100~1,000RT), 대형(1,000~3,500RT)

③ 흡수식 냉동기

2. 왕복동식 압축기

① 왕복동식 압축기의 크랭크케이스(내부) 압력 : 저압

② 고속다기통 압축기의 특징 : 체적효율이 낮다.

③ 압축기 분해 시 가장 나중에 분해되는 것 : 피스톤

④ 고속 다기통 압축기의 특성

장 점	단 점
고속으로 능력에 비해 소형이다.	체적효율이 낮고, 고진공이 어렵다.
동적·정적 균형이 양호하여 진동이 적다.	고속으로 윤활유 소비량이 많다.
용량제어(무부하 기동)가 가능하다.	윤활유의 열화 및 탄화가 쉽다.
부품의 호환성이 좋다.	마찰이 커 베어링의 마모가 심하다.
강제 급유식을 채택, 윤활이 용이하다.	음향으로 고장발견이 어렵다.

3. 압축기 흡입 및 토출밸브의 구비 조건

① 가스가 흐를 때 유동저항이 적을 것
② 밸브의 관성력이 작고, 밸브의 개폐가 확실하며, 밸브가 닫혔을 때 누설이 없을 것
③ 마모와 파손에 강하고 흠이 없을 것
④ 고온에서 변질되지 말 것

4. 압축기에 사용하는 밸브

① 포핏 밸브 : 암모니아 입형 저속압축기에 사용
  ㉠ 구조가 간단하고 견고해 파손이 적다.
  ㉡ 중량이 커서 고속에 불리하고, 회전수가 높아지면 밸브의 관성 때문에 개폐가 자유롭지 못하다.
② 링플레이트 밸브 : 고속다기통 압축기에 사용
③ 리드 밸브 : 프레온용 소형 냉동기(가정용)에 사용
④ 서비스 밸브 : 냉매 및 오일의 충전이나 회수 시 사용

5. 압축기 간극체적(Clearance)이 클 경우 냉동기에 미치는 영향

① 압축기 소요동력 증대   ② 실린더 과열 및 마모
③ 토출가스온도 상승   ④ 윤활유 열화 및 탄화
⑤ 체적효율 감소   ⑥ 냉매 순환량 감소
⑦ 냉동능력 감소

6. 체적 효율이 감소하는 원인

① 클리어런스가 클수록
② 압축비가 클수록
③ 비열비(C_p/C_v)가 적을수록
④ 흡입가스가 과열될 경우(비체적이 클 경우)

> **간극체적효율(η_{VC})**
>
> $$\eta_{VC} = 1 - \varepsilon\left[\left(\frac{P_2}{P_1}\right)^{\frac{1}{n}} - 1\right]$$
>
> 여기서, ε : 간극비, n : 폴리트로픽 지수, $\dfrac{P_2}{P_1}$: 압축비
>
> ※ 격간 및 압축비가 클수록, 냉매의 단열지수(비열비)값이 적을수록 적게 된다.

7. 압축비가 클 때 장치에 미치는 영향

① 토출가스 온도 상승
② 실린더 과열
③ 윤활유 열화 및 탄화
④ 피스톤 마모 증대
⑤ 각종 효율 감소
⑥ 축하중 증대
⑦ 냉동능력 감소
⑧ 압축기 소요동력 증대

8. 회전식(로터리) 압축기의 특성

장 점	단 점
① 부품수가 적어 구조가 간단하다.	① 분해 조립 및 정비에 특수한 기술이 필요
② 압축이 연속적이고 고진공을 얻을 수 있다.	② 마모가 있을 경우 성능저하가 크다.
③ 진동과 소음이 적다.	③ 정밀한 가공이 필요하다.
④ 흡입밸브는 없고 토출밸브는 체크밸브형이다.	④ 대형 압축기에 사용이 곤란하다.

9. 스크류 압축기의 특성

흡입, 압축, 토출의 3행정으로 구성되며, 소형으로 큰 냉동능력을 발휘하기 때문에 대형

냉동공장, 열펌프 및 산업용 냉동장치 등에 널리 사용된다.
① 왕복동식에 비하여 설치 면적이 작고 중·대용량에 적합하다.
② 고속 회전으로 소음은 크나 맥동과 진동이 없다.
③ 10~100%의 무단 용량제어가 가능하며 자동운전에 적합하다.
④ 흡입, 토출밸브가 없어 구조가 간단하고 수명이 길다.
⑤ 액압축의 우려가 적다.
⑥ 운전 유지비(전력 소비)가 크고 고장 시 고도의 기술이 필요하다.
⑦ 별도의 오일펌프가 필요하다.
⑧ 경부하 시에도 동력소모가 크다.

10. 원심식(터보) 압축기

고속회전하는 임펠러(Impeller)의 원심력을 이용하여 냉매가스의 속도에너지를 압력으로 바꾸어 압축하는 형식

① 특징
  ㉠ 대용량(100RT)에 적당하며 설치 면적이 작다.
  ㉡ 고장이 적고, 보수가 용이하며, 수명이 길다.
  ㉢ 저압 냉매가 사용되므로 취급이 간편하다.
  ㉣ 진동이 적은 반면에 소음이 크고 설비비가 고가이다.
  ㉤ 1단 압축으로 고압축비를 얻을 수 없으므로 증속장치가 필요하다.
  ㉥ 사용냉매 : R-11, R-113, R-114 등
  ㉦ 서징(surging)현상 발생 : 유량이 감소하면 운전이 불안정하게 되어 소음과 진동이 발생

② 구조
  ㉠ 디퓨저(diffuser) : 속도에너지를 압력에너지로 변환하는 장치로 단면적을 점차 넓게 한 통로
  ㉡ 이코노마이저(중간냉각기) : 냉동효과 및 성적계수를 증대
  ㉢ 추기회수장치 : 불응축가스 자동 퍼지, 냉매 재생 및 충전, 진공작업
  ㉣ 파열판(Rupture Disk) : 저압측 터보냉동기의 안전밸브

11. 냉동기 용량제어 방법

① 용량제어 목적

　㉠ 부하변동에 따른 경제적인 운전을 도모한다.

　㉡ 무부하 및 경부하 기동으로 기동할 때 소비전력이 적다.

　㉢ 압축기를 보호하여 기계의 수명을 연장시킨다.

　㉣ 일정한 냉장실온(증발온도)을 유지할 수 있다.

② 용량제어 방법

냉동기 종류	용량제어 방법
왕복동식 냉동기	• 회전수 가감법 • 언로더 장치에 의해 일부 실린더를 놀리는 방법 • 바이패스 방법 • 타임드 밸브에 의한 방법 • 클리어런스 증대법 • 흡입밸브 조정에 의한 방법 • 냉각수량 조절법(응축압력 조절법)
원심식 냉동기	• 회전수 가감법 • 바이패스법 • 흡입 댐퍼 조정법 • 흡입 가이드베인 제어법 • 냉각수량 조절법
스크류 냉동기	• 슬라이드 밸브에 의한 바이패스법 • 전자밸브에 의한 방법 • 고압측에서 저압측으로 가스를 바이패스(by-pass)하는 방법 • 회전수를 조절하는 방법
흡수식 냉동기	• 발생기(재생기) 공급 용액량 조절법 • 응축수량 조절법 • 발생기(재생기) 공급 증기, 온수량 조절법

12. 윤활유의 역할

① 윤활작용　　　　② 기밀작용

③ 냉각작용　　　　④ 부식방지

⑤ 진동, 소음, 충격 흡수

13. 윤활유의 구비 조건

① 응고점과 유동점이 낮을 것
② 인화점이 높을 것
③ 점도가 적당할 것
④ 항유화성이 있을 것
⑤ 산에 대해 안정성이 좋을 것
⑥ 왁스성분이 적을 것
⑦ 냉매와의 분리성이 좋고 화학반응을 일으키지 않을 것
⑧ 수분 및 산류 등의 불순물이 함유되어 있지 않을 것
⑨ 전기절연 내력이 클 것
⑩ 유막의 강도가 커 마찰부에서 유막이 쉽게 파괴되지 않을 것

14. 윤활유와 프레온 냉매와의 용해성

① 용해도가 큰 냉매 : R-11, R-12, R-21, R-113, R-500
② 용해도가 중간인 냉매 : R-22, R-114
③ 용해도가 작고, 저온에서 분리되는 냉매 : R-13, R-14, R-502

15. 압축기에서의 적정 유압

① 소형 = 정상저압 + 0.5kg/cm^2
② 입형 저속 = 정상저압 + $0.5 \sim 1.5 \text{kg/cm}^2$
③ 고속다기통 = 정상저압 + $1.5 \sim 3 \text{kg/cm}^2$
④ 터보 = 정상저압 + $6 \sim 7 \text{kg/cm}^2$
⑤ 스크류 = 토출압력(고압) + $2 \sim 3 \text{kg/cm}^2$

16. 유압의 상승 원인

① 유압조정밸브 열림이 작을 때
② 유온이 너무 낮을 때(점도의 증가)
③ 오일의 공급 과잉
④ 유순환 회로가 막혔을 때

17. 유압이 낮아지는 원인

① 오일이 부족할 때
② 유압조정 밸브 열림이 클 때
③ 유온이 너무 높을 때(오일의 점도 저하)
④ 기름여과망이 막혔을 때
⑤ 오일에 냉매가 섞였을 때(오일의 온도 저하)
⑥ 오일펌프가 고장일 때
⑦ 오일펌프 전동기가 역회전할 때
⑧ 오일안전밸브에서 누설이 있을 때

18. 응축기

① 압축기에서 토출된 고온·고압의 냉매가스를 상온 이하의 물이나 공기를 이용하여 냉매가스 중의 열을 제거하여 응축, 액화시키는 기기
② 종류

수냉식		공랭식
① 입형 셸 튜브식 ③ 2중관식 ⑤ 셸&코일식	② 횡형 셸 튜브식 ④ 7통로식 ⑥ 대기식	① 자연 대류형 응축기 ② 강제 대류형 응축기 ③ 증발식

3. 냉동냉장 설비(냉동공학)

 수냉식과 공랭식 응축기의 경제성 비교

① 공랭식의 경우 수냉식에 비해 약 20% 큰 압축기가 사용되어 전력비용이 커진다.
② 저렴한 용수가 공급되는 곳에서는 수냉식 응축기가 비용 측면에서 유리하다.
③ 냉각탑 설치 시 초기 비용과 운전비가 추가되므로 경제성 분석을 해야 한다.
④ 경제성 비교에서는 수냉식과 공랭식의 관 내부 또는 외벽 핀 사이의 오염물질 제거 등에 소요되는 제반비용을 포함한다.
⑤ 실제 운전경험상 공랭식 응축기는 수냉식 응축기 유지 비용의 25% 정도이다.
⑥ 공랭식 응축기는 관의 오염으로 인한 성능감소면에서 수냉식보다 유리하다.

③ 각 응축기의 특징

종 류	장 점	단 점
입형 셸 튜브식	① 옥외설치 가능 ② 설치면적이 작다. ③ 운전 중 청소 용이 ④ 과부하에 잘 견딘다.	① 냉각수 소비량이 많다. ② 냉각관의 부식이 쉽다.
횡형 셸 튜브식	① 전열이 양호하여 냉각수 소비량이 적다. ② 소형, 경량으로 제작 ③ 수액기를 겸할 수 있다.	① 과부하에 견디지 못한다. ② 냉각관 부식이 쉽다. ③ 청소가 어렵다.
7통로식	① 열통과율이 가장 좋다. ② 조립사용이 가능 ③ 벽면 설치가 가능	① 1대로 대용량 제작이 어렵다. ② 구조가 복잡하다. ③ 냉각관 청소가 어렵다.
2중관식	① 고압에 잘 견딘다. ② 과냉각이 양호하다. ③ 냉각수량이 적게 든다.	① 냉각관 청소가 어렵다. ② 대형에는 부적합하다. ③ 냉각관 부식 발견 어렵다.
셸&코일식 (지수식)	① 소형, 경량화가 가능 ② 냉각수량이 적게 든다. ③ 가격이 싸다.	① 냉각관 청소가 어렵다. ② 냉각관 교환이 어렵다.
증발식 응축기 (에바콘)	① 수냉식과 공랭식 응축기를 조합한 방식 ② 냉각수 소비가 가장 작다. ③ 냉각탑이 필요 없고 옥외 설치 가능	① 전열이 불량하다. ② 압력강하가 크다. ③ 펌프, 팬의 동력 필요 ④ 청소 및 보수가 어렵다.
공랭식 응축기	① 냉각수, 배수설비 불필요 ② 옥외 설치 가능	① 응축온도가 높다. ② 형상이 커진다.

열통과율이 좋은 응축기 순서

7통로식 > 횡형 셸튜브식(2중관식) > 입형 셸튜브식 > 증발식 > 공랭식

19. 응축열량 계산

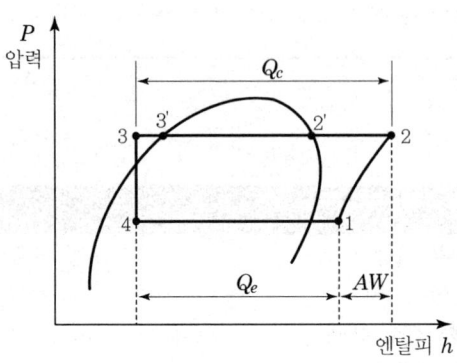

① 응축열량 : $Q_c = Q_e + Aw = G(h_2 - h_3)$

② 수냉식 응축기 방열량 : $Q_c = G \cdot C \cdot \Delta t = K \cdot A \cdot \Delta t_m$

③ 온도차

　㉠ 산술평균온도차 $\Delta t_m = t_c - \left(\dfrac{t_{w_1} + t_{w_2}}{2}\right)$

　　여기서, t_c : 응축온도[℃]

　㉡ 대수평균온도차 $\Delta t_m = \dfrac{\Delta_1 - \Delta_2}{\ln \dfrac{\Delta_1}{\Delta_2}} = \dfrac{\Delta_1 - \Delta_2}{2.3 \log \dfrac{\Delta_1}{\Delta_2}}$

　　여기서, $\Delta_1 = t_c - t_{w1}$, $\Delta_2 = t_c - t_{w2}$

20. 응축압력의 상승 원인

① 응축기 내 공기 또는 불응축가스가 혼입된 경우
② 냉각수온이 높거나 순환수량이 적은 경우
③ 냉각관 스케일(물때) 부착

④ 냉매 과다 충전
⑤ 유분리기 기능 불량

21. 응축압력(고압) 상승 시 영향

① 압축비 증대로 소요동력 증대
② 압축기 토출가스온도 상승
③ 실린더 과열로 오일의 열화 및 탄화
④ 윤활불량으로 피스톤 링 및 부품 마모
⑤ 체적효율 감소로 인한 냉동능력 감소
⑥ 축수부 하중 증대

22. 불응축 가스

응축기 및 수액기 상부에 모여 응축액화가 되지 않고 남아 있는 가스

① 불응축 가스가 모이는 곳
  ㉠ 응축기 상부
  ㉡ 수액기 상부
  ㉢ 증발식 응축기는 액 헤드
② 불응축 가스 존재 시 장치에 미치는 영향
  ㉠ 토출가스 온도가 상승(실린더 마모 및 과열, 윤활유 열화 및 탄화, 효율 저하)
  ㉡ 압축비 증가로 체적효율이 저하
  ㉢ 플래시 가스 발생량의 증가로 냉동능력 저하
  ㉣ 압축기 소요동력 증대
  ㉤ 냉동기 성적계수 저하
  ㉥ 냉동실 온도가 상승

23. 냉각탑(Cooling Tower)

① 냉동기의 응축기를 냉각시키기 위해 사용되는 물을 냉각수라 하고, 이 냉각수를 재

활용하기 위한 장치

② 냉각탑의 종류

구 분	종 류	특 징
수로(배관) 형식	개방형	냉각수와 공기가 직접 접촉하여 열교환
	밀폐형	냉각수와 공기가 간접 접촉하여 열교환
공기 흐름	대향류형	충전부에서 공기의 흐름이 수직방향으로 움직여 냉각수와 마주 교차하며 열교환 (소형, 경량으로 설치 면적이 적고, 효율이 좋다.)
	직교류형	충전부에서 공기의 흐름이 수평방향으로 움직여 냉각수와 직각으로 교차하며 열교환

③ 특징
  ㉠ 수원이 풍부하지 못한 곳에서 냉각수 절약
  ㉡ 증발식 응축기의 원리와 비슷
  ㉢ 냉각수의 온도는 외기 습구온도의 영향을 받는다.
  ㉣ 냉각탑 출구 수온은 외기의 습구온도보다 높다.

④ 냉각탑 표준설계 조건
  ㉠ 입구공기의 습구온도 : 27℃
  ㉡ 냉각수 입구수온 : 37℃
  ㉢ 냉각수 출구수온 : 32℃
  ㉣ 냉각수 순환수량 : 13l/min
  ㉤ 1냉각톤 : $Q = W \cdot C \cdot \Delta t = 13 \times 60 \times 1 \times (37-32) = 3,900$kcal/h$=4.53$kW

⑤ 쿨링 레인지(Cooling Range) : 냉각탑에서 냉각되는 수온
  쿨링 레인지=냉각탑 입구수온−냉각탑 출구수온
  $\qquad = 37℃ - 32℃ = 5℃$

⑥ 쿨링 어프로치(Cooling Approach) : 냉각수가 최저온도에 얼마나 접근하는가의 정도
  쿨링 어프로치=냉각탑 출구수온−외기습구온도$=32℃-27℃=5℃$
  ※ 쿨링 레인지가 클수록, 쿨링 어프로치가 작을수록 냉각탑 용량은 향상된다.

⑦ 엘리미네이터 : 냉각탑 출구에서 물방울이 기류에 함께 비산되는 것을 방지

⑧ 증발식 응축기 및 냉각탑의 보급수량 결정
　㉠ 냉각할 때 소비한 증발 수량
　㉡ 탱크 내 불순물의 농도를 증가시키지 않기 위한 보급 수량
　㉢ 냉각공기와 함께 외부로 비산되는 소비 수량

24. 팽창밸브

응축기에서 응축된 고온·고압의 냉매액을 증발기에서 증발하기 쉽도록 교축작용에 의해 단열팽창(교축)시켜 저온·저압으로 낮춰주는 작용을 하는 동시에 냉동부하(증발부하)의 변동에 대응하여 냉매량을 조절하는 기기

① 팽창밸브의 용량
　밸브 시트의 오리피스 지름
② 팽창밸브의 열역학적 특성
　줄-톰슨 효과, 단열팽창(교축팽창), 등엔탈피 과정

25. 팽창밸브의 특징

종류	원리	특징
모세관	0.8~2mm 정도의 가늘고 긴 관으로서 전후 압력차에 의해 냉매량이 조절되며, 모세관의 압력강하는 길이에 비례하고 지름에 반비례한다.	• 가격이 싸고 구조가 간단하여 고장 발생이 적다. • 냉매 충전량이 정확해야 한다. • 소형 냉장고에 사용한다.
온도식 자동 팽창밸브 (TEV)	증발기 출구에 감온통을 설치하여 감온통에서 감지한 냉매가스의 과열도가 증가하면 열리고, 부하가 감소하여 과열도가 적어지면 닫혀 팽창작용 및 냉매량을 제어	• 소형 냉동공조장치의 냉매유량 제어에 가장 일반적으로 사용되는 방식 • 내부균압형 : 압력 강하가 작을 때 사용 • 외부균압형 : 압력 강하가 클 때 사용
정압식 팽창밸브 (AEV)	증발기의 압력에 의해 작동하며 증발압력을 항상 일정하게 유지	• 냉수나 브라인의 동결을 방지 • 냉동부하에 따른 냉매량 제어가 불가능
고압 플로트 밸브	응축부하에 따라 응축기나 수액기의 액면을 일정하게 유지	증발부하 변동에 따른 냉매량의 조절 불가능
저압 플로트 밸브	부하 변동에 따른 증발기 저압측의 액면을 항상 일정하게 유지	• 만액식 증발기에 사용한다. • 부하 변동에 따른 신속한 유량 제어가 가능

26. 감온통

① 냉매흡입배관에 연결하여 저압배관의 온도를 감지하는 장치
② 자동팽창밸브의 개도를 조정하여 과열도를 일정하게 하여 주는 역할
③ 설치 위치
　㉠ 증발기 출구측 가까이 흡입관과 수평으로 설치한다.
　㉡ 흡입관경이 7/8"(20mm) 이하일 때 : 흡입관의 수직 상단
　　흡입관경이 7/8"(20mm) 초과일 때 : 흡입관 수평의 45° 하단
　㉢ 트랩(Trap) 부위에는 설치할 수 없다.

27. 팽창밸브에서의 안전관리

팽창밸브의 개도 과소 시	팽창밸브의 개도 과대 시
① 증발압력(저압) 및 증발온도 저하 ② 압축비 증가 ③ 압축기 소요동력 증가 ④ 압축기과열 및 토출가스온도 상승 ⑤ 윤활유 열화 및 탄화 ⑥ 냉동능력 감소	① 저항감소로 증발압력 상승 ② 증발온도 상승 ③ 냉매량 공급량 증가 ④ 액압축 발생

28. 플래시가스

증발기가 아닌 곳에서 증발한 냉매가스
① 발생 원인
　㉠ 액관이 심하게 솟아 있거나 길 때
　㉡ 스트레이너, 드라이어 등이 막혔을 때
　㉢ 액관 지름이 심하게 가늘 때
　㉣ 전자밸브, 스톱밸브, 드라이어, 스트레이너 등의 지름이 가늘 때
　㉤ 수액기나 액관이 직사광선에 노출되었을 때
　㉥ 액관을 보온없이 고온 장소에 통과시켰을 때
　㉦ 심하게 응축온도가 낮아졌을 때

② 영향
  ㉠ 냉매 순환량 감소로 냉동능력 감소
  ㉡ 증발압력이 낮아져 압축비 상승 및 냉동능력 감소
  ㉢ 흡입가스 과열로 토출가스 온도 상승
  ㉣ 실린더 과열로 윤활유 열화 및 탄화
  ㉤ 냉장실 온도 상승
③ 방지대책
  ㉠ 열교환기를 설치하여 냉매액을 과냉각시킨다.
  ㉡ 냉매 배관의 길이 및 지름에 주의한다.
  ㉢ 주위온도가 높은 경우 단열처리를 철저히 한다.
  ㉣ 대용량일 경우 액펌프를 설치한다.

29. 증발기

저온·저압의 액냉매가 증발작용에 의해 주위의 냉동부하로부터 열을 흡수하여 냉동의 목적을 달성시키는 열교환기의 일종

(1) 냉각방식에 의한 분류

① 직접 팽창식(Direct Expansion Evaporator)
  냉장실의 냉각관(증발관) 내에 직접 냉매를 순환시켜 피냉각 물체로부터 열을 흡수하는 방식으로 냉매의 잠열을 이용한다. 소형 냉동기, 가정용 냉동기 등에 널리 사용된다.

② 간접 팽창식(Indirect Expansion Evaporator)
  냉장실의 냉각관(증발관) 내에 간접 냉매인 브라인을 순환시켜 피냉각 물체로부터 열을 흡수하며 냉매의 현열을 이용하는 형식으로 브라인식 또는 칠러(chiller)라고 한다. 주로 냉동어선, 제빙, 양조 등의 산업용 대형 냉동기나 대형 공조기에 사용된다.

(2) 용도에 의한 분류

공기 냉각용	액체 냉각용
① 관 코일식 증발기 ② 멀티피드 멀티석션 증발기 ③ 캐스케이드 증발기 : 벽 코일 공기동결 　실 선반으로 사용 ④ 관형 증발기 ⑤ 핀 코일식 증발기	① 셀 & 튜브식 증발기 ② 보데로형 증발기 : 물 및 우유 등의 냉각 ③ 셀 & 코일식 증발기 ④ 헤링본식(탱크형) 증발기 　- 제빙장치의 브라인 냉각용 증발기

(3) 냉매상태에 따른 분류

구 분	냉매량	특 성
건식	액25% 가스75%	① 냉매공급 : 상부에서 하부로 ② 냉매액이 적어 전열이 불량 ③ 공기냉각용으로 사용
반만액식	액50% 가스50%	① 냉매공급 : 하부에서 상부로 ② 건식보다 전열이 양호 ③ 증발기에 오일이 체류하므로 유회수장치 필요
만액식	액75% 가스25%	① 액압축 방지를 위해 액분리기 설치 ② 냉매액이 많아 전열이 우수하고 액체냉각에 사용 ③ 증발기에 오일이 체류하므로 유회수장치 필요
액순환 (액펌프식)	액80% 가스20%	① 액분리기 및 펌프 설치로 설비비가 많이 듦 ② 전열이 타 증발기보다 20% 양호 ③ 증발기가 여러 대라도 팽창밸브는 1개면 됨 ④ 제상의 자동화가 용이 ※ 액펌프를 저압수액기보다 약 1.2m 낮게 설치하여 공동현상을 방지

30. 만액식 증발기에서 냉매측의 전열을 좋게 하는 방법

① 냉각관이 냉매액에 잠겨 있거나 접촉해 있을 것
② 관에 핀을 부착한 것일 것　　③ 관 폭이 좁고 관경이 작을 것
④ 유속이 적당할 것　　　　　　⑤ 유막이 존재하지 않을 것

31. 증발기에서의 안전관리

증발압력(저압)이 낮아지는 원인	증발압력(저압)의 저하가 장치에 미치는 영향
① 증발관 내 적상 및 유막 과대 시	① 증발온도 저하
② 팽창밸브의 개도 과소 시	② 압축비 및 소요동력 증가
③ 팽창밸브 및 여과기 등이 막혔을 때	③ 윤활유 열화 및 탄화
④ 냉매 충전량 부족 시	④ 냉동능력 감소
⑤ 액관 중의 플래시가스 발생 시	⑤ 실린더 과열 및 토출가스온도 상승
⑥ 증발부하 감소 시	

Ⅴ 부속기기

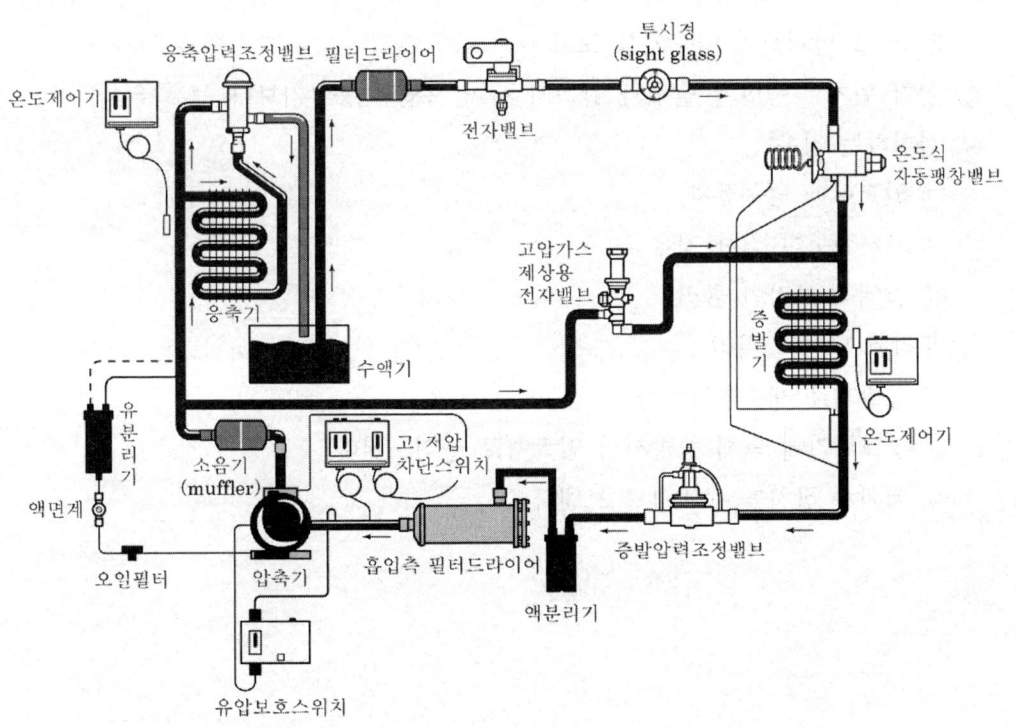

1. 유분리기(Oil Separator)

① 역할 : 압축기에서 토출된 냉매가스 중의 오일을 분리시키는 장치
② 설치 위치 : 압축기와 응축기 사이
　㉠ 프레온 냉동장치 : 압축기와 응축기 사이의 1/4 지점에 설치
　㉡ 암모니아 냉동장치 : 압축기와 응축기 사이의 3/4 지점에 설치
③ 설치하는 경우
　㉠ 만액식 증발기를 사용하는 경우
　㉡ 증발온도가 낮은 저온장치인 경우
　㉢ 토출가스 배관이 길어지는 경우
　㉣ 토출가스에 다량의 오일이 섞여 나가는 경우

2. 액분리기(Accumulator)

① 역할 : 압축기로 유입되는 가스 중 액을 분리시켜 액유입에 의한 액압축(Liquid Back)을 방지하여 압축기를 보호
② 설치 위치 : 증발기 출구와 압축기 사이 흡입관(증발기보다 높은 위치)
③ 설치하는 경우
　㉠ 암모니아 냉동장치
　㉡ 부하변동이 심한 경우
　㉢ 만액식 브라인 쿨러
④ 분리된 냉매의 처리
　㉠ 증발기로 재순환시킨다.
　㉡ 열교환기에 의해 증발시켜 압축기로 돌려보낸다.
　㉢ 액회수 장치를 수액기로 보낸다.

> **액압축(Liquid Back)의 영향**
> ① 흡입관에 성에가 심하게 덮인다.
> ② 토출가스 온도가 저하되며, 심하면 토출관이 차가워진다.
> ③ 실린더가 냉각되어 이슬이 맺히거나 성에가 낀다.
> ④ 심할 경우, 크랭크케이스에 성에가 끼고, 수격작용이 일어나 타격음이 난다.
> ⑤ 축수하중 및 소요동력 증대
> ⑥ 압력계 및 전류계의 지침이 떨리고 압축기가 파손될 수 있다.

3. 수액기

① 역할 : 응축기에서 응축액화된 냉매액을 팽창밸브로 보내기 전에 일시 저장하는 용기
② 설치 위치 : 응축기 하부
③ 수액기의 크기
　㉠ 암모니아 : 냉매 충전량의 1/2을 저장할 수 있는 크기
　㉡ 프레온 : 냉매 충전량의 전량을 저장할 수 있는 크기
　　※ 수액기는 3/4 이상 만액시키지 말 것

4. 불응축 가스 퍼저

불응축가스 인출 위치	불응축 가스가 장치 내에 존재하는 원인
① 응축기와 수액기 상부나 균압관 ② 증발식 응축기 : 액헤더 상부	① 장치의 신설, 수리 시 진공건조작업 불충분 시 잔류공기 ② 냉매, 오일 충전 시 부주의로 인하여 침입한 공기 ③ 순도가 낮은 냉매 및 오일 충전 시 ④ 저압의 진공운전에 따라 축봉부에서 누입된 공기

5. 균압관

응축기와 수액기 간의 압력을 균등하게 함으로써 냉매의 흐름을 원활하게 하기 위해서 응축기와 수액기 상부를 연결한 관

① 균압관의 설치 위치
  ㉠ 응축기 상부와 수액기 상부 사이
  ㉡ 응축기와 응축기 사이
  ㉢ 수액기와 수액기 사이
  ㉣ 압축기와 압축기 사이

6. 열교환기(Heat Exchanger)

① 응축기 출구의 냉매액을 과냉각시켜 팽창 시 플래시 가스량을 감소시켜 냉동효과를 증대시킨다.
② 압축기 흡입가스를 과열시켜 압축기에서의 액압축을 방지한다.
③ 냉동효과 및 성적계수 향상으로 냉동능력이 증대된다.
④ 프레온 만액식 증발기에서 유회수를 용이하게 하기 위해 설치한다.

7. 건조기(Dryer)

① 프레온 냉동장치에서 수분에 의한 팽창밸브 동결폐쇄 방지
② 설치 위치 : 팽창밸브 직전의 고압액관에 설치
③ 건조제의 종류 : 실리카겔, 활성알루미나 등
④ 냉동장치 내 수분 침투 원인
  ㉠ 장치의 지나친 진공운전으로 축봉부로 외기 침입
  ㉡ 공기로 장치 내압시험 실시 후 진공 불충분
  ㉢ 부족된 냉매 오일 충전 시 부주의
  ㉣ 제작 정비상 부주의
⑤ 수분 침투 시 장치에 미치는 영향

프레온	암모니아
① 팽창밸브 동결폐쇄	① 장치 부식
② 장치 부식	② 유탁액 현상
③ 동부착 현상	③ 증발온도 저하
④ 흡입압력 저하	④ 흡입압력 저하

8. 투시경(사이트 글라스, Sight Glass)

① 역할 : 냉매 중의 수분혼입 여부와 냉매 충전량의 적정여부 확인
② 설치 위치 : 응축기와 팽창밸브 사이(고압액관) 설치
　응축기 → 수액기 → 투시경 → 드라이어 → 전자밸브 → 팽창밸브
③ 수분 침입 확인 : 건조 시(녹색), 요주의(황록색), 다량 혼입(황색)

9. 여과기

① 역할 : 냉동장치의 배관 내 이물질 제거
② 액관 : 80~100mesh, 가스관 : 40mesh

10. 안전두(안전 헤드)

① 압축기 내로 액이나 이물질 유입 시 이상압력 상승에 따라 헤드가 들어올려져 액압축 및 오일해머 등에 의한 압축기의 파손을 방지
② 작동압력=정상고압+3kg/cm^2 정도

11. 안전밸브(Safety Valve)

냉동장치가 고압이 되면 장치가 파손될 수 있으므로 장치를 보호하기 위하여 설치
① 작동압력
　㉠ 기밀시험 압력 이하일 것
　㉡ 압축기, 압력용기의 내압시험압력의 8/10배 이하
　㉢ 정상고압+4~5kg/cm^2
② 설치 위치
　㉠ 압축기 토출밸브와 스톱밸브 사이에 고압차단스위치(HPS)와 같은 위치에 설치
　㉡ 압축기가 여러 대일 때는 각 압축기의 스톱밸브 직전에 설치
③ 압축기용 안전밸브 최소 구경
　=냉매상수×(표준회전속도에서 1시간의 피스톤 압출량)/2

12. 파열판

① 압력용기 등에 설치하여 내부압력의 이상 상승 시 박판이 파열되어 가스를 분출
② 특징
　㉠ 1회용
　㉡ 스프링식 안전밸브보다 가스분출량이 많다.
　㉢ 구조가 간단하고 취급이 용이하다.
　㉣ 설치 위치 : 터보냉동기 저압측에 설치

13. 가용전

① 1회용으로 이상온도 발생 시 가용전이 녹아 장치의 가스를 외부로 방출
② 용융온도 : 68~75℃ 정도
③ 합금성분 : 납, 주석, 안티몬, 카드뮴, 비스무스 등
④ 구경 : 최소 안전밸브 구경의 1/2 이상
⑤ 주로 20RT 미만의 프레온용 응축기나 수액기의 상부에 안전밸브 대신 설치

14. 고압차단스위치(HPS)

① 고압이 일정 이상 상승하면 전기접점이 차단되어 압축기를 정지
② 작동 압력=정상고압+4kg/cm^2 정도
③ 설치 위치
　㉠ 1대의 압축기 사용 시 : 압축기와 토출밸브 사이
　㉡ 여러 대 압축기 사용 시 : 압축기 토출가스 공동헤더

15. 저압차단스위치(LPS)

저압이 일정 압력 이하가 되면 전기적 접점이 떨어져 압축기용 전동기 전원을 차단하여 압축기를 정지

16. 유압보호스위치(OPS)

　압축기에서 유압이 일정 압력 이하가 되어 일정 시간(60~90초) 이내에 정상 압력에 도달하지 못하면 전동기 전원을 차단하여 압축기를 정지

17. 증발압력 조정밸브(EPR)

　증발압력이 일정 압력 이하가 되는 것을 방지하는 장치로 냉수나 브라인의 동결방지용으로 사용
　① 설치 위치
　　㉠ 증발기가 1대인 경우 : 증발기 출구와 압축기 흡입관에 설치한다.
　　㉡ 증발기가 여러 대인 경우 : 증발온도가 높은 곳에 설치한다.(증발온도가 가장 낮은 곳에는 체크밸브를 설치)

18. 흡입압력 조정밸브(SPR)

　① 원리 : 흡입압력이 일정 압력 이상이 되는 것을 방지하여 압축기의 파손을 방지
　② 설치 위치 : 증발기와 압축기 사이의 흡입관에 설치

19. 전자밸브(solenoid valve)

　① 설치 목적
　　㉠ 액압축(liquid back)을 방지
　　㉡ 냉매와 브라인의 흐름제어용으로 사용
　　㉢ 자동제어에서 전자밸브는 불연속 제어에 속하며 ON-OFF 제어
　② 전자밸브 설치 시 주의사항
　　㉠ 전자밸브의 화살표방향과 유체의 흐름방향을 일치시킨다.
　　㉡ 전자밸브의 전자코일을 상부로 하고, 수직으로 설치한다.
　　㉢ 전자밸브의 폐쇄를 방지하기 위해 입구측에 여과기를 설치한다.
　　㉣ 전자밸브에 하중이 걸리지 않도록 한다.

ⓜ 전압과 용량에 맞게 설치한다.
　　ⓗ 고장, 수리 등에 대비하여 바이패스관을 설치할 수도 있다.

20. 온도 조절기(TC)

① 역할 : 측온부의 온도변화를 감지하여 전기적으로 압축기를 On-Off시킨다.
② 종류 : 바이메탈식, 가스압력식, 전기저항식

21. 냉각수 조절밸브(절수밸브)

① 수냉식 응축기의 부하변동에 대하여 냉각수량을 제어하는 장치
② 응축압력을 항상 일정하게 유지하고 냉각수를 절약하기 위해서 설치

22. 냉매분배기(Distributor)

① 직접팽창식 증발기에서 증발기 입구에 설치하여 냉매공급을 균등하게 하기 위해 설치
② 설치의 경우
　　㉠ 증발기 냉각관에서 압력강하가 심할 경우
　　㉡ 외부균압형 온도식 자동팽창밸브를 사용하는 경우

23. 단수 릴레이

① 브라인 냉각기 및 수냉각기에서 브라인이나 냉수량의 감소 및 단수에 의한 배관의 동파를 방지하기 위해 압축기를 정지시킨다.
② 수냉식 응축기에서 냉각수량의 감소 및 단수에 의한 이상고압 상승을 방지하기 위해 압축기를 정지시킨다.
③ 설치 위치 : 브라인 및 냉수 입구측 배관에 설치

24. 습도 조절기

냉동 시스템의 습도 제어를 목적으로 사용하는 기기로 모발식, 건구습구식, Dewcel식 등이 있다.

25. 제상방법

(1) 착상이 냉동장치에 미치는 영향

① 전열불량으로 냉장실 내 온도 상승 및 액압축 초래
② 증발압력 저하로 압축비 상승
③ 증발온도 저하
④ 실린더 과열로 토출가스 온도 상승
⑤ 윤활유의 열화 및 탄화 우려
⑥ 체적효율 저하 및 압축기 소요동력 증대
⑦ 성적계수 및 냉동능력 감소

(2) 제상방법

① 고압가스 제상(hot gas defrost) : 압축기에서 토출된 고온·고압의 냉매가스를 증발기로 유입시켜 고압가스의 응축잠열에 의해 제상. 제상시간이 짧고 쉽게 설비할 수 있어 대형의 경우 가장 많이 사용
② 살수식 제상(water spray defrost) : 10~25℃의 온수를 살수시켜 제상
③ 냉동기의 정지에 의한 제상 : 1일 6~8시간 정도 냉동기를 정지시키는 제상
④ 전열식 제상(electric defrost) : 증발기에 히터를 설치하여 제상
⑤ 브라인 분무 제상(brine spray defrost) : 냉각판 표면에 부동액 또는 브라인을 살포하여 제상
⑥ 온공기 제상(warm air defrost) : 압축기 정지 후 팬(fan)을 가동시켜 실내공기로 6~8시간 제상

Ⅵ 냉동기의 시험 및 운전

1. 시험 구분
① 내압시험   ② 기밀시험   ③ 누설시험   ④ 진공시험

2. 시험 방법

(1) 내압시험(물 또는 오일 등의 액을 가압하여 시험)

① 내압시험은 압축기, 냉매 펌프, 윤활유 펌프 및 압력용기(수액기), 부스터 등의 배관을 제외한 구성장치에 실시하는 액압시험으로서 안전한 사용에 필요한 강도와 변형 유무를 확인하기 위해 제작사에서 실시하는 시험

② 시험압력은 허용압력 또는 설계압력 중 낮은 압력의 1.5배 이상으로 하고 유지시간은 5~20분으로 한다.

(2) 기밀시험

① 기밀시험은 내압시험을 실시한 압축기, 부스터, 냉매 펌프 및 압력용기, 밸브 등 배관을 제외한 구성부품이 모두 조립된 상태에서 내압강도의 확인에 이어 기밀성능을 확인하기 위해 실시하는 가스압 시험으로 제작사에서 실시

② 시험에 사용하는 압축가스는 공기 또는 불연성 가스(질소, 이산화탄소)를 사용하고, 산소 또는 독성가스를 사용해서는 안 된다.(암모니아는 이산화탄소를 피하고, 프레온은 공기를 피한다)

(3) 누설시험

① 누설시험은 진공시험으로 최종적인 기밀의 확인을 하기 전에 냉동장치의 배관공사 완료 후 방열공사 및 냉매충전을 하기 전 냉동장치 전 계통에 걸쳐 누설되는 곳을 점검하여 완전 기밀로 하는 것이 목적인 시험

② 시험에 사용하는 가스는 건조공기, 질소 등의 불연성가스를 사용하고, 기밀시험과 같은 방식으로 행한다.

(4) 진공시험
① 냉동기의 최종 기밀 확인을 위한 시험

3. 냉매의 충전 및 회수 방법

(1) 냉매 충전 방법
① 압축기 흡입측 서비스 밸브로 충전하는 방법
② 압축기 토출측 서비스 밸브로 충전하는 방법
③ 액관으로 충전하는 방법
④ 수액기로 충전하는 방법

(2) 냉매 회수 방법
① 펌프 다운(Pump Down)
  ㉠ 저압측(증발기, 흡입관 등)의 냉매를 회수하여 수액기에 모으는 것
  ㉡ 다음 기동 시 액압축을 방지할 수 있으며, 압축기 수리 등으로 압축기를 개방할 때 냉매의 낭비를 줄일 수 있다.
② 펌프 아웃(Pump Out)
  ㉠ 압축기가 행하는 펌프 다운
  ㉡ 고압측의 누설이나 이상 발생 시 고압측 냉매를 저압측(저압측 수액기, 증발기)으로 이송시켜 압축기의 수리나 윤활유의 교환, 내부청소 등을 위해 실시

4. 냉동기의 안전관리

(1) 기동 시 주의사항
① 토출밸브는 반드시 열려 있을 것
② 흡입밸브를 조작할 때에는 신중을 기할 것
③ 팽창밸브 조정에 신중을 기할 것
④ 안전밸브의 원변은 열려 있는지 확인할 것
⑤ 이상음에 신경을 쓸 것

(2) 운전 중 주의사항

① 액을 흡입하지 않도록 (액압축)한다.(암모니아는 프레온보다 조금 낮은 온도에서 압축)
② 흡입가스가 과열되지 않도록 한다.(프레온은 5℃ 과열압축)
③ 압력계, 전류계 지시에 주의한다.
④ 토출가스 온도가 심하게 높지 않도록 한다.(암모니아는 120℃ 이하)
⑤ 유분리기, 응축기, 증발기로부터 배유상태 확인
⑥ 응축기의 수량 및 냉각관의 청결상태 확인
⑦ 불응축가스 배출
⑧ 윤활상태 및 유면 점검
⑨ 누설유무 및 진동 확인

(3) 장시간 정지 시 조치

① 수액기 출구밸브를 닫는다.(저압측 냉매를 전부 수액기로 회수한다)
② 팽창밸브를 닫는다.
③ 저압이 0.1kg/cm² 정도일 때 흡입밸브를 닫는다.
④ 압축기를 정지시킨다.(전원 스위치 차단)
⑤ 압축기 회전이 완전히 정지하면 토출밸브를 닫는다.
⑥ 브라인 펌프 등을 정지하고 유분리기 자동반유밸브를 닫는다.
⑦ 냉각수 공급을 차단한다.
⑧ 겨울철 동파의 위험이 있을 때에는 배관 내 물을 배출시킨다.

VII 냉장 부하계산

1. 열손실

외부침입열, 냉각열, 발생열, 환기열, 기타 등

구 분	계산식	비 고
외부침입열(Q_1)	$Q_1 = KA\Delta T$	K : 구조체 열관류율, $W/(m^2 \cdot K)$ A : 외기와 접한 벽체면적, m^2 ΔT : 냉장고와 외기온도의 온도차, ℃
냉각열(Q_2)	$Q_2 = \dfrac{GC_p(T_3 - T_4)}{24}$	G : 1일 중 입고되는 냉장품의 질량, kg C_p : 냉장품의 비열, $W \cdot h/(kg \cdot K)$ T_3 : 입고 냉장품의 온도, ℃ T_4 : 입고 냉장품의 온도, ℃
발생열(Q_3) 전동 송풍기	$Q_{3.0} = \dfrac{WNn}{24}$	W : 전동 송풍기의 총동력, kW N : 전동 송풍기의 수량 n : 1일 동안의 전동 송풍기 사용시간, h
발생열(Q_3) 하역기계	$Q_{3.1} = \dfrac{WNn}{24}$	W : 하역기기의 총동력, kW N : 하역기기의 대수 n : 1일 동안의 하역기기 사용시간, h
발생열(Q_3) 작업원	$Q_{3.2} = \dfrac{WNn}{24}$	W : 인체에서 발생하는 열량, kW N : 냉장 시 작업하는 인원수 n : 1일 동안의 작업시간, h
발생열(Q_3) 전등(작업등)	$Q_{3.3} = \dfrac{WNn}{24}$	W : 전등의 총 동력, kW N : 전등 대수 n : 1일 동안의 전등 사용시간, h
환기열(Q_4)	$Q_4 = \dfrac{V(h_a - h_r)n}{24}$	V : 냉장실 내 유효 용적, m^3 h_a : 외부 공기의 엔탈피, $W \cdot h/m^3$ h_r : 내부 공기의 엔탈피, $W \cdot h/m^3$ n : 1일 동안의 환기 횟수
기타 (냉동고 저장 산물의 호흡열, Q_5)	$Q_5 = \dfrac{GRn}{24}$	G : 1회 입고량, kg n : 입고 횟수 R : 호흡열, kW/kg
안전율(Q_6)	$Q_6 = (Q_1 \sim Q_5) \times 0.1$ (10%)	
합계(Q)	$Q = Q_1 + Q_2 + Q_3 + Q_4 + Q_5 + Q_6$	

chapter 04 공조냉동 설치·운영(전기제어)

I. 전기의 기초

1. 기본 단위

물리량	MKS 단위계	단위
길이	미터(meter)	m
질량	킬로그램(kilogram)	kg
힘	뉴턴(newton)	N
시간	초(second)	s
전하	쿨롬(coulomb)	C
전위	볼트(volt)	V
전류	암페어(ampere)	A
저항	옴(ohm)	Ω
전기장	볼트/미터(volt/meter)	V/m
전기용량	패럿(farad)	F
출력	와트(watt)	W
에너지	줄(joule)	J
자속	웨버(weber)	Wb
자속밀도	웨버/제곱미터(weber/m^2)	Wb/m^2
자기장	암페어/제곱미터(ampere/m^2)	A/m^2
인덕턴스	헨리(Henry)	H
온도	켈빈(Kelvin)	K

2. 전류(I)

① 단위 시간당 이동한 전기의 양

② 단위 : A(Ampere)

③ 1[A] : 1초 동안에 1[C]의 전기량이 이동했을 때의 전류의 크기

$$I = \frac{Q}{t} [A] \qquad (I : 전류[A], \ Q : 전기량[C], \ t : 시간[sec])$$

④ 전류의 3대 작용

　㉠ 발열작용 : 전기다리미, 전기히터 등

　㉡ 자기작용 : 전동기(모터)

　㉢ 화학작용 : 물의 전기분해, 전기도금 등

3. 전압(V)

① 두 점 사이의 전기적인 에너지의 차이

② 기전력이란 계속하여 전위차를 만들어 줄 수 있는 힘

③ 1[V] : 1[C]의 전기량이 이동하여 1[J]의 일을 할 수 있는 전위차

$$V = \frac{W}{Q} [V] \qquad (V : 전압[V], \ Q : 전기량[C], \ W : 일[J])$$

4. 전기저항(R)

① 전류의 흐름을 방해하는 성질

② 단위 : Ω(옴 : Ohm)

③ 1[Ω] : 1[V]의 전압을 가할 때 1[A]의 전류가 흐를 수 있는 저항

5. 컨덕턴스(G)

① 전류가 흐르기 쉬운 정도를 나타내는 상수(저항의 역수)

② 단위 : ℧(mho, ℧), Siemens(S)

$$G = \frac{1}{R}[\mho, \text{S}, \Omega^{-1}]$$

6. 저항과 고유저항의 관계

$$R = \frac{l}{A}[\Omega]$$

여기서, R : 저항[Ω]
A : 도체의 단면적[m^2]
ρ : 고유저항[$\Omega \cdot m$]
l : 도체의 길이[m]

7. 저항의 온도계수

$$R_2 = R_1[1 + \alpha(t_2 - t_1)][\Omega]$$

여기서, R_2 : t_2의 저항[Ω]
α : t_1의 온도계수
t_1 : 상승 전의 온도[℃]
R_1 : t_1의 저항[Ω]
t_2 : 상승 후의 온도[℃]

> **참고**
> ① 도체의 길이가 길수록 단면적이 작을수록 저항은 커진다.
> ② 도체의 온도가 상승할수록 저항은 커진다.

8. 옴의 법칙

① 도체에 흐르는 전류는 회로에 가해진 전압에 비례하고 도체의 저항에 반비례한다.

$$I = \frac{V}{R}$$

② 전압 강하 : 전류가 도체 내를 통과할 때에는 전하가 에너지를 공급받아 일을 하게 되므로 전위가 낮아진다.

$$V = IR$$

9. 키르히호프의 법칙

① 제1법칙(전류의 법칙)	② 제2법칙(전압의 법칙)
회로망 중의 임의의 접속점에 유입하는 전류의 합과 유출하는 전류의 합은 같다.	폐회로에서 기전력의 합과 전압강하의 합은 같다.
Σ유입전류 = Σ유출전류 $\Sigma I = I_1 + I_2 + I_3 - I_4 - I_5 = 0$	Σ공급전압 = Σ전압강하 $V_1 + V_2 - V_3 = I_1R_1 + I_2R_2 + I_3R_3$

10. 저항의 접속

구 분	직렬접속	병렬접속
회로		
전류	$I = I_1 = I_2$	$I = I_1 + I_2$ $(I_1 = \dfrac{R_2}{R_1 + R_2}I,\ \ I_2 = \dfrac{R_1}{R_1 + R_2}I)$
전압	$V = V_1 + V_2$ $(V_1 = I_1R_1,\ \ V_2 = I_2R_2)$	$V = V_1 = V_2$
합성저항	$R = R_1 + R_2$	$\dfrac{1}{R} = \dfrac{1}{R_1} + \dfrac{1}{R_2}$

11. 전력

단위 시간(1sec) 동안에 전기가 하는 일의 양

$$P = VI = I^2 R = \frac{V^2}{R} [W]$$

여기서, P : 전력[W]　　　V : 전압[V]
　　　　I : 전류[A]　　　R : 저항[Ω]

12. 전력량

시간당 사용되는 전기량

$$W = VIt = I^2 Rt = Pt [J]$$

여기서, W : 전력량[J]　　　P : 전력[W]
　　　　t : 시간[s]　　　　I : 전류[A]
　　　　V : 전압[V]　　　　R : 저항[Ω]

13. 줄의 법칙

도체에 전류가 흐를 때, 단위 시간 내에 발생하는 열량은 전류의 제곱과 도체의 전기저항의 곱에 비례한다.

$$H = I^2 Rt [J] = 0.24 I^2 Rt [cal]$$

여기서, 1[J]=0.24[cal], 1[cal]=4.18[J]

14. 전지의 종류

① 1차 전지(1회용 전지) : 수은전지, 망간전지, 알칼리전지, 리튬전지
② 2차 전지(충전해서 반복 사용이 가능한 전지) : 납축전지, 니켈-카드뮴전지, 니켈-수소전지, 리튬-이온전지, 리튬-폴리머전지

15. 축전지의 접속

① 직렬접속 : 전압은 2배가 되고 용량은 1개일 때와 같다.
② 병렬접속 : 전압은 1개일 때와 같고 용량은 2배가 된다.

16. 패러데이의 법칙

① 전기분해에 의해서 석출되는 물질의 양은 전해액을 통과한 총전기량에 비례한다.
② 전기량이 일정할 때 석출되는 물질의 양은 화학당량에 비례한다.

17. 열전효과

① 제벡 효과

종류가 다른 2종의 금속선을 접속하여 폐회로를 만들어서 두 개의 접합점을 다른 온도로 유지할 때 이 회로에 전류가 흐르는 현상으로 열전쌍, 열전온도계 등에 응용된다.

② 펠티어 효과

금속, 반도체를 접속한 두 점 사이에 폐로를 구성, 전류를 흘리면 한쪽은 열이 발생하고 다른 쪽은 열을 흡수하는 현상으로 전자 냉동기에 적용된다.

II. 교류회로

1. 정현파 교류의 표시

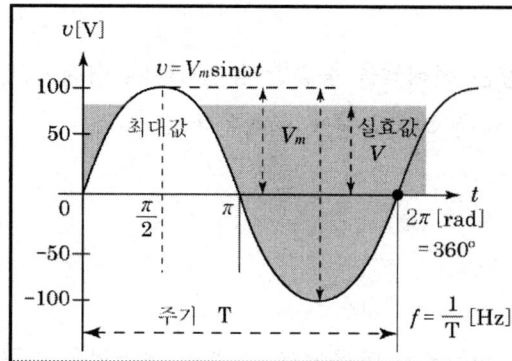

[예] $i = 10\sqrt{2} \sin\left(\omega t + \dfrac{\pi}{6}\right)[A]$

① 주파수 : $f = \dfrac{\omega}{2\pi} = \dfrac{377}{2\pi} = 60[\text{Hz}]$ ② 주기 : $T = \dfrac{1}{f} = \dfrac{1}{60}[s]$

③ 각속도 : $\omega = 2\pi f = 2\pi \times 60 = 377[\text{rad/s}]$ ④ 최댓값 : $V_m = 141[V]$

⑤ 평균값 : $I_{av} = \dfrac{2}{\pi} V_m = \dfrac{2}{\pi} \times 141 = 90[V]$ ⑥ 실효값 : $V = \dfrac{V_m}{\sqrt{2}} = \dfrac{141}{\sqrt{2}} = 100[V]$

> **참고**
>
> ① 순시값 : 전류, 전압 파형에서 어떤 임의의 순간에서의 전류, 전압의 크기
> ② 최댓값 : 순시값 중에서 가장 큰 값
> ③ 실효값 : 교류의 크기를 교류와 동일한 일을 하는 직류의 크기로 바꿔 나타냈을 때의 값으로 가정에서 사용하는 220V의 상용 전압은 교류전압의 실효값을 의미
> ④ 평균값 : 교류파형의 면적을 주기로 나누어 구한 평균값. 정현파형의 한 주기 평균값은 0이 되므로 반주기로 평균값을 산출하게 된다.
> ⑤ 실효값과 최대값의 관계 : $v = V_m \sin wt = \sqrt{2}\, V \sin wt [V]$

2. 위상 및 위상차

① 위상($\theta = \omega t$) : 주파수가 동일한 2개 이상의 교류가 동시에 존재할 때 상호 간의 시간적 차이

② 위상차 : 주파수는 같고 위상이 다른 두 정현파의 시간적인 차

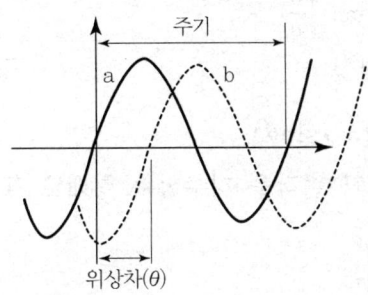

3. 여러 가지 파형의 실효값과 평균값

파형	실효값	평균값	파형률(= $\dfrac{실효값}{평균값}$)	파고율(= $\dfrac{최대값}{실효값}$)
정현파	$\dfrac{V_m}{\sqrt{2}}$	$\dfrac{2V_m}{\pi}$	1.11	1.414
정현반파	$\dfrac{V_m}{2}$	$\dfrac{V_m}{\pi}$	1.57	2
삼각파	$\dfrac{V_m}{\sqrt{3}}$	$\dfrac{V_m}{2}$	1.15	1.73
구형반파	$\dfrac{V_m}{\sqrt{2}}$	$\dfrac{V_m}{2}$	1.41	1.41
구형파	V_m	V_m	1	1

4. 정현파 교류의 복소수 표현

① 극좌표 형식 : 크기와 편각으로만 표시

$$A = a + jb = A \angle \theta$$

여기서, 크기 $|A| = \sqrt{(a^2 + b^2)}$

편각 $\theta = \tan^{-1} \dfrac{b}{a}$

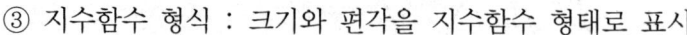

② 직각좌표(삼각함수) 형식

$$A = a + jb = A(\cos\theta + j\sin\theta)$$

③ 지수함수 형식 : 크기와 편각을 지수함수 형태로 표시

$$A = A \angle \pm \theta = Ae^{\pm j\theta}$$

여기서, $e^{j\theta} = \cos\theta + j\sin\theta = \angle \theta$, $e^{-j\theta} = \cos\theta - j\sin\theta = \angle -\theta$

④ 정현파 교류의 복소수 표시(Phaser)

$$v = \sqrt{2}\,V\sin(\omega t + \theta) \;\rightarrow\; V = V \angle \theta = \dfrac{V_m}{\sqrt{2}} \angle \theta$$

예제

정현파 전압 $v = 10\sqrt{2}\sin(wt + 60°)\,[V]$의 복소수 표현

$V = 5 + j5\sqrt{3} = \sqrt{5^2 + (5\sqrt{3})^2}\,\tan^{-1}\left(\dfrac{5\sqrt{3}}{5}\right) = 10 \angle 60° = 10(\cos 60 + j\sin 60)$

---

5. 기본 교류회로

① 저항 R만의 회로

전류순시값	최대 전류	실효값 전류	위상관계
$i = I_m \sin\omega t$ $= \sqrt{2}\,I\sin\omega t$	$I_m = \dfrac{V_m}{R} = \dfrac{\sqrt{2}\,V}{R}$	$I = \dfrac{V}{R} = \dfrac{\dfrac{V_m}{\sqrt{2}}}{R}$	동위상 역률 $\cos\theta = 1$

② 코일 L만의 회로

전류순시값	최대 전류	실효값 전류	위상관계
$i = I_m \sin(\omega t - 90°)$ $= \sqrt{2} I \sin(\omega t - 90°)$	$I_m = \dfrac{V_m}{\omega L}$ 또는 $X_L = \dfrac{\sqrt{2} V}{X_L}$	$I = \dfrac{V}{\omega L} = \dfrac{\frac{V_m}{\sqrt{2}}}{\omega L}$	지상(전류가 전압보다 위상이 90° 뒤진다.)

③ 콘덴서 C만의 회로

전류순시값	최대 전류	실효값 전류	위상관계
$i = I_m \sin(\omega t + 90°)$ $= \sqrt{2} I \sin(\omega t + 90°)$	$I_m = \dfrac{V_m}{\frac{1}{\omega C}}$ 또는 $X_L = \dfrac{\sqrt{2} V}{X_c}$ $= \omega C V_m = \omega C \sqrt{2} V$	$I = \dfrac{V}{X_c} = \dfrac{\frac{V_m}{\sqrt{2}}}{X_c} = \omega C V$	진상(전류가 전압보다 위상이 90° 앞선다.)

6. 기본 교류회로 소자의 응답

① 직렬회로

구분	임피던스	위상각	실효값 전류	위상
R-L	$\sqrt{R^2 + (\omega L)^2}$	$\tan^{-1}\dfrac{\omega L}{R}$	$\dfrac{V}{\sqrt{R^2 + (\omega L)^2}}$	전류가 뒤진다.
R-C	$\sqrt{R^2 + (\dfrac{1}{\omega C})^2}$	$\tan^{-1}\dfrac{1}{\omega CR}$	$\dfrac{V}{\sqrt{R^2 + (\dfrac{1}{\omega C})^2}}$	전류가 앞선다.
R-L-C	$\sqrt{R^2 + (\omega L - \dfrac{1}{\omega C})^2}$	$\tan^{-1}\dfrac{\omega L - \dfrac{1}{\omega C}}{R}$	$\dfrac{V}{\sqrt{R^2 + (\omega L - \dfrac{1}{\omega C})^2}}$	L이 크면 전류는 뒤진다. C가 크면 전류는 앞선다.

② 병렬회로

구분	어드미턴스	위상각	실효값 전류	위상
R-L	$\sqrt{(\frac{1}{R})^2+(\frac{1}{\omega L})^2}$	$\tan^{-1}\frac{R}{\omega L}$	$\sqrt{(\frac{1}{R})^2+(\frac{1}{\omega L})^2}\,V$	전류가 뒤진다.
R-C	$\sqrt{(\frac{1}{R})^2+(\omega C)^2}$	$\tan^{-1}\omega CR$	$\sqrt{(\frac{1}{R})^2+(\omega C)^2}\,V$	전류가 앞선다.
R-L-C	$\sqrt{(\frac{1}{R})^2+(\frac{1}{\omega L}-\omega C)^2}$	$\tan^{-1}\dfrac{\frac{1}{\omega L}-\omega C}{\frac{1}{R}}$	$\sqrt{(\frac{1}{R})^2+(\frac{1}{\omega L}-\omega C)^2}\,V$	L이 크면 전류는 뒤진다. C가 크면 전류는 앞선다.

7. 공진회로

구 분	직렬공진	병렬공진
조건	$\omega L - \frac{1}{\omega C}=0$ 또는 $\omega L = \frac{1}{\omega C}$	$\omega C - \frac{1}{\omega L}=0$ 또는 $\omega C = \frac{1}{\omega L}$
공진의 의미	• 허수부가 0이다. • 전압과 전류가 동상이다. • 역률이 1이다. • 임피던스가 최소이다. • 흐르는 전류가 최대이다.	• 허수부가 0이다. • 전압과 전류가 동상이다. • 역률이 1이다. • 어드미턴스가 최소이다. • 흐르는 전류가 최소이다.
전류	$I=\dfrac{V}{R}$	$I=GV$
공진주파수	$f_0=\dfrac{1}{2\pi\sqrt{LC}}$	$f_0=\dfrac{1}{2\pi\sqrt{LC}}$

8. 교류전력

종류	단위	표시	
전력삼각도		_피상전력 P_a (VA), 무효전력 P_r (Var), 유효전력 P (W), θ_	
피상전력	VA	단상	$P_a = \sqrt{P^2 + P_r^2} = VI = I^2 Z = \dfrac{V^2}{Z} = \dfrac{P}{\cos\theta}$
		3상	$P_a = 3V_p I_p = \sqrt{3}\, V_l I_l = 3I_p^2 Z$
유효전력	W	단상	$P = VI\cos\theta = I^2 R$
		3상	$P_a = 3V_p I_p \cos\theta = \sqrt{3}\, V_l I_l \cos\theta = 3I_p^2 R$
무효전력	Var	단상	$P_r = VI\sin\theta = I^2 X$
		3상	$P_a = 3V_p I_p \sin\theta = \sqrt{3}\, V_l I_l \sin\theta = 3I_p^2 X$
역률		$\cos\theta = \dfrac{P}{IV} = \dfrac{유효전력}{피상전력}$	

9. 복소전력

복소전력은 복소전압과 복소전류의 공액복소수를 곱하여 구할 수 있고, 이때 실수부는 유효전력이고 허수부는 무효전력이다.

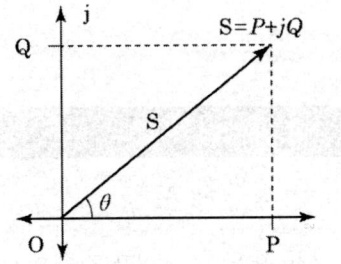

$$S = VI\cos\theta + j\,VI\sin\theta = VI\angle\theta$$
$$= P + jQ = RI^2 + jXI = (R + jX)I^2$$
$$= ZI^2 = ZI\overline{I} = V\overline{I}$$

> **예제**
>
> $V = 25 - j40[\text{V}]$, $I = 4 - j8[\text{A}]$인 회로의 전력을 구하시오.
> [풀이]
> 복소전력 $= V\overline{I} = (25 - j40)(4 + j8) = 420 + j40 = 422 \angle 5.44°$
> 따라서 피상전력 422[VA], 유효전력 420[W], 무효전력 40[Var]

10. 역률 개선용 콘덴서 용량(Q_c)

$$Q_c = P\left(\frac{\sqrt{1-\cos\theta_1^2}}{\cos\theta_1} - \frac{\sqrt{1-\cos\theta_2^2}}{\cos\theta_2}\right)[\text{kVA}]$$

여기서, $\cos\theta_1$: 개선 전 역률, $\cos\theta_2$: 개선 후 역률

11. 최대전력 전달 조건

종 류	조 건	최대 전력
	$R_L = R_g$	$P_m = \dfrac{V^2}{4R_g}$

12. 유도 결합회로

① 유기(유도) 기전력

1차측(유도) 전압	2차측(유도) 전압
$e_1 = -L_1 \dfrac{di}{dt} = -N_1 \dfrac{d\phi}{dt}$	$e_2 = -L_2 \dfrac{di}{dt} = -N_2 \dfrac{d\phi}{dt}$
자기 인덕턴스 : L_1, L_2, 1차 권수 : N_1, 2차 권수 : N_2, 1차 자속 : ϕ_1, 2차 자속 : ϕ_2	

② 상호 인덕턴스 : 1차 전류와 2차 전류 상호가 주고받는 전자유도 크기값

상호 인덕턴스	결합계수 (두 코일 간 유도결합 정도를 나타내는 양)
$M = k\sqrt{L_1 L_2}$ [H]	$k = \dfrac{M}{\sqrt{L_1 L_2}}$ $0 \leq k \leq 1$ $k = 0$: 상호자속이 없는 경우 $k = 1$: 누설자속이 없는 경우

③ 합성 인덕턴스

구 분	직 렬	병 렬
가동결합 (전류방향이 같을 때)	$L_0 = L_1 + L_2 + 2M$	$L_0 = \dfrac{L_1 L_2 - M^2}{L_1 + L_2 - 2M}$
차동결합 (전류방향이 다를 때)	$L_0 = L_1 + L_2 - 2M$	$L_0 = \dfrac{L_1 L_2 - M^2}{L_1 + L_2 + 2M}$

13. 다상 교류

① 결선방법

㉠ Y결선 : 전원과 부하를 Y형으로 접속하는 방법으로 Y결선 또는 성형 결선이라 한다.

ⓐ 상전압 : 각 상에 걸리는 전압

ⓑ 선간전압 : 부하에 전력을 공급하는 선들 사이의 전압

ⓒ 선간전압과 선전류의 관계 : Y결선에서 선전류와 상전류는 같으며 선간전압은 상전압의 $\sqrt{3}$ 배이다.

$$V_l = \sqrt{3}\,V_p, \quad I_l = I_p$$

여기서, V_l, V_p : 선간전압, 상전압 I_l, I_p : 선전류, 상전류

ⓓ 위상 : 선간전압이 상전압보다 $\dfrac{\pi}{2}(1 - \dfrac{2}{n})$[rad]만큼 앞선다.

㉡ Δ결선 : 전원과 부하를 Δ형으로 접속하는 방법으로 Δ결선 또는 환상결선이라 한다.

ⓐ 선간전압과 선전류의 관계 : Δ 결선에서 선간전압과 상전압은 같으며 선전류는 상전류의 $\sqrt{3}$ 배이다.

$$V_l = V_p, \quad I_l = \sqrt{3} I_p$$

여기서, V_l, V_p : 선간전압, 상전압 I_l, I_p : 선전류, 상전류

ⓑ 위상 : 선전류가 상전류보다 $\frac{\pi}{2}(1 - \frac{2}{n})$[rad]만큼 뒤진다.

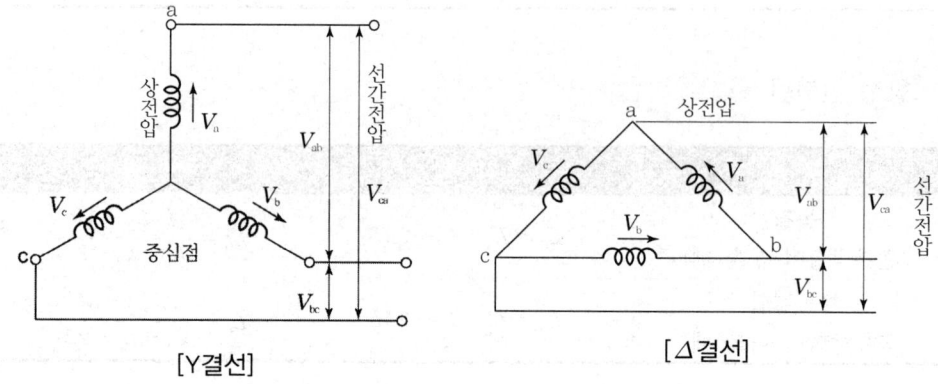

[Y결선]   [Δ결선]

ⓒ V결선 : 단상변압기 P_T[kVA] 3대로 Δ 결선 운전 중 변압기 1대 고장으로 인해 나머지 2대의 변압기로 2상 부하를 운전할 수 있는 결선

ⓐ 이용률 = $\dfrac{\text{V 결선의 출력}}{\text{변압기 2대의 정격}} = \dfrac{\sqrt{3}P}{2P} = \dfrac{\sqrt{3}}{2} = 0.866$

※ 출력은 변압기 2대의 용량을 합한 것의 86.6%로 줄게 된다.

ⓑ 출력비 = $\dfrac{\text{V 결선의 출력}}{\text{변압기 3대의 정격출력}} = \dfrac{\sqrt{3}P}{3P} = \dfrac{\sqrt{3}}{3} = 0.577$

※ 3대의 출력이 100%일 때, V결선의 경우에는 57.7%이다.

② 3상 출력

$$P = \sqrt{3} V_l I_l = 3 V_p I_p = \text{단상출력} \times 3$$

③ Δ결선과 Y결선의 변환

㉠ Δ결선 → Y결선 : 각 상의 극성이 서로 다른 단자끼리 직렬로 접속한 방식으로 Δ결선을 Y결선으로 변환하면 저항값이 $\dfrac{1}{3}$로 줄어든다.

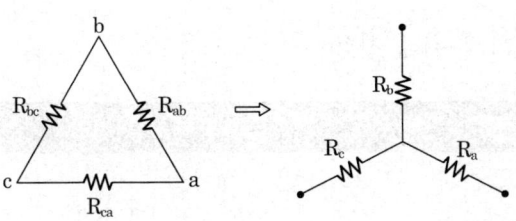

$$R_a = \frac{R_{ab} \cdot R_{ca}}{R_{ab} + R_{bc} + R_{ca}} = \frac{1}{3}R$$

$$R_b = \frac{R_{ab} \cdot R_{bc}}{R_{ab} + R_{bc} + R_{ca}} = \frac{1}{3}R$$

$$R_b = \frac{R_{bc} \cdot R_{ca}}{R_{ab} + R_{bc} + R_{ca}} = \frac{1}{3}R$$

ⓛ Y결선 → △결선 : 각 상의 동일극성의 단자를 한 점에서 묶어 결선한 방식으로 Y결선을 △결선으로 변환하면 저항값이 3배로 커진다.

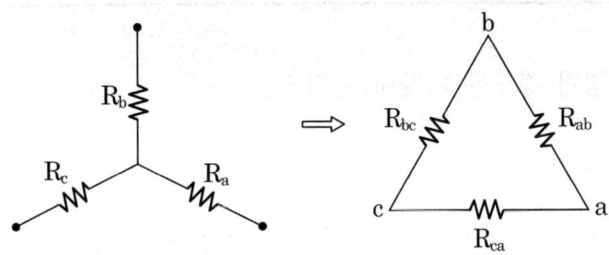

$$R_{ab} = \frac{R_a \cdot R_b + R_b \cdot R_c + R_c \cdot R_a}{R_c} = 3R$$

$$R_{bc} = \frac{R_a \cdot R_b + R_b \cdot R_c + R_c \cdot R_a}{R_a} = 3R$$

$$R_{ca} = \frac{R_a \cdot R_b + R_b \cdot R_c + R_c \cdot R_a}{R_b} = 3R$$

△결선을 Y결선으로 하면

전류	전압	전력	임피던스(R, L)	어드미턴스(G, C)
$\frac{1}{3}$배	$\frac{1}{\sqrt{3}}$배	$\frac{1}{3}$배	$\frac{1}{3}$배	3배

14. 대칭좌표법

선로 사고 시 전기사고를 해석하기 위해 사용

영상, 정상, 역상 전압	불평형 3상 전압
영상 전압 $V_0 = \dfrac{1}{3}(V_a + V_b + V_c)$ 정상 전압 $V_1 = \dfrac{1}{3}(V_a + aV_b + a^2 V_c)$ 역상 전압 $V_2 = \dfrac{1}{3}(V_a + a^2 V_b + aV_c)$	$V_a = V_0 + V_1 + V_2$ $V_b = V_0 + a^2 V_1 + aV$ $V_c = V_0 + aV_1 + a^2 V$
여기서, $a = -\dfrac{1}{2} + j\dfrac{\sqrt{3}}{2}$, $a^2 = -\dfrac{1}{2} - j\dfrac{\sqrt{3}}{2}$	

① 불평형률 : 회로의 불평형 정도를 나타내는 척도

$$\text{불평형률} = \frac{\text{역상분}}{\text{정상분}} \times 100[\%]$$

Ⅲ. 전기기기

1. 직류기

(1) 직류기

① 전기자 : 자속을 끊어서 기전력을 유도하는 장치

② 계자 : 주자속을 만들어 주는 장치

③ 정류자 : 교류를 직류로 변환하는 장치

④ 브러시 : 정류자면에 접촉해서 전기자권선과 외부회로 연결장치

>
>
> ① 직류기 3대 요소 : 계자, 전기자, 정류자
> ② 전기자 철심은 규소강판으로 성층한다.
>   - 철심 : 두께 0.35~0.5mm, 규소함유량 : 1~1.4%
>   - 이유 : 철손(히스테리시스손, 와류손) 감소
> ② 브러시의 구비 조건
>   - 기계적 강도가 클 것
>   - 내열성, 내마모성이 클 것
>   - 접촉저항이 클 것
>   - 전기저항, 마찰저항이 작을 것

(2) 유도기전력

$$E = \frac{PZ\phi N}{60a} [\text{V}]$$

여기서, ϕ : 자속, N : 회전수, a : 전기자 도체수, Z : 병렬수, P : 극수

(3) 전기자 반작용

전기자권선의 자속이 계자권선의 자속에 영향을 주는 현상

① 전기자 반작용의 영향

발전기	전동기
• 주자속이 감소한다. → 유기기전력의 감소	• 주자속이 감소한다. → 토크 감소, 속도 증가
• 중성축이 이동한다. → 회전방향과 같다.	• 중성축이 이동한다. → 회전방향과 반대
• 정류자편과 브러시 사이에 불꽃이 발생한다. → 정류 불량	• 정류자편과 브러시 사이에 불꽃이 발생한다. → 정류 불량

② 전기자 반작용의 방지법
  ㉠ 보상권선을 설치(가장 유효한 방법)
  ㉡ 보극을 설치

(4) 정류를 양호하게 하는 방법

① 전압을 정류 : 보극을 설치

② 저항을 정류 : 접촉저항을 크게 하기 위해 탄소질 브러시 사용

③ 리액턴스 전압을 작게 한다.

④ 정류 주기를 길게 한다.

⑤ 코일의 자기인덕턴스를 작게 한다.

(5) 직류발전기의 분류

① 분류 : 타여자발전기, 자여자발전기(직권발전기, 분권발전기, 복권발전기)

② 병렬운전

병렬운전 목적	병렬운전 조건
• 1대의 발전기로 용량이 부족할 때 • 예비설비 및 수리점검이 유리 • 부하변동이 심한 수용가	• 극성이 일치할 것 • 단자전압이 일치할 것 • 외부특성이 수하특성일 것

③ 균압선 설비

설치 목적	병렬운전을 안전하게 운전하기 위해
설치 기계	직권발전기, 복권발전기

(6) 직류전동기

① 토크 : $T = \dfrac{P}{\omega} = \dfrac{PZ\phi I_a}{2\pi a} = K\phi I_a [\text{N} \cdot \text{m}]$

(직권은 전기자 전류의 제곱에 비례, 분권은 전기자 전류에 비례한다.)

② 역기전력 : $E_c = V - I_a R_a [\text{V}]$

③ 회전속도 : $N = K\dfrac{E_c}{\phi} = K\dfrac{V - I_a R}{\phi} [\text{rpm}]$

④ 속도변동률 : $\varepsilon = \dfrac{N_o - N}{N} \times 100 [\%]$

4. 공조냉동 설치·운영(전기제어)

⑤ 속도제어법

전압제어	효율 좋다.	• 광범위 속도제어 • 일그너방식(부하가 급변하는 곳) • 워드 레오너드 방식(광범위한 제어) • 정토크 제어
계자제어	효율 좋다.	• 세밀하고 안정된 속도제어 • 속도조정범위가 좁다. • 정출력 구동방식
저항제어	효율 나쁘다.	• 속도조정범위가 좁다.

※ 효율이 큰 순서 : 전압제어 > 계자제어 > 저항제어

⑥ 제동법
   ㉠ 발전 제동 : 전동기를 발전기로 사용하여 자체 저항에서 열로 소비시켜 제동
   ㉡ 역전 제동(플러깅) : 계자 전류방향을 바꾸어 역토크 발생으로 제동(3상 중 2상을 바꾸어 제동)
   ㉢ 회생 제동 : 역기전력을 전원 전압보다 높게 하여 제동

⑦ 손실 및 효율
   ㉠ 손실

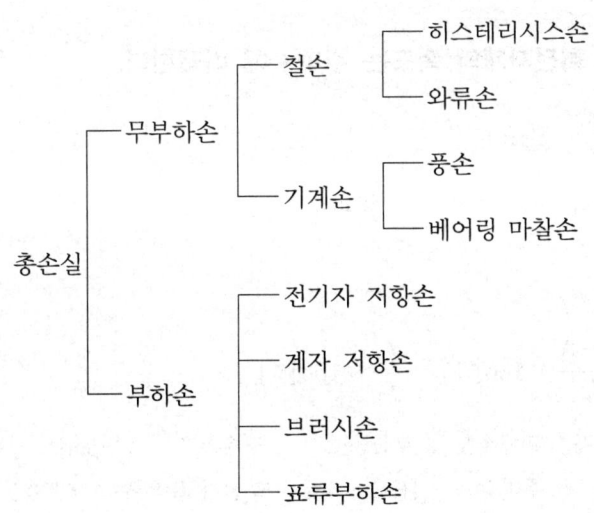

ⓒ 효율

ⓐ $\eta = \dfrac{출력}{입력} \times 100[\%]$

ⓑ $\eta_{전동기} = \dfrac{입력-손실}{입력} \times 100[\%]$

ⓒ $\eta_{발전기} = \dfrac{출력}{출력+손실} \times 100[\%]$

> **최대효율조건**
> ① 발전기 : 무부하손(고정손) = 부하손(가변손)
> ② 변압기 : 철손(P_i)=동손(P_c)

(7) 절연재료의 허용온도

절연의 종류	Y종	A종	E종	B종	F종	H종	G종
최고허용온도[℃]	90	105	120	130	155	180	180 초과

2. 유도전동기

(1) 동기속도 : 회전자계의 속도는 주파수에 비례한다.

$$N_s = \dfrac{120f}{P} [\text{rpm}]$$

여기서, 극수 : P,   주파수 : f[Hz]

(2) 슬립

$$s = \dfrac{N_s - N}{N_s} \times 100[\%] = \dfrac{f_2}{f_1} \times 100[\%]$$

여기서, 동기속도 : N_s[rpm]   실제속도 : N[rpm]
주파수 : f_1[Hz]   회전자 주파수 : f_2[Hz]

(3) 실제속도

$$N = (1-s)N_s = \frac{120f}{P}(1-s)[\text{rpm}]$$

(4) 전부하 슬립(발생 슬립)

$$s_2 = s_1 \times \left(\frac{V_1}{V_2}\right)^2$$

(5) **회전방향 변경** : 유도전동기의 3선 중 임의의 2선을 반대로 바꾸어 접속

(6) **유도전동기의 종류** : 농형, 권선형

(7) **유도전동기의 기동법**

농형 유도전동기 기동법	권선형 유도전동기 기동법
• 전전압기동 : 3.7kW 이하 • Y—Δ기동 : 5~15kW 이하 　　　토크 1/3배, 전류 1/3배, 전압 $1/\sqrt{3}$ 배 • 기동보상기법 : 15kW 이상 • 리액터 기동법	• 2차 저항기동법 　→ 비례추이 원리 이용

> **참고**
>
> ① 3상 유도전동기에서 2차 저항을 줄이려면?
>   • 최대 토크는 변하지 않고 기동 역률은 증가한다.
>   • 최대 토크일 때의 슬립은 커지고, 전부하 효율과 속도가 저하된다.
>   • 기동전류는 감소하나 기동 토크는 증가한다.
> ② 60[Hz]의 유도전동기를 50[Hz]에 사용하면
>   • 속도가 5/6로 떨어진다.
>   • 여자 전류가 증가하고 역률이 떨어진다.
>   • 온도 상승이 증가한다.
>   • 최대 토크는 증가한다.
>   • 기동전류가 증가한다.

(8) 유도전동기의 속도제어법

농형	권선형
주파수 제어법	2차 저항법
극수 변환법	종속법
전압제어법	2차 여자법

(9) 단상 유도전동기

2차 저항의 크기가 변화하면 최대 토크를 발생하는 슬립뿐만 아니라 최대 토크까지도 변화한다.

① 콘덴서 기동형 : 기동권선에 저항 대신 콘덴서를 접속하면 기동 토크가 크고 역률이 좋다.
② 셰이딩 코일형
  ㉠ 고저항 단락권선인 셰이딩 코일을 홈에 삽입시키는 방법
  ㉡ 회전방향을 바꿀 수 없고 기동 토크가 작아 소형 전동기에 사용
③ 반발기동형 : 직류전동기와 같은 권선 및 정류자가 있고 기동 토크가 가장 크다.
④ 분상기동형 : 단상전동기에 보조권선을 설치하여 단상 전원에 위상이 다른 전류를 흘려서 기동하는 방법

> **단상 유도전동기의 기동 토크가 큰 순서**
>
> 반발 기동형 > 반발 유도형 > 콘덴서 기동형 > 콘덴서 운전형 > 분상 기동형 > 모노 사이클릭형

3. 동기기

정상 운전상태에서 동기속도(회전자기장의 회전속도)로 회전하는 교류 전기기계로 비교적 낮은 회전수로 큰 출력이 요구되는 부하에 사용

(1) 종류

동기 발전기(수차, 증기 터빈 발전기), 동기 전동기

(2) 동기속도

$$N_s = \frac{120f}{P} [\text{rpm}]$$

(3) 동기전동기의 특징

장 점	단 점
① 효율이 좋고 정속도 전동기이다.	① 기동 토크가 작고 기동하는 데 손이 많이 간다.
② 역률이 1 또는 앞서는 역률로 운전이 가능하다.	② 직류여자가 필요하다.
③ 공극이 넓어 기계적으로 튼튼하고 보수가 용이하다.	③ 난조가 일어나기 쉽다.

(4) 동기발전기의 병렬운전

① 기전력의 크기가 같을 것
② 기전력의 위상이 같을 것
③ 기전력의 주파수가 같을 것
④ 기전력의 파형이 같을 것
⑤ 상회전이 같을 것

(5) 난조

난조 발생 원인	난조 방지
① 원동기의 조속기 감도가 지나치게 예민한 경우	제동권선을 설치
② 원동기의 토크에 고조파의 토크가 포함된 경우	
③ 전기자 회로의 저항이 상당히 큰 경우	
④ 부하가 맥동할 경우	

(6) 안정도 향상 대책

① 정상 과도 리액턴스를 작게 하고, 단락비를 크게 한다.
② 영상 임피던스와 역상 임피던스를 크게 한다.
③ 회전자 관성을 크게 한다.(플라이휠 효과)
④ 속응 여자 방식을 채용한다.

⑤ 조속기 동작을 신속히 한다.

4. 변압기

(1) 변압기의 원리

전자 유도작용에 의하여 1차측 코일에 교류전압을 가하면 2차측 코일에는 1, 2차 코일의 권수비에 비례하는 유도기전력이 발생한다.

(2) 권수비

$$a = \frac{E_1}{E_2} = \frac{I_2}{I_1} = \frac{N_1}{N_2} = \sqrt{\frac{Z_1}{Z_2}}$$

여기서, 1차, 2차 권수 : N_1, N_2
1차, 2차 유도기전력 : $E_1[V]$, $E_2[V]$
1차, 2차 전류 : $I_1[A]$, $I_2[A]$
1차, 2차 임피던스 : $Z_1[\Omega]$, $Z_2[\Omega]$

(3) 변압기 효율

① 규약 효율

$$\eta = \frac{입력 - 손실}{입력} \times 100[\%] = \frac{출력}{출력 + 손실} \times 100[\%]$$

② 전부하 효율

$$\eta = \frac{P\cos\theta}{P\cos\theta + P_i + P_c} \times 100[\%]$$

여기서, P : 변압기의 정격출력 $\cos\theta$: 2차 역률
철손 : $P_i[W]$ 동손 : $P_c[W]$

③ 최대 효율 조건
㉠ 전부하인 경우
철손(P_i) = 동손(P_c)

ⓛ $\frac{1}{m}$ 부하인 경우

$$P_i = \left(\frac{1}{m}\right)^2 P_c \rightarrow \frac{1}{m} = \sqrt{\frac{P_i}{P_c}}$$

(4) 변압기의 손실

손실 종류			손실 내용
무부하손	철손	히스테리시스손	철심 중에서 자속밀도가 변할 때 생김
		와류손	철심 내에 발생하는 와전류에 의한 손실
	유전체		절연물 중에서 발생하는 손실
부하손	동손	저항손	권선의 저항에 의한 손실
		와류손	권선 내의 와전류에 의한 손실
	표류(漂流) 부하손		누설자속에 의해 외함 등에서 생기는 손실

(5) 변압기의 3상 결선

종류	특징
V-V결선	• 3상 전력을 공급 • 설치방법이 간단하고 소용량이며 가격이 저렴 • 설비의 이용률이 낮고(86.6%), 출력이 작다.(57.7%) • 부하의 상태에 따라 2차 단자전압이 불평형이 될 수 있다.
$\Delta-\Delta$결선	• V-V결선의 변경 • 고조파 전류가 생기지 않는다. • 중성점 접지를 할 수 없다. • 상전압=선간전압
Y-Y결선	• 중성점을 접지할 수 있다. • 상전압=$\frac{선간전압}{\sqrt{3}}$ • 제3고조파가 발생하여 통신선 유도장해를 일으킨다.
Δ-Y결선, Y-Δ결선	• Y결선으로 중성점을 접지할 수 있다. • Δ결선으로 제3고조파가 생기지 않는다. • Δ-Y는 송전단에, Y-Δ는 수전단에 설치한다. • 1차와 2차의 전압 사이에 30°의 변위가 발생한다.

(6) 2대의 단상 변압기를 사용해서 3상을 2상으로 변환하는 결선 방법

① 스코트 결선(Scott connection) : 일명 T결선이라 한다.
  ㉠ 결선의 출력 $P = \sqrt{3}\, V_1 V_2$
  ㉡ 변압기 이용률 $= \dfrac{\sqrt{3}\, P}{2P} = 86.6$

② 메이어 결선(Meyer connection)

③ 우드브리지 결선(Wood bridge connection)

(7) 변압기 절연내력시험

유도시험, 가압시험, 충격전압시험

(8) 변압기 절연유의 구비 조건

① 절연내력이 커야 한다.
② 점도가 낮아 유동성이 좋아야 한다.
③ 인화점이 높아야 한다.
④ 응고점이 낮아야 한다.
⑤ 화학적으로 안정성이 높아야 한다.
⑥ 인체에 무해하고 독성이 없어야 한다.

(9) 변압기 및 동기발전기 병렬운전 조건

변압기	동기발전기
① 각 변압기의 극성이 같을 것	① 기전력의 크기가 같을 것
② 각 변압기의 권수비 및 1, 2차의 정격전압이 같을 것	② 기전력의 위상이 같을 것
③ 각 변압기의 %임피던스 강하가 같으며, 저항과 리액턴스비가 같을 것	③ 기전력의 주파수가 같을 것
④ 온도 상승 한도가 가능한 한 같을 것	④ 기전력의 파형이 같을 것
⑤ 기준 충격 절연 강도가 같을 것	⑤ 상회전 방향이 같을 것
⑥ 3상식에서는 위 조건에 상회전방향 및 위상 변위가 같을 것	

5. 정류기

(1) 회전변류기

교류 형태를 직류 형태로 변환시키는 회전기기

(2) 회전변류기 난조의 원인 및 방지법

난조 원인	방지법
① 브러시의 위치가 중성점보다 늦은 위치	① 제동권선 설치
② 부하의 급변	② 전기자 저항에 비해 리액턴스를 크게 한다.
③ 주파수가 주기적으로 변동할 때	
④ 저항이 리액턴스에 비해 클 때	

(3) 반도체 정류기(다이오드와 SCR 비교)

구 분	반파정류	전파정류
다이오드	$E_d = \dfrac{\sqrt{2}\,V}{\pi} = 0.45[V]$	$E_d = \dfrac{2\sqrt{2}\,V}{\pi} = 0.9[V]$
SCR	$E_d = \dfrac{\sqrt{2}\,V}{2\pi}(1+\cos\alpha)$	$E_d = \dfrac{\sqrt{2}\,V}{\pi}(1+\cos\alpha)$
PIV (최대 역전압)	$PIV = \sqrt{2}\,E = \pi E_d$	$PIV = 2\sqrt{2}\,E = \pi E_d$

(4) 맥동률

정류된 직류값 속에 교류성분이 포함된 정도

① 맥동률 $= \sqrt{\dfrac{실효값^2 - 평균값^2}{평균값^2}} \times 100[\%] = \dfrac{교류분}{직류분} \times 100[\%]$

② 파형의 맥동률 크기

단상반파(120%) > 단상전파(48%) > 3상반파(17%) > 3상전파(4%)

(5) 수은정류기 이상 현상

① 역호 : 정류기의 밸브 기능이 상실되는 현상
② 통호 : 아크가 방전되는 현상

③ 실호 : 양극의 점호가 실패하는 현상
④ 점호 : 음극과 양극 사이에 불꽃이 생기고 관내에 빛나는 수은 아크가 생기는 것
⑤ 이상전압 : 리액턴스 전압이 유도되어 절연이 파괴되는 현상

역호 발생 원인	역호 방지대책
① 내부 잔존 가스 압력의 상승 ② 화성 불충분 ③ 양극의 수은 방울 부착 ④ 양극 표면의 불순물 부착 ⑤ 양극 재료의 불량 ⑥ 전압, 전류의 과대 ⑦ 증기 밀도의 과대	① 진공도를 높게 한다. ② 과열, 과냉을 피한다. ③ 과부하를 피한다. ④ 양극재료의 선택에 주의한다.

(6) 교류 정류 자기

① 단상 직권 교류 정류자 전동기
　㉠ 직류 교류 양용 만능전동기 → 가정용 미싱, 소형 공구, 영상기, 믹서기
　㉡ 직권형, 보상 직권형, 유도 보상 직권형
　㉢ 보상권선을 설치하면 역률을 좋게 할 수 있다.

② 단상 반발전동기
　㉠ 직권형의 교류 정류자 전동기
　㉡ 아트킨손형, 톰슨형, 데리형, 윈터 아이히베르그 전동기

③ 3상 직권 정류자 전동기 : 중간변압기 사용 → 실효 권수비의 조정

④ 3상 분권 정류자 전동기 : 시라게 전동기 → 브러시 이동만으로 속도제어와 역률 개선

Ⅳ 전기측정

1. 지시계기

측정하려는 여러 가지 전기량(전압, 전류, 전력, 역률, 주파수 등)을 지침으로 직접 눈금판에 지시하는 계기

2. 지시계기의 3요소

① 구동장치 : 가동력을 발생하는 장치
② 제어장치 : 제어력을 발생하는 장치
③ 제동장치 : 지침이 진동되지 않도록 신속하게 정지시키는 장치

3. 계기의 정확도에 의한 분류

계 급	허용오차(%)	용 도
0.2급	±0.2	초정밀급(계기시험의 부표준기)
0.5급	±0.5	정밀 측정용(휴대용)
1.0급	±1.0	보통 측정용(휴대용)
1.5급	±1.5	공업용의 정밀 측정용
2.5급	±2.5	정확도에 관계없는 측정에 사용(소형 배전반용)

4. 계측

① 계측기 선정 시 고려사항
 측정대상 및 범위, 정확성, 안정도, 내구성, 신뢰성, 신속성(측정 능률), 경제성, 주위환경 등
② 오차 : 측정값(M)과 참값(T)이 어느 정도 다른가를 나타낸 것

오차=$M-T$, 오차백분율=$\dfrac{M-T}{T}\times 100$

③ 보정 : 측정값을 참값과 같게 하려면 얼마나 보정해야 하는가를 나타낸 것

보정=$T-M$, 보정백분율=$\dfrac{T-M}{M}\times 100$

5. 측정방식

① 편위법(Deflection Method) : 측정물의 작용에 의하여 계측기의 지침에 변위를 일으켜, 이 변위를 눈금과 비교하여 측정치를 얻는 방법(다이얼 게이지, 전류계, 전압계 등)으로 정밀도가 낮은 것이 보통이며, 조작이 간단하여 널리 사용된다.

② 영위법(Zero Method) : 측정하려고 하는 양과 같은 크기의 기준량과 측정물을 평형시켜 계측기의 값이 영(0)을 나타낼 때 기준량의 크기로부터 측정값을 구하는 방법(마이크로미터, 휘스톤 브리지, 전위차계 등)

③ 치환법(Substitution Method) : 지시량과 미리 알고 있는 양으로부터 측정량을 아는 방법

④ 보상법(Compensation Method) : 측정량과 크기가 거의 같은 알고 있는 양을 준비하여 측정량과의 차이로부터 측정량을 알아내는 방법

6. 전압 및 전류 측정

(1) 전류계 및 전압계 사용법

① 전압계와 전류계로 사용하여 저항에 걸리는 전압과 전류를 측정하고자 할 때에는 전압계는 저항과 병렬로 연결하고, 전류계는 저항과 직렬로 연결해야 한다.
② 계기에 과부하가 걸리면 파손될 우려가 있으므로 과부하가 걸리지 않도록 주의한다.
③ 가능한 한 전류계의 내부저항은 작고, 전압계의 내부저항은 큰 것을 사용해야 한다.
④ 전압계 및 전류계를 접속할 때에는 +, - 극성을 올바르게 접속해야 한다.

(2) 전류 측정

① 전류계 : 전류의 세기를 측정하는 계기로 직렬로 회로에 접속하여 내부저항이 전압

계보다 작다.

② 분류기 : 전류계의 측정범위를 확대하기 위해 전류계와 병렬로 접속하는 저항기

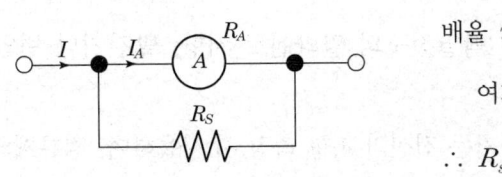

배율 $m = \dfrac{I}{I_A} = 1 + \dfrac{R_A}{R_S}$

여기서, R_A : 전압계 내부저항

$\therefore R_s = \dfrac{R_A}{m-1}$

(3) 전압 측정

① 전압계 : 전압을 측정하는 계기로 병렬로 회로에 접속하여 가동코일형 직류측정에 사용

② 배율기 : 전압계의 측정범위를 확대하기 위해 전압계에 직렬로 접속하는 저항기

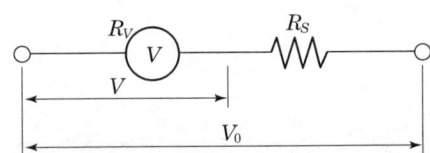

배율 $m = \dfrac{V_0}{V} = 1 + \dfrac{R_S}{R_V}$

여기서, R_V : 전압계 내부저항

$\therefore R_S = (m-1)R_V$

7. 전기저항의 분류

저항의 분류	측정 범위
저저항	1Ω 이하
중저항	1Ω~1MΩ
고저항	1MΩ 이상
특수저항	

(1) 저저항 측정 : 1Ω 이하

① 전압 강하법(전압 전류계법)

② 전위차계법 : 0.1Ω 이하의 저저항 측정

③ 캘빈 더블 브리지법 : 접촉저항이나 도선 저항의 영향이 매우 작아 $10^{-5}Ω$~1Ω 정

도의 저저항 정밀측정에 사용

(2) 중저항 측정 : 1Ω~1MΩ

① 전압 강하법(전압 전류계법) : 백열전구의 필라멘트 저항, 발전기나 변압기 권선저항 측정 시
② 휘트스톤 브리지법 : 수천 Ω의 가는 전선의 저항 측정 시 사용하며, 검류계의 G가 평형이 되어 전류가 흐르지 않을 때 미지의 저항을 측정($1Ω \sim 10^6 Ω$의 중저항 측정)

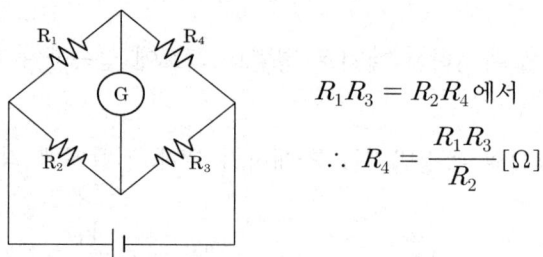

$R_1 R_3 = R_2 R_4$ 에서

$$\therefore R_4 = \frac{R_1 R_3}{R_2} [Ω]$$

③ 저항계(Ohm meter)
④ 회로시험기(Circuit tester) : 저항, 직류 전압, 교류 전압, 직류 전류 등을 측정

(3) 고저항 측정 : 1MΩ 이상

① 직편법
② 전압계법
③ 절연 저항계(메거) : $10^5 Ω$ 이상의 고저항 측정, 옥내 전등선이나 변압기 등의 절연 저항, 절연재료의 고유저항 등 측정에 사용

(4) 특수 저항 측정

① 검류계의 내부 저항 측정 : 휘트스톤 브리지법
② 전지의 내부 저항 측정 : 전압계법, 전류계법, 콜라우시 브리지법, 맨스법
③ 전해액의 저항 측정 : 콜라우시 브리지법, 슈트라우스와 헨더슨 법
④ 접지 저항의 측정 : 접지 저항계, 콜라우시 브리지법, 비헤르트법

측정기구

① 메거(megger) : 절연저항 측정
② 어스 테스터(earth resistance tester) : 접지저항 측정
③ 콜라우슈 브리지(Kohlrausch bridge) : 전지의 내부저항 측정
④ 휘트스톤 브리지(Wheatstone bridge) : 미지의 저항($1\sim10^6\,\Omega$)을 측정하는 측정기
⑤ 훅온 미터(Hook on meter) : 전선의 전류를 측정하는 계기

8. 단상 교류전력의 측정

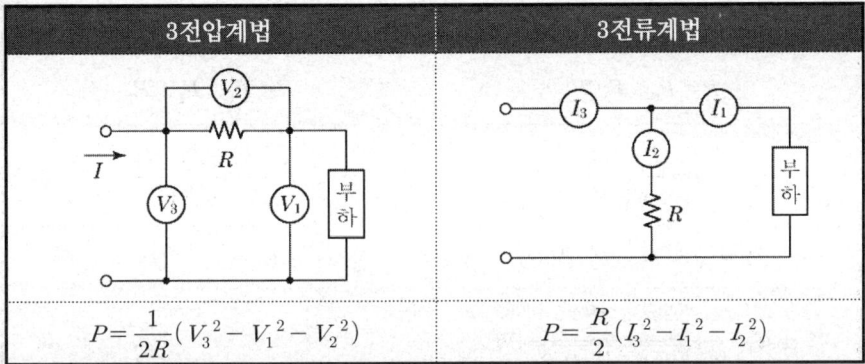

3전압계법	3전류계법
$P=\dfrac{1}{2R}(V_3^2-V_1^2-V_2^2)$	$P=\dfrac{R}{2}(I_3^2-I_1^2-I_2^2)$
전압계가 앞에	전류계가 앞에
$P=VI-\dfrac{V^2}{R_L}\,[\text{W}]$	$P=VI-I^2R_L\,[\text{W}]$

9. 3상 교류전력의 측정

2전력계법	3전력계법

$P = P_1 + P_2$ [W]	$P = P_1 + P_2 + P_3$
$I = \dfrac{P_1 + P_2}{\sqrt{3}\,V}$	$I = \dfrac{P_1 + P_2 + P_3}{\sqrt{3}\,V}$
$P_r = \sqrt{3}\,(P_1 - P_2)$ [Var]	
$\cos\theta = \dfrac{P_1 + P_2}{2\sqrt{P_1^2 + P_2^2 - P_1 P_2}}$ [W]	

V. 자동제어

1. 제어계의 종류

(1) 개루프 제어계(Open loop system)

① 제어동작이 출력과 관계없이 순차적으로 진행되는 제어계
② 구조가 간단하고 경제적

4. 공조냉동 설치·운영(전기제어)

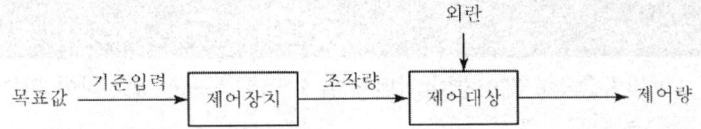

(2) 폐루프 제어계(Close loop system)-피드백 제어계

제어계의 출력값이 목표값과 비교하여 일치하지 않을 경우에는 다시 출력값을 입력으로 피드백시켜 오차를 수정하도록 귀환회로를 갖는 폐회로 제어계

① 피드백 제어의 특징
  ㉠ 입력과 출력을 비교하는 장치가 있어야 한다.
  ㉡ 정확성이 증가한다.
  ㉢ 계의 특성 변화에 대한 입력 대 출력비의 감도가 감소한다.
  ㉣ 감대폭(대역폭)이 증가한다.
  ㉤ 발진을 일으키고 불안정한 상태로 되어 가는 경향이 있다.
  ㉥ 구조가 복잡하고 설치비가 비싸다.

② 피드백 제어의 기본적 구성

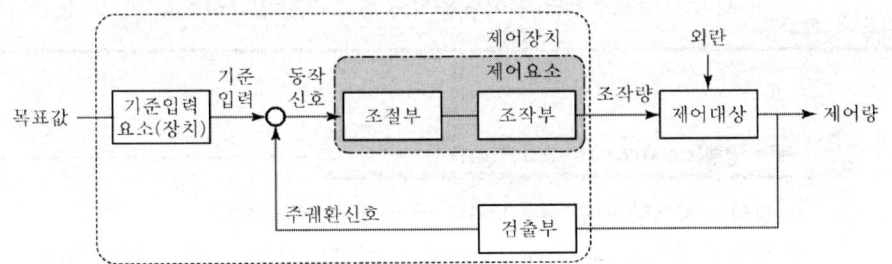

용어	설 명
목표값	입력값으로 제어량이 어떤 값을 갖도록 목표를 설정하여 외부에서 주어지는 신호
기준입력요소 (설정부)	목표값에 비례하는 기준입력신호를 발생시키는 장치
동작 신호	기준입력신호와 주궤환 신호의 편차 신호(제어 동작을 일으키는 신호)
제어 요소	조절부와 조작부로 구성, 동작 신호를 조작량으로 변환시키는 요소
조절부	동작 신호를 만드는 부분으로 제어요소가 동작하는 데 필요한 신호를 만들어 조작부에 보내는 장치
조작부	조절부에서 받은 신호를 조작량으로 변환하여 제어 대상에 보내주는 부분
조작량	제어 요소가 제어 대상에 가하는 제어 신호로서 제어 요소의 출력신호
제어 대상	제어하고자 하는 대상(기계, 프로세스, 시스템의 전체 또는 일부)
외란	외부에서 가해지는 신호로서 제어량의 값을 변화시키는 요소
제어량	제어 대상에서 제어된 출력량
제어 편차	목표치와 제어량과의 차
검출부 (피드백 요소)	제어 대상으로부터 제어량을 검출하고 기준입력신호와 비교하는 부분

제어 명령(control instruction)

※ 정의 : 제어량을 원하는 상태로 하기 위한 입력 신호
① 정성적 제어(qualitative control) : 스위치 개폐에 의한 상태의 제어
② 정량적 제어(quantitative control) : 크기 및 양에 대한 제어

(3) 라플라스 변환

구 분	$f(t)$	$F(s)$
임펄스 함수	$\delta(t)$	1
단위 계단 함수	$u(t),\ 1$	$\dfrac{1}{s}$
단위 램프 함수	t	$\dfrac{1}{s^2}$
n차 램프 함수	t^n	$\dfrac{n!}{s^{n+1}}$
정현파 함수	$\sin\omega t$	$\dfrac{\omega}{s^2+\omega^2}$
	$\cos\omega t$	$\dfrac{s}{s^2+\omega^2}$
지수감쇠 함수	e^{-at}	$\dfrac{1}{s+a}$
지수감쇠 램프 함수	$t^n e^{\pm at}$	$\dfrac{n!}{(S \mp a)^{n+1}}$
정현파 램프 함수	$t\sin\omega t$	$\dfrac{2\omega s}{(s^2+\omega^2)^2}$
	$t\cos\omega t$	$\dfrac{s^2-\omega^2}{(s^2+\omega^2)^2}$
지수감쇠 정현파 함수	$e^{-at}\sin\omega t$	$\dfrac{\omega}{(s+a)^2+\omega^2}$
	$e^{-at}\cos\omega t$	$\dfrac{s+a}{(s+a)^2+\omega^2}$
쌍곡선 함수	$\sinh\omega t$	$\dfrac{\omega}{s^2-\omega^2}$
	$\cosh\omega t$	$\dfrac{s}{s^2-\omega^2}$

(4) 전달함수

모든 초기 조건을 0으로 했을 경우 입력에 대한 출력의 비 $G(s) = \dfrac{Y(s)}{X(s)}$

① 각종 요소의 전달함수

요소의 종류	전달 함수	비고
비례요소	$G(s) = \dfrac{Y(s)}{X(s)} = K$	K : 비례감도 또는 이득정수
적분요소	$G(s) = \dfrac{Y(s)}{X(s)} = \dfrac{1}{s}$	
미분요소	$G(s) = \dfrac{Y(s)}{X(s)} = s$	
비례미분요소	$G(s) = \dfrac{Y(s)}{X(s)} = 1 + Ts$	T : 시정수
1차 지연요소	$G(s) = \dfrac{Y(s)}{X(s)} = \dfrac{1}{1 + Ts}$	

2차 지연요소	① 전달함수 $G(s) = \dfrac{Y(s)}{X(s)} = \dfrac{1}{1 + 2\zeta Ts + T^2 s^2} = \dfrac{\omega_n^2}{s^2 + 2\zeta\omega_n s + \omega_n^2}$
	(여기서, 제동비 $\omega_n = \dfrac{1}{T}$)
	② 특성 방정식 : $s^2 + 2\zeta\omega_n s + \omega_n^2 = 0$
	여기서, ζ : 제동비(감쇠비), ω_n : 고유주파수
	③ 제동비(감쇠비) : 과도응답이 소멸되는 정도
	(감쇠비 = $\dfrac{\text{제2 오버슈트}}{\text{최대 오버슈트}}$)
	④ 제동비(감쇠비)의 종류 및 조건
	  ㉠ $\zeta > 1$: 과제동 ㉡ $\zeta < 1$: 부족(감쇠) 제동
	  ㉢ $\zeta = 1$: 임계제동 ㉣ $\zeta = 0$: 무제동
	  ㉤ $\zeta < 0$: 부제동	

② 블록선도 : 자동제어계 내에서 신호가 전달되는 모양을 나타내는 선도

명칭	심벌	내용
전달 요소	G	입력 신호를 받아서 적당히 변환된 출력신호를 만드는 부분으로 네모 속에는 전달함수를 기입한다.
화살표	$A(s) \to G \to B(s)$	신호의 흐르는 방향을 표시하며, $A(s)$는 입력, $B(s)$는 출력이므로 $B(s) = G(s) \cdot A(s)$로 나타낼 수 있다.
가합점 (합산점)	$A \to \oplus \to B$, C	두 가지 이상의 신호가 있을 때 이들 신호의 합과 차를 만드는 부분으로 $B = A \pm C$가 된다.
인출점 (분기점)	$A \to \bullet \to B$, C	한 개의 신호를 두 계통으로 분기하기 위한 점으로 $A = B = C$가 된다.

블록선도	신호흐름선도
(R(s) → ⊕ → G → C(s), H 피드백)	(R(s) —I→ —G→ —I→ C(s), −H)

① 전달함수 : $G(s) = \dfrac{C(s)}{R(s)} = \dfrac{G(s)}{1 + G(s)H(s)}$
② 특성 방정식 : $1 + G(s)H(s) = 0$

③ 신호흐름선도 : 선형대수방정식의 변수 사이의 입출력 관계를 도식적으로 나타내는 방법으로 블록선도의 단순화된 표현
  ㉠ : 신호의 변수   ㉡ 가지 : 전달특성(방향)

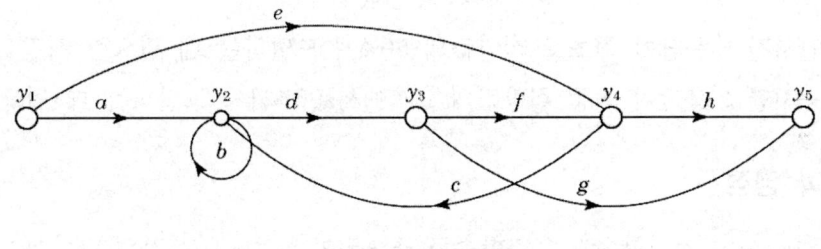

[신호흐름선도]

④ 신호흐름선도의 등가변환

번호	항목	블록선도	신호흐름선도
1	신호	$a \longrightarrow$	$\overset{a}{\bigcirc}$
2	전달요소 $b = G \cdot a$	$a \longrightarrow \boxed{G} \longrightarrow b$	$a \bigcirc \overset{G}{\longrightarrow} \bigcirc b$
3	가합점 $c = a \pm b$	$a \longrightarrow \oplus \longrightarrow c$ ↑ b	$a \bigcirc \overset{1}{\longrightarrow} \bigcirc c$ $b \bigcirc \overset{\pm 1}{\nearrow}$
4	인출점 $a = b = c$	$a \longrightarrow \bullet \longrightarrow b$ ↓ c	$a \bigcirc \overset{1}{\longrightarrow} \bigcirc b$ $\overset{1}{\searrow} \bigcirc c$
5	종속접속 $c = G_1 \cdot G_2 \cdot a$	$a \longrightarrow \boxed{G_1} \overset{b}{\longrightarrow} \boxed{G_2} \longrightarrow c$	$a \bigcirc \overset{G_1}{\longrightarrow} \overset{b}{\bigcirc} \overset{G_2}{\longrightarrow} \bigcirc c$
6	병렬접속 $d = (G_1 \pm G_2)a$		$a \bigcirc \overset{1}{\longrightarrow} \overset{b}{\bigcirc} \overset{G_1}{\longrightarrow} \overset{c}{\bigcirc} \overset{1}{\longrightarrow} \bigcirc d$ $\overset{\pm G_2}{\searrow}$
7	피드백 접속 $d = \dfrac{G}{1 \pm GH} \cdot a$		$a \bigcirc \overset{1}{\longrightarrow} \overset{b}{\bigcirc} \overset{G}{\longrightarrow} \overset{c}{\bigcirc} \overset{1}{\longrightarrow} \bigcirc d$ $\overset{\pm H}{\longleftarrow}$

(5) 피드백 제어의 시간응답 특성

① 오버슈트(over shoot)
  ㉠ 응답 중에 발생하는 입력과 출력 사이의 최대 편차량으로 안정성의 척도를 판단하는 양
  ㉡ 백분율 최대 오버슈트 = $\dfrac{\text{최대 오버슈트}}{\text{최종 희망값}} \times 100\%$

② 지연시간 : 응답이 최초로 희망값의 50%에 도달하는 데 필요한 시간

③ 상승시간 : 응답이 최종 희망값의 10%에서 90%까지 도달하는 데 필요한 시간

(6) 극점과 영점

① 영점(zero) : 전달함수가 유리함수로 표현되어 있을 때, 분자의 다항식이 0이 되는 s의 집합으로 회로의 단락상태를 말한다.

② 극점(pole) : 전달함수가 유리함수로 표현되어 있을 때, 분모의 다항식이 0이 되는 s의 집합으로 회로의 개방상태를 말한다.
③ 전달함수의 극점과 영점을 통해 시스템의 안정성을 판단할 수 있다.
④ 기출문제

$G(s) = \dfrac{s+2}{(s+5)(s+1)}$ 의 극점과 영점은?

답 : 극점 $s=-5, -1$, 영점 $s=-2$

2. 제어 시스템의 분류

(1) 목표값에 의한 분류

종류		목표값	제어 예
정치제어		목표값이 시간에 관계없이 일정	연속 압연기의 압연 두께, 항온조의 온도
추치제어	추종제어	목표값의 임의 시간적 변화	미사일 추적장치, 대공포 포신제어
	프로그램 제어	목표값의 미리 정해진 시간적 변화	엘리베이터 자동제어, 자판기
	비율 제어	입력이 변화해도 그것과 항상 일정한 비례관계 유지	재료의 일정혼합, 비율유지

(2) 제어량에 의한 분류

종류	특 징	제어량의 종류
프로세스 제어 (공정제어)	플랜트나 생산공정 중의 상태량 제어(외란 억제가 주목적)	온도, 유량, 압력, 액위, 농도, 밀도
서보기구 (추종제어)	기계의 변위를 제어량으로 해서 목표값의 변화에 추종하는 제어	위치, 방위, 자세, 거리, 각도
자동 조정 (정치제어)	전기적, 기계적 양을 제어하는 것으로 응답 속도가 매우 빠르다.	전압, 전류, 주파수, 회전속도, 힘

> **서보전동기**
>
> 위치, 자세, 각도 등을 제어량으로 하기 위한 전동기
> ※ 서보전동기의 특징
> ① 원칙적으로 정역이 가능하여야 한다.
> ② 저속이며 거침없는 운전이 가능하여야 한다.
> ③ 기계적 응답이 우수하여 속응성이 좋아야 한다.
> ④ 급감속, 급가속이 용이한 것이어야 한다.
> ⑤ 시정수가 작아야 하며, 기동 토크가 커야 한다.

(3) 동작에 의한 분류

종류		동작	특징
연속제어	비례제어	P 동작	구조가 간단. 잔류편차(off set) 발생
	비례적분제어	PI 동작	잔류편차가 없지만 속응성이 길다.
	비례미분제어	PD 동작	속응성 향상, 과도특성 개선
	비례적분미분제어	PID 동작	잔류편차 제거, 속응성 향상, 가장 안정한 제어
불연속 제어 (간헐현상발생)	ON-OFF제어	ON-OFF동작	불연속제어
	샘플링 제어	샘플링 주기	PID 제어보다 시간 낭비 감소

> **조절부 동작 수식 표현**
>
> | 구분 | 비례제어 | 비례적분제어 | 비례미분제어 | 비례적분미분제어 |
> |---|---|---|---|---|
> | 조절부 동작 | $G(s) = K$ | $G(s) = K_p(1 + \dfrac{1}{T_i s})$ | $G(s) = K_p(1 + T_d s)$ | $G(s) = K_p(1 + T_d s + \dfrac{1}{T_i s})$ |
>
> 여기서, K_p : 비례감도, T_i : 적분시간, T_d : 미분시간

(4) 구동장치에 의한 분류

① 자력 제어(direct control) : 조작부를 조작하는 데 외부의 동력을 필요로 하지 않고 제어신호 자체를 이용하는 제어로 구조가 간단하고 동작이 확실하며 저가이다.

② 타력 제어(indirect control) : 조작부를 움직이는 데 외부의 동력을 필요로 하는 제어로 자력 제어에 비해 구조가 복잡하고 고가이지만, 정보처리, 조작 속도면에서 자력 제어보다 우수하다.

3. 시퀀스 제어(Sequence control)

미리 정해진 순서에 따라 제어의 각 단계를 순차적으로 제어하는 방식

(1) 시퀀스 제어의 종류

① 명령처리에 따른 분류

제어의 종류	설 명
시한제어	• 제어의 순서와 제어 시간이 기억되어 정해진 제어순서를 정해진 시간에 행하는 제어 • 가정용 세탁기, 교통 신호기, 네온사인의 점등과 소등제어용
순서제어	• 제어의 순서만이 기억되고 시간은 검출기에 의해 이루어지는 제어 • 컨베이어 장치, 공작기계, 자동 조립 기계제어용
조건제어	• 검출 결과에 따라 제어 명령이 결정되는 제어 • 불량품 처리 제어, 엘리베이터 제어용

② 제어장치에 따른 분류

㉠ 유접점 제어 : 릴레이 또는 전자계전기 등의 소자를 사용한 제어방식

㉡ 무접점 제어 : 트랜지스터, 다이오드 등의 반도체 소자를 사용하여 제어하는 방식

㉢ PLC(Program Logic Controller) : 논리연산이 주된 기능이며 또한 수치연산기능, 데이터 처리기능, 프로그램 제어기능을 조합

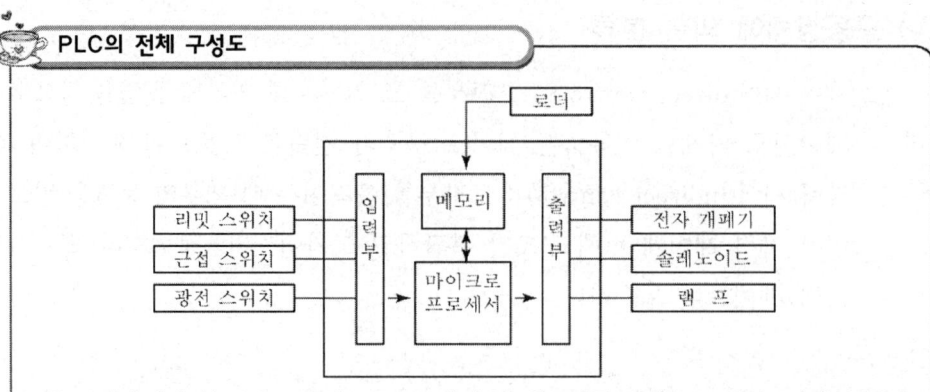

① 중앙처리장치(CPU) : 마이크로프로세서 및 메모리를 중심으로 구성, 인간의 두뇌 역할을 하는 부분으로 메모리에 저장되어 있는 프로그램을 해독하여 처리 내용을 실행한다.
② 입·출력부 : 외부 기기와 신호를 연결
③ 전원부 : 각 부에 전원을 공급
④ 주변장치 : PLC 내의 메모리에 프로그램을 기록하는 장치(PC, 핸디로더)

4. 시퀀스 제어 요소

제어 요소	설 명
입력기구	검출 스위치 및 센서
출력기구	전자 개폐기(MC), 전자밸브(SV), 솔레노이드 표시 램프, 경보기구
보조기구	제어기구를 구성하는 보조 릴레이, 논리 소자, 타이머 소자, 입출력 소자, PLC 장치 등

(1) 수동 스위치

수동 동작에 의해 제어장치로 신호를 넣어주는 기구
  ① 복귀형 수동 스위치 : 사람의 손으로 누르는 동안에만 회로를 유지하고, 놓으면 즉시 원상태로 되돌아오는 스위치(예 : 푸시 버튼 스위치, 키보드)
  ② 유지형 수동 스위치 : 일단 수동 조작하면 다시 복귀시킬 때까지 그대로 상태를 유지하는 스위치(예 : 양쪽 버튼 스위치, 나이프 스위치, 텀블러 스위치)

(2) 시퀀스 제어의 접점 종류

① a접점(arbeit contact) : 항상 열려 있는 접점
② b접점(break contact) : 항상 닫혀 있는 접점
③ c접점(change-over contact) : a, b접점 모두 공유한 전환 접점

a접점	b접점	c접점

5. 검출 스위치

제어 대상의 상태나 변화를 검출하기 위한 것으로 위치, 압력, 온도, 액면, 전압 등의 제어량 검출에 이용

(1) 리미트 스위치(Limit Switch)

캠(Cam) 또는 도그(Dog)라고 하는 물체의 뾰족한 부분을 이용하여 정해진 위치를 검출하는 스위치

(2) 플로트 스위치(Limit Switch)

액체의 부력으로 플로트를 이용하여 액면을 확인하는 스위치

6. 릴레이(전자계전기, Electro Magnetic Relay)

(1) 원리

전자력에 의해 접점이 개폐되는 원리를 이용한 것으로 전원에 의해 전류가 코일에 흐르면 코일이 여자되어 a는 닫히고, b는 열린다.

(2) 8핀 릴레이

코일 접점과 a접점 2개, b접점 2개로 구성

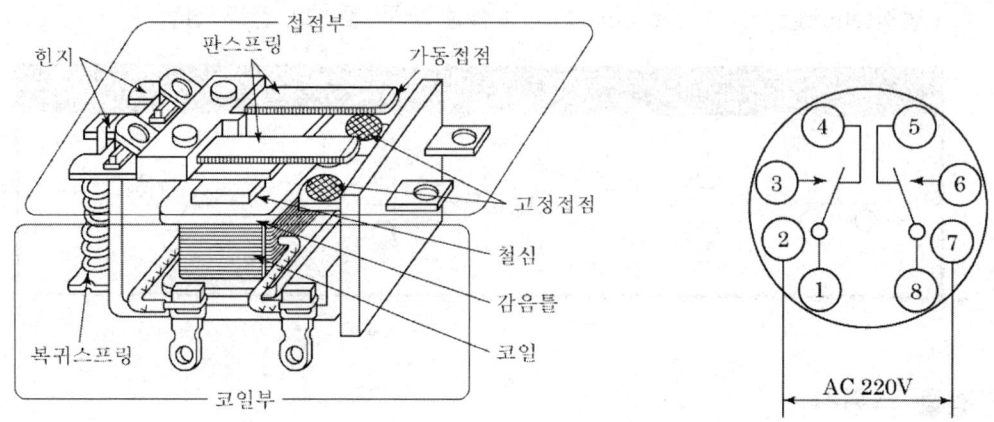

① 2-7:코일접점 ② 1-3:a접점 ③ 1-4:b접점 ④ 8-6:a접점 ⑤ 8-5:b접점

[전자계전기의 구조]   [릴레이 내부 결선도]

7. 타이머(Time Lag Relay)

(1) 타이머

입력신호를 받아 설정 시간만큼 지난 뒤 출력신호를 나타내는 계전기

(2) 동작방법에 의한 분류

① 한시동작 순시복귀 접점 : 동작의 지연기능
② 순시동작 한시복귀 접점 : 복귀의 지연기능

4. 공조냉동 설치·운영(전기제어)

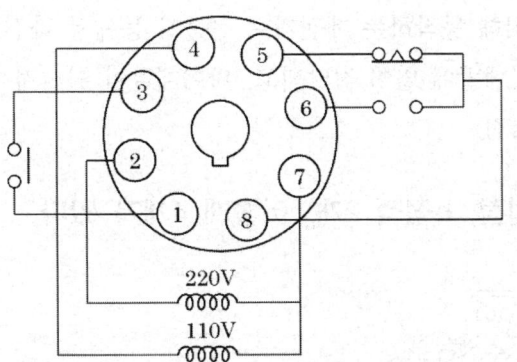

입력신호(코일)		접점심벌
출력신호	한시동작 순시복귀	a접점
		b접점
	순시동작 한시복귀	a접점
		b접점

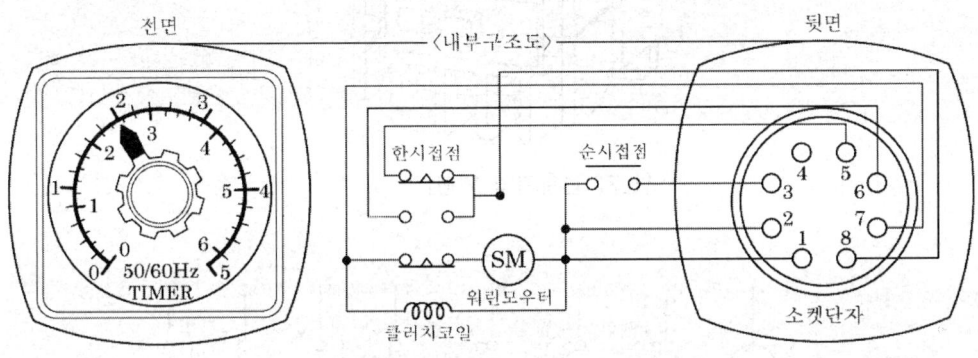

[모터식 타이머의 내부 접속도]

8. 전자 개폐기(Magnetic Switch)

(1) 전자 개폐기

전자력에 의해 접점이 개폐되는 전자접촉기(Magnet Contact)와 과전류에 의해 동작하는 과부하계전기(Overload Relay)로 구성된 개폐기로서 전동기 제어 등의 전력제어 기구로 많이 사용한다.

① 전자접촉기

고정철심에 감겨 있는 코일에 전원이 가해지면 전자력이 발생하여 가동철심을 흡인한다. 이때 접점은 닫히고, 전원이 차단되면 접점은 스프링에 의해 원위치로 복귀한다.

② 열동형 과부하계전기

전류의 흐름에 따른 열발생 효과에 의해 동작하는 계전기로 전동기 등에서 과전류가 흐르면 내부 히터가 가열되어 바이메탈에 열이 전달되고, 바이메탈이 휘어져 변형되면 접점이 열린다.(수동복귀 b접점)

(2) 전원, 주접점 3개, 보조접점(각 a접점, b접점 2개) 이렇게 4개가 있다.

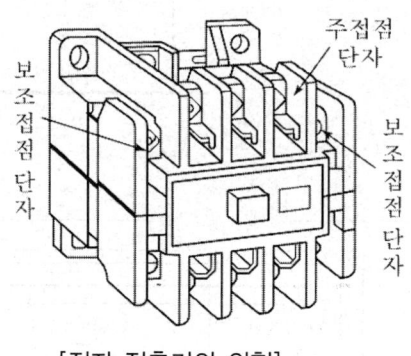

[전자 접촉기의 외형]

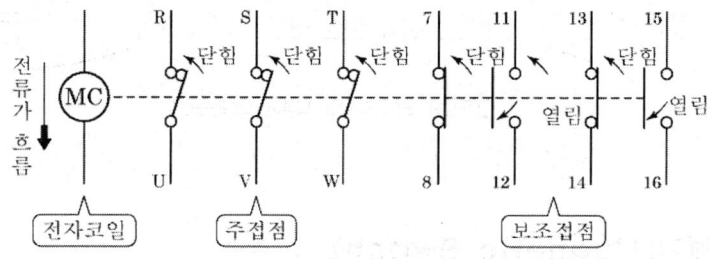

[전자 접촉기의 동작 시 기호]

9. 기본 논리회로

① AND회로

두 개의 접점 A, B가 모두 입력이 1일 때만 출력이 1이 되는 회로

4. 공조냉동 설치·운영(전기제어)

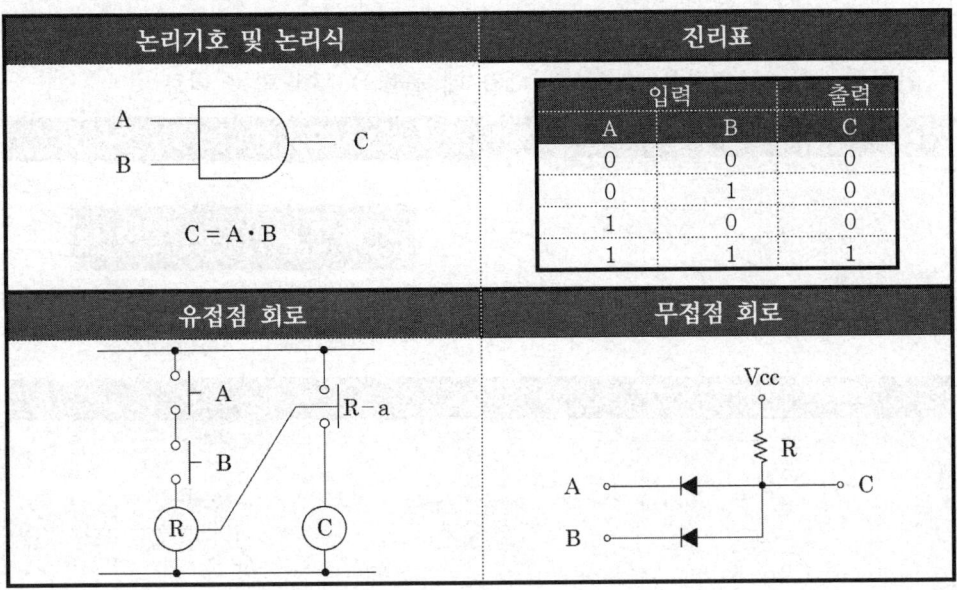

② OR회로

입력 A 또는 B의 어느 한쪽이든가, 양자가 1일 때 출력이 1이 되는 회로

논리기호 및 논리식		진리표		
		입력		출력
		A	B	C
$C = A + B$		0	0	0
		0	1	1
		1	0	1
		1	1	1
유접점 회로		무접점 회로		

③ NOT회로

입력이 0일 때 출력은 1, 입력이 1일 때 출력은 0이 되는 회로

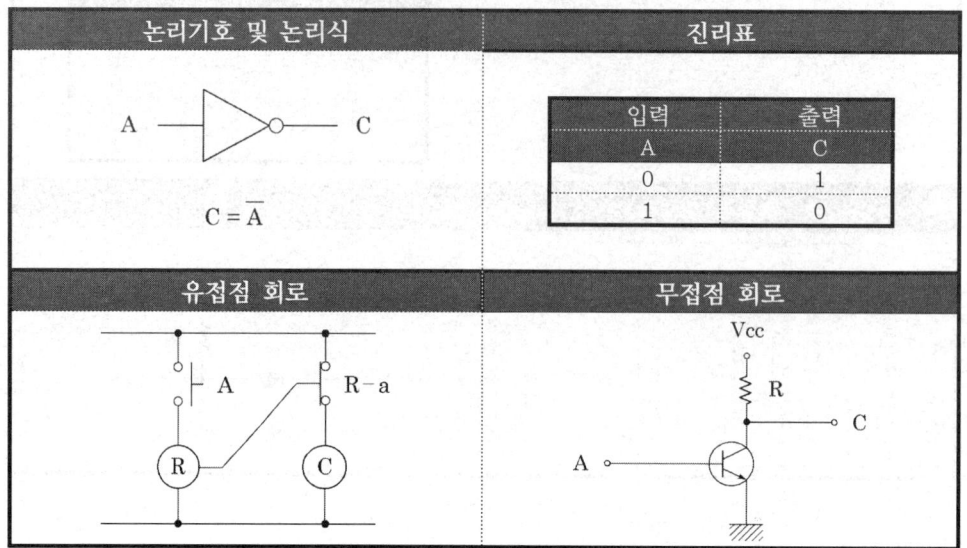

④ NAND회로

AND회로 결과에 NOT회로를 접속한 회로

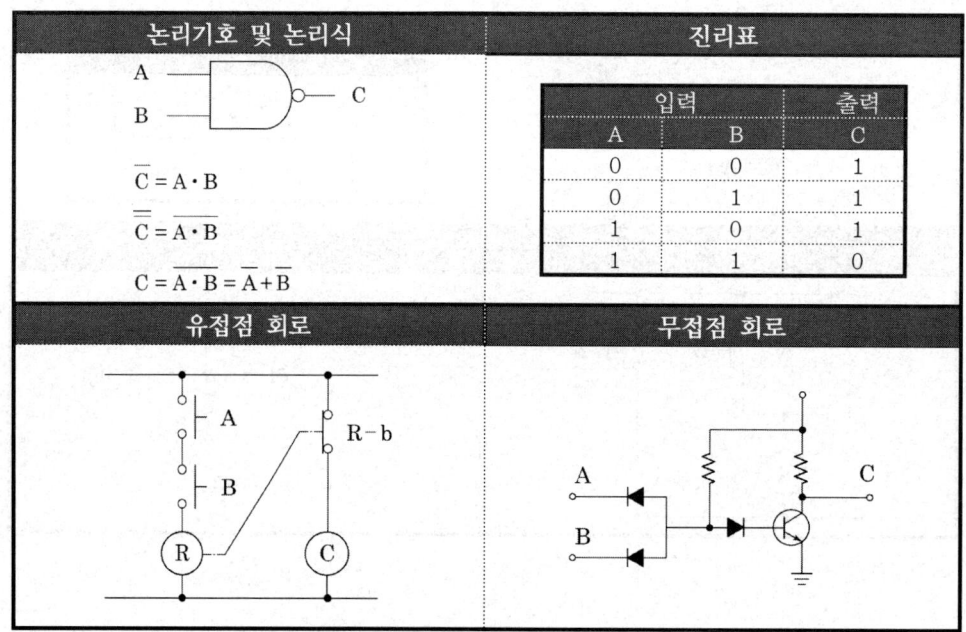

⑤ NOR회로

OR회로 결과에 NOT회로를 접속한 회로

논리기호 및 논리식	진리표		
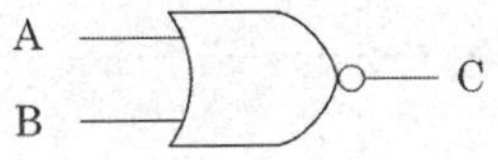 A, B → C $\overline{C} = A+B$ $\overline{\overline{C}} = \overline{A+B}$ $C = \overline{A+B} = \overline{A} \cdot \overline{B}$	입력		출력
^	A	B	C
^	0	0	1
^	0	1	0
^	1	0	0
^	1	1	0

유접점 회로	무접점 회로

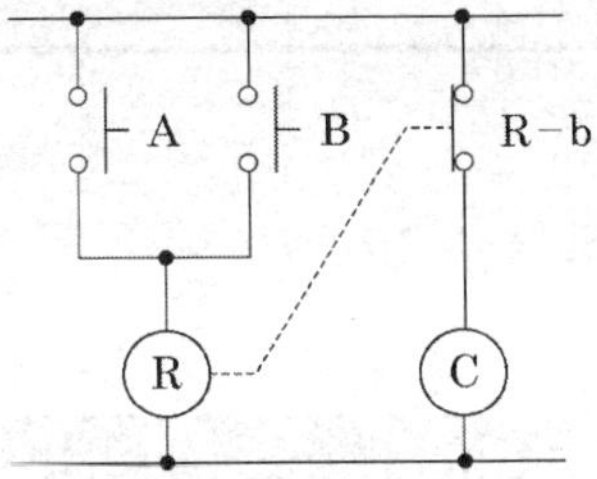

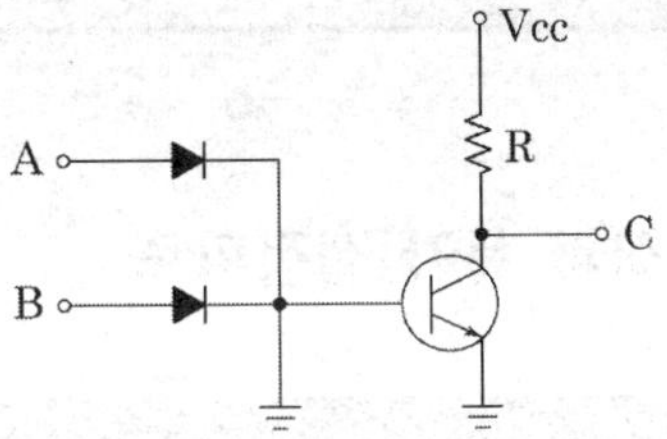

시퀀스 회로

① 자기유지회로 : 전자 릴레이에 시동신호를 주어 동작시키면 시동신호를 제거해도 동작을 계속함과 동시에 정지신호를 주면 전자 릴레이가 복귀하는 회로
② 플리커회로 : 입력신호를 단속신호로 변환하여 기기의 고장 등을 운전자에게 알려주는 회로로서 경보용 부저 등에 적용
③ 인터록회로 : 2대 이상의 기기를 운전하는 경우 기기의 보호를 위해 운전순서를 결정하거나 동시기동을 피할 경우에 사용하는 기기의 동작을 금지하는 회로로서 브라인의 동결방지용으로 냉동기 압축기와 브라인 쿨러의 냉수펌프를 제어하는 회로에 적용

10. 논리 공식

항등법칙	A+0=A, A+1=1, A·1=A, A·0=0
동일법칙	A·A=A, A+A=A
부정법칙	A·$\overline{A}$=0, A+$\overline{A}$=1, $\overline{\overline{A}}$=A
교환법칙	A·B=B·A, A+B=B+A
결합법칙	A·(B·C)=(A·B)·C, A+(B+C)=(A+B)+C
분배법칙	A·(B+C)=A·B+A·C, A+(B·C)=(A+B)·(A+C)
흡수법칙	A·(A+B)=A, A+(A·B)=A
드모르간의 법칙	$\overline{AB}=\overline{A}+\overline{B}$, $\overline{A+B}=\overline{A}\cdot\overline{B}$

11. 논리식과 등가 접점회로

논리식	등가접점회로
A·A=A (누승법칙)	
A·$\overline{A}$=0 (보원법칙)	
A·1=A	
A·0=0	
A+A=A (누승법칙)	
A+$\overline{A}$=1 (보원법칙)	
A+1=1	
A+0=A (보원법칙)	

12. 제어기기

(1) 제어계의 요소

기계적 요소	스프링, 다이어프램, 벨로즈, 노즐 플래퍼, 파이프, 드로틀, 대시포트, 파일럿 밸브, 피스톤, 분사관
전기적 요소	회전증폭기, 자기증폭기, 차동변압기, 싱크로, 직류 서보전동기, 교류 서보전동기, 셀신(동기발전기의 일종)

(2) 증폭기기

① 기계계
  ㉠ 공기식
    ⓐ 노즐 플래퍼(nozzle flapper) : 노즐과 조합하여 압력조정에 사용하며 변위를 공기압으로 변환하는 장치
    ⓑ 벨로즈 : 벨로즈의 신축량을 이용하여 압력을 변위로 변환하는 장치
  ㉡ 유압식
    ⓐ 파일럿 밸브 : 외부의 압력에 따라 서보 모터에서 피스톤과 실린더에 공급되는 높은 압력의 기름을 제어하는 밸브로, 비례동작에 의해 제어되며 변위를 유량으로 변환시키는 장치

② 전기계
  ㉠ 진공관 : 진공이나 고체 속의 전자 운동을 이용하여 증폭작용을 한다.
  ㉡ 반도체 증폭 소자(트랜지스터, 사이리스터 등)
  ㉢ 자기증폭기
  ㉣ 회전증폭기(앰플리다인, 로토트롤 등)

(3) 조작기기

구분	전기계	기계계	
		공기식	유압식
적응성	대단히 넓고 특성의 변경이 쉽다.	PID 동작을 만들기 쉽다.	관성이 적고 큰 출력을 얻기가 쉽다.
속응성	늦다.	장거리에서는 어렵다.	빠르다.

구분	전기계	기계계	
		공기식	유압식
전송	장거리의 전송이 가능하고 지연이 적다.	장거리가 되면 지연이 크다.	지연은 적으나 배관에서 장거리 전송은 어렵다.
출력	출력은 작다.	출력은 크지 않다.	인화성이 있다.
조작기기	전자밸브, 전동밸브, 서보 전동기, 펄스 전동기	다이어프램 밸브, 밸브 포지셔너, 파워 실린더	안내밸브, 조작 실린더, 조작 피스톤, 분사관

(4) 검출기기

① 온도 검출

  ㉠ 열팽창식 온도계 : 유리 온도계, 바이메탈 온도계, 압력식 온도계

  ㉡ 전기식 온도계 : 열전대 온도계(제벡효과 이용), 저항 온도계

  ㉢ 방사식 온도계 : 방사 고온계, 광고온계, 광전관 고온계, 색 온도계

② 압력 검출

  ㉠ 액체식 압력계 : U자관식, 단관식, 경사관식, 링 평형식, 침종식

  ㉡ 탄성식 압력계 : 부르동관식, 다이어프램식, 벨로즈식

  ㉢ 전기식 압력계 : 저항선식, 압전기식

③ 유량 검출

구 분	유량계 종류
접촉식	차압식(벤투리형, 오리피스형, 노즐형)
	면적식(플로트형, 피스톤형)
	용적식
비접촉식	초음파식, 전자식

④ 자동조정용 검출기 : 전압 검출기, 속도 검출기

속도 검출기	① 회전속도를 위치나 전압 또는 주파수 등으로 변환시키는 검출기 ② 종류 : 스피더, 회전계 발전기, 속도 검출법
전압 검출기	① 직류 또는 교류 전압을 항상 일정한 값으로 유지시켜주는 검출기 ② 종류 : 전자관, 트랜지스터 증폭기, 자기 증폭기

⑤ 서보 기구용 검출기
　㉠ 물체의 방위나 위치 또는 자세를 기계적인 변위를 제어량으로 하는 검출기
　㉡ 종류 : 전위차계, 차동 변압기, 싱크로, 마이크로신

(5) 변환요소의 종류

변환량	변환요소
압력→변위	벨로즈, 다이어프램, 스프링
변위→압력	노즐플래퍼, 유압 분사관, 스프링
변위→임피던스	가변저항기, 용량형 변환기
변위→전압	포텐셔미터, 차동변압기, 전위차계
전압→변위	전자석, 전자코일
광 →임피던스	광전관, 광전도 셀, 광전 트랜지스터
광→전압	광전지, 광전 다이오드
방사선→임피던스	GM관, 전리함
온도→임피던스	측온 저항(열선, 서미스터, 백금, 니켈)
온도→전압	열전대(열전쌍)

(6) 반도체 소자

심벌(기호)	명칭	기본 특성
─▶├─	정류 다이오드	P형 반도체와 N형 반도체를 접한 구조이다. 한쪽 방향으로만 전류를 통과시키는 기능을 가지고 있다.
─▶├─	제너 다이오드	정전압 소자로 만든 PN 접합 다이오드 전압을 일정하게 유지하기 위한 전압제어소자(정전압 회로에 사용)
A─▶┤─K (G)	실리콘제어정류기 (SCR, 사이리스터)	① 3극 순방향 대전류 스위칭 소자로서 전력의 변환과 제어가 가능한 정류소자 ② 제어 이득이 높고, 고전압, 대전류의 제어가 용이하다. ③ 래칭 전류 : 턴 온(turn-on)할 때 유지전류 이상의 순전류를 필요로 하는 최소의 순전류 ④ 특징 　• 과전압에 약하고, 열의 발생이 적다 　• 고온에 약하고 양극의 전압강하가 적다 　• 정류 기능을 갖는 단일방향성 3단자 소자이다.

심벌(기호)	명 칭	기본 특성
NPN PNP	트랜지스터	① 증폭 소자로 PNP 및 NPN형 트랜지스터가 있다. ② 기본 증폭회로 • 이미터 접지회로 : 전압증폭에 사용 • 컬렉터 접지회로 : 임피던스 변환기에 사용 • 베이스 접지회로 : 고주파 증폭기에 사용
T_1 G T_2	TRIAC	• 쌍방향 전력용 소자로서, 교류전력의 개폐, 제어가 가능하다.
T_1 T_2	DIAC	• 쌍방향 전력 제어 소자 • 트리거(trigger)회로, 과전압 보호회로로 사용
	서미스터 (Thermistor)	• 부성저항 특성을 가진 저항기로서 니켈, 망간, 코발트 등의 산화물을 혼합한 것 • 주로 온도보상용으로 사용
	바리스터 (Varistor)	비직선적인 전압·전류 특성을 갖는 2단자 반도체 소자로 인가전압이 높을 때 저항값은 작아지고 인가전압이 낮을 때 저항값이 크게 되어 회로를 보호한다. 주로 서지전압에 대한 보호용으로 사용한다.

chapter 05 공조냉동 설치·운영(배관일반)

I. 배관재료

1. 관의 종류

① 철금속관 : 강관, 주철관, 스테인리스강관
② 비철금속관 : 동관, 연(鉛, Pb)관, 알루미늄(Al)관
③ 비금속관 : PVC관, 원심력, 철근콘크리트관(흄관), 석면시멘트관(에터니트관) 등

2. 배관의 구비 조건

① 관내 흐르는 유체의 화학적 성질
② 관내 유체의 사용압력에 따른 허용압력 한계
③ 관외 외압에 따른 영향 및 외부 환경조건
④ 유체의 온도에 따른 열영향
⑤ 유체의 부식성에 따른 내식성
⑥ 열팽창에 따른 신축 흡수
⑦ 관의 중량과 수송조건 등

3. 배관시공의 기본 사항

① 배관재료는 냉매의 종류, 온도와 압력에 적합한 것을 선택한다.

② 배관길이는 되도록 짧게 하고 관경은 충분히 크게 한다.
③ 배관의 곡관부는 가능한 한 없게 하고 곡률반경을 크게 취한다.
④ 곡관부의 곡률반경은 크게 한다.
⑤ 배관은 외부 열원의 영향을 받지 않도록 하며 고온의 장소를 통과할 경우 단열처리한다.
⑥ 냉동장치의 운전 및 정지 시의 온도변화에 대한 배관의 신축을 고려해야 한다.
⑦ 배관 내에 오일의 회수를 원활하게 하고 배관 중에 오일이 체류하지 않도록 한다.
⑧ 배관의 처짐을 고려하여 적당한 간격으로 배관을 지지한다.

4. 강관의 종류와 용도

명칭 및 규격	용 도
배관용 탄소강관 (SPP)	① 일명 가스관이라 함 ② 압력이 낮은 증기, 물, 기름, 가스 및 공기용 ③ 아연도금에 따라 흑강관과 백강관으로 구분 ④ $25kg/cm^2$의 수압시험, 인장강도는 $30kg/cm^2$ 이상 ⑤ 1본의 길이 6m, 호칭지름 6~600A ⑥ 사용온도 및 압력 : 350℃ 이하 $10kg/cm^2$ 이하
압력배관용 탄소강관 (SPPS)	① 증기관, 유압관, 수압관 등의 압력배관에 사용 ② 사용온도 및 압력 : 350℃ 이하, $0~100kg/cm^2$ 이하
수도용 아연도금 강관 (SPPW)	① 배관용 탄소강관의 백관보다 아연도금의 두께를 두껍게 하여 내식성, 내구성을 증가시킨 강관 ② 용도 : 정수두 100m 이하의 급수관
고압배관용 탄소강관 (SPPH)	① 화학공업 등의 고압배관용으로 사용 ② 사용온도 및 압력 : 350℃ 이하, $100kg/cm^2$ 이상
고온배관용 탄소강관 (SPHT)	① 과열증기를 사용하는 고온배관용 ② 호칭은 호칭지름과 관두께(스케줄 번호)에 의함 ③ 사용온도 및 압력 : 350~450℃ 이상
저온배관용 탄소강관 (SPLT)	① 빙점 이하의 석유화학공업 및 LPG/LNG 저장탱크 배관 등 저온배관용으로 두께는 스케줄 번호에 의함 ② 사용온도 및 압력 : 0℃ 이하

명칭 및 규격	용도
배관용 아크용접 탄소강관(SPW)	① SPP와 같이 사용압력이 비교적 낮은 증기, 물, 기름, 가스 및 공기 등의 대구경 배관용 ② 사용온도 및 압력 : 350℃ 이하 10kg/cm² 이하
배관용 아크용접 탄소강관(STSXT)	① 내식성, 내열성 및 고온배관용, 저온배관용에 사용 ② 사용온도 및 압력 : −100℃~350℃
배관용 합금강관 (SPA)	① 주로 고온 배관용 ② 사용온도 및 압력 : 350℃ 이상

5. 강관의 호칭

① 호칭지름 : A[mm], B[inch]

② 관의 두께 : 스케줄 번호(Schedule No.) ※ 스케줄 번호가 클수록 관의 두께가 두껍다.

$$SCH\ No. = 10 \times \frac{P}{\sigma}$$

여기서, 사용압력 : $P[kg/cm^2]$

허용응력 : $\sigma[kg/mm^2]$ = 인장강도/안전율

6. 강관의 표시방법

① 관의 표시방법

배관용 탄소강관

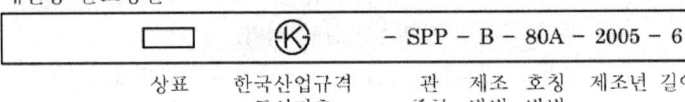

수도용 아연도금강관   적색으로 표시

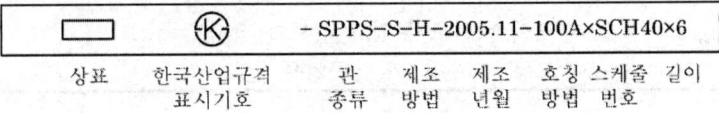

압력배관용 탄소강관

② 제조방법에 따른 기호

기호	용도	기호	용도
E	전기저항 용접관	E-C	냉간완성 전기저항 용접관
B	단접관	B-C	냉간완성 단접관
A	아크용접관	A-C	냉간완성 아크용접관
S-H	열간가공 이음매 없는 관	S-C	냉간완성 이음매 없는 관

7. 관의 특징

종류	특징
강관	① 연관, 주철관에 비해 가볍고, 인장강도가 크다. ② 관의 접합방법이 용이하다. ③ 내충격성 및 굴요성이 크다. ④ 주철관에 비해 내압성이 양호하다.
주철관	① 내식성, 내마모성, 내구성이 우수하며, 지하 매설배관에 적합하다. ② 압축강도가 크고 인장강도가 작다. ③ 충격(내진성)에 약해 크랙의 우려가 있다. ④ 용도 : 급수관, 배수관, 통기관, 지하 매설관 ⑤ 호칭지름 : 관의 내경으로 표시
동관	① 전기 및 열전도율이 우수하다. ② 내식성 및 알칼리성에 강하고, 산성에는 약하다. ③ 연성 및 전성이 풍부하다. ④ 무게가 가볍고 마찰손실이 적다. ⑤ 용도 : 열교환기, 급탕·급수관, 화학공업용, 급유관, 냉매배관 ⑥ 두께 크기 순서 : K형 > L형 > M형 > N형 ⑦ 동관의 외경(B)=호칭경(인치)+$\frac{1}{8}$(인치)
연관	① 전연성이 풍부하여 가공이 용이하다. ② 내식성이 우수하다. ③ 산성에는 강하고, 해수, 천연수에 안전하다. ④ 초산, 진한 염산, 증류수에 침식된다. ⑤ 가격이 비싸고 무겁고 강도가 작다. ⑥ 수도용, 배수용, 일반공업용

종류	특징
경질염화비닐관 (PVC관)	① 주원료인 염화비닐을 압축 가공하여 만든 관이다. ② 내식성, 내산성, 내알칼리성이 크다. ③ 가볍고 강인하며 마찰손실이 적다. ④ 굴곡 접합, 용접 등의 배관시공이 용이하다. ⑤ 저온 및 고온에서의 강도와 충격에 약하다. ⑥ 열팽창률이 심하다.(강의 7~8배)
폴리에틸렌관	① 가볍고 유연성이 좋다. ② 내열성 및 보온성이 염화비닐관보다 우수하다. ③ 내약품성, 전기절연성, 내충격성, 내한성(-60℃)이 우수하여 한랭지 배관에 적합하다. ④ 화력에 약하고 인장강도가 작다.

8. 강관이음의 종류

① 관의 방향을 바꿀 때 : 엘보, 벤드

② 관을 도중에 분기할 때 : 티(T), 와이(Y), 크로스(+)

③ 관을 직선 연결할 때 : 소켓, 유니언, 플랜지, 니플

④ 이경관을 연결할 때 : 이경엘보, 이경소켓, 이경티, 부싱, 리듀서

⑤ 관 끝을 막을 때 : 캡, 플러그

⑥ 관을 자주 분해하거나 교체가 필요할 때 : 유니언(소구경, 50A 이하), 플랜지(대구경, 50A 이상)

9. 이음쇠의 호칭방법

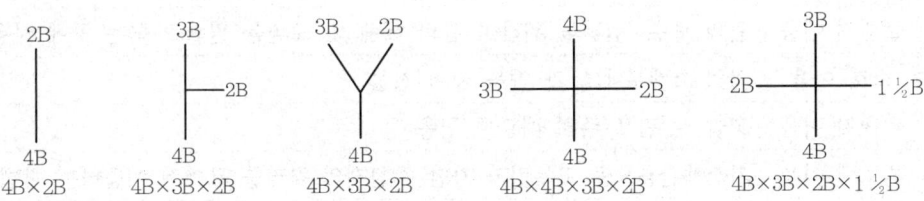

10. 배관 길이 산출

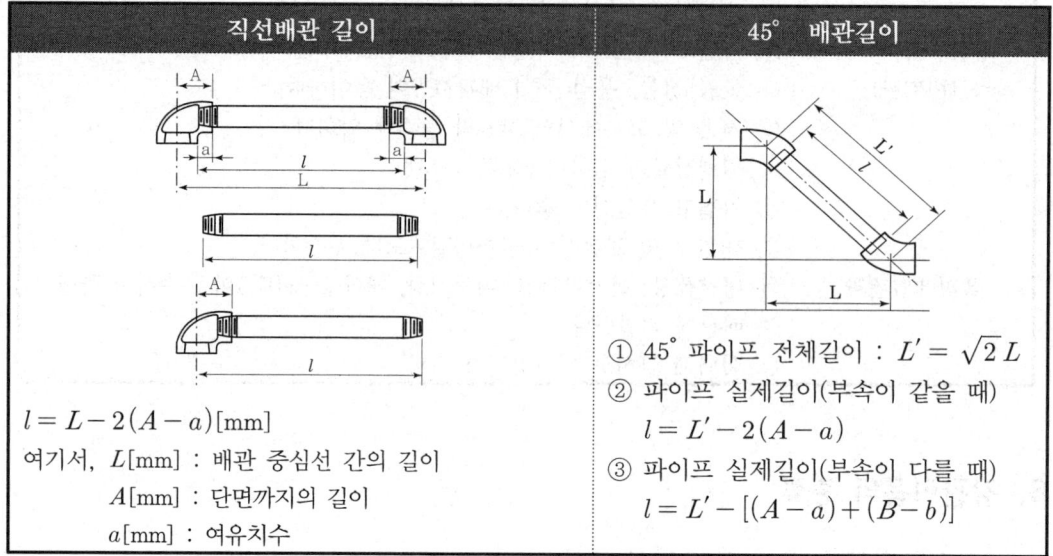

직선배관 길이	45° 배관길이
$l = L - 2(A - a)$ [mm] 여기서, L[mm] : 배관 중심선 간의 길이 A[mm] : 단면까지의 길이 a[mm] : 여유치수	① 45° 파이프 전체길이 : $L' = \sqrt{2}\,L$ ② 파이프 실제길이(부속이 같을 때) $l = L' - 2(A - a)$ ③ 파이프 실제길이(부속이 다를 때) $l = L' - [(A - a) + (B - b)]$

11. 철금속관 이음

종류		특징
강관	나사이음	배관에 숫나사를 내어 부속 등과 같은 암나사와 결합하는 것
	용접이음	① 강도가 크며 누수의 우려가 적다. ② 부속이 적게 들어 재료비가 절약된다. ③ 보온(피복) 작업이 쉽다. ④ 가공이 쉬워 공정이 단축된다. ⑤ 관내 돌출부가 적어 마찰저항이 적다.
	플랜지 이음	관의 보수, 점검을 위하여 관의 해체 및 교환을 필요로 하는 곳에 사용
주철관	소켓 이음	관의 소켓부에 납과 얀을 넣어 접합
	플랜지 이음	고압 및 펌프 주위 배관에 이용
	빅토릭 이음	가스배관용으로 고무링과 가단 주철제의 칼라를 죄어서 이음하는 방법
	기계적 이음	① 고무링을 압륜으로 죄어 볼트로 체결한 것 ② 고압에 잘 견디고 기밀성이 좋다.

4. 공조냉동 설치·운영(전기제어)

종류		특징
주철관	노허브 이음	① 소켓이음을 개량한 것으로 스테인리스 커플링과 고무링을 사용한 이음 ② 시공이 간편하여 경제성이 있어 현재 오수배관에 많이 사용
	타이튼 이음	고무링 하나만으로 이음이 되고 구조와 치수는 견고하고 장기적으로 이음에 견딜수 있어 현재 널리 사용된다.
스테인리스강관		① 나사이음 ② 용접이음 ③ 플랜지 이음 ④ 프레스식(롤코) 이음 ⑤ MR 조인트 이음쇠

12. 비철금속관 이음

종류	특징
동관 이음	① 납땜 이음(연납땜 : 450℃ 이하, 경납땜 : 450 이상) ② 용접 이음 ③ 플랜지 이음 ④ 플레어 이음 : 20mm 이하의 동관의 끝을 넓혀 접합하는 것으로 점검, 보수를 위해 분해가 필요한 곳에 사용
경질염화비닐관 (PVC관)	① 냉간이음(유동 삽입, 변형 삽입, 일출 접착) ② 열간이음 ③ 용접이음 ④ 고무링 이음 ⑤ 플랜지 이음
폴리에틸렌관 (PE관)	① 테이퍼 조인트 이음 ② 인서트 이음 ③ 플랜지 이음 ④ 테이퍼 코어 플랜지 이음 ⑤ 용착 슬리브 이음 ⑥ 나사 이음
콘크리트관(흄관)	① 콤포 이음 ② 칼라 이음 ③ 턴 앤드 글로브 이음
석면 시멘트관(이터닛관)	① 기볼트 이음 ② 칼라 이음 ③ 심플렉스 이음

> **용접이음 결함**
> ① 언더컷 : 용접 끝단에 생기는 작은 홈
> ② 오버랩 : 용융된 금속이 모재와 잘못 녹아 어울리지 못하고 모재면에 덮여 있는 현상
> ③ 융합 불량 : 용접 경계면에서 서로 충분히 용융되지 않은 부분이 남는 것
> ④ 크레이터 : 용융 부위가 그대로 응고되어 움푹하게 패인 곳(화산의 분지같은 것)으로 균열이 발생하기 쉽다.

13. 신축이음

① 열에 따른 배관의 신축을 흡수하는 장치
② 강관은 30m, 동관은 20m마다 1개 정도 설치
③ 선팽창 길이

$$\lambda = l \times \alpha \times \Delta t \,[\text{mm}]$$

여기서, $l\,[\text{mm}]$: 배관길이 $\alpha\,[\text{mm/mm}℃]$: 선팽창계수
$\Delta t\,[℃]$: 온도차

④ 신축이음의 종류

종류	특징
스위블 이음	① 2개 이상의 엘보를 연결하여 이용하여 배관의 신축을 흡수 ② 주로 온수 또는 저압의 증기난방 등의 방열기 주변 배관에 사용
신축곡관 (루프형)	① 고온 고압의 옥외 배관에 설치한다. ② 설치 장소를 많이 차지한다. ③ 신축에 따른 자체 응력이 발생한다. ④ 곡률반경은 관지름의 6배 이상으로 한다. ⑤ 슬리브형 신축이음 : 슬리브의 미끄럼에 의해 흡수 온수 또는 저압배관용
벨로즈형	① 설치 공간을 많이 차지하지 않으며, 급수, 냉난방 배관에 사용된다. ② 고압배관에는 부적당하다. ③ 신축에 따른 자체 응력 및 누설이 없다. ④ 주름의 하부에 이물질이 쌓이면 부식의 우려가 있다.

종류	특징
슬리브형	① 슬리브와 본체 사이에 패킹을 넣어 온수 또는 증기 누설을 방지한다. ② 루프형에 비해 설치 장소가 적다. ③ 장시간 사용 시 패킹이 마모되어 유체가 누설하는 원인이 된다.
볼 조인트형	① 평면상의 변위 및 입체적인 변위까지 안전하게 흡수할 수 있는 이음 ② 축 방향 힘과 굽힘에 의한 회전력을 동시에 받을 때 사용 ③ 설치 공간이 적고 간단히 설치할 수 있다.
플렉시블 이음	기기의 진동이 배관에 전달되지 않도록 방진, 방음역할을 하여 배관파손 방지

> **신축 허용 길이가 큰 순서**
>
> 루프형 > 슬리브형 > 벨로즈형 > 스위블형

14. 밸브

유체의 유량조절, 흐름의 단속, 방향전환, 압력 등을 조절하는데 사용

① 밸브의 종류

종류	특징
글로브 밸브 (스톱밸브)	① 유량 조절용으로 사용되고 유체의 흐름에 대하여 흐름저항이 크다. ② 가볍고 가격이 저렴
게이트 밸브 (슬루스 밸브)	① 유체의 흐름저항이 적어 유체의 흐름 차단용으로 사용 ② 밸브의 개폐시간이 길고 주로 대형 밸브로 사용
앵글 밸브	① 유체의 흐름방향을 직각으로 바꿀 때 사용(방열기 및 보일러 수증기 밸브)
체크 밸브	① 유체를 일정한 방향으로만 흐르게 하고 역류를 방지하는 데 사용 ② 종류 : 스윙형(수직, 수평배관), 리프트형(수평배관), 풋 밸브, 싱글 및 듀얼 플레이트형, 해머리스형(스몰렌스키형)
버터플라이밸브 (나비밸브)	① 밸브의 개도를 알 수 있고 조작이 간편하며 경량이고, 설치 공간을 작게 차지하므로 설치가 용이하다 ② 종류 : 레버식, 기어식, 공압식, 전동식

종류	특 징
콕	① 개폐가 빠르며 유체의 저항이 적다. ② 원추상의 디스크가 90°로 회전하여 전개 또는 전폐한다. ③ 고압 대용량에 부적당하다.
감압밸브 (압력조정밸브)	① 고압배관과 저압배관 사이에 설치하여 저압측의 압력을 일정하게 유지하는 밸브 ② 종류 : 벨로즈식, 다이어프램식, 피스톤식
안전밸브	① 장치 내부의 이상 상승 시 압력을 외부로 분출하여 사고를 사전에 방지 ② 냉동기의 압축기, 응축기 및 수액기 또는 보일러 압력용기 등의 고압 유체를 취급하는 배관에 설치 ③ 종류 : 중추식, 레버식, 스프링식
공기빼기 밸브	냉온수 배관, 급탕배관 및 온수 탱크의 상부에 체류하는 공기를 자동적으로 배출시켜 공기 정체로 인한 순환장애, 전열효율 감소 및 배관의 부식을 방지

15. 스트레이너(여과기)

① 밸브, 트랩 기기 등의 앞에 설치하여 배관 내의 유체에 혼입된 토사, 이물질을 제거하여 기기의 성능을 보호하는 기구
② 모양에 따라 Y형, U형, V형 등이 있고, 용도에 따라 물, 기름, 증기, 공기용으로 나눈다.
③ 급수배관이나 냉난방 배관, 냉매배관, 오일 배관에 사용된다.

16. 배관의 지지

(1) 행거(hanger) : 배관을 천장에 고정

① 콘스탄트 행거 : 배관의 상·하 이동을 허용하면서 관 지지력을 일정하게 유지
② 리지드 행거 : 빔에 턴버클을 연결하여 파이프 아래를 받쳐 달아 올린 구조로 상하 변위가 없다.
③ 스프링 행거 : 배관에서 발생하는 소음과 진동을 흡수하기 위하여 턴버클 대신 스프링을 설치한 것

(2) 서포트(support) : 배관을 바닥에 고정

　① 롤러 서포트 : 배관의 축 방향 이동을 허용하는 지지대
　② 리지드 서포트 : 빔 등으로 만든 배관지지대
　③ 스프링 서포트 : 파이프의 하중변화에 따라 상하 이동을 허용하는 지지대
　④ 파이프 슈 : 배관의 곡관부 지지

(3) 리스트레인트(restraint) : 열팽창에 의한 배관의 움직임을 제한하거나 고정

　① 앵커(anchor) : 배관을 완전고정
　② 스토퍼(stopper) : 관의 회전 허용, 직선운동 방지
　③ 가이드(guide) : 배관의 휨을 방지하여 팽창을 바르게 유도, 관 회전 구속

(4) 브레이스(완충기)

　① 방진구 : 주로 진동을 방지하거나 감쇠시키는 장치
　② 압축기 : 압축기, 펌프에서 발생하는 배관계의 진동을 완화하는 완충기

(5) 배관의 지지 간격

배관	배관재	관경	간격
입상관 (立上管)	동관 강관 염화비닐관		12m 이내 각층 1개소 이상 1.2m 이내
횡주관 (橫走管)	동관	20mm 이하 25~40mm 50mm 65~100mm 125mm 이상	1.0m 이내 1.5m 이내 2.0m 이내 2.5m 이내 3.0m 이내
	강관	20mm 이하 25~40mm 50~80mm 90~150mm 200mm 이상	1.8m 이내 2.0m 이내 3.0m 이내 4.0m 이내 5.0m 이내

17. 보온재

(1) 구비 조건

① 열전도율이 작을 것
② 다공질이며 기공이 균일할 것
③ 비중이 작을 것
④ 장시간 사용 시 변질되지 않을 것
⑤ 흡수성이 적을 것

(2) 보온재의 구분

① 보냉재 : 100℃ 이하의 냉온을 유지시키는 것
② 보온재 : 800℃ 이하의 온도를 유지시키는 것
③ 단열재 : 800~900℃ 이상 1,200℃까지 견디는 것

(3) 보온재의 종류

① 유기질 보온재

종류	안전사용 온도[℃]	특징
펠트	100 이하	① 우모 펠트와 양모 펠트가 있으며, 주로 방로피복에 사용 ② 곡면시공이 용이, 아스팔트로 방습한 것은 -60℃까지 보냉용으로 사용 가능
텍스류	120 이하	① 톱밥, 목재, 펄프를 압축판 모양으로 제작 ② 습기가 있으면 부식 우려가 있어 방습처리가 필요 ③ 실내벽, 천장 등의 보온 및 방음
기포성 수지	80 이하	① 합성수지 또는 고무질 재료를 다공질 제품으로 만든 것 ② 열전도율이 극히 낮고 가벼우며 흡수성은 좋지 않다. ③ 굽힘성은 풍부하며 불연소성이다. ④ 보온성, 보냉성이 좋다
코르크	130 이하	① 액체 및 기체를 쉽게 침투시키지 않아 보냉, 보온재로 우수 ② 냉수, 냉매배관, 냉각기, 펌프의 보냉용 ③ 탄화 코르크 : 방수성 향상을 위해 아스팔트를 결합한 것

② 무기질 보온재

종류	안전사용 온도[℃]	특징
탄산마그네슘	250 이하	① 염기성 탄산마그네슘과 석면 배합 ② 열전도율이 낮으며 300~320℃에서 열분해한다. ③ 파이프, 탱크의 보냉용
유리섬유	300 이하	① 용융유리를 섬유화하여 칼이나 가위 등에 쉽게 절단된다. ② 단열, 내열, 내구성이 좋고, 가격도 저렴 ③ 보온, 보냉재로 일반건축의 벽체, 덕트 등에 사용 ④ 흡수성이 커 방수처리 필요
규조토	500 이하	① 다른 보온재에 비해 단열효과가 낮다. ② 진동이 있는 곳에 사용이 부적합 ③ 파이프, 탱크, 노벽 등에 사용
석면 (아스베스토스)	350~550	① 석면질 섬유로 구성 ② 진동을 받는 부분, 곡관부, 복잡한 표면에 사용
암면	400~600	① 안산암, 현무암 등을 용융 후 섬유화 ② 흡수성이 적고 값이 싸다. ③ 400℃ 이하 파이프, 덕트 탱크 등 보온·보냉용으로 사용
규산칼슘	650 이하	① 흑요석, 진주암 등을 팽창시켜 다공질화 ② 압축강도가 크며, 내수성, 내구성이 우수 ③ 고온 공업용에 많이 사용되며 시공이 편리
실리카파이버	1,100 이하	실리카(SiO_2)를 주성분으로 압축하여 만든 보온재
세라믹파이버	1,300 이하	① 실리카와 알루미나를 주성분하여 만든 보온재 ② 가공이 용이하며 열전도율이 낮다. ③ 고열에 의한 열 충격에 강하며 가볍고 경제적

(4) 보온이 필요한 배관

보온이 필요한 배관	보온이 필요 없는 배관
① 피트 및 덕트 내 배관 ② 천장 속 급수, 급탕배관 ③ 벽체 매립 배관 ④ 보일러실, 중간기계실 및 공동구의 급수, 급탕, 난방, 팽창, 소화배관 ⑤ 펌프실 배관 ⑥ 기타 필요한 부분	① 위생기구의 부속배관 및 통기관 ② 지중매설 혹은 콘크리트 매설 배관 ③ 최하층 바닥 밑, 옥외 노출 혹은 피트 내 배수관 ④ 각종 탱크류의 오버플로관 및 배수관 ⑤ 소화용 배관

18. 패킹(Packing)

이음부나 회전부의 기밀을 유지하기 위한 것으로 나사용, 플랜지, 글랜드 패킹 등이 있다.

(1) 패킹재료 선정 시 고려사항

① 유체의 물리적인 성질 : 온도, 압력, 밀도 점도 등
② 유체의 화학적인 성질 : 화학성분과 안정도, 부식성, 용해능력, 휘발성, 인화성, 폭발성 등
③ 기계적인 조건 : 교체의 난이, 진동의 유무, 내압과 외압 등

(2) 나사용 패킹

① 페인트 : 페인트와 광명단을 혼합하여 사용하며 고온의 기름배관을 제외하고는 모든 배관에 사용
② 일산화연 : 냉매배관에 많이 사용하며 빨리 응고되어 페인트에 일산화연을 조금 섞어서 사용
③ 액상합성수지 : 화학약품에 강하고 내유성이 크며, 내열범위는 −30~130℃ 정도로 증기, 기름, 약품배관 등에 사용

(3) 플랜지 패킹

① 고무 패킹
  ㉠ 탄성이 우수하고 흡수성이 없다.
  ㉡ 산, 알칼리에 강하나 열과 기름에는 침식된다.
  ㉢ 천연고무는 100℃ 이상의 고온배관에는 사용할 수 없고, 주로 급수, 배수, 공기 등에 사용
  ㉣ 네오프렌의 합성고무는 내열범위가 −46~121℃로 물, 공기, 기름, 냉매배관용에 사용
② 석면 조인트 시트 : 광물질의 미세한 섬유로 450℃까지의 고온배관에도 사용되며 증기, 온수, 고온의 기름배관에 적합
③ 합성수지 패킹 : 테프론은 가장 우수한 패킹 재료로서 약품이나 기름에도 침식되지 않으며, 내열 범위는 −260~260℃이지만 탄성이 부족하여 석면, 고무, 금속 등과

조합하여 사용
④ 금속 패킹 : 납, 구리, 연강, 스테인리스강 등이 있으며 탄성이 적어 누설의 우려가 있다.
⑤ 오일실 패킹 : 한지를 일정한 두께로 겹쳐서 내유가공한 것으로 내열도는 낮으나 펌프, 기어박스 등에 사용

(4) 글랜드 패킹

밸브의 회전부분에 사용하여 기밀을 유지하는 역할을 한다.

19. 방청용 도료

① 광명단 도료 : 밀착력과 풍화에 강해 녹을 방지하기 위한 페인트 밑칠용으로 사용
② 산화철 도료 : 산화 제2철에 보일유나 아민유를 섞어 만든 도료로 도막이 부드럽고 가격은 저렴하나 녹방지 효과는 불량하다.
③ 알루미늄 도료(은분) : 알루미늄 분말에 유성 바니스를 섞어 만든 도료로서 은분이라고도 하며, 방청효과가 좋으며 열을 잘 반사하여 증기관, 방열기에 사용
④ 타르 및 아스팔트 도료 : 관의 벽면과 물과의 사이에 내식성의 도막을 만들어 물과의 접촉을 막아 부식을 방지
⑤ 합성수지 도료 : 내약품성, 내유성, 내산성이 우수하며, 프탈산계, 요소멜라민계, 염화비닐계가 있다.

II. 배관공작

1. 강관배관용 공구

① 파이프 바이스 : 관 절단, 나사작업 시 관을 고정
② 수평(탁상) 바이스 : 관 조립 및 벤딩 시 관을 고정
③ 파이프 커터 : 강관의 절단용 공구

④ 파이프 렌치 : 관의 결합 및 해체 시 사용
⑤ 파이프 리머 : 관 절단 시 관 내면에 생기는 거스러미 제거
⑥ 수동 나사절삭기 : 나사 절삭 공구(오스터형, 리드형)
⑦ 동력 나사절삭기 : 다이헤드형, 오스터형, 호브형
   ㉠ 다이헤드형 : 관의 절단, 나사 절삭, 거스러미 제거 등의 작업을 연속적으로 할 수 있어 가장 많이 사용
   ㉡ 오스터형 : 주로 50A 이하 소형관에 사용
   ㉢ 호브형 : 호브(Hob)를 저속으로 회전시켜 나사를 절삭
⑧ 고속 숫돌 절단기
⑨ 가스 절단기
⑩ 파이프 벤딩 머신

2. 동관용 공구

① 플레어링 툴 세트 : 플레어 이음용 공구
② 익스팬더 : 동관을 소켓 모양으로 확관하는 데 사용하는 공구
③ 사이징 툴 : 동관의 끝부분을 원형으로 정형하는 데 사용하는 공구
④ 튜브 벤더 : 동관 굽힘용 공구
⑤ 튜브 커터 : 동관 절단용 공구
⑥ 리머 : 동관 절단 후에 생기는 거스러미를 제거하는 공구

3. 주철관용 공구

① 납용해용 공구세트
② 클립(clip) : 소켓접합 시 납물의 비산을 방지
③ 코킹 정 : 얀이나 납을 다져 코킹하는 정
④ 링크형 파이프 커터 : 주철관 전용 절단공구

4. 연관용 공구

① 연관톱 : 연관 절단공구
② 봄볼 : 주관에 구멍을 뚫을 때 사용
③ 드레서 : 연관 표면의 산화피막 제거
④ 벤드벤 : 연관의 굽힘작업에 이용
⑤ 턴핀 : 관끝을 접합하기 쉽게 관을 확대
⑥ 맬릿 : 나무해머
⑦ 토치 램프 : 가열용 공구

III. 배관 도시

1. 치수 표시

① 단위 : mm
② 강관의 호칭지름 : A – mm, B – inch

2. 높이 표시

① EL : 배관의 높이를 관의 중심을 기준으로 표시
  ㉠ TOP : 지름이 다른 관의 높이를 나타낼 때 관외경의 윗면까지를 기준으로 표시
  ㉡ BOP : 지름과 다른 관의 높이를 나타낼 때 적용되며 관외경의 아랫면까지를 기준으로 하여 표시
② GL : 포장된 지표면을 기준으로 하여 배관장치의 높이를 표시
③ FL : 1층의 바닥면을 기준으로 표시
④ TOP : 지름이 다른 관의 높이를 나타낼 때 관외경의 아랫면까지를 기준으로 표시

3. 유체 표시기호

종류	기호	색채
물(Water)	W	청색
증기(Steam)	S	진한 적색
공기(Air)	A	백색
가스(Gas)	G	황색
유류(Oil)	O	진한 황적색

4. 배관의 표시방법

[예] 2B – S115 – A10 – H20

- 관의 호칭지름 – 2B
- 유체의 종류 및 상태 – S115
- 배관계의 시방 : 관의 종류, 두께, 압력구분 – A10
- 관 외면에 실시하는 설비, 재료 : 보온, 보냉재료 – H20

① 관의 이음표시

종류	도시기호	종류	도시기호
일반(나사형)	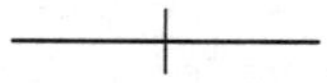	엘보 또는 밴드	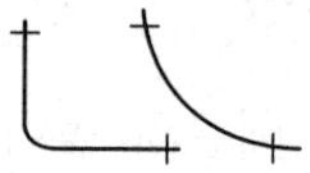
플랜지형		T	
턱걸이형	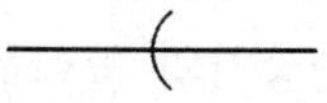	크로스	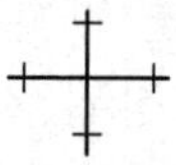
막힌 플랜지형	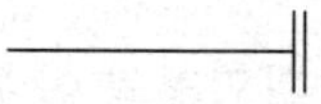	신축이음	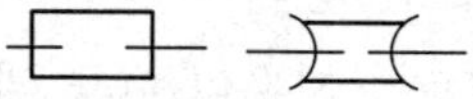
유니언형		용접이음	
		납땜이음	

② 관 접속상태

접속상태	실제모양	도시기호	굽은상태	실제모양	도시기호
접속하지 않을 때		┼ ┼	파이프 A가 앞쪽 수직으로 구부러질 때		A ⊙
접속하고 있을 때		┼	파이프 B가 뒤쪽 수직으로 구부러질 때		B ○
분기하고 있을 때		┼	파이프 C가 뒤쪽으로 구부러져서 D에 접속될 때		C ○ D

③ 관 끝부분 표시

끝 부분의 종류	그림 기호
블라인더(막힌 플랜지) 스냅 커버 플랜지	
나사박음식 캡 및 나사박음식 플러그	
용접식 캡	
체크 조인트	
핀치 오프	

④ 밸브 표시

밸브·콕의 종류	그림 기호	밸브·콕의 종류	그림 기호
밸브 일반	⋈	앵글 밸브	
게이트 밸브	⋈	3방향 밸브	

밸브·콕의 종류	그림 기호	밸브·콕의 종류	그림 기호
글로브 밸브		4방향 밸브	
체크 밸브		안전 밸브	
볼 밸브		팽창 밸브(일반)	
버터플라이 밸브		모세관 (capillary tube)	
다이어프램 밸브		콕	
전동밸브		증발압력 조정밸브	EPR
전자밸브		흡입압력 조정밸브	SPR

⑤ 배관 부속품

부속품의 종류	그림 기호	부속품의 종류	그림 기호
스트레이너	또는 S	스프레이	
드라이어	또는 D	팽창 이음쇠	
필터 드라이어	또는	플렉시블 이음쇠	
사이트 글래스		파열판	

⑥ 기기의 표시방법

기기의 종류		그림 기호	기기의 종류		그림 기호
압축기	일반		열교환기	용기없음	
	밀폐형 일반	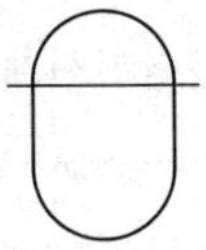		용기있음	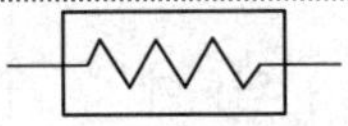 또는 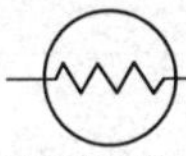
	로터리형	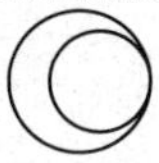	압력용기		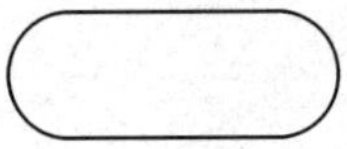
압축기	스크류형 또는 원심형		펌프		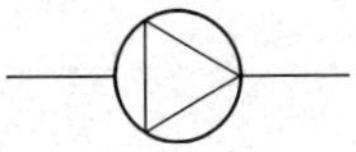
	왕복동형	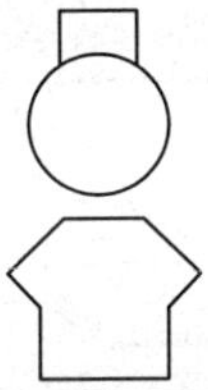 또는	송풍기		

⑦ 제어기기의 표시방법

제어기기의 종류	그림 기호	제어기기의 종류	그림 기호
압력 스위치	P	차압 스위치	P
고압 압력 스위치	HP	레벨 스위치	L
저압 압력 스위치	LP	플로 스위치	F
고저압 압력 스위치	DP	서모스탯	T / 또는 T
유압 압력 스위치	OP	휴미디스탯	H

⑧ 계기 표시 : 관을 표시하는 선에서 분기시킨 가는 선의 끝에 원을 그려서 표시

계기의 종류		그림 기호	계기의 종류	그림 기호
계기	일반	○		
압력계		Ⓟ	압력지시계	㎩
온도계		Ⓣ	온도지시계	㏘
유량계		Ⓕ	유량지시계	㎙
액면계		ⓁⒼ		

계기식별

① 첫째 문자는 측정량을 표시한다.
- P : 압력(Pressuer)
- F : 유량(Flow)
- T : 온도(Temperature)
- L : 수위(Level)

② 두 번째 문자는 계기가 수행하는 기능을 표시한다.
- R : 기록(Record)
- C : 조절(Control)
- I : 지시(Indicate)
- S : 스위치(Switch)
- T : 전송(Transmit)
- A : 경보(Alarm)

Ⅳ. 급배수·위생 설비

1. 급수설비

(1) 급수량

① 매시 평균 예상급수량(Q_h) : 1일 총급수량 $Q_d[l/d]$를 1일 평균 사용시간 T[h/d]로 나눈 것

② 매시 최대 예상급수량(Q_m) : 하루 중 가장 물을 많이 사용하는 1시간의 수량. Q_h의 1.5~2.0배 정도

③ 순간 최대 예상 급수량(Q_p) : 특정시간에 순간적으로 물을 많이 사용할 때의 수량. Q_h의 3~4배 정도

(2) 급수방식의 종류

종류	특징
수도직결방식	① 구조가 간단하고 설비비가 싸 소규모 건물에 이용된다. ② 급수오염이 적으며 정전 시에도 급수가 가능하다.
고가(옥상) 탱크방식	① 정전, 단수 시 탱크에 받은 물을 사용할 수 있다. ② 저수량을 충분히 확보할 수 있으므로 단수가 되지 않는다. ③ 항상 일정한 수압으로 급수가 가능하다. ④ 배관 부속품의 파손이 적다. ⑤ 옥상탱크의 설치 면적 및 하중을 고려하여 건축물 구조를 강화해야 한다. ⑥ 물이 옥상의 수조에 정체하여 수질오염의 우려가 높다.
압력탱크방식	① 옥상에 탱크를 설치할 필요가 없으므로 건축물의 구조를 강화할 필요가 없다. ② 탱크의 설치 위치에 제한을 받지 않는다. ③ 국부적으로 고압을 필요로 할 때 적합하다. ④ 조작상 최고, 최저의 압력차가 크므로 급수압이 일정하지 않다. ⑤ 정전이나 펌프 고장 시 급수가 중단된다. ⑥ 압력탱크의 제작으로 제작비, 시설비가 고가이며 취급이 어렵다.
탱크가 없는 부스터 방식	① 옥상탱크나 압력탱크가 필요 없고 일정 수압으로 급수할 수 있다. ② 정전이나 단수 시 급수가 중단된다. ③ 설비비가 고가이다. ④ 자동제어 시스템이어서 고장 시 수리가 어렵다. ⑤ 전력소비가 많다.

위생기구 최저 필요 압력

기구명	최소 소요압력 [kg/cm²]	기구명	최소 소요압력 [kg/cm²]
세정밸브	0.7	순간 온수기(대)	0.5
보통밸브	0.3	순간 온수기(중)	0.4
자동밸브	0.7	순간 온수기(소)	0.1
샤워	0.7	살수전	2.0

(3) 수격작용(워터 해머)

① 배관에서 유체의 흐름을 급속 개폐할 경우 관내 유속이 급격히 변화하여 생기는 이상압력으로 유속의 14배에 해당한다.

② 수격작용 방지방법
  ㉠ 유속을 2m/s 이하가 되도록 한다.
  ㉡ 관경을 크게 한다.
  ㉢ 밸브의 개폐를 천천히 한다.
  ㉣ 급수전 가까이 공기실(air chamber)을 설치한다.
  ㉤ 굴곡배관을 억제하고 가능한 한 직선배관으로 한다.

(4) 급수 배관의 수압시험

① 공공 수도직결식 : 17.5kg/cm²
② 탱크 및 급수관 : 10.5kg/cm²

(5) 급수설비 배관 시공

① 기울기 : 1/250을 표준으로 하며 상향 급수는 상향 구배, 하향 급수는 하향 구배로 한다.
② 배관 시공상 부득이 공기가 모일 우려가 있는 곳은 공기빼기 밸브를 설치한다.
③ 급수관이 벽, 바닥 등을 관통할 때에는 관의 신축, 수리 등을 위하여 슬리브를 설치한다.
④ 급수관의 매설 시 평지에서는 450mm 이하로 하고, 차량의 통행에는 750mm 이상, 대형 차량의 통로나 냉한 지대에서는 1m 이상 깊이 묻는다.

⑤ 급수배관의 최소 관경은 원칙적으로 20mm로 한다.
⑥ 급수, 급탕계통은 가능한 한 크로스커넥션(cross connection)을 피해야 한다.

(6) 펌프 주위 배관 시공

① 펌프의 흡입 배관은 가능한 한 길이를 짧게 하고(6m 이하) 굴곡을 적게 한다.
② 흡입관은 펌프 전방에서 관경의 3배 이상 직관부를 두고 관경을 바꿀 때는 편심이음쇠를 사용해야 한다.
③ 흡입 수위가 펌프보다 높으면 관계없지만, 낮으면 펌프측으로 상향 구배(1/50 이상)가 되도록 하여 흡입관에 공기가 머물지 않도록 한다.
④ 펌프 흡입구에는 이물질 인입 방지를 위하여 스트레이너를 설치한다.
⑤ 펌프의 흡입관 및 토출관에는 진동, 소음, 신축 등을 흡수할 수 있도록 신축이음(플렉시블 조인트)을 한다.

2. 급탕설비

(1) 급탕방식

구분	중앙식 (직접 가열식, 간접 가열식)	개별식 (순간식, 저탕식, 기수 혼합식)
장점	① 대규모여서 열효율이 좋음 ② 동시 사용률을 고려하여 총 용량 축소 가능 ③ 유지관리가 용이하다. ④ 배관에 의해 필요한 어느 장소에도 공급이 가능하다.	① 공급개소가 적을 때 설비비가 싸며 유지관리가 용이하다. ② 필요에 따라 어디에나 설치가 가능하다. ③ 용도에 따라 필요한 온도의 온수를 간단히 얻는다. ④ 배관길이가 짧아 열손실이 적다. ⑤ 건물이 완성된 후에도 증설이 비교적 용이하다.
단점	① 설비 규모가 크고 복잡하므로 초기 시설비가 많이 든다. ② 대규모이고 복잡하므로 전문기술자가 필요하다. ③ 기기, 배관에서 열손실이 크다.	① 규모가 커지면 가열기 설치 개수가 많아 유지관리가 불편하다. ② 공급개소마다 가열기 설치 공간이 필요하다. ③ 가스온수기의 경우 건축의장, 구조상으로 제약을 받기 쉽다. ④ 값싼 연료를 쓰기 어렵다. ⑤ 소형 온수보일러의 경우 수두 10m 이하의 제한을 받는다.

> **기수 혼합식 급탕법**
>
> 병원이나 공장에서 증기를 열원으로 하는 경우 저탕조에 증기를 직접 불어넣어 가열하는 방식으로 열효율은 100%이지만 소음이 발생하는 결점이 있어 소음을 줄이기 위해 스팀 사일렌서를 사용한다. 사일렌서는 S형과 F형이 있으며, 사용증기압력은 $1\sim4\,kg/cm^2$ 정도이다.

(2) 표준 급탕 온도

급탕의 온도는 일반적으로 60℃로 환산한 급탕량으로 표시

(3) 급탕량 산정

① 사용 인원수에 의한 방법

$$Q_d = N \cdot q_d, \quad Q_h = Q_d \cdot q_h$$

여기서, Q_d : 1일 최대 급탕량[L/day] Q_h : 1시간 최대 급탕량[L/h]
N : 급탕 인원수 q_d : 1일 1인당 급탕량[L/c·d]
q_h : 1일 사용에 대해 필요한 1시간 최대치 비율

② 급탕 기구수에 의한 방법

$$Q_h = e \cdot q_e \cdot F$$

여기서, e : 동시 사용률(30~40%) F : 급탕기구의 수량
q_e : 기구 1개의 1시간 급탕량[L/h·개]

(4) 급탕용 순환펌프 순환량(Q)

$$Q = \frac{3600\,J/(W\cdot h)\times H_L}{4186\,J/kg\cdot \text{℃} \times \Delta t \times 1\,kg/L \times 60\,min/h} = \frac{0.86\,H_L}{60\,\Delta t}\,[L/min]$$

여기서, H_L : 순환 배관에서의 열손실[W]
Δt : 급탕과 환탕 온도차[℃]

(5) 급탕배관 시공

① 상향식 공급방식 : 급탕관은 선상향 구배, 복귀관은 선하향 구배로 한다.

② 하향식 공급방식 : 급탕관 및 복귀관 모두 선하향 구배로 한다.
② 중력순환식 배관 구배는 1/150 이상, 강제순환식은 1/200 이상으로 한다.
③ 공기빼기 : 공기가 정체할 우려가 있는 곳 또는 굴곡배관에 공기빼기 밸브를 설치하며 배관 도중에 공기가 체류하지 않도록 하기 위하여 슬루스 밸브를 사용한다.
④ 관경 결정은 급수관과 동일하며 복귀관은 급탕관보다 1치수 작은 것을 사용한다. 팽창탱크는 최고층의 급탕전보다 5m 이상 높게 설치되어야 하며 팽창관 도중에는 밸브를 설치해서는 안 된다.
⑤ 팽창관은 급탕 수직 주관 끝을 연장하여 팽창탱크에 개방시키며 25A 이상의 관경을 사용한다.
⑥ 배관의 굽힘 부분에는 스위블 이음을 하고 배관의 직선 30m, 곡선 20m, 수직 10~20m마다 신축이음을 한다.

3. 배수 및 통기설비

배수설비란 건물에서 발생한 각종 오수 및 잡배수를 신속히 밖으로 배출시키는 설비를 말하며, 통기설비는 배수설비의 기능을 완수하기 위해 설치하는 설비이다.

(1) 배수의 종류

① 오수 : 대소변기, 비데 등에서의 배설물에 관련한 배수
② 잡배수 : 세탁기, 세면기, 욕조, 싱크대 등에서의 배수
③ 우수 : 옥상, 마당 등의 빗물
④ 특수배수(위험물질을 포함한 배수) : 공장, 실험실 등에서의 폐수, 화학물질 배수 등

(2) 배수트랩

하수 본관 및 배수관 내에서 발생한 하수가 위생기구를 통하여 건물 내로 침입하는 것을 방지하기 위하여 위생기구 본체 또는 배수관로에 설치하는 장치
① 관 트랩(사이펀식) : S트랩, P트랩, U트랩
② 박스 트랩(비사이펀식) : 벨 트랩(욕실바닥 배수용), 드럼 트랩(싱크의 배수 트랩), 그리스 트랩, 가솔린 트랩 등

(3) 트랩의 구비 조건

① 구조가 간단할 것
② 트랩 스스로의 세정 작용이 있을 것
③ 봉수가 파괴되지 않을 것
④ 내식성, 내구성이 있을 것
⑤ 내부가 평활하여 청소가 쉬울 것

(4) 배수 트랩에서 봉수의 파괴 원인

① 자기 사이펀 작용
② 감압에 의한 흡인작용
③ 모세관 작용
④ 분출작용
⑤ 증발
⑥ 운동량에 의한 관성

(5) 트랩 봉수

① 트랩 내부의 물(악취)을 차단
② 봉수의 깊이는 50~100mm가 적당

(6) 통기배관

① 설치 목적
  ㉠ 사이펀 작용 및 배압에서 트랩의 봉수를 보호
  ㉡ 배수관 내의 흐름을 원활하게 유지
  ㉢ 배수관 내 신선한 공기를 유통시켜 관내를 청결하게 유지
② 통기방법의 분류

종류	특징	최소 관경
각개 통기관	• 위생기구마다 각각 통기관을 설치하는 방법으로 가장 이상적인 방법 • 설비비가 많이 소요	배수관경의 $\frac{1}{2}$ 이상, 32A 이상
회로 통기관 (환상 또는 루프)	• 최상류 기구로부터 기구 배수관이 배수 수평 지관에 연결된 직후 하류측에서 입상하는 통기관 • 회로통기 1개당 기구수는 8개 이내, 통기관 길이는 7.5m 이내	배수관경의 $\frac{1}{2}$ 이상, 40A 이상
도피 통기관	• 배수 수평지관 하류에 통기관을 연결 • 회로통기를 돕는다.	배수관경의 $\frac{1}{2}$ 이상, 32A 이상

종 류	특 징	최소 관경
신정 통기관	• 배수수직관 상부에 통기관을 연장하여 대기에 개방시킨다. • 배관 길이에 비해 성능이 우수	
결합 통기관	• 통기관과 배수관을 접속하는 통기관 • 5층마다 설치해서 배수주관의 통기를 촉진함 • 통기관 중 관경이 가장 크다.(50mm 이상)	배수관경의 $\frac{1}{2}$ 이상, 50A 이상
습식(습윤) 통기관	• 배수 수평지관 최상류기구에 설치하여 배수와 통기를 동시에 하는 통기관	

(7) 배수관경 결정의 기본 법칙

① 기구 배수관경 : 기구배수관의 관경은 배수 트랩의 구경 이상으로 하고 최소 30mm로 한다.

② 관경 축소의 금지 : 배수관은 수직관·수평관 어느 경우에서도, 배수의 유하방향의 관경을 축소해서는 안 된다.

③ 배수수직관의 관경 : 배수수직관은 최하부의 가장 큰 배수 부하를 부담하는 부분의 관경으로 한다.

④ 지중 매설배관의 관경 : 지중 또는 지하층의 바닥 밑에 매설되는 배수관의 관경은 50mm 이상으로 한다.

(8) 통기배관의 시공상 주의점

① 통기관은 기구의 오버플로우 선보다 150mm 이상 입상시킨 다음 통기수직관에 연결한다.

② 바닥 아래의 통기배관은 금지한다.

③ 2중 트랩이 되지 않도록 배관한다.

④ 오물 정화조 및 간접 배수 통기관은 단독으로 개구한다.

⑤ 오수, 잡배수는 각개통기한다.

⑥ 배수관의 표준 구배는 1/50~1/100이 적당하고, 유속은 0.6~1.2m/s로 한다.

⑦ 통기관과 실내환기용 덕트를 연결해서는 안 된다.

⑧ 우수수직관에 배수관을 연결하여서는 안 된다.

⑨ 오버플로우관은 트랩의 유입구 측 배수관에 연결한다.
⑩ 배수입관에서 통기입관에 접속은 45°(이내) Y이음으로 한다.
⑪ 연관의 굴곡부에 다른 배수지관을 접속해서는 안 된다.
⑫ 냉장 상자에서의 배수를 일반 배수관에 연결하지 말 것. 반드시 간접(특수) 배수관으로 물받이 용기에 배출하여야 한다.
⑬ 통기관은 근본적으로 다른 배관이나 덕트와 겸용할 수 없다.

(9) 청소구의 설치 개소

배수가 고이기 쉬운 곳, 청소하기 쉬운 곳 및 긴 경로의 도중에 설치하는 것이 원칙이다.
① 배수수평주관이 부지배수관(택지하수관)과 접속하는 곳
② 배수수직관의 최하부 또는 그 부근
③ 길이가 긴 배수수평관의 도중
④ 배수관이 45° 이상의 각도로 방향이 바뀌는 곳
⑤ 배수수평주관 및 수평지관의 최상류 지점

V. 공조배관

1. 공기조화 배관방식

(1) 통수방식에 의한 분류
① 개방류 방식　　② 재순환방식

(2) 회로 방식에 의한 분류
① 개방회로 방식　　② 밀폐회로 방식

(3) 환수방식에 의한 분류
① 직접 환수방식

② 리버스리턴 방식 : 공급관과 환수관의 유량 분배 균등
③ 병용식 : 직접환수방식+리버스리턴 방식

> **직접환수방식과 역환수(리버스리턴) 방식 비교**
> ① 직접환수방식 : 배관설비 간단, 유량제어 밸브가 필요
> ② 역환수방식 : 배관설비 복잡, 유량분배 균등

(4) 제어방식에 의한 분류
① 정유량 방식(3방 밸브) ② 변유량 방식(2방 밸브)

(5) 배관 개수에 의한 방식
① 1관식 : 공급관과 환수관을 함께 사용
② 2관식 : 공급관과 환수관이 1개씩(일반적으로 사용)
③ 3관식 : 2개의 공급관과 1개의 환수관(환수관이 1개이므로 냉수와 온수의 혼합 열손실이 발생)
④ 4관식 : 2개의 공급관과 2개의 환수관(혼합 열손실 없지만, 공사비 고가)

2. 증기난방 배관 구배
① 단관 중력 환수식은 앞내림 기울기로 해야 한다.

하향공급식(순류관) $\frac{1}{100} \sim \frac{1}{200}$, 상향공급식(역류관) $\frac{1}{50} \sim \frac{1}{100}$

② 복관 중력 환수식의 건식 환수관은 $\frac{1}{200}$ 정도의 선단 하향 구배

③ 진공 환수식의 증기주관은 $\frac{1}{200} \sim \frac{1}{300}$ 정도의 선단 하향 구배

4. 증기보일러 주위 배관
① 하트포드 접속법 : 증기관과 환수관 사이에 균형관을 접속하여 환수관 누설로 인하

여 보일러 수위가 파괴되는 것을 방지한다.
② 리프트 피팅
  ㉠ 진공환수식에서 환수관보다 높은 위치에 진공펌프를 설치할 때, 방열기보다 환수관이 높을 때 사용하는 방법
  ㉡ 리프트관은 환수관보다 1치수 작은 것을 사용하며 1단 흡상높이는 1.5m이다.
③ 방열기 주위 배관 : 방열기 주위 배관에 사용되는 이음은 신축이음으로 주로 스위블 이음(swivel joint)이 사용되고 건식 환수에서는 반드시 증기트랩을 설치해야 한다. 배관의 기울기는 증기관은 끝올림, 환수관은 끝내림으로 하고 구배를 취할 수 없거나 수평주관이 2.5m 이상일 때는 한 치수 큰 지름으로 한다.

5. 온수난방 배관의 구배

① 일반적으로 1/250 이상
  ㉠ 공기빼기 밸브, 팽창탱크 : 상향구배
  ㉡ 배수밸브 : 하향구배
② 단관 중력순환식 : 온수주관은 하향구배
③ 복관 중력순환식
  ㉠ 상향공급식 : 공급관은 상향구배, 환수관은 하향구배
  ㉡ 하향공급식 : 공급관, 환수관 모두 하향구배
④ 강제순환식 : 배관의 구배를 자유롭게 선정

> **온수 난방에서 리버스리턴 방식(역순환식) 채택 이유**
> 온수의 유량 분배를 균일하게 하기 위하여

6. 온수난방 설비 시공

① 공기빼기 밸브 설치
② 신축을 흡수하기 위해 엘보 사용
③ 방열기마다 반드시 수동식 에어벤트 부착

④ 배수밸브 : 드레인 처리 위해 배관 최하단부에 설치

⑤ 슬리브 : 바닥이나 벽을 관통할 경우 신축을 흡수하고 교체수리를 편리하게 하기 위하여 설치

⑥ 팽창탱크 : 장치의 파열을 방지(안전장치)

7. 복사난방 시공 시 주의사항

① 가열면(콘크리트 바닥) 표면 허용 최고온도 : 31℃ 정도

② 매설 배관의 관경 : 15~20A의 동관 또는 XL관, PPC관, PB관 등

③ 배관 피치 : 200~300mm 정도

④ 매설 깊이 : 관 위에서 표면까지의 두께를 관경의 1.5~2배 이상으로 한다.

⑤ 배관 길이 : 배관회로 하나의 길이는 50m 이하

⑥ 온수의 온도차(온도 강하) : 6~8℃(콘크리트 바닥 기준, 온수온도 38~55℃)

8. 복사난방 패널 코일 및 배관방식

(1) 패널의 종류에 따라 분류

① 바닥 패널 : 시공이 용이, 가열면의 온도를 30℃ 이내로 한다.

② 천장 패널 : 시공이 어려우나 50~100℃ 정도까지 가능하다.

③ 벽 패널 : 창틀 부근에 설치하며 열손실이 크다.

(2) 배관방식

① 밴드 코일식 : 온수 유량 분배가 우수 및 온도차가 일정

② 사관식 코일 : 밴드 코일식의 일종

③ 그리드 코일식 : 코일 간 온도차가 균일하고, 배관저항이 적지만 유량이 불균일

④ 벽면 그리드 코일식

VI. 냉동설비

1. 냉매배관의 구성

① 흡입가스 배관(저압) : 증발기 → 압축기
② 토출가스 배관(고압) : 압축기 → 응축기
③ 고압 액배관 : 응축기 → 팽창밸브
④ 저압 액배관 : 팽창밸브 → 증발기

2. 냉매 배관 재료로서 갖추어야 할 조건

① 가공성이 양호할 것
② 내식성이 좋을 것
③ 냉매와 윤활유가 혼합될 때, 화학적 작용으로 인한 냉매의 성질이 변하지 않을 것
④ 저온에서 기계적 강도가 크고, 압력손실이 적을 것
⑤ 관내 마찰저항이 작을 것

3. 냉매 배관 시공의 기본 사항

① 배관재료는 냉매의 종류, 온도와 압력에 적합한 것을 선택한다.
② 배관길이는 되도록 짧게 하고 관경은 충분히 크게 한다.
③ 배관의 곡관부는 가능한 한 없게 하고 곡률반경을 크게 취한다.
④ 곡관부의 곡률반경은 크게 한다.
⑤ 배관은 외부 열원의 영향을 받지 않도록 하며 고온의 장소를 통과할 경우 단열처리 한다.
⑥ 냉동장치의 운전 및 정지 시의 온도변화에 대한 배관의 신축을 고려해야 한다.
⑦ 배관 내에 오일의 회수를 원활하게 하고 배관 중에 오일이 체류하지 않도록 한다.
⑧ 배관의 처짐을 고려하여 적당한 간격으로 배관을 지지한다.
⑨ 수평배관에는 냉매가 흐르는 방향으로 1/200~1/500의 하향경사로 설치한다.

⑩ 플렉시블 조인트는 굴곡이 많은 곳이나 진동이 많이 발생하는 배관에 설치하여 기기의 진동이 배관에 전달되지 않도록 하여 배관이나 기기의 파손을 방지할 목적으로 사용되므로 기계·구조물 등에 접촉되지 않도록 적당한 간격을 띄워 설치한다.
⑪ 동관, 동합금관, 알루미늄관 등은 가능한 한 이음매 없는 관을 사용

4. 냉매별 배관시공 시 주의사항

① 암모니아 : 동 및 동합금 사용금지
② 프레온 : 2% 이상의 마그네슘을 함유한 알루미늄 합금 사용금지
③ 염화메틸(R-40) : 알루미늄 및 알루미늄 합금 사용금지
④ R-22 : 고무패킹 및 고무관 사용금지

5. 냉매 배관 시공 시 주의사항

(1) 흡입 배관

① 수평 배관 중에는 트랩(trap)을 만들지 않는다.
② 흡입관의 입상이 긴 경우에는 약 10m마다 트랩을 설치한다.
③ 운전 중에는 장치 내의 오일이 일정비로 소량의 오일이 압축기로 회수되도록 한다.
④ 정지 중에는 증발기에 고인 냉매액과 오일이 압축기로 회수되지 않도록 해야 한다.
⑤ 흡입관의 구배는 1/200의 하향구배로 한다.
⑥ 압축기가 증발기보다 밑에 있는 경우에는, 정지 중에 액이 압축기로 유입되는 것을 방지하기 위해, 흡입관을 증발기 상부까지 입상시킨 후 압축기로 향하도록 한다.
⑦ 2대 이상의 증발기가 서로 다른 높이에 있고 압축기가 이들보다 밑에 있는 경우 흡입관은 증발기 상부 이상 입상시키고 압축기로 향하도록 한다.
⑧ 용량제어가 있는 압축기의 경우 최소 부하 시 유회수에 필요한 유속 확보를 위해 2중 입상관을 설치한다.

(2) 토출 배관

① 토출관이 합류할 경우 T이음을 하지 않고 Y이음을 채택한다.

② 압축기 정지 중에도 관 내에 응축된 냉매가 압축기로 역류하지 않도록 한다.
③ 응축기 쪽으로 하향구배를 하여 압축기 정지 중에 압축기로의 역류를 방지한다.
④ 헤드의 굵기는 가스가 충돌하지 않는 굵기로 한다.
⑤ 오일을 충분히 운반할 수 있는 유속(수평관 3.5m/s 이상, 상승관 6m/s 이상) 확보
⑥ 지나친 압력 손실 및 소음이 발생하지 않을 정도로 25m/s 이하로 속도를 억제
⑦ 토출관에 의해 발생하는 전 마찰손실은 19.6kPa를 넘지 않도록 할 것

(3) 액관

① 액관의 마찰손실은 가능한 한 작게 한다.
② 플래시 가스 발생을 방지하기 위해 냉매액을 0.5℃ 이상 과냉시킨다.
③ 액관 내의 유속은 0.5~1.5m/s, 마찰손실압력은 19.6kPa로 제한한다.

6. 냉동창고 단열방식

(1) 내부 단열방식

구조체의 내측에서 단열하는 방식으로, 예전부터 많이 사용되고 있다. 사용 조건이 서로 다른 여러 가지 종류(온도 기준)의 냉장실이 있는 냉장창고에 적합하다.

① 장·단점
  ㉠ 개조하기 쉬우나 열손실이 많다.
  ㉡ 모서리 부분에서의 단열에 특히 주의가 필요하다.
② 적용
  ㉠ 단층 또는 저층 냉장고에 주로 적용
  ㉡ 사용 조건이 서로 다른 냉장실이 필요한 냉장고
  ㉢ 각 층 각 실이 구조체로 구획되고 구조체의 내측에 맞추어 단열시공되는 냉장고

(2) 외부단열방식

기둥, 바람, 벽 등의 철근콘크리트 구조물에 대해 외부에서 단열 및 방습시공을 하는 방식으로, 냉장고의 대형화·고층화 추세에 따라 이 시공법의 적용이 증가하고 있다.

① 장점
  ㉠ 건축물의 구조체가 단열층으로 둘러싸임으로써 구조체가 보호되고, 구조체의 온도변화도 적다.
  ㉡ 단열의 내구성이 좋고 에너지절약 효과가 크다.
  ㉢ 시공하기가 쉬워 불량시공이 적다.
  ㉣ 고내 벽면에서의 온도차가 거의 없으므로 벽면의 온도가 균일한 냉장창고가 된다.
② 단점 : 각 층별 온도구획은 가능하나 개조공사가 쉽지 않다.
③ 적용
  ㉠ 단일 조건의 온도를 요구하는 대형 고층 냉장고
  ㉡ 층별로 구획된 냉장고

VII 가스설비

1. 도시가스 공급방식

① 저압 공급방식 : 가스압력 $0.1\text{MPa}(1\text{kg}/\text{cm}^2)$ 미만의 압력으로 공급하는 방식
② 중압 공급방식 : 가스압력 $0.1\sim 1\text{MPa}(1\sim 10\text{kg}/\text{cm}^2)$ 미만으로 공급하는 방식
③ 고압 공급방식 : 가스압력 $1\text{MPa}(10\text{kg}/\text{cm}^2)$ 이상의 압력으로 공급하는 방식

2. 도시가스 공급 순서

저장설비(가스 홀더) → 압축설비(압축기) → 압력조정설비(정압기) → 수송설비(도관) → 사용량의 적산설비(가스미터)

3. 가스관의 명칭

① 배관 : 본관, 공급관 및 내관을 말한다.
② 내관 : 가스 사용자가 소유하거나 점유하고 있는 토지의 경계에서 연소기까지에 이

르는 배관
③ 본관 : 도시가스 제조공장의 부지경계에서 정압기까지 이르는 배관
④ 공급관 : 정압기에서 가스 사용자가 소유하거나 점유하고 있는 토지의 경계까지에 이르는 배관

4. 가스관의 재료

강관, 주철관, 동관, 폴리에틸렌관 등이 사용되며 주로 지름 50mm 이하는 강관, 75mm 이상은 주철관이 사용된다.

5. 가스배관 경로 선정 4요소 : 최단, 직선, 옥외, 노출

① 최단거리로 할 것
② 구부러지거나 오르내림이 적을 것
③ 가능한 한 옥외에 설치할 것
④ 은폐 매설을 피할 것

6. 가스 홀더, 정압기, 가스미터

① 가스 홀더 : 공장에서 제조 정제된 가스를 저장했다가 공급하기 위한 압력탱크로 가스압력을 균일하게 하며, 급격한 수요변화에도 제조량과 소비량을 조절하기 위한 장치. 저압식(유수식, 무수식)과 중고압식 가스 홀더 등이 있다.
② 정압기 : 사용량이 다른 시간별 또는 특정 시간에 1차측 압력(공급압력)에 관계없이 2차측 압력(수요압력)을 일정하게 유지하는 역할을 하며 피셔식, 액셜 플로어식, 레이놀드식 등이 있다.
③ 가스미터 : 가스 소비량을 계산하고 요금 산출하기 위한 장치
　㉠ 직접식(실측식) : 건식(막식, 회전식), 습식(루츠미터)
　㉡ 간접식(추정식) : 터빈식, 임펠러식, 오리피스식, 벤츄리식, 와류식 등

7. 가스유량 계산

① 저압배관 가스유량 : $Q = K\sqrt{\dfrac{D^5 H}{SL}}\ [\text{m}^3/\text{h}]$

② 중·고압배관 가스유량 : $Q = K\sqrt{\dfrac{(P_1^2 - P_2^2)D^5}{SL}}\ [\text{m}^3/\text{h}]$

여기서, D : 파이프 내경[cm] H : 허용압력손실[mmAq]
　　　　S : 가스 비중　　　　L : 파이프 길이[m]
　　　　K : 유량계수　　　　P_1 : 초압[kg/cm² · a]
　　　　P_2 : 종압[kg/cm² · a]

8. 배관시공에 관한 사항

① 배관의 재료는 가스의 압력, 온도, 지역적 특성을 고려하여 시공을 해야 한다.
② 배관은 외부에 가스 사용명과 최고사용압력 및 가스흐름 방향을 표시해야 한다.
③ 지상배관은 황색으로 표시하고 매설배관은 적색 또는 황색으로 한다.
④ 배관 재료로는 2인치 이하는 가스관(강관)을 사용하고 3인치 이상은 주철관을 사용한다.
⑤ 건물의 주요 구조부를 관통하지 말 것
⑥ 수평배관은 100분의 1 정도의 구배를 주고 낮은 곳에는 수취기를 설치할 것
⑦ 외부로부터의 부식과 손상이 될 우려가 있는 장소를 피하고, 가능하면 온도 변화를 받지 않는 장소를 택할 것
⑧ 건축물 내의 배관은 외부에 노출하여 시공할 것. 다만, 동관, 스테인리스강관, 기타 내식성 재료로서 이음매(용접이음매는 제외) 없이 설치하는 경우에는 매몰하여 설치할 수 있다.
⑨ 배관은 천장, 공동구 등 환기가 잘 되지 아니하는 장소에 설치하지 않을 것
⑩ 공급배관의 매설 시 건축물에서 수평거리로 5m 이상 유지할 것
⑪ 배관의 이음부와 전기계량기 및 전기개폐기와의 이격거리는 60cm 이상, 굴뚝, 전기점멸기 및 전기접속기와의 이격거리는 30cm 이상, 절연조치를 하지 않은 전선과의 거리는 15cm 이상의 거리를 유지한다.
⑫ 폭 8m 이상의 도로에 관을 매설하는 경우에는 매설 깊이를 지면으로부터 1.2m 이

상으로 한다.

⑬ 배관을 철도부지에 매설하는 경우에는 배관의 외면으로부터 궤도 중심까지 4m 이상, 그 철도부지 경계까지는 1m 이상의 거리를 유지하고, 지표면으로부터 배관의 외면까지의 깊이를 1.2m 이상 유지한다.

⑭ 도시가스 배관을 시가지 도로 밑에 매설할 경우는 노면으로부터 1.5m 이상으로 하되, 방호구조물로 되어 있거나 시가지 외에서는 1.2m 이상 깊이로 매설해도 된다.

⑮ 가스계량기($30m^3$/hr 미만)의 설치 높이는 바닥으로부터 1.6m 이상 2m 이내에 수직·수평으로 설치한다.

⑯ 가스배관의 보수 또는 연장을 위하여 가스를 차단할 경우 가스팩(gas pack)을 사용하고 에어펌프나 압축기를 이용하여 적절한 압력으로 팩에 공기를 넣는다.

⑰ 가스배관의 고정장치 설치 간격

관경	13mm 미만	13mm 이상 33mm 미만	33mm 이상
고정 간격	1m	2m	3m

VIII. 설비 적산

1. 설비 적산

(1) 적산과 견적

① 적산 : 공사 목적물의 완성에 소요되는 기기나 재료의 수량 산출
② 견적 : 적산으로 산출된 수량에 단가를 곱하여 공사 금액을 산출

(2) 적산의 효과

① 본격적인 시공에 필요한 재료량, 구입 단가, 작업 인원, 노임 단가에 의한 실행 예산을 편성하고 집행할 수 있는 기준이 되므로 합리적인 시공 관리가 가능
② 예산 계획과 인력 수급 계획에 의한 공정 계획을 작성하고, 그 계획에 따라 자재

4. 공조냉동 설치·운영(전기제어)

구입, 노무 인력 투입의 시기를 정할 수 있으므로 효율적인 경영이 가능
③ 실행 예산과 실제 집행된 내용을 비교·분석하여 차기 사업에 대한 분석 자료로 활용

2. 공사 원가 구성 요소

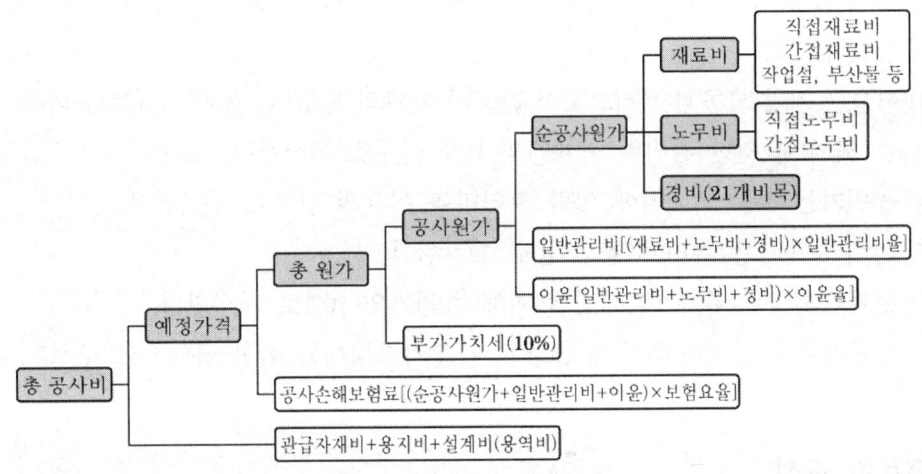

3. 공사비 구성

비목		내역
재료비	직접 재료비	공사 목적물의 물품의 가치
	간접 재료비	보조적 소비되는 물품의 가치
노무비	직접 노무비	작업만을 제공하는 공종별 하도급 지불금액
	간접 노무비	현장관리 인원의 노무비, 제수당, 퇴직급여 충당금 등

비목	내역
경비	계약목적물의 시공/용역 등의 소요경비 합계액
간접공사비	4대 보험료, 퇴직공제부금, 산업안전보건관리비, 공사이행보증수수료, 하도급대금지급보증수수료 등
일반관리비	기업유지 및 관리활동을 위한 제비용 교통통신비, 수도광열비, 지급임차료, 세금공과금 등
이윤	영업이윤으로 총공사비의 10% 정도
부가가치세	국세 및 간접세 등 부가된 가치에 대한 부과세금

① 공사비 계산은 순공사 원가(재료비+노무비+경비)에 일반 관리비와 이윤을 합한 총원가에 손해 보험료와 부가가치세의 합으로 한다.
② 경비는 공사를 진행하는 과정에 필요한 재료비와 노무비를 제외한 일반적인 필요 비용으로 전력비, 운반비, 보험료, 안전관리비 등이 포함된다.
③ 일반 관리비는 공사에 직접 투입되지는 않지만 기업의 유지 관리를 위한 활동 부분에서 발생하는 비용으로 임직원의 급료, 사무용품비, 통신비, 건물 임차료 등이 포함된다.
④ 이윤은 기업 활동의 목적으로서 순공사 원가의 노무비, 경비(기술료와 외주 가공비는 제외)와 일반 관리비 합계액의 15% 이내로 계상한다.
⑤ 총원가는 순공사 원가에 일반 관리비와 이윤의 합으로 구성된다.
⑥ 손해 보험료는 손해 보험 요율로 계상한다.
⑦ 부가가치세는 부가가치세법에 의해 총원가의 10%로 계상한다.
⑧ 총공사비는 총원가에 손해 보험료와 부가가치세를 합한 금액으로 구성된다.

4. 재료비 구성

재료비 산출은 설계 도서를 바탕으로 공사를 진행하기 위해 필요한 재료와 장비의 비용을 산출하는 것을 말한다.
① 직접 재료비는 공사를 진행하기 위해 직접 필요한 재료를 말하며 공사 목적물의 실체를 형성하는 품목비이다. 각기 산출하기 곤란하거나 상품적 가치가 미미한 재료에 대해서는 잡품 및 소모품비로 분류하여 주요 자재비의 2~5%를 계상한다. 그

밖에 직접적으로 산출이 곤란한 소모품비의 적용 요율은 표준 품셈에 제시된 규정을 따른다.

② 간접 재료비는 공사 목적물의 실제를 구성하지는 않지만 공사를 위해 반드시 필요한 재료 또는 공구류 등의 소모성 물품의 품목비이다. 일반적으로 사용되는 공구나 시험용 계측 기기류 등 소모품이 아니지만 지속적으로 사용하는 품목은 직접 노무비의 3%까지 계상한다. 동력에 의해 구동되며 기계 경비 산정표에 포함되지 않는 특수 공구나 검사용 계측 기기류는 직접 노무비의 1.5%까지 계상한다. 일반적 기계 및 중장비들은 기계 경비 산정표에 의해 정해진 손료를 계상한다.

③ 재료의 할증은 시방서 및 설계 도서에 의하여 산출된 재료의 정미량에 재료의 운반, 절단, 가공 및 시공 중에 발생되는 손실량을 가산해 주는 비율로, 품셈에 할증이 포함되어 있지 아니한 경우에 한하여 적용한다.

　㉠ 정미량(절대 소요량) : 공사에 실제 소요되는 자재량
　㉡ 할증량(시공 손실량) : 시공 중에 발생하는 손실을 감안하여 추가한 자재량
　㉢ 총소요 자재량 : 정미량+할증량

5. 물량 산출

설계 도서로부터 소요 물량을 산출할 때는 다음과 같은 기준으로 한다.
① 수평 방향에서 수직으로
② 시공 순서대로
③ 내부에서 외부로
④ 단위에서 전체로
⑤ 큰 곳에서 작은 곳으로

6. 설비 적산 출제 예상문제

1. 아래의 일반 펌프 설치 표준품셈과 개별직종 노임단가를 참고하여 7.5kW 급수펌프 1대 설치 시 노무비로 올바른 것은? (단, 원 단위 절사)

　가. 일반 펌프 설치(대당)

규격	단위	기계설비공	보통인부
7.5kW 이하	인	1.706	0.565

나. 개별 직종 노임단가

기계설비공	보통인부
199,489원	148,510원

[해설]

① 기계설비공 노무비 : 1.706인/대×199,489원=340,328원

② 보통인부 노무비 : 0.565인/대×148,510원=83,908원

③ 전체 노무비=기계설비공 노무비+보통인부 노무비
　　　　　　=340,328원+83,908원
　　　　　　=424,230원

2. 아래의 표를 참고하여 냉동배관 설치 시 노무비를 산출하시오. (단, 원 단위 절사)

　가. 냉동배관 설치 : 액관(DN 10) 50m, 가스관(DN 15) 30m

　나. 배관 시공 표준 품(배관 m당)

규격 (mm)	배관공 (인)	보통인부 (인)	규격 (mm)	배관공 (인)	보통인부 (인)
DN 8	0.021	0.010	DN 20	0.030	0.020
DN 10	0.023	0.013	DN 25	0.036	0.025
DN 15	0.026	0.016	DN 32	0.044	0.029

　다. 개별직종 노임단가

배관공	보통인부
202,689원	148,510원

[해설]

① 액관(DN 10) 노무비

　(50m×0.023×202,689원)+(50m×0.013×148,510원)=2,427,450원

② 가스관(DN 15) 노무비

　(30m×0.026×202,689원)+(30m×0.016×148,510원)=229,380원

③ 전체 노무비=①+②=2,656,830원

4. 공조냉동 설치·운영(전기제어)

3. 냉동창고를 설치하려고 한다. 재료비, 직접노무비가 아래표와 같을 때 이윤과 총공사 금액으로 올바른 것은?

> 가. 재 료 비 : 175,000,000원
> 나. 직접노무비 : 80,000,000원
> 다. 간접노무비 : 직접노무비의 15%
> 라. 경 비 : 23,000,000원
> 마. 일반관리비 : 순공사비의 5.5%
> 바. 이 윤 : (노무비+경비+일반관리비)의 15%

[해설]
    가. 이윤
        ① 노무비=80,000,000×1.15=92,000,000원
        ② 순공사비=재료비+노무비+경비
            =175,000,000+92,000,000원+23,000,000원
            =290,000,000원
        ③ 일반관리비=순공사원가×0.055=290,000,000×0.055=15,950,000원
        ④ 이윤=(노무비+경비+일반관리비)×0.15=19,642,500원
    나. 총공사 금액
        순공사비+일반관리비+이윤=290,000,000원+15,950,000원+19,642,500원
                =325,592,500원

IX. 방음·방진 점검

1. 방음

① 방음 : 원하지 않는 소리를 없애는 것으로 차음과 흡음으로 분류
   방음=차음+방진+흡음+음향 설계
② 차음 : 음의 에너지를 한 공간에서 다른 공간으로 전이되지 않게 절연시키는 것

2. 소음의 발생 원인

① 기기 작동 : 냉동기, 보일러, 펌프, 송풍기, 냉각탑 등
② 덕트 또는 배관의 유체 흐름(압력 변동) : 수격작용(water hammer), 공동현상(cavitation), 맥동현상(Surging), 유체의 압력변동, 유동방향의 변환
③ 배관의 신축

> **참고**
>
> ① 송풍계통 소음
>   ㉠ 송풍기 소음
>   • 송풍기의 소음 파워는 유량에는 비례하고 정압에는 제곱에 비례하여 증가
>   • 송풍효율이 낮을수록 소음이 증가하며, 날개 통과 주파수에서 강한 소음 발생
>   ㉡ 덕트, 댐퍼, 취출구 및 흡입구에서의 기류 소음 : 대부분의 기류 소음은 기류가 고체에 충돌하여 발생되고 소음 파워는 유속의 약 5승에 비례
> ② 급·배수계통의 소음 : 유속, 압력, 기포 등

3. 흡음 및 차음

① 소음 저감 방법 : 흡음, 차음
② 흡음 : 음 에너지를 흡수하여 소산시키는 방법(실내의 벽, 천장 및 바닥에 흡음재 부착)
③ 차음 : 벽에 의하여 음파의 투과를 막는 방법(소음원이나 수음자의 밀폐, 방음 커버, 방음벽, 칸막이벽 등)

> **참고**
>
> | 흡음재에 요구되는 특성 | 흡음재의 종류 |
> |---|---|
> | ① 흡음률이 클 것 | ① 암면 |
> | ② 표면마찰저항이 적을 것 | ② 글라스울(유리면) |
> | ③ 난연재이고 기류에 의한 비산이 없을 것 | |

4. 소음 설계의 기본 사항

① 발생 소음 자체를 줄인다.(가장 간단하며 근본적인 방법)
　㉠ 소음 발생량이 적은 기기를 선정하고 방음, 방진 등의 대책을 세운다.
② 음의 투과량을 줄인다.
　㉠ 기계실 등 소음이 발생되는 실의 벽, 천장 등에 흡음재 부착 또는 차음벽 설치
③ 기계실 등을 방음이 필요한 주요 실과 떨어뜨린다.
④ 덕트, 배관 등의 관통부 차음 처리

5. 덕트 소음의 감쇠

(1) 자연감쇠

흡음장치에 의한 것 외의 소음감쇠
　① 원형 덕트 자연감쇠 : 1,000Hz 미만 0.1dB/m, 1,000Hz 이상 0.3dB/m
　② 분기관 : 단면적에 비례하여 저감

(2) 소음기에 의한 감쇠

① 흡음형 소음기의 종류 : 내장 덕트형, 스플리터형(splitter), 셀형(cell), 파형, 엘보형 및 챔버형 소음기

(3) 덕트 소음의 투과

① 외부 투과 : 덕트 내를 전파하는 소음은 일부 덕트벽을 통하여 투과되며, 틈새가 있는 경우에는 많은 투과가 일어날 수 있다. 외부 투과는 덕트 소음 자연감쇠의 한 요인인 동시에 덕트가 통과하는 공간에 소음문제를 일으키는 원인이 되기도 한다.
② 내부 투과 : 외부 투과와 반대로 실내의 소음이 덕트 내부로 투과되어 덕트의 소음이 커지거나 인접한 방 사이에 소리관통의 원인이 되기도 한다.

(4) 덕트 소음의 저감방법

① 분기덕트는 7m/s 이하를 유지한다.

② 급격한 꺾임부를 방지한다.
③ 급격한 확대 또는 축소를 방지한다.
④ 적정 분기 위치 및 크기를 검토한다.
⑤ 주 덕트에 기구 설치를 방지한다.

6. 설비기기의 소음 저감방법

(1) 음원 대책

① 운전조건의 개선, 강제력의 저감, 소음기, 방음커버 및 방진장치 등을 설치한다.
② 송풍기는 정압이나 유량을 줄이고 효율이 높게 운전하며 덕트에서는 유속을 낮춘다.
③ 덕트 단면이나 유로의 급격한 변화를 피하며 부득이한 경우는 가이드 베인을 설치한다.
④ 배관소음은 유속이 2.0m/s를 넘지 않게 한다.
⑤ 급수관 상단이나 관말 부분에 최소한 급수관과 동일한 구경의 공기실이나 수격방지기를 설치하여 수격현상을 방지한다.
⑥ 배수소음의 경우는 배수용 주철관의 사용이나 단열재 위에 모르타르를 피복하여 차음성능을 크게 향상한다.

(2) 경로대책

① 덕트를 통하여 소음이 전파할 때는 흡음을 위하여 소음챔버나 덕트 소음기를 설치하고 자주파 소음의 경우에는 능동 소음기를 사용한다.
② 대형 덕트가 실을 통과할 경우에는 면밀도가 큰 덕트를 사용하거나 흡음재로 감싸서 소음의 투과를 차단한다.
③ 인접실의 소음이 문제인 경우에는 면밀도가 큰 칸막이벽을 사용하여 투과손실을 크게 하며, 일치 주파수가 높고 틈새를 통한 우회음의 전달이 없도록 밀폐한다.
④ 기계장치를 설치할 때 방진이 충분하지 않으면 진동이 구조체를 통하여 벽, 문, 천장과 같은 넓은 판에 전달되어 많은 소음을 방사한다.
⑤ 배관이나 덕트가 벽체를 통과할 때는 슬리브를 설치하여 신축현상을 흡수하고, 진동이나 소음의 전파를 차단한다.

7. 방진

(1) 방진의 목적

건물의 구조물에 진동전달을 방지하고 고체음을 감소시킴으로써 건물의 수명을 연장하고 진동공해로 인한 기계장치와 재실자의 피해를 방지

(2) 방진기의 종류

① 패드 및 고무류
② 고무 마운트
③ 스프링 마운트
④ 구속 제진 스프링 마운트

(3) 배관 지지쇠의 종류

① 행거 : 리지드, 스프링, 콘스탄트
② 서포트 : 스프링, 롤러, 리지드
③ 리스트레인트 : 앵커, 스톱, 가이드
④ 브레이스 : 방진기, 완충기

(4) 방진기 시공 시 주의사항

① 기계실 및 공조실에서 모든 진동을 일으키는 기계류, 장비류 및 덕트나 배관장치 등은 건물의 구조물과 직접 연결되지 않도록 하고 방진 스프링 행거나 방진 스프링의 마운트를 설치함을 원칙으로 한다.
② 방진기의 스프링은 부식방지 및 기기의 수명연장을 위하여 분체도장을 반드시 한다.
③ 최하부 바닥층의 방진 스프링의 마운트는 최소 19mm 정적변위를 가져야 하고, 최하부 바닥층을 제외한 층과 지상층의 방진 스프링의 마운트는 최소 38mm 정적변위를 가져야 한다.

(5) 기기별 방음, 방진 대책

기기	전달방식	방지대책	차음대책	방진대책	주의사항
송풍기	덕트	소음장치 설치	차음상자에 수용	방진장치 설치	덕트 내 풍속고려
공조기	덕트	소음장치 설치		방진장치 설치	기종 및 운전조건 검토
냉각탑	옥외 인근	소음장치 설치	방음막 설치	냉각수 배관 방진	
냉동기	고체전파음 및 진동이 기계실에서 건물 내로 확산		기계실에 설치	방진장치 설치	
보일러	송풍기음이 기계실에서 옥외로 확산		기계실에 설치		송풍기음 작게
펌프				가대, 방진이음	방진가대 서치
기계실		위치, 공간 고려	콘크리트 구조		덕트, 배관, 진동
덕트, 배관		소음 및 덕트 개구부 위치선정시 주변 영향 고려	콘크리트 구조	덕트와 배관 방진	

X 안전관리의 개요

1. 안전관리의 정의

재해발생을 최소화하기 위한 계획적이고 체계적인 제반활동이며 인간의 생명과 재산을 보호하고 사고발생을 미연에 방지한다.

(1) 안전관리의 목적

① 근로자의 생명을 존중하고 사회복지를 증진시킨다.
② 작업능률을 향상시켜 생산성이 향상된다.
③ 기업의 경제적 손실을 방지한다.

> **산업안전보건법 제정 목적**
> ① 근로자의 안전과 보건의 유지 및 증진
> ② 산업재해를 예방
> ③ 쾌적한 작업환경 조성

(2) 안전대책의 3원칙

① 기술적(공학적) 대책
② 교육적 대책
③ 규제적(관리적) 대책

(3) 재해율

① 연천인율 : 근로자 1,000명당 1년간에 발생하는 재해자의 수

$$연천인율 = \frac{재해자수}{평균\ 근로자수} \times 1,000 = 빈도율 \times 2.4$$

② 빈도율(도수율) : 연 근로시간 1,000,000시간당 재해발생 건수

$$빈도율 = \frac{재해\ 발생\ 건수}{연간\ 근로시간수} \times 1,000,000$$

③ 강도율 : 근로시간 1,000시간당 근로 손실일수

$$강도율 = \frac{근로\ 손실일수}{연간\ 근로시간수} \times 1,000$$

2. 안전·보건관리 규정

(1) 안전·보건관리 규정 작성

① 상시 근로자 100명 이상을 사용하는 사업장에는 안전·보건관리 규정을 작성해야 한다.
② 사유가 발생한 날부터 30일 이내에 안전·보건관리 규정을 작성해야 한다.

(2) 안전·보건관리 규정 내용

① 안전·보건관리 조직과 직무에 관한 사항
② 안전·보건교육에 관한 사항
③ 작업장의 안전관리에 관한 사항
④ 작업장의 보건관리에 관한 사항
⑤ 사고 조사 및 대책수립에 관한 사항

3. 재해의 원인

(1) 직접적인 원인

① 불안전한 행동(인적 원인)
  ㉠ 안전장치의 기능을 제거한 경우
  ㉡ 개인 복장 및 보호구를 용도에 맞지 않게 잘못 착용하거나 미착용한 경우
  ㉢ 기계장치를 잘못된 방법으로 운전하는 경우
  ㉣ 운전 중인 기계를 청소, 주유, 점검, 수리를 하는 경우
  ㉤ 기계운전 시 부적당한 속도로 운전하는 경우
  ㉥ 결함이 있는 장치를 사용하거나 허가없이 장치를 운전하는 경우
  ㉦ 추락, 전도, 협착 등이 발생할 수 있는 위험한 장소에 접근하는 경우
  ㉧ 기계장치 및 자재의 부적당한 적재와 정리정돈이 안 된 불안전한 상태로 방치한 경우
  ㉨ 불안전한 자세 또는 동작으로 작업하는 경우
② 불안전한 상태(물적 원인)
  ㉠ 안전 및 방호장치에 결함이 있거나 설치되지 않았을 경우
  ㉡ 결함이 있는 공구나 장치를 사용하는 경우
  ㉢ 작업환경이 지나친 소음과 조명 및 환기가 불충분하여 작업환경에 결함이 있는 경우
  ㉣ 작업장소가 너무 밀집되어 있을 경우
  ㉤ 화재 또는 폭발성의 위험성이 있는 작업장

4. 공조냉동 설치·운영(전기제어)

ⓑ 작업순서나 위험한 공정에 대한 생산공정에 결함이 있는 경우
ⓢ 경계표시 및 시건장치가 없는 경우
ⓞ 복장 및 보호구가 필요한 수량만큼 구비되지 않았을 경우

> **사고발생이 많이 일어나는 순서**
> ① 사고발생은 작업자의 실수(불안전한 행동이나 상태)에 의해 가장 많이 발생한다.
> ② 사고발생은 불안전한 행동에 의해 가장 많이 발생하고, 불안전한 상태, 불가항력 순으로 발생한다.

(2) 간접적인 원인

① 관리적 원인
  ㉠ 안전수칙을 제정하지 않았을 경우
  ㉡ 작업준비가 미흡한 경우
  ㉢ 작업원의 배치가 부적당한 경우
  ㉣ 작업지시가 부적당한 경우
② 교육적 원인
  ㉠ 안전지식이 부족한 경우
  ㉡ 안전수칙을 오해한 경우
  ㉢ 작업방법에 대한 교육이 불충분한 경우
③ 기술적 원인
  ㉠ 기계장치의 설계가 불량한 경우
  ㉡ 생산방법이 부적당한 경우
  ㉢ 구조 및 재료가 부적합한 경우
  ㉣ 점검, 정비, 보존이 불량한 경우

> **재해발생의 3요소**
> 인간의 결함, 환경의 결함, 기계의 결함

4. 재해의 조사

(1) 재해 조사의 목적

① 산업재해의 재발을 방지하기 위한 방지대책을 강구하기 위해 실시한다.
② 재해자를 처벌하기 위해 조사하는 것이 아니라 재해의 원인을 규명하고 예방을 하기 위한 자료수집을 하기 위해 조사한다.

(2) 재해 조사의 방법

① 재해발생 직후에 실시하며 조사자는 주관적인 관점이 아닌 객관적으로 현장의 물적 증거를 토대로 조사한다.
② 재해현장을 사진으로 촬영하여 보관하고 기록한다.
③ 재해 피해자와 목격자 등 주위 사람들에게 재해의 직전 상황을 듣는다.

5. 재해 발생의 형태별 분류

① 추락 : 사람이 건축물, 비계, 기계, 사다리, 계단, 경사면, 나무 등에서 떨어지는 경우
② 전도 : 사람이 평면상으로 넘어졌을 경우
③ 충돌 : 사람이 정지된 물체에 부딪친 경우
④ 낙하, 비래 : 물건이 주체가 되어 사람이 맞은 경우
⑤ 붕괴, 도괴 : 적재물, 비계, 건축물이 무너진 경우
⑥ 협착 : 물건에 끼워진 상태이거나 말려든 상태
⑦ 감전 : 전기접촉이나 방전에 의해 사람이 충격을 받은 경우
⑧ 폭발 : 압력의 급격한 발생 또는 개방으로 폭음을 수반한 팽창이 일어난 경우
⑨ 파열 : 용기 또는 장치가 물리적인 압력에 의해 파열한 경우
⑩ 화재 : 화재로 인한 경우
⑪ 무리한 동작 : 무거운 물건을 들다 허리를 삐거나 부자연한 자세 또는 동작의 반복으로 상해를 입은 경우
⑫ 이상온도 접촉 : 고온이나 저온에 접촉한 경우
⑬ 유해물 접촉 : 유해물 접촉으로 중독되거나 질식된 경우

6. 사고예방의 원리

(1) 사고예방의 4원칙

① 원인 연계의 원칙 : 사고는 여러 가지 원인이 연속적으로 연계되어 발생한다.
② 손실 우연의 원칙 : 사고로 인한 손실에는 우연성이 있다.
③ 예방 가능의 원칙 : 모든 사고는 사전에 예방이 가능하다.
④ 대책 선정의 원칙 : 사고를 예방하기 위해서는 반드시 안전대책이 선정되고 적용되어야 한다.

(2) 사고예방의 5단계

① 1단계 안전조직 : 안전활동방침 및 기획을 수립하고 안전관리자를 임명하여 구체적인 안전관리 조직을 통하여 안전활동을 전개하는 단계이다.
② 2단계 사실의 발견 : 안전활동(안전점검, 사고 조사, 안전회의 등)에 대한 기록을 검토하고, 작업요소를 분석하여 불안전한 요소들을 발견하는 단계이다.
③ 3단계 분석 : 현장조사의 결과 분석, 사고 보고, 작업공정 및 작업환경 등을 분석하여 불안전 요소들을 찾아내는 단계이다.
④ 4단계 시정책의 선정 : 분석을 통하여 기술적인 개선, 교육훈련 개선, 규정 및 수칙을 개선, 체제를 강화하여 불안전한 행동과 상태를 바로잡는 단계이다.
⑤ 5단계 시정책의 적용 : 문제 해결을 위해서는 교육, 기술, 독려로 완성하여 선정한 시정책을 강구하고 반드시 적용되어야 하는 단계이다.

> **안전대책의 3원칙**
> ① 기술적 대책 : 안전설계, 작업공정의 개선, 안전기준 설정, 환경설비 개선, 점검보존 확립
> ② 교육적 대책 : 안전교육 및 훈련 실시
> ③ 관리적 대책 : 엄격한 규칙에 의해 제도적으로 시행

7. 안전관리자

(1) 안전관리자의 종류

① 안전관리 총괄자 : 해당 사업소 또는 사용신고시설의 안전에 관한 업무를 총괄한다.
② 안전관리 부총괄자 : 안전관리 총괄자를 보좌하여 해당 사업소의 안전에 대해 직접 관리한다.
③ 안전관리 책임자 : 안전관리 부총괄자를 보좌하여 사업장의 안전에 관한 기술적인 사항을 관리하고 안전관리원에 대해 지휘 및 감독한다.
④ 안전관리원 : 안전관리 책임자의 지시에 따라 안전관리자의 직무를 수행한다.

(2) 안전관리자의 업무

① 사업소 또는 사용신고시설의 시설·용기 또는 작업과정의 안전유지
② 용기 등의 제조공정 관리
③ 공급자의 의무이행 확인
④ 안전관리규정의 시행 및 그 기록의 작성·보존
⑤ 사업소 또는 사용신고시설의 종사자에 대한 안전관리를 위하여 필요한 지휘·감독
⑥ 그 밖의 위해방지 조치

(3) 냉동제조시설의 안전관리규정 작성 요령

① 안전관리자의 직무·조직 및 책임에 관한 사항
② 사업소시설의 공사·유지에 관한 사항
③ 공급자의 의무이행에 관한 사항
④ 충전용기 및 차량에 고정된 탱크의 운반에 관한 사항
⑤ 종업원의 훈련에 관한 사항
⑥ 위해 발생 시 소집방법·조치·훈련에 관한 사항
⑦ 자율검사를 위한 검사장비의 보유 및 자율검사요원의 관리에 관한 사항
⑧ 고압가스의 제조·저장·판매시설에 대한 자율검사에 관한 사항
⑨ 가스 사용시설에 대한 안전조치에 관한 사항
⑩ 용기 등의 제조공정 및 자율검사에 관한 사항

⑪ 외부협력업체 등의 안전관리규정 적용에 관한 사항

8. 안전점검

(1) 안전점검의 구분

① 정기점검 : 안전상 주요 부분의 마모, 손상 등 장치의 이상유무를 점검하는 것으로 일정한 기간이나 날짜를 정해 놓고 주기적으로 시설이나 기계를 점검한다.
② 일상점검 : 기계를 가동하기 전 또는 가동 중이나 가동 종료 시 작업동작에 대한 이상유무를 점검하는 것으로 수시점검이다.
③ 특별점검 : 설비의 신설, 변경 또는 천재지변 발생 후 실시하는 점검이다.
④ 임시점검 : 정기점검 기일 전에 임시로 실시하는 것으로 위험한 부분이나 특정한 부분을 비정기적으로 실시하는 점검이다.

(2) 일일점검

① 운전 중의 제조설비는 1일 1회 이상 작동상황에 대하여 이상유무를 점검한다.
② 운전 중의 점검사항
  ㉠ 제조설비로부터 누출 여부
  ㉡ 계측기기의 지시, 경보, 제어상태
  ㉢ 제조설비의 온도, 압력, 유량 등 조업조건의 변동상황
  ㉣ 제조설비의 외부식, 마모, 균열 등의 손상유무
  ㉤ 회전기계의 진동, 이상음, 이상온도 상승 등 작동상황
  ㉥ 가스누출경보장치의 상태
  ㉦ 수액기 액면의 지시상태
  ㉧ 접지접속선의 단선 및 그 밖의 손상유무

XI. 고압가스안전관리법

1. 목적

고압가스의 제조·저장·판매·운반·사용과 고압가스의 용기·냉동기·특정설비 등의 제조와 검사 등에 관한 사항 및 가스안전에 관한 기본적인 사항을 정함으로써 고압가스 등으로 인한 위해를 방지하고 공공의 안전을 확보한다.

2. 고압가스의 종류 및 범위

① 상용(常用)의 온도에서 압력(게이지압력)이 1MPa(메가파스칼) 이상이 되는 압축가스로서 실제로 그 압력이 1MPa 이상이 되는 것 또는 섭씨 35도의 온도에서 압력이 1MPa 이상이 되는 압축가스(아세틸렌가스 제외)
② 섭씨 15도의 온도에서 압력이 0Pa(파스칼)을 초과하는 아세틸렌가스
③ 상용의 온도에서 압력이 0.2MPa 이상이 되는 액화가스로서 실제로 그 압력이 0.2MPa 이상이 되는 것 또는 압력이 0.2MPa이 되는 경우의 온도가 섭씨 35도 이하인 액화가스
④ 섭씨 35도의 온도에서 압력이 0Pa을 초과하는 액화가스 중 액화시안화수소·액화브롬화메탄 및 액화산화에틸렌가스
※ 냉동능력이 3톤 미만인 냉동설비 안의 고압가스는 제외

3. 용어의 정의

① 저장탱크 : 고압가스를 충전·저장하기 위하여 지상 또는 지하에 고정 설치된 탱크
② 초저온 저장탱크 : 섭씨 영하 50도 이하의 액화가스를 저장하기 위한 저장탱크로서 단열재를 씌우거나 냉동설비로 냉각시키는 등의 방법으로 저장탱크 내의 가스온도가 상용의 온도를 초과하지 아니하도록 한 것
③ 가연성 가스 저온저장탱크 : 대기압에서의 끓는 점이 섭씨 0도 이하인 가연성 가스를 섭씨 0도 이하인 액체 또는 해당 가스의 기상부의 상용압력이 0.1MPa 이하인

액체상태로 저장하기 위한 저장탱크로서 단열재를 씌우거나 냉동설비로 냉각하는 등의 방법으로 저장탱크 내의 가스온도가 상용 온도를 초과하지 아니하도록 한 것

④ 저온저장탱크 : 액화가스를 저장하기 위한 저장탱크로서 단열재를 씌우거나 냉동설비로 냉각시키는 등의 방법으로 저장탱크 내의 가스온도가 상용의 온도를 초과하지 아니하도록 한 것(단, 초저온저장탱크와 가연성 가스 저온저장탱크 제외)

⑤ 초저온 용기 : 섭씨 영하 50도 이하의 액화가스를 충전하기 위한 용기로서 단열재를 씌우거나 냉동설비로 냉각시키는 등의 방법으로 용기 내의 가스온도가 상용 온도를 초과하지 아니하도록 한 것

⑥ 저온 용기 : 액화가스를 충전하기 위한 용기로서 단열재를 씌우거나 냉동설비로 냉각시키는 등의 방법으로 용기 내의 가스온도가 상용의 온도를 초과하지 아니하도록 한 것(단, 초저온 용기 제외)

⑦ 충전 용기 : 고압가스의 충전 질량 또는 충전 압력의 2분의 1 이상이 충전되어 있는 상태의 용기

⑧ 잔가스 용기 : 고압가스의 충전 질량 또는 충전 압력의 2분의 1 미만이 충전되어 있는 상태의 용기

⑨ 냉동기 : 고압가스를 사용하여 냉동하기 위한 기기로서 냉동능력 산정기준에 따라 계산된 냉동능력이 3톤 이상인 것

4. 냉동기 제조 기술 기준

(1) 냉동기의 정의

① 냉동기 : 고압가스를 사용하여 냉동하기 위한 기기로서 냉동능력 산정기준에 따라 계산된 냉동능력이 3톤 이상인 것을 말한다.

② 일체형 냉동기
  ㉠ 냉동설비 및 압축기용 원동기가 하나의 프레임 위에 일체로 조립된 것
  ㉡ 냉동설비를 사용할 때 스톱밸브 조작이 필요 없는 것
  ㉢ 사용장소에 분할·반입하는 경우에는 냉매설비에 용접 또는 절단을 수반하는 공사를 하지 아니하고 재조립해서 냉동제조용으로 사용할 수 있는 것
  ㉣ 냉동설비 수리 등을 하는 경우에 냉매설비 부품의 종류, 설치 개수, 부착 위치

및 외형 치수와 압축기용 운동기의 정격출력이 제조사와 동일하도록 설계, 수리
될 수 있는 것
ⓓ 응축기와 증발기 유닛이 냉매배관으로 연결된 것으로 1일의 냉동능력이 20톤
미만인 공조용 패키지 에어컨이다.

(2) 법정 냉동능력 산정

① 원심식 압축기의 냉동설비 : 압축기의 원동기 정격출력 1.2kW를 1일의 냉동능력 1톤으로 본다.

② 흡수식 냉동설비 : 발생기를 가열하는 1시간의 입열량 6,640kcal를 1일의 냉동능력 1톤으로 본다.

③ 증기압축식 냉동설비

$$R = \frac{V}{C} [\text{RT}]$$

여기서, $R[\text{RT}]$: 법정 냉동능력 $V[\text{m}^3/\text{h}]$: 피스톤 압출량
C : 냉매가스의 종류에 따른 수치

④ 피스톤 압출량(V) 계산

㉠ 다단압축기, 다원압축기

$$V = V_H + 0.08 V_L [\text{m}^3/\text{h}]$$

여기서, $V_H[\text{m}^3/\text{h}]$: 고단측 압축기의 피스톤 압출량
$V_L[\text{m}^3/\text{h}]$: 저단측 압축기의 피스톤 압출량

㉡ 회전식 압축기

$$V = 0.785 \times 60 \times (D^2 - d^2) tN [\text{m}^3/\text{h}]$$

여기서, $D[\text{m}]$: 실린더 내경 $d[\text{m}]$: 피스톤 외경
$t[\text{m}]$: 피스톤의 두께 $N[\text{rpm}]$: 회전수

㉢ 왕복동식 압축기

$$V = 0.785 \times 60 \times D^2 LNn [\text{m}^3/\text{h}]$$

여기서, $D[\text{m}]$: 실린더 내경 $L[\text{m}]$: 피스톤 행정
$n[\text{m}]$: 실린더수 $N[\text{rpm}]$: 회전수

(3) 냉동능력 합산 기준

① 냉매가스가 배관에 의하여 공통으로 되어 있는 냉동설비
② 냉매계통을 달리하는 2개 이상의 설비가 1개의 규격품으로 인정되는 설비 내에 조립되어 있는 것(Unit형의 것)
③ 2원(元) 이상의 냉동방식에 의한 냉동설비
④ 모터 등 압축기의 동력설비를 공통으로 하고 있는 냉동설비
⑤ 브라인(Brine)을 공통으로 사용하고 있는 2개 이상의 냉동설비

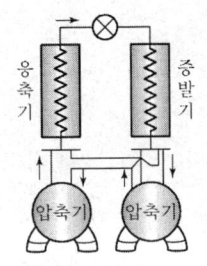
① 냉매배관 공통의 냉동설비

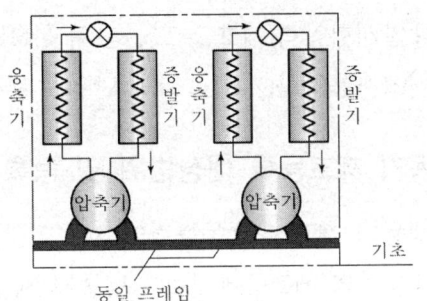
② 동일 프레임 위에 조립한 냉동설비

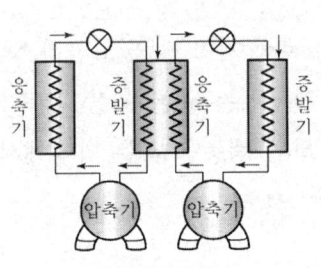
③ 이원냉동설비

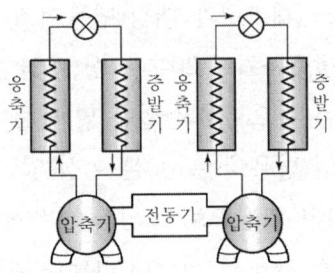
④ 동력 공통의 냉동설비

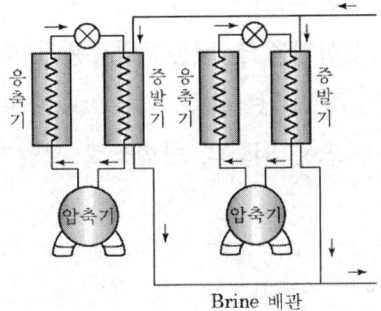
⑤ Brine 공통의 냉동설비

(4) 냉동기 제품 표시

① 냉동기 제조자의 명칭 또는 약호
② 냉매가스의 종류
③ 냉동능력(단위 : RT), 압력용기(단위 : L)
④ 원동기 소요전력 및 전류(단위 : kW, A)
⑤ 제조번호
⑥ 검사에 합격한 연월
⑦ 내압시험압력(기호 : TP, 단위 : MPa)
⑧ 최고사용압력(기호 : DP, 단위 : MPa)

(5) 냉동기 제조등록 대상범위 및 등록기준

① 냉동기 제조 : 냉동능력이 3톤 이상인 냉동기를 제조하는 것
② 냉동기의 제조등록기준 : 냉동기 제조에 필요한 프레스설비·제관설비·건조설비·용접설비 또는 조립설비 등을 갖출 것
③ 고압가스 제조허가 대상(냉동제조)
  1일의 냉동능력이 20톤 이상(가연성 가스 또는 독성 가스 외의 고압가스를 냉매로 사용하는 것으로서 산업용 및 냉동·냉장용인 경우에는 50톤 이상, 건축물의 냉·난방용인 경우에는 100톤 이상)인 설비를 사용하여 냉동을 하는 과정에서 압축 또는 액화의 방법으로 고압가스가 생성되게 하는 것
④ 고압가스 제조의 신고대상(냉동제조)
  냉동능력이 3톤 이상 20톤 미만(가연성 가스 또는 독성 가스 외의 고압가스를 냉매로 사용하는 것으로서 산업용 및 냉동·냉장용인 경우에는 20톤 이상 50톤 미만, 건축물의 냉·난방용인 경우에는 20톤 이상 100톤 미만)인 설비를 사용하여 냉동을 하는 과정에서 압축 또는 액화의 방법으로 고압가스가 생성되게 하는 것

4. 공조냉동 설치·운영(전기제어)

(6) 냉동제조시설의 안전관리자 선임 기준

저장 및 처리능력	선임 구분		
	안전관리자 구분	선임인원	자격구분
냉동능력 300톤 초과 (프레온을 냉매로 사용 시 냉동능력 600톤 초과)	안전관리총괄자	1인	
	안전관리책임자	2인	공조냉동기계산업기사
	안전관리원	2인 이상	공조냉동기계기능사 또는 냉동시설안전관리자양성교육이수자
냉동능력 100톤 초과 300톤 이하 (프레온을 냉매로 사용 시 냉동능력 200톤 초과 600톤 이하)	안전관리총괄자	1인	
	안전관리책임자	1인	공조냉동기계산업기사 또는 공조냉동기계기능사
	안전관리원	1인 이상	공조냉동기계기능사 또는 냉동시설안전관리자양성교육이수자
냉동능력 50톤 초과 100톤 이하 (프레온을 냉매로 사용 시 냉동능력 100톤 초과 200톤 이하)	안전관리총괄자	1인	
	안전관리책임자	1인	공조냉동기계기능사
	안전관리원	1인 이상	공조냉동기계기능사 또는 냉동시설안전관리자양성교육이수자
냉동능력 50톤 이하 (프레온을 냉매로 사용 시 냉동능력 100톤 이하)	안전관리총괄자	1인	
	안전관리책임자	1인	공조냉동기계기능사 또는 냉동시설안전관리자양성교육이수자

고압가스안전관리자 선임 기준

① 안전관리자를 선임한 자는 안전관리자를 선임 또는 해임하거나 안전관리자가 퇴직한 경우에는 지체없이 허가관청, 신고관청, 등록관청, 사용신고관청에 신고한다.
② 해임 또는 퇴직한 날부터 30일 이내에 다른 안전관리자를 선임하여야 한다.

XII. 기계설비법

1. 제정 목적

① 기계설비산업의 발전을 위한 기반을 조성
② 기계설비의 안전하고 효율적 유지관리를 위해 필요한 사항을 정함
　☞ 국가경제의 발전과 국민의 안전 및 공공복리 증진에 기여

2. 용어의 정리

① 기계설비 : 건축물, 시설물 등(이하 "건축물 등"이라 한다)에 설치된 기계·기구·배관 및 그 밖에 건축물 등의 성능을 유지하기 위한 설비
② 유지관리 및 성능점검 대상 기계설비

기계설비의 종류	세무 항목
1. 열원 및 냉난방설비	냉동기
	냉각탑
	축열조
	보일러
	열교환기
	팽창탱크
	펌프(냉·난방)
	신재생에너지(지열, 태양열, 연료전지 등)
	패키지 에어컨
	항온항습기
2. 공기조화설비	공기조화기
	팬코일 유닛
3. 환기설비	환기설비
	필터
4. 위생기구설비	위생기구설비
5. 급수·급탕설비	급수펌프, 급탕탱크
	고·저수조

4. 공조냉동 설치·운영(전기제어)

기계설비의 종류	세부 항목
6. 오·배수 통기 및 우수배수설비	오·배수배관
	통기배관
	우수배관
7. 오수정화 및 물재이용설비	오수정화설비
	물 재이용설비
8. 배관설비	배관 및 부속기기
9. 덕트설비	덕트 및 부속기기
10. 보온설비	보온 및 부속기기
11. 자동제어설비	자동제어설비
12. 방음·방진·내진설비	방음설비
	방진설비
	내진설비

③ 기계설비공사 : 건설산업기본법의 "건설공사" 중 "기계설비"와 관련된 공사를 말함

> 건설산업기본법 제2조(정의) 제4호 "건설공사"
> "건설공사"란 토목공사, 건축공사, 산업설비공사, 조경공사, 환경시설공사, 그 밖에 명칭과 관계없이 시설물을 설치·유지·보수하는 공사(시설물을 설치하기 위한 부지 조성공사를 포함한다) 및 기계설비나 그 밖의 구조물의 설치 및 해체공사 등을 말한다. 다만, 다음 각 목의 어느 하나에 해당하는 공사는 포함하지 아니한다.
> 　가. 「전기공사업법」에 따른 전기공사
> 　나. 「정보통신공사업법」에 따른 정보통신공사
> 　다. 「소방시설공사업법」에 따른 소방시설공사
> 　라. 「문화재 수리 등에 관한 법률」에 따른 문화재 수리공사

④ 기계설비산업 : 기계설비 관련 연구개발, 계획, 설계, 시공, 감리, 유지관리, 기술진단, 안전관리 등의 경제활동을 하는 산업

⑤ 기계설비사업 : 기계설비 관련 활동을 수행하는 사업

⑥ 기계설비사업자 : 기계설비사업을 경영하는 자

⑦ 기계설비기술자 : 「국가기술자격법」, 「건설기술 진흥법」 또는 대통령령으로 정하는 법령에 따라 기계설비 관련 분야의 기술자격을 취득하거나 기계설비에 관한 기술 또는 기능을 인정받은 사람

㉠ 기계설비기술자의 범위(제3조제2항 관련)

1. 다음 각 목의 어느 하나에 해당하는 기계설비 관련 자격을 취득한 사람
    가. 「국가기술자격법」 제9조제1호에 따른 기술·기능 분야의 국가기술자격 중 다음 표의 구분에 따른 국가기술자격을 취득한 사람

등급	기술·기능 분야
① 기술사	건축기계설비·기계·건설기계·공조냉동기계·산업기계설비·용접·소음진동
② 기능장	배관·에너지관리·판금제관·용접
③ 기사	일반기계·건축설비·건설기계설비·공조냉동기계·설비보전·메카트로닉스·용접·소음진동·에너지관리·신재생에너지발전설비(태양광)
④ 산업기사	건축설비·배관·정밀측정·건설기계설비·공조냉동기계·생산자동화·판금제관·용접·소음진동·에너지관리·신재생에너지발전설비(태양광)
⑤ 기능사	온수온돌·배관·전산응용기계제도·정밀측정·공조냉동기계·설비보전·생산자동화·판금제관·용접·특수용접·에너지관리·신재생에너지발전설비(태양광)

    나. 「건설기술 진흥법 시행령」 별표 1에 따른 기계 직무분야의 건설기술인 자격
    다. 「엔지니어링산업 진흥법 시행령」 별표 1에 따른 설비부문의 설비 전문분야의 엔지니어링 기술자 자격
    라. 그 밖에 「건설산업기본법」 및 「자격기본법」에 따른 자격으로서 국토교통부장관이 정하여 고시하는 기계설비 관련 자격을 갖춘 사람
2. 기계설비 관련 학과의 학사, 석사 또는 박사 학위를 취득하거나 특수목적 고등학교 또는 특성화 고등학교에서 기계설비 관련 교육과정이나 학과를 이수하거나 졸업하고, 기계설비 유지관리에 관한 교육의 신규교육 또는 보수교육을 이수한 사람

⑧ 기계설비유지관리자 : 기계설비유지관리(기계설비의 점검 및 관리를 실시하고 운전·운용하는 모든 행위를 말한다)를 수행하는 자
  ㉠ 기계설비유지관리자의 종류
    ⓐ 책임기계설비유지관리자(특급·고급·중급·초급)
    ⓑ 보조기계설비유지관리자
  ㉡ 기계설비유지관리자 구분 방법
    ⓐ 자격 및 경력 기준에 따라 구분

ⓑ 종합평가(경력, 자격·학력, 교육) 결과에 따라 등급 조정
　※ 종합평가점수
　　: 실무경력 30점 이내, 보유자격·학력 30점 이내, 교육 40점 이내
ⓒ 기계설비유지관리자 자격 세부기준

구 분		자격 및 경력 기준		종합평가 결과에 따른 등급 산정
		보유자격	실무경력	
책임 기계설비 유지관리자	1) 특급	가) 기술사	–	제1호나목에 따라 특급으로 산정된 기계설비유지관리자
		나) 기능장	10년 이상	
		다) 기사	10년 이상	
		라) 산업기사	13년 이상	
		마) 특급 건설기술인	10년 이상	
	2) 고급	가) 기능장	7년 이상	제1호나목에 따라 고급으로 산정된 기계설비유지관리자
		나) 기사	7년 이상	
		다) 산업기사	10년 이상	
		라) 고급 건설기술인	7년 이상	
	3) 중급	가) 기능장	4년 이상	제1호나목에 따라 중급으로 산정된 기계설비유지관리자
		나) 기사	4년 이상	
		다) 산업기사	7년 이상	
		라) 중급 건설기술인	4년 이상	
	4) 초급	가) 기능장	–	제1호나목에 따라 초급으로 산정된 기계설비유지관리자
		나) 기사	–	
		다) 산업기사	3년 이상	
		라) 초급 건설기술인	–	
보조기계설비 유지관리자		기계설비기술자 중 기계설비유지관리자에 필요한 자격을 갖추었다고 국토교통부장관이 정하여 고시하는 사람		

※ 보유자격의 종류
　- 국가기술자격법에 따른 건축기계설비·기계·건설기계·공조냉동기계·산업기계설비·용접기술사
　- 국가기술자격법에 따른 배관·에너지관리·용접 기능장
　- 국가기술자격법에 따른 일반기계·건축설비·건설기계설비·공조냉동기계·설비보전·용접·에너지관리 기사
　- 국가기술자격법에 따른 건축설비·배관·건설기계설비·공조냉동기계·용접

· 에너지관리 산업기사
- 건설기술진흥법에 따른 기계 직무분야의 공조냉동 및 설비 전문분야와 용접 전문분야 건설기술인

3. 기계설비산업발전을 위한 계획 수립 및 추진

① 기계설비 발전 기본계획의 수립
  국토교통부장관은 기계설비산업의 육성과 기계설비의 효율적인 유지관리 및 성능 확보를 위하여 기계설비 발전 기본계획(이하 "기본계획"이라 함)을 5년마다 수립·시행해야 함
② 실태조사(법 제6조, 시행령 제6조)
  국토교통부장관은 기계설비산업의 발전에 필요한 기초 자료를 확보하기 위하여 기계설비산업에 관한 실태를 매년 조사할 수 있고, 실태조사를 한 경우에는 그 결과를 공표할 수 있음
③ 기계설비산업 정보체계의 구축(법 제7조, 시행규칙 제2조)
  국토교통부장관은 기계설비산업 관련 정보 및 자료 등을 체계적으로 수집·관리 및 활용하기 위하여 기계설비산업 정보체계(이하 "정보체계"라 함)를 구축·운영할 수 있음

4. 기계설비 안전관리를 위한 조치

① 기계설비공사 착공 전 확인
  기계설비공사를 발주한 자는 해당 공사를 시작하기 전에 전체 설계도서 중 기계설비에 해당하는 설계도서 특별자치시장·특별자치도지사·시장·군수·자치구 구청장(이하 "시·군·구청장"이라 함)에게 제출하여 기술기준에 적합한지를 확인받아야 함
② 기계설비의 사용 전 검사
  기계설비공사를 끝냈을 때에는 시·군·구청장의 사용 전 검사를 받고 기계설비를 사용하여야 함

4. 공조냉동 설치·운영(전기제어)

③ 기계설비의 착공 전 확인과 사용 전 검사의 대상 건축물 또는 시설물

No.	세 부 기 준
1	용도별 건축물 중 연면적 1만제곱미터 이상인 건축물(「건축법」 제2조제2항제18호에 따른 창고시설은 제외한다)
2	2. 에너지를 대량으로 소비하는 다음 각 목의 어느 하나에 해당하는 건축물 　가. 냉동·냉장, 항온·항습 또는 특수청정을 위한 특수설비가 설치된 건축물로서 해당 용도에 사용되는 바닥면적의 합계가 500제곱미터 이상인 건축물 　나. 「건축법 시행령」 별표 1 제2호가목 및 나목에 따른 아파트 및 연립주택 　다. 다음의 어느 하나에 해당하는 건축물로서 해당 용도에 사용되는 바닥면적의 합계가 500제곱미터 이상인 건축물 　　1) 「건축법 시행령」 별표 1 제3호다목에 따른 목욕장 　　2) 「건축법 시행령」 별표 1 제13호가목에 따른 놀이형 시설(물놀이를 위하여 실내에 설치된 경우로 한정한다) 및 같은 호 다목에 따른 운동장(실내에 설치된 수영장과 이에 딸린 건축물로 한정한다) 　라. 다음의 어느 하나에 해당하는 건축물로서 해당 용도에 사용되는 바닥면적의 합계가 2천제곱미터 이상인 건축물 　　1) 「건축법 시행령」 별표 1 제2호라목에 따른 기숙사 　　2) 「건축법 시행령」 별표 1 제9호에 따른 의료시설 　　3) 「건축법 시행령」 별표 1 제12호다목에 따른 유스호스텔 　　4) 「건축법 시행령」 별표 1 제15호에 따른 숙박시설 　마. 다음의 어느 하나에 해당하는 건축물로서 해당 용도에 사용되는 바닥면적의 합계가 3천제곱미터 이상인 건축물 　　1) 「건축법 시행령」 별표 1 제7호에 따른 판매시설 　　2) 「건축법 시행령」 별표 1 제10호마목에 따른 연구소 　　3) 「건축법 시행령」 별표 1 제14호에 따른 업무시설
3	지하역사 및 연면적 2천제곱미터 이상인 지하도 상가(연속되어 있는 둘 이상의 지하도 상가의 연면적 합계가 2천제곱미터 이상인 경우를 포함한다)

④ 착공 전 확인 및 사용 전 검사 행정 프로세스

구분	착공 전 확인	사용 전 검사
신청자	기계설비공사 발주자(신청인)	
신청시기	해당 기계설비공사 시작 전	해당 기계설비공사 완료 후 사용 전
신청처	특별자치시장・특별자치도지사・시장・군수・구청장	
제출서류	① 기계설비공사 착공 전 확인신청서 　(규칙 별지 제4호서식) ② 기계설비공사 설계도서 사본 ③ 기계설비설계자 등록증 사본	① 기계설비 사용 전 검사신청서 　(규칙 별지 제7호서식) ② 기계설비공사 준공설계도서 사본 ③ 기계설비 사용 적합 확인서(기계설비 　기술기준 별지 제1호 서식) ④ 영 제13조제1항 각 호의 검사 결과서 　(해당하는 경우만 제출)
처리기간	신청 후 14일 이내	

5. 기계설비 유지관리 기준

① 유지관리교육의 교육과정, 교육대상자 및 교육시기

교육과정	교육대상자	교육시기
가. 신규교육	법 제19조제1항에 따라 선임된 기계설비유지관리자	선임된 날부터 6개월 이내
나. 보수교육	법 제19조제1항에 따라 선임되어 신규교육을 이수하고 업무를 수행하고 있는 기계설비유지관리자	최근에 이수한 유지관리교육의 이수일부터 3년이 지난 날을 기준으로 3개월 이내

② 기계설비 유지관리교육에 관한 업무 위탁기관
　㉠ 관련 법령 : 기계설비법 시행령 제16조제2항
　㉡ 위탁기관 : 대한기계설비건설협회

③ 교육과목

가. 기계설비 유지관리 실무 I	나. 기계설비 유지관리 실무 II
① 기계설비 일반 ② 기계설비 운영계획 ③ 기계설비 유지관리점검 ④ 기계설비 관련 법령	① 열원설비 및 냉난방설비 ② 공기조화·공기청정·환기설비 ③ 위생기구·급수·급탕·오배수·통기설비 ④ 자동제어설비 ⑤ 그 밖의 설비

④ 기계설비유지관리자의 "선임자격"

다른 건축물 등의 기계설비유지관리자로 선임되어 있지 않은 사람으로서 해당 기계설비유지관리자 등급 이상을 보유한 사람을 말함

㉠ 기계설비유지관리자 선임대상 건축물
- ⓐ 연면적 1만m^2 이상 건축물(창고시설은 제외)
- ⓑ 500세대 이상 공동주택, 300세대 이상 중앙집중식 난방방식의 공동주택
- ⓒ 다음 각 목의 건축물 등 중 규모에 해당 건축물(고시에 정하는 건축물)
  - 가. 시설물의 안전 및 유지관리에 관한 특별법 제2조제1호에 따른 시설물
  - 나. 학교시설사업 촉진법 제2조제1호에 따른 학교시설
  - 다. 실내공기질 관리법 제3조제1항제1호에 따른 지하역사 및 지하도상가
  - 라. 중앙행정기관의 장, 지방자치단체의 장 및 그 밖에 국토교통부장관이 정하는 자가 소유하거나 관리하는 건축물 등

㉡ 기계설비유지관리자의 선임기준(제8조제1항 관련)

구 분	선임 대상	선임 자격	선임인원
1. 영 제14조제1항 제1호에 해당하는 용도별 건축물	가. 연면적 6만제곱미터 이상	특급 책임기계설비유지관리자	1
		보조기계설비유지관리자	1
	나. 연면적 3만제곱미터 이상 연면적 6만제곱미터 미만	고급 책임기계설비유지관리자	1
		보조기계설비유지관리자	1
	다. 연면적 1만5천제곱미터 이상 연면적 3만제곱미터 미만	중급 책임기계설비유지관리자	1
	라. 연면적 1만제곱미터 이상 연면적 1만5천제곱미터 미만	초급 책임기계설비유지관리자	1

구 분	선임 대상	선임 자격	선임 인원
2. 영 제14조제1항 제2호에 해당하는 공동주택	가. 3천세대 이상	특급 책임기계설비유지관리자	1
		보조기계설비유지관리자	1
	나. 2천세대 이상 3천세대 미만	고급 책임기계설비유지관리자	1
		보조기계설비유지관리자	1
	다. 1천세대 이상 2천세대 미만	중급 책임기계설비유지관리자	1
	라. 500세대 이상 1천세대 미만	초급 책임기계설비유지관리자	1
	마. 300세대 이상 500세대 미만으로서 중앙집중식 난방방식(지역난방방식을 포함한다)의 공동주택	초급 책임기계설비유지관리자	1
3. 영 제14조제1항 제3호에 해당하는 건축물 등(같은 항 제1호 및 제2호에 해당하는 건축물은 제외한다.)	영 제14조제1항제3호에 해당하는 건축물 등(같은 항 제1호 및 제2호에 해당하는 건축물은 제외한다.)	건축물의 용도, 면적, 특성 등을 고려하여 국토교통부장관이 정하여 고시하는 기준에 해당하는 초급 책임기계설비유지관리자 또는 보조기계설비유지관리자	1

ⓒ 기계설비유지관리자의 선임 시기

구 분	선임기준일	선임일
신축·증축·개축·재축 및 대수선	해당 건축물 등의 완공일 (「건축법」 등 관계법령에 따라 사용 승인 및 준공인가 등을 받은 날을 말함)	해당 기준일부터 30일 이내 선임
용도 변경	용도변경 사실이 건축물관리대장에 기재된 날	
기계설비유지관리업무 위탁 계약이 해지 또는 종료	기계설비 유지관리업무의 위탁이 끝난 날	
기계설비유지관리자 해임	기계설비유지관리자 해임한 날	

4. 공조냉동 설치·운영(전기제어)

6. 기계설비 성능점검업

건축물 기계설비의 성능 확보와 효율적 관리를 위하여 기계설비의 점검 및 진단하는 업무

① 기계설비 성능점검업의 등록 요건(제17조제1항 관련)

구 분	요 건		
1. 자본금	1억원 이상일 것		

2. 기술인력	다음 각 목의 기술인력을 모두 갖출 것
	  가. 다음의 어느 하나에 해당하는 분야의 특급 책임기계설비유지관리자 1명
	    1) 「국가기술자격법」에 따른 건축설비 분야
	    2) 「국가기술자격법」에 따른 공조냉동기계 분야 또는 「건설기술 진흥법 시행령」별표 1에 따른 공조냉동 및 설비 전문분야
	    3) 「국가기술자격법」에 따른 에너지관리 분야
	  나. 고급 이상인 책임기계설비유지관리자 1명
	  다. 중급 이상인 책임기계설비유지관리자 2명		

3. 장비	다음 각 목의 장비를 모두 갖출 것(21가지)		
	적외선 열화상카메라	초음파유량계	디지털압력계
	데이터기록계	연소가스분석기	건습구온도계
	표준온도계	적외선온도계	디지털풍속계
	디지털풍압계	교류전력측정계	조도계
	회전계(R.P.M 측정기)	초음파두께측정기	아들자 캘리퍼스
	이산화탄소(CO_2) 측정기	일산화탄소(CO) 측정기	미세먼지측정기
	누수탐지기	배관 내시경카메라	수질분석기

② 기계설비 성능점검업자는 기계설비 성능점검업을 등록한 사항 중 상호, 대표자, 영업소, 소재지, 기술인력 사항이 변경된 경우에는 변경 사유가 발생한 날부터 30일 이내에 변경등록을 하여야 함

7. 기계설비 성능점검 시 검토사항

점검 항목	세부 검토사항
1. 기계설비 시스템 검토	① 유지관리지침서의 적정성 ② 기계설비 시스템의 작동 상태 ③ 점검대상 현황표 상의 설계값과 측정값 일치 여부
2. 성능개선 계획 수립	① 기계설비의 내구연수에 따른 노후도 ② 성능점검표에 따른 부적합 및 개선사항 ③ 성능개선 필요성 및 연도별 세부개선계획
3. 에너지사용량 검토	① 냉난방설비 등 분류별 에너지사용량 ② 효율적인 에너지 사용을 위한 설비 운용 방법

chapter 04

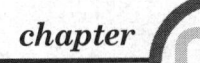

냉동관련 법규 예상문제

I. 고압가스 안전관리법

01 냉동설비와 1일 냉동능력 1톤의 산정기준에 대한 연결이 바르게 된 것은?
① 원심식 압축기 사용 냉동설비-압축기의 원동기 정격출력 1.2kW
② 원심식 압축기 사용 냉동설비-발생기를 가열하는 1시간의 입열량 3320kcal
③ 흡수식 냉동설비-압축기의 원동기 정격출력 2.4kW
④ 흡수식 냉동설비-발생기를 가열하는 1시간의 입열량 7740kcal

① 원심식 압축기 사용 냉동설비-압축기의 원동기 정격출력 1.2kW
② 흡수식 냉동설비-발생기를 가열하는 1시간의 입열량 6640kcal
③ 그 외의 냉동설비
$R = \dfrac{V}{C}$ [RT]
여기서, R[RT] : 법정 냉동능력
V[m³/h] : 피스톤 압출량
C : 냉매가스의 종류에 따른 수치

02 흡수식 냉동설비는 발생기를 가열하는 1시간의 입열량이 몇 kcal인 것을 1일의 냉동능력 1톤으로 보는가?
① 34003 ② 5540
③ 6640 ④ 7200

01번 해설 참고

03 고압가스 냉동제조시설에서 냉동능력 2ton 이상의 냉동설비에 설치하는 압력계의 설치기준으로 틀린 것은?
① 압축기의 토출압력 및 흡입압력을 표시하는 압력계를 보기 쉬운 곳에 설치한다.
② 강제 윤활방식인 경우에는 윤활압력을 표시하는 압력계를 설치한다.
③ 강제 윤활방식인 것은 윤활유 압력에 대한 보호장치가 설치되어 있는 경우 압력계를 설치한다.
④ 발생기에는 냉매가스의 압력을 표시하는 압력계를 설치한다.

③ 강제 윤활방식인 것은 윤활유 압력에 대한 보호장치가 설치되어 있는 경우 압력계를 설치하지 아니할 수 있다.

04 고압가스 냉동시설에서 냉동능력의 합산 기준으로 틀린 것은?
① 냉매가스가 배관에 의하여 공통으로 되어 있는 냉동설비
② 냉매계통을 달리하는 2개 이상의 설비가 1개의 규격품으로 인정되는 설비 내에 조립되어 있는 것
③ 1원(元) 이상의 냉동방식에 의한 냉동설비
④ Brine을 공통으로 하고 있는 2 이상의 냉

[I. 고압가스 안전관리법] 01. ① 02. ③ 03. ③ 04. ③

동설비

 2원(元) 이상의 냉동방식에 의한 냉동설비
[참고] 냉동능력 합산 기준
㉠ 냉매배관 공통의 냉동설비
㉡ 동일 프레임 위에 조립한 냉동설비
㉢ 이원 냉동설비
㉣ 동력 공통의 냉동설비
㉤ Brine 공통의 냉동설비

05 냉동 용기에 표시된 각인 기호 및 단위로서 틀린 것은?

① 냉동능력 : RT
② 원동기 소요전력 : kW
③ 최고사용압력 : DP
④ 내압 시험압력 : AP

 내압 시험압력 : TP(MPa)

06 냉동기에 반드시 표기하지 않아도 되는 기호는?

① RT   ② DP
③ TP   ④ DT

① RT : 냉동능력
② DP : 최고사용압력
③ TP : 내압 시험압력
④ DT : 설계온도(저장탱크 및 압력용기에 표시)

07 냉동제조설비의 안전관리자의 인원에 대한 설명 중 바른 것은?

① 냉동능력 300톤 초과(냉매가 프레온일 경우는 600톤 초과)인 경우 안전관리원은 3명 이상이어야 한다.
② 냉동능력이 100톤 초과 300톤 이하(냉매가 프레온일 경우는 200톤 초과 600톤 이하)인 경우 안전관리원은 1명 이상이어야 한다.
③ 냉동능력 50톤 초과 100톤 이하(냉매가 프레온인 경우 100톤 초과 200톤 이하)인 경우 안전관리총괄자는 없어도 상관없다.
④ 냉동능력 50톤 이하(냉매가 프레온인 경우 100톤 이하)인 경우 안전관리책임자는 없어도 상관없다.

안전관리자 선임기준

처리 및 저장능력	안전관리자 인원
냉동능력 300톤 초과(프레온을 냉매로 사용하는 것은 냉동능력 600톤 초과)	안전관리총괄자 : 1인 안전관리책임자 : 1인 안전관리원 : 2인 이상
냉동능력 100톤 초과 300톤 이하(프레온을 냉매로 사용하는 것은 냉동능력 200톤 초과 600톤 이하)	안전관리총괄자 : 1인 안전관리책임자 : 1인 안전관리원 : 1인 이상
냉동능력 50톤 초과 100톤 이하(프레온을 냉매로 사용하는 것은 냉동능력 100톤 초과 200톤 이하)	안전관리총괄자 : 1인 안전관리책임자 : 1인 안전관리원 : 1인 이상
냉동능력 50톤 이하(프레온을 냉매로 사용하는 것은 냉동능력 100톤 이하)	안전관리총괄자 : 1인 안전관리책임자 : 1인

08 다음 중 냉동제조시설에서 안전관리자의 직무에 해당되지 않은 것은?

① 안전관리 규정의 시행
② 냉동시설 설계 및 시공
③ 사업소의 시설 안전유지
④ 사업소 종사자 지휘 감독

안전관리자의 직무
㉠ 사업소 또는 사용신고시설의 시설·용기 또는 작업과정의 안전유지

 05. ④ 06. ④ 07. ② 08. ②

ⓛ 용기 등의 제조공정관리
ⓒ 공급자의 의무이행 확인
ⓔ 안전관리규정의 시행 및 그 기록의 작성·보존
ⓜ 사업소 또는 사용신고시설의 종사자에 대한 안전관리를 위하여 필요한 지휘·감독

09 냉동기를 제조하고자 하는 자가 갖추어야 할 제조설비가 아닌 것은
① 프레스 설비　② 조립 설비
③ 용접 설비　④ 도막측정기

> 냉동기 제조 시 갖추어야 할 제조설비
> ㉠ 프레스 설비
> ㉡ 제관설비
> ㉢ 압력용기의 제조에 필요한 설비 : 성형설비, 세척설비, 열처리로
> ㉣ 구멍가공기, 외경절삭기, 내경절삭기, 나사전용 가공기 등 공작기계 설비
> ㉤ 전처리 설비 및 부식 방지 도장설비
> ㉥ 건조설비
> ㉦ 용접설비
> ㉧ 조립설비
> ㉨ 그 밖에 제조에 필요한 설비 및 가구

10 고압가스 안전관리법에 의하여 냉동기를 사용하여 고압가스를 제조하는 자는 안전관리자를 해임하거나, 퇴직한 때에는 지체 없이 이를 허가 또는 신고 관청에 신고하고, 해임 또는 퇴직한 날로부터 며칠 이내에 다른 안전관리자를 선임하여야 하는가?
① 7일　② 10일
③ 20일　④ 30일

> 안전관리자의 선임은 해임 또는 퇴직한 날부터 30일 이내에 다른 안전관리자를 선임해야 한다.

11 냉동설비에는 안전을 확보하기 위하여 액면계를 설치하여야 한다. 가연성 또는 독성 가스를 냉매로 사용하는 수액기에 사용할 수 없는 액면계는?
① 환형 유리관 액면계
② 정전용량식 액면계
③ 편위식 액면계
④ 회전튜브식 액면계

> 가연성 또는 독성 가스를 냉매로 사용하는 수액기에는 환형 유리관 액면계 외의 액면계를 설치한다.

12 냉동기의 냉매설비는 진동, 충격, 부식 등으로 냉매가스가 누출되지 않도록 조치하여야 한다. 다음 중 그 조치방법이 아닌 것은?
① 주름관을 사용한 방진 조치
② 냉매설비 중 돌출부위에 대한 적절한 방호 조치
③ 냉매가스가 누출될 우려가 있는 부분에 대한 부식 방지 조치
④ 냉매설비 중 냉매가스가 누출될 우려가 있는 곳에 차단밸브 설치

> 냉매설비 외면 부식에 의하여 냉매가스가 누출될 우려가 있는 곳에 부식 방지를 위한 조치를 하여야 한다.

13 고압가스 냉동제조시설 중 냉매설비의 안전장치에 대한 설명으로 틀린 것은?
① 파열판은 냉매설비 내의 냉매가스 압력이 이상 상승할 때 판이 파열되어야 한다.
② 파열판의 파열압력은 최고사용압력 이상의 압력으로 하여야 한다.
③ 냉매설비에 파열판과 안전밸브를 부착하

Answer 09. ④　10. ④　11. ①　12. ④　13. ②

는 경우에는 파열판의 파열압력은 안전밸브의 작동압력 이상이어야 한다.
④ 사용하고자 하는 파열판의 파열압력을 확인하고 사용하여야 한다.

② 파열판의 파열압력은 내압시험압력 이하의 압력으로 한다.

14 고압가스 냉동제조설비의 시설기준에 대한 설명 중 틀린 것은?
① 가연성 가스의 검지경보장치는 방폭성능을 갖는 것으로 한다.
② 냉매설비의 안전을 확보하기 위하여 액면계를 설치하며 액면계의 상하에는 수동식 및 자동식 스톱밸브를 각각 설치한다.
③ 압력이 상용압력을 초과할 때 압축기의 운전을 정지시키는 고압차단장치를 설치하되 원칙적으로 수동복귀방식으로 한다.
④ 냉매설비에 부착하는 안전밸브는 분리할 수 없도록 단단하게 부착한다.

④ 냉매설비에 부착하는 안전밸브는 점검 및 보수가 용이한 구조로 한다.

15 고압가스 냉동제조의 기술기준에 대한 설명으로 옳지 않은 것은?
① 암모니아를 냉매로 사용하는 냉동제조시설에는 제독제로 물을 다량 보유한다.
② 냉동기의 재료는 냉매가스 또는 윤활유 등으로 인한 화학작용에 의하여 약화되어도 상관없는 것으로 한다.
③ 독성가스를 사용하는 내용적이 1만L 이상인 수액기 주위에는 방류둑을 설치한다.
④ 냉동기의 냉매설비는 설계압력 이상의 압력으로 실시하는 기밀시험 및 설계압력의 1.5배 이상의 압력으로 하는 내압시험에 각각 합격한 것이어야 한다.

② 냉동기의 재료는 냉매가스 또는 윤활유 등으로 인한 화학작용에 의하여 약화되지 않는 재질이어야 한다.

16 냉동제조시설의 안전을 위한 설비기준에 대한 설명으로 가장 거리가 먼 것은?
① 냉매설비에는 긴급사태가 발생하는 것을 방지하기 위하여 자동제어장치를 설치할 것
② 독성가스를 사용하는 내용적이 1천L 이상인 수액기 주위에는 액상의 가스가 누출될 경우에 그 유출을 방지하기 위한 조치를 마련할 것
③ 독성가스를 제조하는 시설에는 그 시설로부터 독성가스가 누출될 경우 그 독성가스로 인한 피해를 방지하기 위하여 필요한 조치를 마련할 것
④ 냉동제조시설에는 이상사태가 발생하는 것을 방지하고 이상사태 발생 시 그 확대를 방지하기 위하여 압력계·액면계 등 필요한 부대설비를 설치할 것

② 독성가스를 사용하는 내용적이 1만L 이상인 수액기 주위에는 액상의 가스가 누출될 경우 그 유출을 방지하기 위한 조치를 마련할 것

17 냉동제조의 시설 및 기술·검사 기준으로 적당하지 못한 것은?
① 냉동제조설비 중 특정설비는 검사에 합격한 것일 것

Answer 14. ④ 15. ② 16. ② 17. ④

4. 공조냉동 설치·운영(전기제어)

② 냉매설비에는 자동제어장치를 설치할 것
③ 냉매설비는 진동, 충격, 부식 등으로 냉매가스가 누설되지 않도록 할 것
④ 압축기 최종단에 설치한 안전장치는 2년에 1회 이상 압력시험을 할 것

🔧 압축기 최종단에 설치한 안전장치는 1년에 1회 이상, 그 밖의 안전장치는 2년에 1회 이상 점검을 실시한다.

18 냉동능력 20톤 이상의 냉동설비의 압력계에 관한 설명 중 틀린 것은?
① 냉매설비에는 압축기의 토출 및 흡입압력을 표시하는 압력계를 부착할 것
② 압축기가 강제 윤활방식인 경우에는 윤활유 압력을 표시하는 압력계를 부착할 것
③ 발생기에는 냉매가스의 압력을 표시하는 압력계를 부착할 것
④ 압력계 눈금판의 최고 눈금 수치는 당해 압력계의 설치 장소에 따른 시설의 기밀시험 압력 이상이고 그 압력의 1배 이하일 것

🔧 냉동설비의 압력계 눈금판은 기밀시험 압력 이상이고, 그 압력의 2배 이하로 하고, 진공부의 눈금이 있는 경우 최저 눈금은 76cmHg로 한다.

19 냉동용 특정설비 제조시설에서 냉동기 냉매설비에 대하여 실시하는 기밀시험 압력의 기준으로 적합한 것은?
① 설계압력 이상의 압력
② 사용압력 이상의 압력
③ 설계압력의 1.5배 이상의 압력
④ 사용압력의 1.5배 이상의 압력

🔧 **냉동기 제조의 기술 기준**
냉동기의 냉매설비는 설계압력 이상의 압력으로 실시하는 기밀시험 및 설계압력의 1.5배 이상의 압력으로 하는 내압시험(배관의 경우를 제외한다)에 각각 합격한 것이어야 한다.

20 고압가스 냉동제조시설에서 가스설비의 내압 성능을 확인하기 위한 시험압력의 기준은? (단, 기체의 압력으로 내압시험을 하는 경우이다.)
① 설계압력 이상
② 설계압력의 1.25배 이상
③ 설계압력의 1.5배 이상
④ 설계압력의 2배 이상

🔧 **고압가스 설비 내압시험 압력**
설계압력의 1.5배 이상, 기체의 압력으로 실시할 때는 1.25배 이상

21 고압가스 일반제조시설에서 고압가스 설비의 내압시험 압력은 상용압력의 몇 배 이상으로 하는가?
① 1   ② 1.1
③ 1.5   ④ 1.8

🔧 내압시험은 상용압력의 1.5배(공기 등 기체의 압력으로 하는 내압시험은 상용압력의 1.25배) 이상으로 하고, 규정 압력을 유지하는 시간은 5분에서 20분간을 표준으로 한다.

22 고압가스 냉동제조시설에서 해당 냉동설비의 냉동능력에 대응하는 환기구의 면적을 확보하지 못하는 때에는 그 부족한 환기구 면적에 대하여 냉동능력 1ton 당 얼마 이상의 강제환기장치를 설치해야 하는가?

 18. ④ 19. ① 20. ② 21. ③ 22. ③

① $0.05m^3$/분   ② $1m^3$/분
③ $2m^3$/분   ④ $3m^3$/분

🔑 해당 냉동설비의 냉동능력에 대응하는 환기구의 면적을 갖추지 못하는 때에는 그 부족한 환기구 면적에 대하여 냉동능력 1ton당 $2m^3$/분 이상의 환기능력을 갖는 강제환기장치를 설치한다. 이 경우 강제환기장치는 해당 설비를 설치한 방의 내부와 외부의 어느 쪽에서도 시동 및 정지가 가능한 것으로 한다.

23 고압가스 냉동기의 발생기는 흡수식 냉동설비에 사용하는 발생기에 관계되는 설계온도가 몇 ℃를 넘는 열교환기를 말하는가?

① 80℃   ② 100℃
③ 150℃   ④ 200℃

🔑 발생기란 흡수식 냉동설비에 사용하는 발생기에 관계되는 설계온도가 200℃를 넘는 열교환기 및 이들과 유사한 것을 말한다.

24 고압가스 제조설비의 기밀시험이나 시운전 시 가압용 고압가스로 부적당한 것은?

① 질소   ② 아르곤
③ 공기   ④ 수소

🔑 고압가스 설비와 배관의 기밀시험은 원칙적으로 공기 또는 위험성이 없는 기체의 압력으로 실시한다. 수소는 가연성 가스에 해당하므로 기밀시험용으로 사용할 수 없다.

25 다음 냉동장치의 여러 시험에 관한 기술 중 타당한 것들로 이루어진 것은?

㉠ 기밀시험에 탄산가스는 이용되지 않는다.

㉡ 기밀시험에 이어서 진공시험을 실시한다.
㉢ 일반적으로 프레온 냉동장치에서 진공 방치시험과 진공 건조시험은 겸해서 한다.
㉣ 기밀시험 압력은 허용압력의 0.8배로 한다.

① ㉠, ㉡, ㉢   ② ㉠, ㉡
③ ㉡, ㉢   ④ ㉡, ㉣

🔑 ㉠ 기밀시험에 사용하는 압축가스는 공기 또는 불연성 가스 질소, 이산화탄소를 사용하고, 산소 또는 독성 가스를 사용해서는 안 된다(암모니아는 이산화탄소를 피하고, 프레온은 공기를 피한다).
㉣ 기밀시험 압력은 최소 누설 시 압력의 1.25배 이상의 압력으로 한다.

26 저온 및 초저온 용기의 취급 시 주의사항으로 틀린 것은?

① 용기는 항상 누운 상태를 유지한다.
② 용기를 운반할 때는 별도 제작된 운반용구를 이용한다.
③ 용기를 물기나 기름이 있는 곳에 두지 않는다.
④ 용기 주변에서 인화성 물질이나 화기를 취급하지 않는다.

🔑 용기는 항상 수직상태로 세워져 있어야 하며, 용기를 이동하거나 적재할 경우 굴리거나 충격을 주면 안 된다.

27 초저온 용기에 대한 정의를 가장 바르게 나타낸 것은?

① 섭씨 영하 50℃ 이하의 액화가스를 충전

Answer 23. ④ 24. ④ 25. ③ 26. ① 27. ①

하기 위한 용기로서 단열재를 씌우거나 냉동설비로 냉각시키는 등의 방법으로 용기 내의 가스온도가 상용온도를 초과하지 않도록 한 용기
② 액화가스를 충전하기 위한 용기로서 단열재로 피복하여 용기 내의 가스온도가 상용 온도를 초과하지 않도록 한 용기
③ 대기압에서 비점이 0℃ 이하인 가스를 사용압력이 0.1MPa 이하의 액체 상태로 저장하기 위한 용기로서 단열재로 피복하여 가스온도가 상용온도를 초과하지 않도록 한 용기
④ 액화가스를 냉동설비로 냉각하여 용기 내의 가스의 온도가 섭씨 영하 70℃ 이하로 유지하도록 한 용기

🔑 **초저온 용기**
섭씨 영하 50℃ 이하의 액화가스를 충전하기 위한 용기로서 단열재를 씌우거나 냉동설비로 냉각시키는 등의 방법으로 용기 내의 가스온도가 상용온도를 초과하지 아니하도록 한 것을 말한다.
[참고]
㉠ 저온 용기 : 액화가스를 충전하기 위한 용기로서 단열재를 씌우거나 냉동설비로 냉각시키는 등의 방법으로 용기 내의 가스온도가 상용온도를 초과하지 아니하도록 한 것 중 초저온 용기 외의 것
㉡ 충전 용기 : 고압가스의 충전 질량 또는 충전 압력의 2분의 1 이상이 충전되어 있는 상태의 용기
㉢ 잔가스 용기 : 고압가스의 충전 질량 또는 충전 압력의 2분의 1 미만이 충전되어 있는 상태의 용기

28 냉동제조시설이 적합하게 설치 또는 유지·관리되고 있는지 확인하기 위한 검사의 종류가 아닌 것은?
① 중간검사   ② 완성검사
③ 불시검사   ④ 정기검사

🔑 **냉동제조시설 검사의 종류**
중간검사, 완성검사, 정기검사, 수시검사

29 고압가스 냉동제조시설의 자동제어장치에 해당하지 않는 것은?
① 저압 차단장치
② 과부하 보호장치
③ 자동급수 및 살수장치
④ 단수 보호장치

🔑 **자동제어장치의 설치**
㉠ 고압 차단장치 : 압축기의 고압측 압력이 상용 압력을 초과할 때에 압축기의 운전 정지
㉡ 저압 차단장치 : 개방형 압축기인 경우 저압측 압력이 상용 압력보다 이상 저하할 때 압축기 운전 정지
㉢ 강제 윤활장치를 갖는 개방형 압축기는 윤활유 압력이 운전에 지장을 주는 상태에 이르는 압력까지 저하할 때 압축기를 정지하는 장치
㉣ 압축기를 구동하는 동력장치의 과부하 보호장치
㉤ 셸형 액체 냉각기인 경우는 액체의 동결 방지장치
㉥ 수냉식 응축기인 경우 냉각수 단수 보호장치
㉦ 공랭식 응축기 및 증발식 응축기인 경우는 해당 응축기용 송풍기가 운전되지 않는 한 압축기가 운전되지 않도록 하는 연동장치
㉧ 난방용 전열기를 내장한 에어컨 또는 이와 유사한 전열기를 내장한 냉동설비에서의 과열 방지장치

30 독성 가스를 냉매로 하는 냉동설비에서 수액기에 대한 방류둑 설치 기준은 몇 L 이상인가?

 28. ③ 29. ③ 30. ②

① 내용적 5,000　② 내용적 10,000
③ 내용적 15,000　④ 내용적 20,000

🔑 방류둑은 저장탱크 내의 액체가 누설될 경우 다른 곳으로 유출되는 것을 방지하기 위하여 설치하며 독성 가스를 냉매로 사용하는 경우 수액기 내용적이 10,000L 이상인 곳에 설치한다.

31 냉동설비에 설치된 수액기의 방류둑 용량에 관한 설명으로 옳은 것은?

① 방류둑 용량은 설치된 수액기 내용적의 90% 이상으로 할 것
② 방류둑 용량은 설치된 수액기 내용적의 80% 이상으로 할 것
③ 방류둑 용량은 설치된 수액기 내용적의 70% 이상으로 할 것
④ 방류둑 용량은 설치된 수액기 내용적의 60% 이상으로 할 것

🔑 냉동설비의 방류둑 용량은 수액기 내용적의 90% 이상으로 해야 한다.

32 고압가스 안전관리법령에 따라 (　) 안의 내용으로 옳은 것은?

> "충전용기"란 고압가스의 충전질량 또는 충전압력의 (㉠)이 충전되어 있는 상태의 용기를 말한다.
> "잔가스용기"란 고압가스의 충전질량 또는 충전압력의 (㉡)이 충전되어 있는 상태의 용기를 말한다.

① ㉠ 2분의 1 이상, ㉡ 2분의 1 미만
② ㉠ 2분의 1 초과, ㉡ 2분의 1 이하
③ ㉠ 5분의 2 이상, ㉡ 5분의 2 미만
④ ㉠ 5분의 2 초과, ㉡ 5분의 2 이하

🔑 고압가스 안전관리법 시행규칙 제2조(정의)
㉠ "충전용기"란 고압가스의 충전질량 또는 충전압력의 2분의 1 이상이 충전되어 있는 상태의 용기를 말한다.
㉡ "잔가스용기"란 고압가스의 충전질량 또는 충전압력의 2분의 1 미만이 충전되어 있는 상태의 용기를 말한다.

33 고압가스 안전관리법령에 따라 고압가스 중 냉동제조 허가의 대상범위는 다음과 같다. (　) 안의 내용으로 옳은 것은?

> 1일의 냉동능력(이하 "냉동능력"이라 한다)이 (　) 이상(가연성 가스 또는 독성 가스 외의 고압가스를 냉매로 사용하는 것으로서 산업용 및 냉동·냉장용인 경우에는 50톤 이상, 건축물의 냉·난방용인 경우에는 100톤 이상)인 설비를 사용하여 냉동을 하는 과정에서 압축 또는 액화의 방법으로 고압가스가 생성되게 하는 것. 다만, 다음 각 목의 어느 하나에 해당하는 자가 그 허가받은 내용에 따라 냉동제조를 하는 것은 제외한다.

① 3톤　② 5톤
③ 10톤　④ 20톤

🔑 고압가스 안전관리법 시행령 제3조(고압가스 제조허가 등의 종류 및 기준 등) 제1항4호

34 고압가스 안전관리법령에서 규정하는 냉동기 제조 등록을 하는 냉동기의 기준은 얼마인가?

① 냉동능력 3톤 이상인 냉동기
② 냉동능력 5톤 이상인 냉동기
③ 냉동능력 8톤 이상인 냉동기

Answer 31. ①　32. ①　33. ④　34. ①

④ 냉동능력 10톤 이상인 냉동기

고압가스 안전관리법 시행령 제5조(용기 등의 제조등록)
냉동기 제조 : 냉동능력이 3톤 이상인 냉동기를 제조하는 것

35 다음 중 고압가스 안전관리법령에 따라 500만원 이하의 벌금 기준에 해당되는 경우는?

㉠ 고압가스를 제조하려는 자가 신고를 하지 아니하고 고압가스를 제조한 경우
㉡ 특정고압가스 사용신고자가 특정고압가스의 사용 전에 안전관리자를 선임하지 않은 경우
㉢ 고압가스의 수입을 업(業)으로 하려는 자가 등록을 하지 아니하고 고압가스 수입업을 한 경우
㉣ 고압가스를 운반하려는 자가 등록하지 아니하고 고압가스를 운반한 경우

① ㉠ ② ㉠, ㉡
③ ㉠, ㉡, ㉢ ④ ㉠, ㉡, ㉢, ㉣

고압가스 안전관리법 제39조(벌칙)
㉢, ㉣의 경우 2년 이하의 징역 또는 2천만원 이하의 벌금

36 아래 표는 암모니아 냉매설비 운전을 위한 안전관리 절차서에 대한 설명이다. 이 중 틀린 내용은?

㉠ 노출 확인 절차서 : 반드시 호흡용 보호구를 착용한 후 감지기를 이용하여 공기 중 암모니아 농도를 측정한다.
㉡ 노출로 인한 위험관리 절차서 : 암모니아가 노출되었을 때 호흡기를 보호할 수 있는 호흡 보호 프로그램을 수립하여 운영하는 것이 바람직하다.
㉢ 근로자 작업 확인 및 교육 절차서 : 암모니아 설비가 밀폐된 곳이나 외진 곳에 설치된 경우, 해당 지역에 근로자 작업을 할 때에는 다음 중 어느 하나에 의해 근로자의 안전을 확인할 수 있어야 한다.
(가) CCTV 등을 통한 육안 확인
(나) 무전기나 전화를 통한 음성 확인
㉣ 암모니아 설비 및 안전설비의 유지관리 절차서 : 암모니아 설비 주변에 설치된 안전대책의 작동 및 사용 가능여부를 최소한 매년 1회 확인하고 점검하여야 한다.

① ㉠ ② ㉡
③ ㉢ ④ ㉣

㉣ 암모니아 설비 주변에 설치된 안전대책의 작동 및 사용 가능여부를 최소한 분기별로 1회 확인하고 점검하여야 한다.

37 고압가스안전관리법령에 따라 "냉매로 사용되는 가스 등 대통령령으로 정하는 종류의 고압가스"는 품질기준으로 고시하여야 하는데, 목적 또는 용량에 따라 고압가스에서 제외될 수 있다. 이러한 제외 기준에 해당되는 경우로 모두 고른 것은?

㉠ 수출용으로 판매 또는 인도되거나 판매 또는 인도될 목적으로 저장·운송 또는 보관되는 고압가스

Answer 35. ② 36. ④ 37. ①

ⓒ 시험용 또는 연구개발용으로 판매 또는 인도되거나 판매 또는 인도될 목적으로 저장·운송 또는 보관되는 고압가스(해당 고압가스를 직접 시험하거나 연구 개발하는 경우만 해당한다.)
ⓒ 1회 수입되는 양이 400킬로그램 이하인 고압가스

① ㉠, ㉡　　② ㉠, ㉢
③ ㉡, ㉢　　④ ㉠, ㉡, ㉢

고압가스 품질기준 고시 제외 기준
㉠ 수출용으로 판매 또는 인도되거나 판매 또는 인도될 목적으로 저장·운송 또는 보관되는 고압가스
㉡ 시험용 또는 연구개발용으로 판매 또는 인도되거나 판매 또는 인도될 목적으로 저장·운송 또는 보관되는 고압가스(해당 고압가스를 직접 시험하거나 연구 개발하는 경우만 해당)
㉢ 1회 수입되는 양이 40킬로그램 이하인 고압가스

38 고압가스 안전관리법령에 따라 일체형 냉동기의 조건으로 틀린 것은?
① 냉매설비 및 압축기용 원동기가 하나의 프레임 위에 일체로 조립된 것
② 냉동설비를 사용할 때 스톱밸브 조작이 필요한 것
③ 응축기 유닛 및 증발 유닛이 냉매배관으로 연결된 것으로 하루 냉동능력이 20톤 미만인 공조용 패키지 에어컨
④ 사용 장소에 분할 반입하는 경우에는 냉매설비에 용접 또는 절단을 수반하는 공사를 하지 않고 재조립하여 냉동제조용으로 사용할 수 있는 것

② 냉동설비를 사용할 때 스톱밸브 조작이 필요
없는 것

39 냉동기의 제품 성능의 기준으로 틀린 것은?
① 주름관을 사용한 방진조치
② 냉매설비 중 돌출부위에 대한 적절한 방호 조치
③ 냉매가스가 누출될 우려가 있는 부분에 대한 부식 방지 조치
④ 냉매설비 중 냉매가스가 누출될 우려가 있는 곳에 차단밸브 설치

냉동기의 제품 성능의 기준
냉매설비에는 진동·충격 및 부식 등으로 냉매가스가 누출되지 않도록 필요한 조치를 해야 한다.
㉠ 진동 방지 성능 : 진동에 의하여 냉매가스가 누출될 우려가 있는 부분에 대하여는 주름관을 사용하는 등 방진조치를 한다.
㉡ 파손 방지 성능 : 냉매설비의 돌출부 등 충격에 의하여 쉽게 파손되어 냉매가스가 누출될 우려가 있는 부분에 대하여는 적절한 방호조치를 한다.
㉢ 부식 방지 성능 : 냉매설비의 외면의 부식에 의하여 냉매가스가 누출될 우려가 있는 부분에 대하여는 부식 방지 조치를 한다.

40 안전밸브의 선정 절차에서 가장 먼저 검토하여야 하는 것은?
① 기타 밸브 구동기 선정
② 해당 메이커의 자료 확인
③ 밸브 용량계수값 확인
④ 통과 유체 확인

안전밸브 선정을 위해 유체의 특성(급격한 압력 상승, 독성 배출 물질, 안전밸브 기능 저하 물질 등)을 가장 먼저 검토해야 한다.

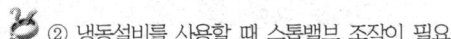
38. ②　39. ④　40. ④

4. 공조냉동 설치·운영(전기제어)

41 고압가스 냉동기 제조의 시설에서 냉매가스가 통하는 부분의 설계압력 설정에 대한 설명으로 틀린 것은?

① 보통의 운전상태에서 응축온도가 65℃를 초과하는 냉동설비는 그 응축온도에 대한 포화증기 압력을 그 냉동설비의 고압부 설계압력으로 한다.
② 냉매설비의 저압부가 항상 저온으로 유지되고 또한 냉매가스의 압력이 0.4MPa 이하인 경우에는 그 저압부의 설계압력을 0.8MPa로 할 수 있다.
③ 보통의 상태에서 내부가 대기압 이하로 되는 부분에는 압력이 0.1MPa을 외압으로 하여 걸리는 설계압력으로 한다.
④ 냉매설비의 주위 온도가 항상 40℃를 초과하는 냉매설비 등의 저압부 설계압력은 그 주위 온도의 최고온도에서의 냉매가스의 평균압력 이상으로 한다.

④ 냉매설비의 주위 온도가 항상 40℃를 초과하는 냉매설비 등의 저압부 설계압력은 그 주위 온도의 최고온도에서의 냉매가스의 포화압력 이상으로 한다.

42 고압가스 냉동제조설비의 냉매설비에 설치하는 자동제어장치 설치 기준으로 틀린 것은?

① 압축기의 고압측 압력이 상용압력을 초과하는 때에 압축기의 운전을 정지하는 고압차단장치를 설치한다.
② 개방형 압축기에서 저압측 압력이 상용압력보다 이상 저하할 때 압축기의 운전을 정지하는 저압차단장치를 설치한다.
③ 압축기를 구동하는 동력장치에 과열방지장치를 설치한다.
④ 셸형 액체 냉각기에 동결방지장치를 설치한다.

③ 압축기를 구동하는 동력장치에 과부하 보호장치를 설치한다.

43 고압가스 안전관리법령에 따른 벌칙 규정 중 2년 이하의 징역 또는 2천만원 이하의 벌금에 해당하지 않는 것은?

① 허가를 받지 아니하고 고압가스를 제조한 자
② 허가를 받지 아니하고 저장소를 설치하거나 고압가스를 판매한 자
③ 안전점검을 실시하지 아니한 자 또는 시설기준과 기술기준을 위반한 자
④ 기준에 따르지 아니하고 굴착작업을 한 자

고압가스 안전관리법 제40조제3호
③ 안전점검을 실시하지 아니한 자 또는 시설기준과 기술기순을 위반한 자 : 1년 이하의 징역 또는 1천만원 이하의 벌금

44 고압가스 안전관리법령상 냉동기의 제조 시 갖추어야 할 제조설비에 해당하지 않는 것은?

① 건조설비　② 프레스 설비
③ 제관설비　④ 소방설비

냉동기 제조 시 갖추어야 할 제조설비
㉠ 프레스 설비
㉡ 제관설비
㉢ 압력용기의 제조에 필요한 설비 : 성형설비, 세척설비, 열처리로
㉣ 구멍가공기, 외경절삭기, 내경절삭기, 나사전용 가공기 등 공작기계 설비

Answer　41. ④　42. ③　43. ③　44. ④

㉥ 전처리설비 및 부식방지 도장설비
㉦ 건조설비
㉧ 용접설비
㉨ 조립설비
㉩ 그 밖에 제조에 필요한 설비 및 기구

45 고압가스 안전관리법령상 냉동기의 제조 시 갖추어야 할 제조설비에 해당하지 않는 것은?
① 세척설비   ② 프레스 설비
③ 제관설비   ④ 용접설비

🐍 44번 해설 참조

46 고압가스 안전관리법령상 냉동기의 제조 시 갖추어야 할 제조설비에 해당하지 않는 것은?
① 프레스 설비   ② 조립 설비
③ 용접 설비   ④ 도막측정기

🐍 44번 해설 참조

47 고압가스 안전관리법령에 따라 고압가스제조시설에 대한 정밀안전검진의 실시기관은?
① 한국가스안전공사
② 한국에너지공단
③ 한국산업인력공단
④ 한국가스공사

🐍 정밀안전검진의 실시기관
  ㉠ 한국가스안전공사
  ㉡ 한국산업안전보건공단

48 고압가스 안전관리법령에 따라 고압가스 제조신고대상 중 냉동제조신고 대상범위는 다음과 같다. ( ) 안의 내용으로 옳은 것은?

냉동능력이 3톤 이상 ( )톤 미만(가연성가스 또는 독성가스 외의 고압가스를 냉매로 사용하는 것으로서 산업용 및 냉동·냉장용인 경우에는 20톤 이상 50톤 미만, 건축물의 냉·난방용인 경우에는 20톤 이상 100톤 미만)인 설비를 사용하여 냉동을 하는 과정에서 압축 또는 액화의 방법으로 고압가스가 생성되게 하는 것. 다만, 다음 각 목의 어느 하나에 해당하는 자가 그 허가받은 내용에 따라 냉동제조를 하는 것은 제외한다.

① 3톤   ② 5톤
③ 10톤   ④ 20톤

🐍 고압가스 제조의 신고대상
   냉동능력이 3톤 이상 20톤 미만인 설비를 사용하여 냉동을 하는 과정에서 압축 또는 액화의 방법으로 고압가스가 생성되게 하는 것

49 고압가스 안전관리법령에 따라 정밀안전검진을 실시하여야 하는 노후기기는 완성검사증명서를 받은 날부터 몇 년이 경과한 시설인가?
① 5년   ② 10년
③ 15년   ④ 20년

🐍 고압가스 안전관리법 시행규칙 제33조에 따라 15년이 경과한 시설이 정밀안전검진 대상이다.

50 고압가스 안전관리법령에 따르면 안전성향상계획에 대한 한국가스안전공사의 의견을 듣고자 하는 자는 안전성향상계획 심사신청서를 한국가스안전공사에 제출하여야 한다. 다음 중 안전성향상계획 심사신청서에 포함

Answer 45. ① 46. ④ 47. ① 48. ④ 49. ③ 50. ④

4. 공조냉동 설치·운영(전기제어)

되어야 할 내용이 아닌 것은?
① 안전성 평가서 ② 비상조치계획
③ 안전운전계획 ④ 성능점검표

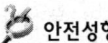 안전성향상계획의 내용
㉠ 공정안전 자료   ㉡ 안전성 평가서
㉢ 안전운전계획   ㉣ 비상조치계획

51 다음은 고압가스제조자의 정밀안전검진에 대한 설명이다. ㉠에 공통으로 들어갈 말로 알맞은 것은?

> 고압가스제조자는 고압가스제조시설로서 (㉠)으로 정하는 종류와 규모에 해당되는 노후시설에 대하여 가스안전관리 전문기관으로서 대통령령으로 정하는 기관으로부터 4년의 범위에서 (㉠)으로 정하는 기간마다 정밀안전검진을 정기적으로 받아야 한다.

① 대통령령
② 산업통상자원부령
③ 행정안전부령
④ 과학기술정보통신부령

 고압가스 안전관리법 제16조의 3(정밀안전검진의 실시)

 51. ②

●●● **295**

II. 산업안전보건법

01 산업안전보건법령에 따라 사업주가 보일러의 폭발 사고를 예방하기 위하여 유지·관리하여야 할 안전장치가 아닌 것은?

① 압력방호판
② 화염검출기
③ 압력방출장치
④ 고·저수위 조절장치

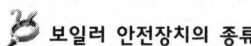 보일러 안전장치의 종류
　압력방출장치, 압력제한스위치(온도제한스위치), 고·저수위 조절장치, 화염검출기

02 사업주가 보일러의 폭발사고예방을 위하여 기능이 정상적으로 작동될 수 있도록 유지·관리할 대상이 아닌 것은?

① 과부하방지장치
② 압력방출장치
③ 압력제한스위치
④ 고·저수위 조절장치

🔧 01번 해설 참고

03 산업안전보건법령상 보일러 방호장치로 거리가 가장 먼 것은?

① 고·저수위 조절장치
② 아우트리거
③ 압력방출장치
④ 압력제한스위치

🔧 01번 해설 참고

04 다음 중 보일러 운전 시 안전수칙으로 가장 적절하지 않은 것은?

① 가동 중인 보일러에는 작업자가 항상 정위치를 떠나지 아니할 것
② 보일러의 각종 부속장치의 누설상태를 점검할 것
③ 압력방출장치는 매 7년마다 정기적으로 작동시험을 할 것
④ 노 내의 환기 및 통풍장치를 점검할 것

🔧 ③ 압력방출장치는 매 1년마다 정기적으로 작동시험을 할 것

05 산업안전보건법령상 보일러 수위가 이상 현상으로 인해 위험수위로 변하면 작업자가 쉽게 감지할 수 있도록 경보등, 경보음을 발하고 자동적으로 급수 또는 단수되어 수위를 조절하는 방호장치는?

① 압력방출장치
② 고·저수위 조절장치
③ 압력제한스위치
④ 과부하방지장치

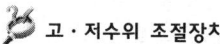 고·저수위 조절장치
　보일러의 이상 수위에 의한 사고를 미연에 방지하기 위하여 설치하는 장치로, 고·저수위를 알리는 경보등·경보음 장치 등을 설치하여 자동급수 또는 단수가 되어 수위를 조절하는 장치로 플로트식, 전극식, 차압식 등이 있다.

06 산업안전보건법령상 보일러의 압력방출장치가 2개 설치된 경우 그 중 1개는 최고사용압력 이하에서 작동된다고 할 때 다른 압력방출장치는 최고사용압력의 최대 몇 배 이하에서 작동되도록 하여야 하는가?

① 0.5　　　　　② 1

 [II. 산업안전보건법] 01. ① 02. ① 03. ② 04. ③ 05. ② 06. ③

296

4. 공조냉동 설치·운영(전기제어)

③ 1.05   ④ 2

안전보건규칙 제264조(안전밸브 등의 작동 요건)
압력방출장치가 2개 이상 설치된 경우에는 최고사용압력 이하에서 1개가 작동되고, 다른 압력방출장치는 최고사용압력 1.05배 이하에서 작동되도록 부착하여야 한다.

07 상용운전압력 이상으로 압력이 상승할 경우 보일러의 파열을 방지하기 위하여 버너의 연소를 차단하여 정상압력으로 유도하는 장치는?

① 압력방출장치
② 고·저수위 조절장치
③ 압력제한스위치
④ 통풍제어스위치

압력제한스위치
보일러의 안전한 가동(보일러의 과열 및 파열 방지 등)을 위하여 최고사용압력과 상용압력 사이에서 보일러의 버너 연소를 차단할 수 있도록 압력제한스위치를 부착하여 사용하여야 한다.

08 보일러에서 폭발사고를 미연에 방지하기 위해 화염 상태를 검출할 수 있는 장치가 필요하다. 이 중 바이메탈을 이용하여 화염을 검출하는 것은?

① 플레임 아이   ② 스택 스위치
③ 전자 개폐기   ④ 플레임 로드

① 플레임 아이 : 화염의 발광체(방사선, 적외선, 자외선)를 이용하여 검출
② 스택 스위치 : 바이메탈의 신축성을 이용하여 화염 상태를 검출하며 버너의 용량이 가장 큰 곳에 사용
④ 플레임 로드 : 가스의 이온화(전기전도성)를 이용하여 검출하며 가스 점화 버너에 이용

09 보일러 부하의 급변, 수위의 과상승 등에 의해 수분이 증기와 분리되지 않아 보일러 수면이 심하게 솟아올라 올바른 수위를 판단하지 못하는 현상은?

① 프라이밍   ② 모세관
③ 워터해머   ④ 역화

② 모세관 현상 : 액체 속에 모세관을 세우면 관 내의 액면이 관 외부의 자유표면보다 높아지거나 낮아지는 현상
③ 워터해머(수격현상) : 관 속에 유체가 꽉 찬 상태로 흐를 때 관 속 액체의 속도를 급격하게 변화시키면 액체에 압력변화가 생겨 관 내에 순간적인 충격압과 진동이 발생하는 현상
④ 역화 : 가스 절단이나 용접에 사용하는 토치의 화구로부터 불꽃이 돌발적으로 역행하는 현상

10 다음 중 산업안전보건법령상 보일러 및 압력용기에 관한 사항으로 틀린 것은?

① 공정안전보고서 제출 대상으로서 이행상태 평가 결과가 우수한 사업장의 경우 보일러의 압력방출장치에 대하여 8년에 1회 이상으로 설정압력에서 압력방출장치가 적정하게 작동하는지를 검사할 수 있다.
② 보일러의 안전한 가동을 위하여 보일러 규격에 맞는 압력방출장치를 1개 이상 설치하고 최고사용압력 이하에서 작동되도록 하여야 한다.
③ 보일러의 과열을 방지하기 위하여 최고사용압력과 상용압력 사이에서 보일러의 버너 연소를 차단할 수 있도록 압력제한스위치를 부착하여 사용하여야 한다.
④ 압력용기에서는 이를 식별할 수 있도록 하기 위하여 그 압력용기의 최고사용압

Answer   07. ③   08. ②   09. ①   10. ①

력, 제조연월일, 제조회사명이 지워지지 않도록 각인(刻印) 표시된 것을 사용하여야 한다.

 ① 공정안전보고서 제출 대상으로서 이행상태 평가 결과가 우수한 사업장의 경우 보일러의 압력방출장치에 대하여 4년에 1회 이상으로 설정압력에서 압력방출장치가 적정하게 작동하는지를 검사할 수 있다.

11 산업안전보건법령상 냉동·냉장 창고시설 건설공사에 대한 유해위험방지계획서를 제출해야 하는 대상시설의 연면적 기준은 얼마인가?
① 3천제곱미터 이상
② 4천제곱미터 이상
③ 5천제곱미터 이상
④ 6천제곱미터 이상

　유해위험방지계획서 제출 대상
　연면적 5천제곱미터 이상인 냉동·냉장 창고시설의 건설공사, 설비공사 및 단열공사

12 산업안전보건법령상 유해·위험 방지를 위한 방호조치가 필요한 기계·기구에 해당하는 것은?
① 응축기　　　② 저장탱크
③ 공기압축기　④ 냉각기

 유해·위험 방지를 위한 방호조치가 필요한 기계·기구
　㉠ 예초기　　　㉡ 원심기
　㉢ 공기압축기　㉣ 금속절단기
　㉤ 지게차
　㉥ 포장기계(진공포장기, 래핑기로 한정)

13 산업안전보건법령상 사업주는 다음 중 어느 하나에 해당하는 위험으로 인한 산업재해를 예방하기 위한 필요한 조치 중 가장 거리가 먼 것은?
① 기계·기구, 그 밖의 설비에 의한 위험
② 폭발성, 발화성 및 인화성 물질 등에 의한 위험
③ 전기, 열, 그 밖의 에너지에 의한 위험
④ 방사선·유해광선·고온·저온·초음파·소음·진동·이상기압 등에 의한 건강장해

 ④번은 건강장해를 예방하기 위하여 필요한 조치(보건조치)이다.

14 산업안전보건법령상 안전관리자의 업무가 아닌 것은?
① 업무 수행 내용의 기록
② 산업재해에 관한 통계의 유지·관리·분석을 위한 보좌 및 지도·조언
③ 안전교육계획의 수립 및 안전교육 실시에 관한 보좌 및 지도·조언
④ 작업장 내에서 사용되는 전체 환기장치 및 국소 배기장치 등에 관한 설비의 점검

　안전관리자의 업무
　㉠ 안전보건관리규정 및 취업규칙에서 정한 업무
　㉡ 위험성평가에 관한 보좌 및 지도·조언
　㉢ 안전인증대상기계 등과 자율안전확인대상기계 등 구입 시 적격품의 선정에 관한 보좌 및 지도·조언
　㉣ 해당 사업장 안전교육계획의 수립 및 안전교육 실시에 관한 보좌 및 지도·조언
　㉤ 사업장 순회점검, 지도 및 조치 건의
　㉥ 산업재해 발생의 원인 조사·분석 및 재발 방지를 위한 기술적 보좌 및 지도·조언

Answer　11. ③　12. ③　13. ④　14. ④

ⓢ 산업재해에 관한 통계의 유지·관리·분석을 위한 보좌 및 지도·조언
ⓞ 법 또는 법에 따른 명령으로 정한 안전에 관한 사항의 이행에 관한 보좌 및 지도·조언
ⓧ 업무 수행 내용의 기록·유지
ⓩ 그 밖에 안전에 관한 사항으로서 고용노동부장관이 정하는 사항

15 암모니아 설비 및 안전설비의 유지관리 절차로 옳지 않은 것은?

① 암모니아 설비 주변에 설치된 안전대책을 주기적으로 점검하고 작동여부를 확인하여야 한다.
② 암모니아 설비 주변에 설치된 안전대책의 작동 및 사용 가능여부를 연 1회 확인하고 점검하여야 한다.
③ 암모니아 열교환기 및 주변 설비의 유지보수는 반드시 작업계획을 수립하여 작업허가를 받은 후에 시행되어야 한다.
④ 암모니아 설비 주변의 안전대책에는 모니터, 감지설비, 경보설비, 무전기, 응급조치함 등이 포함되어야 한다.

② 암모니아 설비 주변에 설치된 안전대책의 작동 및 사용 가능여부를 최소한 분기별로 1회 확인하고 점검하여야 한다.

16 암모니아 냉매설비 운전 시 암모니아 노출 확인 절차로 옳지 않은 것은?

① 암모니아 냄새가 날 경우에는 냄새지역을 벗어나 감독자에게 알려야 한다.
② 호흡용 보호구를 착용한 후 감지기를 이용하여 공기 중 암모니아 농도를 측정한다.
③ pH 시험지를 물에 적셔 누출지역을 먼저 확인하고 난 후, 새로운 시험지를 이용하여 누출지점을 찾아낸다.
④ 누출지역을 확인한 후, 감독자나 동료가 현장에 도착하기 전에라도 누출을 멈추기 위해 지속적으로 조치를 취해야 한다.

④ 누출지역을 확인한 후, 감독자나 동료가 현장에 도착하기 전까지는 누출을 멈추기 위한 어떤 시도도 하지 말아야 한다.

17 산업안전보건법령에 따른 안전관리자에 대한 설명으로 적절하지 않은 것은?

① 산업안전지도사 자격을 가진 사람은 안전관리자가 될 수 있다.
② 전기사업자가 선임하는 전기안전관리자는 안전관리자가 될 수 없다.
③ 300인 미만 사업장의 경우 필수인력 선임을 안전(보건)관리 전문기관에 위탁할 수 있다.
④ 상시 근로자 100명 이상인 사업장은 안전관리자를 선임해야 한다.

④ 상시 근로자 50인 이상인 사업장은 법정자격을 가진 안전관리자를 선임해야 한다.

18 다음 중 유해위험방지계획서를 작성 제출하여야 하는 경우가 아닌 것은?

① 해당 제품의 생산 공정과 직접적으로 관련된 건설물·기계·기구 및 설비 등 전부를 설치하려는 경우
② 대통령령으로 정하는 크기, 높이 등에 해당하는 건설공사를 착공하려는 경우
③ 유해하거나 위험한 작업 또는 장소에서 사용하거나 건강장해를 방지하기 위하

Answer   15. ②   16. ④   17. ④   18. ③

여 사용하는 기계·기구 및 설비의 외관을 도색하는 경우
④ 해당 제품의 생산 공정과 직접적으로 관련된 건설물·기계·기구 및 설비 등 전부를 이전하려는 경우

 ③ 유해하거나 위험한 작업 또는 장소에서 사용하거나 건강장해를 방지하기 위하여 사용하는 기계·기구 및 설비의 주요 구조부분을 변경하려는 경우에 유해위험계획서를 작성·제출하여야 한다.

19 재해예방의 기본적 자세로 가장 거리가 먼 것은?
① 사고는 우연의 법칙에 의하여 반복적으로 발생할 수 있다.
② 재해는 사고발생의 예방대책보다 우연적 손실의 반복이 더 크게 작용해야 한다.
③ 재해는 원칙적으로 모두 예방이 가능하다. 이를 위한 과학적이고 체계적인 관리가 중요하다.
④ 모든 재해는 필연적 원인에 의해 발생하므로 조속한 예방대책이 실시되어야 한다.

② 재해는 우연적인 손실의 방지보다는 사전에 예방하는 것이 중요하다.

20 다음 중 산업안전보건법령에서 규정하는 중대재해에 해당하는 것은?
① 1개월 이상의 요양이 필요한 부상자가 동시에 2명 이상 발생한 재해
② 3개월 이상의 요양이 필요한 부상자가 동시에 2명 이상 발생한 재해
③ 6개월 이상의 요양이 필요한 부상자가 동시에 2명 이상 발생한 재해
④ 부상자 또는 직업성 질병자가 동시에 5명 이상 발생한 재해

 중대재해의 범위
㉠ 사망자가 1명 이상 발생한 재해
㉡ 3개월 이상의 요양이 필요한 부상자가 동시에 2명 이상 발생한 재해
㉢ 부상자 또는 직업성 질병자가 동시에 10명 이상 발생한 재해

21 산업안전보건법령상 안전검사 대상기계가 아닌 것은?
① 리프트
② 압력용기
③ 컨베이어
④ 이동식 국소 배기장치

국소 배기장치 중 이동식은 안전검사 대상에서 제외한다.

22 산업안전보건법령상 안전관리자를 2인 이상 선임하여야 하는 사업이 아닌 것은? (단, 기타 법령에 관한 사항은 제외한다.)
① 상시 근로자가 500명인 통신업
② 상시 근로자가 700명인 발전업
③ 상시 근로자가 600명인 식료품 제조업
④ 공사금액이 1000억이며 공사진행률(공정률) 20%인 건설업

상시 근로자가 500명인 통신업은 안전관리자를 1명 이상 선임하여야 한다.

 19. ② 20. ② 21. ④ 22. ①

III. 기계설비법

01 기계설비법령에서 규정하고 있는 기계설비의 범위에 해당되지 않는 것은?
① 우수배수설비
② 플랜트 설비
③ 가스설비
④ 오수정화·물재이용 설비

🔎 **기계설비의 범위**
열원설비, 냉난방설비, 공기조화·공기청정·환기설비, 위생기구·급수·급탕·오배수·통기설비, 오수정화·물재이용설비, 우수배수설비, 보온설비, 덕트설비, 자동제어설비, 방음·방진·내진설비, 플랜트설비, 특수설비

02 기계설비법령에 따라 기계설비 발전 기본계획은 몇 년마다 수립·시행하여야 하는가?
① 1 ② 2
③ 3 ④ 5

🔎 **기계설비 발전 기본계획의 수립**
국토교통부장관은 기계설비산업의 육성과 기계설비의 효율적인 유지관리 및 성능확보를 위하여 다음 각 호의 사항이 포함된 기계설비 발전 기본계획을 5년마다 수립·시행하여야 한다.

03 기계설비법령에 따라 기계설비 유지관리교육에 관한 업무를 위탁받아 시행하는 기관은?
① 한국기계설비건설협회
② 대한기계설비건설협회
③ 한국공작기계산업협회
④ 한국건설기계산업협회

🔎 **기계설비 유지관리교육에 관한 업무 위탁기관**
① 관련법령 : 기계설비법 시행령 제16조제2항
② 위탁기관 : 대한기계설비건설협회

04 기계설비법령에 따라 전문인력 양성기관의 교육시설 및 인력 요건에 관한 세부기준 중 알맞지 않은 것은?
① 전용면적이 60제곱미터 이상인 강의실을 하나 이상 갖출 것
② 실습을 위한 장비가 갖추어진 실습장을 하나 이상 갖출 것
③ 전문인력의 양성과 자질 향상을 위한 교육훈련을 운영할 수 있는 전문 교수요원을 1명 이상 갖출 것
④ 전문인력의 양성과 자질 향상을 위한 교육훈련을 운영·관리하는 전담 관리자를 1명 이상 갖출 것

🔎 ① 전용면적이 66제곱미터 이상인 강의실을 하나 이상 갖출 것

05 기계설비법 제19조제1항에 따라 선임된 기계설비유지관리자의 유지관리교육 중 신규교육의 교육시기는?
① 선임된 날부터 1개월 이내
② 선임된 날부터 2개월 이내
③ 선임된 날부터 3개월 이내
④ 선임된 날부터 6개월 이내

🔎 기계설비유지관리자의 신규교육은 선임된 날부터 6개월 이내

06 기계설비법령에 따라 관리주체는 기계설비유지관리자를 선임하는 경우 며칠 이내에 선임하여야 하는가?
① 7일 ② 15일

Answer [III. 기계설계법] 01. ③ 02. ④ 03. ② 04. ① 05. ④ 06. ③

③ 30일   ④ 60일

 관리주체는 제1항에 따라 기계설비유지관리자를 선임하는 경우 다음 각 호의 구분에 따른 날부터 30일 이내에 선임해야 한다.
- ㉠ 신축·증축·개축·재축 및 대수선으로 기계설비유지관리자를 선임해야 하는 경우 : 해당 건축물·시설물 등의 완공일(건축법 등 관계 법령에 따라 사용승인 및 준공인가 등을 받은 날을 말한다)
- ㉡ 용도변경으로 기계설비유지관리자를 선임해야 하는 경우 : 용도변경 사실이 건축물관리대장에 기재된 날
- ㉢ 법 제19조제1항 단서에 따라 기계설비유지관리업무를 위탁한 경우로서 그 위탁 계약이 해지 또는 종료된 경우 : 기계설비 유지관리업무의 위탁이 끝난 날

07 기계설비법령에 따라 연면적 1만5천제곱미터 이상 연면적 3만제곱미터 미만 용도별 건축물의 기계설비유지관리자의 선임기준은?

① 특급 책임기계설비유지관리자 1명
② 고급 책임기계설비유지관리자 1명
③ 중급 책임기계설비유지관리자 1명
④ 초급 책임기계설비유지관리자 1명

기계설비유지관리자의 선임기준

선임대상	선임자격	선임인원
연면적 6만m² 이상	특급 책임기계설비유지관리자	1
	보조기계설비유지관리자	1
연면적 3만m² 이상 연면적 6만m² 미만	고급 책임기계설비유지관리자	1
	보조기계설비유지관리자	1
연면적 1만5천m² 이상 연면적 3만m² 미만	중급 책임기계설비유지관리자	1
연면적 1만m² 이상 연면적 1만5천m² 미만	초급 책임기계설비유지관리자	1

08 기계설비법령에 따라 기계설비유지관리자 선임대상 건축물 중 잘못된 것은?

① 연면적 1만제곱미터 이상 건축물(창고시설은 제외)
② 300세대 이상 공동주택
③ 300세대 이상 중앙집중식 난방방식의 공동주택
④ 지하역사 및 연면적 2천제곱미터 이상인 지하도 상가

 ② 500세대 이상 공동주택

09 기계설비법령에 따라 정당한 사유없이 몇 회 이상 기계설비 유지관리교육을 받지 않은 기계설비유지관리자는 해임하여야 하는가?

① 1회   ② 2회
③ 3회   ④ 4회

정당한 사유 없이 2회 이상 기계설비 유지관리교육을 받지 않은 기계설비유지관리자는 해임하여야 한다.

10 유지관리교육을 받지 아니한 사람을 해임하지 아니한 경우에 과태료는 얼마인가?

① 100만원 이하   ② 300만원 이하
③ 500만원 이하   ④ 1000만원 이하

100만원 이하의 과태료
- ㉠ 점검기록을 시·군·구청장에게 제출하지 아니한 자
- ㉡ 유지관리교육을 받지 아니한 사람을 해임하지 아니한 자
- ㉢ 기계설비유지관리자 선임 또는 해임 신고를 하지 아니하거나 거짓으로 신고한 자
- ㉣ 유지관리교육을 받지 아니한 사람

 07. ③   08. ②   09. ②   10. ①

4. 공조냉동 설치·운영(전기제어)

11 기계설비법령에 따른 기계설비의 착공 전 확인과 사용 전 검사의 대상 건축물 또는 시설물에 해당하지 않는 것은?
① 연면적 1만제곱미터 이상인 건축물
② 목욕장으로 사용되는 바닥면적 합계가 500제곱미터 이상인 건축물
③ 기숙사로 사용되는 바닥면적 합계가 1천제곱미터 이상인 건축물
④ 판매시설로 사용되는 바닥면적 합계가 3천제곱미터 이상인 건축물

 ③ 기숙사로 사용되는 바닥면적 합계가 2천제곱미터 이상인 건축물

12 기계설비법령에 따른 기계설비의 착공 전 확인과 사용 전 검사의 대상 건축물 또는 시설물 관련 내용 중 ( ) 안의 내용으로 옳은 것은?

> 2. 에너지를 대량으로 소비하는 다음 각 목의 어느 하나에 해당하는 건축물
>   가. 냉동·냉장, 항온·항습 또는 특수청정을 위한 특수설비가 설치된 건축물로서 해당 용도에 사용되는 바닥면적의 합계가 ( )제곱미터 이상인 건축물

① 500   ② 2000
③ 3000   ④ 10000

 기계설비의 착공 전 확인과 사용 전 검사 대상 건축물(기계설비법 시행령 별표5)
1. 용도별 건축물 중 연면적 1만제곱미터 이상인 건축물(건축법 제2조제2항제18호에 따라 창고시설은 제외한다)
2. 에너지를 대량으로 소비하는 다음 각 목의 어느 하나에 해당하는 건축물
   가. 냉동·냉장, 항온·항습 또는 특수청정을 위한 특수설비가 설치된 건축물로서 해당 용도에 사용되는 바닥면적의 합계가 500제곱미터 이상인 건축물

13 기계설비법령에 따라 기계설비성능점검업자는 기계설비성능점검업의 등록한 사항 중 대통령령으로 정하는 사항이 변경된 경우에는 변경등록을 하여야 한다. 만약 변경등록을 정해진 기간 내 못한 경우 1차 위반 시 받게 되는 행정처분 기준은?
① 등록취소   ② 업무정지 2개월
③ 업무정지 1개월   ④ 시정명령

기계설비성능점검업을 등록한 자는 등록한 사항 중 대통령령으로 정하는 사항이 변경된 경우에는 변경 사유가 발생한 날부터 30일 이내에 변경등록을 하여야 한다.

행정처분 기준		
1차 위반	2차 위반	3차 위반
시정명령	업무정지 1개월	업무정지 2개월

14 기계설비법령에 따라 기계설비성능점검업의 기술인력 등록요건 중 잘못된 것은?
① 특급 책임기계설비유지관리자 1명
② 고급 이상인 책임기계설비유지관리자 1명
③ 중급 이상인 책임기계설비유지관리자 2명
④ 초급 이상인 책임기계설비유지관리자 2명

기술인력 등록요건
① 다음의 어느 하나에 해당하는 분야의 특급 책임기계설비유지관리자 1명
   ㉠ 「국가기술자격법」에 따른 건축설비 분야
   ㉡ 「국가기술자격법」에 따른 공조냉동기계 분야 또는 「건설기술 진흥법 시행령」 별표 1에 따른 공조냉동 및 설비 전문분야

Answer 11. ③ 12. ① 13. ④ 14. ④

ⓒ 「국가기술자격법」에 따른 에너지관리 분야
　　② 고급 이상인 책임기계설비유지관리자 1명
　　③ 중급 이상인 책임기계설비유지관리자 2명

15 기계설비법령에 따라 기계설비성능점검업의 기술인력 등록요건 중 옳은 것은?
① 공조냉동기계 분야 특급 책임기계설비유지관리자 2명
② 건축설비 분야 특급 책임기계설비유지관리자 2명
③ 고급 이상인 책임기계설비유지관리자 2명
④ 중급 이상인 책임기계설비유지관리자 2명

> ① 공조냉동기계 분야 특급 책임기계설비유지관리자 1명
> ② 건축설비 분야 특급 책임기계설비유지관리자 1명
> ③ 고급 이상인 책임기계설비유지관리자 1명

16 기계설비법령에 따라 기계설비성능점검업의 변경등록 사항이 아닌 것은?
① 상호　　② 대표자
③ 영업소 소재지　　④ 자본금

> 기계설비성능점검업의 변경등록 사항
> ㉠ 상호　　㉡ 대표자
> ㉢ 영업소 소재지　　㉣ 기술인력

17 기계설비법령에 따라 기계설비성능점검업을 등록한 자가 등록한 사항 중 대통령령으로 정하는 사항이 변경된 경우에는 변경 사유가 발생한 날부터 며칠 이내에 변경등록을 하여야 하는가?
① 10일　　② 15일
③ 20일　　④ 30일

 기계설비법 제21조 제2항
기계설비성능점검업을 등록한 자는 제1항에 따라 등록한 사항 중 대통령령으로 정하는 사항이 변경된 경우에는 변경 사유가 발생한 날부터 30일 이내에 변경등록을 하여야 한다.

18 기계설비유지관리자는 신고사항(근무처·경력·학력 및 자격 등)이 변경된 때에는 변경된 날부터 며칠 이내에 경력변경신고서에 변경 사항을 증명하는 서류를 첨부하여 경력관리 수탁기관에 제출해야 하는가?
① 10일　　② 15일
③ 20일　　④ 30일

> 기계설비법 시행규칙 제8조의3(기계설비유지관리자의 경력 신고 등)제2항
> 기계설비유지관리자는 법 제19조제8항 후단에 따라 신고사항이 변경된 때에는 변경된 날부터 30일 이내에 경력관리 수탁기관에 제출하여야 한다.

19 다음 중 기계설비법령에 따라 500만원 이하의 벌금 기준에 해당되는 경우가 아닌 것은?
① 유지관리기준을 준수하지 아니한 자
② 점검기록을 작성하지 아니하거나 거짓으로 작성한 자
③ 점검기록을 시·군·구청장에게 제출하지 아니한 자
④ 기계설비유지관리자를 선임하지 아니한 자

 500만원 이하의 과태료
㉠ 유지관리기준을 준수하지 아니한 자
㉡ 점검기록을 작성하지 아니하거나 거짓으로 작성한 자
㉢ 점검기록을 보존하기 아니한 자
㉣ 기계설비유지관리자를 선임하지 아니한 자

Answer 15. ④　16. ④　17. ④　18. ④　19. ③

4. 공조냉동 설치·운영(전기제어)

20 다음 중 기계설비법령에 따라 100만원 이하의 벌금 기준에 해당되는 경우가 아닌 것은?
① 착공 전 확인과 사용 전 검사에 관한 자료를 시·군·구청장에게 제출하지 아니한 자
② 점검기록을 작성하지 아니하거나 거짓으로 작성한 자
③ 유지관리교육을 받지 아니한 사람을 해임하지 아니한 자
④ 유지관리교육을 받지 아니한 사람

- 100만원 이하의 과태료
  ㉠ 점검기록을 시·군·구청장에게 제출하지 아니한 자
  ㉡ 유지관리교육을 받지 아니한 사람을 해임하지 아니한 자
  ㉢ 기계설비유지관리자 선임 또는 해임 신고를 하지 아니하거나 거짓으로 신고한 자
  ㉣ 유지관리교육을 받지 아니한 사람

21 기계설비법령에 따라 특급 책임기계설비유지관리자의 자격 및 경력기준으로 틀린 것은?
① 기능장 10년 이상
② 기사 10년 이상
③ 산업기사 10년 이상
④ 특급 건설기술인 10년 이상

- 기계설비유지관리자의 자격 및 등급

구분	자격 및 경력 기준		종합평가 결과에 따른 등급 산정
	보유자격	실무경력	
책임기계설비유지관리자 특급	기술사		제1호 나목에 따라 특급으로 산정된 기계설비유지관리자
	기능장	10년 이상	
	기사	10년 이상	
	산업기사	13년 이상	
	특급 건설기술인	10년 이상	

22 기계설비법령에 따라 일정 규모 이상의 건축물 등에 설치된 기계설비의 소유자 또는 관리자는 유지관리기준을 준수하기 위하여 기계설비유지관리자를 선임하여야 한다. 아래 내용은 일정 규모 이상의 건축물 중 공동주택에 해당하는 내용이다. ( ) 안에 내용으로 옳은 것은?

> 가. (㉠)세대 이상의 공동주택
> 나. (㉡)세대 이상으로서 중앙집중식 난방방식(지역난방방식을 포함한다)의 공동주택

① ㉠ 100, ㉡ 200 ② ㉠ 200, ㉡ 100
③ ㉠ 300, ㉡ 500 ④ ㉠ 500, ㉡ 300

- 2. 「건축법」 제2조제2항제2호에 따른 공동주택(이하 "공동주택"이라 한다) 중 다음 각 목의 어느 하나에 해당하는 공동주택
  가. 500세대 이상의 공동주택
  나. 300세대 이상으로서 중앙집중식 난방방식(지역난방방식을 포함한다)의 공동주택

23 기계설비법령에 따라 사용 전 검사 신청서에 제출서류로 가장 거리가 먼 것은?
① 기계설비공사 준공설계도서 사본
② 건축법 등 관계법령에 따라 기계설비에 대한 감리업무를 수행한 자가 확인한 기계설비사용적합확인서
③ 기계설비법에 따른 완성검사에 합격한 경우 그 검사결과서
④ 에너지이용합리화법에 따른 검사대상기기검사 합격한 경우 그 검사결과서

- ③ 고압가스 안전관리법에 따른 완성검사에 합격한 경우 그 검사결과서

 20. ② 21. ③ 22. ④ 23. ③

305

[참고] 제13조(기계설비의 사용 전 검사)
① 법 제15조제1항 본문에 따라 사용 전 검사를 받으려는 자는 국토교통부령으로 정하는 기계설비 사용 전 검사신청서를 시장·군수·구청장에게 제출해야 한다. 이 경우 해당 기계설비가 다음 각 호의 어느 하나에 해당하는 경우에는 그 검사 결과를 함께 제출할 수 있다.
 1. 「에너지이용 합리화법」 제39조제2항에 따른 검사대상기기 검사에 합격한 경우
 2. 「고압가스 안전관리법」 제16조제3항 본문에 따른 완성검사에 합격한 경우(같은 항 단서에 따라 감리적합판정을 받은 경우를 포함한다)

24 기계설비법령에 따라 기계설비성능점검업 등록 시 기술인력 조건은?
① 특급 유지관리자 1명 및 고급 유지관리자 1명, 중급 유지관리자 1명
② 특급 유지관리자 1명 및 고급 유지관리자 1명, 중급 유지관리자 2명
③ 특급 유지관리자 1명 및 고급 유지관리자 2명, 중급 유지관리자 2명
④ 특급 유지관리자 1명 및 고급 유지관리자 2명, 중급 유지관리자 3명

기계설비성능점검업의 기술인력 등록 요건(제17조제1항 관련)
 가. 특급 책임기계설비유지관리자 1명
  ㉠ 「국가기술자격법」에 따른 건축설비 분야
  ㉡ 「국가기술자격법」에 따른 공조냉동기계 분야 또는 「건설기술진흥법 시행령」 별표1에 따른 공조냉동 및 설비 전문분야
  ㉢ 「국가기술자격법」에 따른 에너지관리 분야
 나. 고급 이상인 책임기계설비유지관리자 1명
 다. 중급 이상인 책임기계설비유지관리자 2명

25 다음 중 기계설비 성능점검업 기술인력 등록 요건으로 잘못된 것은?
① 특급 책임기계설비유지관리자 1명
② 고급 책임기계설비유지관리자 1명
③ 중급 책임기계설비유지관리자 2명
④ 초급 책임기계설비유지관리자 2명

기계설비성능점검업 등록요건
 ㉠ 특급 책임기계설비유지관리자 1명
 ㉡ 고급 이상인 책임기계설비유지관리자 1명
 ㉢ 중급 이상인 책임기계설비유지관리자 2명

26 기계설비법령에 따라 기계설비의 소유자 또는 관리자의 범위에 해당하지 않는 것은?
① 건축물 등의 소유자(개인 또는 법인)
② 공동주택의 경우 관리사무소장
③ 집합건물의 경우 관리단
④ 민간 투자법상의 사업시행자

② 관리사무소장 또는 주택관리업자는 공동주택 관리를 위해 입주자대표회의와 선임 또는 위탁한 자로, 기계설비법에 따른 관리주체에 해당하지 않음
[참고] 기계설비의 소유자 또는 관리자의 범위
 ① 건축물 등의 소유자(개인 또는 법인)
 ② 공동주택의 경우 입주자대표회의, 집합건물의 경우 관리단
 ③ 임대계약 등에 따라 소유자 등으로부터 건축물 등을 실질적으로 사용·수익할 수 있는 권리와 건축물 등에 대한 전반적인 관리 및 보존의 의무를 부여받은 자

27 기계설비법령에 따라 기계설비 유지관리자를 선임하지 않는 경우, 과태료의 부과 기준은?
① 1차 위반 시 100만원, 2차 위반 시 200만원, 3차 위반 시 500만원

24. ② 25. ④ 26. ② 27. ④

4. 공조냉동 설치·운영(전기제어)

② 1차 위반 시 100만원, 2차 위반 시 300만원, 3차 위반 시 500만원
③ 1차 위반 시 200만원, 2차 위반 시 300만원, 3차 위반 시 500만원
④ 1차 위반 시 300만원, 2차 위반 시 400만원, 3차 위반 시 500만원

> 기계설비 유지관리자를 선임하지 않는 경우 1차 위반 시 300만원, 2차 위반 시 400만원, 3차 위반 시 500만원의 과태료가 부과되며, 3차 이상 위반 시 미선임 사실이 적발될 때마다 500만원의 과태료가 부과된다.

28 기계설비 유지관리자의 보수교육의 교육주기로 올바른 것은?

① 최근에 이수한 교육이수일부터 1년이 지난 날을 기준으로 1개월 이내
② 최근에 이수한 교육이수일부터 2년이 지난 날을 기준으로 2개월 이내
③ 최근에 이수한 교육이수일부터 3년이 지난 날을 기준으로 3개월 이내
④ 최근에 이수한 교육이수일부터 4년이 지난 날을 기준으로 4개월 이내

> **기계설비 유지관리자의 교육시기**
> ㉠ 신규교육 : 선임된 날부터 6개월 이내
> ㉡ 보수교육 : 최근에 이수한 유지관리교육의 이수일부터 3년이 지난 날을 기준으로 3개월 이내

29 다음 중 기계설비법령에 따라 100만원 이하의 과태료 사항이 아닌 것은?

① 착공 전 확인과 사용 전 검사에 관한 자료를 시·군·구청장에게 제출하지 아니한 자
② 유지관리교육을 받지 아니한 사람을 해임하지 아니한 자
③ 유지관리교육을 받지 아니한 사람
④ 기계설비 유지관리자를 선임하지 아니한 자

> ④ 500만원 이하의 과태료 부과
> [참고] 500만원 이하의 과태료 부과
> ① 유지관리 기준을 준수하지 아니한 자
> ② 점검기록을 작성하지 아니하거나 거짓으로 작성한 자
> ③ 점검기록을 보존하지 아니한 자
> ④ 기계설비 유지관리자를 선임하지 아니한 자

30 기계설비법령에 따라 기계설비의 유지관리 및 점검을 위하여 필요한 유지관리 기준으로 적합하지 않은 것은?

① 기계설비 유지관리 및 점검에 대한 계획 수립
② 기계설비 유지관리 및 점검의 종류, 항목, 방법 및 주기
③ 기계설비 유지관리 및 점검 참여자의 선발 및 근무형태
④ 기계설비 유지관리 및 점검의 기록 및 문서 보존 방법

> **기계설비 유지관리기준의 내용 및 방법**
> ㉠ 기계설비 유지관리 및 점검에 대한 계획 수립
> ㉡ 기계설비 유지관리 및 점검 참여자의 자격, 역할 및 업무내용
> ㉢ 기계설비 유지관리 및 점검의 종류, 항목, 방법 및 주기
> ㉣ 기계설비 유지관리 및 점검의 기록 및 문서보존 방법
> ㉤ 그 밖에 유지관리기준의 관리, 운영, 조사, 연구 및 개선업무에 관한 사항

 27. ③ 28. ④ 29. ③ 30. ④

31 기계설비법령에 따라 공조냉동기계기사를 취득한 자가 특급기술자 자격을 갖추기 위해 필요한 실무경력으로 알맞은 것은?

① 3년 이상   ② 5년 이상
③ 7년 이상   ④ 10년 이상

 책임기계설비 유지관리자(특급) 보유자격 및 경력기준

보유자격	실무경력
기술사	-
기능장	10년 이상
기사	10년 이상
산업기사	13년 이상
특급 건설기술인	10년 이상

32 기계설비법령에 따라 공조냉동기계산업기사를 취득한 자가 특급기술자 자격을 갖추기 위해 필요한 실무경력으로 알맞은 것은?

① 2년 이상   ② 5년 이상
③ 10년 이상   ④ 13년 이상

 31번 해설 참조

33 기계설비성능점검업 등록 시 등록요건으로 적합하지 않은 것은?

① 자본금   ② 기술인력
③ 점검장비   ④ 사무실

기계설비성능점검업의 등록요건
자본금, 기술인력, 점검장비

34 기계설비법령에 따라 성능점검업 준수 대상 건축물 중 잘못된 것은?

① 연면적 1만제곱미터 이상 건축물(창고시설은 제외)
② 300세대 이상 공동주택
③ 300세대 이상 중앙집중식 난방방식의 공동주택
④ 지하역사 및 연면적 2천제곱미터 이상인 지하도 상가

② 500세대 이상 공동주택

35 다음 중 기계설비 유지관리자의 업무에 해당하지 않는 것은?

① 기계설비 유지관리지침서 구비
② 기계설비 유지관리 및 성능점검 계획 수립
③ 기계설비 유지관리 현황표 작성 및 관리
④ 기계설비 성능점검 대행

④ 기계설비 성능점검 대행은 기계설비 성능점검업자의 업무이다.

36 다음 중 유지관리지침서에 포함되어야 할 내용이 아닌 것은?

① 기계설비 준공도서
② 기계설비 시스템 운용 매뉴얼
③ 기계설비 유지관리 및 성능점검 대상 현황표
④ 기계설비 사용 전 확인표

기계설비 유지관리지침서의 구비 및 관리사항
㉠ 기계설비 준공도서
㉡ 기계설비 시스템 운용 매뉴얼
㉢ 기계설비 사용 전 확인표
㉣ 기계설비 성능확인서
㉤ 기계설비 안전확인서
㉥ 기계설비 사용적합 확인서

37 다음 중 기계설비 유지관리업무로 알맞지 않은 것은?

Answer 31. ④ 32. ④ 33. ④ 34. ② 35. ④ 36. ③ 37. ①

① 기계설비 대상 점검표에 연 1회 이상 기록한다.
② 점검대상 기계설비의 외관, 운전 및 안전상태를 주기적으로 점검한다.
③ 기계설비 유지관리지침서를 구비한다.
④ 기계설비 유지관리 및 성능점검 계획을 수립한다.

> ① 기계설비 대상 점검표는 반기별(=6개월) 1회 이상 기록한다.

38 기계설비법령에 따라 기계설비유지관리자 선임기준이 아닌 것은?
① 연면적 1만제곱미터 이상 연면적 1만5천제곱미터 미만은 초급 책임기계설비유지관리자 1명이 필요하다.
② 연면적 1만5천제곱미터 이상 연면적 3만제곱미터 미만은 보조기계설비유지관리자 1명이 필요하다.
③ 연면적 3만제곱미터 이상 연면적 6만제곱미터 미만은 고급 책임기계설비유지관리자 1명이 필요하다.
④ 연면적 6만제곱미터 이상은 특급 책임기계설비유지관리자 1명이 필요하다.

> ② 연면적 1만5천제곱미터 이상 연면적 3만제곱미터 미만은 중급 책임기계설비유지관리자 1명이 필요하다.

39 기계설비법령에 따라 기계설비성능점검업의 변경등록 사항이 아닌 것은?
① 상호   ② 보유설비
③ 영업소 소재지   ④ 기술인력

> 기계설비성능점검업의 변경등록 사항
> ㉠ 상호   ㉡ 대표자
> ㉢ 영업소 소재지   ㉣ 기술인력

40 기계설비법령에 따라 기계설비유지관리자는 근무처·경력·학력 및 자격 등의 관리에 필요한 사항을 신고하려는 경우 기계설비유지관리자 경력신고서에 첨부해야 하는 서류가 아닌 것은?
① 근무처 및 경력을 증명하는 서류
② 기계설비 관련 자격증 사본
③ 졸업증명서
④ 최근 3개월 이내에 촬영한 증명사진

> 기계설비유지관리자 경력신고서 첨부서류
> ㉠ 근무처 및 경력을 증명하는 서류
> ㉡ 기계설비 관련 자격증(국가기술자격증은 제외) 사본
> ㉢ 졸업증명서
> ㉣ 최근 6개월 이내에 촬영한 증명사진 (가로 2.5cm×세로 3cm)

41 다음 중 기계설비 유지관련기준에 따른 기계설비의 성능점검 시 점검항목이 아닌 것은?
① 기계설비 시스템 검토
② 성능개선 계획 수립
③ 에너지사용량 검토
④ 유지관리비용 최소화 방안 검토

> 기계설비 성능점검 시 검토사항
> ㉠ 기계설비 시스템 검토
> ㉡ 기계설비 성능개선 계획 수립
> ㉢ 기계설비 에너지사용량 검토

Answer 38. ② 39. ② 40. ④ 41. ④

42 기계설비법에서 사용 전 검사 신청서에 구비서류로 가장 거리가 먼 것은?
① 기계설비공사 준공설계도서 사본
② 관계 법령에 따라 기계설비에 대한 감리업무를 수행한 자가 확인한 기계설비 사용 적합 확인서
③ 에너지이용합리화법 검사대상기기로 합격한 경우 그 검사결과서
④ 기계설비법 완성검사에 합격한 경우 그 검사결과서

④ 고압가스 안전관리법 완성검사에 합격한 경우 그 검사결과서

43 기계설비법령에 따라 1차 위반 시 50만원, 2차 위반 시 70만원의 과태료가 부과되는 경우가 아닌 것은?
① 유지관리교육을 받지 않은 사람을 해임하지 않은 경우
② 기계설비의 성능점검 및 점검기록을 시장·군수·구청장에게 제출하지 않은 경우
③ 기계설비의 성능점검 및 점검기록을 작성하지 않거나 거짓으로 작성한 경우
④ 착공 전 확인과 사용 전 검사에 관한 자료를 특별자치시장·특별자치도지사·시장·군수·구청장에게 제출하지 않은 경우

③ 기계설비의 소유자 또는 관리자는 기계설비 유지관리에 필요한 성능을 점검하고 그 점검기록을 작성하여야 한다. 점검기록을 작성하지 않거나 거짓으로 작성한 경우 1차 위반 시 300만원의 과태료가 부과된다.

44 다음 중 기계설비유지관리자 자격 및 경력 기준에 관한 설명으로 옳지 않은 것은?
① 산업기사 자격증을 보유하고 실무경력이 4년 이상이면 초급 등급으로 인정된다.
② 산업기사 자격증을 보유하고 실무경력이 7년 이상이면 중급 등급으로 인정된다.
③ 기사 자격증을 보유하고 실무경력이 7년 이상이면 고급 등급으로 인정된다.
④ 기사 자격증을 보유하고 실무경력이 10년 이상이면 특급 등급으로 인정된다.

① 산업기사 자격증을 보유하고 실무경력이 3년 이상이면 초급 등급으로 인정된다.

45 다음 중 기계설비법령상 과태료 규정에 관한 설명으로 틀린 것은?
① 유지관리기준을 준수하지 아니한 자에게는 500만원 이하의 과태료를 부과한다.
② 유지관리교육을 받지 아니한 자에게는 100만원 이하의 과태료를 부과한다.
③ 점검기록을 보존하지 아니한 자에게는 100만원 이하의 과태료를 부과한다.
④ 점검기록을 제출하지 아니한 자에게는 100만원 이하의 과태료를 부과한다.

③ 점검기록을 보존하지 아니한 자에게는 500만원 이하의 과태료를 부과한다.

46 기계설비 사용 전 검사신청서를 제출할 때 첨부하지 않아도 되는 서류는?
① 기계설비공사 준공설계도서 사본
② 기계설비 사용 적합 확인서
③ 고압가스 완성검사 증명서
④ 안전성평가서

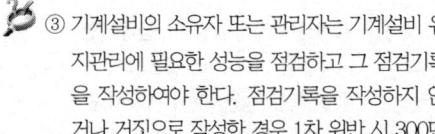
43. ③ 44. ① 45. ③ 46. ④

 ④ 고압가스 안전관리법에 따라 안전성평가 대상 시설의 사업자 등은 안전성향상계획을 제출하여야 하고 그 내용에는 안전성평가서가 포함되어야 한다.

memo

part 02

부록1. 과년도 기출문제
(출제기준 개정 전)
• 2015~2020년

2015년부터 2020년까지의 과년도 기출문제(총 80문항, 4과목)는 개정 전 출제기준 기출문제이고, 2022년부터는 새로운 출제기준(총 60문항, 3과목)의 기출문제입니다.

2015년 3월 8일(1회) 시행

chapter 02 공조냉동기계산업기사 과년도출제문제

제1과목 : 공기조화

01 축류 취출구로서 노즐을 분기덕트에 접속하여 급기를 취출하는 방식으로 구조가 간단하며 도달거리가 긴 것은?
① 펑커루버 ② 아네모스탯형
③ 노즐형 ④ 팬형

해설 **노즐형(nozzle diffuser)**
㉠ 축류형으로서 구조가 간단하고 도달거리가 길다.
㉡ 다른 형식에 비해 소음발생이 적다.
㉢ 천장이 높은 경우에도 효과적이므로 방송국, 스튜디오, 극장, 로비, 공장 등에서 사용한다.
[참고]
① 아네모스탯형(복류형)
  ㉠ 확산반경이 크고 도달거리가 짧다.
  ㉡ 팬형의 단점을 보완한 것으로 천장취출구로 가장 많이 사용한다.
  ㉢ 오염방지 링이 부착되어 있다.
② 펑커루버형(축류형)
  ㉠ 선박의 환기용으로 제작된 것이다.
  ㉡ 목이 움직이게 되어 취출기류의 방향을 바꿀 수 있다.
  ㉢ 토출구에 달려 있는 댐퍼에 의해 풍량조절이 가능하다.
  ㉣ 공장, 주방, 버스 등의 국소냉방에 주로 사용한다.
③ 팬형(복류형)
  ㉠ 수평방사형으로 공기를 취출하며 우산모양이다.
  ㉡ 구조가 간단하다.
  ㉢ 기류방향의 균등성을 얻기가 힘들다.

02 공조기 내에 흐르는 냉·온수 코일의 유량이 많아서 코일 내에 유속이 너무 클 때 적절한 코일은?
① 풀 서킷 코일(full circuit coil)
② 더블 서킷 코일(double circuit coil)
③ 하프 서킷 코일(half circuit coil)
④ 슬로 서킷 코일(slow circuit coil)

해설 코일의 배열방식에 따라 풀 서킷, 더블 서킷, 하프 서킷이 있다.
① 풀 서킷 코일(full circuit coil) : 표준유속일 때
② 더블 서킷 코일(double circuit coil) : 유량이 많아서 코일 내에 유속(1.5m/s 이상)이 빠를 때 사용
③ 하프 서킷 코일(half circuit coil) : 유량이 적을 경우에 사용

03 지하상가의 공조방식을 결정 시 고려해야 할 내용으로 틀린 것은?
① 취기를 발하는 점포는 확산되지 않도록 한다.
② 각 점포마다 어느 정도의 온도조절을 할 수 있게 한다.
③ 음식점에서는 배기가 필요하므로 풍량 밸런스를 고려하여 채용한다.
④ 공공지하보도 부분과 점포부분은 동일 계통으로 한다.

해설 **지하상가의 공조방식의 고려사항**
① 환기상태를 좋게 한다.
② 취기발생 점포의 취기가 확산되지 않도록

Answer 1. ③ 2. ② 3. ④

한다.
③ 점포에 따라 혼잡시간이 다르므로 각 점포에서 어느 정도 온도조절이 가능하게 한다.
④ 음식점은 배기가 필요하므로 풍량 밸런스를 고려한다.
⑤ 덕트공간은 극도로 제한되고 송풍량이 많아야 하므로 이용에 편리한 덕트설비를 한다.
⑥ 공공지하보도 부분과 점포부분은 별개의 계통으로 한다.
⑦ 전외기 방식이 최적이나 지상공기 오염에 대비하여 공기여과를 고려한다.
⑧ 자동제어 계획 시에는 연간 계절변동과 사람이동, 조명변화, 식사시간에 따른 주방 열부하 변동 그리고 평일과 주말에 대한 대책도 고려한다.
⑨ 출입구 문은 방재상 불가능하므로 한랭지에는 온풍에어커튼으로 외기 영향을 고려한다.
⑩ 지하상가는 배기문제가 있으므로 냉열원으로 전동 원심냉동기를 고려한다.
⑪ 온열원은 한랭지를 제외하고 난방부하가 적으므로 냉온수기 및 증기보일러를 사용한다.

04 온수보일러의 상당방열면적이 110m²일 때, 환산증발량은?
① 약 91.8kg/h   ② 약 112.2kg/h
③ 약 132.6kg/h ④ 약 153.0kg/h

해설 ① EDR(상당방열면적) = $\dfrac{전방열량}{표준방열량}$

전방열량 = EDR(상당방열면적) × 표준방열량
= 110m² × 450kcal/m²h
= 49,500kcal/h

② G_e(환산증발량)
= $\dfrac{전방열량}{539\text{kcal/kg}}$ = $\dfrac{49,500\text{kcal/h}}{539\text{kcal/kg}}$
= 91.8kg/h

여기서, 539kcal/kg : 100℃의 포화수 1kg을 100℃의 증기로 변화할 때 증발잠열
[참고] 환산증발량(상당증발량) : 시간당 실제 보일러의 발생열량을 표준대기압에서의 100℃ 포화수가 100℃ 건조포화증기로 증발하는 능력으로 환산하여 1시간당 증발량을 표시한다.

05 제습장치에 대한 설명으로 틀린 것은?
① 냉각식 제습장치는 처리공기를 노점 온도 이하로 냉각시켜 수증기를 응축시킨다.
② 일반 공조에서는 공조기에 냉각코일을 채용하므로 별도의 제습장치가 없다.
③ 제습방법은 냉각식, 압축식, 흡수식, 흡착식이 있으나 대부분 냉각식을 사용한다.
④ 에어와셔방식은 냉각식으로 소형이고 수처리가 편리하여 많이 채용된다.

해설 ④ 에어와셔방식은 체임버 내 다수의 노즐을 설치하여 다량의 물을 공기와 접촉시켜 공기를 가습하는 장치이다.

[참고] 제습장치의 종류

냉각 감습장치	냉각코일 또는 공기세정기를 사용하여 습공기를 노점 이하로 냉각하여 제습하는 방법으로 가장 많이 사용한다.
압축 감습장치	공기를 압축하여 여분의 수분을 응축시키는 방법으로 설비와 소요동력이 커 일반적으로 사용하지 않는다.
흡수식 감습장치	염화리튬, 트리에틸렌글리콜의 액체 흡수제를 사용하므로 가열원이 있어야 한다.
흡착식 감습장치	실리카겔, 활성 알루미나, 애드솔의 고체 흡착제를 사용한다.

06 가스난방에 있어서 실의 총 손실열량이 300000 kcal/h, 가스의 발열량이 6000kcal/m³, 가스소요량이 70m³/h일 때 가스 스토브의 효율은?
① 약 71%   ② 약 80%
③ 약 85%   ④ 약 90%

Answer 4. ① 5. ④ 6. ①

해설 가스 스토브 효율(η)

$$\eta = \frac{\text{총 손실열량}}{\text{가스발열량} \times \text{가스소요량}} \times 100(\%)$$

$$= \frac{300{,}000}{6{,}000 \times 70} \times 100 = 71.4\%$$

07 난방부하 계산 시 침입외기에 의한 열손실로 가장 거리가 먼 것은?
① 현열에 의한 열손실
② 잠열에 의한 열손실
③ 크롤 공간(crawl space)의 열손실
④ 굴뚝효과에 의한 열손실

해설 내벽 및 바닥은 외기의 영향을 받지 않으므로 바닥 밑 공간(Crawl space)은 침입외기의 영향을 받지 않는다.
[참고] 바닥 밑 공간(Crawl space) : 지하실이 없는 주택에서 기초벽, 바닥 장선 및 지면으로 둘러싸인 공간

08 엔탈피 13.1kcal/kg인 300m³/h의 공기를 엔탈피 9kcal/kg의 공기로 냉각시킬 때 제거 열량은? (단, 공기의 밀도는 1.2kg/m³이다.)
① 1476kcal/h   ② 1538kcal/h
③ 1879kcal/h   ④ 1984kcal/h

해설 냉각열량
$$q_L = 1.2Q(i_2 - i_1)$$
$$= 1.2 \times 300 \times (13.1 - 9) = 1{,}476\,\text{kcal/h}$$

09 통과 풍량이 350m³/min일 때 표준 유닛형 에어필터의 수는 약 몇 개인가? (단, 통과 풍속은 1.5m/s, 통과면적은 0.5m²이며, 유효면적은 85%이다.)
① 4개   ② 6개
③ 8개   ④ 10개

해설 표준형 유닛형 에어필터의 수

$$n = \frac{Q}{v_0 \times A_0 \times 60}$$

$$= \frac{350}{1.5 \times (0.5 \times 0.85) \times 60} = 9.15\text{개} \fallingdotseq 10\text{개}$$

10 전공기 방식의 특징에 관한 설명으로 틀린 것은?
① 송풍량이 충분하므로 실내공기의 오염이 적다.
② 리턴 팬을 설치하면 외기냉방이 가능하다.
③ 중앙집중식이므로 운전, 보수관리를 집중화할 수 있다.
④ 큰 부하의 실에 대해서도 덕트가 작게 되어 설치공간이 적다.

해설 ④ 큰 부하의 실에 대해서는 송풍량이 많아지므로 덕트가 크게 되어 설치공간이 증가한다.
[참고] 전공기 방식의 특징
① 장점
 ㉠ 송풍량이 많고 공조기에 고성능필터를 사용하므로 실내공기의 오염도가 적어 실의 청정도가 요구되는 공조에 적합하다.
 ㉡ 중앙 집중식이므로 운전취급이 간편하고 유지관리 및 보수가 용이하다.
 ㉢ 리턴팬을 설치하면 중간기에 외기냉방이 가능하다.
 ㉣ 열용량이 작으므로 부하변동에 대한 실온제어가 빠르다.
 ㉤ 유닛이 실내에 노출되지 않으므로 실내공간 이용도가 높다.
② 단점
 ㉠ 덕트 치수가 커지므로 덕트 설치 공간이 크다.
 ㉡ 대형 공조실이 필요하다.
 ㉢ 송풍동력이 커서 타방식에 비하여 열 반송동력이 크다.
 ㉣ 개별 제어가 어렵다.
 ㉤ 열운반 능력이 작아 원거리 열수송에는 부적합하다.

Answer 7. ③ 8. ① 9. ④ 10. ④

11 중앙에 냉동기를 설치하는 방식과 비교하여 덕트병용 패키지 공조방식에 대한 설명으로 틀린 것은?
① 기계실 공간이 적게 필요하다.
② 운전에 필요한 전문 기술자가 필요 없다.
③ 설치비가 중앙식에 비해 적게 든다.
④ 실내 설치 시 급기를 위한 덕트 샤프트가 필요하다.

해설 ④ 실내에 설치하는 경우 급기를 위한 덕트 샤프트가 필요 없다.

12 가습방식에 따른 분류 중 수분무식에 해당하는 것은?
① 회전식
② 원심식
③ 모세관식
④ 적하식

해설 가습방식의 종류
① 증기식의 종류 : 전열식, 전극식, 적외선식, 과열 증기식, 노즐 분사식
② 기화식의 종류 : 회전식, 모세관식, 적하식, 에어와셔식
③ 수분무식의 종류 : 원심식, 초음파식, 스프레이식

13 공조장치의 공기 여과기에서 에어필터 효율의 측정법이 아닌 것은?
① 중량법
② 변색도법(비색법)
③ 집진법
④ DOP법

해설 공기 여과기 측정법

측정법	중량법(AFI)	비색법 (NBS)	계수법 (DOP법)
특징	필터 전후에 일정 풍량을 통과시켜 여재에 포집되는 중량비로 효율표시	필터 전후에 일정 풍량을 시험용 여지를 통해 통과시켜 그 여지의 오염도를 비교해서 효율표시	필터 전후에 일정 풍량을 통과시켜 함유된 분진의 수를 광학적인 계수장치로 계수하여 분진수를 비교, 효율표시
측정 대상	Pre Filter 외기처리필터	Medium Filter (Bag, Unit Cell)	HEPA Filter ULPA Filter
해당 제진 입자	$1\mu m$ 이상의 입자	$1\mu m$ 이하의 부유 미립자	$0.3\mu m$ 이하의 입자

14 풍량 600m³/min, 정압 60mmAq, 회전수 500rpm의 특성을 갖는 송풍기의 회전수를 600rpm으로 증가하였을 때 동력은? (단, 정압효율은 50%이다.)
① 약 12.1kW   ② 약 18.2kW
③ 약 20.3kW   ④ 약 24.5kW

해설 ① 풍량 $Q_2 = \left(\dfrac{N_2}{N_1}\right) \times Q_1$
$= \left(\dfrac{600}{500}\right) \times 600 = 720 \, m^3/min$

② 정압 $P_2 = \left(\dfrac{N_2}{N_1}\right)^2 \times P_1$
$= \left(\dfrac{600}{500}\right)^2 \times 60 = 86.4 \, mmAq$

③ 축동력 : $L_2 = \dfrac{Q_2 \times P_2}{102 \times 60 \times \eta_f}$
$= \dfrac{720 \times 86.4}{102 \times 60 \times 0.5} = 20.32 \, kW$

15 공기조화 부하의 종류 중 실내부하와 장치부하에 해당되지 않는 것은?
① 사무기기나 인체를 통해 실내에서 발생하

Answer 11. ④ 12. ② 13. ③ 14. ③ 15. ④

는 열
② 외부의 고온 기류가 실내로 들어오는 열
③ 덕트에서의 손실열
④ 펌프동력에서의 취득열

해설 공조부하의 종류

구 분	부하의 종류
실내부하	벽체의 취득열량
	유리창의 취득열량
	극간풍의 취득열량
	인체의 발생열량
	기기의 발생열량
장치부하 (기기 취득열량)	송풍기의 취득열량
	덕트의 손실열량
	재열부하
열원부하	펌프의 동력열량
	배관에서의 손실열량
외기부하	외기도입의 취득열량

16 에어와셔에서 분무하는 냉수의 온도가 공기의 노점온도보다 높을 경우 공기의 온도와 절대습도의 변화는?

① 온도는 올라가고, 절대습도는 증가한다.
② 온도는 올라가고, 절대습도는 감소한다.
③ 온도는 내려가고, 절대습도는 증가한다.
④ 온도는 내려가고, 절대습도는 감소한다.

해설

에어와셔에서 공기 중에 냉수(공기의 노점온도보다 높은 경우)를 분무하면 그림의 공기선도와 같이 ①(공기)에서 ②(냉수)를 향하여 ③의

상태가 되므로 공기의 온도는 내려가고 절대습도는 증가한다.

17 보일러의 종류 중 원통보일러의 분류에 해당되지 않는 것은?

① 폐열 보일러
② 입형 보일러
③ 노통 보일러
④ 연관 보일러

해설 원통 보일러의 종류

입형 보일러, 노통 보일러, 노통연관 보일러, 연관 보일러
[참고] 특수보일러의 종류 : 폐열 보일러, 특수연료 보일러, 특수열매 보일러, 기타(전기 보일러 등)

18 각 실마다 전기스토브나 기름난로 등을 설치하여 난방을 하는 방식은?

① 온돌난방   ② 중앙난방
③ 지역난방   ④ 개별난방

해설 개별난방

가스, 전기, 석탄 또는 석유의 스토브, 화로, 온돌 등 열의 발생기를 방안에 설치하여 열의 대류 및 복사에 의해 그 방을 난방하는 방법으로 주택 등의 소건물에서 어떤 특정한 방만을 난방하는 경우에 편리하다.

19 여과기를 여과작용에 의해 분류할 때 해당되는 것이 아닌 것은?

① 충돌 점착식
② 자동 재생식
③ 건성 여과식
④ 활성탄 흡착식

해설 여과기의 분류
① 충돌점착식
② 건성여과식(건식)

Answer 16. ③ 17. ① 18. ④ 19. ②

③ 습식
④ 전기집진식
⑤ 활성탄 흡착식

20 다음 수증기의 분압 표시로 옳은 것은? (단, P_w : 습공기 중의 수증기의 분압, P_s : 동일 온도의 포화수증기의 분압, ϕ : 상대습도)

① $P_w = \phi - P_s$ 　② $P_w = \phi P_s$
③ $P_w = \dfrac{\phi}{P_s}$ 　④ $P_w = \phi + P_s$

해설 상대습도 $\phi = \dfrac{P_w}{P_s}$ 를 수증기의 분압에 관해 풀면 $P_w = \phi P_s$ 이 된다.

제 2 과목 : 냉동공학

21 방열벽의 열전도도가 0.02kcal/m·h·℃이고, 두께가 10cm인 방열벽의 열통과율은? (단, 외벽, 내벽에서의 열전달률은 각각 20 kcal/m²·h·℃, 8kcal/m²·h·℃이다.)

① 약 0.493kcal/m²·h·℃
② 약 0.393kcal/m²·h·℃
③ 약 0.293kcal/m²·h·℃
④ 약 0.193kcal/m²·h·℃

해설 $K = \dfrac{1}{\dfrac{1}{\alpha_o} + \sum \dfrac{l}{\lambda} + \dfrac{1}{\alpha_i}}$

$= \dfrac{1}{\dfrac{1}{8} + \dfrac{0.1}{0.02} + \dfrac{1}{20}} = 0.1932 \text{kcal/m}^2\text{h℃}$

$\begin{cases} \alpha_i : \text{내표면 열전달률[kcal/m}^2\text{h℃]} \\ \alpha_o : \text{외표면 열전달률[kcal/m}^2\text{h℃]} \\ \lambda : \text{재질 또는 물질의 열전도율[kcal/mh℃]} \\ l : \text{재질 또는 물질의 두께[m]} \end{cases}$

22 팽창밸브를 너무 닫았을 때 일어나는 현상이 아닌 것은?

① 증발압력이 높아지고 증발기 온도가 상승한다.
② 압축기의 흡입가스가 과열된다.
③ 능력당 소요동력이 증가한다.
④ 압축기의 토출가스 온도가 높아진다.

해설 팽창밸브를 너무 닫았을 때 일어나는 현상
① 냉매의 분출속도 증가로 증발압력(저압)이 낮아지고, 증발온도 역시 낮아진다.
② 압축비가 증가한다.
③ 냉매 순환량이 감소하여 압축기로 과열증기가 흡입된다.
④ 압축기 과열
⑤ 체적효율 감소
⑥ 냉동능력 감소
⑦ 윤활유 열화 및 탄화

23 냉동기의 성적계수가 6.84일 때 증발온도가 −13℃이다. 응축온도는?

① 약 15℃　　② 약 20℃
③ 약 25℃　　④ 약 30℃

해설 $T_L = -13℃ = (273 + (-13))\text{K} = 260\text{K}$

$\text{COP} = \dfrac{T_L}{T_H - T_L}$

$6.84 = \dfrac{260}{T_H - 260}$

$6.84(T_H - 260) = 260$

∴ $T_H = 298\text{K} = (298 - 273)℃ = 25℃$

24 표준냉동사이클이 적용된 냉동기에 관한 설명으로 옳은 것은?

① 압축기 입구의 냉매 엔탈피와 출구의 냉매 엔탈피는 같다.
② 압축비가 커지면 압축기 출구의 냉매가스 토출 온도는 상승한다.

Answer 20. ② 21. ④ 22. ① 23. ③ 24. ②

③ 압축비가 커지면 체적 효율은 증가한다.
④ 팽창 밸브 입구에서 냉매의 과냉각도가 증가하면 냉동 능력은 감소한다.

해설 ① 압축기 입구의 냉매 엔탈피는 압축과정을 거치면서 건조포화증기에서 과열증기가 된다. 그러므로 압축기 출구의 냉매는 압축기로부터 받는 일의 열당량만큼의 엔탈피가 증가한다.
② 출구의 엔탈피보다 작다.
③ 압축비가 커지면 체적효율은 감소한다.
④ 팽창밸브 입구에서 냉매의 과냉각도가 증가하면 팽창밸브 통과 시 플래시 가스 발생량이 감소하므로 냉동능력과 성적계수가 증가한다.

25 물 10kg을 0℃로부터 100℃까지 가열하면 엔트로피의 증가는 얼마인가? (단, 물의 비열은 1kcal/kg℃이다.)
① 2.18kcal/kg·K
② 3.12kcal/kg·K
③ 4.32kcal/kg·K
④ 5.18kcal/kg·K

해설 $\Delta S = GC_p \ln \dfrac{T_2}{T_1}$
$= 10 \times 1 \times \ln \dfrac{373}{273} = 3.12 \text{kcal/kg} \cdot \text{K}$
여기서, $T_1 = 0℃ = (0+273)K = 273K$
$T_2 = 100℃ = (100+273)K = 373K$

26 어느 냉동기가 2HP의 동력을 소모하여 시간당 5050kcal의 열을 저열원에서 제거한다면 이 냉동기의 성적계수는 약 얼마인가?
① 4   ② 5
③ 6   ④ 7

해설 $COP = \dfrac{q_e}{AW}$
$= \dfrac{5050 \text{kcal/h}}{2HP \times 632.3 \text{kcal/h}}$
$= 3.99 ≒ 4$
(여기서, 1HP = 632.3kcal/h)

27 다음 증발기의 종류 중 전열효과가 가장 좋은 것은? (단, 동일 용량의 증발기로 가정한다.)
① 플레이트형 증발기
② 팬 코일식 증발기
③ 나관 코일식 증발기
④ 셸 튜브식 증발기

해설 **열통과율**
① 플레이트형 증발기 : 11.5~14W/m²K
② 팬 코일식 증발기
 • 자연대류 : 5.8W/m²K
 • 강제 대류 : 15~20W/m²K
③ 나관 코일식 증발기 : 8~15W/m²K
④ 셸 튜브식 증발기 : 465~580W/m²K

28 냉동사이클에서 등엔탈피 과정이 이루어지는 곳은?
① 압축기   ② 증발기
③ 수액기   ④ 팽창밸브

해설 ① 압축기 : 압축과정(등엔트로피과정)
② 응축기 : 응축과정(등압과정)
③ 팽창밸브 : 교축과정(등엔탈피과정)
④ 증발기 : 증발과정(등온·등압과정)

29 프레온 냉동기의 제어장치 중 가용전(fusible plug)은 주로 어디에 설치하는가?
① 열교환기   ② 증발기
③ 수액기   ④ 팽창밸브

해설 **가용전(Fusible plug)**
① 1회용으로 이상온도 발생 시 가용전이 녹아 장치의 가스를 외부로 방출한다.
② 프레온용으로 안전밸브 대용으로 응축기와

Answer 25. ② 26. ① 27. ④ 28. ④ 29. ③

수액기 상부에 설치하고 용융온도는 70±5℃이다.
③ Pb, Sn, Sb, Bi 등의 합금으로 만들고 가용전의 크기는 안전밸브 직경의 1/2 이상으로 한다.

30 냉동장치 내의 불응축 가스에 관한 설명으로 옳은 것은?
① 불응축 가스가 많아지면 응축압력이 높아지고 냉동능력은 감소한다.
② 불응축 가스는 응축기에 잔류하므로 압축기의 토출가스 온도에는 영향이 없다.
③ 장치에 윤활유를 보충할 때에 공기가 흡입되어도 윤활유에 용해되므로 불응축 가스는 생기지 않는다.
④ 불응축 가스가 장치 내에 침입해도 냉매와 혼합되므로 응축압력은 불변한다.

  해설 ② 불응축 가스는 응축압력과 압축기 토출가스 온도를 상승시켜 냉동장치에 장애를 주므로 불응축 가스는 신속히 제거해야 한다.
  ③ 장치에 윤활유를 보충할 때 공기가 흡입되면 불응축 가스가 생기게 된다.
  ④ 불응축 가스가 장치 내에 침입하면 불응축 가스의 분압만큼 압력이 상승한다.

31 압축기의 체적효율에 대한 설명으로 틀린 것은?
① 압축기의 압축비가 클수록 커진다.
② 틈새가 작을수록 커진다.
③ 실제로 압축기에 흡입되는 냉매증기의 체적과 피스톤이 배출한 체적과의 비를 나타낸다.
④ 비열비 값이 적을수록 적게 된다.

  해설 체적효율이 감소하는 원인
  ① 압축비가 클 경우
  ② 틈새(Clearance)가 클 경우
  ③ 흡입가스가 과열될 경우(비체적이 클 경우)
  ④ 압축기가 작을 경우
  ⑤ 압축기의 회전수가 빨라 밸브의 개폐가 확실하지 못하고 저항이 커질 경우

32 브라인에 대한 설명으로 옳은 것은?
① 브라인 중에 용해하고 있는 산소량이 증가하면 부식이 심해진다.
② 구비 조건으로 응고점은 높아야 한다.
③ 유기질 브라인은 무기질에 비해 부식성이 크다.
④ 염화칼슘용액, 식염수, 프로필렌글리콜은 무기질 브라인이다.

  해설 ② 구비 조건으로 응고점은 낮아야 한다.
  ③ 유기질 브라인은 무기질에 비해 부식성은 적으나 가격이 비싸다.
  ④ 프로필렌글리콜($C_3H_6(OH)_2$), 에틸렌글리콜($C_2H_6O_2$), 에틸알코올(C_2H_5OH) 등은 유기질 브라인이다.

33 감온식 팽창밸브의 작동에 영향을 미치는 것으로만 짝지어진 것은?
① 증발기의 압력, 스프링 압력, 흡입관의 압력
② 증발기의 압력, 응축기의 압력, 감온통의 압력
③ 스프링 압력, 흡입관의 압력, 압축기 토출 압력
④ 증발기의 압력, 스프링 압력, 감온통의 압력

  해설 온도식 팽창밸브
  프레온 냉동기에 널리 사용되는 자동 팽창밸브로 감온식 팽창밸브라고도 한다. 이 밸브는 증발기 출구 냉매가스의 과열도가 일정하게 유지되도록 냉매 유량을 조절함으로써 항상 변동되는 냉동장치의 운전부하 조건하에서도 증발기의 능력을 최대한으로 발휘할 수 있게 한다. 이

Answer 30. ① 31. ① 32. ① 33. ④

밸브는 세 개의 압력(증발압력, 조절스프링의 압력, 감온통 내의 가스압력)에 의해 동작이 결정된다. 정상상태에서는 이 세 가지 힘이 일정하게 균형이 유지된다.(감온통 내의 가스압력= 조절스프링의 압력+증발압력)

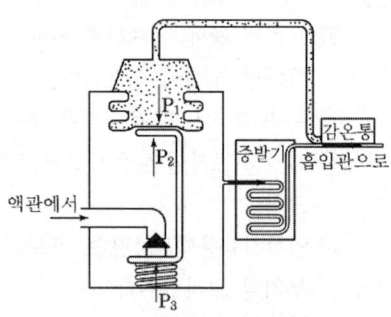

P_1 : 과열도에 의해 다이어프램에 전해지는 압력
P_2 : 증발기 내 냉매의 증발압력
P_3 : 조절나사에 의한 스프링 압력

34 응축온도는 일정한데 증발온도가 저하되었을 때 감소되지 않는 것은?
① 압축비　　② 냉동능력
③ 성적계수　　④ 냉동효과

[해설] ㉠ 압축비의 증대
㉡ 토출가스 온도 상승
㉢ 냉동효과 및 냉동능력 감소
㉣ 성적계수(COP) 감소
㉤ 비체적 증대로 인한 냉매순환량 감소

35 원심식 압축기의 특징이 아닌 것은?
① 체적식 압축기이다.
② 저압의 냉매를 사용하고 취급이 쉽다.
③ 대용량에 적합하다.
④ 서징현상이 발생할 수 있다.

[해설] ① 체적식 압축기 : 왕복동식 압축기, 회전식 압축기
[참고] 원심식 압축기의 특징

㉠ 대용량(100RT)에 적당하며 설치 면적이 작다.
㉡ 고장이 적고 보수가 용이하며 수명이 길다.
㉢ 저압 냉매가 사용되므로 취급이 간편하다.
㉣ 진동이 적은 반면에 소음이 크고 설비비가 고가이다.
㉤ 1단 압축으로 고압축비를 얻을 수 없으므로 증속장치가 필요하다.
㉥ 부하가 감소하면 맥동(Surging)현상이 발생한다.

36 열펌프(heat pump)의 성적계수를 높이기 위한 방법으로 적당하지 못한 것은?
① 응축온도를 높인다.
② 증발온도를 높인다.
③ 응축온도와 증발온도와의 차를 줄인다.
④ 압축기 소요동력을 감소시킨다.

[해설] 열펌프에서 응축온도를 너무 높이면 압축비의 증가로 압축일이 커지게 되고 결국 소요동력이 증가하여 성적계수가 낮아지게 된다.

37 밀폐형 압축기에 대한 설명으로 옳은 것은?
① 회전수 변경이 불가능하다.
② 외부와 관통으로 누설이 발생한다.
③ 전동기 이외의 구동원으로 작동이 가능하다.
④ 구동방법에 따라 직결구동과 벨트구동 방법으로 구분한다.

[해설] ② 압축기와 전동기가 일체형으로 되어 있어 냉매 및 오일의 누설이 없다.
③ 전동기 이외의 구동원으로 작동이 불가능하다.
④ 개방형 압축기는 직결구동식과 벨트 구동식으로 구분하고 밀폐형 압축기는 반밀폐형과 전밀폐형 방법으로 구분한다.

Answer 34. ① 35. ① 36. ① 37. ①

[참고] 밀폐형 압축기의 특징

장점	단점
① 과부하 운전이 가능하다. ② 소음이 적다. ③ 냉매 및 오일누설이 없다. ④ 소형이며 가벼워 제작비가 적게 든다.	① 타구동원에 의한 운전이 불가능하다. ② 고장 시 수리가 어렵다. ③ 회전수의 조절이 불가능하다. ④ 냉매 및 오일의 교환이 어렵다.

38 전자식 팽창밸브에 관한 설명으로 틀린 것은?
① 응축압력의 변화에 따른 영향을 직접적으로 받지 않는다.
② 온도식 팽창밸브에 비해 초기투자비용이 비싸고 내구성이 떨어진다.
③ 일반적으로 슈퍼마켓 쇼케이스 등과 같이 운전시간이 길고 부하변동이 비교적 큰 경우 사용하기 적합하다.
④ 전자식 팽창밸브는 응축기의 냉매유량을 전자제어장치에 의해 조절하는 밸브이다.

> **해설** ④ 전자식 팽창밸브는 증발기의 냉매유량을 전자제어장치에 의해 조절하는 밸브로 증발기 입구 냉매관 벽과 증발기 출구 관벽에 서미스터 등의 온도센서를 부착하고 이들 두 센서의 검출 온도차에 의해 증발기 출구 냉매 과열도를 구하여 증발기에 유입되는 냉매량을 제어한다.

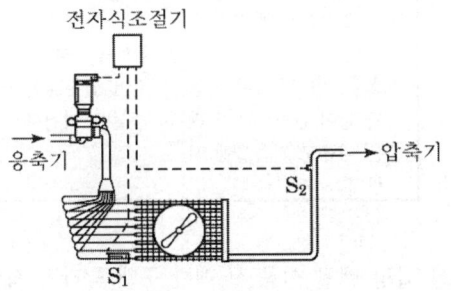

39 흡수식 냉동기의 특징에 대한 설명으로 틀린 것은?
① 부분 부하에 대한 대응성이 좋다.
② 용량제어의 범위가 넓어 폭넓은 용량제어가 가능하다.
③ 초기 운전 시 정격 성능을 발휘할 때까지의 도달 속도가 느리다.
④ 압축식 냉동기에 비해 소음과 진동이 크다.

> **해설** ④ 압축기를 기동하는 전동기가 없고 열에너지를 이용하므로 압축식 냉동기에 비해 소음, 진동이 적다.

40 축열장치에서 축열재가 갖추어야 할 조건으로 가장 거리가 먼 것은?
① 열의 저장은 쉬워야 하나 열의 방출은 어려워야 한다.
② 취급하기 쉽고 가격이 저렴해야 한다.
③ 화학적으로 안정해야 한다.
④ 단위체적당 축열량이 많아야 한다.

> **해설** 축열재의 구비 조건
> ① 단위체적당 축열량이 클 것
> ② 열의 출입이 용이할 것
> ③ 취급이 용이할 것
> ④ 가격이 저렴할 것
> ⑤ 자원이 풍부해서 장래 안정적 공급이 가능할 것
> ⑥ 화학적으로 안정될 것
> ⑦ 독성, 폭발성 및 부식성이 없을 것

제3과목 : 배관일반

41 특수 통기 방식 중 배수 수직관에 선회력을 주어 공기코어를 형성하여 통기관 역할을 하는 것은?
① 소벤트 방식(sovent system)
② 섹스티어 방식(sextia system)
③ 스택 벤트 방식(stack vent system)

 38. ④ 39. ④ 40. ① 41. ②

④ 에어 체임버 방식(air chamber system)

해설 섹스티어 방식
한 개의 배수 입관에서 배수와 통풍을 하도록 한 배관 방식이다. 이 방식은 배수 수직관의 각 층의 합류점에 설치하는 sextia 이음쇠와 배수 수평지관 및 수직관 아랫부분에 설치하는 sextia 벤트관으로 이루어져 있다. sextia 이음쇠는 수평 지관에서의 유수에 선회력을 주어 관내 통기를 위한 공기 코어를 유지하도록 하고 벤트관은 수직관에 유하해온 유수에 선회력을 주어 수평 주관의 공기 코어를 연장시킨다. 이 방식은 층수의 제한없이 고층, 저층에 모두 사용이 가능하며 신정 통기만을 사용하므로 통기 및 배수 계통이 간단하고 배수 관경이 작아도 되며 소음도 적다.

42 배관 회로의 환수방식에 있어 역환수방식이 직접환수방식보다 우수한 점은?
① 순환펌프의 동력을 줄일 수 있다.
② 배관의 설치 공간을 줄일 수 있다.
③ 유량을 균등하게 배분시킬 수 있다.
④ 재료를 절약할 수 있다.

해설 역환수방식은 공급관과 환수관의 왕복배관 길이가 같기 때문에 유량을 균등하게 분배할 수 있는 장점이 있지만 배관이 복잡하고 설비가 비싸다.

43 진공 환수식 난방법에서 탱크 내 진공도가 필요 이상으로 높아지면 밸브를 열어 탱크 내에 공기를 넣는 안전밸브의 역할을 담당하는 기기는?
① 버큠 브레이커(vacuum breaker)
② 스팀 사일런서(steam silencer)
③ 리프트 피팅(lift fitting)
④ 냉각 레그(cooling leg)

해설 진공 환수식 난방법
진공 환수식 증기난방은 대규모 난방에 많이 사용하는 것으로 환수 주관의 끝, 보일러의 바로 앞에 진공 펌프를 설치하여 환수관 내의 응축수 및 공기를 흡인하여 환수관의 진공도를 100~250mmHg로 유지하므로 응축수를 빨리 배출시킬 수 있고 방열기 내의 공기도 빼낼 수 있다. 진공 펌프 내 유체는 공기와 응축수의 혼합체이고 이 중 공기는 대기 중에 배출시키고, 응축수만 보일러에 보내야 하므로 진공 펌프와 급수 펌프를 겸한 진공 급수 펌프가 널리 사용된다. 펌프에는 버큠 브레이커(vacuum breaker)를 부착시켜 탱크 내의 진공도가 필요 이상 높게 되면 펌프에 과부하가 걸리므로 밸브를 열어 탱크 내에 공기를 넣는 안전밸브의 역할을 담당한다.

44 중앙식 급탕방법의 장점으로 옳은 것은?
① 배관길이가 짧아 열손실이 적다.
② 탕비장치가 대규모이므로 열효율이 좋다.
③ 건물완성 후에도 급탕개소의 증설이 비교적 쉽다.
④ 설비규모가 작기 때문에 초기 설비비가 적게 든다.

해설 중앙식 급탕방식의 특징

장점	단점
① 가스를 사용하므로 연료비가 절감된다.	
② 대규모 급탕을 실시하므로 열효율이 높다.	① 설비규모가 크고 복잡하므로 초기 시설비가 많이 들고 전임 취급자가 필요하다.
③ 기계실에 집중 배치되어 있으므로 관리가 용이하다.	② 급탕공급의 관길이가 길어 열손실이 크다.
④ 호텔, 병원, 아파트 등과 같이 급탕개소가 많은 대규모 건축물에 적합하다.	③ 증설이 어렵다.

45 급탕 배관 시공 시 배관 구배로 가장 적당한 것은?
① 강제순환식 : 1/100, 중력순환식 : 1/50

정답 42. ③ 43. ① 44. ② 45. ④

② 강제순환식 : 1/50, 중력순환식 : 1/100
③ 강제순환식 : 1/100, 중력순환식 : 1/100
④ 강제순환식 : 1/200, 중력순환식 : 1/150

해설 **급탕배관의 구배**
구배는 될 수 있는 한 급구배로 해준다.
① 중력 순환식 : 1/150 이상
② 강제 순환식 : 1/200 이상
③ 상향 공급식 : 공급관은 앞쪽 상향구배, 반송관은 앞쪽 하향구배
④ 하향 공급식 : 모두 앞쪽 하향구배

46 비중이 약 2.7로서 열 및 전기 전도율이 좋으며 가볍고 전연성이 풍부하여 가공성이 좋고 순도가 높은 것은 내식성이 우수하여 건축재료 등에 주로 사용되는 것은?
① 주석관　　　② 강관
③ 비닐관　　　④ 알루미늄관

해설 **알루미늄관(Al관)**
① 용도 : 건축재료 및 화학공업용 재료로 널리 사용(열교환기, 차량, 선박, 항공기용 등)
② 특징
　㉠ 열전도율이 동 다음으로 크다.
　㉡ 알칼리와 해수, 황산, 가성소다 등에 침식된다.
　㉢ 전연성, 내식성, 가공성이 좋다.
　㉣ 은백색을 띠는 관으로 비중은 약 2.7이다.

47 급수설비에서 급수펌프 설치 시 캐비테이션(cavitation) 방지책에 대한 설명으로 틀린 것은?
① 펌프의 회전수를 빠르게 한다.
② 흡입배관은 굽힘부를 적게 한다.
③ 단흡입 펌프를 양흡입 펌프로 바꾼다.
④ 흡입관경은 크게 하고 흡입 양정을 짧게 한다.

해설 **캐비테이션(Cavitation) 방지책**
① 흡입양정을 줄인다.
② 흡입관 손실을 줄인다.
③ 펌프 설치 위치를 가능한 한 낮추고 흡입관을 가능한 한 짧게 하고 관내 유속을 작게 한다.
④ 규정회전수 내 운전(회전수를 줄임)
⑤ 양정에 필요 이상 양정을 잡지 않는다.
⑥ 2대 이상의 펌프 사용

48 수도 직결식 급수설비에서 수도본관에서 최상층 수전까지 높이가 10m일 때 수도본관의 최저 필요수압은? (단, 수전의 최저 필요압력은 0.3kgf/cm², 관내 마찰손실 수두는 0.2 kgf/cm²으로 한다.)
① 1.0kgf/cm²　　　② 1.5kgf/cm²
③ 2.0kgf/cm²　　　④ 2.5kgf/cm²

해설 **수도본관의 최저 필요수압(P)**
$$P \geq \frac{H}{10} + P_2 + P_3$$
$$= \frac{10}{10} + 0.2 + 0.3 = 1.5 \text{kgf/cm}^2$$
$H[m]$: 수도 본관에서 최고층 급수기구까지의 높이
$P_2[kgf/cm^2]$: 관내의 마찰손실수두에 대한 압력
$P_3[kgf/cm^2]$: 기구별 최소 필요압력

49 주철관의 이음방법이 아닌 것은?
① 소켓 이음(socket joint)
② 플레어 이음(flare joint)
③ 플랜지 이음(flange joint)
④ 노허브 이음(no-hub joint)

해설 ② 플레어 이음 : 동관 이음
[참고] 주철관 이음
　① 소켓 이음
　② 노허브 이음
　③ 플랜지 이음
　④ 기계식 이음(메커니컬 조인트)
　⑤ 타이튼 이음

　46. ④　47. ①　48. ②　49. ②

ⓑ 빅토릭 이음

50 배관에서 보온재 선택 시 고려할 사항으로 가장 거리가 먼 것은?
① 안전 사용 온도 범위
② 열전도율
③ 내용연수
④ 운반비용

해설 보온재 선택 시 고려사항
㉠ 열전도율
㉡ 물리·화학적 강도
㉢ 내용연수(수명)
㉣ 구입의 용이성
㉤ 안전사용 온도범위
㉥ 불연성
㉦ 단위가격
㉧ 현장적응성

51 공기조화설비에서 덕트 주요 요소인 가이드 베인에 대한 설명으로 옳은 것은?
① 소형 덕트의 풍량 조절용이다.
② 대형 덕트의 풍량 조절용이다.
③ 덕트 분기 부분의 풍량 조절을 한다.
④ 덕트 벤드부에서 기류를 안정시킨다.

해설 가이드 베인
덕트 곡관부의 기류의 안정을 유지하여 난류로 인한 압력손실을 줄이기 위해 설치하며 곡관부의 내측에 설치한다.

52 배관이나 밸브 등의 보온 시공한 부분의 서포트부에 설치되며 관의 자중 또는 열팽창에 의한 보온재의 파손을 방지하기 위해 사용하는 것은?
① 가이드(guide)
② 파이프 슈(pipe shoe)
③ 브레이스(brace)
④ 앵커(anchor)

해설 ① 가이드(guide) : 배관의 축방향 이동은 허용하고 관의 회전이나 축과 직각방향을 구속하는 데 사용한다.
② 파이프 슈(pipe shoe) : 파이프로 직접 접속하여 배관의 수평부와 곡관부를 지지한다.
③ 브레이스(brace) : 압축기, 펌프에서 발생하는 배관계의 진동을 억제하는 데 사용한다.
④ 앵커(anchor) : 이동 및 회전을 방지하기 위하여 지지점 위치에 완전히 고정하는 것

53 다음 중 각 장치의 설치 및 특징에 대한 설명으로 틀린 것은?
① 슬루스 밸브는 유량조절용보다는 개폐용(ON-OFF용)에 주로 사용된다.
② 슬루스 밸브는 일명 게이트 밸브라고도 한다.
③ 스트레이너는 배관 속 먼지, 흙, 모래 등을 제거하기 위한 부속품이다.
④ 스트레이너는 밸브 뒤에 설치한다.

해설 ④ 스트레이너(strainer)는 증기, 물, 기름 등의 배관 내의 유체에 혼입된 토사, 이물질을 제거하기 위하여 장치, 밸브류 입구측에 설치한다.

54 배수관에 설치하는 트랩에 관한 내용으로 틀린 것은?
① 트랩의 유효수심은 관내 압력 변동에 따라 다르나 일반적으로 최저 50mm가 필요하다.
② 트랩은 배수 시 자기세정이 가능해야 한다.
③ 트랩의 봉수파괴 원인은 사이펀 작용, 흡출작용, 봉수의 증발 등이 있다.
④ 트랩의 봉수깊이는 가능한 한 깊게 하여 봉수가 유실되는 것을 방지한다.

해설 ④ 트랩의 봉수 깊이는 50~100mm가 적당하

Answer 50. ④ 51. ④ 52. ② 53. ④ 54. ④

며 트랩의 봉수를 너무 깊이 하면 유수의 저항이 증가되어 통수 능력이 감소한다.

55 슬리브형 신축 이음쇠의 특징이 아닌 것은?
① 신축 흡수량이 크며, 신축으로 인한 응력이 생기지 않는다.
② 설치 공간이 루프형에 비해 크다.
③ 곡선배관 부분이 있는 경우 비틀림이 생겨 파손의 원인이 된다.
④ 장시간 사용 시 패킹의 마모로 인해 누설될 우려가 있다.

[해설] 슬리브형(sleeve type expansion joint)
관의 팽창과 수축은 본체 속을 슬라이드하는 슬리브 파이프에 의해 흡수하는 방식이다.
① 슬리브와 본체 사이에 패킹을 넣어 온수 또는 증기가 누설하는 것을 방지한다.
② 물, 압력 8kg/cm² 이하의 포화증기, 기름, 가스 배관에 사용한다.
③ 루프형에 비해 설치 장소가 작다.
④ 배관에 곡선부분이 있으면 비틀림이 발생하여 파손의 원인이 된다.
⑤ 장시간 사용 시 패킹이 마모되어 유체가 누설하는 원인이 된다.

56 배관 부속기기인 여과기(strainer)에 대한 설명으로 틀린 것은?
① 여과기의 종류에는 형상에 따라 Y형, U형, V형 등이 있다.
② 여과기의 설치 목적은 관 내 유체의 이물질을 제거하여 수량계, 펌프 등을 보호하는 데 있다.
③ U형 여과기는 유체는 흐름이 수평이므로 저항이 작아 주로 급수배관용에 사용한다.
④ V형 여과기는 유체가 스트레이너 속을 직선적으로 흐르므로 Y형이나 U형에 비해 유속에 대한 저항이 적다.

[해설] ③ U형 여과기는 유체의 흐름이 수직이므로 Y형 스트레이너에 비해 유체에 대한 저항이 크나, 보수나 점검 등에 매우 편리한 점이 있으므로 기름 배관에 많이 쓰인다.

57 가스설비 배관 시 관의 지름은 폴(pole)식을 사용하여 구한다. 이때 고려할 사항이 아닌 것은?
① 가스의 유량   ② 관의 길이
③ 가스의 비중   ④ 가스의 온도

[해설] 저압가스의 수송공식(Pole의 공식)
$$Q = K\sqrt{\dfrac{D^5 H}{SL}}$$
Q : 가스유량[m³/h]
D : 관의 내경[cm]
H : 허용압력손실[mmH₂O]
S : 가스비중
L : 관의 길이[m]
K : 유량계수

58 강판제 케이싱 속에 열전도성이 우수한 핀(fin)을 붙여 대류작용만으로 열을 이동시켜 난방하는 방열기는?
① 콘벡터   ② 길드 방열기
③ 주형 방열기   ④ 벽걸이 방열기

[해설] 대류 방열기(convector)
대류작용을 극대화하기 위하여 강판제 케이스 속에 핀 튜브를 넣은 것으로 외관도 미려하고 열효율도 좋아 널리 사용되고 있다. 대류 방열기는 노출형과 은폐형이 있으며, 높이가 낮은 것을 베이스 보드 히터(base board heater)라 한다. 유닛 히터(unit heater)는 핀 튜브의 위에 송풍기를 설치하여 대류 작용을 촉진하는 방열기이다.
[참고]
① 주형 방열기 : 2주, 3주, 3세주, 5세주의 4종류가 있으며, 방열 면적은 1쪽당 표면적으로 나타낸다.

Answer 55. ② 56. ③ 57. ④ 58. ①

② 벽걸이 방열기 : 주철제로서 횡형(가로형)과 입형(세로형)이 있다.
③ 길드 방열기(gilled radiator) : 주철제로 된 파이프에 전열면적을 증가시키기 위하여 핀을 부착한 것

59 이음쇠 중 방진, 방음의 역할을 하는 것은?
① 플렉시블형 이음쇠
② 슬리브형 이음쇠
③ 스위블형 이음쇠
④ 루프형 이음쇠

해설 플렉시블 이음(flexible joint)
구형·통형·벨로즈 형태의 합성고무로 만든 짧은 관, 또는 플렉시블 튜브의 양쪽 끝에 플랜지를 부착한 이음으로 배관부착 또는 열팽창 등 외부의 영향을 받은 변형을 흡수하여 방진 및 방음의 역할을 한다.

60 냉동배관 재료로서 갖추어야 할 조건으로 틀린 것은?
① 저온에서 강도가 커야 한다.
② 내식성이 커야 한다.
③ 관내 마찰저항이 커야 한다.
④ 가공 및 시공성이 좋아야 한다.

해설 ③ 배관길이는 되도록 짧게 하고 관경은 충분히 크게 하여 관내 마찰저항을 최소화해야 한다.

제4과목 : 전기제어공학

61 다음 블록선도 중 비례적분제어기를 나타낸 블록선도는?

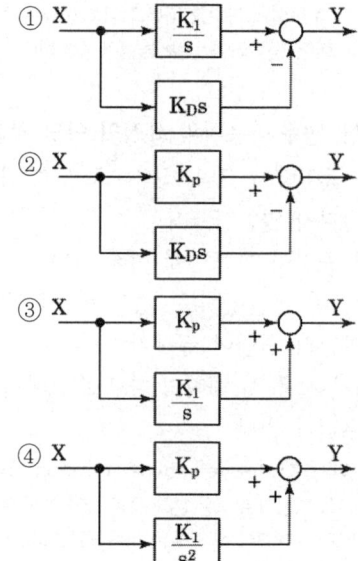

해설 ② 비례미분제어기(Proportional-Derivative Controller) : 미분제어기는 오차신호를 미분하여 제어신호를 만들어내는 제어기이다. 이 제어기 역시 단독으로 사용되지 않고, 비례제어기와 함께 사용된다. 비례제어기와 병렬로 연결된 제어기를 비례미분제어기 또는 PD제어기라 부른다.
③ 비례적분제어기(Proportional-Integral Controller) : 적분제어기는 오차신호를 적분(integral)하여 제어신호를 만드는 제어기이다. 적분제어는 단독으로 사용되지 않고, 비례제어와 같이 사용된다. 이를 비례적분제어기 또는 PI제어기라 부른다.
[참고] 비례적분미분(PID)제어기

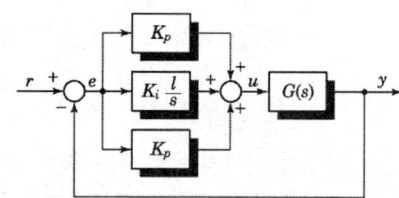

62 전압계에 대한 설명으로 틀린 것은?
① 동작원리는 전류계와 같다.

Answer 59. ① 60. ③ 61. ③ 62. ②

② 회로에 직렬로 접속한다.
③ 내부저항이 있다.
④ 가동코일형은 직류측정에 사용된다.

해설 ① 전류계 : 전류를 측정하는 기기를 전류계라 하며, 측정대상 회로와 직렬로 접속한다.
② 전압계 : 전압을 측정하는 기기를 전압계라 하며, 측정대상 회로와 병렬로 접속한다.

63 다음의 신호흐름선도의 입력이 5일 때 출력이 3이 되기 위한 A의 값은?

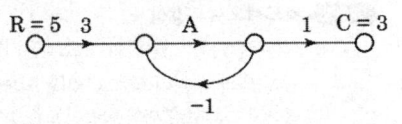

① 2   ② 3
③ 4   ④ 5

해설 $G = \dfrac{C}{R} = \dfrac{경로}{1 - 폐로}$

$\dfrac{3}{5} = \dfrac{3 \cdot A \cdot 1}{1 - (-1 \cdot A)}$

$15A = 3 + 3A$

$12A = 3$

$\therefore A = \dfrac{1}{4}$

[참고 답 없음(공단 답 ③)]

64 목표값이 시간에 대하여 변화하지 않는 제어로 정전압 장치나 일정 속도제어 등에 해당하는 제어는?

① 프로그램제어   ② 추종제어
③ 정치제어   ④ 비율제어

해설 정치제어(constant-value control)
목표값이 시간에 대하여 변하지 않는 제어 또는 제어량을 어떤 일정한 목표값으로 유지하는 것을 목적으로 하는 제어(프로세스제어, 자동조정제어)

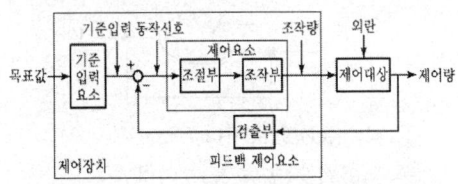

65 동작신호를 조작량으로 변환하는 요소로서 조절부와 조작부로 이루어진 요소는?

① 기준입력 요소
② 동작신호 요소
③ 제어 요소
④ 피드백 요소

해설 피드백제어 기본 구성
① 기준입력요소 : 목표값에 비례하는 기준입력신호를 발생하는 요소(설정부)
② 동작신호 : 기준입력과 주궤환량과의 편차인 신호로서 제어동작을 일으키는 신호
③ 제어요소 : 동작신호를 조작량으로 변환시키는 요소이며 조절부와 조작부로 구성
④ 피드백요소 : 제어량에서 주궤환을 생성하는 요소(검출부)

66 배리스터의 주된 용도는?

① 서지전압에 대한 회로 보호용
② 온도 측정용
③ 출력전류 조절용
④ 전압 증폭용

해설 배리스터(Varistor)
① 비직선적인 전압-전류 특성을 갖는 2단자 반도체 소자로 주로 서지전압에 대한 보호용으로 사용된다.
② 인가전압이 높을 때 저항값은 작아지고, 인가전압이 낮을 때 저항값이 크게 되어 회로를 보호한다.

67 그림은 제어회로의 일부이다. 회로의 설명이 틀린 것은?

Answer 63. ③   64. ③   65. ③   66. ①   67. ④

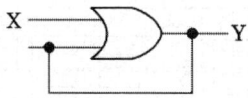

① 자기유지회로이다.
② 논리식은 Y = X+Y이다.
③ X가 1이면, 항상 Y는 1이다.
④ Y가 1인 상태에서 X가 0이면, Y는 0이 되는 회로이다.

해설 ④ Y가 1인 상태에서 X가 0이면 Y는 1이 되는 회로이다.

68 100V, 10A, 전기자저항 1Ω, 회전수 1800rpm인 직류전동기의 역기전력은 몇 V인가?
① 80 ② 90
③ 100 ④ 110

해설 역기전력(E)
$E = V - I_a R_a = 100 - 10 \times 1 = 90V$

69 R-L-C 직렬회로에서 전류가 최대로 되는 조건은?
① $\omega L = \omega C$ ② $\dfrac{\omega^2 L}{R} = \dfrac{1}{\omega CR}$
③ $\omega LC = 1$ ④ $\omega L = \dfrac{1}{\omega C}$

해설 RLC회로

구분	직렬공진	병렬공진
조건	$\omega L = \dfrac{1}{\omega C}$	$\omega C = \dfrac{1}{\omega L}$
공진의 의미	• 허수부가 0이다. • 전압과 전류가 동상이다. • 역률이 1이다. • 임피던스가 최소이다. • 흐르는 전류가 최대이다.	• 허수부가 0이다. • 전압과 전류가 동상이다. • 역률이 1이다. • 어드미턴스가 최소이다. • 흐르는 전류가 최소이다.

70 직류전동기는 속도제어를 비교적 간단하게 할 수 있고 기동 토크가 크므로 엘리베이터나 전차 등에 많이 사용되고 있다. 직류전동기에 가해지는 전압을 제어하여 속도제어로 많이 사용되는 방법은?
① 전압제어방식
② 계자저항제어방식
③ 1단속도제어방식
④ 워드-레오나드방식

해설 워드레오나드방식
직류전동기를 사용하여 보조발전기를 운전하는 방법과 사이리스터(SCR)를 이용하여 위상제어에 따른 속도제어 방법이 있으며 전압을 가감하여 속도를 제어하며 광범위한 속도 조정이 가능하고 엘리베이터, 전차운전에 적용한다.

71 직류회로에서 일정 전압에 저항을 접속하고 전류를 흘릴 때 25%의 전류값을 증가시키고자 한다. 이때 저항을 몇 배로 하면 되는가?
① 0.25 ② 0.8
③ 1.6   ④ 2.5

해설 $V_1 = V_2$
$I_1 R_1 = I_2 R_2$
$I_1 R_1 = 1.25 I_1 R_2 (I_2 = 1.25 I_1)$
$\therefore R_2 = \dfrac{I_1}{1.25 I_1} R_1 = 0.8 R_1$

72 1차 지연요소의 전달함수는?
① $\dfrac{s}{K}$ ② Ks
③ $\dfrac{1}{K}$ ④ $\dfrac{K}{1+Ts}$

해설 1차 지연 요소의 전달함수

Answer 68. ② 69. ④ 70. ④ 71. ② 72. ④

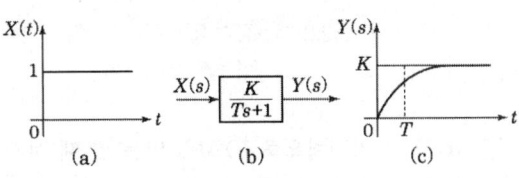

(a)   (b)   (c)

[1차 지연요소]

입력신호 $x(t)$와 출력호 $y(t)$와의 관계가
$b_1 \dfrac{dy(t)}{dt} + b_0 y(t) = a_0 x(t)$ (단, $b_1,\ b_0 > 0$)
로 표시되는 요소를 1차 지연요소라 한다.

$$G(s) = \dfrac{Y(s)}{X(s)} = \dfrac{a_0}{b_1 s + b_0}$$
$$= \dfrac{a_0/b_0}{(b_1/b_0)s + 1} = \dfrac{K}{Ts+1}$$

(단, $a_0/b_0 = K,\ b_1/b_0 = T$(시정수))

73 파형률이 가장 큰 것은?

① 구형파 ② 삼각파
③ 정현파 ④ 포물선파

해설 각종 파형의 파형률(=실효값/평균값)

파형	사각파 (구형파)	정현파	정현반파	삼각파	구형반파
파형률	1	1.11	1.57	1.15	1.41

74 전기력선의 성질로 틀린 것은?

① 양전하에서 나와 음전하로 끝나는 연속곡선이다.
② 전기력선상의 접선은 그 점에 있어서의 전계의 방향이다.
③ 전기력선은 서로 교차한다.
④ 단위 전계강도 1V/m인 점에 있어서 전기력선 밀도를 1개/m²라 한다.

해설 ③ 전기력선은 서로 교차하지 않는다.
[참고] 전기력선의 성질
1. 전기력선의 방향은 전계의 방향과 일치한다.
2. 전기력선 밀도는 그 점에서의 전계의 세기와 같다.
3. 단위전하(1[C])에서는 $\dfrac{1}{\varepsilon_0} = 36\pi \times 10^9$ 개의 전기력선이 발생한다.
4. 전기력선은 +전하에서 출발하여 -전하에서 멈추거나 무한원까지 퍼진다.
5. 전하가 없는 곳에서는 전기력선의 발생과 소멸이 없고 연속적이다.
6. 전기력선은 전위가 높은 곳에서 낮은 곳으로 향한다.
7. 전기력선은 자신만으로 폐곡선이 되는 일은 없다.
8. 2개의 전기력선은 서로 교차하지 않는다.
9. 전기력선은 등전위면과 직교한다. (단, 전계가 0인 곳에서는 조건 성립 안됨)
10. 도체 내부에서 전기력선은 없다. (도체내부 전계의 세기 0)
11. 전기력선은 도체 표면에서 수직으로 출입한다.
12. 전기력선은 무한원점에서 끝나거나, 무한원점에서 오는 것이 있다.
13. 무한원점에 있는 전하까지 합하면 전하의 총량은 0이다.

75 물건을 오르내리는 소형 호이스트의 로직회로의 일부이다. LS_h는 어떤 기능인가?

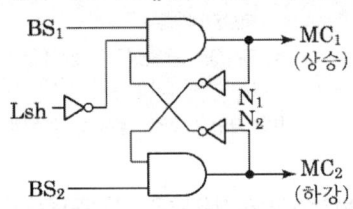

① 인터록
② 상승정지(상부에서)
③ 기동입력
④ 하강정지(하부에서)

해설 누름 스위치 BS_1을 누르면 MC_1이 작동하여 소형 호이스트는 상승한다. 일정 높이까지 상승하면 LS_h (Limit Switch)에 의해 상승이 정

73. ②   74. ③   75. ②

지된다.
① LS_h (Limit Switch) : 상승정지(상부에서)
② N_1, N_2 : 인터록
③ BS_1 : 상승 스위치
④ BS_2 : 하강 스위치

76 제벡 효과(Seebeck effect)를 이용한 센서에 해당하는 것은?
① 저항 변화용
② 인덕턴스 변화용
③ 용량 변화용
④ 전압 변화용

해설 제벡효과(Seebeck effect)
서로 다른 두 종류의 금속을 접합하여 두 접점 간에 온도차를 주면 전압이 발생하는 현상으로 열전쌍, 열전온도계, 열전 전류계, 열전 발전 등에 응용된다.

77 다음 중 프로세스 제어에 속하는 것은?
① 장력   ② 압력
③ 전압   ④ 저항

해설 프로세스 제어(process control)
㉠ 생산공정 중의 상태량, 외란의 억제를 주목적으로 한다.
㉡ 제어량 : 공업공정의 상태량(밀도, 농도, 온도, 압력, 유량, 습도 등)
[예] 대단위 화학 플랜트, 수조의 온도제어 등

78 변압기의 정격용량은 2차 출력단자에서 얻어지는 어떤 전력으로 표시하는가?
① 피상전력   ② 유효전력
③ 무효전력   ④ 최대전력

해설 변압기의 정격용량
변압기의 정격용량은 2차 단자에서 얻어지는 피상전력으로 표시되며, 식으로 나타내면 다음과 같다.

정격용량(VA)=정격 2차 전압(V)×정격 2차 전류(A)

79 100V의 기전력으로 100J의 일을 할 때 전기량은 몇 C인가?
① 0.1   ② 1
③ 10   ④ 100

해설 $W=EQ$이므로 $Q=\dfrac{W}{E}=\dfrac{100J}{100V}=1C$

80 진리표의 논리식과 같지 않은 것은?

입 력		출 력
A	B	X
0	0	0
0	1	1
1	0	1
1	1	1

① $X = B + A \cdot \overline{B}$
② $X = A + B$
③ $X = A \cdot B + \overline{A} \cdot B$
④ $X = A + \overline{A} \cdot B$

해설 진리표의 논리식 : X=A+B (OR 회로)
입력단자 A, B 중 어느 하나라도 ON되면 출력이 ON되고 A, B 모든 단자가 OFF되어야 출력이 OFF되는 회로
① $B+A \cdot \overline{B} = B(1+A)+A \cdot \overline{B}$
     $= B+BA+A \cdot \overline{B}$
     $= B+A(B+\overline{B})$
     $= A+B$
② $X=A+B$
③ $X = AB + \overline{A}B = B(A + \overline{A}) = B$
④ $A+\overline{A} \cdot B = A(1+B)+\overline{A} \cdot B$
     $= A+AB+\overline{A} \cdot B$
     $= A+B(A+\overline{A})$
     $= A+B$

Answer 76. ④ 77. ② 78. ① 79. ② 80. ③

chapter 02 공조냉동기계산업기사 과년도출제문제

2015년 5월 31일(2회) 시행

제1과목 : 공기조화

01 극간풍의 풍량을 계산하는 방법으로 틀린 것은?
① 환기 횟수에 의한 방법
② 극간 길이에 의한 방법
③ 창 면적에 의한 방법
④ 재실 인원수에 의한 방법

해설 극간풍(틈새공기량) 산출방법
① 환기횟수법
② 창문의 극간길이법(crack법)
③ 창면적법
④ 출입문의 개폐에 의한 침입외기량 계산법

02 환기와 배연에 관한 설명으로 틀린 것은?
① 환기란 실내의 공기를 차거나 따뜻하게 만들기 위한 것이다.
② 환기는 급기 또는 배기를 통하여 이루어진다.
③ 환기는 자연적인 방법, 기계적인 방법이 있다.
④ 매연 설비란 화재 초기에 발생하는 연기를 제거하기 위한 설비이다.

해설 ① 환기란 실외로부터 청정한 공기를 실내에 공급하고 실내의 오염공기를 실외로 배출하여 실내의 오염공기를 제거하거나 희석하는 과정을 말한다.

03 공기조화방식 분류 중 전공기방식이 아닌 것은?
① 멀티존 유닛방식
② 변풍량 재열식
③ 유인유닛방식
④ 정풍량식

해설 ① 전공기방식 : 단일 덕트방식(정풍량, 변풍량), 이중 덕트방식(정풍량, 변풍량, 멀티존 유닛), 각층 유닛방식 등
② 수-공기방식 : 유인유닛방식, 덕트병용 팬코일 유닛방식, 복사냉난방(패널에어)방식 등
③ 전수방식 : 팬코일 유닛방식 등
④ 개별방식(냉매방식) : 패키지방식, 룸쿨러방식, 멀티유닛형 멀티유닛방식

04 다음 분류 중 천장 취출방식이 아닌 것은?
① 아네모스탯형
② 브리즈 라인형
③ 팬형
④ 유니버설형

해설 취출구의 구분

방식	종류
천장 취출	아네모스탯형, 팬형, 천장 노즐, 펑커루버, 브리즈 라인형, 캄 라인형, T-라인형 등
측벽 취출	벽식노즐형, 펑커루버형, 유니버설형

05 다음 중 엔탈피의 단위는?
① kcal/kg·℃

Answer 1.④ 2.① 3.③ 4.④ 5.②

② kcal/kg
③ kcal/m²·h·℃
④ kcal/m·h·℃

해설 엔탈피(enthalpy : i, h, kcal/kg)
단위중량의 습공기가 갖는 열량의 총합을 말하며 건구온도 0℃, 절대습도 0kg/kg′ 상태에서의 공기의 엔탈피는 0kcal/kg이다.

06 다음의 표시된 벽체의 열관류율은? (단, 내표면의 열전달률 α_i=8kcal/m²h℃, 외표면의 열전달률 α_o=20kcal/m²h℃, 벽돌의 열전도율 λ_a=0.5kcal/mh℃, 단열재의 열전도율 λ_b=0.03kcal/mh℃, 모르타르의 열전도율 λ_c=0.62kcal/mh℃이다.)

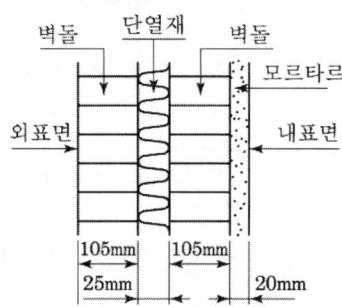

① 0.685kcal/m²h℃
② 0.778kcal/m²h℃
③ 0.813kcal/m²h℃
④ 1.460kcal/m²h℃

해설 벽체의 열관류율(K)

$$K = \cfrac{1}{\cfrac{1}{\alpha_i} + \Sigma\cfrac{l}{\lambda} + \cfrac{1}{\alpha_o}}$$

$$= \cfrac{1}{\cfrac{1}{8} + \cfrac{0.02}{0.62} + \cfrac{0.105}{0.5} + \cfrac{0.025}{0.03} + \cfrac{0.105}{0.5} + \cfrac{1}{20}}$$

≒ 0.685kcal/m²h℃

07 다음 중 현열부하에만 영향을 주는 것은?

① 건구온도   ② 절대습도
③ 비체적   ④ 상대습도

해설 현열부하(q_s)
$q_s = GC\Delta t$
여기서, G : 공기량[kg/h]
C = 0.24kcal/kg℃ : 공기의 비열
Δt[℃] : 건구온도차

08 전열량의 변화와 절대습도 변화의 비율을 무엇이라고 하는가?

① 현열비   ② 포화비
③ 열수분비   ④ 절대비

해설 열수분비
공기 중의 수분량(절대습도)의 변화량에 따른 전열량(엔탈피) 변화량을 열수분비라고 하며 공조설비의 송풍기에 대한 공기상태변화를 구하기 위해 사용된다.
[참고] 현열비 : 습공기 전열량에 대한 현열량의 비

09 유인유닛 공조방식에 대한 설명으로 옳은 것은?

① 실내환경 변화에 대응이 어렵다.
② 덕트 공간이 비교적 크다.
③ 각 실의 제어가 어렵다.
④ 회전부분이 없어 동력(전기) 배선이 필요 없다.

해설 ① 각 유닛마다 제어가 가능하므로 실내환경 변화에 대응이 가능하다.
② 고속덕트를 사용하므로 덕트 공간이 비교적 작다.
③ 각 유닛마다 제어가 가능하므로 각 실의 개별제어가 가능하다.
[참고] 유인유닛방식의 특징

Answer 6. ① 7. ① 8. ③ 9. ④

장점	단점
① 각 유닛마다 제어가 가능하여 각 방의 개별제어가 가능하다. ② 고속덕트를 사용하므로 덕트의 설치공간을 작게 할 수 있다. ③ 중앙공조기는 1차공기만 처리하므로 작게 할 수 있다. ④ 풍량이 적게 들어 동력소비가 적다. ⑤ 유닛 내부에 전동기 등 가동부분이 없어 수명이 반영구적이다. ⑥ 유인비가 3~4 정도 되어 취출 공기와 실온의 온도차가 작아 기류 분포가 좋다. ⑦ 1차 공기의 조닝이 가능하고 부하변동에 대한 적응성이 FCU보다 양호하다.	① 수배관으로 인한 누수의 우려가 있다. ② 송풍량이 적어 외기냉방 효과가 적다. ③ 유닛의 설치에 따른 실내 유효공간이 감소한다. ④ 유닛 내의 여과기가 막히기 쉽다. ⑤ 고속덕트이므로 송풍동력이 크고 소음이 발생한다.

10 습공기 선도상에서 확인할 수 있는 사항이 아닌 것은?
① 노점 온도   ② 습공기의 엔탈피
③ 효과 온도   ④ 수증기 분압

해설 습공기 선도의 구성
표준대기압 상태에서 습공기의 성질을 표시하고 건구온도, 습구온도, 노점온도, 상대습도, 절대습도, 수증기분압, 엔탈피, 비체적, 현열비, 열수분비 등으로 구성되어 있다.

11 공기조화기의 냉수코일을 설계하고자 할 때의 설명으로 틀린 것은?
① 코일을 통과하는 물의 속도는 1m/s 정도가 되도록 한다.
② 코일 출입구의 수온 차는 대개 5~10℃ 정도가 되도록 한다.
③ 공기와 물의 흐름은 병류(평행류)로 하는 것이 대수평균 온도차가 크게 된다.
④ 코일의 모양은 효율을 고려하여 가능한 한 정방형으로 한다.

해설 냉수 코일의 설계법
㉠ 코일 내 유속은 1m/s 전후로 한다.
㉡ 코일의 통과풍속을 2~3m/s 정도로 한다.
㉢ 공기와 물의 흐름은 대향류(역류) 흐름으로 하고 대수평균온도차(LMTD)를 크게 한다.
㉣ 공기의 압력손실을 고려하여 코일열수는 최대 10열로 하며 보통 4~8열 정도로 한다.
㉤ 냉수의 입, 출구 온도차를 5℃ 정도로 한다.
㉥ 코일의 설치는 수평으로 한다.

12 전공기식 공기조화에 관한 설명으로 틀린 것은?
① 덕트가 소형으로 되므로 스페이스가 작게 된다.
② 송풍량이 충분하므로 실내공기의 오염이 적다.
③ 중앙집중식이므로 운전, 보수관리를 집중화할 수 있다.
④ 병원의 수술실과 같이 높은 공기의 청정도를 요구하는 곳에 적합하다.

해설 ① 송풍량이 많아 덕트가 대형이 되므로 스페이스(설치공간)가 증가한다.

13 펌프를 작동원리에 따라 분류할 때 왕복펌프에 해당하지 않는 것은?
① 피스톤 펌프
② 베인 펌프
③ 다이어프램 펌프
④ 플런저 펌프

해설 용적형 펌프 종류
㉠ 왕복펌프 : 피스톤 펌프, 플런저 펌프, 다이어프램 펌프 등

Answer 10. ③ 11. ③ 12. ① 13. ②

ⓒ 회전펌프 : 기어 펌프, 베인 펌프 등

14 다음과 같은 사무실에서 방열기 설치 위치로 가장 적당한 것은?

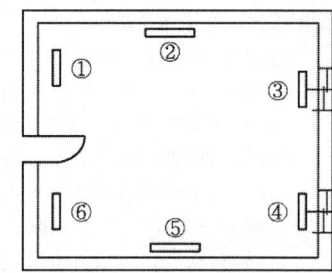

① [①, ②] ② [②, ⑤]
③ [③, ④] ④ [④, ⑥]

■해설 **방열기의 설치**
방열기를 난방부하가 작은 내벽에 설치하면 외벽면의 냉기가 들어오는 콜드 드래프트가 생기므로 외기에 접한 창문 아래쪽에 설치(③, ④)하는 것이 가장 적당하다.

15 덕트의 설계법을 순서대로 나열한 것 중 가장 바르게 연결한 것은?

① 송풍량 결정 - 덕트경로 결정 - 덕트치수 결정 - 취출구 및 흡입구 위치결정 - 송풍기 선정 - 설계도 작성
② 송풍량 결정 - 취출구 및 흡입구 위치결정 - 덕트경로 설정 - 덕트치수 결정 - 송풍기 선정 - 설계도 작성
③ 덕트치수 결정 - 송풍량 결정 - 덕트경로 결정 - 취출구 및 흡입구 위치결정 - 송풍기 선정 - 설계도 작성
④ 덕트치수 결정 - 덕트경로 결정 - 취출구 및 흡입구 위치결정 - 송풍량 결정 - 송풍기 선정 - 설계도 작성

■해설 **덕트 설계 순서**

송풍량 결정(냉난방부하계산) → 취출구 및 흡입구의 위치선정(위치, 개수, 형식, 크기 결정) → 덕트경로 결정(실의 용도, 사용시간, 부하의 특성 등을 고려) → 덕트의 치수 결정(등속법, 등마찰손실법 등 적용) → 송풍기 선정(송풍기 용량, 형식 결정) → 설계도 작성

16 다음의 습공기 선도상에서 E-F는 무엇을 나타내는 것인가?

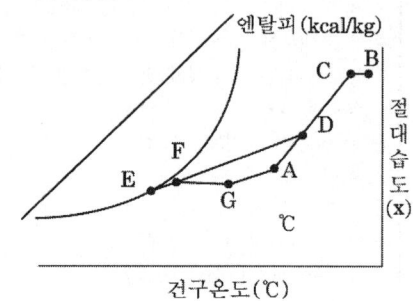

① 가습
② 재열
③ CF(Contact Factor)
④ BF(By-pass Factor)

■해설

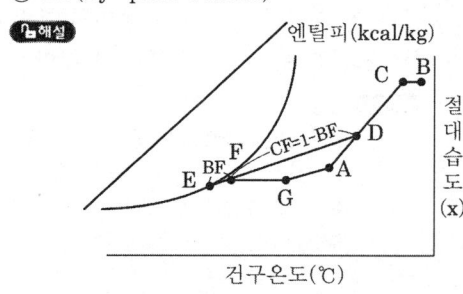

① 바이패스 팩터(By Pass Factor : BF) : 가열 또는 냉각코일을 접촉하지 않고 그대로 통과하는 공기의 비율로 BF가 작을수록 성능이 우수하다.
② 콘택트 팩터(Contact Factor : CF) : 가열 또는 냉각코일을 완전히 접촉하여 통과한 공기의 비율

14. ③ 15. ② 16. ④

17 공조용 가습장치 중 수분무식에 해당하지 않는 것은?
① 원심식
② 초음파식
③ 분무식
④ 적하식

해설 공조용 가습장치의 종류
  ① 수분무식 : 원심식, 초음파식, 분무식
  ② 증기식 : 전열식, 전극식, 적외선식, 과열증기식, 분무식
  ③ 증발식 : 회전식, 모세관식, 적하식

18 덕트의 직관부를 통해 공기가 흐를 때 발생하는 마찰저항에 대한 설명 중 틀린 것은?
① 관의 마찰 저항계수에 비례한다.
② 덕트의 지름에 반비례한다.
③ 공기의 평균 속도의 제곱에 비례한다.
④ 중력 가속도의 2배에 비례한다.

해설 ④ 마찰저항은 중력 가속도의 2배에 반비례한다.
[참고] 직관부의 마찰저항(ΔP_f)
$$\Delta P_f = f \frac{L}{d} \frac{V^2}{2g} \gamma$$
여기서, 마찰계수 : f
  덕트의 길이 : L
  덕트의 직경 : d
  풍속 : V
  공기의 비중량 : γ

19 다음 장치도 및 t-x 선도와 같이 공기를 혼합하여 냉각, 재열한 후 실내로 보낸다. 여기서, 외기부하를 나타내는 식은? (단, 혼합공기량은 G[kg/h]이다.)

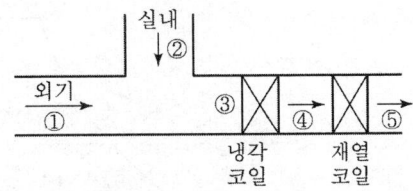
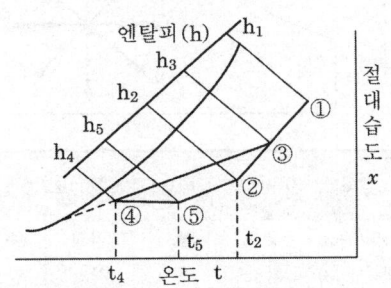

① $q = G(h_3 - h_4)$
② $q = G(h_1 - h_3)$
③ $q = G(h_5 - h_4)$
④ $q = G(h_3 - h_2)$

해설 ① 냉각열량
  ③ 재열기 부하
  ④ 외기부하

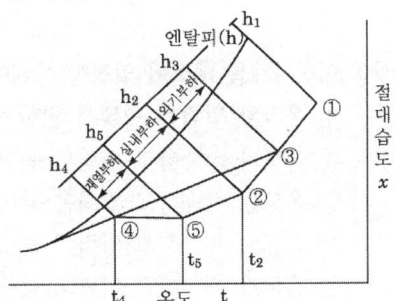

20 습공기를 냉각하게 되면 공기의 상태가 변화한다. 이때 증가하는 상태값은?
① 건구온도
② 습구온도
③ 상대습도
④ 엔탈피

해설 습공기의 상태변화

Answer 17. ④ 18. ④ 19. ④ 20. ③

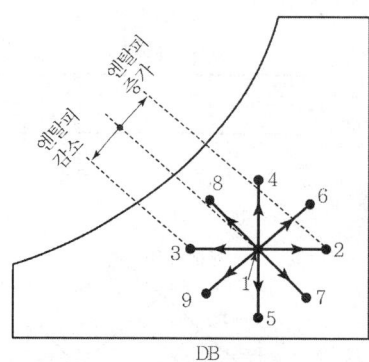

상태	건구온도	상대습도	절대온도	엔탈피
가열(1-2)	상승	감소	일정	증가
냉각(1-3)	감소	증가	감소	감소
가습(1-4)	일정	감소	증가	일정
감습(1-5)	일정	감소	감소	감소

제2과목 : 냉동공학

21 이상기체를 체적이 일정한 상태에서 가열하면 온도와 압력은 어떻게 변하는가?

① 온도가 상승하고 압력도 높아진다.
② 온도는 상승하고 압력은 낮아진다.
③ 온도는 저하하고 압력이 높아진다.
④ 온도가 저하하고 압력도 낮아진다.

해설 이상기체의 체적이 일정하므로

보일-샤를의 법칙 $\dfrac{P_1 V_1}{T_1} = \dfrac{P_2 V_2}{T_2}$ 에서 $V_1 = V_2$

이므로 $\dfrac{P_1}{T_1} = \dfrac{P_2}{T_2}$ 가 된다.

이상기체를 가열하면 $T_2 > T_1$(온도증가)에서 $\dfrac{T_2}{T_1} > 1$ 이 되고, $\dfrac{T_2}{T_1} = \dfrac{P_2}{P_1} > 1$ 이므로 $P_2 > P_1$ (압력증가)이 된다. 따라서 체적이 일정한 상태에서 이상기체를 가열하면 온도상승에 따라 압력도 증가한다.

22 그림과 같은 이론 냉동 사이클이 적용된 냉동장치의 성적계수는? (단, 압축기의 압축효율 80%, 기계효율 85%로 한다.)

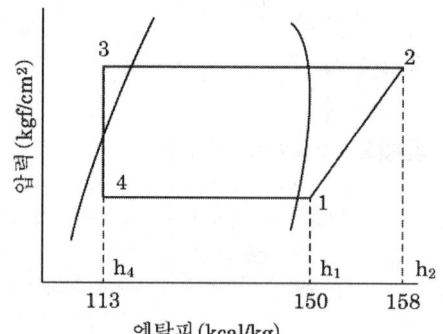

① 2.4 ② 3.1
③ 4.4 ④ 5.1

해설 성적계수(COP)

$COP = \dfrac{q_e}{AW} \eta_c \eta_m$

$= \dfrac{h_1 - h_4}{h_2 - h_1} \eta_c \eta_m$

$= \dfrac{150 - 113}{158 - 150} \times 0.8 \times 0.85$

$= 3.1$

23 단열재의 선택요건에 해당되지 않는 것은?

① 열전도도가 크고 방습성이 클 것
② 수축변형이 적을 것
③ 흡수성이 없을 것
④ 내압강도가 클 것

해설 단열재에 필요한 일반적 성질
① 열전도율이 작을 것
② 투습저항이 크고 흡습성이 작을 것
③ 팽창계수가 작을 것
④ 불연성 또는 난연성일 것
⑤ 밀도가 작을 것
⑥ 내구성, 내약품성이 좋을 것
⑦ 시공성, 작업성이 좋을 것
⑧ 저렴하고 쉽게 구입 가능할 것

Answer 21. ① 22. ② 23. ①

24 팽창밸브로 모세관을 사용하는 냉동장치에 관한 설명 중 틀린 것은?
① 교축 정도가 일정하므로 증발부하 변동에 따라 유량조절이 불가능하다.
② 밀폐형으로 제작되는 소형 냉동장치에 적합하다.
③ 내경이 크거나 길이가 짧을수록 유체저항의 감소로 냉동능력은 증가한다.
④ 감압정도가 크면 냉매 순환량이 적어 냉동능력을 감소시킨다.

해설 ③ 내경이 크거나 길이나 짧을수록 유체저항의 감소로 압력 강하가 작아지므로 냉동능력은 감소한다. 모세관은 길이와 굵기가 같고, 굵기와 길이가 가늘고 길수록 압력 강하가 크다.

25 4마력(PS)기관이 1분간에 하는 일의 열당량은?
① 약 0.042kcal   ② 약 0.42kcal
③ 약 4.2kcal   ④ 약 42.1kcal

해설 1PS=632.2kcal/h이므로 4마력 기관에 1분간에 하는 일의 열당량은
$632.2\text{kcal/h} \times \dfrac{1\text{h}}{60\text{min}} \times 4\text{PS} = 42.1\text{kcal}$

26 수냉식 응축기에 대한 설명 중 옳은 것은?
① 냉각수량이 일정한 경우 냉각수 입구온도가 높을수록 응축기 내의 냉매는 액화하기 쉽다.
② 종류에는 입형 셀 튜브식, 7통로식, 지수식 응축기 등이 있다.
③ 이중관식 응축기는 냉매증기와 냉각수를 평행류로 함으로써 냉각수량이 많이 필요하다.
④ 냉각수의 증발잠열을 이용해 냉매가스를 냉각한다.

해설 ① 냉각수량이 일정한 경우 냉각수 입구온도가 낮을수록 응축기 내의 냉매는 액화하기 쉽다.
③ 이중관식 응축기는 냉매증기와 냉각수를 대향류로 함으로써 냉각수량이 적게 필요하다.
④ 냉각수의 현열을 이용해 냉매가스를 냉각 액화한다.

27 프레온 냉동장치에서 유분리기를 설치하는 경우가 아닌 것은?
① 만액식 증발기를 사용하는 장치의 경우
② 증발온도가 높은 냉동장치의 경우
③ 토출가스 배관이 긴 경우
④ 토출가스에 다량의 오일이 섞여나가는 경우

해설 유분리기를 반드시 설치하여야 하는 경우
① 만액식 증발기를 사용하는 경우
② 다량의 오일이 토출가스에 혼입되는 것으로 생각되는 경우
③ 토출가스 배관이 길어지는 경우(9m 이상)
④ 증발온도가 낮은 저온장치인 경우

28 2원 냉동 사이클에서 중간열교환기인 캐스케이드 열교환기의 구성은 무엇으로 이루어져 있는가?
① 저온측 냉동기의 응축기와 고온측 냉동기의 증발기
② 저온측 냉동기의 증발기와 고온측 냉동기의 응축기
③ 저온측 냉동기의 응축기와 고온측 냉동기의 응축기
④ 저온측 냉동기의 증발기와 고온측 냉동기의 증발기

해설 캐스케이드 열교환기
저온측 응축기와 고온측 증발기를 조합하여 저온측 응축기의 열을 효과적으로 제거하여 응축 액화를 촉진시켜주는 일종의 열교환기이다.

Answer 24. ③ 25. ④ 26. ② 27. ② 28. ①

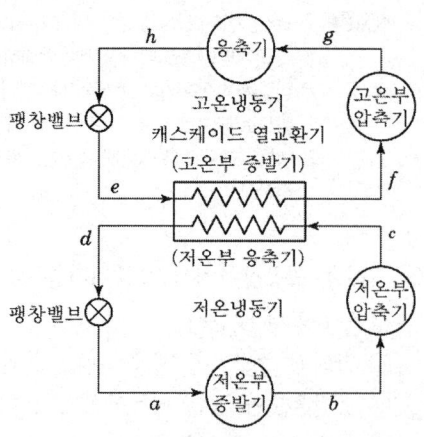

[이원 냉동 사이클]

29 프레온계 냉동장치의 배관재료로 가장 적당한 것은?
① 철 ② 강
③ 동 ④ 마그네슘

해설 프레온 냉동장치의 배관재료는 주로 동관을 사용하고 동관, 동합금관 등은 가능한 한 이음매 없는 관을 사용해야 한다. 또한 2% 이상의 마그네슘을 함유한 알루미늄 합금을 사용하면 안된다.

30 카르노 사이클의 기관에서 20℃와 300℃ 사이에서 작동하는 열기관의 열효율은?
① 약 42% ② 약 48%
③ 약 52% ④ 약 58%

해설 카르노 사이클의 열효율(η_c)

$$\eta_c = 1 - \frac{T_L}{T_H} = 1 - \frac{293}{573} = 0.489 = 48.9\%$$

31 열에 대한 설명으로 옳은 것은?
① 온도는 변화하지 않고 물질의 상태를 변화시키는 열은 잠열이다.
② 냉동에서 주로 이용되는 것은 현열이다.
③ 잠열은 온도계로 측정할 수 있다.
④ 고체를 기체로 직접 변화시키는 데 필요한 승화열은 감열이다.

해설 ② 냉동에서 주로 이용되는 것은 증발잠열이다.
③ 잠열은 물질의 온도 변화없이 상태변화에만 필요한 열이므로 온도계로 측정할 수 없다.
④ 고체를 기체로 직접 변화시키는 데 필요한 승화열은 감열(현열)이 아니라 잠열이다.

32 몰리에르 선도에 대한 설명 중 틀린 것은?
① 과열구역에서 등엔탈피선은 등온선과 거의 직교한다.
② 습증기 구역에서 등온선과 등압선은 평행하다.
③ 습증기 구역에서만 등건조도선이 존재한다.
④ 등비체적선은 과열 증기구역에서도 존재한다.

해설 ① 습포화증기구역에서 등엔탈피선은 등온선과 거의 직교하고, 등엔탈피선은 전 구간에서 등압선과 직교한다.
[참고] 몰리에르 선도(Mollier Diagram)

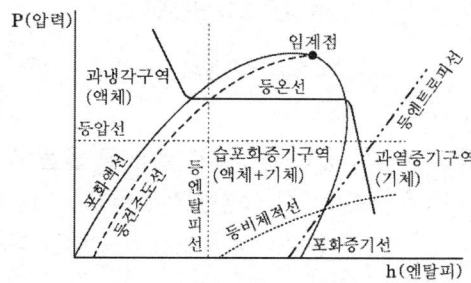

33 만액식 증발기의 특징으로 가장 거리가 먼 것은?
① 전열작용이 건식보다 나쁘다.
② 증발기 내에 액을 가득 채우기 위해 액면제어 장치가 필요하다.
③ 액과 증기를 분리시키기 위해 액분리기를

Answer 29. ③ 30. ② 31. ① 32. ① 33. ①

설치한다.
④ 증발기 내에 오일이 고일 염려가 있으므로 프레온의 경우 유회수장치가 필요하다.

해설 ① 증발기 내에 냉매액이 항상 가득차 있어 전열작용이 건식보다 좋다.

34 건식 증발기의 종류에 해당되지 않는 것은?
① 셸 코일식 냉각기
② 핀 코일식 냉각기
③ 보델로 냉각기
④ 플레이트 냉각기

해설 건식 증발기의 종류
셸 튜브식 냉각기, 셸 코일식 냉각기, 핀 코일식 냉각기, 나관 코일식 냉각기, 플레이트 냉각기
[참고] 보델로 냉각기 : 만액식 증발기

35 제빙능력이 50ton/day, 제빙원수 온도가 5℃, 제빙된 얼음의 평균온도가 −6℃일 때, 제빙조에 설치된 증발기의 냉동부하는? (단, 물의 비열은 1kcal/kg℃, 얼음의 비열은 0.5kcal/kg℃, 물의 응고잠열은 80kcal/kg이다.)
① 약 162400kcal/h
② 약 183333kcal/h
③ 약 185220kcal/h
④ 약 193515kcal/h

해설 ① 냉동부하 Q_1(5℃ 물을 0℃ 물로)
$$Q_1 = G \cdot C \cdot \Delta t$$
$$= 50000kg/day \times 1kcal/kg℃ \times (5-0)$$
$$= 250000kcal/day$$
② 냉동부하 Q_2(0℃ 물을 0℃ 얼음으로)
$$Q_2 = G \cdot \gamma$$
$$= 50000kg/day \times 80kcal/kg$$
$$= 4000000kcal/day$$
③ 냉동부하 Q_3(0℃ 얼음을 −6℃ 얼음으로)
$$Q_3 = G \cdot C \cdot \Delta t$$
$$= 50000kg/day \times 0.5kcal/kg℃ \times (0-(-6))$$
$$= 150000kcal/day$$
∴ 냉동부하 $= Q_1 + Q_2 + Q_3$
$$= 4400000kcal/day$$
$$= 4400000kcal/day \times \frac{1day}{24h}$$
$$= 183333kcal/h$$

36 12kW 펌프의 회전수가 800rpm, 토출량 1.5m³/min인 경우 펌프의 토출량을 1.8m³/min으로 하기 위하여 회전수를 얼마로 변화하면 되는가?
① 850rpm
② 960rpm
③ 1025rpm
④ 1365rpm

해설 펌프의 상사법칙 적용
$$Q_2 = Q_1 \left(\frac{N_2}{N_1}\right)$$
$$1.8 = 1.5 \left(\frac{N_2}{800}\right)$$
$$\therefore N_2 = \frac{1.8 \times 800}{1.5} = 960rpm$$

37 액체나 기체가 갖는 모든 에너지를 열량의 단위로 나타낸 것을 무엇이라고 하는가?
① 엔탈피
② 외부에너지
③ 엔트로피
④ 내부에너지

해설 엔탈피(Enthalphy)
물질이 그 상태에서 보유하고 있는 총에너지를 열량의 단위로 나타낸 것으로 총열량이라고도 한다. 또한 엔탈피는 내부에너지와 유동에너지 (일에너지)의 합을 말한다.
[참고]
① 내부에너지 : 계의 내부에 저장되어 있는 에너지의 총합. 분자의 운동에너지, 즉 물체가 갖는 운동에너지나 위치에너지에 무관하며 물체 내부에 축적되어 있는 열에너지

Answer 34. ③ 35. ② 36. ② 37. ①

② 엔트로피 : 일정 온도하에서 어떤 물질이 가지고 있는 열량(엔탈피)을 그때의 절대온도로 나눈 것으로 에너지 사용가치를 표시하는 열역학적 상태량

38 밀폐계에서 실린더 내에 0.2kg의 가스가 들어 있다. 이것을 압축하기 위하여 1200kg·m의 일을 소비할 때, 1kcal의 열을 주위에 방출한다면 가스 1kg당 내부에너지의 증가는? (단, 위치 및 운동에너지는 무시한다.)

① 약 5.41kcal/kg
② 약 7.65kcal/kg
③ 약 9.05kcal/kg
④ 약 11.43kcal/kg

해설 밀폐계에서 열역학 제1법칙 상태식

$Q = \Delta U + W$

$\Delta U = Q - W$

$= (-1\text{kcal}) + \left(\dfrac{1\text{kcal}}{427\text{kgm}} \times 1200\text{kgm}\right)$

$= 1.81\text{kcal}$

0.2kg당 1.81kcal가 증가하므로 1kg당 약 1.81kcal×5=9.05kcal가 증가한다.

[참고]
- 일 : 시스템이 하는 일은 +이고, 시스템에 가해지는 일은 −이다.
- 열 : 시스템에 전달되는 열량은 +이고 시스템에서 방출되는 열량은 −이다.

39 간접 냉각 냉동장치에 사용하는 2차 냉매인 브라인이 갖추어야 할 성질로 틀린 것은?

① 열전달 특성이 좋아야 한다.
② 부식성이 없어야 한다.
③ 비등점이 높고 응고점이 낮아야 한다.
④ 점성이 커야 한다.

해설 브라인의 구비 조건
① 열용량(비열)이 크고, 전열이 양호할 것
② 공정점과 점도(점성)가 낮을 것
③ 부식성이 없고 불연성일 것
④ 동결온도가 낮을 것
⑤ 악취, 쓴맛이 없고 독성이 없어 누설 시 냉장 물품에 손상이 없을 것
⑥ 가격이 싸고, 구입이 용이할 것
⑦ pH값이 적당할 것(7.5~8.2 정도 유지)

40 암모니아 냉매의 특성이 아닌 것은?

① 수분을 함유한 암모니아는 구리와 그 합금을 부식시킨다.
② 대규모 냉동장치에 널리 사용되고 있다.
③ 물과 윤활유에 잘 용해된다.
④ 독성이 강하고, 강한 자극성을 가지고 있다.

해설 ③ 물에 잘 용해하지만 윤활유에는 거의 용해하지 않는다.

제3과목 : 배관일반

41 다음의 경질염화 비닐관에 대한 설명 중 틀린 것은?

① 전기 절연성이 좋으므로 전기부식 작용이 없다.
② 금속관에 비해 차음효과가 크다.
③ 열전도율이 동관보다 크다.
④ 극저온 및 고온배관에 부적당하다.

해설 ③ 열전도율이 동관보다 작다.
[참고] 경질 염화비닐관(PVC) 특징
㉠ 주원료인 염화비닐을 압축 가공하여 만든 관이다.
㉡ 내식성, 내산성, 내알칼리성이 크다.
㉢ 가격이 저렴하고 마찰손실이 적다.
㉣ 굴곡 접합, 용접 등의 배관시공이 용이하다.
㉤ 저온 및 고온에서의 강도와 충격에 약하다.
㉥ 열팽창률이 심하다.(강의 7~8배)

Answer  38. ③ 39. ④ 40. ③ 41. ③

ⓐ 가볍고 강인하다.

42 건축설비의 급수배관에서 기울기에 대한 설명으로 틀린 것은?
① 급수관의 모든 기울기는 1/250을 표준으로 한다.
② 배관 기울기는 관의 수리 및 기타 필요 시 관 내의 물을 완전히 퇴수시킬 수 있도록 시공하여야 한다.
③ 배관 기울기는 관 내 흐르는 유체의 유속과 관련이 없다.
④ 옥상 탱크식의 수평 주관은 내림 기울기를 한다.

해설 ③ 급수관은 수리, 기타 필요에 따라 관 속의 물을 완전히 배제할 수 있고 공기가 정체하지 않도록 일정한 구배를 주어야 한다. 따라서 관 내 흐르는 유체의 유속과 밀접한 관련이 있다.

43 급탕배관에서 안전을 위해 설치하는 팽창관의 위치는 어느 곳인가?
① 급탕관과 반탕관 사이
② 순환펌프와 가열장치 사이
③ 반탕관과 순환펌프 사이
④ 가열장치와 고가탱크 사이

해설 팽창관은 급탕계통 내의 체적팽창을 도피시키고 배관 내에 분리된 공기나 증기를 배출시키는 관으로 팽창탱크(고가탱크)와 저탕조 사이에 설치되며 급탕수직관을 연장하여 팽창탱크에 연결한다.

44 일반적으로 루프형 신축이음의 굽힘 반경은 사용관경의 몇 배 이상으로 하는가?
① 1배   ② 3배
③ 4배   ④ 6배

해설 루프형(loop type expansion joint 신축곡관) 신축이음
관을 구부려 관 자체의 가요성을 이용하여 신축을 흡수하는 방식이다.
① 고압에 견디고 고장이 적어 고온, 고압용 배관에 사용한다.
② 신축흡수에 따른 응력이 발생한다.
③ 고압 증기관의 옥외배관에 많이 사용한다.
④ 곡률반경은 직경의 6배 이상으로 한다.

45 고압증기 난방에서 환수관이 트랩 장치보다 높은 곳에 배관되었을 때 버킷 트랩이 응축수를 리프팅하는 높이는 증기 파이프와 환수관의 압력차 1kg/cm²에 대하여 얼마로 하는가?
① 2m 이하   ② 5m 이하
③ 8m 이하   ④ 11m 이하

해설 리프팅 이음
① 저압일 경우 흡상높이 1.5m 이내
② 고압일 경우 흡상높이 1kg/cm²에 대해 5m 이하

46 기수 혼합식 급탕기를 사용하여 물을 가열할 때 열효율은?
① 100%   ② 90%
③ 80%   ④ 70%

해설 기수 혼합식 급탕기
병원이나 공장에서 증기를 열원으로 하는 경우 저탕조에 증기를 직접 불어넣어 가열하는 방식으로 열효율은 100%이지만 소음이 따르는 결점이 있어 소음을 줄이기 위하여 스팀 사일런서를 사용해야 한다. 스팀 사일런서에는 S형과 F형이 있으며 사용증기압력은 1~4kg/cm²이다.

47 밸브의 일반적인 기능으로 가장 거리가 먼 것은?
① 관내 유량 조절 기능
② 관내 유체의 유동 방향 전환 기능

Answer 42. ③ 43. ④ 44. ④ 45. ② 46. ① 47. ③

③ 관내 유체의 온도 조절 기능
④ 관내 유체 유동의 개폐 기능

해설 **밸브의 일반적인 기능**
유체의 유량조절, 유체의 흐름 단속 및 방향 전환, 유체의 압력 조정 등

48 고가 탱크식 급수설비에서 급수경로를 바르게 나타낸 것은?
① 수도본관 → 저수조 → 옥상탱크 → 양수관 → 급수관
② 수도본관 → 저수조 → 양수관 → 옥상탱크 → 급수관
③ 저수조 → 옥상탱크 → 수도본관 → 양수관 → 급수관
④ 저수조 → 옥상탱크 → 양수관 → 수도본관 → 급수관

해설 **급수경로**
수도본관→수도인입관→양수기→저수조(수수탱크)→양수펌프→양수관→고가수조(옥상탱크)→급수관→수전

49 온수난방과 비교하여 증기난방 방식의 특징이 아닌 것은?
① 예열시간이 짧다.
② 배관부식 우려가 적다.
③ 용량제어가 어렵다.
④ 동파우려가 크다.

해설 ② 증기난방은 온수난방에 비해 배관 부식의 우려가 많다.
④ 증기난방은 난방을 정지한 후 배관 또는 방열기 내 응축수가 없어 온수난방에 비해 동파우려가 적다.
※ 정답 : 2번, 4번 (공단답 2번)

50 탄성이 크고 엷은 산이나 알칼리에는 침해되지 않으나 열이나 기름에 약하며, 급수, 배수, 공기 등의 배관에 쓰이는 패킹은?
① 고무 패킹   ② 금속 패킹
③ 글랜드 패킹   ④ 액상 합성수지

해설 **고무 패킹**
㉠ 탄성이 우수하며 흡수성은 없다.
㉡ 산, 알칼리에는 강하고 기름에는 약하다.
㉢ 100℃ 이상의 고온에는 사용할 수 없다.
㉣ 급수, 배수, 공기 밀폐용으로 사용한다.
[참고]
① 금속패킹 : 구리, 납 등의 연질 금속을 사용한다. 탄성이 적어 관의 팽창, 수축, 진동이 발생할 경우 누설이 되는 경우가 있다.
② 글랜드 패킹 : 밸브의 회전부분에 사용하여 기밀을 유지하는 역할을 한다.
③ 액상 합성수지 : 화학약품에 강하고 내유성이 크며 내열 범위는 -30~130℃이다. 증기, 기름, 약품 배관에 사용한다.

51 고온수 난방의 배관에 관한 설명으로 옳은 것은?
① 온수 순환력이 작아 순환펌프가 필요하다.
② 고온수 난방에서는 개방식 팽창탱크를 사용한다.
③ 관내압력이 높기 때문에 관내면의 부식문제가 증기난방에 비해 심하다.
④ 특수고압기기가 필요하고 취급 관리가 복잡, 곤란하다.

해설 ① 고압 증기의 흡입에 의해 손수 순환력이 커지며 순환펌프를 사용하지 않고도 보통 중력식의 경우보다 관경을 작게 할 수 있다.
② 고온수 난방에서는 물의 증발을 방지하기 위하여 밀폐식 팽창탱크를 사용한다.
③ 관내에 공기유입이 되지 않으므로 관내면의 부식은 거의 발생하지 않는다.

Answer 48. ② 49. ②, ④ 50. ① 51. ④

52 관의 용접 이음에 대한 설명으로 가장 거리가 먼 것은?
① 돌기부가 없어서 보온시공이 용이하다.
② 나사이음보다 이음부의 강도가 크고 누수의 우려가 적다.
③ 누설의 염려가 없고 시설유지비가 절감된다.
④ 관 두께의 불균일한 부분으로 인해 유체의 압력 손실이 크다.

해설 ④ 나사이음처럼 관 두께에 불균일한 부분이 생기지 않고 유체의 압력손실이 적다.

53 배관이 바닥 또는 벽을 관통할 때 슬리브(sleeve)를 사용하는데 그 이유로 가장 적당한 것은?
① 방진을 위하여
② 신축흡수 및 수리를 용이하게 하기 위하여
③ 방식을 위하여
④ 수격작용을 방지하기 위하여

해설 슬리브(sleeve)
바닥이나 벽을 관통할 경우 신축을 흡수하고 교체수리를 편리하게 하기 위하여 보호관을 설치한다.

54 난방, 급탕, 급수배관의 높은 곳에 설치되어 공기를 제거하여 유체의 흐름을 원활하게 하는 것은?
① 안전밸브   ② 에어벤트밸브
③ 팽창밸브   ④ 스톱밸브

해설 에어벤트 밸브(공기빼기 밸브)
공기가 정체할 우려가 있는 곳 또는 굴곡배관에 공기가 체류하지 않도록 하기 위해 설치

55 냉매 배관 시 주의사항으로 틀린 것은?
① 배관은 가능한 한 간단하게 한다.
② 굽힘 반지름은 작게 한다.
③ 관통 개소 외에는 바닥에 매설하지 않아야 한다.
④ 배관에 응력이 생길 우려가 있을 경우에는 신축이음으로 배관한다.

해설 ② 곡관의 곡률반경은 가능한 한 크게 하여 마찰손실이 최소가 되도록 한다.

56 오수만을 정화조에서 단독으로 정화처리한 후 공공하수도에 방류하는 반면에 잡배수 및 우수는 그대로 공공하수도로 방류되는 방식은?
① 합류식   ② 분류식
③ 단독식   ④ 일체식

해설 ① 합류식 : 옥내 및 부지 내 시설의 경우 오수와 잡배수를 합쳐서 동일계통으로 배제하고, 하수도의 경우는 오수와 잡배수 및 우수를 합쳐서 동일계통으로 배제하는 방식이다.
② 분류식 : 옥내 및 부지 내 시설의 경우 오수와 잡배수를 각각 다른 계통으로 배제하고, 하수도의 경우는 오수와 잡배수는 합치고 우수는 별개로 나누어 다른 계통으로 배제하는 방식이다.

57 급수배관에 관한 설명으로 틀린 것은?
① 배관시공은 마찰로 인한 손실을 줄이기 위해 최단거리로 배관한다.
② 주배관에는 적당한 위치에 플랜지 이음을 하여 보수 점검을 용이하게 한다.
③ 불가피하게 산형배관이 되어 공기가 체류할 우려가 있는 곳에는 공기실(air chamber)을 설치한다.
④ 수질의 오염을 방지하기 위하여 수도꼭지를 설치할 때는 토수구 공간을 충분히 확보한다.

Answer 52. ④ 53. ② 54. ② 55. ② 56. ② 57. ③

해설 ③ 불가피하게 산형배관이 되어 공기가 체류할 우려가 있는 곳에는 반드시 공기빼기 밸브를 설치하여야 한다.

58 도시가스 배관을 매설할 경우 기준으로 틀린 것은?
① 배관의 외면으로부터 도로의 경계까지 1m 이상 수평거리를 유지할 것
② 배관을 철도부지에 매설하는 경우에는 배관의 외면으로부터 궤도 중심까지 4m 이상 거리를 유지할 것
③ 시가지 외의 도로노면 밑에 매설하는 경우에는 노면으로부터 배관의 외면까지 깊이를 2m 이상으로 할 것
④ 인도 등 노면 외의 도로 밑에 매설하는 경우에는 지표면으로부터 배관의 외면까지 깊이를 1.2m 이상으로 할 것

해설 ③ 배관을 시가지 외의 도로 노면 밑에 매설하는 경우에는 노면으로부터 배관의 외면까지 1.2m 이상으로 할 것

59 냉매배관의 시공 시 유의사항으로 틀린 것은?
① 배관재료는 각각의 용도, 냉매종류, 온도 등에 의해 선택한다.
② 온도변화에 의한 배관의 신축을 고려한다.
③ 배관 중에 불필요하게 오일이 체류하지 않도록 한다.
④ 관경은 가급적 작게 하여 플래시 가스의 발생을 줄인다.

해설 ④ 배관길이는 되도록 짧게 하고 관경은 충분히 크게 하여 플래시 가스의 발생을 줄이다.

60 유체의 저항은 크나 개폐가 쉽고 유량 조절이 용이하며, 직선 배관 중간에 설치하는 밸브는?
① 슬루스 밸브　② 글로브 밸브
③ 체크 밸브　　④ 전동 밸브

해설 글로브 밸브
㉠ 유체가 흐르는 방향에 따라 입구와 출구가 일직선상에 있는 밸브로 스톱밸브로 불린다.
㉡ 유량 조절용으로 사용되고 유체의 흐름에 대하여 흐름저항이 크다.
㉢ 가볍고 가격이 저렴하다.

제3과목 : 전기제어공학

61 전력량 1kWh는 몇 kcal의 열량을 낼 수 있는가?
① 4.3　　　　　② 8.6
③ 430　　　　　④ 860

해설 발열량(H)
$H = 0.24 Pt$
$= 0.24 \times 1\text{kWh} \times 3600\text{s} (=1\text{h})$
$= 864 \text{kcal}$

62 절연저항을 측정하는 데 사용되는 것은?
① 후크온 메타
② 회로시험기
③ 메거
④ 휘트스톤 브리지

해설 메거
절연저항을 측정하는 계기로 전로를 정전시킨 후 절연저항계(Megger)로 절연물에 직류전압을 인가하여 그때에 흐르는 미세한 전류를 측정함으로써 절연저항을 측정한다.

63 출력이 입력에 전혀 영향을 주지 못하는 제어는?
① 프로그램제어　② 피드백제어
③ 시퀀스제어　　④ 폐회로제어

Answer 58.③ 59.④ 60.② 61.④ 62.③ 63.③

해설 시퀀스 제어
출력이 입력에 전혀 영향을 주지 못하는 미리 정해진 순서에 따라 제어의 각 단계를 순차적으로 제어하는 방식으로 전기 세탁기, 자동 판매기, 엘리베이터 등에 활용되고 있다.

64 제어계의 특성방정식이 $s^2 + as + b = 0$ 일 때 안정조건은?

① a>0, b>0
② a=0, b<0
③ a<0, b<0
④ a>0, b<0

해설 안정조건
① 특성방정식의 모든 계수의 부호가 같아야 한다. (a>0, b>0)
② 모든 차수의 항이 존재해야 한다.

65 그림과 같은 회로에서 해당되는 램프의 식으로 옳은 것은?

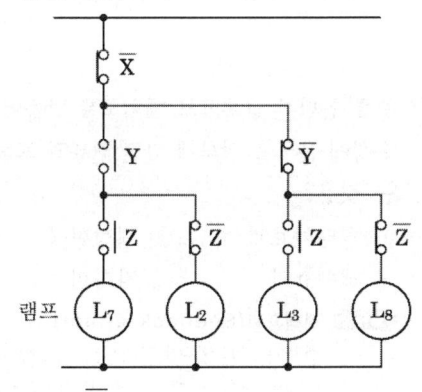

① $L_7 = \overline{X} \cdot Y \cdot Z$
② $L_2 = \overline{X} \cdot Y \cdot Z$
③ $L_3 = \overline{X} \cdot Y \cdot Z$
④ $L_8 = \overline{X} \cdot Y \cdot Z$

해설 $L_2 = \overline{X} Y \overline{Z}$
$L_3 = \overline{X} \overline{Y} Z$
$L_8 = \overline{X} \overline{Y} \overline{Z}$

66 PI 제어동작은 프로세스 제어계의 정상특성 개선에 흔히 사용된다. 이것에 대응하는 보상요소는?

① 동상 보상요소
② 지상 보상요소
③ 진상 보상요소
④ 지상 및 진상 보상요소

해설 PI 제어동작
① 비례동작에 의해 발생한 잔류편차를 소멸시키기 위해 적분동작을 조합시킨 제어 동작으로 지상 보상요소이다.
② 비례동작에서 발생한 잔류편차를 제거하여 정상특성을 개선하기 위해 사용한다.

67 출력의 변동을 조정하는 동시에 목표값에 정확히 추종하도록 설계한 제어계는?

① 추치제어
② 프로세스제어
③ 자동조정
④ 정치제어

해설 추치제어
목표값이 시간에 따라 변하는 제어로 출력의 변동을 조정하여 목표값에 정확히 추종하도록 설계한 제어계이며 대표적인 예로 서보기구가 있다.

68 100V, 60Hz의 교류전압을 어느 콘덴서에 가하니 2A의 전류가 흘렀다. 이 콘덴서의 정전용량은 약 몇 μF 인가?

① 26.5
② 36
③ 53
④ 63.6

해설 ① 리액턴스(X_C)
$$X_C = \frac{V}{I} = \frac{100V}{2A} = 50\Omega$$
② 정전용량(C)
$$X_C = \frac{1}{2\pi f C}$$
$$C = \frac{1}{2\pi f X_C} = \frac{1}{2\pi \times 60 \times 50\Omega}$$

Answer 64. ① 65. ① 66. ② 67. ① 68. ③

= 0.000053F = 53μF

69 유도전동기에서 동기속도는 3600rpm이고, 회전수는 3420rpm이다. 이때의 슬립은 몇 %인가?
① 2 ② 3
③ 4 ④ 5

해설 슬립(s)
$$s = \frac{N_s - N}{N_s} \times 100[\%]$$
$$= \frac{3600 - 3420}{3600} \times 100 = 5\%$$

70 피드백제어의 전달함수가 $\frac{3}{s+2}$ 일 때
$\lim_{t \to 0} f(t) = \lim_{s \to \infty} s \frac{3}{s+2}$ 의 값을 구하면?
① 0 ② 3
③ $\frac{3}{2}$ ④ ∞

해설 $\lim_{s \to \infty} s \frac{3}{s+2} = \lim_{s \to \infty} \frac{3}{1+\frac{2}{s}} = 3$

(∵ $s \to \infty$이면 $\frac{1}{s} \to 0$)

71 다음 중 상용의 3상 교류에 대한 설명으로 틀린 것은?
① 각 전압이나 전류를 합하면 0이 된다.
② 전압이나 전류는 각각 $\frac{2\pi}{3}$의 위상차를 갖고 있다.
③ 단상 교류보다 3상의 교류가 회전자장을 얻기가 쉽다.
④ 기기에 Y결선을 하면 Δ결선보다 높은 전압을 얻을 수 있다.

해설 ④ 기기에 Y결선을 하면 Δ결선보다 낮은 전압 ($\frac{1}{\sqrt{3}}$배)을 얻을 수 있다.

72 그림과 같은 R-L-C 직렬회로에서 단자전압과 전류가 동상이 되는 조건은?

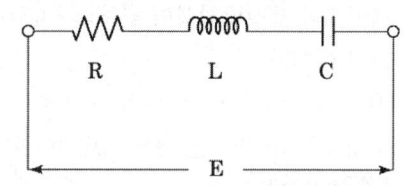

① $\omega = LC$ ② $\omega LC = 1$
③ $\omega^2 LC = 1$ ④ $\omega L^2 C^2 = 1$

해설 전압과 전류가 동상이 되기 위한 조건(RLC 직렬공진)
$$\omega L = \frac{1}{\omega C} \to \omega^2 LC = 1$$
이때 전압과 전류가 동상이며 흐르는 전류가 최대가 된다.

73 종류가 다른 금속으로 폐회로를 만들어 두 접속점에 온도를 다르게 하면 전류가 흐르게 되는 것은?
① 펠티어효과 ② 평형현상
③ 제벡효과 ④ 자화현상

해설 제벡효과(Seebeck effect)
종류가 다른 2종의 금속선을 접속하여 폐회로를 만들어서 두 개의 접합점을 다른 온도로 유지할 때 이 회로에 전류가 흐르는 현상으로 열전쌍, 열전온도계 등에 응용된다.
[참고] 펠티어효과 : 금속, 반도체를 접속한 두 점 사이에 폐회로를 구성, 전류를 흘리면 한쪽은 열이 발생하고 다른 쪽은 열을 흡수하는 현상으로 전자 냉동기에 응용된다.

74 계전기 접점의 아크를 소거할 목적으로 사용되는 소자는?

Answer 69. ④ 70. ② 71. ④ 72. ③ 73. ③ 74. ①

① 배리스터(Varistor)
② 바랙터다이오드
③ 터널다이오드
④ 서미스터

해설 배리스터
직선적인 전압·전류 특성을 갖는 2단자 반도체 소자로 인가전압이 높을 때 저항값은 작아지고 인가전압이 낮을 때 저항값이 크게 되어 회로를 보호한다. 전기접점의 불꽃을 소거하거나 반도체 정류기·트랜지스터 등의 서지전압(surge voltage)으로부터의 보호에 사용한다.

75 그림과 같은 신호 흐름 전도에서 $\dfrac{C}{R}$를 구하면?

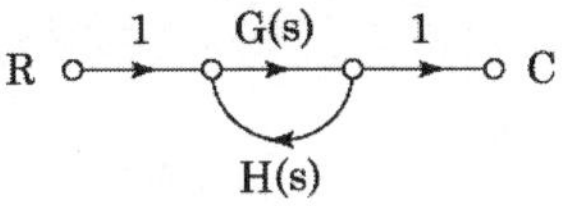

R ○——1——→ G(s) ——1——→ ○ C
            ↑_____↓
              H(s)

① $\dfrac{G(s)}{1+G(s)H(s)}$
② $\dfrac{G(s)H(s)}{1-G(s)H(s)}$
③ $\dfrac{G(s)H(s)}{1+G(s)H(s)}$
④ $\dfrac{G(s)}{1-G(s)H(s)}$

해설 $\dfrac{C}{R} = \dfrac{경로}{1-폐로}$
$= \dfrac{1 \cdot G(s) \cdot 1}{1-G(s)H(s)} = \dfrac{G(s)}{1-G(s)H(s)}$

76 단상 변압기 3대를 3상 병렬 운전하는 경우에 불가능한 운전 상태의 결선 방법은?
① Δ-Δ와 Y-Y
② Δ-Y와 Y-Δ
③ Δ-Δ와 Δ-Y
④ Δ-Y와 Δ-Y

해설 3상 변압기의 병렬 운전 결선

병렬 운전 가능	병렬 운전 불가능
Δ-Δ와 Δ-Δ	
Y-Δ와 Y-Δ	
Y-Y와 Y-Y	Δ-Δ와 Δ-Y
Δ-Y와 Δ-Y	Δ-Y와 Y-Y
Δ-Δ와 Y-Y	
Δ-Y와 Y-Δ	

77 사이리스터를 이용한 정류회로에서 직류전압의 맥동률이 가장 작은 정류회로는?
① 단상반파 ② 단상전파
③ 3상반파   ④ 3상전파

해설 맥동률

구분	단상반파	단상전파	3상반파	3상전파
맥동률	$r=1.21$	$r=0.482$	$r=0.183$	$r=0.042$

78 서보전동기는 다음 중 어디에 속하는가?
① 조작기기 ② 검출기
③ 증폭기   ④ 변환기

해설 조작기기
전자밸브, 전동밸브, 직류서보전동기, 클러치 등

79 단위 계단함수 u(t-a)를 라플라스변환하면?
① $\dfrac{e^{as}}{s^2}$
② $\dfrac{e^{-as}}{s^2}$
③ $\dfrac{e^{-as}}{s}$
④ $\dfrac{e^{as}}{s}$

해설 $u(t-a) = \begin{cases} 0, & t<a \\ 1, & t \geq a \end{cases}$

$\mathcal{L}[u(t-a)] = \int_0^\infty u(t-a)e^{-st}dt$
$= \int_0^a 0 e^{-st}dt + \int_a^\infty 1 e^{-st}dt$
$= \left[-\dfrac{1}{s}e^{-st}\right]_a^\infty$

Answer 75. ④ 76. ③ 77. ④ 78. ① 79. ③

$$= -\frac{1}{s}(e^{-\infty} - e^{-as}) = \frac{e^{-as}}{s}$$

80 3상 유도전동기의 제어방법에 대한 설명 중에서 틀린 것은?

① Y-Δ 기동 방식으로 기동토크를 줄일 수 있다.
② 역상 제동기법으로 전동기를 급속정지 또는 감속시킬 수 있다.
③ 속도제어 시에는 전압, 주파수 일정 제어 기법이 유리하다.
④ 단자전압이 정격전압보다 낮을 경우에는 슬립이 감소한다.

해설 ④ 단자전압이 정격전압보다 낮을 경우에는 슬립(slip)이 증가하고 최대 토크가 감소하며 전부하 시의 효율이 떨어진다.

80. ④

chapter 02 공조냉동기계산업기사 과년도출제문제

2015년 8월 16일(3회) 시행

제1과목 : 공기조화

01 기화식(증발식) 가습장치의 종류로 옳은 것은?
① 원심식, 초음파식, 분무식
② 전열식, 전극식, 적외선식
③ 과열증기식, 분무식, 원심식
④ 회전식, 모세관식, 적하식

해설 공조용 가습장치의 종류
① 수분무식 : 원심식, 초음파식, 분무식
② 증기발생식 : 전열식, 전극식, 적외선식
③ 증기공급식 : 과열증기식, 분무식,
④ 기화식(증발식) : 회전식, 모세관식, 적하식

02 덕트 병용 팬코일 유닛(fan coil unit)방식의 특징이 아닌 것은?
① 열부하가 큰 실에 대해서도 열부하의 대부분을 수배관으로 처리할 수 있으므로 덕트 치수가 작게 된다.
② 각 실 부하 변동을 용이하게 처리할 수 있다.
③ 각 유닛의 수동제어가 가능하다.
④ 청정구역에 많이 사용된다.

해설 덕트 병용 팬코일 유닛 방식
팬코일 유닛만으로는 외기인입이 불가능하기 때문에 대부분 단일덕트방식과 병용하여 사용하는 방식으로 전공기방식에 비해 풍량이 작아지므로 덕트 및 열운반동력이 작아지나 다량의 외기를 송풍하기 곤란하므로 실내공기오염의 우려가 있어 청정지역에 사용하기 어렵다.

03 중앙식(전공기) 공기조화 방식의 특징에 관한 설명으로 틀린 것은?
① 중앙집중식이므로 운전, 보수관리를 집중화할 수 있다.
② 대형 건물에 적합하며 외기냉방이 가능하다.
③ 덕트가 대형이고 개별식에 비해 설치 공간이 크다.
④ 송풍 동력이 적고 겨울철 가습하기가 어렵다.

해설 ④ 송풍량이 많아 송풍동력이 크고 겨울철 가습이 용이하다.

04 온수난방에 대한 설명으로 옳지 않은 것은?
① 온수난방의 주 이용열은 잠열이다.
② 열용량이 커서 예열시간이 길다.
③ 증기난방에 비해 비교적 높은 쾌감도를 얻을 수 있다.
④ 온수의 온도에 따라 저온수식과 고온수식으로 분류한다.

해설 ① 온수난방은 실내에 설치된 방열기에 온수를 공급하여 방열시켜 난방하는 방식으로 주 이용열은 현열이고 증기난방은 보일러에서 발생한 증기를 배관을 통해 각 실에 있는 잠열을 방출해 실내 공기를 덥히는 방식으로 주 이용열은 잠열이다.
[참고]
① 현열 : 물질의 상태변화가 없이 온도변화에만 필요한 열량
② 잠열 : 물질의 온도변화가 없이 상태변화에만 필요한 열량

Answer 1. ④ 2. ④ 3. ④ 4. ①

05 급수온도 35℃에서 증기압력 15kg/cm², 온도 400℃의 증기를 40kg/h 발생시키는 보일러의 마력(HP)은? (단, 15kg/cm², 400℃에서 과열증기 엔탈피는 784.2kcal/kg이다.)

① 2.43　② 2.62
③ 3.55　④ 3.72

해설 보일러 마력(HP)

$$BHP = \frac{G(h_2 - h_1)}{539 \times 15.65}$$

$$= \frac{40 \times (784.2 - 35)}{539 \times 15.65} = 3.55 \, BHP$$

[참고] 보일러 마력(BHP) : 100℃의 물 15.65kg을 1시간에 100℃의 증기로 변화시킬 수 있는 능력
1BHP = 15.65kg/h × 539kcal/kg
= 8,435kcal/h

06 가열코일을 흐르는 증기의 온도를 t_s, 가열코일 입구공기온도를 t_1, 출구공기온도를 t_2라고 할 때 산술평균온도식으로 옳은 것은?

① $t_s - (t_1 + t_2)/2$
② $t_2 - t_1$
③ $t_1 + t_2$
④ $[(t_s - t_1) + (t_s - t_2)]/ln[(t_s - t_1)/(t_s - t_2)]$

해설 ① 산술평균온도차 : 수계산으로 가능하여 사용하기 쉽지만 오차가 크다.
④ 대수평균온도차 : 코일전체를 대표할 수 있는 온도차로 입출구의 고온측과 저온측 유체 간에 온도차를 좀 더 정확히 구하기 위해 '로그평균치'를 사용

07 송풍기 특성곡선에서 송풍기의 운전점에 대한 설명으로 옳은 것은?

① 압력곡선과 저항곡선의 교차점
② 효율곡선과 압력곡선의 교차점
③ 축동력곡선과 효율곡선의 교차점
④ 저항곡선과 축동력곡선의 교차점

해설 송풍기의 작동점(운전점)
어떤 시스템에 송풍기가 사용되면 그 송풍기는 저항곡선과 송풍기의 특성곡선과의 교차점에 상당하는 풍량과 압력에서 운전된다. 그 교점을 작동점이라고 하는데, 이 작동점이 적정선택범위(유효작동구간) 내에 들도록 하여야 한다.

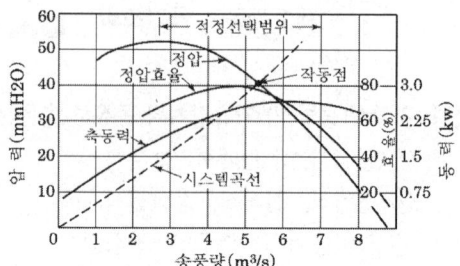

08 콜드 드래프트(cold draft) 현상이 가중되는 원인으로 가장 거리가 먼 것은?

① 인체 주위의 공기온도가 너무 낮을 때
② 인체 주위의 기류속도가 작을 때
③ 주위 공기의 습도가 낮을 때
④ 주위 벽면의 온도가 낮을 때

해설 콜드 드래프트 발생 원인
① 인체 주위의 공기온도가 너무 낮을 때
② 인체 주위의 기류속도가 클 때
③ 인체 주위의 습도가 낮을 때
④ 주위 벽면의 온도가 낮을 때
⑤ 겨울철 창문의 틈새를 통한 극간풍이 많을 때

09 냉방부하 종류 중 현열로만 이루어진 부하는?

① 조명에서의 발생열
② 인체에서의 발생열
③ 문틈에서의 틈새 바람
④ 실내기구에서의 발생열

Answer 5. ③　6. ①　7. ①　8. ②　9. ①

해설 냉방부하의 종류

구분		내용	열의 종류
실내 부하	태양복사열	• 유리를 통과하는 복사열 • 외기에 면한 벽체(지붕)를 통과하는 복사열	현열 현열
	온도차에 의한 전도열	• 유리를 통과하는 전도열 • 외기에 면한 벽체(지붕)를 통과하는 복사열 • 간벽, 바닥, 천장을 통과하는 전도열	현열 현열 현열
	내부 발생열	• 조명에서의 발생열 • 인체에서의 발생열 • 실내설비에서의 발생열	현열 현열, 잠열 현열, 잠열
	침입외기	• 외창새시, 문틈에서의 틈새바람	현열, 잠열
	기타(실내 부하에 준하는 것)	• 급기덕트에서의 손실 • 송풍기의 동력열	현열, 잠열
외기 부하	도입외기	• 외기를 실내온습도로 냉각 감습시키는 열량	현열, 잠열
기타	기타	• 환기덕트, 배관에서의 손실, 펌프의 동력열	

10 다음 중 필터의 모양은 패널형, 지그재그형, 바이패스형 등이 있으며, 유해가스나 냄새를 제거할 수 있는 것은?
① 건식 여과기
② 점성식 여과기
③ 전자식 여과기
④ 활성탄 여과기

해설 활성탄 여과기
활성탄을 이용하여 유해가스나 냄새 등을 제거한다.

11 덕트의 분기점에서 풍량을 조절하기 위하여 설치하는 댐퍼는 어느 것인가?
① 방화 댐퍼   ② 스플릿 댐퍼
③ 볼륨 댐퍼   ④ 터닝 베인

해설 스플릿 댐퍼(Split Damper, 풍량분배용)
덕트의 분기점에 설치하여 풍량의 분배를 하는 데 사용하며 길이가 짧으면 기류에 흩어짐이 생기기 쉽고, 댐퍼 날개의 강도가 작으면 진동 및 소음 발생
[참고]
① 볼륨댐퍼(Volume Damper, 풍량조절용)
: 버터플라이댐퍼, 루버댐퍼, 베인댐퍼
② 방화댐퍼(Fire Damper) : 실내의 화재 발생으로 화염이 덕트를 통하여 다른 구역으로 확산되는 것을 방지한다.

12 다음 중 천장형으로서 취출기류의 확산성이 가장 큰 취출구는?
① 펑커루버   ② 아네모스탯
③ 에어커튼   ④ 고정날개 그릴

해설 아네모스탯
여러 개의 원형 또는 각형의 콘(Cone)을 덕트 개구단에 설치하고 천장 부근의 실내공기를 유인하여 취출기류를 충분하게 확산시키는 우수한 성능의 취출구로 확산반경이 크고 도달거리가 짧아 천장취출구로 가장 많이 사용된다.

13 실내 냉난방 부하 계산에 관한 내용으로 설명이 부적당한 것은?
① 열부하 구성 요소 중 실내 부하는 유리면 부하, 구조체 부하, 틈새바람 부하, 내부 칸막이 부하 및 실내 발열부하로 구성된다.
② 열부하 계산의 목적은 실내 부하의 상태, 덕트나 배관의 크기 등을 구하기 위한 기초가 된다.
③ 최대 난방 부하란 실내에서 발생되는 부하가 1일 중 가장 크게 되는 시각의 부하로서 저녁에 발생한다.
④ 냉방 부하란 쾌적한 실내 환경을 유지하기 위하여 여름철 실내 공기를 냉각, 감습시켜 제거하여야 할 열량을 의미한다.

해설 ③ 최대 난방 부하란 실내에서 발생되는 부하가

Answer 10. ④ 11. ② 12. ② 13. ③

1일 중 가장 크게 되는 시각의 부하로서 주로 새벽에 발생한다.

14 지하철 터널 환기의 열부하에 대한 종류로 가장 거리가 먼 것은?
① 열차주행에 의한 발열
② 열차 제동 발생 열량
③ 보조기기에 의한 발열
④ 열차 냉방기에 의한 발열

해설 **지하철 터널의 열부하 종류**
열차주행에 의한 발열, 보조기기에 의한 발열, 열차 냉방기에 의한 발열, 지중으로의 방열

15 실내온도가 25℃이고, 실내 절대습도가 0.0165kg/kg의 조건에서 틈새바람에 의한 침입 외기량이 200L/s일 때 현열부하와 잠열부하는? (단, 실외온도 35℃, 실외 절대습도 0.0321kg/kg, 공기의 비열 1.01kJ/kgK, 물의 증발잠열 2501kJ/kg이다.)
① 현열부하 2.424kW, 잠열부하 7.803kW
② 현열부하 2.424kW, 잠열부하 9.364kW
③ 현열부하 2.828kW, 잠열부하 10.144kW
④ 현열부하 2.828kW, 잠열부하 10.924kW

해설 ① 현열부하(q_s)
$$q_s = C \cdot \gamma \cdot Q \cdot (t_2 - t_1)$$
$$= 1.01 \times (1.2\frac{kg}{m^3} \times 0.2 m^3/s) \times (35-25)$$
$$= 2.424 kW$$
② 잠열부하(q_L)
$$q_L = 2501 \gamma \cdot Q \cdot (x_2 - x_1)$$
$$= 2501 \times (1.2 kg/m^3 \times 0.2 m^3/s)$$
$$\times (0.0321 - 0.0165)$$
$$= 9.364 kW$$
여기서, $Q = 200L/s = 0.2 m^3/s$
공기의 비중(γ) = 1.2 kg/m³

16 다음 그림의 방열기 도시기호 중 'W-H'가 나타내는 의미는 무엇인가?

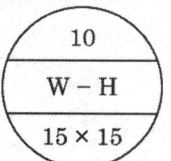

① 방열기 쪽수
② 방열기 높이
③ 방열기 종류(형식)
④ 연결배관의 종류

해설

① 절수(섹션수) : 10
② 벽걸이 가로형 방열기
③ 유입관 15A, 유출관 15A

17 가변풍량(VAV) 방식에 관한 설명으로 틀린 것은?
① 각 방의 온도를 개별적으로 제어할 수 있다.
② 연간 송풍 동력이 정풍량 방식보다 적다.
③ 부하의 증가에 대해서 유연성이 있다.
④ 동시 부하율을 고려하여 용량을 결정하기 때문에 설비 용량이 크다.

해설 ④ 동시 부하율을 고려하여 용량을 결정하기 때문에 설비 용량을 작게 할 수 있고 부분부하 시 송풍량을 줄일 수 있으므로 에너지 절감 효과가 크다.

18 덕트의 치수 결정법에 대한 설명으로 옳은 것은?
① 등속법은 각 구간마다 압력손실이 같다.

Answer 14. ② 15. ② 16. ③ 17. ④ 18. ③

② 등마찰 손실법에서 풍량이 10000m³/h 이상이 되면 정압재취득법으로 하기도 한다.
③ 정압재취득법은 취출구 직전의 정압이 대략 일정한 값으로 된다.
④ 등마찰 손실법에서 각 구간마다 압력손실을 같게 해서는 안 된다.

해설 ① 등속법은 각 구간마다 풍속이 일정하다.
② 등마찰 손실법에서 풍량이 10,000m³/h 이상이 되면 등속법으로 하기도 한다.
④ 등마찰 손실법(정압법)에서 각 구간마다 압력(마찰)손실을 일정하게 해야 한다.

19 다음 중 라인형 취출구의 종류가 아닌 것은?
① 캄라인형 ② 다공판형
③ 펑커루버형 ④ 슬롯형

해설 라인형(Line) 취출구의 종류
티라인형(T-Line), 브리즈라인형(Breeze Line), 캄라인형(Calm Line), 슬롯형, 다공판형, 라이트 트로퍼(Light Troffer)
[참고] 펑커루버 : 축류형 취출구

20 실내의 현열부하가 7500kcal/h, 실내와 말단장치(diffuser)의 온도가 각각 27℃, 17℃일 때 송풍량은?
① 3125kg/h ② 2586kg/h
③ 2325kg/h ④ 2168kg/h

해설 송풍량(kg/h)
$$Q = \frac{q_s}{0.24 \times (t_2 - t_1)}$$
$$= \frac{7,500}{0.24 \times (27-17)} = 3,125 \text{kg/h}$$
[참고] 송풍량(m³/h)
$$Q = \frac{q_s}{0.29 \times (t_2 - t_1)}$$
$$= \frac{7,500}{0.29 \times (27-17)} = 2,586 \text{m}^3/\text{h}$$

제 2 과목 : 냉동공학

21 냉동장치 내의 불응축 가스가 혼입되었을 때 냉동장치의 운전에 미치는 영향으로 가장 거리가 먼 것은?
① 열교환 작용을 방해하므로 응축압력이 낮게 된다.
② 냉동능력이 감소한다.
③ 소비전력이 증가한다.
④ 실린더가 과열되고 윤활유가 열화 및 탄화된다.

해설 ① 열교환 작용을 방해하므로 침입된 불응축 가스만큼 응축압력이 상승한다.
[참고] 불응축 가스 혼입 시 장치에 미치는 영향
• 침입된 불응축 가스만큼 응축압력 상승
• 토출가스 온도 상승, 윤활유의 열화 및 탄화
• 실린더 과열, 체적효율 감소
• 압축비 증대, 소요동력 증대, 냉동능력 감소
• 축수하중 증대, 피스톤 마모

22 플래시 가스(flash gas)는 무엇을 말하는가?
① 냉매 조절 오리피스를 통과할 때 즉시 증발하여 기화하는 냉매이다.
② 압축기로부터 응축기에 새로 들어오는 냉매이다.
③ 증발기에서 증발하여 기화하는 새로운 냉매이다.
④ 압축기에서 응축기에 들어오자마자 응축하는 냉매이다.

해설 플래시 가스
증발기가 아닌 곳에서 냉매액 중에 증발한 냉매가스로 응축된 액냉매가 외부의 온도보다 과냉각될 경우에 많이 일어나는 현상이다. 팽창 밸브를 통과할 때 밸브 저항으로도 발생된다.

Answer 19. ③ 20. ① 21. ① 22. ①

23 몰리에르 선도상에서 건조도(X)에 관한 설명으로 옳은 것은?
① 몰리에르 선도의 포화액선상 건조도는 1이다.
② 액체 70%, 증기 30%인 냉매의 건조도는 0.7이다.
③ 건조도는 습포화증기 구역 내에서만 존재한다.
④ 건조도라 함은 과열증기 중 증기에 대한 포화액체의 양을 말한다.

해설 ① 몰리에르 선도의 포화액선상 건조도는 0이다.
② 액체 70%, 증기 30%인 냉매의 건조도는 0.3이다.
④ 건조도라 함은 습포화증기 중 증기에 대한 포화액체의 양을 말한다.

24 액분리기(Accumulator)에서 분리된 냉매의 처리방법이 아닌 것은?
① 가열시켜 액을 증발 후 응축기로 순환시키는 방법
② 증발기로 재순환시키는 방법
③ 가열시켜 액을 증발 후 압축기로 순환시키는 방법
④ 고압측 수액기로 회수하는 방법

해설 액분리기에서 분리된 냉매액의 처리방법
① 액분리기에서 분리된 냉매액을 증발기로 순환시키는 방법
② 열교환 후 미증발 냉매액을 증발 후 압축기로 순환시키는 방법
③ 자동 액회수장치를 사용하여 고압측 수액기로 회수시키는 방법
④ 중력작용으로 저압수액기로 냉매를 회수시키는 방법

25 팽창밸브 개도가 냉동 부하에 비하여 너무 작을 때 일어나는 현상으로 가장 거리가 먼 것은?
① 토출가스 온도 상승
② 압축기 소비동력 감소
③ 냉매순환량 감소
④ 압축기 실린더 과열

해설 팽창밸브의 개도가 작을 경우 냉매의 순환량이 부족하면 압축기의 실린더가 과열되고 토출가스의 온도가 높아지며 증발기의 유효 전열면적이 작아지는 결과를 초래한다.

26 압축기 기동 시 윤활유가 심한 기포현상을 보일 때 주된 원인은?
① 냉동능력이 부족하다.
② 수분이 다량 침투했다.
③ 응축기의 냉각수가 부족하다.
④ 냉매가 윤활유에 다량 녹아 있다.

해설 오일포밍(Oil Foaming)
압축기를 기동할 때 크랭크 케이스 내의 압력이 급격하게 낮아져서 냉동기유 속에 녹아 있던 냉매가 냉동기유 속에서 프레온 기포를 발생하는 오일 포밍 현상이 일어나 윤활 불량을 일으키는 원인이 되기도 한다.

27 응축기의 냉각 방법에 따른 분류로서 가장 거리가 먼 것은?
① 공랭식   ② 노냉식
③ 증발식   ④ 수냉식

해설 응축기의 종류
수냉식, 증발식, 공랭식(강제통풍식, 자연대류식)

28 어떤 냉동장치에서 응축기용의 냉각수 유량이 7000kg/h이고 응축기 입구 및 출구 온도가 각각 15℃와 28℃이었다. 압축기로 공급한 동력이 5.4×10^4 kJ/h라면 이 냉동기의 냉동능력은? (단, 냉각수의 비열은 4.1855

23. ③ 24. ① 25. ② 26. ④ 27. ② 28. ②

kJ/kg·K이다.)

① $2.27×10^5$kJ/h　② $3.27×10^5$kJ/h
③ $4.67×10^4$kJ/h　④ $5.67×10^4$kJ/h

해설 ① 응축부하
$Q_c = GC\Delta t$
$= 7,000 × 4.1855 × (28-15)$
$= 380,880.5$kJ/h
$= 3.81×10^5$kJ/h

② 압축일
$AW = 5.4×10^4$kJ/h

③ 냉동능력
$Q = Q_c - AW$
$= 3.81×10^5 - 5.4×10^4$
$= 3.27×10^5$kJ/h

29 다음과 같은 성질을 갖는 냉매는 어느 것인가?

- 증기의 밀도가 크기 때문에 증발기관의 길이는 짧아야 한다.
- 물을 함유하면 Al 및 Mg 합금을 침식하고, 전기 저항이 크다.
- 천연고무는 침식되지만 합성고무는 침식되지 않는다.
- 응고점(약 −158℃)이 극히 낮다.

① NH_3　② R-12
③ R-21　④ H_2O

해설 ㉠ 물을 함유하면 Al 및 Mg 합금을 침식하므로 프레온 냉매에 해당하므로 보기 ①, ④번 제외
㉡ 프레온은 패킹재료로 합성고무 또는 특수고무를 사용하므로 보기 ①, ④번 제외
㉢ 남은 보기 중 R-12 응고점 약 −158℃, R-21 응고점 약 −135℃이므로 정답은 ②번임

30 어떤 냉동기로 1시간당 얼음 1ton을 제조하는 데 50PS의 동력을 필요로 한다. 이때 사용하는 물의 온도는 10℃이며 얼음은 −10℃

이었다. 이 냉동기의 성적계수는? (단, 융해열은 335kJ/kg이고, 물의 비열은 4.2kJ/kg·K, 얼음의 비열은 2.09kJ/kg·K이다.)

① 2.0　② 3.0
③ 4.0　④ 5.0

해설 성적계수(COP)

$COP = \dfrac{Q}{W}$

$= \dfrac{1×10^3[4.2×(10-0)+335+2.09×(0-(-10)]}{50PS×0.735kW(=kJ/s)×\dfrac{3600s}{1h}}$

$= 3.0$

(여기서, 1PS = 0.735kW = 0.735kJ/s, 1h = 3,600s)

31 왕복동식과 비교하여 스크롤 압축기의 특징으로 틀린 것은?
① 흡입밸브나 토출밸브가 있어 압축효율이 낮다.
② 토크 변동이 적다.
③ 압축실 사이의 작동가스의 누설이 적다.
④ 부품수가 적고 고효율, 저소음, 저진동, 고신뢰성을 기대할 수 있다.

해설 ① 압축밸브와 토출밸브가 없고 압축 중에 누설이 없어 압축효율이 높다.

32 이상 기체를 정압하에서 가열하면 체적과 온도의 변화는 어떻게 되는가?
① 체적 증가, 온도 상승
② 체적 일정, 온도 일정
③ 체적 증가, 온도 일정
④ 체적 일정, 온도 상승

해설 이상기체의 압력이 일정하므로
보일-샤를의 법칙 $\dfrac{P_1V_1}{T_1} = \dfrac{P_2V_2}{T_2}$ 에서 $P_1 = P_2$
이므로 $\dfrac{V_1}{T_1} = \dfrac{V_2}{T_2}$ 가 된다. 이상기체를 가열하

　29. ②　30. ②　31. ①　32. ①

면 $T_2 > T_1$(온도증가)에서 $\frac{T_2}{T_1} > 1$이 되고 $\frac{T_2}{T_1} = \frac{V_2}{V_1} > 1$이므로 $V_2 > V_1$(체적증가)이 된다. 따라서 압력이 일정한 상태에서 이상기체를 가열하면 온도상승에 따라 체적도 증가한다.

33 다음의 몰리에르 선도는 어떤 냉동장치를 나타낸 것인가?

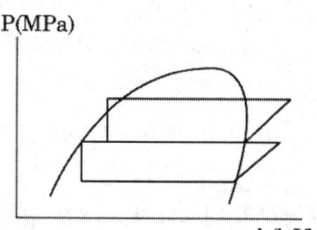

① 1단 압축 1단 팽창 냉동시스템
② 1단 압축 2단 팽창 냉동시스템
③ 2단 압축 1단 팽창 냉동시스템
④ 2단 압축 2단 팽창 냉동시스템

해설 ① 2단 압축 1단 팽창시스템

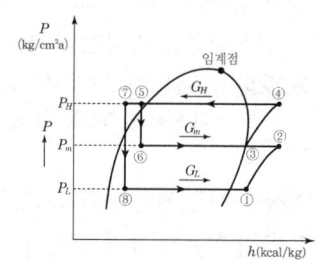

② 2단 압축 2단 팽창시스템

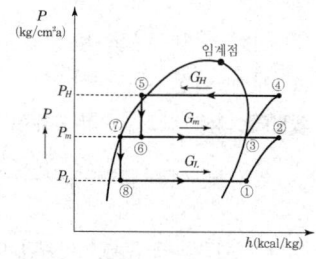

③ 2원 냉동시스템

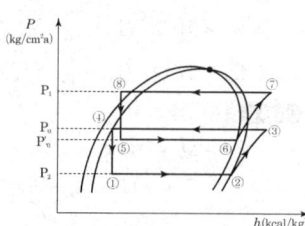

34 냉동사이클에서 응축온도를 일정하게 하고 증발온도를 상승시키면 어떤 결과가 나타나는가?

① 냉동효과 증가
② 압축비 증가
③ 압축일량 증가
④ 토출가스 온도 증가

해설 증발온도 상승 시
㉠ 압축비 감소
㉡ 토출가스 온도 강하
㉢ 냉동효과 증대
㉣ 성능계수(COP) 증가
㉤ 비체적 감소로 인한 냉매순환량 증가

35 30℃의 공기가 체적 $1m^3$의 용기에 게이지 압력 $5kg/cm^2$의 상태로 들어 있다. 용기 내에 있는 공기의 무게는?

① 약 2.6kg   ② 약 6.8kg
③ 약 69kg   ④ 약 293kg

해설 ① 게이지 압력을 절대압력으로 환산
  절대압=대기압+게이지압
  $P = 1.0332 + 5 = 6.0332 kg/cm^2$
    $= 6.0332 \times 10^4 kg/m^2$
② $PV = mRT$에서
  공기의 기체상수 $R = 29.27 kg \cdot m/kgK$
  $\therefore m = \frac{PV}{RT} = \frac{6.0332 \times 10^4 \times 1}{29.27 \times (273+30)}$
    $= 6.8 kg$

Answer 33. ④ 34. ① 35. ②

36 몰리에르 선도상에서 압력이 증대함에 따라 포화액선과 건조포화 증기선이 만나는 일치점을 무엇이라고 하는가?
① 한계점 ② 임계점
③ 상사점 ④ 비등점

해설 임계점
액체와 기체의 상이 구분될 수 있는 최대의 온도-압력 한계. 임계온도 이상에서는 액체와 증기가 서로 평형으로 존재할 수 없는 상태

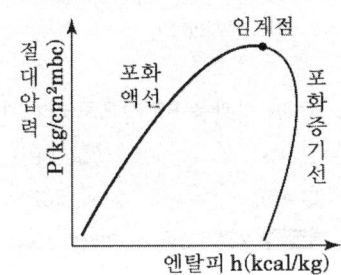

37 증발식 응축기에 관한 설명으로 틀린 것은?
① 수냉식 응축기와 공랭식 응축기의 작용을 혼합한 형이다.
② 외형과 설치면적이 작으며 값이 비싸다.
③ 겨울철에는 공랭식으로 사용할 수 있으며 연간운전에 특히 우수하다.
④ 냉매가 흐르는 관에 노즐로부터 물을 분무시키고 송풍기로 공기를 보낸다.

해설 ② 냉각탑과 응축기를 하나의 케이싱 안에 조립한 것으로 순환펌프, 송풍기, 수조, 전동기 등을 내장하므로 외형과 설치면적이 커지고 값이 비싸다.

38 브라인의 구비 조건으로 틀린 것은?
① 상 변화가 잘 일어나서는 안 된다.
② 응고점이 낮아야 한다.
③ 비열이 적어야 한다.
④ 열전도율이 커야 한다.

해설 브라인의 구비 조건
① 열용량(비열)이 클 것
② 열전도율이 클 것
③ 점도가 작을 것
④ 응고점이 낮을 것
⑤ 불연성이며 독성이 없을 것
⑥ 누설 시 냉장물품에 손상이 없을 것
⑦ 가격이 싸고, 구입이 용이할 것
⑧ pH값이 적당할 것(7.5~8.2 정도)

39 다음의 압력-엔탈피 선도를 이용한 압축 냉동 사이클의 성적계수는?

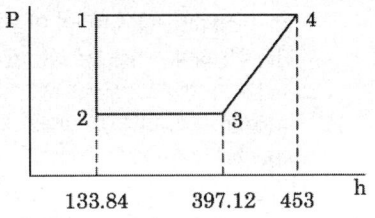

① 2.36   ② 4.71
③ 9.42   ④ 18.84

해설 성적계수(COP)
$$COP = \frac{h_3 - h_2}{h_4 - h_3} = \frac{397.12 - 133.84}{453 - 397.12} = 4.71$$

40 증발기에서 나오는 냉매가스의 과열도를 일정하게 유지하기 위해 설치하는 밸브는?
① 모세관
② 플로트형 밸브
③ 정압식 팽창밸브
④ 온도식 자동팽창밸브

해설 온도식 자동팽창밸브(thermostatic expansion valve)
소형 냉동공조장치의 냉매유량 제어에 가장 일반적으로 사용되는 방식으로 증발기 출구의 과열도에 따라 과열도가 증가 시 밸브가 열리고 과열도가 감소 시 밸브가 닫혀 냉매유량을 제어한다.

Answer 36. ② 37. ② 38. ③ 39. ② 40. ④

제3과목 : 배관일반

41 열팽창에 의한 배관의 신축이 방열기에 미치지 않도록 하기 위하여 방열기 주위의 배관은 다음 중 어느 방법으로 하는 것이 좋은가?
① 슬리브형 신축 이음
② 신축 곡관 이음
③ 스위블 이음
④ 벨로즈형 신축 이음

해설 스위블 이음
2개 이상의 엘보를 사용하여 이음부의 나사회전을 이용하여 신축을 흡수하는 신축이음으로서 신축과 팽창으로 누수의 원인이 되는 것이 결점이며, 분기 배관이나 방열기 주위 배관에 사용된다.

[참고]
① 루프형 신축이음 : 신축곡관이라고도 하며 강관 또는 동관 등을 루프(Loop)모양으로 구부려서 그 휨에 의하여 신축을 흡수하는 것으로 고온 고압의 옥외 배관에 설치한다.
② 벨로즈형 신축이음 : 일반적으로 급수, 냉난방 배관에서 많이 사용되는 신축이음으로 일명 팩리스(Packless) 신축이음이라고도 하며 인청동제 또는 스테인리스제의 벨로즈를 주름잡아 신축을 흡수하는 형태의 신축이음이다.
③ 슬리브형 신축이음 : 본체와 슬리브 파이프로 되어 있으며 관의 신축은 본체 속의 미끄럼하는 슬리브관에 의해 흡수되며 슬리브와 본체 사이에 패킹을 넣어 누설을 방지한다.

42 급수 배관을 시공할 때 일반적인 사항을 설명한 것 중 틀린 것은?
① 급수관에서 상향 급수는 선단 상향구배로 한다.
② 급수관에서 하향 급수는 선단 하향구배로 하며, 부득이한 경우에는 수평으로 유지한다.
③ 급수관 최하부에 배수 밸브를 장치하면 공기빼기를 장치할 필요가 없다.
④ 수격작용 방지를 위해 수전 부근에 공기실을 설치한다.

해설 ③ 급수관 최하부에 배수밸브를 설치하고 공기가 찰 우려가 있는 곳은 공기빼기 밸브를 설치한다.

43 100A 강관을 B호칭으로 표시하면 얼마인가?
① 4B   ② 10B
③ 16B ④ 20B

해설 25A=1B(inch)이므로 100A=4B이다.

44 주철관의 특징에 대한 설명으로 틀린 것은?
① 충격에 강하고 내구성이 크다.
② 내식성, 내열성이 있다.
③ 다른 배관재에 비하여 열팽창계수가 크다.
④ 소음을 흡수하는 성질이 있으므로 옥내 배수용으로 적합하다.

해설 ① 충격(내진성)에 약하고 내식·내구성이 크다.
③ 다른 배관재에 비하여 열팽창계수가 작다.
복수정답 ①, ③

45 유속 2.4m/s, 유량 15000L/h일 때 관경을 구하면 몇 mm인가?
① 42   ② 47
③ 51   ④ 53

해설 연속방정식 $Q = AV = \dfrac{\pi}{4}D^2 \cdot V$에서 관경(D)에 관해 풀면
$$D = \sqrt{\dfrac{4Q}{\pi V}}$$

Answer 41. ③ 42. ③ 43. ① 44. ①, ③ 45. ②

$$= \sqrt{\dfrac{4 \times 15000 \text{L/h} \times \dfrac{1\text{h}}{3600\text{s}} \times \dfrac{10^{-3}\text{m}^3}{1\text{L}}}{\pi \times 2.4\text{m/s}}}$$

$= 0.047\text{m} = 47\text{mm}$

46 진공환수식 증기난방법에 관한 설명으로 옳은 것은?

① 다른 방식에 비해 관 지름이 커진다.
② 주로 중·소규모 난방에 많이 사용된다.
③ 환수관 내 유속의 감소로 응축수 배출이 느리다.
④ 환수관의 진공도는 100~250mmHg 정도로 한다.

〔해설〕 ① 다른 방식에 비해 관 지름이 작아도 된다.
② 주로 대규모 난방에 많이 사용한다.
③ 환수관 내 유속이 타 방식에 비해 빠르고 응축수 배출이 빠르다.

47 송풍기의 토출측과 흡입측에 설치하여 송풍기의 진동이 덕트나 장치에 전달되는 것을 방지하기 위한 접속법은?

① 크로스 커넥션(cross connection)
② 캔버스 커넥션(canvas connection)
③ 서브 스테이션(sub station)
④ 하트포드(hartford) 접속법

〔해설〕 **캔버스 이음(canvas connection)**
송풍기의 진동이 덕트나 장치에 전달됨을 방지하기 위하여 석면으로 짠 캔버스를 이용하여 공기조화기와 덕트를 연결할 때 사용하는 이음

48 다음 중 개방식 팽창탱크 주위의 관으로 해당되지 않는 것은?

① 압축공기 공급관
② 배기관
③ 오버플로관
④ 안전관

〔해설〕 압축공기 공급관은 밀폐형 팽창탱크에 사용된다.
[참고]

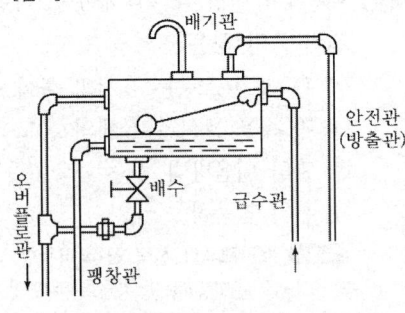

[개방형 팽창탱크]

49 수직관 가까이에 기구가 설치되어 있을 때 수직관 위로부터 일시에 다량의 물이 흐르게 되면 그 수직관과 수평관의 연결관에 순간적으로 진공이 생기면서 봉수가 파괴되는 현상은?

① 자기 사이펀 작용
② 모세관 작용
③ 분출 작용
④ 흡출 작용

〔해설〕 **봉수 및 봉수파괴 원인**
① 자기 사이펀 작용 : S트랩의 경우에 심하게 나타나는 현상으로 트랩 및 배수관이 자기 사이펀을 형성하여 트랩 내의 봉수가 배수관 쪽으로 흡인 배출됨. 다량의 물이 배수될 때 트랩의 봉수가 실내 쪽으로 역류
② 모세관 현상 : 트랩에 걸레조각이나 머리카락이 낀 경우 모세관 현상에 의해 봉수가 배출되는 작용
③ 분출 작용(역압 작용) : 수직관 가까이 설치된 트랩인 경우 수직관 위로부터 일시에 다량의 물이 흐르게 되면 역으로 피스톤 작용을 일으켜 공기의 압축에 의하여 실내 쪽으로 역류시키는 작용
④ 흡출 작용(흡인 작용) : 수직관 가까이에 있는 트랩인 경우 수직관에서 다량의 물이 배수될 때 순간적으로 진공 상태가 되어 트랩

Answer 46. ④ 47. ② 48. ① 49. ④

의 봉수를 흡인함

50 배관재료 선정 시 고려해야 할 사항으로 가장 거리가 먼 것은?
① 관 속을 흐르는 유체의 화학적 성질
② 관 속을 흐르는 유체의 온도
③ 관의 이음방법
④ 관의 압축성

해설 **배관재료의 선택 시 고려사항**
① 관의 진동 및 충격 또는 외압, 내압에 견딜 수 있는가를 고려
② 유체의 화학적 성질, 온도, 부식성 및 관의 내식성을 고려
③ 관의 가공성(접합, 굽힘, 용접)을 고려
④ 관의 중량과 수송조건을 고려

51 일반적으로 관의 지름이 크고 가끔 분해할 경우 사용되는 파이프 이음은?
① 플랜지 이음   ② 신축 이음
③ 용접 이음   ④ 턱걸이 이음

해설 **플랜지 이음**
볼트나 너트로 플랜지를 접속하여 관을 연결하는 이음으로 관을 자주 분해 또는 점검, 결합을 필요로 하는 곳에 사용한다.

52 다음 보기에서 설명하는 난방 방식은?

〈보기〉
• 공기의 대류를 이용한 방식이다.
• 설비비가 비교적 작다.
• 예열시간이 짧고 연료비가 작다.
• 실내 상하의 온도차가 크다.
• 소음이 생기기 쉽다.

① 지역 난방   ② 온수 난방
③ 온풍 난방   ④ 복사 난방

해설 **온풍 난방**
① 가열된 공기를 직접 또는 덕트에 의해 실내로 공급하는 난방 방식
② 공기의 대류를 이용한 방식으로 건구온도가 높아야 쾌적도가 유지된다.
③ 증기, 온수난방에 비해 방열기, 배관설비 등이 불필요하여 설비비가 적게 든다.
④ 점화 후 단시간에 온풍이 발생하여 예열시간이 짧고 연료비가 작다.
⑤ 실내 상하 온도차가 커서 불필요한 에너지 손실이 발생한다.
⑥ 송풍기 소음이 크기 때문에 소음을 규제하는 곳에서는 사용하기 어렵다.

53 배관은 길이가 길어지면 관 자체의 하중, 열에 의한 신축, 유체의 흐름에서 발생하는 진동이 배관에 작용한다. 이것을 방지하기 위한 관지지 장치의 종류가 아닌 것은?
① 서포트(support)
② 리스트레인트(restraint)
③ 익스팬더(expander)
④ 브레이스(brace)

해설 **관지지 장치**
① 행거 : 리지드 행거, 콘스탄트 행거, 스프링 행거
② 서포트 : 리지드 서포트, 스프링 서포트, 롤러 서포트, 파이프 슈
③ 리스트레인트 : 앵커, 스토퍼, 가이드
④ 브레이스
[참고] 익스팬더 : 동관을 소켓 모양으로 확관하는 데 사용하는 공구

54 다음 중 배관의 부식방지 방법이 아닌 것은?
① 전기절연을 시킨다.
② 도금을 한다.
③ 습기와의 접촉을 피한다.
④ 열처리를 한다.

해설 **부식방지법**
① 금속관에 물기가 없도록 한다.
② 아스팔트, 페인트 등 방식도료를 칠한다.

Answer 50. ④ 51. ① 52. ③ 53. ③ 54. ④

③ 금속 간에 내화학성이 강한 금속의 막으로 피복한다.
④ 이온화경향의 차이가 작은 관끼리 연결한다.
⑤ 전식의 방지를 위해서는 관을 황마, 아스팔트 등으로 감아서 절연층을 만든다.
[참고] 열처리 : 금속 또는 합금에 요구되는 강도, 경도, 내마모성, 내충격성, 가공성 등의 특정한 성능을 부여하기 위한 가공방법

55 가스배관에 있어서 가스가 누설될 경우 중독 및 폭발사고를 미연에 방지하기 위하여 조금만 누설되어도 냄새로 충분히 감지할 수 있도록 설치하는 장치는?
① 부스터설비   ② 정압기
③ 부취설비   ④ 가스홀더

56 배수관에서 발생한 해로운 하수가스의 실내 침입을 방지하기 위해 배수트랩을 설치한다. 배수트랩의 종류가 아닌 것은?
① 가솔린트랩   ② 디스크트랩
③ 하우스트랩   ④ 벨트랩

🔎해설 배수트랩의 종류
1) 사이펀식(파이프형)
    ① S트랩
    ② P트랩
    ③ U트랩(가옥트랩)
2) 비사이펀식(용적형)
    ① 드럼트랩(욕조, 싱크 배수)
    ② 벨트랩(바닥배수)
    ③ 저집기형 트랩(그리스 트랩, 가솔린 트랩, 샌드 트랩, 헤어 트랩, 플라스터 트랩, 라운드리 트랩, 차고 트랩)
[참고] 디스크 트랩 : 증기난방용 기기

57 건식 진공 환수배관의 증기주관의 적절한 구배는?
① 1/100~1/150의 선하(先下) 구배
② 1/200~1/300의 선하(先下) 구배
③ 1/350~1/400의 선하(先下) 구배
④ 1/450~1/500의 선하(先下) 구배

🔎해설 진공 환수관의 증기주관은 1/200~1/300의 하향구배를 주고 방열기 브랜치관 등에서 선단에 트랩장치를 가지고 있지 않은 경우에는 1/50~1/100의 역기울기를 만들고 응축수를 증기주관에 역류시킨다.

58 증기 트랩장치에서 벨로즈 트랩을 안전하게 작동시키기 위해 트랩 입구 쪽에 최저 약 몇 m 이상을 냉각관으로 해야 하는가?
① 0.1   ② 0.4
③ 0.8   ④ 1.2

🔎해설 **벨로즈식 트랩**
내부에 휘발성의 액체를 넣은 벨로즈가 있으며 온도에 의한 벨로즈의 신축으로 밸브를 개폐한다. 즉 온도가 높은 증기가 닿으면 팽창하여 닫히고 온도가 낮은 응축수 또는 공기가 접촉하면 수축하여 밸브가 열린다. 작동을 확실하게 하기 위해서 트랩에 들어가는 응축수를 다소 냉각시킬 필요가 있으므로 1.2m 이상의 냉각관을 설치하여 간헐 작동시킨다. 구경 15A에서 50A 정도까지 제작되며 벨로즈 내압에 따라 저압용과 고압용이 있다.

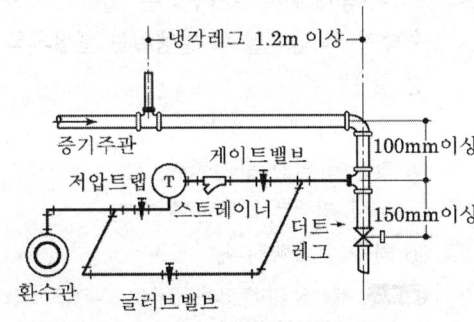

[관말트랩 주위배관]

59 배관 부속 중 분기관을 낼 때 사용하는 것은?
① 벤드   ② 엘보

Answer 55. ③ 56. ② 57. ② 58. ④ 59. ③

③ 티　　　　　④ 유니온

해설 ① 관을 도중에 분기할 때 : 티(T), 와이(Y), 크로스(+)
② 관의 방향을 바꿀 때 : 엘보, 벤드

60 도시가스 배관의 손상을 방지하기 위하여 도시가스배관 주위에서 다른 매설물을 설치할 때 적절한 이격거리는?

① 20cm 이상　　② 30cm 이상
③ 40cm 이상　　④ 50cm 이상

해설 도시가스배관 주위에서 다른 매설물을 설치할 때에는 30cm 이상 이격할 것

제 4 과목 : 전기제어공학

61 서보기구에서의 제어량은?

① 유량　　　　　② 위치
③ 주파수　　　　④ 전압

해설 서보기구의 제어량
　　　　기계적인 변위량(위치, 방향, 자세, 거리, 각도 등)

62 유도전동기에서 인가전압은 일정하고 주파수가 수 % 감소할 때 발생되는 현상으로 틀린 것은?

① 동기속도가 감소한다.
② 철손이 약간 증가한다.
③ 누설 리액턴스가 증가한다.
④ 역률이 나빠진다.

해설 ③ 누설 리액턴스는 주파수에 비례($X = 2\pi f L$) 하므로 주파수가 감소하면 누설 리액턴스는 감소한다.

63 부하 1상의 임피던스가 60+j80Ω인 △결선 의 3상 회로에 100V의 전압을 가할 때 선전류는 몇 A인가?

① 1　　　　　　② $\sqrt{3}$
③ 3　　　　　　④ $\dfrac{1}{\sqrt{3}}$

해설 ① 임피던스(Z)
$$Z = \sqrt{60^2 + 80^2} = 100\,\Omega$$
② 상전류(I_p)
$$I_p = \dfrac{V}{Z(R)} = \dfrac{100}{100} = 1\text{A}$$
③ 선전류(I_l)
△결선의 선전류= $\sqrt{3}$ 상전류
$$I_l = \sqrt{3}\,I_p = \sqrt{3} \times 1 = \sqrt{3}\,\text{A}$$

64 다음 중 압력을 변위로 변환시키는 장치로 알맞은 것은?

① 노즐 플래퍼
② 다이어프램
③ 전자석
④ 차동변압기

해설

변환량	변환요소
압력 → 변위	벨로즈, 다이어프램, 스프링

65 다음 중 온도보상용으로 사용되는 것은?

① 다이오드　　　② 다이액
③ 서미스터　　　④ SCR

해설 서미스터(Thermistor)
온도에 따라 저항이 변하는 모든 세라믹 계통의 소자(NiO, MgO, MnO)로 온도에 따라 저항이 증가하는 특성을 이용하여 저항값으로 온도를 측정한다. 주로 온도보상용으로 사용

66 그림과 같은 회로의 출력단 X의 진리값으로 옳은 것은? (단, L은 Low, H는 High이다.)

　60. ②　61. ②　62. ③　63. ②　64. ②　65. ③　66. ①

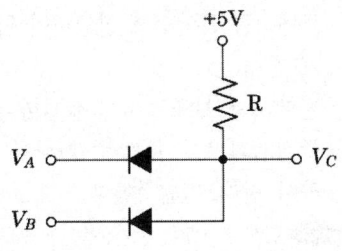

① L, L, L, H
② L, H, H, H
③ L, L, H, H
④ H, L, L, H

해설 AND회로

문제의 무접점회로는 AND회로로 두 개의 접점 A, B가 모두 동작해야 출력되는 회로. 입력단자 A, B 중 모두 ON되어야 출력이 ON되고 그 중 어느 한 단자라도 OFF되면 출력이 OFF 되는 회로이다.

① 진리표

입력		출력
A	B	X
L	L	L
L	H	L
H	L	L
H	H	H

② 논리식 : $X = A \cdot B$

67 궤환제어계에서 제어요소란?
① 조작부와 검출부
② 조절부와 검출부
③ 목표값에 비례하는 신호 발생
④ 동작신호를 조작량으로 변환

해설 제어요소

동작신호를 조작량으로 변환시키는 요소이며 조절부와 조작부로 구성

68 피드백 제어계의 특징으로 옳은 것은?

① 정확성이 떨어진다.
② 감대폭이 감소한다.
③ 계의 특성 변화에 대한 입력 대 출력비의 감도가 감소한다.
④ 발진이 전혀 없고 항상 안정한 상태로 되어가는 경향이 있다.

해설 피드백 제어의 특징
① 정확성 및 감대폭 증가
② 계의 특성 변화에 대한 입력 대 출력비의 감도 감소
③ 발진을 일으키고 불안정한 상태로 되어가는 경향성
④ 구조가 복잡하고 반드시 입력과 출력을 비교하는 장치가 필요

69 어떤 대상물의 현재 상태를 사람이 원하는 상태로 조절하는 것을 무엇이라 하는가?
① 제어량   ② 제어대상
③ 제어   ④ 물질량

해설 제어(control)

어떤 대상물의 현재 상태를 사람이 원하는 상태로 조절하는 것. 즉 어떤 목적의 상태 또는 결과를 얻기 위해 대상에 필요한 조작을 가하는 것
[참고]
① 제어량 : 제어하려는 물리량
② 제어대상 : 제어하려는 목적의 장치

70 권수 50회이고 자기인덕턴스가 0.5mH인 코일이 있을 때 여기에 전류 50A를 흘리면 자속은 몇 Wb인가?
① 5×10^{-3} ② 5×10^{-4}
③ 2.5×10^{-2} ④ 2.5×10^{-3}

해설 $LI = N\phi$ 에서
여기서, 권수 N
자속 : ϕ
인덕턴스 : L
전류 : I

Answer 67. ④ 68. ③ 69. ③ 70. ②

$$\phi = \frac{LI}{N} = \frac{0.5 \times 10^{-3} \times 50}{50}$$
$$= 0.5 \times 10^{-3} \text{Wb} = 5 \times 10^{-4} \text{Wb}$$

71 그림과 같은 피드백 블록선도의 전달함수는?

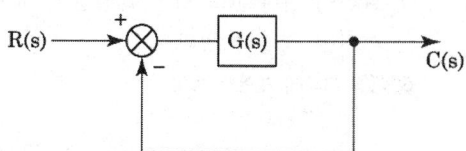

① $\dfrac{G(s)}{1+G(s)}$ ② $\dfrac{G(s)}{1+G(s)C(s)}$

③ $\dfrac{G(s)}{1+R(s)}$ ④ $\dfrac{C(s)}{1+R(s)}$

해설 전달함수
$$C(s) = R(s)G(s) - C(s)G(s)$$
$$C(s) + C(s)G(s) = R(s)G(s)$$
$$C(s)(1+G(s)) = R(s)G(s)$$
$$G(s) = \frac{C(s)}{R(s)} = \frac{G(s)}{1+G(s)}$$

72 직류기에서 불꽃없이 정류를 얻는 데 가장 유효한 방법은?
① 탄소브러시와 보상권선
② 자기포화와 브러시 이동
③ 보극과 탄소브러시
④ 보극과 보상권선

해설 직류기에서 양호한 정류를 얻는 법
① 보극설치 : 리액턴스 전압과 반대방향으로 정류전압을 유기시켜 양호한 정류를 얻는다.
② 접촉저항이 큰 탄소브러시 설치
③ 리액턴스 전압을 적게 한다.(단절권)
④ 정류주기를 길게 한다.(회전속도를 낮춘다)

73 분상기동형 단상 유도전동기를 역회전시키는 방법은?
① 주권선과 보조권선 모두를 전원에 대하여 반대로 접속한다.

② 콘덴서를 주권선에 삽입하여 위상차를 갖게 한다.
③ 콘덴서를 보조권선에 삽입한다.
④ 주권선과 보조권선 중 하나를 전원에 대하여 반대로 접속한다.

해설 단상유도 또는 동기전동기에서 회전방향을 역회전시키려면 주권선이나 보조권선 어느 한쪽의 접속을 반대로 하면 된다.

74 R-L-C 직렬회로에서 소비전력이 최대가 되는 조건은?

① $\omega L - \dfrac{1}{\omega C} = 1$ ② $\omega L + \dfrac{1}{\omega C} = 0$

③ $\omega L + \dfrac{1}{\omega C} = 1$ ④ $\omega L - \dfrac{1}{\omega C} = 0$

해설 R-L-C 직렬회로는 직렬공진 시 저항은 최소가 되고 전류는 최대가 되므로 소비전력은 최대가 된다.
① 직렬공진 조건
$$\omega L = \frac{1}{\omega C} \rightarrow \omega L - \frac{1}{\omega C} = 0$$

75 폐루프 제어계에서 전동기의 회전속도는 궤환 요소로서 전동기 축에 커플링을 통해서 결합되는 타코제너레이터(T.G)와 같은 다음의 어떤 요소로서 측정이 되는가?
① 포텐쇼미터 ② 응력 게이지
③ 로드 셀   ④ 서보 센서

해설 서보 센서
위치, 속도, 가속도 등을 정밀하게 제어하는 서보제어계에 사용되는 센서로 고정 기준좌표를 이용하는 방식과 관성을 이용하는 방식이 있다.
① 고정 좌표계 방식 : 포텐쇼미터(Photentio Meter) 차동트랜스(differential transformer), 스트레인 게이지, 리졸버(resolver), 인코더, 자기 스케일, 타코 제너레이터
② 관성을 이용하는 방식 : 진동형 변위계, 진

 71. ① 72. ③ 73. ④ 74. ④ 75. ④

동형 속도계, 진동형 가속도계, 자이로

76 안정될 필요조건을 갖춘 특성방정식은?

① $s^4+2s^2+5s+5=0$
② $s^3+s^2-3s+10=0$
③ $s^3+3s^2+3s-3=0$
④ $s^3+6s^2+10s+9=0$

해설 루드 안정도 판별법
① 모든 계수의 부호가 동일할 것
② 계수 중 어느 하나도 0이 아닐 것
③ 1열의 부호 변화가 없을 것
④의 경우는

$$\begin{array}{c|cc} s^3 & 1 & 10 \\ s^2 & 6 & 9 \\ s^1 & \dfrac{6\times10-9\times1}{6}=8.5 & 0 \\ s^0 & \dfrac{8.5\times9-6\times0}{8.5}=9 & 0 \end{array}$$

제1열의 부호 변화가 없으므로 안정하다.

77 15C의 전기가 3초간 흐르면 전류(A) 값은?

① 2   ② 3
③ 4   ④ 5

해설 $I=\dfrac{Q}{t}=\dfrac{15}{3}=5\mathrm{A}$

78 어떤 계기에 장시간 전류를 통전한 후 전원을 OFF시켜도 지침이 0으로 되지 않았다. 그 원인에 해당되는 것은?

① 정전계 영향
② 스프링의 피로도
③ 외부자계 영향
④ 자기가열 영향

해설 스프링 제어
스프링의 변형에 의해 발생되는 탄력을 제어 토크로 이용하는 방식으로, 비자성의 가느다란 인청동판을 나선이나 와선 모양으로 스프링을 만들어 사용함. 제어 스프링은 도선의 역할을 겸하고 있으므로 전기 저항이 낮고, 온도 계수가 작으며, 오래 사용하여도 피로가 없는 재질을 사용함. 장시간의 통전 등에 의한 스프링의 탄성피로에 의하여 오차가 발생하며 영점조정을 통해서 오차를 보정해야 한다.

79 변압기의 특성 중 규약효율이란?

① $\dfrac{출력}{출력-손실}$ ② $\dfrac{출력}{출력+손실}$
③ $\dfrac{입력}{입력-손실}$ ④ $\dfrac{입력}{입력+손실}$

해설 변압기의 규약효율

$$\eta=\dfrac{입력-손실}{입력}=\dfrac{출력}{출력+손실}$$

80 자동제어계에서 각 요소를 블록선도로 표시할 때 각 요소는 전달함수로 표시한다. 신호의 전달경로는 무엇으로 표현하는가?

① 접점   ② 점선
③ 화살표   ④ 스위치

해설 ① 전달요소 : 4각형 속에 표시
② 신호의 전달경로 : 화살표로 표시
③ 신호의 합성 : 작은 원으로 표시하고 부호를 붙인다.
④ 신호의 분지 : 점으로 표시한다.

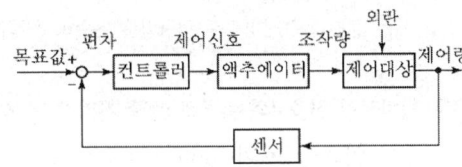

[피드백 제어시스템 구성의 예]

Answer 76. ④ 77. ④ 78. ② 79. ② 80. ③

2016년 3월 6일(1회) 시행

chapter 02 공조냉동기계산업기사 과년도출제문제

제1과목 : 공기조화

01 난방설비에 관한 설명으로 옳은 것은?
① 온수난방은 증기난방에 비해 예열시간이 길어서 충분한 난방감을 느끼는 데 시간이 걸린다.
② 증기난방은 실내 상하 온도차가 작아 유리하다.
③ 복사난방은 급격한 외기 온도의 변화에 대해 방열량 조절이 우수하다.
④ 온수난방의 주 이용열은 온수의 증발잠열이다.

해설 ② 증기난방은 실내 상하 온도차가 커 쾌감도가 나쁘다.
③ 복사난방은 실내의 온도분포가 균등하여 쾌감도가 높지만 외기 온도 급변에 따른 방열량 조절이 어렵다.
④ 온수난방의 주 이용열은 온수의 현열이다.

02 일반적인 취출구의 종류로 가장 거리가 먼 것은?
① 라이트-트로퍼(light-troffer)형
② 아네모스탯(annemostat)형
③ 머쉬룸(mushroom)형
④ 웨이(way)형

해설 취출구의 종류
㉠ 천장취출구 : 아네모스탯형, 웨이형, 팬형, 라이트-트로퍼형, 다공판형
㉡ 라인형 취출구 : 브리즈 라인형, 캄라인형, T-라인형, 슬롯라인형
③ 축류형 취출구 : 노즐형, 펑거형, 베인격자형
[참고] 흡입구의 종류 : 라인형, 격자형(루버형, 그릴형), 펀칭메탈형, 머쉬룸형 등

03 취급이 간단하고 각 층을 독립적으로 운전할 수 있어 에너지 절감효과가 크며 공사기간 및 공사비용이 적게 드는 방식은?
① 패키지 유닛 방식
② 복사 냉난방 방식
③ 인덕션 유닛 방식
④ 2중 덕트 방식

해설 패키지 유닛(Package Unit) 방식
냉동기, 냉각코일, 공기여과기, 송풍기, 자동제어기기 등을 케이싱 내에 수납하여 직접 유닛을 실내에 설치하여 공조하는 방식으로 유닛별 단독운전과 제어가 가능하여 개별제어가 쉽다. 설치와 조립이 간편하고 공사기간이 짧으며 소·중규모에 적합하다.

04 공조방식 중 각층 유닛방식에 관한 설명으로 틀린 것은?
① 송풍 덕트의 길이가 짧게 되고 설치가 용이하다.
② 사무실과 병원 등의 각 층에 대하여 시간차 운전에 유리하다.
③ 각 층 슬래브의 관통덕트가 없게 되므로 방재상 유리하다.
④ 각 층에 수배관을 설치하지 않으므로 누수의 염려가 없다.

해설 ④ 각 층에 수배관을 설치하므로 누수의 우려가

Answer 1. ① 2. ③ 3. ① 4. ④

있다.

05 전열량에 대한 현열량의 변화의 비율로 나타내는 것은?
① 현열비 ② 열수분비
③ 상대습도 ④ 비교습도

해설 현열비
전열량에 대한 현열량의 비로, 취출되는 공기의 상태변화를 알 수 있어 공기의 온습도 결정에 사용된다.
[참고]
② 열수분비 : 수분량(절대습도)의 변화에 따른 전열량의 비. 이는 실내 가습 시 가습 후의 실내공기 취출점을 구하는 기준 기울기가 된다.
③ 상대습도 : 습기기 수증기 분압과 동일온도의 포화공기 수증기 분압과의 비를 백분율로 나타낸 것으로 습공기가 함유하고 있는 습도의 정도를 알 수 있다.
④ 비교습도 : 습공기에서의 절대습도와 동일온도 포화습공기에서의 절대습도와의 비를 백분율로 나타낸 것

06 현열 및 잠열에 관한 설명으로 옳은 것은?
① 여름철 인체로부터 발생하는 열은 현열뿐이다.
② 공기조화 덕트의 열손실은 현열과 잠열로 구성되어 있다.
③ 여름철 유리창을 통해 실내로 들어오는 열은 현열뿐이다.
④ 조명이나 실내기구에서 발생하는 열은 현열뿐이다.

해설 ① 인체로부터 발생하는 열은 인체표면에서 대류와 복사에 의해 발산되는 현열과 땀, 호흡 등으로 체외로 배출되는 잠열이 있다.
② 공기조화 덕트의 열손실은 덕트재(보온재 포함)를 통하여 잃은 열량과 공기누설에 의한 손실인 현열뿐이다.

④ 실내에서 발생하는 열은 조명기구, 전동기와 같이 현열만을 발생하는 것과 전기기구, 가스기구 등과 같이 수증기를 발생시켜 잠열을 발생하는 것이 있다.

07 수분량 변화가 없는 경우의 열수분비는?
① 0 ② 1
③ -1 ④ ∞

해설 열수분비(U)
수분량(절대습도)의 변화에 따른 전열량의 비로 실내 가습 시 가습 후의 실내공기 취출점을 구하는 기준 기울기가 된다.
$$U = \frac{dh}{dx} = \frac{h_2 - h_1}{x_2 - x_1}$$
㉠ 수분량의 변화가 없는 경우
$dx = 0 \rightarrow U = \infty$
㉡ 엔탈피의 변화가 없는 경우
$dh = 0 \rightarrow U = 0$

08 다음 가습방법 중 가습효율이 가장 높은 것은?
① 증발 가습
② 온수 분무 가습
③ 증기 분무 가습
④ 고압수 분무 가습

해설 증기 취출방식은 가습효율이 100%에 가까워 가장 효율이 좋은 방식이다.

09 원심식 송풍기의 종류로 가장 거리가 먼 것은?
① 리버스형 송풍기
② 프로펠러형 송풍기
③ 관류형 송풍기
④ 다익형 송풍기

해설 원심형 송풍기의 종류
터보형, 다익형, 방사형, 관류형, 리버스형, 익형 등
[참고] 축류형 송풍기
프로펠러형, 튜브형, 베인형

Answer 5. ① 6. ③ 7. ④ 8. ③ 9. ②

10 송풍기에 관한 설명 중 틀린 것은?
① 송풍기 특성곡선에서 팬 전압은 토출구와 흡입구에서의 전압 차를 말한다.
② 송풍기 특성곡선에서 송풍량을 증가시키면 전압과 정압은 산형(山形)을 이루면서 강하한다.
③ 다익형 송풍기는 풍량을 증가시키면 축동력은 감소한다.
④ 팬 동압은 팬 출구를 통하여 나가는 평균속도에 해당되는 속도압이다.

해설 ③ 다익형 송풍기는 풍량을 증가시키면 축동력은 상승한다.
[참고] 송풍기의 특성곡선

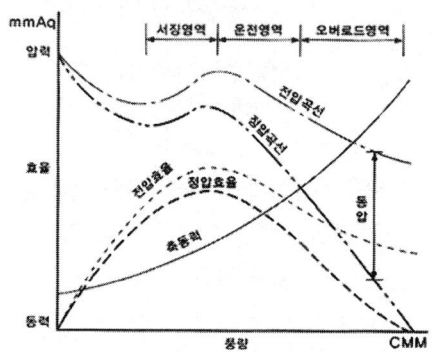

11 공기의 감습 방식으로 가장 거리가 먼 것은?
① 냉각방식　　② 흡수방식
③ 흡착방식　　④ 순환수분무방식

해설 공기의 감습 방식
냉각방식, 압축방식, 흡수방식, 흡착방식
[참고] 순환수분무방식은 공기의 가습 방법이다.

12 다음 공조방식 중에 전공기 방식에 속하는 것은?
① 패키지 유닛 방식
② 복사 냉난방 방식
③ 팬코일 유닛 방식
④ 2중 덕트 방식

해설 전공기 방식
단일 덕트 방식, 2중 덕트 방식, 각층 유닛방식, 멀티존 유닛방식 등
[참고] 냉매방식(개별방식) : 룸쿨러방식, 패키지 유닛방식, 멀티유닛방식 등

13 열원방식의 분류 중 특수 열원방식으로 분류되지 않는 것은?
① 열회수 방식(전열 교환 방식)
② 흡수식 냉온수기 방식
③ 지역 냉난방 방식
④ 태양열 이용 방식

해설

일반 열원방식	특수 열원방식
㉠ 전동냉동기+보일러	㉠ 열회수 방식(전열교환 방식, 승온이온 방식)
㉡ 흡수식냉동기+보일러	
㉢ 흡수식 냉온수기 방식	㉡ 축열방식(빙축열 방식, 수축열 방식)
㉣ 히트 펌프 방식	
	㉢ 태양열이용 방식
	㉣ total energy system
	㉤ 열병합방식
	㉥ 지역 냉난방 방식

14 다음 그림과 같은 덕트에서 점 ①의 정압 P_1 =15mmAq, 속도 V_1=10m/s일 때, 점 ②에서의 전압은? (단, ①-②구간의 전압손실은 2mmAq, 공기의 밀도는 1kg/m³로 한다.)

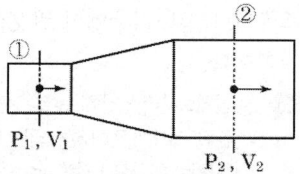

① 15.1mmAq　② 17.1mmAq
③ 18.1mmAq　④ 19.1mmAq

Answer　10. ③　11. ④　12. ④　13. ②　14. ③

해설 전압=정압+동압 $P_t = P + \dfrac{v^2}{2g}\gamma$

　㉠ 구간 전압 $P_1 = 15 + \dfrac{10^2}{2\times 9.7}\times 1$
　　　　　　　　　$= 20.1\,\text{mmAq}$

　㉡ 구간 전압 $P_2 = P_1 - \Delta P$
　　　　　　　　　$= 20.1 - 2 = 18.1\,\text{mmAq}$

15 31℃의 외기와 25℃의 환기를 1 : 2의 비율로 혼합하고 바이패스 팩터가 0.16인 코일로 냉각 제습할 때의 코일 출구온도는? (단, 코일의 표면온도는 14℃이다.)

① 약 14℃　② 약 16℃
③ 약 27℃　④ 약 29℃

해설 ㉠ 혼합온도(t_3)
$$t_3 = \dfrac{G_1 t_1 + G_2 t_2}{G_1 + G_2} = \dfrac{1\times 31 + 2\times 25}{1+2}$$
$$= 27℃$$
　㉡ 코일출구온도(t_4)
$$t_4 = t_{ADP} + BF(t_3 - t_{ADP})$$
$$= 14 + 0.16\times(27-14) = 16.08℃$$

16 난방기기에 사용되는 방열기 중 강제대류형 방열기에 해당하는 것은?

① 유닛히터
② 길드 방열기
③ 주철제 방열기
④ 베이스보드 방열기

해설 강제대류형 방열기
　팬 컨벡터, 유닛히터 등

17 다음의 송풍기에 관한 설명 중 ( ) 안에 알맞은 내용은?

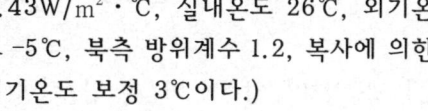

동일 송풍기에서 정압은 회전수 비의 (㉠)하고, 소요동력은 회전수 비의 (㉡) 한다.

① ㉠ 2승에 비례　㉡ 3승에 비례
② ㉠ 2승에 반비례　㉡ 3승에 반비례
③ ㉠ 3승에 비례　㉡ 2승에 비례
④ ㉠ 3승에 반비례　㉡ 2승에 반비례

해설 동일 송풍기에서 정압은 송풍기 회전수의 제곱에 비례하고 임펠러 직경의 제곱에 비례하여 변화하고, 동력은 송풍기 회전수의 3승에 비례하여 변화하고 임펠러 직경의 5승에 비례하여 변화한다.

18 건물의 11층에 위치한 북측 외벽을 통한 손실열량은? (단, 벽체면적 40㎡, 열관류율 0.43W/㎡·℃, 실내온도 26℃, 외기온도 -5℃, 북측 방위계수 1.2, 복사에 의한 외기온도 보정 3℃이다.)

① 약 495.36W
② 약 525.38W
③ 약 577.92W
④ 약 639.84W

해설 외벽을 통한 손실열량(q_w)
$$q_w = K \cdot A \cdot \Delta t \cdot k$$
$$= 0.43\times 40\times[26-(-5+3)]\times 1.2$$
$$= 577.92\text{W}$$

19 증기난방 설비에서 일반적으로 사용 증기압이 어느 정도부터 고압식이라고 하는가?

① 0.01kgf/㎠ 이상
② 0.35kgf/㎠ 이상
③ 1kgf/㎠ 이상
④ 10kgf/㎠ 이상

해설 증기난방의 분류
　㉠ 고압식 : 증기압력 1kg/㎠ 이상의 증기를 사용
　㉡ 저압식 : 증기압력 1kg/㎠ 이하의 증기를 사용(일반적으로 0.1~0.35kg/㎠의 증기를 사용)

 15. ② 16. ① 17. ① 18. ③ 19. ③

20 바이패스 팩터에 관한 설명으로 옳은 것은?
① 흡입공기 중 온난 공기의 비율이다.
② 송풍공기 중 습공기의 비율이다.
③ 신선한 공기와 순환공기의 밀도 비율이다.
④ 전 공기에 대해 냉·온수코일을 그대로 통과하는 공기의 비율이다.

해설 바이패스 팩터(By Pass Factor : BF)
가열 또는 냉각코일을 접촉하지 않고 그대로 통과하는 공기의 비율로 BF가 작을수록 성능이 우수하다.

제2과목 : 냉동공학

21 냉동장치의 압축기 피스톤 압출량이 120m³/h, 압축기 소요동력이 1.1kW, 압축기 흡입가스의 비체적이 0.65m³/kg, 체적효율이 0.81일 때, 냉매순환량은?
① 100kg/h
② 150kg/h
③ 200kg/h
④ 250kg/h

해설 냉매순환량(G)
$$G = \frac{Q_e}{q_e} = \frac{V}{v_a} \times \eta_v$$
$$= \frac{120}{0.65} \times 0.81 ≒ 150 kg/h$$

22 응축기에서 고온 냉매가스의 열이 제거되는 과정으로 가장 적합한 것은?
① 복사와 전도
② 승화와 증발
③ 복사와 기화
④ 대류와 전도

해설 응축기는 압축에 의해 고온고압이 된 냉매가스를 냉각시켜 액냉매로 만드는 장치로 응축기에서 열전달은 주로 전도와 대류(관 내부 : 대류에 의한 열전달, 관벽을 통과 시 : 전도에 의한 열전달, 관 외부 : 대류에 의한 열전달)에 의하여 고온 유체(고온 냉매가스)로부터 저온 유체(냉각수 또는 공기)로 이루어진다.

23 냉동사이클 중 P-h 선도(압력-엔탈피 선도)로 계산할 수 없는 것은?
① 냉동능력
② 성적계수
③ 냉매순환량
④ 마찰계수

해설 P-h 선도를 통해 냉동능력, 성적계수, 냉매순환량, 냉동효과, 압축일량, 응축기 방출열량, 플래시가스량, 건조도 등을 계산할 수 있다.

24 다음 중 증발식 응축기의 구성 요소로서 가장 거리가 먼 것은?
① 송풍기
② 응축용 핀-코일
③ 물분무 펌프 및 분배장치
④ 엘리미네이터, 수공급장치

해설 증발식 응축기의 구성 요소

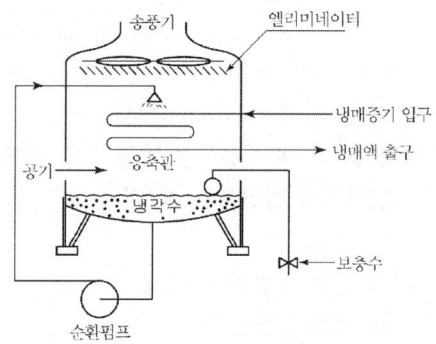

25 증발온도(압력)하강의 경우 장치에 발생되는 현상으로 가장 거리가 먼 것은?
① 성적계수(COP) 감소
② 토출가스 온도 상승
③ 냉매순환량 증가
④ 냉동 효과 감소

Answer 20. ④ 21. ② 22. ④ 23. ④ 24. ② 25. ③

해설 **증발온도(압력) 하강의 경우 발생되는 현상**
㉠ 압축비의 증대
㉡ 토출가스 온도 상승
㉢ 냉동효과 감소
㉣ 성적계수(COP) 감소
㉤ 비체적 증대로 인한 냉매순환량 감소

26 냉동장치의 증발압력이 너무 낮은 원인으로 가장 거리가 먼 것은?
① 수액기 및 응축기 내에 냉매가 충만해 있다.
② 팽창밸브가 너무 조여 있다.
③ 증발기의 풍량이 부족하다.
④ 여과기가 막혀 있다.

해설 **증발압력(저압) 저하 원인**
㉠ 팽창밸브가 적게 열렸을 때
㉡ 냉매 충전량이 부족할 때
㉢ 증발 부하가 감소하였을 때
㉣ 증발기 냉각관에 유막 및 성에가 덮였을 때
㉤ 액관에 플래시 가스가 발생하였을 때
㉥ 팽창밸브 및 액관 부속품이 막혔을 때(제습기, 여과기 등)

27 냉동사이클이 다음과 같은 T-S 선도로 표시되었다. T-S 선도 4-5-1의 선에 관한 설명으로 옳은 것은?

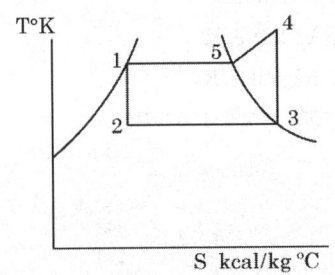

① 4-5-1은 등압선이고 응축과정이다.
② 4-5는 압축기 토출구에서 압력이 떨어지고 5-1은 교축과정이다.
③ 4-5는 불응축 가스가 존재할 때 나타나며, 5-1만이 응축과정이다.
④ 4에서 5로 온도가 떨어진 것은 압축기에서 흡입가스의 영향을 받아서 열을 방출했기 때문이다.

해설 **냉동사이클의 변화 과정**

과정	냉동사이클	변화 과정
3-4	압축과정	압력상승, 온도상승, 엔탈피 증가, 비체적 감소, 엔트로피 일정
4-5-1	응축과정	압력일정, 온도일정, 엔탈피 감소, 건조도 감소
1-2	팽창과정	압력강하, 온도강하, 엔탈피 불변, 비체적 증대
2-3	증발과정	압력일정, 온도일정, 엔탈피 증가, 건조도 증가, 비체적 증대

28 표준냉동사이클에 대한 설명으로 옳은 것은?
① 응축기에서 버리는 열량은 증발기에서 취하는 열량과 같다.
② 증기를 압축기에서 단열압축하면 압력과 온도가 높아진다.
③ 팽창밸브에서 팽창하는 냉매는 압력이 감소함과 동시에 열을 방출한다.
④ 증발기 내에서의 냉매증발온도는 그 압력에 대한 포화온도보다 낮다.

해설 ① 응축기에서 버리는 열량은 증발기에서 취하는 열량보다 많다. (응축열량은 증발기를 통과하는 동안 냉매가 흡수한 열량과 압축기에서 받은 열량을 공기나 냉각수에 의해 방출하는 열량의 합이다)
③ 팽창밸브에서 팽창하는 냉매는 외부와의 열출입이 없는 단열 팽창 과정이므로 엔탈피의 변화는 없고 압력이 감소함과 동시에 온도가 저하된다.
④ 증발기 내에서의 냉매증발온도는 그 압력에 대한 포화온도보다 같거나 높다.

Answer 26. ① 27. ① 28. ②

29 압축기의 체적효율에 대한 설명으로 옳은 것은?

① 이론적 피스톤 압출량을 압축기 흡입 직전의 상태로 환산한 흡입가스량으로 나눈 값이다.
② 체적 효율은 압축비가 증가하면 감소한다.
③ 동일 냉매 이용 시 체적효율은 항상 동일하다.
④ 피스톤 격간이 클수록 체적효율은 증가한다.

해설 ① 체적효율 = $\dfrac{\text{실제적 피스톤 압출량}}{\text{이론적 피스톤 압출량}}$
③ 동일 냉매라도 운전조건에 따라 체적효율은 다르다.
④ 압축비 및 간극(톱 클리어런스)이 클수록 체적효율은 감소한다.

30 냉동장치에서 윤활의 목적으로 가장 거리가 먼 것은?

① 마모 방지
② 기밀 작용
③ 열의 축적
④ 마찰동력 손실방지

해설 윤활의 목적
㉠ 윤활작용 – 마모방지, 마찰동력 손실방지
㉡ 기밀(누설방지) 작용
㉢ 냉각작용
㉣ 방청작용
㉤ 소음방지
㉥ 청정작용

31 10냉동톤의 능력을 갖는 역카르노 사이클이 적용된 냉동기관의 고온부 온도가 25℃, 저온부 온도가 −20℃일 때, 이 냉동기를 운전하는 데 필요한 동력은?

① 1.8kW ② 3.1kW
③ 6.9kW ④ 9.4kW

해설 $T_L = -20℃ = (-20+273)K = 253K$

$T_H = 25℃ = (25+273)K = 298K$

$\text{COP} = \dfrac{Q}{W} = \dfrac{T_L}{T_H - T_L}$

$= \dfrac{253}{298-253} = 5.62$

$W = \dfrac{Q}{\text{COP}}$

$= \dfrac{10\text{RT} \times \dfrac{3.86\text{kW}}{1\text{RT}}}{5.62}$

$≒ 6.9\text{kW}$

32 표준 냉동장치에서 단열팽창과정의 온도와 엔탈피 변화로 옳은 것은?

① 온도 상승, 엔탈피 변화없음
② 온도 상승, 엔탈피 높아짐
③ 온도 하강, 엔탈피 변화없음
④ 온도 하강, 엔탈피 낮아짐

해설 단열팽창과정
압력강하, 온도강하, 엔탈피 불변, 비체적 증대

33 물 10kg을 0℃에서 70℃까지 가열하면 물의 엔트로피 증가는? (단, 물의 비열은 4.18kJ/kg·K 이다.)

① 4.14kJ/K
② 9.54kJ/K
③ 12.74kJ/K
④ 52.52kJ/K

해설 엔트로피 증가량(ΔS)

$\Delta S = GC_p \ln \dfrac{T_2}{T_1}$

$= 10 \times 4.18 \ln \dfrac{343}{273}$

$= 9.54\text{kJ/K}$

여기서, $T_1 = 0℃ = (0+273)K = 273K$
$T_2 = 70℃ = (70+273)K = 343K$

29. ② 30. ③ 31. ③ 32. ③ 33. ②

34 터보 압축기의 특징으로 틀린 것은?
① 부하가 감소하면 서징 현상이 일어난다.
② 압축되는 냉매증기 속에 기름방울이 함유되지 않는다.
③ 회전운동을 하므로 동적균형을 잡기 좋다.
④ 모든 냉매에서 냉매회수장치가 필요 없다.

해설 ④ 냉매회수장치가 필요하다. (단, R-12는 필요 없음)

35 냉매에 대한 설명으로 틀린 것은?
① 응고점이 낮을 것
② 증발열과 열전도율이 클 것
③ R-500은 R-12와 R-152를 합한 공비 혼합냉매라 한다.
④ R-21은 화학식으로 $CHCl_2F$ 이고, $CClF_2-CClF_2$는 R-113이다.

해설 ④ R-21은 화학식으로 $CHCl_2F$ 이고, $CCl_2F-CClF_2$는 R-113이다.

36 왕복동 압축기의 유압이 운전 중 저하되었을 경우에 대한 원인을 분류한 것으로 옳은 것을 모두 고른 것은?

㉠ 오일 스트레이너가 막혀 있다.
㉡ 유온이 너무 낮다.
㉢ 냉동유가 과충전되었다.
㉣ 크랭크실 내의 냉동유에 냉매가 너무 많이 섞여 있다.

① ㉠, ㉡ ② ㉢, ㉣
③ ㉠, ㉣ ④ ㉡, ㉢

해설 유압이 낮아지는 원인
㉠ 오일이 부족할 때
㉡ 유온이 너무 높을 때
㉢ 기름여과망이 막혔을 때
㉣ 유압조정 밸브 열림이 클 때
㉤ 오일에 냉매가 섞였을 때
㉥ 오일펌프 전동기가 역회전하거나 고장일 때
㉦ 오일안전밸브에서 누설이 있을 때

37 2단압축 냉동장치에서 게이지 압력계의 지시계가 고압 15kgf/cm²g, 저압 100mmHg·v을 가리킬 때, 저단압축기와 고단압축기의 압축비는? (단, 저·고단의 압축비는 동일하다.)
① 3.6 ② 3.8
③ 4.0 ④ 4.2

해설 계산 순서
1) 압력의 단위 통일
2) 계기압을 절대압력으로 환산
3) 2단압축 압축비 공식 적용

① 저압 $P_L = 100mmHg·v = 1.0332 \times \dfrac{100}{760}$
$= 0.1359 kgf/cm^2 · v$
절대압(a) = 대기압 - 진공압(v)
$= 1.0332 - 0.1359$
$= 0.8973 kgf/cm^2 a$

② 고압 $P_H = 15 kgf/cm^2 g$
절대압(a) = 계기압(g) + 대기압
$= 15 + 1.0332$
$= 16.0332 kgf/cm^2 a$

③ 압축비 : $a = \sqrt{\dfrac{P_H}{P_L}}$
$= \sqrt{\dfrac{16.0332}{0.8973}} ≒ 4.2$

[참고]
대기압 1atm = $1.0322 kgf/cm^2$
$= 760 mmHg = 10.33 mAq$
$= 101,325 Pa$

38 냉동장치에서 흡입배관이 너무 작아서 발생되는 현상으로 가장 거리가 먼 것은?
① 냉동능력 감소
② 흡입가스의 비체적 증가
③ 소비동력 증가

Answer 34. ④ 35. ④ 36. ③ 37. ④ 38. ④

④ 토출가스온도 강하

해설 ④ 토출가스 온도 상승

39 1단 압축 1단 팽창 냉동장치에서 흡입증기가 어느 상태일 때 성적계수가 제일 큰가?
① 습증기 ② 과열증기
③ 과냉각액 ④ 건포화증기

해설 성적계수 = $\dfrac{냉동효과}{압축일}$ 이므로 냉동효과(q_e, 증발기 입출구 엔탈피 차)가 클수록 성적계수가 크다. 그러므로 냉매가 과열증기일 때 성적계수가 가장 크다.

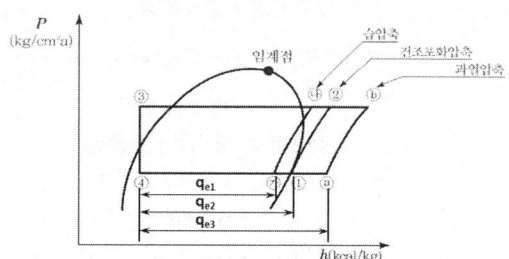

40 흡수식 냉동기에 사용되는 냉매와 흡수제의 연결이 잘못된 것은?
① 물(냉매) - 황산(흡수제)
② 암모니아(냉매) - 물(흡수제)
③ 물(냉매) - 가성소다(흡수제)
④ 염화에틸(냉매) - 취화리튬(흡수제)

해설 냉매와 흡수제

냉 매	흡수제
물(H_2O)	리튬브로마이드(LiBr)
	염화리튬(LiCl)
	가성소다(NaOH)
	황산(H_2SO_4)
암모니아(NH_3)	물(H_2O)
	로단암모니아(NH_4CHS)
염화에틸(C_2H_5Cl)	4클로르에탄($C_2H_2Cl_4$)

제3과목 : 배관일반

41 펌프의 흡입 배관 설치에 관한 설명으로 틀린 것은?
① 흡입관은 가급적 길이를 짧게 한다.
② 흡입관의 하중이 펌프에 직접 걸리지 않도록 한다.
③ 흡입관에는 펌프의 진동이나 관의 열팽창이 전달되지 않도록 신축이음을 한다.
④ 흡입 수평관의 관경을 확대시키는 경우 동심 리듀서를 사용한다.

해설 ④ 흡입 수평관의 관경을 확대시키는 경우 편심 리듀서를 사용하여, 흡입측 배관 내에 공기가 차지 않도록 한다.

42 배관 작업 시 동관용 공구와 스테인리스 강관용 공구로 병용해서 사용할 수 있는 공구는?
① 익스팬더
② 튜브 커터
③ 사이징 툴
④ 플레어링 툴 세트

해설 **튜브 커터(tube cutter)**
관을 절단하는 공구로 파이프 커터, 파이프 절단기라고도 한다. 절삭날을 관 내부에 장치하여 자르는 것과 외부에 장치하여 자르는 것 두 가지가 있다. 소구경의 배관용 동 파이프나 스테인리스 파이프를 절단할 때 편리한 공구이다.
[참고] 동관용 배관공구
① 플레어링 툴 : 플레어 이음용 공구
② 익스팬더 : 동관을 소켓 모양으로 확관하는 데 사용하는 공구
③ 사이징 툴 : 동관의 끝부분을 원형으로 정형하는 데 사용하는 공구
④ 튜브 벤더(tube bender) : 동관을 90°, 180°로 벤딩하는 데 사용하는 공구
⑤ 튜브 커터 : 동관 절단용 공구

Answer 39. ② 40. ④ 41. ④ 42. ②

ⓒ 그루브 심(grooved seam)
ⓓ 더블 심(double seam) 등

43 도시가스 내 부취제의 액체 주입식 부취설비 방식이 아닌 것은?
① 펌프 주입 방식
② 적하 주입 방식
③ 위크식 주입 방식
④ 미터연결 바이패스 방식

해설 ㉠ 액체 주입식 부취설비 : 펌프주입방식, 적하 주입방식, 미터연결 바이패스방식
㉡ 증발식 부취설비 : 바이패스 증발식, 위크증발식

44 관 이음 중 고체나 유체를 수송하는 배관, 밸브류, 펌프, 열교환기 등 각종 기기의 접속 및 관을 자주 해체 또는 교환할 필요가 있는 곳에 사용되는 것은?
① 용접 접합
② 플랜지 접합
③ 나사 접합
④ 플레어 접합

해설 플랜지 접합
관 끝에 플랜지를 만들어 관을 결합하는 것으로, 관의 지름이 크거나 유체의 압력이 큰 경우에 사용되며, 분해 및 조립할 필요가 있을 때에 사용한다.

45 덕트 제작에 이용되는 심의 종류가 아닌 것은?
① 버튼펀치스냅 심
② 포켓펀치 심
③ 피츠버그 심
④ 그루브 심

해설 덕트 이음
㉠ 스탠딩 심(standing seam)
㉡ 피츠버그 심(Pittsburgh seam)

46 펌프에서 물을 압송하고 있을 때 발생하는 수격작용을 방지하기 위한 방법으로 틀린 것은?
① 급격한 밸브 폐쇄는 피한다.
② 관 내 유속을 빠르게 한다.
③ 기구류 부근에 공기실을 설치한다.
④ 펌프에 플라이 휠(fly wheel)을 설치한다.

해설 수격작용 방지대책
㉠ 수전류 가까이에 공기실을 설치한다.
㉡ 관내 유속을 느리게 한다.
㉢ 관의 지름을 크게 한다.
㉣ 밸브의 개폐를 서서히 한다.
㉤ 펌프에 플라이 휠(fly wheel)을 설치한다.
㉥ 배관은 가능한 한 직선배관을 원칙으로 하여 구부리지 않는다.

47 다음 중 열역학적 트랩의 종류가 아닌 것은?
① 디스크형 트랩
② 오리피스형 트랩
③ 열동식 트랩
④ 바이패스형 트랩

해설 열동식 트랩
온도조절식 트랩의 일종으로 벨로즈의 신축에 의해 작동하며 저압 배관이나, 방열기 출구, 관 말 트랩에 주로 사용한다. 바이메탈식, 벨로즈식, 다이어프램 트랩 등이 있다.

48 가스식 순간 탕비기의 자동연소장치 원리에 관한 설명으로 옳은 것은?
① 온도차에 의해서 타이머가 작동하여 가스를 내보낸다.
② 온도차에 의해서 다이어프램이 작동하여 가스를 내보낸다.

Answer 43. ③ 44. ② 45. ② 46. ② 47. ③ 48. ③

③ 수압차에 의해서 다이어프램이 작동하여 가스를 내보낸다.
④ 수압차에 의해서 타이머가 작동하여 가스를 내보낸다.

해설 **즉시 탕비기(순간 온수기)**
일반적으로 가스 또는 전기를 열원으로 하는 것이 많으며 최근에는 가스를 연료로 하는 즉시 탕비기가 많이 사용되고 있다. 급수관에서 공급된 물은 코일모양으로 배관된 가열관을 통과하는 동안에 가열관 주위에서 연소하는 가스 불꽃에 의해 가열되고 급탕되어 급탕 관에서 뜨거운 물이 나온다. 또한, 자동 연소 장치의 원리는 항시 점화되어 있는 작은 파일럿 플레임(pilot flame)이 있어서 급탕전을 열면 냉수가 벤튜리를 흐르는 수류에 의해 다이어 프램의 양면에 수압차가 생겨 스프링을 누르고 자동적으로 가스전이 열려 가스 버너에 가스가 공급됨과 동시에 파일럿 프레임에 의해 점화되어 연소하게 된다

49 동일 송풍기에서 임펠러의 지름을 2배로 했을 경우 특성 변화의 법칙에 대해 옳은 것은?
① 풍량은 송풍기 크기비의 2제곱에 비례한다.
② 압력은 송풍기 크기비의 3제곱에 비례한다.
③ 동력은 송풍기 크기비의 5제곱에 비례한다.
④ 회전수 변화에만 특성변화가 있다.

해설 **송풍기의 상사법칙**

풍량 [Q]	$Q_2 = Q_1 \left(\dfrac{N_2}{N_1}\right) = Q_1 \left(\dfrac{D_2}{D_1}\right)^3$	풍량은 송풍기 회전수에 비례하고 임펠러 직경의 3승에 비례하여 변화한다.
정압 [P]	$P_2 = P_1 \left(\dfrac{N_2}{N_1}\right)^2 = P_1 \left(\dfrac{D_2}{D_1}\right)^2$	압력은 송풍기 회전수의 제곱에 비례하고 임펠러 직경의 제곱에 비례하여 변화한다.
동력 [L]	$L_2 = L_1 \left(\dfrac{N_2}{N_1}\right)^3 = L_1 \left(\dfrac{D_2}{D_1}\right)^5$	동력은 송풍기 회전수의 3승에 비례하여 변화하고 임펠러 직경의 5승에 비례하여 변화한다.

50 증기 난방 배관에서 고정 지지물의 고정방법에 관한 설명으로 틀린 것은?
① 신축 이음이 있을 때에는 배관의 양끝을 고정한다.
② 신축 이음이 없을 때에는 배관의 중앙부를 고정한다.
③ 주관의 분기관이 접속되었을 때에는 그 분기점을 고정한다.
④ 고정 지지물의 설치 위치는 시공상 큰 문제가 되지 않는다.

해설 ④ 고정 지지물의 설치 위치는 시공상 현장 조건을 고려하는 것이 중요하다.

51 배수 펌프의 용량은 일정한 배수량이 유입하는 경우 시간 평균 유입량의 몇 배로 하는 것이 적당한가?
① 1.2~1.5배
② 3.2~3.5배
③ 4.2~4.5배
④ 5.2~5.5배

해설 배수펌프의 용량은 일정량이 연속적으로 유입하는 경우에는 1.2~1.5배로 선정하고 시간최대 유입량을 산정할 수 있는 경우에는 시간최대 유입량의 1.5배로 선정한다.

52 배수관 트랩의 봉수 파괴 원인이 아닌 것은?
① 자기 사이펀 작용
② 모세관 작용
③ 봉수의 증발 작용

Answer 49. ③ 50. ④ 51. ① 52. ④

④ 통기관 작용

해설 트랩 봉수
트랩 내부의 물(악취)을 차단
① 봉수파괴 원인 : 자기사이펀작용, 유인사이펀작용, 분출작용, 모세관작용, 증발, 운동량에 의한 관성작용
② 봉수 파괴 대책
　㉠ 자기사이펀, 유인사이펀, 분출작용 : 통기관 설치
　㉡ 모세관 현상 : 천조각, 머리카락 제거
　㉢ 증발 : 기름
　㉣ 운동량에 의한 관성작용 : 격자쇠 설치

53 다음 신축이음 방법 중 고압증기의 옥외배관에 적당한 것은?
① 슬리브 이음　② 벨로즈 이음
③ 루프형 이음　④ 스위블 이음

해설 루프형(loop type expansion joint 신축곡관) 신축이음
관을 구부려 관 자체의 가요성을 이용하여 신축을 흡수하는 방식이다.
㉠ 고압에 견디고 고장이 적어 고온, 고압용 배관에 사용한다.
㉡ 신축흡수에 따른 응력이 발생한다.
㉢ 고압 증기관의 옥외배관에 많이 사용한다.
㉣ 곡률반경은 직경의 6배 이상으로 한다.

54 주 증기관의 관경 결정에 직접적인 관계가 없는 것은?
① 팽창탱크 체적　② 증기의 속도
③ 압력손실　　　④ 관의 길이

해설 팽창탱크
온수난방에 설치하여 장치 내의 압력을 흡수하여 장치의 파열을 방지하는 장치로 주 증기관의 관경 결정과 직접적인 관계가 없다.

55 통기관 및 통기구에 관한 설명으로 틀린 것은?
① 외벽 면을 관통하여 개구하는 통기관은 빗물막이를 충분히 한다.
② 건물의 돌출부 아래에 통기관의 말단을 개구해서는 안 된다.
③ 통기구는 원칙적으로 하향이 되도록 한다.
④ 지붕이나 옥상을 관통하는 통기관은 지붕면보다 50mm 이상 올려서 대기 중에 개구한다.

해설 ④ 지붕이나 옥상을 관통하는 통기관은 지붕면보다 150mm 이상 올려서 대기 중에 개구한다.

56 관의 보냉 시공의 주된 목적은?
① 물의 동결방지　② 방열방지
③ 결로방지　　　④ 인화방지

해설 ㉠ 보냉 : 관 및 보온재 표면에 결로현상이 생기는 것을 방지하기 위해 관의 보냉 시공을 한다. 냉수, 냉매 등을 이송하는 관의 표면온도가 공기의 이슬점보다 낮은 경우 보온재측 사이로 공기가 스며들어 응결되어 장치, 관표면, 보온재 피복을 손상시키고 열손실을 증가시킨다.
㉡ 보온 : 관의 보온은 유체의 온도를 일정하게 유지할 필요가 있는 경우와 에너지 절약차원(열손실 방지 등)에서 관을 보온하는 것이 경제적인 경우에 시공한다. 또한 동파방지, 운전원 보호, 소음방지 등의 경우에도 보온 시공을 한다.

57 증기보일러에서 환수방법을 진공환수 방법으로 할 때 설명이 옳은 것은?
① 증기주관은 선하향 구배로 설치한다.
② 환수관은 습식 환수관을 사용한다.
③ 리프트 피팅의 1단 흡상고는 3m로 설치한다.
④ 리프트 피팅은 펌프 부근에 2개 이상 설치한다.

Answer　53. ③　54. ①　55. ④　56. ③　57. ①

해설 증기 난방시공(진공환수방법)
② 환수관은 건식 환수관을 사용한다.
③ 리프트 피팅의 1단 흡상고는 1.5m 이내로 한다.
④ 리프티 피팅의 사용개수는 가급적 적게 하고 펌프 부근에 1개만 설치한다.

58 통기설비의 통기 방식에 해당하지 않는 것은?
① 루프 통기 방식
② 각개 통기 방식
③ 신정 통기 방식
④ 사이펀 통기 방식

해설 통기방식
각개 통기 방법, 회로(환상 또는 루프) 통기 방식, 신정 통기 방식

59 10세대가 거주하는 아파트에서 필요한 하루의 급수량은? (단, 1세대 거주인원은 4명, 1일 1인당 사용 수량은 100L로 한다.)
① 3000L
② 4000L
③ 5000L
④ 6000L

해설 ㉠ 급수인구=10세대×4명/세대=40명
㉡ 1인당 사용수량=100L/일
㉢ 급수량=급수인구×1인당 사용수량
=40명×100L/일
=4,000L

60 가스 배관의 크기를 결정하는 요소로 가장 거리가 먼 것은?
① 관의 길이
② 가스의 비중
③ 가스의 압력
④ 가스 기구의 종류

해설 저압배관의 관경 결정
$$Q = K\sqrt{\dfrac{D^5 H}{SL}}$$

여기서, Q : 유량[m³/h]
D : 파이프 내경[cm]
H : 허용압력손실[mmAq]
S : 가스비중
L : 관의 길이[m]
K : 유량 계수(상수)

제 4 과목 : 전기제어공학

61 기준권선과 제어권선의 두 고정자권선이 있으며, 90도 위상차가 있는 2상 전압을 인가하여 회전자계를 만들어서 회전자를 회전시키는 전동기는?
① 동기전동기
② 직류전동기
③ 스텝전동기
④ AC 서보전동기

해설 AC 서보전동기
관성능률을 최소화하고 가속성능을 높이기 위해서 설계된 유도전동기로서 큰 회전력이 요구되지 않는 시스템에 사용된다. 제어권선과 기준권선은 자속이 90° 위상차의 2상 전압을 인가해 회전자계를 만들고 제어전압의 극성변화는 회전방향을 바꾼다. AC 서보전동기의 전달함수는 적분요소와 2차 요소의 직렬결합으로 볼 수 있다. 고정자의 기준권선에는 정전압을 인가하며, 제어권선에는 제어용 전압을 인가한다.

62 그림과 같이 콘덴서 3F와 2F가 직렬로 접속된 회로에 전압 20V를 가하였을 때 3F 콘덴서 단자의 전압 V_1은 몇 V인가?

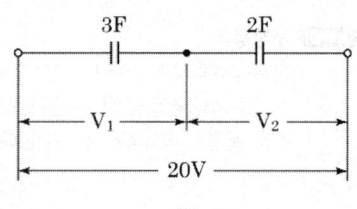

① 5
② 6
③ 7
④ 8

Answer 58. ④ 59. ② 60. ④ 61. ④ 62. ④

해설 각 콘덴서에 걸리는 전압

① $V_1 = \left(\dfrac{C_2}{C_1 + C_2}\right)V$
   $= \left(\dfrac{2}{3+2}\right) \times 20 = 8V$

② $V_2 = \left(\dfrac{C_1}{C_1 + C_2}\right)V = \left(\dfrac{3}{5}\right) \times 20 = 12V$

63 그림과 같은 브리지정류기는 어느 점에 교류 입력을 연결해야 하는가?

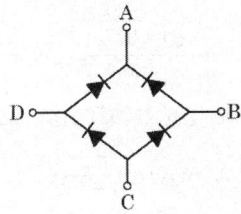

① B-D점 ② B-C점
③ A-C점 ④ A-B점

해설 ㉠ 교류입력 : B-D점
㉡ 직류출력 : A(+)와 C(-)점

64 R, L, C 직렬회로에서 인가전압을 입력으로, 흐르는 전류를 출력으로 할 때 전달함수를 구하면?

① $R + Ls + Cs$

② $\dfrac{1}{R + Ls + Cs}$

③ $R + Ls + \dfrac{1}{Cs}$

④ $\dfrac{1}{R + Ls + \dfrac{1}{Cs}}$

해설
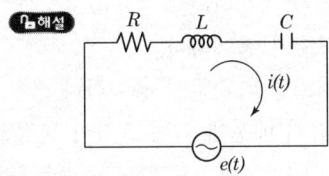

$e(t) = Ri(t) + L\dfrac{d}{dt}i(t) + \dfrac{1}{C}\int_0^t i(t)dt$

$\rightarrow E(s) = RI(s) + LsI(s) + \dfrac{1}{Cs}I(s)$

$= \left(R + Ls + \dfrac{1}{Cs}\right)I(s)$

$G(s) = \dfrac{I(s)}{E(s)} = \dfrac{1}{R + Ls + \dfrac{1}{Cs}}$

65 전기로의 온도를 1000℃로 일정하게 유지시키기 위하여 열전온도계의 지시값을 보면서 전압 조정기로 전기로에 대한 인가전압을 조절하는 장치가 있다. 이 경우 열전온도계는 다음 중 어느 것에 해당되는가?

① 조작부 ② 검출부
③ 제어량 ④ 조작량

해설 ㉠ 제어대상 : 전기로
㉡ 제어량 : 온도
㉢ 목표값 : 1000℃
㉣ 검출부 : 열전온도계

66 교류전류의 흐름을 방해하는 소자는 저항 이외에도 유도코일, 콘덴서 등이 있다. 유도코일과 콘덴서 등에 대한 교류전류의 흐름을 방해하는 저항력을 갖는 것을 무엇이라고 하는가?

① 리액턴스 ② 임피던스
③ 컨덕턴스 ④ 어드미턴스

해설 **리액턴스(reactance)**
교류회로에서 코일과 축전기에 의해 발생하는 전기 저항과 유사한 역할을 하는 물리량이다. 리액턴스 역시 저항과 같이 전류의 흐름을 방해하는 역할을 하지만 교류일 경우만 나타나며 접속된 전압과 흐르는 전류의 위상이 서로 다르게 나타난다. 인덕터에 의한 리액턴스를 유도리액턴스라 하고, 축전기에 의한 리액턴스를 용량리액턴스라 한다.

Answer 63. ① 64. ④ 65. ② 66. ①

[참고]

② 임피던스(impedance) : 교류회로에서 전류가 흐르기 어려운 정도를 나타낸다. 단위는 SI 단위계로 옴(Ω)을 사용하며, 보통 기호 Z로 표시한다.

③ 컨덕턴스(conductance) : 전류가 통과하기 쉬운 정도를 나타내는 양으로 전기저항(Ω)의 역수

④ 어드미턴스(admittance) : 교류회로에 있어서 전류가 얼마나 잘 흐르나를 나타내는 수치로 임피던스의 역수이다.

67 220V, 1kW의 전열기에서 전열선의 길이를 2배로 늘리면 소비전력은 늘리기 전의 전력에 비해 몇 배로 변화하는가?

① 0.25
② 0.5
③ 1.25
④ 1.5

해설 ㉠ 저항 $R = \dfrac{V^2}{P} = \dfrac{220^2}{1000} = 48.4\,\Omega$

도체의 길이가 길수록 단면적이 작을수록 저항은 비례하여 커지므로, 전열선을 2배로 늘리면 저항은 96.8Ω(48.4Ω×2배)이 된다.

㉡ 소비전력 $P = \dfrac{V^2}{R}$

$= \dfrac{220^2}{96.8} = 500\text{W} = 0.5\text{kW}$

68 $T_1 > T_2 > 0$일 때, $G(s) = \dfrac{1 + T_2 s}{1 + T_1 s}$의 벡터 궤적은?

①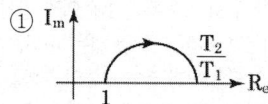

②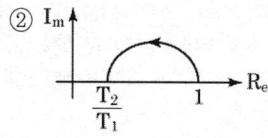

③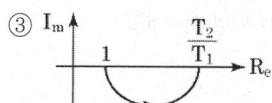

④

해설 $G(s) = \dfrac{1 + T_2 s}{1 + T_1 s}$

$G(j\omega) = \dfrac{1 + j\omega T_2}{1 + j\omega T_1}$

$g = \dfrac{\sqrt{1 + (\omega T_2)^2}}{\sqrt{1 + (\omega T_1)^2}}$

$\theta = \tan^{-1}(\omega T_2) - \tan^{-1}(\omega T_1)$

∴ $G(j\omega) = \dfrac{1 + j\omega T_2}{1 + j\omega T_1}$

$= \dfrac{\sqrt{1 + (\omega T_2)^2}}{\sqrt{1 + (\omega T_1)^2}} \angle \tan^{-1}\omega T_2 - \tan^{-1}\omega T_1$

㉠ $\omega = 0$일 때 $\lim\limits_{\omega \to 0} G(j\omega) = 1 \angle 0°$

㉡ $\omega = \infty$일 때 $\lim\limits_{\omega \to \infty} G(j\omega) = \dfrac{T_2}{T_1} \angle 0°$

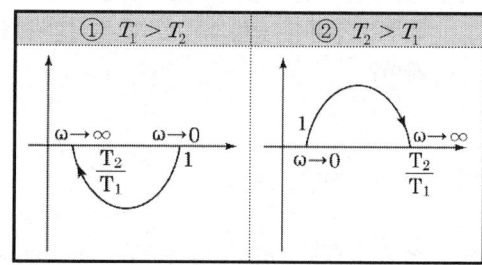

| ① $T_1 > T_2$ | ② $T_2 > T_1$ |

69 PLC 제어의 특징으로 틀린 것은?

① 소형화가 가능하다.
② 유지보수가 용이하다.
③ 제어시스템의 확장이 용이하다.
④ 부품 간의 배선에 의해 로직이 결정된다.

해설 ④ PLC 제어는 프로그램이라는 소프트웨어에 의해 제어되는 소프트로직이며, 릴레이 제

67. ② 68. ④ 69. ④

어느 부품 간의 배선에 의해 로직이 결정되는 하드로직이다.

[참고] PLC와 릴레이 제어의 비교

구 분	PLC 제어	릴레이 제어
제어방식	• 프로그램이라는 소프트웨어에 의해 제어되는 소프트 로직	• 부품 간의 배선에 의해 로직이 결정되는 하드 로직
제어기능	• 릴레이(AND, OR, NOT 등) • 업 다운 카운터, 시프트 레지스터 • 산술 연산, 논리연산 • 전송 기능은 한정적	• 릴레이(직·병렬에 의한 AND, OR) • 타이머 • 단순한 프리셋 카운터(고기능, 대규모 제어의 소형화)
제어요소	• 무접점(고신뢰성, 긴 수명, 고속제어)	• 유접점(한정된 수명, 저속 제어)
제어내용 변경	• 프로그램의 변경만으로 가능	• 모든 배선의 철거 및 재시공
보전성	• 고신뢰성, 유지·보수가 용이함	• 보수 및 수리가 곤란
확장성	• 시스템의 확장이 용이	• 시스템 확장이 곤란
크기	• 소형화가 가능	• 소형화가 곤란

70 다음 특성 방정식 중 계가 안정될 필요 조건을 갖춘 것은?

① $s^3 + 9s^2 + 17s + 14 = 0$
② $s^3 - 8s^2 + 13s - 12 = 0$
③ $s^4 + 3s^2 + 12s + 8 = 0$
④ $s^3 + 2s^2 + 4s - 1 = 0$

해설 루스 안정도 판별법
① 모든 계수의 부호가 동일할 것
② 계수 중 어느 하나라도 0이 아닐 것
③ 1열의 부호 변화가 없을 것
①의 경우는

$$\begin{array}{c|cc} s^3 & 1 & 17 \\ s^2 & 9 & 14 \\ s^1 & \frac{9\times 17 - 1\times 14}{9} = 15.4 & 0 \\ s^0 & \frac{15.4\times 14 - 9\times 0}{15.4} = 14 & 0 \end{array}$$

∴ 제1열의 부호 변화가 없으므로 안정하다.

71 3300/200V, 10kVA인 단상변압기의 2차를 단락하여 1차측에 300V를 가하니 2차에 120A가 흘렀다. 1차 정격전류(A) 및 이 변압기의 임피던스 전압(V)은 약 얼마인가?

① 1.5A, 200V   ② 2.0A, 150V
③ 2.5A, 330V   ④ 3.0A, 125V

해설 ㉠ 1차 정격전류

$$I_{1n} = \frac{P}{V_1} = \frac{10\times 10^3}{3300} = 3.03\text{A}$$

㉡ 1차 단락전류

$$I_{1s} = \frac{1}{a}I_{2s} = \frac{200}{3300}\times 120 = 7.27\text{A}$$

㉢ 2차를 1차로 환산한 등가 누설 임피던스

$$Z_{21} = \frac{V_s'}{I_{1s}} = \frac{300}{7.27} = 41.26\,\Omega$$

㉣ 임피던스 전압
$V_s = I_{1n}Z_{21} = 3.03\times 41.26 = 125.02\text{V}$

72 지시 전기계기의 정확성에 의한 분류가 아닌 것은?

① 0.2급   ② 0.5급
③ 2.5급   ④ 5급

해설 계기의 계급과 용도

계급	허용차	용도
0.2급	±0.2	계기시험의 부표준기
0.5급	±0.5	휴대용 정밀계기
1.0급	±1.0	소형 휴대용 계기
1.5급	±1.5	보통급 공업용 계기
2.5급	±2.5	소형 배전반계기

73 목표값이 시간적으로 임의로 변하는 경우의 제어로서 서보기구가 속하는 것은?

① 정치 제어   ② 추종 제어
③ 마이컴 제어   ④ 프로그램 제어

해설 ① 추치 제어 : 목표값이 시간에 따라 변화되는 상태량을 제어

 70. ① 71. ④ 72. ④ 73. ②

㉠ 추종 제어 : 목표값이 임의로 변화되는 경우의 제어(서보기구)
㉡ 프로그램 제어 : 목표값의 변화량이 미리 정해진 프로그램에 의하여 상태량을 제어
㉢ 비율 제어 : 목표값이 다른 양과 일정한 비율 관계를 갖는 상태량을 제어
㉣ 정치 제어 : 목표값이 시간에 따라 일정한 상태량을 제어(프로세스 제어, 자동조정 등)

74 자체 판단능력이 없는 제어계는?
① 서보기구
② 추치 제어계
③ 개회로 제어계
④ 폐회로 제어계

해설 **개회로 제어계(open loop control)**
미리 정해놓은 순서에 따라 제어의 각 단계를 순차적으로 행하는 제어로 제어명령이 스위치를 열거나 닫는 두 동작 가운데 한 동작을 실행하면 필요한 명령이 자동적으로 처리되므로 자체 판단능력을 가지고 있지 않다.

75 $I_m\sin(\omega t+\theta)$의 전류와 $E_m\cos(\omega t-\phi)$인 전압 사이의 위상차는?
① $\theta-\phi$
② $\theta+\phi$
③ $\dfrac{\pi}{2}-(\phi+\theta)$
④ $\dfrac{\pi}{2}+(\phi+\theta)$

해설 ㉠ 전류 : $I_m\sin(\omega t+\theta)$
㉡ 전압 : $E_m\cos(\omega t-\phi)$
$= E_m\sin\left(\omega t-\phi+\dfrac{\pi}{2}\right)$
∴ 위상차 $=\theta_2-\theta_1$
$=-\phi+\dfrac{\pi}{2}-\theta$
$=\dfrac{\pi}{2}-(\phi+\theta)$

76 그림과 같은 파형의 평균값은 얼마인가?

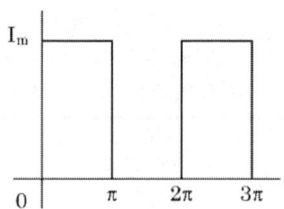

① $2I_m$
② I_m
③ $\dfrac{I_m}{2}$
④ $\dfrac{I_m}{4}$

해설 ㉠ 풀이 1 : 평균값 $I_{av}=\dfrac{1}{2\pi}\displaystyle\int_0^\pi I_m d\theta=\dfrac{I_m}{2}$
㉡ 풀이 2 : 면적을 주기로 나눈다.
면적 : $\pi\times I_m$, 주기 : 2π
$\dfrac{\pi\cdot I_m}{2\pi}=\dfrac{I_m}{2}$

77 제어요소는 무엇으로 구성되어 있는가?
① 비교부
② 검출부
③ 조절부와 조작부
④ 비교부와 검출부

해설 **제어요소**
동작신호를 조작량으로 변환시키는 요소이며 조절부와 조작부로 구성
㉠ 조절부 : 동작신호를 만드는 부분이며 기준입력과 검출부 출력을 합하여 제어계가 소요의 작용을 하는 데 필요한 신호를 만들어 조작부에 보내는 장치
㉡ 조작부 : 조절부에서 받은 신호를 조작량으로 변환하여 제어대상에 작용하게 하는 부분

78 주상변압기의 고압측에 몇 개의 탭을 두는 이유는?
① 선로의 전압을 조정하기 위하여
② 선로의 역률을 조정하기 위하여
③ 선로의 잔류전하를 방전시키기 위하여
④ 단자가 고장이 발생하였을 때를 대비하기

Answer 74. ③ 75. ③ 76. ③ 77. ③ 78. ①

위하여

해설 주상변압기
주상변압기는 부하를 올린 채 탭을 바꾸어 전압 조정을 할 수 있는 변압기이다. 전원 전압의 변동이나 부하에 의해서 변압기의 2차에 생긴 전압 변동을 보상하여 2차 전압을 일정한 값으로 유지하기 위해 변압기 고압측에 몇 개의 탭을 설치하여 변압기 권수비(변압비)를 조정한다. 전력계통의 전압은 수요 및 공급력의 변동에 의해 시시각각 변화하므로 이 변화를 일정한 범위로 끌어들여 수용가가 지장 없이 전기기기를 사용할 수 있도록 하는 것이 전압조정의 목적이다.

79 제어기기에서 서보전동기는 어디에 속하는가?
① 검출기기
② 조작기기
③ 변환기기
④ 증폭기기

해설 서보전동기
서보기구의 조작부(조작기기)로서 제어신호에 의해 부하를 구동하는 장치

80 피드백 제어계에서 반드시 있어야 할 장치는?
① 전동기 시한 제어장치
② 발진기로서의 동작장치
③ 응답속도를 느리게 하는 장치
④ 목표값과 출력을 비교하는 장치

해설 피드백 제어계
출력량을 귀환(Feedback)할 수 있는 귀환경로를 포함한 제어계로, 제어계의 출력값이 목표값과 비교하여 일치하지 않을 경우에는 다시 출력값을 입력으로 피드백시켜 오차를 수정하도록 귀환경로를 갖는 방식이므로 입력과 출력을 반드시 비교하는 검출부가 반드시 있어야 한다.

Answer 79. ② 80. ④

chapter 02 공조냉동기계산업기사 과년도출제문제

2016년 5월 8일(2회) 시행

제1과목 : 공기조화

01 건구온도 10℃, 습구온도 3℃의 공기를 덕트 중 재열기로 건구온도 25℃까지 가열하고자 한다. 재열기를 통하는 공기량이 1500m³/min 인 경우, 재열기에 필요한 열량은? (단, 공기의 비체적은 0.849m³/kg이다.)

① 191025kcal/min
② 28017kcal/min
③ 8200kcal/min
④ 6360kcal/min

해설 재열기 필요 열량(q)

$$q = C \cdot \frac{1}{v} \cdot Q \times \Delta t$$
$$= 0.24 \times \frac{1}{0.849} \times 1500 \times (25-10)$$
$$= 6360 \text{kcal/min}$$

(여기서, 공기의 비열 : $C = 0.24$kcal/kg℃)

02 공기조화설비에 사용되는 냉각탑에 관한 설명으로 옳은 것은?

① 냉각탑의 어프로치는 냉각탑의 입구 수온과 그때의 외기 건구온도와의 차이다.
② 강제통풍식 냉각탑의 어프로치는 일반적으로 약 5℃이다.
③ 냉각탑을 통과하는 공기량(kg/h)을 냉각탑의 냉각수량(kg/h)으로 나눈 값을 수공기비라 한다.
④ 냉각탑의 레인지는 냉각탑의 출구 공기온도와 입구 공기온도의 차이다.

해설 ① 냉각탑 어프로치는 냉각탑의 냉각수 출구 수온과 그때의 외기 습구온도와의 차이다.
③ 냉각탑의 냉각수량을 냉각탑을 통과하는 공기량(송풍공기량)으로 나눈 값을 수공기비 $(R = \frac{L(냉각수량)}{G(송풍공기량)})$라 한다.
④ 냉각탑의 레인지는 냉각수 입구온도와 냉각수 출구온도의 차이다.

03 아래 그림은 공기조화기 내부에서의 공기의 변화를 나타낸 것이다. 이 중에서 냉각코일에서 나타나는 상태변화는 공기선도상 어느 점을 나타내는가?

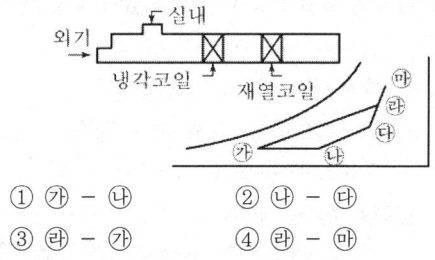

① ㉮ - ㉯   ② ㉯ - ㉰
③ ㉱ - ㉮   ④ ㉱ - ㉲

해설

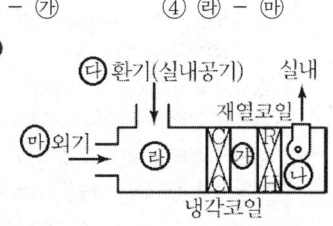

㉲ 외기
㉰ 환기
㉱ 혼합공기(외기+실내공기)
㉱-㉮ 냉각과정(냉각코일에서의 상태변화)

Answer 1. ④ 2. ② 3. ③

ⓒ-ⓓ 재열과정(재열코일에서의 상태변화)

가습을 목적으로 사용된다.

04 외기온도 13℃(포화 수증기압 12.83mmHg)이며, 절대습도 0.008kg/kg일 때의 상대습도 RH는? (단, 대기압은 760mmHg이다.)

① 37%   ② 46%
③ 75%   ④ 82%

해설 ㉠ 수증기의 분압(P_w)

$$x = 0.622 \times \frac{P_w}{P - P_w}$$

$$0.008 = 0.622 \times \frac{P_w}{760 - P_w}$$

$$\therefore P_w = 9.65\text{mmHg}$$

㉡ 상대습도(ϕ)

$$\phi = \frac{P_w}{P_s} \times 100[\%] = \frac{9.65}{12.83} \times 100$$

$$= 75.2\%$$

05 공기세정기에 관한 설명으로 틀린 것은?

① 공기세정기의 통과풍속은 일반적으로 약 2~3m/s이다.
② 공기세정기의 가습기는 노즐에서 물을 분무하여 공기에 충분히 접촉시켜 세정과 가습을 하는 것이다.
③ 공기세정기의 구조는 루버, 분무노즐, 플러딩노즐, 엘리미네이터 등이 케이싱 속에 내장되어 있다.
④ 공기세정기의 분무 수압은 노즐 성능상 약 20~50kPa이다.

해설 ④ 공기세정기의 분무 수압은 노즐 성능상 1.5~2kg/cm²(147~196kPa)이다.
[참고] 공기세정기(AW, Air Washer)
공기 중에 온수, 냉수를 분무하여 1차적 목적으로 냉각감습, 가열가습, 단열가습을 실시하고 2차적 목적으로 공기를 세정하는 역할을 한다. 주로 공기세정기는

06 다음 그림에 대한 설명으로 틀린 것은?

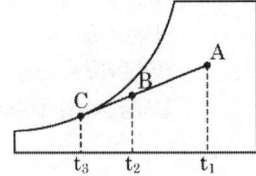

① A → B는 냉각감습 과정이다.
② 바이패스 팩터(BF)는 $\dfrac{t_2 - t_3}{t_1 - t_3}$ 이다.
③ 코일의 열수가 증가하면 BF는 증가한다.
④ BF가 작으면 공기의 통과저항이 커져 송풍기 동력이 증대될 수 있다.

해설 ③ 코일의 열수가 증가하면 BF는 감소한다.
[참고] 바이패스 팩터를 작게 하는 방법(공조기의 성능을 양호하게 하는 방법)
㉠ 실내의 장치노점온도(ADP)를 높게 한다.
㉡ 송풍량을 적게 한다.
㉢ 냉수량을 많게 한다.
㉣ 전열면적을 크게 한다.
　ⓐ 코일의 열수를 많게 한다.
　ⓑ 코일의 간격을 좁게 한다.
㉤ 콘택트 팩터를 크게 한다.

07 상당외기온도차를 구하기 위한 요소로 가장 거리가 먼 것은?

① 흡수율
② 표면 열전달률(kcal/m²h℃)
③ 직달 일사량(kcal/m²h)
④ 외기온도(℃)

해설 상당외기온도는 외기온도뿐만 아니라, 일사의 영향, 벽체의 구조에 따른 전열의 시간적 지연, 즉 흡수율을 고려한 것으로 상당외기온도와 실내온도와의 차를 상당외기온도차(Equivalent Temperature Difference : ETD)라 하며, 일반적으로 표로 만들어져 있다.

Answer 4. ③ 5. ④ 6. ③ 7. ③

$$t_e = t_0 + \frac{a}{\alpha_0} I$$

여기서, 상당외기온도 : t_e
외기온도 : t_0
일사흡수율 : a
표면열전달률 : α_0
일사량(직달일사+대기복사) : I

08 냉방 시 유리를 통한 일사 취득열량을 줄이기 위한 방법으로 틀린 것은?

① 유리창의 입사각을 작게 한다.
② 투과율을 작게 한다.
③ 반사율을 크게 한다.
④ 차폐계수를 작게 한다.

해설 ① 유리창의 일사투과는 입사각이 클수록 작아지므로 취득열량을 줄이기 위해서는 유리창의 입사각을 크게 한다.

09 다음 중 중앙식 공조방식이 아닌 것은?

① 정풍량 단일 덕트방식
② 2관식 유인유닛방식
③ 각층 유닛방식
④ 패키지 유닛방식

해설 공조방식의 분류

분류	열매체	공조방식
중앙방식	전공기방식	단일 덕트방식, 2중 덕트방식, 각층 유닛방식 등
	수-공기방식	유인유닛방식, 덕트병용 팬코일 유닛방식, 복사냉난방(패널에어)방식 등
	전수방식	팬코일 유닛
개별방식	냉매방식	룸쿨러방식, 패키지방식, 멀티유닛방식 등

10 냉방부하 계산 시 상당외기온도차를 이용하는 경우는?

① 유리창의 취득열량
② 내벽의 취득열량
③ 침입외기 취득열량
④ 외벽의 취득열량

해설 상당외기온도차(ETD, Equivalent Temperature Difference)
일사를 받는 외벽이나 지붕과 같이 열용량을 갖는 구조체를 통과하는 열량을 산출하기 위하여 외기온도나 태양의 일사량을 고려하여 정한 온도인 상당외기온도와 실내온도의 차이다.

11 600rpm으로 운전되는 송풍기의 풍량이 400 m³/min, 전압 40mmAq, 소요동력 4kW의 성능을 나타낸다. 이때 회전수를 700rpm으로 변화시키면 몇 kW의 소요동력이 필요한가?

① 5.44kW ② 6.35kW
③ 7.27kW ④ 8.47kW

해설 소요동력(L)
송풍기의 상사법칙에서 회전수가 $N_1 \to N_2$로 변할 때 동력은 송풍기 회전수의 3승에 비례하여 변화하므로

$$L_2 = L_1 \left(\frac{N_2}{N_1}\right)^3 = 4\text{kW} \times \left(\frac{700}{600}\right)^3 = 6.35\text{kW}$$

12 노즐형 취출구로서 취출구의 방향을 좌우상하로 바꿀 수 있는 취출구는?

① 유니버설형
② 펑커루버형
③ 팬(pan)형
④ T라인(T-line)형

해설 펑커루버
목을 움직여 기류 방향조절이 가능하고, 풍량조절이 용이하여 선박의 환기용, 주방 등에 사용한다.

Answer 8. ① 9. ④ 10. ④ 11. ② 12. ②

13 유효온도(ET, Effective Temperature)의 요소에 해당하지 않는 것은?

① 온도　　② 기류
③ 청정도　④ 습도

해설 유효온도(effective temperature : ET)
㉠ 온도, 습도, 기류를 고려한 온도로서 쾌적의 감각을 나타내는 체감온도이다.
㉡ 정지공기(기류 8~13cm/s)의 상대습도 100% 일 때를 기준으로 한 쾌감온도이다.
㉢ 공기조화에서는 유효온도가 실내기후조건의 표준지수로 이용된다.

14 다음 중 건축물의 출입문으로부터 극간풍 영향을 방지하는 방법으로 가장 거리가 먼 것은?

① 회전문을 설치한다.
② 이중문을 충분한 간격으로 설치한다.
③ 출입문에 블라인드를 설치한다.
④ 에어커튼을 설치한다.

해설 틈새바람(극간풍)을 방지하는 방법
㉠ 회전문 설치
㉡ 이중문을 설치하고 이중문의 중간에 강제대류 컨벡터를 설치
㉢ 에어커튼(air curtain) 설치
㉣ 실내를 가압하여 외부압력보다 높게 유지

15 공기조화의 분류에서 산업용 공기조화의 적용범위에 해당하지 않는 것은?

① 실험실의 실험조건을 위한 공조
② 양조장에서 술의 숙성온도를 위한 공조
③ 반도체 공장에서 제품의 품질 향상을 위한 공조
④ 호텔에서 근무하는 근로자의 근무환경 개선을 위한 공조

해설 공조대상에 따른 분류

구분	쾌감(보건)용 공조	산업용 공조
대상	사람	산업제품의 생산 및 보관 등
목적	쾌적한 환경을 유지하여 인체의 건강, 위생 및 근무환경을 향상시키는 것	최적의 열환경 및 공기 청정도를 유지하여 제품의 품질향상, 공정속도의 증가로 생산성 향상, 불량률 감소, 제조원가 절감 등
적용장소	주택, 사무실, 오피스텔, 백화점, 병원, 호텔, 극장 등	제약공장, 섬유공장, 반도체 공장, 연구소, 창고, 전산실 등

16 대사량을 나타내는 단위로 쾌적상태에서의 안정 시 대사량을 기준으로 하는 단위는?

① RMR　　② clo
③ met　　 ④ ET

해설 ① RMR : 에너지대사율
② clo : 의복의 열절연성
③ met : 인체활동대사량
④ ET : 유효온도

17 난방부하를 줄일 수 있는 요인이 아닌 것은?

① 극간풍에 의한 잠열
② 태양열에 의한 복사열
③ 인체의 발생열
④ 기계의 발생열

해설 극간풍에 의한 잠열은 손실열량으로서 난방부하를 증가시키므로 창틀이나 구조체의 기밀성을 유지하여 극간풍을 차단시켜야 한다.

18 물 또는 온수를 직접 공기 중에 분사하는 방식의 수분무식 가습장치의 종류에 해당되지 않는 것은?

① 원심식　　② 초음파식
③ 분무식　　④ 가습팬식

 13. ③　14. ③　15. ④　16. ③　17. ①　18. ④

해설 가습장치의 종류
  ⓐ 수분무식 : 원심식, 초음파식, 분무식 등
  ⓑ 증기식 : 전열식(가습팬), 전극식, 적외선식 등
  ⓒ 증발식 : 회전식, 모세관식, 적하식, 에어와셔식 등

19 고속덕트의 특징에 관한 설명으로 틀린 것은?
① 소음이 작다.
② 운전비가 증대한다.
③ 마찰에 의한 압력손실이 크다.
④ 장방형 대신에 스파이럴관이나 원형 덕트를 사용하는 경우가 많다.

해설 ① 고속덕트는 풍속이 빨라 덕트 저항이 커지고 압력이 높아지므로 송풍동력이 크고 소음, 진동이 발생하므로 덕트 구조의 강도가 높아야 한다.

20 공기조화의 단일덕트 정풍량 방식의 특징에 관한 설명으로 틀린 것은?
① 각 실이나 존의 부하변동에 즉시 대응할 수 있다.
② 보수관리가 용이하다.
③ 외기냉방이 가능하고 전열교환기 설치도 가능하다.
④ 고성능 필터 사용이 가능하다.

해설 ① 각 실이나 존의 부하변동에 즉시 대응되지 않으므로 각 실의 온도차가 있고 개별제어가 어렵다.
[참고] 정풍량 방식 특징

장점	단점
ⓐ 부하변동에 관계없이 일정한 풍량을 유지하므로 환기부족의 염려가 없다.	ⓐ 각 실의 부하변동에 대응하기 어렵다.
ⓑ 공조기실을 별도로 설치하므로 유지관리가 확실하다.	ⓑ 가변풍량 방식에 비하여 송풍기 동력이 커져서 장치용량이 커지고 에너지 소비가 증대한다.
ⓒ 공조기실과 공조대상실을 분리할 수 있어서 방음, 방진이 용이하다.	
ⓓ 송풍량과 환기량을 크게 계획할 수 있으며, 환기팬을 설치하면 외기냉방이 용이하다.	

제2 과목 : 냉동공학

21 냉동효과에 대한 설명으로 옳은 것은?
① 증발기에서 단위중량의 냉매가 흡수하는 열량
② 응축기에서 단위 중량의 냉매가 방출하는 열량
③ 압축 일을 열량의 단위로 환산한 것
④ 압축기 출·입구 냉매의 엔탈피 차

해설 ① 냉동효과
② 응축기의 방열량(응축열량)
③ 압축일의 열당량(압축열량)
④ 압축일량

22 아래와 같이 운전되어지고 있는 냉동사이클의 성적계수는?

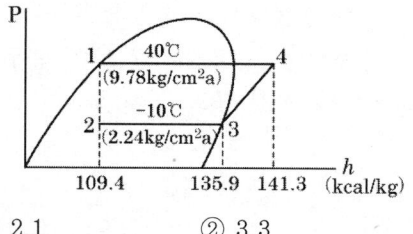

① 2.1 ② 3.3

Answer 19. ① 20. ① 21. ① 22. ③

③ 4.9   ④ 5.9

해설 냉동사이클의 성적계수(COP)

$$COP = \frac{h_3 - h_2}{h_4 - h_3} = \frac{135.9 - 109.4}{141.3 - 135.9} = 4.9$$

23 할라이드 토치는 프레온계 냉매의 누설검지기이다. 누설 시 식별방법은?

① 불꽃의 크기   ② 연료의 소비량
③ 불꽃의 온도   ④ 불꽃의 색깔

해설 할라이드 토치사용 누설검사(불꽃반응)
㉠ 누설이 없을 시 → 파란색
㉡ 소량 누설 → 초록색
㉢ 다량 누설 → 보라색
㉣ 극심할 때 → 불이 꺼짐

24 냉동장치에서 사용되는 각종 제어동작에 대한 설명으로 틀린 것은?

① 2위치 동작은 스위치의 온, 오프 신호에 의한 동작이다.
② 3위치 동작은 상, 중, 하 신호에 따른 동작이다.
③ 비례동작은 입력신호의 양에 대응하여 제어량을 구하는 것이다.
④ 다위치 동작은 여러 대의 피제어기기를 단계적으로 운전 또는 정지시키기 위한 것이다.

해설 ② 3위치 동작은 3개의 제어상태를 갖게 한 조절동작을 말한다.

25 다음 열 및 열펌프에 관한 설명으로 옳은 것은?

① 일의 열당량은 $\dfrac{1\text{kcal}}{427\text{kg}\cdot\text{m}}$이다. 이것은 427kg·m의 일이 열로 변할 때, 1kcal의 열량이 되는 것이다.
② 응축온도가 일정하고 증발온도가 내려가면 일반적으로 토출 가스온도가 높아지기 때문에 열펌프의 능력이 상승된다.
③ 비열 0.5kcal/kg·℃, 비중량 1.2kg/L의 액체 2L를 온도 1℃ 상승시키기 위해서는 2kcal의 열량을 필요로 한다.
④ 냉매에 대해서 열의 출입이 없는 과정을 등온 압축이라 한다.

해설 ② 응축온도가 일정하고 증발온도가 내려가면 일반적으로 토출 가스온도가 높아지기 때문에 열펌프의 능력(성적계수)이 감소한다.
③ 비열 0.5kcal/kg℃, 비중량 1.2kg/L의 액체 2L를 온도 1℃ 상승시키기 위해서는 1.2kcal의 열량을 필요로 한다.
$Q = \gamma GC\Delta t$
$= 1.2 \times 2 \times 0.5 \times 1 = 1.2\text{kcal}$
④ 냉매에 대해서 열의 출입이 없는 과정을 단열압축이라 한다.

26 냉동기유에 대한 냉매의 용해성이 가장 큰 것은? (단, 동일한 조건으로 가정한다.)

① R-113   ② R-22
③ R-115   ④ R-717

해설 냉매와 냉동기유와의 용해도

용해도가 큰 냉매	용해도가 중간인 냉매	용해도가 작은 냉매
R-11	R-113	R-717(NH₃)
R-12	R-500	R-13
R-21	R-22	R-14
R-113	R-114	R-502
R-500		

27 냉동용 스크류 압축기에 대한 설명으로 틀린 것은?

① 왕복동식에 비해 체적효율과 단열효율이 높다.
② 스크류 압축기의 로터와 축은 일체식으로 되어 있고, 구동은 숫 로터에 의해 이루어

Answer 23. ④ 24. ② 25. ① 26. ① 27. ③

진다.
③ 스크류 압축기의 로터 구성은 다양하나 일반적으로 사용되고 있는 것은 숫 로터 4개, 암 로터 4개인 것이다.
④ 흡입, 압축, 토출과정인 3행정으로 이루어진다.

해설 ③ 스크류 압축기의 로터 구성은 다양하고 일반적으로 사용되고 있는 차형조합(숫로터의 잇수+암로터의 잇수)은 숫로터 4개+암로터 5개 또는 6개, 숫로터 5개+암로터 6개 또는 7개 등이 있다.

28 LNG(액화천연가스) 냉열이용 방법 중 직접 이용방식에 속하지 않는 것은?
① 공기 액화분리
② 염소액화장치
③ 냉열발전
④ 액체탄산가스 제조

해설 ㉠ 직접이용방식 : 액화산소・질소 제조(공기액화분리), 액화탄산・드라이아이스 제조, 냉동창고, 냉동식품콤비나트, 냉열발전
㉡ 간접이용방식 : 액화질소에 의한 냉동식품의 제조, 플라스틱의 저온분해, 금속스크랩이나 폐타이어의 저온분쇄, 콘크리트 냉각

29 증발기의 분류 중 액체 냉각용 증발기로 가장 거리가 먼 것은?
① 탱크형 증발기
② 보데로형 증발기
③ 나관코일식 증발기
④ 만액식 셸 앤드 튜브식 증발기

해설 ㉠ 공기 냉각용 증발기 : 관코일식, 핀튜브식, 캐스케이드 증발기, 멀티피드 멀티섹션 증발기 등
㉡ 액체 냉각용 증발기 : 만액식 셸 앤드 튜브식, 건식 셸 앤드 튜브식, 셸 앤드 코일형, 보델로, 탱크형(헤링본형) 등

30 할라이드 토치를 이용한 누설검사로 적절하지 않은 냉매는?
① R-717
② R-123
③ R-22
④ R-114

해설 헬라이드 토치는 프레온 냉매의 누설검사에 사용되므로 보기에서 프레온 냉매가 아닌 것을 찾으면 된다.
① R-717 : 암모니아(NH_3)
②, ③, ④ : 프레온 냉매
[참고] 할라이드 토치 사용 누설검사
㉠ 누설이 없을 시 → 파란색
㉡ 소량 누설 → 초록색
㉢ 다량 누설 → 보라색
㉣ 극심할 때 → 불이 꺼짐

31 냉동능력 20RT, 축동력 12.6kW인 냉동장치에 사용되는 수냉식 응축기의 열통과율 675kcal/m²h℃, 전열량의 외표면적 15m², 냉각수량 270L/min, 냉각수 입구온도 30℃일 때, 응축온도는? (단, 냉매와 물의 온도차는 산술평균 온도차를 사용한다.)
① 35℃
② 40℃
③ 45℃
④ 50℃

해설 ㉠ 수냉식 응축기 방열량 : 냉매가 잃은 열량과 냉각수 혹은 주위의 공기로 방출된 열량이 같아야 한다.
$Q_c = G \cdot C(t_{w2} - t_{w1}) = K \cdot A \cdot \Delta t_m$
㉡ 냉동능력
$Q_e = 20RT = 20RT \times \dfrac{3320 \text{kcal/h}}{1RT}$
$= 66,400 \text{kcal/h}$
㉢ 압축일량
$12.6\text{kW} = 12.6\text{kW} \times \dfrac{860\text{kcal/h}}{1\text{kW}}$
$= 10,836 \text{kcal/h}$
㉣ 응축열량(Q_c)＝냉동능력＋압축일량

28. ② 29. ③ 30. ① 31. ②

$$= 66,400 + 10,836$$
$$= 77,236 \text{kcal/h}$$

ⓕ 냉각수 출구온도(t_{w2})

$$Q_c = G \cdot C(t_{w2} - t_{w1})$$
$$77236 = \left(270\text{L/min} \times \frac{60\text{min}}{1\text{h}}\right) \times 1 \times (t_{w2} - 30)$$
$$\therefore t_{w2} = 34.8\text{℃}$$

ⓗ 응축온도(t_c)

$$Q_c = K \cdot A \cdot \Delta t_m$$
$$\Delta t_m = \frac{Q_c}{K \cdot A} = \frac{77,236}{675 \times 15} = 7.63\text{℃}$$
$$\Delta t_m = t_c - \frac{t_{w1} + t_{w2}}{2}$$
$$7.63 = t_c - \frac{30 + 34.8}{2}$$
$$\therefore t_c = 40.03\text{℃}$$

32 기계적인 냉동방법 중 물을 냉매로 쓸 수 있는 냉동방식이 아닌 것은?

① 증기분사식
② 공기압축식
③ 흡수식
④ 진공식

해설 **공기압축식 냉동법**
냉매인 공기를 압축하여 고온고압의 압축공기를 만들고 상온까지 냉각한 후 팽창시키면 저온의 공기를 얻을 수 있다. 이 저온의 공기를 이용하여 냉동작용을 행하는 방식으로 효율은 낮지만 소형, 경량이기 때문에 주로 항공기 공조용으로 많이 사용된다.

33 저온유체 중에서 1기압에서 가장 낮은 비등점을 갖는 유체는 어느 것인가?

① 아르곤
② 질소
③ 헬륨
④ 네온

해설 비등점
① 아르곤 : -186℃
② 질소 : -196℃
③ 헬륨 : -269℃
④ 네온 : -246℃

34 -10℃의 얼음 10kg을 100℃의 증기로 변화하는 데 필요한 전열량은? (단, 얼음의 비열은 0.5kcal/kg℃이고 융해잠열은 80kcal/kg, 물의 증발잠열은 539kcal/kg이다.)

① 1850kcal
② 3660kcal
③ 7240kcal
④ 9120kcal

해설 ⓐ 얼음의 현열(-10℃ → 0℃)
$Q_1 = G \times C \times \Delta t$
$= 10 \times 0.5 \times (0 - (-10)) = 50\text{kcal}$

ⓑ 얼음의 융해잠열(0℃)
$Q_2 = G \times \gamma = 10 \times 80 = 800\text{kcal}$

ⓒ 물의 현열(0℃ → 100℃)
$Q_3 = G \times C \times \Delta t$
$= 10 \times 1 \times (100 - 0) = 1000\text{kcal}$

ⓓ 물의 증발잠열(100℃)
$Q_4 = G \times \gamma = 10 \times 539 = 5390\text{kcal}$

ⓔ 전열량(Q)
$Q = Q_1 + Q_2 + Q_3 + Q_4$
$= 50 + 800 + 1000 + 5390 = 7240\text{kcal}$

35 1HP는 약 몇 Btu/h인가?

① 172Btu/h
② 252Btu/h
③ 1053Btu/h
④ 2547.6Btu/h

해설 1HP=642kcal/h, 1kcal=3.968Btu
∴ 1HP=642kcal/h×3.968Btu/kcal
$= 2547.5\text{Btu/h}$

36 팽창밸브를 통하여 증발기에 유입되는 냉매액의 엔탈피를 F, 증발기 출구 엔탈피를 A, 포화액의 엔탈피를 G라 할 때, 팽창밸브를 통과한 곳에서 증기로 된 냉매의 양의 계산식으로 옳은 것은? (단, P : 압력, h : 엔탈피를 나타낸다.)

 32. ② 33. ③ 34. ③ 35. ④ 36. ③

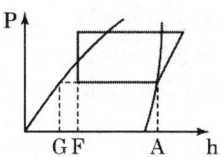

① $\dfrac{A-F}{A-G}$ ② $\dfrac{A-F}{F-G}$

③ $\dfrac{F-G}{A-G}$ ④ $\dfrac{F-G}{A-F}$

해설 냉매 증기의 양을 x, 냉매액을 $1-x$라 하면
$$F = G(1-x) + Ax$$
$$F = G - Gx + Ax$$
$$F - G = (A-G)x$$
$$\therefore x = \dfrac{F-G}{A-G}$$

37 냉동장치에서 고압측에 설치하는 장치가 아닌 것은?

① 수액기   ② 팽창밸브
③ 드라이어   ④ 액분리기

해설 액분리기는 액압축을 방지하기 위하여 저압측인 증발기와 압축기 사이 흡입관에 설치한다. (증발기보다 높은 위치)
[참고] 액분리기 : 암모니아 만액식 증발기 또는 부하변동이 심한 냉동장치에서 압축기로 유입되는 가스 중 액을 분리시켜 액유입에 의한 액압축(Liquid Back)을 방지하여 압축기를 보호한다.

38 -20℃의 암모니아 포화액의 엔탈피가 75kcal/kg이며, 동일 온도에서 건조포화증기의 엔탈피가 403kcal/kg이다. 이 냉매액이 팽창밸브를 통과하여 증발기에 유입될 때의 냉매의 엔탈피가 160kcal/kg이었다면 중량비로 약 몇 %가 액체 상태인가?

① 16%   ② 26%
③ 74%   ④ 84%

해설 팽창과정은 등엔탈피 과정이므로 팽창밸브 통과 전후의 엔탈피가 같다.
냉매액을 x, 냉매증기를 $(1-x)$라 하면
$$75x + 403(1-x) = 160$$
$$\therefore x = 0.74 = 74\%$$

39 암모니아를 냉매로 사용하는 냉동장치에서 응축압력의 상승원인으로 가장 거리가 먼 것은?

① 냉매가 과냉각되었을 때
② 불응축가스가 혼입되었을 때
③ 냉매가 과충전되었을 때
④ 응축기 냉각관에 물때 및 유막이 형성되었을 때

해설 응축압력(고압) 상승 원인
㉠ 응축기 밑에 냉매액이나 윤활유가 고여 유효 전열면적이 감소할 때
㉡ 응축기 냉각수량 부족 및 수온이 상승할 때
㉢ 응축기 냉각관에 유막 및 물때가 끼었을 때
㉣ 불응축 가스가 장치 내에 존재할 때
㉤ 냉매의 과충전이나 응축부하가 클 때

40 표준냉동사이클에서 팽창밸브를 냉매가 통과하는 동안 변화되지 않는 것은?

① 냉매의 온도
② 냉매의 압력
③ 냉매의 엔탈피
④ 냉매의 엔트로피

해설 팽창과정(등엔탈피 과정)
압력강하, 온도강하, 엔탈피 불변, 비체적 증대

제3과목 : 배관일반

41 급탕배관이 벽이나 바닥을 관통할 때 슬리브(sleeve)를 설치하는 이유로 가장 적절한 것은?

① 배관의 진동을 건물 구조물에 전달되지 않도록 하기 위하여

Answer   37. ④   38. ③   39. ①   40. ③   41. ③

② 배관의 중량을 건물 구조물에 지지하기 위하여
③ 관의 신축이 자유롭고 배관의 교체나 수리를 편리하게 하기 위하여
④ 배관의 마찰저항을 감소시켜 온수의 순환을 균일하게 하기 위하여

해설 슬리브(sleeve)
바닥이나 벽을 관통할 경우 신축을 흡수하고 교체수리를 편리하게 하기 위하여 보호관을 설치한다.

42 냉동 설비에서 고온·고압의 냉매 기체가 흐르는 배관은?
① 증발기와 압축기 사이 배관
② 응축기와 수액기 사이 배관
③ 압축기와 응축기 사이 배관
④ 팽창밸브와 증발기 사이 배관

해설 ㉠ 토출가스 배관(고압) : 압축기~응축기
㉡ 액 배관(고압) : 응축기~팽창밸브
㉢ 액 배관(저압) : 팽창밸브~증발기
㉣ 흡입증기 배관(저압) : 증발기~압축기

43 냉매 배관 시공 시 주의사항으로 틀린 것은?
① 온도변화에 의한 신축을 충분히 고려해야 한다.
② 배관 재료는 냉매종류, 온도, 용도에 따라 선택한다.
③ 배관이 고온의 장소를 통과할 때에는 단열 조치한다.
④ 수평 배관은 냉매가 흐르는 방향으로 상향구배한다.

해설 ④ 배관은 될 수 있는 한 직선으로 설치하고 수평 배관은 냉매가 흐르는 방향으로 하향구배로 한다.

44 급수방식 중 펌프 직송방식의 펌프운전을 위한 검지방식이 아닌 것은?
① 압력검지식 ② 유량검지식
③ 수위검지식 ④ 저항검지식

해설 검지방식
① 압력검지식
  ㉠ 토출압 일정제어
  ㉡ 말단압 일정제어
② 유량검지식
③ 수위검지식

45 증기 관말 트랩 바이패스 설치 시 필요 없는 부속은?
① 엘보 ② 유니언
③ 글로브 밸브 ④ 안전밸브

해설 관말 트랩 주위장치
게이트밸브, 트랩, 스트레이너, 바이패스 배관, 유니언 등

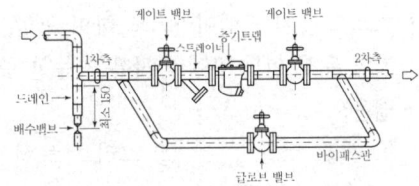

46 수격작용을 방지 또는 경감하는 방법이 아닌 것은?
① 유속을 낮춘다.
② 격막식 에어 체임버를 설치한다.
③ 토출밸브의 개폐시간을 짧게 한다.
④ 플라이 휠을 달아 펌프속도 변화를 완만하게 한다.

해설 수격작용 방지책
㉠ 유속을 낮춘다.
㉡ 밸브를 천천히 열고 닫는다.
㉢ 수격방지기나 공기실을 설치하여 압력변동을 방지한다.

Answer 42. ③ 43. ④ 44. ④ 45. ④ 46. ③

㉣ 플라이 휠을 부착하여 펌프의 속도를 완만하게 변화시킨다.
㉤ 배관은 가능한 한 직선배관을 원칙으로 하여 구부리지 않는다.

47 액화 천연가스의 지상 저장탱크에 대한 설명으로 틀린 것은?
① 지상 저장탱크는 금속 2중벽 탱크가 대표적이다.
② 내부탱크는 약 -162℃ 정도의 초저온에 견딜 수 있어야 한다.
③ 외부 탱크는 일반적으로 연강으로 만들어진다.
④ 증발 가스량이 지하 저장 탱크보다 많고 저렴하며 안전하다.

해설 ④ 지하 저장탱크가 지상 저장탱크보다 안전(가스누출, 테러, 지진, 해일 등)하다.

48 디스크 증기 트랩이라고도 하며 고압, 중압, 저압 등의 어느 곳에나 사용 가능한 증기 트랩은?
① 실폰 트랩   ② 그리스 트랩
③ 충격식 트랩   ④ 버킷 트랩

해설 ① 실폰(열동식) 트랩 : 저압용과 고압용에 사용
② 그리스 트랩 : 배수 트랩으로서 조리대의 배수에 사용
③ 충격식 트랩 : 증기 및 응축수의 열적, 유체역학적 성질을 이용하였으며 오리피스형과 디스크형이 있다.
④ 버킷 트랩 : 고압증기의 관말 트랩, 증기 사용 세탁기, 증기 탕비기 등에 많이 쓰인다.

49 급탕 주관의 배관길이가 300m, 환탕 주관의 배관길이가 50m일 때 강제순환식 온수순환 펌프의 전 양정은?

① 5m   ② 3m
③ 2m   ④ 1m

해설 강제순환식 온수순환펌프의 전양정(H)
$$H = 0.01\left(\frac{L}{2}+l\right) = 0.01\left(\frac{300}{2}+50\right) = 2m$$

50 간접배수관의 관경이 25A일 때 배수구 공간으로 최소 몇 mm가 적당한가?
① 50   ② 100
③ 150   ④ 200

해설 배수구 공간

간접배수관의 직경(mm)	배수구 공간(mm)
25 이하	최소 50
30~50	최소 100
65 이상	최소 150

51 급탕설비에 대한 설명으로 틀린 것은?
① 순환방식은 중력식과 강제식이 있다.
② 배관의 구배는 중력순환식의 경우 1/150, 강제순환식의 경우 1/200 정도이다.
③ 신축이음쇠의 설치는 강관은 20m, 동관은 30m마다 1개씩 설치한다.
④ 급탕량은 사용 인원이나 사용 기구 수에 의해 구한다.

해설 ③ 신축이음쇠의 설치는 강관일 경우 30m, 동관일 경우 20m마다 1개소씩 설치한다.

52 관의 종류에 따른 접합방법으로 틀린 것은?
① 강관 - 나사접합
② 주철관 - 소켓접합
③ 연관 - 플라스턴접합
④ 콘크리트관 - 용접접합

해설 ④ 콘크리트관 – 콤포이음, 칼라신축이음, 턴앤드 글로브 이음, 삽입이음 등

Answer 47. ④ 48. ③ 49. ③ 50. ① 51. ③ 52. ④

53 패널난방(panel heating)은 열의 전달방법 중 주로 어느 것을 이용한 것인가?
① 전도 ② 대류
③ 복사 ④ 전파

해설 패널난방은 적당한 난방을 위해 매우 큰 복사표면을 사용하는 특징을 가진 복사난방 방식

54 스케줄 번호(schedule No.)를 바르게 나타낸 공식은? (단, S : 허용응력, P : 사용압력)
① $10 \times \dfrac{P}{S}$ ② $10 \times \dfrac{S}{P}$
③ $10 \times \dfrac{S}{P^2}$ ④ $10 \times \dfrac{P}{S^2}$

해설 스케줄 번호(Schedule Number)
관의 두께를 나타내는 번호로서 스케줄 번호가 클수록 관의 두께가 두꺼워진다. 압력·고압·고온 배관용 탄소강 강관 등에 사용하고 스케줄 번호(Schedule No.)는 5S, 10S, 20S, 40S, 80S, 120S, 160S 등이 있다.

55 기수 혼합 급탕기에서 증기를 물에 직접 분사시켜 가열하면 압력차로 인해 발생하는 소음을 줄이기 위해 사용하는 설비는?
① 안전밸브 ② 스팀 사일렌서
③ 응축수 트랩 ④ 가열코일

해설 스팀 사일렌서
기수혼합식 급탕법에서 증기로 인한 소음을 줄이기 위하여 사용하며 S형과 F형이 있다. 물통이나 욕조 내로 증기를 불어넣어 물을 가열하는 장치로 사용증기압력은 1~4kg/cm² 정도이고 학교, 공장 등의 욕조에 사용된다.

56 펌프의 베이퍼 록 현상에 대한 발생 요인이 아닌 것은?
① 흡입관 지름이 큰 경우
② 액 자체 또는 흡입배관 외부의 온도가 상승할 경우
③ 펌프 냉각기가 작동하지 않거나 설치되지 않은 경우
④ 흡입 관로의 막힘, 스케일 부착 등에 의한 저항이 증가한 경우

해설 베이퍼록 발생 방지법
㉠ 실린더 라이너의 외부를 냉각시킨다.
㉡ 흡입관 지름을 크게 하거나 펌프의 설치 위치를 낮춘다.
㉢ 흡입 배관을 단열 처리한다.
㉣ 흡입 배관 경로를 청소한다.
[참고] 펌프의 베이퍼록(vapor-ruck) 현상 저비등점 액체 등을 이송할 경우 펌프의 입구측에서 발생되는 현상으로 일종의 액체의 비등현상에 의한 것이다.

57 배관의 신축 이음 중 허용길이가 커서 설치 장소가 많이 필요하지만 고온, 고압배관의 신축 흡수용으로 적합한 형식은?
① 루프(loop)형
② 슬리브(sleeve)형
③ 벨로즈(bellows)형
④ 스위블(swivel)형

해설 루프형 신축이음
신축곡관이라고도 하며 강관 또는 동관 등을 루프(Loop)모양으로 구부려서 그 휨에 의하여 신축을 흡수하는 것으로 고압에 견디고 고장이 적어 고온 고압의 옥외 배관에 설치한다.

58 고온수 난방의 가압방법이 아닌 것은?
① 블리드 인 가압방식
② 정수두 가압방식
③ 증기 가압방식
④ 펌프 가압방식

해설 고온수난방의 가압방법
정수두 가압방식, 증기 가압방식, 펌프 가압방식, 불활성가스 가압방식

Answer 53. ③ 54. ① 55. ② 56. ① 57. ① 58. ①

[참고] 블리드 인 방식(고온수난방의 2차측 접속방법) : 열매의 공급측에 2차측의 환수를 혼합하여 2차측 공급 열매 온도를 제어하는 방식

59 냉각탑 주위배관 시 유의사항으로 틀린 것은?
① 2대 이상의 개방형 냉각탑을 병렬로 연결할 때 냉각탑의 수위를 동일하게 한다.
② 배수 및 오버플로우관은 직접배수로 한다.
③ 냉각탑을 동절기에 운전할 때는 동결방지를 고려한다.
④ 냉각수 출입구측 배관은 방진이음을 설치하여 냉각탑의 진동이 배관에 전달되지 않도록 한다.

해설 ② 배수 및 오버플로관은 일반건축물 배수관과 직결하지 않고, 대기로 개방시킨다.

60 배수 수평관의 관경이 65mm일 때 최소구배는?
① 1/10 ② 1/20
③ 1/50 ④ 1/100

해설 배수수평관의 구배

관경(mm)	구배(최소)
65 이하	1/50
45, 100	1/100
125	1/150
150	1/200
200	1/200
250	1/200
300	1/200

제4과목 : 전기제어공학

61 서보기구와 관계가 가장 깊은 것은?
① 정전압 장치 ② A/D 변환기
③ 추적용 레이더 ④ 가정용 보일러

해설 서보 기구(servo mechanism)
㉠ 목표값의 임의의 변화에 항상 추종시키는 것을 목적으로 한다.
㉡ 제어량 : 기계적인 변위량(위치, 방향, 자세, 거리, 각도 등)
[예] 공작기계, 비행기, 선박, 추적용 레이더, 미사일 발사대의 자동위치 제어 등

62 다음 블록선도의 전달 함수의 극점과 영점은?

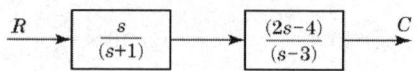

① 영점 0, 2,   극점 -1, 3
② 영점 1, -3, 극점 0, -2
③ 영점 0, -1, 극점 2, 3
④ 영점 0, -3, 극점 -1, 2

해설 ㉠ 영점 : s(2s-4)=0, s=0, 2
㉡ 극점 : (s+1)(s-3)=0, s=-1, 3

63 제어기기의 대표적인 것으로는 검출기, 변환기, 증폭기, 조작기기를 들 수 있는데 서보모터는 어디에 속하는가?
① 검출기 ② 변환기
③ 증폭기 ④ 조작기기

해설 조작기기
전자밸브, 전동밸브, 직류서보전동기, 클러치

64 프로세스 제어계의 제어량이 아닌 것은?
① 방위 ② 유량
③ 압력 ④ 밀도

해설 프로세스 제어(process control)
생산공정 중의 상태량, 외란의 억제를 주목적으로 한다.
㉠ 제어량 : 공업공정의 상태량(밀도, 농도, 온도, 압력, 유량, 습도 등)
㉡ 예 : 대단위 화학 플랜트, 수조의 온도제어 등

Answer 59. ② 60. ③ 61. ③ 62. ① 63. ④ 64. ①

65 시퀀스 제어에 관한 사항으로 옳은 것은?
① 조절기용이다.
② 입력과 출력의 비교장치가 필요하다.
③ 한시동작에 의해서만 제어되는 것이다.
④ 제어 결과에 따라 조작이 자동적으로 이행된다.

해설 시퀀스 제어
 ㉠ 입력신호에서 출력신호까지 정해진 순서에 따라 일방적으로 제어 명령이 전해진다.
 ㉡ 어떠한 조건을 만족하여도 제어신호가 전달된다.
 ㉢ 제어 결과에 따라 조작이 자동적으로 이행한다.
 ㉣ 전기밥솥, 세탁기, 커피자판기, 엘리베이터 제어 등에 적용

66 그림과 같은 회로망에서 전류를 계산하는데 옳은 식은?

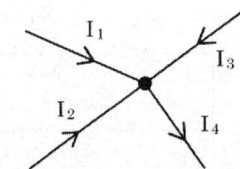

① $I_1 + I_2 = I_3 + I_4$
② $I_1 + I_3 = I_2 + I_4$
③ $I_1 + I_2 + I_3 + I_4 = 0$
④ $I_1 + I_2 + I_3 - I_4 = 0$

해설 키르히호프 제1법칙(전류평형의 법칙)
 회로망 중의 한 점에 흘러 들어오는 전류의 총합과 흘러 나가는 전류의 총합은 같다.
 Σ유입전류=Σ유출전류
 $\Sigma I = 0 \rightarrow I_1 + I_2 + I_3 + (-I_4) = 0$

67 제어요소가 제어대상에 주는 양은?
① 조작량   ② 제어량
③ 기준입력 ④ 동작신호

해설 ㉠ 조작량 : 제어요소가 제어대상에 주는 양
 ㉡ 제어량 : 제어대상에서 제어된 출력량
 ㉢ 기준입력 : 목표치에 비례하는 신호입력
 ㉣ 동작신호 : 기준입력과 주피드백량의 차이로서 제어계의 동작을 일으키는 원인이 되는 신호로서 오차를 의미한다.

68 직류 분권전동기의 용도에 적합하지 않은 것은?
① 압연기   ② 제지기
③ 송풍기   ④ 기중기

해설 분권 전동기
 ㉠ 정속도 전동기로 계자 조정에 의해서 광범위 속도제어를 할 수 있다.
 ㉡ 토크는 부하전류에 비례하고 기동토크는 크지 않다.
 ㉢ 용도 : 공작기계, 선박의 펌프, 환기용 송풍기, 제철용 압연기, 제지기 등

69 $16\mu F$ 의 콘덴서 4개를 접속하여 얻을 수 있는 가장 작은 정전용량은 몇 μF 인가?
① 2   ② 4
③ 8   ④ 16

해설 콘덴서의 직렬접속에서 정전용량의 총합은 각 콘덴서 정전용량의 어느 것보다 적은 값으로 되고 각 용량의 역수의 합과 같게 된다.
 ㉠ 직렬연결 시 합성 정전용량(C)
 $$\frac{1}{C} = \frac{1}{C_1} + \frac{1}{C_2} + \frac{1}{C_3} + \frac{1}{C_4}$$
 $$= \frac{1}{16} + \frac{1}{16} + \frac{1}{16} + \frac{1}{16}$$
 $$= \frac{4}{16} = \frac{1}{4}$$
 ∴ $C = 4\mu F$

70 100Ω 의 전열선에 2A의 전류를 흘렸다면 소모되는 전력은 몇 W인가?
① 100   ② 200

Answer 65. ④ 66. ④ 67. ① 68. ④ 69. ② 70. ④

③ 300   ④ 400

해설 소모전력(P)

$$P = \frac{W}{t} = I^2 R = (2)^2 \times 100 = 400W$$

71 60Hz, 6극인 교류발전기의 회전수는 몇 rpm 인가?

① 1200   ② 1500
③ 1800   ④ 3600

해설 교류발전기의 회전수(N)

$$N = \frac{120f}{P} = \frac{120 \times 60}{6} = 1200 rpm$$

72 평형 3상 Y결선의 상전압 V_p와 선간전압 V_L의 관계는?

① $V_L = 3 V_p$ ② $V_L = \sqrt{3} V_p$
③ $V_L = \frac{1}{3} V_p$ ④ $V_L = \frac{1}{\sqrt{3}} V_p$

해설 평형 3상 Y결선
㉠ 선간전압 $V_L = \sqrt{3} V_p$
㉡ 선간전류 $I_L = I_p$

73 그림과 같은 시퀀스제어회로가 나타내는 것은? (단, A와 B는 푸시버튼스위치, R은 전자접촉기, L은 램프이다.)

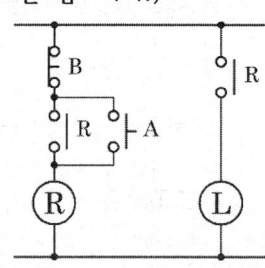

① 인터록   ② 자기유지
③ 지연논리   ④ NAND논리

해설 자기 유지회로(복귀 우선회로)
이 회로는 입력을 모두 주면 릴레이가 작동하지 않은 회로로 입력 A를 눌렀을 때 접점 R이 닫혀 입력 A를 제거해도 자기 유지시키지만 입력 B를 누르면 회로가 차단되어 릴레이가 작동하지 않는 회로이다. 즉 입력 A가 주어져도 입력 B가 주어지면 차단되는 회로이다.
[참고] 자기 유지회로
　전자 릴레이에 시동신호를 주어 동작시키면 전자 릴레이 자체의 접점에 의해 측로(바이패스)하여 동작회로를 만들어 시동신호를 제거해도 동작을 계속함과 동시에 정지신호를 주면 전자 릴레이가 복귀하는 회로로 입력신호(시동신호)가 소멸해도 연속적으로 출력신호가 얻어지기 때문에 기억회로라고도 한다.

74 최대 눈금 1000V, 내부저항 10kΩ인 전압계를 가지고 그림과 같이 전압을 측정하였다. 전압계의 지시가 200V일 때 전압 E는 몇 V 인가?

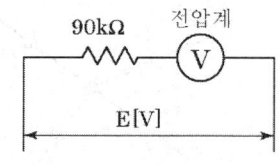

① 800   ② 1000
③ 1800   ④ 2000

해설 $\frac{V_m}{V} = \frac{R + R_m}{R}$

$$V_m = V \times \left(\frac{R + R_m}{R} \right)$$
$$= 200 \times \left(\frac{90 + 10}{10} \right) = 2000V$$

여기서, 측정전압 : V_m [V]
전압계 전압 : V [V]
배율기 저항 : R_m [Ω]
전압계 저항 : R [Ω]

75 그림과 같은 회로는?

Answer 71. ① 72. ② 73. ② 74. ④ 75. ②

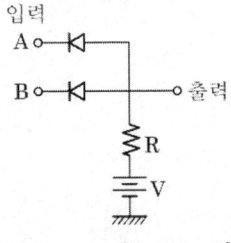

① OR 회로 ② AND 회로
③ NOR 회로 ④ NAND 회로

해설 AND 회로
두 개의 접점 A, B가 모두 동작해야 출력되는 회로, 입력단자 A, B 중 모두 ON되어야 출력이 ON되고 그 중 어느 한 단자라도 OFF되면 출력이 OFF되는 회로로 그림은 AND 회로 중 무접점 회로로 논리식은 $X = A \cdot B$로 표시한다.

76 그림의 신호흐름선도에서 $\dfrac{C}{R}$의 값은?

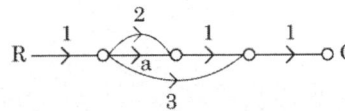

① a+2 ② a+3
③ a+5 ④ a+6

해설 $G = \dfrac{C}{R} = \dfrac{경로}{1-폐로}$

$= \dfrac{1 \cdot a \cdot 1 \cdot 1 \cdot 1 + 1 \cdot 2 \cdot 1 \cdot 1 + 1 \cdot 3 \cdot 1}{1-0}$

$= a + 2 + 3 = a + 5$

77 교류의 실효값에 관한 설명 중 틀린 것은?
① 교류의 최대값은 실효값의 $\sqrt{2}$ 배이다.
② 전류나 전압의 한 주기의 평균치가 실효값이다.
③ 상용전원이 220V라는 것은 실효값을 의미한다.
④ 실효값 100V인 교류와 직류 100V로 같은 전등을 점등하면 그 밝기는 같다.

해설 ② 전류나 전압의 한 주기의 평균치가 평균값이다.
[참고] 실효값 : 교류의 크기를 교류와 동일한 일을 하는 직류의 크기로 바꿔 나타냈을 때의 값으로 순시값의 제곱평균의 제곱근값이라고도 한다.

78 변압기의 병렬운전에서 필요하지 않는 조건은?
① 극성이 같을 것
② 출력이 같을 것
③ 권수비가 같을 것
④ 1차, 2차 정격전압이 같을 것

해설 변압기 병렬운전 조건
① 단상 병렬운전 조건
 ㉠ 권수비가 같을 것
 ㉡ 1차, 2차의 정격전압 및 극성이 같을 것
 ㉢ %임피던스 강하가 같을 것
 ㉣ 내부저항과 누설리액턴스비가 같을 것
② 삼상 변압기 병렬운전 조건
 ㉠ 권수비가 같을 것
 ㉡ 1차, 2차의 정격전압 및 극성이 같을 것
 ㉢ %임피던스 강하가 같을 것
 ㉣ 내부저항과 누설리액턴스비가 같을 것
 ㉤ 상회전 방향이 같을 것
 ㉥ 위상변위(위상각)가 일치할 것

79 $\dfrac{dm(t)}{dt} = K_i e(t)$는 어떤 조절기의 출력(조작신호) m(t)와 동작신호 e(t) 사이의 관계를 나타낸 것이다. 이 조절기의 제어동작은? (단, K_i는 상수이다.)
① D동작 ② I동작
③ P-I동작 ④ P-D동작

해설 미분요소(D동작)
출력의 값이 입력을 미분한 값에 비례하는 요소 (예 : 인덕턴스 회로, R-C 회로 등)
입력신호 $x(t)$와 출력신호 $y(t)$의 관계가

76. ③ 77. ② 78. ② 79. ①

$y(t) = K\dfrac{dx(t)}{dt}$ 로 표시되고,

전달함수는 $G(s) = \dfrac{Y(s)}{X(s)} = Ks$ 가 된다.

80 2진수 0010111101011001₍₂₎을 16진수로 변환하면?

① 3F59   ② 2G6A

③ 2F59   ④ 3G6A

해설 2진수에 대한 16진수의 표

2진수	16진수	2진수	16진수
0000	0	1000	8
0001	1	1001	9
0010	2	1010	A
0011	3	1011	B
0100	4	1100	C
0101	5	1101	D
0110	6	1110	E
0111	7	1111	F

∴ 0010 1111 0101 1001₍₂₎ → 2F59₍₁₆₎

Answer 80. ③

2016년 8월 21일(3회) 시행

공조냉동기계산업기사 과년도출제문제

제1과목 : 공기조화

01 재열기를 통과한 공기의 상태량 중 변화되지 않는 것은?
① 절대습도 ② 건구온도
③ 상대습도 ④ 엔탈피

해설 재열기를 통과한 공기의 상태변화

절대습도	건구온도	상대습도	엔탈피
일정	상승	감소	증가

02 다음 중 실내로 침입하는 극간풍량을 구하는 방법이 아닌 것은?
① 환기횟수에 의한 방법
② 창문의 틈새길이법
③ 창 면적으로 구하는 법
④ 실내외 온도차에 의한 방법

해설 극간풍량 구하는 방법
환기횟수법, 창문의 틈새길이법(crack법), 창면적법, 이용빈도에 의한 법

03 난방부하 계산 시 측정 온도에 대한 설명으로 틀린 것은?
① 외기온도 : 기상대의 통계에 의한 그 지방의 매일 최저온도의 평균값보다 다소 높은 온도
② 실내온도 : 바닥 위 1m의 높이에서 외벽으로부터 1m 이내 지점의 온도
③ 지중온도 : 지하실의 난방부하의 계산에서 지표면 10m 아래까지의 온도
④ 천장 높이에 따른 온도 : 천장의 높이가 3m 이상이 되면 직접난방법에 의해서 난방할 때 방의 윗부분과 밑면과의 평균온도

해설 ② 실내온도 : 바닥 위 1.5m 높이에서 외벽으로부터 1m 떨어진 곳의 호흡선에서 측정한 온도

04 온수배관의 시공 시 주의사항으로 옳은 것은?
① 각 방열기에는 필요시에만 공기배출기를 부착한다.
② 배관 최저부에는 배수밸브를 설치하며, 하향구배로 설치한다.
③ 팽창관에는 안전을 위해 반드시 밸브를 설치한다.
④ 배관 도중에 관 지름을 바꿀 때에는 편심이음쇠를 사용하지 않는다.

해설 ① 각 방열기에는 관 내 공기가 차지 않도록 공기배출기를 상향 구배(기울기)로 부착한다.
③ 팽창관에는 안전을 위해 밸브 등 차단장치를 설치하지 않는다.
④ 배관 도중에 관지름을 바꿀 때에는 편심이음쇠를 사용한다.

05 주철제 방열기의 표준 방열량에 대한 증기 응축수량은? (단, 증기의 증발잠열은 538kcal/kg이다.)
① 0.8kg/m²·h ② 1.0kg/m²h
③ 1.2kg/m²h ④ 1.4kg/m²h

Answer 1. ① 2. ④ 3. ② 4. ② 5. ③

해설) 응축수량 = $\dfrac{표준방열량}{증발잠열} = \dfrac{650}{538} = 1.2\,\text{kg/m}^2\text{h}$

06 밀봉된 용기와 위크(wick) 구조체 및 증기공간에 의하여 구성되며, 길이 방향으로는 증발부, 응축부, 단열부로 구분되는데 한쪽을 가열하면 작동유체는 증발하면서 잠열을 흡수하고 증발된 증기는 저온으로 이동하여 응축되면서 열교환하는 기기의 명칭은?

① 전열 교환기
② 플레이트형 열교환기
③ 히트 파이프
④ 히트 펌프

해설) 히트파이프 구조 및 작동원리

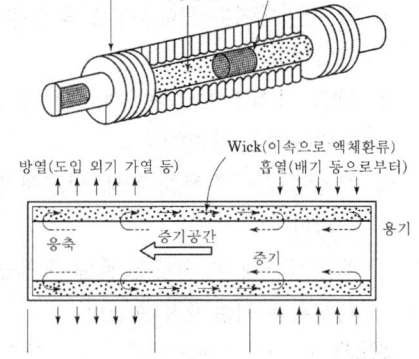

07 냉방 부하 중 현열만 발생하는 것은?

① 외기부하
② 조명부하
③ 인체발생부하
④ 틈새바람부하

해설) 조명기구, 전동기 등은 현열만을 발생한다.
[주의] 실내기구·장치(전기기기, 가스기기, 증기소독기 등) : 현열과 수분 발생에 의한 잠열성분을 포함한다.

부하의 종류	열의 종류
벽체의 취득열량	현열
유리창의 취득열량 — 직달일사	현열
유리창의 취득열량 — 열관류	현열
극간풍의 취득열량	현열+잠열
인체의 발생열량	현열+잠열
기기의 발생열량	현열+잠열
송풍기의 취득열량	현열
덕트의 취득열량	현열
재열기의 취득열량	현열
외기도입의 취득열량	현열+잠열

08 다음 공기조화에서 사용되는 용어에 대한 단위, 정의를 나타낸 것으로 틀린 것은?

	단위	정의
절대습도	kg/kg(DA)	건조한 공기 1kg 속에 포함되어 있는 습한 공기 중의 수증기량
수증기 분압	Pa	습공기 중의 수증기 분압
상대습도	%	절대습도(x)와 동일온도에서의 포화공기의 절대습도(x_s)와의 비
노점온도	℃	습한 공기를 냉각시켜 포화상태로 될 때의 온도

① 절대습도 ② 수증기분압
③ 상대습도 ④ 노점온도

해설) **상대습도**
습공기가 함유하고 있는 습도의 정도로 습공기 수증기 분압(P_w)과 동일온도의 포화공기 수증기 분압(P_s)과의 비를 백분율로 나타낸 것

09 멀티 존 유닛 공조방식에 대한 설명으로 옳은 것은?

① 이중 덕트 방식의 덕트 공간을 천장 속에 확보할 수 없는 경우 적합하다.

Answer 6. ③ 7. ② 8. ③ 9. ①

② 멀티 존 방식은 비교적 존 수가 대규모인 건물에 적합하다.
③ 각 실의 부하변동이 심해도 각 실에 대한 송풍량의 균형을 쉽게 맞춘다.
④ 냉풍과 온풍의 혼합 시 댐퍼의 조정은 실내압력에 의해 제어한다.

해설 ② 멀티존 방식은 실 또는 존별 부하에 따라 실온조절을 정확히 해야 하는 비교적 존 수가 소규모인 건물에 적합하다.
③ 2중 덕트방식에 비해 정풍량장치가 없으므로 각 실의 부하변동이 심할 때에는 각 실의 송풍량의 불균형이 생길 우려가 있다.
④ 냉풍과 온풍의 혼합 시 댐퍼의 조정은 실내온도에 의해 제어한다.

10 온수 순환량이 560kg/h인 난방설비에서 방열기의 입구온도가 80℃, 출구온도가 72℃라고 하면 이때 실내에 발산하는 현열량은?

① 4520kcal/h ② 4250kcal/h
③ 4480kcal/h ④ 4840kcal/h

해설 $Q = GC\Delta t = 560 \times 1 \times (80 - 72)$
$= 4480 \text{kcal/h}$

11 아래 조건과 같은 병행류형 냉각코일의 대수평균온도차는?

공기온도	입구	32℃
	출구	18℃
냉수코일온도	입구	10℃
	출구	15℃

① 8.74℃ ② 9.54℃
③ 12.33℃ ④ 13.10℃

해설 대수평균온도차(MTD)

$$\text{MTD} = \frac{\Delta_1 - \Delta_2}{\ln \frac{\Delta_1}{\Delta_2}}$$

$$= \frac{(32 - 10) - (18 - 15)}{\ln \frac{(32 - 10)}{(18 - 15)}} = 9.54℃$$

(병행류이므로 Δt_1 : 입구 공기와 입구 냉수의 온도차, Δt_2 : 출구 공기와 출구 냉수의 온도차)

[참고]
  ㉠ 대향류 : 공기와 물의 흐름방향이 반대 방향
    Δt_1 : 입구 공기와 출구 냉수의 온도차
    Δt_2 : 출구 공기와 입구 냉수의 온도차
  ㉡ 평행류(병행류) : 공기와 물의 흐름방향이 같은 방향
    Δt_1 : 입구 공기와 입구 냉수의 온도차
    Δt_2 : 출구 공기와 출구 냉수의 온도차

12 팬코일유닛 방식의 배관 방법에 따른 특징에 관한 설명으로 틀린 것은?

① 3관식에서는 손실열량이 타방식에 비하여 거의 없다.
② 2관식에서는 냉·난방의 동시운전이 불가능하다.
③ 4관식은 혼합손실은 없으나 배관의 양이 증가하여 공사비 등이 증가한다.
④ 4관식은 동시에 냉·난방운전이 가능하다.

해설 ① 3관식은 공급관이 2개(온수관, 냉수관)이고 환수관이 1개인 방식으로 배관설비가 복잡하지만 개별제어가 가능하다. 환수관이 1개이므로 냉수와 온수의 혼합 열손실이 발생한다.

[참고]
  ① 1관식 : 1개의 배관으로 공급관과 환수관을 겸용으로 사용하는 방식으로 실온의 개별제어가 곤란하며 소규모 온수난방에 채택한다.
  ② 2관식 : 각각의 공급관과 환수관을 갖는 방식으로 일반적으로 가장 많이 사용한다.
  ④ 4관식 : 공급관(냉수관, 온수관)이 2개,

Answer 10. ③ 11. ② 12. ①

환수관(냉수관, 온수관)이 2개인 방식으로 배관설비가 가장 복잡하며 혼합열손실이 발생하지 않는다.

13 난방 설비에 관한 설명으로 옳은 것은?
① 온수난방은 온수의 현열과 잠열을 이용한 것이다.
② 온풍난방은 온풍의 현열과 잠열을 이용한 것이다.
③ 증기난방은 증기의 현열을 이용한 대류난방이다.
④ 복사난방은 열원에서 나오는 복사에너지를 이용한 것이다.

해설 ① 온수난방 : 온수의 현열을 이용
② 온풍난방 : 공기의 현열을 이용
③ 증기난방 : 증기의 잠열을 이용

14 콜드 드래프트(cold draft) 원인으로 틀린 것은?
① 인체 주위의 공기온도가 너무 낮을 때
② 인체 주위의 기류속도가 작을 때
③ 주위 벽면의 온도가 낮을 때
④ 주위 공기의 습도가 낮을 때

해설 콜드 드래프트의 원인
㉠ 인체 주위의 공기온도가 너무 낮을 때
㉡ 인체 주위의 기류속도가 너무 빠를 때
㉢ 주위 공기의 습도가 낮을 때
㉣ 주위 벽면의 온도가 낮을 때
㉤ 창문 틈새를 통한 극간풍이 많을 때

15 기계환기 중 송풍기와 배풍기를 이용하며 대규모 보일러실, 변전실 등에 적용하는 환기법은?
① 1종 환기   ② 2종 환기
③ 3종 환기   ④ 4종 환기

해설 ① 제1종 환기 : 송풍기에 의해 외기를 실내로 도입시키고, 동시에 배풍기에 의해 실내의 오염된 공기를 배출시키는 방법으로 실내외의 압력차를 조정할 수 있고 가장 우수한 환기를 행할 수 있다. 대규모 보일러실, 변전실, 병원(수술실) 등에 적용
② 제2종 환기 : 배기용도로 실내의 적절한 위치에 자연배기구를 설치하고, 송풍기에 의해 외기의 도입만을 실시하는 방법으로 실내압은 대기압 이상이며 소규모 변전실이나 창고 등에 적용되고 있다.
③ 제3종 환기 : 급기는 실내의 적절한 위치에 자연환기구를 설치하고 배풍기에 의해 실내의 오염된 공기를 배출하는 방법으로 주방, 화장실 등에 적용
④ 제4종 환기 : 일반적으로 자연환기라 하며, 급기와 배기를 자연에 의존하는 방법

16 유인유닛(IDU) 방식에 대한 설명으로 틀린 것은?
① 각 유닛마다 제어가 가능하므로 개별실 제어가 가능하다.
② 송풍량이 많아서 외기 냉방효과가 크다.
③ 냉각, 가열을 동시에 하는 경우 혼합손실이 발생한다.
④ 유인유닛에는 동력배선이 필요 없다.

해설 ② 송풍량이 적어 외기냉방 효과가 적다.
[참고] 유인유닛 방식
1차 공기를 고속덕트에 의해 실내 유닛으로 공급하는 방식으로 사무실, 병원, 호텔 등의 다실 건물의 외부 존의 적용에 사용한다.

17 매 시간마다 50ton의 석탄을 연소시켜 압력 80kgf/cm², 온도 500℃의 증기 320ton을 발생시키는 보일러의 효율은? (단, 급수 엔탈피는 120.25kcal/kg, 발생증기 엔탈피 812.6kcal/kg, 석탄의 저위발열량은 5500kcal/kg이다.)

13. ④ 14. ② 15. ① 16. ② 17. ②

① 78%   ② 81%
③ 88%   ④ 92%

해설 보일러 효율(η)

$$\eta = \frac{열출력}{연료소비율 \times 저위발열량}$$
$$= \frac{G_a(h_2 - h_1)}{G_f \times H_l}$$
$$= \frac{320 \times 10^3 (812.6 - 120.25)}{50 \times 10^3 \times 5500}$$
$$= 0.8056 = 81\%$$

18 습공기 선도에서 상태점 A의 노점온도를 읽는 방법으로 옳은 것은?

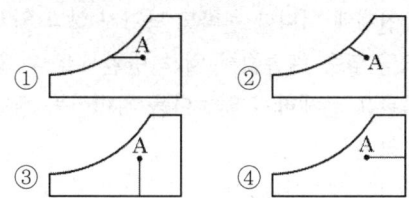

해설

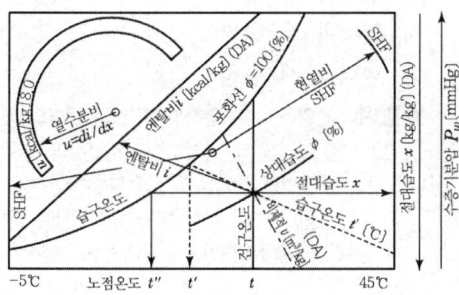

19 온풍 난방의 특징으로 틀린 것은?
① 실내온도분포가 좋지 않아 쾌적성이 떨어진다.
② 보수, 취급이 간단하고, 취급에 자격자를 필요로 하지 않는다.
③ 설치 면적이 적어서 설치장소에 제한이 없다.
④ 열용량이 크므로 착화 즉시 난방이 어렵다.

해설 ④ 온풍난방은 공기의 비열이 비교적 작기 때문에 열용량이 적어 예열시간이 짧고 간헐운전이 가능하다.

20 실내에 존재하는 습공기의 전열량에 대한 현열량의 비율을 나타낸 것은?
① 바이패스 팩터   ② 열수분비
③ 현열비   ④ 잠열비

해설 현열비(sensible heat factor : SHF)
전열량에 대한 현열량의 비로, 실내로 송출되는 공기의 온습도 결정에 사용된다.
$$SHF = \frac{현열}{전열} = \frac{현열}{현열 + 잠열}$$

제 2 과목 : 냉동공학

21 압축기에서 축마력이 400kW이고, 도시마력은 350kW일 때 기계효율은?
① 75.5%   ② 79.5%
③ 83.5%   ④ 87.5%

해설 기계효율(η_m)
$$\eta_m = \frac{도시마력}{축마력} = \frac{350}{400} = 0.875 = 87.5\%$$

22 절대압력 20bar의 가스 10L가 일정한 온도 10℃에서 절대압력 1bar까지 팽창할 때의 출입한 열량은? (단, 가스는 이상기체로 간주한다.)
① 55kJ   ② 60kJ
③ 65kJ   ④ 70kJ

해설 $P_1 = 20\text{bar} = 2000\text{kPa}$
$V_1 = 10\text{L} = 0.01\text{m}^3$
$P_2 = 1\text{bar} = 100\text{kPa}$
$Q = P_1 V_1 \ln\left(\frac{P_1}{P_2}\right)$

Answer 18. ① 19. ④ 20. ③ 21. ④ 22. ②

$= (2,000 \times 0.01) \ln\left(\dfrac{2,000}{100}\right) ≒ 60\text{kJ}$

23 역카르노 사이클에서 고열원을 T_H, 저열원을 T_L이라 할 때 성능계수를 나타내는 식으로 옳은 것은?

① $\dfrac{T_H}{T_H - T_L}$ ② $\dfrac{T_L}{T_H - T_L}$

③ $\dfrac{T_H - T_L}{T_H}$ ④ $\dfrac{T_H - T_L}{T_L}$

해설 역카르노 사이클의 성적계수(COP)

$\text{COP} = \dfrac{Q_L}{W_{net}} = \dfrac{Q_L}{Q_H - Q_L} = \dfrac{T_L}{T_H - T_L}$

24 냉매가 암모니아일 경우는 주로 소형, 프레온일 경우에는 대용량까지 광범위하게 사용되는 응축기로 전열에 양호하고, 설치면적이 적어도 되나 냉각관이 부식되기 쉬운 응축기는?

① 이중관식 응축기
② 입형 셸 앤드 튜브식 응축기
③ 횡형 셸 앤드 튜브식 응축기
④ 7통로식 횡형 셸 앤드식 응축기

해설 횡형 셸 앤드 튜브식 응축기

횡형 원통의 양단에 설치한 원판에 다수의 냉각관을 부착해서 그 내부에 냉각수를 펌프로 압송하여 관 외면의 냉매를 냉각 액화시키는 방식으로 프레온 및 암모니아에 관계없이 소형, 대형에 사용이 가능하다.

장점	단점
㉠ 설치면적이 작다.	㉠ 냉각관 청소가 어렵다.
㉡ 입형에 비해 냉각수 소비가 적다.	㉡ 냉각관 부식이 쉽다.
㉢ 전열이 양호하고 소형, 경량화 가능	㉢ 과부하에 견디지 못함

25 냉매액이 팽창밸브를 지날 때 냉매의 온도, 압력, 엔탈피의 상태변화를 순서대로 올바르게 나타낸 것은?

① 일정, 감소, 일정
② 일정, 감소, 감소
③ 감소, 일정, 일정
④ 감소, 감소, 일정

해설 팽창과정 상태변화

온도	압력	엔탈피	비체적
감소	감소	일정	증가

26 자연계에 어떠한 변화도 남기지 않고 일정온도의 열을 계속해서 일로 변환시킬 수 있는 기관은 존재하지 않는다를 의미하는 열역학 법칙은?

① 열역학 제0법칙
② 열역학 제1법칙
③ 열역학 제2법칙
④ 열역학 제3법칙

해설 ① 열역학 제0법칙 : 열(온도) 평형의 법칙
② 열역학 제1법칙 : 에너지보존의 법칙
③ 열역학 제2법칙 : 엔트로피 법칙, 에너지(열, 일) 변환에 대한 방향성을 제시한 법칙
④ 열역학 제3법칙 : 절대온도의 법칙

27 다음 냉동기의 T-S 선도 중 습압축 사이클에 해당되는 것은?

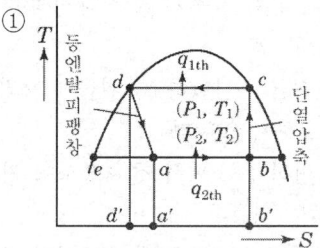

Answer   23. ②   24. ③   25. ④   26. ③   27. ①

②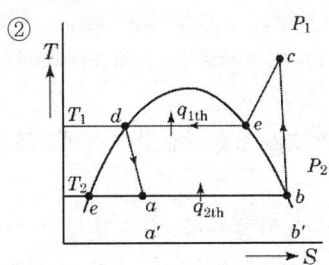

③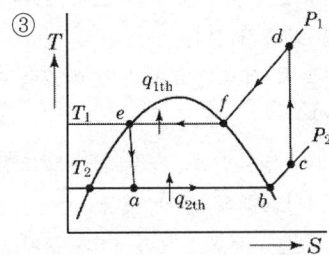

④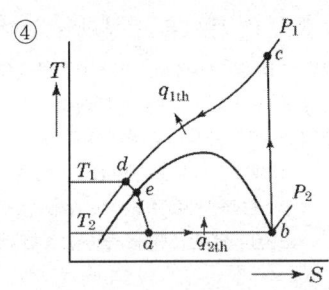

해설 ① 습압축(증기 압축식 냉동사이클)
② 건조포화압축(증기 압축식 냉동사이클)
③ 과열압축(증기 압축식 냉동사이클)
④ 건조포화압축(초임계 냉동사이클)

28 압축기의 클리어런스가 클 때 나타나는 현상으로 가장 거리가 먼 것은?

① 냉동능력이 감소한다.
② 체적효율이 저하한다.
③ 토출가스 온도가 낮아진다.
④ 윤활유가 열화 및 탄화된다.

해설 압축기의 클리어런스가 크면 토출가스 온도가 상승하여 실린더가 과열되어 윤활유 열화 및 탄화현상이 발생한다. 이로 인해 체적효율이 저하되고 냉동능력이 감소한다.

29 냉동장치의 냉매 액관 일부에서 발생한 플래시 가스가 냉동장치에 미치는 영향으로 옳은 것은?

① 냉매의 일부가 증발하면서 냉동유를 압축기로 재순환시켜 윤활이 잘 된다.
② 압축기에 흡입되는 가스에 액체가 혼입되어서 흡입 체적효율을 상승시킨다.
③ 팽창밸브를 통과하는 냉매의 일부가 기체이므로 냉매의 순환량이 적어져 냉동능력을 감소시킨다.
④ 냉매의 증발이 왕성해짐으로써 냉동능력을 증가시킨다.

해설 플래시가스(Flash Gas)의 영향
㉠ 냉매 순환량이 감소하므로 증발온도가 저하하고 냉동효과가 감소
㉡ 증발압력이 낮아져 압축비 상승 및 냉동능력 감소
㉢ 압축기 흡입가스 과열로 토출가스 온도 상승
㉣ 실린더 과열로 윤활유 열화 및 탄화
㉤ 냉동효과 감소로 냉장실 온도 상승

30 왕복동 압축기에서 -30 ~ -70℃ 정도의 저온을 얻기 위해서는 2단 압축 방식을 채용한다. 그 이유로 틀린 것은?

① 토출가스의 온도를 높이기 위하여
② 윤활유의 온도 상승을 피하기 위하여
③ 압축기의 효율 저하를 막기 위하여
④ 성적계수를 높이기 위하여

해설 2단 압축(Two Stage Compression)
1단 냉동사이클에서는 증발온도가 -30℃ 정도 이하가 되면, 증발압력이 너무 낮아져 압축비가 증대하여
㉠ 체적효율이 저하하고(클리어런스에 남아 있던 고압의 가스가 흡입 방해)
㉡ 냉매증기의 비체적이 커져(증발압력이 낮으므로) 냉매순환량이 감소하며

Answer 28. ③ 29. ③ 30. ①

ⓒ 토출가스 온도가 상승하여 윤활유가 열화되기 쉽다. 이 때문에 증발온도가 일정(-30℃) 이하가 되면 1단 압축을 하지 않고, 압축을 2단으로 나누어 2단 압축 방식을 채택하게 된다.

31 하루에 10ton의 얼음을 만드는 제빙장치의 냉동부하는? (단, 물의 온도는 20℃, 생산되는 얼음의 온도는 -5℃이며, 이때 제빙장치의 효율은 0.8이다.)

① 36280kcal/h ② 46200kcal/h
③ 53385kcal/h ④ 73200kcal/h

해설 ①   ②   ③
20℃ 물 → 0℃ 물 → 0℃ 얼음 → -5℃ 얼음

① $Q_1 = G \times C \times \Delta t$
$= (10 \times 10^3) \times 1 \times (20-0)$
$= 200,000 \text{[kcal/day]}$

② $Q_2 = G \times \gamma$
$= (10 \times 10^3) \times 80$
$= 800,000 \text{ kcal/day}$
(여기서, γ(물의 응고잠열) : 80kcal/kg)

③ $Q_3 = G \times C \times \Delta t$
$= (10 \times 10^3) \times 0.5 \times (0-(-5))$
$= 25,000 \text{ kcal/day}$

그러므로, 제빙효율(0.8) 및 시간을 고려하면
$Q = \dfrac{200,000 + 800,000 + 25,000}{24h \times 0.8}$
$= 53,385 \text{ kcal/h}$

32 상태 A에서 B로 가역 단열변화를 할 때 상태변화로 옳은 것은? (단, S : 엔트로피, h : 엔탈피, T : 온도, P : 압력이다.)

① $\Delta S = 0$ ② $\Delta h = 0$
③ $\Delta T = 0$ ④ $\Delta P = 0$

해설 단열변화
㉠ 가열량 : $Q_1 = Q_2 = C \to \Delta Q = 0$
㉡ 엔트로피 : $S_1 = S_2 = C \to \Delta S = 0$

단열변화는 외부와 열의 출입이 없으므로 $(\Delta Q = 0)$ 엔트로피는 일정$(\Delta S = 0)$하다.

33 다음 중 스크롤 압축기에 관한 설명으로 틀린 것은?

① 인벌류트 치형의 두 개의 맞물린 스크롤의 부품이 선회운동을 하면서 압축하는 용적형 압축기이다.
② 토크변동이 적고 압축요소의 미끄럼 속도가 늦다.
③ 용량제어 방식으로 슬라이드 밸브방식, 리프트 밸브방식 등이 있다.
④ 고정스크롤, 선회스크롤, 자전방지 커플링, 크랭크 축 등으로 구성되어 있다.

해설 ③번 보기는 스크롤 압축기가 아닌 스크류 압축기 용량제어 방식에 대한 설명이다.
[참고] 스크류 압축기 용량제어 방식
슬라이드 밸브방식(Slide valve), 슬롯 & 피스톤밸브방식(Slots & piston valve), 리프트 밸브방식(Lift valve), 복합방식 등

34 고온가스에 의한 제상 시 고온가스의 흐름을 제어하기 위해 사용되는 것으로 가장 적절한 것은?

① 모세관   ② 전자밸브
③ 체크밸브 ④ 자동팽창밸브

해설 전자밸브
전기적인 조작에 의하여 밸브 본체를 자동적으로 개폐하여 유량을 제어하는 밸브로 고온가스의 흐름제어 시 사용이 가능하다.

35 냉동장치의 운전 중에 저압이 낮아질 때 일어나는 현상이 아닌 것은?

① 흡입가스 과열 및 압축비 증대
② 증발온도 저하 및 냉동능력 증대

Answer 31. ③ 32. ① 33. ③ 34. ② 35. ②

③ 흡입가스의 비체적 증가
④ 성적계수 저하 및 냉매순환량 감소
해설 ② 증발온도 저하 및 냉동능력 감소

36 다음 냉동기의 안전장치와 가장 거리가 먼 것은?
① 가용전
② 안전밸브
③ 핫 가스장치
④ 고・저압 차단스위치

해설 냉동기의 안전장치
안전밸브, 고・저압 차단스위치, 가용전, 파열판
[참고] 핫 가스 제상(Hot Gas Defrost) 장치
압축기에서 토출된 고온 고압의 냉매가스를 증발기로 유입시켜 고압가스의 응축잠열에 의해 냉각관의 서리를 제거하는 장치

37 응축기에 대한 설명으로 틀린 것은?
① 응축기는 압축기에서 토출한 고온가스를 냉각시킨다.
② 냉매는 응축기에서 냉각수에 의하여 냉각되어 압력이 상승한다.
③ 응축기에는 불응축 가스가 잔류하는 경우가 있다.
④ 응축기 냉각관의 수측에 스케일이 부착되는 경우가 있다.

해설 ② 냉매는 응축기에서 냉각수에 의하여 냉각되고 압력은 일정하다.

38 냉동장치의 부속기기에 관한 설명으로 옳은 것은?
① 드라이어 필터는 프레온 냉동장치의 흡입배관에 설치해 흡입증기 중의 수분과 찌꺼기를 제거한다.

② 수액기의 크기는 장치 내의 냉매순환량만으로 결정한다.
③ 운전 중 수액기의 액면계에 기포가 발생하는 경우는 다량의 불응축가스가 들어있기 때문이다.
④ 프레온 냉매의 수분 용해도는 작으므로 액 배관 중에 건조기를 부착하면 수분제거에 효과가 있다.

해설 ① 드라이어 필터는 프레온 냉동장치의 팽창밸브 직전의 고압액관에 설치해 수분과 이물질을 제거한다.
② 수액기의 크기는 기본적으로 냉매충전량을 수용해야 한다. 또한 냉매 누설의 가능성과 운전 상태 등을 고려하여 결정해야 한다. NH_3 냉동장치의 경우 충전냉매량의 1/2을 회수할 수 있는 크기로 하고 프레온 냉동장치는 냉매충전량 전부를 회수할 수 있는 크기로 제작한다.
③ 운전 중 수액기의 액면계에 기포가 발생하는 경우는 과냉각이 불충분하거나 냉매량이 부족하기 때문이다.

39 일반적으로 냉동 운송설비 중 냉동자동차를 냉각장치 및 냉각방법에 따라 분류할 때 그 종류로 가장 거리가 먼 것은?
① 기계식 냉동차
② 액체질소식 냉동차
③ 헬륨냉동식 냉동차
④ 축냉식 냉동차

해설 냉각장치 및 냉각방법에 따른 냉동자동차 분류
기계식, 축냉식, 액체질소식, 드라이아이스식

40 비열에 관한 설명으로 옳은 것은?
① 비열이 큰 물질일수록 빨리 식거나 빨리 더워진다.
② 비열의 단위는 kJ/kg이다.

Answer 36. ③ 37. ② 38. ④ 39. ③ 40. ③

③ 비열이란 어떤 물질 1kg을 1℃ 높이는 데 필요한 열량을 말한다.

④ 비열비는 $\frac{정압 비열}{정적 비열}$로 표시되며 그 값은 R-22가 암모니아 가스보다 크다.

해설 ① 비열이 작은 물질일수록 빨리 식거나 빨리 더워진다.
② 비열의 단위는 kcal/kg·℃(공학단위) 또는 kJ/kg·K(SI 단위)이다.
④ 비열비(k)는 $\frac{정압비열}{정적비열}$로 표시되며 그 값은 R-22($k=1.18$)가 암모니아 가스($k=1.31$)보다 작다. 암모니아는 비열비가 커서 토출가스 온도가 높고, R-22는 비열비가 작아 토출가스 온도가 낮다.

제 3 과목 : 배관일반

41 배수설비에 대한 설명으로 옳은 것은?
① 소규모 건물에서의 빗물 수직관은 통기관으로 사용 가능하다.
② 회로 통기방식에서 통기되는 기구의 수는 9개 이상으로 한다.
③ 배수관에 트랩의 봉수를 보호하기 위해 통기관을 설치한다.
④ 배수트랩의 봉수깊이는 5~10mm 정도가 이상적이다.

해설 ① 빗물 수직관은 통기관으로 연결해서는 안 된다.
② 회로 통기방식에서 통기되는 기구의 수는 8개 이내로 하고 통기관 길이는 7.5m 이내로 한다.
④ 배수트랩의 봉수깊이는 50~100mm 정도가 이상적이다.

42 고가탱크 급수방식의 특징에 관한 설명으로 틀린 것은?
① 항상 일정한 수압으로 급수할 수 있다.
② 수압의 과대 등에 따른 밸브류 등 배관 부속품의 파손이 적다.
③ 취급이 비교적 간단하고 고장이 적다.
④ 탱크는 기밀 제작이므로 값이 싸진다.

해설 고가탱크 급수방식은 옥상에 탱크를 설치하여 중력으로 필요한 곳에 급수하는 방식으로 고가수조와 저수조가 설치되어 설비비가 비싸지고 수질 오염의 염려가 큰 방식이다.
탱크는 주로 콘크리트, 강판, FRP, 스테인리스, 강판제 등으로 만들고 기밀 제작이 아니라 점검 및 보수가 용이하도록 맨홀을 설치한다.

43 급탕배관 시공 시 고려할 사항이 아닌 것은?
① 배관구배
② 관의 신축
③ 배관재료의 선택
④ 청소구의 설치 장소

해설 **급탕배관 시공 시 고려사항**
배관재료, 배관구배, 관의 신축, 보온, 공기정체의 방지, 배관지지, 개폐밸브의 설치 등

44 통기관의 종류가 아닌 것은?
① 각개 통기관   ② 루프 통기관
③ 신정 통기관   ④ 분해 통기관

해설 **통기관의 종류**
각개 통기관, 루프 통기관, 도피 통기관, 신정 통기관, 결합 통기관, 습윤 통기관, 공용 통기관

45 증기난방의 단관 중력 환수식 배관에서 증기와 응축수가 동일한 방향으로 흐르는 순류관의 구배로 적당한 것은?
① 1/50~1/100   ② 1/100~1/200
③ 1/150~1/250   ④ 1/200~1/300

41. ③ 42. ④ 43. ④ 44. ④ 45. ②

해설 **단관식 중력 환수식의 배관 구배**
㉠ 증기주관은 응축수가 체류하지 않도록 순구배로 한다.
㉡ 수평주관은 상향공급식(순류관)일 경우 1/100~1/200의 구배로 하고, 하향공급식(역류관)일 경우 1/50~1/100의 구배로 한다.

46 다음 중 무기질 보온재가 아닌 것은?
① 암면
② 펠트
③ 규조토
④ 탄산마그네슘

해설 ㉠ 유기질 보온재 : 기포성수지, 펠트, 코르크
㉡ 무기질 보온재 : 탄산마그네슘, 유리섬유, 규조토, 석면, 펄라이트

47 다음 중 네오프렌 패킹을 사용하기에 가장 부적절한 배관은?
① 15℃의 배수배관
② 60℃의 급수배관
③ 100℃의 급탕배관
④ 180℃의 증기배관

해설 네오프렌 패킹재는 합성고무로서 내열범위가 -46~121℃이며, 증기배관에는 사용하지 않는다.

48 암모니아 냉동설비의 배관으로 사용하기에 가장 부적절한 배관은?
① 이음매 없는 동관
② 저온 배관용 강관
③ 배관용 탄소강 강관
④ 배관용 스테인리스 강관

해설 ㉠ 암모니아 냉매 : 동관을 부식시키므로 강관(SPPS)을 사용
㉡ 프레온 냉매 : 이음매 없는 동관을 사용

49 도시가스 입상관에 설치하는 밸브는 바닥으로부터 몇 m 범위에 설치해야 하는가? (단, 보호 상자에 설치하는 경우는 제외한다.)
① 0.5m 이상 1m 이내
② 1m 이상 1.5m 이내
③ 1.6m 이상 2m 이내
④ 2m 이상 2.5m 이내

해설 **[도시가스사업법 시행규칙 별표 7] 가스사용시설의 시설·기술·검사기준**
입상관의 밸브는 바닥으로부터 1.6m 이상 2m 이내에 설치할 것. 다만, 보호 상자에 설치하는 경우에는 그러하지 아니하다.

50 유체를 일정방향으로만 흐르게 하고 역류하는 것을 방지하기 위해 설치하는 밸브는?
① 3방 밸브
② 안전 밸브
③ 게이트 밸브
④ 체크 밸브

해설 **체크 밸브(check vavle : 역지 밸브)**
유체를 일정한 방향으로만 흐르게 하고 역류를 방지하는 데 사용
㉠ 종류
 ⓐ 스윙형 : 수직, 수평배관에 사용
 ⓑ 리프트형 : 수평배관에 사용
 ⓒ 풋 밸브(foot valve) : 펌프 흡입관 하부에 사용
 ⓓ 싱글 및 듀얼 플레이트 체크 밸브
 ⓔ 해머리스형(스모렌스키형)
[참고]
 ① 3방 밸브 : 3방향에 유체의 출입구를 가진 밸브로 온수난방 장치에 있어서 온수의 유로 전환과 동시에 유량 조절을 하는 밸브로 이용
 ② 안전 밸브 : 보일러나 압력용기 등 고압의 유체를 취급하는 배관에 설치하여 관 또는 용기 안의 압력이 규정 한도 이상으로 되면 자동적으로 외부로 방출하여 용기 속의 압력을 항상 안전한 수준으로 유지해 주는 밸브
 ③ 게이트 밸브 : 파이프의 횡단면과 평행하게 개폐하는 밸브로 유체의 흐름저항이 적어 유체의 흐름 차단용으로 사용

Answer 46. ② 47. ④ 48. ① 49. ③ 50. ④

51 다음 중 강관 접합법으로 틀린 것은?
① 나사접합 ② 플랜지접합
③ 압축접합 ④ 용접접합

해설 ㉠ 강관접합 : 나사접합, 용접접합, 플랜지접합 등
㉡ 동관접합 : 압축접합

52 압력탱크식 급수방법에서 압력탱크 설계요소로 가장 거리가 먼 것은?
① 필요 압력
② 탱크의 용적
③ 펌프의 양수량
④ 펌프의 운전방법

해설 압력탱크의 설계
㉠ 압력탱크의 용적

$$V_0 = \frac{V_3}{A-B}$$

V_0 : 유효 저수량(l)
=시간최대예상급수량(l/h)×$\frac{20}{60}$

A : 탱크의 최고압력(P_{II})일 때의 탱크 내의 수량비(%)
B : 탱크의 최저압력(P_{I})일 때의 탱크 내의 수량비(%)

㉡ 펌프의 양수량 Q=(시간최대예상급수량)×2
㉢ 펌프의 전양정 H=(10P_{II}+흡입양정)×1.2
㉣ 압력탱크 설계

$$\delta = \frac{P_{\mathrm{II}} \cdot d}{2t}$$

여기서, δ : 허용응력, P_{II} : 최대 내압력, d : 탱크의 안지름, t : 강판의 두께

53 압축공기 배관시공 시 일반적인 주의사항으로 틀린 것은?
① 공기 공급배관에는 필요한 개소에 드레인용 밸브를 장착한다.
② 주관에서 분기관을 취출할 때에는 관의 하단에 연결하여 이물질 등을 제거한다.
③ 용접개소는 가급적 적게 하고 라인의 중간 중간에 여과기를 장착하여 공기 중에 섞인 먼지 등을 제거한다.
④ 주관 및 분기관의 관 끝에는 과잉의 압력을 제거하기 위한 불어내기(blow)용 게이트 밸브를 설치한다.

해설 ② 주관에서 지관 또는 분기관을 취출할 때에는 관의 상부에 연결하여 이물질 등을 제거한다.

54 캐비테이션 현상의 발생조건으로 옳은 것은?
① 흡입양정이 작을 경우 발생한다.
② 액체의 온도가 낮을 경우 발생한다.
③ 날개차의 원주속도가 작을 경우 발생한다.
④ 날개차의 모양이 적당하지 않을 경우 발생한다.

해설 캐비테이션의 발생 원인
㉠ 흡입양정이 클 경우
㉡ 날개차의 원주속도가 클 경우
㉢ 액체의 온도가 높을 경우
㉣ 날개차의 모양이 적당하지 않을 경우

55 건물의 시간당 최대 예상 급탕량이 2000kg/h일 때, 도시가스를 사용하는 급탕용 보일러에서 필요한 가스 소모량은? (단, 급탕온도 60℃, 급수온도 20℃, 도시가스 발열량 15000kcal/kg, 보일러 효율이 95%이며, 열손실 및 예열부하는 무시한다.)
① 5.6kg/h ② 6.6kg/h
③ 7.6kg/h ④ 8.6kg/h

해설 ㉠ 보일러 효율(η)

$$\eta = \frac{Q_h C \Delta t}{G_f \times H}$$

㉡ 가스사용량(G_f)

Answer 51. ③ 52. ④ 53. ② 54. ④ 55. ①

$$G_f = \frac{Q_h C \Delta t}{\eta \times H}$$
$$= \frac{2{,}000 \times 1 \times (60-20)}{0.95 \times 15000}$$
$$= 5.6 \, kg/h$$

56 냉동장치의 안전장치 중 압축기로의 흡입압력이 소정의 압력 이상이 되었을 경우 과부하에 의한 압축기용 전동기의 위험을 방지하기 위하여 설치되는 밸브는?

① 흡입압력 조정밸브
② 증발압력 조정밸브
③ 정압식 자동팽창밸브
④ 저압측 플로트밸브

해설 흡입압력 조정밸브(SPR)
증발기와 압축기 사이의 흡입관 중간에 설치하여 압축기 흡입압력이 일정압력(SPR 출구측 압력) 이상으로 되었을 때 과부하로 인한 전동기의 파손을 방지한다.

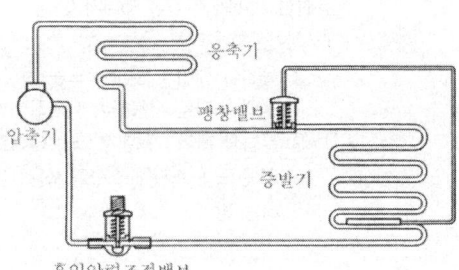

57 2가지 종류의 물질을 혼합하면 단독으로 사용할 때보다 더 낮은 융해온도를 얻을 수 있는 혼합제를 무엇이라고 하는가?

① 부취제   ② 기한제
③ 브라인   ④ 에멀션

해설 기한제
두 종류 이상의 물질을 혼합하면(눈 또는 얼음과 식염, 또는 염산과 같은 염류 및 산류를 혼합) 한 종류만을 사용할 때보다 더 낮은 온도를 얻을 수 있는 혼합제
[참고] 기한제의 종류와 최저온도

기한제	최저온도(℃)
얼음+소금(3 : 1)	-21.2
얼음+염화칼슘(10 : 4.3)	-55
얼음+묽은 염산(1 : 1)	-12
얼음+묽은 황산(1 : 1)	-35
에틸에테르+dry ice	-77
에틸알코올+dry ice	-72

58 증기난방설비에 있어서 응축수 탱크에 모아진 응축수를 펌프로 보일러에 환수시키는 환수방법은?

① 중력 환수식
② 기계 환수식
③ 진공 환수식
④ 지역 환수식

해설 응축수 환수방법에 다른 증기난방의 분류

중력환수식	응축수 자체의 중력에 의하여 환수(중·소규모)
기계환수식	펌프를 설치하여 응축수를 보일러에 강제환수
진공환수식	환수주관 말단부에 진공펌프를 연결하여 응축수를 신속하게 환수(대규모)

59 다음 도면 표시기호는 어떤 방식인가?

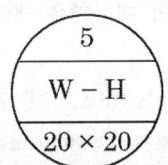

① 5쪽짜리 횡형 벽걸이 방열기
② 5쪽짜리 종형 벽걸이 방열기
③ 20쪽짜리 길드 방열기
④ 20쪽짜리 대류 방열기

Answer 56. ① 57. ② 58. ② 59. ①

해설 방열기의 도시기호

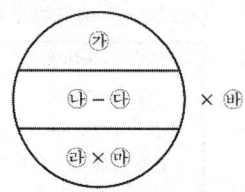

㉮ 쪽수 ㉯ 형식 ㉰ 높이
㉱ 유입관경 ㉲ 유출관경 ㉳ 조(組) 수

구분	종별	기호
주형	2주형	II
	3주형	III
세주형	3세주형	3(3C)
	5세주형	5(5C)
벽걸이형(W)	횡형	W-H
	종형	W-V

60 다음 중 동일 조건에서 열전도율이 가장 큰 관은?
① 알루미늄관 ② 강관
③ 동관 ④ 연관

해설 금속의 열전도율[kcal/mh℃]
은 : 360, 구리(동) : 320, 알루미늄 : 196,
철 : 62, 납(연) : 30

제 4 과목 : 전기제어공학

61 공업공정의 제어량을 제어하는 것은?
① 비율 제어 ② 정치 제어
③ 프로세스 제어 ④ 프로그램 제어

해설 프로세스 제어(process control)
① 생산공정 중의 상태량, 외란의 억제를 주목 적으로 함
② 제어량 : 공업공정의 상태량(밀도, 농도, 온도, 압력, 유량, 습도 등)

62 출력의 변동을 조정하는 동시에 목표값에 정확히 추종하도록 설계한 제어계는?
① 추치 제어 ② 안정 제어
③ 타력 제어 ④ 프로세서 제어

해설 추치 제어
목표값이 시간에 따라 변하는 제어로 출력의 변동을 조정하여 목표값에 정확히 추종하도록 설계한 제어계이며 대표적인 예로 서보기구가 있다.

63 시퀸스 제어에 관한 설명 중 틀린 것은?
① 조합 논리회로도 사용된다.
② 시간 지연요소도 사용된다.
③ 유접점 계전기만 사용된다.
④ 제어 결과에 따라 조작이 자동적으로 이행된다.

해설 시퀸스 제어
미리 정해진 순서에 따라 제어의 각 단계를 순차적으로 제어하는 방식으로 계통에 연결된 스위치가 순차적으로 작동한다. 시퀸스 제어에는 유접점 제어와 무접점 제어가 있다.
※ 제어장치에 따른 분류
① 유접점 제어 : 릴레이 또는 전자계전기 등의 소자를 사용하여 제어하는 방식
② 무접점 제어 : 트랜지스터, 다이오드 등의 반도체 스위칭 소자를 사용하여 제어하는 방식

64 60Hz, 6극 3상 유도전동기의 전부하에 있어서의 회전수가 1164rpm이다. 슬립은 약 몇 %인가?
① 2 ② 3
③ 5 ④ 7

해설 ㉠ 동기속도(N_s)
$$N_s = \frac{120f}{P} = \frac{120 \times 60}{6} = 1200\text{rpm}$$
㉡ 슬립(s)
$$s = \frac{N_s - N}{N_s} \times 100$$

Answer 60. ③ 61. ③ 62. ① 63. ③ 64. ②

$= \dfrac{1200-1164}{1200} \times 100 = 3\%$

65 입력으로 단위계단함수 u(t)를 가했을 때, 출력이 그림과 같은 동작은?

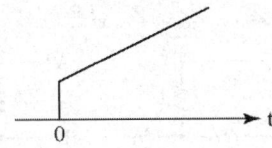

① P 동작 ② PD 동작
③ PI 동작 ④ 2위치 동작

해설 비례적분 제어(PI 제어)
㉠ 비례동작에 의해 발생한 잔류편차를 소멸시키기 위해 적분동작을 조합시킨 제어 동작
㉡ 비례동작에서 발생한 잔류편차를 제거하여 정상특성을 개선하기 위해 사용한다.

66 50Hz에서 회전하고 있는 2극 유도전동기의 출력이 20kW일 때 전동기의 토크는 약 몇 N·m인가?

① 48 ② 53
③ 64 ④ 84

해설 ㉠ 회전수

$N = \dfrac{120f}{P} = \dfrac{120 \times 50}{2} = 3000 \text{rpm}$

㉡ 각속도

$\omega = \dfrac{2\pi N}{60} = \dfrac{2\pi \times 3000}{60} = 314 \text{rad/s}$

㉢ 토크

$T = \dfrac{P_m}{\omega} = \dfrac{102 \times 9.8 \times 20}{314} \fallingdotseq 64 \text{N} \cdot \text{m}$

67 운동계의 각속도 ω는 전기계의 무엇과 대응되는가?

① 저항
② 전류
③ 인덕턴스
④ 커패시턴스

해설 전기계와 물리계의 상대적 관계

전기계	직선운동계	회전운동계
전하 : Q	위치 : y	각변위 : θ
전류 : I	속도 : v	각속도 : ω
전압 : V	힘 : F	토크 : T
저항 : R	점성마찰 : B	회전마찰 : B

68 반지름 1.5mm, 길이 2km인 도체의 저항이 32Ω이다. 이 도체가 지름이 6mm, 길이가 500m로 변할 경우 저항은 몇 Ω이 되는가?

① 1 ② 2
③ 3 ④ 4

해설 ㉠ 고유저항 $\rho = \dfrac{RA}{l} = \dfrac{32 \times \dfrac{\pi}{4} \times 0.003^2}{2000}$

$= 1.13 \times 10^{-7} \Omega \cdot m$

㉡ 저항 $R = \rho \dfrac{l}{A}$

$= 1.13 \times 10^{-7} \times \dfrac{500}{\dfrac{\pi}{4} \times 0.006^2}$

$= 2 \Omega$

69 그림의 선도 중 가장 임계안정한 것은?

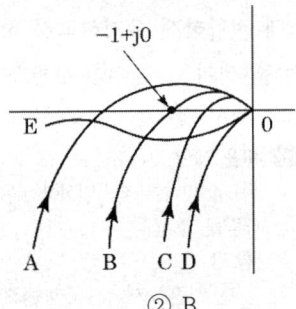

① A ② B
③ C ④ D

Answer 65. ③ 66. ③ 67. ② 68. ② 69. ②

해설 안정조건

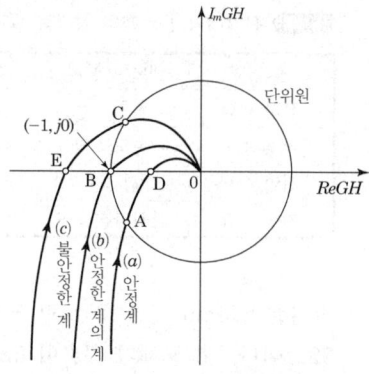

[나이키스트 선도와 단위원]

70 8Ω, 12Ω, 20Ω, 30Ω의 4개 저항을 병렬로 접속할 때 합성저항은 약 몇 Ω인가?
① 2.0   ② 2.35
③ 3.43 ④ 3.8

해설 병렬접속 시 합성저항(R)

$$\frac{1}{R} = \frac{1}{R_1} + \frac{1}{R_2} + \frac{1}{R_3} + \frac{1}{R_4}$$
$$= \frac{1}{8} + \frac{1}{12} + \frac{1}{20} + \frac{1}{30}$$
$$\therefore R = 3.43\,\Omega$$

71 연료의 유량과 공기의 유량과의 관계 비율을 연소에 적합하게 유지하고자 하는 제어는?
① 비율 제어   ② 시퀀스 제어
③ 프로세서 제어 ④ 프로그램 제어

해설 비율 제어
목표값이 다른 양과 일정한 비율관계를 갖는 상태량을 제어
[참고]
① 시퀀스 제어 : 미리 정해진 순서에 따라 제어의 각 단계를 순차적으로 제어
② 프로세스 제어 : 생산공정 중의 상태량, 외란의 억제를 주목적으로 하며 공업공정의 상태량(밀도, 농도, 온도, 압력, 유량, 습도 등)을 제어한다.
③ 프로그램 제어 : 목표값의 변화량이 미리 정해진 프로그램에 의하여 상태량을 제어

72 그림과 같은 Y결선 회로와 등가인 Δ결선회로의 Z_{ab}, Z_{bc}, Z_{ca} 값은?

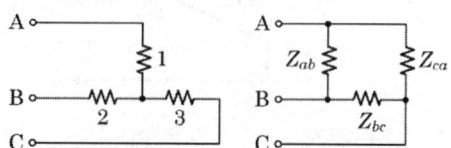

① $Z_{ab} = \frac{11}{3}$, $Z_{bc} = 11$, $Z_{ca} = \frac{11}{2}$
② $Z_{ab} = \frac{7}{3}$, $Z_{bc} = 7$, $Z_{ca} = \frac{7}{2}$
③ $Z_{ab} = 11$, $Z_{bc} = \frac{11}{2}$, $Z_{ca} = \frac{11}{3}$
④ $Z_{ab} = 7$, $Z_{bc} = \frac{7}{2}$, $Z_{ca} = \frac{7}{3}$

해설 Y→Δ변환

㉠ $Z_{ab} = \dfrac{Z_a Z_b + Z_b Z_c + Z_c Z_a}{Z_c}$
$= \dfrac{1 \times 2 + 2 \times 3 + 3 \times 1}{3} = \dfrac{11}{3}$

㉡ $Z_{bc} = \dfrac{Z_a Z_b + Z_b Z_c + Z_c Z_a}{Z_a}$
$= \dfrac{1 \times 2 + 2 \times 3 + 3 \times 1}{1} = 11$

㉢ $Z_{ca} = \dfrac{Z_a Z_b + Z_b Z_c + Z_c Z_a}{Z_b}$
$= \dfrac{1 \times 2 + 2 \times 3 + 3 \times 1}{2} = \dfrac{11}{2}$

73 회전 중인 3상 유도전동기의 슬립이 1이 되면 전동기 속도는 어떻게 되는가?
① 불변이다.
② 정지한다.
③ 무구속 속도가 된다.
④ 동기속도와 같게 된다.

Answer 70. ③ 71. ① 72. ① 73. ②

해설 유도전동기의 슬립(s)
0<s<1
㉠ s=0 : 무부하 시(이상적)
㉡ s=1 : 정지상태

74 그림과 같은 시스템의 등가 합성전달함수는?

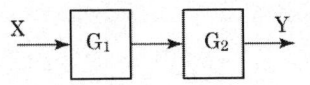

① G_1+G_2 ② $\dfrac{G_1}{G_2}$
③ G_1-G_2 ④ $G_1 \cdot G_2$

해설 직렬 연결된 블록의 결합

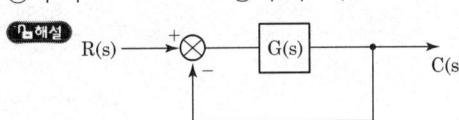

75 단위 피드백계에서 $\dfrac{C}{R}=1$, 즉 입력과 출력이 같다면 전향전달함수 $|G|$의 값은?

① $|G|=1$ ② $|G|=0$
③ $|G|=\infty$ ④ $|G|=\sqrt{2}$

해설

R(s) →⊕→ G(s) → C(s)

전달함수
$C(s) = R(s)G(s) - C(s)G(s)$
$C(s) + C(s)G(s) = R(s)G(s)$
$C(s)(1+G(s)) = R(s)G(s)$
$G(s) = \dfrac{C(s)}{R(s)} = \dfrac{G(s)}{1+G(s)}$

입력과 출력이 같다면
$G(s) = \dfrac{C(s)}{R(s)} = \dfrac{G(s)}{1+G(s)} = 1$

$\dfrac{1}{\dfrac{1}{G(s)}+1} = 1$

$\therefore \dfrac{1}{G(s)} = 0 \rightarrow G(s) = \infty$

76 논리함수 X=A+AB를 간단히 하면?
① X=A ② X=B
③ X=A·B ④ X=A+B

해설 $X = A+AB = A(1+B) = A$

77 정현파 전파 정류 전압의 평균값이 119V이면 최댓값은 약 몇 V인가?
① 119 ② 187
③ 238 ④ 357

해설 전압의 최댓값(V_m)
$V_a = \dfrac{2}{\pi}V_m$

$V_m = V_a \times \dfrac{\pi}{2} = 119 \times \dfrac{\pi}{2} ≒ 187V$

78 전기력선의 기본 성질에 관한 설명으로 틀린 것은?
① 전기력선의 밀도는 전계의 세기와 같다.
② 전기력선의 방향은 그 점의 전계의 방향과 일치한다.
③ 전기력선은 전위가 높은 점에서 낮은 점으로 향한다.
④ 전기력선은 부전하에서 시작하여 정전하에서 그친다.

해설 ④ 전기력선은 정전하에서 시작하여 부전하에서 끝난다.

79 다음 ( ) 안의 ⓐ, ⓑ에 대한 내용으로 옳은 것은?

"근궤적은 G(s)H(s)의 (ⓐ)에서 출발하여 (ⓑ)에서 종착한다."

① ⓐ 영점 ⓑ 극점
② ⓐ 극점 ⓑ 영점
③ ⓐ 분지점 ⓑ 극점

Answer 74. ④ 75. ③ 76. ① 77. ② 78. ④ 79. ②

④ ⓐ 극점　　　ⓑ 분지점

해설 ㉠ 근궤적의 출발점(K=0)
근궤적은 G(s)H(s)의 극점으로부터 출발한다.
㉡ 근궤적의 종착점(K=∞)
근궤적은 G(s)H(s)의 영점에서 종착한다.

80 무효전력을 나타내는 단위는?
① VA　　　② W
③ Var　　　④ Wh

해설 ① 피상전력 : VA
② 유효전력 : W
③ 무효전력 : Var
④ 전력량 : Wh

80. ③

2017년 3월 5일(1회) 시행

chapter 02 공조냉동기계산업기사 과년도출제문제

제1과목 : 공기조화

01 전공기 방식에 의한 공기조화의 특징에 관한 설명으로 틀린 것은?
① 실내공기의 오염이 적다.
② 계절에 따라 외기냉방이 가능하다.
③ 수배관이 없기 때문에 물에 의한 장치부식 및 누수의 염려가 없다.
④ 덕트가 소형이라 설치공간이 줄어든다.

해설 ④ 전공기 방식은 덕트가 대형이라 설치공간이 증가한다.

02 실내 취득 현열량 및 잠열량이 각각 3000W, 1000W, 장치 내 취득열량이 550W이다. 실내 온도를 25℃로 냉방하고자 할 때, 필요한 송풍량은 약 얼마인가? (단, 취출구 온도차는 10℃이다.)
① 105.6L/s ② 150.8L/s
③ 295.8L/s ④ 346.6L/s

해설 송풍량[Q]

[풀이1] $Q = \dfrac{q_s}{C\gamma\Delta t}$

$= \dfrac{3.55\text{kW} \times \dfrac{1\text{kcal}}{4.18\text{kJ}}}{0.24 \times 1.2 \times 10}$

$= 0.2949\text{m}^3/\text{s} = 294.9\text{L/s}$

여기서, C=0.24kcal/kg·℃, γ=1.2kg/m³
q_s = 현열량 + 장치 내 취득열량
$= 3000 + 550 = 3550\text{W} = 3.55\text{kW}$

[풀이2] $Q = \dfrac{q_s}{C\gamma\Delta t}$

$= \dfrac{3.55}{1.01 \times 1.2 \times 10}$

$= 0.2929\text{m}^3/\text{s} = 292.9\text{L/s}$

여기서, C=1.01kJ/kg·K, γ=1.2kg/m³
두 풀이법의 계산차이는 단위환산 과정 때문임.

03 배관 계통에서 유량은 다르더라도 단위 길이 당 마찰 손실이 일정하도록 관경을 정하는 방법은?
① 균등법
② 정압재취득법
③ 등마찰손실법
④ 등속법

해설 덕트의 설계 방법
① 등마찰손실법 : 덕트 1m당 마찰손실과 동일한 값을 사용하여 덕트의 치수를 결정
② 정압재취득법 : 주덕트에서 말단 또는 분기부로 갈수록 풍속이 감소함에 따라 동압의 차만큼 정압이 상승하며 이것을 덕트의 압력손실에 재이용하는 방법
③ 등속법 : 덕트의 주관이나 분기관의 풍속을 임의의 값으로 선정하여 덕트 치수를 결정 (공장의 환기 및 분체수송에 쓰이는 덕트 설계 시 사용)

04 냉방 시의 공기조화 과정을 나타낸 것이다. 그림과 같은 조건일 경우 냉각코일의 바이패스 팩터는? (단, ① 실내공기의 상태점, ② 외기의 상태점, ③ 혼합공기의 상태점, ④ 취출공

Answer 1. ④ 2. ③ 3. ③ 4. ②

기의 상태점, ⑤ 코일의 장치노점온도이다.)

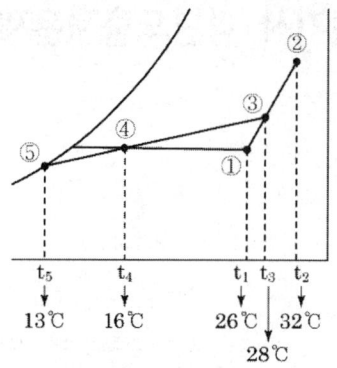

① 0.15
② 0.20
③ 0.25
④ 0.30

해설 바이패스 팩터(BF)

$$BF = \frac{t_4 - t_5}{t_3 - t_5} = \frac{16 - 13}{28 - 13} = 0.2$$

05 단일 덕트 방식에 대한 설명으로 틀린 것은?
① 단일 덕트 정풍량 방식은 개별제어에 적합하다.
② 중앙기계실에 설치한 공기조화기에서 조화한 공기를 주 덕트를 통해 각 실내로 분배한다.
③ 단일 덕트 정풍량 방식에서는 재열을 필요로 할 때도 있다.
④ 단일 덕트 방식에서는 큰 덕트 스페이스를 필요로 한다.

해설 ① 단일 덕트 정풍량 방식은 부하변동에 관계없이 일정한 풍량을 유지하는 방식으로 각 실의 부하변동에 대응하기 어려우므로 개별제어에 부적합하다.

06 바이패스 팩터에 관한 설명으로 틀린 것은?
① 공기가 공기조화기를 통과할 경우, 공기의 일부가 변화를 받지 않고 원상태로 지나쳐 갈 때 이 공기량과 전체 통과 공기량에 대한 비율을 나타낸 것이다.
② 공기조화기를 통과하는 풍속이 감소하면 바이패스 팩터는 감소한다.
③ 공기조화기의 코일열수 및 코일 표면적이 작을 때 바이패스 팩터는 증가한다.
④ 공기조화기의 이용 가능한 전열 표면적이 감소하면 바이패스 팩터는 감소한다.

해설 ④ 공기조화기의 이용 가능한 전열 표면적이 감소하면 바이패스 팩터는 증가한다.

07 온수난방의 특징에 대한 설명으로 틀린 것은?
① 증기난방보다 상하온도 차가 적고 쾌감도가 크다.
② 온도조절이 용이하고 취급이 증기보일러보다 간단하다.
③ 예열시간이 짧다.
④ 보일러 정지 후에도 실내난방은 여열에 의해 어느 정도 지속된다.

해설 ③ 열용량이 커 예열시간이 길다.

08 실내 온도분포가 균일하여 쾌감도가 좋으며 화상의 염려가 없고 방을 개방하여도 난방효과가 있는 난방방식은?
① 증기난방
② 온풍난방
③ 복사난방
④ 대류난방

해설 **복사난방**
건물의 바닥, 천장, 벽 등에 파이프 코일을 매설하고 열원에 의해 패널을 직접 가열하여 실내를 난방하는 방식으로 방의 상·하 온도차가 적어 높이에 따른 실내온도의 분포가 균일하여 쾌감도가 좋으며 방을 개방상태로 하여도 난방의 효과가 있지만 설비비가 고가이고 매립배관이므로 시공이 어려우며, 고장 시 발견이 어렵고 수리가 곤란하다.

Answer 5. ① 6. ④ 7. ③ 8. ③

09 유인 유닛 방식의 특징으로 틀린 것은?
① 개별 제어가 가능하다.
② 중앙공조기는 1차 공기만 처리하므로 규모를 줄일 수 있다.
③ 유닛에는 동력배선이 필요하지 않다.
④ 송풍량이 적어서 외기냉방의 효과가 크다.

해설 ④ 송풍량이 적어서 외기냉방 효과가 적다.

10 흡수식 냉동기에서 흡수기의 설치 위치는?
① 발생기와 팽창밸브 사이
② 응축기와 증발기 사이
③ 팽창밸브와 증발기 사이
④ 증발기와 발생기 사이

해설 흡수기
증발기에서 나온 냉매증기를 흡수제에 흡수시켜 희석용액(흡수제+냉매)으로 만들어 용액펌프로 발생기(재생기)에 보낸다.
[참고] 흡수식 냉동장치도

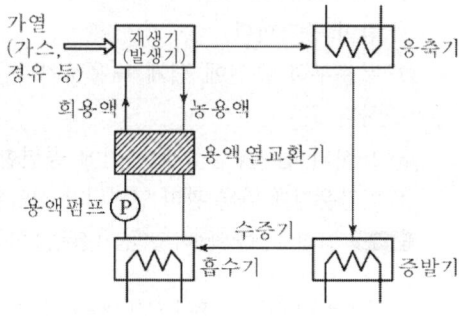

11 여름철을 제외한 계절에 냉각탑을 가동하면 냉각탑 출구에서 흰색 연기가 나오는 현상이 발생할 때가 있다. 이 현상을 무엇이라고 하는가?
① 스모그(smog) 현상
② 백연(白煙) 현상
③ 굴뚝(stack effect) 현상
④ 분무(噴霧) 현상

해설 백연현상
냉각탑 출구 고온다습 습증기(포화수증기)가 중간기 및 동절기 차가운 대기와 혼합되는 과정에서 재응축이 일어나는 현상으로 중간기 및 동절기 대기가 저온이며, 냉각탑 출구 공기의 절대습도보다 높은 경우 발생한다.

12 풍량 450m³/min, 정압 50mmAq, 회전수 600rpm인 다익 송풍기의 소요동력은? (단, 송풍기의 효율은 50%이다.)
① 3.5kW   ② 7.4kW
③ 11kW   ④ 15kW

해설 송풍기의 소요동력(L)
$$L = \frac{P \times Q}{102 \times 60 \times \eta_f}$$
$$= \frac{450 \times 50}{102 \times 60 \times 0.5} = 7.35\text{kW}$$

13 공기의 상태를 표시하는 용어와 단위의 연결로 틀린 것은?
① 절대습도 : [kg/kg]
② 상대습도 : [%]
③ 엔탈피 : [kcal/m³ · ℃]
④ 수증기분압 : [mmHg]

해설 ③ 엔탈피 : [kcal/kg 또는 kJ/kg]

14 팬코일 유닛에 대한 설명으로 옳은 것은?
① 고속덕트로 들어온 1차 공기를 노즐에 분출시킴으로써 주위의 공기를 유인하여 팬코일로 송풍하는 공기조화기이다.
② 송풍기, 냉온수 코일, 에어필터 등을 케이싱 내에 수납한 소형의 실내용 공기조화기이다.
③ 송풍기, 냉동기, 냉온수코일 등을 기내에 조립한 공기조화기이다.
④ 송풍기, 냉동기, 냉온수코일, 에어필터 등

Answer 9. ④ 10. ④ 11. ② 12. ② 13. ③ 14. ②

을 케이싱 내에 수납한 소형의 실내용 공기조화기이다.

> **해설** 팬코일 유닛(Fan Coil Unit)
> 냉각 · 가열코일, 송풍기, 공기여과기를 케이싱 내 수납한 것으로 기계실에서 냉 · 온수를 코일에 공급하여 실내공기를 팬으로 코일에 순환시켜 부하를 처리하는 방식으로 주로 외주부에 설치하여 콜드 드래프트를 방지한다.

15 온도 30℃, 절대습도 0.0271kg/kg인 습공기의 엔탈피는?
① 89.58kcal/kg   ② 47.88kcal/kg
③ 23.73kcal/kg   ④ 11.98kcal/kg

> **해설** 습공기 엔탈피
> $h = 0.24t + (0.441t + 597.5)x$
> $= 0.24 \times 30 + (0.441 \times 30 + 597.5) \times 0.0271$
> $= 23.75 \text{kcal/kg}$

16 공기조화장치의 열운반장치가 아닌 것은?
① 펌프   ② 송풍기
③ 덕트   ④ 보일러

> **해설** ① 열운반장치 : 송풍기, 덕트, 펌프, 배관 등
> ② 열원장치 : 냉동기, 보일러, 히트펌프, 흡수식 냉온수기 등

17 수관식 보일러에 관한 설명으로 틀린 것은?
① 보일러의 전열 면적이 넓어 증발량이 많다.
② 고압에 적당하다.
③ 비교적 자유롭게 전열 면적을 넓힐 수 있다.
④ 구조가 간단하여 내부청소가 용이하다.

> **해설** ④ 구조가 복잡하여 청소가 곤란하고 제작이 까다로워 가격이 비싸다.

18 다수의 전열판을 겹쳐 놓고 볼트로 연결시킨 것으로 판과 판 사이를 유체가 지그재그로 흐르면서 열교환이 이루어지고 열교환 능력이 매우 높아 필요 설치면적이 좁고 전열판의 증감으로 기기 용량의 변동이 용이한 열교환기는?
① 플레이트형 열교환기
② 스파이럴형 열교환기
③ 원통다관형 열교환기
④ 회전형 전열교환기

> **해설** 플레이트형 열교환기

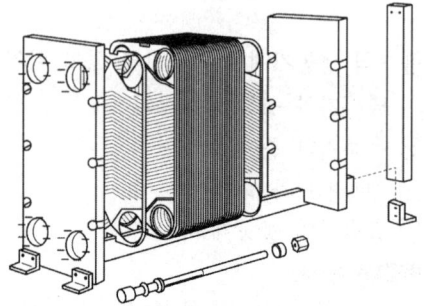

19 축열시스템의 특징에 관한 설명으로 옳은 것은?
① 피크 컷(peak cut)에 의해 열원장치의 용량이 증가한다.
② 부분부하 운전에 쉽게 대응하기가 곤란하다.
③ 도시의 전력수급상태 개선에 공헌한다.
④ 야간운전에 따른 관리 인건비가 절약된다.

> **해설** ① 피크 컷에 의하여 열원장치 용량을 최소화할 수 있다.
> ② 부분부하 운전에 쉽게 대응할 수 있다.
> ④ 야간운전에 따른 관리 안전비가 상승한다.

20 염화리튬, 트리에틸렌글리콜 등의 액체를 사용하여 감습하는 장치는?
① 냉각감습장치   ② 압축감습장치
③ 흡수식 감습장치   ④ 세정식 감습장치

> **해설** 흡수식 감습장치
> 염화리튬, 트리에틸렌글리콜의 액체 흡수제를 사용하므로 연속적이고 대용량에 적합하다.

 15. ③ 16. ④ 17. ④ 18. ① 19. ③ 20. ③

제 2 과목 : 냉동공학

21 정압식 팽창 밸브는 무엇에 의하여 작동하는가?
① 응축 압력
② 증발기의 냉매 과냉도
③ 응축 온도
④ 증발 압력

해설 정압식 팽창밸브
① 작동 : 증발압력
② 부하변동에 따른 용량조절이 불가능하므로 소규모 냉동장치에 사용
③ 증발압력이 낮으면 밸브가 열리고 높으면 밸브가 닫힌다.
④ 부하변동이 작은 설비 및 소규모 설비에 사용한다.

22 브라인의 구비 조건으로 틀린 것은?
① 비열이 크고 동결온도가 낮을 것
② 점성이 클 것
③ 열전도율이 클 것
④ 불연성이며 불활성일 것

해설 브라인의 구비 조건
① 열용량(비열)이 클 것
② 열전도율이 클 것
③ 점도가 작을 것
④ 응고점이 낮을 것
⑤ 불연성이며 불활성일 것

23 냉동부하가 30RT이고, 냉각장치의 열통과율이 6kcal/m²·h·℃, 브라인의 입·출구 평균온도 10℃, 냉매의 증발온도가 4℃일 때 전열면적은?
① 1825m² ② 2767m²
③ 2932m² ④ 3123m²

해설 $Q = K \cdot A \cdot \Delta t_m$ (kcal/h)

$\begin{cases} 열통과율 : K(\text{kcal/m}^2\text{h℃}) \\ 전열면적 : A(\text{m}^2) \\ 냉각수와 냉매의 평균온도차 : \Delta t_m \end{cases}$

1RT = 3,320kcal/h

$\therefore A = \dfrac{Q}{K \Delta t_m} = \dfrac{30 \times 3,320}{6 \times (10-4)} = 2,767 \text{m}^2$

24 두께 20cm인 콘크리트 벽 내면에, 두께 15cm인 스티로폼으로 방열을 하고, 그 내면에 두께 1cm의 내장 목재판으로 벽을 완성시킨 냉장실의 벽면에 대한 열관류율은? (단, 열전도율 및 열전달률은 아래와 같다.)

재료	열전도율	
콘크리트	0.9kcal/mh℃	
스티로폼	0.04kcal/mh℃	
내장목재	0.15kcal/mh℃	
공기막계수	외부	20kcal/m²h℃
	내부	6kcal/m²h℃

① 1.35kcal/m²h℃
② 0.23kcal/m²h℃
③ 0.13kcal/m²h℃
④ 0.02kcal/m²h℃

해설 열관류율(K)

$K = \dfrac{1}{\dfrac{1}{\alpha_r} + \sum \dfrac{l}{\lambda} + \dfrac{1}{\alpha_w}}$

$= \dfrac{1}{\dfrac{1}{6} + \dfrac{0.2}{0.9} + \dfrac{0.15}{0.04} + \dfrac{0.01}{0.15} + \dfrac{1}{20}}$

$= 0.23 \text{kcal/m}^2\text{h℃}$

25 암모니아 냉동장치에서 팽창밸브 직전의 엔탈피가 128kcal/kg, 압축기 입구의 냉매가스 엔탈피가 397kcal/kg이다. 이 냉동장치의 냉동능력이 12냉동톤일 때, 냉매순환량은? (단, 1냉동톤은 3320kcal/h이다.)

 21. ④ 22. ② 23. ② 24. ② 25. ④

① 3320kg/h ② 3228kg/h
③ 269kg/h   ④ 148kg/h

해설 냉매순환량(G)

$$G = \frac{Q_e}{q_e} = \frac{Q_e}{h_2 - h_1}$$

$$= \frac{12RT \times 3320\text{kcal/h}}{(397-128)\text{kcal/kg}} = 148.1\text{kg/h}$$

26 할로겐 원소에 해당되지 않는 것은?
① 불소[F]   ② 수소[H]
③ 염소[Cl] ④ 브롬[Br]

해설 할로겐 원소
플루오린(불소, Fluorine, F), 염소(Chlorine, Cl), 브로민(브롬, Bromine, Br), 아이오딘(Iodine, I), 아스타틴(Astatine, At) 등

27 일의 열당량(A)을 옳게 표시한 것은?
① A=427kg·m/kcal
② A=$\frac{1}{427}$ kcal/kg·m
③ A=102kcal/kg·m
④ A=860kg·m/kcal

해설 ① 일의 열당량 : $A = \frac{1}{427}$ kcal/kgf·m
② 열의 일당량 : $J = 427$ kgf·m/kcal

28 냉동사이클에서 증발온도는 일정하고 응축온도가 올라가면 일어나는 현상이 아닌 것은?
① 압축기 토출가스 온도 상승
② 압축기 체적효율 저하
③ COP(성적계수) 증가
④ 냉동능력(효과) 감소

해설 응축온도(압력) 상승에 의한 영향
① 압축비 증가로 인한 토출가스온도 상승 및 소요동력 증가
② 냉동능력(효과) 감소

③ COP(성적계수) 감소
④ 플래시가스 발생량 증가

29 온도식 팽창밸브에서 흐르는 냉매의 유량에 영향을 미치는 요인으로 가장 거리가 먼 것은?
① 오리피스 구경의 크기
② 고·저압측 간의 압력차
③ 고압측 액상 냉매의 냉매온도
④ 감온통의 크기

해설 온도식 자동팽창밸브
소형 냉동공조장치의 냉매 유량제어에 가장 일반적으로 사용되는 방식으로, 냉매의 온도와 압력을 검출하여, 이들로부터 과열도를 산정, 과열도가 일정하도록 냉매유량을 제어한다. 감온통은 온도식 자동팽창밸브에서 증발기 출구에 부착되어 출구 냉매 상태에 따라 밸브의 개도를 조정하므로 감온통이 감지하는 온도가 팽창밸브에 흐르는 냉매의 유량에 영향을 미치고 단순히 감온통의 크기가 냉매의 유량에 영향을 미치지는 않는다.

30 영화관을 냉방하는 데 360000kcal/h의 열을 제거해야 한다. 소요동력을 냉동톤당 1PS로 가정하면 이 압축기를 구동하는 데 약 몇 kW의 전동기가 필요한가?
① 79.8kW   ② 69.8kW
③ 59.8kW   ④ 49.8kW

해설 ① 냉동톤(RT)
$$360000\text{kcal/h} \times \frac{1RT}{3320\text{kcal/h}} = 108.43RT$$
② 소요동력(kW)은 냉동톤당 1PS이므로
소요동력(kW) = 108.43PS × $\frac{0.736\text{kW}}{1\text{PS}}$
= 79.8kW

31 플래시 가스(flash gas)의 발생 원인으로 가장 거리가 먼 것은?
① 관경이 큰 경우

Answer 26. ② 27. ② 28. ③ 29. ④ 30. ① 31. ①

② 수액기에 직사광선이 비쳤을 경우
③ 스트레이너가 막혔을 경우
④ 액관이 현저하게 입상했을 경우

해설 플래시 가스 발생 원인
① 액관이 심하게 솟아 있거나 길 때
② 스트레이너, 드라이어 등이 막혔을 때
③ 액관 지름이 심하게 가늘 때
④ 전자밸브, 스톱밸브, 드라이어, 스트레이너 등의 지름이 가늘 때
⑤ 수액기나 액관이 직사광선에 노출되었을 때
⑥ 액관을 보온없이 고온 장소에 통과시켰을 때
⑦ 심하게 응축온도가 낮아졌을 때

32 액봉 발생의 우려가 있는 부분에 설치하는 안전장치가 아닌 것은?
① 가용전   ② 파열판
③ 안전밸브 ④ 압력도피장치

해설 액봉에 의하여 현저히 압력상승의 우려가 있는 부분에는 안전밸브, 파열판 또는 압력릴리프장치를 부착해야 한다.

33 카르노 사이클과 관련 없는 상태 변화는?
① 등온팽창 ② 등온압축
③ 단열압축 ④ 등적팽창

해설 카르노 사이클의 상태변화
등온팽창, 단열팽창, 등온압축, 단열압축

34 증기 압축식 이론 냉동사이클에서 엔트로피가 감소하고 있는 과정은?
① 팽창과정 ② 응축과정
③ 압축과정 ④ 증발과정

해설 ① 팽창과정 : 엔트로피 감소 또는 증가
② 응축과정 : 엔트로피 감소
③ 압축과정 : 등엔트로피 과정
④ 증발과정 : 엔트로피 증가

35 진공계의 지시가 45cmHg일 때 절대압력은?
① $0.0421\text{kgf/cm}^2 \cdot \text{abs}$
② $0.42\text{kgf/cm}^2 \cdot \text{abs}$
③ $4.21\text{kgf/cm}^2 \cdot \text{abs}$
④ $42.1\text{kgf/cm}^2 \cdot \text{abs}$

해설 ① 대기압 : $1\text{atm}=76\text{cmHg}=1.0332\text{kg/cm}^2$
② 절대압력=대기압-진공압력
$=76-45=31\text{cmHg} \cdot \text{abs}$
③ 단위변환=$\dfrac{31\text{cmHg}}{76\text{cmHg}} \times 1.0332\text{kg/cm}^2$
$=0.42\text{kgf/cm}^2 \cdot \text{abs}$

36 매시 30℃의 물 2000kg을 -10℃의 얼음으로 만드는 냉동장치가 있다. 이 냉동장치의 냉각수 입구온도가 32℃, 냉각수 출구온도가 37℃이며, 냉각수량이 $60\text{m}^3/\text{h}$일 때, 압축기의 소요동력은?
① 81.4kW   ② 88.7kW
③ 90.5kW   ④ 117.4kW

해설 ① 냉동능력
$Q_e = [2000 \times 1 \times (30-0)] + [2000 \times 80]$
$+ [2000 \times 0.5 \times (0-(-10))]$
$= 230,000\text{kcal/h}$
② 응축기 방열량(Q_c)
$Q_c = GC\Delta t = 60,000 \times 1 \times (37-32)$
$= 300,000\text{kcal/h}$
③ 소요동력(W)
$Q_c = Q_e + AW$에서
$AW = Q_c - Q_e = 300,000 - 230,000$
$= 70,000\text{kcal/h}$
$\therefore W = 70,000\text{kcal/h} \times \dfrac{4.18\text{kJ}}{1\text{kcal}} \times \dfrac{1\text{h}}{3600\text{s}}$
$= 81.3\text{kW}$

37 균압관의 설치 위치는?

Answer 32. ① 33. ④ 34. ② 35. ② 36. ① 37. ①

① 응축기 상부 – 수액기 상부
② 응축기 하부 – 팽창변 입구
③ 증발기 상부 – 압축기 출구
④ 액분리기 하부 – 수액기 상부

해설 균압관의 설치 위치
① 응축기 상부와 수액기 상부 사이
② 응축기와 응축기 사이
③ 수액기와 수액기 사이
④ 압축기와 압축기 사이

38 압축기의 흡입 밸브 및 송출 밸브에서 가스누출이 있을 경우 일어나는 현상은?
① 압축일의 감소
② 체적 효율이 감소
③ 가스의 압력이 상승
④ 성적계수 증가

해설 압축의 흡입 및 송출밸브 누설 시 장치에 미치는 영향
① 실린더 과열 및 토출가스 온도 상승
② 윤활유의 열화 및 탄화
③ 체적효율 저하
④ 냉매순환량 감소로 인한 냉동능력 저하
⑤ 축수하중 증대

39 어떤 냉동장치의 냉동부하는 14000kcal/h, 냉매증기 압축에 필요한 동력은 3kW, 응축기 입구에서 냉각수 온도 30℃, 냉각수량 69L/min일 때, 응축기 출구에서 냉각수 온도는?
① 34℃   ② 38℃
③ 42℃   ④ 46℃

해설 ① 냉동부하 $Q_e = 14,000 \text{kcal/h}$
② 압축일
$$AW = 3\text{kW} \times \frac{1\text{kcal}}{4.18\text{kJ}} \times \frac{3600\text{s}}{1\text{h}}$$
$$= 2,584 \text{kcal/h}$$
③ 응축기 방열량
$Q_c = Q_e + AW = 14,000 + 2,584$
$= 16,584 \text{kcal/h}$
④ $Q_c = GC(t_2 - t_1)$
$t_2 = \dfrac{Q_c}{GC} + t_1$
$= \dfrac{16,584}{(69\text{L/min} \times \frac{60\text{min}}{1\text{h}}) \times 1} + 30$
$= 34℃$

40 교축작용과 관계 없는 것은?
① 등엔탈피 변화
② 팽창밸브에서의 변화
③ 엔트로피의 증가
④ 등적 변화

해설 교축 변화(등엔탈피 변화)
유체가 밸브 등 기타 저항이 큰 작은 구멍을 통과할 때 마찰이나 흐름의 흐트러짐으로 인하여 흐름방향으로 압력이 강하되는 현상을 교축이라고 하며, 이는 팽창밸브의 원리가 되며 냉동장치에서 저온을 얻기 위해 증발기 입구에 팽창밸브를 설치하여 단열팽창시켜 압력과 온도를 강하시키며 이때 엔탈피 변화는 없고 엔트로피는 증가 또는 감소하며 비체적은 증가한다.

제3과목 : 배관일반

41 증기난방에 비해 온수난방의 특징을 설명한 것으로 틀린 것은?
① 예열하는 데 많은 시간이 걸린다.
② 부하 변동에 대응한 온도 조절이 어렵다.
③ 방열면의 온도가 비교적 높지 않아 쾌감도가 좋다.
④ 설비비가 다소 고가이나 취급이 쉽고 비교적 안전하다.

해설 ② 난방 부하의 변동에 따라서 온도 조절이 쉽다.

 38. ② 39. ① 40. ④ 41. ②

42 배수 배관에 관한 설명으로 틀린 것은?
① 배수 수평 주관과 배수 수평 분기관의 분기점에는 청소구를 설치해야 한다.
② 배수관경의 결정방법은 기구 배수 부하 단위나 정상유량을 사용하는 2가지 방법이 있다.
③ 배수관경이 100A 이하일 때는 청소구의 크기를 배수관경과 같게 한다.
④ 배수 수직관의 관경은 수평 분기관의 최소 관경 이하가 되어야 한다.

해설 ④ 배수 수직관의 관경은 수평 분기관의 최대 관경 이상이 되어야 한다.

43 다음과 같은 증기 난방배관에 관한 설명으로 옳은 것은?

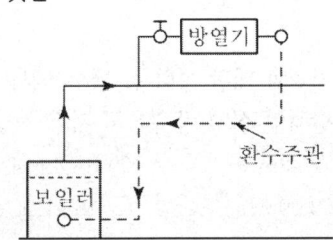

① 진공환수방식으로 습식 환수방식이다.
② 중력환수방식으로 건식 환수방식이다.
③ 중력환수방식으로 습식 환수방식이다.
④ 진공환수방식으로 건식 환수방식이다.

해설 증기난방의 구분

환수배관 방식	건식	응축수환수관이 보일러 수면보다 위에 위치
	습식	응축수환수관이 보일러 수면보다 아래에 위치
응축수 환수방식	중력 환수식	응축수 자체의 중력에 의하여 환수(중·소규모)
	기계 환수식	급수펌프를 설치하여 응축수를 보일러에 공급
	진공 환수식	환수주관 말단부에 진공펌프를 연결하여 응축수 환수

44 보온재의 구비 조건으로 틀린 것은?
① 열전달률이 클 것
② 물리적, 화학적 강도가 클 것
③ 흡수성이 적고 가공이 용이할 것
④ 불연성일 것

해설 보온재의 구비 조건
① 보온능력이 크고 열전도율이 작을 것
② 비중이 작을 것
③ 어느 정도 기계적 강도를 가질 것
④ 흡습성, 흡수성이 없을 것
⑤ 불연성일 것
⑥ 사용온도에서 장시간 사용해도 변질이 없을 것
⑦ 구입이 용이하고 시공이 쉬우며 내용년수가 길 것

45 배관지지 장치에서 수직 방향 변위가 없는 곳에 사용되는 행거는?
① 리지드 행거   ② 콘스탄트 행거
③ 가이드 행거   ④ 스프링 행거

해설 행거(hanger)
㉠ 리지드 행거(rigid hanger) : I빔에 턴버클을 연결하여 관을 지지하며, 수직방향의 변위가 없는 곳에 사용한다.
㉡ 콘스탄트 행거(constant hanger) : 배관의 상, 하 이동을 허용하면서 관을 지지하며, 변위가 큰 곳에 사용한다.
㉢ 스프링 행거(spring hanger) : 스프링의 장력을 이용하여 관을 지지하며, 변위가 작은 곳에 사용한다.

46 LP가스의 주성분으로 옳은 것은?
① 프로판(C_3H_8)과 부틸렌(C_4H_8)
② 프로판(C_3H_8)과 부탄(C_4H_{10})
③ 프로필렌(C_3H_6)과 부틸렌(C_4H_8)
④ 프로필렌(C_3H_6)과 부탄(C_4H_{10})

Answer 42. ④ 43. ② 44. ① 45. ① 46. ②

해설 LP가스(액화석유가스)

유전에서 석유와 함께 나오는 프로판(C_3H_8)과 부탄(C_4H_{10})을 주성분으로 한 가스를 상온에서 압축하여 액체로 만든 연료이다.

47 가스배관 중 도시가스 공급배관의 명칭에 대한 설명으로 틀린 것은?
① 배관 : 본관, 공급관 및 내관 등을 나타낸다.
② 본관 : 옥외 내관과 가스 계량기에서 중간 밸브 사이에 이르는 배관을 나타낸다.
③ 공급관 : 정압기에서 가스 사용자가 소유하거나 점유하고 있는 토지의 경계까지 이르는 배관을 나타낸다.
④ 내관 : 가스 사용자가 소유하거나 점유하고 있는 토지의 경계에서 연소기까지 이르는 배관을 나타낸다.

해설 ② 본관 : 도시가스 회사에서 정압기까지의 배관

48 자연순환식으로서 열탕의 탕비기 출구온도를 85℃(밀도 0.96876kg/L), 환수관의 환탕온도를 65℃(밀도 0.98001kg/L)로 하면 이 순환계통의 순환수두는 얼마인가? (단, 가장 높이 있는 급탕전의 높이는 10m이다.)
① 11.25mmAq   ② 112.5mmAq
③ 15.34mmAq   ④ 153.4mmAq

해설 순환수두(H)
$$H = 1000(\rho_2 - \rho_1)h$$
$$= 1000 \times (0.98001 - 0.96876) \times 10$$
$$= 112.5 \text{mmAq}$$

49 난방배관에서 리프트 이음(lift fitting)을 하는 응축수 환수방식은?
① 중력환수식   ② 기계환수식
③ 진공환수식   ④ 상향환수식

해설 리프트 피팅(lift fitting)

진공환수식 난방의 경우에 방열기보다 높은 위치에 환수관을 연결하여 환수관보다 높은 위치로 환수관의 응축수를 끌어올려 환수하는 방법

50 개별식(국소식) 급탕방식의 특징으로 틀린 것은?
① 배관설비 거리가 짧고 배관에서의 열손실이 적다.
② 급탕장소가 많은 경우 시설비가 싸다.
③ 수시로 급탕하여 사용할 수 있다.
④ 건물의 완성 후에도 급탕장소의 증설이 비교적 쉽다.

해설 ② 개별식 급탕방식은 급탕개소가 적을 때 사용하며 급탕장소가 많을 경우 설비비가 비싸진다.

51 공기조화 배관 설비 중 냉수코일을 통과하는 일반적인 설계 풍속으로 가장 적당한 것은?
① 2~3m/s   ② 5~6m/s
③ 8~9m/s   ④ 10~11m/s

해설 냉온수코일의 설계법
① 물과 공기의 흐름방향은 대향류(역류)로 할 것
② 대수평균온도차(MTD)를 크게 할 것
③ 코일의 통과 풍속 : 2~3m/s
④ 관 내의 수속 : 1m/s 전후
⑤ 물의 입출구 온도차 : 5℃
⑥ 공기의 출구온도와 물의 입구온도차 : 5℃ 이상

52 냉각탑에서 냉각수는 수직 하향 방향이고 공기는 수평 방향인 형식은?
① 평행류형   ② 직교류형
③ 혼합형   ④ 대향류형

해설 공기흐름에 따른 냉각탑의 구분
① 대향류형 : 충전부에서 공기의 흐름이 수직

Answer   47. ② 48. ② 49. ③ 50. ② 51. ① 52. ②

상방향으로 움직여 냉각수와 마주 교차하며 열교환되는 형태로 냉각효율이 높고, 대・소용량에 널리 사용된다.
② 직교류형 : 충전부에서 공기의 흐름이 수평 방향으로 움직여 냉각수와 직각으로 교차하며 열교환되는 형태로 구조가 간단하며 보수 점검이 쉽고, 여러 대를 배열하기가 용이하다.
③ 혼합형 : 대향류형과 직교류형의 단점을 보완한 냉각탑으로 상부 충전재는 대향류형으로 하부 충전재는 직교류형이 되도록 배치한 형식이다.
[참고] 열교환 방식

대향류형 냉각탑	직교류형 냉각탑
물의 낙하 / 공기의 흐름	공기의 흐름 / 물의 낙하

53 통기방식 중 각 기구의 트랩마다 통기관을 설치하여 안정도가 높고 자기 사이편 작용에도 효과가 있으며 배수를 완전하게 할 수 있는 이상적인 통기 방식은?
① 각개 통기   ② 루프 통기
③ 신정 통기   ④ 회로 통기

해설 각개 통기 방식
개별 통기라고도 하며 각 기구의 트랩에서 통기관을 취하므로 통기효과가 가장 좋아 이상적인 통기 방식이지만 구조체의 관통부가 증가하기 때문에 설비비가 증가하는 단점이 있다.

54 증기난방 배관에서 증기트랩을 사용하는 주된 목적은?
① 관 내의 온도를 조절하기 위해서
② 관 내의 압력을 조절하기 위해서
③ 배관의 신축을 흡수하기 위해서
④ 관 내의 증기와 응축수를 분리하기 위해서

해설 증기트랩
증기관 내에 응축수와 공기를 증기와 분리하여 응축수를 환수관으로 배출시키는 장치로 수격작용 및 부식을 방지한다.

55 관 내에 분리된 증기나 공기를 배출하고 물의 팽창에 따른 위험을 방지하기 위해 설치하는 것은?
① 순환탱크   ② 팽창탱크
③ 옥상탱크   ④ 압력탱크

해설 팽창탱크
① 물의 온도변화에 따른 체적팽창과 장치 내의 압력을 흡수하여 장치의 파열을 방지하고 수축 시에는 장치 내의 압력을 일정하게 유지함으로써 공기가 침입하는 것을 방지한다.
② 온수보일러에서 장치 내의 공기배출구로 사용하며 안전장치 역할을 한다.
③ 팽창관에는 밸브를 설치하지 않는다.

56 급수관의 직선관로에서 마찰손실에 관한 설명으로 옳은 것은?
① 마찰손실은 관 지름에 정비례한다.
② 마찰손실은 속도수두에 정비례한다.
③ 마찰손실은 배관 길이에 반비례한다.
④ 마찰손실은 관 내 유속에 반비례한다.

해설 관 마찰에 의한 손실수두(h_L)
$$h_L = f \frac{L}{d} \cdot \frac{V^2}{2g}$$
여기서, f : 관마찰계수
L : 배관 길이(m)
d : 배관 직경(m)
V : 유속(m/s)
g : 중력가속도(9.8m/s²)
위 식에서 마찰손실은 관 지름(d), 중력가속도

Answer 53. ① 54. ④ 55. ② 56. ②

(g)에 반비례하고 속도수두($\frac{V^2}{2g}$), 배관길이 (L), 유속(V)에 제곱에 정비례한다.

57 배관의 행거(hanger)용 지지철물을 달아매기 위해 천장에 매입하는 철물은?
① 턴버클(turnbuckle)
② 가이드(guide)
③ 스토퍼(stopper)
④ 인서트(insert)

<해설> **인서트**
배관의 지지철물이나 행거 설치를 위한 부품인 매설용 볼트, 인서트 등을 건축구조물의 콘크리트 속에 먼저 매설시킨 후 여기에 배관의 지지철물을 고정시킨다.
[참고]
① 턴버클(turnbuckle) : 안테나 지선과 앵커볼트 사이에 연결하여 지선의 탄력을 유지시켜 주기 위한 장치
② 가이드(guide) : 배관의 축방향 이동은 허용되고 관의 회전이나 직각방향을 구속하는 데 사용한다.
③ 스토퍼(stopper) : 배관의 일정방향 이동과 회전만 구속하고 다른 방향은 자유롭게 이동하는 것

58 수액기를 나온 냉매액은 팽창밸브를 통해 교축되어 저온 저압의 증발기로 공급된다. 팽창밸브의 종류가 아닌 것은?
① 온도식   ② 플로트식
③ 인젝터식   ④ 압력자동식

<해설> **팽창밸브의 종류**
수동식, 자동식(온도식, 정압식, 전자식), 플로트식, 모세관 등

59 주철관 이음방법이 아닌 것은?
① 플라스턴 이음   ② 빅토릭 이음
③ 타이튼 이음   ④ 플랜지 이음

<해설> **주철관 이음**
① 소켓 이음
② 노허브 이음
③ 플랜지 이음
④ 기계식 이음(메커니컬 조인트)
⑤ 타이튼 이음
⑥ 빅토릭 이음
[참고] 연관 이음 : 플라스턴(주석 : 40%, 납 : 60%) 이음

60 냉·온수 헤더에 설치하는 부속품이 아닌 것은?
① 압력계   ② 드레인관
③ 트랩장치   ④ 급수관

<해설> **트랩장치**
① 증기 트랩 : 방열기의 환수측 또는 증기배관의 최말단 등에 부착하여 응축수만을 환수시키는 장치로 수격작용, 부식 및 증기의 누설을 방지하고 비응축가스를 자동배출하여 난방기기의 효율을 높인다.
② 배수트랩 : 배수계통의 일부에 물을 고이게 하여 하수가스의 역류를 방지하고 해충의 침입을 방지하는 장치

제 4 과목 : 전기제어공학

61 임피던스 강하가 4%인 어느 변압기가 운전 중 단락되었다면 그 단락전류는 정격전류의 몇 배가 되는가?
① 10   ② 20
③ 25   ④ 30

<해설> **임피던스 전압강하율**
$$Z = \frac{I_{1n}}{I_s} \times 100 [\%]$$
∴ 단락전류 : $I_s = \frac{I_{1n}}{Z} \times 100$

Answer 57. ④ 58. ③ 59. ① 60. ③ 61. ③

$$= \frac{I_{1n}}{4} \times 100 = 25 I_{1n}$$

62 $G(s) = \dfrac{s^2+2s+1}{s^2+s-6}$ 인 특성방정식의 근은?

① -1 ② -3, 2
③ -1, -3 ④ -1, -3, 2

해설 특성방정식은 전달함수의 분모가 0인 방정식이 므로 $s^2+s-6=0$에서 $(s-2)(s+3)=0$이 되므로 근은 2 또는 -3이 된다.

63 그림과 같은 블록선도에서 전달함수 $\dfrac{C}{R}$는?

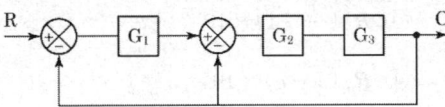

① $\dfrac{G_1 G_2 G_3}{1+G_2 G_3 + G_1 G_3}$

② $\dfrac{G_1 G_2 G_3}{1+G_1 G_2 + G_1 G_2 G_3}$

③ $\dfrac{G_1 G_2 G_3}{1+G_2 G_3 + G_1 G_2 G_3}$

④ $\dfrac{G_1 G_2 G_3}{1+G_1 G_3 + G_1 G_2 G_3}$

해설 전달함수

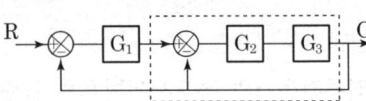

$\dfrac{C(s)}{R(s)} = \dfrac{경로}{1-폐로} = \dfrac{G_2 G_3}{1-(-G_2 G_3)} = \dfrac{G_2 G_3}{1+G_2 G_3}$

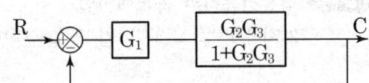

$$\dfrac{C(s)}{R(s)} = \dfrac{경로}{1-폐로} = \dfrac{G_1 \cdot \dfrac{G_2 G_3}{1+G_2 G_3}}{1-(-G_1 \cdot \dfrac{G_2 G_3}{1+G_2 G_3})}$$

$$= \dfrac{\dfrac{G_1 G_2 G_3}{1+G_2 G_3}}{1+G_1 \cdot \dfrac{G_2 G_3}{1+G_2 G_3}} = \dfrac{\dfrac{G_1 G_2 G_3}{1+G_2 G_3}}{1+\dfrac{G_1 G_2 G_3}{1+G_2 G_3}}$$

$$= \dfrac{\dfrac{G_1 G_2 G_3}{1+G_2 G_3}}{\dfrac{1+G_2 G_3 + G_1 G_2 G_3}{1+G_2 G_3}} = \dfrac{G_1 G_2 G_3}{1+G_2 G_3 + G_1 G_2 G_3}$$

64 되먹임 제어계에서 ⓐ부분에 해당하는 것은?

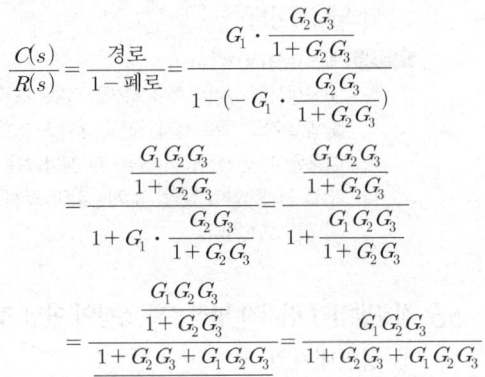

① 조절부 ② 조작부
③ 검출부 ④ 목표값

해설 검출부
제어량을 검출하고 기준 입력신호와 비교시키 는 장치로서 피드백 요소라고 한다.

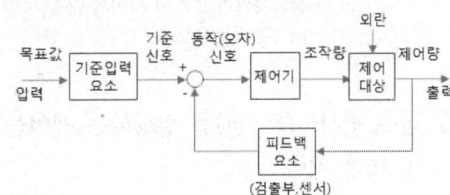

65 배리스터(Varistor)란?

① 비직선적인 전압-전류 특성을 갖는 2단 자 반도체소자이다.
② 비직선적인 전압-전류 특성을 갖는 3단 자 반도체소자이다.
③ 비직선적인 전압-전류 특성을 갖는 4단 자 반도체소자이다.
④ 비직선적인 전압-전류 특성을 갖는 리액

62. ② 63. ③ 64. ③ 65. ①

턴스소자이다.

[해설] 배리스터(Varistor)
비직선적인 전압–전류 특성을 갖는 2단자 반도체 소자로 주로 서지전압에 대한 보호용으로 사용된다. 인가전압이 높을 때 저항값은 작아지고 인가전압이 낮을 때 저항값이 크게 되어 회로를 보호한다.

66 직류발전기 전기자 반작용의 영향이 아닌 것은?
① 절연내력의 저하
② 자속의 크기 감소
③ 유기기전력의 감소
④ 자기 중성축의 이동

[해설] 전기자 반작용의 영향
㉠ 발전기
• 주자속이 감소한다. ⇨ 유기기전력의 감소
• 중성축이 이동한다. ⇨ 회전방향과 같다.
• 정류자편과 브러시 사이에 불꽃이 발생한다. ⇨ 정류 불량
㉡ 전동기
• 주자속이 감소한다. ⇨ 토크감소, 속도증가
• 중성축이 이동한다. ⇨ 회전방향과 반대
• 정류자편과 브러시 사이에 불꽃이 발생한다. ⇨ 정류 불량

67 잔류 편차(off-set)를 발생하는 제어는?
① 미분 제어
② 적분 제어
③ 비례 제어
④ 비례 적분 미분 제어

[해설] 비례 제어(P 제어 : Proportion action)
① 설정값과 제어 결과와의 편차 크기에 비례하여 조작부를 제어한다.
② 외란에 의한 부하변동이 발생할 경우에 잔류편차(정상오차, off set)가 발생한다.

68 피측정단자에 그림과 같이 결선하여 전압계로 e(V)라는 전압을 얻었을 때 피측정단자의 절연저항은 몇 MΩ인가? (단, R_m : 전압계 내부저항(Ω), V : 시험전압(V)이다.)

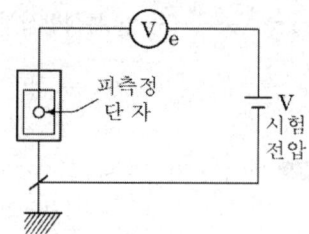

① $R_m(eV-1)\times 10^{-6}$
② $R_m(\frac{e}{V}-1)\times 10^{-6}$
③ $R_m(\frac{V}{e}-1)\times 10^{-6}$
④ $R_m(V-e)\times 10^{-6}$

[해설] $\dfrac{V}{R_m+R}=\dfrac{e}{R_m}$

$\dfrac{V}{e}=\dfrac{R_m+R}{R_m}$

$\dfrac{V}{e}=1+\dfrac{R}{R_m}$

$\dfrac{V}{e}-1=\dfrac{R}{R_m}$

$\therefore R=R_m(\dfrac{V}{e}-1)[\Omega]$

$=R_m(\dfrac{V}{e}-1)\times 10^{-6}[\text{M}\Omega]$

69 직류전동기의 속도제어법으로 틀린 것은?
① 저항제어
② 계자제어
③ 전압제어
④ 주파수제어

[해설] 직류전동기의 속도제어법
계자제어법, 직렬저항법, 전압제어법

70 그림과 같은 블록선도와 등가인 것은?

Answer 66. ① 67. ③ 68. ③ 69. ④ 70. ③

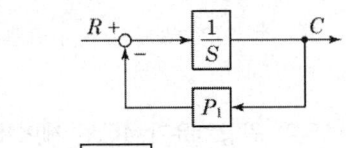

① $R \to \boxed{\dfrac{S}{P_1}} \to C$

② $R \to \boxed{S+P_1} \to C$

③ $R \to \boxed{\dfrac{1}{S+P_1}} \to C$

④ $R \to \boxed{\dfrac{P_1}{S}} \to C$

해설 $\dfrac{C}{R} = \dfrac{\dfrac{1}{S}}{1+\dfrac{P_1}{S}} = \dfrac{\dfrac{1}{S}}{\dfrac{S+P_1}{S}}$

$= \dfrac{S}{S(S+P_1)} = \dfrac{1}{S+P_1}$

71 그림과 같은 그래프에 해당하는 함수를 라플라스 변환하면?

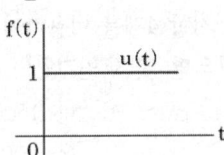

① 1 ② $\dfrac{1}{s}$

③ $\dfrac{1}{s+1}$ ④ $\dfrac{1}{s^2}$

해설 $\mathcal{L}[f(t)] = F(s)$

$= \int_0^\infty 1 \cdot e^{-st} dt = \left[-\dfrac{1}{s} e^{-st}\right]_0^\infty$

$= -\dfrac{1}{s}[e^{-\infty} - e^0] = \dfrac{1}{s}$

72 교류에서 실효값과 최댓값의 관계는?

① 실효값$=\dfrac{최댓값}{\sqrt{2}}$

② 실효값$=\dfrac{최댓값}{\sqrt{3}}$

③ 실효값$=\dfrac{최댓값}{2}$

④ 실효값$=\dfrac{최댓값}{3}$

해설 **실효값**(effective value)
교류의 크기를 교류와 동일한 일을 하는 직류의 크기로 바꿔 나타냈을 때의 값으로 가정에서 사용하는 220V의 상용 전압은 교류전압의 실효값을 의미한다. 교류에서 실효값은 최댓값의 $\dfrac{1}{\sqrt{2}}$배이며, 다음 식의 관계가 성립한다.

실효값 $= \sqrt{\dfrac{최댓값^2}{2}} = \dfrac{최댓값}{\sqrt{2}}$

73 다음 중 다른 값을 나타내는 논리식은?

① $XY+Y$
② $\overline{X}Y+XY$
③ $(Y+X+\overline{X})Y$
④ $X(\overline{Y}+X+Y)$

해설 ① $XY+Y=Y(X+1)=Y$
② $\overline{X}Y+XY=Y(\overline{X}+1)=Y$
③ $(Y+X+\overline{X})Y=(Y+1)Y=Y$
④ $X(\overline{Y}+X+Y)=X(\overline{Y}+Y+X)$
$=X(1+X)=X$

74 프로세스 제어나 자동 조정 등 목표값이 시간에 대하여 변화하지 않는 제어를 무엇이라 하는가?

① 추종 제어 ② 비율 제어
③ 정치 제어 ④ 프로그램 제어

해설 **정치 제어**(constant-value control)
시간에 관계없이 값이 일정한 목표값을 유지하는 제어로 프로세스 제어, 자동조정이 이에 속한다.(연속식 압연기)

Answer 71. ② 72. ① 73. ④ 74. ③

75 되먹임 제어를 옳게 설명한 것은?
① 입력과 출력을 비교하여 정정동작을 하는 방식
② 프로그램의 순서대로 순차적으로 제어하는 방식
③ 외부에서 명령을 입력하는 데 따라 제어되는 방식
④ 미리 정해진 순서에 따라 순차적으로 제어되는 방식

해설 **되먹임 제어(feedback control)**
정량적 제어로 피드백되는 측정값을 목표값과 비교하여 이 두 값이 일치하도록 수정 동작을 행하는 제어로 구조가 복잡하고 반드시 입력과 출력을 비교하는 장치가 필요하다.

76 변압기 내부 고장 검출용 보호계전기는?
① 차동계전기
② 과전류계전기
③ 역상계전기
④ 부족전압계전기

해설 **차동계전기**
보호구간의 내부에서 발생한 고장을 신속하고 정확하게 선택 차단하는 데 널리 적용되는 계전기로 대형변압기, 발전기 내부 고장을 보호하기 위한 장치이다.

77 콘덴서만의 회로에서 전압과 전류 사이의 위상관계는?
① 전압이 전류보다 90도 앞선다.
② 전압이 전류보다 90도 뒤진다.
③ 전압이 전류보다 180도 앞선다.
④ 전압이 전류보다 180도 뒤진다.

해설 콘덴서의 단독회로는 전하를 축적하는 회로로서 $i = I_m \sin \omega t$일 때 $v = V_m \sin\left(\omega t - \dfrac{\pi}{2}\right)$이므로 전압이 전류보다 $90°\left(\dfrac{\pi}{2}\right)$ 뒤진다.

78 보드선도의 위상여유가 45°인 제어계의 계통은?
① 안정하다.
② 불안정하다.
③ 무조건 불안정하다.
④ 조건에 따른 안정을 유지한다.

해설 **보드선도상의 안정조건**
① 위상 여유 : 30~60°
② 이득 여유 : 4~12dB
③ 위상교정 주파수 < 이득교정 주파수
④ 보드선 : 주파수 응답을 나타내는 복소벡터의 절댓값과 위상각을 입력 신호의 각주파수에 대하여 그린 2개 한 벌의 그림. 일반적으로 각주파수를 가로축(X축)에 대수 눈금으로 하고, 세로축(Y축) 절댓값은 데시벨(dB) 눈금으로 한다.

79 50Ω의 저항 4개를 이용하여 가장 큰 합성저항을 얻으면 몇 Ω인가?
① 75   ② 150
③ 200 ④ 400

해설 저항의 직렬연결 시 합성저항이 최대가 된다.
$R = R_1 + R_2 + R_3 + R_4 = 50 \times 4 = 200\,\Omega$

80 온도에 따라 저항값이 변화하는 것은?
① 서미스터   ② 노즐 플래퍼
③ 앰플리다인 ④ 트랜지스터

해설 **서미스터**
서미스터는 온도상승에 따라 저항값이 작아지는 특성을 이용하여 온도보상용으로 사용된다.

Answer 75. ① 76. ① 77. ② 78. ① 79. ③ 80. ①

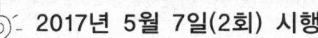

공조냉동기계산업기사 과년도출제문제

제1과목 : 공기조화

01 바닥 면적이 좁고 층고가 높은 경우에 적합한 공조기(AHU)의 형식은?
① 수직형
② 수평형
③ 복합형
④ 멀티존형

해설 공조기의 형태에 따른 분류
① 수평형 : 공조장치들을 수평방향으로 배치한 것으로 공조실의 면적은 충분하나 층고가 낮은 경우 사용하며 공조기의 대부분은 수평형이다.
② 수직형 : 공조장치들을 수직방향으로 배치한 것으로 공조실의 면적은 좁고 층고는 높은 경우 사용한다.
③ 복합형 : 수평형과 수직형을 복합시킨 형태
④ 멀티존형 : 존이 몇 개로 구분되는 경우 토출구측에 멀티댐퍼를 부착하여 1대의 유닛으로 여러 계통의 송풍온도를 각 존의 부하에 따라 동시에 송풍하는 방식

02 저속덕트에 비해 고속덕트의 장점이 아닌 것은?
① 동력비가 적다.
② 덕트 설치 공간이 적어도 된다.
③ 덕트 재료를 절약할 수 있다.
④ 원격지 송풍에 적당하다.

해설 ① 고속덕트이므로 송풍동력이 크고 소음이 발생한다.

03 결로현상에 관한 설명으로 틀린 것은?

① 건축 구조물 사이에 두고 양쪽에 수증기의 압력차가 생기면 수증기는 구조물을 통하여 흐르며, 포화온도, 포화압력 이하가 되면 응결하여 발생된다.
② 결로는 습공기의 온도가 노점온도까지 강하하면 공기 중의 수증기가 응결하여 발생된다.
③ 응결이 발생되면 수증기의 압력이 상승한다.
④ 결로방지를 위하여 방습막을 사용한다.

해설 ③ 응결이 발생되면 수증기의 압력은 감소한다.

04 패널복사 난방에 관한 설명으로 옳은 것은?
① 천정고가 낮고 외기 침입이 없을 때만 난방효과를 얻을 수 있다.
② 실내온도 분포가 균등하고 쾌감도가 높다.
③ 증발잠열(기화열)을 이용하므로 열의 운반능력이 크다.
④ 대류난방에 비해 방열면적이 작다.

해설 ① 상하온도차가 적어 천장이 높은 방에 적합하다.
③ 보기 지문은 증기난방에 대한 설명이다. 패널복사난방은 복사열을 이용하므로 증기난방에 비해 열의 운반능력이 크지 않다.
④ 대류난방에 비해 방열면적이 커 설비비가 고가이다.

05 실내의 거의 모든 부분에서 오염가스가 발생되는 경우 실 전체의 기류분포를 계획하여 실내

 1. ① 2. ① 3. ③ 4. ② 5. ④

과년도출제문제(출제기준 개정 전) **125**

에서 발생하는 오염 물질을 완전히 희석하고 확산시킨 다음에 배기를 행하는 환기방식은?
① 자연 환기 ② 제3종 환기
③ 국부 환기 ④ 전반 환기

해설 환기영역에 따른 분류
① 전반환기 : 열, 수증기, 오염물질의 발생이 실내에 널리 분포하는 경우 사용
② 국소(국부)환기 : 발생원이 집중되고 고정되어 있는 경우(주방, 화장실)

06 공기설비의 열회수장치인 전열교환기는 주로 무엇을 경감시키기 위한 장치인가?
① 실내부하 ② 외기부하
③ 조명부하 ④ 송풍기부하

해설 전열교환기
공조부하 중 외기부하가 차지하는 비중은 약 30% 정도가 되는데, 전열교환기는 이러한 외기부하를 줄이기 위해, 공조 배기와 급기가 직접 공기-공기로 열교환하여, 70% 전후의 열량(현열+잠열)을 회수한다.

07 공기조화 방식에서 변풍량 유닛방식(VAV unit)을 풍량제어 방식에 따라 구분할 때, 공조기에서 오는 1차 공기의 분출에 의해 실내 공기인 2차 공기를 취출하는 방식은 어느 것인가?
① 바이패스형 ② 유인형
③ 슬롯형 ④ 교축형

해설 변풍량 유닛의 종류
① 교축형 : 가장 일반적이고 널리 보편화된 형태로서 댐퍼의 개도를 조절하여 실내 부하 조건에 따라 변동되는 설정 풍량을 제어하는 방식
② 바이패스형 : 실내 부하 조건이 요구하는 필요한 풍량만 실내로 급기하고 나머지 풍량은 천정 내로 바이패스하여 리턴으로 순환시키는 방식으로 실내 부하변동에 대해서도 송풍량이 변하지 않는다.
③ 유인형 : 유인형 유닛은 교축형을 응용한 유닛으로 실내 부하가 감소하여 1차 공기량이 실내 설정 온도점 이하부터는 2차 공기를 유인하여 실내로 급기하는 방식이다.

08 보일러 동체 내부의 중앙 하부에 파형 노통이 길이 방향으로 장착되며 이 노통의 하부 좌우에 연관들을 갖춘 보일러는?
① 노통보일러 ② 노통연관보일러
③ 연관보일러 ④ 수관보일러

해설 노통연관보일러
노통보일러와 연관보일러의 장점을 취한 것으로 횡형의 동체 내에 노통의 연소실과 다수의 연관으로 구성되어 있으며 열효율이 좋아 중규모 건물 등에 많이 사용한다.

09 물·공기 방식의 공조방식으로서 중앙기계실의 열원설비로부터 냉수 또는 온수를 각 실에 있는 유닛에 공급하여 냉난방하는 공조방식은?
① 바닥취출 공조방식
② 재열방식
③ 팬코일 유닛방식
④ 패키지 유닛방식

해설 팬코일 유닛(FCU) 방식
팬코일 유닛은 냉각·가열코일, 송풍기, 공기여과기를 케이싱 내 수납한 것으로 기계실에서 냉·온수를 코일에 공급하여 실내공기를 팬으로 코일에 순환시켜 부하를 처리하는 방식으로 실내공기를 재순환하므로 공기청정도가 나쁘며 팬이 유닛에 내장되어 있으므로 소음과 진동이 발생한다.

10 공조용으로 사용되는 냉동기의 종류로 가장 거리가 먼 것은?
① 원심식 냉동기
② 자흡식 냉동기

Answer 6. ② 7. ② 8. ② 9. ③ 10. ②

③ 왕복동식 냉동기
④ 흡수식 냉동기

해설 공조용 냉동기
증기압축식(왕복동식, 원심식, 회전식, 스크류식), 증기분사식, 흡수식 등

11 다익형 송풍기의 송풍기 크기(No)에 대한 설명으로 옳은 것은?
① 임펠러의 직경(mm)을 60(mm)으로 나눈 값이다.
② 임펠러의 직경(mm)을 100(mm)으로 나눈 값이다.
③ 임펠러의 직경(mm)을 120(mm)으로 나눈 값이다.
④ 임펠러의 직경(mm)을 150(mm)으로 나눈 값이다.

해설 송풍기의 크기는 송풍기 번호로 다음과 같이 계산된다.
① 다익송풍기 번호(No.)
$= \dfrac{임펠러\ 직경[mm]}{150}$
② 축류송풍기 번호(No.)
$= \dfrac{임펠러\ 직경[mm]}{100}$

12 두께 20cm의 콘크리트벽 내면에 두께 5cm의 스티로폼 단열 시공하고, 그 내면에 두께 2cm의 나무판자로 내장한 건물 벽면의 열관류율은? (단, 재료별 열전도율(kcal/mh℃)은 콘크리트 0.7, 스티로폼 0.03, 나무판자 0.15이고, 벽면의 표면 열전달률(kcal/m²h℃)은 외벽 20, 내벽 8이다.)
① 0.31kcal/m²h℃ ② 0.39kcal/m²h℃
③ 0.41kcal/m²h℃ ④ 0.44kcal/m²h℃

해설 열관류율(K)

$K = \dfrac{1}{\dfrac{1}{\alpha_i} + \sum \dfrac{l}{\lambda} + \dfrac{1}{\alpha_o}}$

$= \dfrac{1}{\dfrac{1}{8} + \dfrac{0.2}{0.7} + \dfrac{0.05}{0.03} + \dfrac{0.02}{0.15} + \dfrac{1}{20}}$

$= 0.44 kcal/m^2h℃$

α_i : 내표면 열전달률(kcal/m²h℃)
α_o : 외표면 열전달률(kcal/m²h℃)
λ : 재질 또는 물질의 열전도율(kcal/mh℃)
l : 재질 또는 물질의 두께(m)

13 1925kg/h의 석탄을 연소하여 10550kg/h의 증기를 발생시키는 보일러의 효율은? (단, 석탄의 저위발열량은 25271kJ/kg, 발생증기의 엔탈피는 3717kJ/kg, 급수엔탈피는 221kJ/kg으로 한다.)
① 45.8% ② 64.6%
③ 70.5% ④ 75.8%

해설 보일러의 효율(η)
$\eta = \dfrac{G_a(h_2 - h_1)}{G_f \times H_l} = \dfrac{10,550(3,717-221)}{1,925 \times 25,271}$
$= 0.758 = 75.8\%$

14 다음 중 냉방부하에서 현열만이 취득되는 것은?
① 재열 부하 ② 인체 부하
③ 외기 부하 ④ 극간풍 부하

해설 ① 재열부하 : 현열
② 인체부하, 외기부하, 극간풍 부하
  : 현열 + 잠열

15 냉수코일의 설계법으로 틀린 것은?
① 공기흐름과 냉수흐름의 방향을 평행류로 하고 대수평균온도차를 작게 한다.
② 코일의 열수는 일반 공기 냉각용에는 4~8열(列)이 많이 사용된다.

Answer 11. ④ 12. ④ 13. ④ 14. ① 15. ①

③ 냉수 속도는 일반적으로 1m/s 전후로 한다.
④ 코일의 설치는 관이 수평으로 놓이게 한다.

해설 냉·온수 코일의 설계법
① 물과 공기의 흐름방향은 대향류(역류)로 할 것
② 대수평균 온도차(MTD)를 크게 할 것(열 수를 적게 할 수 있으며 코일의 열 수는 4~8열이 적당)
③ 코일의 통과 풍속 : 2~3m/s
④ 관 내의 수속 : 1m/s 전후
⑤ 물의 입·출구 온도차 : 5℃
⑥ 공기의 출구온도와 물의 입구온도 차 : 5℃ 이상

16 가습장치의 가습방식 중 수분무식이 아닌 것은?
① 원심식   ② 초음파식
③ 분무식   ④ 전열식

해설 가습장치의 종류
① 수분무식 : 원심식, 초음파식, 분무식 등
② 증기식 : 전열식(가습팬), 전극식, 적외선식 등
③ 증발식 : 회전식, 모세관식, 적하식, 에어와셔식 등

17 일반적으로 난방부하의 발생요인으로 가장 거리가 먼 것은?
① 일사 부하
② 외기 부하
③ 기기 손실부하
④ 실내 손실부하

해설 일사부하나 인체부하, 조명부하, 기구부하 등은 난방부하를 경감시키는 요인들로 작용하기 때문에 난방부하의 발생 요인이 아니다.

18 보일러의 종류에 따른 특징을 설명한 것으로 틀린 것은?
① 주철제 보일러는 분해, 조립이 용이하다.
② 노통연관 보일러는 수질관리가 용이하다.

③ 수관 보일러는 예열시간이 짧고 효율이 좋다.
④ 관류 보일러는 보유수량이 많고 설치면적이 크다.

해설 ④ 관류 보일러는 보유수량이 적어 소형에 적합하다.

19 겨울철 침입외기(틈새바람)에 의한 잠열부하(kcal/h)는? (단, Q는 극간풍량(m³/h)이며, t_o, t_r은 각각 실외, 실내온도(℃), x_o, x_r은 각각 실외, 실내 절대습도(kg/kg')이다.)

① $q_L = 0.24 \cdot Q \cdot (t_o - t_r)$
② $q_L = 0.29 \cdot Q \cdot (t_o - t_r)$
③ $q_L = 539 \cdot Q \cdot (x_o - x_r)$
④ $q_L = 717 \cdot Q \cdot (x_o - x_r)$

해설 틈새바람(극간풍)에 의한 손실열량
① 현열부하 $q_s = 0.24 \cdot G(t_o - t_r)$
            $= 0.29 \cdot Q(t_o - t_r)$
② 잠열부하 $q_L = 597.5 \cdot G(x_o - x_r)$
            $= 717 \cdot Q(x_o - x_r)$
여기서, G : 극간풍량[kg/h],
        Q : 극간풍량[m³/h]

20 시로코 팬의 회전속도가 N_1에서 N_2로 변화하였을 때, 송풍기의 송풍량, 전압, 소요동력의 변화값은?

	451rpm (N_1)	632rpm (N_2)
송풍량(m³/min)	199	㉠
전압(Pa)	320	㉡
소요동력(kW)	1.5	㉢

① ㉠ 278.9   ㉡ 628.4   ㉢ 4.1
② ㉠ 278.9   ㉡ 357.8   ㉢ 3.8

Answer 16. ④ 17. ① 18. ④ 19. ④ 20. ①

③ ㉠ 628.4 ㉡ 402.8 ㉢ 3.8
④ ㉠ 357.8 ㉡ 628.4 ㉢ 4.1

해설 ① 송풍량 :
$$Q_2 = Q_1\left(\frac{N_2}{N_2}\right) = 199 \times \left(\frac{632}{451}\right)$$
$$= 278.9 \, m^3/min$$

② 정압 :
$$P_2 = P_1\left(\frac{N_2}{N_1}\right)^2 = 320 \times \left(\frac{632}{451}\right)^2$$
$$= 628.4 \, Pa$$

③ 축동력 :
$$L_2 = L_1\left(\frac{N_2}{N_1}\right)^3 = 1.5 \times \left(\frac{632}{451}\right)^3 = 4.1 \, kW$$

제2과목 : 냉동공학

21 증발식 응축기의 특징에 관한 설명으로 틀린 것은?

① 물의 소비량이 비교적 적다.
② 냉각수의 사용량이 매우 크다.
③ 송풍기의 동력이 필요하다.
④ 순환펌프의 동력이 필요하다.

해설 ① 냉각수 소비량은 수냉식 응축기 중 가장 적다.
[참고] 증발식 응축기의 특징
① 냉각수가 부족한 곳에 사용하며 물의 증발잠열을 이용하여 응축시킨다.
② 옥외에 설치되므로 배관길이가 길어 압력강하가 크다.
③ 냉각탑을 사용하는 것보다 응축압력이 낮다.
④ 증발식 응축기의 응축온도는 외기의 건구온도보다 습구온도의 영향을 많이 받고, 외기습구온도에 의해 응축기 능력이 결정된다.

22 응축기의 냉매 응축온도가 30℃, 냉각수의 입구수온이 25℃, 출구수온이 28℃일 때, 대수평균온도차(LMTD)는?

① 2.27℃ ② 3.27℃
③ 4.27℃ ④ 5.27℃

해설 대수평균온도차(LMTD)
$$LMTD = \frac{\Delta_1 - \Delta_2}{\ln\frac{\Delta_1}{\Delta_2}} = \frac{(30-25)-(30-28)}{\ln\frac{(30-25)}{(30-28)}}$$
$$= 3.27℃$$

23 무기질 브라인 중에 동결점이 제일 낮은 것은?

① $CaCl_2$ ② $MgCl_2$
③ $NaCl$ ④ H_2O

해설 ① $CaCl_2$: -55℃
② $MgCl_2$: 33.6℃
③ $NaCl$: -21℃
④ H_2O : 0℃

24 카르노 사이클을 행하는 열기관에서 1사이클당 80kg·m의 일량을 얻으려고 한다. 고열원의 온도(T_1)를 300℃, 1사이클당 공급되는 열량을 0.5kcal라고 할 때, 저열원의 온도(T_2)와 효율(η)은?

① T_2=85℃, η=0.315
② T_2=97℃, η=0.315
③ T_2=85℃, η=0.374
④ T_2=97℃, η=0.374

해설 카르노 사이클의 열효율(η_c)
$$\eta_c = \frac{AW}{Q_H} = 1 - \frac{T_L}{T_H}$$

① 열효율(η_c)
$$\eta_c = \frac{AW}{Q_H} = \frac{80 \times \frac{1}{427}}{0.5} = 0.374$$

여기서, $1 \, kgf \cdot m = 9.8J = \frac{1}{427} \, kcal$

Answer 21. ② 22. ② 23. ① 24. ③

② 저열원의 온도(T_L)

$T_H = 300℃ = (300+273)K = 573K$

$\eta_c = 1 - \dfrac{T_L}{T_H}$

$0.374 = 1 - \dfrac{T_L}{573}$

∴ $T_L = 358K = (358-273)℃ = 85℃$

25 열의 일당량은?

① 860kg·m/kcal
② 1/860kg·m/kcal
③ 427kg·m/kcal
④ 1/427kg·m/kcal

해설 ① 열의 일당량(J)
$J = 427 kgf·m/kcal$
② 일의 열당량(A)
$A = \dfrac{1}{427} kcal/kgf·m$

26 팽창밸브 종류 중 모세관에 대한 설명으로 옳은 것은?

① 증발기 내 압력에 따라 밸브의 개도가 자동적으로 조정된다.
② 냉동부하에 따른 냉매의 유량조절이 쉽다.
③ 압축기를 가동할 때 기동동력이 적게 소요된다.
④ 냉동부하가 큰 경우 증발기 출구 과열도가 낮게 된다.

해설 ① 모세관 전후에 밸브가 없어 증발기 내 압력에 따라 밸브의 개도 조정이 불가능하다.
② 유량조절밸브가 없어 냉동부하에 따른 냉매의 유량조절이 불가능하다.
④ 냉동부하가 큰 경우 증발기 출구 냉매가스 온도 상승으로 과열도가 증가하게 된다.

27 냉동장치의 저압차단 스위치(LPS)에 관한 설명으로 옳은 것은?

① 유압이 저하되었을 때 압축기를 정지시킨다.
② 토출압력이 저하되었을 때 압축기를 정지시킨다.
③ 장치 내 압력이 일정압력 이상이 되면 압력을 저하시켜 장치를 보호한다.
④ 흡입압력이 저하되었을 때 압축기를 정지시킨다.

해설 저압차단스위치(LPS, Low Pressure Control Switch)
압축기 흡입관에 설치하여 흡입압력이 일정 이하가 되면 작동하여 압축기를 정지시킨다.
[참고]
① 유압보호스위치에 대한 설명이다.
③ 안전밸브에 대한 설명이다.
④ 저압차단스위치에 대한 설명이다.

28 다음 그림은 역카르노 사이클을 절대온도(T)와 엔트로피(S) 선도로 나타내었다. 면적($1-2-2'-1'$)이 나타내는 것은?

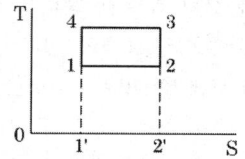

① 저열원으로부터 받는 열량
② 고열원에서 방출하는 열량
③ 냉동기에 공급된 열량
④ 고·저열원으로부터 나가는 열량

해설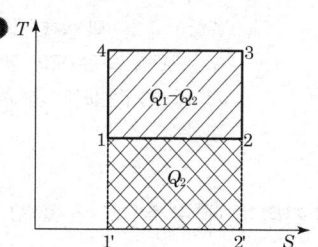

Answer 25. ③ 26. ③ 27. ④ 28. ①

① 저열원에서 흡수한 열량 : (1-2-2′-1′)
② 고열원에서 방출한 열량 : (4-3-2′-1′)
③ 사이클 열량 : (1-2-3-4)

29 압축냉동 사이클에서 엔트로피가 감소하고 있는 과정은?
① 증발과정   ② 압축과정
③ 응축과정   ④ 팽창과정

해설 **응축과정**
압력일정, 온도일정, 엔탈피 감소, 건조도 감소
[참고]
① 압축과정 : 등엔트로피 과정
② 팽창과정 : 등엔탈피 과정
③ 증발과정 : 등온·등압과정

30 스크류 압축기의 특징에 관한 설명으로 틀린 것은?
① 경부하 운전 시 비교적 동력 소모가 적다.
② 크랭크 샤프트, 피스톤 링, 커넥팅 로드 등의 마모 부분이 없어 고장이 적다.
③ 소형으로서 비교적 큰 냉동능력을 발휘할 수 있다.
④ 왕복동식에서 필요한 흡입밸브와 토출밸브를 사용하지 않는다.

해설 ① 경부하 운전 시에도 동력 소모가 크다.
[참고] 스크류 압축기의 특징
① 왕복동식에 비하여 설치면적이 작고 중·대용량에 적합하다.
② 고속 회전으로 소음은 크나 맥동과 진동이 없다.
③ 10~100%의 무단 용량제어가 가능하며 자동운전에 적합하다.
④ 흡입, 토출밸브가 없어 구조가 간단하고 수명이 길다.
⑤ 액압축의 우려가 적다.
⑥ 운전 유지비(전력 소비)가 크고 고장 시 고도의 기술이 필요하다.

31 흡수식 냉동기에 관한 설명으로 옳은 것은?
① 초저온용으로 사용된다.
② 비교적 소용량보다는 대용량에 적합하다.
③ 열교환기를 설치하여도 효율은 변함없다.
④ 물 - LiBr식에서는 물이 흡수제가 된다.

해설 ① 0℃ 이하의 저온을 얻을 수 없어 초저온용으로 사용이 어렵다.
③ 열교환기를 설치하면 효율이 좋아진다.
④ 물-LiBr식에서는 물이 냉매, LiBr가 흡수제가 된다.

32 내부균압형 자동팽창밸브에 작용하는 힘이 아닌 것은?
① 스프링 압력
② 감온통 내부압력
③ 냉매의 응축압력
④ 증발기에 유입되는 냉매의 증발압력

해설 **내부균압형 자동팽창밸브 작동 원리**

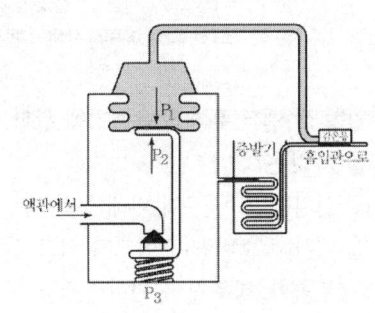

팽창밸브 열림	팽창밸브 닫힘
$P_1 > P_2 + P$	$P_1 < P_2 + P$

P_1 : 과열도에 의해 다이어프램에 전해지는 압력
P_2 : 증발기 내 냉매의 증발압력
P : 조절나사에 의한 스프링 압력

Answer 29. ③ 30. ① 31. ② 32. ③

33 압축기의 압축방식에 의한 분류 중 용적형 압축기가 아닌 것은?

① 왕복동식 압축기
② 스크류식 압축기
③ 회전식 압축기
④ 원심식 압축기

해설 ① 용적형 압축기 : 왕복동식, 스크류식, 스크롤식, 회전식 등
② 원심식 압축기 : 터보압축기

34 할라이드 토치로 누설을 탐지할 때 누설이 있는 곳에서는 토치의 불꽃색깔이 어떻게 변화되는가?

① 흑색   ② 파란색
③ 노란색   ④ 녹색

해설 Freon의 누설검사
① 비눗물로 확인
② 전자누설 탐지기를 사용
③ 할라이드 토치 사용 : 〈불꽃반응〉 정상–청색, 소량–녹색, 다량–자색, 과량–꺼짐

35 입형 셸 앤드 튜브식 응축기에 관한 설명으로 옳은 것은?

① 설치 면적이 큰데 비해 응축 용량이 적다.
② 냉각수 소비량이 비교적 적고 설치장소가 부족한 경우에 설치한다.
③ 냉각수의 배분이 불균등하고 유량을 많이 함유하므로 과부하를 처리할 수 없다.
④ 전열이 양호하며, 냉각관 청소가 용이하다.

해설 입형 셸 앤드 튜브식 응축기의 특징
① 설치면적이 작고 설비비가 저렴하다.
② 운전 중에도 냉각관 청소가 가능하다.
③ 전열이 양호하고 옥외 설치가 가능하다.
④ 수액기를 설치해야 한다.
⑤ 과부하 처리가 양호하나 과냉각이 잘 안 된다.
⑥ 냉각수 소비량이 많고 냉각관이 부식하기 쉽다.

36 냉각수 입구온도 33℃, 냉각수량 800L/min인 응축기의 냉각면적이 100m², 그 열통과율이 750kcal/m²·h·℃이며, 응축온도와 냉각수온도의 평균온도 차이가 6℃일 때, 냉각수의 출구온도는?

① 36.5℃   ② 38.9℃
③ 42.4℃   ④ 45.5℃

해설 응축부하(Q_c)

$Q_c = K \cdot A \cdot \Delta t_m = G_c \cdot C \cdot \Delta t$

$750 \times 100 \times 6 = \left(800 \times \dfrac{60\min}{1h}\right) \times 1 \times (t_2 - 33)$

$\therefore t_2 = 42.4℃$

37 열펌프 장치의 응축온도 35℃, 증발온도가 −5℃일 때, 성적계수는?

① 3.5   ② 4.8
③ 5.5   ④ 7.7

해설 열펌프의 성적계수(COP_H)
① 응축온도 $T_H = 35℃$
  $= (35+273)K = 308K$
② 증발온도 $T_L = -5℃$
  $= (-5+273)K = 268K$
③ 성적계수 $COP_H = \dfrac{T_H}{T_H - T_L}$
  $= \dfrac{308}{308-268} = 7.7$

38 냉동장치에서 펌프다운의 목적으로 가장 거리가 먼 것은?

① 냉동장치의 저압측을 수리하기 위하여
② 기동 시 액 해머 방지 및 경부하 기동을 위하여
③ 프레온 냉동장치에서 오일포밍(oil foaming)

 33. ④ 34. ④ 35. ④ 36. ③ 37. ④ 38. ④

을 방지하기 위하여
④ 저장고 내 급격한 온도저하를 위하여

해설 펌프다운(pump-down)
① 저압측(증발기, 흡입관 등)의 냉매를 회수하여 수액기에 모으는 것
② 이렇게 함으로써 다음 기동 시 액압축으로 인한 액 해머, 오일포밍현상 등을 방지할 수 있으며, 압축기 수리 등으로 압축기를 개방할 때 냉매의 낭비를 줄일 수 있다.

39 냉매와 화학분자식이 바르게 짝지어진 것은?
① R-500 → $CCl_2F_4 + CH_2CHF_2$
② R-502 → $CHClF_2 + CClF_2CF_3$
③ R-22 → CCl_2F_2
④ R-717 → NH_4

해설 ① R-500 → $CH_3CHF_2 + CCl_2F_2$
③ R-22 → $CHClF_2$
④ R-717 → NH_3

40 열역학 제2법칙을 바르게 설명한 것은?
① 열은 에너지의 하나로서 일을 열로 변환하거나 또는 열을 일로 변환시킬 수 있다.
② 온도계의 원리를 제공한다.
③ 절대 0도에서의 엔트로피 값을 제공한다.
④ 열은 스스로 고온물체로부터 저온물체로 이동되나 그 과정은 비가역이다.

해설 ① 열역학 제1법칙(에너지보존의 법칙)에 대한 설명이다.
② 열역학 제0법칙(온도(열)평형의 법칙)에 대한 설명이다.
③ 열역학 제3법칙(절대온도의 법칙)에 대한 설명이다.

제3과목 : 배관일반

41 방열기 주변의 신축이음으로 적당한 것은?
① 스위블 이음
② 미끄럼 신축이음
③ 루프형 이음
④ 벨로즈식 신축이음

해설 스위블 이음(Swivel joint)
2개 이상의 엘보를 사용하고 이음부의 나사회전을 이용하여 신축을 흡수하는 신축이음으로서 증기나 온수난방용 배관의 방열기 주변에 사용된다.

42 다음 중 동관이음 방법의 종류가 아닌 것은?
① 빅토릭 이음   ② 플레어 이음
③ 용접 이음   ④ 납땜 이음

해설 빅토릭 이음
U자형의 고무링과 주철제 칼라로 둘러 접합하는 방식으로서 주철관 이음방식이다.

43 하나의 장치에서 4방밸브를 조작하여 냉·난방 어느 쪽도 사용할 수 있는 공기조화용 펌프를 무엇이라고 하는가?
① 열펌프   ② 냉각펌프
③ 원심펌프   ④ 왕복펌프

해설 히트(열)펌프
압축식 냉동사이클을 여름에는 냉방용으로 운전하고 겨울에는 4방밸브에 의해 냉매의 흐름방향을 바꾸어 난방용으로 운전하는 시스템이다. 냉매의 흐름방향을 바꾸면 증발기는 응축기로 응축기는 증발기로 그 기능이 바뀐다. 히트펌프의 특징은 낮은 온도의 열원인 공기, 물, 폐수, 폐열 등으로부터 높은 온도의 열을 얻을 수 있고 냉동만의 사이클보다 성적계수가 1만큼 크다.

Answer 39. ② 40. ④ 41. ① 42. ① 43. ①

44 급수펌프의 설치 시 주의사항으로 틀린 것은?

① 펌프는 기초볼트를 사용하여 기초 콘크리트 위에 설치 고정한다.
② 풋 밸브는 동수위면보다 흡입관경의 2배 이상 물속에 들어가게 한다.
③ 토출측 수평관은 상향구배로 배관한다.
④ 흡입양정은 되도록 길게 한다.

해설 ④ 펌프의 설치 위치를 되도록 낮춰 흡입양정을 낮게 한다.

45 배수 및 통기설비에서 배수 배관의 청소구 설치를 필요로 하는 곳으로 가장 거리가 먼 것은?

① 배수 수직관의 제일 밑부분 또는 그 근처에 설치
② 배수 수평 주관과 배수 수평 분기관의 분기점에 설치
③ 100A 이상의 길이가 긴 배수관의 끝 지점에 설치
④ 배수관이 45° 이상의 각도로 방향을 전환하는 곳에 설치

해설 **배수배관의 청소구 설치 간격**
① 배수 수평관에서 관경이 100A 이하일 때에는 직진거리 15m 이내마다 1개소씩 설치한다.
② 관경이 100A 이상일 때에는 직진거리 30m 이내마다 1개소씩 설치한다.

46 강관의 두께를 나타내는 스케줄번호(Sch No)에 대한 설명으로 틀린 것은? (단, 사용압력은 $P(kg/cm^2)$, 허용응력은 $S(kg/mm^2)$이다.)

① 노멀 스케줄 번호는 10, 20, 30, 40, 60, 80, 100, 120, 140, 160(10종류)까지로 되어 있다.
② 허용응력은 인장강도를 안전율로 나눈 값이다.
③ 미터계열 스케줄번호 관계식은 10×허용응력(S)/사용압력(P)이다.
④ 스케줄번호(Sch No)는 유체의 사용압력과 그 상태에 있어서 재료의 허용응력과의 비(比)에 의해서 관두께의 체계를 표시한 것이다.

해설 ③ 미터계열 스케줄번호 관계식은 10×사용압력(P)/허용응력(S)이다.

47 다음과 같이 압축기와 응축기가 동일한 높이에 있을 때, 배관 방법으로 가장 적합한 것은?

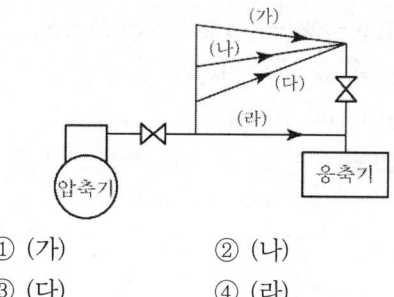

① (가)   ② (나)
③ (다)   ④ (라)

해설 압축기와 응축기가 같은 위치에 있는 경우 일단 입상관을 설치한 다음 하향구배 배관으로 응축기로 연결하여 압축기 정지 중 응축된 냉매가 압축기로 역류하는 것을 방지해야 한다.

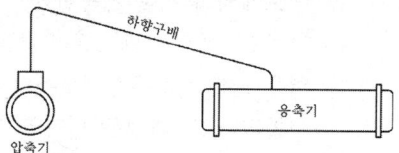

[토출배관 (응축기와 압축기가 같은 위치)]

48 체크밸브에 대한 설명으로 옳은 것은?

① 스윙형, 리프트형, 풋형 등이 있다.
② 리프트형은 배관의 수직부에 한하여 사용한다.
③ 스윙형은 수평배관에만 사용한다.
④ 유량조절용으로 적합하다.

44. ④ 45. ③ 46. ③ 47. ① 48. ①

해설 ② 리프트형은 배관의 수평부에 사용한다.
③ 스윙형은 수평, 수직배관에 사용한다.
④ 유량조절용이 아니라 역류방지용으로 적합하다.

49 단열을 위한 보온재 종류의 선택 시 고려해야 할 조건으로 틀린 것은?
① 단위 체적에 대한 가격이 저렴해야 한다.
② 공사 현장 상황에 대한 적응성이 커야 한다.
③ 불연성으로 화재 시 유독가스를 발생하지 않아야 한다.
④ 물리적, 화학적 강도가 작아야 한다.

해설 **보온재의 구비 조건**
① 보온능력이 크고 열전도율이 작을 것
② 비중이 작을 것
③ 어느 정도 기계적 강도를 가질 것
④ 흡습성, 흡수성이 없을 것
⑤ 불연성일 것
⑥ 사용온도에서 장시간 사용해도 변질이 없을 것
⑦ 구입이 용이하고 시공이 쉬우며 내년수가 길 것

50 배수배관의 시공상 주의사항으로 틀린 것은?
① 배수를 가능한 한 빨리 옥외 하수관으로 유출할 수 있을 것
② 옥외 하수관에서 유해가스가 건물 안으로 침입하는 것을 방지할 수 있을 것
③ 배수관 및 통기관은 내구성이 풍부하고 물이 새지 않도록 접합을 완벽히 할 것
④ 한랭지일 경우 동결 방지를 위해 배수관은 반드시 피복을 하며 통기관은 그대로 둘 것

해설 ④ 한랭지일 경우 동결 방지를 위해 배수관 및 통기관 모두 피복을 할 것

51 배관제도에서 배관의 높이 표시 기호에 대한 설명으로 틀린 것은?
① TOP : 관 바깥지름 윗면을 기준으로 한 높이 표시
② FL : 1층의 바닥면을 기준으로 한 높이 표시
③ EL : 관 바깥지름의 아랫면을 기준으로 한 높이 표시
④ GL : 포장된 지표면을 기준으로 한 높이 표시

해설 ③ EL : 배관의 높이를 관의 중심을 기준으로 표시
[참고] BOP(Bottom of Pipe) 표시 : 지름과 다른 관의 높이를 나타낼 때 적용되며 관 외경의 아랫면을 기준으로 한 높이 표시

52 10kg의 쇠덩어리를 20℃에서 80℃까지 가열하는 데 필요한 열량은? (단, 쇠덩어리의 비열은 0.61kJ/kg·℃이다.)
① 27kcal   ② 87kcal
③ 366kcal ④ 600kcal

해설 **가열량(Q)**
$Q = G \cdot C \cdot \Delta t$
$= 10 \times 0.61 \times (80-20) = 366$ kJ
1kcal=4.18kJ이므로 가열량 단위를 환산(kJ → kcal)하면
$Q = 366 \text{kJ} \times \dfrac{1\text{kcal}}{4.18\text{kJ}} = 87 \text{kcal}$

53 증기 수평관에서 파이프의 지름을 바꿀 때 방법으로 가장 적절한 것은? (단, 상향구배로 가정한다.)
① 플랜지 접합을 한다.
② 티를 사용한다.
③ 편심 조인트를 사용해 아랫면을 일치시킨다.

Answer 49. ④ 50. ④ 51. ③ 52. ② 53. ③

④ 편심 조인트를 사용해 윗면을 일치시킨다.

해설 ③ 관의 확대 및 축소 증기관을 확대 또는 축소하는 경우에는 동심 조인트 대신에 편심 조인트를 사용해 아랫면을 일치시켜 응축수가 체류하지 않도록 해야 한다.

54 다음 중 증기와 응축수의 밀도차에 의해 작동하는 기계식 트랩은?

① 벨로즈 트랩 ② 바이메탈 트랩
③ 플로트 트랩 ④ 디스크 트랩

해설 기계식 트랩
증기와 응축수 사이의 밀도차인 부력차이에 의해 자동되는 타입으로 응축수가 생성되는 것과 동시에 배출된다. 플로트 트랩, 버킷 트랩이 있다.

55 냉매 배관 시공법에 관한 설명으로 틀린 것은?

① 압축기와 응축기가 동일 높이 또는 응축기가 아래에 있는 경우 배출관은 하향 기울기로 한다.
② 증발기가 응축기보다 아래에 있을 때 냉매액이 증발기에 흘러내리는 것을 방지하기 위해 2m 이상 역 루프를 만들어 배관한다.
③ 증발기와 압축기가 같은 높이일 때는 흡입관을 수직으로 세운 다음 압축기를 향해 선단 상향구배로 배관한다.
④ 액관 배관 시 증발기 입구에 전자밸브가 있을 때는 루프이음을 할 필요가 없다.

해설 ③ 증발기와 압축기가 같은 높이일 때는 흡입관을 수직으로 세운 다음 압축기를 향해 하향구배로 배관한다.

56 증기난방에서 고압식인 경우 증기 압력은?

① 0.15~0.35kgf/cm² 미만

② 0.35~0.72kgf/cm² 미만
③ 0.72~1kgf/cm² 미만
④ 1kgf/cm² 이상

해설 증기난방 압력에 따른 분류
① 저압식 : 사용증기압력 1kg/cm²·G 미만
② 고압식 : 사용증기압력 1kg/cm²·G 이상

57 증기난방에 비해 온수난방의 특징으로 틀린 것은?

① 예열시간이 길지만 가열 후에 냉각시간도 길다.
② 공기 중의 미진이 늘어 생기는 나쁜 냄새가 적어 실내의 쾌적도가 높다.
③ 보일러의 취급이 비교적 쉽고 비교적 안전하여 주택 등에 적합하다.
④ 난방부하 변동에 따른 온도조절이 어렵다.

해설 ④ 난방부하의 변동에 대한 온도(방열량)조절이 용이하다.
[참고] 온수난방의 특징

장점	단점
㉠ 방열기 온도가 낮아 실내 상하온도차가 적어 쾌감도가 좋다.	㉠ 열용량이 커 예열시간이 길다.
㉡ 중앙에서 온수온도 제어에 따른 방열량(온도) 조절이 용이하다.	㉡ 수두에 제한이 있어 건축물의 높이에 제한을 받는다.
㉢ 열용량이 커 실온의 변동이 적고 동결우려가 적다.	㉢ 보유열량이 적어 방열면적 및 관지름이 크다.
㉣ 보일러 취급이 용이하며 안전하다.	㉣ 순환펌프 등의 설치로 설비비가 비싸다.

58 배수관에 트랩을 설치하는 주된 이유는?

① 배수관에서 배수의 역류를 방지한다.
② 배수관의 이물질을 제거한다.
③ 배수의 속도를 조절한다.

54. ③ 55. ③ 56. ④ 57. ④ 58. ④

④ 배수관에 발생하는 유취와 유해가스의 역류를 방지한다.

해설 배수트랩
일정량의 물을 괴게 해서, 하수관 속에서 발생한 부패 가스가 배수관을 통하여 실내로 역류하는 것을 방지하는 장치

59 배관의 이동 및 회전을 방지하기 위하여 지지점의 위치에 완전히 고정하는 장치는?
① 앵커 ② 행거
③ 가이드 ④ 브레이스

해설 ① 앵커(anchor) : 이동 및 회전을 방지하기 위하여 지지점 위치에 완전히 고정하는 장치
② 행거 : 배관의 하중을 위에서 걸어 당겨 지지하는 데 사용
③ 가이드 : 배관의 축방향 이동은 허용하고 관의 회전이나 축과 직각방향을 구속하는 데 사용
④ 브레이스 : 압축기나 펌프에서 발생하는 배관의 진동을 억제하는 데 사용

60 다음 그림에 나타낸 배관시스템 계통도는 냉방설비의 어떤 열원방식을 나타낸 것인가?

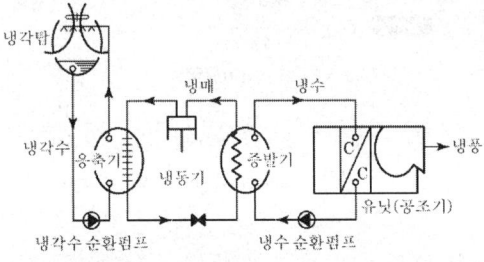

① 냉수를 냉열매로 하는 열원방식
② 가스를 냉열매로 하는 열원방식
③ 증기를 온열매로 하는 열원방식
④ 고온수를 온열매로 하는 열원방식

해설 문제의 냉방설비는 냉동기를 가동하여 냉매와 냉수를 증발기에서 열교환시켜 냉각시킨 냉수를 냉열매로 이용하는 열원방식이다.

제4과목 : 전기제어공학

61 서보기구용 검출기가 아닌 것은?
① 유량계 ② 싱크로
③ 전위차계 ④ 차동변압기

해설 서보기구용 검출기

서보 기구용 검출기	특징
• 전위차계	권선형 저항을 이용하여 변위, 변수를 측정
• 차동변압기	변위를 자기 저항의 불균형으로 변환
• 싱크로	변각을 검출
• 마이크로신	변각을 검출
• 셀신전동기	변각을 검출

62 출력의 일부를 입력으로 되돌림으로써 출력과 기준 입력과의 오차를 줄여나가도록 제어하는 제어방법은?
① 피드백 제어 ② 시퀀스 제어
③ 리세트 제어 ④ 프로그램 제어

해설 피드백 제어계
㉠ 출력량을 귀환(Feedback)할 수 있는 귀환경로를 포함한 제어계로, 제어계의 출력값이 목표값과 비교하여 일치하지 않을 경우에는 다시 출력값을 입력으로 피드백시켜 오차를 수정하도록 귀환경로를 갖는 방식으로 제어의 질의 개선에 효과가 있다.
㉡ 구조가 복잡하고 반드시 입력과 출력을 비교하는 장치가 필요하다.

63 제어요소의 출력인 동시에 제어대상의 입력으로 제어요소가 제어대상에게 인가하는 제어신호는?
① 외란 ② 제어량
③ 조작량 ④ 궤환신호

Answer 59. ① 60. ① 61. ① 62. ① 63. ③

해설 **조작량**
제어요소에서 제어대상에 인가되는 양으로 제어장치의 출력인 동시에 제어대상의 입력신호
[참고]
① 외란 : 외부로부터 제어대상에 작용하여 제어계의 상태를 교란시키는 모든 변수값
② 제어량 : 제어대상에서 제어된 출력량
③ 궤한(피드백)신호 : 제어대상의 움직임을 검출부를 통하여 검출한 양을 신호로 나타내는 것으로, 제어량을 목표값과 비교하여 동작신호를 얻기 위해 피드백하는 신호이다.

64 다음은 자기에 관한 법칙들을 나열하였다. 다른 3개와는 공통점이 없는 것은?
① 렌츠의 법칙
② 패러데이의 법칙
③ 자기의 쿨롱법칙
④ 플레밍의 오른손법칙

해설 **전자기 유도법칙**
플레밍의 오른손법칙, 패러데이 법칙, 렌츠의 법칙
[참고] 자기의 쿨롱법칙 : 전기력에 관한 법칙

65 위치, 각도 등의 기계적 변위를 제어량으로 해서 목표값의 임의의 변화에 추종하도록 구성된 제어계는?
① 자동조정   ② 서보기구
③ 정치 제어   ④ 프로그램 제어

해설 **서보기구**
자세나 물체의 위치, 방위, 자세 등의 상태량을 제어하는 것으로 대표적으로 미사일 추적장치, 레이더가 있다.

66 그림은 전동기 속도제어의 한 방법이다. 전동기가 최대 출력을 낼 때 사이리스터의 점호각은 몇 rad이 되는가?

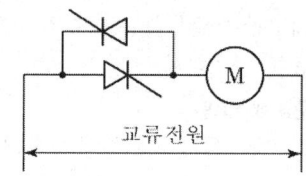

① 0   ② $\frac{\pi}{6}$
③ $\frac{\pi}{2}$ ④ π

해설 점호각이 α일 때 평균출력 전압은
① 전파정류일 때 : $E_d = \frac{\sqrt{2}}{\pi}E(1+\cos\alpha)$
② 반파정류일 때 : $E_d = \frac{\sqrt{2}}{2\pi}E(1+\cos\alpha)$
따라서 점호각 α가 0rad일 때 $\cos\alpha$가 최대가 되므로($\alpha = 1$) 이때 출력이 최대가 된다.
($-1 \leq \cos\alpha \leq 1$)

67 전달함수 $G(s) = \frac{10}{3+2s}$을 갖는 계에 $\omega = 2$ rad/sec인 정현파를 줄 때 이득은 약 몇 dB인가?
① 2   ② 3
③ 4   ④ 6

해설 $G(j\omega) = \frac{10}{3+2j\omega}$
$\omega = 2$rad/sec이므로
$|G(j\omega)| = \left|\frac{10}{3+2j\omega}\right|_{\omega=2} = \frac{10}{\sqrt{3^2+4^2}} = 2$
이득 $= 20\log|G(j\omega)| = 20\log 2 = 6$

68 다음 $L = \overline{x} \cdot y \cdot \overline{z} + \overline{x} \cdot y \cdot z + x \cdot \overline{y} \cdot z + x \cdot y \cdot z$을 간단히 한 식으로 옳은 것은?
① $\overline{x} \cdot y + x \cdot z$ ② $x \cdot y + \overline{x} \cdot z$
③ $x \cdot \overline{y} + \overline{x} \cdot \overline{z}$ ④ $\overline{x} \cdot \overline{y} + x \cdot \overline{z}$

해설 $L = \overline{x}y\overline{z} + \overline{x}yz + x\overline{y}z + xyz$
$= \overline{x}y(\overline{z}+z) + xz(\overline{y}+y)$,
$(\overline{z}+z = 1, \overline{y}+y = 1)$

Answer 64. ③ 65. ② 66. ① 67. ④ 68. ①

$= \bar{x}y + xz$

69 전력(electric power)에 관한 설명으로 옳은 것은?
① 전력은 전류의 제곱에 저항을 곱한 값이다.
② 전력은 전압의 제곱에 저항을 곱한 값이다.
③ 전력은 전압의 제곱에 비례하고 전류에 반비례한다.
④ 전력은 전류의 제곱에 비례하고 전압의 제곱에 반비례한다.

해설 전력(P)은 $P = VI = I^2R = \dfrac{V^2}{R}$ 이므로
② 전력은 전압의 제곱에 저항을 나눈 값이다.
③ 전력은 전압의 제곱에 비례하고 저항에 반비례한다.
④ 전력은 전류의 제곱에 비례하고 저항에 비례한다.

70 유도전동기의 속도제어에 사용할 수 없는 전력 변환기는?
① 인버터   ② 정류기
③ 위상제어기   ④ 사이클로 컨버터

해설 유도전동기 속도제어
㉠ 인버터 : 직류를 교류로 변환하는 장치로 유도전동기의 속도제어, 효율제어, 역률제어 등이 가능하다.
㉡ 사이클로 컨버터 : 어떤 주파수의 교류를 다른 주파로의 교류로 직접 변환하는 장치로 유도전동기의 속도제어용으로 사용
㉢ 위상제어기 : 위상제어를 통해 유도전동기의 속도제어
[참고] 정류기 : 교류를 직류로 바꾸는 장치

71 다음 중 압력을 감지하는 데 가장 널리 사용되는 것은?
① 전위차계

② 마이크로폰
③ 스트레인 게이지
④ 회전자기 부호기

해설 스트레인 게이지(strain gauge)
금속이나 반도체에서 기계적인 신장 또는 압축을 받으면 그로 인해 저항이 변하는 성질을 이용하는 계측기로 압력 센서, 부하 셀, 토크 센서, 위치 센서 등과 같은 다양한 종류의 센서에 적용된다.
※ 스트레인(strain) : 외력에 대한 물질에 변형 정도

72 다음의 정류회로 중 리플전압이 가장 작은 회로는? (단, 저항부하를 사용하였을 경우이다.)
① 3상 반파 정류회로
② 3상 전파 정류회로
③ 단상 반파 정류회로
④ 단상 전파 정류회로

해설 리플(맥동률)

구분	단상반파	단상전파	3상반파	3상전파
맥동률 (리플)	$r=1.21$	$r=0.482$	$r=0.183$	$r=0.042$
맥동 주파수	f(60Hz)	$2f$ (120Hz)	$3f$ (180Hz)	$6f$ (360Hz)

[참고] 리플(맥동률) : 리플이란 충전과 방전으로 인한 출력전압의 변동을 말하며 리플이 적으면 적을수록 출력전압의 변동이 작다. 반파 정류회로는 구조가 간단하지만 전압이 용률이 낮고 리플이 크다. 전파정류 회로는 적은 양의 방전과 빠른 충전으로 리플이 적어진다.

73 조절부와 조작부로 구성되어 있는 피드백 제어의 구성요소를 무엇이라 하는가?
① 입력부   ② 제어장치
③ 제어요소   ④ 제어대상

Answer 69. ① 70. ② 71. ③ 72. ② 73. ③

해설 제어요소
동작신호를 조작량으로 변환시키는 요소이며 조절부와 조작부로 구성된다.
① 조절부 : 동작신호를 만드는 부분이며 기준입력과 검출부 출력을 합하여 제어계가 소요의 작용을 하는 데 필요한 신호를 만들어 조작부에 보내는 장치
② 조작부 : 조절부에서 받은 신호를 조작량으로 변화하여 제어대상에 작용하게 하는 부분

74 3상 유도전동기의 회전방향을 바꾸려고 할 때 옳은 방법은?
① 기동보상기를 사용한다.
② 전원 주파수를 변환한다.
③ 전동기의 극수를 변환한다.
④ 전원 3선 중 2선의 접속을 바꾼다.

해설 3상 유도전동기의 회전방향을 바꾸려면 3선 중 임의의 2선을 바꾸어 연결하면 된다.

75 그림과 같이 접지저항을 측정하였을 때 R_1의 접지저항(Ω)을 계산하는 식은?
(단, $R_{12} = R_1 + R_2$, $R_{23} = R_2 + R_3$, $R_{31} = R_3 + R_1$ 이다.)

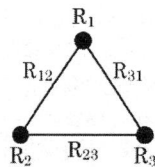

① $R_1 = \dfrac{1}{2}(R_{12} + R_{31} + R_{23})$
② $R_1 = \dfrac{1}{2}(R_{31} + R_{23} - R_{12})$
③ $R_1 = \dfrac{1}{2}(R_{12} - R_{31} + R_{23})$
④ $R_1 = \dfrac{1}{2}(R_{12} + R_{31} - R_{23})$

해설 접지저항의 측정(3점법)
$R_{12} = R_1 + R_2 \ - \ ①$
$R_{23} = R_2 + R_3 \ - \ ②$
$R_{31} = R_3 + R_1 \ - \ ③$
①식과 ③식을 더하면
$R_{12} + R_{31} = 2R_1 + R_2 + R_3$
$R_{12} + R_{31} = 2R_1 + R_{23}$
R_1에 관해 정리하면
$2R_1 = R_{12} + R_{31} - R_{23}$
$R_1 = \dfrac{1}{2}(R_{12} + R_{31} - R_{23})$

76 그림(a)의 병렬로 연결된 저항회로에서 전류 I와 I_1의 관계를 그림(b)의 블록선도로 나타낼 때 A에 들어갈 전달함수는?

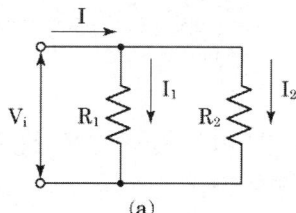

(a)

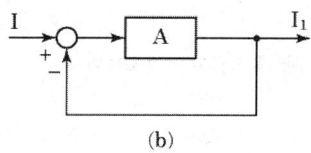

(b)

① $\dfrac{R_1}{R_2}$ ② $\dfrac{R_2}{R_1}$
③ $\dfrac{1}{R_1 R_2}$ ④ $\dfrac{1}{R_1 + R_2}$

해설 각 저항에 걸리는 전류
$I_1 = \dfrac{R_2}{R_1 + R_2} I [A], \quad I_2 = \dfrac{R_1}{R_1 + R_2} I [A]$
전달함수를 구하면
$\dfrac{I_1}{I} = \dfrac{R_2}{R_1 + R_2} = \dfrac{\dfrac{R_2}{R_1}}{1 + \dfrac{R_2}{R_1}}$

74. ④   75. ④   76. ②

$$\therefore A = \frac{R_2}{R_1}$$

77 다음과 같이 저항이 연결된 회로의 전압 V_1과 V_2의 전압이 일치할 때, 회로의 합성저항은 약 몇 Ω인가?

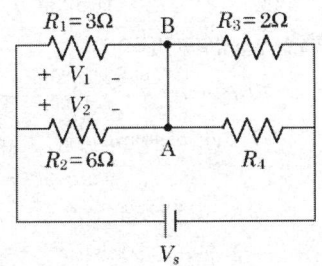

① 0.3 ② 2
③ 3.33 ④ 4

해설 문제 조건 부족 전항 정답
[참고] A점과 B점 양단의 전위차가 0일 때
$R_1 R_4 = R_2 R_3$
$3 \times R_4 = 6 \times 2$
$R_4 = 4\,\Omega$
그림에서 R_1과 R_2, R_3과 R_4의 저항이 병렬로 연결되어 있고 이들이 또 직렬로 연결되어 있으므로 합성저항(R)은
$$\frac{1}{R_A} = \frac{1}{R_1} + \frac{1}{R_2} = \frac{1}{3} + \frac{1}{6} = \frac{1}{2}$$
$R_A = 2\,\Omega$
$$\frac{1}{R_B} = \frac{1}{R_3} + \frac{1}{R_4} = \frac{1}{2} + \frac{1}{4} = \frac{3}{4}$$
$R_B = 1.33\,\Omega$
$\therefore R = R_A + R_B = 2 + 1.33 = 3.33\,\Omega$

78 $v = 141\sin\left(377t - \frac{\pi}{6}\right)$V인 전압의 주파수는 약 몇 Hz인가?
① 50 ② 60
③ 100 ④ 377

해설 ① 각속도(w)
$\omega = 377\,\text{rad/s}$
② 주파수(f)
$\omega = 2\pi f \rightarrow 377 = 2\pi f$
$\therefore f = \frac{377}{2\pi} = 60\,\text{Hz}$

79 그림과 같은 블록선도가 의미하는 요소는?

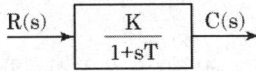

① 비례 요소
② 미분 요소
③ 1차 지연 요소
④ 2차 지연 요소

해설 1차 지연 요소
출력이 입력의 변화에 따라 어떤 일정한 값에 도달하는 데 시간의 늦음이 있는 요소
$$G(s) = \frac{R(s)}{C(s)} = \frac{K}{1+sT}$$

80 자동제어계의 구성 중 기준입력과 궤환신호와의 차를 계산해서 제어 시스템에 필요한 신호를 만들어 내는 부분은?
① 조절부   ② 조작부
③ 검출부   ④ 목표설정부

해설 조절부
동작신호를 만드는 부분이며 기준입력과 검출부 출력을 합하여 제어계가 소요의 작용을 하는 데 필요한 신호를 만들어 조작부에 보내는 장치

Answer 77. 전항 78. ② 79. ③ 80. ①

2017년 8월 26일(3회) 시행

공조냉동기계산업기사 과년도출제문제

제1과목 : 공기조화

01 다음 중 냉난방 과정을 설계할 때 주로 사용되는 습공기선도는? (단, h는 엔탈피, x는 절대습도, t는 건구온도, s는 엔트로피, p는 압력이다.)
① h-x 선도 ② t-s 선도
③ t-h 선도 ④ p-h 선도

해설 ① h(i)-x 선도 : 엔탈피와 절대습도를 좌표로 사용하며 냉난방 설계 시 이론적인 계산에 주로 사용된다.
② t - x 선도 : 건구온도와 절대습도를 좌표로 사용하며 h - x 선도와 비슷한 점이 많으나 실용상 편리하도록 간략하게 되어 있으며 계산에 의해 열수분비를 구해야 한다.
③ t - h(i) 선도 : 건구온도와 엔탈피를 좌표로 사용하며 공기와 수증기의 변화를 동시에 나타내며 실용적인 각종 계산에 사용되고, 물과 공기의 상태가 잘 나타나 있어 물과 공기가 접촉하면서 변화하는 경우의 해석에 편리하며 공기 중에 물을 분무하는 공기세정기나 냉각탑 등의 해석에 이용된다.
④ p - h(i) 선도 : 세로축에 변화되는 냉매의 절대압력(P)과 가로축에 냉매의 엔탈피(h, i)의 변화를 표시하여 냉매의 상태변화를 여러 가지 선으로 나타내는 선도로서 냉동장치의 계산에 사용된다.

02 어느 실내에 설치된 온수 방열기의 방열면적이 $10m^2$ EDR일 때의 방열량(W)은?
① 4500 ② 6500
③ 7558 ④ 5233

해설 **상당방열면적(EDR)**
$$EDR(m^2) = \frac{방열기의\ 전방열량(W)}{표준방열량}$$
방열기의 전발열량 = EDR×표준방열량
$= 10 \times 523 = 5230W$

[참고] 표준방열량
① 온수 : $450kcal/m^2 \cdot h = 0.523kW/m^2$
② 증기 : $650kcal/m^2 \cdot h = 0.756kW/m^2$

03 통과 풍량이 $350m^3/min$일 때 표준 유닛형 에어필터의 수는? (단, 통과 풍속은 1.5m/s, 통과면적은 $0.5m^2$이며, 유효면적은 80%이다.)
① 5개 ② 6개
③ 8개 ④ 10개

해설 **표준 유닛형 에어필터의 수**
$$n = \frac{Q}{v_0 \times A_0 \times 60}$$
$$= \frac{350}{1.5 \times (0.5 \times 0.8) \times 60}$$
$= 9.72 ≒ 10개$

04 난방부하 계산에서 손실부하에 해당되지 않는 것은?
① 외벽, 유리창, 지붕에서의 부하
② 조명기구, 재실자의 부하
③ 틈새바람에 의한 부하
④ 내벽, 바닥에서의 부하

해설 일사부하나 인체부하, 조명부하, 기구부하 등은 난방부하를 경감시키는 요인들로 작용하기 때

Answer 1. ① 2. ④ 3. ④ 4. ②

문에 일반적으로 손실부하에 해당하지 않는다.

구분	부하의 종류
실내 손실 부하	• 구조체의 손실열량 : 외벽, 지붕, 창유리, 내벽, 바닥, 문 • 틈새바람에 의한 손실열량
기기 손실 부하	덕트나 송풍기에서 누설열량
외기부하	외기의 도입에 의한 손실열량

05 공기조화방식 중 중앙식 전공기방식의 특징에 관한 설명으로 틀린 것은?

① 실내공기의 오염이 적다.
② 외기냉방이 가능하다.
③ 개별제어가 용이하다.
④ 대형의 공조기계실을 필요로 한다.

해설 ③ 공조기가 기계실에 집중되어 관리가 편리하지만 유닛병용식인 경우를 제외하고는 개별 제어가 어렵다.

06 냉각수는 배관 내를 통하게 하고 배관 외부에 물을 살수하여 살수된 물의 증발에 의해 배관 내 냉각수를 냉각시키는 방식으로 대기오염이 심한 곳 등에서 많이 적용되는 냉각탑은?

① 밀폐식 냉각탑
② 대기식 냉각탑
③ 자연통풍식 냉각탑
④ 강제통풍식 냉각탑

해설 **밀폐식 냉각탑**
냉각수의 오염방지를 위해 코일 내 냉각수를 통하게 하고 코일 표면에 물을 살포하여 배관 내 냉각수를 간접 냉각시키는 방식
[참고]
① 대기식 냉각탑 : 자연적으로 흐르는 대기 속에 물을 살수 또는 분무시켜서 냉각시키는 방식
② 자연통풍식 : 바람의 속도에 영향받지 않고 탑 내에 안정된 공기량이 얻어진다. 넓은 입지면적을 필요로 하므로, 화력이나 기타 발전소에 사용되고 공조용으로서는 사용되지 않는다.
③ 강제통풍식 : 송풍기를 사용하여 공기를 보내는 냉각방법이므로, 냉각효과가 크고 성능도 안정되어 있다. 저렴하고 소형경량화가 가능하여 대형의 공업용, 중·소형의 공조용 등 가장 많이 사용되고 있다.

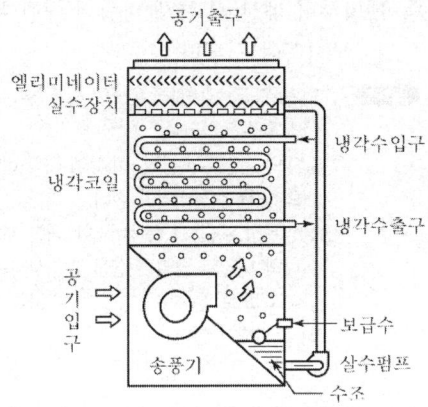

[밀폐식 냉각탑의 구조]

07 온수난방 방식의 분류에 해당되지 않는 것은?

① 복관식 ② 건식
③ 상향식 ④ 중력식

해설 온수난방의 분류

구분	방식
순환방식	자연순환(중력식)
	강제순환식(펌프식)
온수온도	고온수식
	보통온수식
	저온수식
배관방식	단관식
	복관식
	역환수관식(리버스리턴)
공급방식	상향식
	하향식

Answer 5. ③ 6. ① 7. ②

08 냉난방부하에 관한 설명으로 옳은 것은?
① 외기온도와 실내설정온도의 차가 클수록 냉난방도일은 작아진다.
② 실내의 잠열부하에 대한 현열부하의 비를 현열비라고 한다.
③ 난방부하 계산 시 실내에서 발생하는 열부하는 일반적으로 고려하지 않는다.
④ 냉방부하 계산 시 틈새 바람에 대한 부하는 무시하여도 된다.

해설 ① 외기온도와 실내설정 온도의 차가 클수록 냉난방도일은 커진다.
② 실내의 전열부하(잠열+현열)에 대한 현열부하의 비를 현열비라고 한다.
④ 냉방부하 계산 시 틈새바람에 대한 부하는 실내의 현열과 잠열 손실을 발생시키는 원인이 되므로 틈새바람에 의한 부하를 충분히 고려해야 한다.

09 공기 냉각코일에 대한 설명으로 틀린 것은?
① 소형 코일에는 일반적으로 외경 9~13mm 정도의 동관 또는 강관의 외측에 동 또는 알루미늄제의 핀을 붙인다.
② 코일의 관 내에는 물 또는 증기, 냉매 등의 열매가 통하고 외측에는 공기를 통과시켜서 열매와 공기를 열교환시킨다.
③ 핀의 형상은 관의 외부에 얇은 리본 모양의 금속판을 일정한 간격으로 감아 붙인 것을 에로핀형이라 한다.
④ 에로핀 중 감아 붙인 핀이 주름진 것을 평판핀, 주름이 없는 평면상의 것을 파형핀이라 한다.

해설 ④ 에로핀 중 감아 붙인 핀이 주름진 것을 링클핀, 주름이 없는 평면상의 것을 평판핀이라 한다.

10 냉각수 출입구 온도차를 5℃, 냉각수의 처리 열량을 16380kJ/h로 하면 냉각수량(L/min)은? (단, 냉각수의 비열은 4.2kJ/kg·℃로 한다.)
① 10 ② 13
③ 18 ④ 20

해설 냉각수량(L/min)
$$G = \frac{Q}{C\Delta t} = \frac{16380\text{kJ/h} \times \frac{1\text{h}}{60\text{min}}}{4.2 \times 5} = 13\text{L/min}$$

11 복사 냉·난방 방식에 관한 설명으로 틀린 것은?
① 실내 수배관이 필요하며, 결로의 우려가 있다.
② 실내에 방열기를 설치하지 않으므로 바닥이나 벽면을 유용하게 이용할 수 있다.
③ 조명이나 일사가 많은 방에 효과적이며, 천장이 낮은 경우에만 적용된다.
④ 건물의 구조체가 파이프를 설치하여 여름에는 냉수, 겨울에는 온수로 냉·난방을 하는 방식이다.

해설 ③ 방의 상하 온도차가 적어 방 높이에 의한 실온의 변화가 적으므로 천장이 높은 방, 조명 부하가 많은 방, 겨울철 윗면이 차가워지는 방에 채택한다.

12 습공기의 수증기 분압과 동일한 온도에서 포화공기의 수증기 분압과의 비율을 무엇이라 하는가?
① 절대습도   ② 상대습도
③ 열수분비   ④ 비교습도

해설 ① 상대습도 : 습공기의 수증기 분압(P_w)과 동일 온도에 있어서 포화공기의 수증기분압(P_s)과의 비를 백분율로 나타낸 것
② 절대습도 : 습공기에 함유되어 있는 수증기의 중량

8. ③ 9. ④ 10. ② 11. ③ 12. ②

③ 열수분비 : 수분량의 변화에 따른 전열량의 변화량
④ 비교습도(포화도) : 동일온도의 포화습공기의 절대습도와 습공기의 절대습도 비

13 공기를 가열하는데 사용하는 공기 가열코일이 아닌 것은?
① 증기코일 ② 온수코일
③ 전기히터코일 ④ 증발코일

해설 **공기 가열코일의 종류**
온수코일, 증기코일, 냉매코일, 전기히터(전열)코일

14 그림과 같은 단면을 가진 덕트에서 정압, 동압, 전압의 변화를 나타낸 것으로 옳은 것은? (단, 덕트의 길이는 일정한 것으로 한다.)

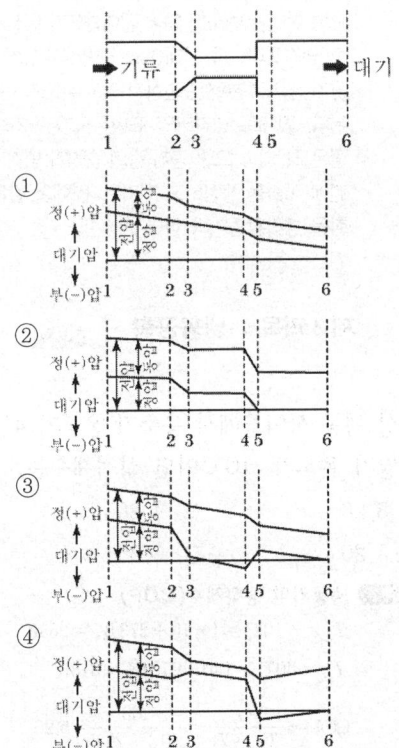

해설
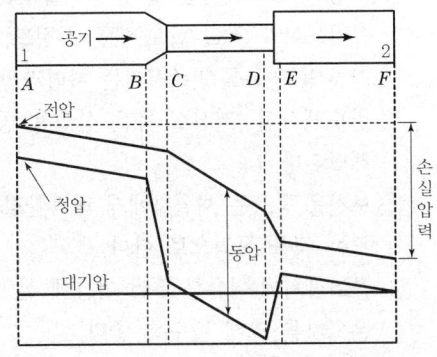

15 HEPA 필터에 적합한 효율 측정법은?
① 중량법 ② 비색법
③ 보간법 ④ 계수법

해설 ① 중량법 : 비교적 큰 입자를 대상으로 하며 필터에서 제거되는 먼지의 중량으로 결정한다.
② 비색법(변색도법) : 비교적 작은 입자를 대상으로 하며 공기를 여과지에 통과시켜 그 오염도를 광전관으로 측정하는 것으로 일반적으로 중성능 필터인 공조용 에어필터의 효율을 나타낼 때 사용한다.
③ 계수법(DOP법) : 고성능(HEPA) 필터를 측정하는 방법으로 일정한 크기의 시험입자를 사용하여 먼지의 수를 계측하여 사용한다.

16 수관식 보일러의 특징에 관한 설명으로 틀린 것은?
① 드럼이 작아 구조상 고압 대용량에 적합하다.
② 구조가 복잡하여 보수·청소가 곤란하다.
③ 예열시간이 짧고 효율이 좋다.
④ 보유수량이 커서 파열 시 피해가 크다.

해설 ④ 원통형 보일러의 대한 설명이다. 수관식 보일러는 보유수량이 적어서 증기발생 시간이 단축되며 효율이 높다.

Answer 13. ④ 14. ③ 15. ④ 16. ④

17 다음 공기조화에 관한 설명으로 틀린 것은?
① 공기조화란 온도, 습도조정, 청정도, 실내기류 등 항목을 만족시키는 처리과정이다.
② 반도체산업, 전산실 등은 산업용 공조에 해당된다.
③ 보건용 공조는 재실자에게 쾌적환경을 만드는 것을 목적으로 한다.
④ 공조장치에 여유를 두어 여름에 실·내외 온도차를 크게 할수록 좋다.

해설 ④ 여름철에는 실내온도를 외부와 차이가 많지 않도록 5℃ 이내로 적절하게 조절하고 환기를 자주하여야 한다.

18 직교류형 및 대향류형 냉각탑에 관한 설명으로 틀린 것은?
① 직교류형은 물과 공기 흐름이 직각으로 교차한다.
② 직교류형은 냉각탑의 충전재 표면적이 크다.
③ 대향류형 냉각탑의 효율이 직교류형보다 나쁘다.
④ 대향류형은 물과 공기 흐름이 서로 반대이다.

해설 ③ 대향류형 냉각탑은 물과 공기의 흐름이 반대 방향이므로 열교환 특성이 좋아 냉각효율이 직교류형보다 좋다.

[참고] 열교환 방식

대향류형 냉각탑	직교류형 냉각탑
○ ○ ○ ○ ○ ○ ○ ○ ○ ○ ○ ○ ○ ○ ○ ○ ↓ ↓ 물의 낙하 공기의 흐름	○ ○ ○ ○ ○ ○ ○ ○ → 공기의 흐름 ○ ○ ○ ○ ○ ○ ○ ○ ↓ ↓ ↓ 물의 낙하

19 32W 형광등 20개를 조명용으로 사용하는 사무실이 있다. 이때 조명기구로부터의 취득열량은 약 얼마인가? (단, 안정기의 부하는 20%로 한다.)
① 550W ② 640W
③ 660W ④ 768W

해설 조명기구 취득열량(q_E)
$q_E = W \times n \times 1.2 = 32 \times 20 \times 1.2 = 768W$

20 냉각코일로 공기를 냉각하는 경우에 코일표면 온도가 공기의 노점온도보다 높으면 공기 중의 수분량 변화는?
① 변화가 없다. ② 증가한다.
③ 감소한다. ④ 불규칙적이다.

해설 냉각코일 표면온도가 공기의 노점온도보다 높으면 현열만 변하게 되어 절대습도가 변하지 않고 냉각된다. 즉 절대습도가 변하지 않으므로 공기 중의 수분량은 변하지 않고 온도가 변하게 된다. 반대로 냉각코일 표면온도가 공기의 노점온도보다 낮으면 공기 중의 습기가 냉각기 표면에 이슬을 생성하고 제거된다. 이와 같은 변화를 냉각감습이라 한다.

제2과목 : 냉동공학

21 이상 냉동 사이클에서 응축기 온도가 40℃, 증발기 온도가 -10℃이면 성적계수는?
① 3.26 ② 4.26
③ 5.26 ④ 6.26

해설 냉동기의 성적계수(COP)
$T_L = -10℃ = (-10+273)K = 263K$
$T_H = 40℃ = (40+273)K = 313K$
$COP = \dfrac{T_L}{T_H - T_L} = \dfrac{263}{313-263} = 5.26$

Answer 17. ④ 18. ③ 19. ④ 20. ① 21. ③

22 다음 중 냉각탑의 용량제어 방법이 아닌 것은?
① 슬라이드 밸브 조작 방법
② 수량 변화 방법
③ 공기 유량변화 방법
④ 분할 운전 방법

해설 냉각탑의 용량제어
① 공기유량 제어 : 냉각수의 온도에 따라 송풍기, 댐퍼 등을 이용하여 송풍량을 조절
② 냉각수 유량제어 : 냉각탑에 공급되는 냉각수의 유량을 제어밸브를 이용하여 조절
③ 냉각탑 분할 운전 : 냉각수의 토출 온도에 따라 냉각탑의 운전 대수를 조절

23 수냉식 응축기를 사용하는 냉동장치에서 응축압력이 표준압력보다 높게 되는 원인으로 가장 거리가 먼 것은?
① 공기 또는 불응축가스의 혼입
② 응축수 입구온도의 저하
③ 냉각수량의 부족
④ 응축기의 냉각관에 스케일이 부착

해설 응축압력(고압) 상승 원인
㉠ 응축기 밑에 냉매액이나 윤활유가 고여 유효 전열면적이 감소할 때
㉡ 응축기 냉각수량 부족 및 수온이 상승할 때
㉢ 응축기 냉각관의 유막 및 물때가 끼었을 때
㉣ 불응축 가스가 장치 내에 존재할 때
㉤ 냉매의 과충전이나 응축부하가 클 때

24 이론 냉동사이클을 기반으로 한 냉동장치의 작동에 관한 설명으로 옳은 것은?
① 냉동능력을 크게 하려면 압축비를 높게 운전하여야 한다.
② 팽창밸브 통과 전후의 냉매 엔탈피는 변하지 않는다.
③ 냉동장치의 성적계수 향상을 위해 압축비를 높게 운전하여야 한다.
④ 대형 냉동장치의 암모니아 냉매는 수분이 있어도 아연을 침식시키지 않는다.

해설 ①, ③ 압축비를 증대하면 체적효율이 저하되고 소요동력이 증가하여 냉동능력 및 성적계수가 감소한다.
④ 암모니아 냉매는 철은 침식하지 않으나 아연, 구리 등은 침식하므로 배관사용 시 주의해야 한다.

25 2원 냉동사이클의 특징이 아닌 것은?
① 일반적으로 저온측과 고온측에 서로 다른 냉매를 사용한다.
② 초저온의 온도를 얻고자 할 때 이용하는 냉동사이클이다.
③ 보통 저온측 냉매로는 임계점이 높은 냉매를 사용하며, 고온측에는 임계점이 낮은 냉매를 사용한다.
④ 중간열교환기는 저온측에서는 응축기 역할을 하며, 고온측에서는 증발기 역할을 수행한다.

해설 ③ 보통 저온측 냉매로는 저온측에는 비등점이 낮은 냉매를 사용하며 고온측에는 비등점이 높은 냉매를 사용한다.

26 냉동사이클에서 증발온도가 일정하고 압축기 흡입가스의 상태가 건포화 증기일 때, 응축온도를 상승시키는 경우 나타나는 현상이 아닌 것은?
① 토출압력 상승
② 압축비 상승
③ 냉동효과 감소
④ 압축일량 감소

해설 응축온도(압력) 상승 시 나타나는 현상
① 압축비 증가로 인한 토출가스온도(압력) 상승
② 냉동효과 감소

Answer 22. ① 23. ② 24. ② 25. ③ 26. ④

③ 성적계수(COP) 감소
④ 압축일량 증가

27 1kg의 공기가 온도 20℃의 상태에서 등온변화를 하여, 비체적의 증가는 0.5m³/kg, 엔트로피의 증가량은 0.05kcal/kg·℃였다. 초기의 비체적은 얼마인가? (단, 공기의 기체상수는 29.27kg·m/kg·℃이다.)

① 0.293m³/kg ② 0.465m³/kg
③ 0.508m³/kg ④ 0.614m³/kg

해설 등온과정 시 엔트로피 변화

$\Delta s = GAR \ln \dfrac{v_2}{v_1} \rightarrow \ln \dfrac{v_2}{v_1} = \dfrac{\Delta s}{GAR}$

$\dfrac{v_2}{v_1} = e^{\frac{\Delta s}{GAR}}$

$v_2 = v_1 e^{\frac{\Delta s}{GAR}}$

$v_1 + 0.5 = v_1 e^{\frac{\Delta s}{GAR}}$

$v_1(e^{\frac{\Delta s}{GAR}} - 1) = 0.5$

$v_1 = \dfrac{0.5}{e^{\frac{\Delta s}{GAR}} - 1}$

$= \dfrac{0.5}{e^{\frac{0.05}{1 \times \frac{1}{427} \times 29.27}} - 1} = 0.465 \text{m}^3/\text{kg}$

여기서, $v_2 = v_1 + 0.5$,

일의 열당량 $A = \dfrac{1}{427}$ kcal/kg·m

28 15℃의 물로 0℃의 얼음을 100kg/h 만드는 냉동기의 냉동능력은 몇 냉동톤(RT)인가? (단, 1RT는 3320kcal/h이다.)

① 1.43 ② 1.78
③ 2.12 ④ 2.86

해설 ① 15℃ 물 → 0℃ 물:
$Q_1 = G \times C \times \Delta t = 100 \times 1 \times (15-0)$
$= 1,500 \text{kcal/h}$

② 0℃ 물 → 0℃ 얼음:
$Q_2 = G \times \gamma = 100 \times 79.68$
$= 7,968 \text{kcal/h}$

③ 냉동톤(RT)
$\dfrac{Q_1 + Q_2}{1RT} = \dfrac{1500 + 7968}{3320} = 2.86$

29 P-h(압력-엔탈피) 선도에서 포화증기선상의 건조도는 얼마인가?

① 2   ② 1
③ 0.5 ④ 0

해설 건조도
포화액선상의 건조도는 0이고, 건조포화 증기선에서의 건조도는 1이다.

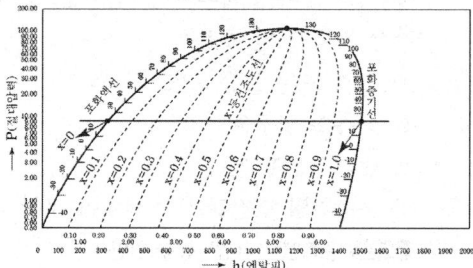

30 증발식 응축기에 관한 설명으로 옳은 것은?
① 증발식 응축기는 많은 냉각수를 필요로 한다.
② 송풍기, 순환펌프가 설치되지 않아 구조가 간단하다.
③ 대기온도는 동일하지만 습도가 높을 때는 응축압력이 높아진다.
④ 증발식 응축기의 냉각수 보급량은 물의 증발량과는 큰 관계가 없다.

해설 증발식 응축기의 특징
① 냉각수가 부족한 곳에 사용하며 물의 증발잠열을 이용하여 응축시킨다.
② 옥외에 설치되므로 배관길이가 길어 압력강

Answer 27. ② 28. ④ 29. ② 30. ③

하가 크다.
③ 외기 습구온도의 영향을 많이 받는다.
④ 설비상 구조가 복잡해서 비용이 높아진다.
⑤ 냉각탑을 사용하는 것보다 응축압력이 낮다.
⑥ 증발식 응축기의 보급수량은 비산수량, 증발수량, 불순물의 농도를 낮추기 위한 보급수량 등이 있다.

31 축열장치에서 축열재가 갖추어야 할 조건으로 가장 거리가 먼 것은?
① 열의 저장은 쉬워야 하나 열의 방출은 어려워야 한다.
② 취급하기 쉽고 가격이 저렴해야 한다.
③ 화학적으로 안정해야 한다.
④ 단위체적당 축열량이 많아야 한다.

해설 축열재의 구비 조건
① 단위체적당 축열량이 클 것
② 열의 출입이 용이할 것
③ 취급이 용이할 것
④ 가격이 저렴할 것
⑤ 자원이 풍부해서 장래 안정적 공급이 가능할 것
⑥ 화학적으로 안정될 것
⑦ 독성, 폭발성 및 부식성이 없을 것

32 진공압력 300mmHg를 절대압력으로 환산하면 약 얼마인가? (단, 대기압은 101.3kPa이다.)
① 48.7kPa   ② 55.4kPa
③ 61.3kPa   ④ 70.6kPa

해설 ① 진공압력 단위환산
1atm = 760mmHg = 101.3kPa이므로
$300mmHg = \frac{300}{760} \times 101.3 = 40kPa$
② 절대압력 = 대기압 - 진공압력
$= 101.3 - 40 = 61.3kPa$

33 브라인의 구비 조건으로 틀린 것은?
① 열 용량이 크고 전열이 좋을 것
② 점성이 클 것
③ 빙점이 낮을 것
④ 부식성이 없을 것

해설 브라인의 구비 조건
① 열용량(비열)이 크고, 전열이 양호할 것
② 공정점과 점도(점성)가 낮을 것
③ 부식성이 없고 불연성일 것
④ 동결온도가 낮을 것
⑤ 악취, 쓴맛이 없고 독성이 없어 누설 시 냉장물품에 손상이 없을 것
⑥ 가격이 싸고, 구입이 용이할 것
⑦ pH값이 적당할 것(7.5~8.2 정도 유지)

34 다음 중 무기질 브라인이 아닌 것은?
① 염화나트륨   ② 염화마그네슘
③ 염화칼슘   ④ 에틸렌글리콜

해설 ① 무기질 브라인 : 염화나트륨(NaCl), 염화마그네슘($MgCl_2$), 염화칼슘($CaCl_2$) 등
② 유기질 브라인 : 에틸렌글리콜($C_2H_6O_2$), 프로필렌글리콜($C_3H_6(OH)_2$), 에틸알코올(C_2H_5OH) 등

35 암모니아 냉동장치에서 팽창밸브 직전의 냉매액 온도가 20℃이고 압축기 직전 냉매가스 온도가 -15℃의 건포화 증기이며, 냉매 1kg당 냉동량은 270kcal이다. 필요한 냉동능력이 14RT일 때, 냉매순환량은? (단, 1RT는 3320kcal/h이다.)
① 123kg/h   ② 172kg/h
③ 185kg/h   ④ 212kg/h

해설 냉매순환량(G)
$G = \frac{Q_e(냉동능력)}{q_e(냉동효과)}$

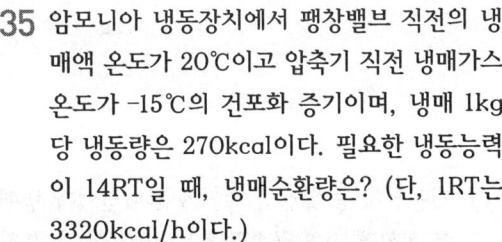

Answer 31. ① 32. ③ 33. ② 34. ④ 35. ②

$$= \frac{14RT \times 3320 \text{kcal/h}}{270} = 172.15 \text{kg/h}$$

36 냉동장치의 P-i(압력-엔탈피) 선도에서 성적계수를 구하는 식으로 옳은 것은?

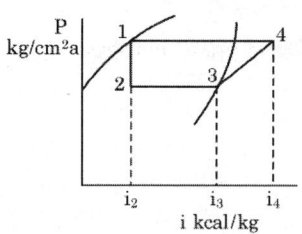

① $COP = \frac{i_4 - i_3}{i_3 - i_2}$ ② $COP = \frac{i_3 - i_2}{i_4 - i_2}$

③ $COP = \frac{i_3 - i_2}{i_4 - i_3}$ ④ $COP = \frac{i_4 - i_2}{i_3 - i_2}$

해설 성적계수(COP)
냉동능력과 압축일에 해당하는 소요동력과의 비

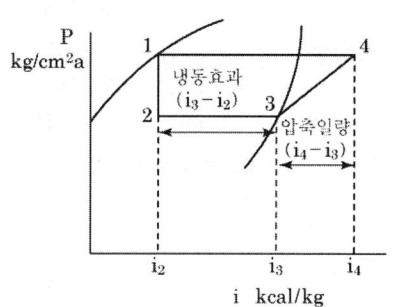

$$COP = \frac{q_e}{AW} = \frac{i_3 - i_2}{i_4 - i_3}$$

37 저온장치 중 얇은 금속판에 브라인이나 냉매를 통하게 하여 금속판의 외면에 식품을 부착시켜 동결하는 장치는?

① 반송풍 동결장치
② 접촉식 동결장치
③ 송풍 동결장치
④ 터널식 공기 동결장치

해설 ① 접촉식 동결장치 : 얇은 금속판 사이에 브라인이나 냉매를 통하게 하여 금속판의 외면에 식품을 부착시켜 동결하는 장치로 동결시간이 짧고, 고급식품에 사용한다.
② 송풍동결장치 : 냉각된 공기를 높은 속도로 송풍하여 동결시키는 장치
③ 터널식 공기 동결장치 : 방열된 터널형의 동결실에 공기 냉각기로 냉각된 공기를 송풍기로 보내 유동 공기 중에서 동결하는 장치

38 실제기체가 이상기체의 상태식을 근사적으로 만족하는 경우는?

① 압력이 높고 온도가 낮을수록
② 압력이 높고 온도가 높을수록
③ 압력이 낮고 온도가 높을수록
④ 압력이 낮고 온도가 낮을수록

해설 실제기체가 이상기체를 만족하는 조건
① 압력이 낮을수록
② 온도가 높을수록
③ 비체적이 클수록
④ 분자량이 작을수록

39 어느 재료의 열통과율이 $0.35 \text{W/m}^2\text{K}$, 외기와 벽면과의 열전달률이 $20\text{W/m}^2\text{K}$, 내부공기와 벽면과의 열전달률이 $5.4 \text{W/m}^2\text{K}$이고, 재료의 두께가 187.5mm일 때, 이 재료의 열전도도는?

① 0.032W/mK   ② 0.056W/mK
③ 0.067W/mK   ④ 0.072W/mK

해설 열통과율(K)

$$K = \frac{1}{\frac{1}{\alpha_r} + \frac{l}{\lambda} + \frac{1}{\alpha_w}}$$

$$0.35 = \frac{1}{\frac{1}{20} + \frac{0.1875}{\lambda} + \frac{1}{5.4}}$$

$\therefore \lambda = 0.072 \text{W/m} \cdot \text{K}$

여기서, $l = 187.5\text{mm} = 0.1875\text{m}$

Answer 36. ③ 37. ② 38. ③ 39. ④

40 다음 h-x(엔탈피-농도) 선도에서 흡수식 냉동기 사이클을 나타낸 것으로 옳은 것은?

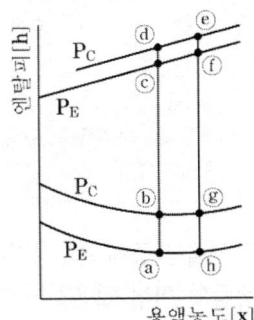

① c - d - e - f - c
② b - c - f - g - b
③ a - b - g - h - a
④ a - d - e - h - a

해설 a-b-g-h-a 사이클은 냉매인 물과 흡수제인 리튬브로마이드의 흡수과정(순환)이다.

제 3 과목 : 배관일반

41 각 난방 방식과 관련된 용어의 연결로 옳은 것은?
① 온수난방 - 잠열
② 증기난방 - 팽창탱크
③ 온풍난방 - 팽창관
④ 복사난방 - 평균복사온도

해설 ① 온수난방 : 현열(감열)
② 온수난방 : 팽창탱크
③ 온수난방 : 팽창관

42 배수트랩의 종류에 해당하는 것은?
① 드럼 트랩   ② 버킷 트랩
③ 벨로즈 트랩 ④ 디스크 트랩

해설 배수트랩의 종류
① 사이펀식(파이프형) : S트랩, P트랩, U트랩

(가옥트랩)
② 비사이펀식(용적형) : 드럼트랩, 벨트랩, 저집기형 트랩 등
[참고] 증기트랩 : 열동식, 버킷, 충동식, 벨로즈, 디스크, 바이메탈 트랩 등

43 관경 25A(내경 27.6mm)의 강관에 30L/min의 가스를 흐르게 할 때 유속(m/s)은?
① 0.14   ② 0.34
③ 0.64   ④ 0.84

해설 연속방정식

$$Q = AV = \frac{\pi D^2}{4} \cdot V$$

$$V = \frac{Q}{\frac{\pi}{4} \times D^2} = \frac{0.03\text{L/min} \times \frac{1\text{min}}{60\text{s}}}{\frac{\pi}{4} \times 0.0276^2}$$

$$= 0.84 \text{m/s}$$

44 펌프주위 배관에 대한 설명으로 틀린 것은?
① 흡입관의 길이는 가능하면 짧게 배관한다.
② 흡입관은 펌프를 향해서 약 1/50 정도의 올림구배가 되도록 한다.
③ 토출관에는 글로브 밸브를 설치하고, 흡입관에는 체크밸브를 설치한다.
④ 흡입측에는 진공계를 설치하고, 토출측에는 압력계를 설치한다.

해설 ③ 토출관에는 펌프정지 시 역류방지를 위하여 체크밸브를 설치하고 흡입관에는 개폐표시형 밸브(예 : 슬루스(게이트)밸브 등, 버터플라이밸브 제외)를 설치한다.

45 냉매 배관 중 액관은 어느 부분인가?
① 압축기와 응축기까지의 배관
② 증발기와 압축기까지의 배관
③ 응축기와 수액기까지의 배관
④ 팽창밸브와 압축기까지의 배관

Answer 40. ③ 41. ④ 42. ① 43. ④ 44. ③ 45. ③

해설 ① 고압가스관 : 압축기와 응축기 사이의 배관
② 고압액관 : 응축기-수액기-팽창밸브 사이의 배관
③ 저압액관 : 팽창밸브와 증발기 사이의 배관
④ 저압증기관 : 증발기와 압축기 사이의 배관

46 냉매배관 시공 시 유의사항으로 틀린 것은?
① 팽창밸브 부근에서의 배관길이는 가능한 짧게 한다.
② 지나친 압력강하를 방지한다.
③ 암모니아 배관의 관이음에 쓰이는 패킹재료는 천연고무를 사용한다.
④ 두 개의 입상관 사용 시 트랩과정은 되도록 크게 한다.

해설 ④ 두 개의 입상관(2중 입상관) 사용 시 굵은 관의 입구에 트랩을 설치하고 트랩은 되도록 작게 하여 압축기 유면의 변동을 억제해야 한다.

47 냉동장치의 토출배관 시공 시 유의사항으로 틀린 것은?
① 관의 합류는 T이음보다 Y이음으로 한다.
② 압축기 정지 중에도 관 내에 응축된 냉매가 압축기로 역류하지 않도록 한다.
③ 압축기에서 입상된 토출관의 수평 부분은 응축기 쪽으로 상향 구배를 한다.
④ 여러 대의 압축기를 병렬 운전할 때는 가스의 충돌로 인한 진동이 없게 한다.

해설 ③ 압축기에서 입상된 토출관의 수평 부분은 응축기 쪽으로 하향구배를 한다.

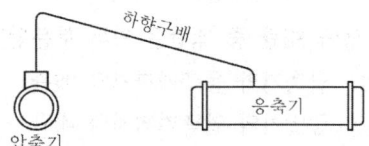

토출배관(응축기와 압축기가 같은 위치)

48 강관의 접합방법에 해당되지 않는 것은?
① 나사 접합 ② 플랜지 접합
③ 압축 접합 ④ 용접 접합

해설 ① 강관접합 : 나사접합, 용접접합, 플랜지 접합 등
② 동관접합 : 납땜접합, 압축접합(Flare Joint), 플랜지 접합 등

49 다음 중 관을 도중에 분기시키기 위해 사용되는 부속품이 아닌 것은?
① 티(T) ② 와이(Y)
③ 크로스(cross) ④ 엘보(elbow)

해설 ① 관의 방향을 바꿀 때 : 엘보, 벤드
② 관을 도중에 분기할 때 : 티, 와이, 크로스
③ 이경관을 연결할 때 : 부싱, 리듀서, 이경엘보, 이경소켓, 이경티

50 냉온수 배관을 시공할 때 고려해야 할 사항으로 옳은 것은?
① 열에 의한 온수의 체적팽창을 흡수하기 위해 신축이음을 한다.
② 기기와 관의 부식을 방지하기 위해 물을 자주 교체한다.
③ 열에 의한 배관의 신축을 흡수하기 위해 팽창관을 설치한다.
④ 공기체류장소에는 공기빼기밸브를 설치한다.

해설 ① 열에 의한 온수의 체적팽창을 흡수하기 위해 팽창탱크를 설치한다.
② 기기와 관의 부식을 방지하기 위해 배관재의 선정, 온수 온도의 조절(50℃ 이하), 유속의 제한(1.5m/s 이하), 용존산소의 제거, 급수처리 등을 고려해야 한다.
③ 열에 의한 배관의 신축을 흡수하기 위해 신축이음을 설치한다.

Answer 46. ④ 47. ③ 48. ③ 49. ④ 50. ④

51 증기난방 배관 시공 시 복관 중력 환수식 증기 주관의 증기 흐름 방향으로의 구배로 적당한 것은?

① 1/100 정도의 선단 상향 구배로 한다.
② 1/100 정도의 선단 하향 구배로 한다.
③ 1/200 정도의 선단 상향 구배로 한다.
④ 1/200 정도의 선단 하향 구배로 한다.

해설 중력환수식에서의 배관구배

배관방식	순구배(선하향)	역구배(선상향)
단관식	1/100 ~ 1/200	1/50~1/100
복관식	1/200	

52 공기조화기에 설치된 공기 냉각코일 내에 흐르는 냉수의 적정 유속은?

① 약 1m/s   ② 약 3m/s
③ 약 5m/s   ④ 약 7m/s

해설 냉수코일의 설계법
① 코일의 통과 풍속 : 2~3m/s
② 관 내의 수속 : 1m/s 전후
③ 물의 입출구 온도차 : 5℃

53 다음 중 대구경 강관의 보수 및 점검을 위해 분해, 결합을 쉽게 할 수 있도록 사용되는 연결방법은?

① 나사접합   ② 플랜지접합
③ 용접접합   ④ 슬리브접합

해설 플랜지접합
㉠ 볼트나 너트로 플랜지를 접속하여 관을 연결하는 이음이다.
㉡ 관을 자주 분해 또는 점검, 결합 필요로 하는 곳에 사용한다.
㉢ 유체가 새는 것을 방지하기 위하여 플랜지 사이에 개스킷(gasket)을 삽입한다.
㉣ 대구경(65A 이상) 접합에 용이하다.

54 가스미터 부착 시 유의사항으로 틀린 것은?

① 온도, 습도가 급변하는 장소는 피한다.
② 부식성의 약품이나 가스가 미터기에 닿지 않도록 한다.
③ 인접 전기설비와는 충분한 거리를 유지한다.
④ 가능하면 미관상 건물의 주요 구조부를 관통한다.

해설 ④ 건물의 주요 구조부를 관통하여 설치하면 검사 및 수리 등의 작업이 어렵기 때문에 가급적 설치하지 않는다.
[참고] 가스미터 설치 장소
① 통풍이 양호한 곳
② 가능한 한 배관의 길이가 짧고 꺾이지 않는 곳
③ 검침, 수리 등의 작업이 용이한 곳
④ 화기와 습기에서 멀리 떨어져 있고 청결하며 진동이 없는 곳
⑤ 전기 개폐기와 60cm 이상의 거리가 떨어진 곳
⑥ 가급적 실외에 설치하고 그 높이가 1.6m~2.0m 이내의 곳(통풍이 양호한 곳은 실내에도 가능하다)
⑦ 온도구배나 온도변동이 적은 곳
⑧ 부식성 가스가 존재하지 않는 곳
⑨ 복사열을 받지 아니하는 곳

55 냉온수 배관에 관한 설명으로 옳은 것은?

① 배관이 보·천장·바닥을 관통하는 개소에는 플렉시블이음을 한다.
② 수평관의 공기체류부에는 슬리브를 설치한다.
③ 팽창관(도피관)에는 슬루스 밸브를 설치한다.
④ 주관의 굽힘부에는 엘보 대신 벤드(곡관)를 사용한다.

해설 ① 바닥 또는 벽을 관통하는 배관은 슬리브 배관을 한다.(신축대응, 교체용이)

 51. ④ 52. ① 53. ② 54. ④ 55. ④

② 수평관의 공기체류부에는 공기빼기 밸브를 설치하여야 한다.
③ 팽창관(도피관)에는 밸브를 설치하지 않는다.

56 증기 가열코일이 있는 저탕조의 하부에 부착하는 배관 또는 부속품이 아닌 것은?
① 배수관　　　② 급수관
③ 증기환수관　　④ 버너

[해설] 저탕조의 구조

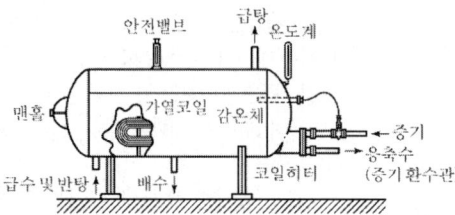

57 파이프 내 흐르는 유체가 "물"임을 표시하는 기호는?

[해설] ① 공기　　　② 유류(기름)
③ 수증기　　④ 물
[참고] 가스 : G, 증기 : V

58 급탕배관 시공 시 주요 고려사항으로 가장 거리가 먼 것은?
① 배관 구배
② 배관재료의 선택
③ 관의 신축과 영향
④ 관내 유체의 물리적 성질

[해설] 급탕배관 시공 시 고려사항
배관과 구배, 공기빼기, 배관의 신축과 영향, 보온 및 마무리 재료, 관의 지지, 배관기기의 시험과 검사 등

59 다음 중 가스 공급 설비와 관련이 없는 것은?
① 가스 홀더　　　② 압송기
③ 정적기　　　　④ 정압기

[해설] 가스공급설비
가스홀더, 압송기, 정압기, 도관, 가스미터, 가스 콕 등

60 배관용 탄소강관의 호칭경은 무엇으로 표시하는가?
① 파이프 외경　　② 파이프 내경
③ 파이프 유효경　④ 파이프 두께

[해설] 배관용 탄소강관의 호칭지름 A(mm)와 B(inch)는 파이프 내경으로 표시한다.

제 4 과목 : 전기제어공학

61 피드백 제어계에서 제어요소에 대한 설명인 것은?
① 목표값에 비례하는 기준, 입력신호를 발생하는 요소이다.
② 기준입력과 주궤환신호의 차로 제어동작을 일으키는 요소이다.
③ 제어를 하기 위해 제어대상에 부착시켜 놓은 장치이다.
④ 조작부와 조절부로 구성되어 동작신호를 조작량으로 변환하는 요소이다.

[해설] ① 기준입력요소
② 동작신호
③ 제어장치
④ 제어요소

62 잔류편차가 존재하는 제어계는?
① 적분제어계
② 비례제어계

Answer　56. ④　57. ④　58. ④　59. ③　60. ②　61. ④　62. ②

③ 비례적분제어계
④ 비례적분미분제어계

해설 비례 제어(P 제어 : Proportion action)
① 설정값과 제어 결과와의 편차 크기에 비례하여 조작부를 제어한다.
② 외란에 의한 부하변동이 발생할 경우에 잔류편차(정상오차, off set)가 발생한다.

63 전달함수를 정의할 때의 조건으로 옳은 것은?
① 입력신호만을 고려한다.
② 모든 초기값을 고려한다.
③ 주파수 특성만을 고려한다.
④ 모든 초기값을 0으로 한다.

해설 전달함수
시스템의 전달특성을 입력과 출력의 라플라스 변환의 비로 표시할 때에 나타나는 분수함수. 보통 영문 대문자로 나타내며, 라플라스 변환변수 s의 함수이므로 G(s), C(s) 등으로 표시한다. 이 함수를 구할 때, 시스템 안의 초기상태는 모두 0으로 놓는다.

64 권선형 유도전동기의 회전자 입력이 10kW 일 때 슬립이 4%였다면 출력은 몇 kW인가?
① 4
② 8
③ 9.6
④ 10.4

해설 기계적 출력(P_0)
$$P_o = P_2(1-s) = 10(1-0.04) = 9.6\text{kW}$$

65 어떤 회로의 전압이 V(V)이고 전류가 I(A)이며 저항이 $R(\Omega)$일 때 저항이 10% 감소되면 그때의 전류는 처음 전류 I(A)의 약 몇 배가 되는가?
① 1.11배
② 1.41배
③ 1.73배
④ 2.82배

해설 ① 전압 $V = I_1R_1 = I_2R_2$
② 저항 $R_2 = 0.9R_1$

③ 전류 $V = I_1R_1 = I_2R_2$
$$I_2 = \frac{R_1}{R_2}I_1 = \frac{R_1}{0.9R_1}I_1 = 1.11I_1$$

66 그림과 같은 R-L-C 직렬회로에서 단자전압과 전류가 동상이 되는 조건은?

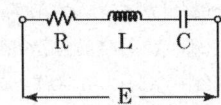

① $\omega = LC$
② $\omega LC = 1$
③ $\omega^2 LC = 1$
④ $\omega L^2 C^2 = 1$

해설 전압과 전류가 동상이 되기 위한 조건 (RLC 직렬공진)
$$\omega L = \frac{1}{\omega C} \to \omega^2 LC = 1$$
이때 전압과 전류가 동상이며 흐르는 전류가 최대가 된다.

67 제동비 ξ는 그 범위가 0~1 사이의 값을 갖는 것이 보통이다. 그 값이 0에 가까울수록 어떻게 되는가?
① 증가 진동한다.
② 응답속도가 늦어진다.
③ 일정한 진폭으로 계속 진동한다.
④ 최대 오버슈트가 점점 작아진다.

해설 ① $\xi > 1$ 과제동
② $\xi = 1$ 임계 제동
③ $\xi < 1$ 부족 제동
④ 오버슈트는 부족제동인 경우에 발생하며 제동비가 0에 가까울수록 오버슈트는 증가하고 응답속도는 늦어지게 된다.

68 다음 그림에서 단위 피드백 제어계의 입력을 $R(s)$, 출력을 $C(s)$라 할 때 전달함수는 어떻게 표현되는가?

Answer 63. ④ 64. ③ 65. ① 66. ③ 67. ② 68. ②

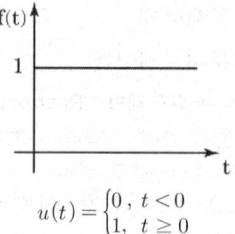

① $\dfrac{G(s)}{1+R(s)}$ ② $\dfrac{G(s)}{1+G(s)}$

③ $\dfrac{C(s)}{1+G(s)}$ ④ $\dfrac{R(s)\cdot C(s)}{1+R(s)}$

해설 $C(s) = RG(s) - C(s)G(s)$
$C(s) + C(s)G(s) = RG(s)$
$C(1+G(s)) = RG(s)$
$\dfrac{C(s)}{R(s)} = \dfrac{G(s)}{1+G(s)}$

69 3상 유도전동기의 출력이 5마력, 전압 220V, 효율 80%, 역률 90%일 때 전동기에 흐르는 전류는 약 몇 A인가?

① 11.6   ② 13.6
③ 15.6   ④ 17.6

해설   ① 출력(P) : 5HP=3.727kW=3727W
② 전류(I)
$P = \sqrt{3}\,VI\cos\theta\eta$
$I = \dfrac{P}{\sqrt{3}\,V\cos\theta\eta}$
$= \dfrac{3727}{\sqrt{3}\times 220\times 0.9\times 0.8}$
$= 13.6\text{A}$

70 그림과 같은 단위계단함수를 옳게 나타낸 것은?

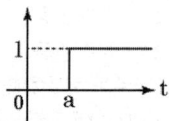

① U(t)   ② U(t−a)
③ U(a−t)   ④ U(−a−t)

해설   함수가 시간축으로 주어질 때, u(t)를 t축을 중심으로 a만큼 이동한 함수는 u(t−a)가 된다.

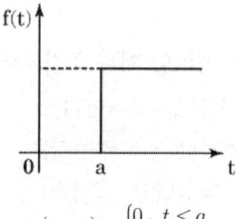

$u(t) = \begin{cases} 0,\ t<0 \\ 1,\ t\geq 0 \end{cases}$

$u(t-a) = \begin{cases} 0,\ t<a \\ 1,\ t\geq a \end{cases}$

71 다음 블록선도의 입력과 출력이 성립하기 위한 A의 값은?

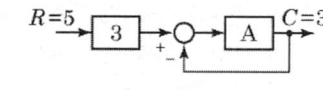

① 3   ② 4
③ $\dfrac{1}{3}$ ④ $\dfrac{1}{4}$

해설   전달함수 $G(s)$는
$G(s) = \dfrac{C}{R} = \dfrac{경로}{1-폐로} = \dfrac{3A}{1-(-A)}$
$\dfrac{3}{5} = \dfrac{3A}{1+A}$
$15A = 3(1+A)$
$\therefore A = \dfrac{1}{4}$

72 목표값이 다른 양과 일정한 비율 관계를 가지고 변화하는 경우의 제어는?

① 추종 제어   ② 정치 제어
③ 비율 제어   ④ 프로그램 제어

해설   ① 정치 제어 : 목표값이 시간에 따라 일정한 자동제어

Answer   69. ②   70. ②   71. ④   72. ③

② 추종 제어 : 목표값이 임의로 변화되는 경우의 자동제어
③ 비율 제어 : 목표값이 다른 양과 일정한 비율 관계를 갖는 자동제어
④ 프로그램 제어 : 목표값의 변화량이 미리 정해진 프로그램에 의하여 상태량을 제어

73 다음 블록선도에서 전달함수 $C(s)/R(s)$는?

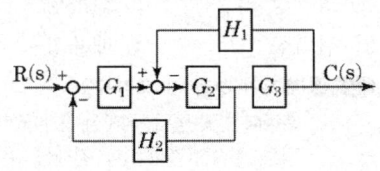

① $\dfrac{G_1G_2G_3}{1+G_2G_3H_1-G_1G_2H_2}$

② $\dfrac{G_1G_2G_3}{1+G_2G_3H_1+G_1G_2H_2}$

③ $\dfrac{G_1G_2G_3H_1}{1+G_2G_3H_1+G_1G_2H_2}$

④ $\dfrac{G_1G_2G_3}{1+G_2G_3H_2-G_1G_2H_1}$

해설 전달함수($G(s)$)
문제의 블록선도에서 루프 $G_2-G_3-H_1$의 간략화를 위해 요소 G_3 앞의 인출점을 G_3 뒤로 이동시키면

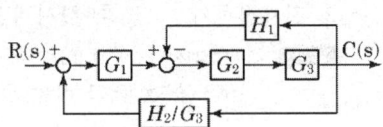

따라서, 루프 $G_2-G_3-H_1$의 전달함수는 $\dfrac{G_2G_3}{1+G_2G_3H_1}$이고, 최종 전달함수와 블록선도는

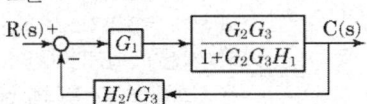

$G(s)=\dfrac{C(s)}{R(s)}$

$=\dfrac{G_1\cdot\dfrac{G_2G_3}{1+G_2G_3H_1}}{1+\dfrac{H_2}{G_3}\cdot\left(G_1\cdot\dfrac{G_2G_3}{1+G_2G_3H_1}\right)}$

$=\dfrac{G_1G_2G_3}{1+G_2G_3H_1+G_1G_2H_2}$

74 추종 제어에 속하지 않는 제어량은?
① 유량　　② 방위
③ 위치　　④ 자세

해설 ① 추종 제어 : 서보기구(위치, 방위, 자세 등)
② 정치 제어 : 프로세스 제어(유량, 온도, 액면, 농도 등)

75 변위를 전압으로 변환시키는 장치가 아닌 것은?
① 전위차계　　② 측온저항
③ 포텐셔미터　　④ 차동변압기

해설 측온저항은 온도를 임피던스(합성저항)로 변환한다.

변환량	변환요소
압력→변위	벨로즈, 다이어프램, 스프링
변위→압력	노즐플래퍼, 유압 분사관, 스프링
변위→임피던스	가변저항기, 용량형 변환기
변위→전압	포텐셔미터, 차동변압기, 전위차계
전압→변위	전자석, 전자코일
광→임피던스	광전관, 광전도 셀, 광전 트랜지스터
광→전압	광전지, 광전 다이오드
방사선→임피던스	GM관, 전리함
온도→임피던스	측온 저항(열선, 서미스터, 백금, 니켈)
온도→전압	열전대

76 전기력선의 성질로 틀린 것은?
① 전기력선은 서로 교차한다.
② 양전하에서 나와 음전하로 끝나는 연속곡선이다.

Answer　73. ②　74. ①　75. ②　76. ①

③ 전기력선상의 접선은 그 점에 있어서의 전계의 방향이다.
④ 단위 전계강도 1V/m인 점에 있어서 전기력선 밀도를 1개/m² 라 한다.

해설 ① 전기력선은 서로 교차하지 않는다.
[참고] 전기력선의 성질
1. 전기력선의 방향은 전계의 방향과 일치한다.
2. 전기력선 밀도는 그 점에서의 전계의 세기와 같다.
3. 단위전하(1[C])에서는 $\frac{1}{\varepsilon_0} = 36\pi \times 10^9$ 개의 전기력선이 발생한다.
4. 전기력선은 +전하에서 출발하여 -전하에서 멈추거나 무한원까지 퍼진다.
5. 전하가 없는 곳에서는 전기력선의 발생과 소멸이 없고 연속적이다.
6. 전기력선은 전위가 높은 곳에서 낮은 곳으로 향한다.
7. 전기력선은 자신만으로 폐곡선이 되는 일은 없다.
8. 2개의 전기력선은 서로 교차하지 않는다.
9. 전기력선은 등전위면과 직교한다.(단, 전계가 0인 곳에서는 조건 성립 안 됨)
10. 도체 내부에서 전기력선은 없다.(도체 내부 전계의 세기 0)
11. 전기력선은 도체 표면에서 수직으로 출입한다.
12. 전기력선은 무한원점에서 끝나거나, 무한원점에서 오는 것이 있다.
13. 무한원점에 있는 전하까지 합하면 전하의 총량은 0이다.

77 시퀀스 제어에 관한 설명으로 틀린 것은?
① 시간지연요소가 사용된다.
② 논리회로가 조합 사용된다.
③ 기계적 계전기 접점이 사용된다.
④ 전체시스템에 연결된 접점들이 동시에 동작한다.

해설 ④ 시퀀스 제어는 미리 정해진 순서에 따라 제어의 각 단계를 순차적으로 제어하는 방식으로 전체시스템에 연결된 접점들이 순차적으로 작동한다.

78 계측기를 선택할 경우 고려하여야 할 사항과 가장 관계가 적은 것은?
① 정확성 ② 신속성
③ 신뢰성 ④ 배율성

해설 계측기 선정 시 고려사항
측정대상 및 범위, 정확성, 안정도, 내구성, 신뢰성, 신속성(측정능률), 경제성, 주위 환경 등

79 서보 전동기는 다음 중 어디에 속하는가?
① 검출기 ② 증폭기
③ 변환기 ④ 조작기기

해설 서보 전동기는 자동제어기기 중에서 조작기기에 해당하며 전기식이다.

80 전력선, 전기기기 등 보호대상에 발생한 이상상태를 검출하여 기기의 피해를 경감시키거나 그 파급을 저지하기 위하여 사용되는 것은?
① 보호계전기 ② 보조계전기
③ 전자접촉기 ④ 한시계전기

해설 ① 보호계전기 : 전선 또는 기기에 이상이나 고장이 생겼을 때 그 부분을 급속히 발견·차단하는 계전기. 기기의 손상을 경감하고, 다른 계통에 대한 피해 방지를 목적으로 하는 계전기
② 보조계전기 : 보호계전기의 보조용으로 쓰이며 접점용량 및 접점수의 증가 또는 한시의 부가 등을 목적으로 하는 계전기
③ 시한계전기 : 일정한 시간이 되면 그에 알맞은 신호를 보내어 회로를 끊거나 바꾸거나 조종하는 계전기

Answer 77. ④ 78. ④ 79. ④ 80. ①

공조냉동기계산업기사 과년도출제문제

2018년 3월 4일(1회) 시행

제1과목 : 공기조화

01 덕트 내 공기가 흐를 때 정압과 동압에 관한 설명으로 틀린 것은?
① 정압은 항상 대기압 이상의 압력으로 된다.
② 정압은 공기가 정지상태일지라도 존재한다.
③ 동압은 공기가 움직이고 있을 때만 생기는 속도 압이다.
④ 덕트 내에서 공기가 흐를 때 그 동압을 측정하면 속도를 구할 수 있다.

해설 ① 정압은 대기압 이하의 압력도 가능하다.

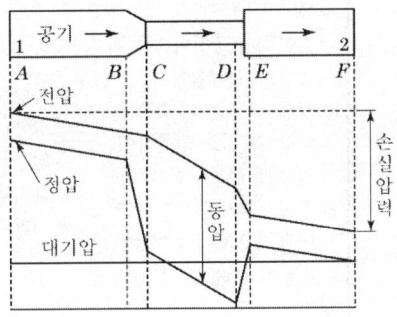

02 공기조화 방식의 특징 중 전공기식의 특징에 관한 설명으로 옳은 것은?
① 송풍 동력이 펌프 동력에 비해 크다.
② 외기냉방을 할 수 없다.
③ 겨울철에 가습하기가 어렵다.
④ 실내에 누수의 우려가 있다.

해설 ① 송풍량이 많아 송풍동력이 크고 타 방식에 비해 반송 동력이 커진다.
② 외기냉방이 가능하다.
③ 겨울철에 가습이 용이하다.
④ 실내의 수배관으로 인한 누수의 우려가 없다.

03 증기난방 방식의 종류에 따른 분류 기준으로 가장 거리가 먼 것은?
① 사용 증기압력
② 증기 배관방식
③ 증기 공급방향
④ 사용 열매종류

해설 증기난방의 분류
① 증기압력에 의한 분류 : 고압식, 저압식
② 응축수 환수방식에 의한 분류 : 중력환수식, 기계환수식, 진공환수식
③ 배관방식에 의한 분류 : 단관식, 복관식
④ 환수관의 배치에 의한 분류 : 건식 환수관, 습식 환수관
⑤ 증기의 공급방식에 의한 분류 : 상향공급식, 하향공급식

04 공조용 저속덕트를 등마찰법으로 설계할 때 사용하는 단위 마찰저항으로 가장 적당한 것은?
① 0.007~0.015Pa/m
② 0.7~1.5Pa/m
③ 7~15Pa/m
④ 70~150Pa/m

해설 일반적인 단위마찰 손실
① 저속덕트 : 0.7~1.5Pa/m (0.07~0.15mmAq/m)
② 고속덕트 : 3~5Pa/m (0.30~0.50mmAq/m)

Answer 1. ① 2. ① 3. ④ 4. ②

05 다음 중 저속덕트와 고속덕트를 구분하는 주 덕트 내의 풍속으로 적당한 것은?

① 8m/s ② 15m/s
③ 25m/s ④ 45m/s

해설 덕트 내의 허용풍속
① 저속덕트 : 풍속이 15m/s 이하(8~15m/s)
② 고속덕트 : 풍속이 15m/s 이상(20~30m/s)

06 다음 냉방부하 종류 중 현열부하만 이용하여 계산하는 것은?

① 극간풍에 의한 열량
② 인체의 발생열량
③ 기구의 발생열량
④ 송풍기에 의한 취득열량

해설 냉방부하의 종류

부하의 종류	열의 종류
벽체의 취득열량	현열
유리창의 취득열량	현열
극간풍의 취득열량	현열+잠열
인체의 발생열량	현열+잠열
기기의 발생열량	현열+잠열
송풍기의 취득열량	현열

07 고온수 난방 배관에 관한 설명으로 옳은 것은?

① 장치의 열용량이 작아 예열시간이 짧다.
② 대량의 열량공급은 용이하지만 배관의 지름은 저온수 난방보다 크게 된다.
③ 관내 압력이 높기 때문에 관내면의 부식문제가 증기난방에 비해 심하다.
④ 공급과 환수의 온도차를 크게 할 수 있으므로 열수송량이 크다.

해설 ① 장치의 열용량이 커 예열시간이 길다.
② 대량의 열량공급은 용이하지만 배관의 지름은 고온일수록 작아진다.
③ 관내면의 부식문제가 증기난방에 비해 적다.

08 공기조화방식의 열매체에 의한 분류 중 냉매방식의 특징에 대한 설명으로 틀린 것은?

① 유닛에 냉동기를 내장하므로 국소적인 운전이 자유롭게 된다.
② 온도조절기를 내장하고 있어 개별제어가 가능하다.
③ 대형의 공조실을 필요로 한다.
④ 취급이 간단하고 대형의 것도 쉽게 운전할 수 있다.

해설 냉매방식
냉동기, 냉각코일, 공기여과기, 송풍기, 자동제어기기 등을 케이싱 내에 수납하고 직접 유닛을 실내에 설치하여 공조하는 방식이므로 대형의 공조실이 필요하지 않다. 또한 개별제어가 쉽고 소규모에 적합하다.

장점	단점
① 유닛에 냉동기를 내장하고 있어 부분운전이 가능하며 에너지 절약형이다. ② 장래 부하증가, 증축 등에 대해 유닛을 증설하여 쉽게 대응할 수 있다. ③ 온도조절기를 내장하고 있어서 개별제어가 가능하다. ④ 취급이 간편하고 운전이 쉽다.	① 유닛에 냉동기를 내장하고 있어 소음, 진동의 우려가 있다. ② 외기냉방이 어렵다. ③ 기기의 수명이 짧다.

09 일반적인 덕트설비를 설계할 때 덕트 설계순서로 옳은 것은?

① 덕트 계획 → 덕트치수 및 저항 산출 → 흡입·취출구 위치결정 → 송풍량 산출 → 덕트 경로결정 → 송풍기 선정
② 덕트 계획 → 덕트 경로결정 → 덕트치수 및 저항 산출 → 송풍량 산출 → 흡입·취출구 위치결정 → 송풍기 선정

5. ② 6. ④ 7. ④ 8. ③ 9. ③

③ 덕트 계획 → 송풍량 산출 → 흡입·취출구 위치결정 → 덕트 경로결정 → 덕트치수 및 저항 산출 → 송풍기 선정

④ 덕트 계획 → 흡입·취출구 위치결정 → 덕트치수 및 저항 산출 → 덕트 경로결정 → 송풍량 산출 → 송풍기 선정

해설 덕트의 설계 순서
① 덕트 계획
② 각 구획, 각 실의 송풍량 산출
③ 흡입구 및 취출구의 위치, 수량, 형식 결정
④ 덕트 경로 설정
⑤ 덕트 치수 및 저항 산출
⑥ 송풍기 사양 선정
⑦ 덕트 시공사양 선정

10 건구온도 10℃, 상대습도 60%인 습공기를 30℃로 가열하였다. 이때의 습공기 상대습도는? (단, 10℃의 포화수증기압은 9.2mmHg 이고, 30℃의 포화수증기압은 23.75mmHg 이다.)
① 17%   ② 20%
③ 23%   ④ 27%

해설 상대습도(ϕ)
$$\phi = \frac{P_w}{P_s} \times 100\%$$
P_w : 습공기의 수증기분압
P_s : 습공기의 포화수증기압

① 습공기의 수증기 분압(P_w) : 건구온도 10℃일 때 상대습도 60%이고, 포화수증기압이 9.2mmHg이므로
$$60 = \frac{P_w}{9.2} \times 100$$
$P_w = 5.52$mmHg

② 습공기(30℃)의 상대습도
$$\phi = \frac{P_w}{P_s} \times 100 = \frac{5.52}{23.75} \times 100 = 23\%$$

11 온도가 20℃, 절대압력이 1MPa인 공기의 밀도(kg/m³)는? (단, 공기는 이상기체이며, 기체상수(R)는 0.287kJ/kg·K이다.)
① 9.55   ② 11.89
③ 13.78   ④ 15.89

해설 이상기체 상태방정식
$$PV = mRT$$
$$P = \frac{m}{V}RT = \rho RT \rightarrow \rho = \frac{P}{RT}$$
여기서, 밀도 $\rho = \frac{m}{V}$

① $\rho = \frac{P}{RT} = \frac{(1 \times 10^3)kPa}{0.287 \times 293} = 11.89$
여기서, $T = 20℃ = (20+273)K = 293K$

12 겨울철에 난방을 하는 건물의 배기열을 효과적으로 회수하는 방법이 아닌 것은?
① 전열교환기 방법
② 현열교환기 방법
③ 열펌프 방법
④ 축열조 방법

해설 열회수 방식
열회수 방식은 건물 내의 잉여열이나 버려지는 배열을 회수하여 건물 안에서 열이 부족한 곳에 반송하여 유효한 난방용 열원으로 이용하는 방식으로 런 어라운드 방식, 전열교환기, 현열교환기, 히트파이프 방식, 증발냉각방식, 열펌프 방식, 토털 에너지 시스템의 배열이용방식 등이 있다.
[참고] 축열조 : 물, 자갈, 얼음 또는 용해물질 등의 축열물질에 열을 비축해 두었다가 필요 시에 필요한 양만큼을 빼내서 사용하는 장치

13 보일러에서 물이 끓어 증발할 때 보일러수가 물방울 또는 거품으로 되어 증기에 섞여 보일러 밖으로 분출되어 나오는 장해의 종류는?

10. ③ 11. ② 12. ④ 13. ③

① 스케일 장해
② 부식 장해
③ 캐리오버 장해
④ 슬러지 장해

해설 **캐리오버(carry over) 현상**
기수공발이라고도 하며, 보일러에서 발생한 증기에 용해 고형분과 수분 등이 다량으로 함유되어 연속적으로 운반되는 현상으로 워터 해머의 원인이 되며, 캐리오버의 원인으로는 기실과 증발수면의 협소, 보일러 부하의 과대, 기수분리기 고장 등이 있다.

14 송풍 공기량을 $Q[\text{m}^3/\text{s}]$, 외기 및 실내온도를 각각 t_o, $t_r[℃]$이라 할 때 침입외기에 의한 손실 열량 중 현열부하(kW)를 구하는 공식은? (단, 공기의 정압비열은 1.0kJ/kg·K, 밀도는 1.2kg/m³이다.)

① $1.0 \times Q \times (t_o - t_r)$
② $1.2 \times Q \times (t_o - t_r)$
③ $597.5 \times Q \times (t_o - t_r)$
④ $717 \times Q \times (t_o - t_r)$

해설 현열부하(q_s)
$$q_s = C_p \cdot \rho \cdot Q \cdot (t_o - t_r)$$
$$= 1.0 \times 1.2 \times Q \cdot (t_o - t_r)$$
$$= 1.2 \times Q \cdot (t_o - t_r)$$

15 증기난방의 장점이 아닌 것은?
① 방열기가 소형이 되므로 비용이 적게 든다.
② 열의 운반능력이 크다.
③ 예열시간이 온수난방에 비해 짧고 증기순환이 빠르다.
④ 소음(steam hammering)을 일으키지 않는다.

해설 ④ 스팀 해머(steam hammer)에 의한 소음이 심하다.

[참고] 증기난방의 특징

장점	단점
㉠ 증발잠열을 이용하므로 열운반 능력이 크다.	㉠ 방열기 온도가 높아 화상의 우려가 있다.
㉡ 열용량이 작아 예열시간이 짧다.	㉡ 먼지 등의 상승으로 쾌감도가 떨어진다.
㉢ 난방개시가 빠르고 간헐운전이 가능하다.	㉢ 증기량 제어가 어려워 방열량(온도) 조절이 어렵다.
㉣ 방열기 면적 및 관경이 작아도 된다.	㉣ 증기보일러 취급에 따른 기술이 필요하다.
㉤ 온수난방에 비해 시설비가 적게 든다.	㉤ 응축수관에서 부식과 한랭 시 동결의 우려가 있다.
㉥ 층고에 관계없이 증기공급이 원활	㉥ 방열기를 바닥에 설치하므로 실내 유효면적이 작아진다.

16 전열교환기에 대한 설명으로 틀린 것은?
① 회전식과 고정식 등이 있다.
② 현열과 잠열을 동시에 교환한다.
③ 전열교환기는 공기 대 공기 열교환기라고도 한다.
④ 동계에 실내로부터 배기되는 고온·다습 공기와 한랭·건조한 외기와의 열교환을 통해 엔탈피 감소효과를 가져온다.

해설 ④ 동계에 실내로부터 배기되는 고온·다습공기와 한랭·건조한 외기와의 열교환을 통해 외기의 엔탈피 증대효과를 가져온다. 하계에는 반대로 외기습도가 제어되고 배기 온습도가 증가되어 외기 엔탈피 감소효과를 가져온다.

[전열교환기 내 엔탈피 변화]

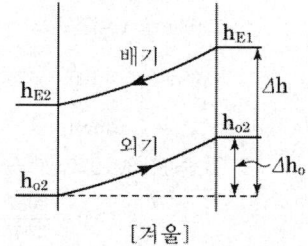

[겨울]

Answer 14. ② 15. ④ 16. ④

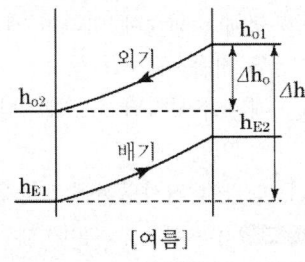

[여름]

[참고] 전열교환기 : 공조부하 중 외기부하가 차지하는 비중은 약 30% 정도가 되는데, 전열교환기는 이러한 외기부하를 저감시키기 위해, 공조 배기와 급기가 직접 공기-공기로 열교환하여, 70% 전후의 열량을 회수하여 냉동기, 보일러, 기타 부속기기의 용량을 감소시킬 수 있으며, 이로 인해 연간 운전비를 절약할 수 있다. 전열교환기는 현열뿐만 아니라, 습공기 중의 수분, 즉 잠열의 교환도 이루어지며, 회전형과 고정형이 있다.

17 가변 풍량 방식에 대한 설명으로 옳은 것은?
① 실내온도제어는 부하변동에 따른 송풍온도를 변화시켜 제어한다.
② 부분부하 시 송풍기 제어에 의하여 송풍기 동력을 절감할 수 있다.
③ 동시 사용률을 적용할 수 없으므로 설비용량을 줄일 수 없다.
④ 시운전 시 취출구의 풍량조절이 복잡하다.

해설 ① 실내온도제어는 부하변동에 따른 취출풍량을 변화시켜 제어한다.
③ 동시 사용률을 적용할 수 있으므로 설비연량을 줄일 수 있고 연간 송풍 동력을 절감할 수 있다.(에너지 절약형)
④ 시운전 시 각 취출구의 풍량조절이 간단하다.

18 증기트랩(Steam trap)에 대한 설명으로 옳은 것은?
① 고압의 증기를 만들기 위해 가열하는 장치
② 증기가 환수관으로 유입되는 것을 방지하기 위해 설치한 밸브
③ 증기가 역류하는 것을 방지하기 위해 만든 자동밸브
④ 간헐운전을 하기 위해 고압의 증기를 만드는 자동밸브

해설 증기트랩
증기가 환수관으로 유입되는 것을 방지하기 위해 설치한 밸브로 증기관 내에 응축수와 공기를 증기와 분리하여 응축수를 환수관으로 신속히 배출시키며 수격작용 및 부식을 방지한다.

19 에어 핸들링 유닛(Air Handling Unit)의 구성 요소가 아닌 것은?
① 공기 여과기   ② 송풍기
③ 공기 냉각기   ④ 압축기

해설 에어 핸들링 유닛의 구성 요소
공기여과기, 냉각코일, 공기세정기, 가습기, 에어필터, 송풍기 등

20 공기조화기(AHU)의 냉·온수 코일 선정에 대한 설명으로 틀린 것은?
① 코일의 통과풍속은 약 2.5m/s를 기준으로 한다.
② 코일 내 유속은 1.0m/s 전후로 하는 것이 적당하다.
③ 공기의 흐름방향과 냉온수의 흐름방향은 평행류보다 대향류로 하는 것이 전열효과가 크다.
④ 코일의 통풍저항을 크게 할수록 좋다.

해설 ④ 코일의 통풍저하을 작게 할수록 좋다.
[참고] 냉·온수 코일의 설계법
① 물과 공기의 흐름방향은 대향류(역류)로 할 것
② 대수평균 온도차(MTD)를 크게 할 것
③ 코일의 통과 풍속 : 2~3m/s

Answer 17. ② 18. ② 19. ④ 20. ④

④ 관 내의 수속 : 1m/s 전후
⑤ 물의 입·출구 온도차 : 5℃
⑥ 공기의 출구온도와 물의 입구온도차 : 5℃ 이상

제2과목 : 냉동공학

21 증기분사식 냉동장치에서 사용되는 냉매는?
① 프레온   ② 물
③ 암모니아 ④ 염화칼슘

해설 **증기분사식 냉동법**
물을 냉매로 하여 증기 이젝터(steam ejector)를 사용하여 다량의 증기를 분사할 때의 부압작용에 의하여 진공을 만들어 냉동작용을 하는 방법으로 압축기가 없기 때문에 진동의 발생이 없고 구조도 비교적 간단하다. 또한 압축기가 없기 때문에 가동부분이 없고 윤활이 요구되지도 않는다.

22 핫가스(hot gas) 제상을 하는 소형 냉동장치에서 핫가스의 흐름을 제어하는 것은?
① 캐필러리 튜브(모세관)
② 자동팽창밸브(AEV)
③ 솔레노이드 밸브(전자밸브)
④ 증발압력조정밸브

해설 **전자밸브(solenoid valve)**
전기적인 조작에 의해 자동적으로 개폐되며 압축기 기동 시 전자밸브는 열리고, 압축기 정지 시에 닫힌다.
[설치 목적]
① 액압축(liquid back) 방지용으로 사용
② 냉매와 브라인의 흐름제어용으로 사용

23 냉동장치의 액관 중 발생하는 플래시 가스의 발생 원인으로 가장 거리가 먼 것은?
① 액관의 입상높이가 매우 작을 때

② 냉매 순환량에 비하여 액관의 관경이 너무 작을 때
③ 배관이 설치된 스트레이너, 필터 등이 막혀 있을 때
④ 액관이 직사광선에 노출될 때

해설 ① 액관의 입상높이가 매우 클 때
[참고]
1) 플래시 가스(flash gas) : 증발기가 아닌 곳에서 증발한 냉매가스
2) 플래시 가스(flash gas)의 발생 원인
  ① 액관이 현저하게 입상(수직)관일 경우
  ② 배관의 관경이 가늘고 긴 경우
  ③ 액관의 부속장치가 막힌 경우
  ④ 액관을 보냉하지 않았을 경우

24 다음 상태변화에 대한 설명으로 옳은 것은?
① 단열변화에서 엔트로피는 증가한다.
② 등적변화에서 가해진 열량은 엔탈피 증가에 사용된다.
③ 등압변화에서 가해진 열량은 엔탈피 증가에 사용된다.
④ 등온변화에서 절대일은 0이다.

해설 ① 단열변화에서 엔트로피는 변화하지 않는다.
② 등적변화에서 가해진 열량은 내부에너지 증가에 사용된다.
④ 등온변화에서 내부에너지 및 엔탈피의 변화가 0이고 절대일은
$$_1W_2 = P_1v_1\ln\frac{v_2}{v_1} = P_1v_1\ln\frac{P_1}{P_2}$$이다.

25 압축기의 체적효율에 대한 설명으로 틀린 것은?
① 압축기의 압축비가 클수록 커진다.
② 틈새가 작을수록 커진다.
③ 실제로 압축기에 흡입되는 냉매증기의 체적과 피스톤이 배출한 체적과의 비를 나

21. ② 22. ③ 23. ① 24. ③ 25. ①

타낸다.
④ 비열비 값이 작을수록 작게 된다.

해설 체적효율이 감소하는 원인
① 압축비가 클 경우
② 틈새(Clearance)가 클 경우
③ 흡입가스가 과열될 경우(비체적이 클 경우)
④ 압축기가 작을 경우
⑤ 압축기의 회전수가 빨라 밸브의 개폐가 확실하지 못하고 저항이 커질 경우

26 10kg의 산소가 체적 5m³로부터 11m³로 변화하였다. 이 변화가 일정 압력하에 이루어졌다면 엔트로피의 변화(kcal/K)는? (단, 산소는 완전가스로 보고, 정압비열은 0.221kcal/kg·K로 한다.)

① 1.55   ② 1.74
③ 1.95   ④ 2.05

해설 정압과정 엔트로피 변화(ΔS)

$$\Delta S = G \cdot C_p \cdot \ln \frac{V_2}{V_1}$$
$$= 10 \times 0.221 \times \ln \frac{11}{5}$$
$$= 1.74 \text{kcal/K}$$

27 냉동사이클에서 응축온도를 일정하게 하고 압축기 흡입가스의 상태를 건포화 증기로 할 때 증발 온도를 상승시키면 어떤 결과가 나타나는가?

① 압축비 증가
② 성적계수 감소
③ 냉동효과 증가
④ 압축일량 증가

해설 증발온도 상승 시
㉠ 압축비 감소
㉡ 토출가스 온도 강하
㉢ 냉동효과 증대
㉣ 성능계수(COP) 증가
㉤ 비체적 감소로 인한 냉매순환량 증가

28 냉동효과에 관한 설명으로 옳은 것은?
① 냉동효과란 응축기에서 방출하는 열량을 의미한다.
② 냉동효과는 압축기의 출구 엔탈피와 증발기의 입구 엔탈피 차를 이용하여 구할 수 있다.
③ 냉동효과는 팽창밸브 직전의 냉매 액온도가 높을수록 크며, 또 증발기에서 나오는 냉매증기의 온도가 낮을수록 크다.
④ 냉동효과를 크게 하려면 냉매의 과냉각도를 증가시키는 방법을 취하면 된다.

해설 ① 냉동효과란 증발기에서 흡수하는 열량을 의미한다.
② 냉동효과는 증발기의 출구 엔탈피와 증발기의 입구 엔탈피 차를 이용하여 구할 수 있다.
③ 냉동효과는 팽창밸브 직전의 냉매 액온도가 낮을수록 크며 또 증발기에서 나오는 냉매증기의 온도가 높을수록 크다.

29 조건을 참고하여 산출한 이론 냉동사이클의 성적계수는?

[조건]
㉠ 증발기 입구 냉매엔탈피 : 250kJ/kg
㉡ 증발기 출구 냉매엔탈피 : 390kJ/kg
㉢ 압축기 입구 냉매엔탈피 : 390kJ/kg
㉣ 압축기 출구 냉매엔탈피 : 440kJ/kg

① 2.5   ② 2.8
③ 3.2   ④ 3.8

해설 냉동사이클의 이론 성적계수

$$COP = \frac{h_1 - h_4}{h_2 - h_1}$$
$$= \frac{390 - 250}{440 - 390} = 2.8$$

 26. ② 27. ③ 28. ④ 29. ②

30 다음 중 몰리에르(P-h) 선도에 나타나 있지 않은 것은?

① 엔트로피   ② 온도
③ 비체적   ④ 비열

해설 몰리에르 선도(Mollier Diagram)

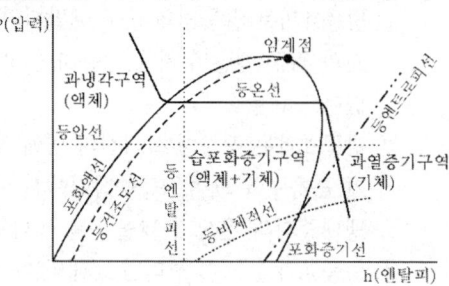

31 다음과 같은 냉동기의 냉동능력(RT)은? (단, 응축기 냉각수 입구온도 18℃, 응축기 냉각수 출구온도 23℃, 응축기 냉각수 수량 1500L/min, 압축기 주전동기 축마력은 80PS, 1RT는 3320kcal/h이다.)

① 135   ② 120
③ 150   ④ 125

해설 ① 응축부하(Q_c)

$$Q_c = G_c \cdot C \cdot \Delta t$$
$$= (1500\text{L/min} \times \frac{60\text{min}}{1\text{h}}) \times 1 \times (23-18)$$
$$= 450,000\text{kcal/h}$$

② 압축일(AW)

$$AW = 80\text{PS} \times \frac{632\text{kcal/h}}{1\text{PS}}$$
$$= 50,560\text{kcal/h}$$

③ 냉동능력(Q_e)

$Q_c = Q_e + AW$에서
$$Q_e = Q_c - AW$$
$$= 450,000 - 50,560$$
$$= 399,440\text{kcal/h} \times \frac{1\text{RT}}{3,320\text{kcal/h}}$$
$$= 120\text{RT}$$

32 다음 그림은 어떤 사이클인가? (단, P=압력, h=엔탈피, T=온도, S=엔트로피이다.)

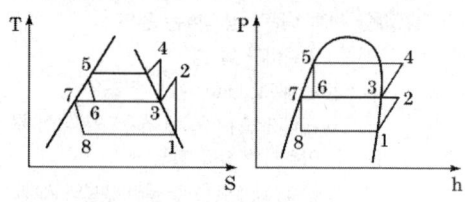

① 2단압축 1단팽창 사이클
② 2단압축 2단팽창 사이클
③ 1단압축 1단팽창 사이클
④ 1단압축 2단팽창 사이클

해설 2단압축 2단팽창 냉동사이클

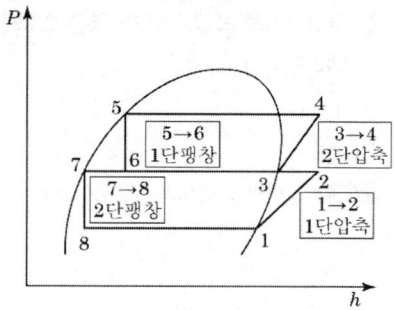

33 냉동장치 내 불응축가스가 존재하고 있는 것이 판단되었다. 그 혼입의 원인으로 가장 거리가 먼 것은?

① 냉매충전 전에 장치 내를 진공건조시키기 위하여 상온에서 진공 750mmHg까지 몇 시간 동안 진공 펌프를 운전하였기 때문이다.
② 냉매와 윤활유의 충전작업이 불량했기 때문이다.
③ 냉매와 윤활유가 분해하기 때문이다.
④ 팽창밸브에서 수분이 동결하고 흡입가스 압력이 대기압 이하가 되기 때문이다.

해설 불응축가스 발생 원인
① 내부적 원인

---

30. ④ 31. ② 32. ② 33. ①

㉠ 오일의 탄화, 열화 시 생성된 증기
㉡ 냉매의 화학적 변화에 의해 생성된 증기
㉢ 밀폐형의 경우 전동기 코일의 소손 등에 의해 생성된 증기
㉣ 외부적 원인
　㉠ 장치의 신설, 수리 시 진공 건조작업 불충분에 의한 잔류공기
　㉡ 냉매, 오일 충전 시 부주의로 인하여 침입한 공기
　㉢ 순도가 낮은 냉매 및 오일 충전 시 이들에 섞인 공기
　㉣ 저압을 대기압 이하로 운전 시 축봉부 등으로 유입된 공기

34 냉매의 구비 조건으로 틀린 것은?
① 임계온도는 높고, 응고점은 낮아야 한다.
② 증발 잠열과 기체의 비열은 작아야 한다.
③ 장치를 침식하지 않으며 절연 내력이 커야 한다.
④ 점도와 표면장력은 작아야 한다.

해설 ② 증발잠열이 커야 한다.
[참고] 냉매의 구비 조건
① 저온에서도 대기압 이상의 압력에서도 쉽게 증발할 것
② 임계온도가 높고 상온에서 쉽게 액화할 것
③ 응고온도가 낮을 것
④ 증발 잠열이 클 것
⑤ 냉매액은 비열이 작을 것
⑥ 비열비가 작을 것
⑦ 점도와 표면장력이 작고, 전열이 양호할 것
⑧ 누설 시 발견이 용이할 것
⑨ 절연내력이 크고, 전기절연물을 침식시키지 않을 것
⑩ 가스의 비체적이 적을 것
⑪ 패킹재료에 영향이 없을 것
　㉠ 암모니아 : 천연고무 및 석면 사용
　㉡ 프레온 : 특수고무, 합성고무 사용
⑫ 윤활유와 혼합되어도 냉동작용에 영향을 주지 않을 것

35 조건을 참고하여 산출한 흡수식 냉동기의 성적계수는?

[조건]
㉠ 응축기 냉각열량 : 20000kJ/h
㉡ 흡수기 냉각열량 : 25000kJ/h
㉢ 재생기 가열량 : 21000kJ/h
㉣ 증발기 냉동열량 : 24000kJ/h

① 0.88　　② 1.14
③ 1.34　　④ 1.52

해설 흡수식 냉동기의 성적계수
$$COP = \frac{증발기\ 냉각열량}{발생기(재생기)\ 공급열량}$$
$$= \frac{24000}{21000} = 1.14$$

36 중간냉각기에 대한 설명으로 틀린 것은?
① 다단압축냉동장치에서 저단측 압축기 압축압력(중간압력)의 포화온도까지 냉각하기 위하여 사용한다.
② 고단측 압축기로 유입되는 냉매증기의 온도를 낮추는 역할도 한다.
③ 중간냉각기의 종류에는 플래시형, 액냉각형, 직접팽창형이 있다.
④ 2단압축 1단팽창 냉동장치에는 플래시형 중간냉각방식이 이용되고 있다.

해설 중간냉각기 종류
① 플래시형 중간냉각기 : 2단압축 2단팽창 냉동기에 사용
② 액냉각형 중간냉각기 : 2단압축 1단팽창 냉동기에 사용
③ 직접팽창형 중간냉각기 : 2단압축 1단팽창 프레온냉동기에 사용

37 수냉식 냉동장치에서 단수되거나 순환수량이 적어질 때 경고 또는 장치보호를 위해 작

Answer　34. ②　35. ②　36. ④　37. ④

동하는 스위치는?

① 고압 스위치
② 저압 스위치
③ 유압 스위치
④ 플로우(flow) 스위치

해설 유동 스위치(Flow Switch)
냉각수 배관 등의 수평부분에 수직으로 설치하여 유동 스위치가 작동하지 않으면 냉동기가 동작하지 않도록 인터록이 되어 있다. 수냉응축기, 수냉각기, 브라인 냉각기의 단수, 감수차단용으로 사용된다.

38 어떤 냉매의 액이 30℃의 포화온도에서 팽창밸브로 공급되어 증발기로부터 5℃의 포화증기가 되어 나올 때 1냉동톤당 냉매의 양(kg/h)은? (단, 5℃의 엔탈피는 140.83kcal/kg, 30℃의 엔탈피는 107.65kcal/kg이다.)

① 100.1　　② 50.6
③ 10.8　　　④ 5.3

해설 ① 냉동능력(Q_e)
$$Q_e = 1RT = 3,320 \text{kcal/h}$$
② 냉매순환량(G)
$$Q_e = G \times q_e$$
$$G = \frac{Q_e}{q_e} = \frac{Q_e}{h_1 - h_4}$$
$$= \frac{3320}{140.83 - 107.65} = 100.1 \text{kg/h}$$

39 냉동장치의 안전장치 중 압축기로의 흡입압력이 소정의 압력 이상이 되었을 경우 과부하에 의한 압축기용 전동기의 위험을 방지하기 위하여 설치되는 기기는?

① 증발압력 조정밸브(EPR)
② 흡입압력 조정밸브(SPR)
③ 고압 스위치
④ 저압 스위치

해설 흡입압력 조정밸브(SPR, Suction Pressure Regulating Valve)
증발기와 압축기 사이의 흡입관 중간에 설치하여 압축기 흡입압력이 일정압력(SPR 출구측 압력) 이상으로 되었을 때 과부하로 인한 전동기의 파손을 방지한다.

[참고]
① 증발압력 조정밸브(EPR, Evaporate Pressure Regulating Valve) : 증발기 출구배관에 설치하여 설정된 설정압력(EPR 입구 압력)으로 증발압력을 일정하게 유지하여 운전 중 증발압력이 낮아져 냉수, 브라인 등의 동결이나 압축비 상승으로 인한 영향을 방지한다.
② 고압차단스위치(HPS, High Pressure Control Switch) : 고압이 일정 이상의 압력으로 상승되면 회로를 차단하여 압축기를 정지시켜 이상고압으로 인한 장치의 파손을 방지한다.
③ 저압차단스위치(LPS, Low Pressure Control Switch) : 시스템에 저압이 일정 이하가 되면 회로를 차단하여 압축기를 정지시키는 안전장치로 압축기 흡입관에 설치한다.

40 공기냉동기의 온도가 압축기 입구에서 -10℃, 압축기 출구에서 110℃, 팽창밸브 입구에서 10℃, 팽창밸브 출구에서 -60℃일 때, 압축기의 소요일량(kcal/kg)은? (단, 공기비열은 0.24kcal/kg・℃)

① 12　　② 14
③ 16　　④ 18

해설 압축기의 소요일량(AW)
$$Q_c = Q_e + AW$$
$$AW = Q_c - Q_e = C_p \Delta t_c - C_p \Delta t_e$$
$$= [0.24 \times (110 - 10)] - [0.24 \times (-10 - (-60))]$$
$$= 12 \text{kcal/kg}$$

Answer　38. ①　39. ②　40. ①

제3과목 : 배관일반

41 가스배관에서 가스공급을 중단시키지 않고 분해·점검할 수 있는 것은?
① 바이패스관 ② 가스미터
③ 부스터 ④ 수취기

해설) 가스의 공급을 정지시키지 않고 분해 점검 및 청소를 위한 비상용 배관인 바이패스관이 필요하다.

42 급탕설비에 사용되는 저탕조에서 필요한 부속품으로 가장 거리가 먼 것은?
① 안전밸브 ② 수위계
③ 압력계 ④ 온도계

해설) **저탕조 부속기기**
자동온도조절장치(서모스탯), 증기트랩장치, 온도계, 안전밸브, 순환펌프, 가열코일, 보일러, 급탕관 등

43 열전도도가 비교적 크고, 내식성과 굴곡성이 풍부한 장점이 있어 열교환기용 관으로 널리 사용되는 관은?
① 강관 ② 플라스틱관
③ 주철관 ④ 동관

해설) **동관의 특징**
① 전기 및 열전도율이 우수하다.
② 내식성이 우수하다.
③ 연성 및 전성이 풍부하다.
④ 무게가 가볍고 마찰손실이 적다.
⑤ 용도 : 열교환기, 급탕·급수관, 화학공업용, 급유관, 기름가열기, 냉매배관

44 급탕배관 계통에서 배관 중 총 손실열량이 15000kcal/h이고, 급탕온도가 70℃, 환수온도가 60℃일 때, 순환수량(kg/min)은?
① 1500 ② 100
③ 25 ④ 5

해설) 순환수량(W)
$$W = \frac{Q}{60\Delta t} = \frac{15000}{60 \times (70-60)} = 25\text{kg/min}$$

45 다음 중 옥내 노출배관 보온재 외피 시공 시 미관과 내구성을 고려하였을 때 적합한 재료는?
① 면포 ② 아연도금강판
③ 비닐 테이프 ④ 방수 마포

해설) 옥내 노출배관은 건물 내부에 있는 증기·온수·급수·배수 등을 위한 배관이고 보기 중 옥내 노출배관, 수도관 등으로 폭넓게 사용되는 아연도금강관이 보온재 외피 시공 시 적합하다.
[참고] 아연 도금 강관 : 강관에 아연 도금을 한 것으로 백관(白管)이라고도 한다. 급수, 배수, 통기, 냉온수, 냉각수, 빗물, 가스, 공기 등의 각종 배관에 사용된다. 대기 또는 그와 비슷한 환경의 방식용에 적당하다. 동결이나 외상(外傷) 등에는 강하나 관 내에 스케일이 발생하기 쉽고, 산, 해수, 60℃ 이상의 온수에서는 침식된다.

46 다음 중 유기질 보온재의 종류가 아닌 것은?
① 석면 ② 펠트
③ 코르크 ④ 기포성 수지

해설) ① 유기질 보온재 : 기포성 수지, 펠트, 코르크 등
② 무기질 보온재 : 석면, 암면, 규조토, 탄산마그네슘, 규산칼슘, 유리섬유, 글라스폼, 경질 폴리우레탄 폼, 슬래그섬유, 세라크울 등

47 배관설계 시 유의사항으로 틀린 것은?
① 가능한 한 동일 직경의 배관은 짧고, 곧게 배관한다.
② 관로의 색깔로 유체의 종류를 나타낸다.
③ 관로가 너무 길어서 압력손실이 생기지

Answer 41. ① 42. ② 43. ④ 44. ③ 45. ② 46. ① 47. ④

않도록 한다.
④ 곡관을 사용할 때는 관 굽힘 곡률 반경을 작게 한다.

해설 ④ 곡관을 사용할 때는 관 굽힘 곡률 반경을 크게 한다.

48 다음 중 이온화에 의한 금속부식에서 이온화 경향이 가장 작은 금속은?
① Mg ② Sn
③ Pb ④ Al

해설 이온화 경향
이온화 경향은 산화되기 쉬운 정도이다. 즉 이온화 경향이 큰 금속은 더 쉽게 산화되고, 이온화 경향이 작은 금속은 산화가 잘 일어나지 않는다.
K>Ca>Na>Mg>Al>Zn>Sn>Pb>(H)>Cu>Hg>Ag

49 도시가스배관을 지하에 매설하는 중압 이상인 배관(a)과 지상에 설치하는 배관(b)의 표면 색상으로 옳은 것은?
① (a) 적색 (b) 회색
② (a) 백색 (b) 적색
③ (a) 적색 (b) 황색
④ (a) 백색 (b) 황색

해설 가스배관의 표면색상은 지상배관은 황색으로 매설배관은 최고사용압력이 저압인 배관은 황색, 중압인 배관은 적색으로 할 것

50 냉매배관 시공 시 주의사항으로 틀린 것은?
① 배관재료는 각각의 용도, 냉매종류, 온도를 고려하여 선택한다.
② 배관 곡관부의 곡률 반지름은 가능한 한 크게 한다.
③ 배관이 고온의 장소를 통과할 때는 단열 조치한다.
④ 기기 상호간 배관길이는 되도록 길게 하고 관경은 크게 한다.

해설 ④ 기기 상호간에 연결하는 배관길이는 최단거리로 하고 곡률반경은 크게 한다.

51 온수난방 배관 시공 시 배관의 구배에 관한 설명으로 틀린 것은?
① 배관의 구배는 1/250 이상으로 한다.
② 단관 중력 환수식의 온수 주관은 하향구배를 준다.
③ 상향 복관 환수식에서는 온수 공급관, 복귀관 모두 하향 구배를 준다.
④ 강제 순환식은 배관의 구배를 자유롭게 한다.

해설 ③ 상향 복관 환수식에서는 온수 공급관은 상향, 구배 복귀관은 하향 구배를 준다.

52 다음 냉동 기호가 의미하는 밸브는 무엇인가?

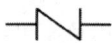

① 체크 밸브 ② 글로브 밸브
③ 슬루스 밸브 ④ 앵글 밸브

해설

종류	기호	종류	기호
체크 밸브	─┤\├─	글로브 밸브	─▶●◀─
슬루스 밸브 (게이트밸브)	─▶◀─	앵글 밸브	▲

53 다음 중 기밀성, 수밀성이 뛰어나고 견고한 배관 접속 방법은?
① 플랜지접합 ② 나사접합
③ 소켓접합 ④ 용접접합

Answer 48. ③ 49. ③ 50. ④ 51. ③ 52. ① 53. ④

해설 용접 접합 특징
① 제품의 성능과 수명이 향상된다.
② 재료가 절약되고 작업 공정이 단축된다.
③ 강도가 크고, 중량이 가벼워진다.
④ 기밀성이 우수하며 이음효율이 높다.
⑤ 품질 검사가 곤란하다.
⑥ 잔류응력이 존재하므로 균열과 수축이 발생할 우려가 있다.

54 송풍기의 토출측과 흡입측에 설치하여 송풍기의 진동이 덕트나 장치에 전달되는 것을 방지하기 위한 접속법은?

① 크로스 커넥션(cross connection)
② 캔버스 커넥션(canvas connection)
③ 서브 스테이션(sub station)
④ 하트포드(hartford) 접속법

해설 캔버스 커넥션(canvas connection)
송풍기와 덕트가 직접 연결된 상태에서는 송풍기의 진동이 덕트로 쉽게 전달되기 때문에 송풍기 입구 및 출구를 덕트에 접속할 때는 신축이음(캔버스 이음)을 한다. 캔버스 이음의 재료는 보통 석면포 등을 사용하며 설치 시 느슨하게 하여야 한다.

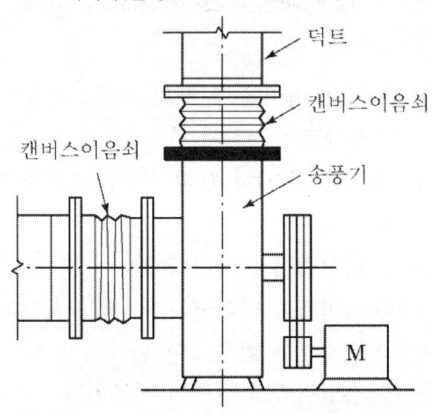

[참고]
① 크로스 커넥션(교차 연결) : 급수계통에 오수가 유입되어 오염되도록 배관된 것
② 하트포드 접속법 : 보일러 수위가 낮아지는 것을 방지하기 위하여 설치하며 증기관과 환수관 사이에 균형관을 접속시키는 방법이다.

55 관의 끝을 나팔모양으로 넓혀 이음쇠의 테이퍼면에 밀착시키고 너트로 체결하는 이음으로, 배관의 분해·결합이 필요한 경우에 이용하는 이음방법은?

① 빅토릭 이음(victoric joint)
② 그립식 이음(grip type joint)
③ 플레어 이음(flare joint)
④ 랩 조인트(lap joint)

해설 플레어 이음(flare joint)
동관의 접합방법으로 관 끝부분을 나팔모양으로 넓혀서 플레어 너트로 고정시키는 방법으로 동관의 점검 및 분해가 필요한 경우 사용한다.

56 냉동장치에서 증발기가 응축기보다 아래에 있을 때 압축기 정지 시 증발기로의 냉매 흐름방지를 위해 설치하는 것은?

① 역구배 루프배관
② 드렌처
③ 균압배관
④ 안전밸브

해설 ① 증발기와 압축기가 동일 위치에 있을 경우에는 흡입관을 증발기보다 150mm 이상 입상시켜 역루프 배관으로 한다.
② 압축기와 응축기가 동일 위치에 있을 경우에는 압축기에서 2.5m 이하로 입상시켜 응축기 쪽으로 하향 구배한다.

57 증기난방 배관 방법에서 리프트 피팅을 사용할 때, 1단의 흡상고 높이는 얼마 이내로 해야 하는가?

① 4m 이내   ② 3m 이내
③ 2.5m 이내 ④ 1.5m 이내

Answer 54. ② 55. ③ 56. ① 57. ④

해설 **리프트 피팅(lift fitting)**
진공환수식 난방의 경우에 방열기보다 높은 위치에 환수관을 연결하여 환수관보다 높은 위치로 환수관의 응축수를 끌어올려 환수하는 배관 방법
① 리프트관은 환수관보다 1치수 작은 것을 사용한다.
② 1단 흡상높이는 1.5m 이내

58 각 종류별 통기관경의 기준으로 틀린 것은?
① 건물의 배수탱크에 설치하는 통기관의 관경은 50mm 이상으로 한다.
② 각개통기관의 관경은 그것이 접속되는 배수관 관경의 $\frac{1}{2}$ 이상으로 한다.
③ 루프통기관의 관경은 배수수평지관과 통기수직관 중 작은 쪽 관경의 $\frac{1}{2}$ 이상으로 한다.
④ 신정통기관의 관경은 배수수직관의 관경보다 작게 해야 한다.

해설 ④ 신정 통기관의 관경은 그것에 접속하는 배수수직관 관경보다 작아서는 안 된다.
[참고] 신정통기방식은 통기수직관을 별도로 설치하지 않고 신정 통기관만으로 통기하는 방식. 즉 배수수직관을 그대로 연장한 통기관이므로 신정통기관의 관경은 배수 수직관의 관경을 줄이지 않고 연장해서 대기 중에 개방하여야 한다.

59 증기배관에서 증기와 응축수의 흐름방향이 동일할 때 증기관의 구배는? (단, 특수한 경우를 제외한다.)
① $\frac{1}{50}$ 이상의 순구배
② $\frac{1}{50}$ 이상의 역구배
③ $\frac{1}{250}$ 이상의 순구배
④ $\frac{1}{250}$ 이상의 역구배

해설 증기와 응축수의 흐름 방향이 동일한 경우에는 반드시 선하향으로 순구배가 되도록 하고 그 구배는 1/250 이상이 되도록 한다.

60 중앙식 급탕법에 대한 설명으로 틀린 것은?
① 급탕 장소가 많은 대규모 건물에 적당하다.
② 직접 가열식은 저탕조와 보일러가 직결되어 있다.
③ 기수 혼합식은 저압증기로 온수를 얻는 방법으로 사용 장소에 제한을 받지 않는다.
④ 간접가열식은 특수한 내압용 보일러를 사용할 필요가 없다.

해설 ③ 기수 혼합식은 고압증기로 온수를 얻는 방법으로 물을 혼합할 때 소음이 발생되므로 소음제거장치인 스팀 사일렌서(steam silencer)가 필요하고 사용 장소에 제한을 받는다.

제4과목 : 전기제어공학

61 15cm의 거리에 두 개의 도체구가 놓여 있고 이 도체구의 전하가 각각 $+0.2\mu C$, $-0.4\mu C$이라 할 때 $-0.4\mu C$의 전하를 접지하면 어떤 힘이 나타나겠는가?
① 반발력이 나타난다.
② 흡인력이 나타난다.
③ 접지되어 힘은 0이 된다.
④ 흡인력과 반발력이 반복된다.

해설 **접지 도체구와 점전하**
접지 도체구에 유도되는 전하는 항상 점전하와 반대 극성이 유도되므로 항상 흡인력이 작용한다.

Answer 58. ④ 59. ③ 60. ③ 61. ②

62 컴퓨터 제어의 아날로그 신호를 디지털 신호로 변환하는 과정에서, 아날로그 신호의 최댓값을 M, 변환기의 bit 수를 3이라 하면 양자화 오차의 최댓값은 얼마인가?

① M
② $\dfrac{M}{2}$
③ $\dfrac{M}{7}$
④ $\dfrac{M}{8}$

해설 아날로그 신호의 최댓값이 M, 변환기의 bit 수가 3이므로 양자화 오차의 최댓값은 $\dfrac{M}{2^3} = \dfrac{M}{8}$ 이다.

63 피드백 제어에서 반드시 필요한 장치는?
① 구동장치
② 안정도를 좋게 하는 장치
③ 입력과 출력을 비교하는 장치
④ 응답속도를 빠르게 하는 장치

해설 피드백 제어계
① 출력량을 귀환(Feedback)할 수 있는 귀환경로를 포함한 제어계로, 제어계의 출력값이 목표값과 비교하여 일치하지 않을 경우에는 다시 출력값을 입력으로 피드백시켜 오차를 수정하도록 귀환경로를 갖는 방식으로 제어의 질의 개선에 효과가 있다.
② 구조가 복잡하고 반드시 입력과 출력을 비교하는 장치가 필요하다.

64 $v = 200\sin\left(120\pi t + \dfrac{\pi}{3}\right) V$인 전압의 순시값에서 주파수는 몇 Hz인가?
① 50
② 55
③ 60
④ 65

해설 주파수(f)
$\omega = 2\pi f$
$f = \dfrac{\omega}{2\pi} = \dfrac{120\pi}{2\pi} = 60\text{Hz}$

65 제어량이 온도, 유량 및 액면 등과 같은 일반 공업량일 때의 제어는?
① 자동 조정
② 자력 제어
③ 프로세스 제어
④ 프로그램 제어

해설 프로세스 제어(process control)
① 생산공정 중의 상태량, 외란의 억제를 주목적으로 함
② 제어량 : 공업공정의 상태량(밀도, 농도, 온도, 압력, 유량, 습도 등)

66 다음 그림에 대한 키르히호프법칙의 전류 관계식으로 옳은 것은?

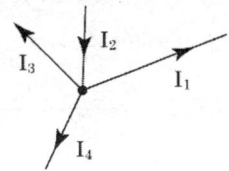

① $I_1 = I_2 - I_3 + I_4$
② $I_1 = I_2 + I_3 + I_4$
③ $I_1 = I_2 - I_3 - I_4$
④ $I_1 = -I_2 - I_3 - I_4$

해설 키르히호프 제1법칙(전류 평형의 법칙)
회로망 중의 한 점에 흘러 들어오는 전류의 총합과 흘러 나가는 전류의 총합은 같다.
Σ 유입전류 = Σ 유출전류
$I_2 = I_1 + I_3 + I_4$, $I_1 = I_2 - I_3 - I_4$

67 그림과 같은 전체 주파수 전달함수는? (단, A가 무한히 크다.)

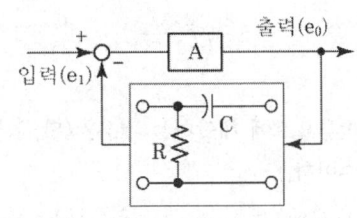

① $1 + j\omega CR$
② $1 + \dfrac{1}{j\omega CR}$

Answer 62. ④ 63. ③ 64. ③ 65. ③ 66. ③ 67. ②

③ $\dfrac{1}{1+j\omega CR}$ ④ $\dfrac{1}{1-j\omega CR}$

해설 ① 피드백 요소의 전달함수 G_f

$$G_f = \dfrac{R}{\dfrac{1}{j\omega C}+R} = \dfrac{j\omega CR}{1+j\omega CR}$$

② 전체의 주파수 전달함수 $G(j\omega)$

$$G(j\omega) = \dfrac{Y(j\omega)}{X(j\omega)} = \dfrac{A}{1+AG_f}$$

$$= \dfrac{A}{1+A\cdot\dfrac{j\omega CR}{1+j\omega CR}}$$

$$= \dfrac{1}{\dfrac{1}{A}+\dfrac{j\omega CR}{1+j\omega CR}}$$

$A \to \infty$이면 $\dfrac{1}{A} \to 0$

$$G(j\omega) = \dfrac{1}{\dfrac{j\omega CR}{1+j\omega CR}} = \dfrac{1+j\omega CR}{j\omega CR}$$

$$= 1 + \dfrac{1}{j\omega CR}$$

68 그림의 전달함수를 계산하면?

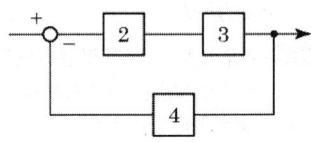

① 0.15 ② 0.22
③ 0.24 ④ 0.44

해설 전달함수(G)

$$G = \dfrac{C}{R} = \dfrac{\Sigma 경로}{1 - \Sigma 폐로}$$

$$= \dfrac{2\times 3}{1-(-2\times 3\times 4)} = \dfrac{6}{25} = 0.24$$

69 미분요소에 해당하는 것은? (단, K는 비례상수이다.)

① $G(s) = K$ ② $G(s) = Ks$

③ $G(s) = \dfrac{K}{s}$ ④ $G(s) = \dfrac{K}{Ts+1}$

해설 ① 비례요소
③ 적분요소
④ 1차 지연요소

70 그림과 같은 신호흐름선도에서 $\dfrac{X_2}{X_1}$를 구하면?

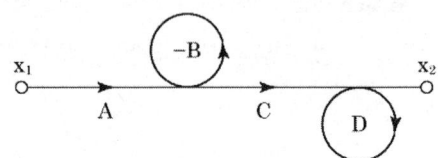

① $\dfrac{AC}{(1+B)(1+D)}$

② $\dfrac{AC}{(1-B)(1+D)}$

③ $\dfrac{AC}{(1-B)(1-D)}$

④ $\dfrac{AC}{(1+B)(1-D)}$

해설 전달함수(G)

$$G = \dfrac{A}{1+B} \cdot \dfrac{C}{1-D} = \dfrac{AC}{(1+B)(1-D)}$$

71 그림에서 전류계의 측정범위를 10배로 하기 위한 전류계의 내부저항 $r[\Omega]$과 분류기 저항 $R[\Omega]$과의 관계는?

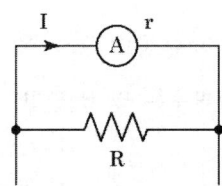

① $r = 9R$ ② $r = \dfrac{R}{9}$

③ $r = 10R$ ④ $r = \dfrac{R}{10}$

Answer 68. ③ 69. ② 70. ④ 71. ①

해설 분류기의 배율(n)

$n = 1 + \dfrac{r}{R}$ 이므로 $10 = 1 + \dfrac{r}{R}$

$9 = \dfrac{r}{R}$

$\therefore r = 9R$

[참고] 분류기 : 일정한 전류계로서 큰 전류를 측정하고자 할 때 전류계의 측정 범위를 넓히기 위하여 전류계에 저항을 병렬로 연결한 것을 말한다.

72 온도보상용으로 사용되는 것은?
① SCR
② 다이액
③ 다이오드
④ 서미스터

해설 서미스터(Thermistor)
온도에 따라 저항이 변하는 모든 세라믹 계통의 소자(NiO, MgO, MnO)로 온도에 따라 저항이 증가하는 특성을 이용하여 저항값으로 온도를 측정한다. 주로 온도보상용으로 사용

73 $G(s) = \dfrac{1}{1+5s}$ 일 때 절점주파수 ω_0[rad/sec]를 구하면?
① 0.1
② 0.2
③ 0.25
④ 0.4

해설 절점주파수(ω_0)

$G(s) = \dfrac{1}{1+Ts}$ 일 때 $\omega_0 = \dfrac{1}{T}$ 이므로

$G(s) = \dfrac{1}{1+5s}$

$\omega_0 = \dfrac{1}{T} = \dfrac{1}{5} = 0.2\text{rad/sec}$

74 목표값이 시간적으로 변화하지 않는 일정한 제어는?
① 정치 제어
② 추종 제어
③ 비율 제어
④ 프로그램 제어

해설 ① 추치 제어 : 목표값이 시간에 따라 변화되는 상태량을 제어
 ㉠ 추종 제어 : 목표값이 임의로 변화되는 경우의 제어(서보기구)
 ㉡ 프로그램 제어 : 목표값의 변화량이 미리 정해진 프로그램에 의하여 상태량을 제어
 ㉢ 비율 제어 : 목표값이 다른 양과 일정한 비율 관계를 갖는 상태량을 제어
② 정치 제어 : 목표값이 시간에 따라 일정한 상태량을 제어(프로세스 제어, 자동조정 등)

75 제벡 효과(Seebeck effect)를 이용한 센서에 해당하는 것은?
① 저항 변화용
② 용량 변화용
③ 전압 변화용
④ 인덕턴스 변화용

해설 제벡 효과(Seebeck effect)
종류가 다른 2종의 금속선을 접속하여 폐회로를 만들어서 두 개의 접합점을 다른 온도로 유지할 때 온도의 변화에 따라 두 물질의 접촉부에서 전위의 차가 발생하고 이 회로에 전류가 흐르는 현상으로 열전쌍, 열전온도계 등에 응용된다.

76 폐루프 제어계에서 제어요소가 제어대상에 주는 양은?
① 조작량
② 제어량
③ 검출량
④ 측정량

해설 조작량
제어요소가 제어대상에 주는 양으로 제어대상의 출력을 말하며 전체 제어계가 추구하는 목적은 제어량이 목표값을 가지도록 하는 것이다.
[참고]
 ① 제어량 : 제어대상에서 제어된 출력량

 72. ④ 73. ② 74. ① 75. ③ 76. ①

77 그림과 같은 유접점 회로를 간단히 한 회로는?

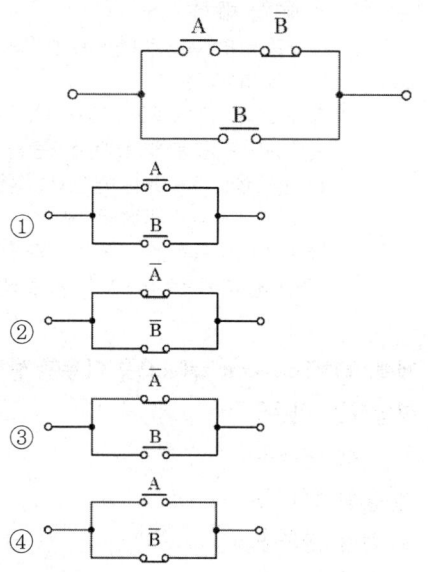

해설) 유접점 회로를 간단히 하면
$$A \cdot \bar{B} + B = A \cdot \bar{B} + B(A+1)$$
$$= A \cdot \bar{B} + A \cdot B + B$$
$$= A(\bar{B} + B) + B = A + B$$

∴ [A, B] — A+B

78 3상 유도전동기의 출력이 15kW, 선간전압이 220V, 효율이 80%, 역률이 85%일 때, 이 전동기에 유입되는 선전류는 약 몇 A인가?

① 33.4   ② 45.6
③ 57.9   ④ 69.4

해설) 선전류(I)
$$P = \sqrt{3} \, VI\cos\theta\eta$$
$$I = \frac{P}{\sqrt{3} \, V\cos\theta\eta}$$
$$= \frac{15 \times 10^3}{\sqrt{3} \times 220 \times 0.85 \times 0.8} = 57.9 \text{A}$$

79 단위계단 함수 u(t)의 그래프는?

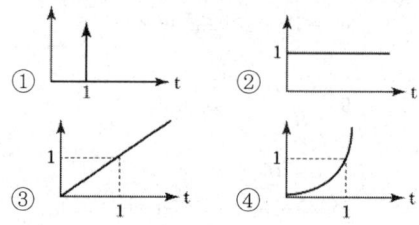

해설) ② 단위계단함수로서 $u(t) = 1$, $F(s) = \dfrac{1}{s}$

③ 램프함수로서 $(t) = t$, $F(s) = \dfrac{1}{s^2}$

80 직류기에서 전기자 반작용에 관한 설명으로 틀린 것은?

① 주자속이 감소한다.
② 전기자 기자력이 증대된다.
③ 전기적 중성축이 이동한다.
④ 자속의 분포가 한쪽으로 기울어진다.

해설) 전기자 반작용의 영향
① 주자속이 감소한다.
  ㉠ 발전기 → 유도기전력이 감소한다.
  ㉡ 전동기 → 토크가 감소한다.
② 자속의 분포가 한쪽으로 기울어져(편자작용) 중성축이 이동한다.
  ㉠ 발전기 → 회전방향과 같은 방향으로 이동한다.
  ㉡ 전동기 → 회전방향과 반대 방향으로 이동한다.
③ 정류자편과 브러시 사이에 높은 전압이 발생하여 불꽃이 발생되어 정류가 불량하게 된다.

Answer 77. ① 78. ③ 79. ② 80. ②

2018년 4월 28일(2회) 시행
공조냉동기계산업기사 과년도출제문제

제1과목 : 공기조화

01 어떤 실내의 취득열량을 구했더니 감열이 40kW, 잠열이 10kW였다. 실내를 건구온도 25℃, 상대습도 50%로 유지하기 위해 취출 온도차 10℃로 송풍하고자 한다. 이때 현열비(SHF)는?

① 0.6   ② 0.7
③ 0.8   ④ 0.9

해설 현열비(SHF)
$$= \frac{\text{현열(감열)}}{\text{현열(감열)}+\text{잠열}} = \frac{40}{40+10} = 0.8$$

02 실내취득열량 중 현열이 35kW일 때, 실내온도를 26℃로 유지하기 위해 12.5℃의 공기를 송풍하고자 한다. 송풍량(m³/min)은? (단, 공기의 비열은 1.0kJ/kg·℃, 공기의 밀도는 1.2kg/m³로 한다.)

① 129.6   ② 154.3
③ 308.6   ④ 617.2

해설 송풍량(Q)

$$Q = \frac{q_s}{C_p \cdot \rho \cdot \Delta t}$$

$$= \frac{35\frac{kJ}{s}(=kW) \times \frac{60s}{1min}}{1.0 \times 1.2 \times (26-12.5)}$$

$$= 129.6 \, m^3/min$$

03 지하 주차장 환기설비에서 천장부에 설치되어 있는 고속노즐로부터 취출되는 공기의 유인효과를 이용하여 오염공기를 국부적으로 희석시키는 방식은?

① 제트팬 방식
② 고속 덕트 방식
③ 무덕트 환기 방식
④ 고속 노즐 방식

해설 디리벤트(dirivent) 방식 - 고속노즐방식
공급된 외기를 천장부의 고속노즐에서 취출하여 오염공기를 배기팬 쪽으로 이송한다. 공기의 유인효과를 이용하여 오염공기를 국부적으로 희석하는 방식으로 적정한 이송을 위하여 수많은 노즐의 위치 선정에 합리적인 고려가 필요하다. 일정 이상의 덕트공간이 필요하고 노즐에서의 강한 풍속으로 불쾌감을 유발한다.

[참고]
① 제트팬방식(무덕트 방식) : 급기팬에서 공급된 외기를 천장에 설치된 제트팬으로 주차장 전역으로 이송하는 방식으로 희석방식 중 가장 경제적인 방법으로 많이 사용되고 있다. 제트팬의 설치 위치와 노즐 방향이 환기설비성능을 결정한다.
② 덕트 방식 : 급기팬으로 도입된 외기를 급기덕트를 통해 주차장 내에 분산 급기하고 오염공기는 배기팬에 연결된 배기덕트에 의해 외부로 배출시킨다. 신선한 공기가 오염된 공기를 몰아내는 치환환기가 이루어져 환기설비성능이 우수하지만 덕트 설치비가 높고 팬 운전비가 증가한다.

04 고성능의 필터를 측정하는 방법으로 일정한 크기(0.3μm)의 시험입자를 사용하여 먼지

 1. ③ 2. ① 3. ④ 4. ④

과년도출제문제(출제기준 개정 전) **177**

의 수를 계측하는 시험법은?
① 중량법 ② TETD/TA법
③ 비색법 ④ 계수(DOP)법

해설 공기 여과기 측정법

측정법	중량법(AFI)	비색법(NBS)	계수법(DOP법)
특징	필터 전후에 일정 풍량을 통과시켜 여재에 포집되는 중량비로 효율 표시	필터 전후에 일정 풍량을 시험용 여지를 통해 통과시켜 그 여지의 오염도를 비교해서 효율 표시	필터 전후에 일정 풍량을 통과시켜 함유된 분진의 수를 광학적인 계수장치로 계수하여 분진수를 비교, 효율 표시
측정대상	Pre Filter 외기처리필터	Medium Filter (Bag, Unit Cell)	HEPA Filter ULPA Filter
해당 제진입자	1μm 이상 입자	1μm 이하의 부유 미립자	0.3μm 이하의 입자

05 다음 중 천장이나 벽면에 설치하고 기류방향을 자유롭게 조정할 수 있는 취출구는?
① 펑커루버형 취출구
② 베인형 취출구
③ 팬형 취출구
④ 아네모스탯형 취출구

해설 펑커루버형
목이 움직이게 되어 취출기류의 방향을 바꿀 수 있으며 토출구에 달려 있는 댐퍼에 의해 풍량조절이 가능하다. 주로 공장, 주방, 버스 등의 국소냉방에 사용한다.

06 수관보일러의 종류가 아닌 것은?
① 노통연관식 보일러
② 관류보일러
③ 자연순환식 보일러
④ 강제순환식 보일러

해설 ㉠ 수관식 보일러의 종류 : 자연순환식, 관류식, 강제순환식
㉡ 원통형 보일러 : 입형 보일러, 횡형 보일러 (노통식, 연관식, 노통연관식)

07 냉동기를 구동시키기 위하여 여름에도 보일러를 가동하는 열원방식은?
① 터보냉동기 방식
② 흡수식 냉동기 방식
③ 빙축열 방식
④ 열병합 발전 방식

해설 흡수식 냉동기 방식
여름철 증기보일러에서 생산된 열(스팀)을 이용해 흡수식 냉동기에서 냉수를 만들고 각 건물에 배관을 통해 직접 공급하는 방식

08 다음 중 습공기 선도상에 표시되지 않는 것은?
① 비체적 ② 비열
③ 노점온도 ④ 엔탈피

해설 습공기 선도의 구성
표준대기압 상태에서 습공기의 성질을 표시하고 건구온도, 습구온도, 노점온도, 상대습도, 절대습도, 수증기분압, 엔탈피, 비체적, 현열비, 열수분비 등으로 구성되어 있다.

09 A상태에서 B상태로 가는 냉방과정에서 현열비는?

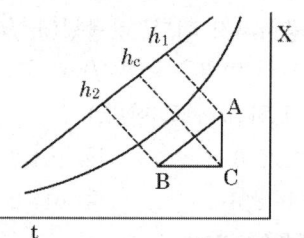

① $\dfrac{h_1 - h_2}{h_1 - h_c}$ ② $\dfrac{h_1 - h_c}{h_1 - h_2}$
③ $\dfrac{h_1 - h_c}{h_c - h_2}$ ④ $\dfrac{h_c - h_2}{h_1 - h_2}$

해설 현열비(Sensible Heat Factor : SHF)
습공기 전열량(q_t)에 대한 현열량(q_s)의 비로서 실내로 취출되는 공기의 상태변화를 알 수 있다.

Answer 5. ① 6. ① 7. ② 8. ② 9. ④

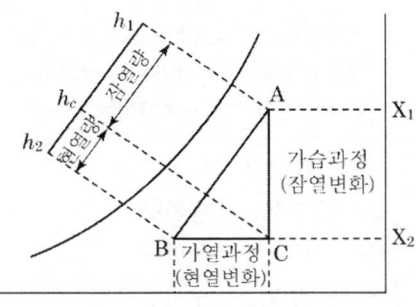

$$\text{SHF} = \frac{q_S}{q_t} = \frac{q_S}{q_S + q_L} = \frac{h_c - h_2}{h_1 - h_2}$$

여기서, 전열량 : q_t [kcal/h]
현열량 : q_S [kcal/h]
잠열량 : q_L [kcal/h]

10 단효용 흡수식 냉동기의 능력이 감소하는 원인이 아닌 것은?

① 냉수 출구온도가 낮아질수록 심하게 감소한다.
② 압축비가 작을수록 감소한다.
③ 사용 증기압이 낮아질수록 감소한다.
④ 냉각수 입구온도가 높아질수록 감소한다.

해설 흡수식 냉동기는 증기압축식 냉동기에서의 압축기의 역할을 흡수기가 재생기를 대신하며 냉매와 흡수제의 용해 및 분리작용을 이용하여 압축 효과를 얻으므로 압축비와 냉동기의 능력과는 상관이 없다.

11 인접실, 복도, 상층, 하층이 공조되지 않는 일반 사무실의 남측 내벽(A)의 손실열량(kcal/h)은? (단, 설계조건은 실내온도 20℃, 실외온도 0℃, 내벽 열통과율(K)은 1.6 kcal/m²·h·℃로 한다.)

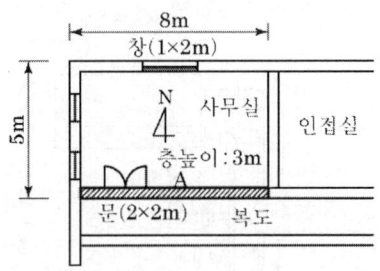

① 320   ② 872
③ 1193   ④ 2937

해설 ① 복도의 온도 $t_1 = \dfrac{20+0}{2} = 10℃$

② 손실열량
$Q = KA\Delta t$
$= 1.6 \times \{(8 \times 3) - (2 \times 2)\} \times (20 - 10)$
$= 320 \text{kcal/h}$

12 다음 중 방열기의 종류로 가장 거리가 먼 것은?

① 주철제 방열기   ② 강판제 방열기
③ 컨벡터   ④ 응축기

해설 방열기의 종류

분류	종류
열매	증기용, 온수용
형상	주형(Ⅱ주, Ⅲ주, 3세주, 5세주), 벽걸이형(횡형, 종형) 대류방열기(convector, 컨벡터), 베이스보드 방열기, 관방열기
재질	주철제, 강판제, 알루미늄제

13 다음 중 개방식 팽창탱크에 반드시 필요한 요소가 아닌 것은?

① 압력계   ② 수면계
③ 안전관   ④ 팽창관

해설 압력계는 밀폐식 팽창탱크에 필요한 요소이다.
[참고] 팽창탱크의 구성

Answer 10. ② 11. ① 12. ④ 13. ①

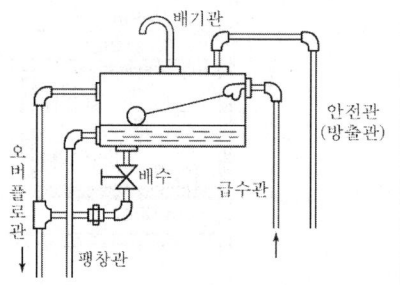

[개방형 팽창탱크]

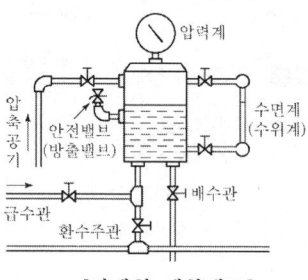

[밀폐형 팽창탱크]

14 개방식 냉각탑의 설계 시 유의사항으로 옳은 것은?

① 압축식 냉동기 1RT 당 냉각열량은 3.26kW로 한다.
② 쿨링 어프로치는 일반적으로 10℃로 한다.
③ 압축식 냉동기 1RT당 수량은 외기습구온도가 27℃일 때 8L/min 정도로 한다.
④ 흡수식 냉동기를 사용할 때 열량은 일반적으로 압축식 냉동기의 약 1.7~2.0배 정도로 한다.

해설 ① 압축식 냉동기 1RT당 냉각열량(표준냉각톤)은 4.53kW(3900kcal/h)로 한다.
② 쿨링 어프로치는 일반적으로 5℃로 한다.
③ 압축식 냉동기 1RT당 수량은 외기습구온도가 27℃일 때 13l/min 정도로 한다.

15 다음은 난방부하에 대한 설명이다. ( )에 적당한 용어로서 옳은 것은?

겨울철에는 실내의 일정한 온도 및 습도를 유지하기 위하여 실내에서 손실된 (㉮)이나 부족한 (㉯)을 보충하여야 한다.

① ㉮ 수분량, ㉯ 공기량
② ㉮ 열량, ㉯ 공기량
③ ㉮ 공기량, ㉯ 열량
④ ㉮ 열량, ㉯ 수분량

해설 ㉠ 일반적으로 겨울철 난방부하는 손실열량을 기준으로 계산하는 반면에, 여름철 냉방부하는 취득열량을 기준으로 계산한다.
㉡ 겨울에는 실내에서 밖으로의 열손실이 일어나며, 실내공기의 수분도 함께 밖으로 나가므로 부족한 수분량을 보충하는 가습도 필요하다.

16 공기의 가습방법으로 틀린 것은?

① 에어와셔에 의한 방법
② 얼음을 분무하는 방법
③ 증기를 분무하는 방법
④ 가습팬에 의한 방법

해설 가습방법
① 공기세정기(에어와셔)에 의한 순환수 분무 가습
② 공기세정기에 의한 온수 분무 가습
③ 소량의 물 또는 온수 분무 가습
④ 수증기 분무 가습 : 가습 효율이 100%
⑤ 가습팬에 의한 수증기 증발 가습
⑥ 실내에 직접 분무 가습

17 온수난방 배관 시 유의사항으로 틀린 것은?

① 배관의 최저점에는 필요에 따라 배관 중의 물을 완전히 배수할 수 있도록 배수 밸브를 설치한다.
② 배관 내 발생하는 기포를 배출시킬 수 있는 장치를 한다.
③ 팽창관 도중에는 밸브를 설치하지 않는다.

14. ④ 15. ④ 16. ② 17. ④

④ 증기배관과는 달리 신축 이음을 설치하지 않는다.

해설 ④ 증기난방뿐만 아니라 온수난방에서도 온수를 통하는 배관은 온도변화에 따른 관의 팽창을 흡수하기 위하여 신축이음을 설치한다.

18 복사난방에 관한 설명으로 옳은 것은?
① 고온식 복사난방은 강판제 패널 표면의 온도를 100℃ 이상으로 유지하는 방법이다.
② 파이프 코일의 매설 깊이는 균등한 온도분포를 위해 코일 외경과 동일하게 한다.
③ 온수의 공급 및 환수 온도차는 가열면의 균일한 온도분포를 위해 10℃ 이상으로 한다.
④ 방이 개방상태에서도 난방효과가 있으나 동일 방열량에 대해 손실량이 비교적 크다.

해설 ② 파이프 코일의 매설 깊이는 균등한 온도분포를 위해 코일 외경의 1.5~2배 정도로 한다.
③ 온수의 공급 및 환수 온도차는 가열면의 균일한 온도분포를 위해 6~8℃(콘크리트 바닥기준, 온수온도 38~55℃) 정도로 한다.
④ 방이 개방상태에서도 난방효과가 있으나 동일 방열량에 대해 손실량이 비교적 적다.

19 일정한 건구온도에서 습공기의 성질 변화에 대한 설명으로 틀린 것은?
① 비체적은 절대습도가 높아질수록 증가한다.
② 절대습도가 높아질수록 노점온도는 높아진다.
③ 상대습도가 높아지면 절대습도는 높아진다.
④ 상대습도가 높아지면 엔탈피는 감소한다.

해설 ④ 상대습도가 높아지면 엔탈피는 증가한다.

20 난방부하의 변동에 따른 온도조절이 쉽고, 열용량이 커서 실내의 쾌감도가 좋으며, 공급온도를 변화시킬 수 있고, 방열기 밸브로 방열량을 조절할 수 있는 난방방식은?
① 온수난방방식 ② 증기난방방식
③ 온풍난방방식 ④ 냉매난방방식

해설 온수난방방식

장점	단점
㉠ 방열기 온도가 낮아 실내 상하 온도차가 적어 쾌감도가 좋다.	㉠ 열용량이 커 예열시간이 길다.
㉡ 중앙에서 온수온도 제어에 따른 방열량(온도) 조절이 용이하다.	㉡ 수두에 제한이 있어 건축물의 높이에 제한을 받는다.
㉢ 열용량이 커 실온의 변동이 적고 동결우려가 적다.	㉢ 보유열량이 적어 방열면적 및 관지름이 크다.
㉣ 보일러 취급이 용이하며 안전하다.	㉣ 순환펌프 등의 설치로 설비비가 비싸다.

제2과목 : 냉동공학

21 냉동장치의 액분리기에 대한 설명으로 바르게 짝지어진 것은?

ⓐ 증발기와 압축기 흡입측 배관 사이에 설치한다.
ⓑ 기동 시 증발기 내의 액이 교란되는 것을 방지한다.
ⓒ 냉동부하의 변동이 심한 장치에는 사용하지 않는다.
ⓓ 냉매액이 증발기로 유입되는 것을 방지하기 위해 사용한다.

① ⓐ, ⓑ ② ⓒ, ⓓ
③ ⓐ, ⓒ ④ ⓑ, ⓒ

해설 액분리기(Liquid Separator)
암모니아 만액식 증발기 또는 부하변동이 심한 냉동장치에서 압축기로 유입되는 가스 중 액을 분리시켜 액유입에 의한 액압축(Liquid Back)

Answer 18. ① 19. ④ 20. ① 21. ①

을 방지하여 압축기를 보호시켜 주기 위한 기기이다. 이 액분리기는 압축기의 가까운 흡입관에 설치하는 일종의 저압용기이며, 여기서 분리된 액은 증발기, 저압수액기 또는 고압수액기 등으로 되돌려진다. 따라서 냉동부하의 변동이 심한 냉동장치(예를 들면 제빙창고, 대형 냉장고, 동결장치, 브라인 냉각기 등)나 강제순환식 냉동장치에서는 액분리기를 반드시 설치해주어야 한다.

22 스크롤 압축기의 특징에 대한 설명으로 틀린 것은?
① 부품수가 적고 고속회전이 가능하다.
② 소요토크의 영향으로 토출가스의 압력변동이 심하다.
③ 진동 소음이 적다.
④ 스크롤의 설계에 의해 압축비가 결정되는 특징이 있다.

해설 ② 압축, 흡입 및 토출이 동시에 연속적으로 이루어지므로 토출압력의 변동이 적다.

23 다음 중 공비혼합냉매는 무엇인가?
① R401A ② R501
③ R717   ④ R600

해설 공비혼합냉매
서로 다른 두 개의 냉매를 적당한 중량비로 혼합하여 기체와 액체의 성분비가 변하지 않고 처음 냉매들과는 전혀 다른 하나의 새로운 특성을 나타내게 되는 혼합냉매로서 R-500부터 개발된 순서대로 R-500, R-501, R-502와 같이 표기한다.

24 증기압축식 냉동장치에서 응축기의 역할로 옳은 것은?
① 대기 중으로 열을 방출하여 고압의 기체를 액화시킨다.
② 저온, 저압의 냉매기체를 고온, 고압의 기

체로 만든다.
③ 대기로부터 열을 흡수하여 열 에너지를 저장한다.
④ 고온, 고압의 냉매기체를 저온, 저압의 기체로 만든다.

해설 응축기
압축기에서 토출된 고온·고압의 냉매가스를 상온 이하의 물이나 공기를 이용하여 냉매가스 중의 열을 제거하여 응축, 액화시키는 기기로 냉동사이클의 고압측에서 사이클 내의 열을 외부로 방출하는 역할을 한다.

25 냉동장치의 압력스위치에 대한 설명으로 틀린 것은?
① 고압스위치는 이상고압이 될 때 냉동장치를 정지시키는 안전장치이다.
② 저압스위치는 냉동장치의 저압측 압력이 지나치게 저하하였을 때 전기회로를 차단하는 안전장치이다.
③ 고저압스위치는 고압스위치와 저압스위치를 조합하여 고압측이 일정압력 이상이 되거나 저압측이 일정압력보다 낮으면 압축기를 정지시키는 스위치이다.
④ 유압스위치는 윤활유 압력이 어떤 원인으로 일정압력 이상으로 된 경우 압축기의 훼손을 방지하기 위하여 설치하는 보조장치이다.

해설 유압보호스위치(OPS, Oil Pressure Protection Switch)
압축기 기동 시나 운전 중 일정시간(60~90초 정도 : Time Leg)에 유압이 형성되지 않거나 유압이 일정 이하로 될 경우 압축기를 정지시켜 윤활불량으로 인한 압축기의 파손을 방지한다.

26 프레온 냉매를 사용하는 수냉식 응축기의 순환수량이 20L/min이며, 냉각수 입·출구

 22. ②　23. ②　24. ①　25. ④　26. ③

온도차가 5.5℃였다면, 이 응축기의 방출열량(kcal/h)은?

① 110 ② 6000
③ 6600 ④ 700

해설 응축기의 방출열량(Q_c)

$Q_c = G \cdot C \cdot \Delta t$
$= \left(20\dfrac{L}{min} \times \dfrac{60min}{1h}\right) \times 1 \times 5.5$
$= 6600 \text{kcal/h}$

27 냉동장치의 냉동능력이 3RT이고, 이때 압축기의 소요동력이 3.7kW이었다면 응축기에서 제거하여야 할 열량(kcal/h)은?

① 9860 ② 13142
③ 18250 ④ 25500

해설 ① 냉동능력

$Q_c = 3\text{RT} = 3\text{RT} \times \dfrac{3320\text{kcal/h}}{1\text{RT}}$
$= 9960 \text{kcal/h}$

② 압축열량

$AW = 3.7\text{kW} \times \dfrac{860\text{kcal/h}}{1\text{kW}} = 3182\text{kcal/h}$

③ 응축열량(Q_c) :

$Q_c = Q_e + AW$
$= 9960 + 3182 = 13142 \text{kcal/h}$

28 2단 압축식 냉동장치에서 증발압력부터 중간압력까지 압력을 높이는 압축기를 무엇이라고 하는가?

① 부스터 ② 에코노마이저
③ 터보 ④ 루트

해설 부스터(Booster) 압축기

2단 압축식 냉동장치에서 증발압력에서 중간압력까지 압력을 상승시키기 위한 압축기로 저단측 압축기를 말하며, 고단측 압축기보다 용량이 커야 한다.

29 엔트로피에 관한 설명으로 틀린 것은?

① 엔트로피는 자연현상의 비가역성을 나타내는 척도가 된다.
② 엔트로피를 구할 때 적분경로는 반드시 가역변화여야 한다.
③ 열기관이 가역사이클이면 엔트로피는 일정하다.
④ 열기관이 비가역사이클이면 엔트로피는 감소한다.

해설 ④ 열기관이 비가역사이클이면 엔트로피는 증가한다.

[참고] 엔트로피 증가의 원리 : 엔트로피는 감소하지 않으며 가역이면 불변이고 비가역이면 증가한다. 실제 자연계에서 일어나는 상태변화는 비가역변화를 동반하게 되므로 엔트로피는 증가하고 감소하는 일은 발생하지 않는다. 이것을 엔트로피 증가의 원리라고 한다.

30 R-22 냉매의 압력과 온도를 측정하였더니 압력 15.8kg/cm²·abs, 온도 30℃였다. 이 냉매의 상태는 어떤 상태인가? (단, R-22 냉매의 온도가 30℃일 때 포화압력은 12.25kg/cm²·abs이다.)

① 포화상태 ② 과열상태인 증기
③ 과냉상태인 액체 ④ 응고상태인 고체

해설 R-22 기준 냉동사이클

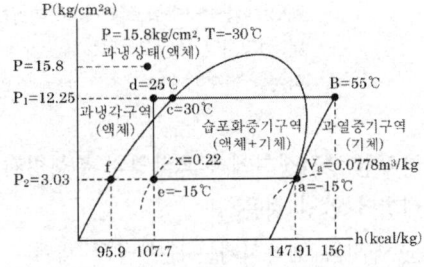

Answer 27. ② 28. ① 29. ④ 30. ③

31 다음 중 압축기의 보호를 위한 안전장치로 바르게 나열된 것은?

① 가용전, 고압스위치, 유압보호스위치
② 고압스위치, 안전밸브, 가용전
③ 안전밸브, 안전두, 유압보호스위치
④ 안전밸브, 가용전, 유압보호스위치

해설 **가용전**
주로 20RT 미만의 프레온용 응축기나 수액기의 상부에 안전밸브 대신 설치한다.
[참고]
① 안전두(Safety Head) : 압축기에 액냉매나 윤활유 등이 다량 흡입되는 경우에는 실린더 상부에 액압축에 의한 이상 압력 상승으로 압축기가 파손되는 것을 방지하기 위해 실린더 헤드 커버와 밸브판의 토출 밸브 시트 사이를 강한 스프링이 누르고 있는 것으로 정상 토출 압력보다 $3kg/cm^2$ 정도 상승하면 작동한다.
② 안전밸브 : 냉동장치에서 압축기 토출압력의 이상 상승되었을 때 작동하여 장치의 파손을 방지하는 기기로서 이때 압축기는 정지하지 않는다.
③ 유압보호스위치 : 압축기 기동 시나 운전 중 일정시간(60~90초 정도 : Time Leg)에 유압이 형성되지 않거나 유압이 일정 이하로 될 경우 압축기를 정지시켜 윤활 불량으로 인한 압축기의 파손을 방지하는 안전장치로 흡입압력과 유압의 압력 차에 의해 작동된다.
④ 고압차단스위치 : 고압이 일정 이상의 압력으로 상승되면 회로를 차단하여 압축기를 정지시켜 이상고압으로 인한 장치의 파손을 방지한다.

32 브라인 냉각장치에서 브라인의 부식방지 처리법이 아닌 것은?

① 공기와 접촉시키는 순환방식 채택
② 브라인의 pH를 7.5~8.2 정도로 유지
③ $CaCl_2$ 방청제 첨가
④ NaCl 방청제 첨가

해설 **브라인의 부식방지법**
① 브라인은 pH 7.5~8.2 정도의 약알칼리성으로 유지한다.
② 방식아연판을 사용한다.
③ 공기와 접촉하지 않도록 하여 산소가 브라인 중에 녹아들지 않는 순환방법을 채택한다.
④ 부식방지제(방청제)를 첨가한다.
　㉠ $CaCl_2$: 브라인 1l당 중크롬산소다 1.6g을 첨가, 중크롬산소다 100g당 가성소다 27g씩 첨가
　㉡ NaCl : 브라인 1l당 중크롬산소다 3.2g을 첨가, 중크롬산소다 100g당 가성소다 27g씩 첨가

33 다음 그림에서 냉동효과(kcal/kg)는 얼마인가?

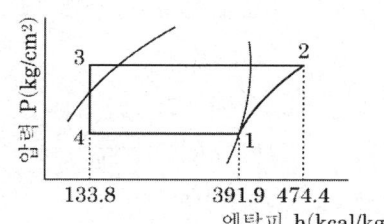

① 340.6　　② 258.1
③ 82.5　　④ 3.13

해설 **냉동 효과**
$q_e = h_1 - h_4 = 391.9 - 133.8 = 258.1 kcal/kg$
[참고]
① 압축열량
　$AW = h_2 - h_1$
　　　$= 474.4 - 391.9 = 82.5 kcal/kg$
② 성적계수
　$COP = \dfrac{q_e}{AW} = \dfrac{h_1 - h_4}{h_2 - h_1}$
　　　$= \dfrac{391.9 - 133.8}{474.4 - 391.9} = 3.13$

Answer 31. ③　32. ①　33. ②

34 암모니아 냉동장치에서 압축기의 토출압력이 높아지는 이유로 틀린 것은?
① 장치 내 냉매 충전량이 부족하다.
② 공기가 장치에 혼입되었다.
③ 순환 냉각수 양이 부족하다.
④ 토출 배관 중의 폐쇄밸브가 지나치게 조여져 있다.

해설 압축기 토출압력이 높아지는 이유
① 공기가 냉매계통에 혼입
② 냉각수(냉각공기)의 온도가 높거나 유량부족
③ 응축된 냉각관에 스케일이 퇴적되었거나 수로 커버의 칸막이 핀 부식
④ 냉매를 과충전하여 응축기의 냉각관이 액냉매에 잠겨 유효전열면적이 감소
⑤ 토출 배관 중의 밸브가 완전히 열려 있지 않다.

35 냉동장치의 운전에 관한 유의사항으로 틀린 것은?
① 운전 휴지 기간에는 냉매를 회수하고, 저압측의 압력은 대기압보다 낮은 상태로 유지한다.
② 운전 정지 중에는 오일 리턴 밸브를 차단시킨다.
③ 장시간 정지 후 시동 시에는 누설여부를 점검 후 기동시킨다.
④ 압축기를 기동시키기 전에 냉각수 펌프를 기동시킨다.

해설 냉동장치를 장시간 정지할 경우 펌프다운을 실시하며 장치 내부의 압력은 대기압보다 조금 높게 유지하여 외부의 공기나 이물질의 침입을 방지한다.

36 표준냉동사이클에 대한 설명으로 옳은 것은?
① 응축기에서 버리는 열량은 증발기에서 취하는 열량과 같다.
② 증기를 압축기에서 단열압축하면 압력과 온도가 높아진다.
③ 팽창밸브에서 팽창하는 냉매는 압력이 감소함과 동시에 열을 방출한다.
④ 증발기 내에서의 냉매증발온도는 그 압력에 대한 포화온도보다 낮다.

해설 ① 응축기에서 버리는 열량은 증발기에서 취하는 열량보다 많다. (응축열량은 증발기를 통과하는 동안 냉매가 흡수한 열량과 압축기에서 받은 열량을 공기나 냉각수에 의해 방출하는 열량의 합이다.)
③ 팽창밸브에서 팽창하는 냉매는 외부와의 열출입이 없는 단열 팽창 과정이므로 엔탈피의 변화는 없고 압력이 감소함과 동시에 온도가 저하된다.
④ 증발기 내에서의 냉매증발온도는 그 압력에 대한 포화온도보다 같거나 높다.

37 암모니아 냉동장치에서 팽창밸브 직전의 냉매액의 온도가 25℃이고, 압축기 흡입가스가 −15℃인 건조포화증기이다. 냉동능력 15RT가 요구될 때 필요 냉매순환량(kg/h)은? (단, 냉매순환량 1kg당 냉동효과는 269kcal이다.)
① 168   ② 172
③ 185   ④ 212

해설 냉매 순환량(G)

$$G = \frac{Q_e (냉동능력)}{q_e (냉동효과)}$$

$$= \frac{15RT \times \dfrac{3320 kcal/h}{1RT}}{269} = 185.13 kg/h$$

38 밀폐계에서 10kg의 공기가 팽창 중 400kJ의 열을 받아서 150kJ의 내부에너지가 증가하였다. 이 과정에서 계가 한 일(kJ)은?
① 550   ② 250

Answer 34. ① 35. ① 36. ② 37. ③ 38. ②

③ 40   ④ 15

해설 $Q = \Delta U + W$
$W = Q - \Delta U = 400 - 150 = 250 kJ$

39 액분리기(Accumulator)에서 분리된 냉매의 처리방법이 아닌 것은?
① 가열시켜 액을 증발시킨 후 응축기로 순환시킨다.
② 증발기로 재순환시킨다.
③ 가열시켜 액을 증발시킨 후 압축기로 순환시킨다.
④ 고압측 수액기로 회수한다.

해설 액분리기에서 분리된 냉매액의 처리방법
① 액분리기에서 분리된 냉매액을 증발기로 순환시키는 방법
② 열교환 후 미증발 냉매액을 증발 후 압축기로 순환시키는 방법
③ 자동 액회수장치를 사용하여 고압측 수액기로 회수시키는 방법
④ 중력작용으로 저압수액기로 냉매를 회수시키는 방법

40 4마력(PS)기관이 1분간에 하는 일의 열당량(kcal)은?
① 0.042   ② 0.42
③ 4.2   ④ 42.1

해설 1PS=632.2kcal/h이므로 4마력 기관에 1분간에 하는 일의 열당량은
$4PS \times \dfrac{632.2 kcal/h}{1PS} \times \dfrac{1h}{60min} = 42.1 kcal$

제3과목 : 배관일반

41 온수난방 배관 시공 시 유의사항에 관한 설명으로 틀린 것은?

① 배관은 1/250 이상의 일정기울기로 하고 최고부에 공기빼기 밸브를 부착한다.
② 고장 수리용으로 배관의 최저부에 배수밸브를 부착한다.
③ 횡주배관 중에 사용하는 레듀서는 되도록 편심레듀서를 사용한다.
④ 횡주관의 관말에는 관말 트랩을 부착한다.

해설 ④ 관말 트랩은 관 끝에 설치하는 트랩으로 증기난방에서 발생하는 응축수를 회수하기 위한 기기이다.

42 다음 중 중압 가스용 지중 매설관 배관 재료로 가장 적합한 것은?
① 경질염화비닐관
② PE 피복강관
③ 동합금관
④ 이음매 없는 피복 황동관

해설 폴리에틸렌 피복강관
폴리에틸렌으로 강관의 바깥면을 피복한 관으로 가스, 기름, 물 등을 지중매설관으로 수송할 때 주로 사용한다. 강관에 접착력이 강한 점착제를 사용하고 그 위에 전기적·화학적 안전성이 높은 폴리에틸렌을 피복하므로 내수성 및 내약품성이 우수하다. 또한 전기절연성이 높아서 전기적 부식환경이 열악한 토양의 매설배관 시에도 전류에 의한 전식 발생이 없다.

43 급수관의 지름을 결정할 때 급수 본관인 경우 관내의 유속은 일반적으로 어느 정도로 하는 것이 가장 적절한가?
① 1~2m/s   ② 3~6m/s
③ 10~15m/s   ④ 20~30m/s

해설 급수본관인 경우 유속은 1~2m/s 정도로 하는 것이 적당하며, 되도록 2m/s 이하가 되도록 결정하여 수격현상을 방지하여야 한다.

Answer 39. ① 40. ④ 41. ④ 42. ② 43. ①

44 펌프 주변 배관 설치 시 유의사항으로 틀린 것은?
① 흡입관은 되도록 길게 하고 굴곡부분은 적게 한다.
② 펌프에 접속하는 배관의 하중이 직접 펌프로 전달되지 않도록 한다.
③ 배관의 하단부에는 드레인 밸브를 설치한다.
④ 흡입측에는 스트레이너를 설치한다.
  해설 ① 흡입관은 가능한 한 길이를 짧게 하고 굴곡 부분은 적게 한다.

45 다음은 횡형 셸 튜브 타입 응축기의 구조도이다. 열전달 효율을 고려하여 냉매 가스의 입구측 배관은 어느 곳에 연결하여야 하는가?

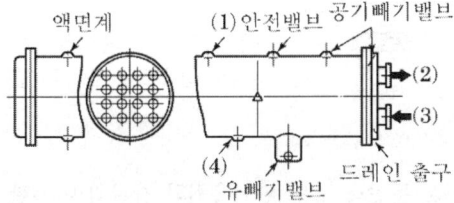

① (1)　　② (2)
③ (3)　　④ (4)
  해설 ① : 냉매가스 입구배관
       ② : 냉각수 출구배관
       ③ : 냉각수 입구배관
       ④ : 냉매액 출구배관

46 냉동배관 재료로서 갖추어야 할 조건으로 틀린 것은?
① 저온에서 강도가 커야 한다.
② 내식성이 커야 한다.
③ 관내 마찰저항이 커야 한다.
④ 가공 및 시공성이 좋아야 한다.
  해설 ③ 배관길이는 되도록 짧게 하고 관경은 충분히 크게 하여 관내 마찰저항을 최소화해야 한다.

47 암모니아 냉매 배관에 사용하기 가장 적합한 것은?
① 알루미늄 합금관
② 동관
③ 아연관
④ 강관
  해설 ① 암모니아 냉매 : 동관을 부식시키므로 강관(SPPS)을 사용
       ② 프레온 냉매 : 이음매 없는 동관을 사용

48 플로트 트랩의 장점이 아닌 것은?
① 다량·소량의 응축수 모두 처리 가능하다.
② 넓은 범위의 압력에서 작동한다.
③ 견고하고 증기해머에 강하다.
④ 자동 에어벤트가 있어 공기배출 능력이 우수하다.
  해설 **플로트 트랩(다량트랩)**
       플로트의 부력에 의해 작동하며, 저압증기용으로 다량의 응축수를 처리할 때 사용한다. 급격한 부하변동이나 압력변동에도 응축수를 원활하게 배출시킬 수 있으며 자동에어벤트가 내장되어 있어 공기배출 능력이 뛰어나다. 그러나 워터해머(수격작용)에 약하고 동파 우려가 있다.

49 증기난방 설비 시공 시 수평주관으로부터 분기 입상시키는 경우 관의 신축을 고려하여 2개 이상의 엘보를 이용하여 설치하는 신축 이음은?
① 스위블 이음
② 슬리브 이음
③ 벨로즈 이음
④ 플렉시블 이음

Answer 44. ① 45. ① 46. ③ 47. ④ 48. ③ 49. ①

해설 **스위블 이음(Swivel joint)**
2개 이상의 엘보를 사용하여 이음부의 나사회전을 이용하여 신축을 흡수하는 신축이음으로서 증기나 온수난방용 배관의 방열기 주변에 사용된다.

50 보온재의 구비 조건으로 틀린 것은?
① 열전도율이 클 것
② 불연성일 것
③ 내식성 및 내열성이 있을 것
④ 비중이 작고 흡습성이 작을 것

해설 **보온재의 구비 조건**
① 보온능력이 크고 열전도율이 작을 것
② 비중이 작을 것
③ 어느 정도 기계적 강도를 가질 것
④ 흡습성, 흡수성이 없을 것
⑤ 불연성일 것
⑥ 사용온도에서 장시간 사용해도 변질이 없을 것
⑦ 구입이 용이하고 시공이 쉬우며 내용년수가 길 것

51 흡수식 냉동기 주변배관에 관한 설명으로 틀린 것은?
① 증기조절밸브와 감압밸브장치는 가능한 한 냉동기 가까이에 설치한다.
② 공급 주관의 응축수가 냉동기 내에 유입되도록 한다.
③ 증기관에는 신축이음 등을 설치하여 배관의 신축으로 발생하는 응력이 냉동기에 전달되지 않도록 한다.
④ 증기 드레인 제어방식은 진공펌프로 냉동기 내의 드레인을 직접 압출하도록 한다.

해설 ② 공급 주관에서 발생한 응축수는 냉동기 내에 유입되지 않고 냉각탑으로 이송하여 냉각시킨다.

52 저온배관용 탄소강관의 기호는?
① STBH
② STHA
③ SPLT
④ STLT

해설 ① 보일러 및 열교환기용 탄소강관
② 보일러·열교환기용 합금강 강관
③ 저온 배관용 탄소강관
④ 저온 열교환기용 강관

53 급수관의 관 지름 결정 시 유의사항으로 틀린 것은?
① 관 길이가 길면 마찰손실도 커진다.
② 마찰손실은 유량, 유속과 관계가 있다.
③ 가는 관을 여러 개 쓰는 것이 굵은 관을 쓰는 것보다 마찰손실이 적다.
④ 마찰손실은 고저차가 크면 클수록 손실도 커진다.

해설 ③ 동일 마찰손실일 경우 가는 관을 여러 개 쓰는 것이 굵은 관을 쓰는 것보다 마찰손실이 크다.

54 동합금 납땜 관이음쇠와 강관의 이종관 접합 시 1개의 동합금 납땜 관이음쇠로 90° 방향전환을 위한 부속의 접합부 기호 및 종류로 옳은 것은?
① C×F 90° 엘보
② C×M 90° 엘보
③ F×F 90° 엘보
④ C×M 어댑터

해설 **동합금 납땜 관이음쇠의 규격 및 종류**

Answer 50. ① 51. ② 52. ③ 53. ③ 54. ①

종류	접합부 기호	단면형상
90° 엘보 (90E)	C×F	
	C×M	
	F×F	
어댑터 (AD)	C×F	
	C×M	

[참고]
이음쇠 끝부분의 접합상태를 표시하는 기호
C : 이음쇠 내로 관이 들어가 접합되는 형태
Ftg : 이음쇠 외로 관이 들어가 접합되는 형태
F : ANSI 규격 관형나사가 안으로 난 나사 이음용 이음쇠
M : ANSI 규격 관형나사가 밖으로 난 나사 이음용 이음쇠

55 다음 그림 기호가 나타내는 밸브는?

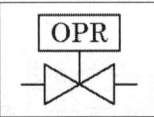

① 증발압력 조정밸브
② 유압 조정밸브
③ 용량 조정밸브
④ 흡입압력 조정밸브

해설 유압 조정밸브(Oil Pressure Regulating valve)

[참고] 조정밸브 도시기호

유압 조정밸브	OPR
증발압력 조정밸브	EPR
용량 조정밸브	CTR
흡입압력 조정밸브	SPR

56 음용수 배관과 음용수 이외의 배관이 접속되어 서로 혼합을 일으켜 음용수가 오염될 가능성이 큰 배관접속 방법은?
① 하트포드 이음
② 리버스 리턴 이음
③ 크로스 이음
④ 역류방지 이음

해설 크로스 이음(cross connection)
급수계통에 급수계통이 아닌 관을 서로 연결하면 급수계통이 오염된다. 이와 같은 연결 및 연결에 의한 급수오염을 크로스 이음이라 한다.

57 증기난방 방식에서 응축수 환수방법에 따른 분류가 아닌 것은?
① 중력 환수식
② 진공 환수식
③ 정압 환수식
④ 기계 환수식

해설 응축수 환수방식의 종류

중력환수식	응축수 자체의 중력에 의하여 환수 (중·소규모)
기계환수식	급수펌프를 설치하여 응축수를 보일러에 공급
진공환수식	환수주관 말단부에 진공펌프를 연결하여 응축수를 신속하게 환수

Answer 55. ② 56. ③ 57. ③

58 관의 보냉 시공의 주된 목적은?

① 물의 동결방지
② 방열방지
③ 결로방지
④ 인화방지

해설 ㉠ 보냉 : 관 및 보온재 표면에 결로현상이 생기는 것을 방지하기 위해 관의 보냉 시공을 한다. 냉수, 냉매 등을 이송하는 관의 표면 온도가 공기의 이슬점보다 낮은 경우 보온재측 사이로 공기가 스며들어 응결되어 장치, 관표면, 보온재 피복을 손상시키고 열손실을 증가시킨다.
㉡ 보온 : 관의 보온은 유체의 온도를 일정하게 유지할 필요가 있는 경우와 에너지 절약차원(열손실 방지 등)에서 관을 보온하는 것이 경제적인 경우에 시공한다. 또한 동파방지, 운전원 보호, 소음방지 등의 경우에도 보온 시공을 한다.

59 공장에서 제조 정제된 가스를 저장하여 가스 품질을 균일하게 유지하면서 제조량과 수요량을 조절하는 장치는?

① 정압기
② 가스 홀더
③ 가스미터
④ 압송기

해설 가스 홀더(gas holder)
공장에서 제조 정제된 가스를 저장했다가 공급하기 위한 압력탱크로 가스압력을 균일하게 하며 급격한 수요변화에도 제조량과 소비량을 조절하는 장치로 여기에는 가스 홀더와 서지 탱크가 있다. 종류로는 습식 가스 홀더와 건식 가스 홀더가 있다.
[참고]
① 정압기 : 시시각각 변하는 수요에 대응해 효율적인 공급과 연소기구에 알맞게 감압하여 공급하는 장치
② 가스미터 : 가스소비량을 계산하고 요금 산출을 위한 장치
③ 압송기

60 증기난방과 비교하여 온수난방의 특징에 대한 설명으로 틀린 것은?

① 온수난방은 부하 변동에 대응한 온도 조절이 쉽다.
② 온수난방은 예열하는 데 많은 시간이 걸리지만 잘 식지 않는다.
③ 연료소비량이 적다.
④ 온수난방의 설비비가 저가인 점이 있으나 취급이 어렵다.

해설 ④ 온수난방의 설비비가 고가이나 취급이 쉽고 비교적 안전하다.

제 4 과목 : 전기제어공학

61 그림과 같은 논리회로의 출력 Y는?

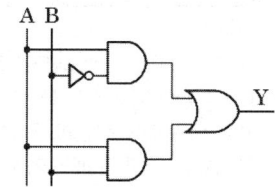

① $Y = AB + A\bar{B}$
② $Y = \bar{A}B + AB$
③ $Y = \bar{A}B + A\bar{B}$
④ $Y = \overline{AB} + A\bar{B}$

해설

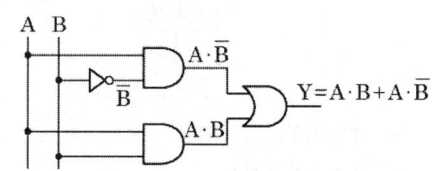

62 되먹임 제어의 종류에 속하지 않는 것은?

① 순서 제어
② 정치 제어

Answer 58. ③ 59. ② 60. ④ 61. ① 62. ①

③ 추치 제어
④ 프로그램 제어

해설 순서(순차) 제어
미리 정해진 순서에 따라서 제어의 각 단계를 순차 진행해가는 제어를 말하며, 시퀀스 제어에서는 다음 단계에서 수행해야 할 제어 동작이 정해져 있는 것이 특징이다.

63 직류전동기의 속도제어 방법 중 속도제어의 범위가 가장 광범위하며, 운전 효율이 양호한 것으로 워드 레오너드 방식과 정지 레오너드 방식이 있는 제어법은?

① 저항 제어법
② 전압 제어법
③ 계자 제어법
④ 2차 여자 제어법

해설 전압 제어법
직류 가변 전압 전원장치를 설치하고 단자전압을 가감하여 속도를 제어하는 방법으로 광범위 속도 제어 방식(엘리베이터, 전차운전에 적용)
[참고] 직류전동기의 속도 제어법 비교

구분	제어 특성	특징
계자 제어법	정출력 제어	• 속도제어 범위가 좁다.
전압 제어법	정토크 제어 (워드 레오너드방식, 일그너 방식)	• 속도제어 범위가 넓다. • 손실이 매우 적다. • 정역운전이 가능 • 설비비가 많이 든다.
직렬 저항법		• 효율이 나쁘다.

64 그림과 같은 신호흐름선도에서 $\dfrac{C}{R}$ 를 구하면?

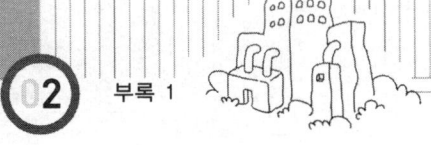

① $\dfrac{G(s)H(s)}{1-G(s)H(s)}$

② $\dfrac{G(s)}{1+G(s)H(s)}$

③ $\dfrac{G(s)H(s)}{1+G(s)H(s)}$

④ $\dfrac{G(s)}{1-G(s)H(s)}$

해설 전달함수 $G(s)$

$G = \dfrac{C}{R} = \dfrac{경로}{1-폐로}$

$= \dfrac{1 \cdot G(s) \cdot 1}{1-G(s)H(s)} = \dfrac{G(s)}{1-G(s)H(s)}$

65 그림과 같은 RL 직렬회로에 구형파 전압을 인가했을 때 전류 i를 나타내는 식은?

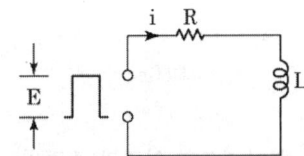

① $i = \dfrac{E}{R}e^{-\frac{R}{L}t}$

② $i = ERe^{-\frac{R}{L}t}$

③ $i = \dfrac{E}{R}(1-e^{-\frac{L}{R}t})$

④ $i = \dfrac{E}{R}(1-e^{-\frac{R}{L}t})$

해설 ① 전체 전류

$i(t) = i_s + i_t = \dfrac{E}{R} + Ke^{-\frac{R}{L}t}$

(여기서, i_s : 정상전류, i_t : 과도전류)

② 초기 조건

$t=0$ (전원 인가 순간) → $i=0$

Answer 63. ② 64. ④ 65. ④

$$i(0) = \frac{E}{R} + Ke^0 = 0$$
$$\therefore K = -\frac{E}{R}$$

③ 전류
$$i(t) = \frac{E}{R}\left(1 - e^{-\frac{R}{L}t}\right)[A]$$

66 어떤 제어계의 단위계단 입력에 대한 출력응답 c(t)=$1-e^{-t}$로 되었을 때 지연시간 T_d(s)는?

① 0.693 ② 0.346
③ 0.278 ④ 1.386

해설 지연시간(T_d)는 단위 계단 응답이 최종값의 50%에 도달하는 데 필요한 시간(c(t)=0.5)이므로
$$c(t) = 1 - e^{-t_d} = 0.5$$
$$e^{-t_d} = 0.5 \rightarrow e^{t_d} = \frac{1}{0.5} = 2$$
$$t_d = \ln 2$$
$$\therefore t_d = 0.693 \text{sec}$$

67 다음 블록선도의 입력과 출력이 일치하기 위해서 A에 들어갈 전달함수는?

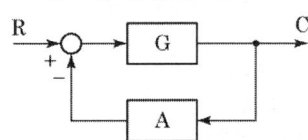

① $\frac{1+G}{G}$ ② $\frac{G}{G+1}$
③ $\frac{G-1}{G}$ ④ $\frac{G}{G-1}$

해설 $G(s) = \frac{C}{R} = \frac{경로}{1-폐로} = \frac{G}{1+AG}$
입력과 출력이 같으므로(R = C)
$$1 = \frac{G}{1+AG} \rightarrow 1 + AG = G$$
$$\therefore A = \frac{G-1}{G}$$

68 제어량은 회전수, 전압, 주파수 등이 있으며 이 목표치를 장기간 일정하게 유지시키는 것은?

① 서보기구 ② 자동조정
③ 추치 제어 ④ 프로세스 제어

해설 자동조정(Automatic setting)
전력계통, 발전기, 원동기, 조속기, 연소장치 등의 기기 운전에 관한 물리량(전압, 주파수, 회전수, 전력, 압력 등)을 제어량으로 하여 이것을 일정하게 유지하는 것을 목적으로 하는 대표적인 정치 제어

69 열처리 노의 온도제어는 어떤 제어에 속하는가?

① 자동조정 ② 비율 제어
③ 프로그램 제어 ④ 프로세스 제어

해설 프로그램 제어
목표값의 변화량이 미리 정해진 프로그램에 의하여 상태량을 제어하는 것으로 열차의 무인 운전이나 열처리로의 온도제어에 적용한다.

70 어떤 제어계의 임펄스 응답이 $\sin\omega t$일 때 계의 전달함수는?

① $\frac{\omega}{s+\omega}$ ② $\frac{\omega^2}{s+\omega}$
③ $\frac{s}{s+\omega^2}$ ④ $\frac{\omega}{s^2+\omega^2}$

해설 $\mathcal{L}[\sin\omega t] = \int_0^\infty \sin\omega t \, e^{-st} dt$
$$= \int_0^\infty \frac{1}{2j}(e^{j\omega t} - e^{-j\omega t})e^{-st} dt$$
$$= \frac{1}{2j}\int_0^\infty [e^{-(s-j\omega)t} - e^{-(s+j\omega)t}] dt$$
$$= \frac{1}{2j}\left[\frac{1}{s-j\omega} - \frac{1}{s+j\omega}\right]$$
$$= \frac{\omega}{s^2+\omega^2}$$

Answer 66. ① 67. ③ 68. ② 69. ③ 70. ④

71 다음 블록선도 중 비례적분제어기를 나타낸 블록선도는?

①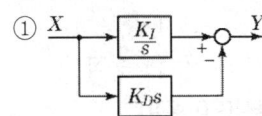

②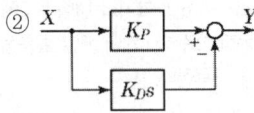

③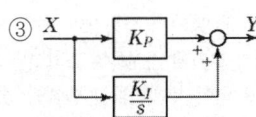

④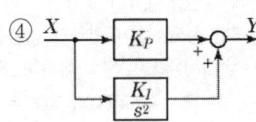

해설 ① 비례제어(P제어) $K_P(s) = K_P$
② 비례미분제어(PD제어)
$K_{PD}(s) = K_P + K_D s$
③ 비례적분제어(PI제어)
$K_{PI}(s) = K_P + \dfrac{K_I}{s}$
④ 비례적분미분제어(PID제어)
$K_{PID}(s) = K_P + \dfrac{K_I}{s} + K_D s$

72 배리스터의 주된 용도는?
① 온도 측정용
② 전압 증폭용
③ 출력전류 조절용
④ 서지전압에 대한 회로 보호용

해설 배리스터(Varistor)
㉠ 비직선적인 전압-전류 특성을 갖는 2단자 반도체 소자로 주로 서지전압에 대한 보호용으로 사용된다.
㉡ 인가전압이 높을 때 저항값은 작아지고, 인가전압이 낮을 때 저항값이 크게 되어 회로를 보호한다.

73 피드백 제어계의 구성 요소 중 동작신호에 해당되는 것은?
① 목표값과 제어량의 차
② 기준입력과 궤환신호의 차
③ 제어량에 영향을 주는 외적 신호
④ 제어요소가 제어대상에 주는 신호

해설 동작신호
기준입력과 주피드백량(궤환신호)의 차이로서 제어계의 동작을 일으키는 원인이 되는 신호로서 오차를 의미한다.

74 $s^2 + 2\delta\omega_n s + \omega_n^2 = 0$인 계가 무제동 진동을 할 경우 δ의 값은?
① $\delta = 0$
② $\delta < 1$
③ $\delta = 1$
④ $\delta > 1$

해설 ㉠ 임계 제동($\delta = 1$인 상태) : 오버슈트 발생과 발생하지 않음의 경계 조건
㉡ 부족 제동($0 < \delta < 1$인 상태) : 오버슈트 발생
㉢ 과제동($\delta > 1$인 상태) : 오버슈트 발생하지 않음, 응답 지연
㉣ 무제동($\delta = 0$인 상태)

75 동기속도가 3600rpm인 동기발전기의 극수는 얼마인가? (단, 주파수는 60Hz이다.)
① 2극
② 4극
③ 6극
④ 8극

해설 ① 동기속도 $N_s = \dfrac{120f}{P}$[rpm]
② 극수 $P = \dfrac{120f}{N_s} = \dfrac{120 \times 60}{3600} = 2$극

76 어떤 제어계의 입력이 단위 임펄스이고 출력 $c(t) = te^{-3t}$이었다. 이 계의 전달함수 $G(s)$는?
① $\dfrac{1}{(s+3)^2}$
② $\dfrac{t}{(s+3)^2}$

Answer 71. ③ 72. ④ 73. ② 74. ① 75. ① 76. ①

③ $\dfrac{s}{(s+3)^2}$ ④ $\dfrac{1}{(s+2)(s+1)}$

해설 전달함수 $G(s)$
$c(t) = te^{-3t}$
$G(s) = \mathcal{L}[c(t)] = \mathcal{L}[te^{-3t}]$
$= \dfrac{1}{s^2}\Big|_{s=s+3} = \dfrac{1}{(s+3)^2}$

[참고] 라플라스 변환표

f(t)	F(s)
$e^{\mp at}$	$\dfrac{1}{s \pm a}$
$te^{\mp at}$	$\dfrac{1}{(s \pm a)^2}$
$t^n e^{-at}$	$\dfrac{n!}{(s+a)^{n+1}}$

77 전류 $I = 3t^2 + 6t$를 어떤 전선에 5초 동안 통과시켰을 때 전기량은 몇 C인가?

① 140   ② 160
③ 180   ④ 200

해설 t^n을 적분하면 → $\dfrac{1}{n+1}t^{n+1}$

$3t^2$을 적분하면 → $\dfrac{3}{2+1}t^{2+1} = t^3$

$6t$를 적분 → $\dfrac{6}{1+1}t^{1+1} = 3t^2$

$Q = \int_0^t i\,dt = \int_0^5 (3t^2 + 6t)dt = [t^3 + 3t^2]_0^5$
$= 5^3 + 3 \cdot 5^2 = 125 + 75 = 200\,\mathrm{C}$

78 전자회로에서 온도 보상용으로 많이 사용되고 있는 소자는?

① 저항   ② 코일
③ 콘덴서 ④ 서미스터

해설 서미스터(Thermistor)
부성저항 특성을 가진 저항기로서 니켈, 망간, 코발트 등의 산화물을 혼합한 것으로 주로 온도 보상용으로 사용

79 제어계의 응답 속응성을 개선하기 위한 제어 동작은?

① D 동작   ② I 동작
③ PD 동작   ④ PI 동작

해설 비례미분동작(PD 동작)
제어동작 중의 편차의 크기와 변화속도에 비례하는 제어 동작으로 제어계의 응답 속응성을 개선하기 위해 사용한다.

[참고]
① 비례동작(P동작) : 설정값과 제어 결과와의 편차 크기에 비례하여 조작부를 제어. 외란에 의한 부하변동이 발생할 경우에 잔류편차(정상오차, off set)가 발생한다.
② 미분동작(D동작) 제어 편차가 검출될 때 편차가 변화하는 속도에 비례하여 조작량을 가감하도록 하여 편차가 커지는 것을 미연에 방지한다.
③ 비례적분동작(PI동작) : 비례동작에 의해 발생한 잔류편차를 소멸시키기 위해 적분동작을 조합시킨 제어 동작. 비례동작에서 발생한 잔류편차를 제거하여 정상특성을 개선하기 위해 사용한다.
④ 비례적분미분동작((PID동작) : 비례적분동작의 결점(진동발생)을 보완하기 위해 미분동작을 병용하여 안정된 제어를 하기 위해 사용

80 일정 전압의 직류전원에 저항을 접속하고 전류를 흘릴 때, 이 전류값을 50% 증가시키기 위한 저항값은?

① 0.6R   ② 0.67R
③ 0.82R ④ 1.2R

해설 $V_1 = V_2 \rightarrow I_1 R_1 = I_2 R_2$
$I_1 R_1 = 1.5 I_1 R_2 \,(\because I_2 = 1.5 I_1)$
$\therefore R_2 = \dfrac{I_1 R_1}{1.5 I_1} = 0.67 R_1$

Answer 77. ④ 78. ④ 79. ③ 80. ②

chapter 02 공조냉동기계산업기사 과년도출제문제

제1과목 : 공기조화

01 극간풍을 방지하는 방법으로 적합하지 않은 것은?
① 실내를 가압하여 외부보다 압력을 높게 유지한다.
② 건축의 건물 기밀성을 유지한다.
③ 이중문 또는 회전문을 설치한다.
④ 실내외 온도차를 크게 한다.

해설 극간풍은 창, 출입문의 틈새, 출입문의 개폐 시 공조공간으로 외기의 침입에 의해 발생하며 극간풍의 풍량은 창, 출입문의 구조 외에 외부 풍속과 실내외 온도차에 의해 영향을 받는다. 실내외 온도차를 크게 하면 온도차에 의한 부력에 영향으로 극간풍이 증가하게 된다.
[참고] 극간풍을 방지하는 방법
① 회전문을 설치
② 충분히 간격을 두고 이중문을 설치하고 이중문의 중간에는 강제대류 방식을 채택
③ 에어커튼을 설치
④ 실내를 가압하여 외부보다 압력을 높게 유지
⑤ 건축의 건물 기밀성 유지
⑥ 현관에 방풍실을 설치하거나 층간의 구획을 한다.

02 어떤 실내의 전체 취득열량이 9kW, 잠열량이 2.5kW이다. 이때 실내를 26℃, 50%(RH)로 유지시키기 위해 취출 온도차를 10℃로 일정하게 하여 송풍한다면 실내 현열비는 얼마인가?

① 0.28 ② 0.68
③ 0.72 ④ 0.88

해설 ① 전열량=현열량+잠열량이므로
현열량=전열량−잠열량=9−2.5=6.5kW
② 현열비(SHF) = $\dfrac{\text{현열량}}{\text{전열량}} = \dfrac{6.5}{9} = 0.72$

03 다음 중 온수난방 설비와 관계가 없는 것은?
① 리버스 리턴 배관
② 하트포드 배관 접속
③ 순환펌프
④ 팽창탱크

해설 하트포드 접속법(hartford connection)
증기난방에서 증기관과 환수관 사이에 균형관을 접속하여 환수관 누설로 인하여 보일러 수위가 파괴되는 것을 방지(보일러 내의 안전수위를 유지하기 위한 접속)

04 현열비를 바르게 표시한 것은?
① 현열량/전열량
② 잠열량/전열량
③ 잠열량/현열량
④ 현열량/잠열량

해설 현열비(Sensible Heat Factor : SHF)
습공기 전열량에 대한 현열량의 비로서 실내로 취출되는 공기의 상태변화를 알 수 있다.
$$SHF = \dfrac{\text{현열량}}{\text{전열량}} = \dfrac{\text{현열량}}{\text{현열량}+\text{잠열량}}$$

Answer 1. ④ 2. ③ 3. ② 4. ①

05 압력 760mmHg, 기온 15℃의 대기가 수증기 분압 9.5mmHg를 나타낼 때 건조공기 1kg 중에 포함되어 있는 수증기의 중량은 얼마인가?

① 0.00623kg/kg
② 0.00787kg/kg
③ 0.00821kg/kg
④ 0.00931kg/kg

해설 절대습도(x)

건공기 1kg 속에 포함된 수증기의 질량 $x$kg

$$x = 0.622 \times \frac{P_w}{P - P_w}$$
$$= 0.622 \times \frac{9.5}{760 - 9.5} = 0.00787\text{kg/kg}$$

06 덕트를 설계할 때 주의사항으로 틀린 것은?

① 덕트를 축소할 때 각도는 30°이하로 되게 한다.
② 저속 덕트 내의 풍속은 15m/s 이하로 한다.
③ 장방형 덕트의 종횡비는 4 : 1 이상 되게 한다.
④ 덕트를 확대할 때 확대각도는 15°이하로 되게 한다.

해설 ③ 장방형 덕트의 아스펙트비(종횡비, 장변/단변)는 4 : 1 이하로 하고 장방형 덕트의 단면은 가능하면 정방형이 되도록 한다.

07 날개 격자형 취출구에 대한 설명으로 틀린 것은?

① 유니버설형은 날개를 움직일 수 있는 것이다.
② 레지스터란 풍량조절 셔터가 있는 것이다.
③ 수직 날개형은 실의 폭이 넓은 방에 적합하다.
④ 수평 날개형은 그릴이라고도 한다.

해설 ④ 날개가 고정되고 풍량조절 셔터가 없는 것을 그릴이라고 한다.

08 다음 중 실내 환경기준 항목이 아닌 것은?

① 부유분진의 양
② 상대습도
③ 탄산가스 함유량
④ 메탄가스 함유량

해설 실내 환경 기준

구 분	기 준
부유 분진량	0.15mg/m³ 이하
일산화탄소 함유량	10ppm 이하 (0.001% 이하)
이산화탄소 함유량	1,000ppm 이하 (0.1% 이하)
온도	17~28℃ 이하
상대습도(RH)	40~70% 이하
기류속도	0.5m/s 이하

09 공조기 내에 흐르는 냉·온수 코일의 유량이 많아서 코일 내에 유속이 너무 빠를 때 사용하기 가장 적절한 코일은?

① 풀 서킷 코일(full circuit coil)
② 더블 서킷 코일(double circuit coil)
③ 하프 서킷 코일(half circuit coil)
④ 슬로 서킷 코일(slow circuit coil)

해설 코일의 배열방식에 따라 풀 서킷, 더블 서킷, 하프 서킷이 있다.
① 풀 서킷 코일(full circuit coil) : 표준유속일 때
② 더블 서킷 코일(double circuit coil) : 유량이 많아서 코일 내에 유속(1.5m/s 이상)이 빠를 때 사용
③ 하프 서킷 코일(half circuit coil) : 유량이 적을 경우에 사용

Answer 5. ② 6. ③ 7. ④ 8. ④ 9. ②

10 공기여과기의 성능을 표시하는 용어 중 가장 거리가 먼 것은?
① 제거효율 ② 압력손실
③ 집진용량 ④ 소재의 종류

해설 공기여과기의 성능은 여과매체의 종류에 관계없이 포집(제거)효율, 집진용량, 압력손실의 크기에 따라 거친 먼지용 여과기, 중성능 여과기, 고성능 여과기 등으로 분류되어 사용되고 있다.

11 실내 발생열에 대한 설명으로 틀린 것은?
① 벽이나 유리창을 통해 들어오는 전도열은 현열뿐이다.
② 여름철 실내에서 인체로부터 발생하는 열은 잠열뿐이다.
③ 실내의 기구로부터 발생열은 잠열과 현열이다.
④ 건축물의 틈새로부터 침입하는 공기가 갖고 들어오는 열은 잠열과 현열이다.

해설

부하의 종류		열의 종류
벽체의 취득열량		현열
유리창의 취득열량	직달일사	현열
	열관류	현열
극간풍의 취득열량		현열+잠열
인체의 발생열량		현열+잠열
기기의 발생열량		현열+잠열
송풍기의 취득열량		현열
덕트의 취득열량		현열
재열기의 취득열량		현열
외기도입의 취득열량		현열+잠열

12 8000W의 열을 발산하는 기계실의 온도를 외기 냉방하여 26℃로 유지하기 위해 필요한 외기도입량(m³/h)은? (단, 밀도는 1.2kg/m³, 공기 정압비열은 1.01kJ/kg·℃, 외기온도는 11℃이다.)
① 600.06 ② 1584.16
③ 1851.85 ④ 2160.22

해설 ① 기계실 발산열량
$$q_s = 8,000W = 8kW = 8kJ/s$$
② 외기도입량
$$Q = \frac{q_s}{\rho C_p \Delta t}$$
$$= \frac{8kJ/s \times \frac{3600s}{1h}}{1.2 \times 1.01 \times (26-11)}$$
$$= 1,584.16 m^3/h$$

13 송풍기의 회전수 변화에 의한 풍량 제어 방법에 대한 설명으로 틀린 것은?
① 극수를 변환한다.
② 유도전동기의 2차측 저항을 조정한다.
③ 전동기에 의한 회전수에 변화를 준다.
④ 송풍기 흡입측에 있는 댐퍼를 조인다.

해설 회전수 변환에 의한 풍량제어 방법
① 전동기에 의한 회전수 변환
② 유도전동기의 2차측 저항 조정
③ 정류자 전동기에 의한 조정
④ 극수의 변환
⑤ 풀리의 직경 변환

14 공기조화방식의 분류 중 전공기 방식에 해당되지 않는 것은?
① 팬코일 유닛 방식
② 정풍량 단일덕트 방식
③ 2중덕트 방식
④ 변풍량 단일덕트 방식

해설 전공기방식
단일덕트 방식(정풍량, 변풍량), 이중덕트 방식(정풍량, 변풍량, 멀티존 유닛), 각층 유닛방식 등
[참고] 공조방식의 분류(중앙식)

 10. ④ 11. ② 12. ② 13. ④ 14. ①

① 전공기방식
② 수-공기방식 : 유인유닛 방식, 덕트병용 팬코일 유닛방식, 복사냉난방(패널에어) 방식 등
③ 전수방식 : 팬코일 유닛방식 등

15 증기난방에 대한 설명으로 옳은 것은?
① 부하의 변동에 따라 방열량을 조절하기가 쉽다.
② 소규모 난방에 적당하며 연료비가 적게 든다.
③ 방열면적이 작으며 단시간 내에 실내온도를 올릴 수 있다.
④ 장거리 열수송이 용이하며 배관의 소음 발생이 작다.

해설 ① 증기량 제어가 어려워 부하의 변동에 따라 방열량(온도) 조절이 어렵다.
② 열의 운반능력이 커서 대규모 난방에 유리하다.
④ 배관의 소음이 많이 난다.

16 상당방열면적을 계산하는 식에서 q_o는 무엇을 뜻하는가?

$$EDR = \frac{H_r}{q_o}$$

① 상당 증발량
② 보일러 효율
③ 방열기의 표준 방열량
④ 방열기의 전 방열량

해설 **상당방열면적(EDR)**
난방부하에 상당하는 방열기의 면적
$$EDR = \frac{H_r}{q_o} [m^2]$$
여기서, H_r : 방열기의 전 방열량
q_o : 방열기의 표준방열량

17 다음 중 공기조화기 부하를 바르게 나타낸 것은?
① 실내부하+외기부하+덕트통과열부하+송풍기부하
② 실내부하+외기부하+덕트통과열부하+배관통과열부하
③ 실내부하+외기부하+송풍기부하+펌프부하
④ 실내부하+외기부하+재열부하+냉동기부하

해설 **공조기 부하를 구성하는 요소**
공조기 부하를 구성하는 요소로는 실내부하(냉방부하, 난방부하)에 외기부하, 송풍기 및 덕트에서의 열부하, 재열부하를 더한 것이다.
① 냉방시 : 공조기 부하= 실내부하+외기부하+송풍기 및 덕트부하+(재열부하)
　주) 재열부하는 냉방시 재열하는 경우만 고려
② 난방시 : 공조기 부하= 실내부하+외기부하

18 환기의 목적이 아닌 것은?
① 실내공기 정화
② 열의 제거
③ 소음 제거
④ 수증기 제거

해설 **환기의 목적**
① 실내공기의 정화 및 신선한 공기를 공급 (산소 공급)
② 발생열을 제거
③ 수증기 제거

19 중앙 공조기의 전열교환기에서는 어떤 공기가 서로 열교환을 하는가?
① 환기와 급기　② 외기와 배기
③ 배기와 급기　④ 환기와 배기

해설 공조부하 중 외기부하가 차지하는 비중은 약 30% 정도가 되는데, 전열교환기는 이러한 외기부하를 저감시키기 위해, 공조 배기(exhaust air)와 외기가 직접 공기-공기로 열교환하여,

15. ③　16. ③　17. ①　18. ③　19. ②

70% 전후의 열량(현열+잠열)을 회수한다.

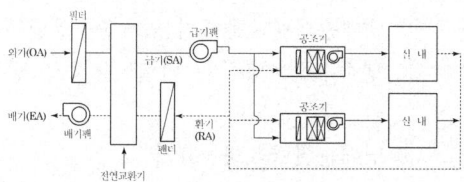

20 일반적인 취출구의 종류가 아닌 것은?
① 라이트-트로퍼(light-troffer)형
② 아네모스탯(annemostat)형
③ 머쉬룸(mushroom)형
④ 웨이(way)형

해설 **머쉬룸형 흡입구(Mush Room type)**
버섯모양으로 극장 등의 좌석 밑에 설치하여 바닥의 먼지를 흡입하는 흡입구이다.

제2과목 : 냉동공학

21 증기 압축식 사이클과 흡수식 냉동 사이클에 관한 비교 설명으로 옳은 것은?
① 증기 압축식 사이클은 흡수식에 비해 축동력이 적게 소요된다.
② 흡수식 냉동 사이클은 열구동 사이클이다.
③ 흡수식은 증기 압축식의 압축기를 흡수기와 펌프가 대신한다.
④ 흡수식의 성능은 원리상 증기 압축식에 비해 우수하다.

해설 ① 증기 압축식은 냉매를 압축하는 데 전기(압축기)를 사용하고 흡수식은 흡수제와 냉매를 분리하는 데 열에너지(흡수기와 발생기)가 사용되므로 증기 압축식 사이클은 흡수식에 비해 축동력이 많이 소요된다.
③ 흡수식은 증기 압축식의 압축기를 흡수기와 발생기(재생기)가 대신한다.
④ 흡수식은 증기압축식에 비해 증기를 발생시

키는 에너지가 추가로 필요하기 때문에 성적계수가 낮으며 성능은 증기 압축식에 비해 떨어진다.

22 저온용 냉동기에 사용되는 보조적인 압축기로서 저온을 얻을 목적으로 사용되는 것은?
① 회전 압축기(rotary compressor)
② 부스터(booster)
③ 밀폐식 압축기(hermetic compressor)
④ 터보 압축기(turbo compressor)

해설 **부스터(Booster)**
2단 압축식 냉동장치에서 증발압력에서 중간압력까지 압력을 상승시키기 위한 압축기로 저단측 압축기를 말하며, 고단측 압축기보다 용량이 커야 한다.

23 얼음 제조 설비에서 깨끗한 얼음을 만들기 위해 빙관 내로 공기를 송입, 물을 교반시키는 교반장치의 송풍압력(kPa)은 어느 정도인가?
① 2.5~8.5
② 19.6~34.3
③ 62.8~86.8
④ 101.3~132.7

해설 **공기교반장치**
깨끗한 얼음을 만들기 위해 빙관 내로 공기를 송입하여 물을 교반시키는 장치로, 송풍기, 냉각기, 스텐인리스 파이프, 드롭 튜브 등으로 구성되어 있다. 송풍기는 로터리식이 많이 사용되는데 송풍 압력은 14.7~24.5kPa 정도이고 송풍량은 135kg용에서 14L/min, 90kg용에서는 11L/min을 표준으로 하고 있다.

24 다음 중 무기질 브라인이 아닌 것은?
① 염화칼슘
② 염화마그네슘
③ 염화나트륨
④ 트리클로로에틸렌

해설 ① 무기질 브라인 : 염화나트륨(NaCl), 염화마

Answer 20. ③ 21. ② 22. ② 23. ② 24. ④

마그네슘($MgCl_2$), 염화칼슘($CaCl_2$) 등
② 유기질 브라인 : 에틸렌글리콜($C_2H_8O_2$), 프로필렌글리콜($C_3H_6(OH)_2$), 에틸알코올(C_2H_5OH) 등

25 유량 100L/min의 물을 15℃에서 9℃로 냉각하는 수냉각기가 있다. 이 냉동장치의 냉동효과가 168kJ/kg일 경우 냉매순환량(kg/h)은? (단, 물의 비열은 4.2kJ/kg·K로 한다.)

① 700 ② 800
③ 900 ④ 1000

해설 냉매순환량(G)

$$G = \frac{Q_c}{q_e} = \frac{GC\Delta t}{q_e}$$

$$= \frac{(100\frac{L}{min} \times \frac{60min}{1h}) \times 4.2 \times (15-9)}{168}$$

$$= 900 kg/h$$

26 히트 파이프의 특징에 관한 설명으로 틀린 것은?

① 등온성이 풍부하고 온도상승이 빠르다.
② 사용온도 영역에 제한이 없으며 압력손실이 크다.
③ 구조가 간단하고 소형 경량이다.
④ 증발부, 응축부, 단열부로 구성되어 있다.

해설 히트 파이프(heat pipe)
열을 효율적으로 전하기 위한 파이프를 의미하고 전열관이라고도 한다. 밀폐용기 내부의 작동유체가 연속적으로 기체-액체 간의 상변화 과정을 통하여 용기 양단 사이에 열을 전달하는 장치로 잠열을 이용하여 열을 이동시킴으로써, 단일상(phase)의 작동유체를 이용하는 통상적인 열 전달 기기에 비해 매우 큰 열 전달 성능을 발휘하지만 작동유체에 따라 작동 온도범위가 제한적이다.

27 응축 부하계산법이 아닌 것은?
① 냉매순환량×응축기 입·출구엔탈피차
② 냉각수량×냉각수 비열×응축기 냉각수 입·출구온도차
③ 냉매순환량×냉동효과
④ 증발부하+압축일량

해설 응축부하(Q_c) 계산법
① 냉매순환량에 의한 계산
$Q_c = Q_e + AW = G \times q_c = G(h_2 - h_3)$
Q_c : 냉동능력[kcal/h]
AW : 압축열량[kcal/h]
G : 냉매순환량[kg/h]
q_c : 냉매 1kg당 응축기 방열량 [kcal/kg]
h_2 : 응축기 입구 냉매가스의 엔탈피 [kcal/kg]
h_3 : 응축기 출구 냉매가스의 엔탈피 [kcal/kg]
② 수냉식 응축기에서의 계산
$Q_c = G_c \cdot C \cdot \Delta t$
G_c : 냉각수량[kg/h]
C : 냉각수 비열[kcal/kg℃]
Δt : 냉각수 입·출구 온도차[℃]
③ 열통과율에 의한 계산
$Q_c = K \cdot F \cdot \Delta t_m$
K : 열통과율[kcal/m^2h℃]
F : 전열면적[m^2]
Δt_m : 냉매와 냉각수 온도차[℃]

28 냉동장치의 운전 중에 냉매가 부족할 때 일어나는 현상에 대한 설명으로 틀린 것은?
① 고압이 낮아진다.
② 냉동능력이 저하한다.
③ 흡입관에 서리가 부착되지 않는다.
④ 저압이 높아진다.

해설 ④ 저압(증발압력)이 낮아진다.

 25. ③ 26. ② 27. ③ 28. ④

[참고] 냉동기에 냉매가 부족할 때 일어나는 현상
① 압축기 흡입 및 토출 압력 감소
② 증발압력(저압) 감소
③ 흡입관에 서리가 부착되지 않는다.
④ 압축기 과열압축 현상 발생
⑤ 냉동능력 저하

29 탱크식 증발기에 관한 설명으로 틀린 것은?
① 제빙용 대형 브라인이나 물의 냉각장치로 사용된다.
② 냉각관의 모양에 따라 헤링본식, 수직관식, 패럴렐식이 있다.
③ 물건을 진열하는 선반 대용으로 쓰기도 한다.
④ 증발기는 피냉각액 탱크 내의 칸막이 속에 설치되며 피냉각액은 이 속을 교반기에 의해 통과한다.

해설 ③ 플레이트식 증발기(판냉각형 증발기)는 가정용 냉장고, 쇼케이스 등의 냉각용으로 사용되고 물건을 진열하는 선반 대용으로 쓰기도 한다.

30 2차 냉매인 브라인이 갖추어야 할 성질에 대한 설명으로 틀린 것은?
① 열용량이 적어야 한다.
② 열전도율이 커야 한다.
③ 동결점이 낮아야 한다.
④ 부식성이 없어야 한다.

해설 브라인의 구비 조건
① 열용량(비열)이 크고, 전열이 양호할 것
② 공정점과 점도(점성)가 낮을 것
③ 부식성이 없고 불연성일 것
④ 동결온도가 낮을 것
⑤ 악취, 쓴맛이 없고 독성이 없어 누설 시 냉장물품에 손상이 없을 것
⑥ 가격이 싸고, 구입이 용이할 것
⑦ pH값이 적당할 것(7.5~8.2 정도 유지)

31 냉동 사이클이 -10℃와 60℃ 사이에서 역카르노 사이클로 작동될 때, 성적계수는?
① 2.21
② 2.84
③ 3.76
④ 4.75

해설 ① $T_H = 60℃ = (60+273)K = 333K$
② $T_L = -10℃ = (-10+273)K = 263K$
③ $COP = \dfrac{T_L}{T_H - T_L} = \dfrac{263}{333-263} = 3.76$

32 P-V(압력-체적)선도에서 1에서 2까지 단열 압축하였을 때 압축일량(절대일)은 어느 면적으로 표현되는가?

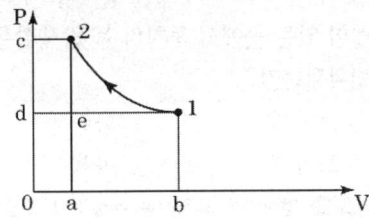

① 면적 1 2 c d 1
② 면적 1 d 0 b 1
③ 면적 1 2 a b 1
④ 면적 a e d 0 a

해설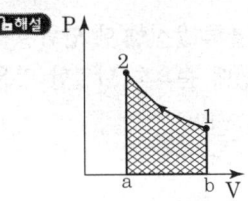

P-V 선도에서 곡선 아래의 면적 12ab1이 바로 압축일량을 의미한다. 가역변화의 경우, 상태 2에서 1로 팽창할 때 계가 외부에 대해 하는 일(+값)은 상태 1에서 2로 압축될 때 계가 외부로부터 받는 일(-값)과 크기가 서로 같다.

33 28℃의 원수 9ton을 4시간에 5℃까지 냉각하는 수 냉각장치의 냉동능력은? (단, 1RT는

13900kJ/h로 한다.)

① 12.5RT ② 15.6RT
③ 17.1RT ④ 20.7RT

해설 냉동능력(Q_{RT})

$$Q_{RT} = \frac{Q_e}{13,900} = \frac{GC\Delta t}{13,900}$$

$$= \frac{\frac{9,000\text{kg} \times 4.18 \times (28-5)}{4\text{h}}}{13,900} = 15.6\text{RT}$$

여기서, 1RT=13,900kJ/h
원수 9ton=9,000kg
C(비열)=4.18kJ/kg℃

34 할라이드 토치로 누설을 탐지할 때 소량의 누설이 있는 곳에서 토치의 불꽃 색깔은 어떻게 변화되는가?

① 보라색 ② 파란색
③ 노란색 ④ 녹색

해설 할라이드 토치사용 누설검사(불꽃반응)
㉠ 누설이 없을 시 → 파란색
㉡ 소량 누설 → 초록색
㉢ 다량 누설 → 보라색
㉣ 극심할 때 → 불이 꺼짐

35 기준 냉동사이클로 운전할 때 단위질량당 냉동효과가 큰 냉매 순으로 나열한 것은?

① R11 > R12 > R22
② R12 > R11 > R22
③ R22 > R12 > R11
④ R22 > R11 > R12

해설 기준사이클에서 냉동효과
① R-11 : 38.57kcal/kg
② R-12 : 29.52kcal/kg
③ R-22 : 40.15kcal/kg

36 다음 조건으로 운전되고 있는 수냉 응축기가 있다. 냉매와 냉각수와의 평균 온도차는?

[조건]
냉각수 입구온도 : 16℃,
냉각수량 : 200L/min,
냉각수 출구온도 : 24℃,
응축기 냉각면적 : 20m²,
응축기 열 통과율 : 3349.6kJ/m²h℃

① 4℃ ② 5℃
③ 6℃ ④ 7℃

해설 응축부하 계산식
① 수냉식 응축기에서의 계산
$Q_c = G_c \cdot C \cdot \Delta t$
② 열통과율에 의한 계산
$Q_c = K \cdot F \cdot \Delta t_m$
③ $GC\Delta t = KF\Delta t_m$

$$\Delta t_m = \frac{G_c C \Delta t}{KF}$$

$$= \frac{(200\frac{\text{L}}{\text{min}} \times \frac{60\text{min}}{1\text{h}}) \times 4.18 \times (24-16)}{3349.6 \times 20}$$

$$= 6℃$$

여기서, C(비열)=4.18kJ/kg℃

37 냉동장치에서 교축작용(throttling)을 하는 부속기기는 어느 것인가?

① 다이어프램 밸브
② 솔레노이드 밸브
③ 아이솔레이트 밸브
④ 팽창 밸브

해설 교축 변화(등엔탈피 변화)
유체가 밸브 등 기타 저항이 큰 작은 구멍을 통과할 때 마찰이나 흐름의 흐트러짐으로 인하여 흐름방향으로 압력이 강하되는 현상을 교축이라고 하며, 이는 팽창밸브의 원리가 되며 냉동장치에서 저온을 얻기 위해 증발기 입구에 팽창밸브를 설치하여 단열팽창시켜 압력과 온도를 강하시키며 이때 엔탈피 변화는 없고 엔트로피는 증가 또는 감소하며 비체적은 증가한다.

Answer 34. ④ 35. ④ 36. ③ 37. ④

38 냉동장치 내 불응축 가스에 관한 설명으로 옳은 것은?
① 불응축 가스가 많아지면 응축압력이 높아지고 냉동능력은 감소한다.
② 불응축 가스는 응축기에 잔류하므로 압축기의 토출가스 온도에는 영향이 없다.
③ 장치에 윤활유를 보충할 때에 공기가 흡입되어도 윤활유에 용해되므로 불응축 가스는 생기지 않는다.
④ 불응축 가스가 장치 내에 침입해도 냉매와 혼합되므로 응축압력은 불변한다.

[해설] ② 불응축 가스는 응축압력과 압축기 토출가스 온도를 상승시켜 냉동장치에 장애를 주므로 불응축 가스는 신속히 제거해야 한다.
③ 장치에 윤활유를 보충할 때에 공기가 흡입되면 불응축 가스가 생기게 된다.
④ 불응축 가스가 장치 내에 침입하면 불응축가스의 분압만큼 압력이 상승한다.

39 증발잠열을 이용하므로 물의 소비량이 적고, 실외 설치가 가능하며, 송풍기 및 순환 펌프의 동력을 필요로 하는 응축기는?
① 입형 셸 앤드 튜브식 응축기
② 횡형 셸 앤드 튜브식 응축기
③ 증발식 응축기
④ 공랭식 응축기

[해설] 증발식 응축기
증발식 응축기는 수냉식과 공랭식의 작용을 혼합한 방식으로, 현재 대형 냉동설비에 가장 많이 사용되고 있는 방식이다. 냉각수를 충분히 얻을 수 없는 곳에서 냉각수의 잠열(냉각수의 증발)을 이용하는 응축기이다. 냉각관에 냉각수를 분무시키고 공기를 불어주면 냉각수가 증발하면서 증발열을 흡수하므로 냉각수와 냉매의 온도차뿐만 아니라 증발열에 의한 냉각작용을 동시에 얻을 수 있다.

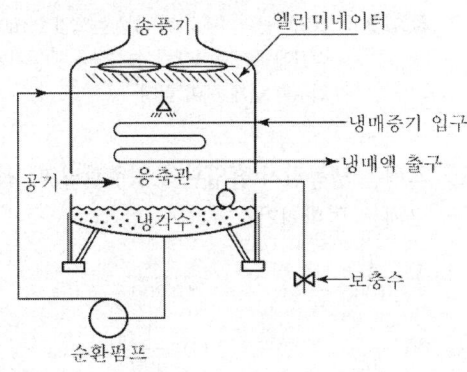

40 밀폐된 용기의 부압작용에 의하여 진공을 만들어 냉동작용을 하는 것은?
① 증기분사 냉동기
② 왕복동 냉동기
③ 스크류 냉동기
④ 공기압축 냉동기

[해설] 증기분사식 냉동기
증기 이젝터(steam ejector)를 이용하여 다량의 증기를 분사할 때의 부압작용에 의하여 진공을 만들어 냉동작용을 하는 방법으로 압축기가 없기 때문에 진동의 발생이 없고 구조도 비교적 간단하다. 또한 압축기가 없기 때문에 가동부분이 없고 윤활이 요구되지도 않는다.

제3과목 : 배관일반

41 냉매배관 중 토출측 배관 시공에 관한 설명으로 틀린 것은?
① 응축기가 압축기보다 2.5m 이상 높은 곳에 있을 때에는 트랩을 설치한다.
② 수직관이 너무 높으면 2m마다 트랩을 1개씩 설치한다.
③ 토출관의 합류는 Y이음으로 한다.
④ 수평관은 모두 끝 내림 구배로 배관한다.

38. ① 39. ③ 40. ① 41. ②

해설 ② 흡입배관의 수직관이 너무 높으면 10m마다 중간에 트랩을 1개씩 설치하여 냉동기유의 회수를 쉽게 해야 한다.

42 프레온 냉동장치 흡입관이 횡주관일 때 적정 구배는 얼마인가?

① $\frac{1}{100}$ ② $\frac{1}{200}$
③ $\frac{1}{300}$ ④ $\frac{1}{400}$

해설 **프레온 냉매 흡입관 구배**
냉매가스 중에 용해되어 있는 윤활유가 충분히 운반될 수 있는 속도이어야 하며, 압축기를 향하여 1/200의 하향 경사를 둘 것

43 한쪽은 커플링으로 이음쇠 내에 동관이 들어갈 수 있도록 되어 있고 다른 한쪽은 수나사가 있어 강 부속과 연결할 수 있도록 되어 있는 동관용 이음쇠는?

① 커플링 C×C
② 어댑터 C×M
③ 어댑터 Ftg×M
④ 어댑터 C×F

해설 **동합금 납땜 관이음쇠의 규격 및 종류**

종류	접합부 기호	단면형상
어댑터 (AD)	C×F	
	C×M	

[참고]
이음쇠 끝 부분의 접합상태를 표시하는 기호
C : 이음쇠 내로 관이 들어가 접합되는 형태
Ftg : 이음쇠 외로 관이 들어가 접합되는 형태
F : ANSI 규격 관형나사가 안으로 난 나사 이음용 이음쇠
M : ANSI 규격 관형나사가 밖으로 난 나사 이음용 이음쇠

44 가스배관을 실내에 노출 설치할 때의 기준으로 틀린 것은?
① 배관은 환기가 잘 되는 곳으로 노출하여 시공할 것
② 배관은 환기가 잘 되지 않는 천장·벽·공동구 등에는 설치하지 아니할 것
③ 배관의 이음매(용접이음매 제외)와 전기계량기와는 60cm 이상 거리를 유지할 것
④ 배관 이음부와 단열조치를 하지 않은 굴뚝과의 거리는 5cm 이상의 거리를 유지할 것

해설 ④ 배관의 이음부(용접이음매는 제외한다)와 단열조치를 하지 않은 굴뚝(배기통을 포함한다)과의 거리는 15cm 이상의 거리를 유지할 것

45 맞대기 용접의 홈 형상이 아닌 것은?
① V형 ② U형
③ X형 ④ Z형

해설 **맞대기 용접**
I형, V형, U형, X형, K형, Y형 등

46 가스배관의 관 지름을 결정하는 요소와 가장 거리가 먼 것은?
① 가스 발열량
② 가스관의 길이
③ 허용 압력손실
④ 가스 비중

해설 가스배관의 유량 산정식에서 직경을 산출할 수 있다.

Answer 42. ② 43. ② 44. ④ 45. ④ 46. ①

유량 $Q = K\sqrt{\dfrac{D^5 H}{SL}}$

K : 가스정수, D : 파이프 내경, H : 허용 압력손실, S : 가스비중, L : 파이프길이

47 급수배관의 마찰손실수두와 가장 거리가 먼 것은?
① 관의 길이   ② 관의 직경
③ 관의 두께   ④ 유속

해설 관 마찰손실수두(h_L)

$$h_L = f \cdot \dfrac{l}{d} \cdot \dfrac{v^2}{2g}$$

여기서, f : 마찰손실계수, l : 관의 길이
  d : 관의 직경, v : 유속
  g : 중력가속도

48 배수 배관의 시공상 주의점으로 틀린 것은?
① 배수를 가능한 한 빨리 옥외 하수관으로 유출할 수 있을 것
② 옥외 하수관에서 하수 가스나 벌레 등이 건물 안으로 침입하는 것을 방지할 것
③ 배수관 및 통기관은 내구성이 풍부할 것
④ 한랭지에서는 배수, 통기관 모두 피복을 하지 않을 것

해설 배수 배관의 시공상 주의점
① 배수를 가능한 한 빨리 옥외 하수관으로 유출할 수 있을 것
② 옥외 하수관에서 하수 가스나 쥐 또는 각종 벌레 등이 건물 안으로 침입하는 것을 방지할 수 있는 방법으로 시공할 것
③ 배수관 및 통기관은 내구성이 풍부하여야 하며, 가스나 물이 새지 않도록 기구 상호간의 접합을 완벽하게 할 것
④ 한랭지에서는 배수관·통기관 모두 동결되지 않도록 피복을 할 것

49 일반적으로 관의 지름이 크고 관의 수리를 위해 분해할 필요가 있는 경우 사용되는 파이프 이음에 속하는 것은?
① 신축 이음   ② 엘보 이음
③ 턱걸이 이음   ④ 플랜지 이음

해설 플랜지 이음
관 끝에 플랜지를 만들어 관을 결합하는 것으로, 관의 지름이 크거나 유체의 압력이 큰 경우에 사용되며, 분해 및 조립할 필요가 있을 때에 사용한다.

50 일반적으로 프레온 냉매 배관용으로 사용하기 가장 적절한 배관 재료는?
① 아연도금 탄소강 강관
② 배관용 탄소강 강관
③ 동관
④ 스테인리스 강관

해설 프레온 냉동장치의 배관재료
주로 동관을 사용하고, 동관, 동합금관 등은 가능한 한 이음매 없는 관을 사용해야 한다. 또한 2% 이상의 마그네슘을 함유한 알루미늄 합금을 사용하면 안 된다.
[참고] 냉매 배관 재료
  ㉠ 암모니아 : 동 및 동합금 사용 금지
  ㉡ 프레온 : 2% 이상의 마그네슘을 함유한 알루미늄 합금 사용 금지
  ㉢ 염화메틸(R-40) : 알루미늄 및 알루미늄 합금 사용 금지

51 다음 중 배관 내의 침식에 영향을 미치는 요소로 가장 거리가 먼 것은?
① 물의 속도
② 사용시간
③ 배관계의 소음
④ 물속의 부유물질

해설 배관계의 소음은 배관 내의 침식에 크게 영향을 미치지 않는다.

Answer 47. ③ 48. ④ 49. ④ 50. ③ 51. ③

52 다음 중 중앙 급탕방식에서 경제성, 안정성을 고려한 적정 급탕온도(℃)는 얼마인가?

① 40 ② 60
③ 80 ④ 100

해설 급탕온도를 너무 높게 하면, 화상 등의 위험성이나 기기·배관의 부식이 촉진되고, 반대로 낮게 하면 온수만 다량으로 소비되기 때문에 적당한 온도로 설정할 필요가 있다. 일반적으로 세면, 목욕, 주방, 세탁용의 중앙식 급탕의 경우 60℃가 적당하나 에너지절약 측면에서 온도를 낮추어 사용할 수도 있으며, 주방의 식기세정기 등과 같이 국부적으로 높은 온도를 필요로 할 때에는 그 사용기구에서 재가열하는 것으로 한다.

53 일정 흐름 방향에 대한 역류 방지 밸브는?

① 글로브 밸브 ② 게이트 밸브
③ 체크 밸브   ④ 앵글 밸브

해설 체크 밸브(check vavle, 역지 밸브)
유체를 일정한 방향으로만 흐르게 하고 역류를 방지하는 데 사용한다. 체크 밸브는 배관계통 구성에 있어서 계통의 운전 상태에 따라 자력으로 개폐하는(Self Actuating) 유일한 밸브이다. 따라서 다른 밸브와는 달리 한번 설치하면 유지, 보수 등의 문제를 간과하기 쉬운 밸브이므로 최초 선정에 주의를 요한다.
[참고]
① 글로브 밸브 : 유량 조절용으로 사용
② 게이트 밸브 : 유체의 흐름 차단용
③ 앵글 밸브 : 유체의 흐름을 직각으로 바꿀 때 사용

54 배수설비에 대한 설명으로 틀린 것은?

① 오수란 대소변기, 비데 등에서 나오는 배수이다.
② 잡배수란 세면기, 싱크대, 욕조 등에서 나오는 배수이다.
③ 특수배수는 그대로 방류하거나 오수와 함께 정화하여 방류시키는 배수이다.
④ 우수는 옥상이나 부지 내에 내리는 빗물의 배수이다.

해설 특수배수(위험물질을 포함한 배수)
공장, 실험실 등에서의 폐수, 화학물질 배수 등

55 다음 중 소켓식 이음을 나타내는 기호는?

① —┼— ② —╫—
③ —⊃— ④ —╫┤—

해설 ① 일반   ② 플랜지형
③ 소켓식 ④ 유니언형

56 다음 중 열역학식 트랩에 해당되는 것은?

① 디스크형 트랩
② 벨로즈식 트랩
③ 버킷 트랩
④ 바이메탈식 트랩

해설 증기트랩의 분류

분류	작동 원리	종류
기계식	증기와 응축수의 부력 차이	플로트 트랩, 버킷 트랩
온도식	증기와 응축수의 온도 차이	바이메탈 트랩, 벨로즈 트랩
열역학식	증기와 응축수의 속도 차이	디스크 트랩, 오리피스 트랩

57 급탕배관 내의 압력이 $0.7kgf/cm^2$이면 수주로 몇 m와 같은가?

① 0.7 ② 1.7
③ 7   ④ 70

해설 $1kgf/cm^2 = 10mAq$이므로
$0.7kgf/cm^2 = 7mAq$이다.

58 다음 프레온 냉매 배관에 관한 설명으로 틀린

Answer 52. ② 53. ③ 54. ③ 55. ③ 56. ① 57. ③ 58. ④

것은?
① 주로 동관을 사용하나 강관도 사용된다.
② 증발기와 압축기가 같은 위치인 경우 흡입관을 수직으로 세운 다음 압축기를 향해 선단 하향 구배로 배관한다.
③ 동관의 접속은 플레어 이음 또는 용접 이음 등이 있다.
④ 관의 굽힘 반경을 작게 한다.

해설 ④ 관의 굽힘 반경을 크게 하여 저항을 줄여야 한다.

59 가스배관 설비에서 정압기의 종류가 아닌 것은?
① 피셔(Fisher)식 정압기
② 오리피스(Orifice)식 정압기
③ 레이놀즈(Reynolds)식 정압기
④ AFV(Axial Flow Valve)식 정압기

해설 정압기
① 각 가스 기구에 알맞은 적당한 압력으로 감압하여 공급하기 위한 장치
② 종류 : 피셔식, 액셜 플로어식, 레이놀즈식

60 스트레이너의 종류에 속하지 않는 것은?
① Y형 ② X형
③ U형 ④ V형

해설 스트레이너(strainer)
증기, 물, 기름 등의 배관 내의 유체에 혼입된 토사, 이물질을 제거하기 위하여 설치한다.
① 설치 위치 : 장치, 밸브류 입구측에 부착(펌프, 트랩, 감압밸브, 온도조절밸브 등)
② 종류 : Y형, U형, V형 등

제 4 과목 : 전기제어공학

61 유도전동기의 회전력에 관한 설명으로 옳은 것은?

① 단자전압에 비례한다.
② 단자전압과는 무관하다.
③ 단자전압의 2승에 비례한다.
④ 단자전압의 3승에 비례한다.

해설 유도전동기 회전력(T)

$$T = K_o \left(\frac{V}{f_1}\right)^2 \times f_s$$

f_1 : 전원주파수　f_s : 슬립주파수
V : 전압　K_0 : 상수

회전자에서 발생하는 회전력은(T) 전동기 전압과 전원주파수의 비의 제곱과 슬립주파수(f_s)의 곱에 비례한다. 그러므로 유도전동기의 회전력은 단자전압의 2승에 비례한다.

62 그림과 같은 회로에서 저항 R_2에 흐르는 전류 I_2[A]는?

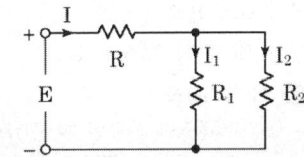

① $\dfrac{I \cdot (R_1 + R_2)}{R_1}$　② $\dfrac{I \cdot (R_1 + R_2)}{R_2}$

③ $\dfrac{I \cdot R_2}{R_1 + R_2}$　④ $\dfrac{I \cdot R_1}{R_1 + R_2}$

해설 ① 저항 R_2에 흐르는 전류값 I_2

$$I_2 = \frac{V}{R_2} = \frac{1}{R_2} \times \frac{R_1 R_2}{R_1 + R_2} \times I = \frac{IR_1}{R_1 + R_2}$$

② 저항 R_1에 흐르는 전류값 I_1

$$I_1 = \frac{V}{R_1} = \frac{1}{R_1} \times \frac{R_1 R_2}{R_1 + R_2} \times I = \frac{IR_2}{R_1 + R_2}$$

63 그림과 같은 논리회로는?

Answer　59. ②　60. ②　61. ③　62. ④　63. ③

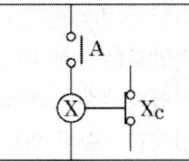

① OR 회로　　② AND 회로
③ NOT 회로　　④ NAND 회로

해설 NOT 회로(부정회로)
입력이 ON되면 출력이 OFF되고 입력이 OFF되면 출력이 ON되는 회로

64 PI 제어동작은 프로세스 제어계의 정상특성 개선에 흔히 사용된다. 이것에 대응하는 보상요소는?
① 동상 보상요소
② 지상 보상요소
③ 진상 보상요소
④ 지상 및 진상 보상요소

해설 PI 제어동작
① 비례동작에 의해 발생한 잔류편차를 소멸시키기 위해 적분동작을 조합시킨 제어 동작으로 지상 보상요소이다.
② 비례동작에서 발생한 잔류편차를 제거하여 정상특성을 개선하기 위해 사용한다.

65 피드백 제어계의 특징으로 옳은 것은?
① 정확성이 떨어진다.
② 감대폭이 감소한다.
③ 계의 특성 변화에 대한 입력 대 출력비의 감도가 감소한다.
④ 발진이 전혀 없고 항상 안정한 상태로 되어가는 경향이 있다.

해설 피드백 제어의 특징
① 정확성 및 감대폭 증가
② 계의 특성 변화에 대한 입력 대 출력비의 감도 감소
③ 발진을 일으키고 불안정한 상태로 되어가는 경향성
④ 구조가 복잡하고 반드시 입력과 출력을 비교하는 장치가 필요

66 자기 평형성이 없는 보일러 드럼의 액위제어에 적합한 제어동작은?
① P 동작　　② I 동작
③ PI 동작　　④ PD 동작

해설 ① 유량제어 : 빠른 응답, 시간지연이 없다. PI 제어기 사용
② 액위제어 : 적분공정은 높은 이득의 P 또는 PI 제어기를 사용한다. 자기 평형성이 없는 보일러 드럼의 경우는 P 제어동작이 적합하다.

67 블록선도에서 등가 합성 전달함수는?

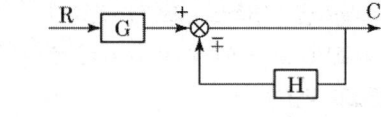

① $\dfrac{1}{1 \pm GH}$　　② $\dfrac{G}{1 \pm H}$
③ $\dfrac{G}{1 \pm GH}$　　④ $\dfrac{1}{1 \pm H}$

해설 $C = RG \pm CH$
$C \pm CH = RG$
$C(1 \pm H) = RG$
$\therefore G(s) = \dfrac{G}{R} = \dfrac{G}{1 \pm H}$

68 어떤 계기에 장시간 전류를 통전한 후 전원을 OFF시켜도 지침이 0으로 되지 않았다. 그 원인에 해당되는 것은?
① 정전계 영향
② 스프링의 피로도
③ 외부자계 영향
④ 자기가열 영향

해설 스프링 제어
스프링의 변형에 의해 발생되는 탄력을 제어 토

크로 이용하는 방식으로, 비자성의 가느다란 인청동판을 나선이나 와선 모양으로 스프링을 만들어 사용함. 제어 스프링은 도선의 역할을 겸하고 있으므로 전기 저항이 낮고, 온도 계수가 작으며, 오래 사용하여도 피로가 없는 재질을 사용함. 장시간의 통전 등에 의한 스프링의 탄성피로에 의하여 오차가 발생하며 영점조정을 통해서 오차를 보정해야 한다.

69 농형 유도전동기의 기동법이 아닌 것은?

① 전전압기동법 ② 기동보상기법
③ Y-Δ기동법 ④ 2차 저항법

해설 농형 유도전동기 기동법
① 전전압기동 : 5kW 이하(3.7kW)
② Y-Δ기동 : 5~15kW 정도(토크 1/3배, 전류 1/3배, 전압 $1/\sqrt{3}$ 배)
③ 기동보상기법 : 15kW 이상(단권변압기 사용)
④ 리액터 기동법
[참고] 권선형 유도전동기 기동법 : 2차 저항 기동법(비례추이 이용)

70 2진수 0010111101011001$_{(2)}$을 16진수로 변환하면?

① 3F59 ② 2G6A
③ 2F59 ④ 3G6A

해설 2진수에 대한 16진수의 표

2진수	16진수	2진수	16진수
0000	0	1000	8
0001	1	1001	9
0010	2	1010	A
0011	3	1011	B
0100	4	1100	C
0101	5	1101	D
0110	6	1110	E
0111	7	1111	F

∴ 0010 1111 0101 1001$_{(2)}$ → 2F59$_{(16)}$

71 정현파전압 $v=50\sin(628t-\frac{\pi}{6})[\text{V}]$인 파형의 주파수는 얼마인가?

① 30 ② 50
③ 60 ④ 100

해설 정현파 전압 $v=V_m\sin(\omega t+\theta)$에서
$\omega=2\pi f$이므로
$\omega=2\pi f=628$
∴ $f=\frac{628}{2\pi}=99.95\text{Hz}≒100\text{Hz}$

72 내부장치 또는 공간을 물질로 포위시켜 외부 자계의 영향을 차폐시키는 방식을 자기차폐라 한다. 다음 중 자기차폐에 가장 좋은 물질은?

① 강자성체 중에서 비투자율이 큰 물질
② 강자성체 중에서 비투자율이 작은 물질
③ 비투자율이 1보다 작은 역자성체
④ 비투자율과 관계없이 두께에만 관계되므로 되도록 두꺼운 물질

해설 자기차폐
강자성체로 둘러싸인 구역 안에 있는 물체나 장치에 외부자기장의 영향이 미치지 않는 현상으로 자기력선속이 차폐하는 물질에 흡수되는 방식으로 차폐하며, 투자율이 큰 자성체일수록 자기차폐가 더욱 효과적으로 일어난다.

73 그림과 같은 시스템의 등가합성 전달함수는?

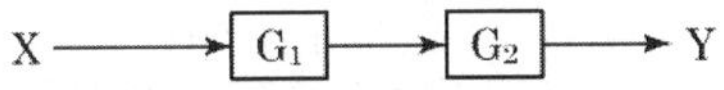

X ── G_1 ── G_2 ── Y

① G_1+G_2 ② $G_1\cdot G_2$
③ G_1-G_2 ④ $\dfrac{1}{G_1\cdot G_2}$

해설 직렬 연결된 블록의 결합

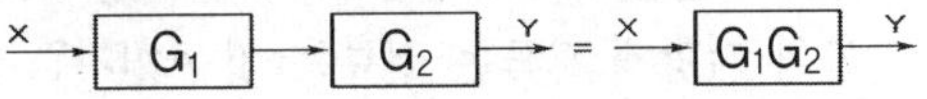

X ── G_1 ── G_2 ── Y = X ── G_1G_2 ── Y

Answer 69. ④ 70. ③ 71. ④ 72. ① 73. ②

74 스캔 타임(scan time)에 대한 설명으로 맞는 것은?

① PLC 입력 모듈에서 1개 신호가 입력되는 시간
② PLC 출력 모듈에서 1개 출력이 실행되는 시간
③ PLC에 의해 제어되는 시스템의 1회 실행 시간
④ PLC에 입력된 프로그램을 1회 연산하는 시간

해설 **스캔 타임(scan time)**
PLC는 전원 투입과 동시에 입력된 프로그램을 처음부터 끝까지 입력을 스캔하고 연산하여 출력을 내보내는 과정을 반복하며 입력된 프로그램의 1회 수행에 걸리는 시간(1 연산주기)을 스캔 타임이라고 한다.

75 교류 전기에서 실효치는?

① $\dfrac{최대치}{2}$
② $\dfrac{최대치}{\sqrt{3}}$
③ $\dfrac{최대치}{\sqrt{2}}$
④ $\dfrac{최대치}{3}$

해설 **실효값(effective value)**
① 교류의 크기를 교류와 동일한 일을 하는 직류의 크기로 바꿔 나타냈을 때의 값
② 가정에서 사용하는 220V의 상용 전압은 교류전압의 실효값을 의미
$$I = \dfrac{I_m}{\sqrt{2}} = 0.707 I_m [A]$$
여기서, I : 전류의 실효값
I_m : 전류의 최댓값

76 그림과 같은 회로에 전압 200V를 가할 때 30Ω의 저항에 흐르는 전류는 몇 A인가?

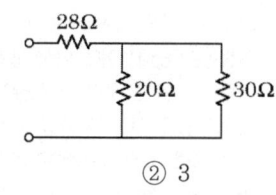

① 2 ② 3
③ 5 ④ 10

해설 ① 합성저항
$$R = 28 + \dfrac{20 \times 30}{20 + 30} = 40 \, \Omega$$
② 전체전류
$$I = \dfrac{V}{R} = \dfrac{200}{40} = 5 A$$
③ $I_{30\Omega} = \dfrac{20}{20+30} \times 5 = 2 A$
④ $I_{20\Omega} = \dfrac{30}{20+30} \times 5 = 3 A$

77 논리식 A(A+B)를 간단히 하면?

① A ② B
③ AB ④ A+B

해설 $A(A+B) = AA + AB$
$= A + AB = A(1+B) = A$

78 검출용 스위치에 해당하지 않는 것은?

① 리밋 스위치 ② 광전 스위치
③ 온도 스위치 ④ 복귀형 스위치

해설 **검출 스위치**
검출 스위치는 자동화 시스템에서 없어서는 안 될 만큼 제어 대상의 상태나 변화 등을 검출하기 위한 것으로 위치, 액면, 온도, 전압, 그 밖의 여러 제어량을 검출하는 데에 사용되고 있다. 대표적인 것으로 리미트 스위치(Limit Switch), 광전 스위치, 근접 스위치, 플로트(float) 스위치, 온도 스위치 등이 있다.

79 다음의 블록선도와 등가인 블록선도는?

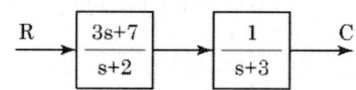

Answer 74. ④ 75. ③ 76. ① 77. ① 78. ④ 79. ④

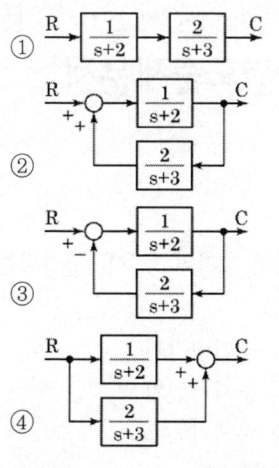

해설 보기 $C = R \cdot \dfrac{3s+7}{s+2} \cdot \dfrac{1}{s+3}$

$\dfrac{C}{R} = \dfrac{3s+7}{(s+2)(s+3)}$

④ $C = R \cdot \dfrac{1}{s+2} + R \cdot \dfrac{2}{s+3}$

$C = R\left(\dfrac{1}{s+2} + \dfrac{2}{s+3}\right)$

$C = R\left(\dfrac{s+3+2(s+2)}{(s+2)(s+3)}\right)$

$\therefore \dfrac{C}{R} = \dfrac{3s+7}{(s+2)(s+3)}$

80 자동제어의 조절기기 중 불연속 동작인 것은?

① 2위치 동작
② 비례제어 동작
③ 적분제어 동작
④ 미분제어 동작

해설

제어 방법	종류
불연속제어	2위치제어(ON-OFF제어), 다위치제어, 샘플값제어
연속제어	비례제어, 적분제어, 미분제어, 비례적분제어, 비례미분제어, 비례적분미분제어

Answer 80. ①

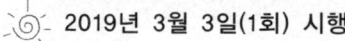

chapter 02 공조냉동기계산업기사 과년도출제문제

제1과목 : 공기조화

01 원심송풍기에서 사용되는 풍량제어 방법 중 풍량과 소요 동력과의 관계에서 가장 효과적인 제어 방법은?
① 회전수 제어
② 베인 제어
③ 댐퍼 제어
④ 스크롤 댐퍼 제어

해설 효과적인 풍량제어 순서
회전수 제어 > 가변 피치 제어 > 흡인 베인 제어 > 토출 댐퍼 제어

02 다음 중 제올라이트(zeolite)를 이용한 제습 방법은 어느 것인가?
① 냉각식   ② 흡착식
③ 흡수식   ④ 압축식

해설 흡착식 제습장치
실리카겔, 활성알루미나, 애드솔, 제올라이트 등의 고체 흡착제를 사용한다.

03 습공기 선도상에 나타나 있지 않은 것은?
① 상대습도   ② 건구온도
③ 절대습도   ④ 포화도

해설 습공기 선도의 구성
표준대기압 상태에서 습공기의 성질을 표시하고 건구온도, 습구온도, 노점온도, 상대습도, 절대습도, 수증기분압, 엔탈피, 비체적, 현열비, 열수분비 등으로 구성되어 있다.

04 난방부하는 어떤 기기의 용량을 결정하는 데 기초가 되는가?
① 공조장치의 공기냉각기
② 공조장치의 공기가열기
③ 공조장치의 수액기
④ 열원설비의 냉각탑

해설 난방부하
난방을 위한 증기나 온수의 열량으로 가열기의 용량 또는 방열기의 용량으로 나타낼 수 있다.

05 난방방식과 열매체의 연결이 틀린 것은?
① 개별 스토브 – 공기
② 온풍 난방 – 공기
③ 가열 코일 난방 – 공기
④ 저온 복사 난방 – 공기

해설 ④ 저온복사난방 – 온수
[참고] 저온 복사난방
① 패널의 표면온도는 30~45℃ 정도이고, 패널 내에 배관코일을 매설하여 여기에 온수 등의 열매를 통하게 하는 것으로(온수 외 전열선을 구조체에 매설하는 경우도 있음 → 전기 바닥난방)
② 패널면으로는 바닥, 벽체, 천장을 이용할 수 있으며, 실내공간 활용면에서는 천장 패널이 효과적이지만, 우리나라에서는 바닥을 패널로 이용하는 경우가 많다.(로비바닥, APT 방·거실바닥 등)

06 기류 및 주위벽면에서의 복사열은 무시하고 온도와 습도만으로 쾌적도를 나타내는 지표를 무엇이라고 하는가?

Answer 1. ① 2. ② 3. ④ 4. ② 5. ④ 6. ②

① 쾌적 건강지표　② 불쾌지수
③ 유효온도지수　④ 청정지표

해설 불쾌지수(Discomfort Index, DI)
날씨에 따라서 사람이 불쾌감을 느끼는 정도를 기온과 습도를 이용하여 나타내는 수치로 체감온도가 겨울철에 사용된다면 불쾌지수는 여름철에 자주 사용되고 기온이 높고, 습할수록 높아진다.

07 실내 냉방 부하 중에서 현열부하 2500kcal/h, 잠열부하 500kcal/h일 때 현열비는?

① 0.2　② 0.83
③ 1　④ 1.2

해설 현열비(SHF)

$$SHF = \frac{q_S}{q_t} = \frac{q_S}{q_S + q_L} = \frac{2500}{2500+500} = 0.83$$

여기서, 전열량 : q_t [kcal/h]
　　　　현열량 : q_S [kcal/h]
　　　　잠열량 : q_L [kcal/h]

08 극간풍의 풍량을 계산하는 방법으로 틀린 것은?

① 환기 횟수에 의한 방법
② 극간 길이에 의한 방법
③ 창 면적에 의한 방법
④ 재실 인원수에 의한 방법

해설 극간풍의 풍량 계산방법
환기횟수법, 창문의 극간(틈새)길이법, 창 면적법, 출입문의 개폐에 의한 방법 등

09 그림에서 공기조화기를 통과하는 유입공기가 냉각코일을 지날 때의 상태를 나타낸 것은?

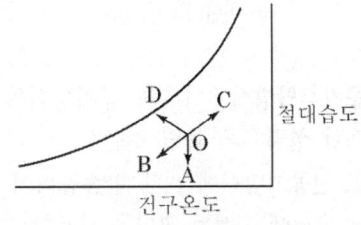

① OA　② OB
③ OC　④ OD

해설 냉각코일 통과 공기의 상태변화 : 냉각감습($\overrightarrow{OB}$)
[참고] 공기의 상태변화

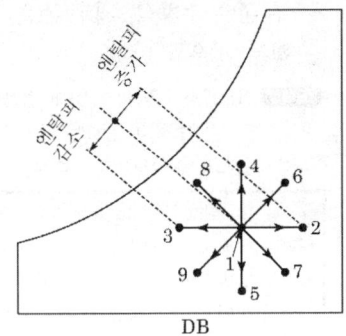

1-2 : 가열(현열)
1-3 : 냉각(현열)
1-4 : 가습(등온)
1-5 : 감습, 제습(등온)
1-6 : 가열가습
1-8 : 냉각가습(단열가습)
1-9 : 냉각감습(냉각제습)
1-7 : 가열감습

10 복사난방의 특징에 대한 설명으로 틀린 것은?

① 외기온도 변화에 따라 실내의 온도 및 습도조절이 쉽다.
② 방열기가 불필요하므로 가구배치가 용이하다.
③ 실내의 온도분포가 균등하다.
④ 복사열에 의한 난방이므로 쾌감도가 크다.

해설 ① 열용량이 커 외기 온도 변화에 따라 방열량 조절이 어려우므로 실내의 온도 및 습도조절

Answer　7. ②　8. ④　9. ②　10. ①

이 어렵다.

11 공기조화방식에서 수-공기방식의 특징에 대한 설명으로 틀린 것은?
① 전공기방식에 비해 반송동력이 많다.
② 유닛에 고성능 필터를 사용할 수가 없다.
③ 부하가 큰 방에 대해 덕트의 치수가 작아질 수 있다.
④ 사무실, 병원, 호텔 등 다실 건물에서 외부 존은 수방식, 내부 존은 공기방식으로 하는 경우가 많다.

해설 ① 전공기 방식에 비해 송풍량이 작아 연간 반송동력이 감소된다.
[참고] 수-공기 방식 특징

장점	단점
• 덕트 스페이스가 작아진다. • 전공기 방식에 비해 송풍량이 적어 연간 반송동력이 감소된다. • 각 실별 개별제어가 가능하다. • 건물의 외부존(Perimeter Zone)의 부하처리에 적합하다.	• 유닛필터에 고성능 필터를 사용할 수 없다. • 필터의 보수, 기기의 점검횟수가 증가하고, 관리량도 증가한다. • 실내의 기기가 바닥면에 설치되므로 사용할 수 있는 유효면적이 작다.

12 다음 중 히트펌프 방식의 열원에 해당되지 않는 것은?
① 수 열원   ② 마찰 열원
③ 공기 열원 ④ 태양 열원

해설 히트펌프의 열원
공기열원식, 수열원식(폐열원식), 지열원식, 태양열원식, 실내 발생열원 등

13 송풍기의 법칙 중 틀린 것은? (단, 각각의 값은 아래 표와 같다.)

$Q_1(\mathrm{m^3/h})$	초기풍량
$Q_2(\mathrm{m^3/h})$	변화풍량
$P_1(\mathrm{mmAq})$	초기정압
$P_2(\mathrm{mmAq})$	변화정압
$N_1(\mathrm{rpm})$	초기회전수
$N_2(\mathrm{rpm})$	변화회전수
$d_1(\mathrm{mm})$	초기날개직경
$d_2(\mathrm{mm})$	변화날개직경

① $Q_2 = (N_2/N_1) \times Q_1$
② $Q_2 = (d_2/d_1)^3 \times Q_1$
③ $P_2 = (N_2/N_1)^3 \times P_1$
④ $P_2 = (d_2/d_1)^2 \times P_1$

해설 펌프의 상사법칙
압력은 송풍기 회전수의 제곱에 비례하고 임펠러 직경의 제곱에 비례하여 변화한다.
$$P_2 = P_1 \left(\frac{N_2}{N_1}\right)^2 = P_1 \left(\frac{D_2}{D_1}\right)^2$$

14 냉수 코일 설계 시 유의사항으로 옳은 것은?
① 대수평균온도차(LMTD)를 크게 하면 코일의 열수가 많아진다.
② 냉수의 속도는 2m/s 이상으로 하는 것이 바람직하다.
③ 코일을 통과하는 풍속은 2~3m/s가 경제적이다.
④ 물의 온도 상승은 일반적으로 15℃ 전후로 한다.

해설 ① 대수평균온도차(LMTD)를 크게 하면 코일의 열수가 적어진다.
② 냉수의 속도는 1m/s 전후로 한다.
④ 물의 온도 상승은 일반적으로 5℃ 정도로 한다.
[참고] 냉온수 코일의 설계법
㉠ 코일 내 유속은 1m/s 전후로 한다.
㉡ 코일의 통과풍속을 2~3m/s 정도로 한다.
㉢ 공기와 물의 흐름은 대향류(역류) 흐름으로 하고 대수평균온도차(LMTD)를 크게 한다.

Answer   11. ①   12. ②   13. ③   14. ③

② 공기의 압력손실을 고려하여 코일열수는 최대 10열로 하며 보통 4~8열 정도로 한다.
⑩ 냉수의 입, 출구 온도차를 5℃ 정도로 한다.
⑪ 코일의 설치는 수평으로 한다.

15 다음 그림의 난방 설계도에서 컨벡터(Convector)의 표시 중 F가 가진 의미는?

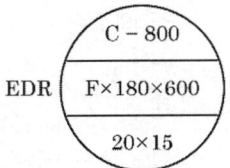

① 케이싱 길이 ② 높이
③ 형식   ④ 방열면적

해설 방열기의 도시기호

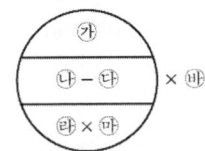

㉮ 쪽수   ㉯ 형식   ㉰ 높이
㉱ 유입관경 ㉲ 유출관경 ㉳ 조(組) 수

16 공기조화 냉방 부하 계산 시 잠열을 고려하지 않아도 되는 경우는?
① 인체에서의 발생열
② 문틈에서의 틈새바람
③ 외기의 도입으로 인한 열량
④ 유리를 통과하는 복사열

해설 냉방부하의 종류

부하의 종류	열의 종류
벽체의 취득열량	현열
유리창의 발생열량	현열
틈새바람(극간풍) 발생열량	현열+잠열
인체의 발생열량	현열+잠열
기기의 발생열량	현열+잠열
송풍기의 취득열량	현열

17 공기 중에 분진의 미립자 제거뿐만 아니라 세균, 곰팡이, 바이러스 등까지 극소로 제한시킨 시설로서 병원의 수술실, 식품가공, 제약공장 등의 특정한 공정이나 유전자 관련 산업 등에 응용되는 설비는?
① 세정실
② 산업용 클린룸(ICR)
③ 바이오 클린룸(BCR)
④ 칼로리미터

해설 ① 산업용 클린룸(ICR, industrial clean room)은 전자공업, 필름공업, 정밀기계공업 등에 응용되고 공기 중의 부유분진을 제어대상으로 한다.
② 바이오 클린룸(BCR, bio clean room)은 공기의 청정화뿐만 아니라 세균, 곰팡이 등의 생물성 입자에 의한 오염을 제어하는 것을 주목적으로 하고, 살균을 병행하는 점이 산업용 클린룸과 다르며, 제약(GMP), 병원의 무균 수술실, 동물실험실(GLP) 등에 필요하다.

18 실내온도 25℃이고, 실내 절대습도가 0.0165kg/kg의 조건에서 틈새바람에 의한 침입 외기량이 200L/s일 때 현열부하와 잠열부하는? (단, 실외온도 35℃, 실외절대습도 0.0321kg/kg, 공기의 비열 1.01kJ/kg·K, 물의 증발잠열 2501kJ/kg이다.)
① 현열부하 2.424kW, 잠열부하 7.803kW
② 현열부하 2.424kW, 잠열부하 9.364kW
③ 현열부하 2.828kW, 잠열부하 7.803kW
④ 현열부하 2.828kW, 잠열부하 9.364kW

해설 ① 현열부하(q_s)
$$q_s = C \cdot \gamma \cdot Q \cdot (t_2 - t_1)$$
$$= 1.01 \times (1.2\frac{kg}{m^3} \times 0.2 m^3/s) \times (35-25)$$
$$= 2.424 kW$$

Answer 15. ③ 16. ④ 17. ③ 18. ②

② 잠열부하(q_L)

$q_L = 2501\gamma \cdot Q \cdot (x_2 - x_1)$
$= 2501 \times (1.2\text{kg/m}^3 \times 0.2\text{m}^3/\text{s})$
$\quad \times (0.0321 - 0.0165)$
$= 9.364\text{kW}$

여기서, $Q = 200\text{L/s} = 0.2\text{m}^3/\text{s}$
공기의 비중(γ) = 1.2kg/m³

19 건구온도 30℃, 상대습도 60%인 습공기에서 건공기의 분압(mmHg)은? (단, 대기압은 760mmHg, 포화 수증기압은 27.65mmHg이다.)

① 27.65 ② 376.21
③ 743.41 ④ 700.97

해설 ① 수증기 분압(P_w)

상대습도 $\phi = \dfrac{P_w}{P_s} \times 100$에서

$P_w = \dfrac{\phi \times P_s}{100}$

$= \dfrac{60 \times 27.65}{100} = 16.59\text{mmHg}$

여기서, $P_s : P_w$에 해당하는 온도와 동일 온도에서의 포화수증기압

② 건조공기 분압(P_A)

$P_A = P_{\text{대기압}} - P_w$
$= 760 - 16.59 = 743.41\text{mmHg}$

20 다음 중 보일러의 열효율을 향상시키기 위한 장치가 아닌 것은?

① 저수위 차단기 ② 재열기
③ 절탄기 ④ 과열기

해설 저수위 차단기

보일러 수위가 안전 저수면 아래에 있는 경우 보일러 운전 시 발생할 수 있는 저수위 사고의 위험을 방지하기 위하여 버너의 기동 회로를 차단하고, 연소 동작을 행하지 않거나 또는 연소를 차단함과 동시에 경보 등의 점등, 경보 버저의 경보를 발하는 장치

[참고] 폐열회수장치 : 배기가스의 여열을 이용하여 열효율을 높이기 위한 장치

[설치 순서] 과열기 → 재열기 → 절탄기 → 공기예열기

① 과열기 : 보일러의 포화증기를 압력 변화 없이 온도만 상승시키기 위한 장치

② 재열기 : 고압 증기터빈을 돌리고 난 증기를 다시 재가열하여 적당한 온도의 과열증기로 만든 후 저압 증기터빈을 돌리는 장치

③ 절탄기(economizer) : 보일러 배기가스의 여열을 이용하여 급수를 예열하는 장치로 사용 목적은 보일러 열교환 성능 향상과 연료의 절약이다.

④ 공기예열기 : 연소가스의 배열을 이용하여 연소용 공기를 예열시키는 장치로 연료의 연소를 양호하게 하며 노내 온도가 높아져 열전달이 좋아져 보일러 효율을 향상시킨다.

제2과목 : 냉동공학

21 단위에 대한 설명으로 틀린 것은?

① 열의 일당량은 427kg·m/kcal이다.
② 1kcal는 약 4.2kJ이다.
③ 1kWh는 760kcal이다.
④ ℃ = 5(℉ - 32)/9이다.

해설 ③ 1kWh는 860kcal이다.

22 냉동기 윤활유의 구비 조건으로 틀린 것은?

① 저온에서 응고하지 않고 왁스를 석출하지 않을 것
② 인화점이 낮고 고온에서 열화하지 않을 것
③ 냉매에 의하여 윤활유가 용해되지 않을 것
④ 전기 절연도가 클 것

해설 ② 인화점이 높고 고온에서 열화하지 않을 것

Answer 19. ③ 20. ① 21. ③ 22. ②

[참고] 윤활유의 구비 조건
  ① 응고점과 유동점이 낮을 것
  ② 인화점이 높을 것
  ③ 점도가 적당할 것
  ④ 항유화성이 있을 것
  ⑤ 산에 대해 안정성이 좋을 것
  ⑥ 왁스성분이 적을 것
  ⑦ 냉매와의 분리성이 좋고 화학반응을 일으키지 않을 것
  ⑧ 수분 및 산류 등의 불순물이 함유되어 있지 않을 것
  ⑨ 전기절연 내력이 클 것
  ⑩ 유막의 강도가 커 마찰부에서 유막이 쉽게 파괴되지 않을 것

23 냉동사이클에서 응축기의 냉매 액 압력이 감소하면 증발온도는 어떻게 되는가?
① 감소한다.
② 증가한다.
③ 변화하지 않는다.
④ 증가하다 감소한다.

해설 응축기의 냉매 액 압력이 감소하면 증발압력이 감소하여 증발온도가 저하된다.

24 아래 선도와 같은 암모니아 냉동기의 이론 성적계수(ⓐ)와 실제 성적계수(ⓑ)는 얼마인가? (단, 팽창밸브 직전의 액온도는 32℃이고, 흡입가스는 건포화 증기이며, 압축효율은 0.85, 기계효율은 0.91로 한다.)

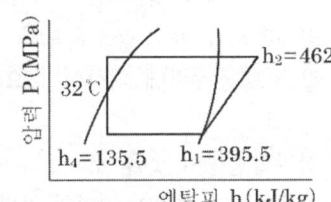

① ⓐ 3.9, ⓑ 3.0
② ⓐ 3.9, ⓑ 2.1
③ ⓐ 4.9, ⓑ 3.8
④ ⓐ 4.9, ⓑ 2.6

해설 ⓐ 이론 성적계수
$$COP = \frac{h_1 - h_4}{h_2 - h_1} = \frac{395.5 - 135.5}{462 - 395.5} = 3.9$$
ⓑ 실제 성적계수
$$COP = \frac{h_1 - h_4}{h_2 - h_1} \cdot \eta_c \cdot \eta_m$$
$$= \frac{395.5 - 135.5}{462 - 395.5} \times 0.85 \times 0.91 = 3.0$$

25 축열 시스템의 종류가 아닌 것은?
① 가스축열 방식   ② 수축열 방식
③ 빙축열 방식   ④ 잠열축열 방식

해설 축열 시스템의 종류
축열 시스템은 수축열, 잠열축열 2가지로 크게 구분되고, 잠열축열 시스템은 빙축열과 공융염 축열로 나눌 수 있다.

26 항공기 재료의 내한(耐寒) 성능을 시험하기 위한 냉동장치를 설치하려고 한다. 가장 적합한 냉동기는?
① 왕복동식 냉동기
② 원심식 냉동기
③ 전자식 냉동기
④ 흡수식 냉동기

해설 항공기 재료의 내한성능을 시험하기 위해서는 보기 중 소형 냉동으로 장치 구성이 가능한 왕복동식 냉동기가 적합하다.

27 몰리에르 선도상에서 압력이 증대함에 따라 포화액선과 건조포화 증기선이 만나는 일치점을 무엇이라고 하는가?
① 한계점   ② 임계점
③ 상사점   ④ 비등점

해설 몰리에르 선도(Mollier Diagram)

Answer 23. ① 24. ① 25. ① 26. ① 27. ②

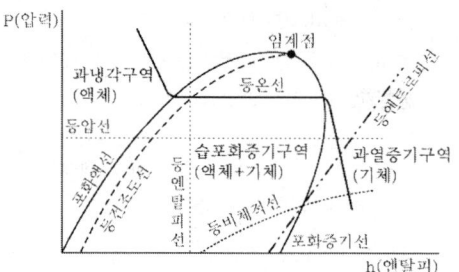

28 다음 중 냉동방법의 종류로 틀린 것은?
① 얼음의 융해잠열 이용 방법
② 드라이아이스의 승화열 이용 방법
③ 액체질소의 증발열 이용 방법
④ 기계식 냉동기의 압축열 이용 방법

해설 ④ 기계식 냉동기의 증발잠열 이용 방법

29 저온의 냉장실에서 운전 중 냉각기에 적상 (성애)이 생길 경우 이것을 살수로 제상하고 자 할 때 주의사항으로 틀린 것은?
① 냉각기용 송풍기는 정지 후 살수 제상을 행한다.
② 제상수의 온도는 50~60℃ 정도의 물을 사용한다.
③ 살수하기 전에 냉각(증발)기로 유입되는 냉매액을 차단한다.
④ 분사 노즐은 항상 깨끗이 청소한다.

해설 살수식 제상(Water Spray Defrost)
냉각기 내의 냉매를 회수하고 송풍기를 정지한 후 증발기 표면에 온수를 살수시켜 제상하는 방법으로 가장 간단하고 일반적인 방법이다. 보통 제상수의 온도는 10~25℃이며 수량은 20ℓ/min·RT 정도이다.

30 압축기의 구조에 관한 설명으로 틀린 것은?
① 반밀폐형은 고정식이므로 분해가 곤란 하다.
② 개방형에는 벨트 구동식과 직결 구동식이 있다.
③ 밀폐형은 전동기와 압축기가 한 하우징 속에 있다.
④ 기통 배열에 따라 입형, 횡형, 다기통형 으로 구분된다.

해설 밀폐형 압축기
압축기와 전동기가 일체형으로 되어 있는 구조
① 반밀폐형 : 볼트로 조립되어 분해조립이 가능하고, 서비스 밸브가 흡입 및 토출측에 부착되어 있다.
② 전밀폐형 : 하우징이 용접되어 있어 분해 조립이 불가능하며 주로 흡입측에 서비스 밸브가 부착되어 있다.

31 증기압축 이론 냉동사이클에 대한 설명으로 틀린 것은?
① 압축기에서의 압축과정은 단열 과정이다.
② 응축기에서의 응축과정은 등압, 등엔탈피 과정이다.
③ 증발기에서의 증발과정은 등압, 등온 과정 이다.
④ 팽창 밸브에서의 팽창과정은 교축 과정 이다.

해설 ② 응축기에서의 응축과정은 등압과정이고 팽창 밸브에서 팽창과정은 등엔탈피 과정이다.

32 냉매가 구비해야 할 조건으로 틀린 것은?
① 임계온도가 높고 응고온도가 낮을 것
② 같은 냉동능력에 대하여 소요동력이 적 을 것
③ 전기절연성이 낮을 것
④ 저온에서도 대기압 이상의 압력으로 증발 하고 상온에서 비교적 저압으로 액화할 것

해설 ③ 전기절연성이 클 것

Answer 28. ④ 29. ② 30. ① 31. ② 32. ③

[참고] 냉매의 구비 조건
① 증발압력이 대기압보다 높을 것
② 임계온도가 높고 상온에서 반드시 액화할 것
③ 응축압력이 낮을 것
④ 응고온도가 낮을 것
⑤ 증발 잠열이 크고 액체 비열이 작을 것
⑥ 절연내력이 크고, 전기절연물을 침식시키지 않을 것
⑦ 증기의 비체적 및 비열비(단열지수)가 작을 것

33 열에 대한 설명으로 틀린 것은?
① 열전도는 물질 내에서 열이 전달되는 것이기 때문에 공기 중에서는 열전도가 일어나지 않는다.
② 열이 온도차에 의하여 이동되는 현상을 열전달이라 한다.
③ 고온 물체와 저온 물체 사이에서는 복사에 의해서도 열이 전달된다.
④ 온도가 다른 유체가 고체벽을 사이에 두고 있을 때 온도가 높은 유체에서 온도가 낮은 유체로 열이 이동되는 현상을 열통과라고 한다.

해설 ① 열전도는 물체 간의 직접적인 접촉을 통하여 열이 전달되는 것으로 물질의 모든 상태(고체, 액체, 기체 등)에서 일어나지만 주로 고체 내부에서 일어난다.

34 수산물의 단기 저장을 위한 냉각 방법으로 적합하지 않은 것은?
① 빙온 냉각 ② 염수 냉각
③ 송풍 냉각 ④ 침지 냉각

해설 수산물의 단기 저장
빙온 냉각, 송풍 냉각, 진공 냉각, 냉수 냉각, 염수 냉각, CA 저장 등

35 2원 냉동 사이클에서 중간열교환기인 캐스케이드 열교환기의 구성은 무엇으로 이루어져 있는가?
① 저온측 냉동기의 응축기와 고온측 냉동기의 증발기
② 저온측 냉동기의 증발기와 고온측 냉동기의 응축기
③ 저온측 냉동기의 응축기와 고온측 냉동기의 응축기
④ 저온측 냉동기의 증발기와 고온측 냉동기의 증발기

해설 캐스케이드 열교환기
저온측 응축기와 고온측 증발기를 조합하여 저온측 응축기의 열을 효과적으로 제거하여 응축 액화를 촉진시켜주는 일종의 열교환기이다.

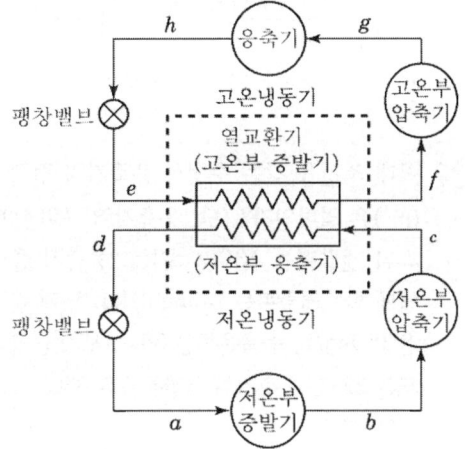

36 흡수식 냉동기의 구성품 중 왕복동 냉동기의 압축기와 같은 역할을 하는 것은?
① 발생기 ② 증발기
③ 응축기 ④ 순환펌프

해설 흡수식 냉동기의 흡수기와 발생기(재생기)는 증기압축식 냉동기의 압축기와 같은 역할을 수행한다.

Answer 33. ① 34. ④ 35. ① 36. ①

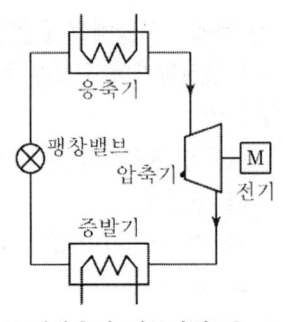

[증기압축기 냉동장치도]

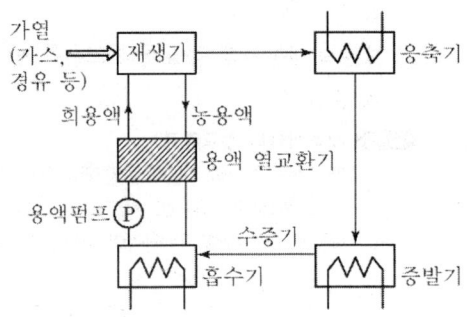

[흡수식 냉동장치도]

37 아래 조건을 갖는 수냉식 응축기의 전열면적(m^2)은 얼마인가? (단, 응축기 입구의 냉매가스의 엔탈피는 430kcal/kg, 응축기 출구의 냉매액의 엔탈피는 145kcal/kg, 냉매 순환량은 150kg/h, 응축온도는 38℃, 냉각수 평균온도는 32℃, 응축기의 열관류율은 850kcal/m^2h℃이다.)

① 7.96　　② 8.38
③ 8.90　　④ 10.05

해설 응축부하(Q_c)

$Q_c = G(h_2 - h_3) = K \cdot A \cdot \Delta t_m$

$A = \dfrac{G(h_2 - h_3)}{K \cdot \Delta t_m}$

$= \dfrac{150 \times (430 - 145)}{850 \times (38 - 32)} = 8.38 m^2$

여기서, G : 냉매순환량[kg/h]
h_2 : 응축기 입구 냉매가스의 엔탈피
h_3 : 응축기 출구 냉매액의 엔탈피
　　　[kcal/kg]
K : 열통과율
A : 전열면적
Δt_m : 냉매와 냉각수 온도차

38 어떤 냉동장치의 계기압력이 저압은 60mmHg, 고압은 673kPa이었다면 이때의 압축비는 얼마인가?

① 5.8　　② 6.0
③ 7.4　　④ 8.3

해설 압축비(a)

고압측 절대압력(P_1)과 저압측 절대압력(P_2)과의 비
㉠ 고압(응축압력)
　$P_1 = 673 kPa \cdot g = 673 kPa \cdot g + 101 kPa$
　　$= 774 kPa \cdot a$
㉡ 저압(증발압력)
　$P_2 = 60 mmHg \cdot g$
　　$= 101 kPa - (60 mmHg \cdot g \times \dfrac{101 kPa}{760 mmHg})$
　　$= 93 kPa \cdot a$
㉢ 압축비 : $a = \dfrac{P_1}{P_2} = \dfrac{774}{93} = 8.3$

39 압축기 실린더 직경 110mm, 행정 80mm, 회전수 900rpm, 기통수가 8기통인 암모니아 냉동장치의 냉동능력(RT)은 얼마인가? (단, 냉동능력은 $R = \dfrac{V}{C}$로 산출하며, 여기서 R은 냉동능력(RT), V는 피스톤 토출량(m^3/h), C는 정수로서 8.4이다.)

① 39.1　　② 47.7
③ 85.3　　④ 234.0

Answer　37. ②　38. ④　39. ①

해설 ① 피스톤 압출량(V)

$$V = \frac{\pi D^2}{4} \cdot L \cdot N \cdot R \cdot 60$$

$$= \frac{\pi (0.11)^2}{4} \times 0.08 \times 900 \times 8 \times 60$$

$$= 328.4 \text{m}^3/\text{h}$$

D : 실린더 내경(110mm=0.11m)
L : 피스톤 행정(80mm=0.08m)
N : 기통수
R : 분당 회전수[rpm]

② 냉동능력(RT)

$$R = \frac{V}{C} = \frac{328.4}{8.4} = 39.1 \text{RT}$$

40 30냉동톤의 브라인 쿨러에서 입구온도가 −15℃일 때 브라인 유량이 매분 0.6m³이면 출구온도(℃)는 얼마인가? (단, 브라인의 비중은 1.27, 비열은 0.669kcal/kg·℃이고, 1냉동톤은 3320kcal/h이다.)

① −11.7℃ ② −15.4℃
③ −20.4℃ ④ −18.3℃

해설 $Q = GC\Delta t$ 이므로 $\Delta t = \frac{Q}{GC}$ 이기에

$$\Delta t = \frac{30\text{RT} \times \frac{3320\text{kcal/h}}{1\text{RT}}}{(0.6\text{m}^3/\text{min} \times 1000\text{kg/m}^3 \times 1.27 \times \frac{60\text{min}}{1\text{h}}) \times 0.669}$$

$= 3.3℃$

$\Delta t = t_1 - t_2$
$t_2 = t_1 - \Delta t = -15 - 3.3 = -18.3℃$

제3과목 : 배관일반

41 주철관의 소켓이음 시 코킹작업을 하는 주된 목적으로 가장 적합한 것은?

① 누수 방지
② 경도 증가
③ 인장강도 증가
④ 내진성 증가

해설 코킹 접합

구멍에 관을 꽂고 그 틈에 얀(yarn)을 삽입하여 납을 흘려 넣어서 코킹하는 주철관의 접합법으로 이음 부분에 수밀(관의 어느 부분에 채워진 물이 밖으로 새지 않고 밀봉되어 있는 상태)을 위하여 사용한다.

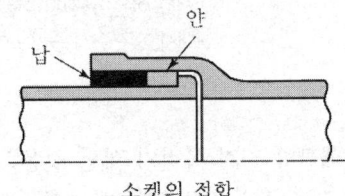

소켓의 접합

42 보온재에 관한 설명으로 틀린 것은?

① 무기질 보온재로는 암면, 유리면 등이 사용된다.
② 탄산마그네슘은 250℃ 이하의 파이프 보온용으로 사용된다.
③ 광명단은 밀착력이 강한 유기질 보온재이다.
④ 우모 펠트는 곡면시공에 매우 편리하다.

해설 광명단

연단이라고도 하며 적색 안료에서 사용한다. 녹을 방지하기 위해 페인트 밑칠 및 다른 착색 도료의 초벽으로 우수하다. 피마자유와 혼합하여 만들어 밀착력이 높고 도막의 질이 조밀해서 풍화에 비교적 잘 견디는 방청도료로 기계류의 도장에 많이 사용된다.

43 염화비닐관 이음법의 종류가 아닌 것은?

① 플랜지 이음
② 인서트 이음
③ 테이퍼 코어 이음
④ 열간 이음

Answer 40. ④ 41. ① 42. ③ 43. ②

해설 염화비닐관 접합
㉠ 냉간접합 : TS이음, 고무링 이음법
㉡ 열간접합 : 슬리브 이음, 용접이음
㉢ 기계적 접합 : 플랜지 접합, 테이퍼 코어 접합, 테이퍼 조인트 접합
[참고] 폴리에틸렌관은 용제에 잘 녹지 않으므로 염화비닐관에서와 같은 방법으로는 이음이 불가능하며 테이퍼 조인트 이음, 인서트 이음, 플랜지 이음, 테이퍼 코어 플랜지 이음, 용착 슬리브 이음, 나사 이음 등이 있다.

44 배관의 지지 목적이 아닌 것은?
① 배관의 중량지지 및 고정
② 신축의 제한 지지
③ 진동 및 충격 방지
④ 부식 방지

해설 배관의 지지
배관계통의 하중·진동·신축·충격 등에 대해 응력이나 휨이 발생되는 것을 막음으로써 배관을 지지하거나 고정하는 것으로 그 기능 및 용도에 따라 행거(Hanger), 서포트(Support), 레스트레인트(Restraint), 브레이스(Brace) 등으로 분류한다.

45 옥상탱크식 급수방식의 배관계통의 순서로 옳은 것은?
① 저수탱크 → 양수펌프 → 옥상탱크 → 양수관 → 급수관 → 수도꼭지
② 저수탱크 → 양수관 → 양수펌프 → 급수관 → 옥상탱크 → 수도꼭지
③ 저수탱크 → 양수관 → 급수관 → 양수펌프 → 옥상탱크 → 수도꼭지
④ 저수탱크 → 양수펌프 → 양수관 → 옥상탱크 → 급수관 → 수도꼭지

해설 옥상탱크 급수방식

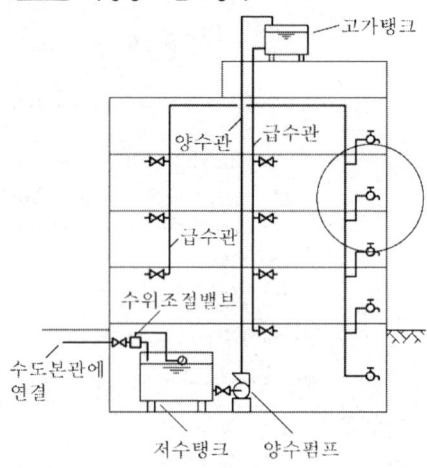

46 트랩의 봉수 파괴 원인이 아닌 것은?
① 증발작용
② 모세관작용
③ 사이펀작용
④ 배수작용

해설 트랩 봉수
트랩 내부의 물(악취)을 차단
① 봉수파괴 원인 : 자기사이펀작용, 유인사이펀작용, 분출작용, 모세관작용, 증발, 운동량에 의한 관성작용
② 봉수파괴 대책
 ㉠ 자기사이펀, 유인사이펀, 분출작용 : 통기관 설치
 ㉡ 모세관 현상 : 천조각, 머리카락 제거
 ㉢ 증발 : 기름
 ㉣ 운동량에 의한 관성작용 : 격자쇠 설치

47 가스용접에서 아세틸렌과 산소의 비가 1 : 0.85~0.95인 불꽃은 무슨 불꽃인가?
① 탄화불꽃 ② 기화불꽃
③ 산화불꽃 ④ 표준불꽃

Answer 44. ④ 45. ④ 46. ④ 47. ①

해설 용접불꽃

구분	아세틸렌 : 산소 비율
탄화불꽃	1 : 0.85~0.95
표준불꽃	1 : 1.04~1.14
산화불꽃	1 : 1.15~1.70

48 배관의 도중에 설치하여 유체 속에 혼입된 토사나 이물질 등을 제거하기 위해 설치하는 배관 부품은?

① 트랩　　　② 유니언
③ 스트레이너　④ 플랜지

해설 스트레이너
배관 도중에 장착하여 유체 속에 혼입되어 있는 토사나 찌꺼기 등을 제거하는 역할을 하고 장착 시 반드시 밸브류의 앞에 설치해야 한다. Y형, U형, V형 등이 있다.

49 냉매배관 중 토출관을 의미하는 것은?

① 압축기에서 응축기까지의 배관
② 응축기에서 팽창밸브까지의 배관
③ 증발기에서 압축기까지의 배관
④ 응축기에서 증발기까지의 배관

해설 냉매배관
① 흡입가스 배관(저압) : 증발기 → 압축기
② 토출가스 배관(고압) : 압축기 → 응축기
③ 액 배관(고압) : 응축기 → 팽창밸브
④ 액 배관(저압) : 팽창밸브 → 증발기

50 급수설비에서 수격작용 방지를 위하여 설치하는 것은?

① 에어 체임버(air chamber)
② 앵글 밸브(angle valve)
③ 서포트(support)
④ 볼 탭(ball tap)

해설 수격작용은 플러시 밸브(flush valve)나 기타 수전류를 급격히 열고 닫을 때 소음과 진동이 발생하는 것으로 수전의 패킹이나 와셔 등의 손상이 커지고 누수가 우려된다. 이러한 수격작용을 방지하기 위해서는 기구류 가까이에 공기실(air chamber)을 설치함으로써 완화할 수 있다.

51 급탕배관에 대한 설명으로 틀린 것은?

① 배관이 길 경우에는 필요한 곳에 공기빼기 밸브를 설치한다.
② 벽 관통부분 배관에는 슬리브(sleeve)를 끼운다.
③ 상향식 배관에서는 공급관을 앞내림 구배로 한다.
④ 배관 중간에 신축이음을 설치한다.

해설 ③ 상향식 배관에서는 공급관은 선상향(앞올림) 구배로 하고 복귀관(반탕관)은 선하향(앞내림) 구배로 한다. 하향식 배관에서는 급탕관 및 반탕관 모두 하향(앞내림) 구배로 한다.

52 호칭지름 20A의 관을 그림과 같이 나사 이음할 때, 중심 간의 길이가 200mm라 하면 강관의 실제 소요되는 절단 길이(mm)는? (단, 이음쇠의 중심에서 단면까지의 길이는 32mm, 나사가 물리는 최소의 길이는 13mm이다.)

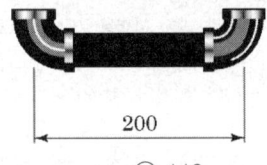

① 136　　② 148
③ 162　　④ 200

해설 실제 소요되는 절단길이(l)
$l = L - 2(A-a) = 200 - 2(32-13) = 162$mm
L : 배관 중심 간의 길이
A : 이음쇠의 중심에서 단면까지의 길이
a : 나사가 물리는 최소길이

 48. ③　49. ①　50. ①　51. ③　52. ③

53. 펌프 주위의 배관도이다. 각 부품의 명칭으로 틀린 것은?

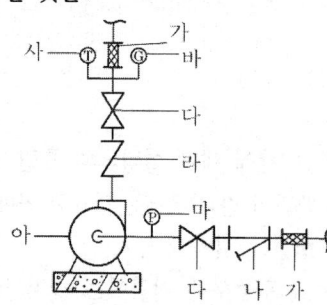

① 나 : 스트레이너
② 가 : 플렉시블 조인트
③ 라 : 글로브 밸브
④ 사 : 온도계

해설 다 : 게이트 밸브
라 : 체크 밸브
마 : 압력계

54. 급배수 배관 시험 방법 중 물 대신 압축공기를 관 속에 압입하여 이음매에서 공기가 새는 것을 조사하는 시험 방법은?
① 수압시험 ② 기압시험
③ 진공시험 ④ 통기시험

해설 기압시험
배관 내에 시험용 가스를 흐르게 할 경우에는 수압시험에 통과되었더라도 공기가 새는 일이 있다. 이것은 기체가 물보다 밀도가 작기 때문이다. 도시가스, 프로판가스, 압축공기, 기름 등의 배관에 사용하되 누수가 허용되어서는 안 되는 급수배관에도 사용된다.

55. 동관접합 방법의 종류가 아닌 것은?
① 빅토릭 접합
② 플레어 접합
③ 플랜지 접합
④ 납땜 접합

해설 동관의 접합
① 플레어 접합(flare joint)
② 용접이음
③ 플랜지 이음
④ 납땜 접합
[참고] 주철관 이음 : 소켓이음, 노허브 이음, 플랜지 이음, 기계식 이음, 타이튼 이음, 빅토릭 이음

56. 저압증기 난방장치에서 증기관과 환수관 사이에 설치하는 균형관은 표준 수면에서 몇 mm 아래에 설치하는가?
① 20mm ② 50mm
③ 80mm ④ 100mm

해설 하트포드 접속법(hartford connection)
저압증기난방의 습식 환수방식에서 증기관과 환수관 사이에 저수위 사고 방지를 위해 표준 수면에서 50mm 아래로 균형관을 설치한다. (보일러 내의 안전수위를 유지하기 위한 접속)

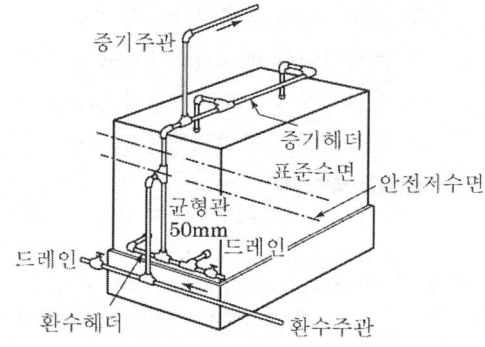

균형관(하트포드 접속법)

57. 급탕배관의 구배에 관한 설명으로 옳은 것은?
① 중력순환식은 1/250 이상의 구배를 준다.
② 강제순환식은 구배를 주지 않는다.
③ 하향식 공급 방식에서는 급탕관 및 복귀관은 모두 선하향 구배로 한다.
④ 상향공급식 배관의 반탕관은 상향구배로

Answer 53. ③ 54. ② 55. ① 56. ② 57. ③

한다.

해설 ①, ② 중력순환식은 1/150, 강제순환식은 1/200 정도로 하는 것이 좋다.
④ 상향공급식 배관의 반탕관은 선하향(앞내림) 구배로 한다.

58 다음 중 온도에 따른 팽창 및 수축이 가장 큰 배관재료는?
① 강관   ② 동관
③ 염화비닐관   ④ 콘크리트관

해설 염화비닐관
염화비닐을 주원료로 압축 가공하여 제조한 관으로 상수도 급수관에 주로 이용된다. 산, 알칼리에 강하고, 불양도체이고, 내부식성이 우수하며 경량, 저렴한 가격으로 가공이 쉽지만 열가소성수지로 열팽창계수가 높아 충격과 열에 약하고 180℃ 정도에서 연화된다. 저온에서 특히 약하다(저온취성이 크다).

59 중앙식 급탕설비에서 직접 가열식 방법에 대한 설명으로 옳은 것은?
① 열 효율상으로는 경제적이지만 보일러 내부에 스케일이 생길 우려가 크다.
② 탱크 속에 직접 증기를 분사하여 물을 가열하는 방식이다.
③ 탱크는 저장과 가열을 동시에 하므로 탱크 히터 또는 스토리지 탱크로 부른다.
④ 가열 코일이 필요하다.

해설 직접 가열식
온수보일러에서 온수를 생산하여 직접 공급하는 방식
① 고층건물에 사용, 고압보일러가 필요하다.
② 급탕과 난방을 할 경우 보일러를 두 개 두어야 한다.
③ 가열코일이 필요 없다.
④ 열효율면에서는 경제적이지만 보일러에 스케일이 많이 발생한다.

⑤ 소규모에 적용
[참고] 간접 가열식 : 증기보일러에서 생산된 증기를 이용하여 별도로 설치된 급탕용, 난방용 열교환기에 증기를 공급하여 물을 덥혀 온수를 생산하는 방식
① 고압보일러가 필요 없다.
② 스케일이 낄 염려가 없다.
③ 별도의 가열코일이 필요하다.
④ 대규모에 적용

60 고층 건물이나 기구수가 많은 건물에서 입상관까지의 거리가 긴 경우, 루프통기의 효과를 높이기 위해 설치된 통기관은?
① 도피 통기관   ② 반송 통기관
③ 공용 통기관   ④ 신정 통기관

해설 도피 통기관
㉠ 루프 통기관의 통기 능률을 촉진시키기 위하여 설치한다.
㉡ 최하류 기구배수관과 배수수직관 사이에 설치한다.
㉢ 관경은 배수수평지관 관경의 1/2 이상, 최소 32mm 이상으로 한다.
㉣ 기구 트랩에 발생하는 배압이나 그것에 의한 봉수의 유실을 막는 역할

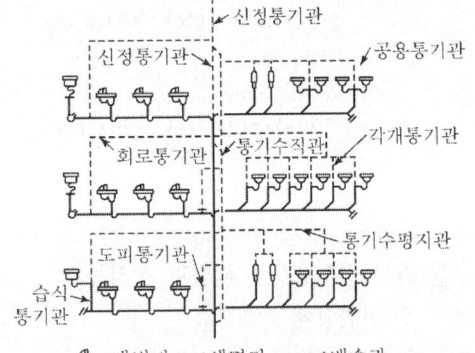

58. ③   59. ①   60. ①

제4과목 : 전기제어공학

61 그림과 같은 피드백회로의 전달함수 $\frac{C(s)}{R(s)}$ 는?

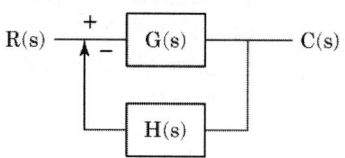

① $\frac{1}{1+G(s)H(s)}$

② $1-\frac{1}{G(s)H(s)}$

③ $\frac{G(s)}{1-G(s)H(s)}$

④ $\frac{G(s)}{1+G(s)H(s)}$

해설 피드백회로의 전달함수

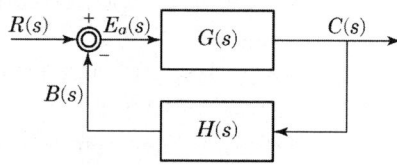

① 인출점 : $E_a(s) = R(s) - B(s)$
② $G(s)$요소 : $C(s) = G(s)E_a(s)$
③ $H(s)$요소 : $B(s) = H(s)C(s)$
위 식을 정리하면
$C(s) = G(s)\{R(s) - H(s)C(s)\}$
$\frac{C(s)}{R(s)} = \frac{G(s)}{1+G(s)H(s)}$

62 위치 감지용으로 적합한 장치는?

① 전위차계
② 회전자기부호기
③ 스트레인 게이지
④ 마이크로폰

해설 전위차계(potentiometer)
직류전압을 측정하는 장치로 위치(회전형의 경우는 회전각)를 전압(저항변화)으로 꺼내기 위하여 슬라이드 접점이 저항 소자상에 접촉하면서 움직여, 접점의 변위량에 따른 저항 변화를 일으키는 이른바 가변저항기의 일종
[참고]
① 스트레인 게이지 : 금속이나 반도체에서 기계적인 신장 또는 압축을 받으면 그로 인해 저항이 변하는 성질을 이용하는 계측기기로 압력 센서, 부하 셀, 토크 센서, 위치 센서 등과 같은 다양한 종류의 센서에 적용된다.
② 마이크로폰 : 소리, 음성과 같은 음파를 받아들여 전기적인 신호로 바꾸어 주는 장치. 전화기의 송화기, 보청기, 녹음기, 마이크 등이 있다.
③ 회전자기부호기 : 회전각도를 측정하는 센서. 전기모터나 엔진의 회전각도 또는 회전속도를 측정할 때 사용되는 대표적인 센서이다.

63 제어계에서 동작신호를 조작량으로 변화시키는 것은?

① 제어량   ② 제어요소
③ 궤환요소   ④ 기준입력요소

해설 제어요소
동작신호를 조작량으로 변환시키는 요소이며 조절부와 조작부로 구성
[참고]
① 제어량 : 제어대상에서 제어된 출력량
② 궤환요소(검출부) : 제어량으로부터 주궤환을 발생시키는 요소이며 궤한이란 제어량의 함수이고 동작신호를 얻기 위하여 기준입력과 비교되는 양이다.
④ 기준입력요소 : 목표값에 비례하는 기준입력신호를 발생하는 요소로 설정부이다.

64 다음 블록선도를 수식으로 표현한 것 중 옳은 것은?

Answer 61. ④ 62. ① 63. ② 64. ①

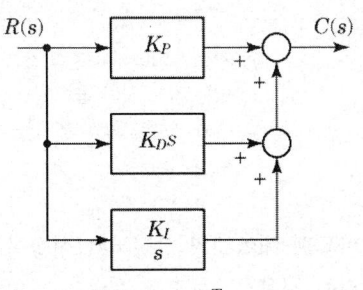

① $K_P R + K_D \dfrac{dR}{dt} + K_I \displaystyle\int_0^T R dt$

② $K_D R + K_P \displaystyle\int_0^T R dt + K_I \dfrac{dR}{dt}$

③ $K_I R + K_D \displaystyle\int_0^T R dt + K_P \dfrac{dR}{dt}$

④ $K_P R + \dfrac{1}{K_D} \displaystyle\int_0^T R dt + K_I \dfrac{dR}{dt}$

해설 비례미분적분제어(PID 제어)

미분동작에 의해 오버슈트를 감소시키며 응답속도(속응성)가 향상되어 과도응답 특성을 개선하고 적분동작에 의해 잔류편차를 개선하므로 가장 우수한 제어동작이다.

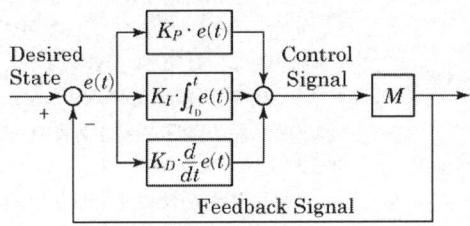

① P : $K_P R$

② D : $K_D \dfrac{dR}{dt}$

③ I : $K_I \displaystyle\int_0^T R dt$

65 그림과 같은 Y결선 회로와 등가인 △결선회로의 Z_{ab}, Z_{bc}, Z_{ca} 값은?

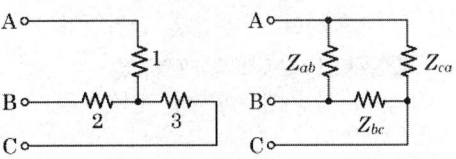

① $Z_{ab} = \dfrac{11}{3}$, $Z_{bc} = 11$, $Z_{ca} = \dfrac{11}{2}$

② $Z_{ab} = \dfrac{7}{3}$, $Z_{bc} = 7$, $Z_{ca} = \dfrac{7}{2}$

③ $Z_{ab} = 11$, $Z_{bc} = \dfrac{11}{2}$, $Z_{ca} = \dfrac{11}{3}$

④ $Z_{ab} = 7$, $Z_{bc} = \dfrac{7}{2}$, $Z_{ca} = \dfrac{7}{3}$

해설 Y결선 → △결선회로 등가변환

$Z_{ab} = \dfrac{Z_a \times Z_b + Z_b \times Z_c + Z_c \times Z_a}{Z_c}$

$= \dfrac{1 \times 2 + 2 \times 3 + 3 \times 1}{3} = \dfrac{11}{3}$

$Z_{bc} = \dfrac{Z_a \times Z_b + Z_b \times Z_c + Z_c \times Z_a}{Z_a}$

$= \dfrac{1 \times 2 + 2 \times 3 + 3 \times 1}{1} = 11$

$Z_{ca} = \dfrac{Z_a \times Z_b + Z_b \times Z_c + Z_c \times Z_a}{Z_b}$

$= \dfrac{1 \times 2 + 2 \times 3 + 3 \times 1}{2} = \dfrac{11}{2}$

66 자동제어의 기본 요소로서 전기식 조작기기에 속하는 것은?

① 다이어프램 ② 벨로우즈
③ 펄스 전동기 ④ 파일럿 밸브

해설 조작기기의 종류

① 기계식 : 스프링, 다이어프램, 벨로즈, 파일럿 밸브, 유압식 조작기 등
② 전기식 : 전자밸브, 전동밸브, 2상 서보전동기, 직류 서보전동기, 펄스 전동기

67 직류전동기의 속도제어 방법이 아닌 것은?

① 전압제어 ② 계자제어

Answer 65. ① 66. ③ 67. ④

③ 저항제어   ④ 슬립제어

해설 직류전동기 속도제어방법
전압제어, 저항제어, 계자제어 등

68 부궤환(negative feedback) 증폭기의 장점은?
① 안정도의 증가
② 증폭도의 증가
③ 전력의 절약
④ 능률의 증대

해설 궤환 증폭기
궤환에는 부궤환(negative feedback)과 정궤환(positive feedback)이 있다. 부궤환은 출력 일부를 역상으로 입력에 되돌려 비교함으로써 출력을 제어할 수 있게 한 증폭기로 이득이 감소하지만 일그러짐을 개선하여 동작상태를 안정화시키는 쪽으로 동작하는 반면, 정궤환은 동작상태를 불안정하게 하는 쪽으로 동작한다. 따라서 증폭기의 경우에는 부궤환을 채택하고, 발진기는 정궤환을 채택한다.

69 그림과 같은 신호흐름선도에서 $\dfrac{C}{R}$의 값은?

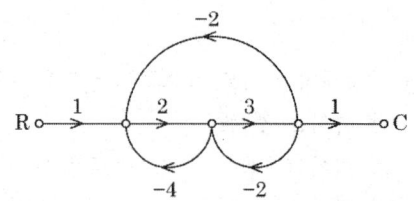

① $\dfrac{6}{21}$ ② $-\dfrac{6}{21}$
③ $\dfrac{6}{27}$ ④ $-\dfrac{6}{27}$

해설 $\dfrac{C}{R} = \dfrac{경로}{1-폐로}$
$= \dfrac{1 \cdot 2 \cdot 3 \cdot 1}{1-[(2 \cdot 3 \cdot -2)+(3 \cdot -2)+(2 \cdot -4)]}$
$= \dfrac{6}{27}$

[참고]
① 경로 : 입력에서 출력으로 가는 도중에 있는 각 소자의 곱
② 폐로 : 입력으로 되돌아오는 도중에 있는 각 소자의 곱

70 피드백 제어계의 안정도와 직접적인 관련이 없는 것은?
① 이득 여유   ② 위상 여유
③ 주파수 특성   ④ 제동비

해설 ① 절대 안정도 : 시스템이 안정한가 아닌가의 여부만 판단하고 안정도 판별에는 여러 가지 방법이 있으며 그 중 시스템 전달함수의 특성방정식 근(제동비의 크기에 따라 안정성이 달라진다), 즉 극점의 위치에 따른 방법이 많이 사용된다.
② 상대 안정도 : 안정하다면 얼마나 안정한가를 나타내고 안정도 여유라고 부르며 이득 여유와 위상여유로 나타낸다. 과도응답에 대하여 사용된 오버슈트와 감쇠비(제동비) 같은 평가함수들은 시간영역 내에서 선형 시불변 시스템의 상대 안정도를 평가하는 데 사용된다. 안정도의 판별에는 주로 루스－후르비츠 판별법, 근궤적법, 보드선도, 나이퀴스트 안정도 판별법 등을 이용한다.

[참고]
① 이득 여유, 위상 여유 : 제어시스템의 상대적 안정성(안정도 비교 평가 등)을 보장하는 정도로서, 이득 및 위상이 변화될 수 있는 최대 허용 범위
② 감쇠계수(damping factor) 또는 제동비(damping ratio) : 특성방정식 근의 종류와 위치뿐만 아니라 출력의 형태까지도 결정할 수 있는 중요 요소로 시스템의 안정도와 밀접한 관련이 있고 진동의 감쇠 정도를 표시
③ 주파수 응답 특성 : 제어계나 요소의 주파수 전달함수 $G(jw)$에서 w를 변수로 한 이득 $|G(jw)|$과 위상 $\angle G(jw)$의 극좌표 형식의 관계로 표시하는 것

Answer 68. ① 69. ③ 70. ③

71 저항 R_1과 R_2가 병렬로 접속되어 있을 때, R_1에 흐르는 전류가 3A이면 R_2에 흐르는 전류는 몇 A인가?

① 1.0 ② 1.5
③ 2.0 ④ 2.5

해설 전항 정답
문제를 풀기 위한 조건인 저항 값이 누락되어 정답을 구할 수 없음

72 다음 분류기의 배율은? (단, R_s : 분류기의 저항, R_a : 전류계의 내부저항)

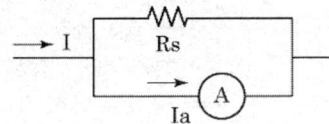

① $\dfrac{R_s}{R_a}$ ② $1+\dfrac{R_s}{R_a}$
③ $1+\dfrac{R_a}{R_s}$ ④ $\dfrac{R_a}{R_s}$

해설 분류기의 배율

$I\dfrac{R_a R_s}{R_a+R_s}=I_a R_a$

$\dfrac{I}{I_a}=\dfrac{R_a+R_s}{R_s}$

$\therefore \dfrac{I}{I_a}=1+\dfrac{R_a}{R_s}$

[참고] 분류기 : 일정한 전류계로서, 큰 전류를 측정하고자 할 때 전류계의 측정 범위를 넓히기 위하여 전류계에 저항을 병렬로 연결한 것

73 그림과 같은 제어에 해당하는 것은?

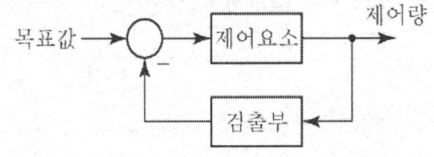

① 개방 제어 ② 개루프 제어
③ 시퀀스 제어 ④ 폐루프 제어

해설 피드백 제어계
출력신호를 입력신호로 되돌려서 제어량이 목표값과 비교하여 정확한 제어가 가능하도록 한 제어계로, 정확하고 대역폭이 증가하지만 구조가 복잡하고 설치비가 많이 든다.
[참고] 개루프 제어계(시퀀스 제어) : 가장 간단한 형태의 장치로서 제어동작이 출력과 관계없이 신호의 통로가 열려 있는 제어방식으로, 구조가 간단하고 경제적이다.

74 그림과 같이 교류의 전압을 직류용 가동코일형 계기를 사용하여 측정하였다. 전압계의 눈금은 몇 V인가? (단, 교류전압의 최댓값은 V_m이고, 전압계의 내부저항 R의 값은 충분히 크다고 한다.)

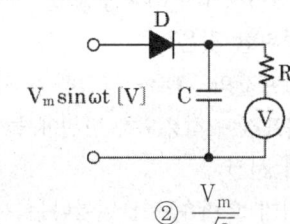

① V_m ② $\dfrac{V_m}{\sqrt{2}}$
③ $\dfrac{V_m}{2}$ ④ $\dfrac{V_m}{2\sqrt{2}}$

해설 문제의 회로는 반파정류회로이고, 전압계의 내부저항이 충분히 크므로 전압계 유입전류는 0이다. 즉, 방전은 없고 다이오드를 통과한 전류는 커패시터의 충전만 되므로 일정시간이 흐른 뒤 전압은 $V=V_m$ 상태를 유지하게 된다. 그러므로 전압계의 눈금은 교류전압의 최댓값인 V_m을 지시한다.

75 평형위치에서 목표값과 현재 수위와의 차이를 잔류 편차(offset)라 한다. 다음 중 잔류 편차가 있는 제어계는?

Answer 71. 전항 72. ③ 73. ④ 74. ① 75. ①, ②

① 비례 동작(P 동작)
② 비례 미분 동작(PD 동작)
③ 비례 적분 동작(PI 동작)
④ 비례 적분 미분 동작(PID 동작)

해설 비례 동작 제어계와 비례 미분 동작 제어계는 오차에 대한 비례 제어 이득이 곱해진만큼 잔류편차가 발생한다.
[참고]
  ㉠ 비례제어(P 제어) : 난조(사이클링) 제거, 잔류편차(Off-set) 발생
  ㉡ 비례적분제어(PI 제어) : 잔류편차 제거, 속응성이 길어진다.
  ㉢ 비례미분제어(PD 제어) : 속응성 향상, 잔류편차(Off-set) 발생
  ㉣ 비례 미·적분 제어(PID 제어) : 난조 제거, 속응성 향상, 잔류편차 제거

76 자동제어계에서 과도응답 중 지연시간을 옳게 정의한 것은?
① 목표값의 50%에 도달하는 시간
② 목표값이 허용오차 범위에 들어갈 때까지의 시간
③ 최대 오버슈트가 일어나는 시간
④ 목표값의 10~90%까지 도달하는 시간

해설 지연시간
지연시간은 응답이 최초로 목표값의 50% 진행되는 데 요하는 시간
[참고]
  ① 상승시간 : 응답이 최종 희망값의 10%로 부터 90%까지 도달하는 데 요하는 시간
  ② 응답시간(정정시간) : 응답이 요구하는 오차 이내로 정착되는 데 요하는 시간으로 보통 목표값의 ±2% 또는 ±5% 이내의 오차 내에 정착되는 시간이다.

77 제어량이 온도, 압력, 유량, 액위, 농도 등과 같은 일반 공업량일 때의 제어는?

① 추종 제어
② 시퀀스 제어
③ 프로그래밍 제어
④ 프로세스 제어

해설 프로세스 제어(process control)
① 생산공정 중의 상태량, 외란의 억제를 주목적으로 한다.
② 제어량 : 공업공정의 상태량(밀도, 농도, 온도, 압력, 유량, 습도 등)
[예] 대단위 화학 플랜트, 수조의 온도제어 등
[참고]
  ① 추종 제어 : 시간에 따라 임의로 변화하는 목표값에 제어량을 추종시키는 제어 (레이더, 포신 제어)
  ② 프로그래밍 제어 : 정해진 프로그램에 따라 제어량을 변화시키는 제어(열처리 온도제어, CAM, 엘리베이터)
  ③ 시퀀스 제어 : 미리 정해진 순서에 따라 제어의 각 단계를 순차적으로 제어하는 방식으로 전체 계통에 연결된 스위치가 순차적으로 작동한다.

78 어떤 도체의 단면을 1시간에 7200C의 전기량이 이동했다고 하면 전류는 몇 A인가?
① 1   ② 2
③ 3   ④ 4

해설 전류(I)
$$Q = I \cdot t$$
$$I = \frac{Q}{t} = \frac{7200}{1h \times \frac{3600s}{1h}} = 2A$$

79 어떤 계의 단위 임펄스 응답이 e^{-2t}이다. 이 제어계의 전달함수 $G(s)$는?
① $\dfrac{1}{s}$ ② $\dfrac{1}{s+1}$
③ $\dfrac{1}{s+2}$ ④ $s+2$

Answer 76. ① 77. ④ 78. ② 79. ③

해설 $F(s) = \mathcal{L}[e^{-2t}]$
$= \int_0^\infty e^{-2t} e^{-st} dt = \int_0^\infty e^{-(s+2)t} dt$
$= \left[-\frac{1}{s+2} e^{-(s+2)t} \right]_0^\infty = \frac{1}{s+2}$

80 시퀀스 제어에 관한 설명 중 틀린 것은?
① 시간지연요소가 사용된다.
② 조합 논리회로로도 사용된다.
③ 기계적 계전기 접점이 사용된다.
④ 전체 시스템의 접점들이 일시에 동작한다.

해설 ④ 시퀀스 제어는 전체 시스템의 접점들이 정해진 순서에 따라 순차적으로 동작한다. 특정 방정식은 감쇠비의 크기에 따라 안정성이 달라진다.

Answer 80. ④

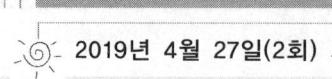

chapter 02 공조냉동기계산업기사 과년도출제문제

2019년 4월 27일(2회) 시행

제1과목 : 공기조화

01 다음 중 직접 난방방식이 아닌 것은?
① 증기난방   ② 온수난방
③ 복사난방   ④ 온풍난방

해설 ① 직접 난방 : 증기난방, 온수난방, 복사난방
난방 공간에 방열기나 복사 패널 등 난방기기를 설치하고 증기, 온수 등의 열매체를 공급하여 실내를 난방
② 간접 난방 : 온풍난방
방열기를 두지 않고 (중앙)열원장비로 가열된 공기를 덕트(duct) 등을 통해 난방하는 방식

02 건축물의 출입문으로부터 극간풍의 영향을 방지하는 방법으로 틀린 것은?
① 회전문을 설치한다.
② 이중문을 충분한 간격으로 설치한다.
③ 출입문에 블라인드를 설치한다.
④ 에어 커튼을 설치한다.

해설 틈새바람(극간풍)을 방지하는 방법
㉠ 회전문 설치
㉡ 이중문을 설치하고 이중문의 중간에 강제 대류 컨벡터를 설치
㉢ 에어 커튼(air curtain) 설치
㉣ 실내를 가압하여 외부압력보다 높게 유지

03 유리를 투과한 일사에 의한 취득열량과 가장 거리가 먼 것은?
① 유리창 면적   ② 일사량
③ 환기횟수   ④ 차폐계수

해설 유리창의 취득열량(q_{GR})
$$q_{GR} = I_{gr} \cdot A_g \cdot K_S$$
q_{GR} : 유리창의 취득열량[kcal/h]
I_{gr} : 표준일사량[kcal/m² · h]
A_g : 유리창의 면적[m²]
K_s : 차폐계수

04 공조방식 중 송풍온도를 일정하게 유지하고 부하변동에 따라서 송풍량을 변화시킴으로써 실온을 제어하는 방식은?
① 멀티 존 유닛방식
② 이중덕트방식
③ 가변풍량방식
④ 패키지 유닛방식

해설 가변풍량 공조방식
송풍온도를 일정하게 유지하고 부하변동에 따라 송풍량을 변화시켜 실온을 제어하는 방식으로서 동시 부하율을 고려하여 주덕트에서 최대부하보다 20~30%의 설계 풍량을 줄일 수 있으므로 설비 용량이 작아지고 에너지 절감 효과를 기대할 수 있다. 그러나 저부하 시에는 환기의 효율이 좋지 않다.

05 다음 중 냉방부하 계산 시 상당외기온도차를 이용하는 경우는?
① 유리창의 취득열량
② 내벽의 취득열량
③ 침입외기 취득열량
④ 외벽의 취득열량

Answer   01. ④ 02. ③ 03. ③ 04. ③ 05. ④

해설 상당외기온도차
일사를 받는 외벽이나 지붕같이 열용량을 갖는 구조체를 통과하는 열량을 산출하기 위하여 외기온도나 일사량을 고려하여 정한 온도인 상당 외기온도와 실내온도의 차이다.

06 송풍기 회전수를 높일 때 일어나는 현상으로 틀린 것은?
① 정압 감소
② 동압 증가
③ 소음 증가
④ 송풍기 동력 증가

해설 송풍기의 회전수를 증가시키면
① 풍량은 회전수에 비례한다.
② 정압은 회전수의 제곱에 비례한다.
③ 축동력은 회전수의 3승에 비례한다.

07 냉방부하의 종류 중 현열만 존재하는 것은?
① 외기의 도입으로 인한 취득열
② 유리를 통과하는 전도열
③ 문틈에서의 틈새바람
④ 인체에서의 발생열

해설 냉방부하 종류

구 분	부하의 종류		열의 종류
실내 취득열량	벽체의 취득열량		현열
	유리창의 취득열량	직달일사	현열
		열관류	현열
	극간풍의 취득열량		현열+잠열
	인체의 발생열량		현열+잠열
	기기의 발생열량		현열+잠열
장치 취득열량 (기기 취득열량)	송풍기의 취득열량		현열
	덕트의 취득열량		현열
재열부하	재열기의 취득열량		현열
외기부하	외기도입의 취득열량		현열+잠열

※ 주의 : 기기의 발생열량 중 조명기기, 전동기 등은 현열만 발생한다.

08 주로 소형 공조기에 사용되며, 증기 또는 전기가열기로 가열한 온수 수면에서 발생하는 증기로 가습하는 방식은?
① 초음파형
② 원심형
③ 노즐형
④ 가습팬형

해설 가습팬형(전열식)
가습팬 내에 있는 물을 증기 또는 전열기로 가열하여 물의 증발에 의해 가습수면의 면적이 작으므로 패키지 등의 소형 공조기에 사용

09 31℃의 외기와 25℃의 환기를 1 : 2의 비율로 혼합하고 바이패스 팩터가 0.16인 코일로 냉각 제습할 때 코일 출구온도(℃)는? (단, 코일의 표면온도는 14℃이다.)
① 14
② 16
③ 27
④ 29

해설 ㉠ 혼합온도(t_3)
$$t_3 = \frac{G_1 t_1 + G_2 t_2}{G_1 + G_2} = \frac{1 \times 31 + 2 \times 25}{1+2}$$
$$= 27℃$$
㉡ 코일출구온도(t_4)
$$t_4 = t_{ADP} + BF(t_3 - t_{ADP})$$
$$= 14 + 0.16 \times (27-14) = 16.08℃$$

10 습공기 5000m³/h를 바이패스 팩터 0.2인 냉각코일에 의해 냉각시킬 때 냉각코일의 냉각열량(kW)은? (단, 코일 입구공기의 엔탈피는 64.5kJ/kg, 밀도는 1.2kg/m³, 냉각코일 표면온도는 10℃이며, 10℃의 포화습공기 엔탈피는 30kJ/kg이다.)
① 38
② 46
③ 138
④ 165

 06. ① 07. ② 08. ④ 09. ② 10. ②

해설 ① 코일 출구공기 엔탈피(h_2)

바이패스 팩터 $BF = \dfrac{h_2 - h_s}{h_1 - h_s}$

$0.2 = \dfrac{h_2 - 30}{64.5 - 30}$

$h_2 = 36.9 \text{kJ/kg}$

② 냉각코일의 냉각열량(Q)

$q_c = \rho Q \Delta h = \rho Q(h_1 - h_2)$

$= (1.2\text{kg/m}^3 \times 5000\text{m}^3/\text{h} \times \dfrac{1\text{h}}{3600\text{s}})$

$\times (64.5 - 36.9)$

$= 46\text{kW}$

11 냉방부하에 관한 설명으로 옳은 것은?

① 조명에서 발생하는 열량은 잠열로서 외기부하에 해당된다.
② 상당외기온도차는 방위, 시각 및 벽체 재료 등에 따라 값이 정해진다.
③ 유리창을 통해 들어오는 부하는 태양복사열만 계산한다.
④ 극간풍에 의한 부하는 실내외 온도차에 의한 현열만을 계산한다.

해설 ① 조명에서 발생하는 열량은 현열로서 실내부하에 해당된다.
③ 유리창을 통해 들어오는 부하는 태양의 복사열량과 실내외 온도차에 의한 전도열량을 계산한다.
④ 극간풍에 의한 부하는 실내외 온도차에 의한 현열과 습도차에 의한 잠열을 계산한다.

12 저속 덕트와 고속 덕트의 분류 기준이 되는 풍속은?

① 10m/s ② 15m/s
③ 20m/s ④ 30m/s

해설 덕트 내의 허용풍속
① 저속 덕트 : 주덕트의 풍속이 15m/s 이하이고, 주로 각형 덕트를 사용한다.
② 고속 덕트 : 주덕트의 풍속이 15m/s 이상이고, 주로 원형 덕트를 사용한다.

13 20℃ 습공기의 대기압이 100kPa이고, 수증기의 분압이 1.5kPa이라면 주어진 습공기의 절대습도(kg/kg′)는?

① 0.0095 ② 0.0112
③ 0.0129 ④ 0.0133

해설 습공기의 절대습도(x)

$x = 0.622 \times \dfrac{P_w}{P - P_w}$

$= 0.622 \times \dfrac{1.5}{100 - 1.5} = 0.0095 \text{kg/kg}′$

14 다음 송풍기 풍량제어법 중 축동력이 가장 많이 소요되는 것은? (단, 모든 조건은 동일하다.)

① 회전수제어   ② 흡입베인제어
③ 흡입댐퍼제어 ④ 토출댐퍼제어

해설 송풍기 풍량 제어방법에 따른 축동력 비교

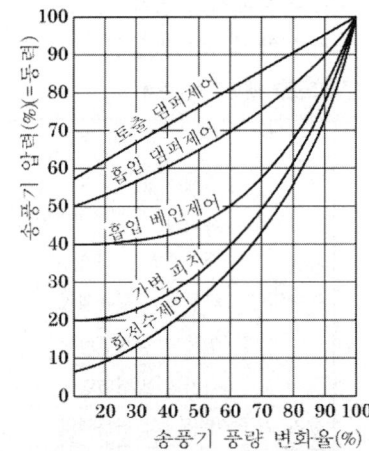

[풍량 제어법에 따른 송풍기 입력 변화]

축동력은 회전수제어가 가장 적게 들며 토출댐퍼제어가 가장 많이 소요된다.

[참고] 토출댐퍼제어 : 가장 일반적인 방법으로

Answer 11. ② 12. ② 13. ① 14. ④

서 덕트의 토출측에 댐퍼를 설치하여 토출압력을 상승시킨다. 구조가 간단하여 설비비가 저렴하지만 소음과 동력소비가 심하고 효율이 가장 낮다. 주로 다익 송풍기나 소형 송풍기에 적용된다.

15 에어 와셔(공기세정기) 속의 플러딩 노즐(flooding nozzle)의 역할은?

① 균일한 공기흐름 유지
② 분무수의 분무
③ 엘리미네이터 청소
④ 물방울의 기류에 혼입 방지

해설 플러딩 노즐(Flooding Nozzle)
엘리미네이터(Eliminator)에 부착된 먼지를 세정한다.
[참고] 엘리미네이터(Eliminator) : 분무된 물이 공기와 함께 비산되는 것을 방지한다.

16 덕트 계통의 열손실(취득)과 직접적인 관계로 가장 거리가 먼 것은?

① 덕트 주위 온도
② 덕트 가공 정도
③ 덕트 주위 소음
④ 덕트 속 공기압력

해설 덕트 계통의 열손실(취득)은 덕트재(보온재 포함)를 통하여 잃은 열량과 공기누기에 의한 손실이다. 전자는 덕트재의 열통과율, 덕트 길이, 덕트 표면적, 내외 온도차 등을 근거로 한 정상전열의 식으로 계산할 수 있고, 후자는 덕트의 길이, 형상, 가공 정도(공작), 공기의 압력, 시공의 정도 등에 따라 영향을 받는다.

17 지역난방의 특징에 관한 설명으로 틀린 것은?

① 연료비는 절감되나 열효율이 낮고 인건비가 증가한다.
② 개별건물의 보일러실 및 굴뚝이 불필요하

므로 건물이용의 효용이 높다.
③ 설비의 합리화로 대기오염이 적다.
④ 대규모 열원기기를 이용하므로 에너지를 효율적으로 이용할 수 있다.

해설 ① 지역난방은 대량으로 열을 공급하기 때문에 열효율이 높고 인건비가 감소한다.
[참고] 지역난방의 특징
① 에너지의 이용 효율 상승
② 도시 내 환경개선
③ 인력 및 공간의 절약 : 설비의 집중화로 관리 인력이 적게 소요
④ 방화 효과 증대
⑤ 보일러, 냉동기 등의 설치 공간이 불필요
⑥ 도시 미관 향상
⑦ 설비의 경감

18 대향류의 냉수코일 설계 시 일반적인 조건으로 틀린 것은?

① 냉수 입출구 온도차는 일반적으로 5~10℃로 한다.
② 관내 물의 속도는 5~15m/s로 한다.
③ 냉수 온도는 5~15℃로 한다.
④ 코일 통과 풍속은 2~3m/s로 한다.

해설 ② 관내 물의 속도는 1m/s 전후로 한다.
[참고] 냉온수 코일의 설계법
㉠ 코일 내 유속은 1m/s 전후로 한다.
㉡ 코일의 통과풍속은 2~3m/s 정도로 한다.
㉢ 공기와 물의 흐름은 대향류(역류) 흐름으로 하고 대수평균온도차(LMTD)를 크게 한다.
㉣ 공기의 압력손실을 고려하여 코일열수는 최대 10열로 하며 보통 4~8열 정도로 한다.
㉤ 냉수의 입출구 온도차를 5℃ 정도로 한다.
㉥ 코일의 설치는 수평으로 한다.

19 공기조화 시스템에서 난방을 할 때 보일러에 있는 온수를 목적지인 사용처로 보냈다가

Answer 15. ③ 16. ③ 17. ① 18. ② 19. ②

다시 사용하기 위해 되돌아오는 관을 무엇이라고 하는가?
① 온수공급관 ② 온수환수관
③ 냉수공급관 ④ 냉수환수관

해설 표준배관도(하향 배관식)

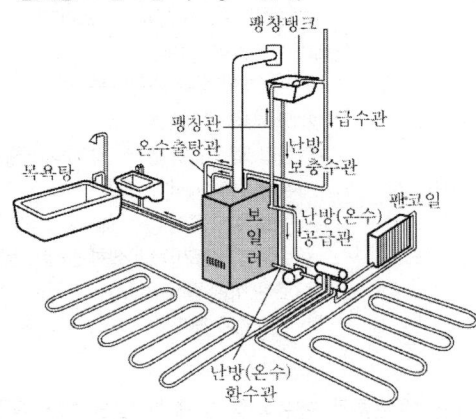

20 흡착식 감습장치의 흡착재로 적당하지 않은 것은?
① 실리카겔 ② 염화리튬
③ 활성 알루미나 ④ 합성 제올라이트

해설 ① 흡수식 감습장치 : 염화리튬, 트리에틸렌글리콜 등의 액체 흡수제를 사용하므로 가열원이 있어야 한다.
② 흡착식 감습장치 : 실리카겔, 활성알루미나, 합성 제올라이트 등의 고체 흡수제를 사용한다.

제2과목 : 냉동공학

21 흡입관 내를 흐르는 냉매증기의 압력강하가 커지는 경우는?
① 관이 굵고 흡입관 길이가 짧은 경우
② 냉매증기의 비체적이 큰 경우
③ 냉매의 유량이 적은 경우
④ 냉매의 유속이 빠른 경우

해설 냉매증기의 압력강하가 커지는 경우
㉠ 관 지름이 작고 흡입관 길이가 긴 경우
㉡ 냉매증기의 비체적이 작은 경우
㉢ 냉매의 유속이 빠른 경우

22 다음 중 냉동장치의 압축기와 관계가 없는 효율은?
① 소음효율 ② 압축효율
③ 기계효율 ④ 체적효율

해설 압축기 효율
① 체적효율 : $\eta_v = \dfrac{\text{실제적 피스톤 압출량}}{\text{이론적 피스톤 압출량}}$
② 압축효율(지시효율) : $\eta_c = \dfrac{\text{이론동력}}{\text{지시동력}}$
③ 기계효율 : $\eta_m = \dfrac{\text{지시동력}}{\text{축동력}}$

23 냉동사이클 중 P-h 선도(압력-엔탈피 선도)로 구할 수 없는 것은?
① 냉동능력 ② 성적계수
③ 냉매순환량 ④ 마찰계수

해설 P-h 선도(압력-엔탈피 선도)
세로축에 변화되는 냉매의 절대압력(P)과 가로축에 냉매의 엔탈피(h, i)의 변화를 표시하여 냉매의 상태변화를 여러 가지 선으로 나타내는 선도로서 냉동장치의 계산에서 매우 중요하게 이용된다. P-h 선도를 통해 냉동능력, 성적계수, 냉매순환량, 냉동효과, 압축일량, 응축기 방출 열량, 플래시가스량, 건조도 등을 계산할 수 있다.

24 이상기체의 압력이 0.5MPa, 온도가 150℃, 비체적이 0.4m³/kg일 때, 가스상수(J/kg·K)는 얼마인가?
① 11.3 ② 47.28
③ 113 ④ 472.8

Answer 20. ② 21. ④ 22. ① 23. ④ 24. ④

해설 가스상수(R)

이상기체 상태방정식 $Pv = RT$에서

$$R = \frac{Pv}{T} = \frac{500 \times 0.4}{423} = 0.4728 \text{kJ/kg} \cdot \text{K}$$
$$= 472.8 \text{J/kg} \cdot \text{K}$$

여기서,
① 온도(T)=150℃=(150+273)K=423K
② 압력(P)=0.5MPa=500kPa

25 가용전에 대한 설명으로 옳은 것은?
① 저압차단 스위치를 의미한다.
② 압축기 토출측에 설치한다.
③ 수냉응축기 냉각수 출구측에 설치한다.
④ 응축기 또는 고압수액기의 액배관에 설치한다.

해설 가용전(Fusible Plug)
① 1회용으로 이상온도 발생 시 가용합금이 용융되어 가스를 외부로 분출한다.
② 가용전의 크기는 최소 안전밸브 직경의 1/2 이상으로 한다.
③ 납, 주석, 안티몬, 카드뮴, 비스무트 등의 합금으로 만들고 용융온도는 68~75℃ 정도이다.
④ 압축기 토출가스의 영향을 받지 않는 곳에 설치한다.
⑤ 암모니아 냉동장치에서는 가용합금이 침식되므로 사용하지 않는다.
⑥ 주로 20RT 미만의 프레온용 응축기나 수액기의 상부 액배관에 안전밸브 대신 설치한다.

26 냉매가 구비해야 할 조건으로 틀린 것은?
① 증발 잠열이 클 것
② 응고점이 낮을 것
③ 전기 저항이 클 것
④ 증기의 비열비가 클 것

해설 ④ 비열비가 작으면 압축 후의 토출가스 온도 상승이 적어 고온에 의한 윤활유 변질을 막을 수 있다.

[참고] 냉매의 구비 조건
㉠ 증발압력이 대기압보다 높을 것
㉡ 임계온도가 높고 상온에서 반드시 액화할 것
㉢ 응축압력 및 응고온도가 낮을 것
㉣ 증발 잠열이 크고 액체 비열이 작을 것
㉤ 절연내력이 크고, 전기절연물을 침식시키지 않을 것
㉥ 증기의 비체적 및 비열비(단열지수)가 작을 것

27 몰리에르 선도에서 건도(x)에 관한 설명으로 옳은 것은?
① 몰리에르 선도의 포화액선상 건도는 1이다.
② 액체 70%, 증기 30%인 냉매의 건도는 0.7이다.
③ 건도는 습포화증기 구역 내에서만 존재한다.
④ 건도는 과열증기 중 증기에 대한 포화액체의 양을 말한다.

해설 ① 몰리에르 선도의 포화액선상의 건도는 0이다.
② 액체 70%, 증기 30%인 냉매의 건도는 0.3이다.
④ 건도는 습포화증기 중 증기에 대한 포화액체의 양을 말한다.

28 몰리에르 선도에 대한 설명으로 틀린 것은?
① 과열구역에서 등엔탈피선은 등온선과 거의 직교한다.
② 습증기 구역에서 등온선과 등압선은 평행하다.
③ 포화 액체와 포화 증기의 상태가 동일한 점을 임계점이라고 한다.
④ 등비체적선은 과열 증기구역에서도 존재한다.

Answer 25. ④ 26. ④ 27. ③ 28. ①

해설 ① 습포화증기구역에서 등엔탈피선은 등온선과 직교한다.

29 팽창밸브 직후 냉매의 건도가 0.2이다. 이 냉매의 증발열이 1884kJ/kg이라 할 때, 냉동효과(kJ/kg)는 얼마인가?

① 376.8 ② 1324.6
③ 1507.2 ④ 1804.3

해설 건조도$(x) = \dfrac{\text{플래시 가스의 열량}}{\text{증발잠열}}$

$0.2 = \dfrac{\text{플래시 가스의 열량}}{1884}$

플래시 가스의 열량 = 376.8kJ/kg
냉동효과 = 증발잠열 − 플래시 가스의 열량
= 1884 − 376.8
= 1507.2kJ/kg

30 평판을 통해서 표면으로 확산에 의해서 전달되는 열유속(heat flux)이 0.4kW/m²이다. 이 표면과 20℃ 공기흐름과의 대류전열계수가 0.01kW/m²·℃인 경우 평판의 표면온도(℃)는?

① 45 ② 50
③ 55 ④ 60

해설 열유속 = 대류전열량

$\dfrac{Q}{A} = \alpha(T_1 - T_2)$

$0.4 = 0.01(T_1 - 20)$

∴ $T_1 = 60℃$

31 이상적인 냉동사이클과 비교한 실제 냉동사이클에 대한 설명으로 틀린 것은?

① 냉매가 관내를 흐를 때 마찰에 의한 압력손실이 발생한다.
② 외부와 다소의 열 출입이 있다.
③ 냉매가 압축기의 밸브를 지날 때 약간의 교축작용이 이루어진다.
④ 압축기 입구에서의 냉매상태 값은 증발기 출구와 동일하다.

해설 ④ 압축기 입구에서의 냉매값은 압축기 흡입배관에서의 압력손실과 열 취득으로 엔탈피가 증가하게 되어 증발기 출구와 다른 값을 가지게 된다.

[참고] 실제 사이클과 표준 사이클의 차이점

표준 냉동사이클	실제 냉동사이클
① 압축기 및 팽창밸브를 통과할 때 이외에는 냉매압력의 변화는 없다.	① 관의 마찰로 인해 응축기와 증발기에서의 압력 강하
② 응축기 및 증발기 이외의 장소에서는 열교환을 하지 않는다.	② 응축기 출구의 액체 과냉(100% 액체가 팽창밸브로 유입이 바람직)
③ 압축과정은 등엔트로피 변화하고, 팽창과정은 등엔탈피 변화를 한다.	③ 증발기 출구의 증기 과열(압축기로 액체 방울 유입이 되지 않도록 유의)
	④ 압축과정이 등엔트로피 과정이 아니므로(폴리트로픽 과정) 효율이 떨어짐

32 흡수식 냉동기의 특징에 대한 설명으로 틀린 것은?

① 용량제어의 범위가 넓어 폭 넓은 용량제어가 가능하다.
② 터보 냉동기에 비하여 소음과 진동이 크다.
③ 부분 부하에 대한 대응성이 좋다.
④ 회전부가 적어 기계적인 마모가 적고 보수관리가 용이하다.

해설 ② 터보 냉동기에 비하여 압축기를 가동하는 전동기가 없고 열에너지를 이용하므로 소음, 진동이 없다.

Answer 29. ③ 30. ④ 31. ④ 32. ②

33 액분리기에 대한 설명으로 옳은 것은?
① 장치를 순환하고 남는 여분의 냉매를 저장하기 위해 설치하는 용기를 말한다.
② 액분리기는 흡입관 중의 가스와 액의 혼합물로부터 액을 분리하는 역할을 한다.
③ 액분리기는 암모니아 냉동장치에는 사용하지 않는다.
④ 팽창밸브와 증발기 사이에 설치하여 냉각효율을 상승시킨다.

해설 액분리기
암모니아 만액식 증발기 또는 부하변동이 심한 냉동장치에서 압축기로 유입되는 가스 중 액을 분리시켜 액유입에 의한 액압축(Liquid Back)을 방지하여 압축기를 보호하기 위한 기기이다. 이 액분리기는 압축기의 가까운 흡입관에 설치하는 일종의 저압용기이며, 여기서 분리된 액은 증발기, 저압수액기 또는 고압수액기 등으로 되돌려진다. 따라서 냉동부하의 변동이 심한 냉동장치(예를 들면 제빙창고, 대형 냉장고, 동결장치, 브라인 냉각기 등)나 강제순환식 냉동장치에서는 액분리기를 반드시 설치해 주어야 한다.

34 암모니아의 증발잠열은 -15℃에서 1310.4kJ/kg 이지만, 실제로 냉동능력은 1126.2kJ/kg으로 작아진다. 차이가 생기는 이유로 가장 적절한 것은?
① 체적효율 때문이다.
② 전열면의 효율 때문이다.
③ 실제값과 이론값의 차이 때문이다.
④ 교축팽창 시 발생하는 플래시 가스 때문이다.

해설 교축팽창 시 발생하는 플래시 가스로 인한 냉매순환량 감소로 증발온도가 저하하고 냉동효과(냉동능력)가 감소하게 된다.

35 냉동장치의 운전 중 저압이 낮아질 때 일어나는 현상이 아닌 것은?
① 흡입가스 과열 및 압축비 증대
② 증발온도 저하 및 냉동능력 증대
③ 흡입가스의 비체적 증가
④ 성적계수 저하 및 냉매순환량 감소

해설 ② 증발온도 저하 및 냉동능력 감소

36 냉동장치 내에 불응축 가스가 혼입되었을 때 냉동장치의 운전에 미치는 영향으로 가장 거리가 먼 것은?
① 열교환 작용을 방해하므로 응축압력이 낮게 된다.
② 냉동능력이 감소한다.
③ 소비전력이 증가한다.
④ 실린더가 과열되고 윤활유가 열화 및 탄화된다.

해설 ① 열교환 작용을 방해하므로 침입된 불응축 가스만큼 응축압력이 상승한다.
[참고] 불응축 가스 혼입 시 장치에 미치는 영향
㉠ 침입된 불응축 가스만큼 응축압력 상승
㉡ 토출가스 온도 상승, 윤활유의 열화 및 탄화
㉢ 실린더 과열, 체적효율 감소
㉣ 압축비 증대, 소요동력 증대, 냉동능력 감소
㉤ 축수하중 증대, 피스톤 마모

37 냉동장치에서 플래시 가스가 발생하지 않도록 하기 위한 방지대책으로 틀린 것은?
① 액관의 직경이 충분한 크기를 갖고 있도록 한다.
② 증발기의 위치를 응축기와 비교해서 너무 높게 설치하지 않는다.
③ 여과기나 필터의 점검 청소를 실시한다.

Answer 33. ② 34. ④ 35. ② 36. ① 37. ④

④ 액관 냉매액의 과냉도를 줄인다.

해설 ④ 열교환기를 설치하여 액관 냉매액을 과냉각시킨다.

38 다음 중 고압가스 안전관리법에 적용되지 않는 것은?
① 스크류 냉동기
② 고속다기통 냉동기
③ 회전용적형 냉동기
④ 열전모듈 냉각기

해설 **고압가스 안전관리법 적용 냉동기(냉동능력 3톤 이상)**
다단압축방식 또는 다원냉동방식 냉동기, 회전용적(피스톤)형 냉동기, 스크류형 냉동기, 왕복동형 압축기 등

39 -20℃의 암모니아 포화액의 엔탈피가 314kJ/kg이며, 동일 온도에서 건조포화 증기의 엔탈피가 1687kJ/kg이다. 이 냉매액이 팽창밸브를 통과하여 증발기에 유입될 때의 냉매의 엔탈피가 670kJ/kg이었다면 중량비로 약 몇 %가 액체 상태인가?
① 16
② 26
③ 74
④ 84

해설 **액체의 중량비(%)**
냉매액을 x, 냉매증기를 $(1-x)$라고 하면 액체의 중량비는
$670 = 314x + 1687(1-x)$
$x = 0.74 = 74\%$

40 증발식 응축기에 관한 설명으로 옳은 것은?
① 증발식 응축기의 냉각수는 보충할 필요가 없다.
② 증발식 응축기는 물의 현열을 이용하여 냉각하는 것이다.
③ 내부에 냉매가 통하는 나관이 있고, 그 위에 노즐을 이용하여 물을 산포하는 형식이다.
④ 압력강하가 작으므로 고압측 배관에 적당하다.

해설 ① 증발식 응축기는 냉각수 소비량이 적어 냉각수량이 부족한 곳에 적합하며 냉각수의 보충이 필요하다.
② 증발식 응축기는 물의 잠열을 이용하여 냉각하는 것이다.
④ 옥외에 설치되므로 배관길이가 길어 압력강하가 크다.
[참고] 증발식 응축기(Evaporative Condenser : Eva-Con) : 수냉식과 공랭식의 작용을 혼합한 방식으로, 현재 대형 냉동설비에 가장 많이 사용되고 있는 방식이다. 냉각수를 충분히 얻을 수 없는 곳에서 냉각수의 잠열(냉각수의 증발)을 이용하는 응축기이다. 냉각관에 냉각수를 분무시키고 공기를 불어주면 냉각수가 증발하면서 증발열을 흡수하므로 냉각수와 냉매의 온도차뿐만 아니라 증발열에 의한 냉각작용을 동시에 얻을 수 있다.

제3 과목 : 배관일반

41 물은 가열하면 팽창하여 급탕탱크 등 밀폐 가열장치 내의 압력이 상승한다. 이 압력을 도피시킬 목적으로 설치하는 관은?
① 배기관
② 팽창관
③ 오버플로관
④ 압축 공기관

해설 **팽창관**
㉠ 온수 순환 배관 도중에 이상 압력이 생겼을 때 그 압력을 흡수하는 도피구이다.
㉡ 안전밸브 역할을 하며, 보일러 내의 공기나 증기를 배출시킨다.
㉢ 급탕 수직관을 연장하여 팽창관으로 하고

Answer 38. ④ 39. ③ 40. ③ 41. ②

이를 팽창(중력)탱크에 자유 개방한다.
ⓔ 팽창관의 도중에는 절대로 밸브를 달아서는 안 된다.
ⓑ 팽창관 배수는 간접배수로 한다.
ⓗ 팽창관의 관경은 보일러의 전열면적에 따라 달라진다.

42 도시가스를 공급하는 배관의 종류가 아닌 것은?
① 공급관　　② 본관
③ 내관　　　④ 주관

🔍해설 **도시가스 공급배관**
㉠ 내관 : 가스 사용자가 소유하거나 점유하고 있는 토지의 경계에서 연소기까지 이르는 배관
㉡ 본관 : 도시가스 제조사업소의 부지경계에서 정압기까지 이르는 배관
㉢ 공급관 : 정압기에서 아파트 계량기 전단 밸브까지 이르는 배관

43 가스배관에서 가스가 누설될 경우 중독 및 폭발사고를 미연에 방지하기 위하여 조금만 누설되어도 냄새로 충분히 감지할 수 있도록 설치하는 장치는?
① 부스터설비　　② 정압기
③ 부취설비　　　④ 가스 홀더

🔍해설 **부취설비**
도시가스나 LPG에 사용되는 메탄, 프로판, 부탄 등의 파라핀 계열의 탄화수소는 무색, 무미, 무취의 성질이 있어 누설이 된다면 화재, 폭발 등 대형 사고를 일으킬 수 있으므로 누설을 감지하는 것이 중요하다. 이를 위해 독특한 냄새를 가진 물질을 주입하여 가스로 인한 위험성을 줄이기 위한 목적으로 설치하는 장치

44 배관용 패킹 재료를 선택할 때 고려해야 할 사항으로 가장 거리가 먼 것은?

① 재료의 탄력성
② 진동의 유무
③ 유체의 압력
④ 재료의 부식성

🔍해설 **패킹 재료 선정 시 고려할 사항**
㉠ 관내 유체의 물리적 성질 : 온도, 압력, 점도, 밀도
㉡ 관내 유체의 화학적 성질 : 화학성분, 부식성, 휘발성, 용해도, 인화성
㉢ 기계적 성질 : 교체가 용이, 진동의 유무, 내·외압의 정도

45 급수방식 중 고가탱크방식의 특징에 대한 설명으로 틀린 것은?
① 다른 방식에 비해 오염가능성이 적다.
② 저수량을 확보하여 일정 시간 동안 급수가 가능하다.
③ 사용자의 수도꼭지에서 항상 일정한 수압을 유지한다.
④ 대규모 급수 설비에 적합하다.

🔍해설 고가탱크방식은 건물 옥상에 물탱크를 설치하여 중력에 의해 급수하는 방식으로 타 방식에 비해 오염가능성이 크다.
[참고] 고가 탱크방식의 특징
㉠ 항상 일정한 수압으로 급수할 수 있다.
㉡ 수압의 과대 등에 따른 밸브류 등 배관 부속품의 손실이 적다.
㉢ 저수량을 언제나 확보할 수 있어 단수가 되지 않는다.
㉣ 대규모 급수설비에 적합하다.

46 동관의 분류 중 가장 두꺼운 것은?
① K형　　② L형
③ M형　　④ N형

🔍해설 배관용 동관의 두께는 K형, L형, M형의 3종류가 있으며, K형이 두께가 가장 두꺼우며 순차적으로 얇아진다.

Answer　42. ④　43. ③　44. ①　45. ①　46. ①

47 루프형 신축이음쇠의 특징에 대한 설명으로 틀린 것은?
① 설치공간을 많이 차지한다.
② 신축에 따른 자체 응력이 생긴다.
③ 고온, 고압의 옥외 배관에 많이 사용된다.
④ 장시간 사용 시 패킹의 마모로 누수의 원인이 된다.

해설 ④ 슬리브형 신축이음쇠에 대한 설명이다.

48 고압 배관과 저압 배관의 사이에 설치하여 고압측 압력을 필요한 압력으로 낮추어 저압측 압력을 일정하게 유지시키는 밸브는?
① 체크 밸브
② 게이트 밸브
③ 안전 밸브
④ 감압 밸브

해설 ① 체크 밸브 : 유체의 역류를 방지하기 위해 한쪽 방향으로만 흐르게 하는 밸브
② 게이트 밸브 : 파이프의 횡단면과 평행하게 개폐하는 밸브로 유체의 흐름저항이 적어 유체의 흐름 차단용으로 사용
③ 안전 밸브 : 보일러나 압력용기 등 고압의 유체를 취급하는 배관에 설치하여 관 또는 용기 안의 압력이 규정 한도 이상으로 되면 자동적으로 외부로 방출하여 용기 속의 압력을 항상 안전한 수준으로 유지해 주는 밸브
④ 감압 밸브 : 유체의 압력을 감소시켜주는 밸브로, 1차측 입구의 높은 압력을 밸브 내의 조절나사 및 디스크로 조절하여, 2차측 출구 압력을 원하는 압력으로 낮춰 일정하게 유지시켜 주는 역할을 하며 압력조정 밸브라고도 한다.

49 건물 1층의 바닥면을 기준으로 배관의 높이를 표시할 때 사용하는 기호는?
① EL
② GL
③ FL
④ UL

해설 높이 표시
㉠ GL(Ground Level) 표시 : 지면의 높이를 기준으로 하여 높이를 표시한 것
㉡ FL(Floor Level) 표시 : 층의 바닥면을 기준으로 하여 높이를 표시한 것
㉢ EL(Elevation Line) 표시 : 관의 중심을 기준으로 높이를 표시한 것

50 냉매액관 시공 시 유의사항으로 틀린 것은?
① 긴 입상 액관의 경우 압력의 감소가 크므로 충분한 과냉각이 필요하다.
② 배관 도중에 다른 열원으로부터 열을 받지 않도록 한다.
③ 액관 배관은 가능한 한 길게 한다.
④ 액 냉매가 관 내에서 증발하는 것을 방지하도록 한다.

해설 ③ 액관이란 응축기에서 증발기까지의 배관이며 액관 배관은 가능한 한 짧게 하고 입상관은 되도록 피하는 것이 좋다.

51 다음 중 증기난방설비 시공 시 보온을 필요로 하는 배관은 어느 것인가?
① 관말 증기 트랩장치의 냉각관
② 방열기 주위 배관
③ 증기공급관
④ 환수관

해설 보온이 필요 없는 경우
㉠ 난방하고 있는 실내에 노출된 배관. 단, 하향 급기하는 증기 주관은 보온한다.
㉡ 방열기 주위 배관과 관말 증기 트랩 장치에서의 냉각 레그
㉢ 환수관 전부

52 가스배관의 설치 방법에 관한 설명으로 틀린 것은?
① 최단거리로 할 것
② 구부러지거나 오르내림을 적게 할 것
③ 가능한 한 은폐하거나 매설할 것

Answer 47. ④ 48. ④ 49. ③ 50. ③ 51. ③ 52. ③

④ 가능한 한 옥외에 할 것

해설 가스배관은 옥외는 매설배관 옥내는 노출배관을 원칙으로 한다.

53 다음 중 엘보를 용접이음으로 나타낸 기호는?

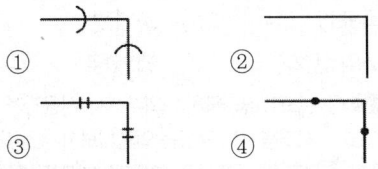

해설 ① 턱걸이 이음
③ 플랜지 이음
④ 용접 이음

54 2가지 종류의 물질을 혼합하면 단독으로 사용할 때보다 더 낮은 융해온도를 얻을 수 있는 혼합제를 무엇이라고 하는가?
① 부취제 ② 기한제
③ 브라인 ④ 에멀션

해설 기한제
두 종류 이상의 물질을 혼합하면(눈 또는 얼음과 식염, 또는 염산과 같은 염류 및 산류를 혼합)한 종류만을 사용할 때보다 더 낮은 온도를 얻을 수 있는 혼합제
[참고] 기한제의 종류와 최저온도

기한제	최저온도(℃)
얼음+소금(3 : 1)	-21.2
얼음+염화칼슘(10 : 4.3)	-55
얼음+묽은 염산(1 : 1)	-12
얼음+묽은 황산(1 : 1)	-35
에틸에테르+dry ice	-77
에틸알코올+dry ice	-72

55 배관의 호칭 중 스케줄 번호는 무엇을 기준으로 하여 부여하는가?
① 관의 안지름 ② 관의 바깥지름
③ 관의 두께 ④ 관의 길이

해설 스케줄 번호(Schedule Number)
관의 두께를 나타내는 번호로서 스케줄 번호가 클수록 관의 두께가 두꺼워진다. 압력·고압·고온 배관용 탄소강 강관 등에 사용하고 스케줄 번호는 5S, 10S, 20S, 40S, 80S, 120S, 160S 등이 있다.

56 온수난방에서 역귀환 방식을 채택하는 주된 이유는?
① 순환펌프를 설치하기 위해
② 배관의 길이를 축소하기 위해
③ 열손실과 발생소음을 줄이기 위해
④ 건물 내 각 실의 온도를 균일하게 하기 위해

해설 역귀환 방식(reversed return system)
건물 내 각 실의 온수 순환을 균등하게 하기 위해 (마찰저항을 균일하게 하기 위해) 순환배관 길이를 동일하게 하는 방식으로 배관 길이가 길어지고 마찰 저항이 증대하지만 건물 내 모든 실의 온도를 동일하게 할 수 있는 이점이 있다.

57 냉·온수 헤더에 설치하는 부속품이 아닌 것은?
① 압력계 ② 드레인관
③ 트랩장치 ④ 급수관

해설 트랩장치
㉠ 증기 트랩 : 방열기의 환수측 또는 증기배관의 최말단 등에 부착하여 응축수만을 환수시키는 장치로 수격작용, 부식 및 증기의 누설을 방지하고 비응축가스를 자동배출하여 난방기기의 효율을 높인다.
㉡ 배수 트랩 : 배수계통의 일부에 물을 고이게 하여 하수가스의 역류를 방지하고 해충의 침입을 방지하는 장치

58 냉각탑에서 냉각수는 수직 하향 방향이고 공기는 수평 방향인 형식은?

Answer 53. ④ 54. ② 55. ③ 56. ④ 57. ③ 58. ②

① 평행류형　② 직교류형
③ 혼합형　　④ 대향류형

해설 ㉠ 대향류형 냉각탑(Counter Flow Type)
물과 공기가 동일한 방향으로 흐르면서 냉각되는 방식으로 냉각효율이 높고 많이 사용되는 방식
㉡ 직교류형 냉각탑(Cross Flow Type)
물과 공기가 서로 직각이 되게 흐르면서 냉각되는 방식으로 구조가 간단하고 보수 점검이 용이하며 여러 대를 배열하기가 용이

59 급수배관에서 수격작용 발생 개소로 가장 거리가 먼 것은?

① 관내 유속이 빠른 곳
② 구배가 완만한 곳
③ 급격히 개폐되는 밸브
④ 굴곡개소가 있는 곳

해설 수격 작용(water hammer : 워터 해머)
관내를 흐르는 물의 유속이 급격히 변화하게 되면 물에 격렬한 압력의 변화가 일어난다. 이러한 현상을 수격작용(Water Hammer)이라 한다. 급수관 내 수격작용은 밸브의 급격한 개폐가 원인이며, 관 지름이 축소되거나, 관내 유수가 급정지할 때, 배관의 유속이 빠르게 될 때, 굴곡 개소가 있을 때 발생할 수 있다.

60 다음 중 급수설비에 설치되어 물이 오염되기 쉬운 형태의 배관은?

① 상향식 배관
② 하향식 배관
③ 조닝 배관
④ 크로스 커넥션 배관

해설 크로스 커넥션
음용수(상수)의 급수계통과 음용수 이외의 계통이 배관장치에 의해 직접 접속되는 것을 말하며 급수관 내에 오수가 역류해서 급수를 오염시키기 쉽다.

제4과목 : 전기제어공학

61 제어된 제어대상의 양, 즉 제어계의 출력을 무엇이라고 하는가?

① 목표값　② 조작량
③ 동작신호　④ 제어량

해설 ① 목표값(입력값) : 외부에서 사용자가 제어시스템에서 원하는 입력치로서 설정값이다.
② 조작량 : 제어요소가 제어대상에 주는 양
③ 동작신호 : 기준입력과 주피드백량의 차이로서 제어계의 동작을 일으키는 원인이 되는 신호로서 오차를 의미
④ 제어량 : 제어대상에서 제어된 출력량

62 플로우차트를 작성할 때 다음 기호의 의미는?

① 단자　② 처리
③ 입출력　④ 결합자

해설

기호	이름	의미
⬭	단자	개시, 종료, 정지, 지연, 중단 기능 표시
▭	처리	각종 연산 및 처리 표시
▱	입출력	데이터의 입력과 출력 표시
○	결합자 (연결자)	다른 곳으로의 연결을 표시

63 피드백 제어계 중 물체의 위치, 방위, 자세 등의 기계적 변위를 제어량으로 하는 것은?

① 서보 기구　② 프로세스 제어
③ 자동조정　④ 프로그램 제어

해설 목표치의 임의의 변화에 항상 추종시키는 것을 목적으로 한다.
㉠ 제어량 : 기계적인 변위량 (위치, 방향, 자세, 거리, 각도 등)

Answer 59. ② 60. ④ 61. ④ 62. ③ 63. ①

ⓒ 사용 예 : 공작기계, 비행기, 선박, 추적용 레이더, 미사일 발사대의 자동위치 제어 등

64 발전기의 유기기전력의 방향과 관계가 있는 법칙은?

① 플레밍의 왼손법칙
② 플레밍의 오른손법칙
③ 패러데이의 법칙
④ 암페어의 법칙

해설 플레밍의 오른손법칙

전자유도에 의해서 생기는 유도전류의 방향을 나타내는 법칙으로 발전기의 전류방향을 구하는 데 유용

[참고]
ⓐ 플레밍의 왼손법칙 : 전자기력의 방향을 결정하는 법칙으로서 전동기의 회전 방향을 구하는 데 유용
ⓑ 패러데이 법칙 : 전기분해에 의해서 석출되는 물질의 양은 전해액 속에 통과한 전기량에 비례한다. 전기량이 일정할 때 석출되는 물질의 양은 화학당량에 비례한다.
ⓒ 암페어의 법칙 : 전류와 자기장의 관계를 나타내는 법칙. 전류에 의해 형성된 자기장에서 단위자극이 움직일 때 필요한 일의 양은 단위자극의 경로를 통과하는 전류의 총합에 비례한다.

65 시퀀스 제어에 관한 설명 중 틀린 것은?

① 조합 논리회로로 사용된다.
② 미리 정해진 순서에 의해 제어된다.
③ 입력과 출력을 비교하는 장치가 필수적이다.
④ 일정한 논리에 의해 제어된다.

해설 ③ 피드백 제어에 관한 설명이다.

[참고] 시퀀스 제어 : 미리 정해진 순서에 따라 제어의 각 단계를 순차적으로 제어하는 방식으로 전체 계통에 연결된 스위치가 순차적으로 작동한다. 시퀀스 제어에는 유접점 시퀀스와 무접점 시퀀스가 있다. 유접점 시퀀스는 전자 릴레이를 이용한 것으로, 릴레이 시퀀스(Relay sequence)라고 하고 다이오드, 트랜지스터, IC 등 반도체 소자의 스위칭 동작을 이용한 무접점 릴레이라고 한다.

66 100mH의 자기 인덕턴스를 가진 코일에 10A의 전류가 통과할 때 축적되는 에너지는 몇 J인가?

① 1
② 5
③ 50
④ 1000

해설 코일에 저장되는 에너지(W)

$$W = \frac{1}{2}LI^2 = \frac{1}{2} \times 100 \times 10^{-3} \times 10^2 = 5J$$

67 평형 3상 Y결선에서 상전압 V_p와 선간전압 V_l과의 관계는?

① $V_l = V_p$
② $V_l = \sqrt{3}\,V_p$
③ $V_l = \frac{1}{\sqrt{3}}V_p$
④ $V_l = 3V_p$

해설 선간전압과 선전류의 관계

Y결선에서 선전류와 상전류는 같으며 선간전압은 상전압의 $\sqrt{3}$ 배이다.

68 전원 전압을 일정 전압 이내로 유지하기 위해서 사용되는 소자는?

① 정전류 다이오드
② 브리지 다이오드
③ 제너 다이오드
④ 터널 다이오드

해설 제너 다이오드

정전압 다이오드라고도 하며, 제너 효과를 이용하여 일정한 전압을 얻을 목적으로 사용되는 소자

 64. ② 65. ③ 66. ② 67. ② 68. ③

[참고]
① 정전류 다이오드 : 전압값의 변동과 상관없이 일정한 전류를 유지시키는 다이오드
② 브리지 다이오드 : 4개의 다이오드를 연결한 브리지 회로로 교류입력을 직류 출력으로 변경할 때 사용한다.
③ 터널 다이오드 : 터널효과를 이용하는 다이오드로 불순물 반도체에서 부성저항 특성이 나타나는 현상을 응용한 p-n 접합 다이오드

해설
$$\frac{B(s)}{A(s)} = \frac{경로}{1-폐로}$$
$$= \frac{G(s)}{1-[-G(s)H(s)]}$$
$$= \frac{G(s)}{1+G(s)H(s)}$$

[참고] 블록선도 변형법

변환	궤환루프 없앰
블록 선도	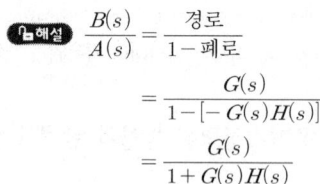
블록선도 등가변환	$R(s) \rightarrow \boxed{\dfrac{G(s)}{1+G(s)H(s)}} \rightarrow C(s)$

69 목표값이 미리 정해진 변화를 할 때의 제어로서, 열처리 노의 온도제어, 무인 운전 열차 등이 속하는 제어는?
① 추종 제어 ② 프로그램 제어
③ 비율 제어 ④ 정치 제어

해설 프로그램 제어
미리 정해진 신호에 따라 제어량을 변화시키는 것을 목적으로 하는 제어법(예 : 무인열차, 무인엘리베이터, 무인자판기)

70 그림과 같이 블록선도를 접속하였을 때, ⓐ 에 해당하는 것은?

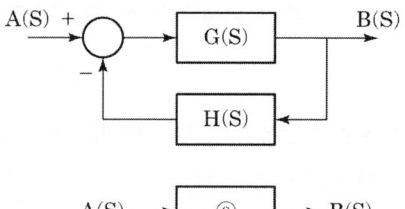

① $G(s) + H(s)$
② $G(s) - H(s)$
③ $\dfrac{G(s)}{1+G(s)\cdot H(s)}$
④ $\dfrac{H(s)}{1+G(s)\cdot H(s)}$

71 3상 유도전동기의 회전방향을 바꾸기 위한 방법으로 옳은 것은?
① Δ-Y 결선으로 변경한다.
② 회전자를 수동으로 역회전시켜 기동한다.
③ 3선을 차례대로 바꾸어 연결한다.
④ 3상 전원 중 2선의 접속을 바꾼다.

해설 3상 유도 또는 동기전동기를 역전시키려면 3가닥선 중에서 임의의 2가닥선의 접속을 바꾸어 접속하면 된다. 이를 통해 회전자기장의 방향이 역전되고 회전자도 반대방향으로 회전한다.

72 60Hz, 100V의 교류전압이 200Ω의 전구에 인가될 때 소비되는 전력은 몇 W인가?
① 50 ② 100
③ 150 ④ 200

해설 소비전력(P)
$$P = \frac{V^2}{R} = \frac{100^2}{200} = 50\text{W}$$

73 그림과 같은 계전기 접점회로의 논리식은?

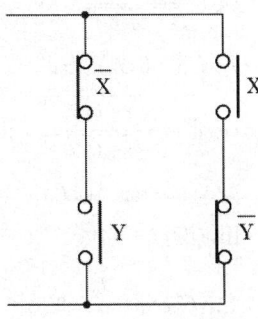

① XY
② $\overline{X}Y + X\overline{Y}$
③ $\overline{X}(X+Y)$
④ $(\overline{X}+Y)(X+\overline{Y})$

해설 계전기 접점회로의 논리식
㉠ 직렬회로 : $\overline{X} \cdot Y$, $X \cdot \overline{Y}$
㉡ 병렬회로(㉠ 회로의 합) : $\overline{X} \cdot Y + X \cdot \overline{Y}$

74 특성방정식 $s^2 + 2s + 2 = 0$을 갖는 2차계에서의 감쇠율 ζ(damping ratio)은?

① $\sqrt{2}$
② $\dfrac{1}{\sqrt{2}}$
③ $\dfrac{1}{2}$
④ 2

해설 특성방정식 $s^2 + 2s + 2 = 0$에서 2차계의 특성방정식의 일반형은 $s^2 + 2\zeta\omega_n s + \omega_n^2 = 0$이므로
$2\zeta\omega_n = 2$, $\omega_n = \sqrt{2}$ 가 되고
감쇠율은 $\zeta = \dfrac{2}{2\omega_n} = \dfrac{2}{2 \times \sqrt{2}} = \dfrac{1}{\sqrt{2}}$

75 $F(s) = \dfrac{3s+10}{s^3 + 2s^2 + 5s}$ 일 때 $f(t)$의 최종치는?

① 0
② 1
③ 2
④ 8

해설 $f(t)$의 최종치
$\lim\limits_{t \to \infty} f(t) = \lim\limits_{s \to 0} sF(s) = \lim\limits_{s \to 0} s\dfrac{3s+10}{s^3 + 2s^2 + 5s}$
$= \lim\limits_{s \to 0} s\dfrac{3s+10}{s(s^2+2s+5)} = \dfrac{10}{5} = 2$

76 8Ω, 12Ω, 20Ω, 30Ω의 4개 저항을 병렬로 접속할 때 합성저항은 약 몇 Ω인가?

① 2.0
② 2.35
③ 3.43
④ 3.8

해설 합성저항(R)
$\dfrac{1}{R} = \dfrac{1}{R_1} + \dfrac{1}{R_2} + \dfrac{1}{R_3} + \dfrac{1}{R_4}$
$= \dfrac{1}{8} + \dfrac{1}{12} + \dfrac{1}{20} + \dfrac{1}{30} = \dfrac{7}{24}$
$\therefore R = \dfrac{24}{7} = 3.43\Omega$

77 그림과 같은 병렬공진회로에서 전류 I가 전압 E보다 앞서는 관계로 옳은 것은?

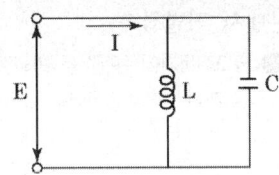

① $f < \dfrac{1}{2\pi\sqrt{LC}}$
② $f > \dfrac{1}{2\pi\sqrt{LC}}$
③ $f = \dfrac{1}{2\pi\sqrt{LC}}$
④ $f = \dfrac{1}{\sqrt{2\pi LC}}$

해설 병렬공진의 특성
병렬공진회로에서 전류는 전압과 동상이면 최소이고 공진 주파수보다 높은 주파수에서는 앞선 전류, 낮은 경우에는 뒤진 전류가 된다. 즉, 공진 주파수 $f_0 = \dfrac{1}{2\pi\sqrt{LC}}$에서 전류 I가 전압 E보다 앞서는 관계는 $f > f_0 \Rightarrow f > \dfrac{1}{2\pi\sqrt{LC}}$ 가 된다.

Answer 73. ② 74. ② 75. ③ 76. ③ 77. ②

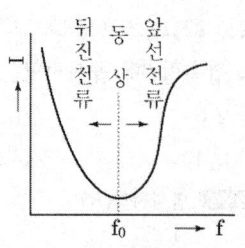

병렬공진회로의 공진 곡선

78 유도전동기의 역률을 개선하기 위하여 일반적으로 많이 사용되는 방법은?
① 조상기 병렬접속
② 콘덴서 병렬접속
③ 조상기 직렬접속
④ 콘덴서 직렬접속

해설 유도전동기에 콘덴서를 병렬로 접속하면 역률을 개선하여 피상전력을 감소시킨다.

79 $T_1 > T_2 > 0$일 때, $G(s) = \dfrac{1+T_2s}{1+T_1s}$의 벡터 궤적은?

①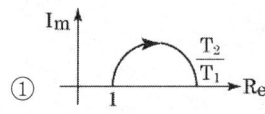

②

③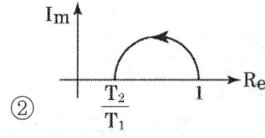

④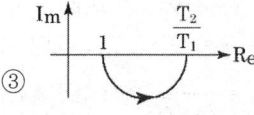

해설 $G(j\omega) = \dfrac{1+j\omega T_2}{1+j\omega T_1}$

$$g = \dfrac{\sqrt{1+(\omega T_2)^2}}{\sqrt{1+(\omega T_1)^2}}$$

$$\theta = \tan^{-1}(\omega T_2) - \tan^{-1}(\omega T_1)$$

$$G(j\omega) = \dfrac{\sqrt{1+(\omega T_2)^2}}{\sqrt{1+(\omega T_1)^2}} \angle \tan^{-1}(\omega T_2) - \tan^{-1}(\omega T_1)$$

$$\lim_{\omega \to 0} G(j\omega) = 1\angle 0°$$

$$\lim_{\omega \to \infty} G(j\omega) = \dfrac{T_2}{T_1}\angle 0°$$

i) $T_1 > T_2$ ii) $T_1 < T_2$

80 다음 블록선도 중에서 비례미분제어기는?

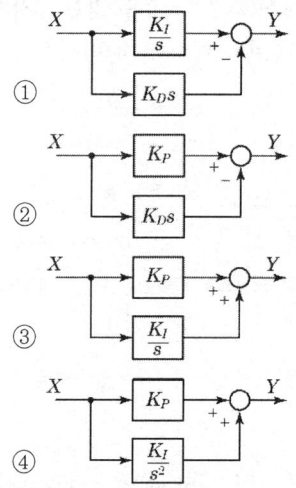

해설 ① 비례제어(P 제어) $K_P(s) = K_P$
② 비례미분제어(PD 제어)
$K_{PD}(s) = K_P + K_D s$
③ 비례적분제어(PI 제어)
$K_{PI}(s) = K_P + \dfrac{K_I}{s}$
④ 비례적분미분제어(PID 제어)
$K_{PID}(s) = K_P + \dfrac{K_I}{s} + K_D s$

Answer 78. ② 79. ④ 80. ②

2019년 8월 4일(3회) 시행

공조냉동기계산업기사 과년도출제문제

제1과목 : 공기조화

01 지하철에 적용할 기계 환기 방식의 기능으로 틀린 것은?
① 피스톤 효과로 유발된 열차풍으로 환기 효과를 높인다.
② 화재 시 배연기능을 달성한다.
③ 터널 내의 고온의 공기를 외부로 배출한다.
④ 터널 내의 잔류 열을 배출하고 신선외기를 도입하여 토양의 발열 효과를 상승시킨다.

해설 ④ 터널 내의 잔류열을 배출하고 신선외기를 도입하여 토양의 흡열 효과를 상승시킨다.

02 증기트랩에 대한 설명으로 틀린 것은?
① 바이메탈 트랩은 내부에 열팽창계수가 다른 두 개의 금속이 접합된 바이메탈로 구성되며, 워터 해머에 안전하고, 과열증기에도 사용 가능하다.
② 벨로즈 트랩은 금속제의 벨로즈 속에 휘발성 액체가 봉입되어 있어 주위에 증기가 있으면 팽창되고, 증기가 응축되면 온도에 의해 수축하는 원리를 이용한 트랩이다.
③ 플로트 트랩은 응축수의 온도차를 이용하여 플로트가 상하로 움직이며 밸브를 개폐한다.
④ 버킷 트랩은 응축수의 부력을 이용하여 밸브를 개폐하며 상향식과 하향식이 있다.

해설 플로트 트랩은 응축수의 부력을 이용하여 플로트가 상하로 움직이며 밸브를 개폐하고 열동식 트랩은 응축수의 온도차를 이용한다.

03 두께 150mm, 면적 10m²인 콘크리트 내벽의 외부온도가 30℃, 내부온도가 20℃일 때 8시간 동안 전달되는 열량(kJ)은? (단, 콘크리트 내벽의 열전도율은 1.5W/m·K이다.)
① 1350   ② 8350
③ 13200   ④ 28800

해설 ① 열전달률
$$K = \frac{1}{R} = \frac{1}{\frac{l}{\lambda}} = \frac{1}{\frac{0.15}{1.5}} = 10\text{W/m}^2\text{K}$$

② 전달열량(kJ)
$$Q = KA\Delta t = 10 \times 10 \times (30-20)$$
$$= 1{,}000\text{W} = 1\text{kW}(=\text{kJ/s})$$

∴ 8시간 동안 전달되는 열량은
$$1\frac{\text{kJ}}{\text{s}} \times \frac{3600\text{s}}{1\text{h}} \times 8\text{h} = 28{,}800\text{kJ}$$

04 지역난방의 특징에 대한 설명으로 틀린 것은?
① 광범위한 지역의 대규모 난방에 적합하며, 열매는 고온수 또는 고압증기를 사용한다.
② 소비처에서 24시간 연속난방과 연속급탕이 가능하다.
③ 대규모화에 따라 고효율 운전 및 폐열을 이용하는 등 에너지 취득이 경제적이다.
④ 순환펌프 용량이 크며 열 수송배관에서의

 01. ④ 02. ③ 03. ④ 04. ④

열손실이 작다.

해설 ④ 열 수송배관에서의 열손실이 크다.

05 주로 대형 덕트에서 덕트의 찌그러짐을 방지하기 위하여 덕트의 옆면 철판에 주름을 잡아주는 것을 무엇이라고 하는가?
① 다이아몬드 브레이크
② 가이드 베인
③ 보강 앵글
④ 시임

해설 다이아몬드 브레이크
덕트판의 강성을 높이기 위한 리브 보강의 한 형식이며, 덕트평판의 대각선 위치에 홈을 붙이는 방식으로 주로 장변 450mm 이상의 덕트에 사용

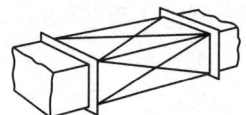

[다이아몬드 브레이크]

06 습공기의 상태변화에 관한 설명으로 옳은 것은?
① 습공기를 가습하면 상대습도가 내려간다.
② 습공기를 냉각감습하면 엔탈피는 증가한다.
③ 습공기를 가열하면 절대습도는 변하지 않는다.
④ 습공기를 노점온도 이하로 냉각하면 절대습도는 내려가고, 상대습도는 일정하다.

해설 ① 습공기를 가습하면 상대습도가 상승한다.
② 습공기를 냉각감습하면 엔탈피는 감소한다.
④ 습공기를 노점온도 이하로 냉각하면 절대습도는 낮아지고 상대습도는 증가한다.
[참고]
① 공기를 가열하거나 냉각해도 절대습도는 변하지 않는다.
② 공기를 가열하면 상대습도는 낮아지고 공기를 냉각하면 상대습도는 높아진다.

07 냉방부하 계산 시 유리창을 통한 취득열 부하를 줄이는 방법으로 가장 적절한 것은?
① 얇은 유리를 사용한다.
② 투명 유리를 사용한다.
③ 흡수율이 큰 재질의 유리를 사용한다.
④ 반사율이 큰 재질의 유리를 사용한다.

해설 ① 두꺼운 유리를 사용한다.
② 불투명 유리를 사용한다.
③ 흡수율이 작은 재질의 유리를 사용한다.

08 다음 중 수-공기 공기조화 방식에 해당하는 것은?
① 2중 덕트 방식
② 패키지 유닛 방식
③ 복사 냉난방 방식
④ 정풍량 단일 덕트 방식

해설 수-공기방식
유인유닛방식, 덕트 병용 팬 코일 유닛방식, 복사 냉난방(패널 에어)방식 등
[참고]
① 전공기방식 : 단일 덕트방식(정풍량, 변풍량), 2중 덕트방식(정풍량, 변풍량, 멀티존 유닛), 각층 유닛방식 등
② 냉매방식(개별방식) : 룸쿨러방식, 패키지 유닛 방식, 멀티유닛방식 등

09 복사난방에 대한 설명으로 틀린 것은?
① 다른 방식에 비해 쾌감도가 높다.
② 시설비가 적게 든다.
③ 실내에 유닛이 노출되지 않는다.
④ 열용량이 크기 때문에 방열량 조절에 시간이 다소 걸린다.

Answer 05. ① 06. ③ 07. ④ 08. ③ 09. ②

해설 ② 시설비가 많이 든다.

10 다음 중 흡습성 물질이 도포된 엘리먼트를 적층시켜 원판형태로 만든 로터와 로터를 구동하는 장치 및 케이싱으로 구성되어 있는 전열교환기의 형태는?

① 고정형 ② 정지형
③ 회전형 ④ 원판형

해설 **회전형 전열교환기**
흡습성이 있는 허니컴(honey comb)형의 로터가 외기의 유로와 배기의 유로에 교대로 회전하는 구조로 되어 있다.

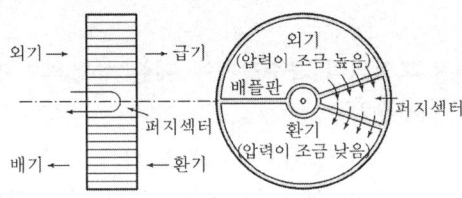

[회전식 전열교환기]

11 다음 난방방식 중 자연환기가 많이 일어나도 비교적 난방효율이 좋은 것은?

① 온수난방 ② 증기난방
③ 온풍난방 ④ 복사난방

해설 **복사난방의 특징**

장점	단점
⊙ 복사열에 의한 난방으로 쾌감도가 좋다.	⊙ 예열시간이 길어 부하에 대응하기 어렵다.
ⓒ 높이에 따른 실내온도의 분포가 균일하다.	ⓒ 방수층 및 단열층 시공 등 설비비가 비싸다.
ⓔ 대류작용에 따른 바닥 먼지의 상승이 적다.	ⓔ 매립배관으로 점검, 보수가 어렵고 누설발견이 어렵다.
② 방열기가 필요없어 바닥의 이용도가 좋다.	② 표면부(모르타르층)에서 균열이 발생한다.
⑩ 상하온도차가 적어 천장이 높은 방에 적합하다.	
⑪ 실내온도가 낮아도 난방효과가 있으며 손실열량이 적다.	

12 공기조화의 조닝계획 시 부하패턴이 일정하고, 사용시간대가 동일하며, 중간기 외기냉방, 소음방지, CO_2 등의 실내환경을 고려해야 하는 곳은?

① 로비 ② 체육관
③ 사무실 ④ 식당 및 주방

해설 **용도별 조닝(Zoning)**
① 사무실 계통 : 부하패턴이 일정, 실내정숙에 유의, 8시간 사용
② 회의실 : 실내 정숙, 간헐적으로 사용되므로 개별제어, 담배연기 제어, 인원의 증감에 대비 공조용량 산정
③ 식당 및 주방 : 간헐적 사용, 부하 변동이 심하다, 냄새확산 방지를 위한 부압 유지, 주방 배기량 확보
④ 로비 : 연돌효과 방지(+) 압력 유지, 조명 부하가 크다.

13 쉘 앤 튜브 열교환기에서 유체의 흐름에 의해 생기는 진동의 원인으로 가장 거리가 먼 것은?

① 층류 흐름
② 음향 진동
③ 소용돌이 흐름
④ 병류의 와류 형성

해설 **층류(laminar flow)**
유체입자들이 부드럽고 평행하게 정렬된 형태로 움직이며, 교란이 일어나지 않는 흐름으로 진동의 원인으로 거리가 멀다.
[참고] 열교환기 진동 원인 : 난류, 와류, 압력맥동, 음향 진동 등

14 콘크리트로 된 외벽의 실내측에 내장재를 부착했을 때 내장재의 실내측 표면에 결로가 일어나지 않도록 하기 위한 내장두께 L_2(mm)는 최소 얼마이어야 하는가?
(단, 외기온도 -5°C,

Answer 10. ③ 11. ④ 12. ③ 13. ① 14. ②

실내온도 20℃,
실내공기의 노점온도 12℃,
콘크리트의 벽두께 100mm,
콘크리트의 열전도율은 0.0016kW/m·K,
내장재의 열전도율은 0.00017kW/m·K,
실외측 열전달률은 0.023kW/m²·K,
실내측 열전달률은 0.009kW/m²·K이다.)

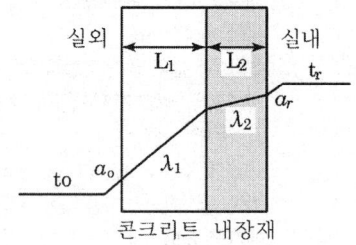

① 19.7   ② 22.1
③ 25.3   ④ 37.2

해설 실내에서 내장재 표면까지의 열전달량과 외부에서 내장재까지의 열전달량이 같을 때 결로가 생기므로

$Q = KA(t_s - t_o) = \alpha_r A(t_r - t_s)$

$K = \dfrac{\alpha_r(t_r - t_s)}{(t_s - t_o)}$

$\dfrac{1}{\dfrac{1}{\alpha_o} + \dfrac{L_1}{\lambda_1} + \dfrac{L_2}{\lambda_2}} = \dfrac{\alpha_r(t_r - t_s)}{(t_s - t_o)}$

$\dfrac{1}{\dfrac{1}{0.023} + \dfrac{0.1}{0.0016} + \dfrac{L_2}{0.00017}} = \dfrac{0.009(20-12)}{[12-(-5)]}$

$\dfrac{1}{0.023} + \dfrac{0.1}{0.0016} + \dfrac{L_2}{0.00017} = 236.13$

∴ $L_2 = 0.0221 \text{m} = 22.1 \text{mm}$

그러므로 내장재의 두께는 22.1mm 이상이 되어야 한다.

15 냉·난방 설계 시 열부하에 관한 설명으로 옳은 것은?

① 인체에 대한 냉방부하는 현열만이다.
② 인체에 대한 난방부하는 현열과 잠열이다.
③ 조명에 대한 냉방부하는 현열만이다.
④ 조명에 대한 난방부하는 현열과 잠열이다.

해설 ① 인체에 대한 냉방부하는 현열과 잠열이다.
② 인체에 대한 난방부하는 일반적으로 고려하지 않는다.
④ 조명에 대한 난방부하는 일반적으로 고려하지 않는다.
[참고] 일사의 의한 열취득, 인체, 기기발열량 등은 실내온도의 상승 요인이 되기 때문에 일반적으로 난방부하계산에 포함시키지 않는다.

16 보일러의 급수장치에 대한 설명으로 옳은 것은?

① 보일러 급수의 경도가 낮으면 관내 스케일이 부착되기 쉬우므로 가급적 경도가 높은 물을 급수로 사용한다.
② 보일러 내 물의 광물질이 농축되는 것을 방지하기 위하여 때때로 관수를 배출하여 소량씩 물을 바꾸어 넣는다.
③ 수질에 의한 영향을 받기 쉬운 보일러에서는 경수장치를 사용한다.
④ 증기보일러에서는 보일러 내 수위를 일정하게 유지할 필요는 없다.

해설 ① 보일러 급수의 경도가 높으면 관내 스케일이 부착되기 쉬우므로 가급적 경도가 낮은 물을 급수로 사용한다.
③ 수질에 의한 영향을 받기 쉬운 보일러에서는 경수연화장치를 사용한다.
④ 증기보일러에서는 과열로 인해 피해를 방지하기 위해 보일러 내 수위를 일정하게 유지하여야 한다.

17 공기조화 계획을 진행하기 위한 순서로 옳은 것은?

Answer   15. ③   16. ②   17. ③

① 기본계획 → 기본구상 → 실시계획 → 실시설계
② 기본구상 → 기본계획 → 실시설계 → 실시계획
③ 기본구상 → 기본계획 → 실시계획 → 실시설계
④ 기본계획 → 실시계획 → 기본구상 → 실시설계

해설 공기조화 계획
기획(기본구상 → 기본계획) → 기본설계 → 실시계획 → 실시설계

18 덕트에 설치하는 가이드 베인에 대한 설명으로 틀린 것은?
① 보통 곡률반지름이 덕트 장변의 1.5배 이내일 때 설치한다.
② 덕트를 작은 곡률로 구부릴 때 통풍저항을 줄이기 위해 설치한다.
③ 곡관부의 내측보다 외측에 설치하는 것이 좋다.
④ 곡관부의 기류를 세분하여 생기는 와류의 크기를 작게 한다.

해설 ③ 가이드 베인은 곡관부의 기류를 세분해서 생기는 와류를 작게 하며, 곡관부의 안쪽에 설치하는 것으로 곡관부의 외측보다 내측에 설치하는 것이 좋다.

19 열원방식의 분류는 일반 열원방식과 특수 열원방식으로 구분할 수 있다. 다음 중 일반 열원방식으로 가장 거리가 먼 것은?
① 빙축열 방식
② 흡수식 냉동기+보일러
③ 전동 냉동기+보일러
④ 흡수식 냉온수 발생기

해설 열원방식의 분류

일반열원방식	특수열원방식
• 전동냉동기+보일러 • 흡수식 냉동기+보일러 • 흡수식 냉온수 발생기 • 히트 펌프	• 열회수방식(전열교환방식) • 축열빙축방식(빙축열방식) • 태양열 이용방식 • 열병합발전방식 • 지역 냉·난방방식

20 90℃ 고온수 25kg을 100℃의 건조포화액으로 가열하는 데 필요한 열량(kJ)은? (단, 물의 비열은 4.2kJ/kg·K이다.)
① 42 ② 250
③ 525 ④ 1050

해설 가열열량(kJ)
$Q = GC\Delta t = 25 \times 4.2 \times (100 - 90) = 1050 kJ$

제2과목 : 냉동공학

21 다음과 같은 [조건]에서 작동하는 냉동장치의 냉매순환량(kg/h)은? (단, 1RT는 3.9kW이다.)

[조건]
(1) 냉동능력 : 5RT
(2) 증발기입구 냉매 엔탈피 : 240kJ/kg
(3) 증발기출구 냉매 엔탈피 : 400kJ/kg

① 325.2 ② 438.8
③ 512.8 ④ 617.3

해설 냉매순환량(kg/h)

$G = \dfrac{Q_e}{q_e} = \dfrac{Q_e}{h_1 - h_4}$

$= \dfrac{5RT \times \dfrac{3.9 kJ/s}{1RT} \times \dfrac{3600s}{1h}}{400 - 240} = 438.8 kg/h$

여기서, 3.9kW=3.9kJ/s, 1h=3600s

Answer 18. ③ 19. ① 20. ④ 21. ②

22. 냉동장치에서 액봉이 쉽게 발생되는 부분으로 가장 거리가 먼 것은?
    ① 액펌프 방식의 펌프출구와 증발기 사이의 배관
    ② 2단압축 냉동장치의 중간냉각기에서 과냉각된 액관
    ③ 압축기에서 응축기로의 배관
    ④ 수액기에서 증발기로의 배관

    해설 액봉현상
    밀폐된 냉매배관 계통 내부에 갇힌 액체 냉매가 주위 온도가 상승함에 따라, 냉매액의 체적이 팽창하여 이상 고압의 발생 혹은 파열되는 현상으로 주로 저압 배관 간의 연결부위에 많이 발생한다. 보기에서 압축기에서 응축기로의 배관은 고압배관이므로 액봉이 쉽게 발생되는 부분과 거리가 멀다.
    [참고] 액봉현상 발생 원인
    ① 냉동장치를 수리할 때 펌프다운을 하지 않고 하는 경우
    ② 응축기나 수액기를 수리하기 때문에 펌프다운을 할 수 없는 경우
    ③ 운전 휴지 중 스톱 밸브를 모두 닫아 놓은 경우
    ④ 기타 밸브조작의 잘못으로 냉매액이 충만하고 있는 부분이 밀봉되어 냉매액이 빠져나갈 부분이 없는 경우

23. 냉동장치를 장기간 운전하지 않을 경우 조치방법으로 틀린 것은?
    ① 냉매의 누설이 없도록 밸브의 패킹을 잘 잠근다.
    ② 저압측의 냉매는 가능한 한 수액기로 회수한다.
    ③ 저압측의 냉매를 다른 용기로 회수하고 그 대신 공기를 넣어둔다.
    ④ 압축기의 워터 재킷을 위한 물은 완전히 뺀다.

    해설 ③ 저압측의 냉매를 전부 수액기로 회수하고 수액기에 전부 회수할 수 없을 때에는 봄베에 회수한다. 이 경우 저압측 및 압축기 내에는 게이지압으로 9.8kPa 정도의 가스압을 남겨둔다. 이유는 대기압보다 낮은 상태로 해 두면 누설이 있을 때 공기가 침입할 수 있기 때문이다.

24. 다음 중 냉동장치의 운전상태 점검 시 확인해야 할 사항으로 가장 거리가 먼 것은?
    ① 윤활유의 상태
    ② 운전 소음 상태
    ③ 냉동장치 각 부의 온도 상태
    ④ 냉동장치 전원의 주파수 변동 상태

    해설 냉동장치의 운전관리
    ① 냉매의 상태(압력, 온도 등)
    ② 윤활류의 상태(압력, 온도, 청정도 등)
    ③ 냉각수 온도 또는 냉각공기 온도
    ④ 냉동장치 각 부의 온도
    ⑤ 운전소음
    ⑥ 압축기용 전동기의 전압, 전류
    ⑦ 팽창밸브의 개도

25. 암모니아 냉동기에서 유분리기의 설치 위치로 가장 적당한 곳은?
    ① 압축기와 응축기 사이
    ② 응축기와 팽창밸브 사이
    ③ 증발기와 압축기 사이
    ④ 팽창밸브와 증발기 사이

    해설 유분리기 설치 위치
    ① 암모니아 냉동기 : 압축기와 응축기 사이의 응축기 가까운 토출관(압축기에서 3/4 정도 지점 – 토출가스 온도(98℃)가 높으므로)
    ② 프레온 냉동기 : 압축기와 응축기 사이의 압축기 가까운 토출관(압축기에서 1/4 정도 지점)

Answer 22. ③ 23. ③ 24. ④ 25. ①

26 증발온도 -15℃, 응축온도 30℃인 이상적인 냉동기의 성적계수(COP)는?

① 5.73 ② 6.41
③ 6.73 ④ 7.34

해설 ① 증발온도
$T_L = -15℃ = (-15+273)K = 258K$
② 응축온도
$T_H = 30℃ = (30+273)K = 303K$
③ 성적계수(COP)
$COP = \dfrac{T_L}{T_H - T_L} = \dfrac{258}{303-258} = 5.73$

27 프레온 냉동기의 흡입배관에 이중 입상관을 설치하는 주된 목적은?

① 흡입가스의 과열을 방지하기 위하여
② 냉매액의 흡입을 방지하기 위하여
③ 오일의 회수를 용이하게 하기 위하여
④ 흡입관에서의 압력강하를 보상하기 위하여

해설 이중 입상관
프레온 냉동장치의 흡입 및 토출 입상 배관에 오일 회수를 용이하게 하기 위해 이중 입상관을 설치한다. 가는 관과 굵은 관의 이중관을 설치하여 굵은 관 입구에 트랩을 설치하여 최소 부하 시는 오일이 트랩에 고여 굵은 관을 막아 가는 관으로만 가스가 통과하여 오일을 회수하고, 최대 부하 시는 두 관을 통해 가스가 통과되면서 오일을 회수한다. 트랩부는 되도록 작게 하여 압축기 유면의 변동을 억제해야 한다.

28 냉동효과가 1088kJ/kg인 냉동사이클에서 1냉동톤당 압축기 흡입증기의 체적(m³/h)은? (단, 압축기 입구의 비체적은 0.5087m³/kg이고, 1냉동톤은 3.9kW이다.)

① 15.5 ② 6.5
③ 0.258 ④ 0.002

해설 냉매순환량(G)
$G = \dfrac{Q_e}{q_e} = \dfrac{V}{v_a} \times \eta_v$

$V = \dfrac{Q_e}{q_e} \times v_a$

$= \dfrac{1RT \times \dfrac{3.9kJ/s}{1RT} \times \dfrac{3600s}{1h}}{1088} \times 0.5087$

$= 6.5 m^3/h$

여기서, η_v(체적효율) = 1로 가정.
3.9kW=3.9kJ/s, 1h=3600s

29 열전달에 대한 설명으로 틀린 것은?

① 열전도는 물체 내에서 온도가 높은 쪽에서 낮은 쪽으로 열이 이동하는 현상이다.
② 대류는 유체의 열이 유체와 함께 이동하는 현상이다.
③ 복사는 떨어져 있는 두 물체 사이의 전열 현상이다.
④ 전열에서는 전도, 대류, 복사가 각각 단독으로 일어나는 경우가 많다.

해설 ④ 전열에서는 전도, 대류, 복사가 복합적으로 일어나는 경우가 많다.

30 어떤 냉동기로 1시간당 얼음 1ton을 제조하는 데 37kW의 동력을 필요로 한다. 이때 사용하는 물의 온도는 10℃이며 얼음은 -10℃이었다. 이 냉동기의 성적계수는? (단, 융해열은 335kJ/kg이고, 물의 비열은 4.19kJ/kg·K, 얼음의 비열은 2.09kJ/kg·K이다.)

① 2.0 ② 3.0
③ 4.0 ④ 5.0

해설 10℃ 물 → 0℃ 물 → 0℃ 얼음 → -10℃ 얼음
　　　　①　　　　②　　　　③

① $Q_1 = G \cdot C \cdot \Delta t = 1000 \times 4.19 \times (10-0)$
$= 41900 kJ$

 26. ① 27. ③ 28. ② 29. ④ 30. ②

② $Q_2 = G \times \gamma = 1000 \times 335 = 335000$ kJ
③ $Q_3 = G \cdot C \cdot \Delta t$
    $= 1000 \times 2.09 \times (0-(-10))$
    $= 20900$ kJ
④ 전체열량
    $Q = Q_1 + Q_2 + Q_3$
    $= 41900 + 335000 + 20900$
    $= 397800$ kcal/h
⑤ 성적계수
    $\text{COP} = \dfrac{Q}{W} = \dfrac{397,800}{37\dfrac{\text{kJ}}{\text{s}} \times \dfrac{3600\text{s}}{1\text{h}}} = 3$

여기서, 물 1ton=1000kg
37kW=37kJ/s
1h=3600s

31 압축기의 클리어런스가 클 경우 상태 변화에 대한 설명으로 틀린 것은?
① 냉동능력이 감소한다.
② 체적효율이 저하한다.
③ 압축기가 과열한다.
④ 토출가스의 온도가 감소한다.

해설 간극체적((Top Clearance)이 클 경우에 냉동기에 미치는 영향
① 토출가스 온도가 상승 → 열이 전도 → 실린더가 과열 → 윤활유 열화 및 탄화현상이 발생(윤활유 기능이 상실) → 실린더가 마모 → 기계효율 및 압축효율이 저하
② 압축비가 증가 → 체적효율이 저하
③ 플래시가스 발생량이 증가 → 냉동효과 감소(냉동능력이 저하)
④ 압축일의 열당량(압축일량이 증가 → 압축기 소요동력이 증대
⑤ 냉동기 성적계수 저하 → 냉동효과 감소, 압축일량 증대로 인하여 성적계수가 저하
⑥ 냉동실 온도가 상승

32 압축기의 설치 목적에 대한 설명으로 옳은 것은?

① 엔탈피 감소로 비체적을 증가시키기 위해
② 상온에서 응축 액화를 용이하게 하기 위한 목적으로 압력을 상승시키기 위해
③ 수냉식 및 공랭식 응축기의 사용을 위해
④ 압축 시 임계온도 상승으로 상온에서 응축 액화를 용이하게 하기 위해

해설 압축기
증발기에서 증발한 저온저압의 냉매가스를 재사용하기 위해 압축기에 흡입시켜 응축기에서 응축 액화하기 쉽도록 압력을 상승시켜 주며 냉매를 순환시켜 주는 기기

33 브라인의 구비 조건으로 틀린 것은?
① 비열이 크고 동결온도가 낮을 것
② 불연성이며 불활성일 것
③ 열전도율이 클 것
④ 점성이 클 것

해설 브라인의 구비 조건
① 열용량(비열)이 클 것
② 열전도율이 클 것
③ 점도(점성)가 작을 것
④ 응고점이 낮을 것
⑤ 불연성이며 독성이 없을 것
⑥ 누설 시 냉장물품에 손상이 없을 것
⑦ 가격이 싸고, 구입이 용이할 것
⑧ pH값이 적당할 것(7.5~8.2 정도)

34 흡수식 냉동기의 특징에 대한 설명으로 틀린 것은?
① 부분 부하에 대한 대응성이 좋다.
② 용량제어의 범위가 넓어 폭넓은 용량제어가 가능하다.
③ 초기 운전 시 정격 성능을 발휘할 때까지의 도달 속도가 느리다.
④ 압축식 냉동기에 비해 소음과 진동이 크다.

Answer 31. ④ 32. ② 33. ④ 34. ④

해설 ④ 압축식 냉동기에 비해 압축기를 가동하는 전동기가 없고 열에너지를 이용하므로 소음, 진동이 적다.

35 다음 냉매 중 오존파괴지수(ODP)가 가장 낮은 것은?
① R11 ② R12
③ R22 ④ R134a

해설

냉매	오존파괴지수(ODP)
R-11	1.0
R-12	1.0
R-22	0.05
R-134a	0

36 냉매에 대한 설명으로 틀린 것은?
① R-21은 화학식으로 $CHCl_2F$이고, $CClF_2-ClF_2$는 R-113이다.
② 냉매의 구비 조건으로 응고점이 낮아야 한다.
③ 냉매의 구비 조건으로 증발열과 열전도율이 커야 한다.
④ R-500은 R-12와 R-152를 합한 공비 혼합냉매라 한다.

해설 ① R-21은 화학식으로 $CHCl_2F$이고, $CCl_2F-CClF_2$는 R-113이다.

37 증발온도(압력)가 감소할 때, 장치에 발생되는 현상으로 가장 거리가 먼 것은? (단, 응축온도는 일정하다.)
① 성적계수(COP) 감소
② 토출가스 온도 상승
③ 냉매순환량 증가
④ 냉동 효과 감소

해설 증발온도(압력) 감소
① 압축비의 증대
② 토출가스 온도 상승
③ 냉동효과 감소
④ 성적계수(COP) 감소
⑤ 비체적 증대로 인한 냉매순환량 감소

38 다음 중 줄-톰슨 효과와 관련이 가장 깊은 냉동방법은?
① 압축기체의 팽창에 의한 냉동법
② 감열에 의한 냉동법
③ 흡수식 냉동법
④ 2원 냉동법

해설 줄-톰슨 효과
압축한 기체를 단열된 좁은 구멍으로 분출(팽창)시키면 온도가 변하는 현상으로 공기를 액화시킬 때나 냉매의 냉각에 응용되는 현상이다.

39 열 및 열펌프에 관한 설명으로 옳은 것은?
① 일의 열당량은 $\dfrac{1kcal}{427kgf \cdot m}$이다. 이것은 $427kgf \cdot m$의 일이 열로 변할 때, 1kcal의 열량이 되는 것이다.
② 응축온도가 일정하고 증발온도가 내려가면 일반적으로 토출 가스온도가 높아지기 때문에 열펌프의 능력이 상승된다.
③ 비열 $2.1kJ/kg \cdot \text{°C}$, 비중량 $1.2kg/L$의 액체 2L를 온도 1°C 상승시키기 위해서는 2.27kJ의 열량을 필요로 한다.
④ 냉매에 대해서 열의 출입이 없는 과정을 등온 압축이라 한다.

해설 ② 응축온도가 일정하고 증발온도가 내려가면 일반적으로 토출가스 온도가 높아지기 때문에 열펌프의 능력이 감소한다.
③ $Q = \gamma GC\Delta t$

Answer 35. ④ 36. ① 37. ③ 38. ① 39. ①

$$= (1.2\frac{kg}{L} \times 2L) \times 2.1 kJ/kg℃ \times 1℃$$
$$= 5.04 kJ$$

④ 냉매에 대해서 열의 출입이 없는 과정을 단열과정이라 한다.

40 표준 냉동사이클에서 냉매 액이 팽창밸브를 지날 때 냉매의 온도, 압력, 엔탈피의 상태 변화를 올바르게 나타낸 것은?

① 온도 : 일정, 압력 : 감소, 엔탈피 : 일정
② 온도 : 일정, 압력 : 감소, 엔탈피 : 감소
③ 온도 : 감소, 압력 : 일정, 엔탈피 : 일정
④ 온도 : 감소, 압력 : 감소, 엔탈피 : 일정

【해설】 팽창밸브(등엔탈피 과정, 교축과정)
냉동장치에서 저온을 얻기 위해 증발기 입구에 팽창밸브를 설치하여 냉매를 단열팽창시키면 압력과 온도가 감소하며 이때 엔탈피 변화는 없다. 이렇게 압력이 떨어지면 기체들은 쉽게 증발하게 된다.
[참고] 유체가 노즐이나 오리피스와 같이 유로가 좁은 곳을 통과하게 되면, 외부와 열량이나 일량의 교환없이도 압력이 감소하는데, 이와 같은 현상을 교축(throttling)이라 한다.

제 3 과목 : 배관일반

41 강관을 재질상으로 분류한 것이 아닌 것은?

① 탄소 강관
② 합금 강관
③ 전기 용접강관
④ 스테인리스 강관

【해설】 재질상 분류
탄소강 강관, 합금강 강관, 스테인리스 강관 등
[참고] 제조방법에 따른 분류 : 전기저항용접관, 단접관, 아크용접관, 열간가공 이음매 없는 관 등

42 건물의 시간당 최대 예상 급탕량이 2000kg/h일 때, 도시가스를 사용하는 급탕용 보일러에서 필요한 가스 소모량(kg/h)은? (단, 급탕온도 60℃, 급수온도 20℃, 도시가스 발열량 15000kcal/kg, 보일러 효율이 95%이며, 열손실 및 예열부하는 무시한다.)

① 5.6   ② 6.6
③ 7.6   ④ 8.6

【해설】 가스소모량(kg/h)
$$G = \frac{w(t_h - t_w)}{F \cdot E}$$
$$= \frac{2000 \times (60-20)}{15000 \times 0.95} = 5.6 kg/h$$

43 고가 탱크식 급수설비에서 급수경로를 바르게 나타낸 것은?

① 수도본관 → 저수조 → 옥상탱크 → 양수관 → 급수관
② 수도본관 → 저수조 → 양수관 → 옥상탱크 → 급수관
③ 저수조 → 옥상탱크 → 수도본관 → 양수관 → 급수관
④ 저수조 → 옥상탱크 → 양수관 → 수도본관 → 급수관

【해설】 고가 탱크 급수방식 급수경로
수도본관 → 저수조 → 양수펌프 → 양수관 → 옥상탱크 → 급수관(각 수전)

44 기수 혼합 급탕기에서 증기를 물에 직접 분사시켜 가열하면 압력차로 인해 소음이 발생한다. 이러한 소음을 줄이기 위해 사용하는 설비는?

① 스팀 사일렌서
② 응축수 트랩
③ 안전밸브

Answer   40. ④   41. ③   42. ①   43. ②   44. ①

④ 가열코일

해설 스팀 사일렌서(steam silencer)
기수 혼합식은 고압증기로 온수를 얻는 방법으로 물을 혼합할 때 소음이 발생되므로 소음제거 장치인 스팀 사일렌서가 필요하고 사용 장소에 제한을 받는다. S형과 F형이 있다.

45 냉매배관 설계 시 유의사항으로 틀린 것은?
① 2중 입상관 사용 시 트랩을 크게 한다.
② 과도한 압력강하를 방지한다.
③ 압축기로 액체 냉매의 유입을 방지한다.
④ 압축기를 떠난 윤활유가 일정 비율로 다시 압축기로 되돌아오게 한다.

해설 ① 2중 입상관 사용 시 트랩은 되도록 작게 하여 압축기 유면의 변동을 억제해야 한다.

46 펌프에서 캐비테이션 방지대책으로 틀린 것은?
① 흡입 양정을 짧게 한다.
② 양흡입 펌프를 단흡입 펌프로 바꾼다.
③ 펌프의 회전수를 낮춘다.
④ 배관의 굽힘을 적게 한다.

해설 캐비테이션(Cavitation) 방지책
① 흡입양정을 줄인다.
② 흡입관 손실을 줄인다.
③ 펌프 설치 위치를 가능한 한 낮추고 흡입관을 가능한 한 짧게 하고 관내 유속을 작게 한다.
④ 규정회전수 내 운전(회전수를 줄임)
⑤ 양정에 필요 이상의 양정을 잡지 않는다.
⑥ 2대 이상의 펌프 사용
⑦ 단흡입 펌프는 양흡입 펌프로 한다.

47 증기난방 배관 시공법에 관한 설명으로 틀린 것은?
① 증기 주관에서 가지관을 분기할 때는 증기 주관에서 생성된 응축수가 가지관으로 들어가지 않도록 상향 분기한다.
② 증기 주관에서 가지관을 분기하는 경우에는 배관의 신축을 고려하여 3개 이상의 엘보를 사용한 스위블 이음으로 한다.
③ 증기 주관 말단에는 관말트랩을 설치한다.
④ 증기관이나 환수관이 보 또는 출입문 등 장애물과 교차할 때는 장애물을 관통하여 배관한다.

해설 ④ 증기관이나 환수관이 보 또는 출입문 등 장애물과 교차할 때는 루프형 배관을 하여 상부는 공기, 하부는 응축수가 흐르도록 한다.

48 다음 특징은 어떤 포집기에 대한 설명인가?

영업용(호텔, 레스토랑) 주방 등의 배수 중 함유되어 있는 지방분을 포집하여 제거한다.

① 드럼 포집기
② 오일 포집기
③ 그리스 포집기
④ 플라스터 포집기

해설 그리스 포집기
호텔, 영업용 음식점 등의 주방에서 배수 중에 포함된 지방분을 냉각·응고시켜 제거함으로써 지방분이 배수관으로 유입하여 관이 막히게 되는 것을 방지한다.
[참고] 포집기 : 드럼 트랩의 특성을 이용하여 배수관에 유입되는 유해물질을 회수, 제거하기 위함과 트랩의 역할도 하는 2가지 기능을 갖는 트랩
① 오일 포집기 : 가솔린 포집기라고도 하며 자동차 수리공장, 주유소, 세차장 등 유류가 흡입될 우려가 있는 곳의 배수계통에 설치하여 기름을 수면에 뜨게 하여 회수하고 배수관 내에서의 유류로 인한 폭발, 인화 등의 사고를 방지한다.

Answer 45. ① 46. ② 47. ④ 48. ③

② 플라스터 포집기 : 치과병원, 외과병원 등의 배수계통에 설치하여 석고, 귀금속 등의 불용성 물질을 포집 회수한다.

49 다음 중 건물의 급수량 산정의 기준과 가장 거리가 먼 것은?
① 건물의 높이 및 층수
② 건물의 사용 인원수
③ 설치될 기구의 수량
④ 건물의 유효면적

해설 **급수량 산정방법**
① 급수인원(대상인원)에 의한 방법
② 건물 유효면적에 의한 방법
③ 급수 기구수에 의한 방법

50 제조소 및 공급소 밖의 도시가스 배관 설비 기준으로 옳은 것은?
① 철도부지에 매설하는 경우에는 배관의 외면으로부터 궤도 중심까지 3m 이상 거리를 유지해야 한다.
② 철도부지에 매설하는 경우 지표면으로부터 배관의 외면까지의 깊이를 1.2m 이상 유지해야 한다.
③ 하천구역을 횡단하는 배관의 매설은 배관의 외면과 계획하상높이와의 거리 2m 이상 거리를 유지해야 한다.
④ 수로 밑을 횡단하는 배관의 매설은 1.5m 이상, 기타 좁은 수로인 경우 0.8m 이상 깊게 매설해야 한다.

해설 ① 배관을 철도부지에 매설하는 경우에는 배관의 외면으로부터 궤도 중심까지 4m 이상 거리를 유지해야 한다.
③ 하천구역을 횡단하여 매설하는 경우 배관의 외면과 계획하상높이와의 거리는 원칙적으로 4m 이상 유지해야 한다.
④ 수로를 횡단하여 배관을 매설하는 경우에는 배관의 외면과 계획하상높이와의 거리는 원칙적으로 2.5m 이상, 그 밖의 좁은 수로를 횡단하여 배관을 매설하는 경우에는 배관의 외면과 계획하상높이와의 거리는 원칙적으로 1.2m 이상 깊게 매설해야 한다.

51 다음 배관 부속 중 사용 목적이 서로 다른 것과 연결된 것은?
① 플러그 - 캡
② 티 - 리듀서
③ 니플 - 소켓
④ 유니언 - 플랜지

해설 ① 티(T) : 관을 도중에 분기할 때
② 리듀서 : 이경관을 연결할 때

52 암모니아 냉동설비의 배관으로 사용하기에 가장 부적절한 배관은?
① 이음매 없는 동관
② 저온 배관용 강관
③ 배관용 탄소강 강관
④ 배관용 스테인리스 강관

해설 ㉠ 암모니아 냉매 : 동관을 부식시키므로 강관(SPPS)을 사용
㉡ 프레온 냉매 : 이음매 없는 동관을 사용

53 단열시공 시 곡면부 시공에 적합하고, 표면에 아스팔트 피복을 하면 -60℃ 정도까지 보냉이 되고 양모, 우모 등의 모(毛)를 이용한 피복재는?
① 실리카울
② 아스베스토
③ 섬유유리
④ 펠트

해설 **펠트**
① 양모, 우모를 이용하여 펠트모양으로 제조한 것
② 곡면 시공이 용이하다.
③ 최고 사용온도는 100℃이며 아스팔트로 방

Answer 49. ① 50. ② 51. ② 52. ① 53. ④

습 가공한 것은 -60℃까지 사용 가능하다.

54 간접배수관의 관경이 25A일 때 배수구 공간으로 최소 몇 mm가 가장 적절한가?

① 50　　② 100
③ 150　　④ 200

해설 배수구 공간

간접 배수관의 직경(mm)	배수구 공간(mm)
25 이하	최소 50
30~50	최소 100
65 이상	최소 150

55 유체의 흐름을 한 방향으로만 흐르게 하고 반대 방향으로는 흐르지 못하게 하는 밸브의 도시기호는?

해설 ① 체크 밸브　② 밸브 일반
③ 글로브 밸브　④ 앵글 밸브

56 도시가스 배관에서 중압은 얼마의 압력을 의미하는가?

① 0.1MPa 이상 1MPa 미만
② 1MPa 이상 3MPa 미만
③ 3MPa 이상 10MPa 미만
④ 10MPa 이상 100MPa 미만

해설 도시가스 공급방식
㉠ 저압 공급방식 : 가스압력 0.1MPa 미만으로 공급하는 방식
㉡ 중압 공급방식 : 가스압력 0.1MPa~1MPa 미만으로 공급하는 방식
㉢ 고압 공급방식 : 가스압력 1MPa 이상으로 공급하는 방식

57 다음 중 통기관의 종류가 아닌 것은?

① 각개 통기관　② 루프 통기관
③ 신정 통기관　④ 분해 통기관

해설 통기관의 종류
각개 통기관, 루프(회로) 통기관, 도피 통기관, 신정 통기관, 결합 통기관, 습윤 통기관, 공용 통기관

58 공기조화 설비의 구성과 가장 거리가 먼 것은?

① 냉동기 설비
② 보일러 실내기기 설비
③ 위생기구 설비
④ 송풍기, 공조기 설비

해설 공기조화 설비
① 열원장치(냉동기, 보일러 등)
② 열운반장치(송풍기, 덕트 등)
③ 공기조화기(필터, 가열·냉각코일, 가습기 등)
④ 자동제어장치
[참고] 위생기구 설비(건축기계설비) : 건축물에 있어서 급수·급탕 및 배수를 필요로 하는 장소에 설치하는 기구의 총칭

59 냉동배관 중 액관 시공 시 유의사항으로 틀린 것은?

① 매우 긴 입상 배관의 경우 압력이 증가하게 되므로 충분한 과냉각이 필요하다.
② 배관은 가능한 한 짧게 하여 냉매가 증발하는 것을 방지한다.
③ 가능한 한 직선적인 배관으로 하고, 곡관의 곡률반경은 가능한 한 크게 한다.
④ 증발기가 응축기 또는 수액기보다 높은 위치에 설치되는 경우는 액을 충분히 과냉각시켜 액 냉매가 관내에서 증발하는 것을 방지하도록 한다.

해설 ① 매우 긴 입상 배관의 경우 압력손실이 크므로 충분한 과냉각이 필요하다.(5m 입상에

 54. ①　55. ①　56. ①　57. ④　58. ③　59. ①

대해 5℃ 정도의 과냉각이 필요)

60 자동 2방향 밸브를 사용하는 냉온수 코일 배관법에서 바이패스관에 설치하기에 가장 적절한 밸브는?

① 게이트밸브
② 체크밸브
③ 글로브밸브
④ 감압밸브

해설 냉온수 코일 배관에서 바이패스 저항과 코일 저항을 동등하게 하기 위해 글로브밸브를 설치한다.

제4과목 : 전기제어공학

61 피드백 제어계에서 제어요소에 대한 설명 중 옳은 것은?

① 목표값에 비례하는 신호를 발생하는 요소이다.
② 조절부와 검출부로 구성되어 있다.
③ 동작신호를 조작량으로 변화시키는 요소이다.
④ 조절부와 비교부로 구성되어 있다.

해설 제어요소
동작신호를 조작량으로 변환시키는 요소이며 조절부와 조작부로 구성
① 조절부 : 동작신호를 만드는 부분이며 기준입력과 검출부 출력을 합하여 제어계가 소요의 작용을 하는 데 필요한 신호를 만들어 조작부에 보내는 장치
② 조작부 : 조절부에서 받은 신호를 조작량으로 변화하여 제어대상에 작용하게 하는 부분
[참고] ①번은 기준입력요소에 대한 설명이다.

62 $i = 2t^2 + 8t$(A)로 표시되는 전류가 도선에 3초 동안 흘렀을 때 통과한 전체 전하량(C)은?

① 18
② 48
③ 54
④ 61

해설 전체 전하량(C)

$$dq = \int i\,dt = \int_0^3 (2t^2 + 8t)dt$$
$$= \left[\frac{2}{3}t^3 + 4t^2\right]_0^3 = 54C$$

63 다음 블록선도의 특성방정식으로 옳은 것은?

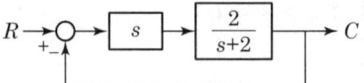

① $3s + 2 = 0$
② $\dfrac{s}{s+2} = 0$
③ $\dfrac{2s}{3s+2} = 0$
④ $2s = 0$

해설 전달함수를 구하면

$(R-C)\left(s \cdot \dfrac{2}{s+2}\right) = C$

$R - C = \dfrac{s+2}{2s}C$

$R = \left(\dfrac{s+2}{2s} + 1\right)C$

$\dfrac{C}{R} = \dfrac{2s}{3s+2}$

특성방정식은 전달함수의 분모가 0인 방정식이므로

$\therefore 3s + 2 = 0$

64 적분시간이 3초이고, 비례감도가 5인 PI 제어계의 전달함수는?

① $G(s) = \dfrac{10s + 5}{3s}$
② $G(s) = \dfrac{15s - 5}{3s}$
③ $G(s) = \dfrac{10s - 3}{3s}$
④ $G(s) = \dfrac{15s + 5}{3s}$

해설 PI계의 전달함수

Answer 60. ③ 61. ③ 62. ③ 63. ① 64. ④

$$G(s) = K_p(1 + \frac{1}{T_i s})$$
$$= 5(1 + \frac{1}{3s}) = 5 + \frac{5}{3s} = \frac{15s+5}{3s}$$

여기서, K_p : 비례감도, T_i : 적분시간

65 운동계의 각속도 ω는 전기계의 무엇과 대응되는가?
① 저항 ② 전류
③ 인덕턴스 ④ 커패시턴스

해설 전기계와 물리계의 상대적 관계

전기계	직선운동계	회전운동계
전하 : Q	위치 : y	각변위 : θ
전류 : I	속도 : v	각속도 : ω
전압 : V	힘 : F	토크 : T
저항 : R	점성마찰 : B	회전마찰 : B

66 서보기구의 제어량에 속하는 것은?
① 유량 ② 압력
③ 밀도 ④ 위치

해설 서보기구의 제어량
기계적인 변위량(위치, 방향, 자세, 거리, 각도 등)

67 정상편차를 제거하고 응답속도를 빠르게 하여, 속응성과 정상상태 응답 특성을 개선하는 제어동작은?
① 비례동작
② 비례적분동작
③ 비례미분동작
④ 비례미분적분동작

해설 비례미분적분제어((PID 제어)
미분동작에 의해 오버슈트를 감소시키며 응답속도(속응성)가 향상되어 과도응답 특성을 개선하고 적분동작에 의해 잔류편차를 개선하므로 가장 우수한 제어동작이다.(최적 제어)

68 직류전동기의 속도제어방법이 아닌 것은?
① 계자제어법 ② 직렬저항법
③ 병렬저항법 ④ 전압제어법

해설 직류전동기의 속도제어법

구분	효율	특징
전압제어	효율이 좋다.	• 광범위 속도제어 • 일그너 방식(부하가 급변하는 곳) • 워드레오나드 방식 • 정토크 제어
계자제어	효율이 좋다.	• 세밀하고 안정된 속도제어 • 속도조정 범위 좁다. • 정출력 구동방식
저항제어	효율이 나쁘다.	• 속도조정 범위가 좁다.

69 제어시스템의 구성에서 서보전동기는 어디에 속하는가?
① 조절부 ② 제어대상
③ 조작부 ④ 검출부

해설 서보전동기
서보전동기는 제어장치인 드라이버로부터 조작량을 입력받고, 회전속도 및 회전자각을 제어량으로 피드백하기 때문에 제어시스템의 구성에서 서보전동기는 제어대상이 될 수 있지만, 소형의 서보전동기가 제어기(장치)를 포함하는 일체형임을 고려하여 제어시스템의 구성에서 서보전동기는 단일 블록으로서 조작부로서 제어신호에 의해 부하를 구동하는 장치도 될 수 있다.

70 제어계에서 제어량이 원하는 값을 갖도록 외부에서 주어지는 값은?
① 동작신호 ② 조작량
③ 목표값 ④ 궤환량

해설 목표값(입력값)
외부에서 사용자가 제어 시스템에서 원하는

Answer 65. ② 66. ④ 67. ④ 68. ③ 69. ② 70. ③

입력치로서 설정값이다.

[참고]
① 동작신호 : 기준입력과 주피드백량의 차이로써 제어계의 동작을 일으키는 원인이 되는 신호로서 오차를 의미한다.
② 조작량 : 제어요소가 제어대상에 주는 양을 말한다.
③ 궤환량 : 궤환이란 출력신호의 일부를 입력측으로 되돌리는 것이며 궤환량은 동작신호를 얻기 위하여 기준입력과 비교되는 양이다.

71 R-L 직렬회로에 100V의 교류 전압을 가했을 때 저항에 걸리는 전압이 80V이었다면 인덕턴스에 걸리는 전압(V)은?
① 20　　② 40
③ 60　　④ 80

해설 인가전압 V, R 양단의 전압 V_R, L 양단의 전압을 V_L이라 하면
$V = V_R + V_L$
$|V| = \sqrt{|V_R|^2 + |V_L|^2}$
$V_L = \sqrt{V^2 - V_R^2} = \sqrt{100^2 - 80^2} = 60V$

72 그림과 같은 평형 3상 회로에서 전력계의 지시가 100W일 때 3상 전력은 몇 W인가? (단, 부하의 역률은 100%로 한다.)

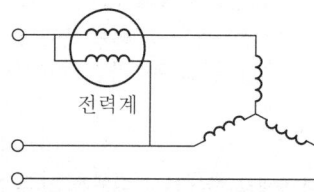

① $100\sqrt{2}$　　② $100\sqrt{3}$
③ 200　　④ 300

해설 $W_1 = 100W$, 역률($\cos\theta$)=1
2전력계법에서 역률($\cos\theta$)=1일 때는
$W_1 = W_2$이다.

그러므로 3상 전력(P)은
$P = W_1 + W_2 = 100 + 100 = 200W$

73 자동연소 제어에서 연료의 유량과 공기의 유량 관계가 일정한 비율로 유지되도록 제어하는 방식은?
① 비율 제어
② 시퀀스 제어
③ 프로세스 제어
④ 프로그램 제어

해설 비율 제어
① 목표값이 다른 것과 일정한 비율관계를 가지고 변화하는 경우의 추종 제어
② 종류 : 보일러의 자동연소 제어, 암모니아 합성 등

74 서보전동기에 대한 설명으로 틀린 것은?
① 정·역운전이 가능하다.
② 직류용은 없고 교류용만 있다.
③ 급가속 및 급감속이 용이하다.
④ 속응성이 대단히 높다.

해설 서보전동기
① 서보기구의 조작부로서 제어신호에 의해 부하를 구동하는 장치로 서보모터의 동력원에 따라 전기식(서보전동기), 공기식(공기 서보모터), 유압식(유압 모터) 등이 있다.
② 보통 서보모터라고 하면 서보전동기를 가리키는 경우가 많다. 서보전동기는 빠른 응답과 넓은 속도제어의 범위를 가진 제어용 전동기로, 그 전원에 따라 직류 서보모터와 교류 서보모터로 분류된다.

75 직류기의 브러시에 탄소를 사용하는 이유는?
① 접촉 저항이 크다.
② 접촉 저항이 작다.
③ 고유 저항이 동보다 작다.

Answer 71. ③　72. ③　73. ①　74. ②　75. ①

④ 고유 저항이 동보다 크다.

해설 브러시(Brush)
정류자와 함께 정류작용을 하며, 내부와 외부 회로의 연결
① 탄소 브러시 : 접촉저항이 크다. 양호한 정류를 얻기 위해 주로 사용
② 흑연질 브러시 : 접촉저항이 작다.
③ 전기 흑연질 브러시 : 전기기계 대부분 사용
④ 금속 흑연질 브러시 : 전기분해 등의 저전압 대전류용 기기

76 교류회로에서 역률은?

① $\dfrac{무효전력}{피상전력}$ ② $\dfrac{유효전력}{피상전력}$

③ $\dfrac{무효전력}{유효전력}$ ④ $\dfrac{유효전력}{무효전력}$

해설 역률
전기기기에 실제로 걸리는 전압과 전류가 얼마나 유효하게 일을 했는가를 의미

역률$(\cos\theta) = \dfrac{P}{IV} = \dfrac{유효전력}{피상전력}$

77 변압기 내부 고장 검출용 보호계전기는?
① 차동계전기   ② 과전류계전기
③ 역상계전기   ④ 부족전압계전기

해설 차동계전기
보호구간의 내부에서 발생한 고장을 신속하고 정확하게 선택 차단하는 데 널리 적용되는 계전기로 대형 변압기, 발전기 내부 고장을 보호하기 위한 장치이다.

78 그림과 같은 유접점 회로의 논리식은?

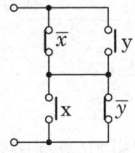

① $x\overline{y}+\overline{x}y$ ② $(\overline{x}+\overline{y})(x+y)$

③ $\overline{x}y+\overline{x}\,\overline{y}$ ④ $xy+\overline{x}\,\overline{y}$

해설 ① 각각의 직렬회로 논리식 : $xy,\ \overline{x}\,\overline{y}$
② ①번 논리식의 병렬회로 논리식 : $xy+\overline{x}\,\overline{y}$

79 그림과 같은 신호흐름선도의 선형방정식은?

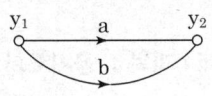

① $y_2 = (a+2b)y_1$
② $y_2 = (a+b)y_1$
③ $y_2 = (2a+b)y_1$
④ $y_2 = 2(a+b)y_1$

해설 선형방정식
$y_2 = ay_1 + by_1 = (a+b)y_1$

80 저항 R에 100V의 전압을 인가하여 10A의 전류를 1분간 흘렸다면, 이때의 열량은 약 몇 kcal인가?
① 14.4   ② 28.8
③ 60   ④ 120

해설 열량(kcal)
$H = 0.24I^2 Rt$
$\quad = 0.24 \times 10^2 \times 10 \times 60 = 14,400\,\text{cal}$
$\quad = 14.4\,\text{kcal}$
여기서, 1min=60s
$R = \dfrac{V}{I} = \dfrac{100}{10} = 10\,\Omega$

Answer 76. ② 77. ① 78. ④ 79. ② 80. ①

2020년 6월 7일(1,2회) 공통

chapter 02 공조냉동기계산업기사 과년도출제문제

제1과목 : 공기조화

01 증기난방에 관한 설명으로 틀린 것은?
① 열매온도가 높아 방열기의 방열면적이 작아진다.
② 예열 시간이 짧다.
③ 부하변동에 따른 방열량의 제어가 곤란하다.
④ 증기의 증발현열을 이용한다.

해설 ④ 증기난방은 보일러에서 발생한 증기를 실내의 방열기에 보내면 방열기 내에서 증발잠열(증기 539kcal/kg)을 방출해 실내를 난방하고, 응축수를 환수배관에 보내 재가열하여 사용한다.

02 온풍난방의 특징에 대한 설명으로 틀린 것은?
① 예열부하가 거의 없으므로 기동시간이 아주 짧다.
② 취급이 간단하고 취급자격자를 필요로 하지 않는다.
③ 방열기나 배관 등의 시설이 필요 없으므로 설비비가 싸다.
④ 토출 공기온도가 높으므로 쾌적성이 좋다.

해설 ④ 토출 공기온도가 높으므로 쾌적성이 떨어진다. (실내 상하 온도차가 커 실내 온도분포가 좋지 않다.)

03 공조방식 중 변풍량 단일덕트 방식에 대한 설명으로 틀린 것은?

① 운전비의 절약이 가능하다.
② 동시 부하율을 고려하여 기기 용량을 결정하므로 설비용량을 적게 할 수 있다.
③ 시운전 시 각 토출구의 풍량조정이 복잡하다.
④ 부하변동에 대하여 제어응답이 빠르기 때문에 거주성이 향상된다.

해설 ③ 변풍량 방식은 취출온도를 일정하게 하여 부하에 따라 송풍량을 변화시켜 실온을 제어하므로 시운전 시 각 토출구의 풍량조정이 간단하다.

04 풍량이 800m³/h인 공기를 건구온도 33℃, 습구온도 27℃(엔탈피(h_1)는 85.26kJ/kg)의 상태에서 건구온도 16℃, 상대습도 90%(엔탈피(h_2)는 42kJ/kg)상태까지 냉각할 경우 필요한 냉각열량(kW)은? (단, 건공기의 비체적은 0.83m³/kg이다.)
① 3.1 ② 5.4
③ 11.6 ④ 22.8

해설 냉각열량(q)

$$q = G(h_1 - h_2) = \frac{Q}{v}(h_1 - h_2)$$

$$= \frac{800 \text{m}^3/\text{h} \times \frac{1\text{h}}{3600\text{s}}}{0.83} \times (85.26 - 42)$$

$$= 11.6 \text{kW}$$

05 겨울철 침입외기(틈새바람)에 의한 잠열 부하(q_L, kJ/h)를 구하는 공식으로 옳은 것은?

Answer 01. ④ 02. ④ 03. ③ 04. ③ 05. ④

(단, Q는 극간풍량(m^3/h), Δt는 실내·외 온도차(℃), Δx는 실내·외 절대 습도차(kg/kg′)이다.)

① $1.212 \times Q \times \Delta t$
② $539 \times Q \times \Delta x$
③ $2501 \times Q \times \Delta x$
④ $3001.2 \times Q \times \Delta x$

해설 잠열부하(q_L)

$q_L = 2501 G \Delta x$
$= 1.2 \times 2501 Q \Delta x = 3001.2 Q \Delta x$

여기서, 극간풍량 G(kg/h), Q(m^3/h)
공기의 비중량 1.2kg/m^3
0℃에서 물의 증발잠열 2501kJ/kg

06 공기조화 부하의 종류 중 실내부하와 장치부하에 해당되지 않는 것은?

① 사무기기나 인체를 통해 실내에서 발생하는 열
② 유리 및 벽체를 통한 전도열
③ 급기덕트에서 실내로 유입되는 열
④ 외기로 실내 온·습도를 냉각시키는 열

해설 공조부하의 종류

구 분	부하의 종류
실내부하	벽체의 취득열량
	유리창의 취득열량
	극간풍의 취득열량
	인체의 발생열량
	기기의 발생열량
장치부하 (기기 취득열량)	송풍기의 취득열량
	덕트의 손실열량
	재열부하
열원부하	펌프의 동력열량
	배관에서의 손실열량
외기부하	외기도입의 취득열량

07 에어필터의 포집방법 중 무기질 섬유 공간을 공기가 통과할 때 충돌, 차단, 확산에 의해 큰 분진입자를 포집하는 필터는 무엇인가?

① 정전식 필터   ② 여과식 필터
③ 점착식 필터   ④ 흡착식 필터

해설 공기여과기의 분류

분류	종류
정화원리 (분진포집원리)	정전식, 여과식, 충돌점착식
포집성능	초고성능필터, 고성능필터, 중성능필터, 저성능필터
여과작용	충돌점착식, 건성여과식, 전기식, 활성탄 흡착식

08 다음 중 자연 환기가 많이 일어나도 비교적 난방 효율이 제일 좋은 것은?

① 대류난방   ② 증기난방
③ 온풍난방   ④ 복사난방

해설 난방효율 순서

복사난방 > 온수난방 > 증기난방 > 온풍난방
[참고] 복사난방 : 상하온도차가 작아 높이에 따른 실내온도의 분포가 균일하며 실내온도가 낮아도 난방효과가 있으며 손실열량이 적다.

09 열교환기 중 공조기 내부에 주로 설치되는 공기 가열기 또는 공기냉각기를 흐르는 냉·온수의 통로수는 코일의 배열방식에 따라 나뉜다. 이 중 코일의 배열방식에 따른 종류가 아닌 것은?

① 풀 서킷   ② 하프 서킷
③ 더블 서킷   ④ 플로우 서킷

해설 코일의 배열방식에 따라 풀 서킷, 더블 서킷, 하프 서킷이 있다.
① 풀 서킷 코일(full circuit coil) : 표준유속일 때
② 더블 서킷 코일(double circuit coil) : 유량

Answer 06. ④ 07. ② 08. ④ 09. ④

이 많아서 코일 내에 유속(1.5m/s 이상)이 빠를 때 사용
③ 하프 서킷 코일(half circuit coil) : 유량이 적을 경우에 사용

10 다음 가습기 방식 분류 중 기화식이 아닌 것은?
① 모세관식 가습기
② 회전식 가습기
③ 적하식 가습기
④ 원심식 가습기

해설 ① 수분무식 : 원심식, 초음파식, 분무식
② 증기식 : 전열식, 전극식, 적외선식, 과열증기식, 분무식
③ 증발식(기화식) : 회전식, 모세관식, 적하식

11 각 실마다 전기스토브나 기름난로 등을 설치하여 난방하는 방식을 무엇이라고 하는가?
① 온돌난방   ② 중앙난방
③ 지역난방   ④ 개별난방

해설 개별난방
가스, 전기, 석탄 또는 석유의 스토브, 화로, 온돌 등 열의 발생기를 방안에 설치하여 열의 대류 및 복사에 의해 그 방을 난방하는 방법으로 주택 등의 소건물에서 어떤 특정한 방만을 난방하는 경우에 편리하다.
[참고]
① 중앙난방
㉠ 직접난방 : 난방공간에 방열기나 복사패널 등 난방기기를 설치하고 증기, 온수 등의 열매체를 공급하여 실내를 난방하는 것으로 증기난방, 온수난방, 복사난방 등이 있다.
㉡ 간접난방 : 온풍난방으로 일정한 장소에서 공기를 가열하여 덕트를 통해 공급
② 지역난방 : 한 장소에서 다량의 고압증기(1~15kg/cm²) 또는 고온수(100℃)를 도시의 일정지역에 공급

12 송풍기 특성곡선에서 송풍기의 운전점은 어떤 곡선의 교차점을 의미하는가?
① 압력곡선과 저항곡선의 교차점
② 효율곡선과 압력곡선의 교차점
③ 축동력곡선과 효율곡선의 교차점
④ 저항곡선과 축동력곡선의 교차점

해설 송풍기의 작동점(운전점)
어떤 시스템에 송풍기가 사용되면 그 송풍기는 저항곡선과 송풍기의 특성곡선과의 교차점에 상당하는 풍량과 압력에서 운전된다. 그 교점을 작동점이라고 하는데, 이 작동점이 적정선택범위(유효작동구간) 내에 들도록 하여야 한다.

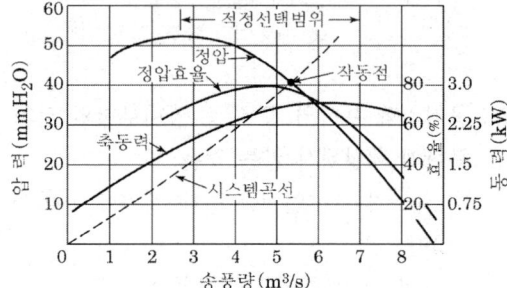

13 방열량이 5.25kW인 방열기에 공급해야 할 온수량(m³/h)은? (단, 방열기 입구온도는 80℃, 출구온도는 70℃이며, 물의 비열은 4.2kJ/kg·℃, 물의 밀도는 977.5kg/m³이다.)
① 0.34   ② 0.46
③ 0.66   ④ 0.75

해설 온수순환량(G)
$$G = \frac{q}{\rho C \Delta t}$$
$$= \frac{5.25\text{kJ/s} \times \frac{3600\text{s}}{1\text{h}}}{977.5 \times 4.2 \times (80-70)} = 0.46\text{m}^3/\text{h}$$

14 송풍기 번호에 의한 송풍기 크기를 나타내는 식으로 옳은 것은?

Answer 10. ④ 11. ④ 12. ① 13. ② 14. ②

① 원심송풍기 : No(#)= $\dfrac{\text{회전날개지름 mm}}{100\text{mm}}$

축류송풍기 : No(#)= $\dfrac{\text{회전날개지름 mm}}{150\text{mm}}$

② 원심송풍기 : No(#)= $\dfrac{\text{회전날개지름 mm}}{150\text{mm}}$

축류송풍기 : No(#)= $\dfrac{\text{회전날개지름 mm}}{100\text{mm}}$

③ 원심송풍기 : No(#)= $\dfrac{\text{회전날개지름 mm}}{150\text{mm}}$

축류송풍기 : No(#)= $\dfrac{\text{회전날개지름 mm}}{150\text{mm}}$

④ 원심송풍기 : No(#)= $\dfrac{\text{회전날개지름 mm}}{100\text{mm}}$

축류송풍기 : No(#)= $\dfrac{\text{회전날개지름 mm}}{100\text{mm}}$

해설 송풍기 크기

송풍기의 크기는 송풍기 번호로 다음과 같이 계산된다.

① 다익송풍기 번호(No.)
= $\dfrac{\text{임펠러 직경[mm]}}{150}$

② 축류송풍기 번호(No.)
= $\dfrac{\text{임펠러 직경[mm]}}{100}$

15 외기와 배기 사이에서 현열과 잠열을 동시에 회수하는 방식으로 외기 도입량이 많고 운전시간이 긴 시설에서 효과가 큰 방식은?

① 전열교환기 방식
② 히트 파이프 방식
③ 콘덴서 리히트 방식
④ 런 어라운드 코일 방식

해설 전열교환기

현열뿐만이 아니고 공기 중의 수분, 즉 잠열의 교환도 행하는 것으로 회전형과 고정형이 있는데 주로 회전형이 많이 사용된다. 공조부하 중 외기부하가 차지하는 비중은 약 30% 정도가 되는데, 전열교환기는 이러한 외기부하를 저감시키기 위해 공조 배기(exhaust air)와 급기가 직접 공기-공기로 열교환하여, 70% 전후의 열량(현열+잠열)을 회수한다. 전열교환기는 설비비는 높으나 전열교환기에 의한 외기부하의 감소는 냉동기, 보일러, 기타 부속기기의 용량이 적게 되어 운전비를 절약할 수 있다.

16 보일러를 안전하고 경제적으로 운전하기 위한 여러 가지 부속기기 중 급수관계 장치와 가장 거리가 먼 것은?

① 증기관
② 급수 펌프
③ 급수 밸브
④ 자동급수장치

해설 급수장치의 종류

㉠ 급수 탱크
㉡ 응축수 탱크
㉢ 급수 밸브
㉣ 급수 펌프
㉤ 기타 급수장치 : 급수관, 수압계, 급수량계, 급수내관, 급수처리 약품 주입탱크

17 압력 10000kPa, 온도 227℃인 공기의 밀도(kg/m³)는 얼마인가? (단, 공기의 기체상수는 287.04J/kg·K이다.)

① 57.3
② 69.6
③ 73.2
④ 82.9

해설 공기의 밀도(ρ)

이상기체 상태방정식 $PV=mRT$ 에서

$\rho = \dfrac{m}{V} = \dfrac{P}{RT} = \dfrac{10000}{0.28704 \times 500} = 69.6 \text{kg/m}^3$

여기서, T=227℃=(227+273)K=500K

18 다음 공조방식 중 중앙방식이 아닌 것은?

① 단일덕트 방식
② 2중덕트 방식
③ 팬코일 유닛 방식
④ 룸 쿨러 방식

Answer 15. ① 16. ① 17. ② 18. ④

해설

분류	방식	명칭
중앙 방식	전공기방식	단일 덕트방식, 2중 덕트방식, 각층 유닛방식, 멀티존유닛방식
	공기+수방식 (유닛병용식)	유인유닛방식, 덕트병용 팬코일 유닛방식, 복사냉난방방식
	전수방식	팬코일 유닛
개별 방식		패키지방식, 룸쿨러방식, 멀티유닛형 룸쿨러방식

19 다음 중 엔탈피가 0kJ/kg인 공기는 어느 것인가?

① 0℃ 습공기
② 0℃ 건공기
③ 0℃ 포화공기
④ 32℃ 습공기

해설 엔탈피(Enthalpy)

단위중량의 습공기가 갖는 열량의 총합(현열+잠열)을 말하며 건구온도 0℃, 절대습도 0 kg/kg′ 상태에서의 공기의 엔탈피는 0(kJ/kg)이다.

20 아래 습공기선도에서 습공기의 상태가 1지점에서 2지점을 거쳐 3지점으로 이동하였다. 이 습공기가 거친 과정은? (단, 1, 2의 엔탈피는 같다.)

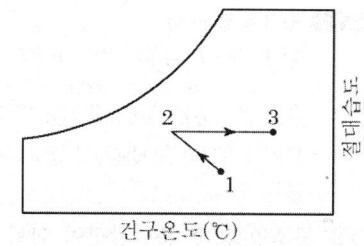

① 냉각 감습 – 가열
② 냉각 – 제습제를 이용한 제습
③ 순환수 가습 – 가열
④ 온수 감습 – 냉각

해설 공기의 상태변화

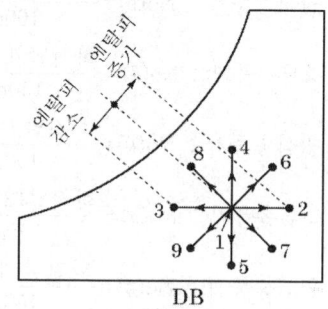

1-2 : 가열(현열)
1-3 : 냉각(현열)
1-4 : 가습(등온)
1-5 : 감습, 제습(등온)
1-6 : 가열가습
1-8 : 냉각가습(순환수가습)
1-9 : 냉각감습(냉각제습)
1-7 : 가열감습

제 2 과목 : 냉동공학

21 다음의 냉매가스를 단열압축하였을 때 온도상승률이 가장 큰 것부터 순서대로 나열된 것은? (단, 냉매가스는 이상기체로 가정한다.)

① 공기>암모니아>메틸클로라이드>R-502
② 공기>메틸클로라이드>암모니아> R-502
③ 공기>R-502>메틸클로라이드>암모니아
④ R-502>공기>암모니아>메틸클로라이드

해설 냉매의 단열지수값(k)

가스의 종류	단열지수값(k)
공기(Air)	1.4
암모니아(NH_3)	1.31
R-22	1.184
R-12	1.136
R-502	1.132
메틸클로라이드	1.2

단열지수값이 크면 클수록 단열 압축 시 기체의

Answer 19. ② 20. ③ 21. ①

온도 상승률이 크다.

22 몰리에르선도상에서 압력이 증대함에 따라 포화액선과 건포화증기선이 만나는 일치점을 무엇이라 하는가?
① 한계점 ② 임계점
③ 상사점 ④ 비등점

해설 임계점
포화액선과 건조포화증기선이 만나는 점으로 이 상태에서는 압력을 아무리 높여도 기체를 액체로 바꿀 수 없는 한계점을 임계점이라 하고, 이때의 온도 및 압력을 임계온도, 임계압력이라고 한다.

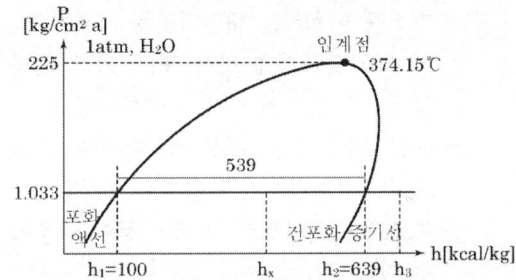

23 다음 중 냉동기의 압축기에서 일어나는 이상적인 압축과정은 어느 것인가?
① 등온변화
② 등압변화
③ 등엔탈피변화
④ 등엔트로피변화

해설 냉동장치에서 압축기에서 일어나는 이상적인 압축과정은 단열압축과정으로 등엔트로피변화이다.

24 다음 열에 대한 설명으로 틀린 것은?
① 냉동실이나 냉장실 벽체를 통해 실내로 들어오는 열은 감열과 잠열이다.
② 냉동실 출입문의 틈새로 공기가 갖고 들어오는 열은 감열과 잠열이다.
③ 하절기 냉장실에서 작업하는 인체의 발생열은 감열과 잠열이다.
④ 냉장실 내 백열등에서 발생하는 열은 감열이다.

해설 ① 냉동실이나 냉장실 벽체를 통해 실내로 들어오는 열(전도열)은 감열이다.

25 다음 중 펠티어(Peltier) 효과를 이용한 냉동법은?
① 기체팽창 냉동법
② 열전 냉동법
③ 자기 냉동법
④ 2원 냉동법

해설 열전 냉동법
성질이 다른 두 금속을 접속시켜 직류전류를 흐르게 하면 접합부에서 열의 방출과 흡수가 일어나는 현상을 이용하여 저온을 얻는 방법, 즉 펠티어(Peltier) 효과를 이용한 것으로 열전냉동법이라 한다.

26 온도식 팽창밸브(Thermostatic expansion valve)에 있어서 과열도란 무엇인가?
① 팽창밸브 입구와 증발기 출구 사이의 냉매 온도차
② 팽창밸브 입구와 팽창밸브 출구 사이의 냉매 온도차
③ 흡입관 내의 냉매가스 온도와 증발기 내의 포화온도와의 온도차
④ 압축기 토출가스와 증발기 내 증발가스의 온도차

해설 과열도
증발기 출구(압축기 흡입관)의 냉매가스 온도와 증발기 내의 증발온도(포화온도)와의 온도차
[참고] 온도식 자동 팽창밸브
① 온도식 팽창밸브는 증발기 출구의 냉매가

Answer 22. ② 23. ④ 24. ① 25. ② 26. ③

스 과열도에 대응하여 증발기로 공급하는 냉매유량을 제어하는 밸브로, 증발기 전체를 유효하게 이용하고 흡입관을 통하여 압축기로 액냉매가 되돌아오는 것을 방지하는 데 그 목적이 있다.
② 증발기 출구에 감온통을 설치하여 감온통에서 감지한 냉매가스의 과열도가 증가하면 열리고, 부하가 감소하여 과열도가 적어지면 닫혀 팽창작용 및 냉매량을 제어하는 것으로 내부균압형과 외부균압형이 있다.

27 수냉식 응축기를 사용하는 냉동장치에서 응축압력이 표준압력보다 높게 되는 원인으로 가장 거리가 먼 것은?

① 공기 또는 불응축가스의 혼입
② 응축수 입구온도의 저하
③ 냉각수량의 부족
④ 응축기의 냉각관에 스케일이 부착

해설 응축압력(고압) 상승 원인
㉠ 응축기 밑에 냉매액이나 윤활유가 고여 유효 전열면적이 감소할 때
㉡ 응축기 냉각수량 부족 및 수온이 상승할 때
㉢ 응축기 냉각관의 유막 및 물때가 끼었을 때
㉣ 불응축 가스가 장치 내에 존재할 때
㉤ 냉매의 과충전이나 응축부하가 클 때

28 흡수식 냉동기에 관한 설명으로 옳은 것은?

① 초저온용으로 사용된다.
② 비교적 소용량보다는 대용량에 적합하다.
③ 열교환기를 설치하여도 효율은 변함없다.
④ 물-LiBr식인 경우 물이 흡수제가 된다.

해설 ① 0℃ 이하의 저온을 얻을 수 없어 초저온용으로 사용이 어렵다.
③ 열교환기를 설치하면 효율이 좋아진다.
④ 물-LiBr식에서는 물이 냉매, LiBr가 흡수제가 된다.

29 증기 압축식 냉동법(A)과 전자 냉동법(B)의 역할을 비교한 것으로 틀린 것은?

① (A) 압축기 : (B) 소대자(P-N)
② (A) 압축기 모터 : (B) 전원
③ (A) 냉매 : (B) 전자
④ (A) 응축기 : (B) 저온측 접합부

해설 (A) 응축기 : (B) 고온측 접합부
(A) 증발기 : (B) 저온측 접합부

30 다음 중 가스엔진구동형 열펌프(GHP) 시스템의 설명으로 틀린 것은?

① 압축기를 구동하는 데 전기에너지 대신 가스를 이용하는 내연기관을 이용한다.
② 하나의 실외기에 하나 또는 여러 개의 실내기가 장착된 형태로 이루어진다.
③ 구성 요소로서 압축기를 제외한 엔진, 그리고 내·외부열교환기 등으로 구성된다.
④ 연료로는 천연가스, 프로판 등이 이용될 수 있다.

해설 ③ LNG를 열원으로 하는 가스엔진을 동력으로 사용하여 압축기를 구동하여 냉매를 순환시키므로 여름에는 냉방, 겨울에는 난방이 가능하다.

31 다음 그림은 단효용 흡수식 냉동기에서 일어나는 과정을 나타낸 것이다. 각 과정에 대한 설명으로 틀린 것은?

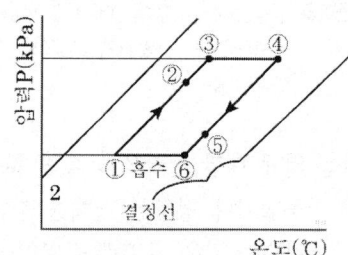

① ① → ② 과정 : 재생기에서 돌아오는 고

27. ② 28. ② 29. ④ 30. ③ 31. ②

온 농용액과 열교환에 의한 희용액의 온도 상승

② ② → ③ 과정 : 재생기 내에서의 가열에 의한 냉매 응축

③ ④ → ⑤ 과정 : 흡수기에서의 저온 희용액과 열교환에 의한 농용액의 온도강하

④ ⑤ → ⑥ 과정 : 흡수기에서 외부로부터의 냉각에 의한 농용액의 온도강하

해설 ② → ③ 과정 : 재생기 내에서의 비등점에 이르기까지 가열
③ → ④ 과정 : 재생기 내에서의 용액 농축

32 다음 냉동기의 종류와 원리의 연결로 틀린 것은?
① 증기압축식 - 냉매의 증발잠열
② 증기분사식 - 진공에 의한 물 냉각
③ 전자냉동법 - 전류흐름에 의한 흡열작용
④ 흡수식 - 프레온 냉매의 증발잠열

해설 ④ 증기압축식 – 프레온 냉매의 증발잠열
[참고] 흡수식 냉동기
기계적인 일을 사용하지 않고, 고온의 열(온수 및 수증기)을 이용하여 냉방하는 것으로 서로 잘 용해되는 두 가지 물질을 사용한다. 흡수식 냉동기에 사용되는 냉매로는 물, 암모니아, 염화에틸 등이 있다.

33 다음 중 헬라이드 토치를 이용하여 누설검사를 하는 냉매는?
① R-134a   ② R-717
③ R-744   ④ R-729

해설 헬라이드 토치는 프레온 냉매의 누설검사에 사용되므로 보기에서 프레온 냉매를 찾으면 된다.
① R-134a : 프레온
② R-717 : 암모니아(NH_3)
③ R-744 : 이산화탄소(CO_2)
④ R-729 : 공기

34 냉동기 속 두 냉매가 아래 표의 조건으로 작동될 때, A냉매를 이용한 압축기의 냉동능력이 R_A, B냉매를 이용한 압축기의 냉동능력이 R_B인 경우, R_A/R_B의 비는? (단, 두 압축기의 피스톤 압출량은 동일하며, 체적효율도 75%로 동일하다.)

	A	B
냉동효과(kJ/kg)	1130	170
비체적(m^3/kg)	0.509	0.077

① 1.5   ② 1.0
③ 0.8   ④ 0.5

해설 냉매순환량(G) 계산공식
$$G = \frac{R}{q_e} = \frac{V}{v_a} \times \eta_v \text{에서}$$
냉동능력(R)에 관해 풀면
$$R = \frac{V}{v_a} \times \eta_v \times q_e$$
여기서, R : 냉동능력
q_e : 냉동효과
V : 피스톤 토출량
v_a : 흡입가스 비체적
η_v : 체적효율

① $R_A = \frac{V}{v_A} \times \eta_v \times q_A$
$= \frac{V}{0.509} \times 0.75 \times 1130 = 1665V$

② $R_B = \frac{V}{v_B} \times \eta_v \times q_B$
$= \frac{V}{0.077} \times 0.75 \times 170 = 1656V$

∴ $\frac{R_A}{R_B} = \frac{1665V}{1656V} = 1.0$

35 두께 3cm인 석면판의 한쪽 면의 온도는 400℃, 다른 쪽 면의 온도는 100℃일 때, 이 판을 통해 일어나는 열전달량(W/m^2)은? (단, 석면의 열전도율은 0.095W/m·℃이다.)

Answer   32. ④ 33. ① 34. ② 35. ③

① 0.95　　② 95
③ 950　　④ 9500

해설 열전달량(Q)

$$Q = kA\frac{(t_1 - t_2)}{l}$$
$$= 0.095 \times \frac{400 - 100}{0.03} = 950 \text{W/m}^2$$

36 R-502를 사용하는 냉동장치의 몰리에르 선도가 다음과 같다. 이 장치의 실제 냉매순환량은 167kg/h이고, 전동기 출력이 3.5kW일 때, 실제 성적계수는?

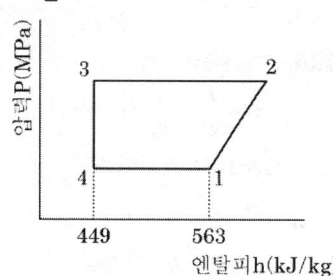

① 1.3　　② 1.4
③ 1.5　　④ 1.6

해설 성적계수(COP)

$$\text{COP} = \frac{Q_e}{W} = \frac{G(h_1 - h_4)}{W}$$
$$= \frac{167(563 - 449)}{3.5\text{kW} \times \frac{3600\text{s}}{1\text{h}}} = 1.5$$

37 냉매 충전용 매니폴드를 구성하는 주요 밸브와 가장 거리가 먼 것은?

① 흡입밸브
② 자동용량제어밸브
③ 펌프연결밸브
④ 바이패스밸브

해설 매니폴드 게이지는 2개의 게이지(고압계, 저압계), 2개의 수동밸브, 3개의 분리된 고압 연결호스로 구성되어 있다. 매니폴드 게이지는 기밀시험, 진공시험, 냉매충전, 냉매이송, 냉매회수 및 냉동장치 각 부의 압력측정 등 여러 가지 종류의 시험에 사용된다.

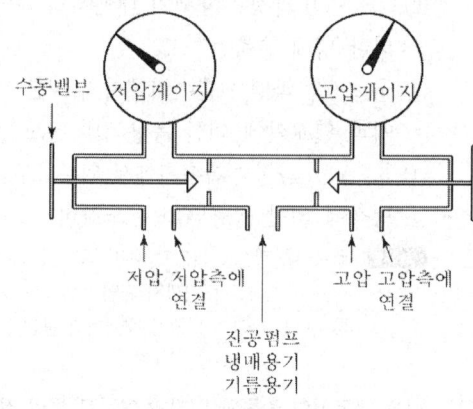

[게이지 내부구조]

38 냉매와 배관재료의 선택을 바르게 나타낸 것은?

① NH_3 : Cu 합금
② 크롤메틸 : Al 합금
③ R-21 : Mg을 함유한 Al 합금
④ 이산화탄소 : Fe 합금

해설 냉매와 사용금지 배관재료
㉠ 암모니아 : 동 및 동합금
㉡ 프레온 : 2% 이상의 마그네슘을 함유한 알루미늄 합금
㉢ 크롤메틸 : 알루미늄 및 알루미늄 합금

39 2단압축 사이클에서 증발압력이 계기압력으로 235kPa이고, 응축압력은 절대압력으로 1225kPa일 때 최적의 중간 절대압력(kPa)은? (단, 대기압은 101kPa이다.)

① 514.5　　② 536.06
③ 641.56　　④ 668.36

해설 중간압력

$$P_m = \sqrt{P_L \times P_H}$$
$$= \sqrt{336 \times 1225} = 641.56 \text{kPa} \cdot \text{abs}$$

Answer　36. ③　37. ②　38. ④　39. ③

여기서, 증발압력(절대압력)
$$P_L = 235\text{kPa} \cdot G + 101\text{kPa}(\text{대기압})$$
$$= 336\text{kPa} \cdot abs$$

40 30℃의 공기가 체적 1m³의 용기 내에 압력 600kPa인 상태로 들어 있을 때 용기 내의 공기 질량(kg)은? (단, 기체상수는 287J/kg·K 이다.)

① 5.9 ② 6.9
③ 7.9 ④ 4.9

해설 이상기체 상태방정식
$$PV = mRT$$
$$m = \frac{PV}{RT} = \frac{600 \times 1}{0.287 \times 303} = 6.9\text{kg}$$
여기서, T=30℃=(30+273)K=303K

제3과목 : 배관일반

41 증기난방 배관에서 증기트랩을 사용하는 주된 목적은?

① 관 내의 온도를 조절하기 위해서
② 관 내의 압력을 조절하기 위해서
③ 배관의 신축을 흡수하기 위해서
④ 관 내의 증기와 응축수를 분리하기 위해서

해설 증기트랩
증기관 내에 응축수와 공기를 증기와 분리하여 응축수를 환수관으로 배출시키는 장치로 수격작용 및 부식을 방지한다.

42 배수관 설치기준에 대한 내용으로 틀린 것은?

① 배수관의 최소 관경은 20mm 이상으로 한다.
② 지중에 매설하는 배수관의 관경은 50mm 이상이 좋다.
③ 배수관은 배수가 흐르는 방향으로 관경을 축소해서는 안 된다.

④ 기구배수관의 관경은 이것에 접속하는 위생기구의 트랩구경 이상으로 한다.

해설 ① 배수관의 최소관경은 32mm 이상으로 하고 고형물이 흐르는 잡배수관의 최소관경은 50mm 이상으로 한다.

43 배관 지름이 100cm이고, 유량이 0.785m³/sec 일 때, 이 파이프 내의 평균 유속(m/s)은 얼마인가?

① 1 ② 10
③ 100 ④ 1000

해설 파이프 내 평균 유속(V)
$$Q = AV$$
$$V = \frac{Q}{A} = \frac{Q}{\frac{\pi D^2}{4}} = \frac{0.785}{\frac{\pi (1)^2}{4}} = 1\text{m/s}$$
여기서, D=100cm=1m

44 냉매 배관 시공법에 관한 설명으로 틀린 것은?

① 압축기와 응축기가 동일 높이 또는 응축기가 아래에 있는 경우 배출관은 하향 구배로 한다.
② 증발기가 응축기보다 아래에 있을 때 냉매액이 증발기에 흘러내리는 것을 방지하기 위해 역 루프를 만들어 배관한다.
③ 증발기와 압축기가 같은 높이일 때는 흡입관을 수직으로 세운 다음 압축기를 향해 선단 상향구배로 배관한다.
④ 액관 배관 시 증발기 입구에 전자밸브가 있을 때는 루프이음을 할 필요가 없다.

해설 ③ 증발기와 압축기가 같은 높이일 때는 흡입관을 수직으로 세운 다음 압축기를 향해 하향 구배로 배관한다.

45 증기배관 내의 수격작용을 방지하기 위한 내용으로 가장 적당한 것은?

 40. ② 41. ④ 42. ① 43. ① 44. ③ 45. ③

① 감압밸브를 설치한다.
② 가능한 한 배관에 굴곡부를 많이 둔다.
③ 가능한 한 배관의 관경을 크게 한다.
④ 배관 내 증기의 유속을 빠르게 한다.

해설 ① 증기배관에서 생성하는 응축수는 수격작용의 원인이 되므로 증기트랩을 설치하여 응축수를 배출한다.
② 가능한 한 배관에 굴곡부를 적게 둔다.
④ 배관 내 증기의 유속을 느리게 한다.
[참고] 증기배관 내 수격작용 방지대책
㉠ 관의 지름을 크게 한다.
㉡ 관 내 유속을 느리게 한다.
㉢ 밸브의 개폐를 서서히 한다.
㉣ 배관은 가능한 한 직선배관을 원칙으로 하고 구부리지 않는다.
㉤ 증기트랩, 기수분리기, 비수방지관 등을 설치한다.
㉥ 증기배관의 보온을 철저히 한다.

46 냉동장치 배관도에서 다음과 같은 부속기기의 기호는 무엇을 나타내는가?

① 송풍기   ② 응축기
③ 펌프   ④ 체크밸브

해설

구분	도시기호
송풍기	
응축기	
체크밸브	또는
압축기	

47 캐비테이션 현상의 발생 원인으로 옳은 것은?
① 흡입양정이 작을 경우 발생한다.
② 액체의 온도가 낮을 경우 발생한다.
③ 날개차의 원주속도가 작을 경우 발생한다.
④ 날개차의 모양이 적당하지 않을 경우 발생한다.

해설 캐비테이션의 발생 원인
① 흡입양정이 클 경우
② 액체의 온도가 높을 경우
③ 날개차의 원주속도가 클 경우
④ 날개차의 모양이 적당하지 않을 경우

48 다음 중 옥상 급수탱크의 부속장치에 해당하는 것은?
① 압력 스위치   ② 압력계
③ 안전밸브   ④ 오버플로우관

해설 옥상 급수탱크와 부속장치

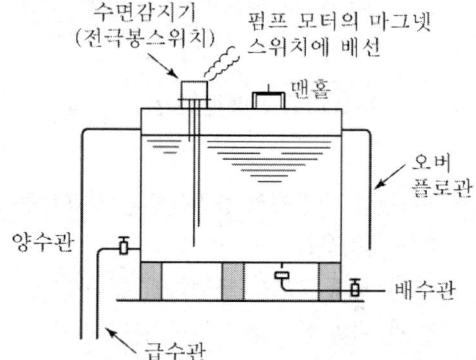

① 오버플로우관 : 옥상 급수탱크 내의 양수가 넘칠 때 외부로 배수하는 관

49 다음 중 온수온돌 난방의 바닥 매설배관으로 가장 적합한 것은?
① 주철관   ② 강관
③ 동관   ④ PVC관

해설 동관
동은 전기 및 열전도율이 좋고 내식성이 뛰어나며 전연성이 풍부하고 가공도 용이하여 판, 봉, 관 등으로 제조되어 온수온돌의 난방배관, 열교환기, 급수관, 급탕관, 냉매관, 연료관 등에 널리 사용되고 있다. 참고로 온수온돌의 난방배관

Answer   46. ③ 47. ④ 48. ④ 49. ③

으로는 폴리부틸렌관(PB관), 가교화 폴리에틸렌관(XL관), 동관 등이 있고 그 중 XL관이 가장 많이 사용한다.

50 다음 배관 도시기호 중 레듀서 표시는 무엇인가?

① ▷─   ② ─|||─
③ ─☐─   ④ ─[=]─

해설 배관 도시기호

| 편심 레듀서 | ─▷ |
| 원심 레듀서 | ─▷ |

51 천연고무보다 더 우수한 성질을 가지고 있으며 내유성, 내후성, 내산성, 내마모성 등이 뛰어난 고무류 패킹재는 무엇인가?
① 테플론   ② 석면
③ 네오프렌   ④ 합성수지

해설 네오프렌(neoprene)
천연고무와 비슷한 성질을 가진 합성고무로서 천연고무보다 더 우수한 성질을 가지고 있다. 내유성, 내후성, 내산성, 내마모성이 뛰어나며 기계적 성질이 우수한다. 내열범위가 −46~121℃이고 물, 공기, 기름, 냉매배관에 사용하며 증기배관에는 사용하지 않는다.

52 배관지지 철물이 갖추어야 할 조건으로 가장 거리가 먼 것은?
① 충격과 진동에 견딜 수 있는 재료일 것
② 배관시공에 있어서 구배조정이 용이할 것
③ 보온 및 방로를 위한 재료일 것
④ 온도변화에 따른 관의 팽창과 신축을 흡수할 수 있을 것

해설 배관지지의 조건
① 관과 관 내에 흐르는 유체를 포함한 중량을 지지할 수 있는 충분한 강도를 가질 것
② 외부 조건에 따른 충격과 진동에 대하여 견딜 수 있는 구조일 것
③ 열에 의한 배관의 신축을 흡수할 수 있을 것
④ 배관 구배를 자유롭게 조정할 수 있을 것
⑤ 배관길이가 길 경우 처짐이 발생하므로 지지 간격이 적당할 것

53 냉매 배관 시 주의사항으로 틀린 것은?
① 배관은 가능한 한 간단하게 한다.
② 굽힘 반지름은 작게 한다.
③ 관통 개소 외에는 바닥에 매설하지 않아야 한다.
④ 배관에 응력이 생길 우려가 있을 경우에는 신축이음으로 배관한다.

해설 ② 곡관의 굽힘 반지름(곡률 반경)은 가능한 한 크게 하여 마찰손실이 최소가 되도록 한다.

54 열전도율이 극히 낮고 경량이며 흡수성은 좋지 않으나 굽힘성이 풍부한 유기질 보온재는?
① 펠트   ② 코르크
③ 기포성 수지   ④ 규조토

해설 기포성 수지
합성수지 또는 고무질 재료를 사용하여 다공질 제품으로 만든 것으로 열전도율이 극히 낮고 가벼우며, 흡수성은 좋지 않으나 굽힘성은 풍부하다. 불에 잘 타지 않으며 보온성, 보냉성이 좋다.

55 배관의 온도변화에 의한 수축과 팽창을 흡수하기 위한 이음쇠로 적절하지 못한 것은?
① 벨로즈   ② 플렉시블
③ U밴드   ④ 플랜지

해설 플랜지 이음
볼트나 너트로 플랜지를 접속하여 관을 연결하는 이음으로 관을 자주 분해 또는 점검, 결합을 필요로 하는 곳에 사용한다.

 50. ① 51. ③ 52. ③ 53. ② 54. ③ 55. ④

56 개방식 팽창탱크 주변의 배관에서 팽창탱크의 수면 아래에 접속되는 관은?

① 팽창관   ② 통기관
③ 안전관   ④ 오버플로우관

해설

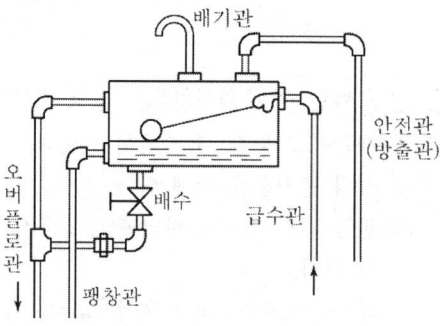

[개방식 팽창탱크의 구성]

57 이음쇠 중 방진, 방음의 역할을 하는 것은?

① 플렉시블형 이음쇠
② 슬리브형 이음쇠
③ 스위블형 이음쇠
④ 루프형 이음쇠

해설 플렉시블 이음(flexible joint)

구형·통형·벨로즈 형태의 합성고무로 만든 짧은 관 또는 플렉시블 튜브의 양쪽 끝에 플랜지를 부착한 이음으로 배관부착 또는 열팽창 등 외부의 영향을 받은 변형을 흡수하여 방진 및 방음의 역할을 한다.

58 관 이음쇠의 종류에 따른 용도의 연결로 틀린 것은?

① 와이(Y) - 분기할 때
② 벤드 - 방향을 바꿀 때
③ 플러그 - 직선으로 이을 때
④ 유니온 - 분해, 수리, 교체가 필요할 때

해설 플러그, 캡, 맹플랜지 - 관 끝을 막을 때

59 배관지지 금속 중 리스트레인트(restraint)에 해당하지 않는 것은?

① 행거   ② 앵커
③ 스토퍼   ④ 가이드

해설 리스트레인트(restraint)

열팽창에 의한 배관의 좌우, 상하이동을 구속하고 제한하는 것
㉠ 앵커(anchor) : 이동 및 회전을 방지하기 위하여 지지점 위치에 완전히 고정하는 것
㉡ 스토퍼(stopper) : 배관의 일정방향 이동과 회전만 구속하고 다른 방향은 자유롭게 이동하는 것
㉢ 가이드(guide) : 배관의 축방향 이동은 허용하고 관의 회전이나 축과 직각방향을 구속하는 데 사용한다.

60 정압기의 부속 설비에서 가스 수요량이 급격히 증가하여 압력이 필요한 경우 쓰이는 장치는?

① 정압기   ② 가스미터
③ 부스터   ④ 가스필터

해설 정압기

시시각각 변하는 수요에 대응해 효율적인 공급과 연소기구에 알맞게 감압하여 공급하는 장치로 가스 수요량이 증가하여 승압(昇壓)하여 공급할 필요가 있을 경우 승압기(Booster)를 사용한다.
[참고] 가스미터 : 가스소비량을 계산하고 요금 산출을 위한 장치

제 4 과목 : 전기제어공학

61 대칭 3상 Y부하에서 부하전류가 20A이고 각 상의 임피던스가 $Z=3+j4(\Omega)$일 때, 이 부하의 선간전압(V)은 약 얼마인가?

① 141   ② 173
③ 220   ④ 282

해설 ① 임피던스 : $Z=\sqrt{3^2+4^2}=5\,\Omega$

Answer 56. ① 57. ① 58. ③ 59. ① 60. ③ 61. ②

② 선간전압 : $V_l = \sqrt{3}\,V_p = \sqrt{3}\,I_p \cdot Z$
$= \sqrt{3} \times 20 \times 5 = 173.2\text{V}$

62 인디셜 응답이 지수 함수적으로 증가하다가 결국 일정 값으로 되는 계는 무슨 요소인가?

① 미분요소
② 적분요소
③ 1차 지연요소
④ 2차 지연요소

해설 1차 지연 요소
입력이 급변하는 순간에서 출력은 변화하지만 지연이 있어 어느 시간 후에 정상상태가 되는 특징을 갖고 있는 요소. (b)는 그 예를 나타낸 것으로, 유입량을 일정량만큼 갑자기 증가하면 수위는 증가하기 시작하나 유출량도 증가하여 어느 일정한 수위에서 안정된다.

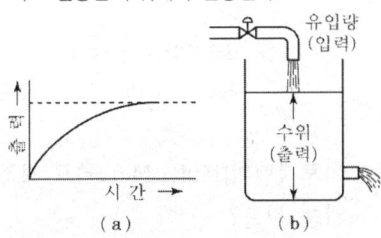

63 회전 중인 3상 유도전동기의 슬립이 1이 되면 전동기 속도는 어떻게 되는가?

① 불변이다.
② 정지한다.
③ 무부하 상태가 된다.
④ 동기속도와 같게 된다.

해설 유도전동기의 슬립(s)
0<s<1
㉠ s=0 : 무부하 시(이상적)
㉡ s=1 : 정지상태

64 전동기 정역회로를 구성할 때 기기의 보호와 조작자의 안전을 위하여 필수적으로 구성되어야 하는 회로는?

① 인터록회로
② 플립플롭회로
③ 정지우선 자기유지회로
④ 기동우선 자기유지회로

해설 인터록(interlock) 회로
선행동작 우선회로 또는 상대동작 금지회로라고도 하며 주로 기기의 보호와 조작자의 안전을 목적으로 구성된 회로로 두 회로가 동시에 기동되지 못하도록 다른 하나의 회로를 잠시 끊어버리는 회로
[참고] 전동기 정역회로의 인터록 회로 : 전동기의 정회전 구동 시 전동기의 역회전 구동이 되지 않도록 정회전 조건에 역회전이 정지했다는 정보를 넣어주고 반대로 역회전 구동 시 정회전 정지 조건을 넣어 현재 동작하고 있는 반대의 동작이 되지 못하도록 조건을 걸어주는 것을 말한다.

65 R-L-C 직렬회로에 $t=0$에서 교류전압 $v = E_m \sin(\omega t + \theta)$[V]를 가할 때 이 회로의 응답유형은? (단, $R^2 - 4\dfrac{L}{C} > 0$이다.)

① 완전진동
② 비진동
③ 임계진동
④ 감쇠진동

해설 ① 비진동 : $R^2 - 4\dfrac{L}{C} > 0$, $R^2 > 4\dfrac{L}{C}$
② 임계진동 : $R^2 - 4\dfrac{L}{C} = 0$, $R^2 = 4\dfrac{L}{C}$
③ 진동 : $R^2 - 4\dfrac{L}{C} < 0$, $R^2 < 4\dfrac{L}{C}$

66 단일 궤환 제어계의 개루프 전달함수가 $G(s) = \dfrac{2}{s+1}$일 때, 입력 $\gamma(t) = 5u(t)$에 대한 정상상태 오차 e_{ss}는?

Answer 62. ③ 63. ② 64. ① 65. ② 66. ④

① $\dfrac{1}{3}$ ② $\dfrac{2}{3}$

③ $\dfrac{4}{3}$ ④ $\dfrac{5}{3}$

해설 $\gamma(t) = 5u(t)$ 이므로 $R(s) = \dfrac{5}{s}$

정상상태 오차 e_{ss}

$e_{ss} = \lim\limits_{s \to 0} \dfrac{s}{1+G(s)} \cdot R(s)$

$= \lim\limits_{s \to 0} \dfrac{s}{1+\dfrac{2}{s+1}} \cdot \dfrac{5}{s} = \lim\limits_{s \to 0} \dfrac{5}{1+\dfrac{2}{s+1}}$

$= \lim\limits_{s \to 0} \dfrac{5}{\dfrac{s+1}{s+1}+\dfrac{2}{s+1}} = \lim\limits_{s \to 0} \dfrac{5}{\dfrac{s+3}{s+1}}$

$= \lim\limits_{s \to 0} \dfrac{5s+5}{s+3} = \dfrac{5}{3}$

67 계전기를 이용한 시퀀스 제어에 관한 사항으로 옳지 않은 것은?

① 인터록 회로 구성이 가능하다.
② 자기 유지 회로 구성이 가능하다.
③ 순차적으로 연산하는 직렬처리 방식이다.
④ 제어결과에 따라 조작이 자동적으로 이행된다.

해설 ③ PLC 시퀀스 제어는 메모리에 있는 프로그램을 순차적으로 연산하는 직렬처리 방식이고 계전기 시퀀스 제어는 여러 회로가 전기적인 신호에 의해 동시에 동작하는 병렬처리 방식이다.

68 제어량을 어떤 일정한 목표값으로 유지하는 것을 목적으로 하는 제어는?

① 추종 제어   ② 비율 제어
③ 정치 제어   ④ 프로그램 제어

해설 정치 제어
시간에 관계없이 값이 일정한 목표값을 유지하는 제어(연속식 압연기)로 프로세스 제어와 자동조정이 있다.

[참고]
① 추종 제어 : 목표값이 임의로 변화되는 경우의 제어
② 비율 제어 : 목표값이 다른 양과 일정한 비율 관계를 갖는 상태량을 제어
③ 프로그램 제어 : 목표값의 변화량이 미리 정해진 프로그램에 의하여 상태량을 제어

69 도체의 전기저항에 대한 설명으로 틀린 것은?

① 같은 길이, 단면적에서도 온도가 상승하면 저항이 증가한다.
② 단면적에 반비례하고 길이에 비례한다.
③ 고유 저항은 백금보다 구리가 크다.
④ 도체 반지름의 제곱에 반비례한다.

해설 ① 온도가 상승하면 도선의 저항은 증가한다.
② 저항은 단면적에 반비례하고 길이에 비례한다.
③ 고유 저항은 백금(1.06×10^{-7} Ωm)보다 구리(1.69×10^{-8} Ωm)가 작다.

70 회로시험기(Multi Meter)로 직접 측정할 수 없는 것은?

① 저항   ② 교류전압
③ 직류전압   ④ 교류전력

해설 회로시험기의 측정
① 직류전압   ② 교류전압
③ 직류전류   ④ 저항

71 그림과 같은 단위계단함수를 옳게 나타낸 것은?

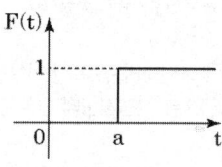

① $u(t)$ ② $u(t-a)$
③ $u(a-t)$ ④ $u(-a-t)$

67. ③ 68. ③ 69. ③ 70. ④ 71. ②

해설 함수가 시간축으로 주어질 때, u(t)를 t축을 중심으로 a만큼 이동한 함수는 u(t-a)가 된다.

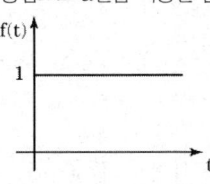

$$u(t)=\begin{cases}0, & t<0\\1, & t\geq 0\end{cases}$$

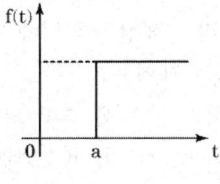

$$u(t-a)=\begin{cases}0, & t<a\\1, & t\geq a\end{cases}$$

72 어떤 회로에 220V의 교류전압을 인가했더니 4.4A의 전류가 흐르고, 전압과 전류와의 위상차는 60°가 되었다. 이 회로의 저항성분(Ω)은?

① 10 ② 25
③ 50 ④ 75

해설 저항성분(R)
① 임피던스(Z)

$$Z=\frac{V}{I}=\frac{220\angle 0°}{4.4\angle -60°}=\frac{220}{4.4}\angle 60°$$

$$=\frac{220}{4.4}(\cos 60°+j\sin 60°)$$

② 저항성분(R)
$Z=R+jX$

$$R=\frac{220}{4.4}\cos 60°=25\,\Omega$$

73 기계적 변위를 제어량으로 해서 목표값의 임의의 변화에 추종하도록 구성되어 있는 것은?

① 자동조정 ② 서보기구
③ 정치제어 ④ 프로세스 제어

해설 서보기구
자세나 물체의 위치, 방위, 자세 등의 상태량을 제어하는 것으로 대표적으로 미사일 추적장치, 레이더가 있다.

74 다음 회로에서 합성 정전용량(μF)은?

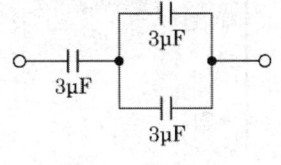

① 1.1 ② 2.0
③ 2.4 ④ 3.0

해설 합성 정정용량(C)
① 병렬접속

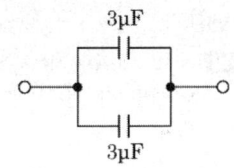

$C=C_1+C_2=3+3=6\mu F$

② 직렬접속

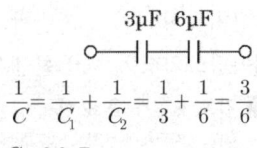

$$\frac{1}{C}=\frac{1}{C_1}+\frac{1}{C_2}=\frac{1}{3}+\frac{1}{6}=\frac{3}{6}$$

$\therefore C=2.0\mu F$

75 직류전동기의 속도제어방법 중 광범위한 속도제어가 가능하며 정토크 가변속도의 용도에 적합한 방법은?

① 계자제어 ② 직렬저항제어
③ 병렬저항제어 ④ 전압제어

해설 전압제어법
직류 가변 전압 전원장치를 설치하여 단자전압을 가감하여 속도를 제어하는 방법으로 광범위 속도제어 방식(엘리베이터, 전차운전에 적용)
[참고] 직류전동기의 속도 제어법 비교

Answer 72. ② 73. ② 74. ② 75. ④

구분	제어특성	특징
계자 제어법	정출력 제어	• 속도제어 범위가 좁다.
전압 제어법	정토크 제어 (워드 레오나드 방식, 일그너 방식)	• 속도제어 범위가 넓다. • 손실이 매우 적다. • 정역운전이 가능 • 설비비가 많이 든다.
직렬 저항법		• 효율이 나쁘다.

76 서보 전동기는 다음 중 어디에 속하는가?
① 검출기 ② 증폭기
③ 변환기 ④ 조작기기

해설 서보 전동기는 자동제어기기 중에서 조작기기에 해당하며 전기식이다.

77 다음 중 기동 토크가 가장 큰 단상 유도전동기는?
① 분상기동형 ② 반발기동형
③ 셰이딩코일형 ④ 콘덴서기동형

해설 기동 토크가 큰 순서
반발 기동형>반발 유도형>콘덴서 기동형>콘덴서 운전형>분상 기동형>셰이딩 코일형>모노사이클릭형

78 그림과 같은 회로에서 해당되는 램프의 식으로 옳은 것은?

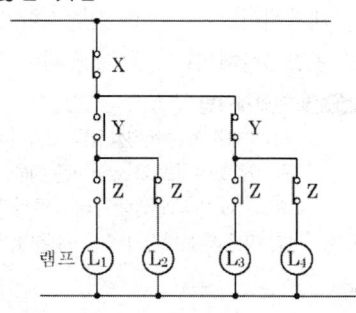

① $L_1 = \overline{X} \cdot Y \cdot Z$ ② $L_2 = \overline{X} \cdot Y \cdot Z$
③ $L_3 = \overline{X} \cdot Y \cdot Z$ ④ $L_4 = \overline{X} \cdot Y \cdot Z$

해설 ① $L_1 = \overline{X} \cdot Y \cdot Z$ ② $L_2 = \overline{X} \cdot Y \cdot \overline{Z}$
③ $L_3 = \overline{X} \cdot \overline{Y} \cdot Z$ ④ $L_4 = \overline{X} \cdot \overline{Y} \cdot \overline{Z}$
[참고]

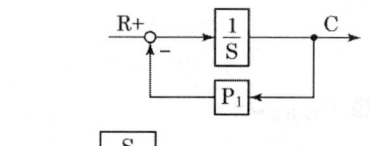

79 목표값이 미리 정해진 변화량에 따라 제어량을 변화시키는 제어는?
① 정치 제어 ② 추종 제어
③ 비율 제어 ④ 프로그램 제어

해설 프로그램 제어
미리 정해진 신호에 따라 제어량을 변화시키는 것을 목적으로 하는 제어법으로 열차의 무인 운전이나 열처리로의 온도제어에 적용한다.

80 그림과 같은 블록선도와 등가인 것은?

① R → $\dfrac{S}{P_1}$ → C

② R → $S+P_1$ → C

③ R → $\dfrac{1}{S+P_1}$ → C

④ R → $\dfrac{P_1}{S}$ → C

해설 $\dfrac{C}{R} = \dfrac{\dfrac{1}{S}}{1+\dfrac{P_1}{S}} = \dfrac{\dfrac{1}{S}}{\dfrac{S+P_1}{S}}$
$= \dfrac{S}{S(S+P_1)} = \dfrac{1}{S+P_1}$

Answer 76. ④ 77. ② 78. ① 79. ④ 80. ③

chapter 02 공조냉동기계산업기사 과년도출제문제

2020년 8월 23일(3회) 시행

제1과목 : 공기조화

01 공기 중의 수증기 분압을 포화압력으로 하는 온도를 무엇이라 하는가?
① 건구온도
② 습구온도
③ 노점온도
④ 글로브(glove)온도

해설 노점온도(dew point temperature)
습공기 중의 수증기가 공기로부터 분리되어 응축하여 이슬이 맺히게 될 때의 온도, 즉 습공기의 수증기 분압과 동일한 분압을 갖는 포화습공기의 온도로 이때 절대습도는 감소한다.

02 외기의 온도가 -10℃이고 실내온도가 20℃이며 벽 면적이 $25m^2$일 때, 실내의 열손실량(kW)은? (단, 벽체의 열관류율 $10W/m^2 \cdot K$, 방위계수는 북향으로 1.2이다.)
① 7
② 8
③ 9
④ 10

해설 실내의 열손실량
$q = K \cdot A \cdot \Delta t \cdot k$
$= 10 \times 25 \times (20-(-10)) \times 1.2$
$= 9,000W = 9kW$

03 공조공간을 작업 공간과 비작업 공간으로 나누어 전체적으로는 기본적인 공조만 하고, 작업공간에서는 개인의 취향에 맞도록 개별 공조하는 방식은?
① 바닥취출 공조방식
② 태스크 앰비언트 공조방식
③ 저온공조방식
④ 축열공조방식

해설 태스크 앰비언트 공조방식(Task Ambient Air Conditioning System)
공조공간을 장시간 체재하는 작업 공간(Task zone)과 비교적 단시간 체재하는 비작업 공간(Ambient zone)으로 분할하여 공조를 실시하는 시스템으로 재실자의 쾌적성을 확보할 수 있고 에너지 절약도 가능한 공조 시스템
[참고]
① 바닥취출 공조방식 : OA floor 또는 free access floor의 이중바닥 내에 송풍 체임버를 이용해서 바닥으로부터 송풍시키고 천장으로 흡입하는 방식
② 저온공조방식 : 공조기의 냉수온도를 낮추어 저온의 급기를 공급하여 송풍량을 줄임으로써 덕트 크기 및 층고를 줄이는 방식
③ 축열공조방식 : 값싼 심야전력으로 에너지를 축열조에 저장하여 주간에 이용하는 방식

04 제습장치에 대한 설명으로 틀린 것은?
① 냉각식 제습장치는 처리공기를 노점 온도 이하로 냉각시켜 수증기를 응축시킨다.
② 일반 공조에서는 공조기에 냉각코일을 채용하므로 별도의 제습장치가 없다.
③ 제습방법은 냉각식, 흡수식, 흡착식으로 구분된다.
④ 에어와셔 방식은 냉각식으로 소형이고

Answer 01. ③ 02. ③ 03. ② 04. ④

수처리가 편리하여 많이 채용된다.

해설 ④ 에어와셔방식은 체임버 내 다수의 노즐을 설치하여 다량의 물을 공기와 접촉시켜 공기를 가습하는 장치이다.

[참고] 제습장치의 종류

냉각 감습장치	냉각코일 또는 공기세정기를 사용하여 습공기를 노점 이하로 냉각하여 제습하는 방법으로 가장 많이 사용한다.
압축 감습장치	공기를 압축하여 여분의 수분을 응축시키는 방법으로 설비비와 소요동력이 커 일반적으로 사용하지 않는다.
흡수식 감습장치	염화리튬, 트리에틸렌글리콜의 액체 흡수제를 사용하므로 가열원이 있어야 한다.
흡착식 감습장치	실리카겔, 활성 알루미나, 애드솔의 고체 흡착제를 사용한다.

05 냉각코일의 용량결정 방법으로 옳은 것은?
① 실내취득열량+기기로부터의 취득열량+재열부하+외기부하
② 실내취득열량+기기로부터의 취득열량+재열부하+냉수펌프부하
③ 실내취득열량+기기로부터의 취득열량+재열부하+배관부하
④ 실내취득열량+기기로부터의 취득열량+재열부하+냉수펌프 및 배관부하

해설 ① 냉각코일 용량=실내취득열량+기기로부터의 취득열량+재열 부하+외기 부하
② 냉동기 용량=냉각코일용량+펌프 배관부하

06 온풍난방에 관한 설명으로 틀린 것은?
① 예열부하가 거의 없으므로 기동시간이 아주 짧다.
② 온풍을 이용하므로 쾌감도가 좋다.
③ 보수・취급이 간단하여 취급에 자격이 필요하지 않다.
④ 설치면적이 적으며 설치 장소도 제약을 받지 않는다.

해설 ② 온풍을 이용하므로 실내 온도분포가 좋지 않아 쾌감도가 떨어진다.

07 다음 중 흡수식 감습장치에 일반적으로 사용되는 액상흡수제로 가장 적절한 것은?
① 트리에틸렌글리콜
② 실리카겔
③ 활성 알루미나
④ 탄산소다수용액

해설 **흡수식 감습장치**
염화리튬, 트리에틸렌글리콜의 액체 흡수제를 사용하므로 연속적이고 대용량에 적합하다.

08 실내 압력은 정압상태로 주로 작은 용적의 연소실 등과 같이 급기량을 확실하게 확보하기 어려운 장소에 적용하기에 가장 적합한 환기방식은?
① 압입 흡출 병용 환기
② 압입식 환기
③ 흡출식 환기
④ 풍력 환기

해설 **제2종 환기법(압입식)**
송풍기에 의해서 일방적으로 실내로 공기를 송풍하고, 배기는 배기구 및 틈새 등으로 배출(송풍기만으로 환기하는 방식)하는 방식으로 실내압은 대기압 이상(정압)이며 오염된 공기의 침입을 꺼리는 곳이나 연소공기를 필요로 하는 실에 적합하다. 소규모 변전실이나 창고 등에 적용되고 있다.

09 공기조화 부하계산을 위한 고려사항으로 가장 거리가 먼 것은?
① 열원방식

 05. ① 06. ② 07. ① 08. ② 09. ①

② 실내 온·습도의 설정조건
③ 지붕재료 및 치수
④ 실내 발열기구의 사용시간 및 발열량

해설 ① 열원방식의 선정 및 검토는 기본계획 단계에서 안전성, 신뢰성, 운전의 용이성, 공해방지성, 경제성, 에너지 절약성, 필요 스페이스 등을 감안하여 선정한다. 열원방식의 선정은 기계실 배치, 굴뚝이나 배관경로 등 건축계획과 밀접한 관계를 가진다.

10 다음 중 표면 결로발생 방지조건으로 틀린 것은?
① 실내측에 방습막을 부착한다.
② 다습한 외기를 도입하지 않는다.
③ 실내에서 발생되는 수증기량을 억제한다.
④ 공기와의 접촉면 온도를 노점온도 이하로 유지한다.

해설 표면 결로의 방지조건
① 공기와의 접촉면 온도를 항상 노점온도 이상으로 유지
② 공기층이 밀폐된 2중 유리를 사용
③ 단열재를 부착
④ 실내 상대습도를 30~40%로 유지

11 겨울철 외기조건이 2℃(DB), 50%(RH), 실내조건이 19℃(DB), 50%(RH)이다. 외기와 실내공기를 1:3으로 혼합할 경우 혼합공기의 최종온도(℃)는?
① 5.3
② 10.3
③ 14.8
④ 17.3

해설 혼합공기의 건구온도(℃)
$$t_C = \frac{m_A \cdot t_A + m_B \cdot t_B}{m_A + m_B}$$
$$= \frac{(1 \times 2) + (3 \times 19)}{1+3} = 14.8℃$$

12 다음 취득 열량 중 잠열이 포함되지 않는 것은?
① 인체의 발열
② 조명기구의 발열
③ 외기의 취득열
④ 증기 소독기의 발생열

해설 조명기구, 전동기 등은 현열만을 발생한다.

13 온수난방 방식의 분류에 해당되지 않는 것은?
① 복관식
② 건식
③ 상향식
④ 중력식

해설 온수난방의 분류

구분	방식
순환방식	자연순환(중력식)
	강제순환식(펌프식)
온수온도	고온수식
	보통온수식
	저온수식
배관방식	단관식
	복관식
	역환수관식(리버스리턴)
공급방식	상향식
	하향식

14 다음의 공기선도상에 수분의 증가 없이 가열 또는 냉각되는 경우를 나타낸 것은?

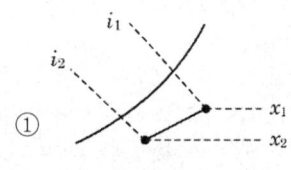
①

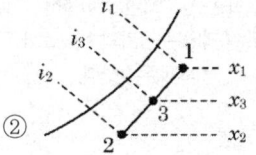
②

Answer 10. ④ 11. ③ 12. ② 13. ② 14. ③

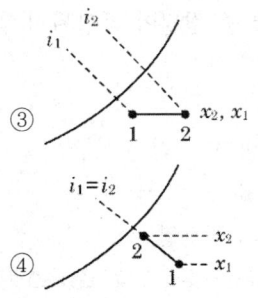

③ 냉각 감습 과정(1 → 2)
② 공기의 혼합과정
   (1점 공기 : 냉각 감습, 2점 공기 : 가열 가습)
③ 가열과정(1 → 2)
④ 단열가습과정(1 → 2)

15 다음과 같은 공기선도상의 상태에서 CF (Contact Factor)를 나타내고 있는 것은?

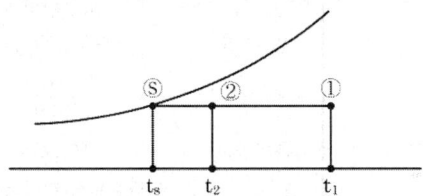

① $\dfrac{t_1 - t_2}{t_1 - t_s}$ ② $\dfrac{t_1 - t_2}{t_2 - t_s}$

③ $\dfrac{t_2 - t_s}{t_1 - t_s}$ ④ $\dfrac{t_2 - t_s}{t_1 - t_2}$

해설 콘택트 팩터(Contact Factor : CF)
가열 또는 냉각코일을 완전히 접촉하여 통과한 공기의 비율

$CF = \dfrac{t_1 - t_2}{t_1 - t_s}$

[참고] 바이패스 팩터(By Pass Factor : BF)
가열 또는 냉각코일을 접촉하지 않고 그대로 통과하는 공기의 비율로 BF가 작을수록 성능이 우수하다.

$BF = \dfrac{t_2 - t_s}{t_1 - t_s}$

16 대류난방과 비교하여 복사난방의 특징으로 틀린 것은?
① 환기 시에는 열손실이 크다.
② 실의 높이에 따른 온도편차가 크지 않다.
③ 하자가 발생하였을 때 위치확인이 곤란하다.
④ 열용량이 크므로 부하에 즉각적인 대응이 어렵다.

해설 ① 복사난방은 대류현상이 없어 바닥면의 먼지 상승이 적어 환기의 필요성이 대류난방보다 상대적으로 낮고 실온이 낮으므로 환기 시 대류난방보다 열손실이 적다.

17 덕트의 설계순서로 옳은 것은?
① 송풍량 결정 → 취출구 및 흡입구의 위치 결정 → 덕트경로 결정 → 덕트치수 결정
② 취출구 및 흡입구의 위치결정 → 덕트경로 결정 → 덕트치수 결정 → 송풍량 결정
③ 송풍량 결정 → 취출구 및 흡입구의 위치 결정 → 덕트치수 결정 → 덕트경로 결정
④ 취출구 및 흡입구의 위치결정 → 덕트치수 결정 → 덕트경로 결정 → 송풍량 결정

해설 덕트 설계 순서

송풍량 결정 (냉난방부하계산) → 취출구 및 흡입구의 위치선정 (위치, 개수, 형식, 크기 결정) → 덕트경로 결정 (실의 용도, 사용시간, 부하의 특성 등을 고려) → 덕트의 치수 결정 (등속법, 등마찰손실법 등 적용) → 송풍기 선정 (송풍기 용량, 형식 결정) → 설계도 작성

18 난방설비에 관한 설명으로 옳은 것은?
① 온수난방은 온수의 현열과 잠열을 이용한 것이다.
② 온풍난방은 온풍의 현열과 잠열을 이용한 직접난방 방식이다.

15. ① 16. ① 17. ① 18. ④

③ 증기난방은 증기의 현열을 이용한 대류난방이다.
④ 복사난방은 열원에서 나오는 복사에너지를 이용한 것이다.

해설 ① 온수난방 : 온수의 현열을 이용
② 온풍난방 : 공기의 현열을 이용
③ 증기난방 : 증기의 잠열을 이용

19 다음 중 축류 취출구의 종류가 아닌 것은?
① 노즐형 ② 펑커 루버
③ 베인격자형 ④ 팬형

해설 ① 복류형 취출구 : 팬형, 아네모스탯형 등
② 축류형 취출구 : 유니버설형, 노즐형, 펑커 루버, 머시룸 디퓨저, 천장 슬롯형, 라인형 등

20 다음 중 공기조화 설비와 가장 거리가 먼 것은?
① 냉각탑 ② 보일러
③ 냉동기 ④ 압력탱크

해설 공기조화 설비
① 열원장치(냉동기, 보일러 등)
② 열운반장치(송풍기, 덕트 등)
③ 공기조화기(필터, 가열·냉각코일, 가습기 등)
④ 자동제어장치
[참고] 압력탱크는 급수설비 중 압력수조방식에서 사용하는 급수탱크이다.

제 2 과목 : 냉동공학

21 열 이동에 대한 설명으로 틀린 것은?
① 서로 접하고 있는 물질의 구성분자 사이에 정지상태에서 에너지가 이동하는 현상을 열전도라 한다.
② 고온의 유체분자가 고체의 전열면까지 이동하여 열에너지를 전달하는 현상을 열대류라 한다.
③ 물체로부터 나오는 전자파 형태로 열이 전달되는 전열작용을 열복사라 한다.
④ 열관류율이 클수록 단열재로 적당하다.

해설 ④ 열관류율이 클수록 열부하가 커지므로 단열재로 부적당하다. 단열재는 열을 차단할 수 있는 성능을 가진 재료로서 열관류율이 작을수록 열 흐름의 속도를 지체시키므로 단열성능이 향상된다.

22 [조건]을 참고하여 흡수식 냉동기의 성적계수는 얼마인가?

[조건]
- 응축기 냉각열량 : 5.6kW
- 흡수기 냉각열량 : 7.0kW
- 재생기 가열량 : 5.8kW
- 증발기 냉동열량 : 6.7kW

① 0.88 ② 1.16
③ 1.34 ④ 1.52

해설 흡수식 냉동기의 성적계수
$$COP = \frac{증발기\ 냉동열량}{재생기\ 가열량} = \frac{6.7}{5.8} = 1.16$$

23 피스톤 압출량이 500m³/h인 암모니아 압축기가 그림과 같은 조건으로 운전되고 있을 때 냉동능력(kW)은 얼마인가? (단, 체적효율은 0.68이다.)

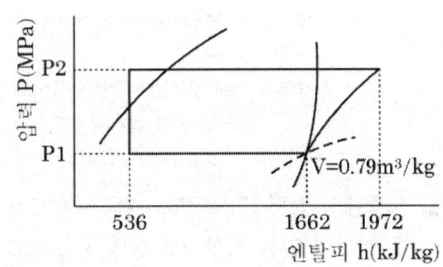

① 101.8 ② 134.6

---

19. ④ 20. ④ 21. ④ 22. ② 23. ②

과년도출제문제(출제기준 개정 전) **287**

③ 158.4   ④ 182.1

해설 ① 냉매 순환량(G)

$$G = \frac{Q_e}{q_e}$$
$$= \frac{V}{v_a} \times \eta_v = \frac{500}{0.79} \times 0.68 = 430.4 \text{kJ/h}$$

② 냉동능력
$$Q_e = G \times q_e = G \times (h_1 - h_4)$$
$$= 430.4 \times (1662 - 536) = 484,630 \text{kJ/h}$$
$$\therefore Q_e [\text{kW}] = 484,630 \text{kJ/h} \times \frac{1\text{h}}{3600\text{s}}$$
$$= 134.6 \text{kW}$$

24 표준냉동사이클에 대한 설명으로 옳은 것은?
① 응축기에서 버리는 열량은 증발기에서 취하는 열량과 같다.
② 증기를 압축기에서 단열압축하면 압력과 온도가 높아진다.
③ 팽창밸브에서 팽창하는 냉매는 압력이 감소함과 동시에 열을 방출한다.
④ 증발기 내에서의 냉매증발온도는 그 압력에 대한 포화온도보다 낮다.

해설 ① 응축기에서 버리는 열량은 증발기에서 취하는 열량보다 많다.(응축열량은 증발기를 통과하는 동안 냉매가 흡수한 열량과 압축기에서 받은 열량을 공기나 냉각수에 의해 방출하는 열량의 합이다.)
③ 팽창밸브에서 팽창하는 냉매는 외부와의 열출입이 없는 단열 팽창 과정이므로 엔탈피의 변화는 없고 압력이 감소함과 동시에 온도가 저하된다.
④ 증발기 내에서의 냉매증발온도는 그 압력에 대한 포화온도보다 같거나 높다.

25 노즐에서 압력 1764kPa, 온도 300℃인 증기를 마찰이 없는 이상적인 단열 유동으로 압력 196kPa까지 팽창시킬 때 증기의 최종속도 (m/s)는? (단, 최초 속도는 매우 작아 무시하고, 입출구의 높이는 같으며 단열 열낙차는 442.3kJ/kg로 한다.)
① 912.1   ② 940.5
③ 946.4   ④ 963.3

해설 단열유동

$$h_1 - h_2 = \frac{1}{2}(v_2^2 - v_1^2)$$

여기서, 최초 속도는 무시($v_1 = 0$)

$$h_1 - h_2 = \frac{1}{2}v_2^2$$
$$v_2 = \sqrt{2(h_1 - h_2)} \text{(J/kg)}$$
$$v_2 = 44.72 \sqrt{h_1 - h_2} \text{(kJ/kg)}$$
$$\therefore v_2 = 44.72 \sqrt{\Delta h}$$
$$= 44.72 \sqrt{442.3} = 940.5 \text{m/s}$$

26 방열벽을 통해 실외에서 실내로 열이 전달될 때, 실외측 열전달계수가 0.02093kW/m²·K, 실내측 열전달계수가 0.00814kW/m²·K, 방열벽 두께가 0.2m, 열전도도가 5.8×10^{-5} kW/m·K일 때, 총괄열전달계수(kW/m²·K)는?
① 1.54×10^{-3} ② 2.77×10^{-4}
③ 4.82×10^{-4} ④ 5.04×10^{-3}

해설 총괄열전달계수(K)

$$K = \frac{1}{\frac{1}{\alpha_i} + \frac{l}{\lambda} + \frac{1}{\alpha_o}}$$
$$= \frac{1}{\frac{1}{0.00814} + \frac{0.2}{5.8 \times 10^{-5}} + \frac{1}{0.02093}}$$
$$= 2.77 \times 10^{-4} \text{kW/m}^2\text{K}$$

27 냉장고의 증발기에 서리가 생기면 나타나는 현상으로 옳은 것은?
① 압축비 감소
② 소요동력 감소

Answer 24. ②   25. ②   26. ②   27. ③

③ 증발압력 감소
④ 냉장고 내부온도 감소

해설 착상이 냉동장치에 미치는 영향
① 전열불량으로 냉장실 내 온도상승 및 액압축 초래
② 증발압력 저하로 압축비 상승
③ 증발온도 저하
④ 실린더 과열로 토출가스 온도 상승
⑤ 윤활유의 열화 및 탄화 우려
⑥ 체적효율 저하 및 압축기 소요동력 증대
⑦ 성적계수 및 냉동능력 감소

28 다음 중 프레온계 냉동장치의 배관재료로 가장 적당한 것은?
① 철
② 강
③ 동
④ 마그네슘

해설 프레온 냉동장치의 배관재료
주로 동관을 사용하고 동관, 동합금관 등이 가능한 한 이음매 없는 관을 사용해야 한다. 또한 2% 이상의 마그네슘을 함유한 알루미늄 합금을 사용하면 안 된다.

29 컴파운드(compound)형 압축기를 사용한 냉동방식에 대한 설명으로 옳은 것은?
① 증발기가 2개 이상 있어서 각 증발기에 압축기를 연결하여 필요에 따라 다른 온도에서 냉매를 증발시킬 수 있는 방식
② 냉매를 한 가지만 쓰지 않고 두 가지 이상을 써서 각 냉매에 압축기를 설치하여 낮은 온도를 얻을 수 있게 하는 방식
③ 한쪽 냉동기의 증발기가 다른 쪽 냉동기의 응축기를 냉각시키도록 각각의 사이클에 독립된 압축기를 배열하는 방식
④ 동일한 냉매에 대해 1대의 압축기로 2단 압축을 하도록 하여 고압의 냉매를 사용하여 냉동을 수행하는 방식

해설 컴파운드 압축기(Compound Compressor)
2단 압축에서 저단측 압축기와 고단측 압축기를 1대의 압축기로 기통을 2단(저단측 기통, 고단측 기통)으로 나누어 사용한 것으로서 설치면적, 중량, 설비비 등의 절감을 위하여 채택한 방식

30 일반적으로 대용량의 공조용 냉동기에 사용되는 터보식 냉동기의 냉동부하 변화에 따른 용량제어 방식으로 가장 거리가 먼 것은?
① 압축기 회전수 가감법
② 흡입 가이드 베인 조절법
③ 클리어런스 증대법
④ 흡입 댐퍼 조절법

해설 ③ 클리어런스 증대법은 왕복동 압축기의 용량제어 방식이다.
[참고] 원심식(터보) 압축기
① 회전수 제어
② 흡입베인(vane) 제어
③ 디퓨저(diffuser) 제어
④ 바이패스 제어
⑤ 흡입, 토출 댐퍼 조절법
⑥ 냉각수량 조절법(응축압력 조절법)

31 냉동효과에 관한 설명으로 옳은 것은?
① 냉동효과란 응축기에서 방출하는 열량을 의미한다.
② 냉동효과는 압축기의 출구 엔탈피와 증발기의 입구 엔탈피 차를 이용하여 구할 수 있다.
③ 냉동효과는 팽창밸브 직전의 냉매 액온도가 높을수록 크며, 또 증발기에서 나오는 냉매증기의 온도가 낮을수록 크다.
④ 냉매의 과냉각도를 증가시키면 냉동효과는 커진다.

해설 ① 냉동효과란 증발기에서 흡수하는 열량을 의미

Answer 28. ③ 29. ④ 30. ③ 31. ④

한다.
② 냉동효과는 압축기의 입구 엔탈피와 증발기 입구 엔탈피 차를 이용하여 구할 수 있다.
③ 냉동효과는 팽창밸브 직전의 냉매 액온도가 낮을수록 크며, 또 증발기에서 나오는 냉매 증기의 온도가 높을수록 크다.

32 냉매의 구비 조건으로 틀린 것은?
① 동일한 냉동능력을 내는 경우에 소요동력이 작을 것
② 증발잠열이 크고 액체의 비열이 작을 것
③ 액상 및 기상의 점도는 낮고 열전도도는 높을 것
④ 임계온도가 낮고 응고온도는 높을 것

해설 **냉매의 구비 조건**
① 저온에서도 대기압 이상의 압력에서도 쉽게 증발할 것
② 임계온도가 높고 상온에서 쉽게 액화할 것
③ 응고온도가 낮을 것
④ 증발 잠열이 클 것
⑤ 냉매액은 비열이 작을 것
⑥ 비열비가 작을 것
⑦ 점도와 표면장력이 작고, 전열이 양호할 것
⑧ 누설 시 발견이 용이할 것
⑨ 절연내력이 크고, 전기절연물을 침식시키지 않을 것
⑩ 가스의 비체적이 작을 것
⑪ 패킹재료에 영향이 없을 것
⑫ 윤활유와 혼합되어도 냉동작용에 영향을 주지 않을 것

33 다음 중 증발온도가 저하되었을 때 감소되지 않는 것은? (단, 응축온도는 일정하다.)
① 압축비   ② 냉동능력
③ 성적계수   ④ 냉동효과

해설 응축온도가 일정, 증발온도가 저하되면
① 압축비의 증대
② 토출가스 온도 상승
③ 냉동효과 감소
④ 성능계수(COP) 감소
⑤ 비체적 증대로 인한 냉매순환량 감소

34 실제기체가 이상기체의 상태식을 근사적으로 만족하는 경우는?
① 압력이 높고 온도가 낮을수록
② 압력이 높고 온도가 높을수록
③ 압력이 낮고 온도가 높을수록
④ 압력이 낮고 온도가 낮을수록

해설 **실제기체가 이상기체를 만족하는 조건**
① 압력이 낮을수록
② 온도가 높을수록
③ 비체적이 클수록
④ 분자량이 작을수록

35 터보 압축기에서 속도에너지를 압력으로 변화시키는 역할을 하는 것은?
① 임펠러   ② 베인
③ 증속기어   ④ 스크류

해설 **디퓨저(diffuser)**
속도에너지를 압력에너지로 변환하는 장치로 단면적을 점차 넓게 한 통로
※ 공단 답은 ① 임펠러지만, 저자가 생각하는 답은 디퓨저(diffuser)로 사료됩니다.
[참고] 터보압축기 압축 원리 : 고속으로 회전하는 임펠러(Impeller)의 회전하는 원심력이 공기를 가속시키면 고정된 디퓨저가 이를 압력으로 전환시킨다.

36 다음 압축기의 종류 중 압축 방식이 다른 것은?
① 원심식 압축기
② 스크류 압축기
③ 스크롤 압축기
④ 왕복동식 압축기

Answer 32. ④ 33. ① 34. ③ 35. ① 36. ①

해설 ① 용적형 압축기 : 왕복동식, 스크류식, 스크롤식, 회전식
② 원심식 압축기 : 터보압축기

37 표준 냉동사이클에서 냉매액이 팽창밸브를 지날 때 상태량의 값이 일정한 것은?
① 엔트로피 ② 엔탈피
③ 내부에너지 ④ 온도

해설 **팽창밸브**
적정량의 액체 냉매를 고압에서 저압으로 만드는 장치로 고압의 냉매는 이곳을 지나는 동안 액체에서 급격히 저온 저압의 습증기가 된다. 이 팽창밸브를 지나는 동안 냉매액의 엔탈피는 변화지 않고 일정하다.(등엔탈피 과정)

38 암모니아 냉동기에서 암모니아가 누설되는 곳에 페놀프탈레인 시험지를 대면 어떤 색으로 변하는가?
① 적색 ② 청색
③ 갈색 ④ 백색

해설 **암모니아 누설 확인**
① 냄새로 확인
② 붉은 리트머스종이 : 청색
③ 유황초(염산)나 유황걸레에 불을 붙여 누설 개소에 대면 흰 연기가 발생
④ 페놀프탈레인 시험지를 물에 적시면 적색
⑤ 네슬러시약 : 소량이면 황색, 다량이면 자색으로 변함
⑥ 염산을 탈지면에 적셔 누설 개소에 대면 흰 연기가 발생

39 1RT(냉동톤)에 대한 설명으로 옳은 것은?
① 0℃ 물 1kg을 0℃ 얼음으로 만드는데 24시간 동안 제거해야 할 열량
② 0℃ 물 1ton을 0℃ 얼음으로 만드는데 24시간 동안 제거해야 할 열량
③ 0℃ 물 1kg을 0℃ 얼음으로 만드는데 1시간 동안 제거해야 할 열량
④ 0℃ 물 1ton을 0℃ 얼음으로 만드는데 1시간 동안 제거해야 할 열량

해설 **1RT(1한국 냉동톤)**
0℃의 물 1ton을 24시간 동안에 0℃의 얼음으로 만드는 데 제거해야 할 열량
$$1RT = \frac{79.68 \times 1,000}{24} = 3,320 \text{kcal/h}$$
(얼음의 융해잠열 : 79.68kcal/kg)

40 압축기 직경이 100mm, 행정이 850mm, 회전수 2000rpm, 기통수 4일 때 피스톤 배출량(m^3/h)은?
① 3204.4 ② 3316.2
③ 3458.8 ④ 3567.1

해설 **피스톤 배출량(V)**
$$V = \frac{\pi D^2}{4} \cdot L \cdot N \cdot R \cdot 60$$
$$= \frac{\pi (0.1)^2}{4} \times 0.85 \times 2000 \times 4 \times 60$$
$$= 3,204.4 m^3/h$$
여기서, D : 실린더 내경[m]
L : 피스톤 행정[m]
N : 기통수
R : 분당 회전수[rpm]

제3과목 : 배관일반

41 다음 그림에서 ㉠과 ㉡의 명칭으로 바르게 설명된 것은?

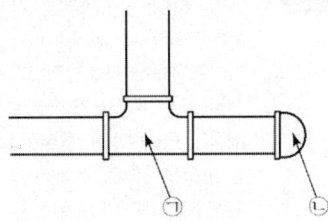

Answer 37. ② 38. ① 39. ② 40. ① 41. ④

① ㉠ : 크로스 ㉡ : 트랩
② ㉠ : 소켓   ㉡ : 캡
③ ㉠ : 90° Y티 ㉡ : 트랩
④ ㉠ : 티   ㉡ : 캡

해설

명칭	그림
크로스	
소켓	
캡	
티	

42 냉온수 배관을 시공할 때 고려해야 할 사항으로 옳은 것은?

① 열에 의한 온수의 체적팽창을 흡수하기 위해 신축이음을 한다.
② 기기와 관의 부식을 방지하기 위해 물을 자주 교체한다.
③ 열에 의한 배관의 신축을 흡수하기 위해 팽창관을 설치한다.
④ 공기체류장소에는 공기빼기 밸브를 설치한다.

해설 ① 열에 의한 온수의 체적팽창을 흡수하기 위해 팽창탱크를 설치한다.
② 기기와 관의 부식을 방지하기 위해 배관재의 선정, 온수 온도의 조절(50℃ 이하), 유속의 제한(1.5m/s 이하), 용존산소의 제거, 급수처리 등을 고려해야 한다.
③ 열에 의한 배관의 신축을 흡수하기 위해 신축이음을 설치한다.

43 펌프에서 물을 압송하고 있을 때 발생하는 수격작용을 방지하기 위한 방법으로 틀린 것은?

① 급격한 밸브 개폐는 피한다.
② 관내의 유속을 빠르게 한다.
③ 기구류 부근에 공기실을 설치한다.
④ 펌프에 플라이 휠을 설치한다.

해설 수격작용 방지대책
㉠ 수전류 가까이에 공기실을 설치한다.
㉡ 관내 유속을 느리게 한다.
㉢ 관의 지름을 크게 한다.
㉣ 밸브의 개폐를 서서히 한다.
㉤ 펌프에 플라이 휠(fly wheel)을 설치한다.
㉥ 배관은 가능한 한 직선배관을 원칙으로 하여 구부리지 않는다.

44 수액기를 나온 냉매액은 팽창밸브를 통해 교축되어 저온 저압의 증발기로 공급된다. 팽창밸브의 종류가 아닌 것은?

① 온도식   ② 플로트식
③ 인젝터식 ④ 압력자동식

해설 팽창밸브의 종류
수동식, 자동식(온도식, 정압식, 전자식), 플로트식, 모세관 등

45 냉매배관 시공 시 유의사항으로 틀린 것은?

① 팽창밸브 부근에서의 배관길이는 가능한 한 짧게 한다.
② 지나친 압력강하를 방지한다.
③ 암모니아 배관의 관이음에 쓰이는 패킹재료는 천연고무를 사용한다.
④ 두 개의 입상관 사용 시 트랩은 가능한 한 크게 한다.

해설 ① 두 개의 입상관 사용 시 트랩은 되도록 작게 하여 압축기 유면의 변동을 억제해야 한다.

 42. ④ 43. ② 44. ③ 45. ④

46 일반도시가스사업 가스공급시설 중 배관설비를 건축물에 고정부착할 때, 배관의 호칭지름이 13mm 이상 33mm 미만인 경우 몇 m마다 고정장치를 설치하여야 하는가?
① 1 ② 2
③ 3 ④ 5

해설 배관은 움직이지 않도록 건축물에 고정 부착하는 조치를 하되, 그 호칭지름이 13mm 미만의 것에는 1m마다, 13mm 이상 33mm 미만의 것에는 2m마다, 33mm 이상의 것에는 3m마다 고정 장치를 설치해야 한다.

47 냉매 배관 중 액관은 어느 부분인가?
① 압축기와 응축기까지의 배관
② 증발기와 압축기까지의 배관
③ 응축기와 수액기까지의 배관
④ 팽창밸브와 압축기까지의 배관

해설 ① 고압 액배관(응축기~수액기~팽창밸브) : 응축기 출구에서 팽창밸브 입구에 이르는 배관으로 고온고압의 냉매액이 흐른다.
② 저압 액배관(팽창밸브~증발기) : 팽창밸브 출구에서 증발기 입구에 이르는 배관으로 저온저압의 냉매액과 냉매증기가 흐른다.

48 배관길이 200m, 관경 100mm의 배관 내 20℃의 물을 80℃로 상승시킬 경우 배관의 신축량(mm)은? (단, 강관의 선팽창계수는 11.5×10^{-6} m/m·℃이다.)
① 138 ② 13.8
③ 104 ④ 10.4

해설 배관의 신축량(λ)
$\lambda = l \times \alpha \times \Delta t$
$= 200 \times (11.5 \times 10^{-6}) \times (80-20)$
$= 0.138m = 138mm$

49 다음의 배관도시 기호 중 유체의 종류와 기호의 연결로 틀린 것은?
① 공기 - A ② 수증기 - W
③ 가스 - G ④ 유류 - O

해설 유체의 종류와 기호

종류	기호
물(Water)	W
수증기(Steam)	S
공기(Air)	A
가스(Gas)	G
유류(Oil)	O

50 다음 중 신축이음쇠의 종류에 해당하지 않는 것은?
① 슬리브형 ② 벨로즈형
③ 루프형 ④ 턱걸이형

해설 신축 이음의 종류
㉠ 스위블형 ㉡ 루프형(신축곡관)
㉢ 슬리브형 ㉣ 벨로즈형

51 배관의 KS 도시기호 중 틀린 것은?
① 고압 배관용 탄소 강관 - SPPH
② 보일러 및 열교환기용 탄소 강관 - STBH
③ 기계 구조용 탄소 강관 - SPTW
④ 압력 배관용 탄소 강관 - SPPS

해설 ③ 기계구조용 탄소강관 - STKM

52 주철관에 관한 설명으로 틀린 것은?
① 압축강도, 인장강도가 크다.
② 내식성, 내마모성이 우수하다.
③ 충격치, 휨강도가 작다.
④ 보통 급수관, 배수관, 통기관에 사용된다.

해설 ① 압축강도가 크고 인장강도가 작다.

Answer 46. ② 47. ③ 48. ① 49. ② 50. ④ 51. ③ 52. ①

53 증기난방에서 환수주관을 보일러 수면보다 높은 위치에 설치하는 배관방식은?
① 습식 환수관식   ② 진공 환수식
③ 강제 순환식   ④ 건식 환수관식

해설 환수관 배치방식에 따른 증기난방 분류
① 건식 환수관식 : 환수관을 보일러 수면보다 높은 곳에 설치
② 습식 환수관식 : 환수관을 보일러 수면보다 낮은 곳에 설치

54 평면상의 변위뿐만 아니라 입체적인 변위까지도 안전하게 흡수하므로 어떤 형상의 신축에도 배관이 안전하며 증기, 물, 기름 등의 2.9MPa 압력과 220℃ 정도까지 사용할 수 있는 신축 이음쇠는?
① 스위블형 신축 이음쇠
② 슬리브형 신축 이음쇠
③ 볼 조인트형 신축 이음쇠
④ 루프형 신축 이음쇠

해설 볼 조인트형 신축이음
증기, 물, 기름 등 배관에서 평면 및 입체적인 변위까지 안전하게 흡수하는 신축이음으로 최근 개발된 방식
① 설치공간이 작다.
② 어떠한 형상의 신축에도 배관이 안전하다.
③ 2.9MPa 압력과 220℃ 온도까지 사용된다.

55 급탕배관에 관한 설명으로 틀린 것은?
① 건물의 벽 관통부분 배관에는 슬리브(sleeve)를 끼운다.
② 공기빼기 밸브를 설치한다.
③ 배관의 기울기는 중력순환식인 경우 보통 1/150으로 한다.
④ 직선 배관 시에는 강관인 경우 보통 60m 마다 1개의 신축이음쇠를 설치한다.

해설 ④ 직선배관 시에는 강관인 경우 보통 30m 마다 1개의 신축이음쇠를 설치한다.
[참고] 신축이음 설치 간격
① 동관 : 20m마다
② 강관 : 30m마다

56 배수 트랩의 봉수깊이로 가장 적당한 것은?
① 30~50mm   ② 50~100mm
③ 100~150mm ④ 150~200mm

해설 배수 트랩의 봉수 깊이 : 50~100mm
트랩의 봉수깊이는 50mm 이하가 되면 봉수 유지가 곤란하고 100mm 이상으로 크면 유속 저하로 통수능력이 감소되어 트랩 밑에 침전물이 쌓인다.

57 다음 중 공기 가열기나 열교환기 등에서 다량의 응축수를 처리하는 경우에 가장 적합한 트랩은?
① 버킷 트랩
② 플로트 트랩
③ 온도조절식 트랩
④ 열역학적 트랩

해설 플로트 트랩(다량 트랩)
플로트의 부력에 의해 작동하며, 저압증기용으로 다량의 응축수를 처리할 때 사용한다. 급격한 부하변동이나 압력변동에도 응축수를 원활하게 배출시킬 수 있으며 자동에어벤트가 내장되어 있어 공기배출 능력이 뛰어나다. 그러나 워터해머(수격작용)에 약하고 동파 우려가 있다.
[참고]
① 버킷 트랩 : 버킷의 부력에 의해 작동하며 증기의 압력에 의해 배출하므로 응축수를 간헐적으로 배출하는 데 사용한다.
② 온도조절 트랩 : 포화수와 포화증기 간의 온도차를 이용하여 응축수를 배출한다.
③ 열역학적 트랩 : 증기와 응축수의 열역학적인 특성인 유체의 운동에너지 차이에

53. ④ 54. ③ 55. ④ 56. ② 57. ②

의해 응축수를 배출한다.

58 배관이 바닥이나 벽을 관통할 때 설치하는 슬리브(sleeve)에 관한 설명으로 틀린 것은?
① 슬리브의 구경은 관통배관의 지름보다 충분히 크게 한다.
② 방수층을 관통할 때는 누수 방지를 위해 슬리브를 설치하지 않는다.
③ 슬리브를 설치하여 관을 교체하거나 수리할 때 용이하게 한다.
④ 슬리브를 설치하여 관의 신축에 대응할 수 있다.

해설 ② 방수층을 관통할 때는 누수 방지를 위해 플랜지 달린 슬리브를 넣고 틈새를 안과 납 등으로 밀봉한다.

59 각개통기방식에서 트랩 위어(weir)로부터 통기관까지의 구배로 가장 적절한 것은?
① $\dfrac{1}{25} \sim \dfrac{1}{50}$
② $\dfrac{1}{50} \sim \dfrac{1}{100}$
③ $\dfrac{1}{100} \sim \dfrac{1}{150}$
④ $\dfrac{1}{150} \sim \dfrac{1}{200}$

해설 트랩 위어로부터 통기관까지의 구배
배수관의 표준구배는 1/50~1/100이 적당하고, 유속은 평균 1.2m/s로 한다.

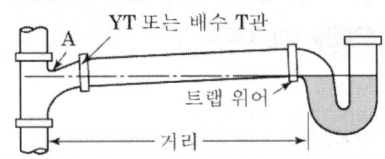

통기관의 개구가 되는 A점이 트랩 위어의 수평선보다 내려가서는 안 된다.

60 다음 중 가스 배관의 크기를 결정하는 요소로 가장 거리가 먼 것은?
① 관의 길이
② 가스의 비중
③ 가스의 압력
④ 가스 기구의 종류

해설 저압배관의 관경 결정
$$Q = K\sqrt{\dfrac{D^5 H}{SL}}$$
Q : 유량[m³/h] D : 파이프 내경[cm]
S : 가스비중 L : 관의 길이[m]
H : 허용압력손실[mmAq]
K : 유량 계수(상수)

제4과목 : 전기제어공학

61 동작 틈새가 가장 많은 조절계는?
① 비례 동작
② 2위치 동작
③ 비례미분동작
④ 비례적분동작

해설 2위치 동작(ON-OFF 동작)
조작량 또는 조작량을 지배하는 신호가 입력의 크기에 따라 2가지 정해진 값 중의 하나를 선택하는 동작으로 동작틈새가 가장 많다.

62 목표값이 미리 정해진 시간적 변화를 하는 경우 제어량을 그것에 추종시키기 위한 제어는?
① 프로그램제어
② 정치제어
③ 추종제어
④ 비율제어

해설 프로그램 제어
미리 정해진 신호에 따라 제어량을 변화시키는 것을 목적으로 하는 제어법(예 : 무인열차, 무인엘리베이터, 무인자판기)

63 다음 회로에서 합성 정전용량(F)의 값은?

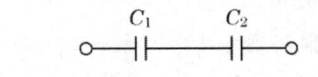

① $C_0 = C_1 + C_2$
② $C_0 = C_1 - C_2$
③ $C_0 = \dfrac{C_1 + C_2}{C_1 C_2}$
④ $C_0 = \dfrac{C_1 C_2}{C_1 + C_2}$

Answer 58. ② 59. ② 60. ④ 61. ② 62. ① 63. ④

해설 합성정전용량

① 직렬접속 $C = \dfrac{C_1 C_2}{C_1 + C_2}$

② 병렬접속 $C = C_1 + C_2$

64 오픈 루프 전달함수가

$G(s) = \dfrac{1}{s(s^2 + 5s + 6)}$ 인 단위궤환계에서 단위 계단입력을 가하였을 때의 잔류편차는?

① $\dfrac{5}{6}$ ② $\dfrac{6}{5}$

③ ∞ ④ 0

해설 잔류편차(e_{ss})

$e_{ss} = \lim\limits_{s \to 0} \dfrac{s}{1+G(s)} \cdot R(s)$

여기서, 시스템의 입력은 단위계단 함수이므로

$R(s) = \dfrac{1}{s}$

∴ $e_{ss} = \lim\limits_{s \to 0} \dfrac{s}{1+G(s)} \cdot \dfrac{1}{s} = \lim\limits_{s \to 0} \dfrac{1}{1+G(s)}$

$= \lim\limits_{s \to 0} \dfrac{1}{1 + \dfrac{1}{s(s^2+5s+6)}}$

$= \lim\limits_{s \to 0} \dfrac{s(s^2+5s+6)}{s(s^2+5s+6)+1} = 0$

65 시스템의 전달함수가

$T(s) = \dfrac{1250}{s^2 + 50s + 1250}$ 로 표현되는 2차 제어 시스템의 고유 주파수는 약 몇 rad/sec 인가?

① 35.36 ② 28.87
③ 25.62 ④ 20.83

해설 특성방정식 $s^2 + 2\delta \omega_n s + \omega_n^2 = 0$

여기서, ω_n: 고유주파수, δ: 감쇠율

문제에서 특성방정식 $s^2 + 50s + 1250 = 0$ 이므로 고유주파수 $\omega_n^2 = 1250$

∴ $\omega_n = \sqrt{1250} = 35.36\,\text{rad/sec}$

66 유도전동기의 고정손에 해당하지 않는 것은?

① 1차권선의 저항손
② 철손
③ 베어링 마찰손
④ 풍손

해설 유도전동기의 손실

① 고정손: 철손, 베어링 마찰손, 브러시 마찰손, 풍손
② 직접 부하손: 1차 권선의 저항손, 2차 회로의 저항손, 브러시의 전기손
③ 표류 부하손

67 어떤 회로에 10A의 전류를 흘리기 위해서 300W의 전력이 필요하다면, 이 회로의 저항(Ω)은 얼마인가?

① 3 ② 10
③ 15 ④ 30

해설 전력은 $P = I^2 R$이므로 저항 R은

$R = \dfrac{P}{I^2} = \dfrac{300}{10^2} = 3\,\Omega$

68 블록선도에서 요소의 신호전달 특성을 무엇이라 하는가?

① 가합요소 ② 전달요소
③ 동작요소 ④ 인출요소

해설 전달요소

입력신호를 받아서 변환된 출력신호를 만드는 신호 전달요소

69 다음 그림은 무엇을 나타낸 논리 연산회로인가?

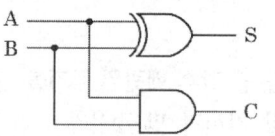

① HALF-ADDER 회로
② FULL_ADDER 회로

64. ④ 65. ① 66. ① 67. ① 68. ② 69. ①

③ NAND 회로
④ EXCLUSIVE OR 회로

해설 반가산기(HA : half adder) 회로
사칙 연산을 수행하는 기본 회로이며, 2진수 한 자리를 나타내는 두 개의 수를 입력하여 합(Sum)과 자리올림수(Carry)를 구해 주는 덧셈 회로로서, 컴퓨터의 연산장치에 사용되는 회로

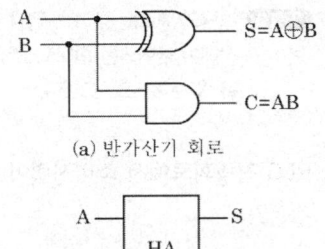

(a) 반가산기 회로

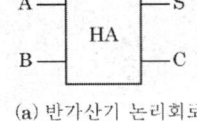

(a) 반가산기 논리회로

70 계전기 접점의 아크를 소거할 목적으로 사용되는 소자는?
① 바리스터(Varistor)
② 바랙터 다이오드
③ 터널 다이오드
④ 서미스터

해설 바리스터
① 비직선적인 전압-전류 특성을 갖는 2단자 반도체 소자로 전기접점의 불꽃(아크)을 소거하거나 서지전압에 대한 보호용으로 사용된다.
② 인가전압이 높을 때 저항값은 작아지고, 인가전압이 낮을 때 저항값이 크게 되어 회로를 보호한다.

71 권선형 3상 유도전동기에서 2차 저항을 변화시켜 속도를 제어하는 경우, 최대 토크는 어떻게 되는가?
① 최대 토크가 생기는 점의 슬립에 비례한다.
② 최대 토크가 생기는 점의 슬립에 반비례한다.
③ 2차 저항에만 비례한다.
④ 항상 일정하다.

해설 3상 권선형 유도전동기에 2차 저항을 변화시켜 속도를 제어하는 경우 최대 토크는 항상 일정하지만 최대 토크를 발생하는 슬립은 2차 저항에 비례한다.

72 목표치가 정해져 있으며, 입·출력을 비교하여 신호전달 경로가 반드시 폐루프를 이루고 있는 제어는?
① 조건 제어
② 시퀀스 제어
③ 피드백 제어
④ 프로그램 제어

해설 피드백 제어(feedback control)
정량적 제어로 피드백되는 측정값을 목표값과 비교하여 이 두 값이 일치하도록 수정 동작을 행하는 제어로 구조가 복잡하고 반드시 입력과 출력을 비교하는 장치가 필요하다.

73 피드백 제어의 특성에 관한 설명으로 틀린 것은?
① 정확성이 증가한다.
② 대역폭이 증가한다.
③ 계의 특성변화에 대한 입력 대 출력비의 감도가 증가한다.
④ 구조가 비교적 복잡하고 오픈 루프에 비해 설치비가 많이 든다.

해설 피드백 제어의 특징
① 정확성 및 대역폭 증가
② 계의 특성 변화에 대한 입력 대 출력비의 감도 감소
③ 발진을 일으키고 불안정한 상태로 되어가는 경향성
④ 구조가 복잡하여 설치비가 고가이고, 반드시 입력과 출력을 비교하는 장치가 필요

70. ① 71. ④ 72. ③ 73. ③

74 다음 블록선도에서 전달함수 $\dfrac{C(s)}{R(s)}$ 는?

① $\dfrac{G_1(s)G_2(s)G_3(s)}{1+G_2(s)G_3(s)H_1(s)-G_1(s)G_2(s)H_2(s)}$

② $\dfrac{G_1(s)G_2(s)G_3(s)}{1+G_2(s)G_3(s)H_1(s)+G_1(s)G_2(s)H_2(s)}$

③ $\dfrac{G_1(s)G_2(s)G_3(s)H_1(s)}{1+G_2(s)G_3(s)H_1(s)+G_1(s)G_2(s)H_2(s)}$

④ $\dfrac{G_1(s)G_2(s)G_3(s)}{1+G_2(s)G_3(s)H_2(s)+G_1(s)G_2(s)H_1(s)}$

해설 전달함수($G(s)$)

문제의 블록선도에서 루프 $G_2-G_3-H_1$의 간략화를 위해 요소 G_3 앞의 인출점을 G_3 뒤로 이동시키면

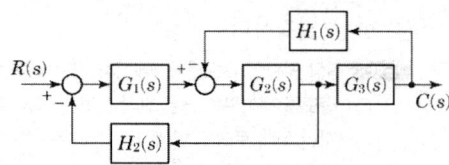

따라서, 루프 $G_2-G_3-H_1$의 전달함수는

$\dfrac{G_2G_3}{1+G_2G_3H_1}$ 이고 최종 전달함수와 블록선도는

$G(s)=\dfrac{C(s)}{R(s)}$

$=\dfrac{G_1\cdot\dfrac{G_2G_3}{1+G_2G_3H_1}}{1+\dfrac{H_2}{G_3}\cdot\left(G_1\cdot\dfrac{G_2G_3}{1+G_2G_3H_1}\right)}$

$=\dfrac{G_1G_2G_3}{1+G_2G_3H_1+G_1G_2H_2}$

75 그림과 같은 유접점 회로의 논리식과 논리회로명칭으로 옳은 것은?

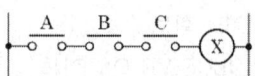

① $X=A+B+C$, OR 회로
② $X=A\cdot B\cdot C$, AND 회로
③ $X=\overline{A\cdot B\cdot C}$, NOT 회로
④ $X=\overline{A+B+C}$, NOR 회로

해설 그림의 회로는 세 개의 접점 A, B, C가 모두 동작해야 출력되는 회로로 AND회로이고 논리식은 $X=A\cdot B\cdot C$이다.

76 RLC 직렬회로에서 소비전력이 최대가 되는 조건은?

① $\omega L-\dfrac{1}{\omega C}=1$ ② $\omega L+\dfrac{1}{\omega C}=0$

③ $\omega L+\dfrac{1}{\omega C}=1$ ④ $\omega L-\dfrac{1}{\omega C}=0$

해설 RLC 직렬회로는 직렬공진 시 저항은 최소가 되고 전류는 최대가 되므로 소비전력은 최대가 된다.
① 직렬공진 조건
$\omega L=\dfrac{1}{\omega C} \rightarrow \omega L-\dfrac{1}{\omega C}=0$

77 그림의 신호흐름선도에서 $\dfrac{C(s)}{R(s)}$ 의 값은?

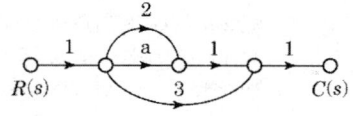

① $a+2$ ② $a+3$
③ $a+5$ ④ $a+6$

해설 $G=\dfrac{C}{R}=\dfrac{경로}{1-폐로}$

$=\dfrac{1\cdot a\cdot 1\cdot 1+1\cdot 2\cdot 1\cdot 1+1\cdot 3\cdot 1}{1-0}$

$=a+2+3=a+5$

78 접지 도체 P_1, P_2, P_3의 각 접지저항이 R_1,

정답 74. ② 75. ② 76. ④ 77. ③ 78. ④

R_2, R_3이다. R_1의 접지저항(Ω)을 계산하는 식은? (단, $R_{12} = R_1 + R_2$, $R_{23} = R_2 + R_3$, $R_{31} = R_3 + R_1$이다.)

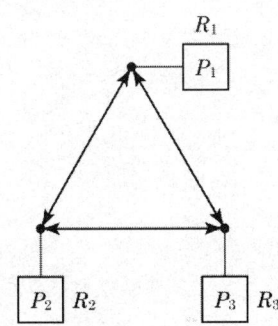

① $R_1 = \dfrac{1}{2}(R_{12} + R_{31} + R_{23})$

② $R_1 = \dfrac{1}{2}(R_{31} + R_{23} - R_{12})$

③ $R_1 = \dfrac{1}{2}(R_{12} - R_{31} + R_{23})$

④ $R_1 = \dfrac{1}{2}(R_{12} + R_{31} - R_{23})$

해설 접지저항 측정법(3점법)

접지극 외에 보조 접지극 2개를 사용하여 그림과 같이 설치하여 각 접지극 간의 전기저항을 측정하고 식을 이용하여 접지저항을 구하는 방법

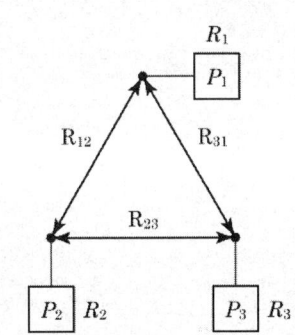

$R_1 = R_{12} + R_{31} = (R_1 + R_2) + (R_3 + R_1)$
$= 2R_1 + (R_2 + R_3) = 2R_1 + R_{23}$

$\therefore R_{12} + R_{31} = 2R_1 + R_{23}$

$2R_1 = R_{12} + R_{31} - R_{23}$

$\therefore R_1 = \dfrac{1}{2}(R_{12} + R_{31} - R_{23})$

79 주파수 60Hz의 정현파 교류에서 위상차 $\dfrac{\pi}{6}$ (rad)은 약 몇 초의 시간 차인가?

① 1×10^{-3} ② 1.4×10^{-3}
③ 2×10^{-3} ④ 2.4×10^{-3}

해설 ① 주기 $T = \dfrac{1}{f}$[sec]

② 1Hz의 전기각 : 2π

③ $\dfrac{\pi}{6}$[rad]의 시간차

$t = \dfrac{1}{f} \times \dfrac{\dfrac{\pi}{6}}{2\pi} = \dfrac{1}{60} \times \dfrac{\dfrac{\pi}{6}}{2\pi}$

$= \dfrac{1}{720} = 1.4 \times 10^{-3}$

80 맥동 주파수가 가장 많고 맥동률이 가장 적은 정류방식은?

① 단상 반파정류
② 단상 브리지 정류회로
③ 3상 반파정류
④ 3상 전파정류

해설 맥동주파수와 맥동률 비교

구분	단상반파	단상전파	3상반파	3상전파
맥동률	$r = 1.21$	$r = 0.482$	$r = 0.183$	$r = 0.042$
맥동주파수	f(60Hz)	$2f$(120Hz)	$3f$(180Hz)	$6f$(360Hz)

Answer 79. ② 80. ④

memo

part 03

부록 2. 과년도 기출문제

(출제기준 개정 후)
- 2022~2025년
- CBT 기출 복원문제

2015년부터 2020년까지의 과년도 기출문제(총 80문항, 4과목)는 개정 전 출제기준 기출문제이고, 2022년부터는 새로운 출제기준(총 60문항, 3과목)의 기출문제입니다.

chapter 03 공조냉동기계산업기사 CBT 기출 복원문제

2022년 1회

제1과목 : 에너지관리

01 1000ppm은 몇 %인가?
① 0.001   ② 0.01
③ 0.1   ④ 1

해설) ppm은 백만분의 일이므로
$$1000\text{ppm} \times \frac{1}{1,000,000} \times 100(\%) = 0.1\%$$

02 습공기의 수증기 분압과 동일한 온도에서 포화공기의 수증기 분압과의 비율을 무엇이라 하는가?
① 절대습도   ② 상대습도
③ 열수분비   ④ 비교습도

해설) ① 상대습도 : 습공기의 수증기 분압(P_w)과 동일 온도에 있어서 포화공기의 수증기 분압(P_s)과의 비를 백분율로 나타낸 것
② 절대습도 : 습공기에 함유되어 있는 수증기의 중량
③ 열수분비 : 수분량의 변화에 따른 전열량의 변화량
④ 비교습도(포화도) : 동일온도의 포화습공기의 절대습도와 습공기의 절대습도 비

03 증발식 응축기의 보급수량의 결정요인과 관계가 없는 것은?
① 냉각수 상·하부의 온도차
② 냉각할 때 소비한 증발수량
③ 탱크 내의 불순물의 농도를 증가시키지 않기 위한 보급 수량
④ 냉각공기와 함께 외부로 비산되는 소비수량

해설) 증발식 응축기 보급수량 결정
① 냉각을 위해 소비되는 증발수량
② 캐리오버(Carry Over) : 송풍기나 팬에 의해 밖으로 날아가는 수량
③ 블로우 다운(Blow Down) : 냉각수 중 불순물에 의해 생성된 고형물 등을 드레인, 오버플로시키는 수량
④ 메이크 업(Make Up) : Carry Over나 Blow Down에 의해 손실되는 수량만큼 보충시켜 주는 냉각수

04 다음 중 엔탈피가 0kJ/kg인 공기는 어느 것인가?
① 0℃ 습공기   ② 0℃ 건공기
③ 0℃ 포화공기 ④ 32℃ 습공기

해설) 엔탈피(Enthalpy)
단위중량의 습공기가 갖는 열량의 총합(현열+잠열)을 말하며 건구온도 0℃, 절대습도 0kg/kg' 상태에서의 공기의 엔탈피는 0(kJ/kg)이 된다.

05 실내 압력은 정압상태로 주로 작은 용적의 연소실 등과 같이 급기량을 확실하게 확보하기 어려운 장소에 적용하기에 가장 적합한 환기방식은?
① 압입 흡출 병용 환기
② 압입식 환기
③ 흡출식 환기
④ 풍력 환기

Answer 01. ③ 02. ② 03. ① 04. ② 05. ②

해설 제2종 환기법(압입식)
송풍기에 의해서 일방적으로 실내로 공기를 송풍하고, 배기는 배기구 및 틈새 등으로 배출(송풍기만으로 환기하는 방식)하는 방식으로 실내압은 대기압 이상(정압)이며 오염된 공기의 침입을 꺼리는 곳이나 연소공기를 필요로 하는 실에 적합하다. 소규모 변전실이나 창고 등에 적용되고 있다.

06 어느 실내에 설치된 온수 방열기의 방열면적이 10m² EDR일 때의 방열량(W)은?
① 4500 ② 6500
③ 7558 ④ 5233

해설 상당방열면적(EDR)
$$EDR(m^2) = \frac{방열기의\ 전방열량(W)}{표준방열량}$$
방열기의 전방열량 = EDR × 표준방열량
$= 10 \times 523.3 W/m^2$
$= 5233 W$

[참고] 표준방열량
① 온수 : 450kcal/m²·h = 0.523kW/m²
② 증기 : 650kcal/m²·h = 0.756kW/m²

07 반도체 클린룸의 필터 설치 순서로 올바른 것은?
① 프리 필터 → 미디움 필터 → 케미컬 필터 → 헤파 필터
② 프리 필터 → 미디움 필터 → 헤파 필터 → 케미컬 필터
③ 프리 필터 → 케미컬 필터 → 미디움 필터 → 헤파 필터
④ 케미컬 필터 → 프리 필터 → 미디움 필터 → 헤파 필터

해설 프리 필터→미디움 필터→케미컬 필터→헤파 필터

08 개방회로 냉각수 순환펌프의 전양정으로 올바른 것은?
① 냉각탑 실양정−응축기 저항+배관마찰 손실수두
② 냉각탑 실양정+응축기 저항+배관마찰 손실수두+노즐 분무저항
③ 냉각탑 실양정−응축기 저항+배관마찰 손실수두+노즐 분무저항
④ 냉각탑 실양정+응축기 저항+배관마찰 손실수두

해설 개방회로 냉각수 순환펌프 전양정
냉각탑 실양정(정수두−압입수두)+응축기 저항(손실수두)+배관마찰 손실수두+노즐 분무저항

09 최상층 방열기로 공급되는 온수의 온도 80℃, 환수관 50℃일 때 온수난방장치에서의 자연순환수두(kPa)는 얼마인가? (단, 보일러 중심에서 최상층 방열기의 중심까지 수직높이 15m, 80℃에서 비중량 9.530kN/m³, 50℃에서 비중량 9.690kN/m³이다.)
① 2.4 ② 24
③ 244 ④ 2440

해설 $H = (\gamma_1 - \gamma_2) \times h$
$= (9.690 - 9.530) \times 15 = 2.4 kPa$

10 실내공기질 관리법상 실내공기질 관리항목 이산화질소(NO_2)는 지하역사, 지하도상가, 철도역사의 대합실, 여객자동차터미널의 대합실 등에서의 권고기준치(ppm)는 얼마인가?
① 1ppm 이하 ② 0.31ppm 이하
③ 0.5ppm 이하 ④ 0.1ppm 이하

해설 ① 의료기관, 산후조리원, 노인요양시설, 어린이집, 실내 어린이놀이시설 : 0.05ppm 이하
② 실내주차장 : 0.30ppm 이하
③ 지하역사, 지하도상가 등의 다중이용시설 :

Answer 06. ④ 07. ① 08. ② 09. ① 10. ④

0.1ppm 이하

11 에어와셔에서 분무하는 냉수의 온도가 공기의 노점온도보다 높을 경우 공기의 온도와 절대습도의 변화는?

① 온도는 올라가고, 절대습도는 증가한다.
② 온도는 올라가고, 절대습도는 감소한다.
③ 온도는 내려가고, 절대습도는 증가한다.
④ 온도는 내려가고, 절대습도는 감소한다.

해설

에어와셔에서 공기 중에 냉수(공기의 노점온도보다 높은 경우)를 분무하면 그림의 공기선도와 같이 ①(공기)에서 ②(냉수)를 향하여 ③의 상태가 되므로 공기의 온도는 내려가고 절대습도는 증가한다.

12 일정한 건구온도에서 습공기의 성질 변화에 대한 설명으로 틀린 것은?

① 비체적은 절대습도가 높아질수록 증가한다.
② 절대습도가 높아질수록 노점온도는 높아진다.
③ 상대습도가 높아지면 절대습도는 높아진다.
④ 상대습도가 높아지면 엔탈피는 감소한다.

해설 ④ 상대습도가 높아지면 엔탈피는 증가한다.

13 송풍기 번호에 의한 송풍기 크기를 나타내는 식으로 옳은 것은?

① 원심송풍기 : $No(\#) = \dfrac{회전날개지름 mm}{100mm}$
   축류송풍기 : $No(\#) = \dfrac{회전날개지름 mm}{150mm}$

② 원심송풍기 : $No(\#) = \dfrac{회전날개지름 mm}{150mm}$
   축류송풍기 : $No(\#) = \dfrac{회전날개지름 mm}{100mm}$

③ 원심송풍기 : $No(\#) = \dfrac{회전날개지름 mm}{150mm}$
   축류송풍기 : $No(\#) = \dfrac{회전날개지름 mm}{150mm}$

④ 원심송풍기 : $No(\#) = \dfrac{회전날개지름 mm}{100mm}$
   축류송풍기 : $No(\#) = \dfrac{회전날개지름 mm}{100mm}$

해설 **송풍기 크기**
송풍기의 크기는 송풍기 번호로 다음과 같이 계산된다.
① 다익송풍기 번호(No.)
$= \dfrac{임펠러\ 직경[mm]}{150}$
② 축류송풍기 번호(No.)
$= \dfrac{임펠러\ 직경[mm]}{100}$

14 송풍기의 법칙 중 틀린 것은? (단, 각각의 값은 아래 표와 같다.)

$Q_1(m^3/h)$	초기풍량
$Q_2(m^3/h)$	변화풍량
$P_1(mmAq)$	초기정압
$P_2(mmAq)$	변화정압
$N_1(rpm)$	초기 회전수
$N_2(rpm)$	변화 회전수
$d_1(mm)$	초기 날개직경
$d_2(mm)$	변화 날개직경

① $Q_2 = (N_2/N_1) \times Q_1$
② $Q_2 = (d_2/d_1)^3 \times Q_1$

Answer 11. ③ 12. ④ 13. ② 14. ③

③ $P_2 = (N_2/N_1)^3 \times P_1$
④ $P_2 = (d_2/d_1)^2 \times P_1$

해설 **펌프의 상사법칙**
압력은 송풍기 회전수의 제곱에 비례하고 임펠러 직경의 제곱에 비례하여 변화한다.
$$P_2 = P_1\left(\frac{N_2}{N_1}\right)^2 = P_1\left(\frac{D_2}{D_1}\right)^2$$

15 건축물의 출입문으로부터 극간풍의 영향을 방지하는 방법으로 틀린 것은?
① 회전문을 설치한다.
② 이중문을 충분한 간격으로 설치한다.
③ 출입문에 블라인드를 설치한다.
④ 에어 커튼을 설치한다.

해설 **틈새바람(극간풍)을 방지하는 방법**
㉠ 회전문 설치
㉡ 이중문을 설치하고 이중문의 중간에 강제 대류 컨벡터를 설치
㉢ 에어 커튼(air curtain) 설치
㉣ 실내를 가압하여 외부 압력보다 높게 유지

16 덕트설계방법 중 공기분배계통의 에어밸런싱(Air balancing)을 유지하는 데 가장 적합한 방법은?
① 등속법   ② 정압법
③ 개량 정압법   ④ 정압재취득법

해설 **정압재취득법**
각 분기 덕트 또는 취출구에서의 정압의 증가(풍속의 감속으로 인한 재취득)가 바로 다음 구간에서의 덕트 마찰 손실을 상쇄할 수 있도록 덕트 치수를 결정하는 방법이다. 그러면 각 취출구 앞과 각 분기 덕트에 있어서 정압이 같아지고 토출풍량이 균형을 이루게 된다.

17 31℃의 외기와 25℃의 환기를 1 : 2의 비율로 혼합하고 바이패스 팩터가 0.16인 코일로 냉각 제습할 때의 코일 출구온도는? (단, 코일의 표면온도는 14℃이다.)
① 약 14℃   ② 약 16℃
③ 약 27℃   ④ 약 29℃

해설 ㉠ 혼합온도(t_3)
$$t_3 = \frac{G_1 t_1 + G_2 t_2}{G_1 + G_2} = \frac{1 \times 31 + 2 \times 25}{1+2}$$
$$= 27℃$$
㉡ 코일 출구온도(t_4)
$$t_4 = t_{ADP} + BF(t_3 - t_{ADP})$$
$$= 14 + 0.16 \times (27-14) = 16.08℃$$

18 다음 중 보일러의 상당증발량(G_e, kg/h) 계산식으로 옳은 것은? (단, G_s는 실제증발량(kg/h), G_W는 보일러의 보급수량(kg/h), h_1은 급수의 엔탈피(kJ/kg), h_2는 발생증기의 엔탈피(kJ/kg))

① $G_e = \dfrac{G_s h_2 - G_s h_1}{2257}$

② $G_e = \dfrac{G_s h_2 - G_W h_1}{2257}$

③ $G_e = \dfrac{G_s h_2 - G_s h_1}{2501}$

④ $G_e = \dfrac{G_s h_2 - G_W h_1}{2501}$

해설 **상당증발량(G_e)**
환산증발량(기준 증발량)이라고도 하며 시간당 실제 보일러의 발생열량을 표준대기압에서의 100℃ 포화수가 100℃ 건조포화증기로 증발하는 능력
$$G_e = \frac{G_s(h_2 - h_1)}{2257}\,[\text{kg/h}]$$

19 아래 그림은 공기조화기 내부에서의 공기의 변화를 나타낸 것이다. 이 중에서 냉각코일에서 나타나는 상태변화는 공기선도상 어느

Answer 15. ③ 16. ④ 17. ② 18. ① 19. ③

점을 나타내는가?

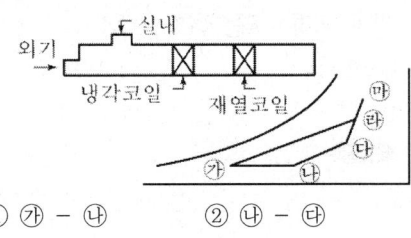

① ㉮ - ㉯
② ㉯ - ㉰
③ ㉱ - ㉮
④ ㉱ - ㉲

해설

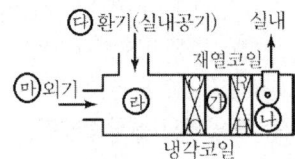

㉲ 외기
㉰ 환기
㉱ 혼합공기 : 외기+실내공기
㉱→㉮ 냉각과정 : 냉각코일에서의 상태변화

20 실내 취득 현열량 및 잠열량이 각각 3000W, 1000W, 장치 내 취득열량이 550W이다. 실내 온도를 25℃로 냉방하고자 할 때, 필요한 송풍량은 약 얼마인가? (단, 취출구 온도차는 10℃이다.)

① 105.6L/s
② 150.8L/s
③ 295.8L/s
④ 346.6L/s

해설 송풍량[Q]

[풀이1]

$$Q = \frac{q_s}{C\gamma\Delta t} = \frac{3.55}{1.01 \times 1.2 \times 10}$$
$$= 0.2929 \text{m}^3/\text{s} = 292.9 \text{L/s}$$
($C = 1.01$ kJ/kg·K, $\gamma = 1.2$ kg/m³)

[풀이2]

$$Q = \frac{q_s}{C\gamma\Delta t} = \frac{3.55\text{kW} \times \frac{1\text{kcal}}{4.18\text{kJ}}}{0.24 \times 1.2 \times 10}$$
$$= 0.2949 \text{m}^3/\text{s} = 294.9 \text{L/s}$$

($C = 0.24$ kcal/kg·℃, $\gamma = 1.2$ kg/m³)

q_s = 현열량+장치 내 취득열량
= 3000 + 550 = 3550W = 3.55kW

(위 두 풀이법의 계산 차이는 단위 환산 과정 때문이다.)

제2과목 : 공조냉동 설계

21 액분리기에 대한 설명으로 옳은 것은?

① 장치를 순환하고 남는 여분의 냉매를 저장하기 위해 설치하는 용기를 말한다.
② 액분리기는 흡입관 중의 가스와 액의 혼합물로부터 액을 분리하는 역할을 한다.
③ 액분리기는 암모니아 냉동장치에는 사용하지 않는다.
④ 팽창밸브와 증발기 사이에 설치하여 냉각효율을 상승시킨다.

해설 액분리기

암모니아 만액식 증발기 또는 부하변동이 심한 냉동장치에서 압축기로 유입되는 가스 중 액을 분리시켜 액유입에 의한 액압축(Liquid Back)을 방지하여 압축기를 보호하기 위한 기기이다. 이 액분리기는 압축기의 가까운 흡입관에 설치하는 일종의 저압용기이며, 여기서 분리된 액은 증발기, 저압수액기 또는 고압수액기 등으로 되돌려진다. 따라서 냉동부하의 변동이 심한 냉동장치(예를 들면 제빙창고, 대형 냉장고, 동결장치, 브라인 냉각기 등)나 강제순환식 냉동장치에서는 액분리기를 반드시 설치해 주어야 한다.

22 증발온도(압력)가 감소할 때, 장치에 발생되는 현상으로 가장 거리가 먼 것은? (단, 응축온도는 일정하다.)

① 성적계수(COP) 감소
② 토출가스 온도 상승
③ 냉매순환량 증가

Answer 20. ③ 21. ② 22. ③

④ 냉동 효과 감소

해설 증발온도(압력) 감소
① 압축비의 증대
② 토출가스 온도 상승
③ 냉동 효과 감소
④ 성적계수(COP) 감소
⑤ 비체적 증대로 인한 냉매순환량 감소

23 핀 튜브관을 사용한 공랭식 응축관의 자연대류식 수평, 수직 및 강제대류식 전열계수를 비교했을 때 옳은 것은?
① 자연대류 수평형>자연대류 수직형>강제대류식
② 자연대류 수직형>자연대류 수평형>강제대류식
③ 강제대류식>자연대류 수평형>자연대류 수직형
④ 자연대류 수평형>강제대류식>자연대류 수직형

해설 ㉠ 자연대류식 : 1/8마력 이하의 소형 가정용 냉장고 등에 적용, 전열계수는 5kcal/m²h℃이고 수평형이 수직형보다 전열계수가 크다.
㉡ 강제대류식 : 1/8마력 이상의 냉동기에 적용, 전열계수는 20~25kcal/m²h℃이다.

24 흡수식 냉동기의 특징에 대한 설명으로 틀린 것은?
① 부분 부하에 대한 대응성이 좋다.
② 용량제어의 범위가 넓어 폭넓은 용량제어가 가능하다.
③ 초기 운전 시 정격 성능을 발휘할 때까지의 도달 속도가 느리다.
④ 압축식 냉동기에 비해 소음과 진동이 크다.

해설 ④ 압축식 냉동기에 비해 압축기를 기동하는 전동기가 없고 열에너지를 이용하므로 소음, 진동이 적다.

25 다음 중 줄-톰슨 효과와 관련이 가장 깊은 냉동방법은?
① 압축기체의 팽창에 의한 냉동법
② 감열에 의한 냉동법
③ 흡수식 냉동법
④ 2원 냉동법

해설 줄-톰슨 효과
압축한 기체를 단열된 좁은 구멍으로 분출(팽창)시키면 온도가 변하는 현상으로 공기를 액화시킬 때나 냉매의 냉각에 응용되는 현상이다.

26 냉매가 구비해야 할 조건으로 틀린 것은?
① 증발잠열이 클 것
② 응고점이 낮을 것
③ 전기저항이 클 것
④ 증기의 비열비가 클 것

해설 ④ 비열비가 작으면 압축 후의 토출가스 온도 상승이 적어 고온에 의한 윤활유 변질을 막을 수 있다.
[참고] 냉매의 구비 조건
㉠ 증발압력이 대기압보다 높을 것
㉡ 임계온도가 높고 상온에서 반드시 액화할 것
㉢ 응축압력 및 응고온도가 낮을 것
㉣ 증발잠열이 크고 액체 비열이 작을 것
㉤ 절연내력이 크고, 전기절연물을 침식시키지 않을 것
㉥ 증기의 비체적 및 비열비(단열지수)가 작을 것

27 급탕 속도가 1m/s이고 순환탕량이 8m³/h일 때 급탕 주관의 관경은 약 얼마인가?
① 36.3mm ② 40.5mm

Answer 23. ③ 24. ④ 25. ① 26. ④ 27. ③

③ 53.2mm　　④ 75.7mm

해설 연속방정식 $Q = AV = \dfrac{\pi D^2}{4} V$에서 관경(D)에 관해 식을 정리하면

$$D = \sqrt{\dfrac{4Q}{\pi V}} = \sqrt{\dfrac{4 \times (8\text{m}^3/\text{h} \times \dfrac{1\text{h}}{3600\text{s}})}{\pi \times 1}}$$

$= 0.0532\text{m} = 53.2\text{mm}$

28 냉동장치의 압축기 피스톤 압출량이 120m³/h, 압축기 소요동력이 1.1kW, 압축기 흡입가스의 비체적이 0.65m³/kg, 체적효율이 0.81일 때, 냉매순환량은?

① 100kg/h　　② 150kg/h
③ 200kg/h　　④ 250kg/h

해설 냉매순환량(G)

$G = \dfrac{Q_e}{q_e} = \dfrac{V}{v_a} \times \eta_v$

$= \dfrac{120}{0.65} \times 0.81 ≒ 150\text{kg/h}$

29 열펌프 장치의 이상적인 사이클은 무엇이며 그 과정이 옳은 것은?

① 역카르노 사이클 : 단열압축-등온팽창-단열팽창-정적방열
② 카르노 사이클 : 등온팽창-단열팽창-등온압축-단열압축
③ 역카르노 사이클 : 단열팽창-등온팽창-단열압축-등온압축
④ 카르노 사이클 : 단열압축-등압방열-단열팽창-등압흡열

해설 **역카르노 사이클**
카르노 사이클을 역으로 행하는 이상적인 냉동 사이클(냉동기, 히트펌프의 이상 사이클).
단열팽창 → 등온팽창 → 단열압축 → 등온압축

30 열펌프 장치의 응축온도 35℃, 증발온도가 -5℃일 때, 성적계수는?

① 3.5　　② 4.8
③ 5.5　　④ 7.7

해설 열펌프의 성적계수(COP_H)
① 응축온도
$T_H = 35℃ = (35+273)K = 308K$
② 증발온도
$T_L = -5℃ = (-5+273)K = 268K$
③ 성적계수
$COP_H = \dfrac{T_H}{T_H - T_L} = \dfrac{308}{308-268} = 7.7$

31 다음 그림은 단효용 흡수식 냉동기에서 일어나는 과정을 나타낸 것이다. 각 과정에 대한 설명으로 틀린 것은?

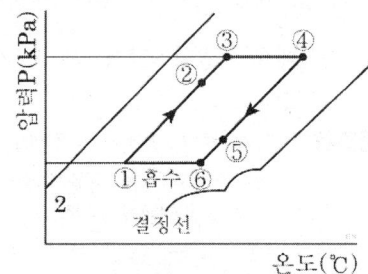

① ①→②과정 : 재생기에서 돌아오는 고온 농용액과 열교환에 의한 희용액의 온도 상승
② ②→③과정 : 재생기 내에서의 가열에 의한 냉매 응축
③ ④→⑤과정 : 흡수기에서의 저온 희용액과 열교환에 의한 농용액의 온도 강하
④ ⑤→⑥과정 : 흡수기에서 외부로부터의 냉각에 의한 농용액의 온도 강하

해설 ②→③과정 : 재생기 내에서의 비등점에 이르기까지 가열
③→④과정 : 재생기 내에서의 용액 농축

Answer　28. ②　29. ③　30. ④　31. ②

32 공기조화 방식의 특징 중 공기-물 방식(유닛 병용식)의 특징에 해당하는 것은?
① 유닛의 소음이 발생하지 않는다.
② 유닛 1대로써 1개의 소규모 존을 구성하므로 조닝이 용이하다.
③ 덕트가 없으므로 덕트 스페이스가 필요하지 않다.
④ 개별식이므로 부분운전 및 시간차 운전에 적합하다.

해설 ① 유닛으로부터 소음 및 진동이 발생한다.
③ 수방식은 덕트가 없으므로 덕트 스페이스가 필요하지 않다.
④ 냉매 방식(개별방식)은 냉동기 등의 열원을 갖춘 패키지 유닛을 사용하는 방식으로 소음, 진동이 크다.

33 그림과 같은 이론 냉동 사이클이 적용된 냉동장치의 성적계수는? (단, 압축기의 압축효율 80%, 기계효율 85%로 한다.)

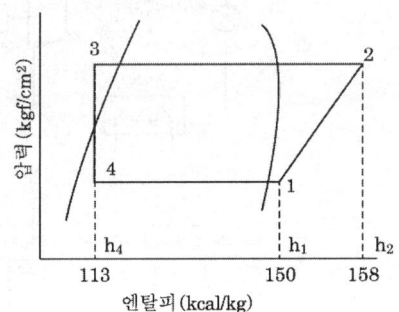

① 2.4　　② 3.1
③ 4.4　　④ 5.1

해설 성적계수(COP)
$$COP = \frac{q_e}{AW}\eta_c\eta_m = \frac{h_1-h_4}{h_2-h_1}\eta_c\eta_m$$
$$= \frac{150-113}{158-150} \times 0.8 \times 0.85 = 3.1$$

34 아래 조건과 같은 병행류형 냉각코일의 대수평균온도차는?

공기온도	입구	32℃
	출구	18℃
냉수코일온도	입구	10℃
	출구	15℃

① 8.74℃　　② 9.54℃
③ 12.33℃　　④ 13.10℃

해설 대수평균온도차(MTD)
$$MTD = \frac{\Delta_1 - \Delta_2}{\ln\frac{\Delta_1}{\Delta_2}}$$
$$= \frac{(32-10)-(18-15)}{\ln\frac{(32-10)}{(18-15)}} = 9.54℃$$

여기서, 병행류이므로
Δt_1 : 입구 공기와 입구 냉수의 온도차
Δt_2 : 출구 공기와 출구 냉수의 온도차

[참고]
㉠ 대향류 : 공기와 물의 흐름방향이 반대 방향
Δt_1 : 입구 공기와 출구 냉수의 온도차
Δt_2 : 출구 공기와 입구 냉수의 온도차
㉡ 평행류(병행류) : 공기와 물의 흐름방향이 같은 방향
Δt_1 : 입구 공기와 입구 냉수의 온도차
Δt_2 : 출구 공기와 출구 냉수의 온도차

35 난방부하 계산 시 측정 온도에 대한 설명으로 틀린 것은?
① 외기온도 : 기상대의 통계에 의한 그 지방의 매일 최저온도의 평균값보다 다소 높은 온도
② 실내온도 : 바닥 위 1m의 높이에서 외벽으로부터 1m 이내 지점의 온도
③ 지중온도 : 지하실의 난방부하의 계산에서 지표면 10m 아래까지의 온도

Answer 32. ② 33. ② 34. ② 35. ②

④ 천장 높이에 따른 온도 : 천장의 높이가 3m 이상이 되면 직접난방방법에 의해서 난방할 때 방의 윗부분과 밑면과의 평균온도

해설 ② 실내온도 : 바닥 위 1.5m의 높이에서 외벽으로부터 1m 떨어진 곳의 호흡선에서 측정한 온도

36 열역학 제2법칙을 바르게 설명한 것은?
① 열은 에너지의 하나로서 일을 열로 변환하거나 또는 열을 일로 변환시킬 수 있다.
② 온도계의 원리를 제공한다.
③ 절대 0도에서의 엔트로피값을 제공한다.
④ 열은 스스로 고온물체로부터 저온물체로 이동되나 그 과정은 비가역이다.

해설 ① 열역학 제1법칙
② 열역학 제0법칙
③ 열역학 제3법칙

37 다음 냉매 중 에탄계 프레온족이 아닌 것은?
① R-22   ② R-113
③ R-123a ④ R-134a

해설 ① 메탄계 프레온 냉매 : R-11, R-12, R-13, R-21, R-22, R-23
② 에탄계 프레온 냉매 : R-113, R-114, R-123a, R-134a

38 어떤 냉동장치의 계기압력이 저압은 60mmHg, 고압은 673kPa이었다면 이때의 압축비는 얼마인가?
① 5.8   ② 6.0
③ 7.4   ④ 8.3

해설 **압축비(a)**
고압측 절대압력(P_1)과 저압측 절대압력(P_2)과의 비
㉠ 고압(응축압력)

$P_1 = 673\text{kPa} \cdot \text{g} = 673\text{kPa} \cdot \text{g} + 101\text{kPa}$
$= 774\text{kPa} \cdot \text{a}$

㉡ 저압(증발압력)
$P_2 = 60\text{mmHg} \cdot \text{g}$
$= 101\text{kPa} - (60\text{mmHg} \cdot \text{g} \times \frac{101\text{kPa}}{760\text{mmHg}})$
$= 93\text{kPa} \cdot \text{a}$

㉢ 압축비 $a = \frac{P_1}{P_2} = \frac{774}{93} = 8.3$

39 흡수식 냉동기의 구성품 중 왕복동 냉동기의 압축기와 같은 역할을 하는 것은?
① 발생기   ② 증발기
③ 응축기   ④ 순환펌프

해설 흡수식 냉동기의 흡수기와 발생기(재생기)는 증기압축식 냉동기의 압축기와 같은 역할을 수행한다.

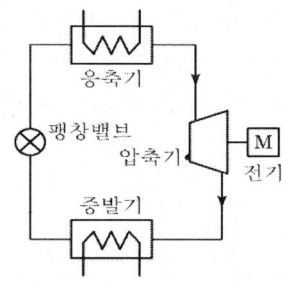

[증기압축기 냉동장치도]

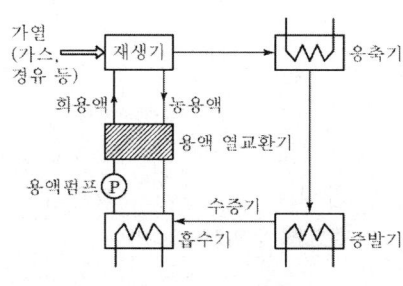

[흡수식 냉동장치도]

40 열전달에 대한 설명으로 틀린 것은?
① 열전도는 물체 내에서 온도가 높은 쪽에

| 36. ④ | 37. ① | 38. ④ | 39. ① | 40. ④ |

서 낮은 쪽으로 열이 이동하는 현상이다.
② 대류는 유체의 열이 유체와 함께 이동하는 현상이다.
③ 복사는 떨어져 있는 두 물체 사이의 전열현상이다.
④ 전열에서는 전도, 대류, 복사가 각각 단독으로 일어나는 경우가 많다.

해설 ④ 전열에서는 전도, 대류, 복사가 복합적으로 일어나는 경우가 많다.

제3과목 : 공조냉동 설치·운영

41 다음 중 옥상 급수탱크의 부속장치에 해당하는 것은?
① 압력 스위치　② 압력계
③ 안전밸브　④ 오버플로우관

해설 **옥상 급수탱크와 부속장치**
오버플로우관 : 옥상 급수탱크 내의 양수가 넘칠 때 외부로 배수하는 관

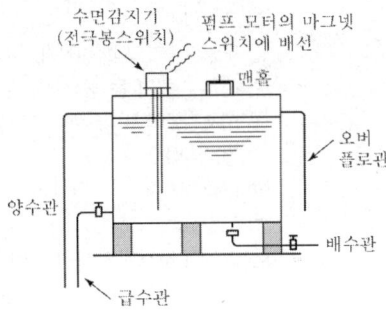

42 배수 트랩의 봉수 깊이로 가장 적당한 것은?
① 30~50mm　② 50~100mm
③ 100~150mm　④ 150~200mm

해설 배수 트랩의 봉수 깊이 : 50~100mm
트랩의 봉수 깊이는 50mm 이하가 되면 봉수 유지가 곤란하고 100mm 이상으로 크면 유속 저하로 통수능력이 감소되어 트랩 밑에 침전물이 쌓인다.

43 배수관의 설치 기준에 대한 내용으로 틀린 것은?
① 배수관의 최소 관경은 20mm 이상으로 한다.
② 지중에 매설하는 배수관의 관경은 50mm 이상이 좋다.
③ 배수관은 배수가 흐르는 방향으로 관경을 축소해서는 안 된다.
④ 기구배수관의 관경은 이것에 접속하는 위생기구의 트랩 구경 이상으로 한다.

해설 ① 배수관의 최소 관경은 32mm 이상으로 하고, 고형물이 흐르는 잡배수관의 최소 관경은 50mm 이상으로 한다.

44 급탕배관에 관한 설명으로 틀린 것은?
① 건물의 벽 관통부분 배관에는 슬리브를 끼운다.
② 공기빼기 밸브를 설치한다.
③ 배관의 기울기는 중력순환식인 경우 보통 1/150으로 한다.
④ 직선 배관 시에는 강관인 경우 보통 60m마다 1개의 신축이음쇠를 설치한다.

해설 ④ 직선 배관 시에는 강관인 경우 보통 30m마다 1개의 신축이음쇠를 설치한다.
[참고] 신축이음 설치 간격
① 동관 : 20m마다
② 강관 : 30m마다

45 건축설비의 급수배관에서 기울기에 대한 설명으로 틀린 것은?
① 급수관의 모든 기울기는 1/250을 표준으로 한다.
② 배관 기울기는 관의 수리 및 기타 필요 시 관 내의 물을 완전히 퇴수시킬 수 있도록 시공하여야 한다.

Answer 41. ④　42. ②　43. ①　44. ④　45. ③

③ 배관 기울기는 관 내 흐르는 유체의 유속과 관련이 없다.
④ 옥상 탱크식의 수평 주관은 내림 기울기를 한다.

해설 ③ 급수관은 수리, 기타 필요에 따라 관 속의 물을 완전히 배제할 수 있고 공기가 정체하지 않도록 일정한 구배를 주어야 한다. 따라서 관 내 흐르는 유체의 유속과 밀접한 관련이 있다.

46 유체의 저항은 크나 개폐가 쉽고 유량 조절이 용이하며, 직선 배관 중간에 설치하는 밸브는?
① 슬루스 밸브 ② 글로브 밸브
③ 체크 밸브   ④ 전동 밸브

해설 글로브 밸브
㉠ 유체가 흐르는 방향에 따라 입구와 출구가 일직선상에 있는 밸브로 스톱밸브로 불린다.
㉡ 유량 조절용으로 사용되고 유체의 흐름에 대하여 흐름 저항이 크다.
㉢ 가볍고 가격이 저렴하다.

47 온수난방에 대한 설명으로 옳지 않은 것은?
① 온수난방의 주 이용열은 잠열이다.
② 열용량이 커서 예열시간이 길다.
③ 증기난방에 비해 비교적 높은 쾌감도를 얻을 수 있다.
④ 온수의 온도에 따라 저온수식과 고온수식으로 분류한다.

해설 ① 온수난방은 실내에 설치된 방열기에 온수를 공급하여 방열시켜 난방하는 방식으로 주 이용열은 현열이고, 증기난방은 보일러에서 발생한 증기를 배관을 통해 각 실에 있는 잠열을 방출해 실내 공기를 덥히는 방식으로 주 이용열은 잠열이다.
[참고]
① 현열 : 물질의 상태변화가 없이 온도변화에만 필요한 열량

② 잠열 : 물질의 온도변화가 없이 상태변화에만 필요한 열량

48 증기트랩 중 기계식에 해당되지 않는 것은?
① 벨로즈 트랩   ② 버킷 트랩
③ 플로트 트랩   ④ 다량 트랩

해설 증기트랩의 종류
① 기계식 트랩 : 플로트 트랩(다량 트랩), 버킷 트랩, 플로트·서모스탯 트랩
② 온도 조절식(열동식) 트랩 : 벨로즈 트랩, 바이메탈 트랩, 다이어프램 트랩
③ 열역학적 트랩 : 오리피스 트랩, 디스크 트랩
④ 충동(임펄스) 트랩

49 고압가스 안전관리법령상 냉동기의 제조 시 갖추어야 할 제조설비에 해당하지 않는 것은?
① 세척설비   ② 프레스 설비
③ 제관설비   ④ 용접설비

해설 냉동기 제조 시 갖추어야 할 제조설비
① 프레스 설비
② 제관설비
③ 구멍가공기, 외경절삭기, 내경절삭기, 나사전용 가공기 등 공작기계 설비
④ 전처리설비 및 부식방지 도장설비
⑤ 건조설비
⑥ 용접설비
⑦ 조립설비
⑧ 그밖에 제조에 필요한 설비 및 가구
※ 압력용기의 제조에 필요한 설비 : 성형설비, 세척설비, 열처리로

50 고압가스 안전관리법령에 따라 고압가스 중 냉동제조 허가의 대상범위는 다음과 같다. ( ) 안의 내용으로 옳은 것은?

Answer 46. ② 47. ① 48. ① 49. ① 50. ④

1일의 냉동능력(이하 "냉동능력"이라 한다)이 ( ) 이상(가연성 가스 또는 독성 가스 외의 고압가스를 냉매로 사용하는 것으로서 산업용 및 냉동·냉장용인 경우에는 50톤 이상, 건축물의 냉·난방용인 경우에는 100톤 이상)인 설비를 사용하여 냉동을 하는 과정에서 압축 또는 액화의 방법으로 고압가스가 생성되게 하는 것. 다만, 다음 각 목의 어느 하나에 해당하는 자가 그 허가받은 내용에 따라 냉동제조를 하는 것은 제외한다.

① 3톤 ② 5톤
③ 10톤 ④ 20톤

해설 고압가스 안전관리법 시행령 제3조(고압가스 제조허가 등의 종류 및 기준 등) 제1항4호

51 기계설비법령에 따라 연면적 1만5천제곱미터 이상 연면적 3만제곱미터 미만 용도별 건축물의 기계설비유지관리자의 선임기준은?

① 특급 책임기계설비유지관리자 1명
② 고급 책임기계설비유지관리자 1명
③ 중급 책임기계설비유지관리자 1명
④ 초급 책임기계설비유지관리자 1명

해설 기계설비유지관리자의 선임기준

선임대상	선임자격	선임인원
연면적 6만m² 이상	특급 책임기계설비유지관리자	1
	보조기계설비유지관리자	1
연면적 3만m² 이상 연면적 6만m² 미만	고급 책임기계설비유지관리자	1
	보조기계설비유지관리자	1
연면적 1만5천m² 이상 연면적 3만m² 미만	중급 책임기계설비유지관리자	1
연면적 1만m² 이상 연면적 1만5천m² 미만	초급 책임기계설비유지관리자	1

52 기계설비법령에 따라 기계설비성능점검업의 기술인력 등록요건 중 옳은 것은?

① 공조냉동기계 분야 특급 책임기계설비유지관리자 2명
② 건축설비 분야 특급 책임기계설비유지관리자 2명
③ 고급 이상인 책임기계설비유지관리자 2명
④ 중급 이상인 책임기계설비유지관리자 2명

해설 ① 공조냉동기계 분야 특급 책임기계설비유지관리자 1명
② 건축설비 분야 특급 책임기계설비유지관리자 1명
③ 고급 이상인 책임기계설비유지관리자 1명

53 그림과 같은 회로에서 ab간에 100V를 가했을 때 cd 사이에 나타나는 전압은 몇 V인가?

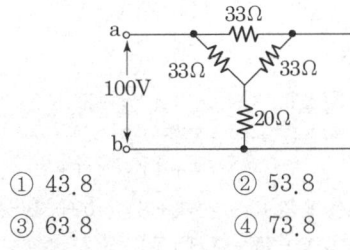

① 43.8 ② 53.8
③ 63.8 ④ 73.8

해설 문제의 회로를 등가변환하면

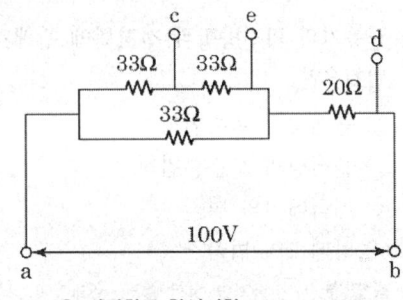

① 병렬회로 합성저항
$$R = \frac{R_1 R_2}{R_1 + R_2} = \frac{66 \times 33}{66 + 33} = 22\,\Omega$$

② 전압
$$V_{ed} = 100 \times \frac{20}{22 + 20} = 47.6\text{V}$$

Answer 51. ③ 52. ④ 53. ④

$V_{ac} = 100 - 47.6 = 52.4V$

$V_{ce} = 52.4 \times \dfrac{1}{2} = 26.2V$

$\therefore V_{ed} = V_{cd} + V_{ce} = 47.6 + 26.2 = 73.8V$

54 3상 교류전압 및 주파수를 변화시켜 유도전동기의 회전수를 1750rpm으로 하고자 한다. 이 경우 회전수는 자동제어계의 구성 요소 중 어느 것에 해당하는가?

① 제어량　　　② 목표값
③ 조작량　　　④ 제어대상

해설 ㉠ 목표값 : 1750rpm
㉡ 제어대상 : 유도전동기
㉢ 제어량 : 회전수

55 다음의 논리식 중 다른 값을 나타내는 논리식은?

① $XY + X\overline{Y}$　　② $X(X+Y)$
③ $X(\overline{X}+Y)$　　④ $X + XY$

해설 ① $XY + X\overline{Y} = X(Y+\overline{Y}) = X$
② $X(X+Y) = XX + XY$
$= X + XY = X(1+Y) = X$
③ $X(\overline{X}+Y) = X\overline{X} + XY = 0 + XY = XY$
④ $X + XY = X(1+Y) = X$

56 전동기의 회전방향과 전자력에 관계가 있는 법칙은?

① 플레밍의 왼손법칙
② 플레밍의 오른손법칙
③ 패러데이의 법칙
④ 앙페르의 법칙

해설 ① 전동기의 회전방향 : 플레밍의 왼손법칙
② 발전기의 회전방향 : 플레밍의 오른손법칙

57 그림과 같은 신호 흐름 전도에서 $\dfrac{C}{R}$를 구하면?

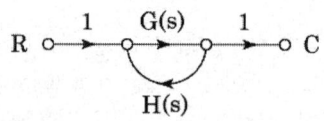

① $\dfrac{G(s)}{1+G(s)H(s)}$　　② $\dfrac{G(s)H(s)}{1-G(s)H(s)}$

③ $\dfrac{G(s)H(s)}{1+G(s)H(s)}$　　④ $\dfrac{G(s)}{1-G(s)H(s)}$

해설 $\dfrac{C}{R} = \dfrac{경로}{1-폐로}$

$= \dfrac{1 \cdot G(s) \cdot 1}{1-G(s)H(s)} = \dfrac{G(s)}{1-G(s)H(s)}$

58 그림과 같은 논리회로의 출력 Y는?

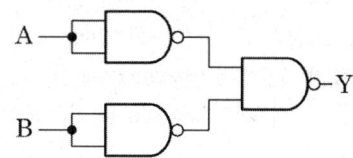

① AND회로　　② OR회로
③ NOR회로　　④ NAND회로

해설 $Y = \overline{\overline{AB}} = A+B$
∴ OR회로

59 다음과 같은 회로에서 A-B 양단에 걸리는 전압(V)은 얼마인가?

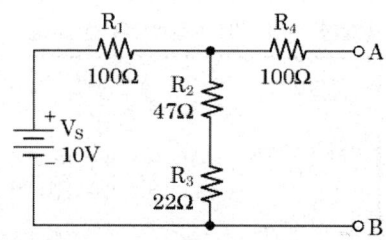

① 2.08V　　② 3.08V
③ 4.08V　　④ 5.08V

해설 먼저 테브난 전압을 구하면 R_1과 R_2, R_3에서 $R_2 + R_3$단에 걸린 전압을 전압분배식으로 찾을 수 있다.

Answer 54. ① 55. ③ 56. ① 57. ④ 58. ② 59. ③

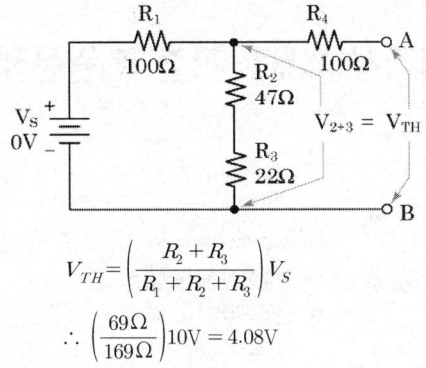

$$V_{TH} = \left(\frac{R_2 + R_3}{R_1 + R_2 + R_3}\right)V_S$$

$$\therefore \left(\frac{69\Omega}{169\Omega}\right)10V = 4.08V$$

60 아래의 일반펌프 설치 표준품셈과 개별직종 노임단가를 참고하여 7.5kW 급수펌프 1대 설치 시 노무비로 올바른 것은? (단, 원 단위 절사)

가. 일반펌프 설치(대당)

규격	단위	기계설비공	보통인부
7.5kW 이하	인	1.706	0.565

나. 개별직종 노임단가

기계설비공	보통인부
199,489원	148,510원

① 340,320원 ② 347,990원
③ 424,230원 ④ 524,230원

[해설] ① 기계설비공 노무비
  1.706인/대×199,489원=340,328원
② 보통인부 노무비
  0.565인/대×148,510원=83,908원
③ 전체 노무비
  =기계설비공 노무비+보통인부 노무비
  =340,328원+83,908원=424,230원

Answer 60. ③

chapter 03 공조냉동기계산업기사 CBT 기출 복원문제

2022년 2회

제1과목 : 에너지관리

01 증발압력이 저하되면 증발잠열과 비체적은 어떻게 되는가?
① 증발잠열은 커지고 비체적은 작아진다.
② 증발잠열은 작아지고 비체적은 커진다.
③ 증발잠열과 비체적 모두 커진다.
④ 증발잠열과 비체적 모두 작아진다.

해설 압력이 저하되면 비체적은 커지고 증발잠열도 커지게 된다. 반대로 압력이 높아지면 분자 운동이 활발해져 기체로 변하기 쉽기 때문에 증발잠열이 작아지게 된다.

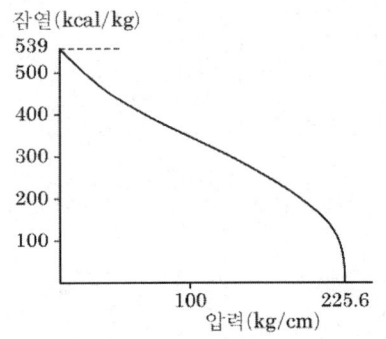

02 코일의 바이패스 팩터가 증가하는 요인 중 틀린 것은?
① 송풍량이 증가할 때
② 코일의 열수가 증가할 때
③ 코일의 표면적이 감소할 때
④ 코일의 튜브 간격이 증가할 때

해설 바이패스 팩터가 감소하는 경우
㉠ 실내의 장치노점온도(ADP)가 높을 때
② 송풍량이 적을 때
③ 냉수량이 많을 때
④ 전열면적이 클 때
　㉠ 코일의 열수가 많을 때
　㉡ 코일의 간격이 좁을 때
⑤ 콘택트 팩터가 증가할 때

03 다음 중 냉각탑의 용량 제어방법이 아닌 것은?
① 슬라이드 밸브 조작 방법
② 수량 변화 방법
③ 공기 유량 변화 방법
④ 분할 운전 방법

해설 냉각탑의 용량 제어 방법
① 공기 유량 제어 : 냉각수의 온도에 따라 송풍기, 댐퍼 등을 이용하여 송풍량을 조절
② 냉각수 유량 제어 : 냉각탑에 공급되는 냉각수의 유량을 제어밸브를 이용하여 조절
③ 냉각탑 분할 운전 : 냉각수의 토출 온도에 따라 냉각탑의 운전 대수를 조절

04 건구온도 10℃, 상대습도 60%인 습공기를 30℃로 가열하였다. 이때의 습공기 상대습도는? (단, 10℃의 포화수증기압은 9.2mmHg이고, 30℃의 포화수증기압은 23.75mmHg이다.)
① 17%　② 20%
③ 23%　④ 27%

해설 상대습도(ϕ)
$$\phi = \frac{P_w}{P_s} \times 100\%$$
P_w : 습공기의 수증기분압

Answer　01. ③　02. ②　03. ①　04. ③

P_s : 습공기의 포화수증기압

① 습공기의 수증기분압(P_w) : 건구온도 10℃일 때 상대습도 60%이고, 포화수증기압이 9.2mmHg이므로

$$60 = \frac{P_w}{9.2} \times 100 \rightarrow P_w = 5.52 \text{mmHg}$$

② 습공기(30℃)의 상대습도

$$\phi = \frac{P_w}{P_s} \times 100 = \frac{5.52}{23.75} \times 100 = 23\%$$

05 아래 그림은 공조시스템으로 냉방하는 경우에 장치도이다. 이 과정을 습공기 선도에 표시했을 때 적합하지 않은 것은?

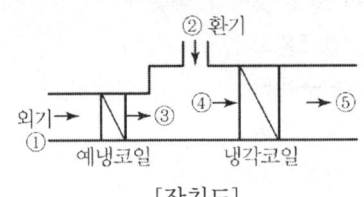

[장치도]

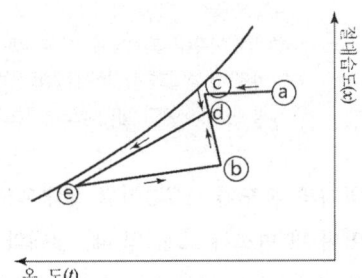

[습공기선도]

① ①-ⓐ ② ②-ⓔ
③ ③-ⓒ ④ ④-ⓓ

해설 ②번 보기는 ②-ⓑ이다.
[참고] 예냉과정 : ①-③(ⓐ-ⓒ)
       냉각과정 : ④-⑤(ⓓ-ⓔ)

06 온도가 20℃, 절대압력이 1MPa인 공기의 밀도(kg/m³)는? (단, 공기는 이상기체이며, 기체상수(R)는 0.287kJ/kg·K이다.)

① 9.55   ② 11.89
③ 13.78   ④ 15.89

해설 이상기체 상태방정식

$$PV = mRT \rightarrow P = \frac{m}{V}RT = \rho RT$$

$$\rho = \frac{P}{RT} \text{ (여기서, 밀도 } \rho = \frac{m}{V})$$

$$\therefore \rho = \frac{P}{RT} = \frac{(1 \times 10^3)\text{kPa}}{0.287 \times 293} = 11.89$$

여기서, $T = 20℃ = (20+273)K = 293K$

07 배관 계통에서 유량은 다르더라도 단위 길이당 마찰손실이 일정하도록 관경을 정하는 방법은?

① 균등법   ② 정압재취득법
③ 등마찰손실법 ④ 등속법

해설 덕트의 설계 방법
① 등마찰손실법 : 덕트 1m당 마찰손실과 동일한 값을 사용하여 덕트의 치수를 결정
② 정압재취득법 : 주덕트에서 말단 또는 분기부로 갈수록 풍속이 감소함에 따라 동압의 차만큼 정압이 상승하며 이것을 덕트의 압력손실에 재이용하는 방법
③ 등속법 : 덕트의 주관이나 분기관의 풍속을 임의의 값으로 선정하여 덕트 치수를 결정 (공장의 환기 및 분체수송에 쓰이는 덕트 설계 시 사용)

08 다음 중 수증기 분압 P_w(mmHg)와 절대습도 x(kg/kg')와의 관계식으로 맞는 것은? (단, P : 습공기의 전압(mmHg)이다.)

① $x = 0.622 \dfrac{P_w}{P - P_w}$

② $x = 0.622 \dfrac{P}{P_w}$

③ $x = 0.622 \dfrac{P - P_w}{P_w}$

Answer 05. ② 06. ② 07. ③ 08. ①

④ $x = 0.622 \dfrac{P_w}{P}$

해설 절대습도

$$x = 0.622 \times \dfrac{P_w}{P - P_w}$$

$$= 0.622 \times \dfrac{\phi P_s}{P - \phi P_s} \,[\text{kg/kg}']$$

수증기의 분압 : $P_w[\text{mmHg}]$
습공기의 전압 : $P[\text{mmHg}]$
포화공기의 분압 : $P_s[\text{mmHg}]$
상대습도 : ϕ

09 응축기의 냉매 응축온도가 30℃, 냉각수의 입구수온이 25℃, 출구수온이 28℃일 때, 대수평균온도차(LMTD)는?

① 2.27℃ ② 3.27℃
③ 4.27℃ ④ 5.27℃

해설 대수평균온도차(LMTD)

$$\text{LMTD} = \dfrac{\Delta_1 - \Delta_2}{\ln \dfrac{\Delta_1}{\Delta_2}} = \dfrac{(30-25) - (30-28)}{\ln \dfrac{(30-25)}{(30-28)}}$$

$$= 3.27℃$$

10 어떤 실내공간의 냉방 설계 온습도 조건이 26℃ DB, 50% RH이고, 냉방부하 중 현열부하 $q_s = 4070W$, 잠열부하 $q_L = 594W$ 였다면 공급해야할 송풍량(kg/h)은 약 얼마인가?(단, 취출공기의 온도는 17℃, 공기의 정압비열 $C_p = 1.01\text{kJ/kgK}$, 밀도 $\rho = 1.2\text{kg/m}^3$이다.)

① 1314 ② 1530
③ 1612 ④ 1851

해설 송풍량(Q)

$$Q = \dfrac{q_s}{C_p \Delta t} = \dfrac{4.07\text{kJ/s} \times \dfrac{3600\text{s}}{1\text{h}}}{1.01 \times (26-17)} = 1612\text{kg/h}$$

여기서, 현열부하
$q_s = 4070\text{W} = 4070\text{J/s} = 4.07\text{kJ/s}$

11 습공기를 단열 가습하는 경우에 열수분비는 얼마인가?

① 0 ② 1
③ 0.5 ④ ∞

해설 열수분비

수분량(절대습도)의 변화에 따른 전열량의 비로 습공기를 단열가습(순환수분무가습)하는 경우 등엔탈피선을 따라 변화($h_2 - h_1 = 0$)하므로 $U = \dfrac{h_2 - h_1}{x_2 - x_1} = 0$이다.

12 공기 중의 수증기 분압을 포화압력으로 하는 온도를 무엇이라 하는가?

① 건구온도
② 습구온도
③ 노점온도
④ 글로브(glove) 온도

해설 노점온도(dew point temperature)

습공기 중의 수증기가 공기로부터 분리되어 응축하여 이슬이 맺히게 될 때의 온도, 즉 습공기의 수증기 분압과 동일한 분압을 갖는 포화습공기의 온도로 이때 절대습도는 감소한다.

13 외기의 온도가 -10℃이고 실내온도가 20℃이며 벽 면적이 25m²일 때, 실내의 열손실량(kW)은? (단, 벽체의 열관류율 10W/m²·K, 방위계수는 북향으로 1.2이다.)

① 7 ② 8
③ 9 ④ 10

해설 실내의 열손실량

$q = K \cdot A \cdot \Delta t \cdot k$
$= 10 \times 25 \times (20 - (-10)) \times 1.2$
$= 9,000\text{W} = 9\text{kW}$

14 다음 용어의 설명이 잘못된 것은?

Answer 09. ② 10. ③ 11. ① 12. ③ 13. ③ 14. ③

① 자유면적 : 취출구 혹은 흡입구 구멍면적의 합계
② 도달거리 : 취출구에서 취출구류의 풍속이 0.25m/s로 되는 위치까지의 거리
③ 유인비 : 유인공기에 대한 실내 공기의 비
④ 강하도 : 취출구에서 도달거리에 도달할 때까지 생긴 기류의 강하량

해설 ③ 유인비 : 취출공기량에 대한 유인공기의 비

15 증기난방과 비교하여 온수난방의 특징에 대한 설명으로 틀린 것은?
① 온수난방은 부하 변동에 대응한 온도 조절이 쉽다.
② 온수난방은 예열하는 데 많은 시간이 걸리지만 잘 식지 않는다.
③ 연료소비량이 적다.
④ 온수난방의 설비비가 저가인 점이 있으나 취급이 어렵다.

해설 ④ 온수난방의 설비비가 고가이나 취급이 쉽고 비교적 안전하다.

16 그림에서 공기조화기를 통과하는 유입공기가 냉각코일을 지날 때의 상태를 나타낸 것은?

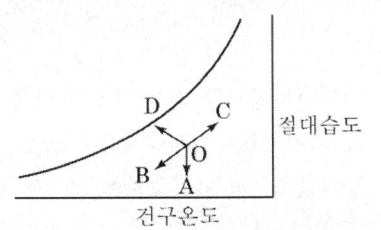

① OA   ② OB
③ OC   ④ OD

해설 냉각코일 통과 공기의 상태변화 : 냉각감습($\overrightarrow{OB}$)
[참고] 공기의 상태변화

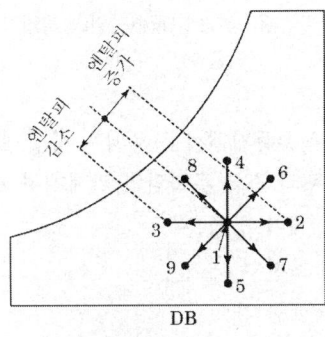

1-2 : 가열(현열)
1-3 : 냉각(현열)
1-4 : 가습(등온)
1-5 : 감습, 제습(등온)
1-6 : 가열가습
1-8 : 냉각가습(단열가습)
1-9 : 냉각감습(냉각제습)
1-7 : 가열감습

17 열 및 열펌프에 관한 설명으로 옳은 것은?
① 일의 열당량은 $\dfrac{1\text{kcal}}{427\text{kgf}\cdot\text{m}}$ 이다. 이것은 $427\text{kgf}\cdot\text{m}$의 일이 열로 변할 때, 1kcal의 열량이 되는 것이다.
② 응축온도가 일정하고 증발온도가 내려가면 일반적으로 토출 가스온도가 높아지기 때문에 열펌프의 능력이 상승된다.
③ 비열 2.1kJ/kg·℃, 비중량 1.2kg/L의 액체 2L를 온도 1℃ 상승시키기 위해서는 2.27kJ의 열량을 필요로 한다.
④ 냉매에 대해서 열의 출입이 없는 과정을 등온 압축이라 한다.

해설 ② 응축온도가 일정하고 증발온도가 내려가면 일반적으로 토출가스 온도가 높아지기 때문에 열펌프의 능력이 감소한다.
③ $Q = \gamma GC\Delta t$
$= (1.2\dfrac{\text{kg}}{\text{L}} \times 2\text{L}) \times 2.1\text{kJ/kg℃} \times 1\text{℃}$
$= 5.04\text{kJ}$

Answer 15. ④ 16. ② 17. ①

④ 냉매에 대해서 열의 출입이 없는 과정을 단열과정이라 한다.

18 원심송풍기에서 사용되는 풍량제어 방법 중 풍량과 소요 동력과의 관계에서 가장 효과적인 제어 방법은?
① 회전수 제어
② 베인 제어
③ 댐퍼 제어
④ 스크롤 댐퍼 제어

해설 효과적인 풍량제어 순서
회전수 제어>가변 피치 제어>흡인 베인 제어>토출 댐퍼 제어

19 흡착식 감습장치의 흡착제로 적당하지 않은 것은?
① 실리카겔
② 염화리튬
③ 활성 알루미나
④ 합성 제올라이트

해설 ① 흡수식 감습장치 : 염화리튬, 트리에틸렌글리콜 등의 액체 흡수제를 사용하므로 가열원이 있어야 한다.
② 흡착식 감습장치 : 실리카겔, 활성 알루미나, 합성 제올라이트 등의 고체 흡수제를 사용한다.

20 습공기 $5000m^3/h$를 바이패스 팩터 0.2인 냉각코일에 의해 냉각시킬 때 냉각코일의 냉각열량(kW)은? (단, 코일 입구공기의 엔탈피는 64.5kJ/kg, 밀도는 $1.2kg/m^3$, 냉각코일 표면온도는 10℃이며, 10℃의 포화습공기 엔탈피는 30kJ/kg이다.)
① 38   ② 46
③ 138   ④ 165

해설 ① 코일 출구공기 엔탈피(h_2)
바이패스 팩터(BF) = $\dfrac{h_2 - h_s}{h_1 - h_s}$ 이므로
$0.2 = \dfrac{h_2 - 30}{64.5 - 30}$
$h_2 = 36.9 kJ/kg$
② 냉각코일의 냉각열량(Q)
$q_c = \rho Q \Delta h = \rho Q(h_1 - h_2)$
$= (1.2 kg/m^3 \times 5000 m^3/h \times \dfrac{1h}{3600s})$
$\times (64.5 - 36.9)$
$= 46 kW$

제 2 과목 : 공조냉동 설계

21 증발온도 -15℃, 응축온도 30℃인 이상적인 냉동기의 성적계수(COP)는?
① 5.73   ② 6.41
③ 6.73   ④ 7.34

해설 ① 증발온도
$T_L = -15℃ = (-15 + 273)K = 258K$
② 응축온도
$T_H = 30℃ = (30 + 273)K = 303K$
③ 성적계수(COP)
$COP = \dfrac{T_L}{T_H - T_L} = \dfrac{258}{303 - 258} = 5.73$

22 냉동장치에서 플래시 가스가 발생하지 않도록 하기 위한 방지대책으로 틀린 것은?
① 액관의 직경이 충분한 크기를 갖고 있도록 한다.
② 증발기의 위치를 응축기와 비교해서 너무 높게 설치하지 않는다.
③ 여과기나 필터의 점검 청소를 실시한다.
④ 액관 냉매액의 과냉도를 줄인다.

해설 ④ 열교환기를 설치하여 액관 냉매액을 과냉각

Answer 18. ① 19. ② 20. ② 21. ① 22. ④

시킨다.

23 다음 압축기 중 그 원리가 다른 것은?
① 왕복동식 압축기
② 스크류식 압축기
③ 스크롤식 압축기
④ 원심식 압축기

해설 ㉠ 용적형 압축기 : 왕복동식, 스크류식, 스크롤식, 회전식
㉡ 원심식 압축기 : 터보식

24 냉동효과에 대한 설명으로 옳은 것은?
① 증발기에서 단위중량의 냉매가 흡수하는 열량
② 응축기에서 단위 중량의 냉매가 방출하는 열량
③ 압축 일을 열량의 단위로 환산한 것
④ 압축기 출·입구 냉매의 엔탈피 차

해설 ① 냉동효과
② 응축기의 방열량(응축열량)
③ 압축일의 열당량(압축열량)
④ 압축일량

25 다음은 제어기기와 안전장치에 대한 설명이다. 옳은 것은 어느 것인가?
① 유압보호스위치는 유압계의 지시가 일정 압력보다 내려갔을 때 압축기가 작동하도록 조정한다.
② 압축기의 안전밸브와 고압차단장치를 설치했을 때 안전밸브의 작동압력은 고압차단장치의 작동압력보다 높게 조정하는 것이 좋다.
③ 압축기의 토출압력이 올라가면 전동기의 부하도 커지므로 전동기의 과부하 차단장치(오버로드 릴레이)가 있으면 냉매계통

의 안전장치는 없어도 된다.
④ 절수밸브는 증발압력을 검지하여 냉각수량을 가감하는 조정밸브이므로 안전장치로 간주한다.

해설 ① 유압보호스위치는 유압이 일정압력 이하가 되면 압축기를 정지하도록 조정한다.
③ 압축기 토출압력이 상승되면 압축기를 정지하기 위하여 고압차단스위치를 설치하고 안전밸브도 설치한다.
④ 절수밸브는 안전장치가 아니라 수냉식 응축기의 부하변동에 대하여 냉각수량을 제어하는 장치이다.

26 흡수식 냉동기에 관한 설명으로 옳은 것은?
① 초저온용으로 사용된다.
② 비교적 소용량보다는 대용량에 적합하다.
③ 열교환기를 설치하여도 효율은 변함없다.
④ 물-LiBr식인 경우 물이 흡수제가 된다.

해설 ① 0℃ 이하의 저온을 얻을 수 없어 초저온용으로 사용이 어렵다.
③ 열교환기를 설치하면 효율이 좋아진다.
④ 물-LiBr식에서는 물이 냉매, LiBr가 흡수제가 된다.

27 증발기에서 나오는 냉매가스의 과열도를 일정하게 유지하기 위해 설치하는 밸브는?
① 모세관
② 플로트형 밸브
③ 정압식 팽창밸브
④ 온도식 자동팽창밸브

해설 온도식 자동팽창밸브(thermostatic expansion valve)
소형 냉동공조장치의 냉매유량제어에서 가장 일반적으로 사용되는 방식으로 증발기 출구의 과열도 증가 시 밸브가 열리고 과열도 감소 시 밸브가 닫혀 냉매유량을 제어한다.

Answer 23. ④ 24. ① 25. ② 26. ② 27. ④

28 팽창밸브 선정 시 고려해야 할 사항 중 관계가 없는 것은?
① 냉동능력
② 응축온도
③ 사용냉매 종류
④ 증발기의 형식 및 크기

해설 팽창밸브 선정 시 고려해야 할 사항
증발기의 형식 및 크기, 사용냉매 종류, 냉동능력, 배관재료, 고압 및 저압 온도 등이 있다.

29 다음 조건으로 운전되고 있는 수냉 응축기가 있다. 냉매와 냉각수와의 평균 온도차는?

[조건]
냉각수 입구온도 : 16℃
냉각수량 : 200L/min
냉각수 출구온도 : 24℃
응축기 냉각면적 : 20m²
응축기 열통과율 : 3349.6kJ/m²h℃

① 4℃ ② 5℃
③ 6℃ ④ 7℃

해설 응축부하 계산식
① 수냉식 응축기에서의 계산
$Q_c = G_c \cdot C \cdot \Delta t$
② 열통과율에 의한 계산
$Q_c = K \cdot F \cdot \Delta t_m$
③ $GC\Delta t = KF\Delta t_m$

$\Delta t_m = \dfrac{G_c C \Delta t}{KF}$

$= \dfrac{(200\dfrac{L}{min} \times \dfrac{60min}{1h}) \times 4.18 \times (24-16)}{3349.6 \times 20}$

$= 6℃$

여기서, C(비열)=4.18kJ/kg℃

30 2단압축 2단팽창 냉동장치에서 중간냉각기가 하는 역할이 아닌 것은?

① 저단 압축기의 토출가스 과열도를 낮춘다.
② 고압 냉매액을 과냉시켜 냉동효과를 증대시킨다.
③ 저단 토출가스를 재압축하여 압축비를 증대시킨다.
④ 흡입가스 중의 액을 분리하여 리퀴드 백을 방지한다.

해설 중간냉각기의 역할
㉠ 저단측 압축기 토출가스의 과열을 제거하여 고단측 압축기에서의 과열 방지
㉡ 증발기로 공급되는 냉매액을 과냉각시켜 냉동효과 및 성적계수 증대
㉢ 고단측 압축기 흡입가스 중 액을 분리시켜 액압축(liquied back) 방지

31 10℃와 85℃ 사이의 물을 열원으로 역카르노 사이클로 작동되는 냉동기(ε_C)와 히트펌프(ε_H)의 성적계수는 각각 얼마인가?

① ε_C=1.00, ε_H=2.00
② ε_C=2.12, ε_H=3.12
③ ε_C=2.93, ε_H=3.93
④ ε_C=3.78, ε_H=4.78

해설 ① 고온측(85℃) 절대온도
$T_H = 85 + 273 = 358K$
② 저온측(10℃) 절대온도
$T_L = 10 + 273 = 283K$
③ 냉동기 성적계수
$\varepsilon_C = \dfrac{T_L}{T_H - T_L} = \dfrac{283}{358-283} = 3.77$
④ 히트펌프 성적계수
$\varepsilon_H = \dfrac{T_H}{T_H - T_L} = \dfrac{358}{358-283} = 4.77$ 또는
$\varepsilon_H = \varepsilon_C + 1 = 3.77 + 1 = 4.77$

32 유량 100L/min의 물을 15℃에서 9℃로 냉각하는 수냉각기가 있다. 이 냉동장치의 냉동

Answer 28. ② 29. ③ 30. ③ 31. ④ 32. ③

효과가 168kJ/kg일 경우 냉매순환량(kg/h)은? (단, 물의 비열은 4.2kJ/kg·K로 한다.)

① 700 ② 800
③ 900 ④ 1000

해설 냉매순환량(G)

$$G = \frac{Q_c}{q_e} = \frac{GC\Delta t}{q_e}$$

$$= \frac{(100\frac{L}{min} \times \frac{60min}{1h}) \times 4.2 \times (15-9)}{168}$$

$$= 900 kg/h$$

33 할로겐 원소에 해당되지 않는 것은?

① 불소[F] ② 수소[H]
③ 염소[Cl] ④ 브롬[Br]

해설 할로겐 원소
플루오린(불소, Fluorine, F), 염소(Chlorine, Cl), 브로민(브롬, Bromine, Br), 아이오딘(Iodine, I), 아스타틴(Astatine, At) 등

34 냉동 사이클이 −10℃와 60℃ 사이에서 역카르노 사이클로 작동될 때, 성적계수는?

① 2.21 ② 2.84
③ 3.76 ④ 4.75

해설 ① $T_H = 60℃ = (60+273)K = 333K$
② $T_L = -10℃ = (-10+273)K = 263K$
③ $COP = \frac{T_L}{T_H - T_L} = \frac{263}{333-263} = 3.76$

35 어떤 변화가 가역인지 비가역인지 알려면 열역학 몇 법칙을 적용하면 되는가?

① 제0법칙 ② 제1법칙
③ 제2법칙 ④ 제3법칙

해설 열역학 제2법칙(엔트로피 법칙)
자연 현상의 대부분은 비가역적이며, 비가역 변화에 대한 방향성을 제시한 법칙으로 가역변화이면 엔트로피가 일정하고 비가역변화이면 엔트로피가 증가한다.

36 다음 설명 중 옳은 것은?
① 암모니아 냉동장치에서는 토출가스 온도가 높기 때문에 윤활유의 변질이 일어나기 쉽다.
② 프레온 냉동장치에서 사이트 글라스는 응축기 전에 설치한다.
③ 액순환식 냉동장치에서 액펌프는 저압수액기 액면보다 높게 설치해야 한다.
④ 액관 중에 플래시가스가 발생하면 냉매의 증발 온도가 낮아지고 압축기 흡입 증기 과열도는 작아진다.

해설 ② 프레온 냉동장치에서 사이트 글라스는 응축기 후 고압의 액관(응축기와 팽창밸브 사이)에 설치한다.
③ 액순환식 냉동장치에서 액펌프는 저압수액기 액면보다 낮게 설치해야 한다.
④ 액관 중에 플래시가스가 발생하면 냉매의 증발 온도가 낮아지고 압축기 흡입 증기 과열도는 커진다.

37 이상기체를 정압하에서 가열하면 체적과 온도의 변화는 어떻게 되는가?
① 체적 증가, 온도 상승
② 체적 일정, 온도 일정
③ 체적 증가, 온도 일정
④ 체적 일정, 온도 상승

해설 이상기체의 압력이 일정하므로 보일-샤를의 법칙 $\frac{P_1 V_1}{T_1} = \frac{P_2 V_2}{T_2}$에서 $P_1 = P_2$이므로 $\frac{V_1}{T_1}$

$= \frac{V_2}{T_2}$가 된다. 이상기체를 가열하면 $T_2 > T_1$

(온도 증가)에서 $\frac{T_2}{T_1} > 1$이 되고 $\frac{T_2}{T_1} = \frac{V_2}{V_1} > 1$

Answer 33. ② 34. ③ 35. ③ 36. ① 37. ①

이므로 $V_2 > V_1$(체적 증가)이 된다. 따라서 압력이 일정한 상태에서 이상 기체를 가열하면 온도 상승에 따라 체적도 증가한다.

38 증기분사식 냉동장치에서 사용되는 냉매는?
① 프레온 ② 물
③ 암모니아 ④ 염화칼슘

해설 증기분사식 냉동법
물을 냉매로 하여 증기 이젝터(steam ejector)를 사용하여 다량의 증기를 분사할 때의 부압작용에 의하여 진공을 만들어 냉동작용을 하는 방법으로 압축기가 없기 때문에 진동의 발생이 없고 구조도 비교적 간단하다. 또한 압축기가 없기 때문에 가동부분이 없고 윤활이 요구되지도 않는다.

39 냉동장치의 안전장치 중 압축기로의 흡입압력이 소정의 압력 이상이 되었을 경우 과부하에 의한 압축기용 전동기의 위험을 방지하기 위하여 설치되는 기기는?
① 증발압력 조정밸브(EPR)
② 흡입압력 조정밸브(SPR)
③ 고압 스위치
④ 저압 스위치

해설 흡입압력 조정밸브(SPR, Suction Pressure Regulating Valve)
증발기와 압축기 사이의 흡입관 중간에 설치하여 압축기 흡입압력이 일정압력(SPR 출구측 압력) 이상으로 되었을 때 과부하로 인한 전동기의 파손을 방지한다.
[참고]
① 증발압력 조정밸브(EPR, Evaporate Pressure Regulating Valve) : 증발기 출구배관에 설치하여 설정된 설정압력(EPR 입구압력)으로 증발압력을 일정하게 유지하여 운전 중 증발압력이 낮아져 냉수, 브라인 등의 동결이나 압축비 상승으로 인한 영향을 방지한다.

② 고압 차단 스위치(HPS, High Pressure Control Switch) : 고압이 일정 이상의 압력으로 상승되면 회로를 차단하여 압축기를 정지시켜 이상고압으로 인한 장치의 파손을 방지한다.
③ 저압 차단 스위치(LPS, Low Pressure Control Switch) : 시스템에 저압이 일정 이하가 되면 회로를 차단하여 압축기를 정지시키는 안전장치로 압축기 흡입관에 설치한다.

40 냉각탑 운전 중 냉각수가 재순환되면서 냉각수량이 감소하며 이때 냉각수의 보충이 필요하게 된다. 보충수의 산정 방법으로 올바른 것은?
① 응축수량+비산량+블로우다운
② 증발량+비산량+블로우다운
③ 증발량+냉각수량+블로우다운
④ 증발량+응축수량+비산량

해설 보충수량
증발량+비산량(Carry Over)+블로우다운(Blow Down)

제3과목 : 공조냉동 설치·운영

41 급수배관 시공 시 수격작용의 방지 대책으로 틀린 것은?
① 플래시 밸브 또는 급속 개폐식 수전을 사용한다.
② 관 지름은 유속이 2.0~2.5m/s 이내가 되도록 설정한다.
③ 역류 방지를 위하여 체크 밸브를 설치하는 것이 좋다.
④ 급수관에서 분기할 때에는 T 이음을 사용한다.

해설 ① 플래시 밸브 또는 급속 개폐식 수전을 사용

 38. ② 39. ② 40. ② 41. ①

하면 유속이 불규칙하게 변화되어 수격작용이 일어난다. 이 수격작용을 방지하기 위해 급히 닫히고 열리는 밸브의 근처에 공기실(air chamber)을 설치한다.

42 냉각 레그(cooling leg) 대한 설명으로 옳은 것은?
① 고온증기의 동파 방지 설비이다.
② 열전도 차단을 위한 보온단열 설비이다.
③ 트랩으로 완전한 응축수를 회수하는 설비이다.
④ 온도변화에 따른 배관의 신축 팽창량을 흡수하기 위한 설비이다.

해설 냉각 레그(Cooling Leg)
① 증기를 응축수로 바꾸어 환수하기 위한 배관을 냉각 레그라 한다.
② 증기 주관에서부터 트랩에 이르는 냉각 레그는 완전한 응축수를 트랩에 보내는 관계로 보온 피복을 하지 않으며, 또한 냉각 면적을 넓히기 위하여 길이를 1.5m 이상으로 한다.
③ 증기 주관이 긴 경우 응축수가 다량으로 흐를 때는 플로트 트랩을 사용한다.
④ 트랩의 고장수리, 교환 등에 대비한 바이패스를 달아두면 편리하다.

43 증기난방 방식 중 대규모 난방에 많이 사용하고 방열기의 설치 위치에 제한을 받지 않으며 응축수 환수가 가장 빠른 방식은?
① 진공환수식　② 기계환수식
③ 중력환수식　④ 자연환수식

해설 진공환수식
증기와 응축수를 진공 펌프로 환수시키는 강제순환방식
① 순환이 가장 빠른 방식이다.
② 방열기 설치 장소 및 기울기(구배)에 제한을 받지 않는다.
③ 방열량 조절이 용이하다.
④ 유속이 빠르므로 환수배관의 지름이 작아도 된다.
⑤ 진공을 일정하게 유지하기 위해 버큠 브레이커(Vacuum breaker)를 사용해야 한다.
⑥ 기계환수식과 같이 진공펌프를 반드시 환수주관에 설치해야 한다.
[참고]
㉠ 중력환수식 : 관수의 비중력차에 의해 보일러까지 환수하는 방식으로 자연순환방식에 속한다. 이때 보일러 표준수위보다 높은 위치로 환수하는 건식환수 방식을 채택한다. 반드시 관말부에 응축수 배출을 원활하게 하기 위해 1.5m 이상을 보온하지 않고 나관상태로 두는 냉각 레그와 증기 트랩을 설치해야 한다.
㉡ 기계환수식 : 보일러까지 펌프에 의해 환수하는 강제순환 방식으로 펌프는 송수주관에 설치하는 것이 아니라 반드시 환수주관에 설치해야 한다.

44 급탕설비 중에서 증기 사일렌서를 필요로 하는 방식은?
① 순간 급탕기
② 저탕식 급탕기
③ 간접가열 급탕기
④ 기수 혼합 급탕기

해설 기수 혼합 급탕기
병원이나 공장에서 증기를 열원으로 하는 경우, 증기를 직접 물 속에 넣어 가열하는 방식으로 사용개소에 따라 개별식과 중앙식으로 분류가 가능하다. 열효율이 100%이고 증기 주입 시 소음이 나기 때문에 소음 제거를 위해 스팀 사일렌서(steam silencer)를 설치한다.

45 배관 신축이음의 종류로 가장 거리가 먼 것은?
① 빅토릭 조인트 신축이음
② 슬리브 신축이음
③ 스위블 신축이음
④ 루프형 밴드 신축이음

Answer　42. ③　43. ①　44. ④　45. ①

해설 **신축이음의 종류**
㉠ 스위블 이음 : 엘보 2개 이상 사용, 방열기 주변 배관
㉡ 신축곡관(루프형) : 고압 옥외 배관, 공간을 차지하는 단점
㉢ 슬리브형 신축이음 : 패킹 등의 파손 우려
㉣ 벨로즈형 신축이음 : 고압 배관에 부적당
[참고] 빅토릭 이음 : 강관이나 주철관 이음의 일종으로 U자형 고무관과 하우징으로 이음부를 싸고 그 위에 금속제의 링으로 조인 것으로 관 내부의 수압이 링을 내부에서 눌러주므로 누수가 생기지 않으며, 배관작업 시 분리나 증설이 예상되는 부분에 사용

46 보온재의 구비 조건으로 틀린 것은?
① 열전달률이 클 것
② 물리적, 화학적 강도가 클 것
③ 흡수성이 적고 가공이 용이할 것
④ 불연성일 것

해설 **보온재의 구비 조건**
① 보온능력이 크고 열전도율이 작을 것
② 비중이 작을 것
③ 어느 정도 기계적 강도를 가질 것
④ 흡습성, 흡수성이 없을 것
⑤ 불연성일 것
⑥ 사용온도에서 장시간 사용해도 변질이 없을 것
⑦ 구입이 용이하고 시공이 쉬우며 내용년수가 길 것

47 배관지지 장치에서 수직 방향 변위가 없는 곳에 사용되는 행거는?
① 리지드 행거
② 콘스탄트 행거
③ 가이드 행거
④ 스프링 행거

해설 **행거(hanger)**
㉠ 리지드 행거(rigid hanger) : I빔에 턴버클을 연결하여 관을 지지하며, 수직방향의 변위가 없는 곳에 사용한다.
㉡ 콘스탄트 행거(constant hanger) : 배관의 상, 하 이동을 허용하면서 관을 지지하며, 변위가 큰 곳에 사용한다.
㉢ 스프링 행거(spring hanger) : 스프링의 장력을 이용하여 관을 지지하며, 변위가 작은 곳에 사용한다.

48 증기난방 배관에서 증기트랩을 사용하는 주된 목적은?
① 관 내의 온도를 조절하기 위해서
② 관 내의 압력을 조절하기 위해서
③ 배관의 신축을 흡수하기 위해서
④ 관 내의 증기와 응축수를 분리하기 위해서

해설 **증기트랩**
증기관 내에 응축수와 공기를 증기와 분리하여 응축수를 환수관으로 배출시키는 장치로 수격작용 및 부식을 방지한다.

49 고압가스 냉동제조설비의 시설기준에 대한 설명 중 틀린 것은?
① 가연성 가스의 검지경보장치는 방폭성능을 갖는 것으로 한다.
② 냉매설비의 안전을 확보하기 위하여 액면계를 설치하며 액면계의 상하에는 수동식 및 자동식 스톱밸브를 각각 설치한다.
③ 압력이 상용압력을 초과할 때 압축기의 운전을 정지시키는 고압차단장치를 설치하되 원칙적으로 수동복귀방식으로 한다.
④ 냉매설비에 부착하는 안전밸브는 분리할 수 없도록 단단하게 부착한다.

해설 ④ 냉매설비에 부착하는 안전밸브는 점검 및 보수가 용이한 구조로 한다.

46. ① 47. ① 48. ④ 49. ④

50 냉동기의 제품 성능의 기준으로 틀린 것은?

① 주름관을 사용한 방진조치
② 냉매설비 중 돌출부위에 대한 적절한 방호 조치
③ 냉매가스가 누출될 우려가 있는 부분에 대한 부식 방지 조치
④ 냉매설비 중 냉매가스가 누출될 우려가 있는 곳에 차단밸브 설치

해설 냉동기의 제품 성능의 기준
냉매설비에는 진동·충격 및 부식 등으로 냉매가스가 누출되지 않도록 필요한 조치를 해야 한다.
① 진동 방지 성능 : 진동에 의하여 냉매가스가 누출될 우려가 있는 부분에 대하여는 주름관을 사용하는 등 방진 조치를 한다.
② 파손 방지 성능 : 냉매설비의 돌출부 등 충격에 의하여 쉽게 파손되어 냉매가스가 누출될 우려가 있는 부분에 대하여는 적절한 방호 조치를 한다.
③ 부식 방지 성능 : 냉매설비의 외면의 부식에 의하여 냉매가스가 누출될 우려가 있는 부분에 대하여는 부식 방지 조치를 한다.

51 기계설비법령에 따라 관리주체는 기계설비유지관리자를 선임하는 경우 며칠 이내에 선임하여야 하는가?

① 7일   ② 15일
③ 30일   ④ 60일

해설 ② 관리주체는 제1항에 따라 기계설비유지관리자를 선임하는 경우 다음 각 호의 구분에 따른 날부터 30일 이내에 선임해야 한다.
1. 신축·증축·개축·재축 및 대수선으로 기계설비유지관리자를 선임해야 하는 경우 : 해당 건축물·시설물 등(이하 "건축물 등"이라 한다)의 완공일(「건축법」 등 관계 법령에 따라 사용승인 및 준공인가 등을 받은 날을 말한다)
2. 용도변경으로 기계설비유지관리자를 선임해야 하는 경우 : 용도변경 사실이 건축물 관리대장에 기재된 날
3. 법 제19조제1항 단서에 따라 기계설비유지관리업무를 위탁한 경우로서 그 위탁계약이 해지 또는 종료된 경우 : 기계설비 유지관리업무의 위탁이 끝난 날

52 기계설비법령에서 규정하고 있는 기계설비의 범위에 해당되지 않는 것은?

① 우수배수설비
② 플랜트 설비
③ 가스설비
④ 오수정화·물재이용 설비

해설 기계설비의 범위
열원설비, 냉난방설비, 공기조화·공기청정·환기설비, 위생기구·급수·급탕·오배수·통기설비, 오수정화·물재이용설비, 우수배수설비, 보온설비, 덕트설비, 자동제어설비, 방음·방진·내진설비, 플랜트 설비, 특수설비

53 그림과 같은 논리회로의 출력 Y는?

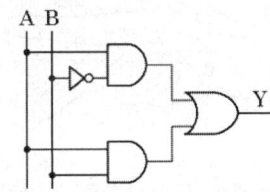

① $Y = AB + A\overline{B}$ ② $Y = \overline{A}B + AB$
③ $Y = \overline{A}B + A\overline{B}$ ④ $Y = A\overline{B} + \overline{A}B$

해설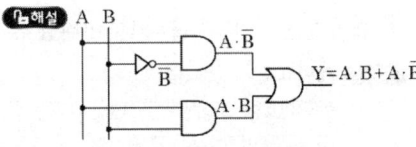
$Y = A \cdot \overline{B} + A \cdot B$

54 제어량은 회전수, 전압, 주파수 등이 있으며 이 목표치를 장기간 일정하게 유지시키는 것은?

① 서보기구   ② 자동조정

Answer 50. ④ 51. ③ 52. ① 53. ① 54. ②

③ 추치 제어   ④ 프로세스 제어

해설 자동조정(Automatic setting)
전력계통, 발전기, 원동기, 조속기, 연소장치 등의 기기 운전에 관한 물리량(전압, 주파수, 회전수, 전력, 압력 등)을 제어량으로 하여 이것을 일정하게 유지하는 것을 목적으로 하는 대표적인 정치 제어

55 플레밍의 왼손법칙에서 둘째손가락(검지)이 가리키는 것은?

① 힘의 방향   ② 자계 방향
③ 전류 방향   ④ 전압 방향

해설 플레밍의 왼손법칙
전자기력의 방향을 결정하는 법칙으로서 전동기의 회전 방향을 구하는 데 유용
[왼손의 세 손가락을 서로 수직으로 벌렸을 때]
① 엄지손가락 : 힘의 방향
② 둘째손가락 : 자기장(자계)의 방향
③ 셋째손가락 : 전류의 방향

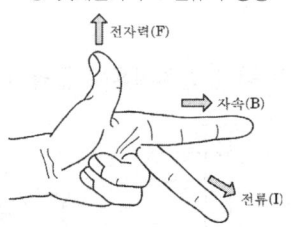

56 제어계에서 동작신호를 조작량으로 변화시키는 것은?

① 제어량   ② 제어요소
③ 궤환요소   ④ 기준입력요소

해설 제어요소
동작신호를 조작량으로 변환시키는 요소이며 조절부와 조작부로 구성
[참고]
① 제어량 : 제어대상에서 제어된 출력량
② 궤환요소(검출부) : 제어량으로부터 주궤환을 발생시키는 요소이며 궤환이란 제어량의 함수이고 동작신호를 얻기 위하여 기준입력과 비교되는 양이다.
④ 기준입력요소 : 목표값에 비례하는 기준입력신호를 발생하는 요소로 설정부이다.

57 온도보상용으로 사용되는 것은?

① SCR   ② 다이액
③ 다이오드   ④ 서미스터

해설 서미스터(Thermistor)
온도에 따라 저항이 변하는 모든 세라믹 계통의 소자(NiO, MgO, MnO)로 온도에 따라 저항이 증가하는 특성을 이용하여 저항값으로 온도를 측정한다. 주로 온도보상용으로 사용

58 3상 유도전동기의 출력이 15kW, 선간전압이 220V, 효율이 80%, 역률이 85%일 때, 이 전동기에 유입되는 선전류는 약 몇 A인가?

① 33.4   ② 45.6
③ 57.9   ④ 69.4

해설 선전류(I)
$P = \sqrt{3}\, VI\cos\theta\eta$
$I = \dfrac{P}{\sqrt{3}\, V\cos\theta\eta} = \dfrac{15 \times 10^3}{\sqrt{3} \times 220 \times 0.85 \times 0.8}$
$= 57.9\text{A}$

59 평형위치에서 목표값과 현재 수위와의 차이를 잔류 편차(offset)라 한다. 다음 중 잔류 편차가 있는 제어계는?

① 비례 동작(P 동작)
② 비례 미분 동작(PD 동작)
③ 비례 적분 동작(PI 동작)
④ 비례 적분 미분 동작(PID 동작)

해설 비례 동작 제어계와 비례 미분 동작 제어계는 오차에 대한 비례 제어 이득이 곱해진만큼 잔류 편차가 발생한다.
[참고]
㉠ 비례제어(P 제어) : 난조(사이클링) 제거,

Answer 55. ② 56. ② 57. ④ 58. ③ 59. ①, ②

잔류편차(Off-set) 발생
ⓒ 비례적분제어(PI 제어) : 잔류편차 제거, 속응성이 길어진다.
ⓒ 비례미분제어(PD 제어) : 속응성 향상, 잔류편차(Off-set) 발생
ⓔ 비례 미·적분 제어(PID 제어) : 난조 제거, 속응성 향상, 잔류편차 제거

60 제어량이 온도, 압력, 유량, 액위, 농도 등과 같은 일반 공업량일 때의 제어는?
① 추종 제어
② 시퀀스 제어
③ 프로그래밍 제어
④ 프로세스 제어

해설 프로세스 제어(process control)
① 생산공정 중의 상태량, 외란의 억제를 주목적으로 한다.
② 제어량 : 공업공정의 상태량(밀도, 농도, 온도, 압력, 유량, 습도 등)
[예] 대단위 화학 플랜트, 수조의 온도제어 등
[참고]
① 추종 제어 : 시간에 따라 임의로 변화하는 목표값에 제어량을 추종시키는 제어(레이더, 포신 제어)
② 프로그램 제어 : 정해진 프로그램에 따라 제어량을 변화시키는 제어(열처리 온도제어, CAM, 엘리베이터)
③ 시퀀스 제어 : 미리 정해진 순서에 따라 제어의 각 단계를 순차적으로 제어하는 방식으로 전체 계통에 연결된 스위치가 순차적으로 작동한다.

Answer 60. ④

chapter 03 공조냉동기계산업기사 CBT 기출 복원문제

2022년 3회

제1과목 : 공기조화설비

01 실내 냉방 부하 중에서 현열부하 2500kcal/h, 잠열부하 500kcal/h일 때 현열비는?
① 0.2
② 0.83
③ 1
④ 1.2

해설 현열비(SHF)

$$SHF = \frac{q_S}{q_t} = \frac{q_S}{q_S + q_L} = \frac{2500}{2500+500} = 0.83$$

여기서, 전열량 : q_t[kcal/h]
현열량 : q_S[kcal/h]
잠열량 : q_L[kcal/h]

02 노즐형 취출구로서 취출구의 방향을 좌우상 하로 바꿀 수 있는 취출구는?
① 유니버설형
② 펑커루버형
③ 팬(pan)형
④ T라인(T-line)형

해설 펑커루버
목을 움직여 기류 방향 조절이 가능하고, 풍량 조절이 용이하여 선박의 환기용, 주방 등에 사용한다.

03 증기-물 또는 물-물 열교환기의 종류에 해 당되지 않는 것은?
① 원통다관형 열교환기
② 전열교환기
③ 판형 열교환기
④ 스파이럴 열교환기

해설 전열교환기
공조부하 중 외기부하가 차지하는 비중은 약 30% 정도가 되는데, 전열교환기는 이러한 외기부하를 줄이기 위해, 공조 배기와 급기가 직접 공기-공기로 열교환하여, 70% 전후의 열량 (현열+잠열)을 회수한다.

04 다음 그림의 난방 설계도에서 컨벡터의 표시 중 F가 가진 의미는?

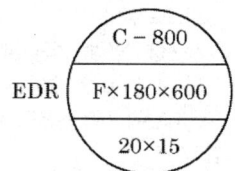

① 케이싱 길이
② 높이
③ 형식
④ 방열면적

해설 방열기의 도시기호

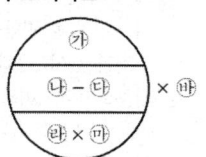

㉮ 쪽수 ㉯ 형식 ㉰ 높이
㉱ 유입관경 ㉲ 유출관경 ㉳ 조(組) 수

05 인접실, 복도, 상층, 하층이 공조되지 않는 일반 사무실의 남측 내벽(A)의 손실열량(W)은? (단, 설계조건은 실내온도 20℃, 실외온도 0℃, 내벽 열통과율(K)은 1.6W/m²℃로 한다.)

Answer 01. ② 02. ② 03. ② 04. ③ 05. ①

부록 2

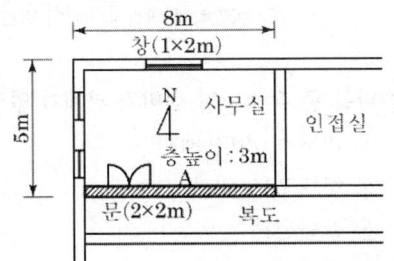

① 320 ② 872
③ 1193 ④ 2937

해설 ① 복도의 온도 $t_1 = \dfrac{20+0}{2} = 10℃$

② 손실열량
$Q = KA\Delta t$
$= 1.6 \times \{(8 \times 3) - (2 \times 2)\} \times (20-10)$
$= 320W$

06 증발기에 서리가 생기면 나타나는 현상은?
① 압축비 감소
② 소요동력 감소
③ 증발압력 감소
④ 냉장고 내부온도 감소

해설 착상이 냉동장치에 미치는 영향
① 전열불량으로 냉장실 내 온도상승 및 액압축 초래
② 증발압력 저하로 압축비 상승
③ 증발온도 저하
④ 실린더 과열로 토출가스 온도 상승
⑤ 윤활유의 열화 및 탄화 우려
⑥ 체적효율 저하 및 압축기 소요동력 증대
⑦ 성적계수 및 냉동능력 감소

07 흡수식 냉동기에서 흡수기의 설치 위치는 어디인가?
① 발생기와 팽창밸브 사이
② 응축기와 증발기 사이
③ 팽창밸브와 증발기 사이
④ 증발기와 발생기 사이

해설 흡수기
증발기에서 나온 냉매증기를 흡수제에 흡수시켜 희석용액(흡수제+냉매)으로 만들어 용액펌프로 발생기(재생기)에 보낸다.
[참고] 흡수식 냉동장치도

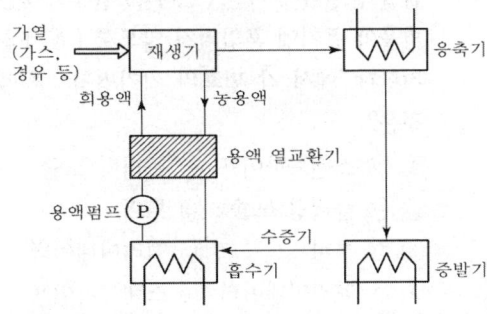

08 덕트를 설계할 때 주의사항으로 틀린 것은?
① 덕트를 축소할 때 각도는 30° 이하로 되게 한다.
② 저속 덕트 내의 풍속은 15m/s 이하로 한다.
③ 장방형 덕트의 종횡비는 4 : 1 이상 되게 한다.
④ 덕트를 확대할 때 확대각도는 15° 이하로 되게 한다.

해설 ③ 장방형 덕트의 아스펙트비(종횡비, 장변/단변)는 4 : 1 이하로 하고 장방형 덕트의 단면은 가능하면 정방형이 되도록 한다.

09 어떤 실내의 전체 취득열량이 9kW, 잠열량이 2.5kW이다. 이때 실내를 26℃, 50%(RH)로 유지시키기 위해 취출 온도차를 10℃로 일정하게 하여 송풍한다면 실내 현열비는 얼마인가?
① 0.28 ② 0.68
③ 0.72 ④ 0.88

해설 ① 전열량=현열량+잠열량이므로
현열량=전열량-잠열량=9-2.5=6.5kW

Answer 06. ③ 07. ④ 08. ③ 09. ③

과년도출제문제(출제기준 개정 후) **331**

② 현열비(SHF) = $\frac{현열량}{전열량} = \frac{6.5}{9} = 0.72$

10 공기세정기(air washer)에는 "입구공기의 흐름을 균일하게 하는 (㉠)를, 출구측에는 물방울이 공기에 혼입되지 않도록 (㉡)를 설치한다."에서 각 번호의 기기명칭으로 맞는 것은?

① ㉠ 스탠드파이프 ㉡ 플러딩 노즐
② ㉠ 플러딩 노즐 ㉡ 루버
③ ㉠ 루버 ㉡ 엘리미네이터
④ ㉠ 엘리미네이터 ㉡ 스탠드파이프

해설 ① 루버(louver) : 유입되는 공기의 흐름을 일정하게 하고 분무수가 분무실 밖으로 튀어 나가는 것을 방지하는 장치
② 플러딩 노즐(flooding nozzle) : 엘리미네이터에 부착된 이물질을 제거하는 장치
③ 엘리미네이터(eliminator) : 출구공기에 섞여 나가는 비산수를 제거하는 장치

11 다음 복사난방에 관한 설명 중 옳은 것은?

① 고온식 복사난방은 강판제 패널 표면의 온도를 100℃ 이상으로 유지하는 방법이다.
② 파이프 코일의 매설 깊이는 균등한 온도분포를 위해 코일 외경의 3배 정도로 한다.
③ 온수의 공급 및 환수 온도차는 가열면의 균일한 온도분포를 위해 10℃ 이상으로 한다.
④ 방이 개방상태에서도 난방효과가 있으나 동일 방열량에 대해 손실량이 비교적 크다.

해설 ② 파이프 코일의 매설 깊이는 균등한 온도분포를 위해 코일 외경의 1.5~2배 정도로 한다.
③ 온수의 공급 및 환수 온도차는 가열면의 균일한 온도분포를 위해 6~8℃(콘크리트 바닥기준, 온수온도 38~55℃) 정도로 한다.
④ 방이 개방상태에서도 난방효과가 있으나 동일 방열량에 대해 손실량이 비교적 적다.

12 다음 중 온수난방 설비와 관계가 없는 것은?

① 리버스 리턴 배관
② 하트포드 배관 접속
③ 순환펌프
④ 팽창탱크

해설 하트포드 접속법(hartford connection)
증기난방에서 증기관과 환수관 사이에 균형관을 접속하여 환수관 누설로 인하여 보일러 수위가 파괴되는 것을 방지(보일러 내의 안전수위를 유지하기 위한 접속)

13 냉수 코일의 설계법으로 틀린 것은?

① 공기흐름과 냉수흐름의 방향을 평행류로 하고 대수평균온도차를 작게 한다.
② 코일의 열수는 일반 공기 냉각용에는 4~8열(列)이 많이 사용된다.
③ 냉수속도는 일반적으로 1m/s 전후로 한다.
④ 코일 설치는 관이 수평으로 놓이게 한다.

해설 냉·온수 코일의 설계법
① 물 흐름과 공기의 흐름방향은 대향류(역류)로 할 것
② 대수평균온도차(MTD)를 크게 할 것(열 수를 적게 할 수 있으며 코일의 열 수는 4~8열이 적당)
③ 코일의 통과 풍속 : 2~3m/s
④ 관 내의 수속 : 1m/s 전후
⑤ 물의 입·출구 온도차 : 5℃
⑥ 공기의 출구온도와 물의 입구온도차 : 5℃ 이상

14 보일러의 출력표시에서 난방부하와 급탕부하를 합한 용량으로 표시되는 것은?

① 과부하출력
② 정격출력
③ 정미출력
④ 상용출력

10. ③ 11. ① 12. ② 13. ① 14. ③

해설 보일러 용량
- ㉠ 정격출력 : 난방부하+급탕부하+배관부하+예열부하
- ㉡ 상용출력 : 난방부하+급탕부하+배관부하
- ㉢ 정미출력 : 난방부하+급탕부하
- ㉣ 방열기출력 : 난방부하+배관부하

15 동일 송풍기에서 임펠러의 지름을 2배로 했을 경우 특성변화의 법칙에 대해 옳은 것은?
① 풍량은 크기비의 2제곱에 비례한다.
② 정압은 크기비의 3제곱에 비례한다.
③ 동력은 크기비의 5제곱에 비례한다.
④ 회전수 변화에만 특성변화가 있다.

해설 송풍기 상사법칙
① 풍량 $Q_2 = \left(\dfrac{d_2}{d_1}\right)^3 \cdot Q_1$
② 정압 $P_2 = \left(\dfrac{d_2}{d_1}\right)^2 \cdot P_1$
③ 동력 $L_{kW_2} = \left(\dfrac{d_2}{d_1}\right)^5 \cdot L_{kW_1}$

16 온도 t℃의 다량의 물(또는 얼음)과 어떤 상태의 습윤공기가 단열된 용기 속에 있다. 습윤공기 속에 물이 증발하면서 소요되는 열량과 공기로부터 물에 부여되는 열량이 같아지면서 열적 평형을 이루게 되는 이때의 온도를 무엇이라 하는가?
① 열역학적 온도   ② 단열포화온도
③ 건구온도   ④ 유효온도

해설 ① 열역학적 온도 : 열역학 제2법칙에 따라 정해진 온도로 켈빈온도 또는 절대온도라고도 한다. 분자운동이 정지하는 상태의 온도(−273.15℃)를 기준으로 한 온도로 기호 K(켈빈)를 사용한다.
③ 건구온도 : 일반적인 온도계로 측정한 온도로, 공기의 습기를 알 수 없고, 인간이 느끼는 쾌적의 판단이 어렵다.

④ 유효온도 : 건구온도, 상대습도, 기류의 3요소를 조합해서 감각의 지표를 결정한 것으로 상대습도 100%인 정지공기(기류 8~13 cm/s)의 실내온도를 기준으로 한 쾌감온도이다.

17 증기난방 설비에서 일반적으로 사용 증기압이 어느 정도부터 고압식이라고 하는가?
① $0.01 kgf/cm^2$ 이상
② $0.35 kgf/cm^2$ 이상
③ $1 kgf/cm^2$ 이상
④ $10 kgf/cm^2$ 이상

해설 증기난방의 분류
- ㉠ 고압식 : 증기압력 $1 kg/cm^2$ 이상의 증기를 사용
- ㉡ 저압식 : 증기압력 $1 kg/cm^2$ 이하의 증기를 사용(일반적으로 $0.1 \sim 0.35 kg/cm^2$의 증기를 사용)

18 온수난방 방식의 분류에 해당되지 않는 것은?
① 복관식   ② 건식
③ 상향식   ④ 중력식

해설 온수난방의 분류
- ㉠ 순환방식 : 자연순환식(중력식), 강제순환식(펌프식)
- ㉡ 온수온도 : 고온수식, 보통온수식, 저온수식
- ㉢ 배관방식 : 단관식, 복관식, 역환수관식(리버스리턴)
- ㉣ 공급방식 : 상향식, 하향식

19 실내온도가 25℃이고, 실내 절대습도가 0.0165kg/kg의 조건에서 틈새바람에 의한 침입 외기량이 200L/s일 때 현열부하와 잠열부하는? (단, 실외온도 35℃, 실외 절대습도 0.0321kg/kg, 공기의 비열 1.01kJ/kg·K, 물의 증발잠열 2501kJ/kg이다.)

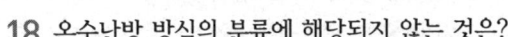
Answer 15. ③ 16. ② 17. ③ 18. ② 19. ②

① 현열부하 2.424kW, 잠열부하 7.803kW
② 현열부하 2.424kW, 잠열부하 9.364kW
③ 현열부하 2.828kW, 잠열부하 10.144kW
④ 현열부하 2.828kW, 잠열부하 10.924kW

해설 ① 현열부하(q_s)

$$q_s = C \cdot \gamma \cdot Q \cdot (t_2 - t_1)$$
$$= 1.01 \times (1.2\frac{kg}{m^3} \times 0.2 m^3/s) \times (35-25)$$
$$= 2.424 kW$$

② 잠열부하(q_L)

$$q_L = 2501\gamma \cdot Q \cdot (x_2 - x_1)$$
$$= 2501 \times (1.2 kg/m^3 \times 0.2 m^3/s)$$
$$\times (0.0321 - 0.0165)$$
$$= 9.364 kW$$

여기서, $Q = 200 L/s = 0.2 m^3/s$
공기의 비중(γ) = $1.2 kg/m^3$

20 다음 중에서 전공기방식이라고 볼 수 없는 것은?
① 정풍량 단일덕트방식
② 변풍량 단일덕트방식
③ 이중덕트 방식
④ 팬코일 유닛방식

해설

분류	방식	명칭
중앙식	전공기 방식	단일덕트방식(정풍량, 변풍량) 2중덕트방식, 각층유닛방식 멀티존유닛방식
	수-공기 방식	팬코일유닛방식(덕트병용) 유인(인덕션)유닛방식 복사냉난방방식
	수방식	팬코일유닛방식
개별식	냉매 방식	룸쿨러(룸에어컨) 패키지유닛방식, 멀티유닛 등

제 2 과목 : 냉동냉장 설비

21 열에 대한 설명으로 틀린 것은?

① 열전도는 물질 내에서 열이 전달되는 것이기 때문에 공기 중에서는 열전도가 일어나지 않는다.
② 열이 온도차에 의하여 이동되는 현상을 열전달이라 한다.
③ 고온 물체와 저온 물체 사이에서는 복사에 의해서도 열이 전달된다.
④ 온도가 다른 유체가 고체벽을 사이에 두고 있을 때 온도가 높은 유체에서 온도가 낮은 유체로 열이 이동되는 현상을 열통과라고 한다.

해설 ① 열전도는 물체 간의 직접적인 접촉을 통하여 열이 전달되는 것으로 물질의 모든 상태(고체, 액체, 기체 등)에서 일어나지만 주로 고체 내부에서 일어난다.

22 압축기의 용량제어 방법 중 왕복동 압축기와 관계가 없는 것은?
① 바이패스법
② 회전수 가감법
③ 흡입 베인 조절법
④ 클리어런스 증가법

해설 왕복동 압축기의 용량제어 방법
① 회전수 제어
② 흡입밸브의 일부를 언로드시키는 방법
③ 바이패스 제어
④ 타임드 밸브에 의한 방법
⑤ 클리어런스 증대법
⑥ 냉각수량 조절법(응축압력 조절법)
[참고] 원심식(터보) 압축기 용량제어 방법
  ① 회전수 제어
  ② 흡입 베인(vane) 제어
  ③ 디퓨저(diffuser) 제어
  ④ 바이패스 제어
  ⑤ 흡입, 토출 댐퍼 조절법
  ⑥ 냉각수량 조절법(응축압력 조절법)

Answer 20. ④ 21. ① 22. ③

23 증기압축식 이론 냉동사이클에서 엔트로피가 감소하고 있는 과정은 다음 중 어느 과정인가?
① 팽창과정 ② 응축과정
③ 압축과정 ④ 증발과정

해설 **응축과정**
압력 일정, 온도 일정, 엔탈피 감소, 건조도 감소, 엔트로피 감소

24 축열장치에서 축열재가 갖추어야 할 조건으로 가장 거리가 먼 것은?
① 열의 저장은 쉬워야 하나 열의 방출은 어려워야 한다.
② 취급하기 쉽고 가격이 저렴해야 한다.
③ 화학적으로 안정해야 한다.
④ 단위체적당 축열량이 많아야 한다.

해설 **축열재의 구비 조건**
① 단위체적당 축열량이 클 것
② 열의 출입이 용이할 것
③ 취급이 용이할 것
④ 가격이 저렴할 것
⑤ 자원이 풍부해 안정적 공급이 가능할 것
⑥ 화학적으로 안정될 것
⑦ 독성, 폭발성 및 부식성이 없을 것

25 흡수식 냉동기에 사용되는 냉매와 흡수제의 연결이 잘못된 것은?
① 물(냉매) - 황산(흡수제)
② 암모니아(냉매) - 물(흡수제)
③ 물(냉매) - 가성소다(흡수제)
④ 염화에틸(냉매) - 취화리튬(흡수제)

해설 **냉매와 흡수제**

냉매	흡수제
물(H_2O)	리튬브로마이드(LiBr)
	염화리튬(LiCl)
	가성소다(NaOH)
	황산(H_2SO_4)
암모니아(NH_3)	물(H_2O)
	로단암모니아(NH_4CHS)
염화에틸(C_2H_5Cl)	4클로르에탄($C_2H_2Cl_4$)

26 증기 압축식 사이클과 흡수식 냉동 사이클에 관한 비교 설명으로 옳은 것은?
① 증기 압축식 사이클은 흡수식에 비해 축동력이 적게 소요된다.
② 흡수식 냉동 사이클은 열구동 사이클이다.
③ 흡수식은 증기 압축식의 압축기를 흡수기와 펌프가 대신한다.
④ 흡수식의 성능은 원리상 증기 압축식에 비해 우수하다.

해설 ① 증기 압축식은 냉매를 압축하는 데 전기(압축기)를 사용하고 흡수식은 흡수제와 냉매를 분리하는 데 열에너지(흡수기와 발생기)가 사용되므로 증기 압축식 사이클은 흡수식에 비해 축동력이 많이 소요된다.
③ 흡수식은 증기 압축식의 압축기를 흡수기와 발생기(재생기)가 대신한다.
④ 흡수식은 증기 압축식에 비해 증기를 발생시키는 에너지가 추가로 필요하기 때문에 성적계수가 낮으며 성능은 증기 압축식에 비해 떨어진다.

27 냉동장치 내에 불응축 가스가 혼입되었을 때 냉동장치의 운전에 미치는 영향으로 가장 거리가 먼 것은?
① 열교환 작용을 방해하므로 응축압력이 낮게 된다.
② 냉동능력이 감소한다.
③ 소비전력이 증가한다.
④ 실린더가 과열되고 윤활유가 열화 및 탄화된다.

해설 ① 열교환 작용을 방해하므로 침입된 불응축 가

Answer 23. ② 24. ① 25. ④ 26. ② 27. ①

스만큼 응축압력이 상승한다.
[참고] 불응축 가스 혼입 시 장치에 미치는 영향
㉠ 침입된 불응축 가스만큼 응축압력 상승
㉡ 토출가스 온도 상승, 윤활유의 열화 및 탄화
㉢ 실린더 과열, 체적효율 감소
㉣ 압축비와 소요동력 증대, 냉동능력 감소
㉤ 축수하중 증대, 피스톤 마모

28 냉동장치의 운전 중 냉각수 펌프 이상으로 인하여 응축기 냉각수량이 부족하였다. 이때 발생할 수 있는 현상이 아닌 것은?
① 응축온도의 상승
② 압축일량 증가
③ 압축기 흡입가스 체적증가
④ 고압 상승

해설 압축기 흡입가스 체적증가의 원인
냉매 충전량 부족, 증발 부하 감소, 팽창밸브가 작게 열렸을 때 등
[참고] 냉각수량 부족 시 발생할 수 있는 현상
응축온도의 상승, 압축일량 증가 및 토출가스 온도 상승, 고압 상승, 냉동효과 및 성적계수 저하 등

29 브라인의 동결 방지 목적으로 사용하는 기기가 아닌 것은?
① 온도 스위치   ② 단수 릴레이
③ 흡입압력 조절기   ④ 증발압력 조절기

해설 흡입압력 조절밸브
흡입압력이 일정 압력 이상이 되는 것을 방지하여 압축기의 파손을 방지

30 응축기에서 고온 냉매가스의 열이 제거되는 과정으로 가장 적합한 것은?
① 복사와 전도   ② 승화와 증발
③ 복사와 기화   ④ 대류와 전도

해설 응축기는 압축에 의해 고온고압이 된 냉매가스를 냉각시켜 액냉매로 만드는 장치로 응축기에서 열전달은 주로 전도와 대류(관 내부 : 대류에 의한 열전달, 관벽을 통과 시 : 전도에 의한 열전달, 관 외부 : 대류에 의한 열전달)에 의하여 고온 유체(고온 냉매가스)로부터 저온 유체(냉각수 또는 공기)로 이루어진다.

31 이상적 냉동 사이클로 작동되는 냉동기의 성적계수가 6.84일 때 증발온도가 -15℃이다. 응축온도는 약 몇 ℃인가?
① 18   ② 23
③ 27   ④ 32

해설 ① 증발온도(T_L)=-15℃
=(-15+273)K=258K
② 응축온도(T_H)
$$COP = \frac{T_L}{T_H - T_L} \rightarrow 6.84 = \frac{258}{T_H - 258}$$
∴ T_H=296K=(296-273)℃=23℃

32 다음 냉매 중 독성이 큰 것부터 나열된 것은?

㉠ 아황산(SO_2)   ㉡ 탄산가스(CO_2)
㉢ R-12(CCl_2F_2)   ㉣ 암모니아(NH_3)

① ㉣-㉡-㉠-㉢   ② ㉣-㉠-㉡-㉢
③ ㉠-㉣-㉡-㉢   ④ ㉠-㉡-㉣-㉢

해설 독성
$SO_2 > NH_3 > CO_2 > R-12$

33 냉동설비에서 고온 고압의 냉매 기체가 흐르는 배관은?
① 증발기와 압축기 사이 배관
② 응축기와 수액기 사이 배관
③ 압축기와 응축기 사이 배관
④ 팽창밸브와 증발기 사이 배관

해설 ㉠ 고압가스관 : 압축기와 응축기 사이의 배관
㉡ 고압액관 : 응축기와 팽창밸브 사이의 배관

Answer 28. ③ 29. ③ 30. ④ 31. ② 32. ③ 33. ③

ⓒ 저압액관 : 팽창밸브와 증발기 사이의 배관
ⓓ 저압증기관 : 증발기와 압축기 사이의 배관

34 냉동부하가 30RT이고, 냉각장치의 열통과율이 6kcal/m²h℃, 브라인의 입·출구 평균온도 10℃, 냉매의 증발온도가 4℃일 때 전열면적은?

① 1825m² ② 2767m²
③ 2932m² ④ 3123m²

해설 $Q = K \cdot A \cdot \Delta t_m$ (kcal/h)
열통과율 : K(kcal/m²h℃)
전열면적 : A(m²)
냉각수와 냉매의 평균온도차 : Δt_m
1RT=3320kcal/h
∴ $A = \dfrac{Q}{K\Delta t_m} = \dfrac{30 \times 3320}{6 \times (10-4)} = 2767\,\text{m}^2$

35 일반적으로 대용량의 공조용 냉동기에 사용되는 터보식 냉동기의 냉동부하 변화에 따른 용량제어 방식으로 가장 거리가 먼 것은?

① 압축기 회전수 가감법
② 흡입 가이드 베인 조절법
③ 클리어런스 증대법
④ 흡입 댐퍼 조절법

해설 ③ 클리어런스 증대법은 왕복동 압축기의 용량제어 방식이다.
[참고] 원심식(터보) 압축기 용량 제어 방식
　① 회전수 제어
　② 흡입 베인(vane) 제어
　③ 디퓨저(diffuser) 제어
　④ 바이패스 제어
　⑤ 흡입, 토출 댐퍼 조절법
　⑥ 냉각수량 조절법(응축압력 조절법)

36 헬라이드 토치를 이용한 누설검사로 적절하지 않은 냉매는?

① R-717 ② R-123
③ R-22   ④ R-114

해설 헬라이드 토치는 프레온 냉매의 누설검사에 사용되므로 보기에서 프레온 냉매가 아닌 것을 찾으면 된다.
① R-717 : 암모니아(NH₃)
②, ③, ④ : 프레온 냉매
[참고] 헬라이드 토치 사용 누설검사
　ⓐ 누설이 없을 시 → 파란색
　ⓑ 소량 누설 → 초록색
　ⓒ 다량 누설 → 보라색
　ⓓ 극심할 때 → 불이 꺼짐

37 냉동사이클에서 응축온도를 일정하게 하고 증발온도를 상승시키면 어떤 결과가 나타나는가?

① 냉동효과 증가
② 압축비 증가
③ 압축일량 증가
④ 토출가스 온도 증가

해설 증발온도 상승 시
　ⓐ 압축비 감소
　ⓑ 토출가스 온도 강하
　ⓒ 냉동효과 증대
　ⓓ 성능계수(COP) 증가
　ⓔ 비체적 감소로 인한 냉매순환량 증가

38 축열 시스템의 종류가 아닌 것은?

① 가스축열 방식 ② 수축열 방식
③ 빙축열 방식   ④ 잠열축열 방식

해설 축열방식의 종류
　① 수축열 방식 : 열용량이 큰 물을 축열재로 이용하는 방식
　② 빙축열 방식 : 얼음을 축열하는 방식으로 축열장치의 대부분을 차지한다.
　③ 잠열축열 방식 : 물질의 융해 및 응고 시 상변화에 따른 잠열을 이용하는 방식

Answer 34. ② 35. ③ 36. ① 37. ① 38. ①

39 열과 일 사이의 에너지 보존의 원리를 표현한 것은?

① 열역학 제1법칙
② 열역학 제2법칙
③ 보일샤를의 법칙
④ 열역학 제0의 법칙

해설 열역학 제1법칙
에너지는 한 형태에서 다른 형태로 변하지만 에너지의 양은 항상 일정하게 보존된다는 것을 보여주는 일종의 에너지 보존 법칙이다.
[참고]
① 열역학 제0법칙 : 온도(열)평형의 법칙
② 열역학 제1법칙 : 에너지보존의 법칙
③ 열역학 제2법칙 : 엔트로피 법칙, 에너지(열, 일)의 변환에 대한 방향성을 제시한 법칙
④ 열역학 제3법칙 : 절대온도의 법칙

40 몰리에르 선도상에서 압력이 증대함에 따라 포화액선과 건조포화 증기선이 만나는 일치점을 무엇이라고 하는가?

① 한계점   ② 임계점
③ 상사점   ④ 비등점

해설 몰리에르 선도(Mollier Diagram)

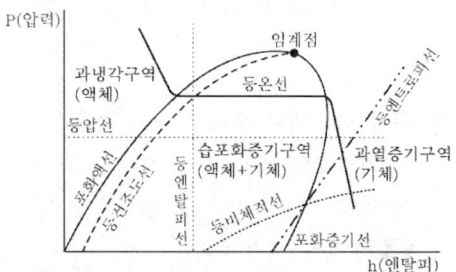

제3과목 : 공조냉동 설치·운영

41 암모니아 냉동설비의 배관으로 사용하기에 가장 부적절한 배관은?

① 이음매 없는 동관
② 저온 배관용 강관
③ 배관용 탄소강 강관
④ 배관용 스테인리스 강관

해설 ㉠ 암모니아 냉매 : 동관을 부식시키므로 강관(SPPS)을 사용
㉡ 프레온 냉매 : 이음매 없는 동관을 사용

42 다음 그림은 감압밸브 주위의 배관도이다. 명칭이 틀린 것은?

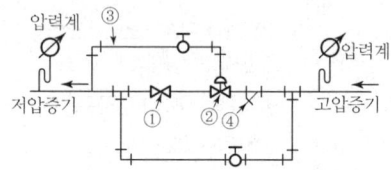

① ① 스톱밸브   ② ② 감압밸브
③ ③ 파일럿관   ④ ④ 티

해설 ④ : 스트레이너

43 배관의 신축 이음 중 허용길이가 커서 설치장소가 많이 필요하지만 고온, 고압배관의 신축 흡수용으로 적합한 형식은?

① 루프(loop)형
② 슬리브(sleeve)형
③ 벨로즈(bellows)형
④ 스위블(swivel)형

해설 루프형 신축이음
신축곡관이라고도 하며 강관 또는 동관 등을 루프(Loop) 모양으로 구부려서 그 휨에 의하여 신축을 흡수하는 것으로 고압에 견디고 고장이 적어 고온 고압의 옥외 배관에 설치한다.

44 액분리기(Accumulator)의 설명이 잘못된 것은?

① 압축기에 액이 흡입되지 않게 한다.

Answer   39. ① 40. ② 41. ① 42. ④ 43. ① 44. ②

② 응축기와 압축기 사이에 설치한다.
③ 압축기의 파손을 방지한다.
④ 장치 가동 시 증발기 내에서의 냉매의 교란을 방지한다.

해설 액분리기
증발기와 압축기 사이의 흡입배관에 설치하여 흡입가스 중의 액 냉매를 분리시켜 압축기에서 액압축을 방지한다.

45 다음 중 열역학식 트랩에 해당되는 것은?
① 디스크형 트랩   ② 벨로즈식 트랩
③ 버킷 트랩   ④ 바이메탈식 트랩

해설 증기트랩의 분류

분류	작동 원리	종류
기계식	증기와 응축수의 부력 차이	플로트 트랩, 버킷 트랩
온도식	증기와 응축수의 온도 차이	바이메탈 트랩, 벨로즈 트랩
열역학식	증기와 응축수의 속도 차이	디스크 트랩, 오리피스 트랩

46 배관의 지지 목적이 아닌 것은?
① 배관의 중량지지 및 고정
② 신축의 제한 지지
③ 진동 및 충격 방지
④ 부식 방지

해설 배관의 지지
㉠ 배관계통의 하중·진동·신축·충격 등에 대해 응력이나 휨이 발생되는 것을 막음으로써 배관을 지지하거나 고정하는 것
㉡ 기능 및 용도에 따라 행거(Hanger), 서포트(Support), 레스트레인트(Restraint), 브레이스(Brace) 등으로 분류

47 관 연결용 부속을 사용처별로 구분하여 나열하였다. 잘못된 것은?

① 관끝을 막을 때 : 리듀서, 부싱, 캡
② 배관의 방향을 바꿀 때 : 엘보우, 밴드
③ 관 도중에서 분기할 때 : 티, 와이, 크로스
④ 동경관을 직선 연결할 때 : 소켓, 유니언, 니플

해설 ① 관끝을 막을 때 : 캡, 플러그
② 이경관을 연결할 때 : 이경엘보, 이경소켓, 이경티, 부싱, 리듀서

48 증기난방 배관 시공 시 복관 중력 환수식 증기 주관의 증기 흐름 방향으로의 구배로 적당한 것은?
① 1/100 정도의 선단 상향 구배로 한다.
② 1/100 정도의 선단 하향 구배로 한다.
③ 1/200 정도의 선단 상향 구배로 한다.
④ 1/200 정도의 선단 하향 구배로 한다.

해설 중력환수식에서의 배관구배

배관방식	순구배(선하향)	역구배(선상향)
단관식	1/100 ~ 1/200	1/50~1/100
복관식	1/200	

49 냉매 배관 설계 시 잘못된 것은?
① 2중 입상관 사용 시 트랩을 크게 한다.
② 과도한 압력강하를 방지한다.
③ 압축기로 액체 냉매의 유입을 방지한다.
④ 압축기를 떠난 윤활유가 일정비율로 다시 압축기로 되돌아오게 한다.

해설 이중 입상관(Riser)
프레온 냉동장치의 흡입 및 토출 입상 배관에서 냉매 유속이 늦어지면 오일이 올라갈 수 없게 되어 유회수가 어려워지며, 특히 부하 경감장치가 설치되어 있는 경우 부하 경감장치가 작동하면 냉매 유속이 감소하여 오일 회수가 어려우므로 이중 입상관을 설치한다. 2중 입상관의 경우 굵은 관의 입구에 트랩을 설치하고 트랩은 되도

Answer   45. ①   46. ④   47. ①   48. ④   49. ①

록 적게 하여 압축기 유면의 변동을 억제해야 한다.

50 산업안전보건법령상 사업주는 다음 중 어느 하나에 해당하는 위험으로 인한 산업재해를 예방하기 위한 필요한 조치 중 가장 거리가 먼 것은?
① 기계·기구, 그 밖의 설비에 의한 위험
② 폭발성, 발화성 및 인화성 물질 등에 의한 위험
③ 전기, 열, 그 밖의 에너지에 의한 위험
④ 방사선·유해광선·고온·저온·초음파·소음·진동·이상기압 등에 의한 건강 장해

해설 ④번은 건강 장해를 예방하기 위하여 필요한 조치(보건 조치)이다.

51 기계설비법 제19조제1항에 따라 선임된 기계설비유지관리자의 유지관리교육 중 신규교육의 교육시기는?
① 선임된 날부터 1개월 이내
② 선임된 날부터 2개월 이내
③ 선임된 날부터 3개월 이내
④ 선임된 날부터 6개월 이내

해설 기계설비유지관리자의 신규교육은 선임된 날부터 6개월 이내

52 제어요소의 출력인 동시에 제어대상의 입력으로 제어요소가 제어대상에게 인가하는 제어신호는?
① 외란   ② 제어량
③ 조작량   ④ 궤환신호

해설 조작량
제어요소에서 제어대상에 인가되는 양으로 제어장치의 출력인 동시에 제어대상의 입력신호
[참고]

① 외란 : 외부로부터 제어대상에 작용하여 제어계의 상태를 교란시키는 모든 변수값
② 제어량 : 제어대상에서 제어된 출력량
③ 궤한(피드백)신호 : 제어대상의 움직임을 검출부를 통하여 검출한 양을 신호로 나타내는 것으로, 제어량을 목표값과 비교하여 동작신호를 얻기 위해 피드백하는 신호이다.

53 플레밍(Fleming)의 오른손법칙에 따라 기전력이 발생하는 원리를 이용한 기기는?
① 교류 발전기   ② 교류 전동기
③ 교류 정류기   ④ 교류 용접기

해설 플레밍의 오른손법칙
전자유도에 의해서 생기는 유도전류의 방향을 나타내는 법칙으로 발전기의 전류방향을 구하는 데 유용
[참고] 플레밍의 왼손법칙
전자기력의 방향을 결정하는 법칙으로서 전동기의 회전 방향을 구하는 데 유용

54 다음 논리회로에서 출력 y의 논리식은?

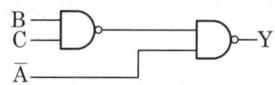

① $Y = \overline{A} + BC$ ② $Y = B + \overline{A}C$
③ $Y = A + BC$ ④ $Y = B + AC$

해설
$Y = \overline{\overline{A \cdot B \cdot C}} = A + B \cdot C$

55 그림은 전동기 속도제어의 한 방법이다. 전동기가 최대 출력을 낼 때 사이리스터의 점호각은 몇 rad가 되는가?

Answer 50. ④ 51. ④ 52. ③ 53. ① 54. ③ 55. ①

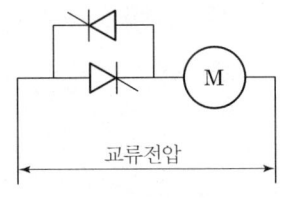

① 0
② $\frac{\pi}{6}$
③ $\frac{\pi}{2}$
④ π

해설 점호각이 α일 때 평균출력 전압은

① 전파정류일 때: $E_d = \frac{\sqrt{2}}{\pi}E(1+\cos\alpha)$

② 반파정류일 때: $E_d = \frac{\sqrt{2}}{2\pi}E(1+\cos\alpha)$

따라서 점호각 α가 0rad일 때 cosα가 최대가 되므로(α=1) 이때 출력이 최대가 된다. ($-1 \leq \cos\alpha \leq 1$)

56 전기로의 온도를 1000℃로 일정하게 유지시키기 위하여 열전온도계의 지시값을 보면서 전압조정기로 전기로에 대한 인가전압을 조절하는 장치가 있다. 이 경우 열전온도계는 다음 중 어느 것에 해당되는가?

① 조작부 ② 검출부
③ 제어량 ④ 조작량

해설 ① 제어대상: 전기로
② 제어량: 온도
③ 목표값: 1000℃
④ 검출부: 열전온도계

57 R-L-C 직렬회로에서 소비전력이 최대가 되는 조건은?

① $\omega L - \frac{1}{\omega C} = 1$ ② $\omega L + \frac{1}{\omega C} = 0$
③ $\omega L + \frac{1}{\omega C} = 1$ ④ $\omega L - \frac{1}{\omega C} = 0$

해설 R-L-C 직렬회로는 직렬공진 시 저항은 최소가 되고 전류는 최대가 되므로 소비전력은 최대가 된다.
직렬공진 조건
$$\omega L = \frac{1}{\omega C} \rightarrow \omega L - \frac{1}{\omega C} = 0$$

58 그림과 같은 RL 직렬회로에 구형파 전압을 인가했을 때 전류 i를 나타내는 식은?

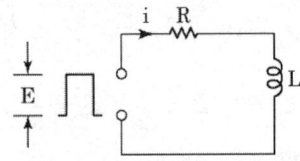

① $i = \frac{E}{R}e^{-\frac{R}{L}t}$

② $i = ERe^{-\frac{R}{L}t}$

③ $i = \frac{E}{R}(1-e^{-\frac{L}{R}t})$

④ $i = \frac{E}{R}(1-e^{-\frac{R}{L}t})$

해설 ① 전체 전류
$$i(t) = i_s + i_t = \frac{E}{R} + Ke^{-\frac{R}{L}t}$$
(i_s: 정상전류, i_t: 과도전류)

② 초기 조건
$t=0$ (전원 인가 순간) → $i=0$
$i(0) = \frac{E}{R} + Ke^0 = 0$
∴ $K = -\frac{E}{R}$

③ 전류
$$i(t) = \frac{E}{R}\left(1-e^{-\frac{R}{L}t}\right)[A]$$

59 그림과 같은 Y결선회로와 등가인 Δ결선회로의 Z_{ab}, Z_{bc}, Z_{ca}값은?

56. ② 57. ④ 58. ④ 59. ①

① $Z_{ab} = \dfrac{11}{3}$, $Z_{bc} = 11$, $Z_{ca} = \dfrac{11}{2}$

② $Z_{ab} = \dfrac{7}{3}$, $Z_{bc} = 7$, $Z_{ca} = \dfrac{7}{2}$

③ $Z_{ab} = 11$, $Z_{bc} = \dfrac{11}{2}$, $Z_{ca} = \dfrac{11}{3}$

④ $Z_{ab} = 7$, $Z_{bc} = \dfrac{7}{2}$, $Z_{ca} = \dfrac{7}{3}$

해설 Y → Δ 변환

㉠ $Z_{ab} = \dfrac{Z_a Z_b + Z_b Z_c + Z_c Z_a}{Z_c}$

$= \dfrac{1 \times 2 + 2 \times 3 + 3 \times 1}{3} = \dfrac{11}{3}$

㉡ $Z_{bc} = \dfrac{Z_a Z_b + Z_b Z_c + Z_c Z_a}{Z_a}$

$= \dfrac{1 \times 2 + 2 \times 3 + 3 \times 1}{1} = 11$

㉢ $Z_{ca} = \dfrac{Z_a Z_b + Z_b Z_c + Z_c Z_a}{Z_b}$

$= \dfrac{1 \times 2 + 2 \times 3 + 3 \times 1}{2} = \dfrac{11}{2}$

60 고압가스 제조설비의 기밀시험이나 시운전 시 가압용 고압가스로 부적당한 것은?

① 질소　　② 아르곤
③ 공기　　④ 수소

해설 고압가스 설비와 배관의 기밀시험은 원칙적으로 공기 또는 위험성이 없는 기체의 압력으로 실시한다. 수소는 가연성 가스에 해당하므로 기밀시험용으로 사용할 수 없다.

60. ④

chapter 03 공조냉동기계산업기사 CBT 기출 복원문제

제1과목 : 공기조화 설비

01 다음 공기조화에서 사용되는 용어에 대한 단위, 정의를 나타낸 것으로 틀린 것은?

	단위	kg/kg(DA)
절대습도	정의	건조한 공기 1kg 속에 포함되어 있는 습한 공기 중의 수증기량
수증기 분압	단위	Pa
	정의	습공기 중의 수증기 분압
상대습도	단위	%
	정의	절대습도(x)와 동일온도에서의 포화공기의 절대습도(x_s)와의 비
노점온도	단위	℃
	정의	습한 공기를 냉각시켜 포화상태로 될 때의 온도

① 절대습도 ② 수증기분압
③ 상대습도 ④ 노점온도

해설 상대습도
습공기가 함유하고 있는 습도의 정도로 습공기 수증기 분압(P_w)과 동일온도의 포화공기 수증기 분압(P_s)과의 비를 백분율로 나타낸 것

02 다음 중 서로 올바르게 연결된 것은?
① 열통과율 : W/m²K
② 열전달률 : W/mK
③ 열전도율 : W/m²K
④ 열통과저항 : mK/W

해설 ② 열전달률 : W/m²K
③ 열전도율 : W/mK
④ 열통과저항 : m²K/W

03 보일러의 출력표시에서 난방부하와 급탕부하를 합한 용량으로 표시되는 것은?
① 과부하출력 ② 정격출력
③ 정미출력   ④ 상용출력

해설 보일러 용량
㉠ 정격출력 : 난방부하+급탕부하+배관부하+예열부하
㉡ 상용출력 : 난방부하+급탕부하+배관부하
㉢ 정미출력 : 난방부하+급탕부하
㉣ 방열기출력 : 난방부하+배관부하

04 6인용 입원실이 100실인 병원의 입원실 전체 환기를 위한 최소 신선 공기량은? (단, 외기 중 CO_2 함유량은 300ppm이고 실내 CO_2의 허용농도는 0.1%, 재실자의 CO_2 발생량은 개인당 0.015m³/h이다.)
① 약 6857m³/h
② 약 8857m³/h
③ 약 10857m³/h
④ 약 12857m³/h

해설 최소 신선 공기량(Q)
$$Q \geq \frac{M}{C-C_a} = \frac{0.015 \times 100 \times 6}{0.001-0.0003}$$
$$= 12857 \text{m}^3/\text{h}$$
M : 실내의 CO_2 발생량
C : 실내 CO_2의 허용농도
(0.1%=0.001m³/m³)

Answer 01. ③ 02. ① 03. ③ 04. ④

C_a : 외기 CO_2 농도
(300ppm=0.03%=0.0003m³/m³)

05 증기난방에 관한 설명 중 옳지 않은 것은?
① 증기잠열에 의해 공기를 가열하는 난방방식이다.
② 저압식은 증기의 사용압력이 보통 0.1~0.3MPa이고, 고압식은 증기의 사용압력이 보통 0.5~1.9MPa이다.
③ 증기난방은 열용량이 작아서 간헐난방에 적합하다.
④ 증기잠열을 이용하므로 열의 운반 능력이 크다.

해설 ② 저압식은 증기의 사용압력이 0.1MPa 미만인 경우이며, 주로 10~35kPa(0.01~0.03MPa)인 증기를 사용하며, 고압식은 증기의 사용압력이 보통 0.1MPa 이상이다.

06 냉각탑에서 냉각수 입구수온 37℃, 출구수온 32℃, 냉각탑 입구공기의 건구온도 33℃, 습구온도 27℃일 때 쿨링레인지, 쿨링어프로치, 냉각효율로 적합한 것은?

	쿨링레인지(℃)	쿨링어프로치(℃)	냉각효율(%)
①	5	4	40
②	5	5	50
③	6	4	40
④	6	5	50

해설 ① 쿨링레인지
= 냉각수 입구온도 - 냉각수 출구온도
= 37-32 = 5℃
② 쿨링어프로치
= 냉각수 출구온도 - 냉각탑 입구공기의 습구온도
= 32-27 = 5℃
③ 냉각효율 = $\dfrac{입구수온 - 출구수온}{입구수온 - 외기 습구온도}$

$= \dfrac{37-32}{37-27} = 0.5 = 50\%$

07 축류 취출구로서 노즐을 분기덕트에 접속하여 급기를 취출하는 방식으로 구조가 간단하며 도달거리가 긴 것은?
① 펑커루버   ② 아네모스탯형
③ 노즐형   ④ 팬형

해설 노즐형(nozzle diffuser)
㉠ 축류형으로서 구조가 간단하고 도달거리가 길다.
㉡ 다른 형식에 비해 소음발생이 적다.
㉢ 천장이 높은 경우에도 효과적이므로 방송국, 스튜디오, 극장, 로비, 공장 등에서 사용한다.

08 동일 송풍기에서 회전수를 2배로 했을 경우의 성능의 변화량에 대하여 옳은 것은 어느 것인가?

	정압	풍량	동력
①	2배	4배	8배
②	8배	4배	2배
③	4배	8배	2배
④	4배	2배	8배

해설 송풍기의 상사법칙
㉠ 풍량[Q] :
$$Q_2 = Q_1\left(\dfrac{N_2}{N_1}\right) = Q_1\left(\dfrac{2N_1}{N_1}\right) = 2Q_1$$
㉡ 정압[P] :
$$P_2 = P_1\left(\dfrac{N_2}{N_1}\right)^2 = P_1\left(\dfrac{2N_1}{N_1}\right)^2 = 4P_1$$
㉢ 동력[L] :
$$L_2 = L_1\left(\dfrac{N_2}{N_1}\right)^3 = L_1\left(\dfrac{2N_1}{N_1}\right)^3 = 8L_1$$

Answer 05. ② 06. ② 07. ③ 08. ④

09 냉수코일의 설계법으로 틀린 것은?
 ① 공기흐름과 냉수흐름의 방향을 평행류로 하고 대수평균온도차를 작게 한다.
 ② 코일의 열수는 일반 공기 냉각용에는 4~8열(列)이 많이 사용된다.
 ③ 냉수 속도는 일반적으로 1m/s 전후로 한다.
 ④ 코일의 설치는 관이 수평으로 놓이게 한다.

 해설 냉·온수 코일의 설계법
 ① 물과 공기의 흐름방향은 대향류(역류)로 할 것
 ② 대수평균온도차(MTD)를 크게 할 것(열 수를 적게 할 수 있으며 코일의 열 수는 4~8열이 적당)
 ③ 코일의 통과 풍속 : 2~3m/s
 ④ 관 내의 수속 : 1m/s 전후
 ⑤ 물의 입·출구 온도차 : 5℃
 ⑥ 공기의 출구온도와 물의 입구온도차 : 5℃ 이상

10 외기의 온도가 −10℃이고 실내온도가 20℃이며 벽 면적이 25m²일 때, 실내의 열손실량은? (단, 벽체의 열관류율 10W/m²K, 방위계수는 북향으로 1.2이다.)
 ① 7kW   ② 8kW
 ③ 9kW   ④ 10kW

 해설 실내의 열손실량
 $q = K \cdot A \cdot \Delta t \cdot k$
 $= 10 \times 25 \times [20-(-10)] \times 1.2$
 $= 9000W = 9kW$

11 덕트 설계 시 주의사항으로 틀린 것은?
 ① 덕트 내 풍속을 허용풍속 이하로 선정하여 소음, 송풍기 동력 등에 문제가 발생하지 않도록 한다.
 ② 덕트의 단면은 정방형이 좋으나, 그것이 어려울 경우 적정 종횡비로 하여 공기 이동이 원활하게 한다.
 ③ 덕트의 확대부는 15° 이하로 하고, 축소부는 40° 이상으로 한다.
 ④ 곡관부는 가능한 한 크게 구부리며, 내측 곡률반경이 덕트 폭보다 작을 경우는 가이드 베인을 설치한다.

 해설 ③ 덕트의 확대부는 15°(고속덕트 8°) 이하로 하고, 축소부는 30°(고속덕트 15°) 이하로 한다.

12 실내 온도분포가 균일하여 쾌감도가 좋으며 화상의 염려가 없고 방을 개방하여도 난방효과가 있는 난방방식은?
 ① 증기난방   ② 온풍난방
 ③ 복사난방   ④ 대류난방

 해설 복사난방
 건물의 바닥, 천장, 벽 등에 파이프 코일을 매설하고 열원에 의해 패널을 직접 가열하여 실내를 난방하는 방식으로 방의 상·하 온도차가 적어 높이에 따른 실내온도의 분포가 균일하여 쾌감도가 좋으며 방을 개방상태로 하여도 난방의 효과가 있지만 설비비가 고가이고 매립배관이므로 시공이 어려우며, 고장 시 발견이 어렵고 수리가 곤란하다.

13 수관식 보일러에 관한 설명으로 틀린 것은?
 ① 보일러의 전열 면적이 넓어 증발량이 많다.
 ② 고압에 적당하다.
 ③ 비교적 자유롭게 전열 면적을 넓힐 수 있다.
 ④ 구조가 간단하여 내부청소가 용이하다.

 해설 ④ 구조가 복잡하여 청소가 곤란하고 제작이 까다로워 가격이 비싸다.

14 에어와셔 단열 가습 시 포화효율은 어떻게 표시하는가? (단, 입구공기의 건구온도 t_1, 출구공기의 건구온도 t_2, 입구공기의 습구온도

Answer 09. ① 10. ③ 11. ③ 12. ③ 13. ④ 14. ②

t_{w1}, 출구공기의 습구온도 t_{w2}이다.)

① $\eta = \dfrac{(t_1-t_2)}{(t_2-t_{w2})}$ ② $\eta = \dfrac{(t_1-t_2)}{(t_1-t_{w1})}$

③ $\eta = \dfrac{(t_2-t_1)}{(t_{w2}-t_1)}$ ④ $\eta = \dfrac{(t_1-t_{w1})}{(t_2-t_1)}$

해설 단열가습 시의 포화효율(CF)

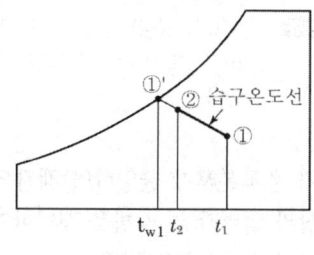

$$\therefore CF = \dfrac{t_1-t_2}{t_1-t_{w1}}$$

15 건축 구조체의 열통과율에 대한 설명으로 옳지 않은 것은?

① 구조체의 열전도율이 클수록 열통과율은 커진다.
② 표면 열전달 저항이 커지면 열통과율은 작아진다.
③ 풍속이 커지면 벽체 열통과율은 작아진다.
④ 동일한 조건에서 벽체 두께가 두꺼울수록 열저항이 높아진다.

해설 ③ 풍속이 커지면 벽체 열통과율은 커진다.

16 270RT의 증기압축식 냉동기에서 냉수 입·출구의 온도차가 5℃일 때 순환되는 냉수량 (L/s)은 얼마인가? (단, 냉수 밀도는 1000kg/m³, 냉수 비열 4.2kJ/kg℃, 1RT=3.86kW 이다.)

① 21.4 ② 46.5
③ 49.6 ④ 91.2

해설 냉수량(Q)

$$Q = \dfrac{q_e}{\rho C \Delta t} = \dfrac{270 \times 3.86}{1 \times 4.2 \times 5} = 49.6 \text{L/s}$$

여기서, $\rho = 1000 \text{kg/m}^3 = 1\text{kg/L}$

17 온수난방에 대한 설명으로 옳지 않은 것은?

① 증기난방에 비해 비교적 높은 쾌감도를 얻을 수 있다.
② 온수난방의 주 이용열은 잠열이다.
③ 열용량이 커서 예열시간이 길다.
④ 온수의 온도에 따라 저온수식과 고온수식으로 분류한다.

해설 ② 온수난방의 주 이용열은 현열(감열)이다.
[참고]
  ㉠ 현열(감열): 상태는 변하지 않고 온도가 변하면서 출입하는 열(온수난방에 이용)
  ㉡ 잠열: 온도는 변하지 않고 상태가 변하면서 출입하는 열(증기난방에 이용)

18 연도를 통과하는 배기가스에 분무수를 접촉시켜 공해물질을 흡수, 융해, 응축작용에 의해 불순물을 제거하는 집진장치는 무엇인가?

① 세정식 집진기
② 사이클론 집진기
③ 공기주입식 집진기
④ 전기 집진기

해설 ① 세정식 집진기: 물이나 유체를 유적이나 액막으로 하여 함진가스를 관성력 등에 의해 부착시켜 분리하는 방법으로 유수식, 가압수식, 회전식이 있다.
② 사이클론 집진기: 배기가스를 동심원통의 접선방향으로 선회시켜 입자를 원심력에 의해 분리 배출하는 방법
④ 전기 집진기: 공기여과기를 통과하는 먼지는 +극성을 띠게 하고 집진부는 −극성을 띠게 함으로 전기적 성질을 이용하여 집진한다. 먼지 제거 효율이 높고 미세한 먼지나 세균도 제거되므로 병원, 정밀기계공장, 약

 15. ③ 16. ③ 17. ② 18. ①

품공업, 고급빌딩 등에 사용

19 다음은 에어필터에 대한 설명이다. 옳지 않은 것은?
① 에어필터는 오염이 증가할수록 저항이 증가한다.
② 에어필터는 일반적으로 프리필터 → 미디움필터 → 헤파필터 순으로 설치한다.
③ 고성능(HEPA) 필터의 효율측정은 중량법을 적용한다.
④ 에어필터의 점검 및 교체주기를 확인하기 위해 차압계를 설치한다.

해설 ③ 고성능(HEPA) 필터의 효율측정은 계수법(DOP법)을 적용한다.

20 냉방부하 계산 시 상당외기온도차를 이용하는 경우는?
① 유리창의 취득열량
② 내벽의 취득열량
③ 침입외기 취득열량
④ 외벽의 취득열량

해설 상당외기온도차(ETD, Equivalent Temperature Difference)
일사를 받는 외벽이나 지붕과 같이 열용량을 갖는 구조체를 통과하는 열량을 산출하기 위하여 외기온도나 태양의 일사량을 고려하여 정한 온도인 상당외기온도와 실내온도의 차이다.

제2과목 : 냉동냉장 설비

21 일반 물(H_2O) 1kg을 0°C 얼음으로 만들 때 동결잠열(kJ/kg)은 얼마인가?
① 79.68kJ/kg ② 333.7kJ/kg
③ 2501kJ/kg ④ 2257kJ/kg

해설 물의 동결잠열 79.68kcal/kg=333.7kJ/kg

22 팽창밸브 개도가 냉동부하에 비하여 너무 작을 때 일어나는 현상으로 가장 거리가 먼 것은?
① 토출가스 온도 상승
② 압축기 소비동력 감소
③ 냉매순환량 감소
④ 압축기 실린더 과열

해설 팽창밸브의 개도가 작을 경우 냉매의 순환량이 부족하면 압축기의 실린더가 과열되고 토출가스의 온도가 높아지며 증발기의 유효 전열면적이 작아지는 결과를 초래한다.

23 다음 냉매액 강제 순환식 증발기에 대한 설명 중 옳은 것은?
① 냉매액을 강제 순환시키므로 냉각작용은 냉매의 현열을 이용한 것이다.
② 각 증발기 입구에 유량조절밸브를 설치하는 것은 액 분배를 좋게 하기 위해서다.
③ 증발기에는 항상 냉매액이 충만하여 있으므로 액 압축이 일어나기 쉽다.
④ 냉매액 펌프 출구의 냉매량은 증발기에서 증발하는 냉매량과 같다.

해설 ① 냉각작용은 냉매의 잠열을 이용한 것이다.
③ 저압측 수액기(액분리기)가 있어 압축기에서의 액압축이 방지된다.
④ 냉매액 펌프 출구의 냉매량은 증발기에서 증발하는 냉매량보다 4~6배 많다.
[참고] 냉매액 강제 순환식 증발기의 특징
㉠ 증발기 출구에 냉매액이 80%, 가스가 20% 존재한다.
㉡ 액펌프를 이용하여 증발기에서 증발하는 냉매량의 4~6배의 냉매액을 강제순환시킨다.
㉢ 냉매액을 강제 순환시키므로 오일의 체류 우려가 없고, 다른 형식의 증발기보다 순환되는 냉매액이 많으므로 전열이 가장

Answer 19. ③ 20. ④ 21. ② 22. ② 23. ②

우수하다.
ⓔ 증발기가 여러 대라도 팽창밸브는 하나면 된다.
ⓕ 저압측 수액기(액분리기)가 있어 압축기에서의 액압축이 방지된다.
ⓖ 오일의 체류 우려가 없고, 제상의 자동화가 용이하다.
ⓗ 냉매량이 많이 소요되며 액펌프, 저압 수액기 등 설비가 복잡하다.
ⓘ 저압 수액기를 액펌브보다 위에 설치해야 한다.

24 냉동장치의 증발압력이 너무 낮은 원인으로 적당하지 않은 것은?
① 수액기 및 응축기 내에 냉매가 충만해 있다.
② 팽창밸브가 너무 조여 있다.
③ 증발기의 풍량이 부족하다.
④ 여과기가 막혀 있다.

해설 증발압력(저압) 저하 원인
㉠ 팽창밸브가 적게 열렸을 때
㉡ 냉매충전량이 부족할 때
㉢ 증발 부하가 감소하였을 때
㉣ 증발기 냉각관에 유막 및 성에가 덮였을 때
㉤ 액관에 플래시 가스가 발생하였을 때
㉥ 팽창밸브 및 액관 부속품이 막혔을 때(제습기, 여과기 등)

25 수냉식 응축기를 사용하는 냉동장치에서 응축압력이 표준압력보다 높게 되는 원인으로 가장 거리가 먼 것은?
① 공기 또는 불응축 가스의 혼입
② 응축수 입구온도의 저하
③ 냉각수량의 부족
④ 응축기의 냉각관에 스케일이 부착

해설 응축압력(고압) 상승 원인
㉠ 응축기 밑에 냉매액이나 윤활유가 고여 유효

전열면적이 감소할 때
㉡ 응축기 냉각수량 부족 및 수온이 상승할 때
㉢ 응축기 냉각관에 유막 및 물때가 끼었을 때
㉣ 불응축 가스가 장치 내에 존재할 때
㉤ 냉매의 과충전이나 응축부하가 클 때

26 냉동사이클 중 P-h 선도(압력-엔탈피 선도)로 구할 수 없는 것은?
① 냉동능력
② 성적계수
③ 냉매순환량
④ 마찰계수

해설 P-h 선도(압력-엔탈피 선도)
세로축에 변화되는 냉매의 절대압력(P)과 가로축에 냉매의 엔탈피(h, i)의 변화를 표시하여 냉매의 상태변화를 여러 가지 선으로 나타내는 선도로서 냉동장치의 계산에서 매우 중요하게 이용된다. P-h 선도를 통해 냉동능력, 성적계수, 냉매순환량, 냉동효과, 압축일량, 응축기 방출열량, 플래시 가스량, 건조도 등을 계산할 수 있다.

27 흡수식 냉동기에 관한 설명으로 옳은 것은?
① 초저온용으로 사용된다.
② 비교적 소용량보다는 대용량에 적합하다.
③ 열교환기를 설치하여도 효율은 변함없다.
④ 물-LiBr식인 경우 물이 흡수제가 된다.

해설 ① 0℃ 이하의 저온을 얻을 수 없어 초저온용으로 사용이 어렵다.
③ 열교환기를 설치하면 효율이 좋아진다.
④ 물-LiBr식에서는 물이 냉매, LiBr가 흡수제가 된다.

28 어떤 냉동장치의 계기압력이 저압은 60mmHg, 고압은 673kPa이었다면 이때의 압축비는 얼마인가?
① 5.8
② 6.0
③ 7.4
④ 8.3

해설 압축비(a)

24. ① 25. ② 26. ④ 27. ② 28. ④

고압측 절대압력(P_1)과 저압측 절대압력(P_2)과의 비

㉠ 고압(응축압력)
$P_1 = 673\text{kPa} \cdot \text{g} = 673\text{kPa} \cdot \text{g} + 101\text{kPa}$
$= 774\text{kPa} \cdot \text{a}$

㉡ 저압(증발압력)
$P_2 = 60\text{mmHg} \cdot \text{g}$
$= 101\text{kPa} - (60\text{mmHg} \cdot \text{g}$
$\times \dfrac{101\text{kPa}}{760\text{mmHg}})$
$= 93\text{kPa} \cdot \text{a}$

㉢ 압축비 : $a = \dfrac{P_1}{P_2} = \dfrac{774}{93} = 8.3$

29 다음 냉동기의 안전장치와 가장 거리가 먼 것은?
① 가용전
② 안전밸브
③ 핫 가스장치
④ 고·저압 차단스위치

해설 냉동기의 안전장치
안전밸브, 고·저압 차단스위치, 가용전, 파열판 등
[참고] 핫 가스 제상(Hot Gas Defrost) 장치
압축기에서 토출된 고온 고압의 냉매가스를 증발기로 유입시켜 고압가스의 응축잠열에 의해 냉각관의 서리를 제거하는 장치

30 "자연계에 어떠한 변화도 남기지 않고 일정온도의 열을 계속해서 일로 변환시킬 수 있는 기관은 존재하지 않는다"를 의미하는 열역학 법칙은?
① 열역학 제0법칙
② 열역학 제1법칙
③ 열역학 제2법칙
④ 열역학 제3법칙

해설 ① 열역학 제0법칙 : 열(온도) 평형의 법칙
② 열역학 제1법칙 : 에너지보존의 법칙
③ 열역학 제2법칙 : 엔트로피 법칙, 에너지(열, 일) 변환에 대한 방향성을 제시한 법칙
④ 열역학 제3법칙 : 절대온도의 법칙

31 냉동장치 내의 불응축 가스가 혼입되었을 때 냉동장치의 운전에 미치는 영향으로 가장 거리가 먼 것은?
① 열교환 작용을 방해하므로 응축압력이 낮게 된다.
② 냉동능력이 감소한다.
③ 소비전력이 증가한다.
④ 실린더가 과열되고 윤활유가 열화 및 탄화된다.

해설 ① 열교환 작용을 방해하므로 침입된 불응축가스만큼 응축압력이 상승한다.
[참고] 불응축 가스 혼입 시 장치에 미치는 영향
㉠ 침입된 불응축 가스만큼 응축압력 상승
㉡ 토출가스 온도 상승, 윤활유의 열화 및 탄화
㉢ 실린더 과열, 체적효율 감소
㉣ 압축비 증대, 소요동력 증대, 냉동능력 감소
㉤ 축수하중 증대, 피스톤 마모

32 다음 중 압축기의 냉동능력(kW)을 산출하는 식은? (단, V : 피스톤 압출량[m^3/min], v : 압축기 흡입 냉매 증기의 비체적[m^3/kg], q : 냉매의 냉동효과[kJ/kg], η : 체적효율)
① $R = \dfrac{v \times q \times \eta \times 60}{3320 \times V}$
② $R = \dfrac{V \times q \times v}{60 \times \eta}$
③ $R = \dfrac{V \times q \times \eta}{60 \times v}$
④ $R = \dfrac{V \times q \times \eta}{v}$

Answer 29. ③ 30. ③ 31. ① 32. ③

해설 냉동능력(R)

$$R = G \times q_e = (\frac{V}{v} \times \eta) \times q_e$$
$$= \frac{V(m/s) \times q \times \eta}{v}$$
$$= \frac{[V(m/min) \times \frac{1min}{60s}] \times q \times \eta}{v}$$
$$= \frac{V(m/min) \times q \times \eta}{60 \times v}$$

33 R-502를 사용하는 냉동장치의 몰리에르 선도가 다음과 같다. 이 장치의 실제 냉매순환량은 167kg/h이고, 전동기 출력이 3.5kW일 때, 실제 성적계수는?

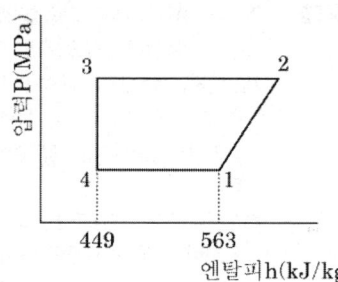

① 1.3 ② 1.4
③ 1.5 ④ 1.6

해설 성적계수(COP)

$$COP = \frac{Q_e}{W} = \frac{G(h_1 - h_4)}{W}$$
$$= \frac{167(563 - 449)}{3.5kW \times \frac{3600s}{1h}} = 1.5$$

34 냉동장치의 운전에 관한 유의사항으로 틀린 것은?

① 운전 휴지 기간에는 냉매를 회수하고, 저압측의 압력은 대기압보다 낮은 상태로 유지한다.
② 운전 정지 중에는 오일 리턴 밸브를 차단시킨다.
③ 장시간 정지 후 시동 시에는 누설여부를 점검 후 기동시킨다.
④ 압축기를 기동시키기 전에 냉각수 펌프를 기동시킨다.

해설 ① 냉동장치를 장시간 정지할 경우 펌프다운을 실시하며 장치 내부의 압력은 대기압보다 조금 높게 유지하여 외부의 공기나 이물질의 침입을 방지한다.

35 아래와 같이 운전되어지고 있는 냉동사이클의 성적계수는?

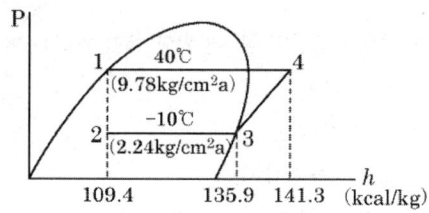

① 2.1 ② 3.3
③ 4.9 ④ 5.9

해설 냉동사이클의 성적계수(COP)

$$COP = \frac{h_3 - h_2}{h_4 - h_3} = \frac{135.9 - 109.4}{141.3 - 135.9} = 4.9$$

36 냉동장치의 압축기 피스톤 압출량이 120m³/h, 압축기 소요동력이 1.1kW, 압축기 흡입가스의 비체적이 0.65m³/kg, 체적효율이 0.81일 때, 냉매순환량은?

① 100kg/h ② 150kg/h
③ 200kg/h ④ 250kg/h

해설 냉매순환량(G)

$$G = \frac{Q_e}{q_e} = \frac{V}{v_a} \times \eta_v$$
$$= \frac{120}{0.65} \times 0.81 ≒ 150kg/h$$

Answer 33. ③ 34. ① 35. ③ 36. ②

37 냉동용 스크류 압축기에 대한 설명으로 틀린 것은?
① 왕복동식에 비해 체적효율과 단열효율이 높다.
② 스크류 압축기의 로터와 축은 일체식으로 되어 있고, 구동은 숫로터에 의해 이루어진다.
③ 스크류 압축기의 로터 구성은 다양하나 일반적으로 사용되고 있는 것은 숫로터 4개, 암로터 4개인 것이다.
④ 흡입, 압축, 토출과정인 3행정으로 이루어진다.

해설 ③ 스크류 압축기의 로터 구성은 다양하고 일반적으로 사용되고 있는 차형조합(숫로터의 잇수+암로터의 잇수)은 숫로터 4개+암로터 5개 또는 6개, 숫로터 5개+암로터 6개 또는 7개 등이 있다.

38 줄 톰슨 효과와 관계가 가장 큰 것은?
① 자기냉각법 ② 액체 공기
③ 흡수냉각 ④ 2원 냉동

해설 줄 톰슨 효과
기체를 고압으로 압축한 후 단열된 오리피스와 같은 좁은 통로를 통과시키면 온도가 낮아지는 현상으로 액체 공기나 냉매의 냉각에 널리 이용된다.

39 냉동장치 운전 중 주의해야 할 사항으로 옳지 않은 것은?
① 액을 흡입하지 않도록 주의한다.
② 압력계 및 전류계 지시를 점검한다.
③ 이상음 및 진동 유무를 점검한다.
④ 오일의 오염 및 냉각수 통수상태를 점검한다.

해설 ④번 보기는 냉동기의 운전 전 준비사항이다.

40 몰리에르 선도에서 건도(x)에 관한 설명으로 옳은 것은?
① 몰리에르 선도의 포화액선상 건도는 1이다.
② 액체 70%, 증기 30%인 냉매의 건도는 0.7이다.
③ 건도는 습포화증기 구역 내에서만 존재한다.
④ 건도는 과열증기 중 증기에 대한 포화액체의 양을 말한다.

해설 ① 몰리에르 선도의 포화액선상의 건도는 0이다.
② 액체 70%, 증기 30%인 냉매의 건도는 0.3이다.
④ 건도는 습포화증기 중 증기에 대한 포화액체의 양을 말한다.

제3과목 : 공조냉동 설치·운영

41 기계설비법령에서 규정하고 있는 기계설비의 범위에 해당되지 않는 것은?
① 우수배수설비
② 플랜트 설비
③ 가스설비
④ 오수정화·물재이용 설비

해설 기계설비의 범위
열원설비, 냉난방설비, 공기조화·공기청정·환기설비, 위생기구·급수·급탕·오배수·통기설비, 오수정화·물재이용 설비, 우수배수설비, 보온설비, 덕트설비, 자동제어설비, 방음·방진·내진설비, 플랜트 설비, 특수설비

42 냉동용기에 표시된 각인 기호 및 단위로서 틀린 것은?
① 냉동능력 : RT

Answer 37. ③ 38. ② 39. ④ 40. ③ 41. ③ 42. ④

② 원동기 소요전력 : kW
③ 최고사용압력 : DP
④ 내압 시험압력 : AP

해설 ④ 내압 시험압력 : TP(MPa)

43 기계설비법 제19조제1항에 따라 선임된 기계설비유지관리자의 유지관리교육 중 신규교육의 교육시기는?

① 선임된 날부터 1개월 이내
② 선임된 날부터 2개월 이내
③ 선임된 날부터 3개월 이내
④ 선임된 날부터 6개월 이내

해설 기계설비유지관리자의 교육시기
① 신규교육 : 선임된 날부터 6개월 이내
② 보수교육 : 최근에 이수한 유지관리교육의 이수일부터 3년이 지난 날을 기준으로 3개월 이내

44 보온재를 유기질과 무기질로 구분할 때, 다음 중 성질이 다른 하나는?

① 우모펠트　　② 규조토
③ 탄산마그네슘　④ 슬래그 섬유

해설 ㉠ 유기질 보온재 : 기포성 수지, 펠트, 코르크
㉡ 무기질 보온재 : 석면, 암면, 규조토, 탄산마그네슘, 규산칼슘, 유리섬유, 글라스폼, 경질 폴리우레탄 폼, 슬래그 섬유, 세라크울

45 배관의 도중에 설치하여 유체 속에 혼입된 토사나 이물질 등을 제거하기 위해 설치하는 배관 부품은?

① 트랩　　② 유니언
③ 스트레이너　④ 플랜지

해설 스트레이너
배관 도중에 장착하여 유체 속에 혼입되어 있는 토사나 찌꺼기 등을 제거하는 역할을 하고 장착 시 반드시 밸브류의 앞에 설치해야 한다. Y형, U형, V형 등이 있다.

46 급탕배관이 벽이나 바닥을 관통할 때 슬리브(sleeve)를 설치하는 이유로 가장 적절한 것은?

① 배관의 진동을 건물구조물에 전달되지 않도록 하기 위하여
② 배관의 중량을 건물구조물에 지지하기 위하여
③ 관의 신축이 자유롭고 배관의 교체나 수리를 편리하게 하기 위하여
④ 배관의 마찰저항을 감소시켜 온수의 순환을 균일하게 하기 위하여

해설 슬리브(sleeve)
바닥이나 벽을 관통할 경우 신축을 흡수하고 교체수리를 편리하게 하기 위하여 보호관을 설치한다.

47 펌프의 흡입 배관 설치에 관한 설명으로 틀린 것은?

① 흡입관은 가급적 길이를 짧게 한다.
② 흡입관의 하중이 펌프에 직접 걸리지 않도록 한다.
③ 흡입관에는 펌프의 진동이나 관의 열팽창이 전달되지 않도록 신축이음을 한다.
④ 흡입 수평관의 관경을 확대시키는 경우 동심 리듀서를 사용한다.

해설 ④ 흡입 수평관의 관경을 확대시키는 경우 편심 리듀서를 사용하여 흡입측 배관 내에 공기가 차지 않도록 한다.

48 다음 보온재의 사용온도 범위로 옳지 않은 것은?

① 규산칼슘 : 650℃ 이하
② 우모펠트 : 100℃ 이하
③ 탄화코르크 : 200℃ 이상
④ 탄산마그네슘 : 250℃ 이하

Answer 43. ④　44. ①　45. ③　46. ③　47. ④　48. ③

해설 코르크(cork)
㉠ 코르크를 적당한 크기로 분쇄한 것을 금형에 넣어 압축 가열하여 만든 것
㉡ 액체 또는 기체의 침투력을 방지하는 효과가 있어서 보냉 및 보온효과가 좋다.
㉢ 최고 사용온도는 130℃이며 냉수, 냉매배관의 보냉용에 사용된다.

49 난방, 급탕, 급수배관의 높은 곳에 설치되어 공기를 제거하여 유체의 흐름을 원활하게 하는 것은?
① 안전밸브　　② 에어벤트 밸브
③ 팽창밸브　　④ 스톱 밸브

해설 공기빼기 밸브(에어벤트 밸브)
배관 내의 유체 속에 섞여 있던 공기가 유체에서 분리되어 굴곡배관이 높은 곳에 체류하면서 유체의 유량을 감소시키는데 이를 방지하기 위해 굴곡배관 상부에 공기빼기 밸브를 설치하여 분리된 공기와 기체를 자동적으로 빼내는데 사용된다.

50 다음 중 열역학식 트랩에 해당되는 것은?
① 디스크형 트랩　② 벨로즈식 트랩
③ 버킷 트랩　　　④ 바이메탈식 트랩

해설 증기트랩의 분류

분류	작동 원리	종류
기계식	증기와 응축수의 부력 차이	플로트 트랩, 버킷 트랩
온도식	증기와 응축수의 온도 차이	바이메탈 트랩, 벨로즈 트랩
열역학식	증기와 응축수의 속도 차이	디스크 트랩, 오리피스 트랩

51 주철관의 이음방법이 아닌 것은?
① 소켓 이음(socket joint)
② 플레어 이음(flare joint)
③ 플랜지 이음(flange joint)
④ 노허브 이음(no-hub joint)

해설 ② 플레어 이음 : 동관 이음
[참고] 주철관 이음
㉠ 소켓 이음
㉡ 노허브 이음
㉢ 플랜지 이음
㉣ 기계식 이음(메커니컬 조인트)
㉤ 타이튼 이음
㉥ 빅토리 이음

52 동관 공작용 공구 중 직관에서 분기관을 성형할 경우 사용하는 공구는?
① 리머(Reamer)
② 티뽑기(Extractors)
③ 튜브 벤더(Tube Bender)
④ 사이징 툴(Sizing Tool)

해설 티뽑기(Extractors)
직관에서 분기관을 성형 시 사용하는 공구
[참고]
① 리머 : 동관 절단 후 관 내·외면에 생긴 거스러미를 제거하는 공구
③ 튜브 벤더 : 동관의 벤딩용 공구
④ 사이징 툴 : 동관의 끝부분을 원형으로 정형하는 공구

53 교류에서 실효값과 최댓값의 관계는?
① 실효값 = $\dfrac{최대값}{\sqrt{2}}$
② 실효값 = $\dfrac{최대값}{\sqrt{3}}$
③ 실효값 = $\dfrac{최대값}{2}$
④ 실효값 = $\dfrac{최대값}{3}$

해설 실효값(effective value)
교류의 크기를 교류와 동일한 일을 하는 직류의 크기로 바꿔 나타냈을 때의 값으로 가정에서 사용하는 220V의 상용 전압은 교류전압의 실효

Answer　49. ②　50. ①　51. ②　52. ②　53. ①

값을 의미한다. 교류에서 실효값은 최댓값의 $\frac{1}{\sqrt{2}}$ 배이며, 다음 식의 관계가 성립한다.

실효값 $= \sqrt{\frac{최댓값^2}{2}} = \frac{최댓값}{\sqrt{2}}$

54 제어기기에서 서보전동기는 어디에 속하는가?
① 검출기기　② 조작기기
③ 변환기기　④ 증폭기기

해설 서보전동기
서보기구의 조작부(조작기기)로서 제어신호에 의해 부하를 구동하는 장치

55 자동제어의 기본 요소로서 전기식 조작기기에 속하는 것은?
① 다이어프램　② 벨로즈
③ 펄스 전동기　④ 파일럿 밸브

해설 조작기기의 종류
㉠ 기계식 : 스프링, 다이어프램, 벨로즈, 파일럿 밸브, 유압식 조작기 등
㉡ 전기식 : 전자밸브, 전동밸브, 2상 서보전동기, 직류 서보전동기, 펄스 전동기 등

56 절연저항을 측정하는 데 사용되는 것은?
① 후크온 메타
② 회로시험기
③ 메거
④ 휘트스톤 브리지

해설 메거(Megger)
절연저항을 측정하는 계기로 전로를 정전시킨 후 절연저항계로 절연물에 직류전압을 인가하여 그때 흐르는 미세한 전류를 측정함으로써 절연저항을 측정한다.

57 그림과 같은 시퀀스제어회로가 나타내는 것은? (단, A와 B는 푸시버튼스위치, R은 전자접촉기, L은 램프이다.)

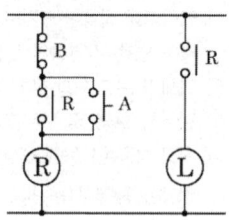

① 인터록　② 자기유지
③ 지연논리　④ NAND논리

해설 자기 유지회로(복귀 우선회로)
이 회로는 입력을 모두 주면 릴레이가 작동하지 않은 회로로 입력 A를 눌렀을 때 접점 R이 닫혀 입력 A를 제거해도 자기 유지시키지만 입력 B를 누르면 회로가 차단되어 릴레이가 작동하지 않는 회로이다. 즉 입력 A가 주어져도 입력 B가 주어지면 차단되는 회로이다.
[참고] 자기 유지회로
㉠ 전자 릴레이에 시동신호를 주어 동작시키면 전자 릴레이 자체의 접점에 의해 측로(바이패스)하여 동작회로를 만들어 시동신호를 제거해도 동작을 계속함과 동시에 정지신호를 주면 전자 릴레이가 복귀하는 회로
㉡ 입력신호(시동신호)가 소멸해도 연속적으로 출력신호가 얻어지기 때문에 기억회로라고도 한다.

58 유도전동기의 고정손에 해당하지 않는 것은?
① 1차 권선의 저항손
② 철손
③ 베어링 마찰손
④ 풍손

해설 유도전동기의 손실
㉠ 고정손 : 철손, 베어링 마찰손, 브러시 마찰손, 풍손
㉡ 직접 부하손 : 1차 권선의 저항손, 2차 회로의 저항손, 브러시의 전기손
㉢ 표류 부하손

Answer　54. ②　55. ③　56. ③　57. ②　58. ①

59 피드백 제어계의 특징으로 옳은 것은?
① 정확성이 떨어진다.
② 감대폭이 감소한다.
③ 계의 특성 변화에 대한 입력 대 출력비의 감도가 감소한다.
④ 발진이 전혀 없고 항상 안정한 상태로 되어가는 경향이 있다.

해설 피드백 제어의 특징
㉠ 정확성 및 감대폭 증가
㉡ 계의 특성 변화에 대한 입력 대 출력비의 감도 감소
㉢ 발진을 일으키고 불안정한 상태로 되어가는 경향성
㉣ 구조가 복잡하고 반드시 입력과 출력을 비교하는 장치가 필요

60 콘덴서만의 회로에서 전압과 전류의 위상관계는?
① 전압이 전류보다 180도 앞선다.
② 전압이 전류보다 180도 뒤진다.
③ 전압이 전류보다 90도 앞선다.
④ 전압이 전류보다 90도 뒤진다.

해설 콘덴서의 단독회로는 전하를 축적하는 회로로서 $i = I_m \sin \omega t$ 일 때 $v = V_m \sin\left(\omega t - \dfrac{\pi}{2}\right)$ 이므로 전압이 전류보다 $90°\left(\dfrac{\pi}{2}\right)$ 뒤진다.

Answer 59. ③ 60. ④

chapter 03 공조냉동기계산업기사 CBT 기출 복원문제

2023년 2회

제1과목 : 공기조화 설비

01 공조방식 중 송풍온도를 일정하게 유지하고 부하변동에 따라서 송풍량을 변화시킴으로써 실온을 제어하는 방식은?
① 멀티 존 유닛방식
② 이중덕트방식
③ 가변풍량방식
④ 패키지 유닛방식

해설 **가변풍량 공조방식**
송풍온도를 일정하게 유지하고 부하변동에 따라 송풍량을 변화시켜 실온을 제어하는 방식으로서 동시 부하율을 고려하여 주덕트에서 최대 부하보다 20~30%의 설계 풍량을 줄일 수 있으므로 설비 용량이 작아지고 에너지 절감 효과를 기대할 수 있다. 그러나 저부하 시에는 환기의 효율이 좋지 않다.

02 코일의 통과풍량이 3000m³/min이고, 통과풍속이 2.5m/s일 때 냉수코일의 유효면적(m²)은 얼마인가?
① 20   ② 3.3
③ 0.33   ④ 1200

해설 유효면적 = $\dfrac{풍량}{풍속}$

$= \dfrac{3000\text{m}^3/\text{min} \times \dfrac{1\text{min}}{60s}}{2.5} = 20\text{m}^2$

03 공기설비의 열회수장치인 전열교환기는 주로 무엇을 경감시키기 위한 장치인가?
① 실내부하   ② 외기부하
③ 조명부하   ④ 송풍기부하

해설 **전열교환기**
공조부하 중 외기부하가 차지하는 비중은 약 30% 정도가 되는데, 전열교환기는 이러한 외기부하를 줄이기 위해, 공조 배기와 급기가 직접 공기-공기로 열교환하여, 70% 전후의 열량(현열+잠열)을 회수한다.

04 콘크리트 두께 10cm, 내면 회벽 두께 2cm의 벽체를 통하여 실내로 침입하는 열량[W]은? (단, 외기온도 30℃, 실내온도 26℃, 콘크리트 열전도율 1.4W/m℃, 회벽 열전도율 0.62W/m℃, 벽 외면 열전달률 20W/m²℃, 벽 내면의 열전달률 7W/m²℃, 외벽의 면적 20m²이다.)

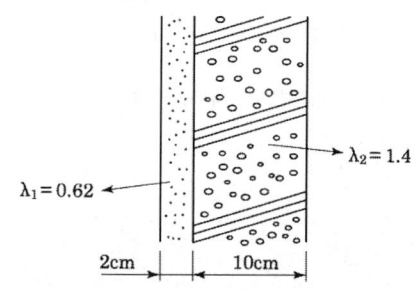

① 178.1W   ② 269.8W
③ 326.9W   ④ 378.2W

해설 ㉠ 열통과율

$K = \dfrac{1}{\dfrac{1}{7} + \dfrac{0.02}{0.62} + \dfrac{0.1}{1.4} + \dfrac{1}{20}}$

Answer 01. ③ 02. ① 03. ② 04. ②

$= 3.37 \text{W/m} \cdot \text{℃}$
ⓒ 실내로 침입하는 열량
$Q = KA\Delta t_m$
$= 3.37 \times 20 \times (30-26) = 269.8\text{W}$

05 실내취득열량 중 현열이 35kW일 때, 실내온도를 26℃로 유지하기 위해 12.5℃의 공기를 송풍하고자 한다. 송풍량(m^3/min)은? (단, 공기의 비열은 1.0kJ/kg·℃, 공기의 밀도는 1.2kg/m^3로 한다.)

① 129.6   ② 154.3
③ 308.6   ④ 617.2

해설 송풍량(Q)

$Q = \dfrac{q_s}{C_p \cdot \rho \cdot \Delta t}$

$= \dfrac{35\dfrac{\text{kJ}}{\text{s}}(=\text{kW}) \times \dfrac{60\text{s}}{1\text{min}}}{1.0 \times 1.2 \times (26-12.5)}$

$= 129.6 \text{m}^3/\text{min}$

06 보일러 동체 내부의 중앙 하부에 파형 노통이 길이 방향으로 장착되며 이 노통의 하부 좌우에 연관들을 갖춘 보일러는?

① 노통보일러   ② 노통연관보일러
③ 연관보일러   ④ 수관보일러

해설 노통연관보일러
노통보일러와 연관보일러의 장점을 취한 것으로 횡형의 동체 내에 노통의 연소실과 다수의 연관으로 구성되어 있으며 열효율이 좋아 중규모 건물 등에 많이 사용한다.

07 복사 냉·난방 방식에 관한 설명으로 틀린 것은?

① 실내 수배관이 필요하며, 결로의 우려가 있다.
② 실내에 방열기를 설치하지 않으므로 바닥이나 벽면을 유용하게 이용할 수 있다.
③ 조명이나 일사가 많은 방에 효과적이며, 천장이 낮은 경우에만 적용된다.
④ 건물의 구조체가 파이프를 설치하여 여름에는 냉수, 겨울에는 온수로 냉·난방을 하는 방식이다.

해설 ③ 방의 상하 온도차가 적어 방 높이에 의한 실온의 변화가 적으므로 천장이 높은 방, 조명 부하가 많은 방, 겨울철 윗면이 차가워지는 방에 채택한다.

08 보일러의 능력을 나타내는 표시방법 중 가장 작은 값을 나타내는 출력은?

① 정격출력   ② 과부하출력
③ 정미출력   ④ 상용출력

해설 보일러 용량
㉠ 정격출력 : 난방부하+급탕부하+배관부하 +예열부하
ⓒ 상용출력 : 난방부하+급탕부하+배관부하
ⓒ 정미출력 : 난방부하+급탕부하
㉣ 방열기출력 : 난방부하+배관부하

09 다음의 송풍기에 관한 설명 중 ( ) 안에 알맞은 내용은?

> 동일 송풍기에서 정압은 회전수 비의 (㉠) 하고, 소요동력은 회전수 비의 (ⓒ) 한다.

① ㉠ 2승에 비례, ⓒ 3승에 비례
② ㉠ 2승에 반비례, ⓒ 3승에 반비례
③ ㉠ 3승에 비례, ⓒ 2승에 비례
④ ㉠ 3승에 반비례, ⓒ 2승에 반비례

해설 동일 송풍기에서 정압은 송풍기 회전수의 제곱에 비례하고 임펠러 직경의 제곱에 비례하여 변화하고, 동력은 송풍기 회전수의 3승에 비례하여 변화하고 임펠러 직경의 5승에 비례하여 변화한다.

Answer 05. ① 06. ② 07. ③ 08. ③ 09. ①

10 공기 중의 수증기 분압을 포화압력으로 하는 온도를 무엇이라 하는가?
① 건구온도
② 습구온도
③ 노점온도
④ 글로브(globe) 온도

해설 **노점온도(dew point temperature)**
습공기 중의 수증기가 공기로부터 분리되어 응축하여 이슬이 맺히게 될 때의 온도, 즉 습공기의 수증기 분압과 동일한 분압을 갖는 포화습공기의 온도로 이때 절대습도는 감소한다.

11 공기조화 방식에서 변풍량 방식에 사용되는 유닛(VAV unit) 중 풍량제어 방식에 따라 구분할 때 공조기에서 오는 1차 공기의 분출에 의해 실내공기인 2차 공기를 취출하는 방식은?
① 바이패스형 ② 유인형
③ 슬롯형   ④ 교축형

해설 **유인유닛방식(Induction Unit System : IDU)**
실내에 유인 유닛을 설치하고, 중앙 공조기로부터 공조된 1차 공기를 고속덕트를 통해 각 방의 유인 유닛으로 송풍하면 1차 공기가 유닛의 노즐을 통과할 때 실내공기(2차 공기)를 유인하여 취출되는 것으로 개별제어가 용이하여 사무실, 호텔, 병원 등의 고층 건물의 외주부에 적합하며 실내의 유인 유닛에는 냉·온수가 공급되므로 공기-수방식에 속한다.

12 바이패스 팩터의 설명 중 틀린 것은?
① 바이패스 팩터는 공기조화기를 공기가 통과할 때 공기의 일부가 변화를 받지 않고 원상태로 지나쳐 갈 때 이 공기량과 전체 통과 공기량에 대한 비율을 나타낸 것이다.
② 공기조화기를 통과하는 풍속이 감소하면 바이패스 팩터는 감소한다.
③ 공기조화기의 코일 열수 및 코일 표면적이 작을 때 바이패스 팩터는 증가한다.
④ 공기조화기의 이용 가능한 전열 표면적이 감소하면 바이패스 팩터는 감소한다.

해설 ④ 공기조화기의 이용 가능한 전열 표면적이 감소하면 공기와 코일에 접촉하는 부분이 작아지기 때문에 바이패스 팩터는 증가한다.
[참고] 바이패스 팩터를 작게 하는 방법
㉠ 실내의 장치노점온도(ADP)가 높을 때
㉡ 송풍량이 적을 때
㉢ 냉수량이 많을 때
㉣ 전열면적이 클 때
  - 코일의 열수가 많을 때
  - 코일의 간격이 좁을 때
㉤ 콘택트 팩터가 증가할 때

13 냉수 코일 설계 시 유의사항으로 옳은 것은?
① 대수평균온도차(LMTD)를 크게 하면 코일의 열수가 많아진다.
② 냉수의 속도는 2m/s 이상으로 하는 것이 바람직하다.
③ 코일을 통과하는 풍속은 2~3m/s가 경제적이다.
④ 물의 온도 상승은 일반적으로 15℃ 전후로 한다.

해설 ① 대수평균온도차(LMTD)를 크게 하면 코일의 열수가 적어진다.
② 냉수의 속도는 1m/s 전후로 한다.
④ 물의 온도 상승은 일반적으로 5℃ 정도로 한다.

14 결로현상에 관한 설명으로 틀린 것은?
① 공기의 노점온도보다 벽체표면 온도가 낮을 때 수증기가 응축되어 결로가 발생한다.
② 결로방지를 위하여 다습한 외기를 도입하지 않도록 한다.
③ 결로방지를 위하여 벽체에 단열재를 부착

10. ③ 11. ② 12. ④ 13. ③ 14. ④

한다.
④ 노점온도 이하에서 결로가 발생하면 공기 중의 수증기 분압은 상승한다.

해설 ④ 노점온도 이하에서 결로가 발생하면 공기 중의 수증기 분압은 감소한다.

15 습공기를 단열가습하는 경우 열수분비(U)는 얼마인가?
① 0   ② 1
③ 0.5 ④ ∞

해설 열수분비(U)
수분량(절대습도)의 변화에 따른 전열량의 비로 습공기를 단열가습(순환수 분무가습)하는 경우 등엔탈피선을 따라 변화($\Delta h = h_2 - h_1 = 0$)하므로 열수분비 $U = \dfrac{h_2 - h_1}{x_2 - x_1} = 0$이다.

16 패널복사난방에 관한 설명 중 옳은 것은?
① 천장고가 낮고 외기 침입이 없을 때 난방 효과를 얻을 수 있다.
② 실내온도 분포가 균등하고 쾌감도가 높다.
③ 증발잠열(기화열)을 이용하므로 열의 운반능력이 크다.
④ 대류난방에 비해 방열면적이 적다.

해설 ① 상하온도차가 적어 천장이 높은 방에 적합하다.
③ 보기 지문은 증기난방에 대한 설명이다. 패널복사난방은 복사열을 이용하므로 증기난방에 비해 열의 운반능력이 크지 않다.
④ 대류난방에 비해 방열면적이 커 설비비가 고가이다.

17 복사난방에 있어서 바닥패널의 온도로 가장 알맞은 것은?
① 95℃ 정도 ② 80℃ 정도
③ 55℃ 정도 ④ 30℃ 정도

해설 바닥패널
바닥면을 가열면으로 한 것으로 가열면의 온도를 높게 할 수 없으므로 보통 35℃ 이하로 유지시키며 큰 실내에는 바닥면만으로는 방열량이 부족하다. 시공은 비교적 간단하고 가구 등으로 복사면이 감소하여 먼지가 일기 쉬운 결점이 있다.

18 SMACNA 공법에 의한 덕트의 세로방향 조립법은 다음중 어느 것인가?
① 드라이브 슬립(drive slip)
② 스탠딩 "S"슬립(standing "S" slip)
③ 스탠딩 심(standing seam)
④ 더블 심(double seam)

해설 ①, ②, ③번 보기는 SMACNA 공법 중 장방형 덕트의 가로방향 이음공법에 해당한다.
[참고] SMACNA 공법 중 덕트의 세로방향 이음공법 : 버튼 펀치 스냅 록, 피치버그 록, 아크메 록, 더블 심

19 불포화 상태인 공기의 건구온도, 습구온도, 노점온도의 관계를 맞게 표시한 것은?
① $t_1 > t_2 > t_3$ ② $t_3 > t_2 > t_1$
③ $t_1 \geq t_2 \geq t_3$ ④ $t_3 \geq t_2 \geq t_1$

해설 상대습도 100%인 상태(포화상태)에서는 건구온도, 습구온도, 노점온도가 모두 같다.
상대습도가 100%인 경우를 제외하면(불포화 상태) 습구온도는 건구 온도보다 항상 낮으며 노점온도는 불포화 상태의 공기가 냉각될 때 포화되어 응결이 시작되는 온도이므로 가장 낮다.
㉠ 불포화상태 :
   건구온도>습구온도>노점온도
㉡ 포화상태 : 건구온도=습구온도=노점온도
[참고]
습공기 선도에서 그림과 같은 경우 A 상태점의 온도

Answer 15. ① 16. ② 17. ④ 18. ④ 19. ①

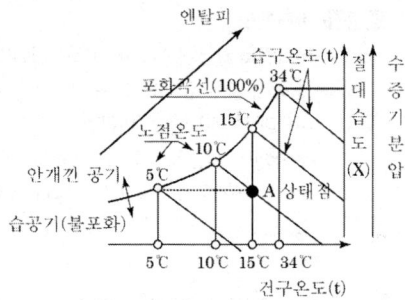

∴ 건구온도(15℃) > 습구온도(10℃) > 노점온도(5℃)

20 건축 구조체의 열통과율에 대한 설명으로 옳은 것은?

① 열통과율은 구조체 표면 열전달 및 구조체 내 열전도율에 대한 열이동의 과정을 총합한 값을 말한다.
② 표면 열전달 저항이 커지면 열통과율도 커진다.
③ 수평 구조체의 경우 상향 열류가 하향 열류보다 열통과율이 작다.
④ 각종 재료의 열전도율은 대부분 함습율의 증가로 인하여 열전도율이 작아진다.

해설 ② 표면 열전달 저항이 커지면 열통과율은 작아진다.
③ 수평구조체의 경우 상향 열류가 하향 열류보다 열통과율이 크다.
④ 각종 재료의 열전도율은 밀도, 온도, 함수율에 비례하므로 함습율의 증가로 인하여 열전도율이 커진다.

제2과목 : 냉동냉장 설비

21 냉매의 구비 조건으로 틀린 것은?

① 임계온도는 높고, 응고점은 낮아야 한다.
② 증발잠열과 기체의 비열은 작아야 한다.
③ 장치를 침식하지 않으며 절연 내력이 커야 한다.
④ 점도와 표면장력은 작아야 한다.

해설 ② 증발잠열은 커야 한다.
[참고] 냉매의 구비 조건
㉠ 저온에서도 대기압 이상의 압력에서도 쉽게 증발할 것
㉡ 임계온도가 높고 상온에서 쉽게 액화할 것
㉢ 응고온도가 낮을 것
㉣ 증발잠열이 클 것
㉤ 냉매액은 비열이 작을 것
㉥ 비열비가 작을 것
㉦ 점도와 표면장력이 작고, 전열이 양호할 것
㉧ 누설 시 발견이 용이할 것
㉨ 절연내력이 크고, 전기절연물을 침식시키지 않을 것
㉩ 가스의 비체적이 적을 것
㉪ 패킹재료에 영향이 없을 것
ⓐ 암모니아 : 천연고무 및 석면 사용
ⓑ 프레온 : 특수고무, 합성고무 사용
㉫ 윤활유와 혼합되어도 냉동작용에 영향을 주지 않을 것

22 액분리기(Accumulator)에서 분리된 냉매의 처리방법이 아닌 것은?

① 가열시켜 액을 증발 후 응축기로 순환시키는 방법
② 증발기로 재순환시키는 방법
③ 가열시켜 액을 증발 후 압축기로 순환시키는 방법
④ 고압측 수액기로 회수하는 방법

해설 액분리기에서 분리된 냉매액의 처리방법
㉠ 액분리기에서 분리된 냉매액을 증발기로 순환시키는 방법
㉡ 열교환 후 미증발 냉매액을 증발 후 압축기로 순환시키는 방법
㉢ 자동 액회수장치를 사용하여 고압측 수액기로 회수시키는 방법

 20. ① 21. ② 22. ①

　　　㉣ 중력작용으로 저압수액기로 냉매를 회수시키는 방법

23 체적효율에 대한 다음 설명 중 옳은 것은?
　① 이론적 피스톤 압출량을 압축기 흡입직전의 상태로 환산한 흡입가스량으로 나눈 값이다.
　② 체적 효율은 압축비가 증가할수록 증가한다.
　③ 동일 냉매라도 운전조건에 따라 다르다.
　④ 피스톤 간격이 클수록 증가한다.
　해설 ① 이론적 피스톤 압출량을 압축기가 실제로 흡입하는 가스량으로 나눈 값이다.
　　　② 체적 효율은 압축비가 증가할수록 감소한다.
　　　④ 피스톤 간격이 클수록 체적효율은 감소한다.

24 압축기의 흡입 밸브 및 송출 밸브에서 가스누출이 있을 경우 일어나는 현상은?
　① 압축일의 감소
　② 체적효율이 감소
　③ 가스의 압력이 상승
　④ 성적계수 증가
　해설 압축의 흡입 및 송출밸브 누설 시 장치에 미치는 영향
　　　㉠ 실린더 과열 및 토출가스 온도 상승
　　　㉡ 윤활유의 열화 및 탄화
　　　㉢ 체적효율 저하
　　　㉣ 냉매순환량 감소로 인한 냉동능력 저하
　　　㉤ 축수하중 증대

25 만액식 증발기의 특징으로 가장 거리가 먼 것은?
　① 전열작용이 건식보다 나쁘다.
　② 증발기 내에 액을 가득 채우기 위해 액면 제어 장치가 필요하다.
　③ 액과 증기를 분리시키기 위해 액분리기를 설치한다.
　④ 증발기 내에 오일이 고일 염려가 있으므로 프레온의 경우 유회수장치가 필요하다.
　해설 ① 증발기 내에 냉매액이 항상 가득차 있어 전열작용이 건식보다 좋다.

26 진공압력 300mmHg를 절대압력으로 환산하면 약 얼마인가? (단, 대기압은 101.3kPa이다.)
　① 48.7kPa　② 55.4kPa
　③ 61.3kPa　④ 70.6kPa
　해설 ㉠ 진공압력 단위환산
　　　$1atm = 760mmHg = 101.3kPa$이므로
　　　$300mmHg = \dfrac{300}{760} \times 101.3 = 40kPa$
　　　㉡ 절대압력=대기압−진공압력
　　　　　　　　$= 101.3 - 40 = 61.3kPa$

27 10℃와 85℃ 사이의 물을 열원으로 역카르노 사이클로 작동되는 냉동기(ε_C)와 히트펌프(ε_H)의 성적계수는 각각 얼마인가?
　① $\varepsilon_C=1.00$, $\varepsilon_H=2.00$
　② $\varepsilon_C=2.12$, $\varepsilon_H=3.12$
　③ $\varepsilon_C=2.93$, $\varepsilon_H=3.93$
　④ $\varepsilon_C=3.77$, $\varepsilon_H=4.77$
　해설 ㉠ 고온측(85℃) 절대온도
　　　$T_H = 85 + 273 = 358K$
　　　㉡ 저온측(10℃) 절대온도
　　　$T_L = 10 + 273 = 283K$
　　　㉢ 냉동기 성적계수
　　　$\varepsilon_C = \dfrac{T_L}{T_H - T_L} = \dfrac{283}{358 - 283} = 3.77$
　　　㉣ 히트펌프 성적계수
　　　$\varepsilon_H = \dfrac{T_H}{T_H - T_L} = \dfrac{358}{358 - 283} = 4.77$ 또는
　　　$\varepsilon_H = \varepsilon_C + 1 = 3.77 + 1 = 4.77$

Answer　23. ③　24. ②　25. ①　26. ③　27. ④

28 25℃ 원수 1ton을 1일 동안에 -9℃의 얼음으로 만드는데 필요한 냉동능력은 약 얼마인가? (단, 외부 열손실은 20%, 물의 비열 4.2kJ/kgK, 얼음의 비열 2.1kJ/kgK, 동결잠열 334kJ/kg, 1RT=3.86kW로 한다.)

① 1.65냉동톤(RT)   ② 2.65냉동톤(RT)
③ 1.88냉동톤(RT)   ④ 2.88냉동톤(RT)

해설 ㉠ 25℃ 물을 0℃ 물로
$Q_1 = GC\Delta t = 1000 \times 4.18 \times (25-0)$
$= 105000$ kJ/day

㉡ 0℃ 물을 0℃ 얼음으로
$Q_2 = G \times \gamma = 1000 \times 334$
$= 334000$ kJ/day

㉢ 0℃ 얼음을 -9℃ 얼음으로
$Q_3 = GC\Delta t = 1000 \times 2.1 \times (0-(-9))$
$= 18900$ kJ/day

㉣ 전체열량 ①+②+③=457900kJ/day

㉤ 외부 열손실을 고려한 전체열량
$Q=457900 \times 1.2 = 549480$ kJ/day

㉥ 냉동능력(RT)
$RT = \dfrac{549480}{24h \times \dfrac{3600s}{1h} \times 3.86} = 1.65 RT$

29 냉동장치를 운전할 때 다음 중 가장 먼저 실시하여야 하는 것은?

① 응축기 냉각수 펌프를 기동한다.
② 증발기 팬을 기동한다.
③ 압축기를 기동한다.
④ 압축기의 유압을 조정한다.

해설 냉동장치의 운전 순서
㉠ 냉각수 펌프를 기동하여 응축기 등에 통수한다.
㉡ 냉각탑(증발식 응축기 등)을 운전한다.
㉢ 응축기 등 수배관 내의 공기를 배출시킨 후 완전하게 만수시킨 후 확실히 닫는다.
㉣ 증발기의 송풍기 또는 냉수(브라인) 순환펌프를 운전하고 공기를 완전히 배출한다.
㉤ 압축기를 기동하여 흡입측 정지밸브를 서서히 연다.
㉥ 압축기의 유압을 확인하여 조정한다.
㉦ 운전상태가 안정되면 전동기의 전압, 운전전류를 확인한다.
㉧ 각종 기기 및 계기류(압축기의 크랭크 케이스 유면, 응축기 또는 수액기 액면, 투시경, 각종 스위치 등)의 작동을 확인한다.

30 냉동능력이 1RT인 냉동장치가 1kW의 압축동력을 필요로 할 때, 응축기에서의 방열량(kW)은? (단, 1RT는 3.86kW이다.)

① 2.86kW   ② 3.86kW
③ 4.86kW   ④ 5.86kW

해설 응축기 방열량(Q_c)
$Q_c = Q_e + AW = 1RT + 1kW$
$= 3.86kW + 1kW = 4.86kW$

31 브라인의 구비 조건으로 틀린 것은?

① 열용량이 크고 전열이 좋을 것
② 점성이 클 것
③ 빙점이 낮을 것
④ 부식성이 없을 것

해설 브라인의 구비 조건
㉠ 열용량(비열)이 크고, 전열이 양호할 것
㉡ 공정점과 점도(점성)가 낮을 것
㉢ 부식성이 없고 불연성일 것
㉣ 동결온도가 낮을 것
㉤ 악취, 쓴맛이 없고 독성이 없어 누설 시 냉장물품에 손상이 없을 것
㉥ 가격이 싸고, 구입이 용이할 것
㉦ pH값이 적당할 것(7.5~8.2 정도 유지)

32 냉동장치의 운전 중에 저압이 낮아질 때 일어나는 현상이 아닌 것은?

① 흡입가스 과열 및 압축비 증대

28. ①　29. ①　30. ③　31. ②　32. ②

② 증발온도 저하 및 냉동능력 증대
③ 흡입가스의 비체적 증가
④ 성적계수 저하 및 냉매순환량 감소

해설 ② 증발온도 저하 및 냉등능력 감소

33 이상기체의 압력이 0.5MPa, 온도가 150℃, 비체적이 0.4m³/kg일 때, 가스상수(J/kg·K)는 얼마인가?
① 11.3   ② 47.28
③ 113   ④ 472.8

해설 가스상수(R)
이상기체 상태방정식 $Pv = RT$에서
$$R = \frac{Pv}{T}$$
$$= \frac{500 \times 0.4}{423} = 0.4728 \text{kJ/kg} \cdot \text{K}$$
$$= 472.8 \text{J/kg} \cdot \text{K}$$
여기서,
온도(T)=150℃=150+273)K=423K
압력(P)=0.5MPa=500kPa

34 팽창밸브 직후 냉매의 건도가 0.2이다. 이 냉매의 증발열이 1884kJ/kg이라 할 때, 냉동효과(kJ/kg)는 얼마인가?
① 376.8   ② 1324.6
③ 1507.2 ④ 1804.3

해설 건조도(x) = $\frac{\text{플래시 가스의 열량}}{\text{증발잠열}}$

$0.2 = \frac{\text{플래시 가스의 열량}}{1884}$

∴ 플래시 가스의 열량 = 376.8kJ/kg
냉동효과 = 증발잠열 − 플래시 가스의 열량
= 1884 − 376.8 = 1507.2kJ/kg

35 어느 재료의 열통과율이 0.35W/m²·K, 외기와 벽면과의 열전달률이 20W/m²·K, 내부 공기와 벽면과의 열전달률이 5.4W/m²·K 이고, 재료의 두께가 187.5mm일 때, 이 재료의 열전도도는?
① 0.032W/m·K   ② 0.056W/m·K
③ 0.067W/m·K   ④ 0.072W/m·K

해설 재료의 열전도도(λ)
$$K = \frac{1}{\frac{1}{\alpha_i} + \frac{l}{\lambda} + \frac{1}{\alpha_o}}$$

$$0.35 = \frac{1}{\frac{1}{5.4} + \frac{0.1875}{\lambda} + \frac{1}{20}}$$

∴ $\lambda = 0.072 \text{W/m} \cdot \text{K}$

36 냉동장치에서 액봉이 쉽게 발생되는 부분으로 가장 거리가 먼 것은?
① 액펌프 방식의 펌프출구와 증발기 사이의 배관
② 2단압축 냉동장치의 중간냉각기에서 과냉각된 액관
③ 압축기에서 응축기로의 배관
④ 수액기에서 증발기로의 배관

해설 액봉현상
밀폐된 냉매배관 계통 내부에 갇힌 액체 냉매가 주위 온도가 상승함에 따라, 냉매액의 체적이 팽창하여 이상 고압의 발생 혹은 파열되는 현상으로 주로 저압 배관 간의 연결부위에 많이 발생한다. 보기에서 압축기에서 응축기로의 배관은 고압배관이므로 액봉이 쉽게 발생되는 부분과 거리가 멀다.

37 냉동장치 내의 불응축 가스가 혼입되었을 때 냉동장치의 운전에 미치는 영향으로 가장 거리가 먼 것은?
① 열교환 작용을 방해하므로 응축압력이 낮게 된다.

Answer 33. ④ 34. ③ 35. ④ 36. ③ 37. ①

② 냉동능력이 감소한다.
③ 소비전력이 증가한다.
④ 실린더가 과열되고 윤활유가 열화 및 탄화된다.

해설 ① 열교환 작용을 방해하므로 침입된 불응축 가스만큼 응축압력이 상승한다.
[참고] 불응축 가스 혼입 시 장치에 미치는 영향
㉠ 침입된 불응축 가스만큼 응축압력 상승
㉡ 토출가스 온도 상승, 윤활유의 열화 및 탄화
㉢ 실린더 과열, 체적효율 감소
㉣ 압축비 증대, 소요동력 증대, 냉동능력 감소
㉤ 축수하중 증대, 피스톤 마모

38 축열장치에서 축열재가 갖추어야 할 조건으로 가장 거리가 먼 것은?
① 열의 저장은 쉬워야 하나 열의 방출은 어려워야 한다.
② 취급하기 쉽고 가격이 저렴해야 한다.
③ 화학적으로 안정해야 한다.
④ 단위체적당 축열량이 많아야 한다.

해설 축열재의 구비 조건
㉠ 단위체적당 축열량이 클 것
㉡ 열의 줄입이 용이할 것
㉢ 취급이 용이할 것
㉣ 가격이 저렴할 것
㉤ 자원이 풍부해서 장래 안정적 공급이 가능할 것
㉥ 화학적으로 안정될 것
㉦ 독성, 폭발성 및 부식성이 없을 것

39 냉동장치의 저압차단스위치(LPS)에 관한 설명으로 옳은 것은?
① 유압이 저하되었을 때 압축기를 정지시킨다.
② 토출압력이 저하되었을 때 압축기를 정지

시킨다.
③ 장치 내 압력이 일정압력 이상이 되면 압력을 저하시켜 장치를 보호한다.
④ 흡입압력이 저하되었을 때 압축기를 정지시킨다.

해설 **저압차단스위치(LPS, Low Pressure Control Switch)**
압축기 흡입관에 설치하여 흡입압력이 일정 이하가 되면 작동하여 압축기를 정지시킨다.
[참고]
① 유압보호스위치에 대한 설명
③ 안전밸브에 대한 설명
④ 저압차단스위치에 대한 설명

40 고온가스 제상(hot gas defrost) 방식에 대한 설명으로 틀린 것은?
① 압축기의 고온·고압가스를 이용한다.
② 소형 냉동장치에 사용하면 언제라도 정상 운전을 할 수 있다.
③ 비교적 설비하기가 용이하다.
④ 제상 소요시간이 비교적 짧다.

해설 ② 소형 냉동장치에 사용하면 냉매충전량이 적으므로 제상 시에 냉매가 증발기 내에서 응축 액화하면 증발기에 전량이 체류하여 정상 운전이 되지 않는다.
[참고] 고압가스 제상
압축기에서 배출되는 고온·고압의 냉매가스를 직접 증발기로 보내어 증발기에서 응축되면서 응축잠열로 제상을 수행하는 방식으로, 제상시간이 짧고 쉽게 설비할 수 있어 일반적으로 가장 많이 사용한다.

제3과목 : 공조냉동 설치·운영

41 기계설비법령에 따라 기계설비의 유지관리 및 점검을 위하여 필요한 유지관리 기준으로 적합하지 않은 것은?

38. ① 39. ④ 40. ② 41. ③

① 기계설비 유지관리 및 점검에 대한 계획 수립
② 기계설비 유지관리 및 점검의 종류, 항목, 방법 및 주기
③ 기계설비 유지관리 및 점검 참여자의 선발 및 근무형태
④ 기계설비 유지관리 및 점검의 기록 및 문서보존 방법

해설 ③ 기계설비 유지관리 및 점검 참여자의 자격, 역할 및 업무내용
[참고] 기계설비 유지관리기준의 내용 및 방법
  ㉠ 기계설비 유지관리 및 점검에 대한 계획 수립
  ㉡ 기계설비 유지관리 및 점검 참여자의 자격, 역할 및 업무내용
  ㉢ 기계설비 유지관리 및 점검의 종류, 항목, 방법 및 주기
  ㉣ 기계설비 유지관리 및 점검의 기록 및 문서보존 방법
  ㉤ 그 밖에 유지관리기준의 관리, 운영, 조사, 연구 및 개선업무에 관한 사항

42 기계설비법령에 따라 기계설비 발전 기본계획은 몇 년마다 수립·시행하여야 하는가?
① 1 ② 2
③ 3 ④ 5

해설 기계설비 발전 기본계획의 수립
국토교통부장관은 기계설비산업의 육성과 기계설비의 효율적인 유지관리 및 성능 확보를 위하여 다음 각 호의 사항이 포함된 기계설비 발전 기본계획을 5년마다 수립·시행하여야 한다.

43 냉동용 특정설비 제조시설에서 냉동기 냉매설비에 대하여 실시하는 기밀시험 압력의 기준으로 적합한 것은?
① 설계압력 이상의 압력
② 사용압력 이상의 압력
③ 설계압력의 1.5배 이상의 압력
④ 사용압력의 1.5배 이상의 압력

해설 냉동기 제조의 기술 기준
냉동기의 냉매설비는 설계압력 이상의 압력으로 실시하는 기밀시험 및 설계압력의 1.5배 이상의 압력으로 하는 내압시험(배관의 경우를 제외)에 각각 합격한 것이어야 한다.

44 관경 50A인 강관을 수평주관으로 시공할 때 지지간격으로 가장 적절한 것은?
① 1.8m 이내 ② 2.0m 이내
③ 3.0m 이내 ④ 4.0m 이내

해설 강관의 수평배관 지지간격

관 지름	지지간격
20A 이하	1.8m 이내
25A~40A	2.0m 이내
50A~80A	3.0m 이내
100A~150A	4.0m 이내
200A 이상	5.0m 이내

45 배수관 설치 기준에 대한 내용으로 틀린 것은?
① 배수관의 최소 관경은 20mm 이상으로 한다.
② 지중에 매설하는 배수관의 관경은 50mm 이상이 좋다.
③ 배수관은 배수가 흐르는 방향으로 관경을 축소해서는 안 된다.
④ 기구배수관의 관경은 이것에 접속하는 위생기구의 트랩 구경 이상으로 한다.

해설 ① 배수관의 최소 관경은 32mm 이상으로 하고 고형물이 흐르는 잡배수관의 최소 관경은 50mm 이상으로 한다.

46 보온재에 관한 설명으로 틀린 것은?
① 무기질 보온재로는 암면, 유리면 등이 사

Answer 42. ④ 43. ① 44. ③ 45. ① 46. ③

용된다.
② 탄산마그네슘은 250℃ 이하의 파이프 보온용으로 사용된다.
③ 광명단은 밀착력이 강한 유기질 보온재이다.
④ 우모 펠트는 곡면시공에 매우 편리하다.

해설 광명단
연단이라고도 하며 적색 안료에서 사용한다. 녹을 방지하기 위해 페인트 밑칠 및 다른 착색도료의 초벽으로 우수하다. 피마자유와 혼합하여 만들어 밀착력이 높고 도막의 질이 조밀해서 풍화에 비교적 잘 견디는 방청도료로 기계류의 도장에 많이 사용된다.

47 다음 중 급수관경을 결정하는 방법에 대하여 잘못 설명한 것은 어느 것인가?
① 급수관의 관경을 결정할 때는 위생기구의 종류나 사용유량, 수압이나 속도 등을 고려해야 한다.
② 급수배관 지관 관경결정 시 급수관 균등표와 기구의 동시사용률을 이용하여 결정한다.
③ 급수배관 본관 관경결정 시 급수부하 단위를 이용하여 유량선도에서 구한다.
④ 유량선도에서 관경을 구할 때 허용마찰손실(kPa/m)을 크게 할수록 관경은 커진다.

해설 ④ 유량선도에서 관경을 구할 때 허용마찰손실(kPa/m)을 크게 할수록 관경은 작아진다.

48 배관이 바닥이나 벽 등을 관통할 때는 슬리브를 사용하는데 그 이유로서 가장 적당한 것은?
① 방진을 위하여
② 신축흡수 및 수리를 용이하게 하기 위하여
③ 방식을 위하여
④ 수격작용을 방지하기 위하여

해설 슬리브(Sleeve)
배관이 벽 등을 관통하는 곳에는 슬리브를 넣어 슬리브 속으로 관을 통하여 관이 자유롭게 신축하도록 함으로써 배관의 고장이나 건물의 손상을 방지한다.

49 고가탱크 급수방식의 특징에 관한 설명으로 틀린 것은?
① 항상 일정한 수압으로 급수할 수 있다.
② 수압의 과대 등에 따른 밸브류 등 배관 부속품의 파손이 적다.
③ 취급이 비교적 간단하고 고장이 적다.
④ 탱크는 기밀 제작이므로 값이 싸진다.

해설 고가탱크 급수방식은 옥상에 탱크를 설치하여 중력으로 필요한 곳에 급수하는 방식으로 고가수조와 저수조가 설치되어 설비비가 비싸지고 수질 오염의 염려가 큰 방식이다. 탱크는 주로 콘크리트, 강판, FRP, 스테인리스, 강판제 등으로 만들고 기밀 제작이 아니라 점검 및 보수가 용이하도록 맨홀을 설치한다.

50 지름 40mm인 파이프에 매분 1.2m³의 물을 공급하려고 한다. 물의 속도(m/sec)를 약 얼마로 해야 하는가?
① 8.7   ② 12.4
③ 15.9   ④ 17.6

해설 연속방정식

$$Q = AV = \frac{\pi D^2}{4} \cdot V$$

$$V = \frac{Q}{\frac{\pi}{4} \times D^2} = \frac{1.2}{60 \times \frac{\pi}{4} \times 0.04^2}$$

$$= 15.92 \text{m/s}$$

Q : 유량(m³/s)
A : 단면적(m²)
V : 속도(m/s)

Answer 47. ④ 48. ② 49. ④ 50. ③

51 다음 중 엘보를 용접 이음으로 나타낸 기호는?

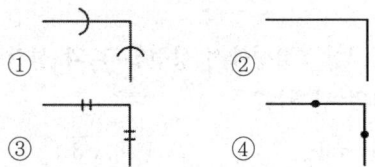

해설 ① 턱걸이 이음
③ 플랜지 이음
④ 용접 이음

52 공기의 흐름방향을 조절할 수 있으나 풍량은 조절할 수 없고 환기용 흡입구나 배기구로 사용되는 것은?
① 그릴(grilles)
② 디퓨저(diffusers)
③ 레지스터(registers)
④ 애니모스탯(anemostat)

해설 그릴(grilles)
프레임 속에 수직, 수평의 날개를 장착한 것으로 댐퍼나 개폐기가 달리지 않아 풍량은 조절할 수 없으나 기류의 방향은 조정할 수 있도록 된 구조의 취입·취출구

53 3상 유도전동기의 회전방향을 바꾸기 위한 방법으로 옳은 것은?
① ⊿-Y 결선으로 변경한다.
② 회전자를 수동으로 역회전시켜 기동한다.
③ 3선을 차례대로 바꾸어 연결한다.
④ 3상 전원 중 2선의 접속을 바꾼다.

해설 3상 유도 또는 동기전동기를 역전시키려면 3가닥선 중에서 임의의 2가닥선의 접속을 바꾸어 접속하면 된다. 이를 통해 회전자기장의 방향이 역전되고 회전자도 반대방향으로 회전한다.

54 전기로의 온도를 1000℃로 일정하게 유지시키기 위하여 열전온도계의 지시값을 보면서 전압조정기로 전기로에 대한 인가전압을 조절하는 장치가 있다. 이 경우 열전온도계는 다음 중 어느 것에 해당되는가?
① 조작부
② 검출부
③ 제어량
④ 조작량

해설 ㉠ 제어대상 : 전기로
㉡ 제어량 : 온도
㉢ 목표값 : 1000℃
㉣ 검출부 : 열전온도계

55 최대 눈금 10mA, 내부저항 6Ω의 전류계로 40mA의 전류를 측정하려면 분류기의 저항은 몇 Ω인가?
① 2
② 20
③ 40
④ 400

해설 $\dfrac{I_s}{I} = 1 + \dfrac{R}{R_s}$ 이므로

$\dfrac{I_s}{I} - 1 = \dfrac{R}{R_s} \rightarrow \dfrac{I_s - I}{I} = \dfrac{R}{R_s}$

$R_s(I_s - I) = IR$

$\therefore R_s = \dfrac{IR}{I_s - I} = \dfrac{10 \times 6}{40 - 10} = 2\,\Omega$

56 프로세스 제어(process control)에 속하지 않는 것은?
① 온도
② 압력
③ 유량
④ 자세

해설 프로세스 제어
㉠ 생산공정 중의 상태량, 외란의 억제를 주목적으로 한다.
㉡ 제어량 : 공업공정의 상태량(밀도, 농도, 온도, 압력, 유량, 습도 등)
예) 대단위 화학 플랜트, 수조의 온도제어 등

Answer 51. ④ 52. ① 53. ④ 54. ② 55. ① 56. ④

57 직류전동기의 속도제어방법이 아닌 것은?
① 전압제어 ② 계자제어
③ 저항제어 ④ 슬립제어

해설 직류전동기 속도제어방법
㉠ 전압제어 : 단자전압 V를 변화시켜 속도를 제어
㉡ 저항제어 : 직렬로 연결된 저항을 변화시켜 속도를 제어
㉢ 계자제어 : 계자자속을 변화시켜 속도를 제어

58 시퀀스 제어에 관한 설명 중 틀린 것은?
① 조합 논리회로로 사용된다.
② 미리 정해진 순서에 의해 제어된다.
③ 입력과 출력을 비교하는 장치가 필수적이다.
④ 일정한 논리에 의해 제어된다.

해설 ③ 피드백 제어에 관한 설명이다.
[참고] 시퀀스 제어
미리 정해진 순서에 따라 제어의 각 단계를 순차적으로 제어하는 방식으로 전체 계통에 연결된 스위치가 순차적으로 작동한다. 시퀀스 제어에는 유접점 시퀀스와 무접점 시퀀스가 있다. 유접점 시퀀스는 전자 릴레이를 이용한 것으로, 릴레이 시퀀스라고 하고 다이오드, 트랜지스터, IC 등 반도체 소자의 스위칭 동작을 이용한 무접점 릴레이라고 한다.

59 잔류편차가 존재하는 제어계는?
① 적분제어계
② 비례제어계
③ 비례적분제어계
④ 비례적분미분제어계

해설 비례제어(P제어 : Proportional action)
㉠ 설정값과 제어 결과와의 편차 크기에 비례하여 조작부를 제어한다.
㉡ 외란에 의한 부하변동이 발생할 경우에 잔류편차(정상오차, offset)가 발생한다.

60 평형 3상 Y결선에서 상전압 V_p와 선간전압 V_l과의 관계는?
① $V_l = V_p$ ② $V_l = \sqrt{3}\,V_p$
③ $V_l = \dfrac{1}{\sqrt{3}}\,V_p$ ④ $V_l = 3\,V_p$

해설 선간전압과 선전류의 관계
Y결선에서 선전류와 상전류는 같으며 선간전압은 상전압의 $\sqrt{3}$ 배이다.

Answer 57. ④ 58. ③ 59. ② 60. ②

chapter 03 공조냉동기계산업기사 CBT 기출 복원문제

2023년 3회

제1과목 : 공기조화 설비

01 일정한 건구온도에서 습공기의 성질 변화에 대한 설명으로 틀린 것은?
① 비체적은 절대습도가 높아질수록 증가한다.
② 절대습도가 높아질수록 노점온도는 높아진다.
③ 상대습도가 높아지면 절대습도는 높아진다.
④ 상대습도가 높아지면 엔탈피는 감소한다.

해설 ④ 상대습도가 높아지면 엔탈피는 증가한다.

02 건구온도 30℃, 상대습도 60%인 습공기에서 건공기의 분압(mmHg)은? (단, 대기압은 760mmHg, 포화 수증기압은 27.65mmHg 이다.)
① 27.65   ② 376.21
③ 743.41   ④ 700.97

해설 ㉠ 수증기 분압(P_w)

상대습도 $\phi = \dfrac{P_w}{P_s} \times 100$ 에서

$P_w = \dfrac{\phi \times P_s}{100}$

$= \dfrac{60 \times 27.65}{100} = 16.59 \text{mmHg}$

(P_s : P_w에 해당하는 온도와 동일온도에서의 포화수증기압)

㉡ 건조공기 분압(P_A)

$P_A = P_{대기압} - P_w$
$= 760 - 16.59 = 743.41 \text{mmHg}$

03 배관 계통에서 유량은 다르더라도 단위길이당 마찰손실이 일정하도록 관경을 정하는 방법은?
① 균등법   ② 정압재취득법
③ 등마찰손실법   ④ 등속법

해설 덕트의 설계 방법
㉠ 등마찰손실법 : 덕트 1m당 마찰손실과 동일한 값을 사용하여 덕트의 치수를 결정
㉡ 정압재취득법 : 주덕트에서 말단 또는 분기부로 갈수록 풍속이 감소함에 따라 동압의 차만큼 정압이 상승하며 이것을 덕트의 압력손실에 재이용하는 방법
㉢ 등속법 : 덕트의 주관이나 분기관의 풍속을 임의의 값으로 선정하여 덕트 치수를 결정 (공장의 환기 및 분체수송에 쓰이는 덕트 설계 시 사용)

04 냉각탑(cooling tower)에 대한 설명 중 잘못된 것은?
① 어프로치(approach)는 5℃ 정도로 한다.
② 냉각탑은 응축기에서 냉각수가 얻은 열을 공기 중에 방출하는 장치이다.
③ 쿨링레인지란 냉각탑에서의 냉각수 입·출구 수온차이다.
④ 보급수량은 순환수량의 15% 정도이다.

해설 ④ 일반적으로 보급수량은 순환수량의 2~3% 정도이다.

Answer 01. ④ 02. ③ 03. ③ 04. ④

05 온수난방 설비의 특징에 대한 설명으로 옳은 것은?
① 온수난방은 열용량이 커서 예열시간이 증기난방에 비해 짧다.
② 중앙기계실에서 온수온도를 조절할 수 있어 실내온도 조절이 용이하다.
③ 온수난방은 현열을 이용하므로 열의 운반능력이 좋다.
④ 온수난방은 연속난방보다 간헐난방에 적합하다.

해설 ① 온수난방은 열용량이 커서 예열시간이 증기난방에 비해 길다.
③ 온수난방은 현열을 이용하므로 열의 운반능력이 증기난방에 비해 나쁘다.
④ 온수난방은 간헐난방보다 연속난방에 적합하다(열용량이 커 예열시간이 길어지므로 간헐난방에 부적합하다).

06 증기난방 방식의 종류에 따른 분류 기준으로 가장 거리가 먼 것은?
① 사용 증기압력
② 증기 배관방식
③ 증기 공급방향
④ 사용 열매종류

해설 증기난방의 분류
㉠ 증기압력에 의한 분류 : 고압식, 저압식
㉡ 응축수 환수방식에 의한 분류 : 중력환수식, 기계환수식, 진공환수식
㉢ 배관방식에 의한 분류 : 단관식, 복관식
㉣ 환수관의 배치에 의한 분류 : 건식 환수관, 습식 환수관
㉤ 증기의 공급방식에 의한 분류 : 상향공급식, 하향공급식

07 냉각수 출입구 온도차를 5℃, 냉각수의 처리 열량을 4.5kW로 하면 냉각수량(l/min)은 약 얼마인가? (단, 냉각수 비열은 4.18kJ/kg℃로 한다.)
① 10 ② 13
③ 18 ④ 20

해설 $Q = WC\Delta t$
$$W = \frac{Q}{C\Delta t} = \frac{4.5\text{kJ/s} \times \frac{60s}{1\min}}{4.18 \times 5} = 13 l/\min$$

08 건구온도 10℃, 상대습도 60%인 습공기를 30℃로 가열하였다. 이때의 습공기 상대습도는? (단, 10℃의 포화수증기압은 9.2mmHg이고, 30℃의 포화수증기압은 23.75mmHg이다.)
① 17% ② 20%
③ 23% ④ 27%

해설 상대습도(ϕ)
$$\phi = \frac{P_w}{P_s} \times 100\%$$
P_w : 습공기의 수증기분압
P_s : 습공기의 포화수증기압
㉠ 습공기의 수증기 분압(P_w) : 건구온도가 10℃이고 상대습도 60%, 포화수증기압이 9.2mmHg이므로
$60 = \frac{P_w}{9.2} \times 100$이므로 $P_w = 5.52$mmHg
㉡ 습공기(30℃)의 상대습도
$$\phi = \frac{P_w}{P_s} \times 100 = \frac{5.52}{23.75} \times 100 = 23\%$$

09 개방식 냉각탑의 설계 시 유의사항으로 옳은 것은?
① 압축식 냉동기 1RT당 냉각열량은 3.26kW로 한다.
② 쿨링 어프로치는 일반적으로 10℃로 한다.
③ 압축식 냉동기 1RT당 수량은 외기습구온

Answer 05. ② 06. ④ 07. ② 08. ③ 09. ④

도가 27℃일 때 8L/min 정도로 한다.
④ 흡수식 냉동기를 사용할 때 열량은 일반적으로 압축식 냉동기의 약 1.7~2.0배 정도로 한다.

해설 ① 압축식 냉동기 1RT당 냉각열량(표준냉각톤)은 4.53kW(3900kcal/h)로 한다.
② 쿨링 어프로치는 일반적으로 5℃로 한다.
③ 압축식 냉동기 1RT당 수량은 외기습구온도가 27℃일 때 13L/min 정도로 한다.

10 팬코일 유닛방식의 배관방법에 따른 특징에 관한 설명으로 틀린 것은?
① 3관식에서는 손실열량이 타방식에 비하여 거의 없다.
② 2관식에서는 냉·난방의 동시운전이 불가능하다.
③ 4관식은 혼합손실은 없으나 배관의 양이 증가하여 공사비 등이 증가한다.
④ 4관식은 동시에 냉·난방 운전이 가능하다.

해설 ① 3관식은 공급관이 2개(온수관, 냉수관)이고 환수관이 1개인 방식으로 배관설비가 복잡하지만 개별제어가 가능하다. 환수관이 1개이므로 냉수와 온수의 혼합 열손실이 발생한다.

11 31℃의 외기와 25℃의 환기를 1 : 2의 비율로 혼합하고 바이패스 팩터가 0.16인 코일로 냉각 제습할 때의 코일 출구온도는? (단, 코일의 표면온도는 14℃이다.)
① 약 14℃ ② 약 16℃
③ 약 27℃ ④ 약 29℃

해설 ㉠ 혼합온도(t_3)
$$t_3 = \frac{G_1 t_1 + G_2 t_2}{G_1 + G_2} = \frac{1 \times 31 + 2 \times 25}{1 + 2} = 27℃$$

㉡ 코일 출구온도(t_4)
$$t_4 = t_{ADP} + BF(t_3 - t_{ADP})$$
$$= 14 + 0.16 \times (27 - 14) = 16.08℃$$

12 물·공기 방식의 공조방식으로서 중앙기계실의 열원설비로부터 냉수 또는 온수를 각 실에 있는 유닛에 공급하여 냉난방하는 공조방식은?
① 바닥취출 공조방식
② 재열방식
③ 팬코일 유닛방식
④ 패키지 유닛방식

해설 팬코일 유닛(FCU) 방식
㉠ 팬코일 유닛은 냉각·가열코일, 송풍기, 공기여과기를 케이싱 내 수납한 것으로 기계실에서 냉·온수를 코일에 공급하여 실내공기를 팬으로 코일에 순환시켜 부하를 처리하는 방식
㉡ 실내공기를 재순환하므로 공기청정도가 나쁘며 팬이 유닛에 내장되어 있으므로 소음과 진동이 발생한다.

13 다음 중 표면결로 발생 방지조건으로 틀린 것은?
① 실내측에 방습막을 부착한다.
② 다습한 외기를 도입하지 않는다.
③ 실내에서 발생되는 수증기량을 억제한다.
④ 공기와의 접촉면 온도를 노점온도 이하로 유지한다.

해설 표면결로의 방지조건
㉠ 공기와의 접촉면 온도를 항상 노점온도 이상으로 유지
㉡ 공기층이 밀폐된 2중 유리를 사용
㉢ 단열재를 부착
㉣ 실내 상대습도를 30~40%로 유지

Answer 10. ① 11. ② 12. ③ 13. ④

14 다음 중 습공기 선도상에 표시되지 않는 것은?
① 비체적 ② 비열
③ 노점온도 ④ 엔탈피

해설 습공기 선도의 구성
표준대기압 상태에서 습공기의 성질을 표시하고 건구온도, 습구온도, 노점온도, 상대습도, 절대습도, 수증기분압, 엔탈피, 비체적, 현열비, 열수분비 등으로 구성되어 있다.

15 두께 20cm인 콘크리트 벽 내면에, 두께 15cm인 스티로폼으로 방열을 하고, 그 내면에 두께 1cm의 내장 목재판으로 벽을 완성시킨 냉장실의 벽면에 대한 열관류율(W/m²℃)은? (단, 열전도율 및 열전달률은 아래와 같다.)

재료	열전도율	
콘크리트	0.9W/m℃	
스티로폼	0.04W/m℃	
내장목재	0.15W/m℃	
공기막계수	외부	20W/m²℃
	내부	6W/m²℃

① 1.35 ② 0.23
③ 0.13 ④ 0.02

해설 열관류율(K)

$$K = \frac{1}{\frac{1}{\alpha_i} + \sum \frac{l}{\lambda} + \frac{1}{\alpha_o}}$$

$$= \frac{1}{\frac{1}{6} + \frac{0.2}{0.9} + \frac{0.15}{0.04} + \frac{0.01}{0.15} + \frac{1}{20}}$$

$$= 0.23 \text{W/m}^2 ℃$$

16 송풍량 600m³/min을 공급하여 다음의 공기선도와 같이 난방하는 실의 가습열량(kW)은 약 얼마인가? (단, 공기의 비중량은 1.2kg/m³, 비열은 1.01kJ/kg℃이다.)

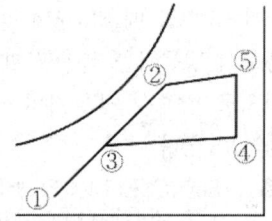

상태점	온도(℃)	엔탈피(kJ/kg)
①	0	2.0
②	20	36.0
③	15	32.0
④	28	40.0
⑤	29	52.0

① 48 ② 96
③ 144 ④ 192

해설 1) 공기의 상태변화 과정
① : 외기
② : 환기
③ : 외기+환기
③-④ : 가열과정
④-⑤ : 가습과정
⑤-② : 실내취출

2) 가습열량

$$q_L = \gamma \cdot Q \cdot (i_5 - i_4)$$
$$= 1.2 \times 600 \text{m}^3/\text{min} \times \frac{1\text{min}}{60s}$$
$$\times (52 - 40)$$
$$= 144 \text{kW}$$

17 난방부하의 변동에 따른 온도조절이 쉽고, 열용량이 커서 실내의 쾌감도가 좋으며, 공급온도를 변화시킬 수 있고, 방열기 밸브로 방열량을 조절할 수 있는 난방방식은?
① 온수난방방식 ② 증기난방방식
③ 온풍난방방식 ④ 냉매난방방식

Answer 14. ② 15. ② 16. ③ 17. ①

해설 온수난방방식

장점	단점
㉠ 방열기 온도가 낮아 실내 상하 온도차가 적어 쾌감도가 좋다.	㉠ 열용량이 커 예열시간이 길다.
㉡ 중앙에서 온수온도 제어에 따른 방열량(온도) 조절이 용이하다.	㉡ 수두에 제한이 있어 건축물의 높이에 제한을 받는다.
㉢ 열용량이 커 실온의 변동이 적고 동결우려가 적다.	㉢ 보유열량이 적어 방열면적 및 관지름이 크다.
㉣ 보일러 취급이 용이하며 안전하다.	㉣ 순환펌프 등의 설치로 설비비가 비싸다.

18 염화리튬, 트리에틸렌글리콜 등의 액체를 사용하여 감습하는 장치는?
① 냉각감습장치
② 압축감습장치
③ 흡수식 감습장치
④ 세정식 감습장치

> **해설** 흡수식 감습법
> 염화리튬, 트리에틸렌글리콜의 액체 흡수제를 사용하므로 연속적이고 대용량에 적합하다.

19 수관식 보일러에 관한 설명으로 틀린 것은?
① 보일러의 전열면적이 넓어 증발량이 많다.
② 고압에 적당하다.
③ 비교적 자유롭게 전열 면적을 넓힐 수 있다.
④ 구조가 간단하여 내부청소가 용이하다.

> **해설** ④ 구조가 복잡하여 청소가 곤란하고 제작이 까다로워 가격이 비싸다.

20 클린룸 설비에 있어 실내기류에 따른 방식에 해당되지 않은 것은?
① 수직층류 방식
② 수평층류 방식
③ 비층류 방식
④ 직교류층류 방식

> **해설** 클린룸 실내기류방식
> 수직층류 방식, 수평층류 방식, 비층류 방식

제 2 과목 : 냉동냉장 설비

21 다음 중 증발기 출구와 압축기 흡입관 사이에 설치하는 저압측 부속장치는?
① 액분리기
② 수액기
③ 건조기
④ 유분리기

> **해설** 액분리기(accumulator)
> ㉠ 증발기에서 완전히 증발하지 않은 냉매액과 냉매가스가 압축기로 흡입되면 압축기는 비압축성 냉매액을 압축하므로 파손의 우려가 생긴다. 이에 압축기 흡입가스 중의 냉매액과 냉매가스를 분리시켜 액압축을 방지한다.
> ㉡ 설치 위치 : 증발기와 압축기 사이의 흡입배관에 설치하며 증발기보다 높은 위치에 설치

22 증발식 응축기에 관한 설명으로 옳은 것은?
① 증발식 응축기의 냉각수는 보충할 필요가 없다.
② 증발식 응축기는 물의 현열을 이용하여 냉각하는 것이다.
③ 내부에 냉매가 통하는 나관이 있고, 그 위에 노즐을 이용하여 물을 산포하는 형식이다.
④ 압력강하가 작으므로 고압측 배관에 적당하다.

> **해설** ① 증발식 응축기는 냉각수 소비량이 적어 냉각수량이 부족한 곳에 적합하며 냉각수의 보충이 필요하다.
> ② 증발식 응축기는 물의 잠열을 이용하여 냉각하는 것이다.
> ④ 옥외에 설치되므로 배관길이가 길어 압력강하가 크다.

23 2단압축 사이클에서 증발압력이 계기압력으로 235kPa이고, 응축압력은 절대압력으로 1225kPa일 때 최적의 중간 절대압력(kPa)

Answer 18. ③ 19. ④ 20. ④ 21. ① 22. ③ 23. ③

은? (단, 대기압은 101kPa이다.)
① 514.5 ② 536.06
③ 641.56 ④ 668.36

해설 중간 절대압력

$$P_m = \sqrt{P_L \times P_H} = \sqrt{336 \times 1225}$$
$$= 641.56 \text{kPa} \cdot \text{abs}$$

여기서, 증발압력(절대압력):
P_L = 계기압+대기압 = 235kPa·g + 101kPa
$= 336$kPa·abs

24 다음 중 냉각탑의 용량제어방법이 아닌 것은?
① 슬라이드 밸브 조작 방법
② 수량 변화 방법
③ 공기유량 변화 방법
④ 분할 운전 방법

해설 냉각탑의 용량제어
㉠ 공기유량 제어 : 냉각수의 온도에 따라 송풍기, 댐퍼 등을 이용하여 송풍량을 조절
㉡ 냉각수 유량제어 : 냉각탑에 공급되는 냉각수의 유량을 제어밸브를 이용하여 조절
㉢ 냉각탑 분할 운전 : 냉각수의 토출 온도에 따라 냉각탑의 운전 대수를 조절

25 다음 중 무기질 브라인이 아닌 것은?
① 염화나트륨 ② 염화마그네슘
③ 염화칼슘   ④ 에틸렌글리콜

해설 ㉠ 무기질 브라인 : 염화나트륨(NaCl), 염화마그네슘($MgCl_2$), 염화칼슘($CaCl_2$) 등
㉡ 유기질 브라인 : 에틸렌글리콜($C_2H_6O_2$), 프로필렌글리콜($C_3H_6(OH)_2$), 에틸알코올(C_2H_5OH) 등

26 실제기체가 이상기체의 상태식을 근사적으로 만족하는 경우는?
① 압력이 높고 온도가 낮을수록
② 압력이 높고 온도가 높을수록
③ 압력이 낮고 온도가 높을수록
④ 압력이 낮고 온도가 낮을수록

해설 실제기체가 이상기체를 만족하는 조건
㉠ 압력이 낮을수록
㉡ 온도가 높을수록
㉢ 비체적이 클수록
㉣ 분자량이 작을수록

27 2단 압축식 냉동장치에서 증발압력부터 중간압력까지 압력을 높이는 압축기를 무엇이라고 하는가?
① 부스터   ② 에코노마이저
③ 터보   ④ 루트

해설 부스터(Booster) 압축기
2단 압축식 냉동장치에서 증발압력에서 중간압력까지 압력을 상승시키기 위한 압축기로 저단측 압축기를 말하며, 고단측 압축기보다 용량이 커야 한다.

28 2단압축 냉동장치에서 게이지 압력계의 지시계가 고압 1.47MPa, 저압 100mmHg·v을 가리킬 때, 저단압축기와 고단압축기의 압축비는? (단, 저·고단의 압축비는 동일하고, 대기압은 101kPa이다.)
① 3.6   ② 3.8
③ 4.0   ④ 4.2

해설 ㉠ 압력의 단위 통일
저압(P_L) = 100mmHg·v
$$= 100 \text{mmHg} \times \frac{101\text{kPa}}{760\text{mmHg}}$$
$$= 13.3 \text{kPa} \cdot \text{v}$$

절대압 = 대기압 − 진공압력
$= 101 − 13.33 = 87.7$kPa·a
고압(P_H) = 1.47MPa·g = 1470kPa·g
절대압 = 대기압 + 게이지압력
$= 101 + 1470 = 1571$kPa·a

Answer 24. ① 25. ④ 26. ③ 27. ① 28. ④

ⓒ 2단압축 압축비

$$a = \sqrt{\frac{P_H}{P_L}} = \sqrt{\frac{1571}{87.7}} = 4.2$$

29 압축냉동 사이클에서 엔트로피가 감소하고 있는 과정은?

① 증발과정　② 압축과정
③ 응축과정　④ 팽창과정

> **해설** 응축과정
> 압력 일정, 온도 일정, 엔탈피 감소, 건조도 감소
> [참고] ㉠ 압축과정 : 등엔트로피 과정
> 　　　 ㉡ 팽창과정 : 등엔탈피 과정
> 　　　 ㉢ 증발과정 : 등온·등압과정

30 스크류 압축기의 특징에 관한 설명으로 틀린 것은?

① 경부하 운전 시 비교적 동력 소모가 적다.
② 크랭크 샤프트, 피스톤 링, 커넥팅 로드 등의 마모 부분이 없어 고장이 적다.
③ 소형으로서 비교적 큰 냉동능력을 발휘할 수 있다.
④ 왕복동식에서 필요한 흡입밸브와 토출밸브를 사용하지 않는다.

> **해설** ① 경부하 운전 시에도 동력 소모가 크다.
> [참고] 스크류 압축기의 특징
> 　㉠ 왕복동식에 비하여 설치 면적이 작고 중·대용량에 적합하다.
> 　㉡ 고속회전으로 소음은 크나 맥동과 진동이 없다.
> 　㉢ 10~100%의 무단 용량제어가 가능하며 자동운전에 적합하다.
> 　㉣ 흡입, 토출밸브가 없어 구조가 간단하고 수명이 길다.
> 　㉤ 액압축의 우려가 적다.
> 　㉥ 운전 유지비(전력 소비)가 크고 고장 시 고도의 기술이 필요하다.

31 P-h(압력-엔탈피) 선도에서 포화증기선상의 건조도는 얼마인가?

① 2　② 1
③ 0.5　④ 0

> **해설** 건조도
> 포화액선상의 건조도는 0이고, 건조포화증기선에서의 건조도는 1이다.

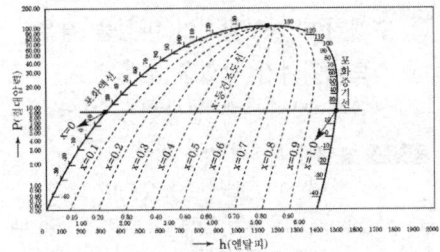

32 흡수식 냉동기의 특징에 대한 설명으로 틀린 것은?

① 부분 부하에 대한 대응성이 좋다.
② 용량제어의 범위가 넓어 폭넓은 용량제어가 가능하다.
③ 초기 운전 시 정격 성능을 발휘할 때까지의 도달 속도가 느리다.
④ 압축식 냉동기에 비해 소음과 진동이 크다.

> **해설** ④ 압축기를 기동하는 전동기가 없고 열에너지를 이용하므로 압축식 냉동기에 비해 소음과 진동이 적다.

33 영화관을 냉방하는 데 1500000kJ/h의 열을 제거해야 한다. 소요동력을 냉동톤당 0.74kW로 가정하면 이 압축기를 구동하는 데 약 몇 kW의 전동기가 필요한가?

① 79.8kW　② 69.8kW
③ 59.8kW　④ 49.8kW

> **해설** ㉠ 냉동톤(RT)
> $$Q = 1500000 \text{kJ/h} \times \frac{1\text{RT}}{3.86\text{kW}} \times \frac{1\text{h}}{3600\text{s}}$$

Answer 29. ③　30. ①　31. ②　32. ④　33. ①

= 107.94T
ⓛ 압축기 소요동력
107.94RT×0.74kW/RT=79.8kW

34 플래시 가스(flash gas)의 발생 원인으로 가장 거리가 먼 것은?
① 관경이 큰 경우
② 수액기에 직사광선이 비쳤을 경우
③ 스트레이너가 막혔을 경우
④ 액관이 현저하게 입상했을 경우

 해설 플래시 가스의 발생 원인
  ㉠ 액관이 심하게 솟아 있거나 길 때
  ㉡ 스트레이너, 드라이어 등이 막혔을 때
  ㉢ 액관 지름이 심하게 가늘 때
  ㉣ 전자밸브, 스톱밸브, 드라이어, 스트레이너 등의 지름이 가늘 때
  ㉤ 수액기나 액관이 직사광선에 노출되었을 때
  ㉥ 액관을 보온 없이 고온 장소에 통과시켰을 때
  ㉦ 심하게 응축온도가 낮아졌을 때

35 내부균압형 자동팽창밸브에 작용하는 힘이 아닌 것은?
① 스프링 압력
② 감온통 내부압력
③ 냉매의 응축압력
④ 증발기에 유입되는 냉매의 증발압력

 해설 내부균압형 자동팽창밸브 작동 원리

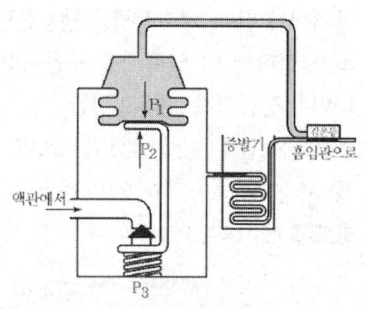

팽창밸브 열림	팽창밸브 닫힘
$P_1 > P_2 + P$	$P_1 < P_2 + P$

P_1 : 과열도에 의해 다이어프램에 전해지는 압력
P_2 : 증발기 내 냉매의 증발압력
P : 조절나사에 의한 스프링 압력

36 어떤 냉동장치의 냉동부하는 16kW, 냉매증기 압축에 필요한 동력은 3kW, 응축기 입구에서 냉각수 온도 30℃, 냉각수량 69L/min일 때, 응축기 출구에서 냉각수 온도는?
① 34℃   ② 38℃
③ 42℃   ④ 46℃

 해설 ㉠ 응축기 방열량
  $Q_c = Q_e + W = 16 + 3 = 19kW$
 ㉡ 응축기 출구 냉각수 온도(t_2)
  $Q_c = WC\Delta t = WC(t_2 - t_1)$
  $t_2 = \dfrac{Q_c}{WC} + t_1$
  $= \dfrac{19kJ/s}{(69L/min \times \dfrac{1min}{60s}) \times 4.18} + 30$
  $≒ 34℃$

37 흡입관 내를 흐르는 냉매증기의 압력강하가 커지는 경우는?
① 관이 굵고 흡입관 길이가 짧은 경우
② 냉매증기의 비체적이 큰 경우
③ 냉매의 유량이 적은 경우
④ 냉매의 유속이 빠른 경우

 해설 냉매증기의 압력강하가 커지는 경우
  ㉠ 관 지름이 작고 흡입관 길이가 긴 경우
  ㉡ 냉매증기의 비체적이 작은 경우
  ㉢ 냉매의 유속이 빠른 경우

Answer 34. ①   35. ③   36. ①   37. ④

38 평판을 통해서 표면으로 확산에 의해서 전달되는 열유속(heat flux)이 $0.4kW/m^2$이다. 이 표면과 20℃ 공기흐름과의 대류전열계수가 $0.01kW/m^2\cdot℃$인 경우 평판의 표면온도(℃)는?

① 45   ② 50
③ 55   ④ 60

해설 열유속=대류전열량
$$\frac{Q}{A} = \alpha(T_1 - T_2) \rightarrow 0.4 = 0.01(T_1 - 20)$$
$$\therefore T_1 = 60℃$$

39 어떤 냉동기의 증발기 내 압력이 245kPa이며, 이 압력에서의 포화온도, 포화액 엔탈피 및 건포화증기 엔탈피, 정압비열은 [조건]과 같다. 증발기 입구측 냉매의 엔탈피가 455kJ/kg이고, 증발기 출구측 냉매온도가 -10℃의 과열증기일 경우 증발기에서 냉매가 취득한 열량(kJ/kg)은?

[조건]
- 포화온도 : -20℃
- 포화액 엔탈피 : 396kJ/kg
- 건포화증기 엔탈피 : 615.6kJ/kg
- 정압비열 : 0.67kJ/kg·K

① 167.3   ② 152.3
③ 148.3   ④ 112.3

해설
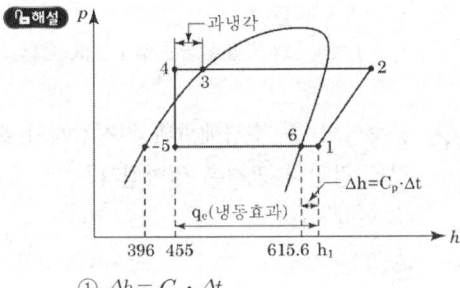

① $\Delta h = C_p \cdot \Delta t$
$= 0.67 \times [-10 - (-20)] = 6.7kJ/kg$
② $h_1 = h_6 + \Delta h = 615.6 + 6.7 = 622.3kJ/kg$
③ $q_e = h_1 - h_5 = 622.3 - 455 = 167.3kJ/kg$

40 압축기의 체적 효율에 대한 설명으로 틀린 것은?

① 압축기의 압축비가 클수록 커진다.
② 틈새가 작을수록 커진다.
③ 실제로 압축기에 흡입되는 냉매증기의 체적과 피스톤이 배출한 체적과의 비를 나타낸다.
④ 비열비 값이 적을수록 적게 된다.

해설 체적 효율이 감소하는 원인
㉠ 압축비가 클 경우
㉡ 틈새(Clearance)가 클 경우
㉢ 흡입가스가 과열될 경우(비체적이 클 경우)
㉣ 압축기가 작을 경우
㉤ 압축기의 회전수가 빨라 밸브의 개폐가 확실하지 못하고 저항이 커질 경우

제3과목 : 공조냉동 설치·운영

41 산업안전보건법령상 냉동·냉장 창고시설 건설공사에 대한 유해위험방지계획서를 제출해야 하는 대상시설의 연면적 기준은 얼마인가?

① 3천제곱미터 이상
② 4천제곱미터 이상
③ 5천제곱미터 이상
④ 6천제곱미터 이상

해설 유해위험방지계획서 제출 대상
연면적 5천제곱미터 이상인 냉동·냉장 창고시설의 건설공사, 설비공사 및 단열공사

Answer 38. ④ 39. ① 40. ① 41. ③

42 산업안전보건법령상 보일러 방호장치로 거리가 가장 먼 것은?

① 고·저수위 조절장치
② 아우트리거
③ 압력방출장치
④ 압력제한스위치

해설 **보일러 안전장치의 종류**
압력방출장치, 압력제한스위치(온도제한스위치), 고·저수위 조절장치, 화염검출기

43 고압가스 안전관리법령에 따라 고압가스제조 신고대상 중 냉동제조 신고 대상범위는 다음과 같다. ( ) 안의 내용으로 옳은 것은?

> 냉동능력이 3톤 이상 ( )톤 미만(가연성 가스 또는 독성 가스 외의 고압가스를 냉매로 사용하는 것으로서 산업용 및 냉동·냉장용인 경우에는 20톤 이상 50톤 미만, 건축물의 냉·난방용인 경우에는 20톤 이상 100톤 미만)인 설비를 사용하여 냉동을 하는 과정에서 압축 또는 액화의 방법으로 고압가스가 생성되게 하는 것. 다만, 다음 각 목의 어느 하나에 해당하는 자가 그 허가받은 내용에 따라 냉동 제조를 하는 것은 제외한다.

① 3톤   ② 5톤
③ 10톤 ④ 20톤

해설 **고압가스 안전관리법 시행령 제4조(고압가스 제조의 신고대상)**
냉동능력이 3톤 이상 20톤 미만인 설비를 사용하여 냉동을 하는 과정에서 압축 또는 액화의 방법으로 고압가스가 생성되게 하는 것

44 다음의 배관 평면도에서 배관부속 수량으로 맞는 것은?

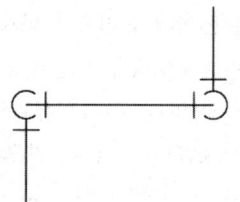

① 엘보 4개
② 엘보 5개
③ 엘보 2개, 티(T) 1개
④ 엘보 3개, 티(T) 1개

해설 배관 평면도를 입체도로 그려보면

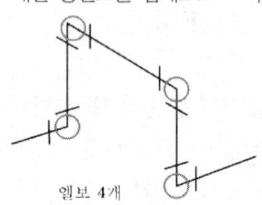

엘보 4개

45 다음은 관 연결용 부속을 사용처별로 구분하여 나열하였다. 잘못된 것은?

① 관 끝을 막을 때 : 리듀서, 부싱, 캡
② 배관의 방향을 바꿀 때 : 엘보, 벤드
③ 관을 도중에서 분기할 때 : 티, 와이, 크로스
④ 동경관을 직선 연결할 때 : 소켓, 유니언, 니플

해설 ㉠ 관을 도중에 분기할 때 : 티, 와이, 크로스
㉡ 관 끝을 막을 때 : 캡, 플러그
㉢ 이경관을 연결할 때 : 리듀서, 부싱
㉣ 관을 직선 연결할 때 : 소켓, 유니언, 플랜지, 니플
㉤ 관의 방향을 바꿀 때 : 엘보, 벤드

46 급수설비 중 수평배관의 지지간격이 3m일 경우 강관의 관경은 얼마인가?

① 20A 이하   ② 25~30A
③ 32~40A   ④ 50~80A

Answer 42. ② 43. ④ 44. ① 45. ① 46. ④

03 부록 2

해설 강관의 수평배관 지지간격

관지름	지지간격
20A 이하	1.8m 이내
25A~40A	2.0m 이내
50A~80A	3.0m 이내
100A~150A	4.0m 이내
200A 이상	5.0m 이내

47 냉매 배관 시공법에 관한 설명으로 틀린 것은?
① 압축기와 응축기가 동일 높이 또는 응축기가 아래에 있는 경우 배출관은 하향 구배로 한다.
② 증발기가 응축기보다 아래에 있을 때 냉매액이 증발기에 흘러내리는 것을 방지하기 위해 역 루프를 만들어 배관한다.
③ 증발기와 압축기가 같은 높이일 때는 흡입관을 수직으로 세운 다음 압축기를 향해 선단 상향구배로 배관한다.
④ 액관 배관 시 증발기 입구에 전자밸브가 있을 때는 루프이음을 할 필요가 없다.
해설 증발기와 압축기가 같은 높이일 때는 흡입관을 수직으로 세운 다음 압축기를 향해 하향구배로 배관한다.

48 천연고무보다 더 우수한 성질을 가지고 있으며 내유성, 내후성, 내산성, 내마모성 등이 뛰어난 고무류 패킹재는 무엇인가?
① 테플론   ② 석면
③ 네오프렌 ④ 합성수지
해설 네오프렌(neoprene)
천연고무와 비슷한 성질을 가진 합성고무로서 천연고무보다 더 우수한 성질을 가지고 있다. 내유성, 내후성, 내산성, 내마모성이 뛰어나며 기계적 성질이 우수하다. 내열범위가 -46~121℃이고 물, 공기, 기름, 냉매배관에 사용하며 증기배관에는 사용하지 않는다.

49 동관접합 방법의 종류가 아닌 것은?
① 빅토릭 접합   ② 플레어 접합
③ 플랜지 접합   ④ 납땜 접합
해설 동관의 접합
㉠ 플레어 접합(flare joint)
㉡ 용접 이음
㉢ 플랜지 이음
㉣ 납땜 접합
[참고] 주철관 이음
소켓 이음, 노허브 이음, 플랜지 이음, 기계식 이음, 타이튼 이음, 빅토릭 이음

50 배수 및 통기설비에서 배수 배관의 청소구 설치를 필요로 하는 곳이다. 틀린 것은?
① 배수 수직관의 제일 밑부분 또는 그 근처
② 배수 수평 주관과 배수 수평 분기관의 분기점
③ 길이가 긴 배수관의 중간지점으로 하되 100A 이상의 배수관은 10m마다 설치
④ 배수관이 45° 이상의 각도로 방향을 전환하는 곳
해설 배수 배관의 청소구 설치 간격
㉠ 배수 수평관에서 관경이 100A 이하일 때에는 직진거리 15m 이내마다 1개소씩 설치한다.
㉡ 관경이 100A 이상일 때에는 직진거리 30m 이내마다 1개소씩 설치한다.

51 다음과 같이 압축기와 응축기가 동일한 높이에 있을 때, 배관 방법으로 가장 적합한 것은?

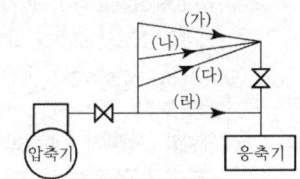

① (가)   ② (나)

Answer 47. ③ 48. ③ 49. ① 50. ③ 51. ①

③ (다)　　　④ (라)

해설 압축기와 응축기가 같은 위치에 있는 경우 일단 입상관을 설치한 다음 하향구배 배관으로 응축기로 연결하여 압축기 정지 중 응축된 냉매가 압축기로 역류하는 것을 방지해야 한다.

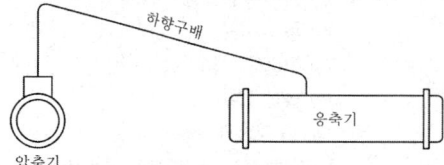

[토출배관 (응축기와 압축기가 같은 위치)]

52 난방배관에서 리프트 이음(lift fitting)을 하는 응축수 환수방식은?

① 중력환수식　　② 기계환수식
③ 진공환수식　　④ 상향환수식

해설 리프트 피팅(lift fitting)
진공환수식 난방의 경우에 방열기보다 높은 위치에 환수관을 연결하여 환수관보다 높은 위치로 환수관의 응축수를 끌어올려 환수하는 방법

53 제어계에서 제어량이 원하는 값을 갖도록 외부에서 주어지는 값은?

① 동작신호　　② 조작량
③ 목표값　　　④ 궤환량

해설 목표값(입력값)
외부에서 사용자가 제어 시스템에서 원하는 입력치로서 설정값이다.
[참고]
　㉠ 동작신호 : 기준입력과 주피드백량의 차이로써 제어계의 동작을 일으키는 원인이 되는 신호로서 오차를 의미한다.
　㉡ 조작량 : 제어요소가 제어대상에 주는 양을 말한다.
　㉢ 궤환량 : 궤환이란 출력신호의 일부를 입력측으로 되돌리는 것이며 궤환량은 동작신호를 얻기 위하여 기준입력과 비교되는 양이다.

54 다음 중 파형률을 바르게 나타낸 것은?

① $\dfrac{실효값}{평균값}$　　② $\dfrac{최댓값}{평균값}$

③ $\dfrac{최댓값}{실효값}$　　④ $\dfrac{실효값}{최댓값}$

해설 ㉠ 파고율 = $\dfrac{최댓값}{실효값}$
　　　㉡ 파형률 = $\dfrac{실효값}{평균값}$

55 직류발전기의 철심을 규소강판으로 성층하여 사용하는 이유로 가장 알맞은 것은?

① 브러시에서의 불꽃 방지 및 정류 개선
② 와류손과 히스테리시스손의 감소
③ 전기자 반작용의 감소
④ 기계적으로 튼튼함

해설 직류발전기의 철심을 규소강판으로 성층하여 사용하는 이유는 히스테리시스손이 작은 규소강판에 성층을 하면 와류손(맴돌이 전류손)을 감소시킬 수 있기 때문이다. 규소강판은 1~5%의 규소가 들어 있고 탄소나 그 밖의 불순물을 최소로 감소시킨 강판으로 전기적 특성이 양호하고 철손이 매우 적으므로 발전기, 전동기, 변압기의 철심 등에 쓰인다.

56 가동코일형 계기로 측정할 수 없는 것은?

① 직류전류　　② 직류전압
③ 교류전압　　④ 직류저항

해설 가동코일형 계기는 직류전용 계기로 교류를 측정하려면 정류기를 삽입해야 한다.

57 전동기 정역회로를 구성할 때 기기의 보호와 조작자의 안전을 위하여 필수적으로 구성되어야 하는 회로는?

① 인터록 회로
② 플립플롭 회로

③ 정지우선 자기유지회로
④ 기동우선 자기유지회로

해설 **인터록(interlock) 회로**
선행동작 우선회로 또는 상대동작 금지회로라고도 하며 주로 기기의 보호와 조작자의 안전을 목적으로 구성된 회로로 두 회로가 동시에 기동되지 못하도록 다른 하나의 회로를 잠시 끊어버리는 회로

[참고] 전동기 정역회로의 인터록 회로
전동기의 정회전 구동 시 전동기의 역회전 구동이 되지 않도록 정회전 조건에 역회전이 정지했다는 정보를 넣어주고 반대로 역회전 구동 시 정회전 정지 조건을 넣어 현재 동작하고 있는 반대의 동작이 되지 못하도록 조건을 걸어주는 것을 말한다.

58 제어량은 회전수, 전압, 주파수 등이 있으며 이 목표치를 장기간 일정하게 유지시키는 것은?
① 서보기구   ② 자동조정
③ 추치 제어   ④ 프로세스 제어

해설 **자동조정(Automatic setting)**
전력계통, 발전기, 원동기, 조속기, 연소장치 등의 기기 운전에 관한 물리량(전압, 주파수, 회전수, 전력, 압력 등)을 제어량으로 하여 이것을 일정하게 유지하는 것을 목적으로 하는 대표적인 정치제어

59 시퀀스 제어에 관한 설명 중 틀린 것은?
① 조합 논리회로도 사용된다.
② 시간 지연요소도 사용된다.
③ 유접점 계전기만 사용된다.
④ 제어 결과에 따라 조작이 자동적으로 이행된다.

해설 **시퀀스 제어**
미리 정해진 순서에 따라 제어의 각 단계를 순차적으로 제어하는 방식으로 계통에 연결된 스위치가 순차적으로 작동한다. 시퀀스 제어에는 유접점 제어와 무접점 제어가 있다.

[참고] 제어장치에 따른 분류
㉠ 유접점 제어 : 릴레이 또는 전자계전기 등의 소자를 사용하여 제어하는 방식
㉡ 무접점 제어 : 트랜지스터, 다이오드 등의 반도체 스위칭 소자를 사용하여 제어하는 방식

60 변압기 내부 고장 검출용 보호계전기는?
① 차동계전기   ② 과전류계전기
③ 역상계전기   ④ 부족전압계전기

해설 **차동계전기**
보호구간의 내부에서 발생한 고장을 신속하고 정확하게 선택 차단하는 데 널리 적용되는 계전기로 대형 변압기, 발전기 내부 고장을 보호하기 위한 장치이다.

Answer 58. ② 59. ③ 60. ①

chapter 03 공조냉동기계산업기사 CBT 기출 복원문제

2024년 1회

제1과목 : 공기조화 설비

01 공조시스템에 대한 설명으로 틀린 것은?
① 실내 송풍량은 실내현열부하와 취출온도차로 구할 수 있다.
② 여름철 재열 시스템에서 냉각코일부하에는 재열부하가 포함된다.
③ 공기조화기에서 처리하는 열부하에는 실내 열취득부하, 배관취득부하, 환기용 도입 외기부하가 포함된다.
④ 전열교환기를 사용하면 냉각코일용량을 감소시키고 냉방에너지를 절약할 수 있다.

해설 ③ 공기조화기에서 처리하는 열부하에는 실내 열취득부하, 송풍기 부하, 덕트 통과 열부하, 외기부하, 재열부하 등이 포함되며, 공조 코일의 용량, 냉온수의 필요 유량, 가습장치 등의 용량이 결정된다. 배관취득부하는 열원부하이며 열원부하에 의해 열원기기의 용량이나 대수를 결정한다.

02 다음 중 냉수 코일의 설계법으로 옳은 것은?
① 공기흐름과 냉수흐름의 방향을 역류(대향류)로 하고 대수평균온도차를 크게 한다.
② 코일 내 물의 입출구 온도차는 10℃ 이상으로 한다.
③ 코일을 통과하는 공기의 풍속은 5m/s 이상으로 한다.
④ 냉수 속도는 일반적으로 5m/s 전후로 한다.

해설 냉·온수 코일의 설계법
㉠ 물과 공기의 흐름방향은 대향류(역류)로 할 것
㉡ 대수평균온도차(LMTD)를 크게 할 것(열수를 적게 할 수 있으며 코일의 열 수는 4~8열이 적당)
㉢ 코일의 통과 풍속 : 2~3m/s
㉣ 관 내의 수속 : 1m/s 전후
㉤ 물의 입·출구 온도차 : 5℃
㉥ 공기의 출구온도와 물의 입구온도 차 : 5℃ 이상

03 수관식 보일러의 특징에 관한 설명으로 옳은 것은?
① 화염으로부터 열을 받아 온수를 가열해 주는 열매체로 물을 사용하는데, 보일러 내부가 진공상태로 유지되기에 정상적인 상태에서는 열매의 손실은 없다.
② 드럼없이 수관만으로 설계한 강제순환식 보일러로 급수가 공급될 때 수관의 예열부 → 증발부 → 과열부를 순차적으로 통과하면서 증기가 발생하게 된다.
③ 지름이 큰 동체를 몸체로 하여 그 내부에 노통과 연관을 동체축에 평행하게 설치하고, 노통을 나온 연소가스가 다수의 연관을 통해 연도로 빠져나가도록 되어 있는 구조의 보일러이다.
④ 상부 드럼과 하부 드럼 사이에 작은 구경의 많은 수관을 설치한 구조로 고온 및 고압에 적당하고, 발생열량이 크며, 용량에

Answer 01. ③ 02. ① 03. ④

비하여 크기가 작아 설치면적이 적고, 전열면적은 넓어서 효율이 매우 높다.

해설 ① 진공식 온수 보일러에 대한 설명이다.
② 관류식 보일러에 대한 설명이다.
③ 노통연관식 보일러에 대한 설명이다.

04 5000W의 열을 발산하는 기계실의 온도를 26℃로 유지하기 위한 환기량은 약 얼마인가? (단, 외기온도 12℃, 공기 정압비열 1.01kJ/kg℃, 밀도 1.2kg/m³이다.)

① 294.67m³/h   ② 353.6m³/h
③ 1060.82m³/h   ④ 1272.98m³/h

해설 $Q = \dfrac{q_s}{\rho C_p \Delta t}$

$= \dfrac{5\text{kJ/s} \times \dfrac{3600\text{s}}{1\text{h}}}{1.2 \times 1.01 \times (26-12)} = 1060.82\text{m}^3/\text{h}$

여기서, $q_s = 5000\text{W} = 5\text{kW} = 5\text{kJ/s}$

05 현재의 공기상태가 건구온도 26℃, 상대습도 50%라면, 공기의 건구온도와 습구온도, 노점온도의 값이 큰 것부터 나열한 것은?

① 건구온도 > 습구온도 > 노점온도
② 습구온도 > 건구온도 > 노점온도
③ 노점온도 > 습구온도 > 건구온도
④ 건구온도 > 노점온도 > 습구온도

해설 ㉠ 일반적으로 습구온도는 공기의 건구온도보다 낮고 노점온도보다는 높다.
㉡ 상대습도가 100%이면 건구온도, 습구온도, 노점온도는 모두 동일하다.
㉢ 건구온도(26℃) > 습구온도(18.71℃) > 노점온도(14.81℃)

06 외기온도 13℃(포화 수증기압 1.71kPa)이며 절대습도 0.008kg/kg일 때의 상대습도 RH는? (단, 대기압은 101.3kPa이다.)

① 약 37%   ② 약 46%
③ 약 75%   ④ 약 82%

해설 ㉠ 수증기 분압(P_ω)

$x = 0.622 \times \dfrac{P_\omega}{P-P_\omega}$

$\therefore P_\omega = \dfrac{Px}{0.622+x}$

$= \dfrac{101.3 \times 0.008}{0.622+0.008} = 1.286\text{kPa}$

㉡ 상대습도(ϕ)

$\phi = \dfrac{P_\omega}{P_s} \times 100[\%] = \dfrac{1.286}{1.71} \times 100 = 75\%$

07 배관 내의 흐르는 물을 피토관을 이용하여 측정하였더니 전압이 14.1kPa, 유속이 2m/s일 때 정압은 약 몇 kPa인가? (단, 물의 밀도는 1000kg/m³이다.)

① 10.1kPa   ② 12.1kPa
③ 14.1kPa   ④ 16.1kPa

해설 ㉠ 동압 : $P_v = \dfrac{1}{2}\rho v^2$

$= \dfrac{1}{2} \times 1000 \times 2^2$

$= 2000\text{Pa} = 2\text{kPa}$

㉡ P_t(전압) $= P_s$(정압) $+ P_v$(동압)

$P_s = P_t - P_v = 14.1 - 2 = 12.1\text{kPa}$

08 냉방부하 계산 시 일사를 받는 외벽으로부터의 침입열량을 계산할 때 일사에 의한 열취득을 고려한 온도를 무엇이라 하는가?

① 설계 외기온도   ② 최고 외기온도
③ 상당 외기온도   ④ TAC 외기온도

해설 **상당 외기온도**
일사를 받는 외벽이나 지붕같이 열용량을 갖는 구조체를 통과하는 열량을 산출하기 위하여 외기온도나 일사량을 고려하여 정한 근사적 외기온도

Answer 04. ③ 05. ① 06. ③ 07. ② 08. ③

09 건강에 해로운 대기질 지수(AQI)는?
① 0~50
② 51~100
③ 101~150
④ 151~200

해설

AQI 지수	대기질 상태
0~50	좋음
51~100	보통
101~150	민감한 그룹에 해로움
151~200	해로움
201~300	매우 해로움
301~500	위험

10 증기난방법에 관한 설명으로 틀린 것은?
① 증기난방은 증기의 잠열을 이용하므로 열 운반 능력이 크다.
② 증기난방에서 보통 저압식은 0.1~0.3MPa, 고압식은 0.5~1.9MPa 증기압을 이용한다.
③ 증기난방은 열용량이 작아서 간헐난방에 적합하다.
④ 증기난방은 대규모 난방설비에 적합하다.

해설 ② 증기난방에서 보통 저압식은 사용압력이 0.1MPa 미만인 경우이며, 고압식은 0.1MPa 이상인 증기를 사용한다.

11 다음 중 송풍기 상사법칙에 관한 설명으로 옳지 않은 것은? (단, 임펠러 직경은 동일하다.)
① 풍량은 속도비에 비례한다.
② 정압은 속도비의 제곱에 비례한다.
③ 축동력은 속도비의 3제곱에 비례한다.
④ 소음과 진동은 속도비의 제곱에 비례한다.

해설 **송풍기의 상사법칙**
송풍기 운전 중 풍량과 회전수, 임펠러의 직경, 정압, 동력은 아래와 같은 비례 관계를 갖고 있는데 이를 송풍기의 상사법칙이라고 하며, 송풍기 성능 추정에 중요한 법칙으로 소음과 진동은 상사법칙과 관련이 없다.

㉠ 풍량 : $\dfrac{Q_2}{Q_1} = \dfrac{N_2}{N_1}$ $\dfrac{Q_2}{Q_1} = \left(\dfrac{D_2}{D_1}\right)^3$

㉡ 정압 : $\dfrac{P_2}{P_1} = \left(\dfrac{N_2}{N_1}\right)^2$ $\dfrac{P_2}{P_1} = \left(\dfrac{D_2}{D_1}\right)^2$

㉢ 동력 : $\dfrac{L_2}{L_1} = \left(\dfrac{N_2}{N_1}\right)^3$ $\dfrac{L_2}{L_1} = \left(\dfrac{D_2}{D_1}\right)^5$

12 덕트 설계법 중 등마찰손실법에 대한 설명으로 틀린 것은?
① 등마찰손실법은 산업용 분말이나 분진 이송에 적합한 설계법이다.
② 등마찰손실법은 덕트 설계가 간단하여 동일 마찰저항일 때 풍량이 클수록 풍속은 커진다.
③ 등마찰손실법으로 설계하면 덕트 말단으로 갈수록 풍속이 감소하여 정압이 증가한다.
④ 등마찰손실법으로 설계하면 덕트 길이당 마찰손실이 같으며 정압법이라고도 한다.

해설 ① 등속법은 산업용 분말이나 분진 이송에 적합한 설계법이다.

13 공기조화방식 중 사람이 거주하는 공간에서 실내환기를 위하여 최소 풍량을 확보하도록 할 필요가 있는 방식은?
① 이중덕트 방식
② 단일덕트 정풍량 방식
③ 단일덕트 변풍량 방식
④ 유인유닛 방식

해설 **단일덕트 변풍량 방식**
전공식 방식이며 실내 부하 변동에 따라 송풍량을 변화시키고 송풍 온도를 일정하게 유지하는 방식으로 각 실별 필요 부하만큼만 공급되므로 불필요한 에너지 낭비를 줄일 수 있다. 하지만 최소 풍량 시 환기량 부족 현상 발생 가능성(실내 청정도 악화)이 있어 필요한 외기량을 확보하는 것이 중요하다.

Answer 09. ④ 10. ② 11. ④ 12. ① 13. ③

14 습공기의 성질에 관한 설명 중 틀린 것은?
① 상대습도는 동일 온도의 포화절대습도에 대한 해당 절대습도의 비로 표현한다.
② 건구온도가 증가할수록 공기 중 포화절대습도는 증가한다.
③ 건구온도와 습구온도가 같을 경우 상대습도는 100%이다.
④ 동일한 절대습도에서 건구온도가 증가할수록 엔탈피는 증가한다.

해설 ① 비교습도는 동일 온도의 포화절대습도에 대한 해당 절대습도의 비로 표현한다.

15 건구온도 20℃, 상대습도 60%인 습공기에서 건공기의 분압(kPa)은? (단, 대기압은 101.3kPa, 20℃ 포화 수증기압은 3.9kPa이다.)
① 96.42kPa ② 97.40kPa
③ 98.34kPa ④ 98.96kPa

해설 ㉠ 수증기 분압(P_w)

$$\phi = \frac{P_w}{P_s} \times 100[\%]$$

$$P_w = \frac{\phi P_s}{100} = \frac{60 \times 3.9}{100} = 2.34\text{kPa}$$

㉡ 건공기 분압(P_A)

$$P_A = P_{대기압} - P_w$$
$$= 101.3 - 2.34 = 98.96\text{kPa}$$

16 다음 습공기 선도의 공기조화과정을 나타낸 장치도는? (단, ①=외기, ②=환기, HC=가열기, CC=냉각기이다.)

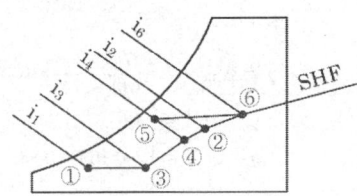

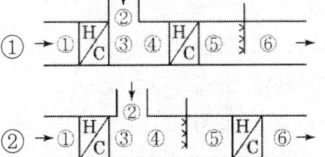
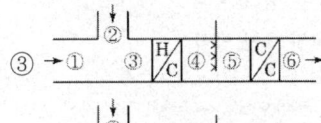
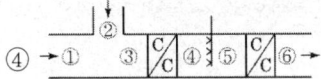

해설 ① 외기
①-③ 외기 예열
② 환기
④ 외기와 환기의 혼합
④-⑤ 가습
⑤-⑥ 재열
⑥-② 실내취출

17 다음 중 개방식 팽창탱크에 반드시 필요한 요소가 아닌 것은?
① 압력계 ② 오버플로우관
③ 안전관 ④ 팽창관

해설 압력계는 밀폐식 팽창탱크에 필요한 요소이다.
[참고] 개방식 팽창탱크의 구성

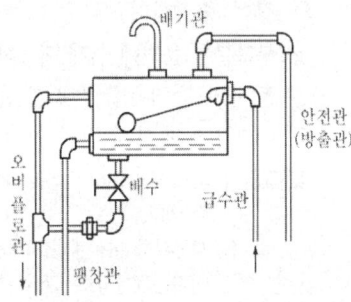

18 전수식 공조방식으로 중앙기계실의 열원설비로부터 냉수 또는 온수를 각 실에 있는 유닛에 공급하여 냉난방하는 가장 경제적인 공

Answer 14. ① 15. ④ 16. ② 17. ① 18. ②

조방식은?

① 단일덕트 재열방식
② 팬코일 유닛 방식
③ 패키지 유닛 방식
④ 바닥취출 공조방식

해설 팬코일 유닛 방식
전수식으로 덕트 스페이스가 작고 각 실 제어가 양호하며 열매운송동력이 적어 가장 경제적이다.

19 실내 냉방부하가 현열 1.1kW, 잠열 0.28kW인 실의 송풍량은? (단, 취출 온도차 10℃, 공기 비중량 1.2kg/m³, 비열 1.01kJ/kg·K 이다.)

① 327CMH   ② 427CMH
③ 3270CMH ④ 4270CMH

해설 $Q = \dfrac{q_s}{\gamma C \Delta t}$

$= \dfrac{1.1 \text{kJ/s} \times \dfrac{3600s}{1h}}{1.2 \times 1.01 \times 10} = 327 \text{m}^3/\text{h[CMH]}$

20 축열시스템의 특징에 관한 설명으로 옳은 것은?

① 피크 컷(peak cut)에 의해 열원장치의 용량이 증가한다.
② 부분부하 운전에 쉽게 대응하기가 곤란하다.
③ 도시의 전력수급상태 개선에 공헌한다.
④ 야간운전에 따른 관리 인건비가 절약된다.

해설 ① 피크 컷에 의하여 열원장치 용량을 최소화할 수 있다.
② 부분부하 운전에 쉽게 대응할 수 있다.
④ 야간운전에 따른 관리 안전비가 상승한다.

제2과목 : 냉동냉장 설비

21 스크류 압축기의 운전 중 로터에 오일을 분사시켜주는 목적으로 가장 거리가 먼 것은?

① 높은 압축비를 허용하면서 토출온도 유지
② 압축효율 증대로 전력소비 증가
③ 로터의 마모를 줄여 장기간 성능 유지
④ 높은 압축비에서도 체적효율 유지

해설 ② 압축효율 증대로 전력소비 감소
[참고] 로터로 분사되어지는 다량의 윤활유는 압축가스의 냉각효과, 숫로터와 암로터 간의 간극에서의 누설방지 및 로터 밀봉선의 윤활을 형성하며 두 개의 로터와 케이싱에 형성되는 유막에 의한 밀봉으로 압축가스의 내부누설을 최소화시켜 압축효율을 증대시킨다.

22 냉동장치 운전 중 증기상태값이 압력 0.3MPa에서 포화액 엔탈피 368kJ/kg, 포화증기 엔탈피 1614kJ/kg일 때 팽창밸브 직전의 냉매 엔탈피는 577.8kJ/kg, 팽창밸브 통과 후 냉매 압력이 0.3MPa일 때 증발기로 들어가는 냉매액의 중량비는 대략 몇 %가 되는가?

① 16.8%   ② 38.5%
③ 78.2%   ④ 83.2%

해설 냉매액의 중량비
풀이 1)
팽창과정은 등엔탈피 과정이므로 팽창밸브 통과 후 냉매 엔탈피는 577.8kJ/kg이므로

냉매액의 중량비 $= \dfrac{h_{\text{포화증기}} - h_{\text{팽창밸브 통과 후}}}{h_{\text{포화증기}} - h_{\text{포화액}}}$

$= \dfrac{1614 - 577.8}{1614 - 368}$

$= 0.832 = 83.2\%$

풀이 2)
㉠ 건조도 $x = \dfrac{577.8 - 368}{1614 - 368} = 0.168$
㉡ 냉매액의 중량비
$y = 1 - x = 1 - 0.168 = 0.832 = 83.2\%$

  19. ① 20. ③ 21. ② 22. ④

23 냉동장치 증발기에 대한 핫가스 제상방법의 특징으로 잘못된 것은?
① 전기제상법에 비하여 제상속도가 빠르다.
② 핫가스 제상 후 즉시 정상운전이 가능하다.
③ 압축기 토출가스를 전자변을 통해 증발기로 주입하여 제상한다.
④ 증발기가 내부에서 가열되기 때문에 냉장식품으로 전달되는 과잉열량이 전기제상법보다 적다.

해설 ② 핫가스 제상 후 핫가스 라인 밸브를 모두 닫고 팽창밸브 개방 후 정상운전이 가능하다.

24 전열면의 열통과율은 379W/m²K, 전열면적은 0.4m², 전열면 양측 온도는 각각 -5℃, 25℃일 때 전열면을 통한 열통과량은 얼마인가?
① 3032W   ② 4548W
③ 5458W   ④ 6338W

해설 열통과량(Q)
$Q = K \cdot A \cdot \Delta t$
$= 379 \times 0.4 \times [25-(-5)] = 4548W$

25 10ton의 쇠고기(지방이 없는 부분)를 10시간 동안 35℃에서 2℃까지 냉각할 때 필요한 냉동능력은 약 얼마인가? (단, 쇠고기 동결점은 -2℃, 동결 전 비열은 3.25kJ/kg·K, 동결 후 비열은 1.76kJ/kg·K, 동결잠열은 232kJ/kg·K이다.)
① 16kW   ② 30kW
③ 35kW   ④ 42kW

해설 냉동능력
$Q = GC\Delta t$
$= \dfrac{\left(10\text{ton} \times \dfrac{1000\text{kg}}{1\text{ton}} \times 3.25 \times (35-2)\right)}{10\text{h} \times \dfrac{3600\text{s}}{1\text{h}}}$
$= 30\text{kJ/s} = 30\text{kW}$

26 다음은 증발기의 구조와 작용에 대해 설명한 것이다. 이 중 옳지 않은 것은?
① 만액식 증발기는 리퀴드백을 방지하기 위해 액분리기를 설치한다.
② 액순환식 증발기는 액펌프에 의해 액을 순환시키므로 타 증발기에 비해 전열이 양호하다.
③ 공기의 흐름과 냉매의 흐름은 직교류보다 평행류일 때 전열작용이 좋다.
④ 건식 증발기가 만액식 증발기에 비해 충전 냉매량이 적다.

해설 ③ 공기의 흐름과 냉매의 흐름방향은 평행류보다 직교류일 때 전열효과가 좋다.

27 제빙장치에서 깨끗한 얼음을 만들기 위해 빙관 내로 공기를 송입하여 물을 교반시킨다. 이때 어떤 종류의 송풍기가 많이 사용되는가?
① 프로펠러식 송풍기
② 임펠러식 송풍기
③ 로터리식 송풍기
④ 스크류식 송풍기

해설 공기교반장치
깨끗한 얼음을 만들기 위해 빙관 내로 공기를 송입하여 물을 교반시키는 장치로 송풍기, 냉각기, 스테인리스 파이프, 드롭 튜브 등으로 구성되어 있다. 송풍기는 로터리식이 많이 사용되는데 송풍 압력은 14.7~24.5kPa 정도이고 송풍량은 135kg용에서는 14L/min, 90kg용에서는 11L/min을 표준으로 하고 있다.

28 냉동장치 운전을 위한 준비작업으로 옳지 않은 것은?
① 회전기계의 벨트 장력을 확인한다.
② 응축기 냉각수 펌프를 기동한다.
③ 압축기를 기동한다.

Answer 23. ③ 24. ② 25. ② 26. ③ 27. ③ 28. ③

④ 압축기의 유압을 조정한다.

해설 ③ 냉동장치의 운전 개시 시 압축기를 기동한다.
[참고] 냉동기의 운전준비
㉠ 압축기의 유면을 점검한다.
㉡ 냉매량을 확인한다.
㉢ 응축기, 유냉각기의 냉각수 출구밸브를 연다.
㉣ 압축기의 흡입측 및 토출측 스톱밸브를 완전히 연다(단, 흡입측의 냉매배관 중에 액냉매가 고여 있을 경우 흡입측 스톱밸브를 완전히 닫는다).
㉤ 운전 중에 열어두어야 할 밸브는 전부 열어 놓고 닫아야 할 밸브는 닫는다.
㉥ 배관 중에 있는 전자밸브의 작동을 확인한다.
㉦ 개방형 압축기는 벨트 상태를 점검하고 직결인 경우 커플링을 점검한다.
㉧ 전기결선, 조작회로를 점검하고 절연저항을 측정해 둔다.
㉨ 냉각수 펌프를 운전하여 응축기 및 실린더 자켓의 물흐름을 확인한다.
㉩ 각 전동기에 대하여 수초 간격으로 2~3회 전동기를 기동, 정지시켜 기동상태, 회전방향을 확인해 둔다.

29 32°C와 -12°C의 두 열원 사이에서 작동하는 히트펌프가 달성할 수 있는 최고 성적계수는 얼마인가?

① 6.93 ② 8.1
③ 10.2 ④ 16.5

해설 성능계수

$$COP_H = \frac{T_H}{T_H - T_L} = \frac{305}{305 - 261} = 6.93$$

여기서, $T_H = 32°C = (32 + 273)K = 305K$
$T_L = -12°C = (-12 + 273)K = 261K$

30 전열면적 20m², 냉각수량 300L/min, 열통과율 1140W/m²·K인 수냉식 응축기를 사용하며, 냉각수 입구온도가 32°C, 출구온도가 37°C일 때 응축온도(°C)는 얼마인가? (단, 냉각수의 비열은 4.2kJ/kg·K이다.)

① 34.28°C ② 36.35°C
③ 37.92°C ④ 39.11°C

해설 응축기 방열량(Q_c)
$Q_c = KA\Delta t_m = GC\Delta t$ 에서
㉠ 응축기 방열량

$$Q_c = GC\Delta t = (300L/min \times \frac{1min}{60s}) \times 4.2 \times (37-32)$$
$$= 105kW$$

㉡ 냉매와 냉각수 온도차(Δt_m)

$$\Delta t_m = \frac{Q_c}{KA} = \frac{105kW \times \frac{1000W}{1kW}}{1140 \times 20}$$
$$= 4.6°C$$

㉢ 응축온도

$$\Delta t_m = t_c - \frac{t_{w1} + t_{w2}}{2}$$
$$t_c = \Delta t_m + \frac{t_{w1} + t_{w2}}{2}$$
$$= 4.6 + \frac{32 + 37}{2} = 39.1°C$$

31 다음 냉동장치의 액봉 사고 설명 중 옳지 않은 것은?

① 액봉의 발생방지에는 배관 밸브의 개폐상태, 압력도피 장치의 유무, 액관에 열침입이 없는지 확인한다.
② 액봉에 의해 현저하게 압력상승의 우려가 있는 부분은 안전밸브 또는 압력 릴리프 장치를 설치한다.
③ 액봉에 의해 현저하게 압력이 상승할 우려가 있는 부분에 설치하는 압력 릴리프 장치에는 용전을 이용하면 좋다.
④ 액봉에 의한 사고가 발생하기 쉬운 개소

Answer 29. ① 30. ④ 31. ③

로는 저압수액기의 냉매 액배관이 있다.

해설 ③ 액봉에 의해 현저하게 압력이 상승할 우려가 있는 부분에 설치하는 압력 릴리프 장치에는 스프링식 또는 파일롯식을 이용하면 좋다.

[참고] 용전

일반적으로 낮은 용점을 갖는 합금을 이용하여 용기가 화재 등으로 인하여 온도가 상승할 때 용기 내 가스를 방출시켜 용기가 과압되는 것을 방지하기 위해 설치하는 안전장치로, 용전식(가용전식)은 압력에 의해 작동하지 않고 온도에 의해서만 작동한다. 즉, 온도상승에 의해서 과압이 발생하는 경우에 사용한다.

32 몰리에르 선도에서 냉매의 상태값을 결정하기 위한 2개의 물리량으로 적합한 것은?

① 압력과 온도
② 압력과 엔탈피
③ 비체적과 레이놀드수
④ 마찰계수와 유속

해설 몰리에르 선도(P-h 선도)

응축 및 증발열량, 압축일의 열당량을 엔탈피의 차로 표시한 선도로 냉동능력, 냉동효과, 압축일, 응축열량, 압축비, 성적계수 등을 구할 수 있다. 냉매의 압력(P)과 엔탈피(h)의 2개의 독립적 상태량에 의해 완전하게 결정된다. 또한 습증기 상태에서는 온도와 압력은 독립적으로 변하는 상태량이 아니기 때문에 습증기 구역에서는 열역학적 상태량을 규정하기 위해서는 다른 물리량인 건도 등이 필요하다.

33 증발식 응축기에 관한 설명으로 옳은 것은?

① 증발식 응축기는 많은 냉각수를 필요로 한다.
② 송풍기, 순환펌프가 설치되지 않아 구조가 간단하다.
③ 대기온도는 동일하지만 습도가 높을 때는 응축압력이 높아진다.
④ 증발식 응축기의 냉각수 보급량은 물의 증발량과는 큰 관계가 없다.

해설 ① 증발식 응축기는 냉각수 소비량이 적어 냉각수량이 부족한 곳에 적합하며 냉각수의 보충이 필요하다.
② 송풍기, 순환펌프가 설치되어 구조가 복잡하다.
④ 증발식 응축기의 냉각수 보급량은 물의 증발량, 비산수량 등과 관계가 있다.

34 다음 그림은 역카르노 사이클을 절대온도(T)와 엔트로피(S) 선도로 나타내었다. 면적(1-2-2′-1′)이 나타내는 것은?

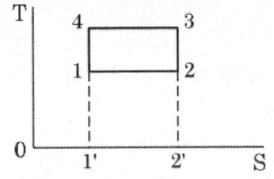

① 저열원으로부터 받는 열량
② 고열원에서 방출하는 열량
③ 냉동기에 공급된 열량
④ 고·저열원으로부터 나가는 열량

해설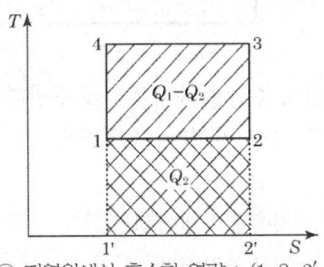
① 저열원에서 흡수한 열량 : (1-2-2′-1′)
② 고열원에서 방출한 열량 : (4-3-2′-1′)
③ 사이클 열량 : (1-2-3-4)

35 냉동능력이 17.5kW이고, 압축소요동력이 4kW인 냉동기에서 응축기의 냉각수 입구온

Answer 32. ② 33. ③ 34. ① 35. ①

도가 32℃, 냉각수량이 62L/min이면 응축기 출구의 냉각수 온도는? (단, 냉각수의 비열은 4.2kJ/kg·K이다.)

① 37℃   ② 38℃
③ 42℃   ④ 46℃

해설 ㉠ 응축기 방열량(Q_c)
$$Q_c = Q_e + W = 17.5 + 4 = 21.5 \text{kW}$$
㉡ 응축기 출구의 냉각수 온도
$$Q_c = GC\Delta t = GC(t_{w2} - t_{w1})$$
$$t_{w2} = \frac{Q_c}{GC}$$
$$= \frac{21.5}{[62\text{L/min} \times \frac{1\text{min}}{60s}] \times 4.2} + 32$$
$$= 37℃$$

36 다음 냉매 중 오존파괴지수(ODP)가 가장 낮은 것은?

① R11   ② R12
③ R22   ④ R134a

해설

냉매	오존파괴지수(ODP)
R11	1.0
R12	1.0
R22	0.05
R134a	0

37 냉매 충전용 매니폴드를 구성하는 주요 밸브와 가장 거리가 먼 것은?

① 흡입밸브
② 자동용량제어밸브
③ 펌프연결밸브
④ 바이패스밸브

해설 매니폴드 게이지는 2개의 게이지(고압계, 저압계), 2개의 수동밸브, 3개의 분리된 고압 연결 호스로 구성되어 있다. 매니폴드 게이지는 기밀시험, 진공시험, 냉매충전, 냉매이송, 냉매회수 및 냉동장치 각 부의 압력측정 등 여러 가지 종류의 시험에 사용된다.

38 CA 냉장고(Controlled Atmosphere storage)의 용도로 가장 적당한 것은?

① 가정용 냉장고로 쓰인다.
② 제빙용으로 주로 쓰인다.
③ 청과물 저장에 쓰인다.
④ 공조용으로 철도, 항공에 주로 쓰인다.

해설 CA냉장고(controlled atmosphere storage) 청과물(특히, 사과)을 저장할 때 보다 좋은 저장성을 얻기 위하여 냉장고 내의 산소를 3~5% 감소시키고, 탄산가스를 3~5% 증대시켜 청과물의 호흡 작용을 억제하면서 냉장하는 냉장고

39 진공계의 지시가 45cmHg일 때 절대압력은?

① 0.0421kgf/cm²·abs
② 0.42kgf/cm²·abs
③ 4.21kgf/cm²·abs
④ 42.1kgf/cm²·abs

해설 ㉠ 대기압 : 1atm=76cmHg
$$= 1.0332 \text{kgf/cm}^2$$
㉡ 절대압력 : 대기압-진공압력
$$= 76 - 45 = 31\text{cmHg} \cdot \text{abs}$$
㉢ 절대압력의 단위변환 : 31cmHg·abs
$$= \frac{31\text{cmHg}}{76\text{cmHg}} \times 1.0332 \text{kgf/cm}^2$$
$$= 0.42 \text{kgf/cm}^2 \cdot \text{abs}$$

40 압축기 직경이 100mm, 행정이 850mm, 회전수 2000rpm, 기통수 4일 때 피스톤 배출량(m³/h)은?

① 3204.4   ② 3316.2
③ 3458.8   ④ 3567.1

해설 피스톤 배출량(V)
$$V = \frac{\pi D^2}{4} \cdot L \cdot N \cdot R \cdot 60$$

Answer   36. ④   37. ②   38. ③   39. ②   40. ①

$$= \frac{\pi(0.1)^2}{4} \times 0.85 \times 2000 \times 4 \times 60$$
$$= 3204.4 \text{m}^3/\text{h}$$

여기서, D : 실린더 내경[m]
L : 피스톤 행정[m]
N : 기통수
R : 분당 회전수[rpm]

제3과목 : 공조냉동 설치·운영

41 고압가스 안전관리법령에 따라 일체형 냉동기의 조건으로 적합하지 않은 것은??

㉠ 냉매설비 및 압축기용 원동기가 하나의 프레임 위에 일체로 조립된 것
㉡ 냉동설비를 사용할 때 스톱밸브 조작이 필요한 것
㉢ 사용장소에 분할·반입하는 경우에는 냉매설비에 용접 또는 절단을 수반하는 공사를 하지 않고 재조립하여 냉동제조용으로 사용할 수 있는 것
㉣ 냉동설비의 수리 등을 하는 경우에 냉매설비 부품의 종류, 설치 개수, 부착 위치 및 외형 치수와 압축기용 원동기의 정격 출력 등이 제조 시 상태와 같도록 설계·수리될 수 있는 것
㉤ 응축기 유닛 및 증발 유닛이 냉매배관으로 연결된 것으로 하루 냉동능력이 20톤 미만인 공조용 패키지에어콘 등

① ㉠ ② ㉡
③ ㉡, ㉤ ④ ㉢, ㉤

해설 ② 냉동설비를 사용할 때 스톱밸브 조작이 필요 없는 것

42 기계설비법령에 따라 기계설비성능점검업 등록 시 기술인력 조건은?

① 특급 책임기계설비유지관리자 1명 및 고급 책임기계설비유지관리자 1명, 중급 책임기계설비유지관리자 1명
② 특급 책임기계설비유지관리자 1명 및 고급 책임기계설비유지관리자 1명, 중급 책임기계설비유지관리자 2명
③ 특급 책임기계설비유지관리자 1명 및 고급 책임기계설비유지관리자 2명, 중급 책임기계설비유지관리자 2명
④ 특급 책임기계설비유지관리자 1명 및 고급 책임기계설비유지관리자 2명, 중급 책임기계설비유지관리자 3명

해설 기계설비성능점검업의 기술인력 등록 요건
① 특급 책임기계설비유지관리자 1명
  ㉠ 「국가기술자격법」에 따른 건축설비 분야
  ㉡ 「국가기술자격법」에 따른 공조냉동기계 분야 또는 「건설기술진흥법 시행령」 별표1에 따른 공조냉동 및 설비 전문분야
  ㉢ 「국가기술자격법」에 따른 에너지관리 분야
② 고급 이상인 책임기계설비유지관리자 1명
③ 중급 이상인 책임기계설비유지관리자 2명

43 기계설비법령에 따라 기계설비유지관리자는 근무처·경력·학력 및 자격 등의 관리에 필요한 사항을 신고하려는 경우 기계설비유지관리자 경력신고서에 첨부해야 하는 서류가 아닌 것은?

① 근무처 및 경력을 증명하는 서류
② 기계설비 관련 자격증 사본
③ 졸업증명서
④ 최근 3개월 이내에 촬영한 증명사진

해설 기계설비유지관리자 경력신고서 첨부서류
㉠ 근무처 및 경력을 증명하는 서류
㉡ 기계설비 관련 자격증(국가기술자격증은 제외) 사본
㉢ 졸업증명서
㉣ 최근 6개월 이내에 촬영한 증명사진 (가로 2.5cm×세로 3cm)

Answer 41. ② 42. ② 43. ④

44 고압가스 안전관리법령에서 규정하는 냉동기 제조 등록을 하는 냉동기의 기준은 얼마인가?
① 냉동능력 3톤 이상인 냉동기
② 냉동능력 5톤 이상인 냉동기
③ 냉동능력 8톤 이상인 냉동기
④ 냉동능력 10톤 이상인 냉동기

해설 고압가스 안전관리법 시행령 제5조(용기 등의 제조등록)
냉동기 제조 : 냉동능력이 3톤 이상인 냉동기를 제조하는 것

45 그림은 인덕턴스 회로에서 전압 V와 전류 i의 관계를 설명하고 있다. 그 특징에 대한 설명으로 옳은 것은?

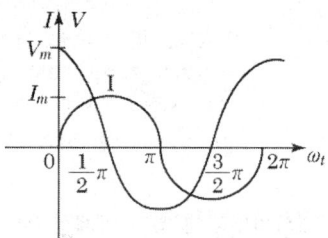

① 전압과 전류는 동일 주파수의 정현파이다.
② 전류가 전압보다 위상이 90° 앞선다.
③ 실효치의 비가 $\frac{1}{\omega L}$이다.
④ 콘덴서 회로와 같이 다른 주파수의 정현파이다.

해설 ② 전압이 전류보다 위상이 90°만큼 앞선다.
③ 실효치의 비가 $X_L = \omega L = 2\pi f L$이다.
④ 주기가 같으므로(2π) 같은 주파수의 정현파이다.

46 역률 80%인 부하에 전압과 전류의 실효값이 각각 100V, 5A라고 할 때 무효전력[Var]은?
① 100   ② 200
③ 300   ④ 400

해설 풀이 1)
㉠ 역률 $\cos\theta = 0.8$, $\theta = \cos^{-1}0.8 = 36.87°$
㉡ 무효전력
$P_r = IV\sin\theta$
$= 100 \times 5 \times \sin 36.87° = 300\text{Var}$
풀이 2)
$\sin^2\theta + \cos^2\theta = 1$
$\sin\theta = \sqrt{1-\cos^2\theta} = \sqrt{1-0.8^2} = 0.6$
$P_r = IV\sin\theta = 5 \times 100 \times 0.6 = 300\text{Var}$

47 열처리 노의 온도제어는 어떤 제어에 속하는가?
① 자동조정   ② 비율 제어
③ 프로그램 제어   ④ 프로세스 제어

해설 프로그램 제어
목표값의 변화량이 미리 정해진 프로그램에 의하여 상태량을 제어하는 것으로 열차의 무인운전이나 열처리로의 온도제어에 적용한다.

48 자동제어의 조절기기 중 불연속 동작인 것은?
① 2위치 동작   ② 비례제어 동작
③ 적분제어 동작   ④ 미분제어 동작

해설

제어방법	종류
불연속 제어	2위치 제어(ON-OFF제어), 다위치 제어, 샘플값 제어
연속 제어	비례제어, 적분제어, 미분제어, 비례적분제어, 비례미분제어, 비례적분미분제어

49 전류계의 측정범위를 넓히기 위하여 이용되는 기기는 무엇이며, 이것은 전류계와 어떻게 접속하는가?
① 분류기-직렬접속
② 분류기-병렬접속
③ 배율기-직렬접속
④ 배율기-병렬접속

해설 ㉠ 분류기 : 일정한 전류계로서 큰 전류를 측정

Answer 44. ① 45. ① 46. ③ 47. ③ 48. ① 49. ②

하고자 할 때 전류계의 측정 범위를 넓히기 위하여 전류계에 저항을 병렬로 연결한 것
ⓒ 배율기 : 일정한 전압계로서 큰 전압을 측정하고자 할 경우 전압계의 측정 범위를 확대할 목적으로 외부의 저항을 전압계와 직렬로 연결한 것

③ 관로의 토출 손실수두
④ 압력 수두차

해설 펌프의 전양정 결정
전양정=실양정+흡입 손실수두+토출 손실수두 +토출 속도수두

50 1000kWh는 몇 kJ인가?
① 3,600kJ   ② 36,000kJ
③ 360,000kJ   ④ 3,600,000kJ

해설 $1000kWh \times \dfrac{3600s}{1h} = 3,600,000kJ$

54 다음 중 온도에 따른 팽창 및 수축이 가장 큰 배관재료는?
① 강관   ② 동관
③ 염화비닐관   ④ 콘크리트관

해설 염화비닐관
염화비닐을 주원료로 압축 가공하여 제조한 관으로 상수도 급수관에 주로 이용된다. 산, 알칼리에 강하고, 불양도체이고, 내부식성이 우수하며 경량, 저렴한 가격으로 가공이 쉽지만 열가소성 수지로 열팽창계수가 높아 충격과 열에 약하고 180℃ 정도에서 연화된다. 저온에서 특히 약하다(저온취성이 크다).

51 파형률이 가장 큰 것은?
① 구형파   ② 삼각파
③ 정현파   ④ 포물선파

해설 각종 파형의 파형률(=실효값/평균값)

파형	사각파 (구형파)	정현파	정현반파	삼각파	구형 반파
파형률	1	1.11	1.57	1.15	1.41

52 그림과 같은 논리회로는?

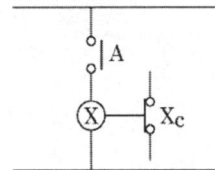

① OR 회로   ② AND 회로
③ NOT 회로   ④ NAND 회로

해설 NOT 회로(부정회로)
입력이 ON되면 출력이 OFF되고, 입력이 OFF되면 출력이 ON되는 회로

55 통기방식 중 각 기구의 트랩마다 통기관을 설치하여 안정도가 높고 자기 사이펀 작용에도 효과가 있으며 배수를 완전하게 할 수 있는 이상적인 통기 방식은?
① 각개 통기   ② 루프 통기
③ 신정 통기   ④ 회로 통기

해설 각개 통기 방식
개별 통기라고도 하며 각 기구의 트랩에서 통기관을 취하므로 통기효과가 가장 좋아 이상적인 통기 방식이지만 구조체의 관통부가 증가하기 때문에 설비비가 증가하는 단점이 있다.

56 다음 중 각 장치의 설치 및 특징에 대한 설명으로 틀린 것은?
① 슬루스 밸브는 유량조절용보다는 개폐용(ON-OFF용)에 주로 사용된다.
② 슬루스 밸브는 일명 게이트 밸브라고도

53 급수용 펌프의 양정을 결정할 때, 그 효과를 무시할 수 있는 것은?
① 실양정
② 관로의 흡입 손실수두

Answer 50. ④ 51. ② 52. ③ 53. ④ 54. ③ 55. ① 56. ④

한다.
③ 스트레이너는 배관 속 먼지, 흙, 모래 등을 제거하기 위한 부속품이다.
④ 스트레이너는 밸브 뒤에 설치한다.

해설 ④ 스트레이너(strainer)는 증기, 물, 기름 등의 배관 내의 유체에 혼입된 토사, 이물질을 제거하기 위하여 장치, 밸브류 입구측에 설치한다.

57 다음 중 밸브를 완전히 열었을 때 유체의 저항손실이 가장 큰 밸브는?
① 슬루스 밸브
② 글로브 밸브
③ 버터플라이 밸브
④ 볼 밸브

해설 글로브 밸브(glove valve)
㉠ 유체가 흐르는 방향에 따라 입구와 출구가 일직선상에 있는 밸브
㉡ 유량조절용으로 사용되고 유체의 흐름에 대하여 흐름저항이 크다.
㉢ 가볍고 가격이 저렴하다.

58 주철관의 소켓이음 시 코킹작업을 하는 주목적으로 가장 적합한 것은?
① 누수 방지
② 경도 증가
③ 인장강도 증가
④ 내진성 증가

해설 코킹 접합
구멍에 관을 꽂고 그 틈에 얀(yarn)을 삽입하여 납을 흘려 넣어서 코킹하는 주철관의 접합법으로, 이음 부분에 수밀(관의 어느 부분에 채워진 물이 밖으로 새지 않고 밀봉되어 있는 상태)을 위하여 사용한다.

59 개방식 팽창탱크 주변의 배관에서 팽창탱크의 수면 아래에 접속되는 관은?
① 팽창관
② 통기관
③ 안전관
④ 오버플로우관

해설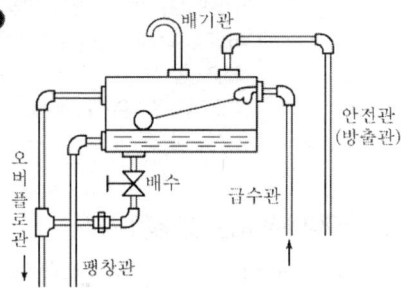

[개방식 팽창탱크의 구성]

60 다음 보온재 중 안전사용온도가 가장 높은 것은? (단, 동일조건 기준으로 한다.)
① 펠트
② 암면
③ 글라스울
④ 세라믹 화이버

해설 안전사용온도
① 펠트 : 100℃
② 암면 : 650℃
③ 글라스울 : 350℃
④ 세라믹 화이버 : 1260℃

chapter 03 공조냉동기계산업기사 CBT 기출 복원문제

2024년 2회

제1과목 : 공기조화 설비

01 증기난방 방식에서 응축수 환수방법에 따른 분류에 속하는 것은?
① 중력환수식
② 저압식 증기난방
③ 고압식 증기난방
④ 리버스리턴 방식

해설 응축수 환수방식에 의한 분류
중력환수식, 기계환수식, 진공환수식

02 다음 그림의 난방 설계도에서 컨벡터의 표시 중 F가 가진 의미는?

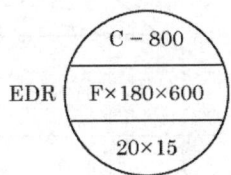

① 케이싱 길이   ② 높이
③ 형식   ④ 방열면적

해설 방열기(Convector)의 도시기호

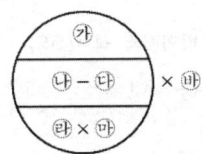

㉮ 쪽수 ㉯ 형식 ㉰ 높이
㉱ 유입관경 ㉲ 유출관경 ㉳ 조(組) 수

03 온도 30℃, 절대습도 0.0271kg/kg인 습공기 엔탈피는? (단, 공기의 비열 1.01kJ/kg·K, 수증기의 증발잠열 2501kJ/kg, 수증기의 비열 1.85kJ/kg·K이다.)
① 11.98kJ/kg   ② 23.73kJ/kg
③ 47.88kJ/kg   ④ 99.58kJ/kg

해설 습공기 엔탈피(h)
$h = C_p \cdot t + x(\gamma + C_w \cdot t)$
$= 1.01 \times 30 + 0.0271(2501 + 1.85 \times 30)$
$= 99.58 \text{kJ/kg}$

04 에어필터 효율 측정법이 아닌 것은?
① 중량법   ② NBS법
③ DOP법   ④ NTU법

해설 에어필터 효율 측정법
DOP법(계수법), 비색법(변색도법), NBS법, 중량법

05 냉각탑(cooling tower)에 대한 설명 중 잘못된 것은?
① 냉각탑은 냉동장치가 흡수한 열을 대기 중으로 방출하는 설비이다.
② 쿨링 레인지(cooling range)는 일반적으로 5℃ 정도로 한다.
③ 냉각수 입출구 온도는 37℃, 32℃ 정도로 한다.
④ 냉각수 순환수량은 23L/min·RT 정도로 한다.

해설 ④ 냉각수 순환수량은 13L/min·RT 정도로 한다.
[참고] 냉각탑 표준설계 기준

Answer 01.① 02.③ 03.④ 04.④ 05.④

㉠ 압축식 냉동기 1RT당 냉각열량(표준냉각톤)은 4.53kW(3900kcal/h)로 한다.
㉡ 표준설계조건은 냉각수 입구온도 37℃, 냉각수 출구온도 32℃, 입구공기 습구온도 27℃이다
㉢ 쿨링 레인지 및 쿨링 어프로치는 일반적으로 5℃ 정도로 한다.
㉣ 압축식 냉동기 1RT당 수량은 외기 습구온도가 27℃일 때 13L/min 정도로 한다.
㉤ 흡수식 냉동기를 사용할 때 열량은 일반적으로 압축식 냉동기의 약 1.7~2.0배 정도로 한다.

06 다음의 습공기 선도에서 현재의 상태를 A라고 할 때 건구온도, 습구온도, 노점온도, 절대습도 그리고 엔탈피를 그림의 각 점과 대응시키면 어느 것인가?

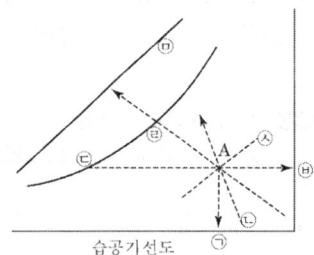

① ㉣, ㉢, ㉠, ㉥, ㉤
② ㉢, ㉠, ㉣, ㉦, ㉡
③ ㉠, ㉣, ㉢, ㉥, ㉤
④ ㉡, ㉢, ㉠, ㉦, ㉤

해설 습공기선도의 구성

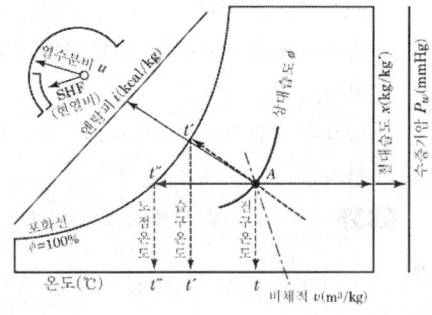

07 기류 및 주위벽면에서의 복사열은 무시하고 온도와 습도만으로 쾌적도를 나타내는 지표를 무엇이라고 부르는가?
① 쾌적 건강지표 ② 불쾌지수
③ 유효온도지수 ④ 청정지표

해설 불쾌지수(Discomfort Index, DI)
날씨에 따라서 사람이 불쾌감을 느끼는 정도를 기온(온도)과 습도를 이용하여 나타내는 수치로, 체감온도가 겨울철에 사용된다면 불쾌지수는 여름철에 자주 사용되고 기온이 높고, 습할수록 높아진다.

08 냉방 시의 공기조화 과정을 나타낸 것이다. 그림과 같은 조건일 경우 냉각코일의 바이패스 팩터는? (단, ① 실내공기의 상태점, ② 외기의 상태점, ③ 혼합공기의 상태점, ④ 취출공기의 상태점, ⑤ 코일의 장치노점온도이다.)

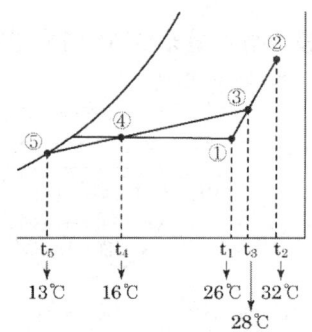

① 0.15   ② 0.20
③ 0.25   ④ 0.30

해설 바이패스 팩터(BF)
$$BF = \frac{t_4 - t_5}{t_3 - t_5} = \frac{16 - 13}{28 - 13} = 0.2$$

09 겨울철 침입외기(틈새바람)에 의한 잠열부하 (q_1, kJ/h)를 구하는 공식으로 옳은 것은? (단, Q는 극간풍량(m³/h), Δt는 실내·외 온도차(℃), Δx는 실내·외 절대 습도차

Answer 06. ③ 07. ② 08. ② 09. ④

(kg/kg´)이다.)

① $1.212 \times Q \times \Delta t$ ② $539 \times Q \times \Delta x$
③ $2501 \times Q \times \Delta x$ ④ $3001.2 \times Q \times \Delta x$

해설 잠열부하(q_L)

$q_L = 2501 G \Delta x$
$= 1.2 \times 2501 Q \Delta x = 3001.2 Q \Delta x$

여기서, 극간풍량 G(kg/h), Q(m³/h)

공기의 비중량 1.2kg/m³

0℃에서 물의 증발잠열 2501kJ/kg

10 콘크리트로 된 외벽의 실내측에 내장재 부착 시 내장재의 실내측 표면에 결로가 일어나지 않도록 하기 위한 내장두께 L_2(mm)는 최소 얼마이어야 하는가? (단, 외기온도 -5℃, 실내온도 20℃, 실내공기의 노점온도 12℃, 콘크리트의 벽두께 100mm, 콘크리트의 열전도율 0.0016kW/m·K, 내장재의 열전도율 0.00017kW/m·K, 실외측 열전달률 0.023kW/m²·K, 실내측 열전달률 0.009kW/m²·K이다.)

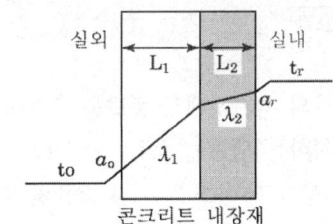

① 19.7 ② 22.1
③ 25.3 ④ 37.2

해설 실내에서 내장재 표면까지의 열전달량과 외부에서 내장재까지의 열전달량이 같을 때 결로가 생기므로

$Q = KA(t_s - t_o) = \alpha_r A(t_r - t_s)$

$K = \dfrac{\alpha_r (t_r - t_s)}{(t_s - t_o)} \rightarrow \dfrac{1}{\dfrac{1}{\alpha_o} + \dfrac{L_1}{\lambda_1} + \dfrac{L_2}{\lambda_2}}$

$= \dfrac{\alpha_r (t_r - t_s)}{(t_s - t_o)}$

$\dfrac{1}{\dfrac{1}{0.023} + \dfrac{0.1}{0.0016} + \dfrac{L_2}{0.00017}} = \dfrac{0.009(20-12)}{[12-(-5)]}$

$\dfrac{1}{0.023} + \dfrac{0.1}{0.0016} + \dfrac{L_2}{0.00017} = 236.13$

∴ $L_2 = 0.0221$m $= 22.1$mm

∴ 내장재의 두께는 최소 22.1mm 이상이 되어야 한다.

11 공기조화 설비는 공기조화기, 열원장치 등 4대 주요장치로 구성되어 있다. 4대 주요장치의 하나인 열원장치에 해당되는 것이 아닌 것은?

① 공기조화기 ② 냉동기
③ 보일러 ④ 히트펌프

해설 ㉠ 공기조화 설비의 4대 장치 : 열원장치, 열운반장치, 공기조화장치, 자동제어장치
㉡ 열원장치 : 냉동기, 보일러, 히트펌프, 흡수식 냉온수기 등

12 기화식(증발식) 가습장치의 종류로 옳은 것은?

① 원심식, 초음파식, 분무식
② 전열식, 전극식, 적외선식
③ 과열증기식, 분무식, 원심식
④ 회전식, 모세관식, 적하식

해설 기화식 가습장치
㉠ 젖은 표면에 공기를 통과시켜 습기를 증발시키는 방식
㉡ 증발판이나 증발 소자의 청소가 필요하다. (오염 물질 부착 → 증발 효율 저하)
㉢ 결로나 불순물의 비산이 적다.
㉣ 가습량을 제어하기 쉽지 않다.
㉤ 습도가 높거나 풍량이 적거나 온도가 낮을 경우 가습량이 적어진다.
㉥ 가습장치의 크기가 큰 편이고 난방 시 효과가 좋다.
㉦ 종류 : 회전식, 모세관식, 적하식, 에어와셔식

 10. ② 11. ① 12. ④

13 유인유닛 방식에 대한 설명 중 틀린 것은?
① 각 유닛마다 제어가 가능하므로 개별실 제어가 가능하다.
② 송풍량이 많아서 외기 냉방효과가 크다.
③ 중앙 공조기는 처리 풍량이 적어서 소형으로 된다.
④ 유인유닛에는 동력선이 필요 없다.

해설 유인유닛(IDU) 방식
1차 공기를 고속덕트에 의해 실내 유닛으로 공급하는 방식으로 1차 공기는 고속덕트로 덕트 공간이 작고 외기 냉방이 곤란하다. 또한 송풍량이 적어서 외기 냉방효과가 적다.

14 송풍기를 원심, 축류 및 기타로 크게 나눌 때 원심 송풍기에 속하지 않는 것은?
① 터보 송풍기
② 리미트 로드 송풍기
③ 익형 송풍기
④ 프로펠러 송풍기

해설 ㉠ 원심 송풍기 : 다익 송풍기, 레이디얼 송풍기, 터보 송풍기, 익형 송풍기, 리미트 로드 송풍기 등
㉡ 축류 송풍기 : 프로펠러 송풍기, 튜브 축류 송풍기, 베인 축류 송풍기

15 어떤 실내의 취득열량을 구했더니 감열이 40kW, 잠열이 10kW였다. 실내를 건구온도 25℃, 상대습도 50%로 유지하기 위해 취출온도차 10℃로 송풍하고자 한다. 이때 현열비(SHF)는?
① 0.6
② 0.7
③ 0.8
④ 0.9

해설 현열비(SHF)
$= \dfrac{\text{현열(감열)}}{\text{현열(감열)} + \text{잠열}} = \dfrac{40}{40+10} = 0.8$

16 공기 중의 냄새나 아황산가스 등 유해가스의 제거에 가장 적당한 필터는?
① 활성탄 필터
② HEPA 필터
③ 전기집진기
④ 롤 필터

해설 활성탄 필터
다공성이며 표면적이 넓어 흡착성이 강한 활성탄을 이용하면 유해가스나 냄새 등을 제거할 수 있기 때문에 공기정화장치로 널리 사용된다.

17 다음 부하 중 냉각코일의 용량을 산정하는 데 포함되지 않는 것은?
① 실내 취득 열량
② 도입 외기 부하
③ 송풍기 축동력에 의한 열부하
④ 펌프 및 배관으로부터의 부하

해설 냉방부하와 기기용량과의 관계
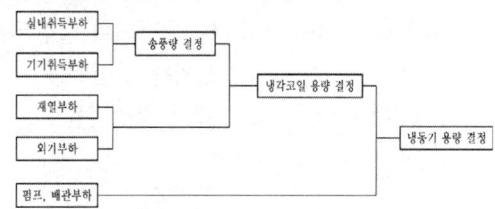

18 덕트의 분기점에서 풍량을 조절하기 위하여 설치하는 댐퍼는 어느 것인가?
① 방화 댐퍼
② 스플릿 댐퍼
③ 볼륨 댐퍼
④ 터닝 베인

해설 스플릿 댐퍼(Split Damper, 풍량분배용)
덕트의 분기점에 설치하여 풍량의 분배를 하는 데 사용하며 길이가 짧으면 기류에 흡어짐이 생기기 쉽고, 댐퍼 날개의 강도가 작으면 진동 및 소음이 발생한다.

19 다음 중 천장형으로서 취출기류의 확산성이 가장 큰 취출구는?
① 펑커루버
② 아네모스탯

 13. ② 14. ④ 15. ③ 16. ① 17. ④ 18. ② 19. ②

③ 에어커튼   ④ 고정날개 그릴

해설 아네모스탯
여러 개의 원형 또는 각형의 콘(Cone)을 덕트 개구단에 설치하고 천장 부근의 실내공기를 유인하여 취출기류를 충분하게 확산시키는 우수한 성능의 취출구로 확산반경이 크고 도달거리가 짧아 천장취출구로 가장 많이 사용된다.

20 실내 냉난방 부하 계산에 관한 내용으로 설명이 부적당한 것은?

① 열부하 구성 요소 중 실내부하는 유리면 부하, 구조체 부하, 틈새바람 부하, 내부 칸막이 부하 및 실내 발열부하로 구성된다.
② 열부하 계산의 목적은 실내부하의 상태, 덕트나 배관의 크기 등을 구하기 위한 기초가 된다.
③ 최대 난방부하란 실내에서 발생되는 부하가 1일 중 가장 크게 되는 시각의 부하로서 저녁에 발생한다.
④ 냉방부하란 쾌적한 실내 환경을 유지하기 위하여 여름철 실내 공기를 냉각, 감습시켜 제거하여야 할 열량을 의미한다.

해설 ③ 최대 난방부하란 실내에서 발생되는 부하가 1일 중 가장 크게 되는 시각의 부하로서 주로 새벽에 발생한다.

제 2 과목 : 냉동냉장 설비

21 응축기의 냉매 응축온도가 30℃, 냉각수의 입구수온이 25℃, 출구수온이 28℃일 때, 대수평균온도차(LMTD)는?

① 2.27℃   ② 3.27℃
③ 4.27℃   ④ 5.27℃

해설 대수평균온도차(LMTD)

$$LMTD = \frac{\Delta_1 - \Delta_2}{\ln\frac{\Delta_1}{\Delta_2}}$$

$$= \frac{(30-25)-(30-28)}{\ln\frac{(30-25)}{(30-28)}} = 3.27℃$$

22 만액식 증발기에 대한 설명 중 틀린 것은?

① 증발기 내에서는 냉매액이 항상 충만되어 있다.
② 증발된 가스는 액 중에서 기포가 되어 상승 분리된다.
③ 피냉각 물체와 전열면적이 거의 냉매액과 접촉하고 있다.
④ 전열작용이 건식증발기에 비해 미흡하지만 냉매액은 거의 사용되지 않는다.

해설 ④ 증발기 내에 냉매액이 항상 가득차 있어 전열면은 거의 냉매액과 접촉하고 있기 때문에 건식증발기에 비해 전열작용이 양호하다.

23 2단압축 사이클에서 증발압력이 계기압력으로 235kPa이고, 응축압력은 절대압력으로 1225kPa일 때 최적의 중간 절대압력(kPa)은? (단, 대기압은 101kPa이다.)

① 514.5   ② 536.06
③ 641.56   ④ 668.36

해설 중간압력

$$P_m = \sqrt{P_L \times P_H}$$

$$= \sqrt{336 \times 1225} = 641.56 kPa \cdot abs$$

여기서, 증발압력(절대압력)

$P_L = 235kPa \cdot G + 101kPa(대기압)$

$= 336kPa \cdot abs$

24 카르노 사이클의 기관에서 20℃와 300℃ 사이에서 작동하는 열기관의 열효율은?

① 약 42%   ② 약 48%

Answer 20. ③ 21. ② 22. ④ 23. ③ 24. ②

③ 약 52% ④ 약 58%

해설 카르노 사이클의 열효율(η_c)

$$\eta_c = 1 - \frac{T_L}{T_H} = 1 - \frac{293}{573} = 0.489 = 48.9\%$$

25 열에 대한 설명으로 옳은 것은?
① 온도는 변화하지 않고 물질의 상태를 변화시키는 열은 잠열이다.
② 냉동에서 주로 이용되는 것은 현열이다.
③ 잠열은 온도계로 측정할 수 있다.
④ 고체를 기체로 직접 변화시키는 데 필요한 승화열은 감열이다.

해설 ② 냉동에서 주로 이용되는 것은 증발잠열이다.
③ 잠열은 물질의 온도 변화없이 상태변화에만 필요한 열이므로 온도계로 측정할 수 없다.
④ 고체를 기체로 직접 변화시키는 데 필요한 승화열은 감열(현열)이 아니라 잠열이다.

26 팽창밸브가 냉동용량에 비해 너무 작을 때 일어나는 현상은?
① 증발기 내의 압력상승
② 리퀴드 백
③ 소요전류 증대
④ 압축기 흡입가스의 과열

해설 팽창밸브의 용량이 작을 경우 증발압력이 저하되고 냉매순환량의 감소로 압축기 흡입가스가 과열된다.

27 냉동장치에서 펌프다운의 목적으로 가장 거리가 먼 것은?
① 냉동장치의 저압측을 수리하기 위하여
② 기동 시 액 해머 방지 및 경부하 기동을 위하여
③ 프레온 냉동장치에서 오일포밍(oil foaming)을 방지하기 위하여
④ 저장고 내 급격한 온도저하를 위하여

해설 펌프다운(pump-down)
㉠ 저압측(증발기, 흡입관 등)의 냉매를 회수하여 수액기에 모으는 것
㉡ 이렇게 함으로써 다음 기동 시 액압축으로 인한 액 해머, 오일포밍 현상 등을 방지할 수 있으며, 압축기 수리 등으로 압축기를 개방할 때 냉매의 낭비를 줄일 수 있다.

28 다음과 같은 성질을 갖는 냉매는 어느 것인가?

- 증기의 밀도가 크기 때문에 증발기관의 길이는 짧아야 한다.
- 물을 함유하면 Al 및 Mg 합금을 침식하고, 전기저항이 크다.
- 천연고무는 침식되지만 합성고무는 침식되지 않는다.
- 응고점(약 -158℃)이 극히 낮다.

① NH_3 ② R-12
③ R-21 ④ H_2O

해설 ㉠ 물을 함유하면 Al 및 Mg 합금을 침식하는 냉매는 프레온 냉매에 해당하므로 보기 ①, ④번 제외
㉡ 프레온은 패킹재료로 합성고무 또는 특수고무를 사용하므로 보기 ①, ④번 제외
㉢ 남은 보기 중 R-12의 응고점 약 -158℃, R-21의 응고점 약 -135℃이므로 정답은 ②번임

29 냉동장치의 부속기기에 관한 설명으로 옳은 것은?
① 드라이어 필터는 프레온 냉동장치의 흡입배관에 설치해 흡입증기 중의 수분과 찌꺼기를 제거한다.
② 수액기의 크기는 장치 내의 냉매순환량만으로 결정한다.
③ 운전 중 수액기의 액면계에 기포가 발생

Answer 25. ① 26. ④ 27. ④ 28. ② 29. ④

하는 경우는 다량의 불응축가스가 들어 있기 때문이다.
④ 프레온 냉매의 수분 용해도는 작으므로 액 배관 중에 건조기를 부착하면 수분제거에 효과가 있다.

해설 ① 드라이어 필터는 프레온 냉동장치의 팽창밸브 직전의 고압액관에 설치해 수분과 이물질을 제거한다.
② 수액기의 크기는 기본적으로 냉매충전량을 수용해야 한다. 또한 냉매 누설의 가능성과 운전 상태 등을 고려하여 결정해야 한다. NH_3 냉동장치의 경우 충전냉매량의 1/2을 회수할 수 있는 크기로 하고, 프레온 냉동장치는 냉매충전량 전부를 회수할 수 있는 크기로 제작한다.
③ 운전 중 수액기의 액면계에 기포가 발생하는 경우는 과냉각이 불충분하거나 냉매량이 부족하기 때문이다.

30 실제기체가 이상기체의 상태식을 근사적으로 만족하는 경우는?
① 압력이 높고 온도가 낮을수록
② 압력이 높고 온도가 높을수록
③ 압력이 낮고 온도가 높을수록
④ 압력이 낮고 온도가 낮을수록

해설 실제기체가 이상기체를 만족하는 조건
㉠ 압력이 낮을수록
㉡ 온도가 높을수록
㉢ 비체적이 클수록
㉣ 분자량이 작을수록

31 다음 중 액분리기(Accumulator)의 설명이 잘못된 것은?
① 압축기에 액이 흡입되지 않게 한다.
② 응축기와 압축기 사이에 설치한다.
③ 압축기의 파손을 방지한다.
④ 장치 기동 시 증발기 내에서의 냉매의 교란을 방지한다.

해설 ② 증발기와 압축기 사이에 설치한다.
[참고] 액분리기
증발기와 압축기 사이의 흡입배관에 설치하여 흡입가스 중의 액냉매를 분리시켜 압축기에서 액압축을 방지한다.

32 25℃ 원수 1ton을 1일 동안에 −5℃의 얼음으로 만드는데 필요한 냉동능력은 약 얼마인가? (단, 물의 비열 4.2kJ/kg·K, 얼음의 비열 2.1kJ/kg·K, 동결잠열 334kJ/kg, 1RT=3.86kW로 한다.)
① 1.35냉동톤(RT)
② 1.65냉동톤(RT)
③ 2.35냉동톤(RT)
④ 2.65냉동톤(RT)

해설 ㉠ 25℃ 물을 0℃ 물로
$Q_1 = GC_w \Delta t$
$= 1000 \times 4.2 \times (25-0) = 105000$ kJ/day
㉡ 0℃ 물을 0℃ 얼음으로
$Q_2 = G\gamma = 1000 \times 334 = 334000$ kJ/day
㉢ 0℃ 얼음을 −5℃ 얼음으로
$Q_3 = GC_i \Delta t$
$= 1000 \times 2.1 \times \{0-(-5)\}$
$= 10500$ kJ/day
㉣ 전체열량 $Q = ① + ② + ③ = 449500$ kJ/day
∴ $449500 \text{kJ/day} \times \frac{1\text{day}}{24\text{h}} \times \frac{1\text{h}}{3600\text{s}}$
$= 5.2$ kJ/s
㉤ 냉동능력(RT) $= 5.2 \text{kJ/s} \times \frac{1\text{RT}}{3.86\text{kW}}$
$= 1.35$ RT

33 증발압력 조정밸브(EPR)에 대한 설명 중 틀린 것은?
① 냉수 브라인 냉각 시 동결 방지용으로 설

Answer 30. ③ 31. ② 32. ① 33. ④

치한다.
② 증발기 내의 압력을 일정압력 이하가 되지 않게 한다.
③ 증발기 출구 밸브 입구측의 압력에 의해 작동한다.
④ 한 대의 압축기로 증발온도가 다른 2대 이상의 증발기 사용 시 저온측 증발기에 설치한다.

해설 ④ 한 대의 압축기로 증발온도가 다른 2대 이상의 증발기 사용 시 고온측 증발기에 설치하고 증발기가 1대일 때는 증발기 출구에 설치한다.

34 다음 중 회전식 압축기에 관한 설명으로 옳지 않은 것은?
① 용량제어의 범위가 크다.
② 베인식, 회전자식 두 가지 형식이 있다.
③ 유압펌프를 사용하지 않으므로 윤활에 주의를 요한다.
④ 압축비에 비하여 체적효율이 높다.

해설 ① 회전식 압축기는 주로 소형에 많이 채용되며 용량제어의 범위가 작다.

35 다음 그림은 어떤 사이클인가? (단, P=압력, h=엔탈피, T=온도, S=엔트로피이다.)

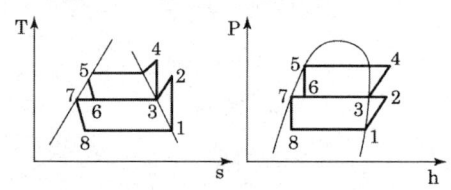

① 2단압축 1단팽창 사이클
② 2단압축 2단팽창 사이클
③ 1단압축 1단팽창 사이클
④ 1단압축 2단팽창 사이클

해설 **2단압축 2단팽창 냉동사이클**

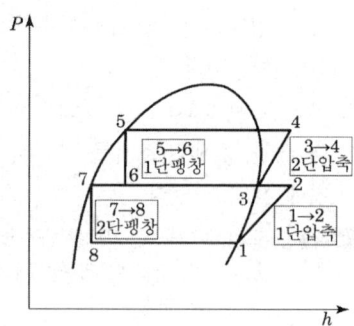

36 냉동용 스크류 압축기에 대한 설명으로 틀린 것은?
① 왕복동식에 비해 체적효율과 단열효율이 높다.
② 스크류 압축기의 로터와 축은 일체식으로 되어 있고, 구동은 숫 로터에 의해 이루어진다.
③ 스크류 압축기의 로터 구성은 다양하나 일반적으로 사용되고 있는 것은 수로터 4개, 암로터 4개인 것이다.
④ 흡입, 압축, 토출과정인 3행정으로 이루어진다.

해설 ③ 스크류 압축기의 로터 구성은 다양하지만 일반적으로 사용되고 있는 치형조합(수로터의 잇수+암로터의 잇수)은 수로터 4개+암로터 5개 또는 6개, 수로터 5개+암로터 6개 또는 7개 등이 있다.

37 냉동효과가 1088kJ/kg인 냉동사이클에서 1냉동톤당 압축기 흡입증기의 체적(m³/h)은? (단, 압축기 입구의 비체적은 0.5087m³/kg 이고, 1냉동톤은 3.9kW이다.)
① 15.5
② 6.5
③ 0.258
④ 0.002

해설 냉매순환량(G)

34. ① 35. ② 36. ③ 37. ②

$$G = \frac{Q_e}{q_e} = \frac{V}{v_a} \times \eta_v$$

$$V = \frac{Q_e}{q_e} \times v_a$$

$$= \frac{1RT \times \frac{3.9kJ/s}{1RT} \times \frac{3600s}{1h}}{1088} \times 0.5087$$

$$= 6.5 m^3/h$$

여기서, η_v(체적효율) = 1로 가정
3.9kW=3.9kJ/s, 1h=3600s

38 냉동장치에 대해 설명한 것 중 옳은 것은?
① 흡수식 냉동기는 장치면적이 크나 분해조립이 간단하여 편리하다.
② 터보 냉동기는 진동 소음이 많아 대용량의 것에 적합하지 않다.
③ 흡수식 냉동기는 압축식 냉동기나 터보 냉동기에 비하여 소음과 진동이 적다.
④ 터보냉동기는 저압 및 고압의 냉매를 사용하므로 가정용에 적합하다.

해설 ① : 흡수식 냉동기는 장치면적 및 중량이 커서 분해조립이 간단하지 않다.
②, ④ : 터보 냉동기는 회전운동이므로 동적인 밸런스를 잡기 쉽고 진동이 적어 대용량의 것에 주로 사용된다. 가정용(소형)에 적합하지 않다.

39 플래시 가스(flash gas)는 무엇을 말하는가?
① 냉매 조절 오리피스를 통과할 때 즉시 증발하여 기화하는 냉매이다.
② 압축기로부터 응축기에 새로 들어오는 냉매이다.
③ 증발기에서 증발하여 기화하는 새로운 냉매이다.
④ 압축기에서 응축기에 들어오자마자 응축하는 냉매이다.

해설 플래시 가스
증발기가 아닌 곳에서 냉매액 중에 증발한 냉매가스로 응축된 액냉매가 외부의 온도보다 과냉각될 경우에 많이 일어나는 현상이다. 팽창밸브를 통과할 때 밸브 저항으로도 발생된다.

40 다음 중 암모니아 냉동장치에서 워터 재킷을 설치하는 이유로서 옳은 것은?
① 다른 냉매에 비해 압축비가 크기 때문
② 다른 냉매에 비해 비열비가 크기 때문
③ 체적효율을 낮추기 위해
④ 냉동능력을 낮추기 위해

해설 암모니아 냉매는 비열비가 크기 때문에 압축 후의 토출가스 온도가 높다. 따라서 실린더가 과열되어 윤활유 열화 및 탄화현상이 발생되며 압축기 성능이 저하되므로 실린더를 냉각시켜 주기 위한 워터 재킷을 설치한다.

제3과목 : 공조냉동 설치·운영
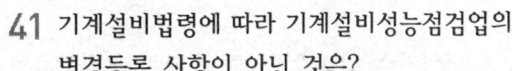

41 기계설비법령에 따라 기계설비성능점검업의 변경등록 사항이 아닌 것은?
① 상호　　　　② 보유설비
③ 영업소 소재지　④ 기술인력

해설 기계설비성능점검업의 변경등록 사항
㉠ 상호　　　　㉡ 대표자
㉢ 영업소 소재지　㉣ 기술인력

42 기계설비법령에 따라 기계설비유지관리자 선임기준이 아닌 것은?
① 연면적 1만제곱미터 이상 연면적 1만5천제곱미터 미만은 초급 책임기계설비유지관리자 1명이 필요하다.
② 연면적 1만5천제곱미터 이상 연면적 3만제곱미터 미만은 보조기계설비유지관리

　38. ③　39. ①　40. ②　41. ②　42. ②

자 1명이 필요하다.
③ 연면적 3만제곱미터 이상 연면적 6만제곱미터 미만은 고급 책임기계설비유지관리자 1명이 필요하다.
④ 연면적 6만제곱미터 이상은 특급 책임기계설비유지관리자 1명이 필요하다.

해설 ② 연면적 1만5천제곱미터 이상 연면적 3만제곱미터 미만은 중급 책임기계설비유지관리자 1명이 필요하다.

43 기계설비법령에 따라 선임된 기계설비유지관리자의 유지관리교육 중 신규교육의 교육 시기는?
① 선임된 날부터 1개월 이내
② 선임된 날부터 2개월 이내
③ 선임된 날부터 3개월 이내
④ 선임된 날부터 6개월 이내

해설 기계설비유지관리자의 신규교육은 선임된 날부터 6개월 이내

44 고압가스 안전관리법령에 따라 고압가스제조의 신고대상은 다음과 같다. ( ) 안의 내용으로 옳은 것은?

냉동제조 냉동능력이 3톤 이상 ( )톤 미만(가연성 가스 또는 독성 가스 외의 고압가스를 냉매로 사용하는 것으로서 산업용 및 냉동·냉장용인 경우에는 20톤 50톤 미만, 건축물의 냉·난방용인 경우에는 20톤 이상 100톤 미만)인 설비를 사용하여 냉동을 하는 과정에서 압축 또는 액화의 방법으로 고압가스가 생성되게 하는 것

① 5   ② 10
③ 15   ④ 20

해설 고압가스 안전관리법 시행령 제4조(고압가스 제조의 신고대상)
냉동능력이 3톤 이상 20톤 미만인 설비를 사용하여 냉동을 하는 과정에서 압축 또는 액화의 방법으로 고압가스가 생성되게 하는 것

45 그림과 같은 계전기 접점회로의 논리식은?

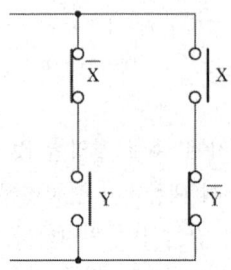

① XY
② $\overline{X}Y + X\overline{Y}$
③ $\overline{X}(X+Y)$
④ $(\overline{X}+Y)(X+\overline{Y})$

해설 계전기 접점회로의 논리식
㉠ 직렬회로: $\overline{X} \cdot Y$, $X \cdot \overline{Y}$
㉡ 병렬회로(㉠ 회로의 합): $\overline{X} \cdot Y + X \cdot \overline{Y}$

46 3상 교류전압 및 주파수를 변화시켜 유도전동기의 회전수를 1750rpm으로 하고자 한다. 이 경우 회전수는 자동제어계의 구성 요소 중 어느 것에 해당하는가?
① 제어량   ② 목표값
③ 조작량   ④ 제어대상

해설 ㉠ 목표값: 1750rpm
㉡ 제어대상: 유도전동기
㉢ 제어량: 회전수

47 정현파 전압 $v = 50\sin(628t - \frac{\pi}{6})[V]$인 파형의 주파수는 얼마인가?
① 30   ② 50
③ 60   ④ 100

해설 정현파 전압 $v = V_m \sin(\omega t + \theta)$에서

Answer 43. ④ 44. ④ 45. ② 46. ① 47. ④

$\omega = 2\pi f$ 이므로 $\omega = 2\pi f = 628$

$\therefore f = \dfrac{628}{2\pi} = 99.95\text{Hz} \approx 100\text{Hz}$

48 정현파 교류에서 최댓값은 실효값의 몇 배인가?
① $\sqrt{2}$ ② $\sqrt{3}$
③ 2 ④ 3

해설 최대값(I_m)과 실효값(I)과의 관계
$I_m = \sqrt{2}\,I$

49 PC에 의한 계측에 있어, 센서에서 측정한 데이터를 PC에 전달하기 위해 필요한 필수적인 요소는?
① A/D 변환기 ② D/A 변환기
③ RAM ④ ROM

해설 A/D 변환기(Analog to Digital Converter)
아날로그 신호를 디지털 신호로 변환해 주는 장치. 자연계에 존재하는 신호는 대부분 시간에 따라 연속적으로 변화하는 아날로그 신호이기 때문에 제어기의 입력 신호로 사용하기 위해서는 아날로그값에 대응하는 디지털 신호로 적절한 신호 변환이 이루어져야 한다.

50 잔류편차가 존재하는 제어계는?
① 적분제어계
② 비례제어계
③ 비례적분제어계
④ 비례적분미분제어계

해설 비례제어(P 제어 : Proportion control)
㉠ 설정값과 제어 결과와의 편차 크기에 비례하여 조작부를 제어한다.
㉡ 외란에 의한 부하변동이 발생할 경우에 잔류편차(정상오차, off set)가 발생한다.

51 절연저항 측정에 관한 설명으로 틀린 것은?
① 절연체에 직류 고전압을 가하면 누설전류가 흐르는 것을 이용한 것이다.
② 선로의 사용전압에 관계없이 절연저항 측정 시 선로에 일정한 전압을 인가한다.
③ 절연저항의 측정단위는 MΩ이다.
④ 옥내선로의 절연저항 측정 시에는 모든 부하쪽의 선로를 개방해야 한다.

해설 ② 절연저항 측정 시 선로의 사용전압에 해당하는 전압을 인가한다.

52 목표값이 미리 정해진 변화를 할 때의 제어로서, 열처리 노의 온도제어, 무인운전열차 등이 속하는 제어는?
① 추종 제어 ② 프로그램 제어
③ 비율 제어 ④ 정치 제어

해설 프로그램 제어
미리 정해진 신호에 따라 제어량을 변화시키는 것을 목적으로 하는 제어법(예 : 무인열차, 무인엘리베이터, 무인자판기)

53 급탕 주관의 배관길이가 300m, 환탕 주관의 배관길이가 50m일 때 강제순환식 온수순환펌프의 전양정은?
① 5m ② 3m
③ 2m ④ 1m

해설 강제순환식 온수순환펌프의 전양정(H)
$H = 0.01\left(\dfrac{L}{2} + l\right) = 0.01\left(\dfrac{300}{2} + 50\right) = 2\text{m}$

54 주철제 보일러의 특징에 관한 설명으로 틀린 것은?
① 섹션을 분할하여 반입하므로 현장설치의 제한이 적다.
② 강제 보일러보다 내식성이 우수하며 수명이 길다.
③ 강제 보일러보다 급격한 온도변화에 강하

48. ① 49. ① 50. ② 51. ② 52. ② 53. ③ 54. ③

여 고온·고압의 대용량으로 사용된다.
④ 섹션을 증가시켜 간단하게 출력을 증가시킬 수 있다.

해설 ③ 주철제 보일러는 재질이 약하여 고압에는 사용할 수 없고, 주로 저압용으로 사용되며 용량도 적다.

55 방열기 주변의 신축이음으로 적당한 것은?
① 스위블 이음
② 미끄럼 신축이음
③ 루프형 이음
④ 벨로즈식 신축이음

해설 스위블 이음(Swivel joint)
2개 이상의 엘보를 사용하고 이음부의 나사회전을 이용하여 신축을 흡수하는 신축이음으로서, 증기나 온수난방용 배관의 방열기 주변에 사용된다.

56 자연순환식으로서 열탕의 탕비기 출구온도를 85℃(밀도 0.96876kg/L), 환수관의 환탕온도를 65℃(밀도 0.98001kg/L)로 하면 이 순환계통의 순환수두는 얼마인가? (단, 가장 높이 있는 급탕전의 높이는 10m이다.)
① 11.25mmAq
② 112.5mmAq
③ 15.34mmAq
④ 153.4mmAq

해설 순환수두(H)
$H = 1000(\rho_2 - \rho_1)h$
$= 1000 \times (0.98001 - 0.96876) \times 10$
$= 112.5\text{mmAq}$

57 열팽창에 의한 관의 신축으로 배관의 이동을 구속 또는 제한하는 장치는?
① 턴버클
② 브레이스
③ 리스트레인트
④ 행거

해설 리스트레인트
신축으로 인한 배관의 좌우, 상하이동을 구속하고 제한하는 데 사용

[참고]
㉠ 턴버클 : 양면에 서로 반대방향의 수나사가 달려 있어 이것을 회전시켜 그 수나사에 이어진 줄을 당겨 죄는 기구
㉡ 브레이스 : 압축기나 펌프에서 발생하는 배관의 진동을 억제하는 데 사용
㉢ 행거 : 배관의 하중을 위에서 걸어당겨 지지하는 데 사용

58 송풍기의 토출측과 흡입측에 설치하여 송풍기의 진동이 덕트나 장치에 전달되는 것을 방지하기 위한 접속법은?
① 크로스 커넥션(cross connection)
② 캔버스 커넥션(canvas connection)
③ 서브 스테이션(sub station)
④ 하트포드(hartford) 접속법

해설 캔버스 이음(canvas connection)
송풍기의 진동이 덕트나 장치로 전달됨을 방지하기 위하여 섬면으로 짠 캔버스를 이용하여 공기조화기와 덕트를 연결할 때 사용하는 이음

59 LP가스의 주성분으로 옳은 것은?
① 프로판(C_3H_8)과 부틸렌(C_4H_8)
② 프로판(C_3H_8)과 부탄(C_4H_{10})
③ 프로필렌(C_3H_6)과 부틸렌(C_4H_8)
④ 프로필렌(C_3H_6)과 부탄(C_4H_{10})

해설 LP가스(액화석유가스)
유전에서 석유와 함께 나오는 프로판(C_3H_8)과 부탄(C_4H_{10})을 주성분으로 한 가스를 상온에서 압축하여 액체로 만든 연료이다.

60 배관길이 200m, 관경 100mm의 배관 내 20℃의 물을 80℃로 상승시킬 경우 배관의 신축량(mm)은? (단, 강관의 선팽창계수는

Answer 55. ① 56. ② 57. ③ 58. ② 59. ② 60. ①

03 부록 2

11.5×10^{-6}m/m·℃이다.)

① 138 ② 13.8
③ 104 ④ 10.4

해설 배관의 신축량(λ)

$$\lambda = l \times \alpha \times \Delta t$$
$$= 200 \times (11.5 \times 10^{-6}) \times (80-20)$$
$$= 0.138\text{m} = 138\text{mm}$$

chapter 03 2024년 3회 공조냉동기계산업기사 CBT 기출 복원문제

제1과목 : 공기조화 설비

01 쾌적한 사무실 공기를 유지하기 위한 일산화탄소 허용기준(ppm)은 얼마인가?
① 10ppm ② 50ppm
③ 100ppm ④ 1000ppm

해설 사무실 일산화탄소 유지기준은 10ppm 이하이며, 이산화탄소는 1,000ppm 이하이다.

02 습공기 5000m³/h를 바이패스 팩터 0.2인 냉각코일에 의해 냉각시킬 때 냉각코일의 냉각열량(kW)은? (단, 코일 입구공기의 엔탈피는 64.5kJ/kg, 밀도는 1.2kg/m³, 냉각코일 표면온도는 10℃이며, 10℃의 포화습공기 엔탈피는 30kJ/kg이다.)
① 38 ② 46
③ 138 ④ 165

해설 ㉠ 코일 출구공기 엔탈피(h_2)

바이패스 팩터 $BF = \dfrac{h_2 - h_s}{h_1 - h_s}$

$0.2 = \dfrac{h_2 - 30}{64.5 - 30}$

∴ $h_2 = 36.9$ kJ/kg

㉡ 냉각코일의 냉각열량(q_c)

$q_c = \rho Q \Delta h = \rho Q(h_1 - h_2)$

$= (1.2\text{kg/m}^3 \times 5000\text{m}^3/\text{h} \times \dfrac{1\text{h}}{3600\text{s}})$
$\times (64.5 - 36.9)$
$= 46\text{kW}$

03 공기조화장치의 열운반장치가 아닌 것은?
① 펌프 ② 송풍기
③ 덕트 ④ 보일러

해설 ㉠ 열운반장치 : 송풍기, 덕트, 펌프, 배관 등
㉡ 열원장치 : 냉동기, 보일러, 히트펌프, 흡수식 냉온수기 등

04 다음 가습기 방식 분류 중 기화식이 아닌 것은?
① 모세관식 가습기 ② 회전식 가습기
③ 적하식 가습기 ④ 원심식 가습기

해설 ㉠ 수분무식 : 원심식, 초음파식, 분무식
㉡ 증기식 : 전열식, 전극식, 적외선식, 과열증기식, 분무식
㉢ 증발식(기화식) : 회전식, 모세관식, 적하식

05 직교류형 및 대향류형 냉각탑에 관한 설명으로 틀린 것은?
① 직교류형은 물과 공기의 흐름이 직각으로 교차한다.
② 직교류형은 냉각탑의 충전재 표면적이 크다.
③ 대향류형 냉각탑의 효율이 직교류형보다 나쁘다.
④ 대향류형은 물과 공기의 흐름이 서로 반대이다.

해설 ③ 대향류형 냉각탑은 물과 공기의 흐름이 반대 방향이므로 열교환 특성이 좋아 냉각효율이 직교류형보다 좋다.

Answer 01. ① 02. ② 03. ④ 04. ④ 05. ③

06 덕트를 통해 실내로 공급하는 취출구에서의 유인비(R)란 무엇인가?

① (1차 공기량+2차 공기량)/2차 공기량
② (1차 공기량+2차 공기량)/1차 공기량
③ 1차 공기량/(1차 공기량+2차 공기량)
④ 2차 공기량/(1차 공기량+2차 공기량)

해설 유인비$(R) = \dfrac{1차\ 공기량 + 2차\ 공기량}{1차\ 공기량}$

유인비가 크면 도달거리가 짧고, 유인비가 작으면 도달거리가 길어 적정한 유인비가 선정되어야 하고 보통 유인유닛 방식에서 유인비는 3~4 정도이다.

07 공기조화의 분류에서 산업용 공기조화의 적용범위에 해당하지 않는 것은?

① 실험실의 실험조건을 위한 공조
② 양조장에서 술의 숙성온도를 위한 공조
③ 반도체 공장에서 제품의 품질 향상을 위한 공조
④ 호텔에서 근무하는 근로자의 근무환경 개선을 위한 공조

해설 공조대상에 따른 분류

구분	쾌감(보건)용 공조	산업용 공조
대상	사람	산업제품의 생산 및 보관 등
목적	쾌적한 환경을 유지하여 인체의 건강, 위생 및 근무환경을 향상시키는 것	최적의 열환경 및 공기청정도를 유지하여 제품의 품질향상, 공정속도의 증가로 생산성 향상, 불량률 감소, 제조원가 절감 등
적용 장소	주택, 사무실, 오피스텔, 백화점, 병원, 호텔, 극장 등	제약공장, 섬유공장, 반도체 공장, 연구소, 창고, 전산실 등

08 대사량을 나타내는 단위로 쾌적상태에서의 안정 시 대사량을 기준으로 하는 단위는?

① RMR
② clo
③ met
④ ET

해설
① RMR : 에너지대사율
② clo : 의복의 열절연성
③ met : 인체활동대사량
④ ET : 유효온도

09 먼지의 포집효율의 측정법에서 필터의 상류와 하류에서 흡입한 공기를 각각 여과지에 통과시켜 그 오염도를 광전관으로 측정하는 것은?

① 중량법
② 계수법
③ 비색법
④ DOP법

해설 비색법(변색도법, NBS법)
필터의 상류 및 하류의 분진을 각각 여과지로 채집하여 광투과량이 같아지도록 상하류에 통과하는 공기량을 조절하여 효율을 구하는 방법

10 밀봉된 용기와 위크(wick) 구조체 및 증기공간에 의하여 구성되며, 길이 방향으로는 증발부, 응축부, 단열부로 구분되는데 한쪽을 가열하면 작동유체는 증발하면서 잠열을 흡수하고 증발된 증기는 저온으로 이동하여 응축되면서 열교환하는 기기의 명칭은?

① 전열 교환기
② 플레이트형 열교환기
③ 히트 파이프
④ 히트 펌프

해설 히트 파이프 구조 및 작동원리

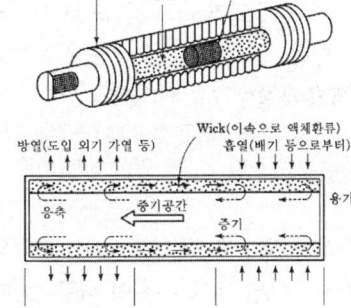

11 공기 중에 분진의 미립자 제거뿐만 아니라 세균, 곰팡이, 바이러스 등까지 극소로 제한시킨 시설로서 병원의 수술실, 식품가공, 제약공장 등의 특정한 공정이나 유전자 관련 산업 등에 응용되는 설비는?

① 세정실
② 산업용 클린룸(ICR)
③ 바이오 클린룸(BCR)
④ 칼로리미터

해설 바이오 클린룸(BCR, bio clean room)
공기의 청정화뿐만 아니라 세균, 곰팡이 등의 생물성 입자에 의한 오염을 제어하는 것을 주목적으로 하고, 살균을 병행하는 점이 산업용 클린룸과 다르며, 제약(GMP), 병원의 무균 수술실, 동물실험실(GLP) 등에 필요하다.

12 냉각탑이나 환기용 등 풍량이 많고 압력이 낮은 경우에 사용되는 것은?

① 다익 송풍기 ② 터보 송풍기
③ 축류 송풍기 ④ 관류 송풍기

해설 축류형 송풍기(Axial Fan)
프로펠러형으로 환기용 및 배기용으로 사용
㉠ 풍압이 낮다.
㉡ 풍량이 많다.
㉢ 효율이 좋다.
㉣ 소음 발생이 심하다.

13 다음 중 원통 보일러의 종류가 아닌 것은?

① 입형 보일러 ② 노통 보일러
③ 연관 보일러 ④ 폐열 보일러

해설 원통형 보일러의 종류
㉠ 입형 : 횡관식, 다관식(연관식), 코크란 보일러
㉡ 횡형 : 노통, 연관, 노통 연관 보일러

14 공조기 내에 흐르는 냉·온수 코일의 유량이 많아서 코일 내에 유속이 너무 클 때 적절한 코일은?

① 풀 서킷 코일(full circuit coil)
② 더블 서킷 코일(double circuit coil)
③ 하프 서킷 코일(half circuit coil)
④ 슬로 서킷 코일(slow circuit coil)

해설 코일의 배열방식에 따라 풀 서킷, 더블 서킷, 하프 서킷이 있다.
① 풀 서킷 코일 : 표준유속일 때
② 더블 서킷 코일 : 유량이 많아서 코일 내에 수속(1.5m/s 이상)이 빠를 때 사용
③ 하프 서킷 코일 : 유량이 적을 경우에 사용

15 2중 덕트 방식의 특징 중 옳지 않은 것은?

① 실내부하에 따라 개별제어가 가능하다.
② 2중 덕트이므로 덕트 스페이스는 작게 된다.
③ 실내습도의 완전한 제어가 어렵다.
④ 냉풍 및 온풍이 열매체이므로 실내온도 변화에 대한 응답이 빠르다.

해설 ② 2중 덕트 방식은 전공기 방식이고 대풍량을 공급하므로 덕트 스페이스는 크게 된다.

16 수관식 보일러의 특징에 관한 설명으로 틀린 것은?

① 드럼이 작아 구조상 고압 대용량에 적합하다.
② 구조가 복잡하여 보수 청소가 곤란하다.
③ 예열시간이 짧고 효율이 좋다.
④ 보유수량이 커서 파열 시 피해가 크다.

해설 ④ 원통형 보일러에 대한 설명이다. 수관식 보일러는 보유수량이 적어서 증기발생 시간이 단축되며 효율이 높다.

17 32W 형광등 20개를 조명용으로 사용하는 사무실이 있다. 이때 조명기구로부터의 취득

 11. ③ 12. ③ 13. ④ 14. ② 15. ② 16. ④ 17. ④

열량은 약 얼마인가? (단, 안정기의 부하는 20%로 한다.)
① 550W ② 640W
③ 660W ④ 768W

해설 조명기구 취득열량(q_E)
$$q_E = W \times n \times 1.2 = 32 \times 20 \times 1.2 = 768W$$

18 팬코일 유닛 방식의 배관 방법에 따른 특징에 관한 설명으로 틀린 것은?
① 3관식에서는 손실열량이 타방식에 비하여 거의 없다.
② 2관식에서는 냉·난방의 동시운전이 불가능하다.
③ 4관식은 혼합손실은 없으나 배관의 양이 증가하여 공사비 등이 증가한다.
④ 4관식은 동시에 냉·난방운전이 가능하다.

해설 ① 3관식은 공급관이 2개(온수관, 냉수관)이고 환수관이 1개인 방식으로 배관설비가 복잡하지만 개별제어가 가능하다. 환수관이 1개이므로 냉수와 온수의 혼합 열손실이 발생한다.

19 기계환기 중 송풍기와 배풍기를 이용하며 대규모 보일러실, 변전실 등에 적용하는 환기법은?
① 1종 환기 ② 2종 환기
③ 3종 환기 ④ 4종 환기

해설 제1종 환기
송풍기에 의해 외기를 실내로 도입시키고, 동시에 배풍기에 의해 실내의 오염된 공기를 배출시키는 방법으로 실내외의 압력차를 조정할 수 있고 가장 우수한 환기를 행할 수 있다. 대규모 보일러실, 변전실, 병원(수술실) 등에 적용

20 열원 방식의 특징으로 맞는 것은?

① 흡수식 냉동기 : 피크전력부하 경감
② 축열방식 : 심야전력 이용 곤란
③ 지역냉난방방식 : 대기오염 심각
④ 열펌프 : 폐열 발생

해설 ② 축열방식 : 값싼 심야전력으로 열에너지를 축열조에 저장하여 주간에 이용하는 방식
③ 지역냉난방방식 : 지역단위로 열원 플랜트를 건설하여 각 건물(아파트, 병원, 학교, 호텔 등)에 열매를 배관을 통해 공급하는 설비로 열원설비가 중앙 에너지 플랜트에 집중되어 있어 에너지의 이용 효율 상승, 대기오염·소음감소, 인적 및 공간 절약 등의 장점이 있다.
④ 열펌프 : 지열, 지하수, 공기열, 폐열을 비롯한 각종 미활용 에너지와 저급에너지를 이용하여 냉·난방과 급탕, 공정용 등 고급 에너지로 활용하는 기술

제2과목 : 냉동냉장 설비

21 감온 팽창밸브에 대한 설명 중 옳은 것은?
① 팽창밸브의 감온부는 냉각되는 물체의 온도를 감지한다.
② 강관에 감온통을 사용할 때는 부식 및 열전도율의 불량을 막기 위해 알루미늄칠을 한다.
③ 암모니아 냉동장치에 수분이 있으면 냉매에서 수분이 분리되어 팽창밸브를 폐쇄시킨다.
④ R-12를 사용하는 냉동장치에 R-22용의 팽창밸브를 사용할 수 있다.

해설 ① 증발기 출구의 감온부는 냉각되는 물체의 온도를 감지한다.
③ 프레온 냉동장치에 수분이 있으면 냉매에서 수분이 분리되어 팽창밸브를 폐쇄시키므로 팽창밸브 직전의 고압액관에 건조기(dryer)를 설치하여 수분을 제거하여 동결 폐쇄되

Answer 18. ① 19. ① 20. ① 21. ②

는 것을 방지한다.
④ R-12를 사용하는 냉동장치에 R-22용의 팽창밸브를 사용할 수 없다.

22 다아래 그림은 브라인 순환식 빙축열 시스템의 개략도를 나타내는 것이다. (A)의 기기 명칭과 (B)의 매체의 명칭으로 맞는 것은?

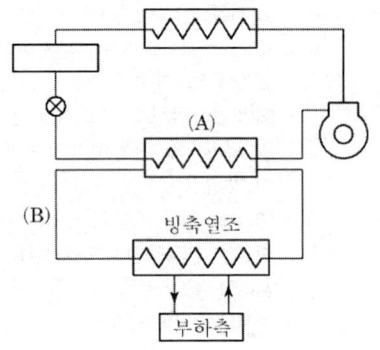

① (A) 증발기, (B) 냉매
② (A) 축냉기, (B) 냉매
③ (A) 증발기, (B) 브라인
④ (A) 축냉기, (B) 브라인

해설

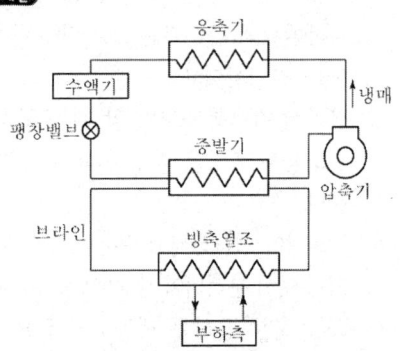

23 몰리에르 선도상에서 압력이 증대함에 따라 포화액선과 건포화증기선이 만나는 일치점을 무엇이라 하는가?
① 한계점 ② 임계점
③ 상사점 ④ 비등점

해설 **임계점**
포화액선과 건조포화증기선이 만나는 점으로 이 상태에서는 압력을 아무리 높여도 기체를 액체로 바꿀 수 없는 한계점을 임계점이라 하고, 이때의 온도 및 압력을 임계온도, 임계압력이라고 한다.

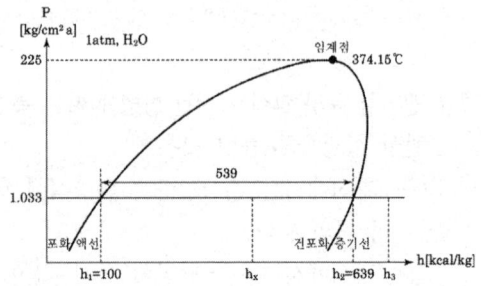

24 -20℃의 암모니아 포화액의 엔탈피가 314 kJ/kg이며, 동일 온도에서 건조포화증기의 엔탈피가 1687kJ/kg이다. 이 냉매액이 팽창밸브를 통과하여 증발기에 유입될 때의 냉매의 엔탈피가 670kJ/kg이었다면 중량비로 약 몇 %가 액체 상태인가?
① 16 ② 26
③ 74 ④ 84

해설 **냉매액의 중량비**
$$= \frac{h_{포화증기} - h_{팽창밸브\,통과\,후}}{h_{포화증기} - h_{포화액}}$$
$$= \frac{1687 - 670}{1687 - 314} = 0.739 ≒ 74\%$$

25 다음 중 브라인의 구비 조건이 아닌 것은?
① 열용량이 작고 전열이 좋을 것
② 점도가 적당할 것
③ 응고점이 낮을 것
④ 금속에 대한 부식성이 적고 불연성일 것

해설 **브라인의 구비 조건**
㉠ 열용량(비열)이 클 것
㉡ 열전도율이 클 것

Answer 22. ③ 23. ② 24. ③ 25. ①

ⓒ 점도가 적당할 것
ⓔ 응고점이 낮을 것
ⓕ 불연성이며 독성이 없을 것

26 빙축열 방식에 대한 설명 중 잘못된 것은?
① 제빙을 위한 냉동기 운전은 냉수 취출을 위한 운전보다 증발온도가 낮기 때문에 성능계수(COP)가 높아 20~30% 정도의 소비동력이 감소한다.
② 냉매를 직접 제빙부에 공급하는 직접 팽창식과 냉동기에서 냉각된 브라인을 제빙부에 공급하는 브라인 방식으로 나눈다.
③ 제빙방식은 정적 제빙방식과 동적 제빙방식으로 나눈다.
④ 주로 심야전력을 이용하는 잠열축열 방식이다.

해설 빙축열 방식의 단점
제빙을 위한 냉동기 운전은 냉수 취출을 위한 운전보다 증발온도가 낮기 때문에 성능계수(COP)가 높아 20~30% 정도의 소비동력이 증가한다. 또한 시스템 설계가 어려우며 온수축열조로서의 능력이 작기 때문에 난방 시의 축열 대응에 제약이 있다.

27 응축온도가 일정하고 증발온도가 높아짐에 따라 커지는 것은?
① 압축일의 열당량
② 응축기의 방출열량
③ 냉동효과
④ RT당 냉매순환량

해설 증발온도(압력)가 높아지면
ⓐ 냉동효과의 증대
ⓑ 압축비의 감소
ⓒ 압축일량의 감소
ⓓ 성적계수의 증가

28 냉동장치에서 액봉이 쉽게 발생되는 부분으로 가장 거리가 먼 것은?
① 액펌프 방식의 펌프출구와 증발기 사이의 배관
② 2단압축 냉동장치의 중간냉각기에서 과냉각된 액관
③ 압축기에서 응축기로의 배관
④ 수액기에서 증발기로의 배관

해설 액봉현상
밀폐된 냉매배관 계통 내부에 갇힌 액체 냉매가 주위 온도가 상승함에 따라, 냉매액의 체적이 팽창하여 이상 고압의 발생 혹은 파열되는 현상으로 주로 저압 배관 간의 연결부위에 많이 발생한다. 보기에서 압축기에서 응축기로의 배관은 고압배관이므로 액봉이 쉽게 발생되는 부분과 거리가 멀다.

29 다음 중 카르노 사이클(Carnot cycle)의 가역과정 순서를 올바르게 나타낸 것은?
① 등온팽창 → 단열팽창 → 등온압축 → 단열압축
② 등온팽창 → 단열압축 → 단열팽창 → 등온압축
③ 등온팽창 → 등온압축 → 단열압축 → 단열팽창
④ 등온팽창 → 단열팽창 → 단열압축 → 등온압축

해설 카르노 사이클(Carnot cycle)
두 개의 가역단열과정과 두 개의 가역등온과정으로 이루어진 열기관의 가장 이상적인 사이클로, 등온팽창 → 단열팽창(등엔트로피 팽창) → 등온압축 → 단열압축의 4가지 과정을 거친다.

30 할라이드 토치로 누설검사가 불가능한 냉매는?
① NH_3 ② R-504

Answer 26. ① 27. ③ 28. ③ 29. ① 30. ①

③ R-22　　　④ R-114

해설

구분	누설검사
NH_3 (R-717)	① 냄새(악취) ② 붉은 리트머스 시험지 → 파란색(청색)으로 변색 ③ 페놀프탈레인지 → 붉은색으로 변색 ④ 유황초(황산, 염산) → 흰색 연기 발생 ⑤ 네슬러시약 → 소량 누설 : 노란색 　　　　　　　　대량 누설 : 보라색
프레온 냉매	① 비눗물로 확인 ② 전자누설 탐지기를 사용 ③ 할라이드 토치 사용

31 냉장고 중 쇼 케이스(show case)의 종류에 해당되지 않는 것은?

① 리칭(reach)형 쇼 케이스
② 밀폐형 쇼 케이스
③ 개방형 쇼 케이스
④ 유닛소형 쇼 케이스

해설 쇼케이스의 종류
  ㉠ 냉동기 내장형
  ㉡ 냉동기 별치형 : 밀폐형, 리칭형, 개방형

32 다음과 같은 [조건]에서 작동하는 냉동장치의 냉매순환량(kg/h)은? (단, 1RT는 3.9kW이다.)

[조건]
  ㉠ 냉동능력 : 5RT
  ㉡ 증발기 입구 냉매 엔탈피 : 240kJ/kg
  ㉢ 증발기 출구 냉매 엔탈피 : 400kJ/kg

① 325.2　　　② 438.8
③ 512.8　　　④ 617.3

해설 냉매순환량(kg/h)

$$G = \frac{Q_e}{q_e} = \frac{Q_e}{h_1 - h_4}$$

$$= \frac{5RT \times \frac{3.9kJ/s}{1RT} \times \frac{3600s}{1h}}{400-240} = 438.8 kg/h$$

여기서, 3.9kW=3.9kJ/s, 1h=3600s

33 다음은 프레온 장치에서 유분리기를 사용해야 될 경우의 설명이다. 옳지 않은 것은?

① 만액식 증발기를 사용하는 경우 사용한다.
② 다량의 기름이 토출가스에 혼입될 때 사용한다.
③ 증발온도가 높은 경우 사용한다.
④ 토출가스 배관이 길어지는 경우 사용한다.

해설 프레온 장치에서 유분리기 사용하는 경우
  ㉠ 만액식 증발기를 사용할 경우
  ㉡ 증발온도가 낮은 저온장치인 경우
  ㉢ 토출배관이 길어지는 경우
  ㉣ 토출가스에 다량의 오일이 장치 내로 유출되는 경우

34 암모니아 냉동장치에 대한 설명 중 옳은 것은?

① 압축비가 증가하면 체적 효율도 증가한다.
② 표준 냉동사이클로 운전할 경우 R-12에 비해 토출가스의 온도가 낮다.
③ 기밀 시험에 산소가스를 이용하는 것은 폭발의 가능성이 없기 때문이다.
④ 증발압력 조정밸브를 설치하는 것은 냉매의 증발 압력을 일정 이상으로 유지하기 위해서다.

해설 ① 압축비가 증가하면 체적 효율이 감소하여 냉동능력이 감소한다.
  ② 표준 냉동사이클로 운전할 경우 R-12에 비해 토출가스(NH_3(암모니아) : 98℃, R-12 : 37.8℃)의 온도가 높다.
  ③ 기밀 시험에 산소가스를 사용하면 폭발의 가능성이 있기 때문에 사용해서는 안 된다.

Answer　31. ④　32. ②　33. ③　34. ④

35 압축기의 용량제어방법 중 왕복동 압축기와 관계가 없는 것은?

① 바이패스법
② 회전수 가감법
③ 흡입 베인 조절법
④ 클리어런스 증가법

해설 왕복동 압축기의 용량제어방법
㉠ 회전수 제어
㉡ 흡입밸브의 일부를 언로드(unload)시키는 방법
㉢ 바이패스 제어
㉣ 타임 밸브에 의한 방법
㉤ 클리어런스 증대법
㉥ 냉각수량 조절법(응축압력 조절법)

[참고] 원심식(터보) 압축기 용량제어방법
㉠ 회전수 제어
㉡ 흡입 베인(vane) 제어
㉢ 디퓨저(diffuser) 제어
㉣ 바이패스 제어
㉤ 흡입, 토출 댐퍼 조절법
㉥ 냉각수량 조절법(응축압력 조절법)

36 유량 100L/min의 물을 15℃에서 10℃로 냉각하는 수냉각기가 있다. 이 냉동장치의 냉동효과가 125kJ/kg일 경우에 냉매순환량은 얼마인가? (단, 물의 비열은 4.18kJ/kg·K이다.)

① 16.7kg/h   ② 1000kg/h
③ 450kg/h   ④ 960kg/h

해설 냉매순환량(G)

$$G = \frac{Q_e}{q_e} = \frac{GC\Delta t}{q_e}$$

$$= \frac{100 \times \frac{60\min}{1h} \times 4.18 \times (15-10)}{125}$$

$$= 1003.2 \text{kg/h}$$

37 10kg의 산소가 체적 $5m^3$로부터 $11m^3$로 변화하였다. 이 변화가 일정 압력하에 이루어졌다면 엔트로피의 변화(kcal/K)는? (단, 산소는 완전가스로 보고, 정압비열은 0.221kcal/kg·K로 한다.)

① 1.55   ② 1.74
③ 1.95   ④ 2.05

해설 정압과정 엔트로피 변화(ΔS)

$$\Delta S = G \cdot C_p \cdot \ln\frac{V_2}{V_1}$$

$$= 10 \times 0.221 \times \ln\frac{11}{5} = 1.74 \text{kcal/K}$$

38 일반적으로 냉동 운송설비 중 냉동자동차를 냉각장치 및 냉각방법에 따라 분류할 때 그 종류로 가장 거리가 먼 것은?

① 기계식 냉동차
② 액체질소식 냉동차
③ 헬륨냉동식 냉동차
④ 축냉식 냉동차

해설 냉각장치 및 냉각방법에 따른 냉동자동차 분류
기계식, 축냉식, 액체질소식, 드라이아이스식

39 흡수식 냉동기에 사용하는 흡수제로서의 요구 조건으로 가장 거리가 먼 것은?

① 용액의 증발압력이 높을 것
② 농도의 변화에 의한 증기압의 변화가 작을 것
③ 재생에 많은 열량을 필요로 하지 않을 것
④ 점도가 낮을 것

해설 흡수제의 구비 조건
㉠ 용액의 증기압력이 낮을 것
㉡ 농도 변화에 대한 증기압력의 변화가 작을 것
㉢ 재생에 많은 열을 필요로 하지 않을 것
㉣ 점도가 높지 않을 것

Answer 35. ③ 36. ② 37. ② 38. ③ 39. ①

ⓜ 냉매와 비점 차이가 클 것
ⓗ 냉매와의 용해도가 클 것
ⓢ 열전도율이 크고, 부식성이 적을 것
ⓞ 독성, 가연성이 없을 것
ⓩ 가격이 싸고 구입이 쉬울 것
ⓧ 환경파괴가 없을 것

40 냉동기 속 두 냉매가 아래 표의 조건으로 작동될 때, A냉매를 이용한 압축기의 냉동능력이 R_A, B냉매를 이용한 압축기의 냉동능력이 R_B인 경우, R_A/R_B의 비는? (단, 두 압축기의 피스톤 압출량은 동일하며, 체적효율도 75%로 동일하다.)

	A	B
냉동효과(kJ/kg)	1130	170
비체적(m³/kg)	0.509	0.077

① 1.5 ② 1.0
③ 0.8 ④ 0.5

해설 냉매순환량(G) 계산공식

$$G = \frac{R}{q_e} = \frac{V}{v_a} \times \eta_v \text{에서}$$

냉동능력(R)에 관해 풀면

$$R = \frac{V}{v_a} \times \eta_v \times q_e$$

여기서, R : 냉동능력
q_e : 냉동효과
V : 피스톤 토출량
v_a : 흡입가스 비체적
η_v : 체적효율

① $R_A = \frac{V}{v_A} \times \eta_v \times q_A$

$= \frac{V}{0.509} \times 0.75 \times 1130 = 1665V$

② $R_B = \frac{V}{v_B} \times \eta_v \times q_B$

$= \frac{V}{0.077} \times 0.75 \times 170 = 1656V$

$$\therefore \frac{R_A}{R_B} = \frac{1665V}{1656V} = 1.0$$

제3과목 : 공조냉동 설치·운영

41 기계설비법령에 따라 성능점검업 준수 대상 건축물 중 잘못된 것은?
① 연면적 1만제곱미터 이상 건축물(창고시설은 제외)
② 300세대 이상 공동주택
③ 300세대 이상 중앙집중식 난방방식의 공동주택
④ 지하역사 및 연면적 2천제곱미터 이상인 지하도 상가

해설 ② 500세대 이상 공동주택

42 냉동제조설비의 안전관리자의 인원에 대한 설명 중 바른 것은?
① 냉동능력 300톤 초과(냉매가 프레온일 경우는 600톤 초과)인 경우 안전관리원은 3명 이상이어야 한다.
② 냉동능력이 100톤 초과 300톤 이하(냉매가 프레온일 경우는 200톤 초과 600톤 이하)인 경우 안전관리원은 1명 이상이어야 한다.
③ 냉동능력 50톤 초과 100톤 이하(냉매가 프레온인 경우 100톤 초과 200톤 이하)인 경우 안전관리총괄자는 없어도 상관없다.
④ 냉동능력 50톤 이하(냉매가 프레온인 경우 100톤 이하)인 경우 안전관리책임자는 없어도 상관없다.

해설 ① 냉동능력 300톤 초과(냉매가 프레온일 경우는 600톤 초과)인 경우 안전관리원은 2명

40. ② 41. ② 42. ②

이상이어야 한다.
③ 냉동능력 50톤 초과 100톤 이하(냉매가 프레온인 경우 100톤 초과 200톤 이하)인 경우 안전관리총괄자는 1인이어야 한다.
④ 냉동능력 50톤 이하(냉매가 프레온인 경우 100톤 이하)인 경우 안전관리책임자는 1인이어야 한다.

43 기계설비성능점검업 등록 시 등록요건으로 적합하지 않은 것은?
① 자본금　　② 기술인력
③ 점검장비　④ 사무실

해설 기계설비성능점검업 등록요건
자본금, 기술인력, 점검장비

44 고압가스 제조설비의 기밀시험이나 시운전 시 가압용 고압가스로 부적당한 것은?
① 질소　　② 아르곤
③ 공기　　④ 수소

해설 고압가스 설비와 배관의 기밀시험은 원칙적으로 공기 또는 위험성이 없는 기체의 압력으로 실시한다.
※ 수소는 가연성 가스에 해당하므로 기밀시험용으로 사용할 수 없다.

45 제어계의 응답 속응성을 개선하기 위한 제어동작은?
① D 동작　　② I 동작
③ PD 동작　 ④ PI 동작

해설 비례미분동작(PD 동작)
제어동작 중 편차의 크기와 변화속도에 비례하는 제어동작으로 제어계의 응답 속응성을 개선하기 위해 사용한다.

46 변압기의 병렬운전에서 필요하지 않는 조건은?
① 극성이 같을 것
② 출력이 같을 것
③ 권수비가 같을 것
④ 1차, 2차 정격전압이 같을 것

해설 변압기 병렬운전 조건
㉠ 단상 병렬운전 조건
　ⓐ 권수비가 같을 것
　ⓑ 1차, 2차의 정격전압 및 극성이 같을 것
　ⓒ %임피던스 강하가 같을 것
　ⓓ 내부저항과 누설 리액턴스비가 같을 것
㉡ 삼상 변압기 병렬운전 조건
　ⓐ 권수비가 같을 것
　ⓑ 1차, 2차의 정격전압 및 극성이 같을 것
　ⓒ %임피던스 강하가 같을 것
　ⓓ 내부저항과 누설 리액턴스비가 같을 것
　ⓔ 상회전 방향이 같을 것
　ⓕ 위상변위(위상각)가 일치할 것

47 저항 R에 100V의 전압을 인가하여 10A의 전류를 1분간 흘렸다면, 이때의 열량은 약 몇 kcal인가?
① 14.4　　② 28.8
③ 60　　　④ 120

해설 열량(kcal)
$H = 0.24 I^2 Rt$
$= 0.24 \times 10^2 \times 10 \times 60 = 14,400 \text{cal}$
$= 14.4 \text{kcal}$
여기서, 1min = 60s
$R = \dfrac{V}{I} = \dfrac{100}{10} = 10\,\Omega$

48 10kVA의 단상변압기 3대가 있다. 이를 3상 배전선에 V결선했을 때의 출력은 몇 kVA인가?
① 11.73　　② 17.32
③ 20　　　　④ 30

해설 $P_V = \sqrt{3} P_1 = \sqrt{3} \times 10 = 17.32 \text{kVA}$

49 그림과 같은 계전기 접점회로의 논리식은?

Answer　43. ④　44. ④　45. ③　46. ②　47. ①　48. ②　49. ③

과년도출제문제(출제기준 개정 후)　417

① $(\overline{A}+B)\cdot(C+\overline{D})$
② $(\overline{A}+\overline{B})\cdot(C+D)$
③ $(A+B)\cdot(C+D)$
④ $(A+B)\cdot(\overline{C}+\overline{D})$

해설

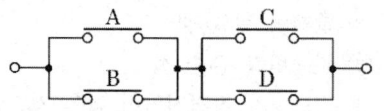

[참고]

구분	AND회로	OR회로
접점 회로	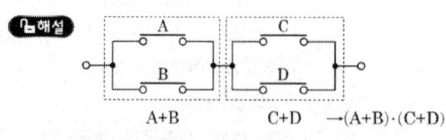	
논리식	$X = A \cdot B$	$X = A + B$

50 다음의 논리식 중 다른 값을 나타내는 논리식은?

① $\overline{X}Y + XY$
② $(Y + X + \overline{X})Y$
③ $X(\overline{Y}+X+Y)$
④ $XY + Y$

해설 ① $\overline{X}Y + XY = (\overline{X}+X)Y = 1 \cdot Y = Y$
② $(Y+X+\overline{X})Y = YY + XY + \overline{X}Y$
　　　　　　　　$= Y + (X+\overline{X})Y$
　　　　　　　　$= Y + 1 \cdot Y = Y$
③ $X(\overline{Y}+X+Y) = X\overline{Y} + XX + XY$
　　　　　　　　$= X(\overline{Y}+Y) + X$
　　　　　　　　$= X \cdot 1 + X = X$
④ $XY + Y = (X+1)Y = 1 \cdot Y = Y$

51 자동제어에서 미리 정해 놓은 순서에 따라 제어의 각 단계가 순차적으로 진행되는 제어방식은?

① 프로세스 제어
② 시퀀스 제어
③ 서보 제어
④ 되먹임 제어

해설 **시퀀스 제어의 정의**
㉠ 미리 정해진 순서에 따라 제어의 각 단계를 순차적으로 제어하는 방식
㉡ 전기밥솥, 세탁기, 커피자판기, 엘리베이터 제어 등에 적용

52 170V, 50Hz, 3상 유도전동기의 전부하 슬립이 4%이다. 공급전압이 5% 저하된 경우의 전부하 슬립은 약 몇 %인가?

① 4.4
② 5.1
③ 5.6
④ 7.4

해설 $s_2 = s_1 (\frac{V_1}{V_2})^2 = 4(\frac{170}{170 \times 0.95})^2 = 4.4\%$

53 냉매배관의 시공 시 유의사항으로 틀린 것은?

① 배관재료는 각각의 용도, 냉매종류, 온도 등에 의해 선택한다.
② 온도변화에 의한 배관의 신축을 고려한다.
③ 배관 중에 불필요하게 오일이 체류하지 않도록 한다.
④ 관경은 가급적 작게 하여 플래시 가스의 발생을 줄인다.

해설 ④ 배관길이는 되도록 짧게 하고 관경은 충분히 크게 하여 플래시 가스의 발생을 줄이다.

54 스테인리스관의 특성이 아닌 것은?

① 내식성이 좋다.
② 저온 충격성이 크다.
③ 용접식, 몰코식 등 특수시공법으로 시공이 간단하다.
④ 강관에 비해 기계적 성질이 나쁘다.

해설 **스테인리스관의 특성**
㉠ 내식성이 우수하여 부식성이 있는 유체를 이송할 경우에 사용된다.
㉡ 위생적이어서 적수, 백수, 청수의 염려가 없다.
㉢ 강관에 비해 기계적 성질이 우수하며, 두께가 얇고 가벼워 운반 및 시공이 용이하다.
㉣ 저온 충격성이 크고 한랭지 배관이 가능하며

Answer 50. ③　51. ②　52. ①　53. ④　54. ④

동결에 대한 저항이 크다.

55 다음 중 통기관의 종류가 아닌 것은?
① 각개 통기관　② 루프 통기관
③ 신정 통기관　④ 분해 통기관

해설 통기관의 종류
각개 통기관, 루프(회로) 통기관, 도피 통기관, 신정 통기관, 결합 통기관, 습윤 통기관, 공용 통기관

56 보온재의 구비 조건 중 틀린 것은?
① 열전도율이 클 것
② 불연성일 것
③ 내식성 및 내열성이 있을 것
④ 비중이 작고 흡습성이 작을 것

해설 보온재의 구비 조건
㉠ 보온능력이 크고 열전도율이 작을 것
㉡ 비중이 작을 것
㉢ 어느 정도 기계적 강도를 가질 것
㉣ 흡습성, 흡수성이 없을 것
㉤ 불연성일 것

57 다음 중 고압가스 배관재료의 배관 기호에 대한 설명으로 틀린 것은?
① SPP : 배관용 탄소강관
② SPPH : 저압 배관용 탄소강관
③ SPLT : 저온 배관용 탄소강관
④ SPHT : 고온 배관용 탄소강관

해설 ② SPPH : 고압 배관용 탄소강관

58 배수관 설치 기준에 대한 내용으로 틀린 것은?
① 배수관의 최소 관경은 20mm 이상으로 한다.
② 지중에 매설하는 배수관의 관경은 50mm 이상이 좋다.
③ 배수관은 배수가 흐르는 방향으로 관경을 축소해서는 안 된다.
④ 기구배수관의 관경은 이것에 접속하는 위생기구의 트랩구경 이상으로 한다.

해설 ① 배수관의 최소 관경은 32mm 이상으로 하고, 고형물이 흐르는 잡배수관의 최소 관경은 50mm 이상으로 한다.

59 증기난방 방식에서 응축수 환수방법에 따른 분류가 아닌 것은?
① 중력 환수식　② 진공 환수식
③ 정압 환수식　④ 기계 환수식

해설 응축수 환수방식의 종류

중력 환수식	응축수 자체의 중력에 의하여 환수 (중·소규모)
기계 환수식	급수펌프를 설치하여 응축수를 보일러에 공급
진공 환수식	환수주관 말단부에 진공펌프를 연결하여 응축수를 신속하게 환수

60 호칭지름 20A의 관을 그림과 같이 나사 이음할 때, 중심 간의 길이가 200mm라 하면 강관의 실제 소요되는 절단 길이(mm)는? (단, 이음쇠의 중심에서 단면까지의 길이는 32mm, 나사가 물리는 최소의 길이는 13mm이다.)

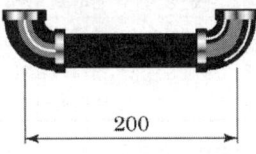

① 136　② 148
③ 162　④ 200

해설 실제 소요되는 절단길이(l)
$l = L - 2(A-a) = 200 - 2(32-13) = 162mm$
L : 배관 중심 간의 길이
A : 이음쇠의 중심에서 단면까지의 길이
a : 나사가 물리는 최소 길이

Answer　55. ④　56. ①　57. ②　58. ①　59. ③　60. ③

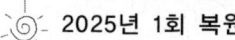

chapter 03 공조냉동기계산업기사 과년도출제문제

제1과목 : 공기조화 설비

01 공기조화 방식의 분류 중 공기-물 방식이 아닌 것은?

① 유인유닛방식
② 덕트병용 팬코일 유닛방식
③ 복사냉난방 방식(패널에어 방식)
④ 멀티존 유닛방식

해설 공조방식의 분류

분류	열매체	공조 방식
중앙 방식	전공기방식	단일 덕트방식 2중 덕트방식 각층 유닛방식 덕트병용 패키지 방식 멀티존 유닛방식
	수-공기방식	유인유닛방식 덕트병용 팬코일 유닛방식 복사냉난방(패널에어)방식
	전수방식	팬코일 유닛
개별 방식	냉매방식	룸쿨러방식 패키지방식 멀티유닛방식

02 다음의 표시된 벽체의 열관류율은?
(단, 내표면의 열전달률 α_i=8W/m²K, 외표면의 열전달률 α_o=20W/m²K, 벽돌의 열전도율 λ_a=0.5W/mK, 단열재의 열전도율 λ_b=0.03W/mK, 모르타르의 열전도율 λ_c=0.62 W/mK이다.)

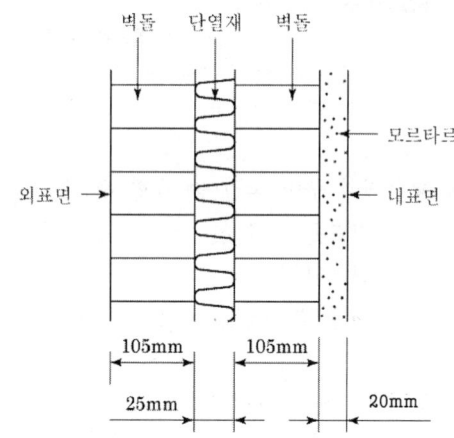

① 0.685W/m²K
② 0.778W/m²K
③ 0.813W/m²K
④ 1.460W/m²K

해설 벽체의 열관류율(K)

$$K = \cfrac{1}{\cfrac{1}{\alpha_i} + \cfrac{l_a}{\lambda_a} + \cfrac{l_b}{\lambda_b} + \cfrac{l_c}{\lambda_c} + \cfrac{l_d}{\lambda_a} + \cfrac{1}{\alpha_o}}$$

$$= \cfrac{1}{\cfrac{1}{8} + \cfrac{0.105}{0.5} + \cfrac{0.025}{0.03} + \cfrac{0.105}{0.5} + \cfrac{0.02}{0.62} + \cfrac{1}{20}}$$

$= 0.685 \text{W/m}^2\text{K}$

03 습공기 선도상에 나타나는 것이 아닌 것은?

① 상대습도
② 건구온도
③ 절대습도
④ 포화도

해설 습공기 선도의 구성
표준대기압 상태에서 습공기의 성질을 표시하고 건구온도, 습구온도, 노점온도, 상대습도, 절대습도, 수증기분압, 엔탈피, 비체적, 현열비, 열수분비 등으로 구성되어 있다.

Answer 01. ④ 02. ① 03. ④

04 다음 조건과 같은 특징을 가지는 보일러로 가장 알맞은 것은?

> 주철을 주조 성형하여 1개의 섹션(쪽)을 각각 만들어 보일러 용량에 맞추어 여러 개의 섹션을 조립하여 사용하는 저압 보일러로 복잡한 구조 제작이 가능하고, 전열면적이 크고 효율이 높아 주로 난방에 사용되며, 증기 보일러와 온수 보일러가 있다.

① 주철제 보일러 ② 노통연관식 보일러
③ 수관식 보일러 ④ 관류 보일러

해설 주철제 보일러
섹셔널 보일러(sectional boiler)라고도 하며, 주철을 주조 성형하며 1개의 섹션(쪽)을 각각 만들어 보일러 용량에 맞추어 약 5개 내지 18개 정도의 섹션을 조립하여 사용하는 저압 보일러로 전열면적이 크고 효율이 높아 주로 난방에 사용되며, 증기 보일러와 온수 보일러가 있다.

05 보일러 정비 시 주의사항(안전관리)으로 가장 거리가 먼 것은?

① 작업 전에 보일러의 잔압을 완전히 제거하고 충분히 냉각을 시켜야 한다.
② 타보일러와 증기관이 연결되어 있을 때는 주증기 밸브를 잠근 후 핸들을 떼어놓거나, 맹판을 삽입하여 증기가 누입되지 않도록 한다.
③ 분출관이 타보일러와 연결되어 있을 때는 분출밸브 토출측을 떼어놓는다.
④ 보일러 내에 들어갈 때는 충돌 방지를 위하여 1인씩만 작업하는 것이 바람직하다.

해설 ④ 보일러 내에 들어갈 때는 2인 1조로 하던가, 한사람은 바깥에서 보일러 내 작업자를 감시하는 것이 바람직하다.

06 온수배관의 시공 시 주의할 사항으로 옳은 것은?

① 각 방열기에는 필요 시에만 공기배출기를 부착한다.
② 배관의 최저부에는 배수밸브를 설치하며, 하향 구배로 설치한다.
③ 팽창관에는 안전을 위해 반드시 밸브를 설치한다.
④ 배관 도중에 관지름을 바꿀 때에는 편심 이음쇠를 사용하지 않는다.

해설 ① 각 방열기에는 관 내 공기가 차지 않도록 공기배출기를 상향 구배(기울기)로 부착한다.
③ 팽창관에는 안전을 위해 밸브 등 차단장치를 설치하지 않는다.
④ 배관 도중에 관지름을 바꿀 때에는 편심이음쇠를 사용한다.

07 다음 그림은 송풍기의 특성 곡선이다. 점선으로 표시된 곡선 B는 무엇을 나타내는가?

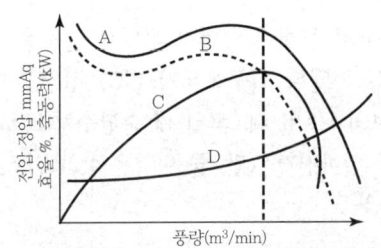

① 축동력 ② 효율
③ 전압   ④ 정압

해설 A : 전압곡선   B : 정압곡선
C : 효율   D : 축동력

08 덕트 설계 설치 시 검토 확인사항으로 가장 부적합한 것은?

① 덕트의 형상은 굴곡, 변형, 확대, 축소, 분기, 합류 시 덕트 내 공기저항이 최소가 되도록 설계되었는가 확인
② 덕트는 층고를 낮추기 위해 종횡비를 8 : 1 이상으로 하여 덕트 높이를 최소화한다.

Answer 04. ① 05. ④ 06. ② 07. ④ 08. ②

③ 덕트길이는 최단거리로 연결, 균등한 정압손실이 되도록 설계, 덕트의 열손실・열획득 경로를 피할 것
④ 소음기, 소음 엘보, 소음 챔버, 라이닝 덕트, 흡음 flexible 등의 적용으로 덕트의 소음 및 방진대책 수립

해설 ② 종횡비(aspect ratio)는 최대 8 : 1 이상이 되지 않도록 하며, 가능하면 4 : 1 이하로 제한한다.

09 우리나라에서 오전 중에 냉방 부하가 최대가 되는 존(zone)은 어느 방향인가?
① 동쪽 방향   ② 서쪽 방향
③ 남쪽 방향   ④ 북쪽 방향

해설 태양은 동쪽에서 뜨고 서쪽으로 지기에 오전에 가장 따뜻한 동쪽이 냉방부하가 최대가 된다.

10 냉수코일 설계에 있어서 코일의 출구온도가 10℃, 코일의 입구온도가 5℃, 전열부하가 83740kJ/h일 때, 코일 내 순환수량(L/min)은 약 얼마인가? (단, 물 비열은 4.2kJ/kg・K 이다.)
① 55.5L/min   ② 66.5L/min
③ 78.5L/min   ④ 98.7L/min

해설 $L = \dfrac{q}{C \Delta t} = \dfrac{83740 \times \dfrac{1h}{60min}}{4.2 \times (10-5)} = 66.25 L/min$

11 공기조화 부하계산을 할 때 고려하지 않아도 되는 것은?
① 열원방식
② 실내 온・습도의 설정 조건
③ 지붕재료 및 치수
④ 실내 발열기구의 사용시간 및 발열량

해설 ① 열원방식의 선정 및 검토는 기본계획 단계에서 안전성, 신뢰성, 운전의 용이성, 공해방지성, 경제성, 에너지절약성, 필요 스페이스 등을 감안하여 선정한다. 열원방식의 선정은 기계실 배치, 굴뚝이나 배관경로 등 건축계획과 밀접한 관계를 가진다.

12 도서관의 체적이 630m³이고 공기가 1시간에 29회 비율로 틈새바람에 의해 자연환기될 때 풍량(m³/min)은 약 얼마인가?
① 295   ② 304
③ 444   ④ 572

해설 환기풍량(Q)
$Q = n \cdot V = 29회/h \times 630m^3$
$= 18270 m^3/h = 304.5 m^3/min$
(n : 환기횟수[회/h], V : 방의 체적[m³])

13 다음 중 바이패스 팩터에 관한 설명으로 옳지 않은 것은?
① 바이패스 팩터는 공기조화기를 공기가 통과할 때 공기의 일부가 변화를 받지 않고 원상태로 지나쳐갈 때 이 공기량과 전체 통과 공기량에 대한 비율을 나타낸 것이다.
② 공기조화기를 통과하는 풍속이 감소하면 바이패스 팩터는 감소한다.
③ 공기조화기의 코일 열수 및 코일 표면적이 적을 때 바이패스 팩터는 증가한다.
④ 공기조화기의 이용 가능한 전열 표면적이 감소하면 바이패스 팩터는 감소한다.

해설 ④ 공기조화기의 이용 가능한 전열 표면적이 감소하면 공기와 코일의 접촉하는 비율이 감소하므로 바이패스 팩터는 증가한다.

14 냉수 또는 온수코일의 용량제어를 2방 밸브로 하는 경우 물배관 계통의 특성 중 옳은 것은?
① 코일 내의 수량은 변하나 배관 내의 유량

Answer 09. ① 10. ② 11. ① 12. ② 13. ④ 14. ②

은 부하변동에 관계없이 정유량(定流量)이다.
② 부하변동에 따라 펌프의 대수제어가 가능하다.
③ 차압제어밸브가 필요 없으므로 펌프의 양정을 낮게 할 수 있다.
④ 코일 내의 수량이 변하지 않으므로 전열효과가 크다.

해설 ① 배관 내의 유량은 부하변동에 따라 변유량(變流量)이다.
③ 증발기를 통하는 수량이 90% 이하로 감소되면 동결 염려가 있으므로 차압제어밸브가 필요하다.
④ 부하변동에 따라 코일 내의 수량이 변한다.
[참고]

2방 밸브 제어	3방 밸브 제어에 비해 제어성이 좋고 부하가 감소되면 배관 내 수량이 감소하고 펌프 수량도 감소되므로 펌프 대수 제어 등에 의해 펌프의 소비동력이 절약된다. 대규모 빌딩에서는 점차 많이 사용된다.
3방 밸브 제어	코일 내 수량이 변화하지만 배관 내 유량은 부하변동에도 불구하고 일정하며 정수량이 되어 냉동기 주위의 배관은 간단해지지만 펌프 유량이 일정해져 반송 동력은 절약할 수 없다.

15 환기방식 중 송풍기를 이용하여 실내에 공기를 공급하고, 배기구나 건축물의 틈새를 통하여 자연적으로 배기하는 방법은?
① 제1종 환기   ② 제2종 환기
③ 제3종 환기   ④ 제4종 환기

해설 제2종 환기법(압입식)
㉠ 급기는 기계적 송풍기로 강제 유입하고, 실내의 오염된 공기는 배기구나 개구부를 통해 자연적으로 배출하는 방식으로 외부 공기 오염물질이 실내로 유입되는 것을 방지하는 데 효과적이며, 급기량을 조절할 수 있다는 장점이 있다.

㉡ 수술실, 반도체공장, 무균실 등의 청정실에 적합하다.

16 보일러의 출력표시에서 난방부하와 급탕부하를 합한 용량으로 표시되는 것은?
① 과부하출력   ② 정격출력
③ 정미출력   ④ 상용출력

해설 보일러의 용량
㉠ 정격출력 : 난방부하+급탕부하+배관부하+예열부하
㉡ 상용출력 : 난방부하+급탕부하+배관부하
㉢ 정미출력 : 난방부하+급탕부하
㉣ 방열기출력 : 난방부하+배관부하

17 증기-물 또는 물-물 열교환기의 종류에 해당되지 않는 것은?
① 원통다관형 열교환기
② 전열교환기
③ 판형 열교환기
④ 스파이럴형 열교환기

해설 전열교환기
㉠ 공조부하 중 외기부하가 차지하는 비중은 약 30% 정도가 되는데, 전열교환기는 이러한 외기부하를 저감시키기 위해, 공조 배기(exhaust air)와 급기가 직접 공기-공기로 열교환하여 70% 전후의 열량(현열+잠열)을 회수한다.
㉡ 전열교환기는 설비비는 높으나 전열교환기에 의한 외기부하의 감소는 냉동기, 보일러, 기타 부속기기의 용량이 적게 되어 운전비를 절약할 수 있다.

18 덕트 설계 시 고려하지 않아도 되는 사항은?
① 덕트로부터의 소음
② 덕트로부터의 열손실
③ 공기의 흐름에 따른 마찰 저항
④ 덕트 내를 흐르는 공기의 엔탈피

Answer   15. ② 16. ③ 17. ② 18. ④

해설 덕트 설계 시 공기의 온·습도 및 엔탈피는 고려대상이 아니다.

19 다음 중 실내의 기류 분포에 관한 설명으로 옳은 것은?
① 소비되는 열량이 많아져서 추위를 느끼게 되는 현상 또는 인체에 불쾌한 냉감을 느끼게 되는 것을 유효 드래프트라고 한다.
② 실내의 각 점에 대한 EDT를 구하고, 전체 점수에 대한 쾌적한 점수의 배율을 T/L비라고 한다.
③ 일반사무실 취출구의 허용풍속은 1.5~2.5m/s이다.
④ 1차공기와 전공기의 비를 유인비라 한다.

해설 ① 소비되는 열량이 많아져서 추위를 느끼게 되는 현상 또는 인체에 불쾌한 냉감을 느끼게 되는 것을 콜드 드래프트(Cold Draft)라고 한다.
② 실내의 각 점에 대한 EDT(유효 드래프트)를 구하고 전체 점수에 대한 쾌적한 점수의 비율을 공기확산성능계수(ADPI, Air Diffusion Performance Index)라고 한다.
③ 일반사무실 취출구의 허용풍속은 5.0~6.25 m/s이다.
[참고] 유효 드래프트 온도
(EDT, Effective Draft Temperature)
실내거주자에게 주어진 온도와 기류가 어느 정도의 드래프트 효과를 내는가를 식으로 나타낸 것

20 인체에 작용하는 실내 온열환경 4대 요소가 아닌 것은?
① 청정도   ② 습도
③ 기류속도   ④ 공기온도

해설 **실내 온열환경의 4대 요소**
기온, 습도, 기류, 복사열

제 2 과목 : 냉동냉장 설비

21 다음 냉매 중 아황산가스에 접했을 때 흰 연기를 내는 가스는?
① 프레온 12   ② 크로메틸
③ R-410A   ④ 암모니아

해설 아황산가스(SO_2) : R-764
㉠ 암모니아와 더불어 오래 전부터 사용되어온 냉매
㉡ 냉매 중 냄새와 독성(허용농도 5ppm)이 가장 강하다.
㉢ 암모니아와 접촉 시 흰 연기가 발생한다.
㉣ 가스 중에 수분이 50ppm 이상이 되면 금속(철, 동, 아연)을 부식시킨다.

22 냉매가 구비해야 할 이상적인 물리적 성질로 틀린 것은?
① 임계온도가 높고 응고온도가 낮을 것
② 같은 냉동능력에 대해 소요동력이 적을 것
③ 전기절연성이 낮을 것
④ 저온에서도 대기압 이상의 압력으로 증발하고 상온에서 비교적 저압으로 액화할 것

해설 ③ 전기절연성이 크고, 전기절연물을 침식시키지 않을 것

23 다음 열역학적 설명으로 옳지 않은 것은?
① 물체의 순간(현재) 상태만에 관계하는 양을 상태량이라 하며 열량과 일 등은 상태량이다.
② 평형을 유지하면서 조용히 상태변화가 일어나는 과정은 준정적변화이며 가역변화라고 할 수 있다.
③ 내부에너지는 그 물질의 분자가 임의 온도하에서 갖는 역학적 에너지의 총합이라

Answer 19. ④ 20. ① 21. ④ 22. ③ 23. ①

고 할 수 있다.
④ 온도는 내부에너지에 비례하여 증가한다.

해설 ① 일과 열은 오직 계와 주위의 경계에서만 관찰되는 양이며 계의 성질이 아니므로 열역학적 상태량이 아니다.

24 2원 냉동장치의 저온측 냉매로 적합하지 않은 것은?
① R-22 ② R-14
③ R-13 ④ 에틸렌

해설 2원 냉동 사용 냉매
㉠ 저온측 : R-13, R-14, 에틸렌, 메탄, 에탄 등 비등점이 낮은 냉매
㉡ 고온측 : R-12, R-22 등 비등점이 높고 응축압력이 낮은 냉매

25 다음 설명 중 옳지 않은 것은?
① 냉매설비의 내압시험과 기밀시험에 사용하는 압력은 게이지압력이다.
② 암모니아 냉동장치의 기밀시험에는 누설을 용이하게 확인할 수 있도록 이산화탄소(CO_2)로 설계압력까지 승압한다.
③ 압력용기의 기밀시험은 내압시험 후에 행하는 시험이다.
④ 냉매배관 공사를 완료한 냉동장치는 냉매의 충전 전에 냉매계통 전체에 대하여 기밀시험을 행하여야 한다.

해설 ② 암모니아 냉동장치의 기밀시험에는 이산화탄소(CO_2)를, 프레온은 공기를 사용하면 안 된다.

26 10℃와 85℃ 사이의 물을 열원으로 역카르노 사이클로 작동되는 냉동기(ε_C)와 히트펌프(ε_H)의 성적계수는 각각 얼마인가?
① ε_C=1.00, ε_H=2.00
② ε_C=2.12, ε_H=3.12
③ ε_C=2.93, ε_H=3.93
④ ε_C=3.78, ε_H=4.78

해설 ㉠ 고온측(85℃) 절대온도
$T_H = 85 + 273 = 358K$
㉡ 저온측(10℃) 절대온도
$T_L = 10 + 273 = 283K$
㉢ 냉동기 성적계수
$$\varepsilon_C = \frac{T_L}{T_H - T_L} = \frac{283}{358 - 283} = 3.77$$
㉣ 히트펌프 성적계수
$$\varepsilon_H = \frac{T_H}{T_H - T_L} = \frac{358}{358 - 283} = 4.77$$ 또는
$\varepsilon_H = \varepsilon_C + 1 = 3.77 + 1 = 4.77$

27 하루에 10ton의 얼음을 만드는 제빙장치의 냉동부하[kJ/h]는? (단, 물의 온도는 20℃, 생산되는 얼음의 온도는 -5℃이며, 이때 제빙장치의 효율은 80%이다.)
① 180,572 ② 200,482
③ 222,969 ④ 283,009

해설 온도식 자동팽창밸브
㉠ 20℃ 물 → 0℃ 물
$Q_1 = G \cdot C_w \cdot \Delta t$
$= 10000 \times 4.18 \times (20-0)$
$= 836,000 \text{kJ/day}$
㉡ 0℃ 물 → 0℃ 얼음
$Q_2 = G \cdot \gamma = 10,000 \times 334$
$= 3,340,000 \text{kJ/day}$
㉢ 0℃ 얼음 → -5℃ 얼음
$Q_3 = G \cdot C_i \cdot \Delta t$
$= 10000 \times 2.09 \times [0-(-5)]$
$= 104,500 \text{kJ/day}$
㉣ 냉동부하
$(Q_1 + Q_2 + Q_3) \div 0.8$
$= (836,000 + 3,340,000 + 104,500) \div 0.8$
$= 5,363,125 \text{kJ/day} = 222,943 \text{kJ/h}$
(여기서, 물의 비열은 4.18kJ/(kg℃), 얼음

Answer 24. ① 25. ② 26. ④ 27. ③

의 비열은 2.09kJ/(kg℃), 얼음의 융해열은 344kJ/kg

28 할로겐 원소에 해당되지 않는 것은?
① 불소[F] ② 수소[H]
③ 염소[Cl] ④ 브롬[Br]

해설 할로겐 원소
플루오린(불소, Fluorine, F), 염소(Chlorine, Cl), 브로민(브롬, Bromine, Br), 아이오딘(Iodine, I), 아스타틴(Astatine, At) 등

29 냉동장치의 안전장치 중 압축기로의 흡입압력이 소정의 압력 이상이 되었을 경우 과부하에 의한 압축기용 전동기의 위험을 방지하기 위하여 설치되는 기기는?
① 증발압력조정밸브(EPR)
② 흡입압력조정밸브(SPR)
③ 고압 스위치
④ 저압 스위치

해설 흡입압력조정밸브
(SPR, Suction Pressure Regulating Valve)
증발기와 압축기 사이의 흡입관 중간에 설치하여 압축기 흡입압력이 일정 압력(SPR 출구측 압력) 이상으로 되었을 때 과부하로 인한 전동기의 파손을 방지한다.
[참고]
㉠ 증발압력조정밸브(EPR, Evaporate Pressure Regulating Valve) : 증발기 출구배관에 설치하여 설정된 설정압력(EPR 입구 압력)으로 증발압력을 일정하게 유지하여 운전 중 증발압력이 낮아져 냉수, 브라인 등의 동결이나 압축비 상승으로 인한 영향을 방지한다.
㉡ 고압차단스위치(HPS, High Pressure Control Switch) : 고압이 일정 이상의 압력으로 상승되면 회로를 차단하여 압축기를 정지시켜 이상고압으로 인한 장치의 파손을 방지한다.
㉢ 저압차단스위치(LPS, Low Pressure Control Switch) : 시스템에 저압이 일정 이하가 되면 회로를 차단하여 압축기를 정지시키는 안전장치로 압축기 흡입관에 설치한다.

30 팽창밸브 입구에서 1722kJ/kg의 엔탈피를 갖고 있는 냉매가 팽창밸브를 통과하여 압력이 내려가고 포화액과 포화증기의 혼합물, 즉 습증기가 되었다. 습증기 중의 포화액의 유량이 7kg/min일 때 전 유출 냉매의 유량은 약 얼마인가? (단, 팽창밸브를 지난 후의 포화액의 엔탈피는 227kJ/kg, 건포화증기의 엔탈피는 2100kJ/kg이다.)
① 30.3kg/min ② 32.4kg/min
③ 34.7kg/min ④ 36.5kg/min

해설 팽창 과정은 등엔탈피 과정으로 팽창밸브 통과 전후의 엔탈피는 같으므로 전체 유량(G)은
통과 전 엔탈피=통과 후 엔탈피
$1722 \times G = 7 \times 227 + 2100 \times (G-7)$
∴ $G = 34.7$kg/min

31 매분 염화칼슘 용액 350l/min을 −5℃에서 −10℃까지 냉각시키는 데 필요한 냉동능력[kW]은 얼마인가? (단, 염화칼슘 용액의 비중은 1.2, 비열은 2.5kJ/kgK이다.)
① 75.8 ② 87.5
③ 92.3 ④ 102

해설 ㉠ 염화칼슘 용액량(G)
$G = 350l/\min \times \dfrac{1\min}{60s} = 5.83 l/s$
㉡ 냉동능력(Q)
$Q = G\gamma C \Delta t$
$= 5.83 \times 1.2 \times 2.5 \times [-5-(-10)]$
$= 87.5$kW

Answer 28. ② 29. ② 30. ③ 31. ②

32 교축작용과 관계가 적은 것은?
① 등엔탈피 변화
② 팽창밸브에서의 변화
③ 엔트로피의 증가
④ 등적변화

해설 교축변화(등엔탈피 변화)
㉠ 유체가 밸브 등 기타 저항이 큰 작은 구멍을 통과할 때 마찰이나 흐름의 흐트러짐으로 인하여 흐름 방향으로 압력이 강하되는 현상을 교축이라 한다.
㉡ 교축은 팽창밸브의 원리가 되며 냉동장치에서 저온을 얻기 위해 증발기 입구에 팽창밸브를 설치하여 단열팽창시켜 압력과 온도를 강하시키며 이때 엔탈피 변화는 없고 엔트로피는 증가하며 비체적은 증가한다.

33 냉매와 화학분자식이 옳게 짝지어진 것은?
① R-500 → $CCl_2F_4 + CH_2CHF_2$
② R-502 → $CHClF_2 + CClF_2CF_3$
③ R-22 → CCl_2F_2
④ R-717 → NH_4

해설 ① R-500 → $CCl_2F_2 + CH_3CHF_2$
③ R-22 → $CHClF_2$
④ R-717 → NH_3

34 냉장고를 보냉하고자 한다. 냉장고의 온도는 -5℃, 냉장고 외부의 온도가 30℃일 때 냉장고의 벽 $1m^2$당 42kJ/h의 열손실을 유지하려면 열통과율[W/m^2K]을 약 얼마로 하여야 되는가?
① 0.23
② 0.4
③ 0.333
④ 0.5

해설 $Q = K \cdot A \cdot \Delta t$

$$K = \frac{Q}{A \cdot \Delta t} = \frac{42kJ/h \times \frac{1h}{3600s} \times \frac{1000J}{1kJ}}{1 \times [30-(-5)]}$$

$= 0.333 W/m^2K$

35 CA 냉장고(Controlled Atmosphere storage room)의 용도로 가장 적당한 것은?
① 가정용 냉장고로 쓰인다.
② 제빙용으로 주로 쓰인다.
③ 청과물 저장에 쓰인다.
④ 공조용으로 철도, 항공에 주로 쓰인다.

해설 CA 냉장고 (controlled atmosphere storage)
청과물(특히, 사과) 저장 시 보다 좋은 저장성을 얻기 위하여 냉장고 내의 산소를 3~5% 감소시키고, 탄산가스를 3~5% 증대시켜 청과물의 호흡작용을 억제하면서 냉장하는 냉장고

36 열원에 따른 열펌프의 종류가 아닌 것은?
① 물-공기 열펌프
② 태양열 이용 열펌프
③ 현열 이용 열펌프
④ 지중열 이용 열펌프

해설 열원에 따른 열펌프의 종류
㉠ 수열원(대표적인 지열시스템)
㉡ 물-공기
㉢ 지하수 이용
㉣ 하천수, 저수지, 댐, 바닷물 이용
㉤ 폐열(목욕탕, 사우나 등) 이용
㉥ EHP(전기) 및 GHP(가스)
㉦ 환기열 이용(Root Top Heat Pump)
㉧ 대기열 이용(Heat Pump)

37 용적형 냉동기에서 고압가스안전관리법에 의한 수압시험을 할 때 수냉각기, 응축기의 수측에 대한 수압시험은 원칙적으로 최고사용압력의 2배로 하되 최소한 얼마 이상의 압력으로 수압시험을 하는가?
① 약 1MPa
② 약 3MPa

Answer 32. ④ 33. ② 34. ③ 35. ③ 36. ③ 37. ①

③ 약 5MPa ④ 약 10MPa

해설 수냉각기 및 응축기의 수측에 대한 수압시험은 원칙적으로 최고사용압력의 2배로 하되 그 값이 1MPa 미만일 때는 1MPa로 한다.

38 흡수식 냉동기에 대한 설명 중 옳은 것은?
① H_2O +LiBr계에서는 응축측에서 비체적이 커지므로 대용량은 공랭식화가 곤란하다.
② 압축기는 없으나, 발생기 등에서 사용되는 전력량은 압축식 냉동기보다 많다.
③ H_2O +LiBr계나 H_2O +NH_3계에서는 흡수제가 H_2O이다.
④ 공기조화용으로 많이 사용되나, H_2O +LiBr계는 0℃ 이하의 저온을 얻을 수 있다.

해설 ② 압축기를 기동하는 전동기가 없고 열에너지를 이용하며 증기압축 냉동장치보다 전력 수용량이 적으므로 발생기 등에서 사용되는 전력량은 압축식 냉동기보다 적다.
③ H_2O +LiBr계에서는 흡수제가 LiBr이고, H_2O +NH_3계에서는 흡수제가 H_2O이다.
④ 공기조화용으로 많이 사용되나, H_2O +LiBr계는 0℃ 이하의 저온을 얻을 수 없다.

39 팽창밸브가 과도하게 닫혔을 때 생기는 현상이 아닌 것은?
① 증발기의 성능 저하
② 흡입가스의 과열
③ 냉동능력 증가
④ 토출가스의 온도상승

해설 팽창밸브가 과도하게 닫혔을 때 생기는 현상
㉠ 냉매의 분출속도 증가로 증발압력(저압)이 낮아지고, 증발온도 역시 낮아진다.
㉡ 압축비가 증가하고 냉매순환량이 감소하여 압축기로 과열증기가 흡입된다.
㉢ 체적효율 및 냉동능력 감소
㉣ 압축기 과열

㉤ 윤활유 열화 및 탄화

40 공랭식 응축기에 있어서 냉매가 응축하는 온도는 어떻게 결정하는가?
① 대기의 온도보다 30℃(54°F) 높게 잡는다.
② 대기의 온도보다 19℃(35°F) 높게 잡는다.
③ 대기의 온도보다 10℃(18°F) 높게 잡는다.
④ 증발기 속의 냉매 증기를 과열도에 따라 높인 온도로 잡는다.

해설 공랭식 응축기의 응축온도는 외기온도보다 15~20℃ 정도 높게 잡는다. 따라서 여름철에는 응축온도가 50~55℃ 정도가 된다.

제3과목 : 공조냉동 설치운영

41 기계설비법에서 사용 전 검사 신청서에 구비 서류로 가장 거리가 먼 것은?
① 기계설비공사 준공설계도서 사본
② 관계법령에 따라 기계설비에 대한 감리업무를 수행한 자가 확인한 기계설비 사용 적합확인서
③ 에너지이용합리화법 검사대상기기로 합격한 경우 그 검사결과서
④ 기계설비법 완성검사에 합격한 경우 그 검사결과서

해설 ④ 고압가스 안전관리법 완성검사에 합격한 경우 그 검사결과서

42 산업안전보건법령상 유해·위험 방지를 위한 방호조치가 필요한 기계·기구에 해당하는 것은?
① 응축기 ② 저장탱크
③ 공기압축기 ④ 냉각기

Answer  38. ① 39. ③ 40. ② 41. ④ 42. ③

해설 유해·위험 방지를 위하여 방호조치가 필요한 기계·기구
  ㉠ 예초기   ㉡ 원심기
  ㉢ 공기압축기   ㉣ 금속절단기
  ㉤ 지게차
  ㉥ 포장기계(진공포장기, 랩핑기로 한정)

43 기계유지관리자로 선임되고 신규 교육은 몇 일 이내로 받아야 과태료 대상이 아닌가?
① 15일   ② 2개월
③ 3개월   ④ 6개월

해설 교육주기
  ㉠ 신규 교육 : 선임된 날부터 6개월 이내
  ㉡ 보수 교육 : 최근에 이수한 유지관리교육의 이수일부터 3년이 지난 날을 기준으로 3개월 이내

44 다음 조건과 같은 냉·온수 배관계통에서 순환펌프 양정(mAq)을 구하시오.

> 냉·온수 계통에 공조기 2대 병렬 설치, 가장 먼 공조기까지 배관 직관 순환 길이 160m, 공조기 코일 저항 각각 4mAq, 국부저항은 직관저항의 50%로 하며 기타 손실은 무시한다. 배관경 선정 시 마찰저항은 50mmAq/m 이하로 한다.

① 8mAq   ② 12mAq
③ 16mAq   ④ 18mAq

해설 순환펌프 양정
=배관마찰 손실+공조기 코일저항
$= (160 + 160 \times 0.5) \times \dfrac{50}{1000} + 4 = 16\text{mAq}$

45 연단에 아마인유를 배합한 것으로 녹스는 것을 방지하기 위하여 사용되며 도료의 막이 굳어서 풍화에 대해 강하고 다른 착색도료의 밑칠용으로 널리 사용되는 것은?

① 알루미늄 도료   ② 광명단 도료
③ 합성수지 도료   ④ 산화철 도료

해설 ① 알루미늄 도료 : 알루미늄 분말에 유성 바니시(oil varnish)를 혼합한 것으로 방청 효과 및 내열성이 우수하고 열을 잘 반사시키므로 증기관, 방열기에 사용한다.
③ 합성수지 도료
  ㉠ 안료 등의 착색제를 합성 수지를 주성분으로 하는 매체에 분산시켜 적당한 첨가제를 배합한 도료의 총칭
  ㉡ 도료의 형태로서는 용제형·에멀션형·무용제형 등이 있다.
  ㉢ 종류 : 염화비닐, 초산비닐, 푸탈초, 페놀, 아크릴, 멜라민 수지 등이 있다.
④ 산화철 도료 : 산화 제2철을 보일유나 아마인유에 혼합한 것으로, 도막이 부드럽지만 방청 효과는 떨어지고 값이 싸다.

46 호칭지름 25A인 강관을 R150으로 90° 구부림할 경우 곡선부의 길이는 약 몇 mm인가? (단, π는 3.14이다.)
① 118mm   ② 236mm
③ 354mm   ④ 547mm

해설 곡선부의 길이(l)
$l = \dfrac{2\pi R\theta}{360°}$
$= \dfrac{2\pi \times 150 \times 90°}{360°} = 235.6\text{mm} ≒ 236\text{mm}$

47 도시가스 배관의 나사 이음부와 전기계량기 및 전기개폐기와의 거리로 옳은 것은?
① 10cm 이상   ② 30cm 이상
③ 60cm 이상   ④ 80cm 이상

해설 가스사용시설의 시설·기술·검사기준 일부
  ㉠ 가스계량기와 전기계량기 및 전기개폐기와의 거리는 60cm 이상, 굴뚝(단열조치를 하지 아니한 경우만을 말한다)·전기점멸기 및 전기접속기와의 거리는 30cm 이상, 절연

Answer 43. ④ 44. ③ 45. ② 46. ② 47. ③

조치를 하지 아니한 전선과의 거리는 15cm 이상의 거리를 유지할 것
ⓒ 배관의 이음부(용접이음매는 제외한다)와 전기계량기 및 전기개폐기, 전기점멸기 및 전기접속기, 절연전선(가스누출 자동차단장치를 작동시키기 위한 전선은 제외한다), 절연조치를 하지 않은 전선 및 단열조치를 하지 않은 굴뚝(배기통을 포함한다) 등과는 적절한 거리를 유지할 것

48 트랩의 봉수 유실 원인이 아닌 것은?

① 증발작용 ② 모세관작용
③ 사이펀작용 ④ 배수작용

해설 트랩 봉수

트랩 내부의 물(악취)을 차단
㉠ 봉수 파괴 원인 : 자기사이펀작용, 유인사이펀작용, 분출작용, 모세관작용, 증발작용, 운동량에 의한 관성작용
㉡ 봉수 파괴 대책
 ⓐ 자기사이펀, 유인사이펀, 분출작용 : 통기관 설치
 ⓑ 모세관현상 : 천조각, 머리카락 제거
 ⓒ 증발작용 : 기름
 ⓓ 운동량에 의한 관성작용 : 격자쇠 설치

49 배수계통에 설치된 통기관의 역할과 거리가 먼 것은?

① 사이펀작용에 의한 트랩의 봉수유실을 방지한다.
② 배수관 내를 대기압과 같게 하여 배수 흐름을 원활히 한다.
③ 배수관 내로 신선한 공기를 유통시켜 관 내를 청결히 한다.
④ 하수관이나 배수관으로부터 유해가스의 옥내 유입을 방지한다.

해설 ④ 트랩(trap)에 대한 설명이다.
[참고]
㉠ 트랩(trap) : 배수관에서 물이 흐르지 않을 경우 배수관의 위치, 유해가스 및 벌레가 배수관을 통하여 실내로 침투하는 것을 방지하기 위하여 배수관 중에 봉수를 고이게 하는 기구를 트랩이라 한다.
ⓒ 통기관 : 배수관 내의 공기소통을 원활히 하여 트랩 내의 기압을 조정함으로써 사이펀작용, 분출작용, 흡출작용에 의한 트랩봉수 파괴를 방지하기 위하여 설치한다.

50 냉각탑을 사용하는 경우의 일반적인 냉각수 온도조절방법이 아닌 것은?

① 전동 2way valve를 사용하는 방법
② 전동 혼합 3way valve를 사용하는 방법
③ 전동 분류 4way valve를 사용하는 방법
④ 냉각탑 송풍기를 on-off 제어하는 방법

해설 냉각수 온도제어방법
㉠ 분류형 자동 3방 밸브(3-Way Valve), 합류형 자동 3방 밸브
ⓒ 자동 2방 밸브(2-Way Valve)
ⓒ 냉각탑 송풍기 ON-OFF 또는 회전수 제어
ⓔ 조합형

51 관의 결합방식 표시방법 중 용접식 기호로 옳은 것은?

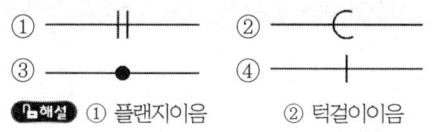

해설 ① 플랜지이음 ② 턱걸이이음
③ 용접이음 ④ 일반(나사식) 이음

52 급탕배관에 대한 설명으로 옳지 않은 것은?

① 공기빼기 밸브를 설치한다.
② 벽 관통 시 슬리브를 넣어서 신축을 자유롭게 한다.
③ 관의 부식을 고려하여 노출 배관하는 것이 좋다.
④ 배관의 신축은 고려하지 않아도 좋다.

 48. ④ 49. ④ 50. ③ 51. ③ 52. ④

해설 ④ 급탕배관에서 배관의 온도가 0℃일 때 80℃의 탕을 통과시키면 강관은 1m에 대하여 약 1mm가 늘어나므로 배관의 신축을 고려하여 신축 이음쇠 등을 설치한다.

53 변압기를 스코트(scott) 결선할 때 이용률은 몇 %인가?
① 57.7 ② 86.6
③ 100   ④ 173

해설 **스코트 결선(T결선)**
2개의 단상변압기를 사용해서 3상을 2상으로 변환하는 결선방법으로 3상 3선식에서 매우 큰 단상전력을 얻고자 할 때 사용한다.
㉠ 결선의 출력 $P = \sqrt{3}\, V_1 V_2$
㉡ 변압기 이용률(%) $= \dfrac{\sqrt{3}\,P}{2P} = 86.6\%$

54 역률 80%인 부하의 유효전력이 80kW이면 무효전력은 몇 kVar인가?
① 40   ② 60
③ 80   ④ 100

해설 ㉠ 피상전력(P_a)
$P_a = \dfrac{P}{\cos\theta} = \dfrac{80}{0.8} = 100\text{kVA}$
(여기서, P : 유효전력, $\cos\theta$: 역률)
㉡ 무효전력(P_r)
$P_a^2 = P^2 + P_r^2$
$\therefore P_r = \sqrt{P_a^2 - P^2}$
$= \sqrt{100^2 - 80^2} = 60\text{kVar}$

55 다음 블록선도의 입력 R에 5를 대입하면 C의 값은 얼마인가?

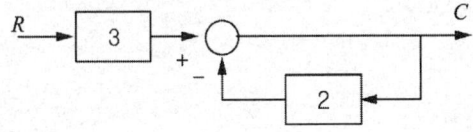

① 2   ② 3
③ 4   ④ 5

해설 $G = \dfrac{C}{R} = \dfrac{\text{경로}}{1-\text{폐로}} = \dfrac{3}{1-(-2)} = 1$
위 식에 $R=5$를 대입하면 $\dfrac{C}{5} = 1$
$\therefore C = 5$

56 120Ω의 저항 4개를 접속하여 가장 작은 저항값을 얻기 위한 회로 접속법은 어느 것인가?
① 직렬접속   ② 병렬접속
③ 직병렬접속 ④ 병직렬접속

해설 **병렬접속**
각각의 저항을 병렬로 접속하는 접속법으로 R(Ω)의 저항을 가지는 동일한 저항 n개를 병렬로 접속한 경우의 합성저항은 R(Ω)의 $\dfrac{1}{n}$ 배가 되므로 병렬 접속 시 합성저항은 가장 작은 저항보다 더 작은 합성저항이 된다. 참고로 직렬 접속 시 R(Ω)의 저항을 가지는 동일한 저항 n개를 직렬로 접속한 경우의 합성저항은 R(Ω)의 n배가 된다.

57 다음 중 동기화 제어변압기로 사용되는 것은?
① 싱크로 변압기   ② 앰플리다인
③ 차동변압기   ④ 리졸버

해설 **싱크로 제어변압기(synchro control transformer)**
싱크로(동기화)는 변환 장치의 하나로 3상 동기기와 같은 같은 구조를 가진 소형 회전기로서 샤프트 각도 측정과 위치 제어 시스템에 연결되어 사용된다.
[참고]
② 앰플리다인 : 회전증폭기의 한 종류로서 전기자 반작용에 의한 여자 작용을 이용한 계자 권선의 자화 전류에 의하여 전기자 권선의 기전력으로 증폭하여 출력하는 방식

Answer 53. ② 54. ② 55. ④ 56. ② 57. ①

③ 차동변압기 : 변위를 검출하는 일종의 변압기로서 가동부분은 철심뿐이어서 구조가 간단하면서도 무접촉이므로 직접검출용으로 널리 사용된다.
④ 리졸버 : 고정자와 회전자로 구성되어 있기 때문에 소형 교류모터와 비슷한 형상을 갖는다. 싱크로 전기기계가 3상의 소자인 데 대해서, 이것은 2상의 소자이다. 싱크로 전기기계에 비해 정밀도가 높은 것을 얻을 수 있다.

해설 OR 회로
입력단자 A, B 중 어느 하나라도 ON되면 출력이 ON되고 A, B 모든 단자가 OFF되어야 출력이 OFF되는 회로

58 유도전동기의 1차 전압 변화에 의한 속도제어 시 SCR을 사용하여 변화시키는 것은?
① 주파수
② 토크
③ 위상각
④ 전류

해설 유도전동기의 1차측에 SCR(사이리스터)를 접속하고 주기마다 SCR을 사용하여 위상각을 변화시켜 전동기의 속도를 제어하는데 2차 저항에서의 손실이 커서 효율이 나쁘다.

59 축전지의 용량을 나타내는 단위는?
① Ah
② VA
③ W
④ V

해설 축전지의 용량을 나타내는 단위는 암페어시(Ah ; Ampare hour rate)로 표시하며 이는 완충된 축전지를 일정한 전류로 연속방전(사용)시켜 축전지 단자전압이 방전 종지전압이 될 때까지 축전지에서 나오는 총 전기량을 말한다. 즉, Ah＝A(방전, 사용전류)×h(방전, 사용시간)

60 그림과 같은 회로는 어떤 논리회로인가?

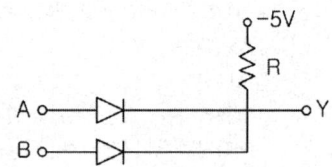

① AND 회로
② OR 회로
③ NOT 회로
④ NOR 회로

Answer 58. ③ 59. ① 60. ②

공조냉동기계산업기사 과년도출제문제

제1과목 : 공기조화 설비

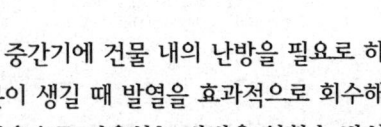

01 겨울철 중간기에 건물 내의 난방을 필요로 하는 부분이 생길 때 발열을 효과적으로 회수해서 난방용으로 이용하는 방법을 열회수 방식이라고 한다. 다음 중 열회수의 방법이 아닌 것은?
① 고온 공기를 직접 난방부분으로 송풍하는 방식
② 런 어라운드(run around) 방식
③ 열펌프 방식
④ 축열조 방식

해설 열회수 방식
㉠ 고온 공기를 직접 난방 부분으로 송풍하는 방식
㉡ 런 어라운드 방식, 전열교환기, 히트파이프 방식, 증발 냉각 방식, 열펌프 방식, 토털 에너지 시스템의 배열 이용 방식 등

[참고] 축열조
물, 자갈, 얼음 또는 용해물질 등의 축열물질에 열을 비축해 두었다가 필요 시 필요한 양만큼을 빼서 사용하는 장치로 대규모 공조 설비에서는 물이 사용되고 있다.

02 직접난방 부하 계산에서 고려하지 않는 부하는 어느 것인가?
① 외기도입에 의한 열손실
② 벽체를 통한 열손실
③ 유리창을 통한 열손실
④ 틈새바람에 의한 열손실

해설 직접 난방부하
㉠ 구조체(외벽, 지붕, 유리창, 내벽, 바닥, 문 등)를 통한 열손실 : 현열
㉡ 틈새바람에 의한 열손실 : 현열+잠열

03 다음 중 축열시스템의 특징으로 맞는 것은?
① 피크 컷(peak cut)에 의해 열원장치의 용량이 증가한다.
② 부분 부하 운전에 쉽게 대응하기가 곤란하다.
③ 도시의 전력수급상태 개선에 공헌한다.
④ 야간운전에 따른 관리 인건비가 절약된다.

해설 ① 피크 컷(peak cut)에 의해 열원장치의 용량을 최소화할 수 있다.
② 부분 부하 운전에 쉽게 대응할 수 있다.
④ 야간운전에 따른 관리 인건비가 상승된다.

04 가습기의 종류에서 증기취출식에 대한 특징이 아닌 것은?
① 공기를 오염시키지 않는다.
② 응답성이 나빠 정밀한 습도제어가 불가능하다.
③ 공기 온도를 저하시키지 않는다.
④ 가습량 제어를 용이하게 할 수 있다.

해설 증기취출식 특징
㉠ 공기를 오염시키지 않는다. 세균, 불순물의 비산 우려가 없다.
㉡ 공기 온도를 저하시키지 않는다.
㉢ 가습량 제어를 용이하게 할 수 있다(가습 효

Answer 01. ④ 02. ① 03. ③ 04. ②

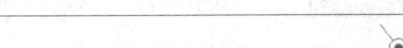

율 100%에 가까움).
ⓔ 물속에 함유된 불순물 제거에 유의해야 한다.
ⓜ 종류 : 전열식, 전극식, 적외선식, 과열 증기식, 노즐 분사식

05 습공기의 성질에 관한 설명 중 틀린 것은?
① 단열가습하면 절대습도와 습구온도가 높아진다.
② 건구온도가 높을수록 포화수증기량이 많다.
③ 동일한 상대습도에서 건구온도가 증가할수록 절대습도 또한 증가한다.
④ 동일한 건구온도에서 절대습도가 증가할수록 상대습도 또한 증가한다.

해설 ① 단열가습하면 절대습도가 높아지고 건구온도는 낮아지며 습구온도 및 엔탈피는 일정하다.

06 난방부하 계산 시 온도 측정방법에 대한 설명 중 틀린 것은?
① 외기온도 : 기상대의 통계에 의한 그 지방의 매일 최저온도의 평균값보다 다소 높은 온도
② 실내온도 : 바닥 위 1m의 높이에서 외벽으로부터 1m 이내 지점의 온도
③ 지중온도 : 지하실의 난방부하의 계산에서 지표면 10m 아래까지의 온도
④ 천장 높이에 따른 온도 : 천장의 높이가 3m 이상이면 직접난방법에 의해서 난방할 때 방의 윗부분과 밑면과의 평균온도

해설 ② 실내온도 : 바닥 위 1.5m 높이에서 외벽으로부터 1m 떨어진 곳의 호흡선에서 측정한 온도

07 시간당 5000m³의 공기가 지름 70cm의 원형 덕트 내를 흐를 때 풍속은 약 얼마인가?
① 1.4m/s
② 2.6m/s
③ 3.6m/s
④ 7.1m/s

해설 연속방정식 $Q = AV$에서 속도(V)는

$$V = \frac{Q}{A} = \frac{Q}{\frac{\pi D^2}{4}}$$

$$= \frac{5000\text{m}^3/\text{h} \times \frac{1\text{h}}{3600\text{s}}}{\frac{\pi (0.7)^2}{4}} = 3.6\text{m/s}$$

08 송풍기의 특성에 풍량이 증가하면 정압은 어떻게 되는가?
① 증가한다.
② 감소한다.
③ 변함없이 일정하다.
④ 감소하다가 일정하다.

해설 일정 속도로 회전하는 송풍기의 송풍량을 증가시키면 축동력은 점차 급상승하고 전압과 정압은 산형을 이루면서 감소한다.

09 온수난방의 특징으로 옳지 않은 것은?
① 증기난방보다 상하 온도차가 적고 쾌감도가 크다.
② 온도조절이 용이하고 취급이 간단하다.
③ 예열시간이 짧다.
④ 보일러 정지 후에도 여열에 의해 실내난방이 어느 정도 지속된다.

해설 ③ 열용량이 커 예열시간이 길다.

10 클린룸(clean room)에 대한 등급을 나타내는 방법으로 미연방규격을 준용하여, 1ft의 체적 내에 들어 있는 불순미립자의 수를 class 등급으로 나타내는 방법이 있다. 예를 들어 class 100이라고 함은 입경이 얼마인 불

Answer 05. ① 06. ② 07. ③ 08. ② 09. ③ 10. ④

순미립자의 수를 100으로 제한한다는 의미인가?

① 0.1μm ② 0.2μm
③ 0.3μm ④ 0.5μm

해설 클린룸 등급별 미세먼지 농도

클린룸 등급	미세먼지 직경		
	0.3μm	0.5μm	5μm
클래스 1	3	1	-
클래스 10	30	10	-
클래스 100	300	100	-
클래스 1000	-	1000	7
클래스 1만	-	1만	70
클래스 10만	-	10만	700

(단위 : 세제곱피트당 최대 미세먼지 개수)

11 흡수식 냉동기에서 흡수기의 설치 위치는 어디인가?

① 발생기와 팽창밸브 사이
② 응축기와 증발기 사이
③ 팽창밸브와 증발기 사이
④ 증발기와 발생기 사이

해설 흡수기
증발기에서 나온 냉매증기를 흡수제에 흡수시켜 희석용액(흡수제+냉매)으로 만들어 용액펌프로 발생기(재생기)에 보낸다.
[참고] 흡수식 냉동장치도

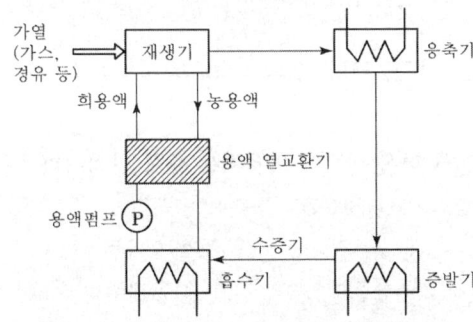

12 다음은 단일 덕트 방식에 대한 설명이다. 틀린 것은?

① 단일 덕트 정풍량 방식은 개별제어에 적합하다.
② 중앙기계실에 설치한 공기조화기에서 조화한 공기를 주 덕트를 통해 각 실내로 분배한다.
③ 단일 덕트 정풍량 방식에서는 재열을 필요로 할 때도 있다.
④ 단일 덕트 방식에서는 큰 덕트 스페이스를 필요로 한다.

해설 ① 단일 덕트 정풍량 방식은 중앙공조기에서 조화된 냉·온풍 공기를 1개의 덕트를 통해 일정한 풍량으로 실내로 공급하는 방식으로 전체제어방식이고 중앙방식이다.

13 패널 난방에서 실내 주벽의 온도 t_w=25℃, 실내공기의 온도 t_a=15℃라고 하면 실내에 있는 사람이 받는 감각온도 t는 얼마인가?

① 15℃ ② 20℃
③ 25℃ ④ 10℃

해설 감각온도(OT, Operative Temperature)

$$OT = \frac{t_w + t_a}{2} = \frac{25 + 15}{2} = 20℃$$

14 덕트설계방법 중 공기분배계통의 에어밸런싱(Air balancing)을 유지하는 데 가장 적합한 방법은?

① 등속법   ② 정압법
③ 개량 정압법 ④ 정압재취득법

해설 정압재취득법
각 분기 덕트 또는 취출구에서의 정압의 증가(풍속의 감속으로 인한 재취득)가 바로 다음 구간에서의 덕트마찰손실을 상쇄할 수 있도록 덕트 치수를 결정하는 방법이다. 이와 같이 하면 각 취출구 앞과 각 분기덕트에 있어서 정압이 같아지고 토출풍량이 균형을 이루게 된다.

Answer 11. ④ 12. ① 13. ② 14. ④

15 에어필터 입구의 분진농도가 0.35mg/m^3, 출구의 분진농도가 0.14mg/m^3일 때 에어필터의 여과효율은?

① 33% ② 40%
③ 60% ④ 66%

해설 여과효율(포집효율, 집진효율, 오염제거율)

$$\eta_{AF}[\%] = \left(1 - \frac{C_2}{C_1}\right) \times 100$$
$$= \left(1 - \frac{0.14}{0.35}\right) \times 100 = 60\%$$

C_1 : 필터 입구 공기의 먼지농도
C_2 : 필터 출구 공기의 먼지농도

16 효과적인 공기조화 설비를 계획하기 위해서는 조닝(Zoning)을 실시한다. 이때 고려해야 할 요소로 가장 거리가 먼 것은?

① 실의 방위 ② 실의 사용시간
③ 실의 밝기 ④ 실의 형태

해설 조닝 제어 시 고려해야 할 사항
㉠ 실의 용도 및 기능
㉡ 실의 위치 및 방위
㉢ 실의 사용시간대
㉣ 열수송(덕트, 배관) 경로
㉤ 실의 공조 부하량 및 부하특성

17 중앙집중식 공조방식과 비교하여 덕트병용 패키지 공조방식의 특징이 아닌 것은?

① 기계실 공간이 작다.
② 고장이 적고, 수명이 길다.
③ 설비비가 저렴하다.
④ 운전의 전문기술자가 필요 없다.

해설 ② 고장이 많아 보수 비용이 증대하고 수명이 짧다.

18 급수온도 10℃이고 증기압력 14kg/cm^2, 온도 240℃인 과열증기(비엔탈피 2900kJ/kg)를 1시간에 10000kg을 발생시키는 증기보일러가 있다. 이 보일러의 상당증발량은 얼마인가? (단, 급수의 비엔탈피는 41kJ/kg이다.)

① 10479kg/h ② 11580kg/h
③ 12667kg/h ④ 13702kg/h

해설 상당증발량(G_e)

$$G_e = \frac{G_a(h_2 - h_1)}{2257}$$
$$= \frac{10000(2900 - 41)}{2257} = 12667\text{kg/h}$$

19 다음 부하 중 냉각코일의 용량을 산정하는 데 포함되지 않는 것은?

① 실내 취득 열량
② 도입 외기 부하
③ 송풍기 축동력에 의한 열부하
④ 펌프 및 배관으로부터의 부하

해설 냉방부하와 기기용량과의 관계

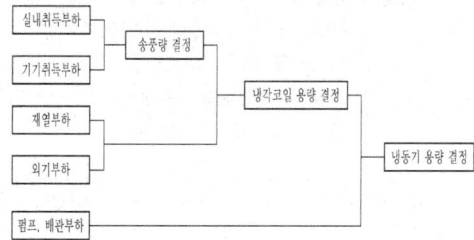

20 다음 난방에 이용되는 주형 방열기의 종류가 아닌 것은?

① 2주형 ② 2세주형
③ 3주형 ④ 3세주형

해설 주형 방열기
2주형, 3주형, 3세주형, 5세주형의 4종류가 있으며, 방열면적은 1쪽당 표면적으로 나타낸다.

제2과목 : 냉동냉장 설비

21 다음 설명 중 옳지 않은 것은?
① 냉매설비의 내압시험과 기밀시험에 사용하는 압력은 절대압력이다.
② 암모니아 냉동장치의 기밀시험에는 이산화탄소(CO_2)를 사용하면 안 된다.
③ 압력용기의 기밀시험은 내압시험 후에 행하는 시험이다.
④ 냉매배관 공사를 완료한 냉동장치는 냉매의 충전 전에 냉매계통 전체에 대하여 기밀시험을 행하여야 한다.

해설 ① 냉매설비의 내압시험과 기밀시험에 사용하는 압력은 계기압력이다.

22 일반적으로 초저온 냉동장치(Super chilling unit)로 적당하지 않은 냉동장치는 다음 중 어느 것인가?
① 다단압축식(Multi-Stage)
② 다원압축식(Multi-Stage Cascade)
③ 2원압축식(Cascade System)
④ 단단압축식(Single-Stage)

해설 냉동장치의 사용온도 범위

냉동사이클	사용온도
단단압축식	상온 이하 ~ -25℃
2단압축식	-30℃ ~ -70℃
2원압축식	-70℃ ~ -120℃
다원압축식	-130℃ 이하

※ 단단압축식 냉동시스템은 구조가 간단하지만, -20℃ 이하로 내려가는 것은 어렵다.

23 작동물질로 H_2O-LiBr을 사용하는 흡수식 냉동사이클에 관한 설명 중 틀린 것은?
① 열교환기는 흡수기와 발생기 사이에 설치
② 발생기에서는 냉매 LiBr이 증발
③ 흡수기 압력은 저압이며 발생기는 고압임
④ 응축기 내에서는 수증기가 응축됨

해설 ② 발생기에서는 냉매 H_2O가 증발

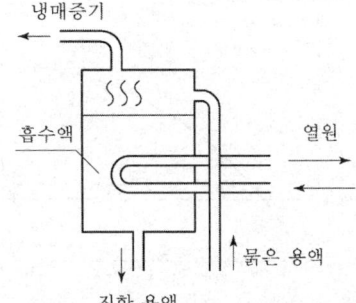

[참고] 흡수식 냉동장치의 냉매와 흡수제

냉매	흡수제
암모니아(NH_3)	물(H_2O)
물(H_2O)	리튬브로마이드(LiBr)

24 다음 중 혼합된 액의 증발온도가 달라 액체로 충전해야 하는 비공비 혼합냉매는 무엇인가?
① R-401A   ② R-501
③ R-717   ④ R-600

해설 ㉠ 비공비 혼합냉매(냉매번호가 400번대)
: R-401A, R-404A, R-407C 등
㉡ 공비 혼합냉매(냉매번호가 500번대)
: R-500, R-501, R-502, R-503, R-506, R-507 등
㉢ R-717 : 암모니아(NH_3)
㉣ R-600 : 부탄(C_4H_{10})

25 몰리에르 선도상에서 압력이 증대함에 따라 포화액선과 건포화증기선이 만나는 일치점을 무엇이라 하는가?
① 한계점   ② 임계점
③ 상사점   ④ 비등점

해설 임계점
포화액선과 건조포화증기선이 만나는 점으로,

Answer 21. ① 22. ④ 23. ② 24. ① 25. ②

이 상태에서는 압력을 아무리 높여도 기체를 액체로 바꿀 수 없는 한계점을 임계점이라 하고, 이때의 온도 및 압력을 임계온도, 임계압력이라고 한다.

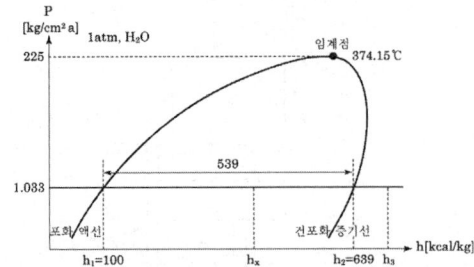

26 1냉동톤을 바르게 설명한 것은?

① 1시간에 0℃의 물 1톤을 냉동하여 0℃의 얼음으로 만들 때의 열량
② 1일에 4℃의 물 1톤을 냉동하여 0℃의 얼음으로 만들 때의 열량
③ 1시간에 4℃의 물 1톤을 냉동하여 0℃의 얼음으로 만들 때의 열량
④ 1일에 0℃의 물 1톤을 냉동하여 0℃의 얼음으로 만들 때의 열량

해설 **1냉동톤(1RT)**
0℃의 물 1ton을 24시간(1일) 동안에 0℃의 얼음으로 만드는 데 제거해야 할 열량
1RT=3320kcal/h=3.86kW

27 다음 냉매 중 구리 도금 현상이 일어나지 않는 것은?

① CO_2 ② CCl_3F
③ R-12 ④ R-22

해설 프레온 냉매(②, ③, ④)에서는 구리 도금 현상이 발생하므로 프레온 냉매가 아닌 것을 찾으면 된다.
[참고] 구리 도금(Copper plating) 현상
㉠ 프레온 냉동장치에 수분이 침입하면 수분과 프레온이 작용하여 산이 생성되고, 침입한 공기 중의 산소와 반응한 후 냉매 순환 계통 중의 동을 침식시키는데, 침식된 동이 냉동장치를 순환하다가 압축기 고온부(실린더, 피스톤)에 동이 부착되는 현상을 말한다.
㉡ 냉동장치의 동작불능이 되거나 흡입 및 토출밸브에서 가스 누설의 원인이 된다.

28 암모니아 냉매의 누설검지 방법으로 적절하지 않은 것은?

① 페놀프탈렌인 시험지가 붉은색으로 변색한다.
② 붉은 리트머스 시험지가 청색으로 변색한다.
③ 유황초(황산, 염산)를 대면 하얀색 연기가 발생한다.
④ 할로겐 누설검지기를 사용한다.

해설 ④ 할로겐 누설검지기는 프레온 냉매의 누설검사에 사용된다.

29 단면 확대 노즐 내를 건포화증기가 단열적으로 흐르는 동안 엔탈피가 496kJ/kg만큼 감소하였다. 이때의 노즐 출구의 속도는 약 얼마인가? (단, 입구의 속도는 무시한다.)

① 828m/s ② 886m/s
③ 924m/s ④ 996m/s

해설 노즐 출구속도(w_2)
$$w_2 = \sqrt{2\Delta h} = \sqrt{2 \times 496 \times 10^3 \text{J/kJ}}$$
$$= 996\text{m/s}$$

30 다음 엔트로피에 관한 설명 중 틀린 것은?

① 엔트로피는 자연현상의 비가역성을 나타내는 척도가 된다.
② 엔트로피를 구할 때 적분경로는 반드시 가역변화이어야 한다.
③ 열기관이 가역사이클이면 엔트로피는 일

Answer 26. ④ 27. ① 28. ④ 29. ④ 30. ④

정하다.
④ 열기관이 비가역사이클이면 엔트로피는 감소한다.

해설 ④ 열기관이 비가역사이클이면 엔트로피는 증가한다.

31 다음 냉매 중 독성이 큰 것부터 나열된 것은?

㉠ 아황산(SO_2)   ㉡ 탄산가스(CO_2)
㉢ R-12(CCl_2F_2)   ㉣ 암모니아(NH_3)

① ㉣-㉡-㉠-㉢   ② ㉣-㉠-㉡-㉢
③ ㉠-㉣-㉡-㉢   ④ ㉠-㉡-㉣-㉢

해설 냉매의 독성 순서
$SO_2 > NH_3 > CO_2 > R-12$

32 냉동장치의 증발기 냉각능력이 5kW, 증발관의 열통과율이 780W/m²K, 유체의 입·출구 평균온도와 냉매의 증발온도와의 차가 6℃인 증발기의 전열 면적은 약 얼마인가?

① 1.07m²   ② 3.07m²
③ 5.18m²   ④ 7.18m²

해설 $Q_e = K \cdot A \cdot \Delta t_m$

$A = \dfrac{Q_c}{K \cdot \Delta t_m} = \dfrac{5000}{780 \times 6} = 1.068 m^2$

Q_e : 냉동능력[kW]
K : 열통과율[W/m²K]
A : 전열면적[m²]
Δt_m : 냉매와 냉각수 온도차[℃]
여기서, 5kW=5000W

33 감열(Sensible heat)에 대해 설명한 것으로 옳은 것은?
① 물질이 상태 변화 없이 온도가 변화할 때 필요한 열

② 물질이 상태, 압력, 온도 모두 변화할 때 필요한 열
③ 물질이 압력은 변화하고 상태가 변하지 않을 때 필요한 열
④ 물질이 온도만 변하고 압력이 변화하지 않을 때 필요한 열

해설 ㉠ 현열(감열) : 물질의 상태 변화 없이 온도 변화에만 필요한 열
㉡ 잠열 : 물질의 온도 변화 없이 상태 변화에만 필요한 열

34 식품냉동에서의 T.T.T란 무엇인가?
① 시간(Time), 내성(Tolerance), 맛(Taste)
② 시간(Time), 온도(Temperature), 내성(Tolerance)
③ 온도(Temperature), 내성(Tolerance), 맛(Taste)
④ 온도(Temperature), 맛(Taste), 기간(Term)

해설 T.T.T(Time, Temperature, Tolerance)
냉동식품의 최종 품질은 경과시간과 온도의 지배를 받기 때문에 품질(tolerance), 경과시간(time), 온도(temperature)의 관계를 수식으로 나타낸 것을 T.T.T라고 한다.

35 프레온 냉동기의 냉동능력이 22kW이고, 성적계수가 4, 압축일량이 188kJ/kg일 때 냉매 순환량은 얼마인가?
① 96kg/h   ② 105kg/h
③ 108kg/h   ④ 116kg/h

해설 ㉠ 냉동효과(q_e)

$COP = \dfrac{q_e}{AW}$

$q_e = COP \times AW = 4 \times 188 = 752 kJ/kg$

Answer 31. ③ 32. ① 33. ① 34. ② 35. ②

ⓒ 냉매순환량(G)

$$G = \frac{Q_e}{q_e} = \frac{22kJ/s \times \frac{3600s}{1h}}{752kJ/kg} = 105kg/h$$

36 다음 설명 중 옳은 것은?
① 암모니아 냉동장치에서는 토출가스 온도가 높기 때문에 윤활유의 변질이 일어나기 쉽다.
② 프레온 냉동장치에서 사이트 글라스는 응축기 전에 설치한다.
③ 액순환식 냉동장치에서 액펌프는 저압수액기 액면보다 높게 설치해야 한다.
④ 액관 중에 플래시가스가 발생하면 냉매의 증발온도가 낮아지고 압축기 흡입증기 과열도는 작아진다.

해설 ② 프레온 냉동장치에서 사이트 글라스는 응축기 후 고압의 액관(응축기와 팽창밸브 사이)에 설치한다.
③ 액순환식 냉동장치에서 액펌프는 저압수액기 액면보다 낮게 설치해야 한다.
④ 액관 중에 플래시가스가 발생하면 냉매의 증발온도가 낮아지고 압축기 흡입증기 과열도는 커진다.

37 냉매에 관한 설명 중 틀린 것은?
① 초저온 냉매로는 프레온 13과 프레온 14가 적합하다.
② 암모니아액은 R-12보다 무겁다.
③ R-12의 분자식은 CCl_2F_2이다.
④ 흡수식 냉동기의 냉매로는 물이 적합하다.

해설 ② 암모니아액은 R-12보다 가볍다.
[참고] 액의 비중(30℃)[g/cc]
ⓐ 암모니아액 : 0.595
ⓑ R-12 : 1.29

38 압축기 및 응축기에서 과도한 온도상승을 방지하기 위한 대책으로 부적당한 것은?
① 압력차단스위치를 설치한다.
② 온도조절기를 사용한다.
③ 규정된 냉매량보다 적은 냉매를 충전한다.
④ 많은 냉각수를 보낸다.

해설 ③ 규정된 냉매량보다 적은 냉매를 충전하면 냉매순환량이 적어져 압축기의 과열의 원인이 된다.

39 지열을 이용하는 열펌프의 종류에 해당되지 않은 것은?
① 지하수 이용 열펌프
② 폐수 이용 열펌프
③ 지표수 이용 열펌프
④ 지중열 이용 열펌프

해설 지열은 땅(토양(지중열), 지하수, 지표수 등)이 보유하고 있는 에너지이고, 폐수는 지열이 아닌 폐열을 회수하여 이용하는 방식이다.

40 다음 중 응축기에 대한 설명 중 옳은 것은?
① 증발식 응축기는 주로 물의 증발에 의하여 냉각되는 것이다.
② 횡형 응축기의 관내 유속은 5m/sec가 표준이다.
③ 공랭식 응축기는 공기의 잠열로 냉각된다.
④ 입형 암모니아 응축기는 운전 중에 냉각관의 소제를 할 수 없으므로 불편하다.

해설 ② 횡형 응축기의 관내 유속은 1.0~1.5m/s, 냉각수 입출구 온도차는 4~7℃가 표준이다.
③ 공랭식 응축기는 송풍 공기의 현열(송풍 공기의 온도 상승에 의해)로 냉각된다.
④ 입형 암모니아 응축기는 운전 중에 냉각관의 소제(청소)가 가능하여 편리하다.

Answer 36. ① 37. ② 38. ③ 39. ② 40. ①

제3과목 : 공조냉동 설차운영

41 다음 기계설비성능점검업 등록요건 중 틀린 것은?
① 특급책임기술자 1명
② 고급책임기술자 1명
③ 중급책임기술자 2명
④ 초급책임기술자 2명

해설 기계설비성능점검업 등록요건
㉠ 특급 책임기계설비유지관리자 1명
㉡ 고급 이상인 책임기계설비유지관리자 1명
㉢ 중급 이상인 책임기계설비유지관리자 2명

42 기계설비법령에 따라 공조냉동기계산업기사를 취득한 자가 중급기술자 자격을 갖추기 위해 필요한 실무경력으로 알맞은 것은?
① 3년 이상 ② 4년 이상
③ 7년 이상 ④ 10년 이상

해설 중급기술자 자격 및 경력기준
㉠ 기능장, 기사 : 4년 이상
㉡ 산업기사 : 7년 이상

43 고압가스 안전관리법령에 따라 일체형 냉동기의 조건으로 적합하지 않은 것은?
① 냉매설비 및 압축기용 원동기가 하나의 프레임 위에 일체로 조립된 것
② 냉동설비를 사용할 때 스톱밸브 조작이 필요한 것
③ 사용 장소에 분할·반입하는 경우에는 냉매설비에 용접 또는 절단을 수반하는 공사를 하지 않고 재조립하여 냉동제조용으로 사용할 수 있는 것
④ 응축기 유닛 및 증발 유닛이 냉매배관으로 연결된 것으로 하루 냉동능력이 20톤 미만인 공조용 패키지 에어컨 등

해설 ② 냉동설비를 사용할 때 스톱밸브 조작이 필요 없는 것

44 각종 배수관에 사용되는 재료로 적합하지 않은 것은?
① 오수 옥내배관 : 경질염화비닐관
② 잡배수 옥외배관 : 경질염화비닐관
③ 우수배수 옥외배관 : 원심력 철근 콘크리트관
④ 통기 옥내배관 : 원심력 철근 콘크리트관

해설 각종 배수관에 사용되는 재료

배수관의 종별	옥내 배관	옥외 배관
오수 배수관	・배수용 주철관 ・경질염화비닐관 ・배수용 연관	・철근 콘크리트관 ・원심력 철근 콘크리트관
잡 배수관	・경질염화비닐관 ・아연도금강관 ・배수용 연관	
우수 배수관	・경질염화비닐관 ・아연도금강관(백관)	・경질염화비닐관
통기관	・경질염화비닐관 ・아연도금강관(백관)	

45 급탕사용량이 4000L/h인 급탕설비 배관에서 급탕주관의 관경으로 적합한 것은? (단, 유속은 0.9m/s이고 순환탕량은 약 2.5배이다.)
① 40A ② 50A
③ 65A ④ 80A

해설 연속방정식 $Q = AV = \dfrac{\pi D^2}{4} \cdot V$에서

$$D = \sqrt{\dfrac{4Q}{\pi V}}$$

$$= \sqrt{\dfrac{4 \times (4000\text{L/h} \times \dfrac{1\text{m}^3}{1000\text{L}} \times \dfrac{1\text{h}}{3600\text{s}} \times 2.5)}{\pi \times 0.9\text{m/s}}}$$

$= 0.06269\text{m} ≒ 63\text{mm}$

Answer 41. ④ 42. ③ 43. ② 44. ④ 45. ③

∴ 급탕주관의 관경은 계산 결과 63mm이므로 65A가 적합하다.

46 관경 50A 동관(L-type)의 관 지지간격에서 수평주관인 경우 행거 지름(mm)과 지지간격(m)으로 적당한 것은?

① 지름 : 9mm, 간격 : 1.0m 이내
② 지름 : 9mm, 간격 : 1.5m 이내
③ 지름 : 9mm, 간격 : 2.0m 이내
④ 지름 : 13mm, 간격 : 2.5m 이내

해설 **수평배관(동관)의 지지간격 및 행거로드**

관지름(mm)	20 이하	25~40	50	65~100	125 이상
최대 간격(m)	1.0	1.5	2.0	2.5	3.0
매달기용 봉강 (mm)	9	9	9	9	12

47 트랩 중에서 응축수를 밀어올릴 수 있어 환수관을 트랩보다도 위쪽에 배관할 수 있는 것은?

① 버킷 트랩   ② 열동식 트랩
③ 충동증기 트랩   ④ 플로트 트랩

해설 **버킷 트랩**
㉠ 버킷의 부력에 의해 작동하며 증기의 압력에 의해 배출하므로 다량의 응축수를 간헐적으로 배출하는 데 사용한다.
㉡ 형식에 따라 하향식과 상향식이 있고 두 형식 모두 증기의 압력에 의해 응축수를 배출하므로 이론적으로는 10.33m까지 응축수를 밀어 올릴 수 있으나 실제로는 8m 이하이다. 따라서 환수관을 트랩보다 높은 위치에 배관할 수 있다.
㉢ 주로 고압, 중압의 환수관에 적합하다.
[참고]
② 열동식 트랩(온도조절 트랩) : 포화수와 포화증기 간의 온도차를 이용한 형식(바이메탈식, 벨로즈식)으로 공기와 드레인을 분리하여 처리한다.

③ 충동증기 트랩 : 실린더 속의 온도변화에 의해 밸브가 작동되고 저압, 중압, 고압에 사용하며 증기가 약간 새는 결점이 있다.
④ 플로트 트랩(다량 트랩) : 플로트의 부력에 의해 작동하며, 저압증기용으로 다량의 응축수를 처리할 때 사용한다.

48 350℃ 이하의 온도에서 사용되는 관으로 압력 10~100kgf/cm² 범위에 있는 보일러 증기관, 수압관, 유압관 등의 압력배관에 사용되는 관은?

① 배관용 탄소강관
② 압력배관용 탄소강관
③ 고압배관용 탄소강관
④ 고온배관용 탄소강관

해설 **압력배관용 탄소강관(SPPS)**
㉠ 일반적으로 이음매 없는 관을 사용
㉡ 사용온도 : 350℃ 이하
㉢ 사용압력 : 10~100kgf/cm²
㉣ 용도 : 보일러 증기관, 수압관, 유압배관
㉤ 관치수 표기 : 호칭지름(A 또는 B)×스케줄번호(Sch. No)

49 가스관으로 많이 사용하는 일반적인 관의 종류는?

① 주철관   ② 주석관
③ 연관   ④ 강관

해설 **배관용 탄소강관(SPP)**
㉠ 일명 가스관이라고 한다.
㉡ 사용온도 : 350℃ 이하
㉢ 사용압력 : 10kg/cm² 이하
㉣ 용도 : 증기, 물, 가스, 공기배관

50 다음 중 압력탱크식 급수법에 대한 특징으로 틀린 것은?

① 압력탱크의 제작비가 비싸다.

46. ③ 47. ① 48. ② 49. ④ 50. ③

② 고양정의 펌프를 필요로 하므로 설비비가 많이 든다.
③ 대규모의 경우에도 공기압축기를 설치할 필요가 없다.
④ 취급이 비교적 어려우며 고장이 많다.

해설 ③ 압력탱크를 설치하고 공기압축기로 공기를 공급해 그 압력으로 급수하는 방식이므로 대규모 설비에서도 공기압축기를 설치해야 한다.

[참고] 압력탱크식 급수법 특징

장점	단점
• 건물 중량 강화의 불필요 • 고가수조식에 비해 외관상 유리	• 공기압축기의 설치가 필요 • 사용 개소에서의 최고 최저 수압차가 크다. • 저수량이 적고 정전이나 펌프의 고장 등 운전불능인 경우 급수가 불가능 • 고양정 펌프가 필요하므로 설비비가 고가 • 취급이 어렵고 고장이 잦다. • 압력탱크의 제작비가 고가

51 급탕배관 시공 시 현장사정상 그림과 같이 배관을 시공하게 되었다. 이때 그림의 ⓐ부에 부착해야 할 밸브는?

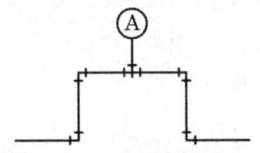

① 앵글 밸브　　② 안전 밸브
③ 공기빼기 밸브　④ 체크 밸브

해설 공기빼기 밸브(air vent)
배관의 최상부 또는 공기가 정체할 우려가 있는 곳에 설치하여 배관 중의 제일 높은 급탕꼭지나 배관의 최상부에서 공기 배출관을 위로 세워 옥상탱크나 개방탱크에 개방하여 뽑아낸다.

52 옴의 법칙에서 전류의 세기는 어느 것에 비례하는가?
① 저항
② 동선의 고유저항
③ 동선의 길이
④ 전압

해설 옴의 법칙
전압, 전류, 저항과의 관계식($I = \dfrac{V}{R}$)으로 전류는 전압에 비례하고 저항에 반비례한다.

53 시퀀스 제어를 명령 처리기능에 따라 분류할 때 속하지 않는 것은?
① 순서 제어　　② 시한 제어
③ 병렬 제어　　④ 조건 제어

해설 시퀀스 제어 명령어 처리기능에 따른 분류
㉠ 시한 제어 : 제어의 순서와 제어 시간이 기억되어 정해진 제어순서를 정해진 시간에 행하는 제어
　예 : 네온사인 점멸
㉡ 순서 제어 : 제어의 순서만이 기억되고 시간은 검출기에 의해 이루어지는 제어로서 리미트 스위치, 압력 스위치, 레벨 스위치 등이 검출기에 이용된다.
　예 : 공작기계의 프로그램 제어
㉢ 조건 제어 : 검출한 결과를 종합하여 제어 명령을 결정하도록 한 제어
　예 : 엘리베이터 제어

54 그림에서 V_s는 몇 V인가?

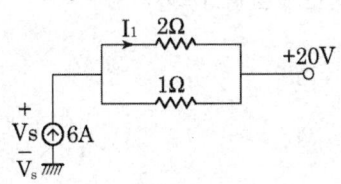

① 8　　　　　② 16
③ 24　　　　④ 32

Answer 51. ③　52. ④　53. ③　54. ③

해설 ㉠ 합성저항(병렬)

$$R = \frac{1}{\frac{1}{2}+\frac{1}{1}} = \frac{2}{3}\,\Omega$$

㉡ $V = IR = 6 \times \frac{2}{3} = 4\text{V}$

㉢ $V_s = 20 + 4 = 24\text{V}$

55 그림의 계전기 접점회로를 논리회로로 변환시킬 때 점선 안(C, D, E)에 사용되지 않는 소자는?

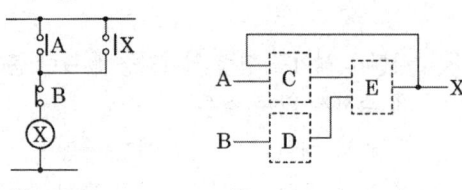

① AND ② OR
③ NOT ④ NOR

해설

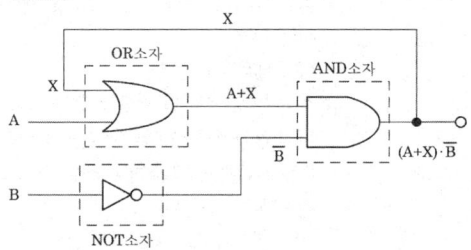

56 회전자가 슬립 s로 회전하고 있을 때 고정자 및 회전자의 실효 권수비를 α라 하면, 고정자 기전력 E_1과 회전자 기전력 E_2와의 비는 어떻게 표현되는가?

① $\dfrac{\alpha}{s}$ ② $s\alpha$

③ $(1-s)\alpha$ ④ $\dfrac{\alpha}{1-s}$

해설 ㉠ 정지 시 : $\dfrac{E_1}{E_2} = \alpha$ ∴ $E_2 = \dfrac{E_1}{\alpha}$

㉡ 운전 시 : $E_2 s = sE_2 = \dfrac{sE_1}{\alpha}$

㉢ 고정자 기전력과 회전자 기전력의 비

$$\frac{E_1}{E_2 s} = \frac{E_1}{\frac{sE_1}{\alpha}} = \frac{\alpha}{s}$$

57 그림과 같은 블록선도의 전달함수는?

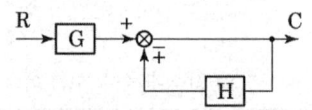

① $\dfrac{1}{1 \pm GH}$ ② $\dfrac{G}{1 \pm GH}$

③ $\dfrac{G}{1 \pm H}$ ④ $\dfrac{1}{1 \pm H}$

해설 [풀이 1]

$C = RG \pm CH$

$C \pm CH = RG$

$C(1 \pm H) = RG$

∴ $G(s) = \dfrac{C}{R} = \dfrac{G}{1 \pm H}$

[풀이 2]

$G = \dfrac{C}{R} = \dfrac{경로}{1-폐로} = \dfrac{G}{1 \pm H}$

58 정자계와 정전계의 대응 관계를 표시하였다. 잘못 연관된 것은?

① 자속 – 전속
② 자계 – 전계
③ 자기력선 – 전기력선
④ 투자율 – 도전율

해설 정자계와 정전계의 대응관계

정자계	정전계
자계	전계
자위(차)	전위(차)
자성체	유전체
자기력선	전기력선
자속밀도	전속밀도
투자율	유전율

Answer 55. ④ 56. ① 57. ③ 58. ④

59 그림과 같이 1차측에 직류 10V를 가했을 때 변압기 2차측에 걸리는 전압 V_2는 몇 V인가? (단, 변압기는 이상적이며, n_1=100회, n_2= 500회이다.)

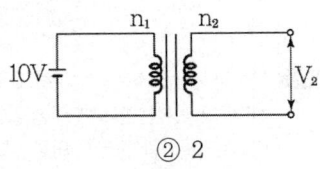

① 0
② 2
③ 10
④ 50

해설 변압기는 교류 전기회로에서 전압을 증가 또는 감소시켜 전기 에너지를 전달하는 기기인데 문제에서 1차측에 직류전압을 가했으므로 2차측에 걸리는 전압은 0V가 된다.
[참고]
만약 1차측에 교류전압 10V를 가하면
$$a = \frac{N_1}{N_2} = \frac{E_1}{E_2} \rightarrow \frac{100}{500} = \frac{10}{E_2}$$
$100E_2 = 5000$
∴ $E_2 = 50$
 1차, 2차 권수 : N_1, N_2
 1차, 2차 유도기전력 : E_1(V), E_2(V)
∴ 2차측에 걸리는 교류전압은 50V가 된다.

60 AC 서보전동기의 전달함수는 어떻게 취급하면 되는가?
① 미분요소와 1차 요소의 직렬결합으로 취급한다.
② 적분요소와 2차 요소의 직렬결합으로 취급한다.
③ 미분요소와 2차 요소의 피드백접속으로 취급한다.
④ 적분요소와 1차 요소의 피드백접속으로 취급한다.

해설 AC 서보전동기
㉠ 큰 회전력이 요구되지 않는 계에 사용되는 전동기이다.
㉡ 고정자의 기준 권선에는 정전압을 인가하며, 제어권선에는 제어용 전압을 인가한다.
㉢ 기준권선과 제어권선의 두 고정자 권선이 있으며, 90도의 위상차가 있는 2상 전압을 인가하여 회전자계를 만든다.
㉣ 속도 회전력 특성을 성형화하고 제어전압을 입력으로 회전자의 회전각을 출력으로 보았을 때 이 전동기의 전달함수는 적분요소와 2차 요소의 직렬결합으로 볼 수 있다.

Answer 59. ① 60. ②

chapter 03 　공조냉동기계산업기사 과년도출제문제

2025년 3회 복원

제1과목 : 공기조화 설비

01 구조체에서의 손실부하 계산 시 내벽이나 중간층 바닥의 손실부하를 구하고자 할 때 적용하는 온도차를 구하는 공식은? (단, t_r : 실내의 온도, t_o : 실외의 온도)

① $\Delta t = (t_r - \dfrac{t_r - t_o}{2})$

② $\Delta t = (t_r + \dfrac{t_r - t_o}{2})$

③ $\Delta t = (\dfrac{t_r + t_o}{2})$

④ $\Delta t = (t_r - \dfrac{t_r + t_o}{2})$

해설 내벽이나 중간층 바닥의 손실부하를 구할 때 인접방과의 온도차(Δt)는 실내·외 온도차의 1/2로 한다.

02 다음은 난방부하에 대한 설명이다. ( )에 적당한 용어로서 옳은 것은?

> 겨울철에는 실내 온도 및 습도를 일정하게 유지하여야 한다. 이때 실내에서 손실된 (㉠)이나 (㉡)를(을) 보충하여야 하며, 이때의 난방부하는 냉방부하 계산보다 (㉢)하게 된다.

① ㉠ 수분, ㉡ 공기, ㉢ 간단
② ㉠ 열량, ㉡ 공기, ㉢ 복잡
③ ㉠ 수분, ㉡ 열량, ㉢ 복잡
④ ㉠ 열량, ㉡ 수분, ㉢ 간단

해설 난방부하의 요소는 냉방부하 요소에 비해 간단하다. 그 이유는 일사에 의한 열취득, 인체발열량, 기기발열량 등은 상당한 양의 냉방부하로 작용하지만, 겨울철 난방 시에는 실내온도의 상승 요인이 되어 난방에 도움을 주기 때문에 난방부하의 요소로 고려하지 않는다.

03 냉방부하의 경감방법으로 틀린 것은?

① 건물의 단열강화로 열전도에 의한 열의 침입을 방지한다.
② 건물의 외피면적에 대한 창면적비를 작게 하여 일사 등 창을 통한 열의 침입을 최소화한다.
③ 실내조명을 되도록 밝게 하여 시원한 감을 느끼게 한다.
④ 건물은 되도록 기밀을 유지하고 사람의 출입이 많은 주 출입구는 회전문을 채용한다.

해설 ③ 실내조명을 밝게 할수록 조명장치의 발생열에 의해 실내냉방부하가 증가하게 된다.

04 26℃인 공기 200kg과 32℃인 공기 300kg을 혼합하면 최종온도는?

① 28.0℃　② 28.4℃
③ 29.0℃　④ 29.6℃

해설 최종온도(t_3)

$$t_3 = \dfrac{G_1 \cdot t_1 + G_2 \cdot t_1}{G_1 + G_2}$$

$$= \dfrac{200 \times 26 + 300 \times 32}{200 + 300} = 29.6℃$$

 01. ④　02. ④　03. ③　04. ④

05 지역난방에 관한 설명으로 틀린 것은?
① 열매체로 온수 사용 시 일반적으로 100℃ 이상의 고온수를 사용한다.
② 어떤 일정지역 내 한 장소에 보일러실을 설치하여 증기 또는 온수를 공급하여 난방하는 방식이다.
③ 열매체로 온수 사용 시 지형의 고저가 있어도 순환 펌프에 의하여 순환이 된다.
④ 열매체로 증기 사용 시 게이지 압력으로 15~30MPa의 증기를 사용한다.

해설 ④ 열매체로 증기 사용 시 게이지 압력으로 0.1~1.5MPa(1~15kg/cm²)의 압력을 사용하고, 온수 사용 시 100℃ 이상의 고온수가 주로 사용된다.

06 인텔리전트 빌딩과 같이 냉방부하가 큰 건물이나 백화점과 같이 잠열부하가 큰 건물에서 송풍량과 덕트 크기를 크게 늘리지 않고자 할 때 적합한 공조방식은 어느 것인가?
① 바닥취출 공조방식
② 저온 공조방식
③ 팬코일 유닛방식
④ 재열코일방식

해설 저온 공조 시스템
공조기의 냉수온도를 낮추어 저온의 급기를 공급하여 송풍량을 줄임으로써 덕트 크기 및 층고를 줄이는 시스템

07 화력발전설비에서 생산된 전력을 이용함과 동시에 전력을 생산하는 과정에서 발생되는 배기열을 냉난방 및 급탕 등에 이용하는 방식이며, 전력과 열을 함께 공급하는 에너지 절약형 발전 방식으로 에너지 종합효율이 높고 수요지 부근에 설치할 수 있는 열원 방식은?
① 흡수식 냉온수 방식
② 지역냉난방 방식
③ 열회수 방식
④ 열병합발전(co-generation) 방식

해설 ① 흡수식 냉온수 방식 : 냉난방 겸용 열원으로 이용되는 흡수식 냉온수 방식은 보일러 부분과 흡수식 냉동기 부분을 일체화시킨 것으로 기기의 설치 면적이 줄고 유지보수가 간편해지는 장점이 있지만 증기를 제조할 수 없으므로 증기가 필요한 건물에는 부적합하다.
② 지역냉난방 방식 : 많은 건물이 개별적으로 냉난방용 열원설비를 설치하지 않고 냉수, 온수, 증기 등의 열매를 집중열원 플랜트로부터 배관을 통하여 공급하는 방식
③ 열회수 방식 : 열회수 방식은 건물 내의 잉여 열이나 버려지는 배열을 회수하여 건물 안에서 열이 부족한 곳에 반송하여 유효한 난방용 열원으로 이용하는 방식

08 다음 중 일반적인 공랭식 히트펌프의 유지관리 항목으로 가장 거리가 먼 것은?
① 압축기용 전동기의 전류, 전압 확인
② 냉온수 코일 출입구의 온도 점검
③ 각종 냉매 배관의 누설 기타 점검
④ 실외기의 점검

해설 ②번은 수냉식 히트펌프의 점검 항목이다.

09 보일러의 종류에 따른 특성을 설명한 것 중 틀린 것은?
① 주철제 보일러는 분해, 조립이 용이하다.
② 노통연관 보일러는 수질관리가 용이하다.
③ 수관 보일러는 예열시간이 짧고 효율이 좋다.
④ 관류 보일러는 보유수량이 많고 설치 면적이 크다.

해설 ④ 관류 보일러는 보유수량이 적어 소형에 적합하다.

Answer 05. ④ 06. ② 07. ④ 08. ② 09. ④

[참고] 관류 보일러
드럼이 없고 긴 관으로 구성되어 있다. 펌프로 급수를 압입하여 관 도중에서 가열, 증발, 과열시켜 과열증기로 만들어 공급하는 보일러이다.

※ 특징
㉠ 보일러 효율이 대단히 높다.
㉡ 보유수량이 적어 시동시간이 짧고, 대용량에 부적합하다.
㉢ 수처리가 복잡하고 고가이다.
㉣ 부하변동에 따라 압력과 수위변동이 심하다.
㉤ 소음이 크다.

10 8000W의 열을 발산하는 기계실의 온도를 외기 냉방하여 26℃로 유지하기 위한 외기 도입량은? (단, 밀도 1.2kg/m³, 공기 정압비열 1.01kJ/kg℃, 외기온도 11℃이다.)

① 약 600.06m³/h
② 약 1584.16m³/h
③ 약 1851.85m³/h
④ 약 2160.22m³/h

해설 ㉠ 기계실 발산열량
$q_s = 8000W = 8kW = 8kJ/s$
㉡ 외기도입량
$$Q = \frac{q_s}{\rho C_p \Delta t}$$
$$= \frac{8kJ/s \times \frac{3600s}{1h}}{1.2 \times 1.01 \times (26-11)}$$
$$= 1584.16 m^3/h$$

11 에너지 손실이 가장 큰 공조방식은?

① 2중 덕트 방식
② 각층 유닛 방식
③ 팬코일 유닛 방식
④ 유인유닛 방식

해설 2중 덕트 방식
중앙공조기에서 냉풍과 온풍을 동시에 만들고 각각의 냉풍 덕트와 온풍 덕트를 통해 각 방까지 공급하여 혼합체임버(합상자 : Mixing Box)에 의해 혼합시켜 공조하는 방식으로 냉온풍의 혼합에 의한 에너지 손실이 크다.

12 온수난방과 비교한 증기난방 방식의 장점으로 가장 거리가 먼 것은?

① 방열면적이 작다.
② 설비비가 저렴하다.
③ 방열량 조절이 용이하다.
④ 예열시간이 짧다.

해설 ③ 증기난방은 증기량 제어가 어려워 방열량(온도) 조절이 어렵다.
[참고] 증기난방의 장점
㉠ 증발잠열을 이용하므로 열운반 능력이 크다.
㉡ 열용량이 작아 예열시간이 짧다.
㉢ 난방개시가 빠르고 간헐운전이 가능하다.
㉣ 방열기 면적 및 관경이 작아도 된다.
㉤ 온수난방에 비해 시설비가 적게 든다.
㉥ 층고에 관계없이 증기공급이 원활하다.

13 건공기 중에 포함되어 있는 수증기의 중량으로 습도를 표시한 것은?

① 비교습도
② 포화도
③ 상대습도
④ 절대습도

해설 절대습도(SH, Specific Humidity, kg/kg')
공기 중의 수증기 양을 알기 위한 것으로 건공기 1kg 속에 포함된 수증기의 질량 $x$kg을 말한다. 즉, 습공기 중에 함유되어 있는 수증기의 중량을 건조공기의 중량으로 나눈 것으로 건조공기 1kg'에 대한 수증기의 중량이다. 예를 들면 온도 26℃, 상대습도 50%인 습공기 중에는 10.5g의 수증기가 포함되어 있다면 이는 10.5 g/kg'(g/kg DA) 또는 0.0105kg/kg'(kg/kg DA)라고 쓴다.

Answer 10. ② 11. ① 12. ③ 13. ④

14 스테인리스 강판(두께 1.8~4.0mm)을 와류형으로 감아 그 끝단을 용접으로 밀봉하고 파이프 플랜지 이외에는 개스킷을 사용하지 않으며 주로 물-물에 주로 사용되는 열교환기는?
① 스파이럴형 ② 원통 다관식
③ 플레이트형 ④ 관형

해설 스파이럴형 열교환기
두 장의 전열판을 일정한 간격 상태에서 시계 태엽 모양으로 감아서 오염저항 및 저유량에서 심한 난류 등이 발생되는 곳에서 사용한다. 열 팽창이 심하게 발생하는 곳에서도 견딜 수 있고 이물질 등이 함유된 유체나 고점도를 가진 유체에 적합하며 보일러 열교환기나 냉동기의 콘덴서로도 사용할 수 있다.

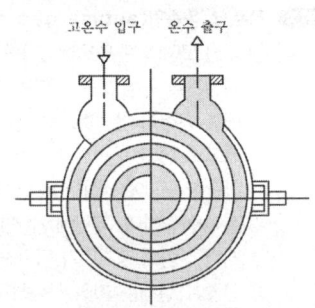

15 냉방 시 공조기의 송풍량을 산출하는 데 가장 밀접한 부하는?
① 재열부하 ② 외기부하
③ 펌프·배관부하 ④ 실내취득열량

해설 공조기의 송풍량(Q)

$$Q[m^3/h] = \frac{q_s}{\gamma C_p \Delta t}$$

q_s : 실내취득열량=실내취득 현열부하+기기 내 취득부하(송풍기, 덕트 부하)
Δt : 취출온도차[℃]
C_p : 공기의 정압비열
γ : 공기의 비중량

16 전력량 1kWh는 몇 kJ의 열량을 낼 수 있는가?
① 3.6 ② 420
③ 860 ④ 3600

해설 1kWh=3600kJ=860kcal
1kW×h=1kJ/s×3600s=3600kJ

17 송풍기에 대한 설명 중 틀린 것은?
① 원심팬 송풍기는 다익팬, 리밋로드팬, 후향팬, 익형팬으로 분류된다.
② 블로워 송풍기는 원심 블로어, 사류 블로어, 축류 블로어로 분류된다.
③ 후향팬은 날개의 출구각도를 회전과 역방향으로 향하게 한 것으로 다익팬보다 높은 압력상승과 효율을 필요로 하는 경우에 사용한다.
④ 축류 송풍기는 저압에서 작은 풍량을 얻고자 할 때 사용하며, 원심식에 비해 풍량이 작고 소음도 작다.

해설 ④ 축류송풍기는 저압에서 대풍량을 얻고자 할 때 사용하며 발생 소음이 큰 단점이 있다. 이 가운데 프로펠러형의 소형은 주택의 환기팬으로, 대형은 냉각탑에 많이 사용된다.

18 우리나라에서 흔히 쓰이는 온돌방식은 무슨 난방방식인가?
① 복사난방 ② 온수난방
③ 지열난방 ④ 증기난방

해설 온돌방식
온돌은 열원을 이용하여 바닥을 데우고, 다시 바닥의 열기로 방안의 공기를 데우는, 대류의 원리를 이용한 복사난방 방식이다.

19 다음 그림 A~D는 습공기 선도상에 나타낸 공기조화과정의 기본형이다. 다음의 보기를 그림의 상태와 맞추어 맞게 연결한 것은?

Answer 14. ① 15. ④ 16. ④ 17. ④ 18. ① 19. ②

= 10 × 25 × (20 − (−10)) × 1.2
= 9000W = 9kW

제2과목 : 냉동냉장 설비

21 나선모양의 관으로 냉매증기를 통과시키고 이 나선관을 원형 또는 구형의 수조에 넣어 냉매를 응축시키는 방법을 이용한 응축기는?
① 대기식 응축기(atmospheric condenser)
② 지수식 응축기(submerged coil condenser)
③ 증발식 응축기(evaporative condenser)
④ 공랭식 응축기(air cooled condenser)

해설 지수식 응축기(submerged condenser)
㉠ 나선 모양의 관에 냉매증기를 통과시키고 이 나선관을 원형 또는 구형의 수조에 넣어 냉매를 응축시키는 것으로, 셸 코일식 응축기라고도 한다.
㉡ 간단한 구조에 제작이 용이하지만 점검과 손질이 곤란하며, 고압에 잘 견디고 가격이 싸지만 다량의 냉각수가 필요하고 전열효과도 안좋아 현재는 거의 사용하지 않는다.

22 다음에서 대향류 열교환기의 대수평균온도 차는? (단, t_1 : 40℃, t_2 : 10℃, t_{w1} : 4℃, t_{w2} : 8℃이다.)

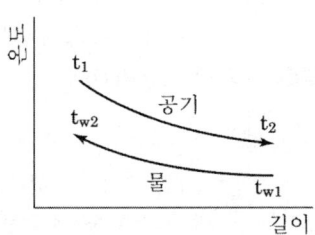

① 약 11.3℃   ② 약 13.5℃
③ 약 15.5℃   ④ 약 19.5℃

해설 대수평균온도차(Δt_m)

[보기]
㉠ 가열   ㉡ 가습
㉢ 가열가습   ㉣ 냉각가습

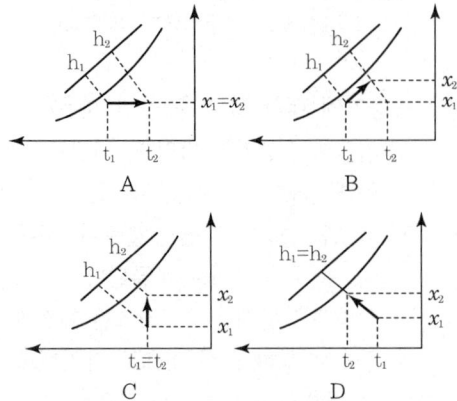

① A-㉠, B-㉡, C-㉢, D-㉣
② A-㉠, B-㉢, C-㉡, D-㉣
③ A-㉣, B-㉢, C-㉡, D-㉠
④ A-㉡, B-㉢, C-㉣, D-㉠

해설

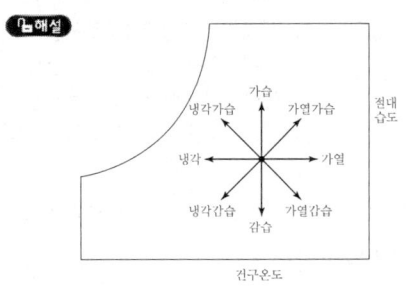

20 외기의 온도가 −10℃이고 실내온도가 20℃이며 벽 면적이 25m²일 때, 실내의 열손실량은? (단, 벽체의 열관류율 10W/m²K, 방위계수는 북향으로 1.2이다.)
① 7kW   ② 8kW
③ 9kW   ④ 10kW

해설 실내의 열손실량
$q = K \cdot A \cdot \Delta t \cdot k$

Answer 20. ③ 21. ② 22. ③

$$\Delta t_m = \frac{\Delta_1 - \Delta_2}{\ln \frac{\Delta_1}{\Delta_2}}$$

$$= \frac{(40-8)-(10-4)}{\ln \frac{(40-8)}{(10-4)}} = 15.5\text{℃}$$

여기서, $\Delta_1 = t_1 - t_{w2}$, $\Delta_2 = t_2 - t_{w1}$

23 다음과 같은 냉동기의 이론적인 성적계수는?

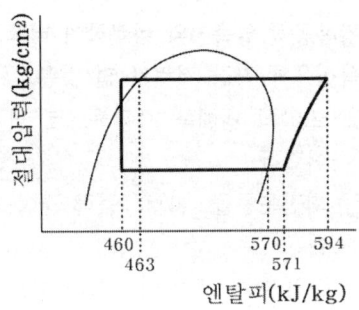

① 3.8 ② 4.8
③ 5.8 ④ 6.5

해설 이론성적계수(COP)

$$\text{COP} = \frac{h_1 - h_4}{h_2 - h_1} = \frac{571 - 460}{594 - 571} = 4.8$$

24 냉동장치의 운전 중 압축기의 토출압력이 높아지는 원인으로 가장 거리가 먼 것은?
① 장치 내에 냉매를 과잉 충전하였다.
② 응축기의 냉각수가 과다하다.
③ 공기 등의 불응축 가스가 응축기에 고여 있다.
④ 냉각관이 유막이나 물때 등으로 오염되어 있다.

해설 ② 응축기의 냉각수가 과다하거나 수온이 너무 낮으면 토출압력이 낮아지게 된다.

25 어떤 변화가 가역인지 비가역인지 알려면 열역학 몇 법칙을 적용하면 되는가?
① 제0법칙 ② 제1법칙
③ 제2법칙 ④ 제3법칙

해설 열역학 제2법칙(엔트로피 법칙)
자연현상의 대부분은 비가역적이며, 비가역 변화에 대한 방향성을 제시한 법칙으로, 가역 변화이면 엔트로피가 일정하고 비가역 변화이면 엔트로피가 증가한다.

26 다음 중 무기질 브라인이 아닌 것은?
① 식염수 ② 염화마그네슘
③ 염화칼슘 ④ 에틸렌글리콜

해설 ㉠ 무기질 브라인 : 염화나트륨(NaCl), 염화마그네슘($MgCl_2$), 염화칼슘($CaCl_2$) 등
㉡ 유기질 브라인 : 에틸렌글리콜($C_2H_6O_2$), 프로필렌글리콜($C_3H_6(OH)_2$, 에틸알코올(C_2H_6OH) 등

27 다음 단위 중 성격이 다른 것은?
① W ② Pa
③ N/mm^2 ④ kgf/cm^2

해설 ① W : 일률(전력)의 SI 단위계 단위
②, ③, ④ : 압력 단위

28 냉동기에 사용하는 윤활유의 구비 조건으로 틀린 것은?
① 불순물이 함유되어 있지 않을 것
② 전기 절연내력이 클 것
③ 응고점이 낮을 것
④ 인화점이 낮을 것

해설 윤활유의 구비 조건
㉠ 응고점 및 유동점이 낮을 것
㉡ 인화점이 높을 것
㉢ 점도가 적당할 것
㉣ 항유화(抗油化)성이 있을 것
㉤ 불순물이 적고, 절연내력이 클 것

Answer 23. ② 24. ② 25. ③ 26. ④ 27. ① 28. ④

ⓑ 오일 포밍 시 소포성(기포를 없애는 성질)이 클 것
ⓐ 왁스 성분이 적고, 저온에서 왁스 성분이 분리되지 않을 것
ⓞ 방청능력 및 냉매와의 분리성이 좋을 것
ⓧ 금속이나 패킹류를 부식시키지 않을 것
ⓩ 유막의 강도가 커 마찰부에 유막이 쉽게 파괴되지 않을 것

29 암모니아 냉동기에서 냉매가 누설되고 있는 장소에 적색 리트머스 시험지를 대면 어떤 색으로 변하는가?

① 황색　　　② 다갈색
③ 청색　　　④ 홍색

[해설] 암모니아(NH_3) 냉매의 누설검사
　ⓐ 냄새(악취)로 알 수 있다.
　ⓑ 붉은색(적색) 리트머스 시험지가 파란색(청색)으로 변색
　ⓒ 페놀프탈레인지가 붉은색으로 변색
　ⓓ 유황초(황산, 염산)를 대면 흰 연기 발생
　ⓔ 물 또는 브라인에 암모니아가 누설하고 있을 때 네슬러 시약을 사용하면 소량 누설 시 노란색, 다량 누설 시 보라색으로 변색

30 다음 그림은 어떤 사이클인가? (단, P=압력, h=엔탈피, T=온도, S=엔트로피이다.)

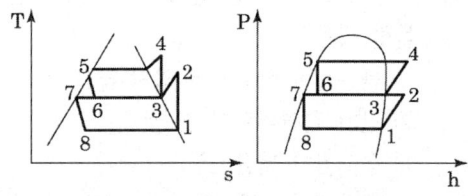

① 2단압축 1단팽창 사이클
② 2단압축 2단팽창 사이클
③ 1단압축 1단팽창 사이클
④ 1단압축 2단팽창 사이클

[해설] 2단압축 2단팽창 냉동사이클

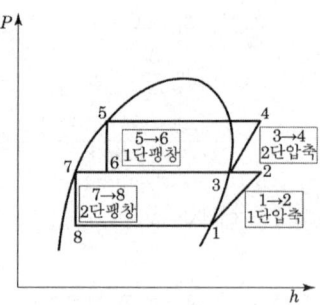

31 왕복동식 압축기와 비교하여 터보 압축기의 특징으로 가장 거리가 먼 것은?

① 고압의 냉매를 사용하므로 취급이 다소 어렵다.
② 회전운동을 하므로 동적 균형을 잡기 좋다.
③ 흡입 밸브, 토출 밸브 등의 마찰 부분이 없으므로 고장이 적다.
④ 마모에 의한 손상이 적어 성능 저하가 없고 구조가 간단하다.

[해설] ① 저압의 냉매를 사용하므로 위험이 적고 취급이 쉽다.

[참고] 터보압축기의 특징

장점	단점
• 중형 이상이 될수록 효율이 좋고 가격도 저렴하다.	• 작은 용량에 한계가 있다. 1단의 압축으로는 압축비를 크게 할 수 없다.
• 마찰부가 작아 고장이 적고, 신뢰성이 높다.	
• 회전운동을 하므로 동적 균형을 잡기 좋고 진동이 적다.	• 부하가 감소하면 맥동(Surging)현상이 발생한다.
• 10~100%까지 광범위하게 무단계 용량제어가 용이하며 제어범위가 넓어 정밀한 제어가 가능하다.	• 소용량에는 제작상 한계가 있어 가격이 비싸진다.
• 수명이 길며 운전 및 보수가 용이하다.	• 경부하 시에는 운전 불능이 되므로 중간기나 겨울철 운전 시 주의한다.
• 저압 냉매를 사용하므로 위험이 적고 취급이 쉽다.	

32 브라인의 금속에 대한 특징으로 틀린 것은?
① 암모니아가 브라인 중에 누설하면 알칼리성이 대단히 강해져 국부적인 부식이 발생한다.
② 유기질 브라인은 일반적으로 부식성이 강하나 무기질 브라인은 부식성이 적다.
③ 브라인 중에 산소량이 증가하면 부식량이 증가하므로 가능한 한 공기와 접촉하지 않도록 한다.
④ 방청제를 사용하며, 방청제로는 중크롬산소다를 사용한다.

해설 ② 유기질 브라인은 탄소를 포함한 브라인으로 금속의 부식성은 적으나 가격이 비싸고, 무기질 브라인은 탄소를 포함하지 않아 가격은 싸지만 금속의 부식성이 크다.

33 암모니아 냉매의 누설검지 방법으로 적절하지 않은 것은?
① 페놀프탈레인 시험지가 흰색으로 변색
② 붉은 리트머스 시험지가 청색으로 변색
③ 유황초(황산, 염산)를 대면 하얀색 연기가 발생
④ 냄새(악취)로 알 수 있다.

해설 ① 페놀프탈레인 시험지가 붉은색으로 변색

34 증발온도와 압축기 흡입가스의 온도차를 적정값으로 유지하는 것은?
① 온도조절식 팽창밸브
② 수동식 팽창밸브
③ 플로트 타입 팽창밸브
④ 정압식 자동팽창밸브

해설 온도조절식 팽창밸브 (Thermal Expansion Valve, TEV)
㉠ 온도조절식 팽창밸브는 증발기 출구의 냉매가스 과열도(superheat)에 대응하여 증발기로 공급하는 냉매유량을 제어하는 밸브로, 증발기 전체를 유효하게 이용하고 흡입관을 통하여 압축기로 액냉매가 되돌아오는 것을 방지하는 데 그 목적이 있다.
㉡ 증발기 출구에 감온통을 설치하여 감온통에서 감지한 냉매가스의 과열도가 증가하면 열리고, 부하가 감소하여 과열도가 적어지면 닫혀 팽창작용 및 냉매량을 제어하는 것으로 내부균압형과 외부균압형이 있으며 팽창밸브 중 가장 많이 사용한다.

35 냉동장치의 액관 중 발생하는 플래시 가스의 발생 원인으로 가장 거리가 먼 것은?
① 액관의 입상높이가 매우 작을 때
② 냉매순환량에 비하여 액관의 관경이 너무 작을 때
③ 배관에 설치된 스트레이너, 필터 등이 막혀 있을 때
④ 액관이 직사광선에 노출될 때

해설 플래시 가스(Flash Gas) 발생 원인
㉠ 액관이 현저히 입상하였거나 길 때
㉡ 액관 지름이 심하게 가늘 때
㉢ 여과기, 드라이어(냉매 건조기)가 막혔을 때
㉣ 전자밸브, 스톱밸브, 드라이어, 여과기 등의 지름이 가늘 때
㉤ 수액기나 액관이 직사광선에 노출되었을 때
㉥ 액관을 보온없이 고온 장소에 통과시켰을 때
㉦ 응축온도가 현저히 낮아졌을 때

36 유량 100ℓ/min의 물을 15℃에서 9℃로 냉각하는 수냉각기가 있다. 이 냉동장치의 냉동효과가 168kJ/kg일 경우 냉매순환량은? (단, 물의 비열은 4.2kJ/kg·K로 한다.)
① 700kg/h ② 800kg/h
③ 900kg/h ④ 1000kg/h

해설 $G = \dfrac{Q_c}{q_e} = \dfrac{GC\Delta t}{q_e}$

Answer 32. ② 33. ① 34. ① 35. ① 36. ③

$$= \frac{\left(100l/\min \times \dfrac{60\min}{1h}\right) \times 4.2 \times (15-9)}{168}$$
$$= 900 kg/h$$

37 온도식 팽창밸브(TEV)의 작동과 관계없는 압력은?

① 증발기 압력   ② 스프링의 압력
③ 감온통의 압력 ④ 응축 압력

해설 응축 압력(Condensing Pressure)
응축기의 부하변동에 대하여 냉각수량을 제어하는 장치로서, 응축 압력을 항상 일정하게 유지시켜 주는 것은 절수밸브이다.

38 축열장치의 장점으로 거리가 먼 것은?

① 수처리가 필요 없고 단열공사비 감소
② 용량 감소 등으로 부속 설비를 축소 가능
③ 수전설비 축소로 기본전력비 감소
④ 부하 변동이 큰 경우에도 안정적인 열의 공급 가능

해설 축열장치의 단점
㉠ 축열장치에는 축열조와 단열공사로 인한 추가 비용이 소요된다.
㉡ 축열조에 주위 온도와 다른 매체를 저장하게 되어 축열조의 열손실이 증가한다.
㉢ 축열조의 매체를 냉각 · 가열하기 위한 배관설비 및 반송동력비가 증가한다.
㉣ 수처리가 필요하다.
㉤ 축열조의 효율적인 운전을 위한 제어장치가 필요하다.

39 냉매 중에서 지구 성층권의 오존층을 가장 많이 파괴시키는 냉매는 어느 것인가?

① R-22   ② R-125
③ R-152   ④ R-134a

해설 프레온(Freon)
CFC계(R-11, R-12, R-113, R-114, R-115 등)과 HCFC계(R-22, R-123 등) 냉매는 염소를 함유하고 있어 오존층의 파괴 가능성이 높다. HFC계(R-32, R-125, R-134a, R-152a, R-143a 등)는 염소를 포함하고 있지 않아 CFC계 대체 냉매로 사용된다.

40 이상적 냉동사이클에서 어떤 응축온도로 작동 시 성능계수가 가장 높은가? (단, 증발온도는 일정하다.)

① 20℃   ② 25℃
③ 30℃   ④ 35℃

해설 성능계수 = $\dfrac{증발온도}{응축온도 - 증발온도}$
위 식에서 증발온도가 일정할 때 응축온도와 증발온도와의 차가 작을수록 성적계수가 커지게 되므로 보기에서 응축온도가 가장 낮은 1번이 성적계수가 가장 크게 된다.

제3과목 : 공조냉동 설차운영

41 고압가스 냉동제조의 시설 및 기술기준에 대한 설명으로 틀린 것은?

① 냉매설비에는 그 설비가 정상적으로 작동할 수 있도록 자동제어장치를 설치한다.
② 독성가스를 사용하는 내용적이 1천 리터 이상인 수액기 주위에는 액상의 가스가 누출될 경우에 그 유출을 방지하기 위하여 방류둑을 설치한다.
③ 독성가스를 제조하는 시설에는 그 시설로부터 독성가스가 누출될 경우 그 독성가스로 인한 피해를 방지하기 위하여 필요한 조치를 마련한다.
④ 냉매설비에는 그 설비 안의 압력이 상용압력 이하로 되돌릴 수 있는 과압안전장치를 설치한다.

 37. ④ 38. ① 39. ① 40. ① 41. ②

해설 ② 독성가스를 사용하는 내용적이 1만 리터 이상인 수액기 주위에는 액상의 가스가 누출될 경우에 그 유출을 방지하기 위하여 방류둑을 설치한다.

42 산업안전보건법령상 냉동·냉장 창고시설 건설공사에 대한 유해위험방지계획서를 제출해야 하는 대상시설의 연면적 기준은 얼마인가?

① 3천제곱미터 이상
② 4천제곱미터 이상
③ 5천제곱미터 이상
④ 6천제곱미터 이상

해설 유해위험방지계획서 제출 대상
연면적 5천제곱미터 이상인 냉동·냉장 창고시설의 건설공사, 설비공사 및 단열공사

43 기계설비법령에 따라 공조냉동기계기사를 취득한 자가 특급기술자 자격을 갖추기 위해 필요한 실무경력으로 알맞은 것은?

① 3년 이상   ② 5년 이상
③ 7년 이상   ④ 10년 이상

해설 책임기계설비 유지관리자(특급) 보유자격 및 경력 기준

보유자격	실무경력
기술사	–
기능장	10년 이상
기사	10년 이상
산업기사	13년 이상
특급 건설기술인	10년 이상

44 기계설비법령에 따라 관리주체는 기계설비 유지관리자를 변경하는 경우 며칠 이내에 선임하여야 하는가?

① 7일   ② 15일
③ 30일   ④ 60일

해설 기계설비유지관리자를 선임 또는 해임하거나, 관리주체의 상호(명칭), 대표자 성명 및 소재지(주소)가 변경된 경우 30일 이내에 시장·군수·구청장에게 신고하여야 한다.

45 밸브의 종류 중 콕(cock)에 관한 설명으로 틀린 것은?

① 콕의 종류에는 대표적으로 글랜드 콕과 메인 콕이 있다.
② 0~90° 회전시켜 유량조절이 가능하다.
③ 유체저항이 크며, 개폐 시 힘이 드는 단점이 있다.
④ 콕은 흐르는 방향을 2방향, 3방향, 4방향으로 바꿀 수 있는 분배 밸브로 적합하다.

해설 ③ 유체저항이 작아 개폐가 빠르다.

46 대·소변기를 제외한 세면기, 싱크대, 욕조 등에서 나오는 배수는?

① 오수   ② 우수
③ 잡배수   ④ 특수배수

해설 배수의 종류
① 오수 : 대·소변기, 비데 등에서의 배설물에 관련한 배수
② 우수 : 옥상, 마당 등의 빗물
③ 잡배수 : 세탁기, 세면기, 욕조, 싱크대 등에서의 배수
④ 특수배수
 ㉠ 위험물질을 포함한 배수
 ㉡ 공장, 실험실 등에서의 폐수, 화학물질 배수 등

47 경질염화비닐관의 특징 중 틀린 것은?

① 내열성이 좋다.
② 전기절연성이 크다.
③ 가공이 용이하다.
④ 열팽창률이 크다.

해설 경질염화비닐관은 내식성, 내산성, 내알칼리성

Answer 42. ③ 43. ④ 44. ③ 45. ③ 46. ③ 47. ①

이 우수하지만 저온 및 고온에서 강도와 충격에 약하고 열팽창률이 심하다.
[참고] 경질염화비닐관(PVC)의 특징
㉠ 내식성, 내산성, 내알칼리성이 크다.
㉡ 가격이 저렴하고 마찰손실이 적다.
㉢ 굴곡접합, 용접 등의 배관시공이 용이하다.
㉣ 저온, 고온에서의 강도와 충격에 약하다.
㉤ 열팽창률이 심하다.(강의 7~8배)
㉥ 가볍고 강인하다.

48 급수방식 중 수도직결방식의 특징으로 틀린 것은?
① 위생적이고 유지관리측면에서 가장 바람직하다.
② 저수조가 있으므로 단수 시에도 급수할 수 있다.
③ 수도본관의 영향을 그대로 받아 수압 변화가 심하다.
④ 고층으로의 급수가 어렵다.

[해설] ② 저수조가 없어 수도본관 단수 시에는 급수할 수 없지만 정전 시에는 급수가 가능하다.

49 관 트랩의 종류로 가장 거리가 먼 것은?
① S트랩 ② P트랩
③ U트랩 ④ V트랩

[해설] ㉠ 배수트랩에는 관 트랩과 박스 트랩이 있다.
㉡ 관 트랩에는 S형, P형, U형이 있다.

50 냉매 배관 시 주의사항으로 틀린 것은?
① 배관의 굽힘 반지름은 크게 한다.
② 불응축가스의 침입이 잘 되어야 한다.
③ 냉매에 의한 관의 부식이 없어야 한다.
④ 냉매 압력에 충분히 견디는 강도를 가져야 한다.

[해설] ② 불응축가스의 침입을 막아야 한다.
[참고] 불응축가스
응축기에서 액화되지 않는 가스로 주성분은 공기 및 오일의 증기, 수증기 등의 냉매 혼합물이다. 고압부(응축기나 수액기 상부)에 고이며 응축압력과 토출가스 온도를 상승시켜 냉동장치에 장애를 주므로 기밀시험을 철저히 하여 공기침입이 일어나지 않도록 하고 불응축가스 발생 시 신속히 제거해야 한다.

51 펌프의 설치 및 배관상의 주의를 설명한 것 중 틀린 것은?
① 펌프는 기초 볼트를 사용하여 기초 콘크리트 위에 설치 고정한다.
② 펌프와 모터의 축 중심을 일직선상에 정확하게 일치시키고 볼트로 죈다.
③ 펌프의 설치 위치를 되도록 높여 흡입양정을 크게 한다.
④ 흡입구는 수면 위에서부터 관경의 2배 이상 물속으로 들어가게 한다.

[해설] ③ 펌프의 설치 위치를 되도록 낮춰 흡입양정을 작게 하여 캐비테이션 발생을 방지한다.

52 공기조화 설비에서 증기코일에 관한 설명으로 틀린 것은?
① 코일의 전면풍속은 3~5m/s로 선정한다.
② 같은 능력의 온수코일에 비하여 열수를 적게 할 수 있다.
③ 응축수의 배제를 위하여 배관에 약 1/150~1/200 정도의 순구배를 붙인다.
④ 일반적인 증기의 압력은 0.1~2kgf/cm^2 정도로 한다.

[해설] ③ 응축수 배출을 위한 배관은 약 1/50~1/100의 순기울기로 한다.

53 다음 중 개루프 제어계(Open-loop control system)에 속하는 것은?

Answer 48. ② 49. ④ 50. ② 51. ③ 52. ③ 53. ①

① 전등점멸시스템
② 배의 조타장치
③ 추적시스템
④ 에어컨디션 시스템

해설 개루프 제어계(open-loop control system)
가장 간단한 형태의 장치로서 제어동작이 출력과 관계없이 신호의 통로가 열려 있는 제어계통을 말한다.
예) 전기세탁기, 전기난로, 자동판매기, 전자레인지, 교통신호제어기, 선풍기, 전등점멸시스템 등

[참고] 폐루프 제어시스템
(closed loop(feedback) control system)
출력이 직접적으로 제어동작에 영향을 줌
예) 보일러, 냉장고, 로봇, 에어컨디션 시스템, 배의 조타장치, 추적시스템 등

54 유도전동기의 1차 접속을 △에서 Y로 바꾸면 기동 시의 1차 전류는 어떻게 변화하는가?

① $\dfrac{1}{3}$로 감소   ② $\dfrac{1}{\sqrt{3}}$로 감소

③ $\sqrt{3}$배로 증가   ④ 3배로 증가

해설 △결선을 Y결선으로 하면

전류	전압	전력	임피던스	어드미턴스
$\dfrac{1}{3}$배	$\dfrac{1}{\sqrt{3}}$배	$\dfrac{1}{3}$배	$\dfrac{1}{3}$배	3배

55 5Ω의 저항 5개를 직렬로 연결하면 병렬로 연결했을 때보다 몇 배가 되는가?

① 10   ② 25
③ 50   ④ 75

해설 ㉠ 직렬 연결 시 합성저항
$R = R_1 + R_2 + R_3 + R_4 + R_5$
$= 5+5+5+5+5 = 25\,\Omega$

㉡ 병렬 연결 시 합성저항
$R = \dfrac{1}{R_1} + \dfrac{1}{R_2} + \dfrac{1}{R_3} + \dfrac{1}{R_4} + \dfrac{1}{R_5}$

$= \dfrac{1}{5} + \dfrac{1}{5} + \dfrac{1}{5} + \dfrac{1}{5} + \dfrac{1}{5} = 1\,\Omega$

∴ 25배

56 그림과 같은 회로에서 저항 R_2에 흐르는 전류 I_2[A]는?

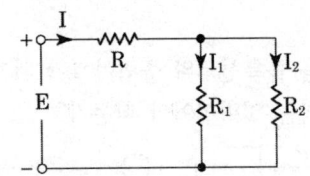

① $\dfrac{I \cdot (R_1 + R_2)}{R_1}$ ② $\dfrac{I \cdot (R_1 + R_2)}{R_2}$

③ $\dfrac{I \cdot R_2}{R_1 + R_2}$ ④ $\dfrac{I \cdot R_1}{R_1 + R_2}$

해설 ㉠ 저항 R_2에 흐르는 전류값 I_2

$I_2 = \dfrac{V}{R_2} = \dfrac{1}{R_2} \times \dfrac{R_1 R_2}{R_1 + R_2} \times I = \dfrac{IR_1}{R_1 + R_2}$

㉡ 저항 R_1에 흐르는 전류값 I_1

$I_1 = \dfrac{V}{R_1} = \dfrac{1}{R_1} \times \dfrac{R_1 R_2}{R_1 + R_2} \times I = \dfrac{IR_2}{R_1 + R_2}$

57 다음 중 지시계측기의 구성 요소가 아닌 것은?

① 구동장치   ② 제어장치
③ 제동장치   ④ 유도장치

해설 지시계측기의 구성 요소
구동장치, 제어장치, 제동장치

58 PLC(Programable Logic Controller)를 사용하더라도 대용량 전동기의 구동을 위해서 필수적으로 사용하여야 하는 기기는?

① 타이머   ② 릴레이
③ 카운터   ④ 전자개폐기

해설 PLC(Programmable Logic Controller)
디지털 또는 아날로그 입출력 모듈과 릴레이, 타이머, 카운터, 연산기능 등의 수행기능을 이

Answer 54. ① 55. ② 56. ③ 57. ④ 58. ④

용하여 제어내용을 작성하고 기억시킬 수 있는 메모리를 사용하는 디지털 조작형 전자장치로, 프로그램에 의하여 각종 기계와 공정을 제어하도록 되어 있는 제어장치를 PLC라 하며 전자개폐기는 유접점 시퀀스 제어기기 중 구동용 기기에 속하므로 대용량 전동기의 구동을 위해서 필수적으로 사용해야 한다.

㉠ 직류전압의 평균값
$$E_d = \frac{\sqrt{2}}{\pi} E [\text{V}]$$
㉡ 직류전류의 평균값
$$I_d = \frac{E_d}{R} = \frac{\frac{\sqrt{2}}{\pi}E}{R} = \frac{\sqrt{2}\,E}{\pi R}[\text{A}]$$

59 다음 블록선도의 출력이 4가 되기 위해서는 입력은 얼마이어야 하는가?

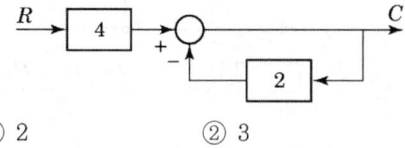

① 2 　　② 3
③ 4 　　④ 5

해설 $G(s) = \frac{C}{R} = \frac{경로}{1-폐로} = \frac{4}{1-(-2)} = \frac{4}{3}$

$\frac{C}{R} = \frac{4}{3}$ 이므로 $4R = 3C$

$\therefore R = \frac{3C}{4} = \frac{3 \times 4}{4} = 3$

60 그림은 일반적인 반파정류회로이다. 변압기 2차 전압의 실효값을 E[V]라 할 때 직류전류의 평균값은? (단, 변류기의 전압강하는 무시한다.)

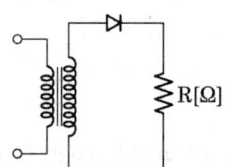

① $\dfrac{E}{R}$ 　　② $\dfrac{E}{2R}$
③ $\dfrac{2E}{\pi R}$ 　　④ $\dfrac{\sqrt{2}\,E}{\pi R}$

해설 반파정류회로
다이오드 등의 정류 소자를 사용하여 교류의 + 또는 -의 사이클만 전류를 흘려서 부하에 직류를 흘리도록 한 회로

Answer 59. ② 60. ④

참고문헌

1. 기계열역학/장기석 저/일진사//2003
2. 열역학/양희준 저/한국산업인력공단/2002
3. 냉동공학/김성수 저/기문사/2004
4. 냉동기계/오후규, 김동수 공저/한국산업인력공단/2001
5. 냉동기계/최지호 저/한국산업인력공단/2009
6. 보고싶은 냉동공학/최상곤, 홍성은 공저/건기원/2009
7. 공기조화설비/김세환 저/건기원/2005
8. 건축공기조화설비/정광섭외/성안당/2005
9. 공기조화공학/박기원 저/전남대학교출판부/2007
10. 공기조화설비/김재수 저/문운당/2007
11. 최신건축설비/최영식 저/건기원/2008
12. 건축설비배관공학/김세환 저/건기원/2005
13. 배관설비공학/박병우 저/일진사/2005
14. 전기공학개론/강성화 저/동화기술교역/2008
15. 전기공학개론/임헌찬 저/동일출판사/2008
16. 자동제어공학/윤만수 저/일진사/2005

공조냉동기계산업기사 과년도 4주완성

1판 1쇄 발행	2012년 1월 5일	
2판 1쇄 발행	2013년 1월 5일	
3판 1쇄 발행	2014년 1월 5일	
4판 1쇄 발행	2015년 1월 5일	
5판 1쇄 발행	2016년 1월 5일	
6판 1쇄 발행	2017년 1월 5일	
7판 1쇄 발행	2018년 1월 5일	
7판 1쇄 발행	2018년 1월 5일	
7판 2쇄 발행	2018년 2월 28일	
8판 1쇄 발행	2019년 1월 5일	
9판 1쇄 발행	2020년 1월 5일	
10판 1쇄 발행	2021년 1월 5일	
11판 1쇄 발행	2022년 1월 5일	
12판 1쇄 발행	2023년 1월 5일	
13판 1쇄 발행	2024년 1월 5일	
14판 1쇄 발행	2025년 1월 5일	
15판 1쇄 발행	2026년 1월 5일	

지은이　**공조기술자격연구회**
펴낸이　김 주 성
펴낸곳　도서출판 엔플북스
주　소　경기도 구리시 체육관로 113번길 45. 114-204(교문동, 두산)
전　화　(031)554-9334
F A X　(031)554-9335

등　록　2009. 6. 16　제398-2009-000006호

정가 **30,000**원
ISBN　978 - 89 - 6813 - 427 - 2　13550

인 지
생 략

※ 파손된 책은 교환하여 드립니다.
　본 도서의 내용 문의 및 궁금한 점은 저희 카페에 오셔서 글을 남겨주시면 성의껏 답변해 드리겠습니다.
　http://cafe.daum.net/enplebooks